CRACKING THE CODING INTERVIEW

189 Programming Questions and Solutions

Gayle Laakmann McDowell

世界で闘うプログラミング力を鍛える本

―コーディング面接189問とその解法―

Gayle Laakmann McDowell［著］
岡田佑一、小林啓倫［訳］

デイビス、トビン
そして人生において私たちに喜びをもたらす、すべてのものたちへ

Original English Language edition Published by CareerCup, LLC, Palo Alto, CA.
Compiled Jun 27, 2016.

原書の公式サイトは以下になります（英語）。サイトの管理・運営はすべて米国で行っています。
http://www.crackingthecodinginterview.com

本書の正誤等に関するサポートサイトは以下になります。
https://book.mynavi.jp/supportsite/detail/9784839960100.html

訳者より

“世界で闘うプログラミング力を鍛える150問”から4年、大幅にパワーアップして戻ってまいりました。採用面接の攻略本としては元来十分な内容でしたが、今回はいくつかの点で強化されています。まず、計算量に関する説明がより詳細になりました。新規の問題はもちろん、既存の問題についても時間計算量・空間計算量の記述が追加されました。計算量の見積もりについての話題も参考になるでしょう。次に、木とグラフ・探索アルゴリズムに関する説明も充実したものになりました。この分野の知識は中・上級問題でも必要になることが多く、純粋なプログラミング技術書としてのバランスと深みが増しました。さらに付録として、問題にアプローチするためのヒントが追加されました。問題文を読んで、どのように取り組んでよいのかまったく見当もつかない場合は、すぐに解説を見たりせず、ヒントを少しずつ見ながらできるだけ自分の頭を使って考えてみてください。

近年はプログラミングコンテストやプログラミング能力を判定するためのオンラインサービスが数多く存在し、学生から社会人まで気軽にプログラミング能力を測定し、学習することができるようになりました。学習環境としては年々充実してきていますが、注意しなければならないこともあります。形式化された問題の場合、ある程度コツを掴むと簡単に解けてしまうようになります。問題を解くことだけがうまくなり、本来評価したい能力を正しく評価できなくなる恐れが出てきます。この心配は出題者だけのものではありません。せっかく勉強するのですから、「特定の試験にだけ強くなった」というのは少しもったいない気がします。単純に問題の解き方を覚えるという域を超え、自分がプログラマとして現在「どんな分野」に関して、どの程度の「能力」があるのか、これからステップアップするためのビジョンをどう描くのか、目標に向かってどう進むのかをよく考え、実践しなければなりません。本書にはそのヒントがたくさん隠されています。

岡田佑一

テクノロジー系企業における採用面接の対策本として、米国でベストセラーとなっている”Cracking the Coding Interview”。本書はその第6版の邦訳です。

著者のGayle Laakmann McDowellは、自身もソフトウェアエンジニアとして、MicrosoftやApple、Googleといった名だたるIT企業で勤務した経験を持つ人物。特にGoogleでは3年間勤務し、主任面接官を担当されています。その際には700名を超える候補者に対し、実際に面接したり、採用・不採用の決定を行ったりしたそうです。

そうした経験を活かして書き上げた本書は、まさに採用面接の極意が詰まっていると言えるでしょう。その証拠に、本書はテクノロジー企業に採用されることを目指す候補者だけでなく、彼らを評価する立場の面接官からも重宝されているのだとか。実際に今回の第6版では、面接官に向けたアドバイスも収められています。

本書に収められたさまざまな面接時のテクニック、またアルゴリズムやコーディングに関する専門知識は、まさに実践的なノウハウとしてすぐにでも役立つものでしょう。しかし本書が支持されている理由は、「面接」という限られた時間だけにフォーカスするのではなく、その前後における行動までアドバイスしてくれている点です。そうした情報は、いま具体的に転職や採用面接を考えているわけではないという人々にとっても、「エンジニアとして日々をどう過ごすか」を考える上で非常に有益でしょう。したがって本書は、単なる面接対策本としてだけでなく、さまざまな形で活用できるはずです。

目の前に迫った面接対策として、これからのキャリアアップに必要な知識やスキルを考える手がかりとして、あるいは本当に優秀な候補者を採用する面接を行うための一冊として。本書の魅力が、一人でも多くの方々に伝わることを願っています。

小林啓倫

読者のみなさんへ

イントロダクションの邪魔にならない程度に。

私はリクルータではありません。ソフトフェア・エンジニアです。面接において優れたアルゴリズムを手早く作ったり、ホワイトボードに完璧なコードを書くにはどうすればよいかをよく知っています。グーグルやマイクロソフト、アップル、アマゾン、その他いろいろな会社の面接でそのような質問をされた経験があるからです。

また、逆に面接官としての立場で候補者の方々に質問をした経験もありますから、面接官の側としての事情もよくわかっています。このような面接に合格できそうなエンジニアを探すために、履歴書の山を漁るようなこともありました。彼らがチャレンジングな問題を解けるか、あるいは解こうとしているかで評価したりしました。そしてグーグルの採用委員会では、ある候補者を採用すべきか否か議論を交わしたこともあります。採用までの一連の流れを理解し、経験も積んでいるということです。

さて、読者である皆さんは、もしかすると明日、来週あるいは来年のプログラマ採用面接に向けて準備中かもしれません。私は皆さんのコンピュータ・サイエンスにおける基礎的な理解を固め、そうした知識基盤を使いこなす方法を学びコーディング面接を突破していただくために本書を執筆しました。

本書("Cracking the Coding Interview, 6th Edition")では前著(Cracking the Coding Interview, 5th Edition『世界で闘うプログラミング力を鍛える150問』)と比べ、追加の問題や解法の修正、新しい章の紹介より多くのアルゴリズム戦略、すべてのプログラムについてのヒント、などなど7割以上のコンテンツを追加しました。他の候補者と情報交換したり、新しい情報源を見つけられるでしょうから、ぜひウェブサイト(CrackingTheCodingInterview.com)のほうもチェックしてください。

これからスキルを伸ばしてゆく皆さんの姿を想うとわくわくしてきます。徹底的に準備しておくことで、皆さんの技術力とコミュニケーション能力の幅は大いに広がることでしょう。努力の結果がどこへ向かおうとも、学んだことはきっと価値の大きいものになるはずです。

序章の部分は注意深く読んでみることを強くお勧めします。そこには「採用」と「不採用」の差を生むであろう重要な洞察が書かれていますから。

そして忘れないでください。面接は厳しいです! 私がグーグルで面接をしていた頃、難しい質問をしている中、「やさしい」質問をした面接官もいました。でも誤解しないでくださいね。質問がやさしいからといって、オファーを簡単に得られるわけではないのです。

完璧な解答(そんなことができる候補者はほとんどいません)をすることがオファーに結びつくわけではありません。他の候補者よりもより良い解法を答えることができなければならないということです。ですから、難しい問題を出されても悩むことはありません。他の人たちも、おそらく同じように難しいと感じるでしょうから。完璧でなくても大丈夫です。

しっかり勉強して実践してください。幸運を祈ります!

Gayle Laakmann McDowel(ゲイル・L・マクダウェル)
CareerCup.com創始者兼CEO
『Cracking the PM Interview ※1』『Cracking the Tech Career』著者

※1 『世界で闘うプロダクトマネジャーになるための本』(マイナビ出版)ISBN978-4-8399-5177-1

イントロダクション

何かがまずい

我々は苛立ちながらまた採用会議を飛び出しました。我々がその日審査した10人の候補者のうち、誰ひとりとしてオファーの通知を受け取れなかったのです。厳しすぎたのか？ と不思議に思いました。

私は特にがっかりしました。私の推していた候補者の1人が不採用になってしまったからです。彼はかつての教え子でした。コンピュータ・サイエンスにおいて世界で最高の大学の1つであるワシントン大学の学生で、GPAが3.73という成績でした。さらにオープンソース・プロジェクトにおいては、多方面にわたって成果を上げていました。彼はエネルギッシュでクリエイティブであり、頭の切れる男で、熱心に動いていました。真のギークであると言ってよいでしょう。

しかし、私は他の委員に同意しなければなりませんでした。採用に足り得る材料がなかったからです。たとえ私が強固に推薦し、再考する方向に動かせたとしても、彼はきっとそのあとの選考でふるい落とされることになるでしょう。そこにはたくさんの危険信号があったのです。

彼は知性を感じさせてはいたものの、面接問題には苦戦しました。最初の問題は有名な問題をひねったもので、大半の優秀な候補者はこれを素早くこなすことができました。しかし、彼はなかなかアルゴリズムを考えつくことができませんでした。彼は1つ考えが浮かぶと、他の状況を考慮した別の解法を考えることができませんでした。結局、彼は最初に思いついた解法で無理やりコードを書き始めましたが、そのコードには間違いがたくさんあり、彼はそれに気づくことができませんでした。彼は最低ランクというほどではないにせよ、「合格ライン」からはほど遠い状態でした。

2週間後、彼が意見を求めて電話をしてきたとき、私は彼に何と言っていいのか苦労しました。もっと賢くなれ？ いいえ、彼が有能であることは知っていました。もっと良いコーダーになれ？ いいえ、彼のスキルは私がこれまでに見た中でも最高の部類です。

多くの意欲的な候補者と同様に、彼も幅広く準備をしてきました。古典的なK&RのCの本も読みましたし、有名なCLRSのアルゴリズムの教科書を復習したりもしました。彼は木の平衡化の方法をいくつも詳細に言うことができますし、普通のプログラマが使いたがらないC言語でプログラムを書くこともできます。

私は彼に不運な真実を話さねばなりませんでした。それらの本では十分ではないのです。学術書は工夫を凝らした研究を与えてはくれますが、それらがあなたをよりよいソフトウェアエンジニアにしてくれるわけでもないし、コーディング面接に十分ともいえません。なぜかって？ 1つヒントを出すとすれば、あなたの目の前にいる面接官は赤黒木なんて学生のときに見たっきりだということです。

コーディング面接を突破するには、実際の面接の問題に対する準備をする必要があるのです。実際の問題で実践し、それらのパターンを学ばねばなりません。

本書は最大手企業で私が直に経験した面接の結果です。候補者たちと交わした数百の会話、候補者・面接官の寄与による数千もの質問、本当に多くの会社の膨大な問題を見てきた成果なのです。本書に収録されているのは数千もの問題の中から選びぬかれた最高の189問です。

概要

本書ではアルゴリズム・コーディング・設計の問題に照準を置いています。なぜかと言うと、行動に関する質問になると、その答えは皆さんの履歴書と同じくらい多様なものになるからです。また、多くの会社ではちょっとした知識問題(たとえば仮想関数とは何ですか? のような)を出される場合もありますが、スキルは実践を通して向上するのであって、こういう質問は知識のほんの断片的なものに過ぎません。ですから、本書ではこういう類の問題はごく簡単に触れる程度にとどめておきます。ただし、学ぶべきことが多い領域についてはページを割くことにしました。

情熱

新しい考え方を理解する手助けをしたり道具を与えたりすることで、誰にも負けない情熱を育ててもらうことが私の生きがいです。

私が初めて公の場で教えた経験は、ペンシルベニア大学でコンピュータ・サイエンスの在学2年生時にティーチング・アシスタント(TA)になったときです。他にもいくつかの授業でTAを続け、ついには実践的なスキルに照準を当てた自分自身のコンピュータ・サイエンス講座をそこで持つことになりました。

グーグルでエンジニアをしていた頃、新米エンジニアの訓練・指導は本当に楽しかったです。「20% time」(訳注: 自らの職務内容にないプロジェクトに取り組むグーグル独自の制度。1週間で1日を費やす)はいまだに、ワシントン大学の2つのコンピュータ・サイエンスコースで教えるために使っています。

本書および『Cracking the PM Interview』(マイナビ出版『世界で闘うプロダクトマネジャーになるための本』)、『Cracking the Tech Career』、および、『CareerCup』には私の教えることに対する情熱が反映されています。助けを求めて立ち寄るユーザーを手助けするため、CareerCup.comでぶらぶらしている私を今でも見つけられるでしょう。

ぜひご参加を。

Gayle Laakmann McDowel (ゲイル・L・マクダウェル)

目　次

I 面接の流れ

トップクラスのテクノロジー系企業の多くは、採用プロセスの大きな割合を、アルゴリズムとコーディングに関する問題に割いています（他の多くの企業でも同様です）。問題解決に関する質問をされたと想像してみてください。面接担当者は、あなたがこれまで触れたことのないアルゴリズム問題に接したとき、それをどうやって解くかという能力を見ているのです。

1回の面接において、1つの問題しか出題されないということも多いです。45分というのは長い時間ではないですから、その中で複数の問題を出すというのは難しいことでしょう。

問題を解くあいだ、はっきりと大きな声で話し、自分の思考プロセスが分かるようにしよう。途中で面接担当者が口をはさみ、あなたを助けてくれるかもしれません。その場合、彼らの邪魔をしないように。それは普通の行為であり、あなたの考え方が間違っているという意味ではないのです（とはいえ、ヒントを出されずに済む方が良いことには変わりません）。

面接が終わる頃には、あなたがどの程度うまく答えられたかについて、面接担当者は感覚的な評価を下しています。それが具体的な数値で示されることもあるが、実際には定量的な評価ではありません。「あなたが獲得したポイント」を示すグラフなど存在しないのです。面接とは、そのような性質を持つものではありません。

たいていの場合、面接担当者は次のような軸に基づいて評価を下しています。

- **分析スキル：**問題を解く際、多くの手助けが必要だったか？ 導かれたソリューションは、どこまで最適なものだったか？ ソリューションが出てくるまで、どのくらいの時間が必要だったか？ 新たなソリューションをデザイン、あるいは設計する必要があった場合、問題を適切に構造化して、複数の選択肢のトレードオフを検討したか？
- **コーディングスキル：**考えたアルゴリズムを適切なプログラムに変換できたか？ コードが整理され、見やすくなっているか？ 潜在的なエラーに対処しているか？ コーディングのスタイルは優れているか？
- **技術知識／コンピューターサイエンスの基礎知識：**コンピューターサイエンスや関連技術について、基礎的な知識をしっかりと持っているか？
- **経験：**これまで技術的な問題について、適切な決定を下してきたか？ 難易度が高く、面白い内容のプロジェクトを経験してきたか？ プロジェクトを後押ししたり、先導したりするなど、重要な役割を演じてきたか？
- **企業文化との相性／コミュニケーションスキル：**性格や価値観が、自社や配属予定のチームに合っているか？ 面接担当者と適切なコミュニケーションができたか？

どのカテゴリーがどのくらい重視されるかについては、面接の際の問題や面接担当者、想定されるポジション、配属予定のチーム、そして会社によって異なります。ただ一般的なアルゴリズム問題では、前から3つのカテゴリーが重視されます。

「なぜ?」

面接が始まると、候補者は頻繁に「なぜこんなことしなくちゃいけないんだ?」という気分に陥ることになる。その理由は、次のようなものでしょう。

1. いくら優秀な候補者でも、面接となると緊張して上手く答えられないものだ。
2. 本当にこんな問題が起きたら、それから答えを探せばいいじゃないか。
3. 現実の開発環境で、二分木のようなデータ構造を使うことはほとんどない。使うような場面が出てきたら、そのとき学べばよい。
4. ホワイトボード上でコーディングするというのは、けっきょくは真似ごとだ。本当のコーディングとは違うのだから意味がない。

こうした文句が出るのも仕方のないことです。私自身、これらすべてについて、全面的にではないまでも同意できます。

とはいえ、アルゴリズムやコーディングに関する問題を面接で出題するということには、(全てとは言わないが)一部のポジションについてはちゃんとした理由があります。そうした理由に同意する必要はないが、理解しておくことは重要でしょう。面接担当者の頭の中を理解する上で役立つからです。

偽陰性は許容される

これは悲しい(そして候補者にとっては頭にくる)ことですが、真実です。

企業の立場から考えると、優れた候補者が落ちるというのは許容できるです。企業が目指しているのは優れた従業員の集団をつくり上げることですが、その過程において、合格レベルの候補者が漏れてしまうことは仕方ないのです。もちろんそうならない方が望ましいけれども、防ごうとすれば人材採用コストが上がってしまいます。したがって良い人材が十分に採用できている限り、このトレードオフは許容されるのです。

そして偽陰性よりずっと問題なのが、偽陽性です。面接では高評価だったのに、現場ではさっぱり、という方が企業にとっては望ましくないです。

問題解決スキルは価値がある

誰かが難しい問題をいくつか(少し助けを借りながら)解くことができたら、その人物は適切なアルゴリズムを考える能力があると考えられるでしょう。それだけ賢い人物というわけです。

賢い人物は適切な行動をとることが多く、それは企業にとって価値があります。もちろんそれだけで会社が成り立つわけではないですが、非常に重要なことなのです。

データ構造とアルゴリズムに関する基礎的な知識は役に立つ

多くの面接担当者が、コンピュータサイエンスに関する基礎的な知識は役に立つと考えています。木構造やグラフ、リスト、ソートといった知識は、繰り返し必要になります。ゆえに、それを身につけていることが重要なのです。

それは必要になったときに学べるものだろうか?　そうすることもできます。しかし難しいのは、二分木の存在を知らなければ、それを使うべきときも分からないという点です。そしてその存在を知っているということは、基本についてもよく分かっていることを意味するのです。

面接担当者がデータ構造やアルゴリズムに関する質問をする理由としてもう1つ挙げられることが多いのは、それが良い「代用」になるというものです。こうした知識を学ぶのはそれほど難しくないですが、それを知っているかどうかが、良い開発者かどうかを示す指標になるのです。つまりそうした知識があるということは、その人物がコンピューターサイエンスに関する教育プログラムを受講したか(この場合は、ほかにも幅広い技術知識を習得していることを意味する)、独学で身につけたことを意味するです。いずれにしても、評価されるポイントとなります。

データ構造とアルゴリズムに関する知識が出題される理由は他にもあります。実はそれを含まない問題を問う方が難しいのです。問題解決に関する問題のほとんどが、そうした知識の基本が問われる部分を含んでいます。多くの候補者がこの知識を身につけているのだとすれば、それを使うことが要求される問題を出題する方が簡単です。

ホワイトボードによるコーディングでも、重要な点にフォーカスできる

ホワイトボード上で完璧なコードを書くのは難しいというのは、まったく正しい意見です。とはいえ面接担当者は、それを候補者に求めているわけではありません。どうしても小さなバグや、表記上のミスが生まれてしまうからです。

ホワイトボードを使うことで良いのは、全体像にフォーカスできる点です。コンパイラーはないので、書いたコードをコンパイルする必要はありません。すべてのクラス定義を書く必要はないし、定型のコードを入れる必要もない。そのためコーディングの中で、最も面白く、重要な部分に集中することができるのです。つまり出題された問題を解決する、本質に関わる部分です。

これは「コードもどき」を書けば良いとか、正確性は要求されないとかいう意味ではありません。大部分のインタビュアーは正確なコードを書くように要求し、エラーは少なければ少ない方が良いです。

またホワイトボードを使ったコーディングでは、候補者の発言が促され、思考のプロセスが説明されることになります。コンピューターが使われると、コミュニケーションが失われてしまうのです。

とはいえあらゆる場面に有効というわけではない。

以上の解説は、企業の思考プロセスを理解するためのものです。

私個人はどう思うかって? 適切に行われるのである限り、それは候補者の問題解決スキルを判断するのに有効であり、上手く対処できる候補者は賢い人物である可能性が高いです。

しかしこうした面接は、適切に行われないことが多いです。面接担当者の質が低かったり、上手な質問ができない人が担当したりするです。

またあらゆる企業に向いている手段というわけでもありません。候補者のこれまでの経験や、特定のテクノロジーに関するスキルを重視した方が良い場合もあるでしょう。コーディングやアルゴリズムを問う問題では、そうした点が評価されなくなってしまうです。

さらに働く上での倫理観や、集中力といったものも評価できません(とはいえ、こうした点は他の面接方式でも評価するのは難しいのですが)。

コーディングやアルゴリズムを問う面接が完璧でないことは明白だが、完璧な方式などあるでしょう?どんな方式にも、短所はあるものです。

これだけは言っておきます——面接とはそういうものなのだから、ベストを尽くすしかない。

問題はどう選ばれるか

よく候補者から、特定の企業の面接において、「最近」どのような問題が出題されたかと質問されます。しかしそうした質問をすること自体、問題がどのように選ばれるのかという点について、勘違いしていることを意味します。

ほとんどの企業において、面接担当者用の質問リストなどといったものは存在しません。個々の面接担当者が、それぞれ問題を選んでいるのです。

どのような問題が出題されるかに関してはルール不在の状況であるため、「最近グーグルの面接で問われた問題」を尋ねることは意味がないです。それは「たまたまグーグルで働いていた面接担当者が、たまたま面接の最中に尋ねた問題」を聞いていることに等しいのです。

今年グーグルで出題された問題は、3年前の問題とあまり変わっていません。実際、それは他の類似企業(アマゾンやフェイスブックなど)で出題された問題ともあまり変わらないのです。

企業によって違いもあります。アルゴリズム(システムデザインと絡めて出題されることが多い)にフォーカスする企業もあれば、知識ベースの出題をする企業もあります。しかし特定の問題カテゴリーにおいて、ある企業だけで出題される問題というものはありません。グーグルのアルゴリズム問題は、フェイスブックのアルゴリズム問題と本質的には同じものなのです。

すべては相対的

採点方式がないとすれば、候補者はどのように評価されるのでしょうか？ 面接担当者は、候補者に期待できるものをどうやって把握するのでしょうか？

これは良い質問です。その答えは、非常に納得できるものでしょう。

面接担当者は、同じ質問をした他の候補者と比較して評価を決めます。つまり相対的な評価というわけです。

たとえば何か新しい難問か、数学問題を思いついたとしましょう。友人のアレックスに出題してみると、彼はそれを解くのに30分かかった。次にベラに出題してみると、解くのに50分かかった。クリスは解くことができなかった。デクスターは15分で解けたが、重要なヒントを与えたからで、それがなかったらもっと時間がかかっていたでしょう。エリーはあなたが思いつかなかったアプローチを使い、10分で答えを出した。フレッドは35分だった。

あなたはこう思うでしょう。「わぁ、エリーはすごいな。彼女は数学が得意に違いない」(実際には、彼女は単にラッキーだっただけかもしれません。逆にクリスはついていなかったのでしょう。偶然かどうかを見極めるためには、他の問題もいくつか出題してみなければなりません)

面接もこれと同じです。面接担当者は他の候補者と目の前の候補者を比較することで、評価を形成していきます。比較対象となるのは、今週面接した候補者とは限りません。これまで面接したすべての候補者を思い浮かべて、それと比較しているです。
したがって、難しい問題を出されるというのは悪いことではありません。自分が難しいと感じているのであれば、他の候補者も同じはずです。あなたが上手くやれるかどうかは、問題の難しさとは関係がないのです。

FAQ：よくある質問

面接が終わったのに何の連絡もないのですが、落ちたのでしょうか？

そうとは限りません。会社の中で決定が遅れるのには、いくつも理由があります。単に面接担当者が会社にフィードバックを返していないだけかもしれない。落とした候補者に何の連絡もしないという会社は、極めて例外的です。

もし面接の後、3～5営業日経っても何の反応もなかった場合には、リクルート担当者に（丁寧な態度で）確認を取ってみましょう。

落選した企業に再度応募しても良いのでしょうか？

ほとんどの場合は可能だが、一般的には少し間（6か月から1年程度）を置いたほうが良いです。最初の面接で失敗していたとしても、それが新たな面接に影響することはないでしょう。グーグルやマイクロソフトでは一度不採用になって、その後それらの企業に採用された人もたくさんいます。

II 面接試験の舞台裏

大部分の企業が非常によく似た面接を行います。ここでは企業がどのように面接を行い、また企業は何を求めているのか、ということを解説していきましょう。この情報はあなたの面接試験への準備、面接中および面接後の対応についてのよい指針となるでしょう。

面接候補者に選ばれると、通常はまず、絞り込み面接（screening interview）を受けることになります。これは電話で行われることが一般的です。トップクラスの大学に通う学生が候補者の場合には、面接官と対面での面接になる場合もあります。

「絞り込み」という名前に騙されないように気をつけてください。絞り込み面接にもコーディングやアルゴリズムに関する質問は含まれていますし、合格ラインは対面での面接と同じくらいのレベルになります。面接の内容が技術的なものかどうかはっきりわからない場合は、リクルータを通じてあなたの面接官がどんなポジションの人間なのかを確認しておいてください（面接内容について尋ねても構いません）。面接官がエンジニアであれば、ほぼ技術的な面接となるでしょう。

電話面接の場合、多くの企業ではオンラインで同期できるコードエディタを活用していますが、紙の上でコーディングして電話口で読み上げるよう求める企業も存在します。また“宿題”を出されて、電話を切った後で解くよう求められたり、書いたコードをメールで送ることを求める面接官もいます。

一般的に、オフィスでの面接に招かれる前に1～2回の絞り込み面接が行われます。

（オフィスでの）対面での面接の段階では、通常は3～6回の面接を行います。中にはランチ（昼食）をとりながら行われることもあります。ランチ面接は技術的な内容でないことが一般的で、面接官から社内にフィードバックを行わないかもしれません。
自分が興味のあることについて話し合ったり、その企業の文化について質問してみるとよいでしょう。
これ以外の面接では、技術に関する問題が出題されることがほとんどで、コーディング、アルゴリズム、デザイン/アーキテクチャ、職務経歴に関する質問がミックスされて行われます。

これらの問題がどのような配分で出題されるのかは、企業やチームによって異なり、企業が何にプライオリティを置いているのか、どの程度の規模なのか、あるいは純粋に運によって左右されます。また面接中に何を質問するのかについて、面接官が自由に決められる場合も多いです。

面接が終わると、面接官は何らかの形で社内にフィードバックを行います。面接官全員が集まって、候補者の評価について話し合い、合否を判断する場合もあります。また他の会社では、面接官が採用担当者や採用委員会に対して、意見書を提出するということをしています。面接官は特に判断を行わず、フィードバックだけが採用委員会に提出され、そこで判断が行われるという会社もあります。

多くの企業は、1週間ほどで結論を下し、次のステップに関する連絡（採用、不採用、新たな面接、あるいは単なる選考状況に関するアップデート）を候補者に行います。もっと早く返事をくれる（時には面接と同じ日に！）企業もありますが、逆により長い時間をかける企業もあります。

もし1週間以上待たされるようであれば、リクルーターに問い合わせてください。ただリクルーターから反応がなくても、不採用になったという意味とは限りません（そのような対応は大手テクノロジー企業ではまずありませんし、業界全体でもほとんどありません）。繰り返し言っておきましょう。反応がないというのは、その時点でのあなたの状況が何も変化していないということです。最終的な判断が下されれば、すべてのリクルーターから候補者に対して必ず連絡があります。

採用プロセスに遅れが生じるというのはよくあることです。もし連絡が遅いと感じたらリクルーターに連絡をとって構いませんが、敬意を持って接しましょう。リクルーターもあなたと同じで、忙しくて忘れっぽいのです。

マイクロソフト(Microsoft)の面接

マイクロソフトは頭の良い人間を欲しています。いわゆるギークと呼ばれるような、技術に対して情熱のある人です。C++のAPIの詳細についてテストされることはおそらくありませんが、ホワイトボードにコードを書かされる可能性は高いと思ってよいでしょう。

一般的な面接では朝からマイクロソフトに赴き、最初に書類へ必要事項の記入を行います。そのあとリクルータと例題を用いてちょっとした面接を行います。これは通常面接の準備として行うためのもので、技術的な問題であなたを問い詰めるためのものではありません。もし技術的な内容で基本的な質問があった場合は、本番の面接で緊張しないようにしてほしいという意図でしてくれていると思ってください。

リクルータとは良い関係を持つようにしておきましょう。もし最初の面接でつまづいたとしても、リクルータが再面接できるように動いてくれたり、大きな味方になるかもしれません。一緒に戦う仲間になり得るのです！

日中のうちに、たいてい2つのチームと4〜5回の面接を行います。他の多くの企業では会議室で面接を行いますが、マイクロソフトではオフィスで行われます。これは周囲を見て社内の雰囲気を感じ取る貴重な時間になります。

チームによっては、残りの面接過程であなたに関するフィードバックを共有したりするかもしれません。

チームとの面接が終わると、今度は採用マネージャと話すことがあるかもしれません(これはよく「アズ・アップ」と呼ばれますが、"as appropriate"、すなわち「必要に応じて」の意味です)。もしそうなら、それは非常にうまくいっているサインです！ おそらくチームの面接を通過したということなので、今度は採用マネージャの決定にゆだねられるわけです。

決定はその日か一週間後になりますので、一週間経って何の連絡もない場合は状況確認のメールを気軽に送ってください。

リクルータの反応が遅い場合は単に忙しいだけであって、不採用だから無視しているというわけではありません。

必ずしておく準備

「なぜマイクロソフトで働きたいのですか？」
これは、マイクロソフトがあなたがテクノロジーに関してどれだけ情熱をもっているのかを知りたくて質問します。模範的な解答例としては「私はマイクロソフトのソフトを長年使っていますが、世界的に優れた製品をどのように生み出しているのかということに非常に興味があります。たとえば最近はゲームプログラミングの勉強にVisual Studioを使っていて、APIが素晴らしいと感じました」のようなものです。テクノロジーに対する情熱、これを忘れずに！

面接の特色

面接でうまくいったときだけ採用マネージャとの面談になります。つまりそれは、うまくいっているサインです！ さらにマイクロソフトでは、チームに権限が与えられていることが多く、製品のラインナップも多様です。それぞれのチームが異なった製品を担当しているので、彼らの持つ経験は大きく異なっています。

アマゾン(Amazon)の面接

アマゾンの採用プロセスは、一般的には特定のチームとの面接で2回の電話による審査から始まります。短期間に3回以上面接を受けることがありますが、それは面接官の1人が納得していない場合か、他のチームやプロフィールに対して検討中である場合のいずれかでしょう。また最近、他の職制で面接を受けた場合や会社の近くに住んでいる場合は電話での審査を一度だけ行う場合もあります。

面接官がエンジニアであれば、通常は共有エディタを用いて簡単なコードを書く質問をするでしょうし、あなたの得意な技術の分野を調べるために幅広い質問もするでしょう。

履歴書と電話の審査を基にあなたを選んだ1つか2つのチームと4〜5回面接を行うために、シアトル(もしくはあなたが面接するオフィスのいずれか) まで移動することになります。そこではホワイトボードにコードを書かされるでしょうし、面接官によっては他のスキルを試される場合もあります。面接官はそれぞれ特定の分野に対して評価するように割り当てられていて、面接官ごとに違った感じがするかもしれません。また、面接官は自分の評価を提出するまで他の人のフィードバックを見ることができず、採用会議まではまったく議論できません。

さらに、「バーレイザー」(Bar Raiser)という面接官が面接の水準を高く保つ役割をしています。彼らは特別なトレーニングを行っており、グループ自体のバランスをとるためグループ外で面接を行います。面接の中でかなり難しく他の面接と違う感じのものがあれば、それはおそらくバーレイザーでしょう。この人物は面接の豊富な経験と採用の決定に関しての拒否権を併せ持っています。しかし覚えておいてもらいたいのは、この面接で苦労しているように感じたとしても、実際に悪い方向へ向いているとは限らないということです。あなたの出来は他の候補者との相対評価であって、単純に「100点満点中何点」のような評価ではないからです。

あなたを担当した面接官たちがフィードバックを終えると彼らは集まって議論し、採用の決定を行うことになります。

アマゾンのリクルータは基本的に候補者へのフォローをきちんとしていますが、たまに連絡が遅れる場合もあります。もし一週間以内に連絡がなければ気軽にメールを送ってみましょう。

必ずしておく準備

アマゾンはスケールに関して多いに気にしています。スケーラビリティに関する質問の準備をしっかりしておきましょう。これらの質問に答えるために分散処理システムの背景は必要ありません。9章「システムデザインとスケーラビリティ」をよく見ておいてください。

それから、アマゾンではオブジェクト指向に関する質問が比較的多いので、オブジェクト指向の章の問題もしっかり読んでおきましょう。

面接の特色

面接の水準を高く保つため、面接を行うチームとは別にバーレイザーという面接官がいます。この人物と、採用マネージャの両方から良い評価を受ける必要があります。アマゾンは他の企業と比べ、採用プロセスにおいて実験的な試みをすることが多いです。ここで解説したプロセスは典型的なものですが、そうした傾向があるため、必ずこのような形で採用が進むとは限りません。

グーグル(Google)の面接

グーグルの面接に関しては恐ろしい噂がたくさん漂っていますが、それはあくまで噂です。マイクロソフトやアマゾンの面接とそこまで違いはありません。

グーグルのエンジニアが最初に電話での審査を行いますので、かなり技術的な質問をされることは十分考えられます。これらの質問にはコーディングや共有ドキュメントを用いるものも含まれます。だいたい、会社での面接と同じ水準の似たような質問が電話での面接でも行われます。

会社での面接は4〜6人の人間と面接を行い、その中の1人とは昼食を通して面接します。面接官のフィードバックは他の面接官がわからないように秘密が保持されますので、面接が行われるごとに白紙状態から始まると思ってください。昼食時の面接官はフィードバックを行いませんので、正直に質問ができる絶好の機会になります。

また、面接官は特定の評価観点を与えられているわけではないし、どんな質問をいつ行うかという「構造」や「システム」もありません。各面接官は好きなように面接することができます。

エンジニアとマネージャから成り、採用/不採用の提案を行う採用委員会に面接の評価内容が提出されます。面接の評価は基本的に4つのカテゴリ(分析能力、コーディング能力、経験、コミュニケーション力)で行われ、1.0〜4.0の得点に換算されます。採用委員会には、普通はあなたを担当した面接官を含みません。もし含まれているとしても、それは無作為に選ばれただけです。

採用にあたり、委員会では少なくとも1人の面接官を「熱烈な支持者」として考えたいとしています。つまり、評価得点が3.6、3.1、3.1、2.6の候補者のほうが、すべて3.1の候補者よりも良い評価になるということです。

すべての面接で特別良い評価を得る必要はなく、電話での審査が最終的な決定の大きな要因になることもありません。

採用委員会で採用の判断を下した場合、評価内容は経営管理委員会、執行管理委員会へと移行します。多くの段階と委員会があり、最終決定までには数週間かかります。

必ずしておく準備

グーグルはウェブベースの企業ですので、大規模なシステムの設計を重視します。したがって、9章「システムデザインとスケーラビリティ」に関する問題の準備をしっかりしておいてください。グーグルは候補者の経験よりも、分析(アルゴリズム)スキルを極めて重視しています。自分の経歴が評価されるはずだと感じていても、こうした質問への準備をしっかり行いましょう。

面接の特色

面接官自体が採用の判断を下すのではなく、採用委員会に面接の評価を送るようになっています。また、(めったにないことですが)採用委員会の決定がグーグルの経営陣によって却下される可能性があります。

アップル(Apple)の面接

アップルの面接プロセスは会社組織自体によく似ており、最小限の官僚機構があります。面接官は優れた技術的な能力を求めますが、職制や会社に対する情熱もかなり重視します。Macユーザーであることが必要条件というわけではありませんが、少なくともシステムには精通している必要はあります。

面接プロセスは通常、リクルータによる基本的な能力の電話審査から始まります。続いて面接チームのメンバーにより技術的な能力の電話審査が行われることになります。

会社に招かれると、通常はリクルータから面接プロセスの概要を説明してもらいます。それから6〜8回の面接を面接チームのメンバーと、あるいはそのチームとかかわりの深い主要な人物と行います。

面接は1対1と2対1を混合した形式が考えられます。ホワイトボードにコードを書く準備をして、自分の考えを簡潔にすべて伝えられるようにしておきましょう。そして、将来的にマネージャになるであろう人と昼食をとります。カジュアルな雰囲気ではありますが、面接の一環であることは変わりありません。各面接官は通常、面接内容をそれぞれ異なる分野に絞り、他の面接官に特別掘り下げて聞きたいことがない限りは、お互いに面接の評価内容を共有しようとはしません。

面接日の終わりに面接官同士で情報の交換を行います。面接官の誰もがあなたを社員としてやっていける人材であると感じたときは、応募している組織の責任者やバイスプレジデントとの面談を行うことになります。この決定は非公式ではありますが、そこまでいけば採用目前と思ってよいでしょう。また、この決定は候補者の目に見えないところで行われており、もし審査に通らなかったとしても、候補者にはそういった審査があったことを知らされることなく、単に建物の外まで送られるでしょう。

責任者やバイスプレジデントとの面接を行うと、あなたを担当したすべての面接官が会議室に集まり、公式な採用あるいは不採用を決定します。バイスプレジデントは基本的に出席しませんが、良い印象が得られなかった場合に採用を拒否することができます。リクルータは通常数日後に結果の連絡をしてくれますが、こちらから問い合わせてもかまいません。

必ずしておく準備

もしどんな開発チームが面接を担当するのか知っていれば、その製品についてよく調べておいてください。どの部分が好きか？どの部分を改良したいのか？ できるだけ具体的に述べることで仕事に対する情熱をアピールすることができます。

面接の特色

アップルでは2対1の面接をよく行いますが、緊張しないようにしましょう。1対1の面接と同じようにしていれば大丈夫です！

また、アップルの従業員は熱烈なアップルファンでもあります。面接時にはその部分もしっかりアピールしてください。

フェイスブック(Facebook)の面接

面接を受けることになると、一般的に候補者は1～2回の電話審査を受けます。電話審査は技術的なもので、通常はオンラインエディタを利用したコーディングも含まれます。

電話による面接の後、コーディングやアルゴリズムに関する宿題を与えられる場合があります。その際は、コーディングのスタイルに十分注意すること。コードレビューが行われる環境で働いたことがない場合には、誰かに自分が書いたコードをレビューしてもらうとよいでしょう。

会社での面接は主にエンジニアと行いますが、可能な限り採用マネージャも参加します。どの面接官も総合的な面接トレーニングを受けており、面接の担当者が採用確率に関係することはありません。

各面接官は会社面接での「役割」を与えられており、同じ質問が繰り返されることなく、しかも候補者の全体像が把握できるようになっています。その「役割」とは

- **行動（Jedi、ジェダイ）**：この面接では、候補者がフェイスブックの社内環境において成功する力を持っているかどうかが判断されます。社内の文化や価値観にマッチしているか？ 候補者は何に関心があるか？ 問題をどう乗り越えるか？ 自分がフェイスブックにおいて何をしたいと考えているのか、話せるようにしておきましょう。フェイスブックはプロフェッショナルな人物を求めています。またこの面接では、コーディングに関する質問がなされる場合もあります。
- **コーディングとアルゴリズム（Ninja、ニンジャ）**：これは本書を通じて解説しているような、コーディングとアルゴリズムに関する一般的な質問です。こうした質問は、意図的に難しくされています。どのプログラミング言語を使うかは問われません。
- **デザイン／アーキテクチャ（Pirate、パイレーツ）**：バックエンドのソフトウェアエンジニアには、システムデザインに関する質問がなされる場合があります。フロントエンドや他の専門領域に関する候補者には、それぞれの領域に応じたデザインに関する問題が出題されるでしょう。いくつかのソリューションについてオープンに議論して、それぞれのトレードオフについて考えましょう。

一般的には、「ニンジャ」型面接が2回、「ジェダイ」型面接が1回行われます。職務経験の長い候補者には、「パイレーツ」型面接も実施されるでしょう。

面接が終わると、面接官はお互いにあなたの評価を議論する前に個人ごとの評価内容を提出します。こうすることで、ある面接での結果が他の面接官の評価に先入観を持たせないようにしています。

すべての面接官の評価が提出されると、面接チームと採用マネージャで集まって最終的な判断を下します。彼らは総意に基づく決定を行い、最終的な採用判断を採用委員会に提出します。

必ずしておく準備

最年少の「エリート」企業であるフェイスブックは開発者も起業家精神を持つことを望んでいます。面接では素早くものを作り出すことが好きであることをアピールするとよいでしょう。
彼らはあなたが任意の言語でエレガントかつ大規模な開発を共に追求できるかどうかを知りたがっています。フェイスブックではバックエンドとしてC++やPython、Erlangを用いる業務もありますので、PHPを知っているということは特に重要ではありません。

面接の特色

通常、フェイスブックでは特定の開発チームのためではなく、企業全体としての開発者を採用するために面接を行います。採用

されると広範囲のコードをベースに能力強化を行う6週間の合宿に参加することになります。上級開発者から指導を受け、最も効果的な実践方法を学ぶことができ、最終的には面接時に比べてプロジェクト選びにおける柔軟性がより高まることになるでしょう。

パランティール(Palantir)の面接

「全体型の」面接、つまり会社全体として一律の面接を行う会社とは異なり、パランティールでは特定のチームへの配属を前提に、それぞれ独自の面接を行っています。あるチームに対して提出された願書が、別のチームの方が合っていそうだからと転送されることも少なくありません。

パランティールの面接プロセスは通常、2回の電話面接から始まります。それぞれ時間は30分から45分程度で、主に技術的な内容が問われます。過去の経験に関する質問も少しはなされる可能性がありますが、面接時間の大部分は、アルゴリズムに関する質問に費やされるでしょう。

HackerRankのコーディング問題を解くように命じられるかもしれません。それにより、適切なアルゴリズムを書けるか、正しいコーディングができるかが評価されます。職務経験の少ない候補者、たとえば学生などは、そうしたテストを受けるように言われる可能性が高いです。

このステップを突破した候補者は、オフィスに呼ばれ、最大5人の面接官と会うことになります。この面接では、過去の職務経験、関連する専門知識、またデータ構造やアルゴリズム、デザインに関する知識が問われます。

パランティールの製品がデモされることもあります。その場合、適切な質問をして、パランティールに関する熱意をアピールしましょう。

面接後、面接官は採用責任者にフィードバックを行います。

必ずしておく準備

パランティールは極めて優秀なエンジニアを採用することを目指しています。面接を経験した多くの候補者が、出題された問題は、グーグルなどトップ企業で出されたものより難解だったと答えています。ただ、それは必ずしもオファーをもらうのが難しいという意味ではありません。面接官がよりチャレンジングな問題を出題することを好むというだけです。パランティールの面接を受ける場合には、まずデータ構造とアルゴリズムに関する根本的な知識を徹底的に身につけておく必要があります。そのあとで、アルゴリズムに関する難解な問題を練習するようにしましょう。

バックエンドに関わる職種に応募する場合には、システムデザインに関する知識も重要になりますから、身につけておくようにしましょう。

面接の特色

コーディングに関して難解な問題が出されるのは、パランティールの面接プロセスにおいて一般的に行われていることです。その際にはコンピューターが与えられ、関連する資料を閲覧することができるものの、何も準備せずに面接に臨むことは避けましょう。問題は極めて難しく、アルゴリズムの効率性もチェックされます。面接全体の準備をしておくように。またHackerRank.comでコーディング問題を解いておくことも有効です。

特殊な状況

この本を手に取った理由は、人によりさまざまでしょう。職歴は長いけれど、この種の面接は初めてという方かもしれません。あるいはテスターか、PMとして働いている方かもしれません。よい面接官になるために本書を使う、という場合もあるでしょう。ささやかな内容ですが、そうした「特殊な状況」についてアドバイスしたいと思います。

職歴の長い候補者

本書で紹介しているようなアルゴリズムを問う問題が出されるのは、新卒の候補者に限った話と考えている人がいますが、それは誤解です。

職歴の長いエンジニアの方々に対しては、アルゴリズムを問う問題が若干軽視される傾向がありますが、それでもごくわずかな差でしかありません。

アルゴリズム問題を経験の浅い候補者に出題する会社は、経験のある候補者にも出題します。そうした問題によって明らかにされるスキルが、すべての開発者にとって重要だと考えているからです。

面接官の中には、経験のある候補者にはアルゴリズム問題のハードルを下げる人がいます。そうした候補者がアルゴリズムの授業を受けたのはずっと昔で、忘れているだろうから、というのがその理由です。

逆に経験者にはハードルを上げる、という面接官もいます。経験が長ければ、それだけ多くの種類の問題に接しているだろうから、というのがその理由です。

平均すれば、両者の割合はほぼ同じといったところです。

例外があるとすれば、それは自分の履歴書に書いた内容と、システム設計とアーキテクチャに関する質問です。

一般的に学生はシステムアーキテクチャについてあまり勉強しないので、専門的に取り組まない限りは経験になりにくいのです。そのような質問では、経験の度合いを加味してあなたの評価を決めます。それでも学生や卒業生はこのような質問を受けることがあり、それはそれでできる限り答えられるように準備をしておく必要があります。

加えて言えば、経験がある場合は「これまでに直面した最も困難なバグは何でしたか?」のような質問に対して、より深く印象的な返答をすることを期待されます。経験があるなら、それを返答で示さなければいけません。

テスターとSDET

SDET（Software Development Engineer in Test）ではコードを書き、ビルドの代わりにテストを行います。優れたコーディング能力と優れたテスト能力が要求されます。準備も2倍必要です！

もしあなたがSDETルールを適用したいなら以下の準備プロセスをお勧めします。

- **主要なテスト問題への準備**：たとえば、電球のテストはどのように行いますか？ ペンは？ レジは？ Microsoft Wordはどうすればよいですか？ IXパートの11章「テスト」（p.174～）をよく読んで勉強しておいてください。
- **コーディングの問題を練習する**：SDETで不合格とされる一番の理由はコーディング能力です。SDETで必要なコーディング能力は伝統的な開発者の水準と比べると少し低めではありますが、SDETでもコーディングとアルゴリズムにはかなり強くなければなりません。普通の開発者と同じレベルでコーディングとアルゴリズムに関する問題に答えられるようにしっかり練習しておいてください。
- **コーディング問題のテスト**：SDETの問題に対するごく一般的な問題形式は「Xをするコードを書いてください」、続いて「OKです。それではテストしてください」というものです。特に要求されていなくても「これはどのようにテストすればよいだろう」と考えるようにしておいてください。あらゆる問題がSDETの問題になり得るということを忘れずに！

テストは非常に多くの人と行う仕事ですから、しっかりしたコミュニケーション能力もテスターにとってかなり重要です。「V. 行動に関する質問」も手を抜かないようにしましょう。

アドバイス

最後に一言アドバイスを。あなたがもし、多くの候補者のようにSDETというポジションを就職するための「安易な」道と考えているなら、多くの候補者がSDETから開発者へ移るのは非常に難しいと後になって気づくことを知っておいてください。1～2年で開発者に移りたいと考えているのであれば、コーディングとアルゴリズムの技術を磨くことを怠らないようにしましょう。そうでなければ、開発者の面接で相当苦労する羽目になります。

自分のコーディングスキルを決して落とさないようにしてください。

プログラム/プロダクト・マネージャ

PM(Program/Product Manager)の役割は会社ごとに、あるいは会社内でさえ幅広く変化します。たとえばマイクロソフトでは、PMは基本的に会社と顧客の間に立つ人間であり、マーケティングにおいて顧客と接する役割を果たします。その一方で、日々の大半をコーディングに費やすPMもいます。後者のタイプのPMはコーディングが仕事内容の重要な部分になりますから、コーディング能力をテストされるでしょう。

一般的にPMのポジションに関して、面接官は候補者に次の領域における能力を求めています。

- **あいまいさの扱い**:これは面接において最も重要な領域ではありませんが、面接官がこの問題で能力を見ようとしていることを意識してください。面接官はあいまいな状況に直面したときに、あなたが圧倒されることも立ち往生することもないということを見たいと思っています。正面から問題に取り組む姿、すなわち新しい情報を探し出し、最も重要な部分の優先度を決め、系統立てて問題を解決するところを見たいのです。直接的に試されるわけではないですが、このような問題に対して面接官が見極めたい要素のうちの1つになっています。
- **顧客の視点(ふるまい)**:面接官はあなたが顧客の視点に立つ場合の考え方を見たがっています。すべての人間があなたと同じように製品を使用すると思いますか? 同じように使うとは限らないとすれば、顧客の立場で考えてどのように製品を使いたいかを理解しようとしますか?「目が見えない人向けの目覚まし時計を設計してください」というような問題は顧客視点の考えをテストするのにうってつけです。このような質問をされたら、顧客はどんな人間なのか、どのように製品を使用するのかを把握できるようにしっかりと質問をしておきましょう。11章「テスト」で説明している内容がこれに関係しています。
- **顧客の視点(技術的な能力)**:より複雑な製品を扱うチームの場合は、PMが製品に関わる知識をよく理解した上で仕事をすることが求められます。これは、普通に業務をしているだけでは詳しい専門知識を得るのが難しいからです。AndroidやWindows Phoneのチームで働くのにモバイルフォンの深い知識は必要ないかもしれませんが(もちろん持っているに越したことはないですが)、Windows Securityのチームで働くにはセキュリティの理解は必要でしょう。うまくいけば、必要な技術を取得していると主張しない限りは特定の技術が要求されるチームとの面接をすることはないでしょう。
- **多方面へのコミュニケーション**:PMは多くの立場、幅広い技術を超えて、会社内のあらゆるレベルの人間とコミュニケーションをとれなければなりません。面接官はコミュニケーションにおいて、この柔軟性を持っているかどうかを見たいと思っています。これにはしばしば直接的に「TCP/IPをあなたのお祖母さんに説明してあげてください」のような質問をして試そうとしたり、あなたが以前に参加していたプロジェクトをどのように説明するかを見て評価しようとします。
- **テクノロジーに対する情熱**:良い従業員とは生産的な従業員のことなので、企業としてはあなたが仕事を楽しむことができ、かつ精力的であるかどうかを知りたがっています。テクノロジーへの情熱、そして理想的には会社やチームへの情熱が回答から読み取れるようにしたいところです。「なぜマイクロソフトに興味を持ったのですか?」のような直接的な質問があるかもしれません。さらに、面接官はあなたが過去に経験したことやチームで挑戦してきたことについてどのように説明するかというところに熱意を見出したいと考えています。あなたが仕事上の難問に熱心に取り組めるかどうかを見たいのです。
- **チームワーク/リーダーシップ**:これが最も重要な観点で、当然のことですがPMの仕事そのものです。どの面接官も他の社員とうまく仕事を進めていく能力を求めています。最もよくあるのは、「チームメイトが真面目に働いていない場合、どうすればよいか聞かせてください」のような質問で評価を行います。あなたが問題にうまく対処し、主導権を握り、メンバーのことを理解し、周りの人たちがあなたと喜んで仕事ができるかどうかを見たいのです。行動に関する質問に対する準備は特に重要になってくるでしょう。

上記の領域はすべてPMにとってマスターすべき重要なスキルであり、面接で重要視される部分です。各領域の重要度は、実際の業務における重要度とだいたい一致しています。

開発リーダー / マネージャ

強力なコーディングスキルは開発リーダーはもちろん、管理職にも要求されることがあります。もしあなたが仕事上でコーディングをするなら、開発者と同じくらい、コーディングとアルゴリズムにかなり強くなっておいたほうがよいでしょう。特にグーグルでは、マネージャのコーディングレベルは高い水準を求められます。

加えて、次の領域の能力についての質問に対する準備をしておいてください。

- **チームワーク/リーダーシップ**：管理職のような立場にある人間は誰でも、周囲を引っ張ることとメンバーと一緒に仕事をすることの両方ができる必要があります。この領域の能力については暗黙的に試される場合と明示的に試される場合があります。明示的な評価は、たとえばマネージャと意見が合わないなどの重要な状況を前に、どのような対応をするかというような質問の形式で行われます。暗黙的な評価は、あなたが面接官とどのように対話しているのかを見て行われます。あまりに尊大であったり受け身過ぎたりすれば、面接官はあなたがマネージャとしてふさわしくないと感じるでしょう。
- **優先順位づけ**：マネージャは自分のチームが厳しい最終納期にどう合わせていくかといった難しい問題にしばしば直面します。面接官はプロジェクトについて重要でない部分をうまく切り捨てて、適切に優先順位をつけることができるかどうかを知りたがっています。優先順位をつけることができるというのはつまり、何が重要で、何が達成でき得るかを理解するために正しい質問を行うことができるということです。
- **コミュニケーション**：マネージャは上司や部下、あるいは顧客やその他あまり技術的なことを知らない人とコミュニケーションをとる必要があります。面接官はあなたが幅広いレベルでコミュニケーションができ、それが親しみやすく魅力的であるかどうかを見ようとしています。これはある意味、あなたの個性の評価でもあります。
- **「仕事を成し遂げる」**：おそらくマネージャができなければならない最も重要なことは「仕事を成し遂げる」ことです。これはプロジェクトの準備と実際の実行において的確なバランスをとれるということを意味しています。チームの目標を達成できるように、プロジェクトをどのように構築し、メンバーのモチベーションをどう高めるかを理解することが必要です。

最終的には、これらの領域の能力はあなた自身の経験と人格に回帰します。面接の準備リストを使い、とにかく徹底的に準備してください。

スタートアップ企業

スタートアップ企業に対する応募や面接のプロセスはかなり多岐にわたります。ですので、すべてのスタートアップ企業については無理ですが、一般的なポイントを解説しておきます。ただし、特殊なスタートアップ企業の場合はまったく違ったプロセスの場合もありますので、その点はご理解ください。

応募プロセス

多くのスタートアップ企業が求人情報を掲載しているでしょう。しかし、人気のあるスタートアップ企業なら一番良いのは個人的に紹介してもらうことです。紹介してもらうには、必ずしも親しい友人や同僚である必要はありません。単に外に向かって関心を表しておくことで、あなたの履歴書を手に取り、うまくやっていけるかどうかを見てくれる人が見つかるでしょう。

ビザと就労許可

残念ながら、合衆国では小さなスタートアップ企業のほとんどが就労ビザの発行のスポンサーになることができません。あなたと同様に彼らもこのシステムを嫌っていますが、いずれにせよあなたを雇ってくれるように説得することはできません。ビザが必要でスタートアップ企業で働きたいのであれば、最善の方法は多くのスタートアップ企業(どの企業がビザの問題に取り組んでくれるかについて詳しい可能性のある)で働くプロのリクルータに接触を試みるか、より大きなスタートアップ企業に絞って調べることです。

履歴書のポイント

スタートアップ企業は賢くてコーディングもできるだけでなく、起業家精神あふれた環境でもよく働けるエンジニアを求める傾向があります。自発性がわかるような履歴書が理想的です。あなたはどのようなプロジェクトを始めていますか?

「即戦力である」ということも非常に重要です。その企業で使われている言語をすでに知っていることが求められます。

面接プロセス

ソフトウェア開発に関する一般的な適性を重視する大企業とは対照的に、スタートアップ企業はあなたの人間的な相性、総合的な技術力、過去の経験を見ています。

- **人間的な相性**：人間的に合うかどうかは基本的に面接官との対話の中で評価されます。面接官と親しく魅力的な会話を行うことができれば、それだけ採用の可能性は高まるでしょう。
- **総合的な技術力**：スタートアップ企業では即戦力が求められますので、特定のプログラミング言語で評価しようとするでしょう。その企業で使用している言語がもしわかっていれば、必ず詳細まで復習しておいてください。
- **経験**：スタートアップ企業ではあなたの過去の経験についてたくさん質問されるでしょう。「行動に関する質問」の章には特に注意しておいてください。

上記に加えて、本書で解説しているコーディングやアルゴリズムに関する問題もよく質問されます。

合併や買収による人材獲得

買収が行われる際、デューディリジェンス（Due diligence）の過程において、買収する側の企業がスタートアップ企業の従業員に対して面接を行うことがよくあります。Google、Yahoo、Facebookなど多くの企業において、これが買収を行う際の標準的な手順となっています。

どのスタートアップ企業が行うのか？ そしてなぜ行うのか？

こうした面接を行う理由のひとつは、買収した企業の社員のふるい分けを行うためです。買収側は、買収が自社に入る「簡単な道」になってほしくないと考えているのです。そして人材を獲得することが買収の中心的な目的のひとつであるだけに、社員がどのようなスキルを持っているか評価するのは当然だと感じています。

もちろん、すべての買収がそのような目的で行われるわけではありません。数十億ドルをかけた有名な買収劇の多くで、こうした面接は行われていません。買収先が持つユーザーやコミュニティを獲得することが目的で、従業員や保有技術は気にしていないということもあるのです。この場合、従業員のスキル評価は重視されません。

とはいえ、「従業員を獲得するための買収では面接が行われ、従来型の買収では行われない」と言い切れるほどシンプルでもありません。人材を獲得するための買収と、プロダクトを獲得するための買収の間には、大きなグレーゾーンが広がっています。スタートアップを買収する目的の多くは、その会社が所有する技術の背後にある、開発チームやアイデアを手に入れるためです。買収した側の会社は、プロダクトの廃止を決定するかもしれませんが、その場合でも似たプロダクトの開発を買収したチームに任せるのです。

もしあなたのスタートアップがこのプロセスを経験することになったのなら、通常の採用面接に非常に近い面接が行われるでしょう（したがって、本書で取り上げているような問題が出されるはずです）。

こうした面接はどこまで重要なのか？

こうした面接は非常に重要になることがあります。その役割は3つあります。

- 面接により、買収の成否が決まります。買収先の社員を面接し、その結果を見て、買収が取りやめられることもあります。
- 面接により、買収後も雇用が続けられる社員が決まります。
- 面接により、買収金額も左右されます（雇用が続けられる社員の数が決まる結果として）。

つまりこの種の面接は、「スクリーニング」以上の意味を持つのです。

どのような人が面接を受けるのか？

テクノロジー系スタートアップの場合、通常は従業員全員が面接の対象となります。そもそも従業員の獲得が、買収の目的であることが一般的だからです。

また営業部門、カスタマーサポート部門、プロダクトマネジャーなど、ほぼすべての部門において面接が実施されます。

スタートアップのCEOは、プロダクトマネジャーか、開発マネジャーのポジションで面接されることが一般的です。こうしたポジションが、現代のスタートアップCEOに求められる役割に最も近いためです。とはいえ、これが絶対だとは言い切れません。どのようなポジションで面接を受けることになるかは、買収時点でCEOがどのような仕事をしていたのか、またどのようなことに興味を持っていたのかに左右されます。また私のクライアントの中には、買収されても面接は受けず、そのまま会社を去ることを選択したCEOもいます。

面接で上手くいかなかった人はどうなるのか?

面接で良い結果が残せなかった従業員は、買収した会社からオファーをもらうことはできません。(そのような従業員が大勢出れば、買収自体がとん挫することでしょう。)

ただ面接で上手くいかなかった場合でも、「ナレッジの移転」を目的として、オファーをもらえる可能性があります。これは一時的なポジションであり、契約期間(半年が一般的です)が終われば、その従業員は会社を去らなければなりません。とはいえ、そのまま契約が続けられる場合もあります。

他にも、面接で想定されたポジションのミスマッチが原因で、面接が上手くいかない場合があります。こうした事態が起きてしまうのは、次のような理由が一般的です:

- スタートアップでは、「従来型の」ソフトウェアエンジニアではない人々にも、ソフトウェアエンジニアという肩書をつけることがあります。たとえばデータサイエンティストや、データベースエンジニアもこの名前で呼ばれることがあるのです。その結果、こうした人々が他の面で優れたスキルを持ちながら、「ソフトウェアエンジニアの」面接で失敗するということが起きます。
- スタートアップのCEOが、経験の浅いエンジニアを「売ろう」として、実際よりも経験があるように装うことがあります。その場合、面接ではより経験の長いエンジニアを想定した質問がなされることになり、従業員は実際よりも高いハードルに挑まざるを得なくなるというわけです。

こうした状況では、より適切なポジションを想定して、改めて面接が行われる場合があります。(運が悪ければ、再挑戦のチャンスは与えられませんが。)

まれに、CEOが面接結果を覆すことがあります。特に優秀な従業員について、面接結果が彼らのスキルを十分に反映していないと考えられる場合などです。

「最高の(あるいは最低の)」従業員でも意外な結果が出ることがある

トップ企業では、問題解決/アルゴリズムに関する面接を、従業員が持つ特定のスキルを評価するために実施します。その結果は、彼らのマネジャーが評価していた内容とは、必ずしも一致しません。

私のクライアントの多くが、彼らが最高だと思っていた(あるいは最低だと思っていた)従業員が、面接において意外な評価を受けて驚いたという経験を持っています。まだまだ未熟だと思っていたエンジニアが、面接において、非常に優秀な問題解決スキルを持つと評価されるといったことが起きるのです。

従業員を過大評価(あるいは過小評価)しないようにしましょう。面接官と同じ視点で評価してみれば、違った結果が出るかもしれません。

すべての従業員が同じ基準で評価されるのか?

基本的にはイエスですが、例外もあります。

大企業は採用において、リスクを回避しようとする傾向があります。ボーダーライン上にある候補者は、採用しないでおくという判断に至ることが多いのです。

従業員は買収や「人材獲得を目的とした買収」にどう反応するか?

これは多くのスタートアップCEOや創業者が気にする点です。従業員たちは、こうしたプロセスに反発するのでしょうか?あるいは彼らの期待値を高めてしまい、その期待に沿えなかったらどうなるのでしょうか?

私が多くのクライアントを見てきた結果として言えるのは、経営者はこの点について必要以上の心配をしているということです。

確かに反発する従業員も出てきます。何らかの理由で、大企業に参加することを良しとしない人もいるのです。

しかし多くの従業員は、慎重でありながら楽観的な姿勢を示します。彼らは引き続き仕事を得られると期待しつつも、そうした面接が行われるということは、必ずしも期待通りにならないことを理解しているのです。

買収後、チームはどうなるのか？

これは場合によります。しかし私のクライアントの多くでは、チームは維持されるか、買収先のチームに統合されています。

買収にともなう面接の準備を、チームにどのように進めさせればよいか？

買収にともなう面接の準備は、他の面接の準備と非常に近いものになります。違うのは、準備をチームとして進めることと、個々の従業員が個人の利益を追求するためだけに面接を行うのではないという点です。

全員参加！

私が一緒に仕事をしたクライアントの中には、本業を中断して、2〜3週間かけて面接の準備を行った会社もあります。

もちろん、こうした判断をすべての会社が下せるわけではありません。しかし――買収を成功させるという観点から言えば――それが結果を大きく左右することは間違いないでしょう。

個人で準備を進めさせたり、2〜3のチームに分けて進めさせたり、あるいはお互いに模擬面接を行わせたりするなどして準備を進めると良いでしょう。可能であれば、3つすべての対応を行うべきです。

他人に比べて、準備に時間をかけない人もいます。

スタートアップに参加している開発者は、ビッグ・オー・タイムやバイナリサーチツリー、幅優先探索といった重要なコンセプトに不慣れなことが多いです。そのため、面接の準備にはより多くの時間が必要になるでしょう。

コンピューターサイエンスの学位を持っていない（あるいは取得してから長い時間が経っている）人々は、まずは本書で紹介している基本的なコンセプト、特にビッグ・オー・タイム（最も重要なもののひとつです）を学習することに集中しましょう。

あなたの会社にとって買収が重要なら、従業員に面接の準備をする時間を与えましょう。彼らにはその時間が必要です。

後回しにしない

スタートアップに参加している以上、何の準備もないまま事に当たるといったことには慣れっこになっているかもしれません。しかしそれを、買収にともなう面接に対しても行ってしまうスタートアップは、あまり上手くいきません。

買収にともなう面接は、突然やってくることが多いのです。CEOが買収側の企業と雑談しているうちに、会話がどんどん真剣になって……といった具合です。買収側は「どこかのタイミングで従業員の面接を行うかもしれない」と伝えます。それが急に、「今週末に来てくれ」ということになるのです。

面接の日程が組まれるまで何もしていなかったら、準備に数日しかかけられなくなるでしょう。それはエンジニアたちがコンピューターサイエンスに関するコンセプトを学んだり、面接に備えたりするのに十分な時間とは言えません。

面接官に向けたアドバイス

前回の版を書き上げてから、本書を通じて面接の仕方を学んだという面接官が数多くいることを知りました。それは本書の目的ではなかったのですが、ここで面接官向けのアドバイスもまとめておきましょう。

本書で紹介している質問をそのまま尋ねることはしない

第1に、本書で紹介している質問は、面接の準備に最適であるという理由で選ばれたものです。面接の準備には適しているものの、面接自体には適切ではないという質問もあります。たとえば本書ではいくつか難問を取り上げていますが、それはそうした問題を出題する面接官が存在するためです。したがって、難問を出す会社の面接向けにその準備を行うことは意味がありますが、個人的にはそうした問題は悪問だと感じています。

第2に、候補者も本書を読むことができます。彼らが既に解いたことのある問題を出したくはないでしょう。

本書で紹介しているのと似た問題を出題することもできますが、本書からいくつかピックアップして終わりにするということのないように。目標はあくまで、候補者の問題解決力を測ることであり、記憶力ではないはずです。

難易度が中から高の問題を出す

こうした問題を出題する目的は、候補者の問題解決力の測定です。簡単すぎる問題を出すと、結果に差が出てきません。またささいな理由で、候補者のパフォーマンスが落ちるということも発生します。つまり信頼のおける指標にはならないというわけです。

複数のハードルがある問題を探す

問題のなかには、「なるほど、そうだったのか！」という気持ちにさせられるものがあります。何らかの気づきがあれば、解決するという問題です。その気づきがないと、候補者は低い評価しか得られませんし、逆であれば高い評価が得られることになります。

これはスキルを示す指標になりますが、まだ1つだけでしかありません。理想的には、複数のハードルや気づき、最適化が含まれる問題を探すべきです。データポイントは多い方が良いのです。

考え方のコツをお教えしましょう。候補者に1つのヒントやガイドを与えるだけで、結果に大きな差が出てしまうような問題は、面接用の問題としては適切ではありません。

難しい知識を問うのではなく、難しい問題を問うこと

面接官の中には、問題を難しくしようとするあまり、「知識」を難しくしてしまう人がいます。実際にそうした問題を解ける候補者は少なくなりますが、候補者のスキルを評価することには役立ちません。

候補者に期待する知識は、きわめて基本的なデータ構造やアルゴリズムに関するものであるべきです。たとえばコンピューターサイエンス専攻の卒業生が、ビッグ・オー記法やツリー構造の基礎を理解していることを期待するのはフェアと言えるでしょう。しかし多くの人々は、ダイクストラ法やAVLツリーについては詳しく覚えていないはずです。

もしあまり一般的でない知識を面接で問うつもりなら、ちょっと考えてみて下さい。それは本当に重要なスキルでしょうか？またそのスキルは、雇う従業員の数を絞ったり、問題解決力や他のスキルに焦点を当てることを限定したりしても良いと考えられたりするほど、重要なものと言えるでしょうか？

新しいスキルや能力を問えば問うほど、他の評価にかけられる時間は制限されることになります。それを防ぐためには、バランスを取るしかありません。確かに他の条件が同じならば、分厚いアルゴリズムの教科書の内容を覚えていて、詳しい知識を披露できる候補者の方を選ぶでしょう。しかし「他の条件が同じならば」などということは、現実にはあり得ないのです。

「脅かすような」問題は出さない

問題の中には、候補者を怯えさせるものがあります。実際はそうでないにも関わらず、特殊な知識を要求されると思わせるためです。たとえば次のような問題です：

- 数学問題や確率に関する問題
- 低レベルの知識（メモリーアロケーション等）
- システムデザインやスケーラビリティに関する問題
- プロプライエタリのシステムに関する問題（Google Mapsなど）

具体例を挙げると、80ページで紹介する「1000以下で$a^3 + b^3 = c^3 + d^3$となるような、すべての正の整数解を求めよ」のような内容です。

多くの候補者はこうした問題を見ると、因数分解のような中レベルの数学知識を駆使しなければならないと考えがちですが、実際は違います。必要なのは指数、合計、等式の概念を理解しておくことだけなのです。

この問題を出す際、私ははっきりとこう言います。「これが数学問題のように見えることは知っています。しかしそうではないので、心配しないで下さい。これはアルゴリズム問題なのです。」もし因数分解を始めたら、改めてこれが数学問題ではないことを伝えます。

確率に関する知識が少し必要になる問題もあります。候補者が知っている可能性が非常に高い知識が問われる問題です（「5つの選択肢の中から1つを選ぶ」や「1から5までの間で整数をランダムに選ぶ」など）。しかしそうした要素が含まれているというだけで、候補者は怯えてしまうのです。

候補者を怯えさせてしまう質問をする際には、慎重になるように。面接自体が既に、候補者を緊張させる場だということを理解しましょう。そこで「脅かすような」質問をすれば、彼らを慌てさせてパフォーマンスを下げる結果となります。

そうした問題を出題する場合、候補者が考えているような知識は実際には必要とされない問題であることを、きちんと伝えるようにしましょう。

ポジティブな態度で接する

「正しい」質問をしようとするあまり、自らの行動を顧みることがおろそかになってしまう面接官がいます。

多くの候補者は面接に怯えていて、面接官が発するすべての言葉の裏を読もうとします。良い兆候と思える、あるいは逆に悪い兆候と思えるすべての出来事に執着してしまうのです。「がんばってください」程度の些細な言葉さえ、たとえ結果に関係なく必ず言っていたとしても、何か意味があるように感じるのが面接の候補者です。

あなたは候補者たちが、面接という経験や面接官であるあなた、そして自らのパフォーマンスについて、肯定的な感情を抱いてほしいと願っているはずです。彼らにリラックスしてほしいと思っていることでしょう。緊張している候補者は実力が発揮できず、面接官は適切な評価ができなくなります。さらに優れた候補者を見つけても、その人があなたやあなたの会社にネガティブな感情を抱いてしまっては、オファーを受諾することはないでしょう——さらに友人たちに「あの会社は受けないほうがいい」とアドバイスするようになってしまうかもしれません。

候補者に対してはフレンドリーな態度で接し、温かく迎えるように。これが得意な人もそうでない人もいますが、とにかく最大限努力しましょう。

友好的な態度を取るのが苦手という人も、面接のあいだ、ポジティブな相づちを打つよう努力できるはずです。たとえば次のような言葉です。

- そう、その通り。
- 良い指摘です。
- 良い出来ですね。
- なるほど、これは興味深いアプローチだ。
- 完璧です。

候補者のパフォーマンスが悪くても、何かほめる点が必ずあるはずです。それを見つけて、面接にポジティブな要素を持ち込むようにしましょう。

行動については深く探る

候補者の多くは、自分が達成したことを上手く表現できません。

「困難な状況に陥ったことがありますか」という質問をしたとしましょう。候補者は自らのチームが直面した問題について説明します。しかしあなたには、候補者自身はたいした仕事をしていないように感じられます。

そう結論を急がないで。目の前にいる候補者は、業績をひけらかしたり、自慢したりすることに慣れていないために、自らについて考えることができていないだけかもしれません。これはリーダー的な役割を務めていた候補者や、女性の候補者においてありがちなパターンです。

候補者が何をしたのか、あなたがよく理解できなかったというだけの理由で、彼らは何もしなかったのだという結論に至らないように。あらためて（友好的な態度で！）問いかけてみましょう。候補者がどのような役割を演じたのか、具体的に説明するよう尋ねるのです。

それでもよく分からなかったとしても、あきらめず繰り返し深掘りしてみましょう。直面した問題についてどう考えたのか、どのようにアプローチを変えてみたかなど、より詳細に質問するのです。特定の行動について、なぜそのように行動しようと思ったのか尋ねましょう。自分の行動について詳細に説明できなかったとしても、それはその人物が候補者として優れていなかったというだけで、従業員として優れていないということを意味するのではないかもしれません。

「良い候補者を演じる」というのは1つのスキルに過ぎず（それが本書のようなテキストが存在する理由です）、それを評価することは、面接の本来の目的ではないはずです。

候補者のコーチをする

本書のアルゴリズムに関する解説に目を通しましょう。その内容は、問題が解けずに苦労する候補者を手助けする際に役に立つはずです。とはいえ、テスト対策の授業をするかのように行動しろという意味ではありません。面接で必要になるスキルと、実際の仕事で必要になるスキルを切り分けましょうという意味です。

- 多くの候補者は、面接で聞かれた質問を解く際に、サンプルを使おうとしません（あるいは良いサンプルを使うことができません）。その場合、解決策を導くのが極めて難しくなりますが、それは彼らが問題解決能力を持たないことを意味するわけではありません。もし候補者が自分でサンプルを書こうとしなかったら、あるいは特殊なサンプルを用意しようとしていたら、彼らにアドバイスしましょう。

- 候補者の中には、無数のサンプルを使ってしまい、バグを発見するのに長い時間をかけてしまう人もいます。だからといって、彼らがテスターあるいは開発者として低レベルだという意味ではありません。すぐに巨大なサンプルを用意しようとするのではなく、まず自分のコードを分析してみる方がより効率的であるということや、小さなサンプルでも結果は変わらないということを知らないだけなのです。アドバイスしてあげましょう。
- 候補者が最適な解を出す前にコーディングを始めたら、彼らを引き戻して、アルゴリズムの検討に集中させましょう（それが面接の目的であるならば）。そのための時間が与えられなかったにも関わらず、候補者が最適な解を見つけられなかったと結論付けるのは、アンフェアというものです。
- 候補者が緊張して、途方に暮れてしまった時には、思いつく案を片っ端から試してみて、何か最適化できるものがないか考えてみることを勧めましょう。
- 候補者が何も言わずにいて、様々な案を試してみる余地がある場合にも、手あたり次第に考えてみることを勧めましょう。最初に思いつくアイデアが、完璧なものである必要はまったくありません。

候補者がこうした状況を切り抜ける力が重要だと思っていたとしても、それが唯一の合格条件というわけではありません。この面については落第点を与えつつ、彼らをガイドして、先に進むことを促すことができるのです。

本書の目的は、候補者が面接を突破できるよう支援することですが、面接官であるあなたのゴールは、「準備不足」という要素の影響を取り除くことです。準備が十分にできた候補者もいれば、そうでない候補者もいます。しかしそれは、エンジニアとしてのスキルにはあまり関係のないことなのです。

本書で紹介している様々なアドバイスを使って、候補者をガイドしましょう。（もちろん、理にかなった範囲内でという意味です。問題解決能力の評価が目的ではない場合には、候補者のコーチをする必要はありません。）

しかし注意が必要です。もしあなたが候補者を委縮させるようなタイプの面接官の場合、候補者をガイドするのは事態を悪化させる場合があります。「変なサンプルを使って問題をややこしてくしているぞ」や「テストが正しくできていないじゃないか」などと言っているように聞こえてしまうからです。

候補者が黙りたければ、黙ることを許すように

候補者から最もよく聞かれる質問のひとつが、黙って考える時間がほしいのに、常に会話を続けようとする面接官にどう対処したらよいか、というものです。

もしあなたの候補者が黙って考える時間を望んでいるのなら、それを与えましょう。「すっかり途方に暮れてしまい、何をしたら良いかまったくわからない」という沈黙と、「いまは黙って考えているだけ」という沈黙が区別できなければなりません。

そうすることで、多くの候補者が助かるでしょうが、すべての候補者にとって沈黙の時間がプラスになるとは限りません。考える時間が必要な候補者もいる、ということです。その場合には、彼らに時間を与え、評価の際には「他の候補者より少しガイドを必要としなかった」と考えるようにしましょう。

「モード」を理解する――サニティテスト、クオリティ、スペシャリスト、プロキシ

非常にハイレベルな観点で言えば、面接の質問には、次の4つの「モード」があります。

- **サニティチェック（Sanity Check）**：これは問題解決や、デザインに関する問題の形態を取ることが多いです。問題解決における、最低限のスキルを評価するための質問です。候補者のスキルが「許容レベル」なのか、それとも「最高」なのかは区別できないため、そうした評価には使わないようにしましょう。この質問は面接の初期の段階で使う（最低レベルの候補者をふるいにかける）か、必要最低限のスキルしか候補者に求めていない場合に使います。

- **クオリティチェック**：これはより高度な問題で、問題解決やデザインに関する問題の形態を取ることが多いです。候補者には本気を出して、頭をひねることが求められます。アルゴリズムや問題解決に関するスキルを持つことが重要な採用条件である場合に、こうした質問をするようにしましょう。ただこの点に関して犯しやすいのが、適切でない問題解決型問題を出してしまうというミスです。
- **スペシャリスト問題**：この質問は、Javaや機械学習など、特定のトピックに関する知識を問うものです。仕事を通じてではすぐに習得することが難しいスキルを求めている場合に、この問題を問うようにしましょう。本当の意味でのスペシャリストを採用する際に使うのが、こうした問題なのです。残念なことに、10週間の集中特訓コースを出たばかりの候補者に、Javaに関する複雑な問題を出題する面接官を見たことがあります。それで何がわかるでしょうか？候補者が質問に答えられたところで、彼らはその知識を最近身に着けたのであり、つまり簡単に習得できるものであるということを意味します。簡単に習得できるスキルなら、わざわざ新しい人を雇うまでもありません。
- **プロキシ知識**：これはスペシャリストのレベルではないものの、これから採用しようという候補者に知っておいてほしい知識を問う質問です。たとえば候補者がCSSやHTMLを知っているかどうかは、重要ではないかもしれません。しかしこうした技術を駆使してきたはずの候補者が、テーブルを使うのがなぜ良いのか（あるいは悪いのか）を答えられなければ、何らかの問題があることを意味します。仕事において中核的な知識を習得できていないからです。

面接において問題になるのは、次のようなミスマッチが起きた場合です。

- スペシャリストでない候補者に、スペシャリスト問題を出題する。
- スペシャリストが必要でないのに、スペシャリストを採用してしまう。
- スペシャリストが必要なのに、基本的なスキルしか評価していない。
- サニティチェックしかしていないのに、クオリティチェックをしていると勘違いしている。したがって実際には些細な問題で「許容レベル」の候補者と、「最高」レベルの候補者が分かれているにも関わらず、両者の間に決定的な差があると思い込んでいる。

実際に私は、大小さまざまなテクノロジー系企業の採用プロセスを支援してきましたが、多くの企業でこうしたミスマッチが起きるのを目にしています。

IV 面接の前に

面接を突破できるかどうかの勝負は、面接の前から始まっています――それも数年前から。これから紹介するタイムラインは、あなたがいつ、何を考えているべきかを整理したものです。
もしこのタイムラインから遅れているとしても、心配いりません。「追いつける」ようできる限り努力し、準備に専念しましょう。幸運を祈ります！

よい経験を得る

履歴書が素晴らしいものでなければ、面接のチャンスも得られません。そして素晴らしい経験をしていなければ、素晴らしい履歴書にはなりません。したがって、面接を勝ち取る最初のステップは、よい経験を得ることです。早く行動していればしているほど、この点について優れた選択をすることができます。

現役の学生には、これは次のような意味になります。

- **大きなプロジェクトの授業を取る：**大規模なコーディングを行う授業を取りましょう。これは実際の職場で働き始める前に、実践的な経験を得るよい機会になるはずです。プロジェクトの内容が現実世界に関連していればもっと良いです。
- **インターンシップに参加する：**学校に入って間もない時期から、インターンシップの機会が得られるよう、あらゆる手段を尽くしましょう。そうすれば、後でもっと素晴らしいインターンシップの機会が得られるはずです。著名なテクノロジー企業の多くが、大学1年生・2年生向けに特別に用意されたインターンシッププログラムを設けています。またスタートアップに目を向けるというのもありです。彼らの方が、より柔軟に対応してくれる場合があります。
- **何かやってみる：**起業家のような行動をしてみるというのは、ほぼあらゆる企業に対してアピールポイントになります。それを通じてテクノロジーに関する経験を積むことができるだけでなく、あなたがイニシアチブを発揮して「何かをやり遂げる」ことのできる人物だと示すことができるからです。週末の休みを使って、何か自分で開発してみましょう。誰か教授を捕まえて「スポンサー」になってもらい、自分のプロジェクトを勉強の一環として認めてもらうことができるかもしれません。

一方、プロの場合は理想の会社に移るのにふさわしい経験をすでに積んでいるかもしれません。たとえばグーグルの開発者であれば、フェイスブックに移るのに十分な経験を積んでいるでしょう。しかし、あまり知られていない会社から大企業へ移るとか、テスターから開発者へ移ろうとする場合には次のアドバイスが役に立つはずです。

- **仕事の分担をコーディングに移行していく：**会社を辞めることを上司にはっきり伝えていなければ、より大きなコーディングの仕事への挑戦を検討することができるでしょう。できる限り、これらのプロジェクトが内容の詰まったものであることを確認し、関連する技術を用い、履歴書に1つでも2つでもつけ加えるようにしてください。理想的には、これらのコーディングプロジェクトで履歴書の大半を作っておきたいところです。
- **夜間と週末を利用する：**もし時間があれば、その時間を使ってモバイルアプリやウェブアプリ、あるいはデスクトップソフトウェアの一部を作るとよいでしょう。そうすることで新たな技術と経験を得ることもできますし、今日の企業に対してより関係を深めることになります。そしてそのプロジェクトは、履歴書にしっかりと記入しておくべきです。「面白半分で」作ったようなものは面接官に対して印象づけ難いからです。

企業が知りたい部分を要約すると、大きく分けて2つの点になります。1つは賢さ、もう1つはコーディング能力です。それらを証明することができれば、面接をものにできるでしょう。

これに加えて、自分がどの方向へ向かっていくのかということは事前に考えておかなければなりません。現時点では開発者として職を探していたとしても、将来的には管理職を目指しているのであれば、リーダーシップを身につける方法についてもしっかり考えておくべきです。

履歴書の書き方

履歴書の審査も面接と同じ部分をチェックしています。あなたの賢さとコーディング能力です。

つまり、履歴書ではその2つを強調して書いておかなければならないということです。テニスや旅行、カード集めの趣味をアピールする必要はあまりありません。技術的な内容と関係のない趣味にスペースを使うよりも、可能な限り技術的なことを埋め込むことができるように、よく考えて履歴書を作りましょう。

適切な履歴書の長さ

米国では、履歴書はあなたの経験が10年未満なら1ページに収めることを強くお勧めします。もっと経験のある候補者でも1.5〜2ページでいいでしょう。2倍もある長さの履歴書について考えてみてください。短い履歴書のほうが印象的です。

- 担当者が履歴書に目を通す時間はほんの少し（10秒程度）しかありません。ですから、履歴書の内容を一番印象的な項目に絞っておくようにすれば必ず担当者の目に留まるでしょう。あまり余計な内容を書き過ぎると担当者の気が散ってしまい、一番見てほしい部分を見てもらえない可能性があります。
- 長い履歴書を読むのを露骨に嫌がる人もいます。そんな理由で不採用になるというリスクを冒してまで長い履歴書にしたいですか?

あまりにたくさん経験していて、それをすべて1〜2ページに収めることなんてできないと思うかもしれませんが、信用してください、必ずできます。たくさん経験したから履歴書も同じように長くすればよいというものではないのです。長々と書いてしまうのは、内容の優先順位がつけられていないとみなされてしまうでしょう。

職歴

履歴書にはあなたが携わってきた職歴のすべてを記入する必要はありません。関係のあることだけを記入するようにしましょう一そうすればその履歴書はあなたを印象的な候補者にしてくれます。

目立つ箇条書きにする

各々の役割での成果を説明するときは「Yを実装することでXができて、その結果Zになった」という書き方にしましょう。1つ例を挙げます。

- 「分散キャッシュを実装してレンダリング時間を75%減らすことができ、その結果ログイン時間を10%短縮することができた」
  もう1つ別の書き方の例も紹介しておきます。
- 「windiffをベースに新しい比較アルゴリズムを実装して、平均のマッチング精度が1.2から1.5に増加した」

何もかもこの方法でということではありませんが、原理的には同じです。何をどのように行い、結果としてどうなったか。理想的には、どうにかして結果が何らかの形で測定できるようにしておきたいところです。

プロジェクト
経験の豊富さをアピールするには履歴書にプロジェクトでの開発項目を設けるのが最も良い方法です。現役の学生や大学を卒業したばかりであれば、特にそうしておいたほうがよいでしょう。

プロジェクトは最も重要なものを2～4個程度にしてください。どんなプロジェクトで、どの言語、どんな技術を用いたのかをはっきり記述してください。プロジェクトが個人かチームか、授業の一環として行われたのか、それとは別に独立して行ったものなのか詳細の説明もしておきたいかもしれませんが、それは必要ありません。あなたの評価に良い影響のありそうなことだけにしておきましょう。授業で行ったプロジェクトより独立して行ったプロジェクトのほうが、イニシアチブを示せるということで一般的により好ましいです。

プロジェクトの数が多すぎないように気をつけてください。以前に経験した13ものプロジェクトをすべて書いて失敗した候補者もたくさんいます。小規模のプロジェクトや印象に残りそうにないようなプロジェクトはカットしておきましょう。

では何を作れば良いのでしょうか？実のところ、それはあまり重要ではありません。オープンソースプロジェクトが好きな人もいれば（それによって大規模なコードベースに貢献するという経験が得られるでしょう）、独立したプロジェクトを好む人もいます（こちらの方が個人の貢献度を理解しやすいです）。モバイルアプリやウェブアプリなど、何を開発していても構いません。最も重要なのは、何かを開発しているという点なのです。

プログラミング言語とソフトウェア

ソフトウェア
リストに載せるソフトウェアを選ぶ際には、保守的に考えて、どれが応募している企業に対してアピールできるものかを判断するようにしましょう。Microsoft Officeのようなソフトを載せることはほとんどありません。Visual StudioやEclipseのような、より専門性の高いソフトについては載せることが適切な場合もありますが、トップ企業の多くに対してはアピールになりません。結局のところ、Visual Studioを学ぶのは難しいことでしょうか？もちろんこうしたソフトを載せるのは構いませんが、貴重なスペースが無駄になるだけです。そのトレードオフについて、よく考える必要があります。

言語
これまで業務で使用してきた言語をリストアップしますか？ それとも個人的に最も快適に使えるものだけをリストアップしますか？
これまで使ったことのあるすべての言語を載せてしまう、というのは危険です。多くの面接官は、面接の間、履歴書に載っているあらゆる内容を「攻撃目標」として扱うからです。
これに代わるやり方として、使用した経験の長い一部の言語を載せるという方法が考えられますが、その場合にも経験レベルを併記しておきましょう。たとえば次のような形で：

- **言語：Java（専門レベル）、C++（熟練レベル）、JavaScript（経験あり）**

「～のエキスパート」や「～が堪能」のように、スキルセットを表現するために効果的な表現を使いましょう。特定の言語を使用した年数をリスト化する人もいますが、これは混乱を招く場合があります。たとえばJavaを最初に習ったのが10年前で、それからJavaを使った開発を時折行っていたとしたら、何年の経験を持つと言えるでしょうか？
こうした理由から、経験年数は履歴書に載せるにはあまり適切でない指標です。それよりも、特定のスキルをどの程度使いこなせるのかを平易な言葉で表現する方が望ましいでしょう。

英語圏でない人や留学生

企業によっては、単にタイプミスがあるというだけで履歴書をはねつけられることもあります。少なくとも1人くらいはネイティブの人に校正してもらいましょう。

また、米国の企業に提出する履歴書には年齢、婚姻状態、国籍は書かないでください。この種の個人情報は法的責任を生じさせることになり、企業側にとっては面倒なだけです。

(潜在的な)悪いイメージに注意すること

プログラミング言語に関する受け答えにおいて、面接官に悪いイメージを与えることがあります。それはその言語自体に問題があることもありますが、多くはそれが使われる場所や方法に原因があります。ここでは単に、そうしたイメージがあることだけを解説し、いちいち反論はしません。

注意すべきイメージとして、次のようなものが挙げられます。

- **企業内開発用の言語について詳しい：**言語そのものにマイナスのイメージが付いている場合もありますが、その多くが企業内での開発に使われるものです。Visual Basicはその好例と言えるでしょう。あなたが自分をVBのエキスパートだと自己紹介したら、聞いた人はあなたがそれほどスキルのない開発者だと感じる可能性があります。そう感じた人も、VB.NETを使って様々な洗練されたアプリケーションを開発できることは認めるでしょう。しかしVBを使って開発されるアプリケーションは、それほど洗練されていないことが多いのです。シリコンバレーの有名企業の中に、VBを使って開発しているなどという企業を見つけるのは難しいはずです。
  実際、同じことは（程度の差はあれ）.NETプラットフォーム全体に対して言うことができます。もしあなたが力を注いできたのが.NETによる開発で、しかし.NETに関するポジションに応募しているのでなければ、自分が優れた技術的スキルを持っていることをより強くアピールする必要があります。
- **プログラミング言語の経験にフォーカスし過ぎている：**大手テクノロジー企業のリクルーターが履歴書を見て、そのあらゆる箇所でJavaの経験について触れられているとしたら、候補者のスキルについてマイナスの印象を抱くことでしょう。優秀なソフトウェアエンジニアは、自らの経歴について述べる際に特定のプログラミング言語に依存しないものだ、という考え方を多くの人々が抱いています。したがって、特定の言語の経験をこれ見よがしに語る候補者を見ると、リクルーターは「うちにはいらないな」と感じるのです。
  履歴書上でプログラミング言語に関する知識や経験をひけらかすな、ということではありません。企業が何を重視するかを理解せよ、という意味です。言語に関する面を重視する企業も存在します。
- **認定資格を持っている：**認定資格を持っているというのは、良い印象を与える場合もあれば、悪い印象を与える場合も、あるいはまったく影響を与えない場合もあります。「プログラミング言語の経験にフォーカスし過ぎる」で述べたのと同じことを、ここでも言うことができます。企業は認定資格についても、同じ偏見を抱いているのです。場合によっては、履歴書に記載しない方が良いこともあります。
- **1つか2つのプログラミング言語しか理解していない：**コーディングの経験が長ければ長いほど、そして開発したものが多ければ多いほど、経験するプログラミング言語の数も増えていくはずです。とすれば、履歴書に「使える言語」として1つしか挙げられていなかった場合、面接官は「あぁ、この候補者はそれほど開発経験を積んでこなかったのだな」と思うことでしょう。またそうした候補者が、新しい技術を学ぶのに苦労するだろうと思うかもしれません（じゃなきゃ、なぜ1つの言語しか習得していないんだ？）。もしくは、その候補者が特定の技術に深入りしすぎていると感じる可能性もあります。

ここで紹介したアドバイスは、履歴書を書く際だけでなく、これからのキャリアを考える上でも役に立つでしょう。これまでC#.NETでの開発を続けてきたのなら、PythonやJavaScriptを使うプロジェクトにも参加すべきです。言語を1つか2つしか知らないのなら、別の言語を使ってアプリを開発してみましょう。
可能な限り幅広い経験を持つことです。PythonやRuby、JavaScriptは似た言語なので、より離れた言語、たとえばPythonやC++、Javaを学ぶといった経験を積むと良いでしょう。

準備表

次の図は、面接の準備をどう進めればよいかを解説したものです。重要なのは、面接の際の質問だけに焦点を当てたものではないという点です。プロジェクトに参加したり、コーディングしたりすることにも力を入れましょう！

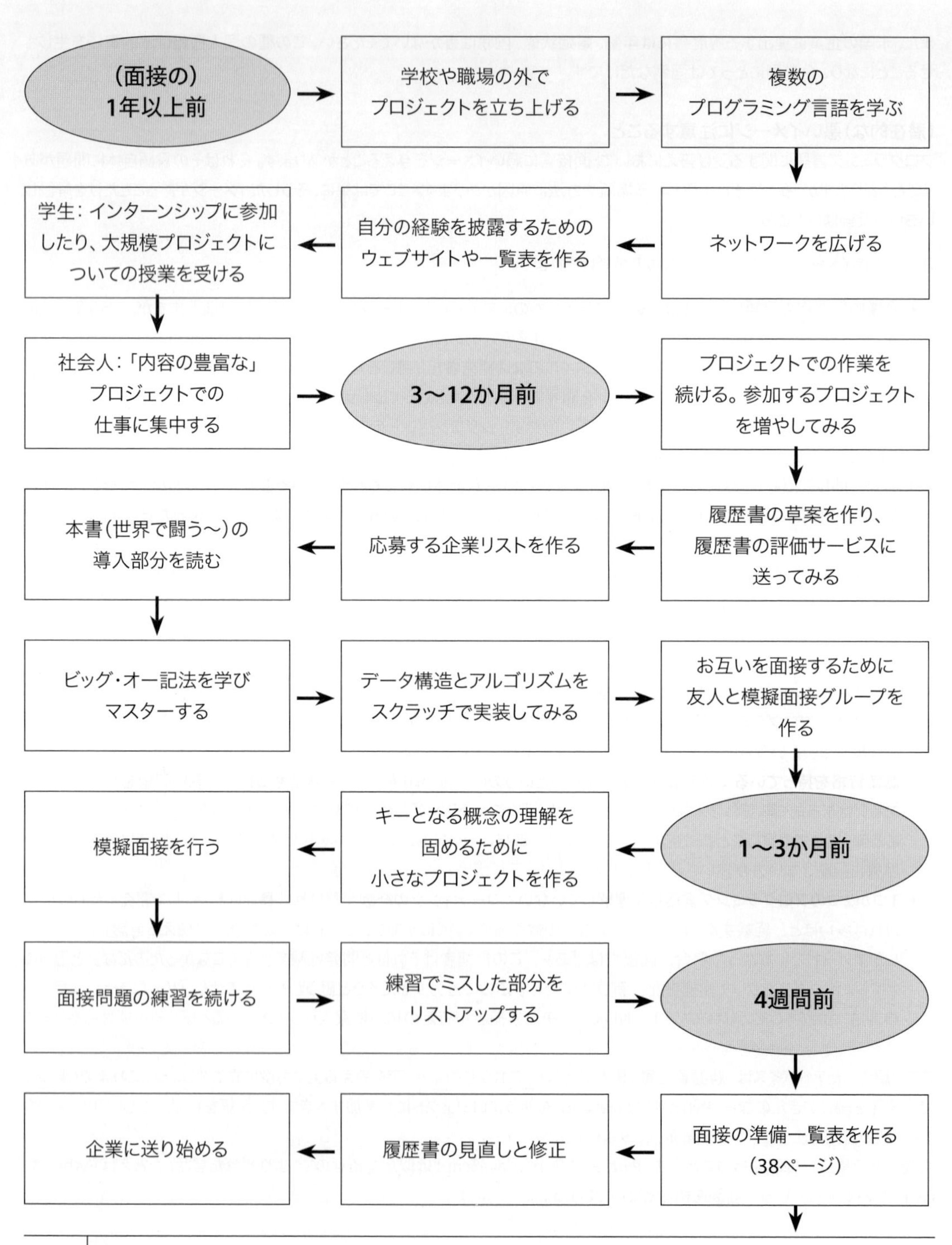

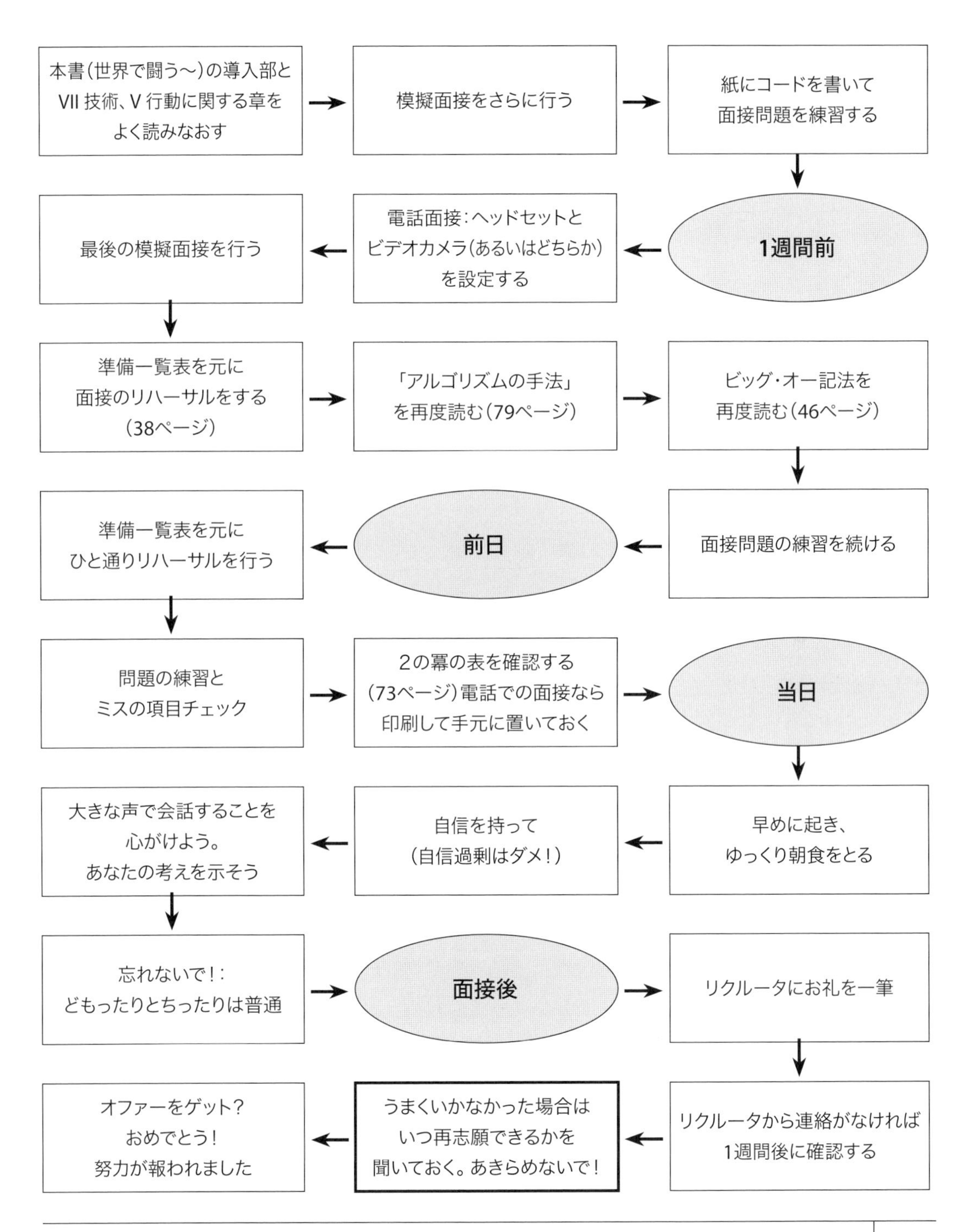

本書（世界で闘う～）の導入部とVII 技術、V 行動に関する章をよく読みなおす
模擬面接をさらに行う
紙にコードを書いて面接問題を練習する
1週間前
電話面接：ヘッドセットとビデオカメラ（あるいはどちらか）を設定する
最後の模擬面接を行う
準備一覧表を元に面接のリハーサルをする（38ページ）
「アルゴリズムの手法」を再度読む（79ページ）
ビッグ・オー記法を再度読む（46ページ）
面接問題の練習を続ける
前日
準備一覧表を元にひと通りリハーサルを行う
問題の練習とミスの項目チェック
2の冪の表を確認する（73ページ）電話での面接なら印刷して手元に置いておく
当日
早めに起き、ゆっくり朝食をとる
自信を持って（自信過剰はダメ！）
大きな声で会話することを心がけよう。あなたの考えを示そう
忘れないで！：どもったりとちったりは普通
面接後
リクルータにお礼を一筆
リクルータから連絡がなければ1週間後に確認する
うまくいかなかった場合はいつ再志願できるかを聞いておく。あきらめないで！
オファーをゲット？おめでとう！努力が報われました

V 行動に関する質問

行動に関する質問は、あなたの個性についてもっと知りたい場合、履歴書の内容をより深く理解したい場合、単に面接をしやすくしたい場合などになされます。これらの質問は重要で準備をしておく必要があります。

面接準備の表

レジュメに記載したプロジェクトや項目を見返して、面接の場でも詳しく語れるようにしておきましょう。以下の表を埋めてみれば、うまく整理できるはずです。

共通の質問	プロジェクト1	プロジェクト2	プロジェクト3
苦労したこと			
過失/失敗			
楽しんだこと			
リーダーシップ			
衝突			
やり方を変えてみたこと			

一番上の行には履歴書に書いた主要なプロジェクト、職歴、経験などについてリストアップしておきます。
縦軸には行動に関する質問で一般的なものが並んでいるので、それに従って答えを埋めていきます。
この表を面接の前に見て、予習しておきましょう。各マスの文章をいくつかのキーワードにまで縮めておけば、表がより使いやすく、そして覚えやすくなるはずです。
さらに、詳細まで語ることのできるプロジェクトを、1つから3つ用意しておきましょう。技術的な側面まで、深く話せるようになっておくべきです。また選ぶプロジェクトは、あなたが中心的な役割を演じたものにしましょう。

あなたの弱点は何ですか？

あなたの弱点について尋ねられたら正直に答えてください。「私の一番の弱点は一生懸命に働き過ぎることです」のような返事をしてしまうと、あなたが尊大で自分の誤りを認めない人と面接官に思われてしまいます。良い答えとしては正直に弱点を伝え、その弱点をどう克服しようとしているかを強調しておくことです。

> **例:**「私は細かいことにあまり注意しないことがあります。それは仕事を手早くできて良いことでもありますが、ケアレスミスをしてしまうことにもなります。ですので、いつも自分の仕事を他の人に2重のチェックをしてもらっています」

面接官に対してどんな質問をすべきですか?

ほとんどの面接官はあなたに質問をする機会を与えてくれます。意識的か無意識的かどうかはわかりませんが、採用の決定要因にはなるでしょう。面接に臨む前に、いくつか質問を考えておきましょう。

質問には3つの種類が考えられます。

純粋な質問

これらは実際に知っておきたい質問です。多くの候補者にとって価値のある質問の例を、いくつか挙げておきましょう。

1. 「開発者とテスターとプログラム・マネージャの比率はどれくらいですか? お互いどのように接していますか? チーム内でどのようにプロジェクトの計画を立てるのですか?」
2. 「あなたがこの会社に参加した理由は何ですか? これまで最も難しいと感じたことは何ですか?」

これらの質問によって日々の会社生活がどんな様子かを感じることができるでしょう。

洞察力を示す質問

これらの質問はあなたのテクノロジーに関する知識をアピールするものです。

1. 「御社ではXテクノロジーを使用していることに気がついたのですが、その場合、問題Yはどのように取り扱っていますか?」
2. 「その製品はYプロトコルではなくXプロトコルを使っていますがなぜですか? A、B、Cのような利点はありますが、多くの企業ではDの問題があって採用していないことは知っているのですが」

このような質問は、通常は事前に企業のリサーチをしておく必要があります。

情熱を示す質問

これらの質問はテクノロジーに対しての情熱をアピールするために用意したものです。学ぶことに対する興味と、その企業への大きな貢献を感じさせることができるはずです。

1. 「スケーラビリティについて非常に興味があります。あなたはこの開発に関わっていましたか? スケーラビリティについて学ぶにはどんな機会がありますか?」
2. 「Xテクノロジーのことはよく知りませんが、非常に興味深いと思いました。どのように動いているのか、もう少しだけ教えていただけませんか?」

技術的プロジェクトについて整理する

面接準備の一環として、自分が十分に理解している技術的プロジェクトについて、2〜3件整理しておきましょう。選択するプロジェクトは、以下の条件に合致しているものが望ましいです。

- 困難な課題を乗り越えたものであること（単に「学ぶものが多かった」だけでなく）
- あなたが中心的な役割を演じたものであること（困難な課題に関わる役割であることが理想的）
- 技術的な側面について、深く語れるものであること

こうしたプロジェクトについて、そしてあなたが参加してきたすべてのプロジェクトについて、直面した課題、犯したミス、下した技術的な決断、選択した技術（そしてそのトレードオフ）、そしてやり方を変えてみたことについて語れるようになっておきましょう。

また関連して行われる問題、たとえば構築したアプリケーションをどうスケールさせたか、といった問題を想定して準備しておきましょう。

行動に関する質問への対応

行動的な質問は、面接官があなたとあなたのこれまでの経験をよりよく知ることを可能にします。

質問に答えるときは以下のアドバイスを覚えておいてください。

具体的に、偉そうなのはダメ

尊大な態度は危険信号ですが、相手に自分を印象づけたいところでもあります。偉そうでなくよい印象を与えるにはどうすればよいでしょうか？ それは、具体的な回答をすればよいのです！

具体的な回答というのは単に事実のみを伝え、面接官に解釈を委ねるということです。例えば「難しい部分をすべてやった」というより、自分が挑戦した具体的な部分を説明することができるようにします。

詳細を制限する

ある問題に関して候補者が喋り過ぎると、その問題やプロジェクトに精通していない面接官にとっては非常に理解し難いので、詳細はあえて言わずポイントだけを話すようにしましょう。可能であれば、それを面接官にもわかるようにかみ砕いて説明したり、少なくとも「結果のインパクトがどのくらい大きかったか」を説明したりするようにしましょう。また面接官がより深く理解できるように、追加の質問をしてもらうようにすることもできます。

> 「一般的なユーザーの行動を調べてラビン-カープ法を適用することにより、90%のケースで検索時間を`O(n)`から`O(log(n))`に抑える新しいアルゴリズムを開発しました。もしよければ詳しくお話しすることもできます」

必要に応じて面接官が詳細を質問できるように、キーポイントを示しておくのです。

チームではなく自分自身に焦点を当てる

面接はそもそも、個人の評価を行うためのものです。ところが多くの候補者（特にリーダークラスのポジションに応募している人々）は、答える際に「私たちは……」「私たちの……」「チームは……」といった表現を使ってしまいます。すると面接官は、「候補者が」どのような働きを示したのかよくわからないまま面接を終えることになり、「あまり存在感を示さなかったのだろう」という結論を下してしまいます。

回答には十分注意しましょう。「私は」そして「私たちは」という表現を何回使っているか、数えてみてください。そしてすべての質問において、「あなたが」演じた役割について尋ねられているのだという前提に立ち、それに答えるようにしてください。

構造化された答え

行動に関する質問に対する構造的な返答を考えるには2つの方法があります。最初に要点から入る方法と、S.A.R.手法を使う方法です。

要点から入る

答えようとしている内容を簡潔にまとめたものを最初に話してしまう方法です。

例:

- 面接官:「ある人たちに大きな変更を行うように説得しなければならなかったときの話を聞かせてください」
- 候補者:「はい、では私が大学に学生自身が授業を開けるように説得した話をさせてください。当時大学には…という規則があり…」

このテクニックは面接官の注意を引きつけ、何について話そうとしているのか非常にわかりやすくします。自分自身にとっても話の主旨がはっきりするので、焦点がぶれないようにするのにも役立ちます。

S.A.R.(*Situation, Action, Result*)手法

S.A.R.手法は状況(Situation)の概要からスタートし、自分が取った行動(Action)の説明を行い、最後に結果(Result)を述べます。これらのテクニックは、別々に、または一緒に使用することができます。

例:「チームメイトとの交流で苦労したことを聞かせてください」

- **状況**:オペレーティングシステムのプロジェクトのときのことですが、私は自分の他に3人の人と働くように命じられました。そのうち2人は素晴らしかったのですが、もう1人があまり貢献していませんでした。会議中は黙ったままで、電子メールでの議論でも意見することは稀でしたし、彼が受け持った部分を完成させるのにも苦労しました。ただ、私たちに負担がかかったことだけが問題ではなく、彼を信頼して良いのかどうかわからないという点が問題でした。
- **行動**:私はまだ、彼を見限るようなことはしたくなかったので、問題を解決することにしました。行ったのは3つの対応です。第1に、なぜ彼がこのような行動を取るのかを理解しようと努めました。単に怠けているだけなのか? 他の作業が忙しいのか? 私は彼と会話して、現在の状況についてどのように思っているのか聞いてみました。するとまったく意外なことに、彼は資料作成の作業をしたいと言い出したのです。それは最も時間がかかる仕事でした。そこで彼の態度が、怠けから出ているものではないことがわかりました。彼は自分がコーディングに向いていないのではないかと感じていたのです。第2に、原因が判明したため、私は彼に失敗を恐れないようにと指示しました。さらに私は、自分が犯したより大きな過ちについて話し、私自身もプロジェクトに関してよくわかっていない部分が多いことを白状しました。第3に、私がプロジェクトの一部を手直しするのを、手伝ってくれるように頼みました。一緒に座って、ある部分のスペックを設計したのです。それは以前よりも詳細なものになりました。すべての作業が完了する頃には、彼はプロジェクトが自分で考えていたほど恐ろしいものではないということを理解していました。
- **結果**:自信を取り戻したことで、彼は少しずつ小規模なコーディングを担当するようになり、最終的には最も大きな部分も任されるようになりました。自分の仕事を時間通りに終え、議論にも加わるようになってきました。その後のプロジェクトでも彼と喜んで仕事ができるようになりました。

状況と結果はできるだけ簡潔でなければなりません。面接官にとっては何が起こったかの詳細を理解する必要はありませんし、余計に話して混乱させてしまうかもしれません。
S.A.R.手法を用いて状況、行動、結果を明確にしておけば、面接官はあなたがどのように影響し、なぜそれが重要であったかを簡単に確認することができます。

自分自身のストーリーを、次の表で整理してみてください。

	要点	状況	行動	結果	それにどのような意味があるか
ストーリー1			1. ... 2. ... 3. ...		
ストーリー2					

自分の取った行動について考える

ほぼあらゆる状況において、ストーリーの中で最も重要なのが「行動」です。しかし残念なことに、多くの候補者が「状況」について延々と説明してしまい、行動についてはさっと終わらせるだけになってしまっています。

そうではなく、自分の取った行動について、徹底的に考えましょう。可能であれば、行動をいくつかのパートに分解してみてください。たとえば「私は3つのことをしました。第1に……」といった具合です。そうすることで、話を十分に深めることができるでしょう。

「それにどのような意味があるのか」を考える

41ページの話を読み返してみてください。どのような性質を候補者は示していますか?

- **イニシアチブ/リーダーシップ:**候補者は問題に正面から向き合って、それを解決しようとしています。
- **共感:**候補者は、問題を起こしている人物に何が起きているのかを理解しようとしています。またチームメンバーが自信を失っていることについて、どうすれば解決できるのだろうと考える姿勢を示しています。
- **思いやり:**このチームメンバーはチームに損害を与えているのですが、候補者はそれに怒ることはしていません。共感することで、思いやる姿勢を示しているのです。
- **謙虚:**候補者は自分にも欠点があることを認めています(チームメンバーに対してだけでなく、面接官に対しても)。
- **チームワーク:**候補者はチームメンバーと一緒に、その人物が対処可能な規模にまで、作業を小さく分解するという対応を行っています。

こうした観点から、自分自身のストーリーを見返してみてください。自分はどのような行動を取り、どう反応したのかを分析するのです。そうした行動は、自分のどのような性質を示しているでしょうか?

多くの場合は、「何も示していない」という答えになってしまうでしょう。つまり自分の性質をはっきりと伝えるためには、どのようなコミュニケーションをするかについて、改めて考えてみなければならないということになります。「私は他人に共感できるので、○○という行動を取りました」などとは言いたくないでしょうから、そこからもう一歩工夫する必要があります。例えばこのような形です:

- **あいまいな表現:**「私はクライアントに電話して、何が起きているのかを伝えました。」
- **明確な表現(共感と勇気があることを示す):**「私はクライアントに電話することを決心しました。何が起きているのか、私自身の口から説明すれば、それを評価してもらえると考えたからです。」

繰り返し考えても自分の性質をはっきりと伝えられない場合には、まったく別のストーリーを考えてみるようにしましょう。

「では、あなた自身のことについて聞かせてください……」

多くの面接官は、自己紹介やレジュメの説明をしてくださいという質問から面接を始めます。それはあなた自身の「ピッチ」をしてくださいということに等しいです。面接官の第一印象を左右することになるわけですから、これを上手く行っておきたいところです。

構造

一般的に有効なやり方は、時系列に沿って説明するというもので、まずは現在の職について説明し、最後に仕事外での関連事項や趣味について説明するという形になります。

1. **現在の役割（見出し程度に）**：「私はマイクロワークスのソフトウェアエンジニアで、過去5年間はAndroidのチームを率いています。」
2. **大学での経験**：「私はコンピューターサイエンスを専攻しました。バークレーで学位を取得し、その間に夏休みを利用してスタートアップで仕事をしました。その中には、私自身が起業した会社も含まれています。」
3. **大学卒業後**：「大学を卒業してから、大企業も経験しておきたいと考え、アマゾンに開発者として参加しました。それは素晴らしい経験でした。大規模なシステムの設計について多くを学び、AWSの主要部分の立ち上げにも参加しました。ただその経験を通じて、自分はもっと起業的な環境で働きたいと思っているのだと実感しました。」
4. **現在の役割（詳細に）**：「その後Amazon時代のマネジャーの一人が、彼女自身のスタートアップであるマイクロワークスに私を引き抜いてくれました。それが現在の仕事です。マイクロワークスでは、システムアーキテクチャの初期設計を行い、そのシステムは上手くスケールして私たちの急成長を支えています。それからAndroidチームを率いるチャンスがあり、現在は3つのチームを指揮していますが、主な担当はアーキテクチャやコーディングなど、技術面でのリーダーシップです。」
5. **仕事外での活動**：「仕事の外では、これまでいくつかのハッカソンに参加しています。主にiOSでの開発に関するもので、それをより深く理解することが目的です。また私は、Android開発に関するオンラインフォーラムにおいて、積極的にモデレーターの役割を演じています。」
6. **まとめ**：「何か新しいことを始めてみたいと考えていたところ、御社が目にとまりました。私はユーザーとのコネクションを持つのが好きで、また再び小さな会社で働いてみたいと考えています。」

この構造は95%の候補者に有効です。より経験の長い候補者の場合、経歴を圧縮して伝える必要があります。10年後、上記の候補者は最初にこう言っているでしょう。「私はバークレーでコンピューターサイエンスの学位を取得した後、数年間アマゾンで働き、それからスタートアップに参加してAndroidのチームを率いました。」

趣味

趣味については慎重に考えましょう。それを話したいと思う人もいれば、話したくないという人もいるはずです。

多くの場合、趣味について語るのはおまけ程度に過ぎません。スキーや犬と遊ぶといった趣味であれば、特に触れなくても大丈夫です。

しかし趣味について語るのが有効な場合もあります。例えば次のようなケースです：

- 非常にユニークな趣味の場合（口から火を吹くなど）。それによって会話が弾み、面接を和やかな雰囲気で進められるかもしれません。
- 技術的な趣味の場合。自分のスキルに箔をつけることができるだけでなく、技術に対する情熱があることを示せます。
- 自分の性質が望ましいものであることを示す趣味の場合。「自分で家をリフォームする」といった趣味であれば、何か新しいことを学んだり、リスクを取ったり、（文字通りあるいは比喩的な意味で）自分の手を汚してみたりする姿勢があることを示せます。

趣味を語っても普通はマイナスにはならないので、迷ったら話してしまいましょう。

しかし趣味をどのように語れば有効なのか、考えておく必要があります。そこで何らかの成功を収めたり、成果を出したりしているでしょうか(演劇で何らかの役を手に入れるなど)? 趣味を語ることで、伝えられる性質があるでしょうか?

自分の成功をちりばめる

先ほどの「ピッチ」例において、候補者は自分の経歴において特筆すべき事項を仕込んでいます。

- 彼はかつての上司からマイクロワークスに引き抜かれたことを説明していますが、それは彼がAmazonで成功していたことを示しています。
- 彼はより小さな会社で働きたいと述べていますが、それはそうした企業の文化に適合性があることを示しています(いま応募しているのがスタートアップの求人であるという前提で)。
- 彼はこれまで収めた成功についていくつか言及しています(AWSの主要部分の立ち上げや、スケーラブルなシステムの設計など)。
- 彼が言及している趣味は、いずれも彼が何かを学ぼうとする姿勢があることを示しています。

こうしたピッチを準備する際には、自分の経歴が、自分自身について何を語っているのかを考えてみましょう。何らかの成功を示す体験があるでしょうか(受賞や昇進、過去の同僚や上司による引き抜き、システムの立ち上げなど)? 自分自身をどのように伝えたいでしょうか?

VI ビッグ・オー記法（Big O）

これは解説するのに1章を丸々(しかも長い!)使うくらい、非常に重要な概念です。

ビッグ・オー記法とは、アルゴリズムの性能を記述するために使う表記方法のことです。きちんと理解できていなければ、アルゴリズムの開発時に相当苦労することになります。Big Oを知らないということに対して厳しい評価を受けるだけでなく、自分の考えたアルゴリズムが速くなっているのか遅くなっているのか判断するのに苦労することになってしまいます。

この概念をマスターしてください。

簡単な例

次のような話をイメージしてみてください。
ハードディスクにファイルがあり、それを外国の友人に送る必要があります。あなたは友人にそのファイルを、できるだけ早く届ける必要があります。どのようにして送るべきでしょうか?

多くの人が最初に思いつくのは、電子メールやFTPなどの電子的な送信方法でしょう。その考え方は合理的で、半分正解です。

もしファイルのサイズが小さければ、あなたは完全に正しいです。空港まで運んで飛行機に乗せ、友人宅まで配送してもらうには5〜10時間はかかりますからね。

しかし、ファイルのサイズがとてつもなく大きい場合はどうでしょうか。飛行機で物理的に配達する方が早く届けられるということはあり得るでしょうか。

実際のところ、このようなことは有り得ます。1TBのファイルを電子的な方法で送るには1日以上かかりますから、飛行機で送った方がずっと早いですね。急を要する場合(かつ費用的な問題が無い場合)なら、物理的な方法で送りたくなる場合もありそうです。

飛行機ではなく自分で運転しなければならない場合はどうでしょうか。それでも、巨大なファイルであれば運転していった方が早いでしょう。

時間計算量

時間計算量とは、漸近的な実行時間やビッグ・オーの概念が意味するものです。先の例で挙げたデータ転送「アルゴリズム」の実行時間は、

- 電子的に送信する場合:ファイルのサイズをsとすると、O(s)になります。これは、データの転送時間がファイルのサイズに対して線形に増加することを意味します。(もちろんこれは少し単純化していますが、今はこれでよいものとします)
- 空輸する場合:O(1)になります。ファイスサイズが大きくなったとしても、一定の時間で送り届けることができます。

一定の時間というのがどれだけ大きくても、ファイルサイズに対する時間の増加量がどんなに小さくでも、時間が線形に増加する場合はどこかで一定の時間を超えることになります。

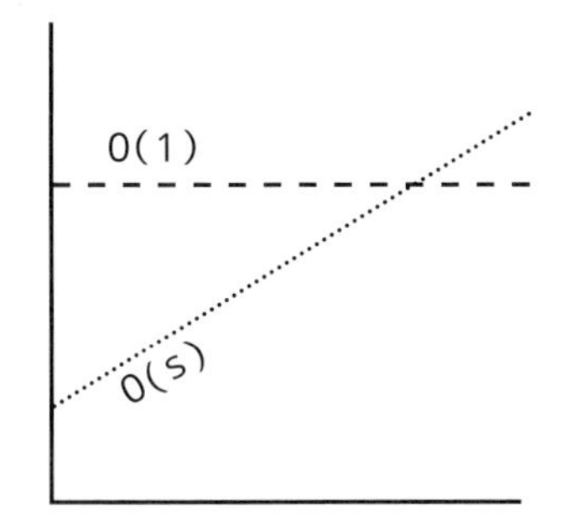

実行時間は他にもたくさんあります。一般的なものでは、O(log N), O(N log N), O(N), O(N^2), O(2^N)があります。しかし、考えられる実行時間をすべてリストアップすることはできません。

また、実行時間に複数の変数を用いることもあります。たとえば、幅wメートル、高さhメートルのフェンスに色を塗る場合は、O(wh)と表します。色を塗る人がp人必要なら、O(whp)のように表すこともできます。

ビッグ・オー(Big O)、ビッグ・シータ(Big θ)、ビッグ・オメガ(Big Ω)

ビッグ・オー記法について大学等で勉強していない場合は、本項を読み飛ばしていただいて結構です。かえって混乱するかもしれないからです。ここでの補足説明は、ビッグ・オー記法について学んだことがある人が、「いや、ビッグ・オー記法というのは…」のような細かい定義の議論をしなくても済むように、用語のあいまいさを無くすためのものです。

学術的には、ビッグ・オー、ビッグ・シータ、ビッグ・オメガはそれぞれ計算時間を記述するためのものです。

- **O(ビッグ・オー)**:学術的には、ビッグ・オーは計算時間の上限を表します。配列のすべての要素を出力するアルゴリズムは、O(N)のように表すこともできますが、O(n^2)やO(N^3)あるいはO(2^N)のように(他の大きな計算時間でも)表すこともできます。アルゴリズムは少なくともこれらのそれぞれと同じくらいの速さです。したがって、これらは実行時間の上限を表しているのです。これは、「以下」の関係に似ています。もし、ボブがX歳として、130年より長く生きた人間はいないと仮定すると、$X \leqq 130$のように表すことができますが、$X \leqq 1000$でも$X \leqq 1000000$でも間違いではありません。(全く役には立たないでしょうが)形式的には問題ないのです。同様に、配列の値を出力する単純なアルゴリズムはO(N)でもO(N^3)でも、O(N)より実行時間の大きいものなら何でも良いということになります。
- **Ω(ビッグ・オメガ)**:学術的には、計算時間の下限を表す以外は同じです。配列の要素を出力するアルゴリズムはO(N)ですが、O(log N)やO(1)でも構いません。それよりも実行時間が小さくなることはないという意味ですね。
- **Θ(ビッグ・シータ)**:学術的には、ΘはOとΩの両方を意味します。つまり、あるアルゴリズムがO(N)かつΩ(N)なら、Θ(N)と言えるということです。Θは実行時間の厳密な境界ということになります。

業界的には(面接試験では)、ΘとOを合わせて使っているようです。業界でのOは学術的にΘの意味に近く、配列を出力するアルゴリズムの実行時間をO(N^2)とするのは間違いで、O(N)が正しいとされます。

本書では、ビッグ・オー記法を業界的な意味合いで使用することにしますので、実行時間は常に厳密に考えてください。

最善、最悪、期待ケース

アルゴリズムの実行時間は、3種類の方法で表すことができます。

まずはクイックソートを例に見てみましょう。クイックソートでは「ピボット」として配列のランダムな要素を1つ選び、ピボットより大きな要素がピボットより小さな要素より前にある場合は入れ替えを行います。こうすることで「部分ソート」が得られ、ピボットの左側と右側についてそれぞれ同様の操作を行うことで再帰的にソートすることができます。

- **最善ケース**：すべての要素の値が等しい場合、平均的には配列の要素を1回走査するだけで済みます。これはO(N)であることを意味します。（実際にはクイックソートの実装に少し依存します。ソート済みの配列に対して、非常に高速な実装もあります。）
- **最悪ケース**：本当に運悪く、配列内の要素の最も大きい値をピボットとして選び続けた場合はどうなるでしょうか？（これは容易に起こり得ます。もしピボットが部分配列の最初の要素を選ぶ仕様になっていて、配列の値が降順になっているときはこのような状況になるでしょう）。このような場合では、配列を均等に分けることができないまま再帰していきます。その結果、部分配列のサイズが1ずつしか減らないことになり、実行時間は$O(N^2)$になります。
- **期待ケース**：通常は、素晴らしいもしくは酷い状況が起こるわけではありません。もちろん、ピボットが非常に小さかったり大きかったりということは時々ありますが、何度も繰り返すことはないでしょう。そう考えると、実行時間はO(NlogN)と考えることができます。

時間計算量の最善ケースを議論することはめったにありませんが、それはあまり役に立たない考え方だからです。ある特別な入力に対しては、基本的にO(1)で実行できてしまうからです。

多くの—おそらくはほとんどのアルゴリズムにおいて、最悪ケースと期待ケースは同じになります。ときどき異なることはありますが、その場合は両方の実行時間を説明する必要があります。

最善/最悪/期待ケースと、ビッグ・オー/オメガ/シータの関係は何でしょうか？

混同しやすい（おそらく、どちらにも「より大きい」「より小さい」「厳密に正しい」のような概念があるからでしょう）ですが、これらの考え方には特別な関係はありません。

最善、最悪、期待ケースは、特定の入力や状況についてビッグ・オーやビッグ・シータを記述したものです。

ビッグ・オー、ビッグ・オメガ、ビッグ・シータは実行時間についての上限、下限、厳密な境界を記述したものです。

空間計算量

アルゴリズムに置いて、時間だけが問題ではありません。アルゴリズムに要求されるメモリの量にも気を付けなければならないのです。
空間計算量は時間計算量に匹敵する概念です。サイズnの配列を作る必要があるなら、O(n)のメモリ領域が必要になります。n×nの二次元配列が必要なら、$O(n^2)$のメモリ領域が必要になります。

再帰的な呼び出しにおけるスタック領域についても空間計算量を考える必要があります。たとえばこのようなコードはO(n)の実行時間とO(n)のメモリ領域が必要になります。

```
1  int sum(int n) { /* 例1 */
2    if (n <= 0) {
3      return 0;
4    }
5    return n + sum(n-1);
6  }
```

呼び出しごとにスタックに積まれます。

```
sum(4)
  -> sum(3)
    -> sum(2)
      -> sum(1)
        -> sum(0)
```

呼び出しごとにコールスタックに積まれ、実際のメモリを消費します。
しかし、n回関数を呼び出すというだけで空間計算量がO(n)になるというわけではありません。以下のような、0からnまでの整数値において隣り合う値を足し合わせる関数について考えてみます。

```
int pairSumSequence(int n) { /* 例2 */
  int sum = 0;
  for (int i = 0; i < n; i++) {
    sum += pairSum(i, i + 1);
  }
  return sum;
}

int pairSum(int a, int b) {
  return a + b;
}
```

pairSumは大体O(n)呼び出されることになりますが、コールスタック上に同時に存在することはありませんので、O(1)のメモリ領域が必要になるだけです。

定数を捨てる

特定の入力に対して、O(1)のコードよりO(N)のコードの方が速いということは大いにあり得ます。ビッグ・オー記法は単に計算量増加の割合を記述しているに過ぎないからです。
このため、実行時間は定数を捨てています。O(2N)として表せるアルゴリズムでも、O(N)としているのです。。
これに抵抗がある方も多いでしょう。そういう方は、2つの(ネストしていない)ループがあって、それを実行する場合はO(2N)と考えると思います。より「正確」であるべきと考えるからです。
以下のコードについて考えてみてください。

Min and Max 1

```
int min = Integer.MAX_VALUE;
int max = Integer.MIN_VALUE;
for (int x : array) {
  if (x < min) min = x;
  if (x > max) max = x;
}
```

Min and Max 2

```
int min = Integer.MAX_VALUE;
int max = Integer.MIN_VALUE;
for (int x : array) {
  if (x < min) min = x;
}
for (int x : array) {
  if (x > max) max = x;
}
```

どちらが高速でしょうか? 1つ目のコードは1つのループで、2つ目のコードは2つのループです。しかし、1つ目のコードは1つのループに対して2行分のコードが書かれています。
命令数を数えるなら、アセンブリレベルで見て、加算よりも乗算の方がより多くの命令数を必要としていることを考慮したり、コンパイラがどのように最適化するか等の詳細をすべて調べなければなりません。

これは恐ろしく複雑で、する気にもならないでしょう。ビッグ・オー記法は実行時間の規模がどの程度であるかを表現できるようにしたもので、O(N)が常に$O(N^2)$よりも速いわけではないということを受け入れる必要があります。

影響の少ない項を捨てる

$O(N^2 + N)$のような表現についてはどうでしょうか？ 2番目のNの部分は、厳密に言うと定数ではありません。しかしそれほど重要ではありません。

定数部分は捨てるという話はすでにしましたので、$O(2N^2)$は$O(N^2)$とします。つまり$O(2N^2) = O(N^2 + N^2)$は$O(N^2)$とします。$O(N^2 + N^2)$の、2つ目のN^2の項を切り捨てることと同じですから、$O(N^2 + N)$のNの項は当然切り捨てますね？

影響の少ない項は切り捨てるべきなのです。

- $O(N^2 + N)$は$O(N^2)$
- $O(N + \log N)$は$O(N)$
- $O(5*2^N + 1000N^{100})$は$O(2^N)$

それでも、実行時間において和の式で表す場合はあります。たとえば$O(B^2 + A)$のような場合は、(AとBの特別な情報がなければ)切り捨てられません。

以下のグラフは計算量の増加量を表したものです。

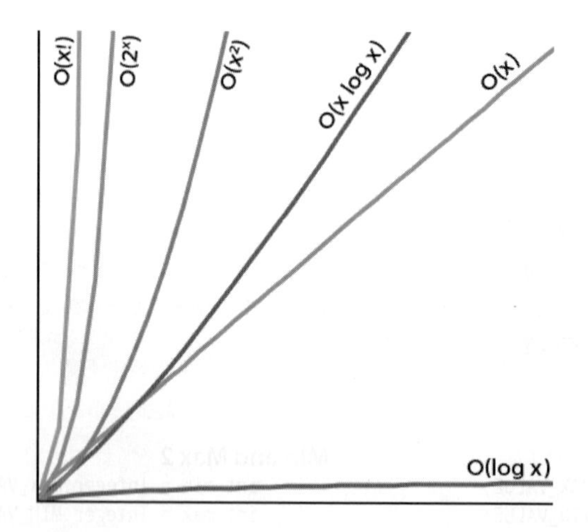

見てわかるように、$O(x^2)$の方がO(x)よりずっと悪いですが、$O(2^x)$やO(x!)ほどではありません。$O(x^x)$や$O(2^x * x!)$のように、O(x!)より悪い実行時間もたくさんあります。

複数パートから成るアルゴリズムの計算時間:足すべきか掛けるべきか

2つのステップがあるアルゴリズムを考えてみます。実行時間を、どんな場合に掛け、どんな場合に足せばよいのでしょうか?

これはよくある勘違いの原因です。

Add the Runtimes: O(A + B)

```
1   for (int a : arrA) {
2     print(a);
3   }
4
5   for (int b : arrB) {
6     print(b);
7   }
```

Multiply the Runtimes: O(A*B)

```
1   for (int a : arrA) {
2     for (int b : arrB) {
3       print(a + "," + b);
4     }
5   }
```

左の例はAに対する処理を行った後、Bに対する処理を行っています。従って、合計の計算量は`O(A + B)`となります。

右の例はAにおける個々の要素について、Bに対する処理を行っています。従って、合計の計算量は`O(A * B)`となります。

言い換えると、

- アルゴリズムが「Aを行い、それが終わったらBを行う」場合は実行時間の和
- アルゴリズムが「Aを行う度にBを行う」場合は実行時間の積

これは面接時に非常に混乱しやすいですので、注意してください。

償却計算量

配列リストや動的な可変長配列は、サイズの柔軟性という恩恵を与えてくれます。配列リストを用いれば、要素を追加しても容量を増やしてくれるので、容量が足りなくなることがありません。

配列リストは配列を用いて実装されています。配列の容量がいっぱいになると、配列リストのクラスは容量が2倍の新しい配列を生成し、そこへすべての要素をコピーします。

では、要素を追加する場合の実行時間はどのように記述すれば良いでしょうか? これは意外に難しい問題です。

配列がいっぱいになったとき、要素数がNなら新しい要素の挿入には`O(N)`の時間がかかります。サイズが2Nの新しい配列を作り、そこへN個の要素をコピーするからです。

しかし、これはめったに起こるものではないこともわかっています。ほとんどの場合、要素の追加は`O(1)`で済みます。

これら2つの考えを両方取り入れた考え方が必要になります。それを償却計算量と言います。償却計算量を用いて、ときどき起こる最悪ケースについて記述することができます。一度起こると再び起こるまで時間がかかる場合、計算コストを「償却」するのです。

配列リストの例の場合、償却計算量はどうなるでしょうか?

要素を挿入する場合、配列のサイズが2のべき乗になるときに配列のサイズを2倍にします。従って、X個の要素を追加すると、配列のサイズを1, 2, 4, 8, 16, ..., Xと2倍にしていきます。配列のサイズを2倍する度に、それぞれ1, 2, 4, 8, 16, 32, 64, ..., X回のコピーを行うことになります。

1 + 2 + 4 + 8 + 16 + ... + Xの和はいくつになるでしょうか？ 左から右に見ると、1から始まって2倍になり、最終的にXとなります。右から左に見ると、Xから始まって半分になり、最終的に1になります。

では、X + $N/2$ + $N/4$ + $N/8$ + ... + 1の和はいくつになるでしょうか？ これは大まかにみて2Xになります。

従って、X個の挿入にはO(2X)の時間を要し、償却計算量はO(1)になります。

Log N 実行時間

ここではO(log N)について解説します。

例として二分探索を行う関数について考えてみましょう。昇順ソート済みの要素数がNの配列から、xを探すとします。もしxと配列の中央の値が一致したら、returnします。xが中央の値より小さければ、配列の左半分を探索します。xが中央の値より大きければ、配列の右側を探索します。

```
{1, 5, 8, 9, 11, 13, 15, 19, 21} から 9 を探索
    9 と 11 を比較 -> 小さい
    {1, 5, 8, 9, 11} から 9 を探索
      9 と 8 を比較 -> 大きい
      {9, 11} から 9 を探索
        9 と 9 を比較
        return
```

要素数がNの配列からスタートし、1回のステップで探索を行う配列の要素数が$N/2$になります。さらにもう1ステップ進むと探索する配列の要素数は$N/4$になります。これを繰り返し、目的の値が見つかった場合もしくは探索する配列の要素数が1になったところで終了します。

合計の実行時間はNから1まで（Nを繰り返し2で割ったとき）何ステップかかるかということになります。

```
N = 16
N = 8  /* 2で割る */
N = 4  /* 2で割る */
N = 2  /* 2で割る */
N = 1  /* 2で割る */
```

逆順（1から16まで）に見ていくと、何回2をかければよいでしょうか？

```
N = 1
N = 2  /* 2を掛ける */
N = 4  /* 2を掛ける */
N = 8  /* 2を掛ける */
N = 16 /* 2を掛ける */
```

$2^k = N$ になるkはいくつでしょうか？ kを求めるには、log（対数）を用います。

```
2^4 = 16 -> log₂16 = 4
log₂N = k -> 2^k = N
```

$2^4 = 16 \rightarrow \log_2 16 = 4$

$\log_2 N = k \rightarrow 2^k = N$

これはぜひ覚えておいてください。探索空間の要素数が毎回半分になっていくような問題をみたら、実行時間はおそらく`O(log N)`になります。

平衡二分木における探索も、同じ理由で`O(log N)`になります。比較を行う度に左か右へ行くことになりますから、探索空間を毎回半分にしていることになります。

> `log`の基数は何でしょうか？それは素晴らしい質問です！簡単に答えると、ビッグ・オー記法にとっては問題ではありません。より詳しい説明は、698ページの「対数の基数」をご覧ください。

再帰の実行時間

少し難しいかもしれませんが、このコードの実行時間は何でしょう？

```
6   int f(int n) {
7     if (n <= 1) {
8       return 1;
9     }
10    return f(n - 1) + f(n - 1);
11  }
```

多くの方はfを2か所で呼び出している部分を見て、$O(N^2)$と答えてしまうでしょう。しかしそれは完全に間違いです。

何かを仮定するより、実際にコードを追って確かめてみましょう。`f(4)`を呼び出すとすると、`f(3)`は2回呼び出されます。それぞれの`f(3)`では、さらに`f(2)`が呼び出され、これが`f(1)`まで繰り返し行われます。

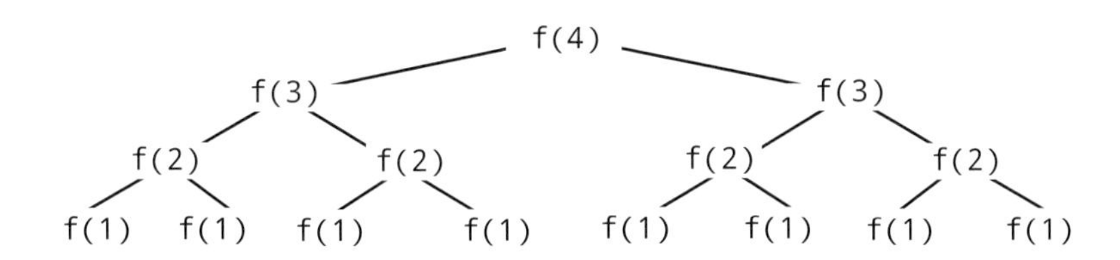

この木では、何回`f`が呼び出されていますか？（数えてはダメです！）

木の深さがNになるとします。各ノード（関数呼び出し）は2つの子を持ちます。従って、深くなる度に1つ上ノードの2倍呼び出されることになります。各レベルのノードの数は：

レベル	ノード数	以下のように表現可能	もしくは
0	1		2^0
1	2	2 * 前のレベル = 2	2^1
2	4	2 * 前のレベル = $2 * 2^1 = 2^2$	2^2
3	8	2 * 前のレベル = $2 * 2^2 = 2^3$	2^3
4	16	2 * 前のレベル = $2 * 2^3 = 2^4$	2^4

従って、全部で$2^0 + 2^1 + 2^2 + 2^3 + 2^4 + ... + 2^N (= 2^{N+1} - 1)$個のノードがあることになります(697ページの「2のべき乗の合計」を参照してください)。

このパターンは覚えておくようにしてください。複数の呼び出しを行う再帰関数を作る場合は、実行時間は(いつもというわけではありませんが)、再帰関数内での呼び出し数を枝の数とすると、$O($ 枝の数$^{深さ})$のようになることが多いです。この例では$O(2^N)$になります。

> 覚えていると思いますが、基数の異なる`log`は定数倍の差しかなく、`log`の基数はビッグ・オー記法に対して問題ではありませんでした。しかし指数については同じように考えてはいけません。指数における基数は問題になります。2^nと8^nを比べてみてください。8^nを変形すると、$(2^3)^n$から2^{3n}となり、さらに$2^{2n} * 2^n$となります。ご覧の通り、8^nと2^nとでは2^{2n}倍の差があり、単なる定数倍とは言えなくなってしまいます!

このアルゴリズムの空間計算量は$O(N)$になります。この木に置いて、合計$O(2^N)$のノードができますが、一度に生じるノードは最大で$O(N)$しかありません。従って、$O(N)$だけのメモリがあればよいことになります。

例題と練習

ビッグ・オー記法は、はじめは難しい考え方ですが、一度わかってしまえば非常に簡単です。同じパターンが何度も現れるので、それを元にしてわかるようになります。

簡単な例からはじめて、徐々に難しいものにも挑戦してみましょう。

例1

次のコードの実行時間は何でしょう?

```
1   void foo(int[] array) {
2     int sum = 0;
3     int product = 1;
4     for (int i = 0; i < array.length; i++) {
5       sum += array[i];
6     }
7     for (int i = 0; i < array.length; i++) {
8       product *= array[i];
9     }
10    System.out.println(sum + ", " + product);
11  }
```

これは$O(N)$です。配列を2回走査しているのは問題ではありません。

例2

次のコードの実行時間は何でしょう?

```
1   void printPairs(int[] array) {
2     for (int i = 0; i < array.length; i++) {
3       for (int j = 0; j < array.length; j++) {
4         System.out.println(array[i] + "," + array[j]);
5       }
6     }
7   }
```

内側のループが$O(N)$で、それがN回繰り返されていますので、実行時間は$O(N^2)$です。

他の考え方としては、コードの意味を考える方法です。このコードでは、配列内にある2つの要素の組をすべて表示しています。全部で$O(N^2)$組ありますから、実行時間が$O(N^2)$であるということになります。

例3

例2のコードと非常によく似ていますが、内側のループが`i + 1`から始まっています。

```
1  void printUnorderedPairs(int[] array) {
2    for (int i = 0; i < array.length; i++) {
3      for (int j = i + 1; j < array.length; j++) {
4        System.out.println(array[i] + "," + array[j]);
5      }
6    }
7  }
```

これは、いくつかの方法で実行時間を得ることができます。

> `for`ループのこのパターンは非常によくある形です。実行時間を知っていることと、よく理解していることが重要です。記憶に頼るだけでなく、しっかり理解しておきましょう。

イテレーション(繰り返し)の数を数える

内側のループは、最初N-1回実行され、2回目はN-2回、3回目はN-3回、…のようになっています。
従って合計のステップ数は、

```
(N-1) + (N-2) + (N-3) + ... + 2 + 1
= 1 + 2 + 3 + ... + N-1
= 1 から N-1 までの和
```

1からN-1までの和は $\frac{N(N-1)}{2}$ (696ページの「1からNまでの整数の和」を参照してください)で、実行時間は$O(N^2)$になります。

コードの意味を考える

他には、コードの意味を考えることで実行時間を求めるという方法もあります。コードは`j`が`i`より大きい`(i, j)`の組を出力しています。

全部でN^2個の組がありますが、そのうち`i < j`を満たすものは全体のおよそ半分で、残りのほとんどは$i > j$です。大まかに言えば$N^2/2$個の組がありますので、$O(N^2)$と言えます。

視覚化する

`N = 8`のときの、`(i, j)`の組を以下に並べてみます。

```
(0, 1) (0, 2) (0, 3) (0, 4) (0, 5) (0, 6) (0, 7)
       (1, 2) (1, 3) (1, 4) (1, 5) (1, 6) (1, 7)
              (2, 3) (2, 4) (2, 5) (2, 6) (2, 7)
                     (3, 4) (3, 5) (3, 6) (3, 7)
                            (4, 5) (4, 6) (4, 7)
                                   (5, 6) (5, 7)
                                          (6, 7)
```

これは$N \times N$の行列の半分に見えますので、大きさはおよそ$N^2/2$です。従って、$O(N^2)$と言えます。

ループ回数の平均を考える

外側のループがN回繰り返していることは簡単にわかりますね。では、内側のループは何回繰り返しているでしょうか？ 内側のループは繰り返し回数が変わりますが、繰り返しの平均回数を考えることはできます。

1, 2, 3, 4, 5, 6, 7, 8, 9, 10の平均値はいくつでしょう？ 平均値は、中央の値になるでしょうから、大まかに見れば5になるでしょう（もちろんより正確な値を得ることができますが、ビッグ・オー表記の観点では気にする必要はありません）。

では、1, 2, 3, ..., N ではどうでしょう？ この場合の平均値はおよそ$N/2$と考えることができます。

従って、内側のループが$N/2$回、外側のループがN回で、全体としては$N^2/2$回になり、$O(N^2)$であることがわかります。

例4

例3に似ていますが、今度は異なる配列が2つあります。

```
1   void printUnorderedPairs(int[] arrayA, int[] arrayB) {
2     for (int i = 0; i < arrayA.length; i++) {
3       for (int j = 0; j < arrayB.length; j++) {
4         if (arrayA[i] < arrayB[j]) {
5           System.out.println(arrayA[i] + "," + arrayB[j]);
6         }
7       }
8     }
9   }
```

内側のforループ内にあるif文の部分は定数時間で実行できるので、O(1)です。

そこで、コードをこのように書き替えます。

```
1   void printUnorderedPairs(int[] arrayA, int[] arrayB) {
2     for (int i = 0; i < arrayA.length; i++) {
3       for (int j = 0; j < arrayB.length; j++) {
4         /* O(1) work */
5       }
6     }
7   }
```

配列Aの各要素に対して、内側のループは配列Bの長さ分だけ繰り返し処理を行います。配列Aのサイズをa、配列Bのサイズをbとすると、実行時間はO(ab)ということになります。

$O(N^2)$と思った方は今後のために覚えておいてください。これは$O(N^2)$ではありません。2つの配列は異なるデータだからです。両方とも考慮しなければなりません。これは非常によくあるミスです。

例5

少々おかしなコードですが、これはどうでしょう？

```
1   void printUnorderedPairs(int[] arrayA, int[] arrayB) {
2     for (int i = 0; i < arrayA.length; i++) {
```

```
3      for (int j = 0; j < arrayB.length; j++) {
4        for (int k = 0; k < 100000; k++) {
5          System.out.println(arrayA[i] + “,” + arrayB[j]);
6        }
7      }
8    }
9  }
```


これは例4と変わりありません。100,000回のループは定数でしかなく、実行時間は`O(ab)`となります。

例6

次のコードは、配列を逆順に並び替えを行います。実行時間はどうなるでしょうか?

```
1  void reverse(int[] array) {
2    for (int i = 0; i < array.length / 2; i++) {
3      int other = array.length - i - 1;
4      int temp = array[i];
5      array[i] = array[other];
6      array[other] = temp;
7    }
8  }
```

このアルゴリズムは`O(N)`です。配列のサイズの半分しかループしていませんが、ビッグ・オー表記においては問題ではありません。

例7

`O(N)`と同等なのはどれですか? また、それはなぜですか?

- `O(N + P)`, ただし `P < N/2`
- `O(2N)`
- `O(N + log N)`
- `O(N + M)`

では、順に見ていきましょう。

- `P < N/2`なら、常にNがPより大きいことになりますので、`O(P)`は切り捨てることができます。
- 定数は切り捨てますので、`O(2N)`は`O(N)`となります。
- `O(N)`の方が`O(log N)`よりも影響が大きいので、`O(log N)`は切り捨てることができます。
- NとMの関係性は示されていませんので、いずれも残しておかなければなりません。

従って、最後の場合以外はすべて`O(N)`ということになります。

例8

文字列の配列について、各文字列をソートし、その後配列全体をソートするアルゴリズムを考えてください。実行時間はどうなるでしょうか?

多くの方は次のように考えるでしょう:1つの文字列をソートするには`O(N log N)`で、これを文字列の数だけ行うので`O(N*N log N)`になる。配列全体のソートも行わなければならないので、さらに`O(N log N)`の実行時間が加わる。よって合計の計算時間は$O(N^2 \log N + N \log N)$から$O(N^2 \log N)$となる。

これは完全な間違いです。何が間違っているかわかりますか?

問題なのはNが2種類の異なった意味で使われている点です。1つは文字列(どの文字列?)の長さとして、もう1つは配列の長さとして使われています。

面接ではこのようなミスを防ぐために、「N」という文字を一切使わないか、Nを用いて表現することにあいまいさが無い場合のみ使うようにすると良いでしょう。

筆者はaとbやmとnのような文字すら使わないようにしています。どれがどういう意味であったか忘れやすいですし、混同してしまうこともよくあるからです。$O(a^2)$と$O(a*b)$は全く異なるということを忘れてはなりません。

では、改めて文字の定義を行い、論理的な名前を付けましょう。

- 最も長い文字列の長さをsとする。
- 配列の長さをaとする。

さらに処理を分割して実行時間を考えます。

- 各文字列をソートするのに$O(s \log s)$
- 各文字列(a個ある)についてソートを行うので、$O(a*s \log s)$
- すべての文字列をソートすると、a個の文字列があるので実行時間は$O(a \log a)$となります。ほとんどの方はこのように答えるでしょう。しかし、文字列比較の計算量も考えなければなりません。文字列の比較には$O(s)$の計算量が必要になりますので、$O(a \log a)$回の比較を行うなら、$O(a*s \log s)$の計算量になります。

これらを合わせると、$O(a+s(\log a + \log s))$となります。

これで完成です。これ以上簡単にすることはできません。

例9

次のシンプルなコードでは、平衡二分探索木においてすべてのノードの値を合計しています。このコードの計算量はどうなるでしょうか?

```
1  int sum(Node node) {
2    if (node == null) {
3      return 0;
4    }
5    return sum(node.left) + node.value + sum(node.right);
6  }
```

二分探索木だからと言って、いつもlogが出てくるわけではありませんよ!

これについては2通りの見方があります。

意味を考える
最も素直な方法は、コードの意味を考えることです。このコードは木構造におけるノードを各1回ずつ訪れ、各ノードの訪問時に必要な計算量は定数時間になります(再帰呼び出しを除いて)。

従って、実行時間はノードの数に比例することになります。N個ノードがあれば、実行時間はO(N)ということですね。

再帰パターン
53ページで述べた通り、複数の枝を持つ再帰関数の実行時間に関する議論を行いました。ここではその方法で考えてみましょう。

複数の枝を持つ再帰関数の実行時間は、一般的に$O(枝の数^{深さ})$になると述べました。この例では呼び出しごとに2つの枝分かれがありますから、$O(2^{深さ})$と考えることができます。

このように考えると、ロジックに何か欠陥があったり、うっかり指数時間のアルゴリズムを作ってしまった(!)と、良くないアルゴリズムだと思ってしまう方も多いかもしれません。

指数時間の、という部分は間違いではありません。ただ、実際に指数時間のアルゴリズムではありますが、それほど悪い計算時間ではありません。指数部分についてよく考えてみましょう。

木構造の深さはどのくらいでしょうか? 平衡二分探索木ですから、N個のノードがあるなら、深さはおよそlog Nになります。

つまり、計算時間は$O(2^{\log N})$ということになります。

$\log_2$の意味を思い出してください:

$$2^P = Q \rightarrow \log_2 Q = P$$

$2^{\log N}$はいくつになるでしょうか? 2とlogの関係から簡単にすることができます。

$P = 2^{\log N}$とすると、対数の定義から$\log_2 P = \log_2 N$とすることができます。これは$P = N$であるということですから、

$$
\begin{aligned}
&P = 2^{\log N} \text{ とする} \\
&\quad \rightarrow \log_2 P = \log_2 N \\
&\quad \rightarrow P = N \\
&\quad \rightarrow 2^{\log N} = N
\end{aligned}
$$

従って、このコードの実行時間は、Nをノード数とするとO(N)ということになります。

例10
次のメソッドは、ある数についてそれよりも小さい数で割り切れるかを調べることで、その数が素数であるかどうかを調べます。ある数nについて、nの平方根より大きな数で割れるとすれば、必ずそれより小さな数で割ることができますので、試し割りを行うのはnの平方根までで十分です。

たとえば、33を11(33の平方根より大きい数)で割ったときの商は3(3*11=33)になります。3はすでに試し割りされているはずです。

この関数の時間計算量はどうなるでしょうか?

```
1  boolean isPrime(int n) {
2    for (int x = 2; x * x <= n; x++) {
3      if (n % x == 0) {
4        return false;
5      }
6    }
7    return true;
8  }
```

間違える方も多いかもしれませんが、注意深く考えれば非常に簡単です。

ループ内の処理は定数時間ですので、ループの繰り返し回数が最悪ケースで何回なのかを考えればよいだけです。ループは x = 2から始まり、x * x = nで終了します。言い換えると、x = $\sqrt{n}$ (xがnの平方根に達したとき)ループが終了するということです。

コードにするとこのようになります。

```
1  boolean isPrime(int n) {
2    for (int x = 2; x <= sqrt(n); x++) {
3      if (n % x == 0) {
4        return false;
5      }
6    }
7    return true;
8  }
```

これは$O(\sqrt{n})$の実行時間ということになります。

例11

次のコードはn!(nの階乗)を計算します。このコードの時間計算量はどうなるでしょうか?

```
1  int factorial(int n) {
2    if (n < 0) {
3      return -1;
4    } else if (n == 0) {
5      return 1;
6    } else {
7      return n * factorial(n - 1);
8    }
9  }
```

これは単純に、n, n-1, n-2, ..., 1 のようにnの値が1ずつ減少しながら再帰するだけですので、O(n)になります。

例12

このコードは、ある文字列の順列をすべて表示します。

```
1  void permutation(String str) {
2    permutation(str, "");
```

```
3   }
4
5   void permutation(String str, String prefix) {
6     if (str.length() == 0) {
7       System.out.println(prefix);
8     } else {
9       for (int i = 0; i < str.length(); i++) {
10        String rem = str.substring(0, i) + str.substring(i + 1);
11        permutation(rem, prefix + str.charAt(i));
12      }
13    }
14  }
```

これは(かなり!)扱いづらい問題です。`permutation`が何回呼ばれるかと、呼び出しごとにどれくらい計算時間がかかるのかを見ることで考えることができます。できるだけ強い上界値が得られるようにしましょう。

permutationは全部で何回呼ばれるでしょうか?

順列を生成することになれば、各スロットに当てはめる文字を選ぶ必要があります。文字数が7の文字列で考えてみると、最初のスロットには7種類の候補があります。1文字選べば、次のスロットは6種類の候補になります(先に選んだ7通りのそれぞれに対して6通りあることに注意してください)。さらに次のスロットに入る文字は5通り、のように候補が1つずつ減っていきます。

従って、順列の総数は`7 * 6 * 5 * 4 * 3 * 2 * 1`で、`7!`(7の階乗)と表現することもできます。

これは`n!`通りの順列があることを意味しますので、(`prefix`が完全な順列のとき)最終的に`permutation`は`n!`回呼ばれることになります。

permutationは途中で何回呼ばれるでしょうか?

9〜12行目の部分が何回実行されるか考えることも当然必要です。すべての呼び出しを表す、大きな呼び出し木を描いてみてください。先に示した通り、n!個の葉があります。個々の葉は長さ`n`の経路とつながっています。従って、この木には`n * n!`個のノード(関数呼び出し)程度ということになりますね。

個々の関数呼び出しはどのくらい時間がかかるでしょうか?

各文字を出力する必要がありますから、7行目の実行は`O(n)`回です。
10行目と11行目も、文字列連結のため合わせて`O(n)`の計算量になります。`rem`, `prefix`, `str.charAt(i)`の長さの合計をよく見ると常に`n`になっています。
従って呼び出し木の各ノードは`O(n)`ということになります。

合計の実行時間はどうなるでしょうか?

`permutation`を(上界として)`O(n * n!)`回呼び出し、呼び出し毎に`O(n)`の時間を要するので、合計の実行時間は$O(n^2 * n!)$を超えないくらいということになります。

より複雑な数学により、より緻密な実行時間を表す等式(きれいな閉形式である必要はありませんが)を得ることができます。通常の面接の範疇はほぼ間違いなく超えています。

例13

次のコードは、N番目のフィボナッチ数を求めます。

```
1   int fib(int n) {
2     if (n <= 0) return 0;
3     else if (n == 1) return 1;
4     return fib(n - 1) + fib(n - 2);
5   }
```

これは前述した再帰呼び出しのパターン、つまり$O(\text{枝の数}^{\text{深さ}})$を使えばよいですね。

呼び出しごとに2つの枝ができますので、深さをNとすると$O(2^N)$ということになります。

> 複雑な数学を用いることで、より厳格な計算量を得ることができます。指数時間ではありますが、実際には$O(1.6^N)$に近いです。$O(2^N)$でないのは、コールスタックの底では1回しか呼び出されないことが時々あるからです。(たいていの木構造において)多くのノードがコールスタックの底になることがわかっていますので、1回の呼び出しなのか2回の呼び出しなのかが大きな差を生むことになります。とはいえ、(47ページのビッグ・シータの説明を読んでいれば、学術的にも正しいと言えますし)面接では$O(2^N)$と答えるだけでも十分です。実際には少なくなるということを認識できていれば、面接では「ボーナスポイント」をゲットできるかもしれませんね。

一般的には、複数の再帰呼び出しがあるアルゴリズムを見るとき、実行時間は指数時間になると思ってよいでしょう。

例14

次のコードは、0からn番目までのすべてのフィボナッチ数を表示します。時間計算量はどうなるでしょうか?

```
1   void allFib(int n) {
2     for (int i = 0; i < n; i++) {
3       System.out.println(i + ": " + fib(i));
4     }
5   }
6
7   int fib(int n) {
8     if (n <= 0) return 0;
9     else if (n == 1) return 1;
10    return fib(n - 1) + fib(n - 2);
11  }
```

fib(n)が$O(2^n)$でそれがn回だから、$O(n2^n)$と慌てて答えてしまう方も多いでしょう。

少し落ち着いてください。その考え方の間違いを見つけることができますか?

間違いは、nの値が変化しているという点です。もちろんfib(n)は$O(2^n)$ですが、nの値によって変化します。

具体的に見てみましょう。

```
fib(1) -> 2^1 steps
fib(2) -> 2^2 steps
fib(3) -> 2^3 steps
fib(4) -> 2^4 steps
...
fib(n) -> 2^n steps
```

従って、合計の実行回数は

$$2^1 + 2^2 + 2^3 + 2^4 + ... + 2^n$$

52ページで示した通り、これは2^{n+1}になりますので、最初のn個のフィボナッチ数を(このアルゴリズムで)計算するには$O(2^n)$ということになります。

例15

次のコードも、0からn番目までのすべてのフィボナッチ数を表示します。ただし、今度はそれまでに計算した値を整数配列に保存しておくようにします(つまりキャッシュですね)。すでに計算されていれば、キャッシュの値を返すだけです。この場合、実行時間はどうなるでしょうか?

```
1   void allFib(int n) {
2     int[] memo = new int[n + 1];
3     for (int i = 0; i < n; i++) {
4       System.out.println(i + ": " + fib(i, memo));
5     }
6   }
7
8   int fib(int n, int[] memo) {
9     if (n <= 0) return 0;
10    else if (n == 1) return 1;
11    else if (memo[n] > 0) return memo[n];
12
13    memo[n] = fib(n - 1, memo) + fib(n - 2, memo);
14    return memo[n];
15  }
```

では、コードを追いながらこのアルゴリズムを見てみましょう。

```
fib(1) -> return 1
fib(2)
  fib(1) -> return 1
  fib(0) -> return 0
  memo[2] に 1 を保存
fib(3)
  fib(2) -> memo[2]を見る -> return 1
  fib(1) -> return 1
  memo[3] に 2 を保存
fib(4)
  fib(3) -> memo[3]を見る -> return 2
  fib(2) -> memo[2]を見る -> return 1
  memo[4] に 3 を保存
fib(5)
  fib(4) -> memo[4]を見る -> return 3
  fib(3) -> memo[3]を見る -> return 2
  memo[5] に 5 を保存
...
```

`fib(i)`が呼ばれる度に、すでに計算しキャッシュしている`fib(i-1)`や`fib(i-2)`があります。これらの値を見て足し合わせ、新たに結果を保存しておけば、定数時間で計算できることになります。

定数時間の処理をN回行うのですから、O(N)ということになります。

このテクニックはメモ化と呼ばれ、指数時間の再帰アルゴリズムを最適化する方法としては非常に一般的なものです。

例16

次の関数は、nまでの2のべき乗を表示します。実行時間はどうなるでしょうか?

```
1  int powersOf2(int n) {
2    if (n < 1) {
3      return 0;
4    } else if (n == 1) {
5      System.out.println(1);
6      return 1;
7    } else {
8      int prev = powersOf2(n / 2);
9      int curr = prev * 2;
10     System.out.println(curr);
11     return curr;
12   }
13 }
```

実行時間を計算するにはいくつかの方法があります。

何をしているか考える

powersOf2(50)の動作を追ってみましょう。

```
powersOf2(50)
    -> powersOf2(25)
      -> powersOf2(12)
        -> powersOf2(6)
          -> powersOf2(3)
            -> powersOf2(1)
              -> print & return 1
            print & return 2
          print & return 4
        print & return 8
      print & return 16
    print & return 32
```

実行時間は、50(あるいはn)を2で割り続け、1になるまでの回数になります。52ページで述べたように、nを1になるまで2で割り続ける回数はO(log n)になります。

意味を考える

このコードが何をしようとしているかを考えることで実行時間を調べることもできます。プログラムは1からnまでの2のべき乗を計算しています。

powersOf2の呼び出しごとに、ただ1つの値が出力され戻ります(再帰的に呼び出す部分を除いて)。もし13個の数を表示したのであれば、13回powersOf2関数が呼び出されたことになります。

この例では、1からnまでの2のべき乗を表示することになっていますので、関数の呼び出し回数は1からnまでのべき乗の数と一致していなければなりません。

1からnまでの2のべき乗は`log n`個ですから、実行時間は`O(log n)`ということになります。

増加率を考える

最後の方法は、nが大きくなった時に実行時間がどれくらい変化するかを考えるというものです。結局のところ、これはビッグ・オーの考え方そのものになります。

NがPからP+1に増加するとき、`powersOf2`関数の呼び出し回数は変わらないでしょう。`powersOf2`関数の呼び出し回数が増加するのはいつでしょうか？ それは、nの大きさが2倍になったときです。

nが2倍になる度に、`powersOf2`関数の呼び出し回数が1ずつ増加します。従って、`powersOf2`関数の呼び出し回数は1をnになるまで2倍し続けた回数になります。$2^x = n$ になるxということですね。

xの値は`log n`で求めることができます。

従って、実行時間は`O(log n)`になります。

練習問題

※解答は70ページにあります

VI.1 次のコードは、aとbの積を計算します。実行時間はどうなるでしょうか?

```
int product(int a, int b) {
  int sum = 0;
  for (int i = 0; i < b; i++) {
    sum += a;
  }
  return sum;
}
```

VI.2 次のコードは、aのb乗を計算します。実行時間はどうなるでしょうか?

```
int power(int a, int b) {
  if (b < 0) {
    return 0; // エラー
  } else if (b == 0) {
    return 1;
  } else {
    return a * power(a, b - 1);
  }
}
```

VI.3 次のコードは、a % b(aをbで割ったあまり)を計算しています。実行時間はどうなるでしょうか?

```
int mod(int a, int b) {
  if (b <= 0) {
    return -1;
    }
  int div = a / b;
  return a - div * b;
}
```

VI.4 次のコードは、整数値での除算を行います。実行時間はどうなるでしょうか?(aとbはいずれも正の値とします)

```
int div(int a, int b) {
  int count = 0;
  int sum = b;
  while (sum <= a) {
    sum += b;
    count++;
  }
  return count;
}
```

VI.5 次のコードは、「整数値の」平方根を計算します。与えられた数が2乗の数でなければ(平方根が整数値でなければ)-1を返します。繰り返し推論することで計算します。もしnが100なら、最初は50と考えます。大きすぎるので、次は1と50の間の25を試します。実行時間はどうなるでしょうか?

```
int sqrt(int n) {
  return sqrt_helper(n, 1, n);
}

int sqrt_helper(int n, int min, int max) {
  if (max < min) return -1; // 平方根でない

  int guess = (min + max) / 2;
  if (guess * guess == n) { // 発見!
    return guess;
  } else if (guess * guess < n) { // 小さすぎる
    return sqrt_helper(n, guess + 1, max); //より大きい値を試す
  } else { // 大きすぎる
    return sqrt_helper(n, min, guess - 1); //より小さい値を試す
  }
}
```


VI.6 次のコードは、「整数値の」平方根を計算します。与えられた数が2乗の数でなければ(平方根が整数値でなければ)-1を返します。1から順に値を増やして一致する値があるかを調べます。実行時間はどうなるでしょうか?

```
int sqrt(int n) {
  for (int guess = 1; guess * guess <= n; guess++) {
    if (guess * guess == n) {
      return guess;
    }
  }
  return -1;
}
```

VI.7 二分探索木が平衡でない場合、ある要素を見つけるには(最悪ケースで)どれくらいの計算時間になりますか?

VI.8 二分木の中から特定の値を探しますが二分探索木ではありません。この場合、時間計算量はどうなるでしょうか?

VI.9 appendToNewというメソッドは、新たに大きいサイズの配列を作り値を追加し、その配列を返します。copyArrayという関数を、appendToNewメソッドを繰り返し呼び出して作ったとします。このとき配列のコピーを行うのにどれくらいの時間がかかりますか?

```
int[] copyArray(int[] array) {
  int[] copy = new int[0];
  for (int value : array) {
    copy = appendToNew(copy, value);
  }
  return copy;
}

int[] appendToNew(int[] array, int value) {
  // すべての要素を新しい配列にコピー
```

```
    int[] bigger = new int[array.length + 1];
    for (int i = 0; i < array.length; i++) {
      bigger[i] = array[i];
    }

    // 新しい要素を追加
    bigger[bigger.length - 1] = value;
    return bigger;
  }
```

VI.10 次のコードは、ある数の各位の値を足し合わせます。実行時間はどうなるでしょうか？

```
int sumDigits(int n) {
  int sum = 0;
  while (n > 0) {
    sum += n % 10;
    n /= 10;
  }
  return sum;
}
```

VI.11 次のコードは、長さkの文字列の中で、文字がソートされたものをすべて表示します。長さkの文字列をすべて生成し、文字がソートされているかどうかをチェックするようにしています。実行時間はどうなるでしょうか？

```
int numChars = 26;

void printSortedStrings(int remaining) {
  printSortedStrings(remaining, "");
}

void printSortedStrings(int remaining, String prefix) {
  if (remaining == 0) {
    if (isInOrder(prefix)) {
      System.out.println(prefix);
    }
  } else {
    for (int i = 0; i < numChars; i++) {
      char c = ithLetter(i);
      printSortedStrings(remaining - 1, prefix + c);
    }
  }
}

boolean isInOrder(String s) {
  for (int i = 1; i < s.length(); i++) {
    int prev = ithLetter(s.charAt(i - 1));
    int curr = ithLetter(s.charAt(i));
    if (prev > curr) {
      return false;
    }
  }
  return true;
}
```

```
char ithLetter(int i) {
  return (char) (((int) 'a') + i);
}
```

VI.12 次のコードは、2つの配列について共通する値を数えます。2つの配列は全く同じものではないと仮定してください。片方の配列(配列b)をソートして、もう1つの配列aの要素を順に、配列bに含まれるかどうかを(二分探索を用いて)調べます。実行時間はどうなるでしょうか?

```
int intersection(int[] a, int[] b) {
  mergesort(b);
  int intersect = 0;

  for (int x : a) {
    if (binarySearch(b, x) >= 0) {
      intersect++;
    }
  }

  return intersect;
}
```

解答

1. O(b)です。forループをb回繰り返しています。
2. O(b)です。再帰的なコードですがb回繰り返しを行っているだけです。
3. O(1)です。定数時間で計算しています。
4. O(a/b)です。countという変数はa/bと等しくなります。whileループはcount変数の数だけ繰り返されますので、a/b回繰り返すと考えることができます。
5. O(log n)です。このアルゴリズムは平方根を求めるために実質二分探索を行っていますので、O(log n)と言えます。
6. O(sqrt(n))です。単にguess*guess > n(言い換えるとguess > sqrt(n))になるまで繰り返しているだけですね。
7. nを木のノード数とすると、O(n)です。要素を見つけるのにかかる最大の時間は木の深さで決まりますので、深さnの直線的なリストの状態が考えられます。
8. O(n)です。順序に関する性質が何もなければ、すべてのノードを探索するしかありません。
9. nを配列の要素数とすると、$O(n^2)$です。appendToNewを最初に呼び出すとき、1回のコピーが生じます。2回目の呼び出しでは2回のコピーが生じます。3回目の呼び出しでは3回、のようにコピー回数が増加しますので、合計のコピー回数は1からnまでの和ということで$O(n^2)$になります。
10. O(log n)です。実行時間は値の桁数で決まります。d桁の値は10^dまでです。$n = 10^d$とすると$d = \log n$ですから、O(log n)ということになります。
11. kを文字列の長さ、cを文字の数とすると、$O(kc^k)$です。文字列を生成するのに$O(c^k)$の時間を要し、1つの文字列がソートされているかどうかを調べるのにO(k)の時間を要します。
12. O(b log b + a log b)です。まず配列bをソートしなければならず、これにO(b log b)の時間を要します。次に配列aの各要素についてO(log b)で二分探索を行いますので、配列aのすべての要素について調べるにはO(a log b)の時間を要します。

VII 技術的な質問

技術的な質問は、トップのテクノロジー企業の何社が面接したかに基づいて作られています。多くの候補者はこれらの問題の難しさに恐怖を感じますが、問題に取り組むための論理的な方法があります。

どうやって準備するか

多くの候補者は単に問題と解法を読むだけですが、それは問題と解法を読むだけで微積分を学ぼうとしているようなものです。問題を解く練習が必要です。解法を覚えるのは役に立ちません。本書の各問題(と、それ以外のあなたが出会った問題)には次のように取り組んでください。

1. 自分で問題を解いてみてください。本書の最後にヒントがありますが、できるだけ自分の力で解答し、解答の質を上げるする努力をしてください。多くの問題は難しく作られていますが、それでよいのです。自分で問題を解くとメモリや実行時間の効率を必ず考えるようになります。メモリ効率を落として速度の効率性を上げるか、あるいはその逆が可能か、よく考えてください。
2. コードを紙に書いてください。コンピュータ上でコーディングする場合、シンタックスハイライトやコード補完、デバッグのような便利な機能が利用できます。しかし紙上ではそれができません。この状況—紙上でのコーディングがいかに遅いかということに慣れておいてください。
3. テストも紙の上でやってみましょう。これは一般的なケース、基本ケース、エラーケースなどのテストを意味します。面接時にはこれらを行う必要がありますので、事前にやっておくのが一番です。
4. 紙に書いたコードをそのままコンピュータに入力してみましょう。おそらくたくさんミスをしているでしょう。面接本番までに覚えておけるように自分のミスをリストアップしておいてください。

それから、模擬面接は可能なかぎりやっておきましょう。あなたとあなたの友達で、お互いに模擬面接を行うのです。友達は面接の専門家でないかもしれませんが、コーディングやアルゴリズムの問題を通して進歩していくことはできるでしょう。また面接官がどのようなものかを体験することで多くを学ぶことになるでしょう。

知っておくべきこと

多くの企業で問われるデータ構造とアルゴリズムの問題の類は、知識のテストを目的としているのではありません。しかし、ごく基本的な知識は知っておかなければなりません。

必須のデータ構造、アルゴリズム、概念

大多数の面接官は二分木の平衡化に対する特定のアルゴリズムについて尋ねたり、難しいアルゴリズムの質問をしようとはしません。正直なところ、学校を出てから時間が経っているので面接官もおそらくあまり難しいアルゴリズムは覚えていません。

通常は、基礎的な事柄に関して知っているかどうかが試されます。間違いなく必要な知識のリストを示しておきます。

データ構造	アルゴリズム	概念
連結リスト	幅優先探索	ビット操作
木、トライ木、グラフ	深さ優先探索	メモリ(スタック vs. ヒープ)
スタックとキュー	二分木	再帰
ヒープ	マージソート	動的計画法
ベクタ/配列リスト	クイックソート	ビッグ・オー記法、スペース
ハッシュテーブル		

上記の各項目について使い方や実装方法と、使いどころと空間・時間計算量がどれくらいかを確実に理解しておいてください。

データ構造とアルゴリズムの実装する(紙上で、それからコンピュータ上で)のも良い練習になります。データ構造の内部はどのように動いているのかを学ぶのに役立ち、それは多くの面接で重要になります。

> 今の部分を読み飛ばしていませんか? 重要なポイントですよ。リストアップされたデータ構造とアルゴリズムが完全に、簡単に扱える自信が無いなら、ゼロから実装する練習をしておいてください。

特にハッシュテーブルは非常に重要です。確実に使いこなせるようにしておいてください。

2の冪の表

次の表はスケーラビリティやメモリの制限があるような問題の多くで役立ちます。絶対に、とまでは言いませんが、覚えておくと便利です。少なくとも、簡単に思い出したり導き出せるようにしておきましょう。

2の冪	厳密な値	近似値	MB、GBなど
7	128		
8	256		
10	1024	千	1 KB
16	65,536		64 KB
20	1,048,536	百万	MB
30	1,073,741,824	十億	1 GB
32	4,294,967,296		4 GB
40	1,099,511,627,776	一兆	1 TB

例えば、32ビット整数の各ビットをブーリアン型の変数に割り当てるビットベクトルを、一般的なマシンのメモリで組み込むことができるか手早く計算するために、この表を使います。2^{32}個のデータがあるとします。各データがビットベクトルの1ビットを使用するので、データの保持に2^{32}ビット(2^{29}バイト)が必要になります。これは½GBのメモリに相当するので、一般的なマシンのメモリでも十分足りることがわかります。

ウェブ系の企業の電話面接であれば目の前に置いておくと便利です。

問題攻略ガイド

以下のフローチャートを見れば、問題をどのように解けばよいのかがわかります。是非使ってみてください。このページやその他便利な確認シートはCrackingTheCodingInterview.comからダウンロードできます。

解答フローチャート

1 聞く

問題記述のいかなる情報にも**細心の注意を払ってください。**最適なアルゴリズムを得るためにはすべて必要な情報かもしれません。

2 例

ほとんどの例は小さすぎるか特殊なものです。**例をデバッグしてみましょう。**特殊なケースになるのはどんな場合ですか？ 大きさは十分ですか？

3 ブルートフォース

できるだけ早くブルートフォース（力づく）解を得るようにしてください。効率の良いアルゴリズムについてはまだ心配しなくてもかまいません。素朴なアルゴリズムとその実行時間を記述し、そこから最適化を行うのです。コードを書くのはまだですよ！

BUDで最適化

Bottlenecks（ボトルネック）
Unnecessary Work（不必要な作業）
Duplicated Work（重複する作業）

4 最適化

BUDの最適化や次の考えを試して、ブルートフォースのアルゴリズムを見直してみましょう。

- 使われていない情報を見つけよう。普通は問題内の情報がすべて必要なはずです。
- 例を手動で解いてみて、自分の思考過程を分析してみよう。どのように解いたのだろう？
- 「正しくない」方法で解答してみて、なぜ良くないのかを考えよう。問題を修正することができますか？
- 実行時間と消費メモリのトレードオフを作り出そう。ハッシュテーブルは特に便利ですよ！

5 見直し

ようやく最適な解法ができたという段階まで進んだら、**考え方を詳細に見直してください。**コーディングに入る前に、細かい部分までしっかり理解できていることを確認しておきましょう。

6 実装

ゴールは**美しいコードを書く**ことです。コードを最初からモジュール化し、美しくない部分は何でもきれいにリファクタリングですよ。

話し続けよう

面接官は、あなたがどのような考え方で問題に取り組んでいるかを知りたいのです。

7 テスト

次の手順でテストしてください：

1. コンセプトテスト。詳細なコードレビューを行うつもりで、コードを丁寧に見直してください。
2. 普通はそう書かない、あるいは標準的な書き方ではないコード。
3. 演算部分や空ノードのような、いかにも間違えやすそうな部分。
4. 小さなテストケース。大きなテストケースを用いるよりもずっと速くて効果的です。
5. 特別なケースやエッジケース。

バグが見つかったら、**注意深く修正**してくださいね！

フローチャートをより詳しく見ていきましょう。

何が望まれるのか

面接は難しいかもしれませんが、すぐに答えがわからなかったとしても大丈夫です。普通の事ですし、悪いことはありません。

面接官からの指示をよく聞いてください。あなたが問題を解く際に、面接官は積極的あるいはそれほど積極的ではない役割を担うことになります。面接官が関与するレベルは、あなたの能力、問題の難しさ、面接官が何を求めているか、面接官個人の性格によります。

問題を与えられたとき(あるいは問題を解いているとき)、以下の考え方を使って進めてみてください。

1. 注意深く聞く

このアドバイスはこれまでにも聞いたことがありそうですが、「問題を正確に聞き取れているということを確認しましょう」といった一般的なアドバイスとは少し違います。

たしかに問題を聞いて、正確に聞きとれたかきちんと確認しておきたいでしょう。問題についてはっきりしない部分は質問しておきたいでしょう。

しかし、もう一歩踏み込んだことを言わせてください。

問題を注意深く聞いて、その問題固有の情報を心の中でしっかりと記録しておいてください。

たとえば、次のような言い回しで始まる問題を思い浮かべてください。理由があってその情報があると考えるのが自然なはずです。

- **「ソート済みの2つの配列が与えられます、…」**
  データがソート済みであるということを、おそらく知っている必要があります。ソート済みである状況に対する最適なアルゴリズムは、ソートされていない状況での最適なアルゴリズムとは違うでしょうから。
- **「サーバ上で繰り返し実行されるアルゴリズムをデザインしてください。サーバというのは…」**
  サーバ上／繰り返し実行される という状況は、1度だけ実行される状況とはことなります。これはデータをキャッシュする必要があるのかもしれません。あるいは初期データに対して何らかの前処理を行うことが妥当であるということを示しているのかもしれません。

アルゴリズムに影響しないのであれば、面接官がこのような情報を与えることは(全くないとは言えませんが)あまりありません。

多くの方は、問題を正確に聞き取るでしょう。しかしアルゴリズムを考える10分のうちに、問題の重要な詳細はいくらか忘れてしまうのです。そうなると、問題をきちんと解けない状況に陥ってしまうのです。

最初のアルゴリズムは情報を使う必要はありません。しかし自分が手詰まり感を感じたら、あるいはもっと最適化をしたいと思ったなら、その問題についてのすべての情報を使っているか再確認してください。

ホワイトボードに関連のある情報を書いておくと役に立つかもしれません。

2. 例を描いてみる

実例は面接問題の解答能力を劇的に進歩させますが、それでも非常に多くの方は自分の頭の中だけで問題を解こうとしてしまいます。

問題を聞くとき、椅子から立ち上がって、ホワイトボードに向かい、例を描いてみてください。

しかし例を描くにはコツが必要です。良い例を描かなければなりません。

かなり典型的ですが、二分探索木の例に、このようなものを描く方がいます。

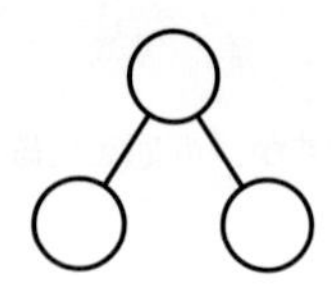

これはいくつかの理由で悪い例と言えます。まず小さすぎます。こんな小さな例では、パターンを見つけるのが難しくなってしまいます。次に具体的ではありません。二分探索木は値を持っています。問題へのアプローチ方法について、数字が何らかのヒントになるとしたらどうなるでしょうか? 3つ目の理由は、図が非常に特別な場合になっています。木が平衡であるだけでなく、葉を除いたすべてのノードが2つの子を持っている、美しく完璧な木でもあります。特殊なケースは非常に誤解を生みやすいのです。

このような例ではなく、次のような例を作らなければなりません。

- 具体的にする。(問題に適用できるのであれば) 実際に数字や文字使うべき。
- 十分な大きさにする。ほとんどの例は小さすぎで、必要な大きさの50%程度しかありません。
- 特殊なケースにならないようにする。特殊なケースは非常にうっかり描いてしまいやすいものです。自分で作った例が (それほど大したことはないだろうと思ったとしても) 特殊なケースになってしまうのであれば、修正すべきです。

できる限り一番良い例を作るようにしてください。もし自分の作った例が全く正しいとは言えないと後からわかったら、修正できますし、すべきです。

3. ブルートフォースで記述する

例を作り終わったら(問題によっては例よりもこちらを先に行う場合もありますが)、ブルートフォースで記述してみましょう。それで問題ありませんし、最初のアルゴリズムは最適にはならないだろうと思っておいてください。

面接候補者の中には、わかりきった方法であるということと解答としてひどく悪い方法であるという理由で、ブルートフォースの記述をしない方もいます。しかし、自分にとってわかりきったことであったとしても、他人も同じようにわかっているとは限りません。簡単な解法すら四苦八苦していると面接官に思われたくはないですね?

最初の解法はひどいものでもOKです。空間計算量と時間計算量がどうであるかを説明し、それからアルゴリズムの改良に向かえばよいのです。

遅い可能性が高そうであっても、ブルートフォースのアルゴリズムは議論する価値があります。最適化のスタート地点になりますし、問題を理解する手助けになるからです。

4. 最適化する

いったんブルートフォースのアルゴリズムを得ることができれば、それを最適化すべきです。上手く最適化を行うテクニックは次の通りです：

1. まだ使われていない情報を見つけましょう。面接官は配列がソートされていると言いましたか？ その情報をどう活用しますか？
2. 新しい例を使ってください。異なる例を見るだけで頭の中の引っ掛かりが取れたり、問題におけるパターンを見る手助けになったりします。
3. 「間違って」解いてみましょう。効率の悪い解法を考えることが効率の良い解法を見つける手助けになったり、正しくない解法が正しい解法を見つける手助けになったりするかもしれません。たとえば、すべての値が均一な集合の中からランダムな値を生成することを求められた場合、間違った解答としては、どの値も返されるもののある値が他の値よりも返りやすいといった準ランダムになっているようなものがありそうです。そのとき、なぜ完全にランダムではないのかを考えることができます。確率を均一にできますか？
4. 実行時間と消費メモリのトレードオフを作り出しましょう。問題における特別な状態を記憶しておくと、実行時間の最適化を行うことができる場合があります。
5. 前処理をしましょう。データを再編（ソート等）したり、長時間実行する際に時間の節約になるような事前計算を行う方法はありますか？
6. ハッシュテーブルを使いましょう。ハッシュテーブルは面接問題で幅広く使われますし、すぐ思いつくべきことです。
7. 考え得る一番良い実行時間を考えましょう（86ページで議論します）。
   これらの考えとBUD（79ページ）を見つけることで、ブルートフォースを改良していってください。

5. 見直しする

最適なアルゴリズムが決まったからといって、すぐにコーディングを始めてはいけません。アルゴリズムへの理解を深めるために、少し時間を取りましょう。

ホワイトボード上でのコーディングは遅い―非常に遅いです。ですから、コードのテストと修正をその場で行うことができます。結果として、初期の段階で可能な限り「完璧」に近いコードになっていることを確認しておく必要があります。

アルゴリズムを見直して、コードの構造を掴んでおいてください。変数を変更するときは、それが何であるか知っておいてください。

> 疑似コードはどうでしょうか？ 疑似コードを書きたければ書いても結構です。書くことに注意してください。基本的な手順（(1)配列を探索する。(2)最大値を見つける。(3)ヒープに挿入する）や、(if p < q then p を移動 else q を移動)のような簡潔なロジックが役に立ちます。しかし疑似コードに簡単な英語で書かれたforループで始まっていたりすると、雑なコードを書いているだけにしか見えません。実際のコードを書くより手早く書けないといけませんね。

何を書けばよいか正確にわからなければ、コードを書くのに苦労することになるでしょう。そうなるとコードを書き上げる時間が長くなり、大きなミスをしてしまう可能性があります。

6. 実装する

最適なアルゴリズムを手にし、何を書くか完全にわかっています。さあ実装しましょう。

(スペースが必要になりますので)ホワイトボードの一番左上からコーディングを始めてください。コードの各行が不格好に曲がってしまう「いびつな行」を避けるようにしてください。コードが乱雑に見えますし、Pythonのような空白文字に厳しい言語で非常に混乱しやすくなります。

あなたがすばらしい開発者であることを示すには、少量のコードだけでよいということを覚えておいてください。どんな小さなことにも意味はあります。美しいコードを書いてください。

美しいコードとは:

- モジュール化されたコードである。これは良いコーディングスタイルを示しています。物事を簡単にすることもできます。{{1, 2, 3}, {4, 5, 6}, …}に初期化された行列を使うアルゴリズムなら、初期化する部分のコードを書くのに時間を浪費してはいけません。initIncrementalMatrix(int size)という関数があることにしておきましょう。もし必要になったら、後で詳細を書くようにするのです。
- エラーチェックができている。他の人が気にしなくても、面接官によってはかなり気にする人もいます。ここでの良い妥協案は、todoを加えておいてテストしたいということを強調して説明しておくことです。
- 必要に応じて他のクラス／構造体を使っている。関数から最初と終わりの点のリストを返す必要がある場合、2次元配列としてそれを行うことができますが、StartEndPair（あるいはRange等）というオブジェクトのリストを使う方が良いです。クラスの細部まで完全に記述する必要はありません。そのようなものがあるということにして、もし時間があれば後で詳細を扱うようにすればよいのです。
- 良い変数名を使っている。どこでも1文字の変数が使われているコードは読みにくいです。（配列を走査する基本的なforループのような）適当な場所でiやjを使うことが悪いとまでは言いません。それでも注意はしておいてください。int i = startOfChild(array)のように書くなら、startChildのようなもっと良いネーミングがあります。
  しかし長い変数名は書くのに時間がかかったりもします。ほとんどの面接官が問題ないと考えるであろう妥協点は、最初に使った後で短縮する方法です。最初はstartChildという名前を使い、今後はそれをscと短縮すると面接官に説明するのです。

良いコードにするための細かい条件は、面接官と候補者との間と、問題自体によって決まります。あなたにとってどんな意味があるにせよ、美しいコードを書くということに重点を置いてください。

後でリファクタできる部分が見つかったら、面接官にそれを説明し、それに時間を掛ける価値があるかを判断してください。普通はリファクタを行う価値がありますが、いつもそうとは限りません。

もし混乱したら（よくあります）、例に戻って再度見直してください。

7. テストする

現実の世界では、テストを行わずにコードのチェックインをしたくありませんし、テストを行わずにコードを面接官に「提出」すべきではありません。

コードをテストするには、スマートな方法とそうでない方法があります。

多くの方は先程の例をテストデータとしてコードのテストを行います。それでもバグは見つかるかもしれませんが、非常に長い時間がかかります。手動のテストは非常に遅いのです。アルゴリズムの開発に、大きなテストデータを用いてしまうとコードの最後にあるちょっとした境界エラーを見つけるだけでとてつもない時間を要することになってしまいます。

大きなテストデータを用いる代わりに、以下のアプローチを試してみてください:

1. コンセプトテストを始めてください。コンセプトテストとは、コードの各行を読み、それらがどのように動くかを分析することを意味します。レビュアーに対してコードの内容を説明するように考えてください。そのコードは自分の意図したとおりに動きますか?

2. 怪しいコード。`x = length - 2`と書かれたコードを再度チェックしてください。`i = 1`で始まっているforループを調べてください。何か理由があってそのように書いてあるのだと思いますが、ちょっとしたミスが本当に多いです。
3. ホットスポットに注意してください。どんなことが問題を起こしそうなのか、ある程度コードを書いていればわかっていると思います。再帰的なコードの終了条件、整数値の除算、二分木内の空ノード、連結リストの走査範囲、この辺りを再度チェックしてください。
4. 小さなテストケースを使ってください。コードをテストするのに実際に特定のテストケースを用いるのは初めてです。アルゴリズムを考える際に使用した、8要素もある大きな配列を使ったりせず、3～4要素の配列を使うようにしてください。いずれのテストケースでも同じバグを発見することはできるでしょう。けれども、小さなケースを使うとバグを発見時間が短くなります。
5. 特殊なケースを試してください。空の配列や要素数が1の配列、極端な場合、その他特別なケースでコードをテストしてみてください。

バグを発見したとき(おそらくできるでしょう)、もちろん修正べきではあります。しかし自分が最初に思った修正だけで済ませてはいけません。それだけではなく、なぜそのバグが発生したかを注意深く分析し、修正方法が最も良いものなのかをよく確認してください。

最適化と解答テクニックその1:BUDをさがそう

最適化の問題に対しては、これがおそらく最も役に立つ考え方です。「BUD」は次の語の頭字語です:

- **B**ottlenecks(ボトルネック)
- **U**nnecessary work(不必要な作業)
- **D**uplicated work(重複する作業)

これらはアルゴリズムが実行に時間を無駄に消費する三大要素です。これらを見つけながら、ブルートフォースのアルゴリズムを見直していくのです。どれか1つでも見つかれば、それを取り除くことに集中すればよいでしょう。

それでも最適にならなければ、改善されたアルゴリズムに対してこのアプローチを繰り返してください。

ボトルネック

ボトルネックとは、全体的な実行時間の低下を引き起こすアルゴリズムの一部分のことです。ボトルネックが生まれる原因は、一般的には2つあります:

- アルゴリズムの中に、一度だけ行われる作業で非常に時間のかかる部分がある場合。たとえば、最初にソートを行い、次に特定の要素を見つけるという2つのステップからなるアルゴリズムを想像してみてください。最初のステップでは`O(N log N)`で、2番目のステップは`O(N)`です。おそらく2番目のステップは`O(log N)`か`O(1)`に計算量を落とすことができますが、これがは重要な問題でしょうか? そうではありません。このケースでは、`O(N log N)`の部分がボトルネックなのであって、それに比べると重要度は高くはないのです。従って、最初のステップの最適化がなければ、アルゴリズムの全体的な実行時間は`O(N log N)`のままなのです。
- 探索のような繰り返し行われる作業のまとまりがる場合。おそらく`O(N)`から`O(log N)`か`O(1)`に計算量を落とすことができるでしょう。そんな場合は全体的な実行時間の改善になります。

> ボトルネックを最適化することで全体的な実行時間に大きな差が生まれます。
> **例題**:異なる整数値の配列が与えられたとき、配列の値の差がkになる組の数を数えてください。たとえば、`{1, 7, 5, 9, 2, 12, 3}`という配列で、k = 2とすると、差が2になる値の組は次の4組になります:`(1, 3), (3, 5), (5, 7), (7, 9)`

ブルートフォースのアルゴリズムでは、配列の最初の要素からスタートし、残りの要素(ペアになる値)を探すため配列内を走査します。各組に対して差を計算します。差がkであれば、カウンタを増やします。

ここでのボトルネックは、ペアを見つけるために探索が繰り返される部分です。従って、最適化を行うにはこの部分が重要になります。

「もう一つの」ペアをより速く見つけるにはどのようにすればよいでしょうか? (x, ?)の組の、?が何であるかは探索せずともわかっています。それは、x + kか、x - kです。もし配列がソートされていたら、N個の要素の中からペアとなる値を見つけるには、二分探索を用いることでO(log N)の実行時間で済みます。

これで、2ステップのうちいずれもO(N log N)になりました。すると今度はソートが新たなボトルネックとなりました。2つ目のステップを最適化しても、1つ目のステップが全体としての速度を落としてしまうからです。

1つ目のステップと全体的に取り除き、ソートされていない配列に対して操作しなければなりません。ソートされていない配列で、どのように探索を行えばよいでしょうか? ハッシュテーブルを使えばよいですね?

配列内の値をすべてハッシュテーブルに入れてしまえば、ハッシュテーブルの中からx + kと x - kのいずれかが存在するかを調べるだけでよいことになります。このようにするとO(N)の実行時間でできるようになりました。

不必要な作業

■ **例題**: $a^3 + b^3 = c^3 + d^3$ を満たすすべての整数解を出力してください。ただし、a, b, c, d は1から1000までとします。

ブルートフォースの解は、次のようにforループを4重にすればよいでしょう:

```
1   n = 1000
2   for a from 1 to n
3     for b from 1 to n
4       for c from 1 to n
5         for d from 1 to n
6           if a^3 + b^3 == c^3 + d^3
7             print a, b, c, d
```

このアルゴリズムではa, b, c, d すべての値について等式を満たすかどうか調べています。

しかしdについてはすべてをチェックする必要がありません。解の可能性があるにしても1つしかありませんから、少なくとも等式を満たすdが見つかった時点でループを抜けるべきです。

```
1   n = 1000
2   for a from 1 to n
3     for b from 1 to n
4       for c from 1 to n
5         for d from 1 to n
6           if a^3 + b^3 == c^3 + d^3
7             print a, b, c, d
8             break // dのループを抜ける
```

ただし、この変更は実行時間に対して意味のあることではありません。このアルゴリズムはまだ$O(N^4)$だからです。それでも応急処置としてはそれなりに効果はあります。

ほかに不必要な部分はないでしょうか? もちろんありますね。(a, b, c)の各組み合わせに対して条件を満たすdは、ただ1つしかありませんから、計算すればよいのです。単純な数式で、$d = \sqrt[3]{a^3+b^3+c^3}$としておきましょう。

```
1   n = 1000
2     for a from 1 to n
3       for b from 1 to n
4         for c from 1 to n
5           d = pow(a³ + b³ - c³, 1/3) // int型に丸められる
6           if a³ + b³ == c³ + d³ && 0 <= d && d <= n // 条件を満たしているかチェック
7             print a, b, c, d
```


6行目のif文が重要です。5行目で常にdの値を求めていますが、正しいかどうかのチェックが必要です。

これで実行時間を$O(N^4)$から$O(N^3)$に減らすことができました。

重複する作業

先程と同じ問題、同じブルートフォースのアルゴリズムを用いて、今度は重複する作業を見つけてみましょう。

アルゴリズムは(a, b)すべての組に対して調べて、(c, d)すべての組に対して、(a, b)のどの組と等しくなるかを探しています。

(a, b)の各組に対して、なぜ(c, d)すべての組を計算し続けるのでしょうか? 単に(c, d)の組のリストを作っておくべきでしょう。そうすれば、リストの中から(a, b)の組に合うものを見つければよいことになります。合計の値から組(あるいはその合計値を持つ組のリスト)へのマップを行うハッシュテーブルに(c, d)の組を挿入していけば高速に見つけることができます。

```
1   n = 1000
2   for c from 1 to n
3     for d from 1 to n
4       result = c³ + d³
5       append (c, d) to list at value map[result]
6   for a from 1 to n
7     for b from 1 to n
8       result = a³ + b³
9       list = map.get(result)
10      for each pair in list
11        print a, b, pair
```

一度すべての(c, d)の組をマップできるようにしておけば、直接的に使えるようになります。(a, b)の組を作る必要はありません。(a, b)の組はすでにマップの中にあるのですから。

```
1   n = 1000
2   for c from 1 to n
3     for d from 1 to n
4       result = c3 + d3
5       append (c, d) to list at value map[result]
6
7   for each result, list in map
8     for each pair1 in list
9       for each pair2 in list
10        print pair1, pair2
```

これなら$O(N^2)$の実行時間で済みます。

最適化と解答テクニックその2:DIYの精神で

DIYとは、「Do It Yourself」すなわち自分でやってみようという意味です。

ソート済み配列のある要素の見つけ方について(二分探索を習う前に)初めて聞いた時、「ああ! 見つけたい要素を中央の値をくらべてその要素が含まれる半分を再帰的に調べていけばいいんだね。」とはおそらく答えたりしないでしょう。

一方で、コンピュータサイエンスの知識が全くない人に、アルファベット順に並べた生徒の答案の束を渡して、ある生徒の答案の場所を見つける二分探索のような方法を答えるということはありそうです。「ええと、Peter Smithですか? それはら、答案の下の方にあると思います」とおそらく言うでしょう。そして、積んである答案の中央(あたり)をランダムに選び、その答案の名前と「Peter Smith」という名前とを比較し、残りの答案に対してこのような操作を繰り返し行うでしょう。二分探索の知識がなくても、直感的に二分探索を身に付けてしまいます。

このように、我々の脳はおもしろいのです。そこで「アルゴリズムをデザインしてください」という言葉を投げかければ、混乱してしまうこともよくあるでしょう。しかし(配列などの)データか(答案の束のように)現実の生活と対応した例が与えられれば、直感から非常に素晴らしいアルゴリズムを思いついたりするのです。

このような候補者を数えきれないくらい見てきました。彼らが考えるアルゴリズムはとてつもなく遅いけれども、同じ問題を手動で解くときには非常に高速な方法であっという間に解いてしまうのです。(そして、それはある意味それほど驚くべきことではありません。コンピュータにとって遅いことは手計算でも遅いことはよくあります。なぜ余計な手間をかけてしまうのでしょうか?)

従って、問題を与えられたら、まずは実際の例を通して直感的に考えてみてください。大き目の例の方がわかりやすいでしょう。

> **例題**:短い文字列sと長い文字列bが与えられたとき、長い方の文字列の中から短い方の文字列のすべての順列を探し出すアルゴリズムをデザインしてください。各順列の場所を表示してください。

この問題をどのように解くか、しばらく考えてみてください。順列が文字列を並び替えたものということに注意すると、sの中の文字はbの中のどんな並びの中にも表れるということになります。しかしそれらは連続していなければなりません(他の文字で区切られてしまってはいけません)。

もしあなたが大多数の候補者のような人であれば、おそらく次のように考えるでしょう:sのすべての順列を生成し、それぞれをbの中から探します。文字列sの長さをS、文字列bの長さをBとすると、S!通りの順列があるので、計算量は0(S! * B)になります。

これは動きはしますが、とてつもなく遅いアルゴリズムで、指数時間アルゴリズムよりもさらに悪いです。もしsが14文字あるとすれば、その順列は870億通りを超えてしまいます。さらにもう1文字sに付け加えると、順列の数は15倍にもなってしまいます。これは痛い!

別の方法を考え方で、適切なアルゴリズムをかなり簡単に作り出すことができます。次のような、大きな例を用意してください:

```
s: abbc
b: cbabadcbbabbcbabaabccbabc
```

sの順列はbのどの部分にありますか? どのようにするかは気にしないでおきましょう。単純に探してみてください。12歳の子どもでもできると思いますよ!

(本当にやってくださいね?)
以下の順列になっている部分に下線を付けておきました。

```
s: abbc
b: cbabadcbbabbcbabaabccbabc
   ----     ----       ----
         ----  ----     ----
            ----
```

見つかりましたか? どのようにして見つけましたか?

早い段階で`O(S! * B)`のアルゴリズムがわかっても、実際にabbcの順列をすべて生成し、文字列bの中の位置をすべて見つけられる人はあまりいないでしょう。ほとんどすべての人は1か2のアプローチ(どちらもよく似ています)を選ぶでしょう。

1. 文字列bを端から4文字分(sが4文字なので)の大きさの窓をスライドするように見ていき、窓の部分がsの順列があるかどうかを調べます。
2. 文字列bを端から順にみて、sに含まれる文字が現れたとき、そこから続く4文字がsの順列であるかどうかを調べます。

「これは順列であるか」という部分の厳密な実装によって、計算時間はおそらく`O(B * S)`, `O(B * S log S)`, $O(B * S^2)$のいずれかになるでしょう。(`O(B)`のアルゴリズムがあるので)これらはどれも最適なアルゴリズムではありませんが、最初の解法と比べるとずっと良いですね。

問題を解いているとき、このアプローチを試してみてください。わかりやすく大きい例を用いて、特定の例に対して直感的に(手動で)解いてください。それから自分がどのように解いたのかを一生懸命考えるのです。あなた自身の思考過程を逆算してください。

特に直感的または無意識にできた「最適化」に気付いてください。たとえば、abbcの文字列に「d」は含まれないので、右に向かって文字を調べる際「d」が現れた場合はそこを読み飛ばしたかもしれません。もしそうなら、それはあなたの頭の中で行われた最適化であり、アルゴリズムを考える際には少なくともこれに気付いておくべきです。

最適化と解答テクニックその3: 単純化と一般化

単純化と一般化のアプローチでは、問題を段階的に解いていきます。まず、データ型のような制約を単純にしたり少し調整します。それから、この単純化した新たな問題を解きます。最後に、単純化した問題を解くためのアルゴリズムが得られれば複雑なものに適応させてみます。

> **例題:** 脅迫状は雑誌の単語を切り抜いて新たな文章にすることで作ることができます。雑誌(文字列)が与えられたとき、脅迫状(文字列で表現される)を作ることができるか判定してください。

問題を単純化するため、単語ではなく文字を切り取るように問題を変えてみます。

配列を用意して文字数を数えることで、単純化された脅迫状の問題を解くことができます。配列の各点は1つの文字と対応していています。まず最初に、脅迫状に現れる文字数を文字の種類ごとに数えます。次にそれらの文字がすべてあるかどうか、雑誌の文字を順に調べていきます。

アルゴリズムを少し変更することで、元の問題に一般化することができます。今度は文字数の配列を使わずに、単語を出現頻度にマッピングするハッシュテーブルを作ります。

最適化と解答テクニックその4: 初期状態からの積み上げ

初期状態からの積み上げというのは、基本となる最初の状態(n = 1 等)で問題を解き、そこから次の状態、その次の状態というように解いていくことを意味します。より複雑な/変わった状態(n = 3 や n = 4 等)について、それより前の状態を元に解法を構築しようとするのです。

> **例題:** ある文字列のすべての順列を表示するアルゴリズムを設計してください。単純にするために、すべての文字は異なると仮定してください。

abcdefgという文字列について考えてみます。

```
Case “a” --> {“a”}
Case “ab” --> {“ab”, “ba”}
Case “abc” --> ?
```

ここで少し考える必要が出てきます。P(“ab”)がわかっているとすると、P(“abc”)はどのように生成すればよいでしょうか? 新たに加えた文字“c”を“ab”の順列の中に挿入することで生成できますね。つまり、以下のようになります。

```
P(“abc”) = “c”をP(“ab”)の各文字列の各位置に挿入する
P(“abc”) = “c”を{“ab”,“ba”}の各文字列のあらゆる場所に挿入する
P(“abc”) = merge({“cab”, “acb”, “abc”}, {“cba”, “bca”, bac”})
P(“abc”) = {“cab”, “acb”, “abc”, “cba”, “bca”, bac”}
```

これでパターンはわかりましたので、一般的な再帰アルゴリズムで作ることができます。最後の文字を切り落として$s_1...s_{n-1}$のすべての順列のリストを作ることによって、文字列$s_1...s_n$のすべての順列を生成します。$s_1...s_{n-1}$のすべての順列のリストを作っておいて、このリストのすべての文字列の各位置にs_nを挿入します。

初期状態から積み上げていくアルゴリズムは、自然に再帰的なものになることが多いです。

最適化と解答テクニックその5：データ構造総当たり

あまり芸のない感じではありますが、うまくいくことがよくあります。単純にデータ構造の一覧を順に調べて、それぞれを適用していきます。使えるデータ構造（たとえば木構造）がわかっていれば、簡単に問題が解けてしまうことがよくありますので、この方法は便利です。

> **例題**：ランダムに数値が生成され、（拡張できる）配列に順次追加されていきます。このとき、中央値を順次調べるにはどのようにすればよいですか？

次のようにデータ構造をあれこれ試しながら考えていきます。

- 連結リストかな？ たぶん違うだろう。連結リストはデータのアクセスやソートに向いていないから。
- 配列はどうだろう？ しかし元々配列が与えられているわけだから、そのままどうにかしてソートされた状態を保てばよいのだろうか？ でもそれだとおそらくコストが大きくなるし、配列を使うのはどうしても必要になったときということで保留しておこう。
- 二分木は？ 二分木はデータの並び順をうまく扱えるので、これはありそうだ。実際、二分探索木が完全に平衡化されていたら根の値が中央値になるだろうし。しかし、気をつけないといけない。要素数が偶数であれば、中央値は中央の2要素の平均値でなければならない。2要素となると単純に根の要素だけでは済まなくなるので、多少面倒なアルゴリズムかもしれない。とはいえ、最終的にこの考えになるかもしれない。
- ヒープは使えるだろうか？ ヒープは並びを保つのが得意だし最大値や最小値を順次調べることができる。これは面白そうだ。2つヒープを用意して、片方を大きな値のグループ、もう片方を小さな値のグループというふうに分けておく。大きい値のグループでは最小値が根にくるように、小さい値のグループでは最大値が根にくるようにしておく。このデータ構造を使うと、2つのヒープの根に中央値となり得る値を保持することができるし、もしヒープサイズのバランスが悪くなっても即座に片方のヒープからデータをpopし、もう片方のヒープにpushして「バランス調整」を行うことができる。

問題を解けば解くほど、どのデータ構造を適用すればよいか直感的につかむ能力が鍛えられていきます。5つの手法の中で最も便利に感じるくらい、直感力を伸ばすことにもなるでしょう。

BCR

BCRを考えることが、問題によっては役立つヒントになってくれる場合があります。

BCRとは、Best Concervable Runtimeの頭文字を取ったもので、文字通り問題の解法として考えられる最善の実行時間のことを言います。BCRより良い解法がないことは簡単に示すことができます。

たとえば、(長さがAとBの)2つの配列が共通して持つ要素の数を計算したいという状況を考えてみてください。各配列の各要素に触れなければならないのですから、O(A + B)より良い計算量はないとすぐにわかるはずです。つまり、O(A + B)がBCRということになります。

別の例として、配列内の要素のすべての組を表示したい場合を考えます。表示しなければならない組はN^2通りありますから、この場合は$O(N^2)$より良くならないことがわかりますね。

しかし注意してください！ 面接官が(すべての要素が異なる)配列で、合計がkになるすべての組を見つけてくださいと言った場合を考えてみてください。BCRの考え方を完全にわかっていない人は、N^2の組み合わせがあるのだからBCRが$O(N^2)$であると言ってしまうかもしれません。

これは正しくありません。特定の合計値になるすべての組を求めたいからといって、すべての組を見なければならないということにはならないのです。実際、そのようにする必要はありませんね。

> 考え得る最善の実行時間(BCR)と実行時間の最善ケースの関係は何でしょうかというと、何の関係もありません！ ある問題におけるBCRは、主に入出力関数です。特定のアルゴリズムと特別な関係があるわけではありません。実際、自分の考えたアルゴリズムが何をするか考えてBCRを計算するなら、おそらく何かまずいことをしているでしょう。実行時間の最善ケースは特定のアルゴリズムに対するもの(で、ほとんど意味の無い値)です。

BCRは必ずしも得られるわけではないことに注意してください。それよりも良い解は得られないというだけなのです。

BCRの使い方

問題：2つのソート済み配列が与えられたとき、共通する要素の数を見つけてください。配列は同じ長さで、各要素はすべて異なる値とします。

次の例を見ながら始めてみましょう。共通する要素のところに下線を引いておきました。

```
A: 13 27 35 40 49 55 59
B: 17 35 39 40 55 58 60
```

この問題のブルートフォースアルゴリズムは、配列Aの各要素からスタートし、それらが配列Bに含まれるかを調べます。配列Aの各要素N個について、配列BをO(N)回ずつ探索しなければならないので、$O(N^2)$の実行時間を要します。

BCRはO(N)です。なぜなら、配列の各要素を少なくとも各1回ずつ見なければならず、要素数は全部で2N個あるとわかっているからです(もしある要素を見逃すと、その要素の値は結果を変えてしまうかもしれません。たとえば配列Bの最後の値を見ないとすると、60になっている部分はもしかしたら59かもしれません)。

今の状況を考えてみましょう。今、$O(N^2)$のアルゴリズムがわかっていて、O(N)ほどである必要はないにしても、もっと良いアルゴリズムにしたいと思っています。

ブルートフォース：　$O(N^2)$
最適アルゴリズム：？
BCR：　　　　　　　$O(N)$

$O(N^2)$ と $O(N)$ の間は何でしょう？たくさんあります。実質無限にあるようなものです。理論的に $O(N \log(\log(\log(\log(N)))))$ のアルゴリズムが得られるかもしれません。しかし、面接においても実生活においても、そのようなアルゴリズムが現れることはまずないでしょう。

> 多くの人を混乱させる部分ですので、面接に向けてこれは覚えておくようにしてください。実行時間は選択式の問題ではありません。もちろん、実行時間が $O(\log N)$, $O(N)$, $O(N \log N)$, $O(N^2)$, $O(2^N)$ になるのはかなりよくあることです。しかし純粋な消去法によってある問題が特定の実行時間になると仮定すべきではないのです。実際、実行時間について混乱すると当てずっぽうで答えてしまいたくなります。自明でなかったりあまり見かけないような実行時間になったりした場合は特にそうです。Nを配列のサイズ、Kを数の組とすると、おそらく実行時間は $O(N^2K)$ になります。論理的に導き出すのです。推測ではいけません。

$O(N)$ や $O(N \log N)$ のアルゴリズムになっていくことが一番多いですが、これは何を意味しているでしょうか？

今考えているアルゴリズムが $O(N \times N)$ であると想像すると、$O(N)$ や $O(N \times \log N)$ になるということは2つ目の $O(N)$ を $O(1)$ や $O(\log N)$ に減らすことを意味しています。

> これがBCRが役立つであろう側面の1つです。計算量を減らすため、何が必要であるかという「ヒント」を得るために実行時間を使うことができます。

2つ目の $O(N)$ は探索部分からきています。配列はソート済みです。ソート済みの配列を $O(N)$ より速く探索することはできるでしょうか？

もちろんできますね。ソート済み配列なら二分探索を使えば、$O(\log N)$ でできます。

これでアルゴリズムを改良できました：$O(N \log N)$

ブルートフォース：　$O(N^2)$
改良アルゴリズム：$O(N \log N)$
最適アルゴリズム：？
BCR：　　　　　　　$O(N)$

さらに良くすることはできるでしょうか？ さらに良くするということは、$O(\log N)$ を $O(1)$ にするということを意味します。

一般的には、たとえソート済みの配列であっても配列のソートは $O(\log N)$ より良くすることはできません。しかし今は一般的なケースではありません。この探索は何度も何度もやっています。

BCRによって、アルゴリズムが $O(N)$ より良くならないことは示されています。従って、$O(N)$ の中で行われるいかなる作業も実行時間に影響しない「おまけ」のようなものでなければなりません。

77ページの最適化ヒントをもう一度読み返してください。何か手助けになるものはありますか？

そこでのヒントの一つとして、事前計算や前処理を提案しています。$O(N)$ の範囲内なら、どんな前処理でも問題ありません。全体の計算量に影響しないからです。

> これもBCRが役に立つ可能性がある側面です。BCRより少ないか等しい計算量の処理であれば、実行時間に影響を与えないという意味では何をやっても「自由」です。最終的にはそんな処理は無くしてしまいたいと思うかもしれませんが、今すぐにしなければならないというほどの優先度ではありません。

焦点は探索時間を`O(log N)`から`O(1)`に減らすところにあります。どんな事前計算でも、`O(N)`かそれより小さければ「自由」なのです。

この場合、配列`B`のすべての要素をハッシュテーブルに入れることができます。それから配列`A`を走査し、各要素がハッシュテーブルに含まれるかどうかを調べるのです。ハッシュテーブルに含まれるかを調べる操作は`O(1)`で、全体の実行時間は`O(N)`になります。

ここで面接官が恐ろしい質問で攻めてきた場合を想像してください：さらに良くすることはできますか？

実行時間の観点で言えばノーですね。あり得る最速の実行時間を得ることができています。従って、ビッグ・オー記法でいう時間計算量の最適化はできません。空間計算量についての最適化はできるかもしれませんが。

> これもBCRが役に立つ側面です。時間計算量の最適化の観点では、「終わった」と言えますので、空間計算量を改善するという方向へ考えを転換すべきです。

実際に、面接官の指示がないときであっても自分のアルゴリズムに関して疑問を持つべきです。データがソートされていないときでも、全く同じ計算時間になっていたでしょう。面接官は、なぜソート済みの配列を与えたのでしょうか？有り得ないわけではありませんが、何か変ですね。

例に戻ってみましょう。

```
A: 13 27 35 40 49 55 59
B: 17 35 39 40 55 58 60
```

今、次のようなアルゴリズムを探しています：

- （おそらく）`O(1)`の空間計算量になる。最適な時間計算量のアルゴリズムで、`O(N)`の空間計算量であるものはすでにわかっている。もし追加のメモリ空間を減らしたいのなら、おそらくそれは追加のメモリ空間を無くすことを意味する。従って、ハッシュテーブルを無くす必要がある。
- （おそらく）`O(N)`の時間計算量になる。少なくとも現在の最適な時間計算量に合うようにしたいし、それより良くすることはできないとわかっている。
- 配列がソートされているという事実を用いる。

追加のメモリ空間を使わない最適なアルゴリズムは、二分探索でした。では、二分探索の最適化を考えてみましょう。まずアルゴリズムに沿って調べていきます。

1. 配列Bの中から`A[0]` = 13を二分探索する。見つからない。
2. 配列Bの中から`A[1]` = 27を二分探索する。見つからない。
3. 配列Bの中から`A[2]` = 35を二分探索する。`B[1]`に見つかった。
4. 配列Bの中から`A[3]` = 40を二分探索する。`B[3]`に見つかった。
5. 配列Bの中から`A[4]` = 49を二分探索する。見つからない。
6. ...

BUDについて考えてみてください。ボトルネックは探索部分です。不必要、あるいは重複する部分は何かありますか?

A[3] = 40 が配列Bのすべてを探索するのは不必要です。B[1] で35を見つけているのですから、40は35より前にあることは絶対にないのです。

二分探索ごとに、前の探索でやめた最後の部分から探索すべきです。

それどころか、もう二分探索する必要もなくなりました。線形探索でも良いのです。配列Bの線形探索が、前の探索の終わり部分からである限り、全体では線形時間になるからです。

1. 配列Bの中からA[0] = 13を、B[0] = 17からB[0] = 17まで線形探索する。見つからない。
2. 配列Bの中からA[1] = 27を、B[0] = 17からB[1] = 35まで線形探索する。見つからない。
3. 配列Bの中からA[2] = 35を、B[1] = 35からB[1] = 35まで線形探索する。見つかった。
4. 配列Bの中からA[3] = 40を、B[1] = 35からB[3] = 40まで線形探索する。見つかった。
5. 配列Bの中からA[4] = 49を、B[3] = 40からB[4] = 55まで線形探索する。見つからない。
6. ...

このアルゴリズムは2つのソート済み配列をマージするものと非常によく似ています。このアルゴリズムでは、O(N)の時間計算量、O(1)の空間計算量になります。

これでBCRに到達し、なおかつ最小のメモリ空間になりました。これ以上良くすることはできませんね。

> これがBCRの別の使い方です。BCRに達しO(1)の空間計算量になったら、ビッグ・オー記法における時間計算量と空間計算量はそれ以上最適化できないということがわかります。

BCRはアルゴリズムのテキストには見られないもので、現実的なアルゴリズムの考え方ではありません。しかし、問題を通して指導しているときだけでなく自分自身で問題を解くときにも、筆者個人としては非常に便利であることがわかりました。

理解しようとして混乱する場合は、まずビッグ・オー記法(45ページ)を理解してください。これはマスターしておく必要があります。それができればBCRはすぐに理解できるでしょう。

正しくない解答の扱い

最も広まっていて ― そして危険な ― 噂の1つは、面接官がすべての問題において正解を求めているということです。これは正しくありません。

まず第1に、面接問題の解答というのは「正しい」「正しくない」で考えるべきではありません。面接時においてどのように受け答えするかを評価するとき、私は「何問正解したか」を考えることは決してありません。白か黒かのような評価ではないのです。そんなことよりも、最終的な解法がどれくらい最適化されたものか、その解法にたどり着くまでどれくらい時間がかかったか、どれくらい手助けが必要だったか、コードがいかにきれいかが大事なのです。評価の要因は幅広くあるのです。

第2に、あなたの行動は *他の候補者との比較* によって評価されています。たとえば、あなたはある問題を15分で最適に解きました。他の人はもっと易しい問題を5分で解きました。その人はあなたよりも優れていると言えますか？ そうかもしれませんが、そうでないかもしれません。もしあなたが非常に易しい問題について問われたら、かなり早く最適解を答えることが期待されるでしょう。しかし問題が難しければ、たくさんの間違いが予想されます。

第3に、多くの ― おそらくほとんどの ― 問題は、かなり力のある候補者でも即座に最適解法を答えるのは難しいです。私がよく使う問題は、力のある候補者で解くのに大体20〜30分かかります。

Googleでの数千の採用過程における評価で、すべての面接において「完璧」であった候補者を私はたった一度しか見たことがありません。オファーのあった数百人を含め、他は全員何らかのミスを犯しています。

問題を以前に聞いたことがあるとき

以前に問題を聞いたことがある場合は、それを面接官に伝えましょう。面接官はあなたの問題解決能力を見るために質問しています。すでに知っている問題であれば、あなたを評価する機会を与えないことになってしまいます。
もし問題を知っているということを言わなければ、面接官はあなたが非常に不誠実であると思うかもしれません（逆に言えば、正直に言うことで非常に誠実であるという高評価を得ることになるでしょう）。

面接の「最強」言語

トップ企業の多くでは、面接官が言語についてあれこれ口出しすることはありません。彼らはあなたが特定の言語について知っているかどうかよりも、どのように問題を解くかに興味があるからです。

しかし他の企業は言語との関係性が比較的強く、特定の言語でどれくらいコードを上手く書くことができるかを見ることに興味を持っています。

もし言語の選択が与えられたら、おそらく自分にとって最も快適な言語を選ぶべきです。

もしいくつかの得意言語があるなら、次の事を覚えておきましょう。

知名度

絶対にというわけではありませんが、面接官にとってはあなたがコーディングしている言語を知っているのが理想的です。そういう意味では広く知られている言語が良いでしょう。

読みやすさ

たとえ面接官があなたの使っている言語を知らなかったとしても、大体理解できそうな言語を使うべきです。他の言語との類似性によって比較的自然に読みやすい言語もあります。

たとえばJavaは業務で使ったことがなくても非常に理解しやすいです。ほとんどの人はCやC++のようなJavaライクな構文の言語で作業したことがあるからです。

潜在的な問題

潜在的な問題が出てしまう言語もあります。たとえばC++を使うということは、通常のバグに加えてメモリ管理やポインタの問題が出てしまうことを意味するのです。

冗長性

比較的冗長な言語もあります。たとえばJavaはPythonと比べると非常に冗長な言語です。以下のようなコードの一部を比較してみましょう。

Python:
```
1    dict = {"left": 1, "right": 2, "top": 3, "bottom": 4};
```

Java:
```
1    HashMap<String, Integer> dict = new HashMap<String, Integer>().
2    dict.put("left", 1);
3    dict.put("right", 2);
4    dict.put("top", 3);
5    dict.put("bottom", 4);
```

Javaの方が冗長ですが、コードを省略することで冗長さはいくらか軽減することができます。ホワイトボード上に次のようなコードを書く候補者がいたとします。

```
1    HM<S, I> dict = new HM<S, I>().
2    dict.put("left", 1);
3    ...      "right", 2
4    ...      "top", 3
5    ...      "bottom", 4
```

この候補者は省略の説明をする必要がありますが、ほとんどの面接官は気にしないでしょう。

使い勝手

言語によっては、ある操作が他の言語よりも簡単なものがあります。たとえばPythonでは関数から複数の値を返すことが非常に簡単にできます。Javaでは同じ操作を行うのに新しくクラスを作らなければなりません。これは問題によっては便利になります。

しかしこれも冗長性で述べたように、コードを省略したり実際にはないメソッドを仮定することで緩和できます。たとえば一方の言語が行列を転置する関数を持ち、もう一方の言語がそのような関数を持っていなかった場合、(そのような関数を必要とする問題に対して)前者の言語はコードを書くのにずっと良いというわけではありません。他の言語であっても、同じような関数があると仮定すればよいのです。

良い、きれいなコードとは

雇い主はあなたが「良い、きれいな」コードを書けるかを見たがっているということはおそらくご存知でしょう。しかしこれは本当のところどんな意味で、面接時にはどうやってアピールすればよいのでしょうか?

大まかに言って、良いコードには以下の特性があります。

- **正確である**:予期される入力に対しても、予期されない入力に対しても正しく動くものでなければなりません。
- **効率的である**:実行時間と消費メモリの両方に関して可能な限り効率的でなければなりません。この「効率」は計算量オーダーの効率性と実際に動かしたときの効率性の両方を含みます。つまり計算時間のオーダーを求めるとき、係数部分は無視するけれども実際には重要な問題になるということです。
- **シンプルである**:100行のコードを10行で書けるなら、そう書くべきです。開発者はできるだけコードを早く書くことができたほうがよいのです。
- **読みやすい**:他の開発者が自分のコードを読んだら、何をどのように行っているかが理解できるようにするべきです。読みやすいコードとは、必要に応じてコメントが書かれているだけでなく、理解しやすい方法で実装されているものです。複雑なビット操作の塊のように工夫を凝らしたコードが必ずしも良いコードとは言えないということです。
- **保守しやすい**:コードは製品のライフサイクルにうまく対応できなければなりませんし、初期の開発者だけでなく、その他の開発者にとっても保守しやすくなければなりません。

これらの観点について取り組むにはバランスをとることが必要になります。たとえば、コードの保守性を高めるためにある程度効率性を犠牲にするのが得策の場合がありますし、逆もまた然りです。

これらの観点については面接時のコーディングでも考えておいたほうがよいでしょう。次に示すのは先に述べた特性を実践する、より具体的な方法です。

データ構造はどんどん使おう

2つの単純な数式を足し合わせる関数を書くように言われたとしましょう。それぞれの多項式は、 $Ax^a + Bx^b + \ldots$ のような形で表現されています。(ここで係数と指数は正または負の任意の実数)つまり、多項式は項の連なりであって、各項は定数と冪数の積になっています。文字列の解析をしてほしいわけではないと面接官が言ったことにしておくと、数式を保持するのにどのようなデータ構造を用いてもよいということになります。

これを実装できる方法はいろいろあります。

悪い実装

数式を`double`型の単一の配列で、k番目の要素をx^kの係数として保持しようとするのは悪い実装です。このデータ構造には問題があって、指数部分が負の数であったり整数でない場合に数式を表現できません。また、x^{1000}だけを表現するのにサイズが1000の配列を用意しなければならないという点も良くありません。

```
1  int [] sum(double[] expr1, double[] expr2) {
2    ...
3  }
```

悪くはない実装

係数部分と指数部分に分けて2つの配列(係数部を`coefficients`、指数部を`exponents`)として数式を保持するのは、いくらかましな実装方法です。この方法では数式の項が任意の順序で保持されますが、`coefficients[i] * x`$^{exponents[i]}$の形で配列のi番目の要素が対応しています。

この実装方法では`coefficients[p] = k`、`exponents[p] = m`とするとp番目の項はkx^mになり、前述の方法での問題点は解決できていますが、非常に煩雑でもあります。1つの数式に対して2つの配列を追う必要があります。もし2つの配列が違う長さであれば、「未定義」の値を含んでいることにもなります。また、2つの配列を返す必要があるので数式のデータを返す場合にも困ります。

```
1    ??? sum(double[] coeffs1, double[] expon1, double[] coeffs2, double[] expon2) {
2      ...
3    }
```

良い実装

この問題の良い実装は、数式を独自のデータ構造で設計することです。

```
1    class ExprTerm {
2      double coefficient;
3      double exponent;
4    }
5
6    ExprTerm[] sum(ExprTerm[] expr1, ExprTerm[] expr2) {
7      ...
8    }
```

これは「過度な最適化」という議論があるかもしれません。そうかもしれませんし、違うかもしれませんが、過度な最適化かどうかにかかわらず、上記のコードはあなたがどのようにコードの設計をするかについて考え、できる限り最速な方法を考えるあまり見落としてしまった部分がないことをアピールすることになります。

適切なコードの再利用

2進数の値と16進数の値がいずれも文字列として与えられたとき、それらが等しいかどうかをチェックする関数を書くという問題を出された場合を考えてみましょう。

この問題のエレガントな実装は、コードを再利用することです。

```
1   boolean compareBinToHex(String binary, String hex) {
2     int n1 = convertFromBase(binary, 2);
3     int n2 = convertFromBase(hex, 16);
4     if (n1 < 0 || n2 < 0) {
5       return false;
6     }
7     return n1 == n2;
8   }
9
10  int convertFromBase(String number, int base) {
11    if (base < 2 || (base > 10 && base != 16)) return -1;
12    int value = 0;
13    for (int i = number.length() - 1; i >= 0; i--) {
14      int digit = digitToValue(number.charAt(i));
15      if (digit < 0 || digit >= base) {
16        return -1;
17      }
18      int exp = number.length() - 1 - i;
19      value += digit * Math.pow(base, exp);
20    }
21    return value;
22  }
23
24  int digitToValue(char c) { ... }
```

2進数を16進数に変換するコードを別に実装することはできますが、書くのも保守するのも難しくなります。そこで、`convertFromBase`というメソッドと`digitToValue`というメソッドを1つずつ書いてコードを再利用します。

モジュール化

コードをモジュール化して書くというのは、独立したコードの塊を1つのメソッドに切り分けて書くという意味です。これによってより保守性が増し、読みやすくテストもしやすいコードを保つことができます。

整数配列において、最小の要素と最大の要素を入れ替えるコードを書いているとしましょう。次のように、1つのメソッドですべて実装することができます。

```
1   void swapMinMax(int[] array) {
2     int minIndex = 0;
3     for (int i = 1; i < array.length; i++) {
4       if (array[i] < array[minIndex]) {
5         minIndex = i;
6       }
7     }
8
9     int maxIndex = 0;
10    for (int i = 1; i < array.length; i++) {
```

```
11      if (array[i] > array[maxIndex]) {
12        maxIndex = i;
13      }
14    }
15
16    int temp = array[minIndex];
17    array[minIndex] = array[maxIndex];
18    array[maxIndex] = temp;
19  }
```


あるいはメソッド内の比較的独立した部分を切り分けることで、よりモジュール化して実装することもできます。

```
1  void swapMinMaxBetter(int[] array) {
2    int minIndex = getMinIndex(array);
3    int maxIndex = getMaxIndex(array);
4    swap(array, minIndex, maxIndex);
5  }
6
7  int getMinIndex(int[] array) { ... }
8  int getMaxIndex(int[] array) { ... }
9  void swap(int[] array, int m, int n) { ... }
```

モジュール化していないコードが特別ひどいというわけではないのですが、モジュール化したコードの良いところは、各々の構成要素を別々にテストしやすいことです。コードがもっと複雑になってくると、モジュール化して書くことがより重要になってきます。こうすることで可読性も保守性も上がりますし、面接官もあなたがこれらのスキルを披露してくれることを望んでいます。

柔軟かつ堅牢であること

面接官に○×ゲームでの勝ち負け判定をするコードを書いてくださいと言われただけでは、3×3の盤面を仮定しなければならないとは限りません。N×Nの、より一般的な実装方法でコードを書いたほうがよいでしょう。

柔軟性・汎用性のあるコードを書くということは、ハードコーディングされた値の代わりに変数を用いたり、テンプレート/ジェネリクスを用いることでもあります。より一般的な問題を解くコードが書けるのであれば、そうしておいたほうがよいでしょう。

もちろん限度はあります。一般的にすることでずっと複雑になってしまったり、そこまでする必要はないと判断した場合は、単純に必要なものだけを実装したほうがよいこともあります。

エラーチェック

注意深いコーダーの特徴は、入力データに対して勝手な仮定をしないというところです。ASSERTや`if`文を通じて入力値がどうなっているべきかを確認します。

たとえば、先に述べた基数`i`(2や16)の値を整数値に変換するコードを思い出してください。

```
1  int convertToBase(String number, int base) {
2    if (base < 2 || (base > 10 && base != 16)) return -1;
3    int value = 0;
4    for (int i = number.length() - 1; i >= 0; i--) {
5      int digit = digitToValue(number.charAt(i));
6      if (digit < 0 || digit >= base) {
7        return -1;
```

```
8        }
9        int exp = number.length() - 1 - i;
10       value += digit * Math.pow(base, exp);
11     }
12     return value;
13   }
```

2行目で基数が有効かどうか(10より大きいもので16以外の文字列は標準的な表現がないと仮定)をチェックしています。6行目では各桁が正しい範囲になっているかどうかという別のエラーチェックをしています。

これらのようなチェックは製品のコードでは重要であり、したがって面接時のコードも同様のことが言えます。

もちろん、これらのエラーチェックは退屈で面接時の貴重な時間を費やすことになります。重要なことは、エラーチェックのコードを書くつもりであると伝えておくことです。if文で手早く書けそうもないエラーチェックであれば、あとで書けるようにいくらかスペースを残しておき、コードの残りの部分を書き終えてからその部分を埋めるということを面接官に伝えておくとよいでしょう。

あきらめないで!

面接試験問題が相当難しいのはわかりますが、それは面接官にとって必要なことだからです。果敢に立ち向かいますか? それとも恐れをなしてしり込みしますか? 一層努力して、難しい問題に正面から懸命に取り組むことが重要です。前提として、面接試験は難しいものだと思っておいてください。とてつもなく難しい問題が出たとしても驚いてはいけません。もう一つの「コツ」は、困難な問題を解くときに興奮する気持ちを素直に表に出すことです。

VIII オファーとその後

オファーと不採用の取り扱い

面接が終わって落ち着き、くつろげるようになって考えていると、面接後の重圧に直面するようになります。採用のオファーが来たら受けるべきかな？ それが正しい選択なのかな？ どうやってオファーを断ろうか？ 返事の締め切りはいつだろう？ ここではこういった問題のいくつかを取り上げ、採用のオファーについてどう評価するかや交渉の方法についての詳細に触れていきます。

オファーもしくは不採用への対応

オファーを受けるにせよ、断るにせよ、あるいは不採用に対応するにせよ、重要なのはあなたが何をするかです。

オファーの締め切りと期限の延長

企業が採用のオファーを出すとき、ほぼ必ず期限が設定されます。通常の期限は1～4週間です。他の企業からの返事待ちである場合は期限の延長をお願いすることができます。可能であれば、通常は企業側が便宜を図ってくれます。

オファーを断る

たとえ現時点でその企業で働くことに興味がなかったとしても、数年後に興味を持つかもしれません（あるいはあなたのコンタクト先となっていた人物が、もっと素晴らしい会社に移るかもしれません）。うまく折り合いをつけて良い関係を保ち続けることが、あなたにとって一番良いことです。

オファーを断る場合、不快感を与えず議論の余地がない理由を話すようにしてください。たとえば、スタートアップ企業を選んで大手企業のオファーを断ろうとしている場合、今回自分にはスタートアップ企業が合っていると感じているということを説明します。大手企業が突然スタートアップ企業になってしまうようなことはあり得ませんから、あなたの話す理由に議論の余地はなくなってしまいます。

不採用の取り扱い

不採用になるのは残念なことですが、だからといってあなたが素晴らしいエンジニアではないという意味ではありません。優れたエンジニアでも面接に失敗することがあります。相手の面接官への対策が十分ではなかったか、あるいは単に「気分がのらない」日だったのでしょう。

幸いなことに大部分の企業は、面接官も完璧ではなく、多くの優れたエンジニアが不採用になる場合があることを理解しています。

このため企業では多くの場合、過去に不採用にした候補者に再面接を熱心に求めたりします。企業によっては以前の面接での出来によって昔の候補者にまで手を伸ばしたり、願書を漁ったりすることもあります。

残念な結果になった場合には、それを再挑戦へとつながる機会として活かしましょう。リクルータにはわざわざ時間を割いてくれたことにお礼を言っておきましょう。また、あなたががっかりしていること、しかし彼らの立場も理解していることを伝え、再チャレンジできるのはいつか聞いておきましょう。

リクルーターからのフィードバックを求めることもできます。多くの場合、大手テクノロジー企業はフィードバックを返すことはしませんが、そうする会社もあります。「次の機会に向けて、私が何をすべきかアドバイスしていただけますか？」といった質問をしても、何ら問題はないでしょう。

オファーの評価

おめでとうございます！ あなたは採用のオファーをもらいました！ そして、運が良ければ複数のオファーをもらっているかもしれません。そうなるとあなたのリクルータの仕事は、あなたが承諾してくれるようにあれこれ勧めることになります。その企業が本当にあなたに合っているかどうかを知るにはどうすればよいでしょうか？ ここではオファーを評価する際に考えるべきことをいくつか確認していきます。

収入面のまとめ

おそらく候補者がオファーを評価する際にしてしまう最大の失敗は、給与のことばかり見ているということです。この1つの数字だけを見過ぎて、金銭的に良くないオファーを受けて終わってしまうことがよくあります。給与は収入のほんの一部で、以下の内容についてもしっかり見ておくべきです。

- **契約ボーナス、転勤費用、その他特典**：多くの企業が契約ボーナスおよび/または転勤費用のオファーを提示します。オファーを比較するとき、この報酬を3年間（あるいは在籍する予定期間）くらいで割っておくのが賢明です。
- **生活費の違い**：税金や生活費の違いは、あなたの手取り給料に大きな違いが出てきます。たとえばシリコンバレーはシアトルと比べて30%生活費が上がってしまいます。
- **年間ボーナス**：ハイテク企業における年間のボーナスはどこでも3%～30%の開きがあります。リクルータが年間ボーナスの平均を教えてくれるかもしれませんが、そうでなければチェックしておきましょう。
- **ストックオプションと補助金**：株式による報酬は年収におけるもう1つの重要な部分を占めます。契約ボーナスのように企業間の株式報酬の違いも3年間分として、給与とまとめて比較することができます。

しかし何を学ぶか、その会社でどれだけキャリアアップになるかが、給与よりも長期的な収入に違いを生むということを忘れないでください。現時点で収入を増やすことをどこまで重視するのか、本当に慎重に考えてください。

キャリアアップ

採用のオファーがあって興奮するかもしれませんが、ほんの数年でまた面接を受けることを考え始めているかもしれません。したがって、そのオファーが自分のキャリアステップにどれだけ影響するのかということをすぐに考えておくのは重要なことです。具体的には次のような問題を考えることです。

- 履歴書に書くとして、どれだけ見栄えがするか？
- どの程度学べるのか？ 意味のあることが学べるのか？
- 昇進計画はどうか？ 開発者としてのキャリアアップをどうするか？
- 将来的に管理職を希望するなら、この会社で現実的な計画が立てられるか？
- その企業やチームは成長しているか？
- もしどうしてもその会社を辞めたくなったとき、他に興味のある企業があるか？ あるいは引越しする必要があるか？

最後の点は非常に重要で、通常は見過ごしてしまいます。自分が住む場所で選べる会社が数社しかないようであれば、キャリア上の選択肢はより限定されたものになります。選択肢が少ないということは、本当に素晴らしいチャンスを見つけられる可能性が減ることを意味するのです。

会社の安定性
他の条件がまったく同じであれば、もちろん安定性のある会社を選ぶべきです。誰も解雇やレイオフはされたくありません。

しかし「他の条件がまったく同じ」ということは、実際にはあり得ません。安定性の高い会社は、それだけ成長も遅いものだからです。

会社の安定性をどのくらい重視すべきかは、あなたの価値観次第です。安定性を特に重視する候補者もいるでしょう。解雇されたとして、どのくらい早く次の仕事が見つかるでしょうか？ 次の仕事を探すのに問題がなさそうあれば、たとえ安定性がなくても、成長の速い企業を選ぶのが良いでしょうか？ 労働ビザ上の制限があったり、次の仕事を素早く見つけられる自信がなかったりするのであれば、安定性はより重要な要素となります。

幸せに過ごすために
最後に大切なことを1つ。自分の幸せについても当然よく考えてください。次の要因はあなたにとって影響のある可能性が高いです。

- **製品**：多くの人はどんな製品を作ったかを重視しますから、もちろん多少は重要です。しかし、大部分のエンジニアにとっては誰と一緒に仕事をしたか、などがもっと重要な要因になることあります。
- **マネージャとチームメート**：人が仕事の好き嫌いを言うときは、チームメートやマネージャによることがたびたびあります。彼らと集まったりしたことがありますか？ 楽しくおしゃべりしましたか？
- **社風**：意思決定の方法から社会的雰囲気、会社の組織方法まで、あらゆることが社風と結びついています。これからチームメートになる人たちに、社風についてどう感じているか尋ねてみましょう。
- **時間**：チームメートになる人たちに、彼らがどのくらいの期間働こうと考えているのか聞いてみてください。そして、それがあなたの生き方とうまくかみ合うかどうかよく考えてください。ただし、普通は大きな節目まではずっと長い時間がかかるということを忘れないでください。

加えて、（グーグルやフェイスブックのように）簡単にチームを変われる機会があれば、あなたによく合うチームや製品を見つける機会が増えるということも覚えておいてください。

交渉

何年か前、私は交渉についての授業に申し込みました。最初の日、我々が車を買おうとしている状況を想像するように講師に言われました。A店では交渉なしの固定価格$20,000で売っています。B店では交渉することができます。B店で買ってもらうには（交渉後）、車の価格はいくらくらいにしないといけないでしょうか？（今すぐ自分で答えを出してみてください！）

クラスの平均では$750安くするべきという結果になりました。言い換えれば、学生たちは1時間程度の交渉を避けるために$750支払うことを望んでいたということです。クラスでアンケートを取ってみると、当然かもしれませんが彼らのほとんどが採用のオファーについて交渉しなかったと答えました。企業側の言うことは何でも受け入れたのです。多くの人が、この判断に共感するでしょう。交渉は好きではないという人の方が多数派だからです。とはいえ、交渉によって得られる経済的利益は、それを行うだけの価値があることが一般的なのです。

自分の希望を伝え、交渉してみましょう。ここにヒントを記しておきます。

1. とにかくやってみる：怖いのはよくわかります。交渉したがる人は（ほぼ）誰もいないでしょう。しかし、だからこそ価値があるのです。あなたが交渉をしたからといって採用が取り消されたりはしません。失うものなんてほとんどありません。オファーが大企業からのものならばこれは特にあてはまります。将来の同僚と交渉するということにはおそらくなりません。
2. 現実的な代替案を持つ：あなたが入社してくれないかもしれないという心配があるので、リクルータは基本的に交渉に応じてくれます。代替となる選択肢を用意しておけば、彼らの懸念はより現実的になります。
3. 具体的な「お願い」をする：給与を「もっと」上げてほしいと言うよりも、$7000増やしてほしいというように具体的にお願いしたほうが効果的です。もっとというお願いのし方では、$1000上げてもらっただけでも形式的には要求を受け入れてもらったということになってしまうのです。
4. 余分に要求する：交渉するとき、あなたの要求を何でも聞いてくれることは普通ありません。行ったり来たりの会話を繰り返します。企業側はおそらく妥協しようとするでしょうから、本当に受け入れてほしい要求があるなら少し余分に希望するようにしておきましょう。
5. 給与より上を考える：給与を上げ過ぎるということは、あなたの同僚と比べて余計に支払うことになりますから、企業側としては給与に関すること以外の要素で交渉したいと考えていることが多いです。株式や契約ボーナスについての要求を考えてみましょう。あるいは引っ越しにかかる費用を直接支払ってもらうよりも、現金で受け取ったほうが金銭的には得になるでしょう。実際の引っ越し費用がかなり安い大学生にとってはこれが良い方法です。
6. ベストな媒体で：多くの人が電話を介して交渉するようにアドバイスします。ある程度は正しいことで、電話での交渉は比較的良い方法ですが、電話で交渉するのが苦手だと感じる場合は電子メールで交渉してもかまいません。特定の媒体で交渉を行うということよりも、あなたが交渉をやってみること自体が重要なのです。

大企業との交渉を行うのであれば、大企業には従業員のレベルが設定されており、そのレベルに応じた報酬が支払われているということも知っておかなければなりません。特にマイクロソフトには明確に定義されたシステムがあります。あなたのレベルの範囲内で交渉することはできますが、さらに上の要求にはあなた自身のレベルアップが必要です。大きな昇給を望むなら、困難だけれどもできることを着実にこなし、リクルータや今度同僚となる人たちに自分の経験がさらに上のレベルであることを納得させる必要があるでしょう。

仕事をしていく上で

キャリアアップへの道は面接で終わるのではありません。まだ始まったばかりです。実際に企業の一員になれば、今後の展望について考え始める必要があります。どこを目指すのか、そのためにはどうすればよいのかを。

時間的な計画を設定する

企業の一員となり刺激的な日々が始まります。何もかも素晴らしい、というのはよくある話です。そして5年経ったとき、あなたはまだそこにいます。そういえばこの3年間、技術的にすごくレベルアップしたとか履歴書に書けるような仕事をしていないな、ということに気づき始めます。なぜ2年経ったときに辞めるということをしなかったのでしょうか？

仕事を楽しんでいるときは非常にそれに溺れやすく、自分のキャリアに進展がないことに気がつかないものです。ですから新たに働き出す前に、その後の展望を大まかに決めておくべきです。10年でどうしていたいか？ そのためにはどんな手順を踏む必要があるのか？ もっと言えば、来年経験することが自分に何をもたらすのか、去年の実績や能力からどう進歩させるかを毎年考えるようにしてください。

事前に自分の進む方向性を描き定期的に確認することで、自己満足の罠に陥るのを避けることができるでしょう。

強力な関係性を構築する

何か新しいことを始めたいとき、ネットワークは非常に重要になります。結局のところオンラインで申し込むよりも個人的な紹介のほうがずっとうまくいきますし、そういった関係性を作れるかどうかでネットワークが出来上がるのです。

職場ではマネージャとチームメイトと強力な関係を作ってください。職場を離れることになっても連絡を取り合うようにしてください。旅立ちから数週間の間、友人らしい気遣いができれば、仕事上の知人から個人的な友人へと変わっていくことでしょう。

これは私生活についても言えることです。あなたの友人、あるいは友人の友人は大切なネットワークです。周りに何かしてあげられる人間でいてください。そうしていれば、彼らもきっとあなたの助けになってくれるでしょう。

自分の望むものを求める

マネージャの中にはあなたの実績を上げようと本当に頑張ってくれる人もいますが、そういう人以外はあまり干渉しようとしません。キャリアアップのために挑戦し続けるかはあなた次第です。

また、マネージャに対しては自分の目標について（それなりに）素直に話せるようにしておきましょう。バックエンド寄りのコーディングがやりたければそのように言い、もっとリーダーシップを発揮できる機会を探りたいのであればどうすればよいのか議論してください。

計画に沿って目標を達成するには、あなた自身で道を切り開いていかなければなりません。

面接対策を続ける

少なくとも年に一度は、たとえ新しい仕事を探していないとしても、面接の目標を設定しておきましょう。そうすることで、面接スキルを維持できるだけでなく、転職市場においてどのようなチャンス（と給与）があるのかという最新情報に通じることができます。

オファーを得ても、それを必ず受けなければいけないということではありません。もう少し後でその会社に参加したいのであれば、いったん辞退し、その会社とのコネクションを維持しておくこともできます。

問題

www.CrackingTheCodingInterview.com に参加しよう。
完全な解法のダウンロード、他のプログラミング言語による解法の表示・提供、この本の設問についての他の読者との議論、質問、問題の報告、正誤表の閲覧、追加のアドバイスの検索ができます。

配列と文字列

読者の皆さんは配列や文字列がどのようなものかよくご存知でしょうから、そのような細かい説明で退屈させるつもりはありません。そのような話ではなく、これらのデータ構造に関する、より一般的な技術や問題のいくつかに焦点を当てていきます。

配列の問題と文字列の問題は、お互いに置き換えることがよくあるということに注意してください。つまり、本書で配列の扱いについて述べている問題が文字列の問題として問われるかもしれませんし、逆もまた然りです。

ハッシュテーブル

ハッシュテーブルは非常に効率的な検索を行うために、キーを値にマップするデータ構造です。ハッシュテーブルの実装はたくさんの方法があります。ここでは、単純ではあるけれども一般的な実装について述べます。

この単純な実装では、連結リストの配列とハッシュ関数を用います。キー(おそらく文字列かほかのデータ型になります)と値を挿入するのに、次のことを行います。

1. まず、キーのハッシュ値(通常は`int`型か`long`型整数)を計算します。無限のキーと有限の整数値が存在することになるので、異なる2つのキーが同じハッシュ値を持つ場合があることに注意してください。
2. 次に、ハッシュ値を配列のインデックスに対応させます。これは`hash(key) %(配列の長さ)`のような計算でよいでしょう。もちろん、異なる2つのハッシュ値が同じインデックスに対応してしまうこともあります。
3. このインデックスの指す場所に、キーと値の連結リストがあります。このインデックスにキーと値を保存しておきます。異なる2つのキーが同じハッシュ値になったり、異なる2つのハッシュ値が同じインデックスに割り当てられたりと衝突が起こってしまうため、連結リストを持ちなければなりません。

キーによる値のペアを検索するには、このプロセスを再び繰り返します。キーからハッシュ値を計算し、ハッシュ値からインデックスを計算します。それからキーに対応する値を連結リストから探します。

衝突数が非常に大きい場合は、Nをキーの数とすると、実行時間の最悪ケースで`O(N)`になります。しかし一般的にはうまく実装することで衝突が最小限に抑えられると考えられています。その場合は探索時間が`O(1)`になります。

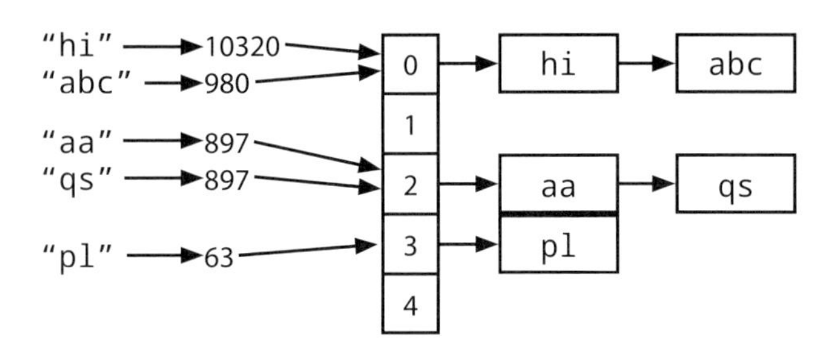

別の方法としては、ハッシュテーブルを二分探索木で実装することもできます。これは検索が`O(log N)`で済みます。大きな配列を割り当てることができない場合は省スペースになるという利点があります。順番にキーで走査することもでき、役に立つこともあります。

配列リストと可変長配列

言語によっては、配列(この場合はリストを呼ばれることがよくあります)は自動的にサイズが変更されます。配列やリストは要素を追加すると大きくなります。Javaのような言語では、配列は長さが固定されています。配列を生成したときにサイズが決められます。

動的にサイズを変えることができる配列のようなデータ構造が必要になるとき、通常は配列リストを使います。配列リスト(可変長配列)は計算量`O(1)`でのアクセスを備えつつ、自身のサイズを必要に応じて変更できる配列です。一般的な実装は、配列がいっぱいになったときにサイズを2倍にするというものです。サイズを増やす処理自体は`O(n)`の計算量ですが、実際にこの処理が行われることはほとんどありませんから、ならしで`O(1)`となります。

```
1   ArrayList<String> merge(String[] words, String[] more) {
2     ArrayList<String> sentence = new ArrayList<String>();
3     for (String w : words) sentence.add(w);
4     for (String w : more) sentence.add(w);
5     return sentence;
6   }
```

これは面接試験における、基本的なデータ構造です。あなたがどんな言語を使ったとしても、簡単に配列/リストを動的にサイズ変更できるようにしておいてください。データ構造の名前と、サイズ変更時の倍率(Javaの場合は2)もいろいろあるということに注意してください。

挿入の実行時間がならしでO(1)なのはなぜ？

サイズNの配列があると考えてください。配列の容量が増える度に何個の要素をコピーしているかを計算してみましょう。配列の要素がK個になったとき、前の配列はその半分のサイズになっていますから、$K/2$個の要素をコピーする必要があります。

```
最終的な容量増加: n/2 個の要素をコピーする
その前の容量増加: n/4 個の要素をコピーする
その前の容量増加: n/8 個の要素をコピーする
その前の容量増加: n/16 個の要素をコピーする
...
２番目の容量増加: 2個の要素をコピーする
最 初 の 容 量 増 加: 1個の要素をコピーする
```

従って、N個の要素を追加する際のコピー回数は全部でおよそ$N/2 + N/4 + N/8 + ... + 2 + 1$回となり、Nよりも小さくなっています。

> この数列の和を見てもよくわからないという場合は、このようにイメージしてみてください：あなたはお店まで1キロメートルの道を歩きます。0.5キロメートル歩き、次に0.25キロメートル歩き、その次は0.125キロメートルあるく、というように歩いていきます。そうすると、(1キロメートルに近づきはするものの)1キロメートルを超えることは決してありません。

したがって、N個の要素を追加するには全部で`O(N)`の計算量になります。最悪ケースで`O(N)`になることはありますが、要素の追加は平均では`O(1)`と言えます。

StringBuilder

以下に示すように、文字列のリストを連結することをイメージしてみてください。このコードの実行時間はどのくらいでしょうか？問題を単純にするために、すべての文字列は同じ長さ(これを x)として、文字列はn個あることにしましょう。

```
1  String joinWords(String[] words) {
2    String sentence = “”;
3    for (String w : words) {
4      sentence = sentence + w;
5    }
6    return sentence;
7  }
```

連結のたびに新しい文字列が生成され、そこに2つの文字列が1文字ずつコピーされます。最初の繰り返し処理でx文字分のコピーが要求されます。2回目の繰り返し処理では2x文字分のコピーが必要になり、3回目は3x文字分…のように増え、最終的には$O(x + 2x + ... + nx)$で、$O(xn^2)$の計算量になります。

> なぜ$O(xn^2)$？ $1 + 2 + ... + n = n(n+1)/2$ で$O(n^2)$だから。

`StringBuilder`はこのような問題を解決してくれます。`StringBuilder`では単純に連結後の文字列を保持する配列を1つ作って、必要に応じて文字列の後ろにコピーしていくだけです。

```
1  String joinWords(String[] words) {
2    StringBuilder sentence = new StringBuilder();
3    for (String w : words) {
4      sentence.append(w);
5    }
6    return sentence.toString();
7  }
```

文字列や配列などの一般的なデータ構造を使いこなすのに良い練習方法は、自分自身で`StringBuilder`、`HashTable`、`ArrayList`を実装してみることです。

合わせて読もう： (XI. より高度な話題) ハッシュテーブルの衝突処理(p.703)、ラビン-カープ文字列検索(p.704)

問題

1.1 **重複のない文字列**：ある文字列が、すべて固有である（重複する文字がない）かどうかを判定するアルゴリズムを実装してください。また、それを実装するのに新たなデータ構造が使えない場合、どのようにすればよいですか？
ヒント：#44, #117, #132

p.218

1.2 **順列チェック**：2つの文字列が与えられたとき、片方がもう片方の並び替えになっているかどうかを決定するメソッドを書いてください。
ヒント：#1, #84, #122, #131

p.219

1.3 **URLify:** 文字列内に出現するすべての空白文字を"%20"で置き換えるメソッドを書いてください。ただし、文字列の後ろには新たに文字を追加するためのスペースが十分にある（バッファのサイズは気にしなくてもよい）ことと、その追加用スペースを除いた文字列の真の長さが与えられます（注意：Javaで実装する場合は、追加の領域を使用せずに処理できるよう文字配列を使ってください）。
例
入力："`Mr John Smith `", `13`
出力："`Mr%20John%20Smith`"
ヒント：#53, #118

p.221

1.4 **回文の順列**：文字列が与えられたとき、その文字列が回文の順列であるかを調べる関数を書いてください。回文とは前から読んでも後ろから読んでも同じになる単語やフレーズのことです。順列とは文字を並び替えたものです。回文に含まれる単語は辞書に書かれているもの限りません。
例
入力：`Tact Coa`
出力：`True(` 順列：`"taco cat", "atco cta",` 等 `)`
ヒント：#106, #121, #134, #136

p.222

1.5 **一発変換**：文字列に対して行うことができる3種類の編集：文字の挿入、文字の削除、文字の置き換えがあります。2つの文字列が与えられたとき、一方の文字列に対して1操作（もしくは操作なし）でもう一方の文字列にできるかどうかを判定してください。
例

```
pale, ple -> true
pales, pale -> true
pale, bale -> true
pale, bake -> false
```

ヒント：#23, #97, #130

p.225

IX 問題

1.6 **文字列圧縮**:文字の連続する数を使って基本的な文字列圧縮を行うメソッドを実装してください。たとえば、「aabcccccaaa」は「a2b1c5a3」のようにしてください。もし、圧縮変換された文字列が元の文字列よりも短くならなかった場合は、元の文字列を返してください。文字列はアルファベットの大文字と小文字のみを想定してください。
ヒント: #92, #110

p.228

1.7 **行列の回転**:NxNの行列に描かれた、1つのピクセルが4バイト四方の画像があります。その画像を90度回転させるメソッドを書いてください。あなたはこれを追加の領域なしでできますか?
ヒント: #51, #100

p.230

1.8 **ゼロの行列**:MxNの行列について、要素が0であれば、その行と列のすべてを0にするようなアルゴリズムを書いてください。
ヒント: #17, #74, #102

p.231

1.9 **文字列の回転**:片方の文字列が、もう片方の文字列の一部分になっているかどうかを調べるメソッド「isSubstring」が使えると仮定します。2つの文字列s1とs2が与えられたとき、isSubstringメソッドを一度だけ使ってs2がs1を回転させたものかどうかを判定するコードを書いてください(たとえば、「waterbottle」は「erbottlewat」を回転させたものになっています)。
ヒント: #34, #88, #104

p.234

追加問題: オブジェクト指向設計 (**7.12**)、再帰(**8.3**)、ソートと検索 (**10.9**)、C++ (**12.11**)、中級編 (**16.8**、**16.17**、**16.22**)、上級編(**17.4**、**17.7**、**17.13**、**17.22**、**17.26**)。

ヒントは722ページから。

2

連結リスト

連結リストは、ノードの並びを表すデータ構造です。片方向連結リストでは、各ノードは次のノードの位置を指し示します。双方向連結リストでは、各ノードは次のノードと前のノードの位置を指し示します。

次のダイアグラムに、双方向連結リストのイメージを描いています：

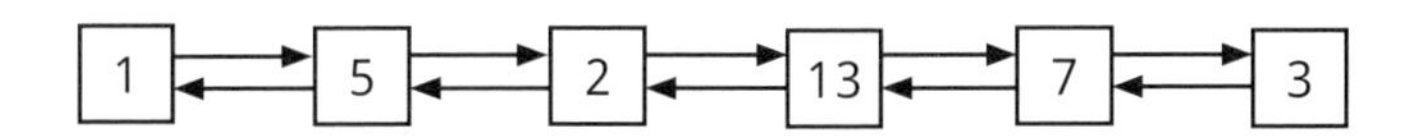

配列とは異なり、連結リストには特定のインデックスに一定時間でアクセスする機能を備えていません。これは、もしリスト内のK番目の要素を見つけたければK個分の要素を走査する必要があるということです。

連結リストの利点は、要素の追加と先頭からの要素の削除が一定時間でできるところです。特定の用途に対して便利です。

連結リストの生成

以下のコードは非常に基本的な単方向連結リストを実装したものです。

```
1   class Node {
2     Node next = null;
3     int data;
4
5     public Node(int d) {
6       data = d;
7     }
8
9     void appendToTail(int d) {
10      Node end = new Node(d);
11      Node n = this;
12      while (n.next != null) {
13        n = n.next;
14      }
15      n.next = end;
16    }
17  }
```

この実装では、LinkedListというデータ構造を持ちません。連結リストには先頭ノードへの参照を通じてアクセスします。この方法で実装するとき、少し注意が必要です。複数のオブジェクトが連結リストへの参照を必要とし、連結リストの先頭が変更された場合どうなるでしょうか？ その場合、いくつかのオブジェクトは古い先頭ノードを指したままになってしまいます。

Nodeクラスをラップした`LinkedList`クラスを実装することもできます。その場合は基本的に単一のメンバ変数（先頭ノード）を持つだけになります。このようにすることで、先の問題はほとんど解決します。

面接で連結リストについて議論する際は、それが単方向なのか双方向なのかを理解しておかなければならないということをお忘れなく。

単方向連結リストからノードを削除する

単方向連結リストからノードを削除するのは非常に簡単です。ノード`n`が与えられたとして、1つ前のノード`prev`を探し、`prev.next`を`n.next`に置き換えるだけです。双方向の連結リストであれば、`n.next.prev`と`n.prev`が同じになるようにセットすることも併せて必要になります。覚えておかなければならないのは、(1)`null`ポインタのチェック、(2)先頭や末尾のポインタを必要に応じて更新する、ということです。

また、これをCやC++などのメモリ管理が必要な言語で実装する場合には、削除されたノードのメモリを開放するかどうかよく考えなければなりません。

```
1   Node deleteNode(Node head, int d) {
2     Node n = head;
3
4     if (n.data == d) {
5       return head.next; /* ノードの先頭を移動 */
6     }
7
8     while (n.next != null) {
9       if (n.next.data == d) {
10        n.next = n.next.next;
11        return head; /* ノードの先頭は変化しない */
12      }
13      n = n.next;
14    }
15    return head;
16  }
```

「ランナー」テクニック

「ランナー（第2ポインタ）」テクニックは連結リストに関する多くの問題で使われています。ランナーテクニックとは連結リストの最初から順に巡回するポインタと、そのポインタより先を巡回するポインタの2種類を同時に使う方法です。「速いほうの」ノードは「遅いほうの」ノードに対して一定数先に進んでいるか、一定数ずつ飛び越えながら進んでいきます。

たとえば、a_1->a_2->...->a_n->b_1->b_2->...->b_nのような連結リストがあるとして、これをa_1->b_1->a_2->b_2->...->a_n->b_nのように順番を入れ替えたいとします。このリストの長さはわかりません（ただし、長さは偶数であることはわかっています）。

このとき、連結リストを1個ずつ飛ばして巡回するポインタp1と、普通に巡回するポインタp2を用意します。このようにするとp1がリストの末尾に到達したとき、p2はリストのちょうど中間地点になるでしょう。そこでp1がリストの先頭に戻るとp1はa1、p2はb1をそれぞれ指すことになり、これらを交互に「縫い合わせるように」連結していけば目的のリストを作ることができます。

再帰的な問題

連結リストの問題の多くは再帰的な処理に頼ります。連結リストの問題でトラブルが発生した場合は、再帰的な方法がうまくいっているかどうかを調べておかなければなりません。再帰自体はChapter 9にゆだねるとして、ここでは詳しく触れないことにしておきます。とはいえ、ぜひ覚えておきたいのは、再帰的なアルゴリズムでは再帰の深さをnとすると、少なくともメモリ使用量がO(n)になってしまうということです。複雑になってしまっても、再帰的アルゴリズムは繰り返し処理で実装することができます。

問題

2.1 **重複要素の削除**：ソートされていない連結リストから、重複する要素を削除するコードを書いてください。

発展問題

もし、一時的なバッファが使用できないとすれば、どうやってこの問題を解きますか?

ヒント：#9, #40

p.235

2.2 **後ろからK番目を返す**：単方向連結リストにおいて、末尾から数えてk番目の要素を見つけるアルゴリズムを実装してください。

ヒント：#8, #25, #41, #67, #126

p.236

2.3 **間の要素を削除**：単方向連結リストにおいて、間の要素(必ずしもちょうど中央というわけではなく、最初と最後の要素以外)で、その要素 のみアクセス可能であるとします。その要素を削除するアルゴリズムを実装してください。

例

入力：a->b->c->d->e->fという連結リストのcが与えられます。

結果：何も返しませんが、リストはa->b->d->e->fのように見えます。

ヒント：#72

p.239

2.4 **リストの分割**：ある数xが与えられたとき、連結リストの要素を並び替え、xより小さいものが前にくるようにするコードを書いてください。xがリストに含まれる場合、xの値はxより小さい要素の後にある必要があります(例を参照してください)。区切り要素のxは右半分のどこに現れてもかまいません。左半分と右半分のちょうど間にある必要はないということです。

例

入力：3 -> 5 -> 8 -> 5 -> 10 -> 2 -> 1 [区切り要素 = 5]

出力：3 -> 1 -> 2 -> 10 -> 5 -> 5 -> 8

ヒント：#3, #24

p.239

2.5 **リストで表された2数の和**:各ノードの要素が1桁の数である連結リストで表された2つの数があります。一の位がリストの先頭になるように、各位の数は逆順に並んでいます。このとき2つの数の和を求め、それを連結リストで表したものを返す関数を書いてください。

例

入力:(7-> 1 -> 6) + (5 -> 9 -> 2) → 617 + 295

出力:2 -> 1 -> 9 → 912

発展問題

上位の桁から順方向に連結されたリストを用いて、同様に解いてみてください。

例

入力:(6 -> 1 -> 7) + (2 -> 9 -> 5) → 617 + 295

出力:9 -> 1 -> 2 → 912

ヒント:#7, #30, #71, #95, #109

p.241

2.6 **回文**:連結リストが回文(先頭から巡回しても末尾から巡回しても、各ノードの要素がまったく同じになっている)かどうかを調べる関数を実装してください。

ヒント:#5, #13, #29, #61, #101

p.244

2.7 **共通するノード**:2つの(単方向)連結リストが与えられるとき、2つのリストが共通かどうかを判定してください。また、共通するノードを返してください。共通するというのは、そのノードの参照が一致するかであって値が一致するかどうかではないという点に注意してください。つまり、1つ目の連結リストのk番目のノードが、2つ目の連結リストのj番目のノードが完全に(参照によって)一致する場合、共通するといえます。

ヒント:#20, #45, #55, #65, #76, #93, #111, #120, #129

p.249

2.8 **ループの検出**: 循環する連結リストが与えられたとき、循環する部分の最初のノードを返すアルゴリズムを実装してください。

定義

循環を含む連結リスト: 連結リストAではループを作るために、リスト内のノードの次へのポインタが以前に出現したノードを指している。

例

入力:A -> B -> C -> D -> E -> C [最初のCと同じもの]

出力:C

ヒント:#50, #69, #83, #90

p.252

追加問題:木とグラフ(**4.3**)、オブジェクト指向設計(**7.12**)、スケーラビリティとメモリ制限 (**9.5**)、中級編(**16.25**)、上級編(**17.12**)

ヒントは722ページから

3

スタックとキュー

データ構造の詳細に慣れていればスタックとキューの問題はとても扱いやすいものになるでしょう。それでも中には非常に難しい問題もあります。データ構造自体を少し変形させただけの問題もありますが、相当複雑な実装や思考を必要とする問題もあるのです。

スタックの実装

スタックは文字通り、データが積み重なったもののようなデータ構造です。ある種の問題では配列よりもスタックにデータを保持するほうが好ましい場合があります。

スタックのデータ構造はLIFO(後入れ先出し)です。後入れ先出しとはお皿を積むように最後に積んだもの(データ)を最初に取り出す仕組みです。

スタックは次の操作を行います。

- **pop():** スタックの一番上からデータを削除する。
- **push(item):** スタックの一番上に要素itemを追加する。
- **peek():** スタックの一番上の要素を返す。
- **isEmpty():** スタックが空の場合にのみtrueを返す。

配列とは異なり、i番目の要素に一定時間でアクセスすることはできません。しかしシフト操作は必要ないので、追加と削除は一定時間でできます。

まず、簡単なスタックの実装を紹介しておきます。データを追加した場所と同じ側から削除するのであれば、スタックは連結リストを使っても実装できるということに注目してください。

```
1   public class MyStack<T> {
2     private static class StackNode<T> {
3       private T data;
4       private StackNode<T> next;
5
6       public StackNode(T data) {
7         this.data = data;
8       }
9     }
10
```

```
11    private StackNode<T> top;
12
13    public T pop() {
14      if (top == null) throw new EmptyStackException();
15      T item = top.data;
16      top = top.next;
17      return item;
18    }
19
20    public void push(T item) {
21      StackNode<T> t = new StackNode<T>(item);
22      t.next = top;
23      top = t;
24    }
25
26    public T peek() {
27      if (top == null) throw new EmptyStackException();
28      return top.data;
29    }
30
31    public boolean isEmpty() {
32      return top == null;
33    }
34  }
```

スタックが役立つことが多いのは、特定の再帰アルゴリズムを用いる場合です。再帰的に一時データをスタックに保存しなければならない場合がありますが(再帰的なチェックが失敗したなどの理由で)、バックトラックする際に一時データを削除する必要があります。

スタックはこれを直感的に行う方法を提供します。
スタックは、再帰アルゴリズムを反復的に実装するためにも使用できます(これは良い練習です! 単純な再帰アルゴリズムを反復処理で実装してください)。

キューの実装

キューはFIFO(先入れ先出し)のデータ構造を実現したものです。チケット売り場に並ぶ人の行列のように、追加された順番と同じ順番で要素が取り出されます。

キューは次の操作を行います:

- **add(item):** 要素をリストの最後に追加します。
- **remove():** 先頭の要素を削除します。
- **peek():** 先頭の要素を返します。
- **isEmpty():** キューが空の場合のみtrueを返します。

キューも連結リストを使って実現できます。要素を追加する側と削除する側が反対である限り、本質的には同じことです。

```
1  public class MyQueue<T> {
2    private static class QueueNode<T> {
3      private T data;
4      private QueueNode<T> next;
5
6      public QueueNode(T data) {
```

```
7        this.data = data;
8      }
9    }
10
11   private QueueNode<T> first;
12   private QueueNode<T> last;
13
14   public void add(T item) {
15     QueueNode<T> t = new QueueNode<T>(item);
16     if (last != null) {
17       last.next = t;
18     }
19     last = t;
20     if (first == null) {
21       first = last;
22     }
23   }
24
25   public T remove() {
26     if (first == null) throw new NoSuchElementException();
27     T data = first.data;
28     first = first.next;
29     if (first == null) {
30       last = null;
31     }
32     return data;
33   }
34
35   public T peek() {
36     if (first == null) throw new NoSuchElementException();
37     return first.data;
38   }
39
40   public boolean isEmpty() {
41     return first == null;
42   }
43 }
```

キュー内の最初と最後のノードの更新は、特に間違えやすいところです。再度確認しておいてください。

キューが頻繁に使用される場面は、幅優先探索やキャッシュの実装です。

たとえば幅優先探索では、処理する必要があるノードのリストを格納するキューを使用しました。ノードを処理するたびに、隣接ノードをキューの末尾に追加します。これにより、ノードが出現する順序でノードを処理することができます。

問題

3.1 **3つのスタック**：1つの配列を使って3つのスタックを実装するにはどのようにすればよいのか述べてください。
ヒント：#2, #12, #38, #58

p.255

3.2 **最小値を返すスタック**：pushとpopに加えて、最小の要素を返す関数minを持つスタックをどのようにデザインしますか？ ただしpush、pop、min関数はすべてO(1)の実行時間になるようにしてください。
ヒント：#27, #59, #78

p.260

3.3 **積みあがっている皿**：皿が積み上がっている状況をイメージしてください。もし、高く積み上がり過ぎたら倒れてしまうでしょう。ですから、実生活ではスタックがある領域を超えたとき、新しいスタックを用意することになるでしょう。これをまねたデータ構造SetOfStacksを実装してください。SetOfStacksはいくつかのスタックを持ち、スタックのデータが一杯になったらスタックを新たに作らなければなりません。また、SetOfStacks.push()とSetOfStacks.pop()は普通のスタックのようにふるまうようにしてください（つまり、pop()は通常の1つのスタックの場合と同じ値を返さなければなりません）。

発展問題

任意の部分スタックからpopする関数popAt(int index)を実装してください。
ヒント：#64, #81

p.262

3.4 **スタックでキュー**：MyQueueというクラス名で、2つのスタックを用いてキューを実装してください。
ヒント：#98, #114

p.264

3.5 **スタックのソート**：最も小さい項目がトップにくるスタックを並べ替えるプログラムを書いてください。別のスタックを用意してもかまいません。スタック以外のデータ構造（配列など）にスタック上のデータをコピーしてはいけません。また、スタックは以下の操作のみ使用できます。
push、pop、peek、isEmpty
ヒント：#15, #32, #43

p.266

3.6 **動物保護施設**：イヌとネコしか入ることのできない動物保護施設があります。この施設は「先入れ先出し」の操作を厳格に行います。施設からは一番長い時間入っている動物を外に出すか、イヌとネコの好きなほう（で一番長い時間入っているもの）を外に出すことができます。どの動物でも好きなように連れ出せるわけではありません。このような仕組みを扱うデータ構造を作ってください。さらにenqueue、dequeueAny、dequeueDog、dequeueCatの操作を実装してください。あらかじめ用意された連結リストのデータ構造は用いてもよいものとします。
ヒント：#22, #56, #63

p.268

追加問題：連結リスト（**2.6**）、中級編（**16.26**）、上級編（**17.9**）。
ヒントは722ページから

4

木とグラフ

多くの面接官は、木とグラフの問題が最も扱いづらい部類のものであることに気付いています。木の探索は、配列や連結リストのような線形のデータ構造と比べて複雑です。計算時間の最悪ケースと平均ケースは大きく異なり、どのアルゴリズムでも両方の観点から評価しなければなりません。木やグラフのコードをゼロからすらすらと実装できるようになっておくことは不可欠です。

ほとんどの人はグラフよりも木の方をよく知っているでしょうから、まずは木について述べます。実際のところ木はグラフの一種ですから、順序としては少し違うのかもしれませんが。

> **注意**：本章の項のいくつかは、別のテキストや他の情報源と少し異なる部分があるかもしれません。もし異なった定義に馴染んでいるのであれば、それでも結構です。あいまいな点は面接官としっかり確認を取っておいてください。

木の種類

木を理解するには再帰的な説明とあわせて理解しておくとわかりやすいです。木はノードで構成されるデータ構造です。

- 木は根（root）ノードを持っています。（グラフ理論においては厳密には必要のないことですが、プログラミングやプログラミング面接で木を使う場合は普通このようになっています。）
- 根ノードは0個以上の子ノードを持っています。
- 各子ノードは0個以上の子ノードを持っていて、それらの子ノード以下も同様に子ノードを持っています。

木は閉路を含みません。ノードは特別な順序になっている場合とそうでない場合があり、値としてどんな型のものでも持つことができます。また、親ノードへ遡るリンクを持っている場合とそうでない場合があります。

非常にシンプルなNodeクラスの定義は次のようになります：

```
1  class Node {
2    public String name;
3    public Node[] children;
4  }
```

このノードをラップするTreeクラスを作っても構いませんが、面接問題を想定するなら一般的にはTreeクラスを使うことはありません。自分のコードをよりシンプルに、より良くしたいと感じるならやってもよいですが、めったにすることはないでしょう。

```
1  class Tree {
2    public Node root;
3  }
```

木やグラフの問題では、詳細があいまいであったり仮定が不完全であることがたくさんあります。次の問題に気を付けて、必要に応じて問題を明確にするようにしてください。

木と二分木

二分木は各ノードが最大2個の子を持つ木です。すべての木が二分木というわけではありません。例えば、この木は二分木ではありません。この場合は三分木と言えます。

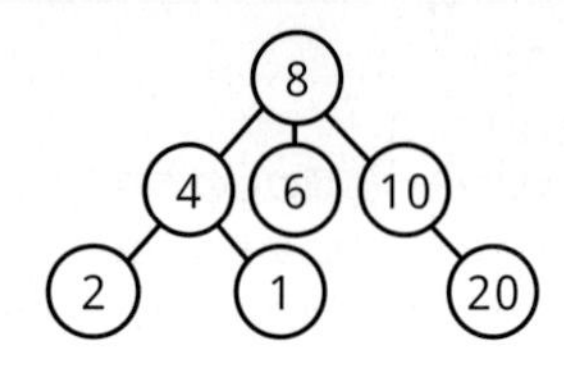

二分木ではない木を使う場合はあります。例えばたくさんの電話番号を木で表現する場合を考えてみてください。この場合、各ノードが最大10個の子ノード(それぞれが1桁分を意味する)ような10分木を使うことになります。

子ノードを持たないノードのことを「葉」ノードと言います。

二分木と二分探索木

二分探索木はすべてのノードが特定の並び順(すべての左の子孫 ≦n≦ すべての右の子孫)になっている二分木のことです。これはすべてのノードnについて成り立っていなければなりません。

> 二分探索木の定義は少し変わる場合があります。定義によっては重複する値を持たないこともあります。重複する値がある場合でも、その数が右側にある場合とか左側にある場合があります。すべて正しい定義ではありますが、面接官とこの点をしっかり確認しておきましょう。

この不等式は各ノードの直下の子だけではなく、子孫すべてについて成り立っていなければならない点に注意してください。次の左側の木は二分探索木ですが、右の木は12が8よりも左にあるので二分探索木ではありません。

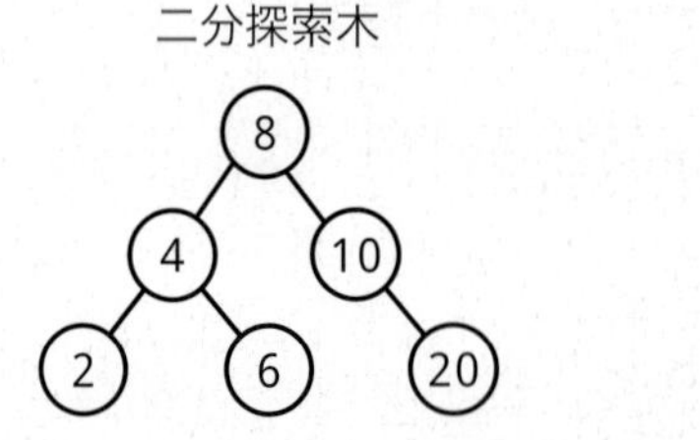

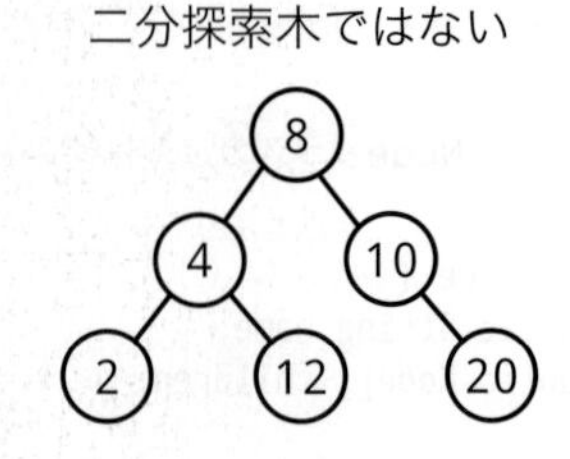

木の問題が与えられたとき、面接官は二分探索木のことを言っていると考えることが多いかもしれませんが、必ず質問してください。二分探索木の場合は、各ノードに対して左の子孫が現在のノード以下で、右の子孫より小さいという制約を強制的に持たせることになるのです。

平衡と非平衡

多くの木は平衡ですが、すべてがそうというわけではありません。この辺りは面接官に確認しておいてください。平衡木は左右の部分木がちょうど同じサイズ(次の「完全二分木(Complete Binary Tree)」をご覧ください)という意味ではないことに注意してください。

「平衡」木というのは、「極端にアンバランスではない」ものと考えておくとよいでしょう。データの追加や検索が`O(log n)`の時間で実行できれば十分で、その程度にバランスが取れていれば問題ありません。

平衡木の一般的な形は2種類あり、赤黒木(706ページ)とAVL木(705ページ)です。これらは、「より高度な話題」の章で詳しく説明します。

完全二分木(Complete Binary Tree)

完全二分木は、一番深いノードを以外はすべてのノードが満たされている二分木です。一番深いノードまでの範囲で満たされているという場合は左から右の順にノードが埋まっていなければなりません。

完全二分木ではない

10
5 20
3 7 30

完全二分木

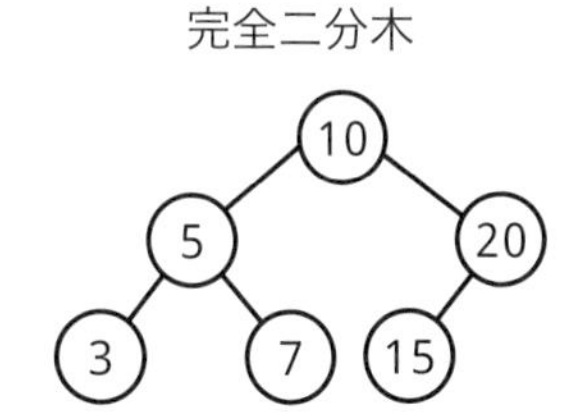

全二分木(Full Binary Tree)

全二分木は、すべてのノードが0個か2個の子を持つ二分木です。つまり、子を1つだけしか持たないノードは1つもないということです。

全二分木ではない

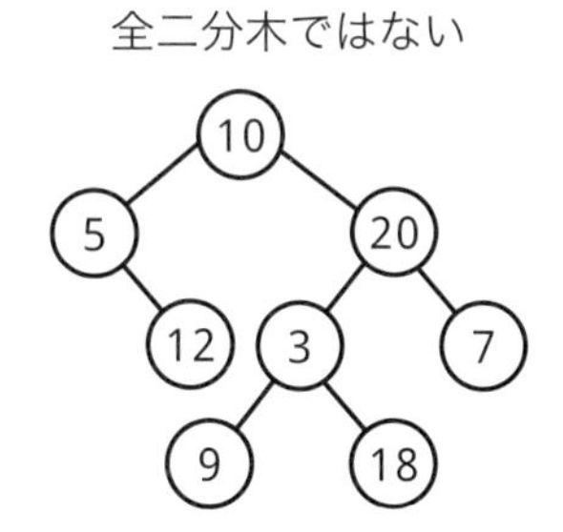

全二分木

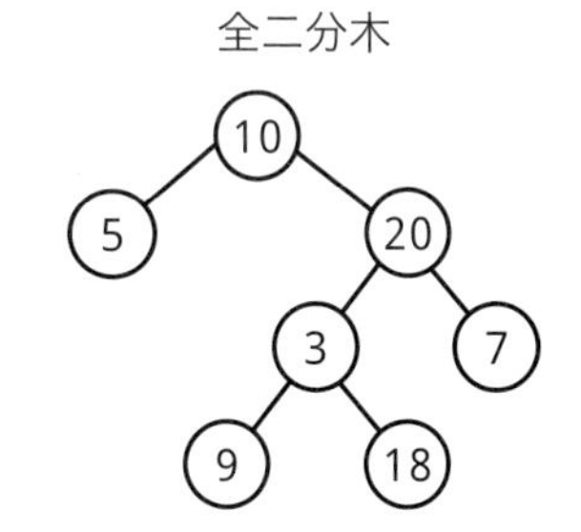

完全二分木(Perfect Binary Tree)

完全二分木(Perfect Binary Tree)は、前ページ2種類の性質を両方満たす二分木です。すべての葉ノードは同じ深さで、最も深い部分のノード数が最大になっています。

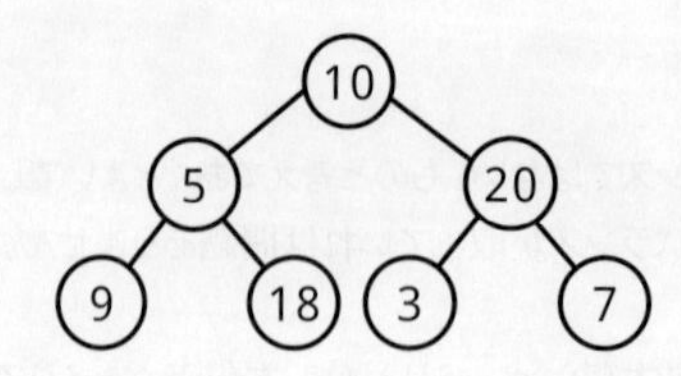

完全二分木はちょうど2^k-1個(kは深さ)のノードを持ちますので、面接や実生活上で完全二分木に出会うことはめったにないことに注意してください。

訳注: 一般的に、Complete Binary TreeとPerfect Binary Treeはいずれも完全二分木と訳されており、同じものとして扱う場合もありますが、本書のように区別する場合もあります。

二分木の走査

面接の前に、in-order(間順)、post-order(後順)、pre-order(前順)走査の実装に慣れておきましょう。これらの中で最も一般的なものはin-order走査です。

In-Order(間順)走査

in-order走査(in-order traversal)は、左の枝、現在のノード、右の枝の順序で訪れる(表示することがよくある)ことを意味します。

```
1   void inOrderTraversal(TreeNode node) {
2     if (node != null) {
3       inOrderTraversal(node.left);
4       visit(node);
5       inOrderTraversal(node.right);
6     }
7   }
```

二分探索木において実行するとき、訪問するノードが昇順になっています(これが「in-order(中央順)」という名前の元になっています)。

Pre-Order(前順)走査

pre-order走査(pre-order traversal)は、子ノードを訪れる前に現在のノードを訪れます(これが「pre-order(先行順)」という名前の元になっています)。

```
1   void preOrderTraversal(TreeNode node) {
2     if (node != null) {
3       visit(node);
4       preOrderTraversal(node.left);
5       preOrderTraversal(node.right);
6     }
7   }
```

pre-order走査では、必ず根が最初に訪れるノードになります。

Post-Order(後順)走査

post-order走査(post-order traversal)は、子ノードを訪れた後で現在のノードを訪れます(これが「post-order(後行順)」という名前の元になっています)。

```
1  void postOrderTraversal(TreeNode node) {
2    if (node != null) {
3      postOrderTraversal(node.left);
4      postOrderTraversal(node.right);
5      visit(node);
6    }
7  }
```

post-order走査では、必ず根が最後に訪れるノードになります。

二分ヒープ(最小ヒープと最大ヒープ)

ここでは最小ヒープについてのみ解説します。最大ヒープは本質的には同じものですが、要素の並び順が降順と昇順で異なります。

最小ヒープは、すべてのノードが子ノードよりも小さい完全二分木(completeの方、つまり最深部の一番右側のノードまでが完全に埋まっている木)です。従って、木全体で根が最小値を持っていることになります。

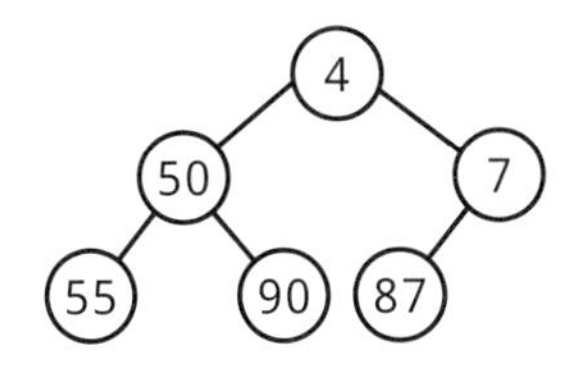

最小ヒープでは重要な操作が2つあり、それは要素の挿入と最小要素の取り出しです。

挿入

最小ヒープに挿入を行う場合は、常に最後の部分に要素を追加するところから始めます。最深部の最も右側に追加し、完全木の特性を維持するためです。

次に、適切な位置が見つかるまで、新たに加えたノードを親ノードを入れ替えることで木を修正します。泡が浮かび上がってくるように最小の要素が一番上にくるようになります。

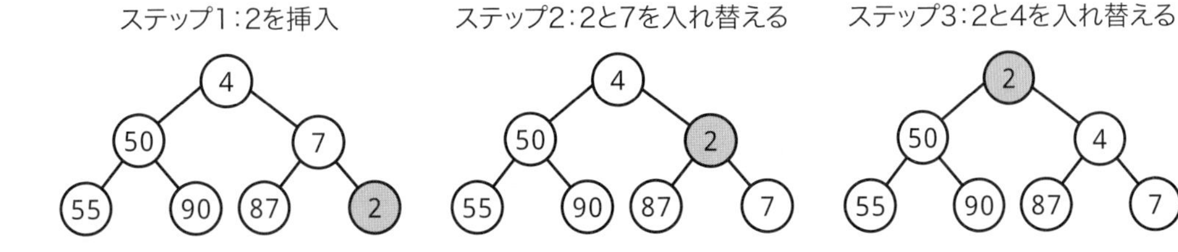

nをヒープ内のノード数とすると、実行時間は`O(log n)`になります。

最小要素の取り出し

最小ヒープの最小要素を見つけるのは非常に簡単で、最小要素は常に一番上にあります。少し手間がかかるのは、それを取り除く作業です(とはいえ、それほど難しくはありません)。

まず、最小の要素とヒープの末尾(一番右下)の要素を入れ替えます。次に、この要素を子ノードと入れ替えながら、適切な位置まで下ろしていきます。

左右どちらの子ノードと入れ替えを行うかは、値によって決まります。左右の順序は決まっていませんが、最小ヒープの順序を維持するためには小さい方を選ぶ必要があります。

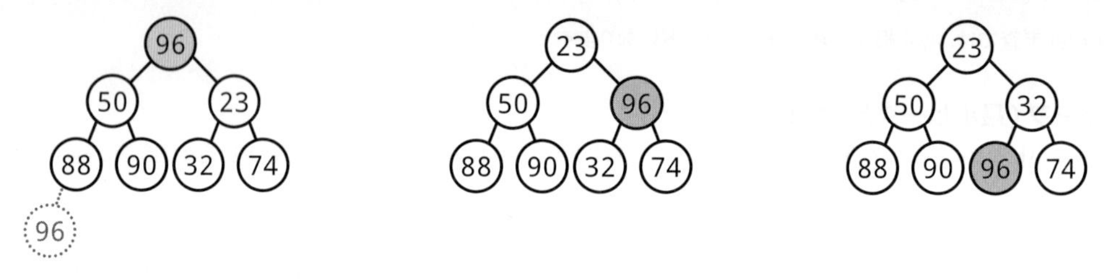

このアルゴリズムも`O(log n)`の実行時間になります。

トライ木(プレフィックス木)

トライ木(プレフィックス木と呼ばれることもあります)は面白いデータ構造です。面接試験でよく出てきますが、アルゴリズムの教科書ではこのデータ構造に時間をかけることはあまりありません。

トライ木は各ノードに文字が保持されるn分木の一種で、木を下る経路が単語を表しています。

*ノード(nullノードという場合もある)は、完全な単語であることを示すために使われることがよくあります。例えば、MANYの下に*ノードがあるということは、MANYが完全な単語であるということを示しています。MAという経路が存在するということは、MAで始まる単語があるということを示しています。

これらの*ノードは、(`TrieNode`クラスから派生した`TerminatingTrieNode`クラスのような)特殊な型の子を用意するか、親ノード内で終端を表すフラグを使うことで実装できます。

トライ木のノードは、どの場所でも0からアルファベットサイズ+1の子ノードを持ちます。

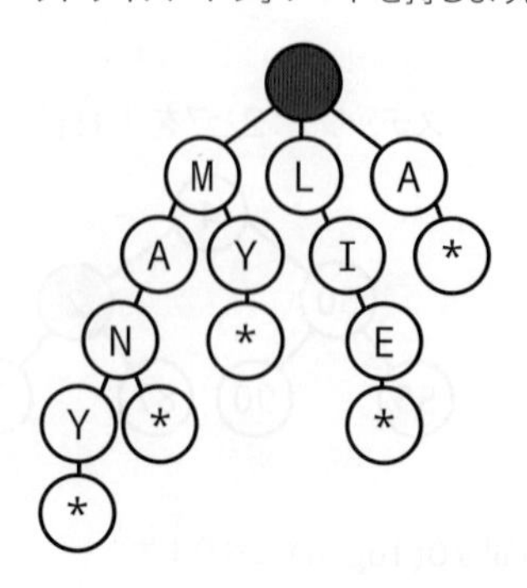

トライ木の利用でよく見られるのは、接頭辞検索用に言語全体(英語)を保持する場合です。ハッシュテーブルでは文字列が正しい単語かどうかを素早く検索できますが、文字列が正しい単語の接頭部であるかどうかの判別はできません。しかしトライ木を使うと非常に素早く行うことができます。

> どれくらい素早いのか? というと、トライ木では文字列が正しい接頭部かどうかを判定するのに、Kを文字列の長さとすればO(K)の実行時間で行うことができます。これはハッシュテーブルを用いても同じです。ハッシュテーブルを用いた検索の実行時間はO(1)ですが、これは完全に正しいというわけではありません。ハッシュテーブルは入力のすべての文字を読み込まなければならず、そのため単語の検索にはO(K)の実行時間を要することになります。

正しい単語のリストを含む問題の多くは、最適化としてトライ木を利用します。文字列の接頭部を繰り返し検索する(Mを検索して、次にMA、その次にMAN、その次にMANYのように)状況では、現在のノードにそれまでの経路の参照を渡すようにしておくとよいでしょう。こうすると、その都度根から検索を始めなくても、YがMANの子であるか調べるだけで済むからです。

グラフ

木は実質的にグラフの一種ですが、すべてのグラフが木であるわけではありません。簡単に言うと、木は閉路なしの連結グラフです。

グラフは、単純にノード同士(のいくつか)に辺を持ったものの集まりのことを言います。

- グラフは有向のもの(次のようなグラフ)と無向のものがあります。有向の辺は一方通行で、無向の辺は双方通行の通りのようなものです。
- グラフは複数の孤立した部分グラフから成り立っている場合もあります。どの2頂点同士にも経路が存在する場合は「連結グラフ」と言います。
- グラフは閉路を持つ場合も(持たない場合も)あります。「非巡回グラフ」は閉路を持たないグラフです。

視覚的にはグラフをこのように描くことができます:

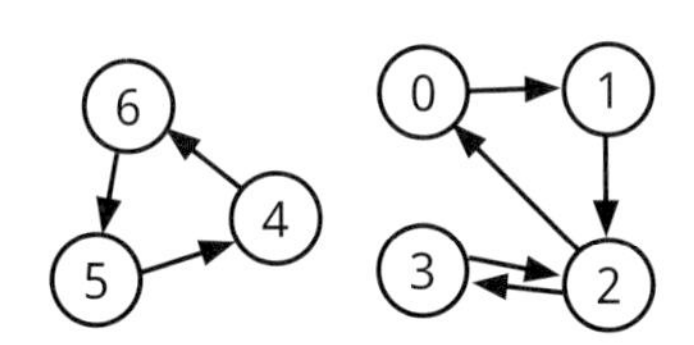

プログラミングでグラフを表現する場合、一般的な方法が2つあります。

隣接リスト

これはグラフを表現する最も一般的な方法です。すべての頂点(ノード)は隣接する頂点のリストを持ちます。無向グラフでは、(a, b)のように辺が2回保持されます:1回はaの隣接点で、もう1回はbの隣接点です。

グラフにおけるノードの単純なクラス定義は木の場合と基本的に同じようになります。

```
1  class Graph {
2    public Node[] nodes;
3  }
4
5  class Node {
6    public String name;
7    public Node[] children;
8  }
```

Graphクラスが使われるのは、木の場合と異なり単一のノードからすべてのノードに必ず到達するとは限らないからです。

グラフを表現するのに、必ず新たにクラスを用意しなければならないというわけではありません。配列(もしくはハッシュテーブル)のリスト(配列、配列リスト、連結リスト等)で隣接リストを持つことができます。前ページのグラフは次のように表現することができます:

```
0: 1
1: 2
2: 0, 3
3: 2
4: 6
5: 4
6: 5
```

もう少しコンパクトにすることもできますが、あまりきれいではありません。強い理由がない限りはノードクラスを使うことが多いです。

隣接行列

隣接行列はN×Nのブーリアン型行列です(Nはノード数)で、matrix[i][j]が真のときはノードiからノードjへの辺があるということを示しています。(整数型の行列で0と1を用いることもあります。)

無向グラフの場合は行列が対称的になっています。有向グラフでは対称になるとは限りません。

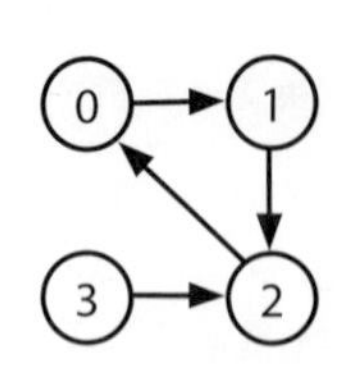

	0	1	2	3
0	0	1	0	0
1	0	0	1	0
2	1	0	0	0
3	0	0	1	0

隣接リストで使われるグラフアルゴリズム(幅優先探索等)は隣接行列でも同じように使うことができますが、少し効率が落ちます。隣接リストは隣接するノードの走査を簡単に行うことができますが、隣接行列の場合は全ノードを走査してノードが隣接しているかどうかを調べる必要があります。

グラフ探索

グラフを探索するための最も一般的な方法は2つあり、深さ優先探索と幅優先探索です。

深さ優先探索(DFS: depth-first search)では、根から探索を開始し次の枝に移る前に各枝を完全に探索します。つまり、横方向の探索よりも先に縦方向(より深い方向)の探索を行うということです。

幅優先探索(BFS: breadth-first search)では、根から探索を開始し子ノードの探索を行う前に隣接するノードを探索します。つまり、縦方向の探索よりも先に横方向(幅広い方向)の探索を行うということです。

グラフとその深さ優先探索、幅優先探索の図をご覧ください(複数の探索候補がある場合は番号順)。

グラフ	深さ優先探索(DFS)	幅優先探索(BFS)
	1 Node 0 2 Node 1 3 Node 3 4 Node 2 5 Node 4 6 Node 5	1 Node 0 2 Node 1 3 Node 4 4 Node 5 5 Node 3 6 Node 2

幅優先探索と深さ優先探索はそれぞれ異なった状況で使われる傾向があります。深さ優先探索はグラフのすべてのノードを走査したい場合に好まれます。どちらの方法でも問題ないのですが、深さ優先探索の方がやや単純です。

しかし、2つのノード間の最短経路(あるいは任意の経路)を求めたい場合は一般的に幅優先探索が適しています。世界全体のすべての友人関係をグラフで表して、アッシュとベネッサの友人関係を表す経路を見つけようとしていると考えてみてください。

深さ優先探索では、アッシュ -> ブライアン -> カールトン -> デイヴィス -> エリック -> ファラ -> ゲイル -> ハリー -> イザベラ -> ジョン -> カリ…のようになり、非常に長くなることがわかります。ベネッサがアッシュの友人であるということを認識しないで世界中を駆け回っているのです。それでもいずれは経路が見つかるでしょう。しかし非常に時間がかかりますし、最短経路でないこともわかります。

幅優先探索では、アッシュからできるだけ近い場所に留まります。アッシュの友人を大勢調べて、どうしても必要という状況になるまでは彼より遠い友人にまで行こうとはしません。もしベネッサがアッシュの友人、あるいは友人の友人なら、比較的早く見つけられるでしょう。

深さ優先探索（*DFS: Depth-First Search*）

DFSでは、ノードaを訪れてからaに隣接するノードを走査します。ノードaに隣接するノードbを訪れるとき、aに隣接するb以外のノードの前にbに隣接するすべてのノードを訪れます。つまり、ノードaは他の隣接ノードの探索を行う前にノードbの隣接ノードをすべて完全に探索するということです。

pre-orderや他の木の走査はDFSの一形態です。グラフに対してこのアルゴリズムを実装するときの重要な違いは、ノードをすでに訪れたかどうかチェックしなければならないところです。もしチェックしていなければ、無限ループに陥り抜け出せない危険性があります。

以下の疑似コードはDFSを実装したものです。

```
1   void search(Node root) {
2     if (root == null) return;
3     visit(root);
4     root.visited = true;
5     for each (Node n in root.adjacent) {
6       if (n.visited == false) {
7         search(n);
8       }
9     }
10  }
```

幅優先探索（*BFS: breadth-first search*）

BFSは、直感的にややわかり難く、慣れていなければ実装するのに苦労する方も多いでしょう。つまずきやすい点はBFSが再帰的であると(間違って)考えてしまうところです。この場合は再帰ではなく、キューを使います。

BFSでは、ノードaは、aに隣接するノードの各隣接ノードを訪れる前にaの隣接ノードを訪れます。ノードの深さごとにと考えてもよいでしょう。実装はキューを用いて繰り返し処理がベストです。

```
1   void search(Node root) {
2     Queue queue = new Queue();
3     root.marked = true;
4     queue.enqueue(root); // キューの末尾に加える
5
6     while (!queue.isEmpty()) {
7       Node r = queue.dequeue(); // キューの先頭から取り除く
8       foreach (Node n in r.adjacent) {
9         if (n.marked == false) {
10          n.marked = true;
11          queue.enqueue(n);
12        }
13      }
14    }
15  }
```

BFSの実装について問われたら、キューを使うことを覚えておくのがキーポイントです。そこがわかっていればアルゴリズムの残りの部分は自然にわかるはずです。

双方向探索

双方向探索は元になるノードと目的のノードの最短経路を見つけるのに使われます。基本的には幅優先探索を元のノードと目的地のノードの2か所から同時に行います。探索時にお互いが衝突すれば経路が見つかったことになります。

幅優先探索
単一の探索ではsからtまで
深さが4で到達する

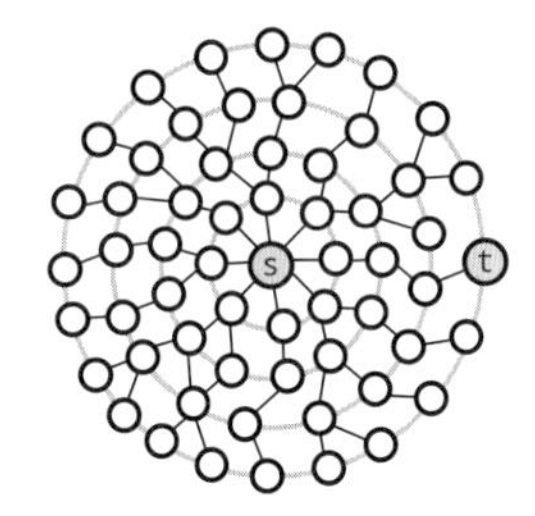

双方向探索
双方向(sからとtから)の探索ではsからtまで
深さの和が4(それぞれの深さは2ずつ)で到達する

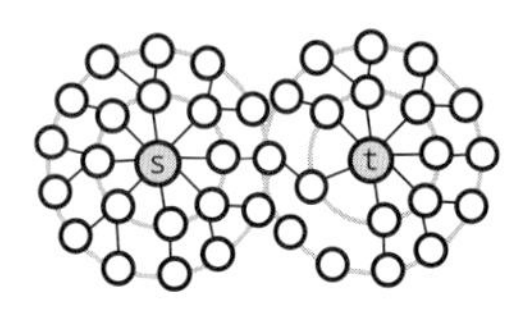

これがなぜ速いのかを理解するために、各ノードがk個の隣接ノードを持ったグラフについて、ノードsからノードtまでの最短経路がdである場合を考えてみます。

- 普通の幅優先探索では、最初の深さでk個のノードを調べることになります。次の深さになると、最初のkノードについてそれぞれk個のノードを探索するので、全部で(深さ2の時点で)k^2個のノードを調べることになります。これをd回行えば、$O(k^d)$ノードということになります。
- 双方向探索では、2つの探索がおよそ$d/2$の深さ(経路の中間地点)で衝突します。sからの探索はおよそ$k^{d/2}$ノード、tからの場合も同様になります。つまり、合計のノード数は$2k^{d/2}$または$O(k^{d/2})$になります。

これは小さな違いに見えるかもしれませんがそうではありません。これは大きな違いで、$(k^{d/2})*(k^{d/2}) = k^d$であることを思い出してください。双方向探索では、$k^{d/2}$倍速くなるということです。

別の考え方: 幅優先探索が「友人の友人」の経路を探索する機能しかないシステムであるとすれば、双方向探索は「友人の友人の友人の友人」の経路を検索する機能を持っているようなものです。2倍の長さの経路を検索することができるということですね。

併せて読みたい: トポロジカルソート(699ページ)、ダイクストラ法(700ページ)、AVL木(705ページ)、赤黒木(706ページ)

問題

4.1 **ノード間の経路**:有向グラフが与えられたとき、2つのノード間に経路があるかどうかを判定するアルゴリズムを設計してください。

ヒント:#127

p.270

4.2 **最小の木**:昇順にソートされたすべての要素が異なる配列を与えられたとき、高さが最小になる二分探索木を作るアルゴリズムを書いてください。

ヒント:#19, #73, #116

p.271

4.3 **深さのリスト**:二分探索木が与えられたとき、同じ深さのノード同士の連結リストを作るアルゴリズムを設計してください(例えば、深さDの木があるとき、D個の連結リストを作ることになります)。

ヒント:#107, #123, #135

p.272

4.4 **平衡チェック**:二分木が平衡かどうかを調べる関数を実装してください。平衡木とは、すべてのノードが持つ2つの部分木について、高さの差が1以下であるような木であると定義します。

ヒント:#21, #33, #49, #105, #124

p.274

4.5 **BSTチェック**:二分木が二分探索木(BST)であるかどうかを調べる関数を実装してください。

ヒント:#35, #57, #86, #113, #128

p.275

4.6 **次のノード**:二分探索木において、与えられたノードの「次の」ノード(in-orderの走査で)を探すアルゴリズムを設計してください。各ノードは自身の親ノードへのリンクを持っていると仮定して構いません。

ヒント:#79, #91

p.278

4.7 **実行順序**:プロジェクトのリストと依存関係(プロジェクトのペアで、1番目のプロジェクトは2番目のプロジェクトに依存する)のリストが与えられます。依存関係のあるプロジェクトは、そのプロジェクトの前にすべて完成していなければなりません。このとき、実行可能なプロジェクトの順序を見つけてください。そのような順序づけが不可能な場合はエラーを返してください。

例

入力:プロジェクト:a, b, c, d, e, f

依存関係:(d, a), (b, f), (d, b), (a, f), (c, d)

出力:f, e, a, b, d, c

ヒント:#26, #47, #60, #85, #125, #133

p.280

4.8 **最初の共通祖先**:二分木において、2つのノードの上位ノードで最初に共通するものを探すアルゴリズムを設計し、コードを書いてください。ただし、データ構造の中に新たにノードを追加してはいけません(二分木は二分探索木とは限りません)。

ヒント:#10, #16, #28, #36, #46, #70, #80, #96

p.287

4.9 **BSTを作る配列**:配列を左から右へ走査し要素を追加することで作られた二分探索木(BST)があります。要素がすべて異なる二分探索木が与えられたとき、それを表現することができるすべての配列を表示してください。

例

入力:

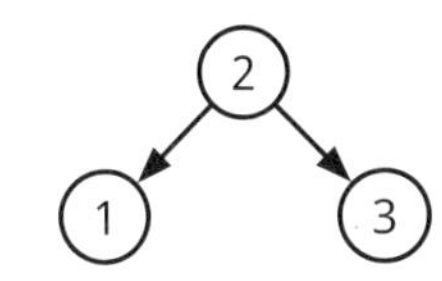

出力:{2, 1, 3}, {2, 3, 1}

ヒント:#39, #48, #66, #82

p.293

4.10 **部分木チェック**:T1とT2は非常に大きい二分木で、T1はT2と比べてかなり大きくなっています。このとき、T2がT1の部分木であるかどうかを判定するアルゴルムを作ってください。

T2がT1の部分木であるということは、T1上のあるノードnについて、n以下の部分木がT2と同じであるということです。

ヒント:#4, #11, #18, #31, #37

p.296

4.11 **ランダムノード**:挿入、検索、削除に加え、ランダムなノードを返す`getRandomNode()`メソッドを持つ二分木クラスを、ゼロから実装しようとしています。すべてのノードは同確率で選ばれるようにすべきです。`getRandomNode`のアルゴリズムについてデザインと実装を行い、他のメソッドをどのように実装するかを説明してください。

ヒント:#42, #54, #62, #75, #89, #99, #112, #119

p.299

4.12 **合計が等しい経路**:各ノードが整数値(正の場合も負の場合もあります)を持った二分木が与えられます。このとき、与えられた値と合計値が等しくなるような経路を数えるアルゴリズムを設計してください。経路の始まりと終わりは必ずしも根と葉である必要はありませんが、下る方向への経路(親ノードから子ノードへの移動のみ)でなければなりません。

ヒント:#6, #14, #52, #68, #77, #87, #94, #103, #108, #115

p.304

追加問題:再帰と動的計画法(**8.10**)、システム設計と拡張性(**9.2**、**9.3**)、ソートと探索(**10.10**)、上級編(**17.7**、**17.12**、**17.13**、**17.14**、**17.17**、**17.20**、**17.22**、**17.25**)

ヒントは722ページから

5

ビット操作

ビット操作はさまざまな問題で使用されます。はっきりとビット操作を要求する問題もあります。別な時にもコードの最適化テクニックとしても役立ちます。ビット操作にはコードを書くだけでなく、手作業にも慣れておくべきです。ちょっとしたミスを簡単に犯してしまいがちですので注意してください。

ビット操作を手作業で行う

ビット操作なんてもう忘れてしまったというあなたは、次の練習問題を手作業でやってみてください。3行目の問題は、手動でも「技」(後述します)を使っても解くことができます。簡単にするため、値は4ビットまでにしておきます。

もしわからなくなったら、10進数としてやってみてください。同じ手順を2進数にも適用すればよいのです。^はXORで、~はNOT(否定)のことですので覚えておいてください。

それから、「^」はXOR、「~」はnotの記号であることを覚えておいてください。

0110 + 0010	0011 * 0101	0110 + 0110
0011 + 0010	0011 * 0011	0100 * 0011
0110 - 0011	1101 >> 2	1101 ^ (~1101)
1000 - 0110	1101 ^ 0101	1011 & (~0 << 2)

答え:1行目(1000, 1111, 1100)、2行目(0101, 1001, 1100)、3行目(0011, 0011, 1111)、4行目(0010, 1000, 1000)

3列目の例で使えるテクニックは以下の通りです。

1. 0110 + 0110は0110 * 2と同じですので、0110を左に1ビットシフトするだけです。
2. 0100は10進数で4ですから、4をかけることは左に2ビットシフトすることと同じです。よって、答えは0011を2ビットシフトした1100ということになります。
3. ビット同士の操作ということを考えると、その数自体の否定とXORを取るということになるので必ず1になります。ですので、a^(~a) はすべてのビットが1になる値ということになります。
4. ~0は1が並んだものですので、^0<<2は連続した1の最後に0が2つ続いた形になります。この値と論理積をとるということは、下位2ビット分をクリアするという意味になります。

もしこれらのトリックがすぐに理解できないなら、論理的に考えてみてください。

理解しておきたいビット演算

以下の式はビット操作に役立ちます。ただし、これらをそのまま暗記するだけではいけません。なぜそうなるのかをよく考えて理解することに努めましょう。また、以下に表記している「1s」と「0s」はすべてのビットが1と0になっている値を表しています。

```
x ^ 0s = x        x & 0s = 0        x | 0s = x
x ^ 1s = ~x       x & 1s = x        x | 1s = 1s
x ^ x = 0         x & x = x         x | x = x
```

理解するには、これらの操作が各ビットごとに行われ、他のビットには決して影響を及ぼさないということを思い出してください。これは、1つのビットに対して真である記述はビットの列に対しても真であるという意味です。

2の補数と負の値

コンピュータは基本的に、整数値を2の補数表現で保持しています。正の値はそのままで、負の数は絶対値の2の補数として表現されています(負の数である場合に1になるビットが1つあります)。(符号のビットを除いたNビット分が数値を表す)Nビットの数における2の補数は、2^Nに対する補数になっています。

4ビット整数の-3を例として見てみましょう。4ビットの値の場合、1つのビットが符号で3つのビットが値になります。まず、2^3 (= 8)との補数を得ます。8に対して3(-3の絶対値)の補数をとると5になります。5は2進表記で101ですから、最初のビットを符号ビットとして-3を4bitの2進表記で表すと1101となります。

言い換えると、Nビット整数としての-Kの2進表記は(2^{N-1} - K)の先頭に1を付けたものということです。

もう1つの見方としては、正数表記のビットを反転し、1を加えるという方法です。3は2進表記で011です。ビットを反転すると100になり、1を加えると101になります。それから符号ビット(1)を加えて1101が得られます。

4ビット整数の2進表記は、次のようになります:

正の値		負の値	
7	0 111	-1	1 111
6	0 110	-2	1 110
5	0 101	-3	1 101
4	0 100	-4	1 100
3	0 011	-5	1 011
2	0 010	-6	1 010
1	0 001	-7	1 001
0	0 000		

左側と右側の値の絶対値を合計すると常に2^3になっていて、2進表記の値も符号ビット以外が同じであるところに注目してください。どうしてそうなるのでしょうか?

算術右シフトと論理右シフト

右シフトの操作は2種類あります。算術右シフトは2で割るのと同じことです。論理右シフトは視覚的にビットをずらして見たようにします。これは負の値を見れば一番よくわかります。

論理右シフトでは、ビットをずらし最上位ビットを0にします。これには>>>という演算子を用います。8ビット整数(最上位が符号ビット)では、次の図のようになります。符号ビットはグレーの部分です。

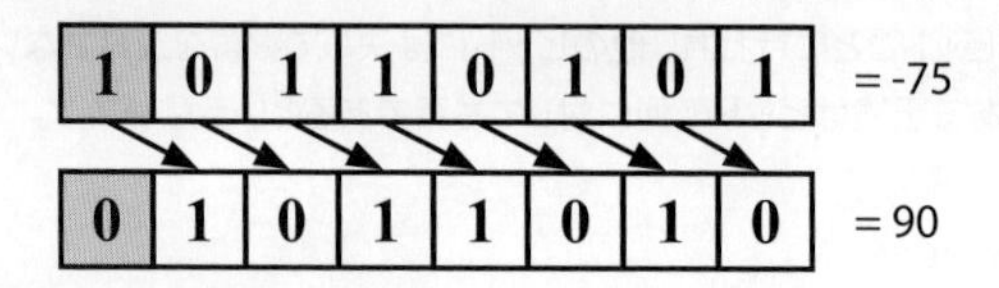

算術右シフトでは、右に値をずらしますが空いたビット部分には符号ビットの値が入ります。これは2で割るのと(大体)同じ効果があります。演算子には>>を用います。

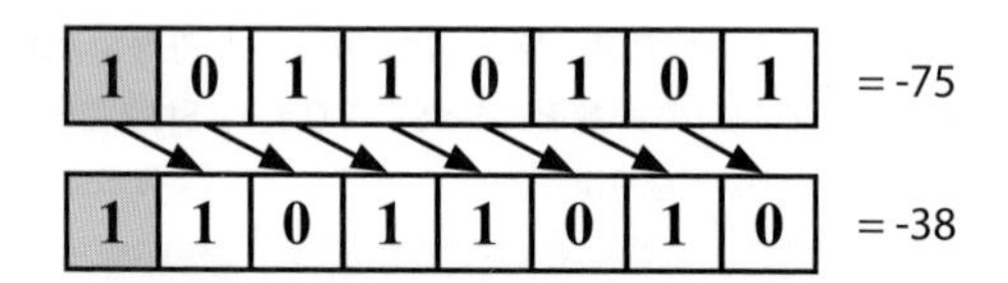

これらの関数で `x = -93242, count = 40` とした場合、どのようになりますか?

```
1   int repeatedArithmeticShift(int x, int count) {
2     for (int i = 0; i < count; i++) {
3       x >>= 1; // 1ビット算術シフトする
4         }
5     return x;
6     }
7
8   int repeatedLogicalShift(int x, int count) {
9     for (int i = 0; i < count; i++) {
10      x >>>= 1; // 1ビット論理シフトする
11    }
12    return x;
13  }
```

論理シフトの場合、最上位ビットに0を繰り返し入れることになりますから0が得られます。

算術シフトの場合、最上位ビットに繰り返し1が入りますから-1が得られます。すべてのビットが1の(符号付)整数は-1を表します。

一般的なビット操作: GetとSet

以下のビット操作を知っておくことは非常に重要です。ただし、単純な暗記ではいけません。単なる暗記は修復不可能なミスにつながります。自分自身でこれらや他のビット操作を実装できるようにしっかり理解してください。

Get Bit

このメソッドは1をiビットシフトし、00010000のような値を作ります。次にnumとのANDを取り、iビット目以外を0でクリアします。最後にそれを0と比較し、0でなければ元の値のiビット目は1、そうでなければ0ということになります。

```
1  boolean getBit(int num, int i) {
2    return ((num & (1 << i)) != 0);
3  }
```

Set Bit

Set Bitも、まず1をiビットシフトした00010000のような値を作ります。次にnumとのORをとり、iビット目だけ変更します。他のビットは0でマスクされるので影響はありません。

```
1  int setBit(int num, int i) {
2    return num | (1 << i);
3  }
```

Clear Bit

このメソッドはSet Bitとほぼ逆の操作です。まず、11101111のようなiビット目だけ0で残りが1になるような値を作ります。これはnot演算で00010000の各ビットを反転させれば簡単にできます。次にnumとのANDを取ります。これでi番目のビットだけ0でクリアし、他のビットはそのままにしておくことができます。

```
1  int clearBit(int num, int i) {
2    int mask = ~(1 << i);
3    return num & mask;
4  }
```

最上位ビットからiビット目までをクリアするには、i番目のビットが1(1 << i)のビットマスクを作ります。そこから1を引くと0が続いたあと1がi個並んだビット列が得られます。最後にこのマスクと論理積をとれば、下位iビットが得られます。

```
1  int clearBitsMSBthroughI(int num, int i) {
2    int mask = (1 << i) - 1;
3    return num & mask;
4  }
```

iビット目から0ビット目までをクリアするには、すべて1のビット列(= -1)を用意し、左にi + 1ビットシフトします。これで1が続いたあとに0がi個並んだビット列が得られます。

```
1  int clearBitsIthrough0(int num, int i) {
2    int mask = (-1 << (i + 1));
3    return num & mask;
4  }
```

Update Bit

i番目のビットにvをセットするには、まず最初に、11101111のようなマスクを使ってi番目のビットをクリアします。次に置き換えたい値vをiビットシフトしたもの、つまりiビット目だけvで他のビットはすべて0の値を用意します。最後にORを取ることで、i番目のビットをv(vは1または0)で置き換えることができます。

```
1  int updateBit(int num, int i, boolean bitIs1) {
2    int value = bitIs1 ? 1 : 0;
3    int mask = ~(1 << i);
4    return (num & mask) | (value << i);
5  }
```

問題

5.1 **挿入**:最大32ビットの整数NとM、ビットの位置を指す値iとjが与えられています。このとき、Nのjビット目からiビット目にMを挿入するメソッドを書いてください。ただし、jとiの幅はMのビット数と一致していると仮定してかまいません。つまり、M=10011であればjとiの幅は5と仮定してかまいません。j=3、i=2のような、Mの幅と合わないような場合は考えなくてもかまわないということです。

例

入力:N = 10000000000, M = 10011, i = 2, j = 6

出力:N = 10001001100

ヒント:#137, #169, #215

p.308

5.2 **実数の2進表記**:0から1までの実数値がdouble型として与えられるとき、それを2進表記で出力してください。32文字以内で正確に表現できない場合は"ERROR"と出力してください。

ヒント:#143, #167, #173, #269, #297

p.309

5.3 **ベストの反転位置**:ある整数があり、その中の1ビットだけ0から1に反転することができます。このような操作を行うとき、1の並びが最も長いときの長さを求めるコードを書いてください。

例

入力:1775 (2進: 11011101111)

出力:8

ヒント:#159, #226, #314, #352

p.311

5.4 **隣の数**:正の整数が与えられたとき、2進表現したときの1の個数が同じ整数の中で、1つ後の数と前の数を求めてください。

ヒント:#147, #175, #242, #312, #339, #358, #375, #390

p.313

5.5 **人間デバッガ**:コード((n & (n-1)) == 0)について説明してください。

ヒント:#151, #202, #261, #302, #346, #372, #383, #398

p.319

5.6 **ビット変換:**ある整数AからBに変換するのに必要なビット数を決定する関数を書いてください。

例

入力: 29 (または: 11101), 15 (または: 01111)

出力: 2

ヒント: #336, #369

p.320

5.7 **ビット・ペアの交換:**偶数ビットと奇数ビットを、できるだけ少ない操作で入れ替えるプログラムを書いてください(たとえば、0ビット目と1ビット目、2ビット目と3ビット目を入れ替えます)。

ヒント: #145, #248, #328, #355

p.321

5.8 **直線を描く:**モノクロのスクリーンが1次元のバイト型配列として保持されています。1バイトには連続した8ピクセルを保持することができます。スクリーンの幅は8の倍数で、バイトの途中で切れるような形にはなっていないことにします。当然ですが、スクリーンの高さは配列のサイズとスクリーンの幅から計算することができます。このとき、(x1, y)から(x2, y)まで水平な直線を描く関数を実装してください。

メソッドのシグネチャは以下のようにします。

```
drawLine(byte[] screen, int width, int x1, int x2, int y)
```

ヒント: #366, #381, #384, #391

p.321

追加問題: 配列と文字列(**1.1**, **1.4**, **1.8**)、数学と論理パズル(**6.10**)、再帰(**8.4**、**8.14**)、ソートと探索(**10.7**、**10.8**)、C++(**12.10**)、中級編(**16.1**,**16.7**)、上級編(**17.1**)

ヒントは729ページから。

6

数学と論理パズル

いわゆる「パズル」(頭の体操)問題は、もっとも熱く議論される部類の問題で、多くの企業ではこの手の問題を禁止する方針になっています。それでも運悪く、禁止されているにもかかわらずそのような質問をされていると気づくことがあるかもしれません。なぜでしょう？ それは、頭の体操がどういうものであるかの定義が誰も承知できないからです。

好意的にとらえると、もしパズルや頭の体操問題について問われたら、それはある程度公平性が高いものであるということです。おそらく言葉の言い回しのようなことではなく、ほぼ論理的推論ができるはずです。多くは数学かコンピュータサイエンスを基にしたもので、論理的に正解までたどり着けるようになっています。

これらの問題に対して、基本的な知識に加え一般的な考え方を用いて取り組んでいきます。

素数

ご存知かもしれませんが、すべての数は素数の積に書き換えることができます。たとえば、84は以下のように書けます。

$$84 = 2^2 * 3^1 * 5^0 * 7^1 * 11^0 * 13^0 * 17^0 * \ldots$$

ほとんどの素数は0乗になっていることに注意してください。

割り切れるとは

ある数xでyが割り切れる(x\y、またはmod(y,x)=0のように書きます)とき、xに含まれる素因数はすべてyの素因数に含まれています。もう少し詳しく書くと、

$$x = 2^{j0} * 3^{j1} * 5^{j2} * 7^{j3} * 11^{j4} * \ldots$$
$$y = 2^{k0} * 3^{k1} * 5^{k2} * 7^{k3} * 11^{k4} * \ldots$$

とすると、x\yのとき、すべてiに対してji <= kiが成り立つということです。

実際のところ、xとyの最大公約数は、

$$gcd(x, y) = 2^{min(j0, k0)} * 3^{min(j1, k1)} * 5^{min(j2, k2)} * \ldots$$

のように計算でき、最小公倍数は、

```
lcm(x, y) = 2^max(j0, k0) * 3^max(j1, k1) * 5^max(j2, k2) * ...
```

では、ここでいったん読み進めるのをやめて、gcdとlcmを掛けるとどうなるか少し考えてみてください。

```
gcd * lcm = 2^min(j0, k0) * 2^max(j0, k0) * 3^min(j1, k1) * 3^max(j1, k1) * ...
          = 2^(min(j0, k0) + max(j0, k0)) * 3^(min(j1, k1) + max(j1, k1)) * ...
          = 2^(j0 + k0) * 3^(j1 + k1) * ...
          = 2^j0 * 2^k0 * 3^j1 * 3^k1 * ...
          = xy
```

素数性を調べる

この問題は非常に基本的ですから、しっかりと身につけておいたほうがよいでしょう。素直な方法は、単純に2からn-1までの数で割り切れるかどうかを順番に調べていくやり方です。

```
1   boolean primeNaive(int n) {
2     if (n < 2) {
3       return false;
4     }
5     for (int i = 2; i < n; i++) {
6       if (n % i == 0) {
7         return false;
8       }
9     }
10    return true;
11  }
```

ちょっとしたことながら重要な改良は、試し割りするのはnの平方根までにするいうことです。

```
1   boolean primeSlightlyBetter(int n) {
2     if (n < 2) {
3       return false;
4     }
5     int sqrt = (int) Math.sqrt(n);
6     for (int i = 2; i <= sqrt; i++) {
7       if (n % i == 0) return false;
8     }
9     return true;
10  }
```

かけてnになる2つの数をa、bとしましょう($a * b = n$)。もしaが$\sqrt{n}$より大きければ、bは$\sqrt{n}$より小さくなります($a > \sqrt{n}$ なら$b < \sqrt{n}$、よって$(\sqrt{n})^2 = n$)。sqrtより小さな値で割り切れるかの判定はすでにしていることになりますので、bで試し割をする必要はありません。

なお、複数の数に対して素数性を調べる場合には「エラトステネスの篩い」を使う方法がより優れています。

素数のリストを作る:エラトステネスの篩(ふる)い

エラトステネスの篩いは素数のリストを作るための非常に優れた方法です。この方法は、素数でない数は他の素数で割ることができるという性質を利用しています。

ある値maxまでの間にある素数のリストを作るとしましょう。まずmaxまでの整数のリストを用意し、その中から2(2は最初の素数)で割れる数を消していきます。リストに残った値で、2の次に小さい値が次の素数(3)になります。次は、その素数で割り切れる値をリストから消していきます。これを繰り返していくと、2、3、5、7、11、…のような素数のリストが得られます。

以下のコードがエラトステネスの篩いを実装したものです。

```
1   boolean[] sieveOfEratosthenes(int max) {
2     boolean[] flags = new boolean[max + 1];
3     int count = 0;
4
5     init(flags); // 0と1以外のすべてのフラグをtrueにする
6     int prime = 2;
7
8     while (prime <= Math.sqrt(max)) {
9       /* 残っているprimeの倍数をすべて消去する */
10      crossOff(flags, prime);
11
12      /* 次にtrueになっている値を探す */
13      prime = getNextPrime(flags, prime);
14    }
15
16    return flags;
17  }
18
19  void crossOff(boolean[] flags, int prime) {
20    /* 残っているprimeの倍数をすべて消去する。
21     * k < primeであるkについて、
22     * k * primeはすでに消去されているはずなので、
23     * prime * primeから始めることができる */
24    for (int i = prime * prime; i < flags.length; i += prime) {
25      flags[i] = false;
26    }
27  }
28
29  int getNextPrime(boolean[] flags, int prime) {
30    int next = prime + 1;
31    while (next < flags.length && !flags[next]) {
32      next++;
33    }
34    return next;
35  }
```

もちろん、このプログラムはいろいろと最適化することができます。単純な最適化を1つ挙げれば、最初の配列の要素をすべて奇数にしておくことで配列のサイズを半分にすることができ、省スペースになります。

確率

確率というと複雑な話になりそうですが、論理的に導き出すことのできるほんの少しのルールが基本になっています。

AとBの2つの事象を表したベン図を見てください。2つの円の領域が両者の相対的な確率を表していて、領域の重なった部分がAとBの積事象{A かつ B}を表しています。

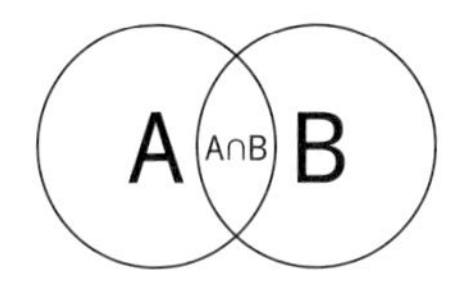

A かつ Bの確率

このベン図を使ってダーツをすることを想像してみてください。AとBの重なり部分にダーツが当たる確率はどのくらいでしょうか？「Aに当たる確率」と「Aの中だけを見た場合のBに当たる確率」がわかっているとしましょう。このとき、AとBの重なり部分に当たる確率は、

```
P(A かつ B) = P(A のときに B) P(A)
```

となります。たとえば、1から10までの整数から1つ数を選ぶ場合を想像してみてください。この中から1から5までの偶数を選ぶ確率はどうなりますか？ 1から5までの数を選ぶ確率は50%、1から5までの数から偶数を選ぶ確率は40%です。これらが同時に起こる確率は、

```
P(x は偶数かつ x <= 5)
      = P(x <= 5 のときに x が偶数) P(x <= 5)
      = (2/5) * (1/2)
      = 1/5
```

P(A かつ B) = P(A のときに B) P(A) = P(B のときに A) P(B) なので、逆に考えるとBが起こったときにAが起こる確率を表すことがでるということに注目してください:

P(B のときに A) P(A) = P(A のときに B) P(A) / P(B)

この等式はベイズの定理と呼ばれています。

A または Bの確率

今度はAかBのどちらかにダーツが当たる場合の確率をイメージしてみてください。Aに当たる確率、Bに当たる確率がそれぞれ個別にわかっていて、さらにAとBの重なり部分に当たる確率がわかっているとすれば、AとBのいずれかに当たる確率は、

```
P(A または B) = P(A) + P(B) - P(A かつ B)
```

となります。もし、単純にAに当たる確率とBに当たる確率を足してしまうと重なり部分を2回足していることになってしまい、1回分引いてやらなければならないので、このような式になります。ここでもう一度ベン図を見てみましょう。

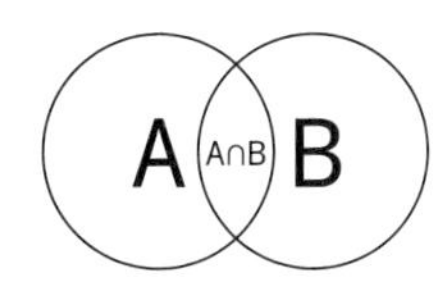

先ほどと同じように、1から10の整数から1つ数を選ぶ例を考えてみます。この中から1から5、または偶数を選ぶ確率はどうなる

でしょうか？ 1から5の数を選ぶ確率は50%、偶数を選ぶ確率も50%で、前述の通り両方の条件を同時に満たす確率は20%です。これらを使って確率を求めると、

```
P(xは偶数または x <=5)
    = P(xは偶数) + P(x <= 5) - P(x は偶数かつ x <= 5)
    = 1/2 + 1/2 - 1/5
    = 4/5
```

ここから、独立な事象と排反な事象の特別な場合についての計算方法も簡単に得ることができます。

独立な事象の確率

ある事象AとBが互いに独立している（片方の事象が、もう片方に何も影響しない）場合、P(A かつ B) = P(A) P(B)となります。これは単純に、前述のP(B のときに A)をP(B)としているだけです。

排反な事象の確率

AとBが排反な事象である（もしAの事象が起これば、Bの事象は同時に起こらない）場合、P(A または B) = P(A) + P(B)となります。これはP(A かつ B) = 0になるからで、前述したP(A または B)の式からP(A かつ B)を取り除いた形になっています。

独立と排反の概念を混同している人が多いですが、これらはまったく違うものです。2つの事象が独立で、かつ排反ということはあり得ない（もちろん、いずれの事象も起こる確率が0より大きいことが前提ですが）のです。なぜなら、排反というのは1つの事象が起こればもう1つの事象は起こらないという意味であるのに対して、独立というのは1つの事象が起ころうが起こるまいがもう1つの事象とは何の関係もないという意味だからです。排反は2つの事象に関係性があり、独立は関係性がないということなのですから、まったく別物であることはご理解いただけると思います。

もちろん、2つの事象の起こる確率に0が含まれる場合を考えれば、独立でも排反でもあると言うこともできます。これは定義の式を使えば簡単に証明することができます。

話し始めよう

パズル的な問題を出されても焦ってはいけません。面接官はアルゴリズムの問題と同じように、あなたがどのように取り組むかを見たいのです。すぐに正解を答えてほしいなんて思っていません。まず話し始めましょう。そうやって問題にどのように取り組んでいくかを面接官に見せていくのです。

ルールやパターンを作っていく

多くの場合、問題を解く中で見つけた「ルール」や「パターン」を書き出しておくと役に立つことに気づくでしょう。まったくその通りで、わかったことは忘れてしまわないように、きちんと書き留めておかなければなりません。それでは、ここで例題を使って実際にやってみましょう。

2本のロープがあります。いずれもちょうど1時間で燃え尽きます。この2本のロープを使って15分計るにはどのようにすればよいですか？ ただし、これらのロープは密度が均一でないため、半分にしたからといってちょうど30分計れるというわけではないことに注意してください。

> アドバイス：読み進めるのをやめて、しばらく自分自身で考えてみてください。ヒントが必要でどうしても読まなければならなくなったら、できるだけゆっくり読み進めてください。段落ごとに、一歩ずつ正解へ近づくようになっていますから。

問題を読んですぐにわかることは、ちょうど1時間計ることはできるということです。1本ずつ燃やしていけば2時間計ることもできるでしょう。これをルールとして一般化しておきます。

ルール1： 1つのロープを燃やすのにx分、もう1つのロープを燃やすのにy分かかるとすると、x+y分計ることができる。

他にできることは何でしょうか？ おそらく、ロープの中央（または端以外の部分）に点火するのは無意味だと考えるでしょう。炎は両側に広がり、その時間を計ることができないからです。

しかし、両端に点火することは可能です。2つの炎はちょうど30分後に出会うことになるでしょう。

ルール2： 1本のロープがx分で燃えるとき、$x/2$ 分を計ることができる。

1本のロープで30分計ることができるということがわかりました。これはロープ1の両端と、ロープ2の片側に点火することで、30分計る分だけロープ2を減らせるということでもあります。

ルール3： 1つのロープを燃やすのにx分、もう1つのロープを燃やすのにy分かかるとすると、後者のロープを燃え尽きるまで残り(y-x)分、あるいは(y- $x/2$)分の状態にすることができる。

ここで、すべてのルールを合わせてみましょう。まず、ロープ2を30分で燃え尽きる状態にすることができます。そのときロープ2のもう一端に点火することで、半分の15分を計ることができます。

操作の手順をまとめると以下のようになります。

1. ロープ1の両端とロープ2の一端に点火する。
2. ロープ1が燃え尽きた瞬間で30分経過しているので、ロープ2はあと30分で燃え尽きることになる。
3. このときロープのもう一端にも点火する。
4. 15分でロープ2は燃え尽きる。

考える過程で思いついたことや見つけたルールを書き出していくと、解きやすくなるということに注目してください。

最大の移動回数

多くのパズル的な問題は最悪のケースを最小化するもので、何々の回数を最小化せよだとか、指定された回数以下の操作で何々を行え、などといったものです。最悪ケースのバランスをとろうとするテクニックが役に立ちます。とりあえず考えてみた方法でやってみると、場合によって回数の差が出てきます。そこから修正を加えて、回数のばらつきを抑えるようにしていくというテクニックのことなのですが、非常にわかりづらいので具体的な例で説明します。

古典的なもので「9個のボール」という面接問題があります。9個のボールがあり、8個は同じ重さで、1つだけ他より重くなっています。てんびんを2回だけ使って重いボールを見つけてください、というものです。

最初に思いつくのはボールを4個のセットにし、余った1つはよけておきます。重いボールは4個セットの重いほうに入っているでしょう。もし同じ重さであれば、セットを作る際によけておいた1つが重いボールということになります。4つの中から重いボールを探す操作も同じように考えていくと、全体を通しての比較回数は最大3回になります。1回多くなってしまいました！

よけた1個が重いボールの場合は1回で見つけられるのに、そうでない場合は3回かかってしまい、比較回数の不釣り合いが起こります。そこで、最初ボールをよける際にもう少し個数を増やして、他のボールにかかる負荷を減らしてやるのです。これが最悪ケースのバランスをとる例です。

9個のボールを3個ずつのセットに分ければ、1回の操作でどのセットに重いボールが含まれているかがわかります。これは一般化することもできます。N個のボール(ただしNは3の倍数)があるとき、1回の操作で重いボールが含まれた $X/3$ 個のボールを見つけることができます。

残った3つのボールについても同じ操作をします。3つのうち1つをよけて、2つの重さを比較すれば見つかるでしょう。同じ重さであれば、最初によけた1つが重いボールです。

アルゴリズムのアプローチ

もし詰まってしまったら、アルゴリズムに関する問題の解答テクニック(79ページから)のうち、どれかを使って考えてみてください。頭の体操的な問題であっても、技術的な観点の取り除かれたアルゴリズム問題でしかありません。「DIYの精神で」や「初期状態からの積み上げ」は特に役立ちます。

併せて読みたい: 役に立つ数学(696ページ)

問題

6.1 **重い錠剤:** 20個の瓶にそれぞれ錠剤が入っています。そのうち19個の瓶には1.0グラムの錠剤が、残り1個の瓶には1.1グラムの錠剤が入っています。重さを正確に量ることのできるはかりが与えられたとき、どうやって重い錠剤の入った瓶を見つけますか? ただし、はかりは一度しか使うことができません。
ヒント: #186, #252, #319, #387

p.323

6.2 **バスケットボール:** バスケットボールのゴールがあります。以下の2種類のゲームのうち、どちらか1つを選べるとします。
ゲーム1: 1回だけ投げてシュートを決める。
ゲーム2: 3回投げて、そのうち2回決める。
1回投げてシュートを決める確率をpとすると、pの値がどのような場合にどちらのゲームを選びますか?
ヒント: #181, #239, #284, #323

p.324

6.3 **ドミノ:** 対角線上に2つの角が切り取られた、8×8のチェス盤があります。また、31個のドミノがあり、1つのドミノはちょうどチェス盤2マス分です。このとき、31個のドミノをチェス盤にすべて並べることができるでしょうか? できるとすればその例を、できない場合はその理由を述べてください。
ヒント: #367, #397

p.325

6.4 **三角形上のアリ**:三角形のそれぞれ異なる頂点に3匹のアリがいます。アリが三角形の辺上を歩くとき、衝突する確率はどうなりますか?
それぞれのアリは進む方向をスタート時にランダムに選び、その確率は等しいものとします。また、歩くスピードはどのアリも同じとします。
同様に、n匹のアリが正n角形上を歩く場合についても衝突する確率を求めてください。
ヒント:#157, #195, #296

p.326

6.5 **水が入った壺**:5クォート、3クォートの水が入る壷がそれぞれ1つずつあります。また、十分な量の(しかし量を量ることはできない)水があります。このとき、ちょうど4クォートの水を量るにはどのようにすればよいですか? ただし壷は変わった形をしており、ちょうど半分水を入れるというようなことはできません。
ヒント:#149, #379, #400

p.327

6.6 **青い目の島**:ある島に、さまざまな眼の色をした人たちが仲良く暮らしていました。しかし、ある日突然島の外から人がやってきておかしなことを言います。「青い眼をした人は、できるだけ早くこの島から出ていきなさい」。毎晩午後8時に島から飛び立つ飛行機が出ていて、自分自身の眼の色が青色だとわかった時点で、その人は飛行機に乗って島を出なければなりません。島の人たちは自分以外の人の眼の色がわかりますが、自分の眼の色はわかりません。また、自分の眼の色を他人に聞いたり、他人に眼の色を教えてあげるということは禁止されています。また、島全体で青い眼をした人が何人いるかはわかりません。
ただし、少なくとも1人はいることはわかっています。青い眼をした人が島からいなくなるには何日かかるでしょうか?
ヒント:#218, #282, #341, #370

p.327

6.7 **黙示録**:現在の文明が滅んだあとの新しい世界で、女王は出生率について心の底から心配していました。そのため女王は、すべての家族は1人女の子を持つか、そうでなければ多額の罰金を支払わねばならないという法令を作りました。すべての家族がこの規則を守るとすると ーつまり女の子が生まれるまで子を持ち続け、生まれた時点で子供を増やすのをやめるとー 新しい世代の男女比はどのようになるでしょうか?(生まれる子どもが男である確率も女である確率も同じであると仮定してください。)この問題について論理的に解答し、そのあとコンピュータシミュレーションを行ってください。
ヒント:#154, #160, #171, #188, #201

p.328

6.8 **卵を落とす問題**:100階建ての建物があります。N階以上の高さから卵を落とすと卵は割れてしまいます。N階より下からであれば卵は割れません。2つの卵を使い、落とす回数をできるだけ少なくなるようにNを見つけてください。
ヒント:#156, #233, #294, #333, #357, #374, #395

p.331

6.9 **100個のロッカー**:廊下に扉のしまったロッカーが100個あります。まず、100のロッカーのすべての扉を開けます。次に、2つごとに(1つ飛びで)扉を閉めていきます。今度は3つごとに(2つ飛びで)扉が開いていれば閉めて、閉まっていれば開けていきます。このようなことを繰り返していくと、100回目に100番目のロッカーの開け閉めをして終わります。その時点で、開いいる扉はいくつありますか?
ヒント:#139, #172, #264, #306

p.333

6.10 **毒**:ソーダのボトルが1000本あり、1本だけ毒が入っています。また、毒を検知する試験紙が10枚あります。1滴の毒で試験紙は恒久的に陽性を示します。試験紙には一度に何滴でも投下することができ、試験紙は(陰性の結果である限りは)何度でも好きなだけ再利用できます。しかし1日に1回しかテストはできず、結果がわかるには7日かかります。できるだけ少ない日数で毒の入ったボトルを特定するにはどのようにすればよいでしょうか?

発展問題

あなたの考えをシミュレートするコードを書いてください。

ヒント:#146, #163, #183, #191, #205, #221, #230, #241, #249

p.333

追加問題:中級編(**16.5**)、上級編(**17.19**)

ヒントは729ページから

7

オブジェクト指向設計

オブジェクト指向設計の問題では、技術的問題や現実のモノを実装するクラスやメソッドの概略を話すことが要求されます。この手の問題を出されたときは、面接官があなたのコーディングスタイルを見極めようとしていると考えてよいでしょう。

オブジェクト指向設計の問題はデザインパターンを丸暗記しているかどうかではなく、美しく保守性のあるオブジェクト指向のコードを書く方法が理解できているかどうかを見せるための問題と考えておきましょう。こういった問題での失敗は採用に大きな危険信号をともします。

オブジェクト指向設計の問題での考え方

オブジェクトが物理的なモノであれ技術的なタスクであれ、オブジェクト指向に関する問題は同じような方法で取り組めます。以下の考え方で多くの問題をうまく扱うことができます。

ステップ1：あいまいさをうまく扱う

オブジェクト指向設計（OOD）の問題では意図的にあいまいさを持たせて、あなたが仮定を加えるのか、あいまいな部分についての質問をしてくるのかをテストしようとする場合がよくあります。結局のところ、何を作りたいのかをよく理解せず、ただコードを書くだけの開発者は会社の時間とお金を浪費するだけでなく、さらに深刻な問題を作りかねません。

オブジェクト指向設計に関する質問をされたとき、誰が、どのように使うものなのかを尋ねておくべきです。問題によってはwho、what、where、when、how、whyのいわゆる「5W1H」をひと通り知っておきたいところです。

たとえば、コーヒーメーカーのオブジェクト指向設計について述べるように言われたとしましょう。もし簡単だと思ったのであれば、大間違いです。

今あなたは1時間に数百人の客を相手にしたり、10種類のコーヒーを商品にしているような大型の飲食店にある業務用のコーヒーメーカーを思い浮かべたかもしれません。あるいは、お年寄りがシンプルなコーヒーを作るために設計された、とても単純なコーヒーメーカーを思い浮かべたかもしれません。

ステップ2：中心になるオブジェクトを定義する

設計しようとしているものについて理解したら、次はシステムの中で中心になるオブジェクトは何であるかをよく考えなければなりません。たとえば、レストランのオブジェクト指向設計について尋ねられたとしましょう。中心になるオブジェクトは`Table`（テーブル）のような設備、`Guest`（一般客）、`Party`（団体客）、`Order`（注文）、`Meal`（食事）、`Employee`（従業員）、`Server`（給仕者）、`Host`（経営者）などが挙げられるでしょう。

ステップ3: 関係性を分析する

中心になるオブジェクトをだいたい決めたところで、オブジェクト同士の関係性を分析しておきたいところです。どのオブジェクトが他のオブジェクトのメンバーになっていますか? 継承関係になっているオブジェクトはありますか? 関係性は多対多ですか? 1対多ですか?

レストランの例で言えば、以下のような設計を思いつくでしょう。

- PartyはGuestの配列を持つ。
- ServerとHostはEmployeeを継承している。
- それぞれのTableは1つのPartyを持つが、Partyは複数のTableを持ち得る。
- Restaurantはちょうど1つのHostを持つ。

このあたりは間違った仮定をしやすいので十分気をつけてください。たとえば、1つのテーブルにいくつかの団体が着く場合もあるかもしれません。どの程度汎用性を持たせるかは面接官とよく話し合ってください。

ステップ4: 行動を調査する

あとは、オブジェクトがとる重要なふるまいや、オブジェクト同士がどのようにして関係づいているかを考えることが残っています。忘れているオブジェクトに気づいたら、これまでの設計を修正します。

たとえば、団体客がレストランにやってきたとします。このとき店主は予約リストをチェックします。その団体客の名前がリストにあれば座席まで案内します。もし予約リストに入っていなければ、彼らを予約リストの最後尾に追記します。客が店を立ち去れば座席を開放し、予約リストの先頭にある次の客を案内します。

デザインパターン

面接官は知識ではなく能力をテストするつもりですから、デザインパターンはほとんど面接の範囲外です。とはいえシングルトンパターンやファクトリメソッドパターンは面接でも特に便利ですから、このあたりはカバーしておきましょう。
本書で論じることのできる量をはるかに超えたデザインパターンがありますから、デザインパターンに関する専門書で勉強しておくとエンジニアとしてのスキルアップには絶大な効果があります。

特定の問題に対する「正しい」デザインパターンを常に見つけようとしてしまう落とし穴に注意してください。扱う問題に応じた適切なデザインを作るべきです。いくつかのケースではすでに確立されたデザインパターンがあるかもしれませんが、多くのケースはそうではありません。

シングルトンクラス

シングルトンパターンはクラスのインスタンスがちょうど1つだけ存在し、アプリケーション全体を通してそのインスタンスにアクセスできることを保証します。グローバルなオブジェクトで、それが唯一のインスタンスであってほしい場合に便利です。たとえばRestaurantクラスをそのインスタンスがちょうど1つしか存在しないように実装したい、といった場合に用います。

```
1  public class Restaurant {
2    private static Restaurant _instance = null;
3    protected Restaurant() { ... }
4    public static Restaurant getInstance() {
5      if (_instance == null) {
6        _instance = new Restaurant();
7      }
8      return _instance;
```

```
 9      }
10   }
```

ただし、シングルトンパターンは「アンチパターン」とも呼ばれ、嫌いな人が大勢いるということに注意しておいてください。ユニットテストを行いにくいというのが理由の1つです。

ファクトリメソッド

ファクトリメソッドではクラスのインスタンスを生成するためのインターフェースを提供します。どのクラスをインスタンス化するかは、インターフェースを継承したサブクラスで決定します。`Factory`メソッドを実装せずに`Creator`クラスを抽象クラスで実装するという方法があります。他にも`Factory`メソッドを実装し、`Creator`クラスを具象クラスにするという方法もあります。その場合はどのクラスのインスタンスを生成するかをパラメータとして渡してやります（訳注：以下のコードは後者の実装方法になります。前者の場合は、まず`CardGame`型を返す`factoryMethod`を持つ`Creator`抽象クラスを作ります。それを継承して`PokerGameCreator`や`BlackJackGameCreator`を作り、`factoryMethod`をオーバーライドして`PokerGame`や`BlackJackGame`のインスタンスを返すように実装します）。

```
 1   public class CardGame {
 2     public static CardGame createCardGame(GameType type) {
 3       if (type == GameType.Poker) {
 4         return new PokerGame();
 5       } else if (type == GameType.BlackJack) {
 6         return new BlackJackGame();
 7       }
 8       return null;
 9     }
10   }
```

問題

7.1　カードゲームのデッキ： 一般的なカードゲームのデッキについてデータ構造を設計してください。また、ブラックジャックをサブクラスとして実装するにはどのようにすればよいかを説明してください。

ヒント：#153, #275

p.341

7.2　コールセンター： 応答者、マネージャ、ディレクター、3段階のレベルの従業員がいるコールセンターをイメージしてください。まず問い合わせがきたら、手の空いている応答者につなぎます。応答者で対応できない場合はマネージャにつなぎます。マネージャが忙しい場合や対応しきれない場合はディレクターにつなぎます。このような状況についてクラスとデータ構造を設計してください。最初につなぐことのできる従業員に問い合わせを割り当てるメソッド`dispatchCall()`も実装してください。

ヒント：#363

p.344

7.3　ジュークボックス： オブジェクト指向でジュークボックスを設計してください。

ヒント：#198

p.347

7.4 **駐車場:** オブジェクト指向で駐車場を設計してください。
ヒント: #258

p.349

7.5 **オンライン ブックリーダー:** オンライン図書システムのデータ構造を設計してください。
ヒント: #344

p.352

7.6 **ジグソーパズル:** N x N のジグソーパズルを実装してください。データ構造を設計し、パズルを解くアルゴリズムを説明してください。2つのピースを引数として、それらがつながる場合に`true`を返す`fitsWith`メソッドを使うことができると仮定してもかまいません。
ヒント: #192, #238, #283

p.356

7.7 **チャットサーバー:** チャットサーバーをどのように設計するか説明してください。特にバックエンドの部分、クラスやメソッドの詳細を説明してください。また、設計時に最も難しいと思われる問題も挙げてください。
ヒント: #213, #245, #271

p.359

7.8 **オセロ:** オセロは次のようなルールでプレイします。1つ1つの石は片面が白、反対の面が黒になっています。石の左右あるいは上下を挟まれると、石の裏表、つまり白と黒を反転させます。プレイヤーは自分の番がきたときには必ず相手の石を挟まなければなりません。どちらのプレイヤーも石を置くことができなくなればゲームが終了します。このとき、自分の色が多かったプレーヤーの勝ちとします。このようなオセロのゲームをオブジェクト指向で実装してください。
ヒント: #179, #228

p.364

7.9 **環状の配列:** 効率的に回転可能な配列のようなデータ構造を持つ`CircularArray`クラスを実装してください。可能であればジェネリック型(テンプレートとも呼ばれます)を用いて、`for(Obj o : circularArray)`という書式で使えるイテレーションもサポートしてください。
ヒント:#389

p.367

7.10 **マインスイーパ:** テキストベースでマインスイーパのゲームをデザイン・実装してください。マインスイーパは1人で遊ぶ古典的なコンピュータゲームで、N×Nの盤面の中にB個の地雷(もしくは爆弾)が隠されています。ほかのマス目は空白になっているか、裏に数字が書かれています。数字は周囲の8マスに隠された爆弾の数を表しています。プレイヤーはマス目を開けていきます。もしそこが爆弾であればプレイヤーの負けです。数字が隠されていれば、それが見られるようになります。空白のマス目の場合はそのマス目と隣接するすべての空白になっているマス目(数値のマス目が現れるまで)が開かれた状態になります。爆弾が隠されていないマス目をすべて開けることができれば、プレイヤーの勝ちとなります。また、プレイヤーは間違いなく爆弾が隠されているとわかる場所に目印を付けることができます。これはゲームの進行に影響するものではなく、うっかり爆弾があるところを開けてしまわないようにするためです。(読者の方へ:このゲームに馴染みのない方は、まず遊んでみてください)

これは3つの爆弾のある全体の盤面です。
プレイヤーからは見えません

	1	1	1			
	1	*	1			
	2	2	2			
	1	*	1			
	1	1	1			
			1	1	1	
			1	*	1	

プレイヤーは最初何も開かれていない
盤面を見ることになります。

?	?	?	?	?	?	?
?	?	?	?	?	?	?
?	?	?	?	?	?	?
?	?	?	?	?	?	?
?	?	?	?	?	?	?
?	?	?	?	?	?	?
?	?	?	?	?	?	?

(行=1, 列=0)のセルをクリックすると
このように開かれます。

	1	?	?	?	?	?
	1	?	?	?	?	?
	2	?	?	?	?	?
	1	?	?	?	?	?
	1	1	1	?	?	?
			1	?	?	?
			1	?	?	?

爆弾以外のすべてが表示されたとき、
ユーザーが勝ちとなります。

	1	1	1			
	1	?	1			
	2	2	2			
	1	?	1			
	1	1	1			
			1	1	1	
			1	?	1	

ヒント：#351, #361, #377, #386, #399

p.370

7.11 **ファイルシステム：** メモリ上のファイルシステムを設計するのに使うデータ構造とアルゴリズムを説明してください。また可能な範囲で、コードでの例を示してください。
ヒント：#141, #216

p.376

7.12 **ハッシュテーブル：** 衝突したときにチェイン法(連結リスト)を用いるハッシュテーブルを設計し、実装してください。
ヒント：#287, #307

p.378

追加問題：スレッドとロック(**15.3**)
ヒントは729ページから。

8

再帰と動的計画法

再帰的な問題は幅広くありますが、その多くはよく似たパターンです。問題が再帰的な構造を持っていることを見抜く大きなヒントは、問題が部分問題から構築できるということです。

以下のような記述になっている問題であれば、再帰を使うことを考えるとよいでしょう(いつもうまくいくとは限りませんが)。「n番目の○○を計算するアルゴリズムを設計してください」「最初のn個の××をリストアップするコードを書いてください」「すべての○○を計算するメソッドを実装してください」…など。

> ヒント:私の指導経験では、「これは再帰の問題のようだ」という直感は一般的に50%程度の精度です。この50%というのは貴重ですので、直感を信じてください。しかし、最初に再帰の問題だと思ったとしても、ほかの方法で問題を見るということも心掛けてください。50%は間違っている可能性があるからです。

とにかく実践あるのみです!たくさん問題をこなせば、再帰的な問題への理解はどんどん深まるでしょう。

考え方

再帰的な解法では、部分問題を再帰的に解くことにより問題を解いていきます。f(n-1)の計算結果に対して何かを足したり引いたりといった、何らかの計算をしてf(n)を求める、というようなことを何度も繰り返し行うのです。もちろん、問題によってはもっと複雑な処理が必要になることもありますが。それ以外ではデータセットの半分で問題を解いて、それからもう半分、最後に結果をまとめるといったものです。

問題を部分問題に分割する方法はいくつもあります。アルゴリズムを開発する最も一般的な考え方のうち3つを挙げると、ボトムアップ法・トップダウン法・半々法です。

ボトムアップ法

ボトムアップの再帰はたいていの場合、最も直感的です。要素が1つだけのリストのようなシンプルな状態から解き方をつかんで、要素を2つにしたときにどうすればよいかを考える。それがわかったら次は3つの要素…というふうに進めていきます。1つ前(もしくは複数個の前)の状態から次の状態を考えていくというのがポイントです。

トップダウン法

トップダウン法は具体性が下がるため、ボトムアップと比べて複雑になることがあります。しかし問題によっては一番良い考え方の場合もあります。

トップダウンの場合、与えられた問題をいかにして部分問題に分割するかを考えます。このとき、同じ部分問題を何度も作成しないように気をつけてください。

半々法

トップダウン法とボトムアップ法に加えて、データセットを半分に分ける方法も効果的な場合がよくあります。

例えば、「半々」法で二分探索してみます。ソート済み配列である要素を探すとき、まずは配列の半分に値が含まれるかどうかを調べます。それから再帰的にその半分を探します。

マージソートも「半々」法です。配列の半分ずつソートし、ソートが終わったらそれを統合します。

再帰と反復

再帰的なアルゴリズムは消費メモリの点ではかなり非効率になる可能性があります。再帰呼び出しごとに、スタックに新しいレイヤを加えることになり、これは再帰の深さがnになった場合少なくともO(n)のメモリを消費することを意味します。

このため、再帰的なアルゴリズムは反復処理で実装する方がよい場合が多いです。すべての再帰的アルゴリズムは、コードがかなり複雑になってしまう場合があるものの反復処理で実装することができます。再起コードに取り掛かる前に、反復処理の実装ではどの程度難しくなるかを確認し、そのトレードオフについて面接官と議論してみましょう。

動的計画法とメモ化

動的計画法の問題はなんて恐ろしいんだと大げさに騒ぎ立てる人もいますが、全く恐がる必要はありません。実際は一度コツをつかんでしまえば非常に簡単なのです。

動的計画法の主な問題は、再帰的なアルゴリズムの扱いと重複する部分問題(繰り返し呼び出しの部分)の発見です。重複部分は、あとから再帰的に呼び出されたときのために計算結果をキャッシュしておくのです。

それ以外に、再起呼び出しのパターンを学び反復処理の実装もしておくとよいでしょう。学んだことをしっかり「キャッシュ」しておいてくださいね。

> **用語メモ:**トップダウンの動的計画法を「メモ化」、ボトムアップの処理のみの場合に「動的計画法」と呼ぶ人もいます。ここではそのような区別はしません。いずれも動的計画法と呼ぶことにします。

動的計画法の最もシンプルな例の一つに、n番目のフィボナッチ数の計算があります。そのような問題を考える良い方法は、普通の再帰的な開放を実装し、それからキャッシュの部分を付け加えるようにするというものです。

フィボナッチ数

n番目のフィボナッチ数を計算する方法を考えてみましょう。

再帰

再帰的な実装から始めます。簡単そうですね?

```
1  int fibonacci(int i) {
2    if (i == 0) return 0;
3    if (i == 1) return 1;
4    return fibonacci(i - 1) + fibonacci(i - 2);
5  }
```

この関数の実行時間はどのくらいでしょうか? 答える前に少し考えてみてください。

O(n)やO(n^2)と答えた方(多くの人がそうでしょう)は、もう一度考えてください。コードがとる呼び出し経路をよく調べてください。コードの呼び出し経路を木(再帰木)として描くとこの問題や多くの問題で役立ちます。

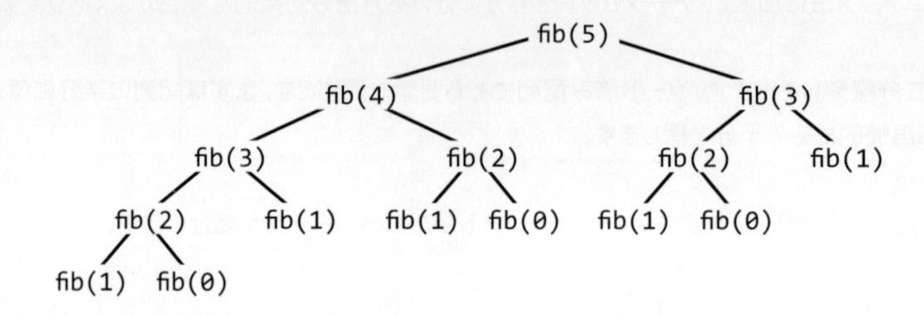

fib(1)とfib(0)はすべて葉になっていることに注目してください。これは初期状態が存在することを示しています。

呼び出しごとに再起呼び出しの外でO(1)の処理を行うため、木の中にあるノード数の合計は実行時間を表します。従って、呼び出し数が実行時間ということになります。

> **ヒント**:これは今後のために覚えておいてください。再起呼び出しを木として描くことは、再帰アルゴリズムの実行時間を調べる非常に良い方法であるということです。

木の中にはいくつノードがありますか? 初期状態(葉)まで下りるまで、各ノードは2つの子を持ちます。各ノードが2つに枝分かれしているのです。

根は2つの子を持っています。それらの子は、それぞれが2つの子を持っています(「孫」のレベルまで行くと全部で4つの子がいるということです)。孫のそれぞれは2つの子を持ち、というように増えていきます。これをn回繰り返せば、大まかに見てO(2^n)個のノードがあるということになります。これで、実行時間が大体O(2^n)であることがわかります。

> 実際には、O(2^n)よりは若干良いです。部分木を見ると(葉のノードとすぐ上のノードを含む)右の部分木は左の部分木より常に小さくなっていることに気づくと思います。もしそれらが同じサイズならO(2^n)の実行時間になりますが、左右の部分木は同じサイズではありませんので実際の実行時間はO(1.6^n)近くになります。それでもO(2^n)と答えるのは、実行時間の上限(46ページのビッグ・オー、ビッグ・シータ、ビッグ・オメガを参照してください)を記述したものとすれば技術的には正しいと言えます。いずれにせよ、実行時間は指数時間になります。

実際にコンピュータ上で実装してみると、秒数が指数関数的に増加することが確認できます。

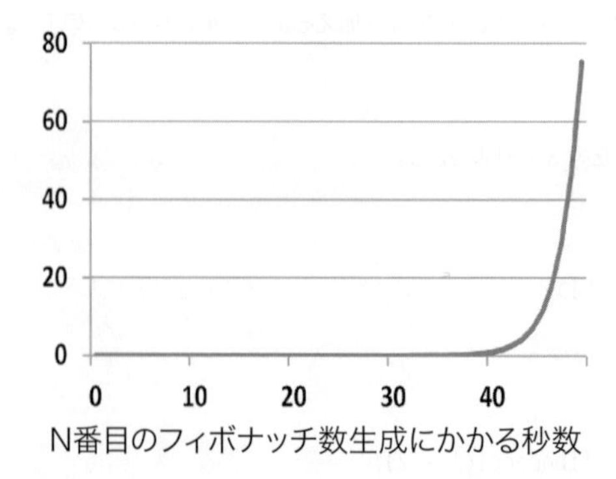

N番目のフィボナッチ数生成にかかる秒数

これを最適化する方法を探す必要があります。

トップダウン式動的計画法(メモ化)

再帰木をよく調べてください。同じノードはどこに見られますか?

同じノードはたくさんあります。例えば`fib(3)`は2回、`fib(2)`は3回現れます。どうして毎回最初から計算しなおしているのでしょうか?

`fib`に渡す引数は`O(n)`個しかないのですから、`fib(n)`が`O(n)`回以上呼び出されるのはおかしなことです。`fib(i)`を計算する度に結果をキャッシュし、後で使うようにするべきです。

これがメモ化の意味するところです。

ほんの少し改良するだけで、この関数の計算量を`O(n)`に抑えることができます。`fibonacci(i)`の計算結果を単にキャッシュしておくのです。

```
1   int fibonacci(int n) {
2     return fibonacci(n, new int[n + 1]);
3   }
4
5   int fibonacci(int i, int[] memo) {
6     if (i == 0 || i == 1) return i;
7
8     if (memo[i] == 0) {
9       memo[i] = fibonacci(i - 1, memo) + fibonacci(i - 2, memo);
10    }
11    return memo[i];
12  }
```

最初の関数では50番目のフィボナッチ数を計算するのに一般的なコンピュータで数分かかってしまいますが、動的計画法を用いた方法では10000番目のフィボナッチ数でもミリ秒単位で高速に求めることができます(もちろん実際にコードを`int`型を使って書けば、すぐにオーバーフローしてしまいますが)。

今再帰木を描けば見た目はこのようになります(黒い枠で囲った部分はキャッシュされた値を即座に返す呼び出しを表します)。

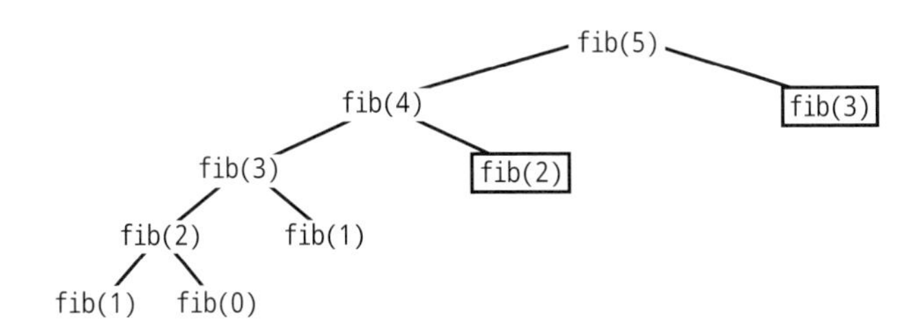

この木には、いくつのノードがありますか? 木の形が直線的になっていて、深さがおよそnになっていると気づくかもしれません。各ノードは1ノードだけの子を1つ持つ形になっていて、木全体でおよそ2n個の子があることになります。ここから実行時間は`O(n)`であることがわかります。

次のように再帰木を描いてみると役に立つことが多いです:

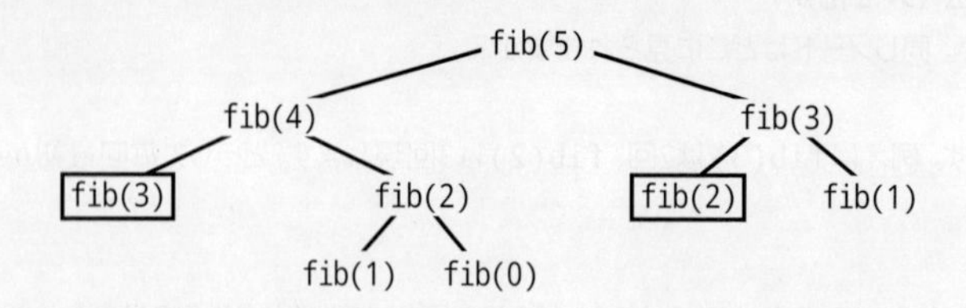

これはどのように再帰が発生しているかを表しているわけではありませんが、下のほうにあるノードよりも上のほうにあるノードを展開することで、深さのある木構造から幅を広げた木構造にしています。(深さ優先探索から幅優先探索に変えたようなものです。)このようにすることで、木の中にあるノードの数を計算しやすくなる場合があります。やっていることは、どのノードを展開してどのノードがキャッシュ値を返すかを変更しただけです。動的計画法の問題で実行時間を計算するときに詰まってしまったら、これを試してみてください。

ボトムアップ式動的計画法

この問題はボトムアップ式の動的計画法を用いて実装することもできます。メモ化再帰の考え方と同じように、ただし逆順にすると考えてください。

まず、`fib(1)`と`fib(0)`を計算しますが、これは初期条件としてすでに知られています。これらを用いて、次に`fib(2)`を計算します。そこから、前の計算結果を用いて`fib(3)`、`fib(4)`、というように計算していきます。

```
1   int fibonacci(int n) {
2     if (n == 0) return 0;
3     else if (n == 1) return 1;
4
5     int[] memo = new int[n];
6     memo[0] = 0;
7     memo[1] = 1;
8     for (int i = 2; i < n; i++) {
9       memo[i] = memo[i - 1] + memo[i - 2];
10    }
11    return memo[n - 1] + memo[n - 2];
12  }
```

これがどのように動いているかをよく考えてみると、`memo[i]`は`memo[i+1]`と`memo[i+2]`の計算にしか使われておらず、その後は必要ありません。従って、memoテーブルを取り除き、いくつかの変数を用意するだけでよくなります。

```
1   int fibonacci(int n) {
2     if (n == 0) return 0;
3     int a = 0;
4     int b = 1;
5     for (int i = 2; i < n; i++) {
6       int c = a + b;
7       a = b;
8       b = c;
9     }
10    return a + b;
11  }
```

基本的には直前2つのフィボナッチ数を a と b に置いてあるだけです。繰り返しの度に、次の値 (c = a + b) を計算し、(b, c = a + b) を (a, b) に移します。

この説明は、このような単純な問題にはやりすぎのように思われるかもしれませんが、このプロセスを本当に理解することで、より難しい問題がより簡単にできるようになります。本章にある動的計画法を用いた多くの問題を一通りこなせば、あなたの理解をより強固にする手助けになるでしょう。

併せて読みたい: 帰納法による証明(699ページ)

問題

8.1 **トリプル・ステップ:** 子供が n 段の階段を駆け上がりますが、一歩で1段、2段、もしくは3段を登ることができます。このとき、考え得る階段の上り方が何通りあるかを求めるメソッドを実装してください。

ヒント:#152, #178, #217, #237, #262, #359

p.381

8.2 **グリッド上を動くロボット:** r 行と c 列のグリッド上の左上にロボットが座っています。ロボットは右と下の2つの方向にしか進むことができません。ロボットが通ることのできない「立ち入り禁止」のセルがあるとした場合、左上の地点から右下の地点まで移動する道順を見つけるアルゴリズムを設計してください。

ヒント:#331, #360, #388

p.383

8.3 **マジックインデックス:** ある配列 A[0 ... n-1] について A[i] = i となるインデックス i をマジックインデックスとします。異なる整数で昇順にソートされた配列が与えられたとき、マジックインデックスが存在するとすれば、それを探し出すメソッドを書いてください。

発展問題

配列の値が異なる整数でない場合はどのようにすればよいですか?

ヒント:#170, #204, #240, #286, #340

p.385

8.4 **べき集合:** ある集合の、すべての部分集合を返すメソッドを書いてください。

ヒント: #273, #290, #338, #354, #373

p.388

8.5 **再帰的乗算:** 2つの正の整数を掛け合わせる再帰関数を、* 演算子を用いずに書いてください。加算、減算、ビットシフトを使うことができますが、演算回数は最小限にしてください。

ヒント: #166, #203, #227, #234, #246, #280

p.390

8.6 **ハノイの塔**：古典的なハノイの塔の問題では、3つの塔とN枚のサイズの異なる円盤を用いて塔の間を移動させます。最初は円盤が下から上に向かって小さくなるように（どの円盤も自身より大きな円盤の上に乗っているように）なっています。そして以下のような制約を持ちます。

(1) 一度に1枚の円盤しか動かせない。
(2) 塔の一番上にある円盤を他の塔に移動させる。
(3) 円盤はそれ自身より小さいものの上に置くことができない。

最初の塔から最後に移動させるプログラムを、スタックを用いて書いてください。
ヒント：#144, #224, #250, #272, #318

p.393

8.7 **重複のない順列**：文字が重複していない文字列の、すべての順列を計算するメソッドを書いてください。
ヒント：#150, #185, #200, #267, #278, #309, #335, #356

p.396

8.8 **重複のある順列**：文字列のすべての順列を計算するメソッドを書いてください。ただし、文字列には同じ文字が含まれているかもしれません。同じ文字列が含まれないように順列のリストを作ってください。
ヒント：#161, #190, #222, #255

p.399

8.9 **括弧**：n組の括弧の、括弧の対応がとれた並び順すべてを表示するアルゴリズムを実装してください。
例
入力：3
出力：((()))，(()())，(())()，()(())，()()()
ヒント：#138, #174, #187, #209, #243, #265, #295

p.400

8.10 **塗りつぶし**：多くの画像編集プログラムに見られるような「塗りつぶし」機能を実装してください。つまり、スクリーン（色の2次元配列で表現されたもの）と座標、塗りつぶす色が与えられたときに、その地点と同じ色で囲まれている領域をすべて塗りつぶす機能ということです。
ヒント：#364, #382

p.403

8.11 **コイン**：25セント貨、10セント貨、5セント貨、1セント貨が無数にあるとして、これらを使ってnセントを表現するすべての場合の数を計算するコードを書いてください。
ヒント：#300, #324, #343, #380, #394

p.404

8.12 **8クイーン**：8×8のチェス盤上に、縦・横・斜めの直線状に2つ以上並ばないように8つのクイーンを配置するすべての場合を出力するアルゴリズムを書いてください（「斜め」はチェス盤の対角線という意味ではなく、すべての斜めの線のことです）。ヒント：#308, #350, #371

p.406

8.13 **箱の山**：幅wi、高さhi、奥行きdiの、n個の箱の山があります。個々の箱は回転させることができず、それぞれの箱は幅、高さ、奥行きのすべてが大きい箱の上に積むことしかできません。このとき、高さが最大になるような積み方を計算するメソッドを書いてください。積んだ箱の高さはそれぞれの箱の高さの和とします。
ヒント：#155, #194, #214, #260, #322, #368, #378

p.408

8.14 **ブーリアン表現**：0 (false), 1 (true), & (AND), | (OR), ^ (XOR)からなるブーリアン表現と、返すべきブーリアン値resultが与えられます。このとき、演算結果がresultになるようにブーリアン表現に括弧をつける方法をすべて数え上げる関数を実装してください。ブーリアン表現には((0)^(1) 等)完全に括弧がついていなければなりませんが、((((0))^(1)) のような)無意味なものは不可です。

例

```
countEval("1^0|0|1", false) -> 2
countEval("0&0&0&1^1|0", true) -> 10
```

ヒント：#148, #168, #197, #305, #327

p.411

追加問題：連結リスト(**2.2**, **2.5**, **2.6**)、スタックとキュー (**3.3**)、木とグラフ(**4.2**, **4.3**, **4.4**, **4.5**, **4.8**, **4.10**, **4.11**, **4.12**)、数学と論理パズル(**6.6**)、ソートと探索(**10.5**, **10.9**, **10.10**)、C++(**12.8**)、中級編(**16.11**)、上級編(**17.4**, **17.6**, **17.8**, **17.12**, **17.13**, **17.15**, **17.16**, **17.24**, **17.25**).

ヒントは729ページから

9

スケーラビリティとシステムデザイン

どれだけ難しそうに見えても、スケーラビリティに関する問題は実際には非常に簡単です。落とし穴も、トリッキーなテクニックも、特別変わったアルゴリズムもありません。多くの人が詰まってしまう原因は、これらの問題には何らかの「魔術」的な、ちょっとした隠れた知識が存在していると思ってしまうからです。

そんなことはありません。これらの質問は、現実世界であなたがどのようにふるまうかを見るために作られた単純なものなのです。もしあなたが経営者からシステム設計を依頼されたら、どのようにしますか?

考え方はそれと同じようなものです。あなたが仕事でやるときのように問題に立ち向かってください。質問してください。面接官を巻き込んで、トレードオフについて議論するのです。

本章では、キーとなる考え方について述べますが、それを記憶する必要なあまりないと思っておいてください。もちろんシステム設計の大きな要素を理解しておくと役に立つでしょう。しかしあなたが取るプロセスこそがずっと重要なのです。良い解法も悪い解法もあります。完璧な解法はありません。

質問の対処方法

- **コミュニケーションをとる：**システム設計の質問での重要な目標は、あなたのコミュニケーション能力の評価です。面接官との関わりを大切にしてください。質問をしてください。自分のシステムに関する問題点をオープンにするのです。
- **まずは幅広く：**アルゴリズムの部分へ一直線に飛び込んだり、ある部分に対して極端に話題を絞ってはいけません。
- **ホワイトボードを使う：**ホワイトボードを使うと面接官があなたの提案した設計を理解しやすくなります。早めにホワイトボードのところまで行き、あなたが提案することを絵で描いて説明するのに使いましょう。
- **指摘を受け入れる：**面接官が口を挟むことがあるかもしれません。そのときは拒否したり、その正当性を確認したりしてはいけません。面接官が指摘した問題を受け入れ、それに基づいて変更していってください。
- **前提に注意する：**正しくない前提によって問題が劇的に変わる可能性があります。たとえば、あなたの設計したシステムがあるデータに対する分析や統計を行うなら、分析が全体的に最新のものであるかどうかが重要です。
- **前提を明確に記述する：**前提を作るときは、それを明言してください。そうすることで、もしあなたが間違えてしまっても面接官がそれを正すことができますし、少なくとも自分がどんな前提を作ったのかわかっていることを示すことができます。
- **必要なときに推定する：**多くのケースでは、必要なデータを持っていないかもしれません。たとえば、Webの巡回プログラムをデザインする場合すべてのURLを保持するのにどのくらいの容量が必要なのかを見積もる必要があるかもしれません。
- **進み続ける：**面接の候補者としては運転席に座っているつもりでいるべきです。これは、あなたが面接官に話しかけてはいけないという意味ではありません。実際、面接官には話しかけなければなりません。それでも問いに沿って進んでいなければなりません。質問をしてください。トレードオフを示してください。より深く進むことを続けてください。進歩し続けるのです。

これらの質問は主に最終的な設計というよりプロセスに関することです。

設計:段階的アプローチ

あなたがマネージャから TinyURL のようなシステムを設計するように頼まれたとしたら、「わかりました」とだけしか言うようなことも、自分のオフィスに閉じこもって一人で設計を始めるようなことも、おそらくしないでしょう。設計を始める前に質問したいことが、おそらくたくさんあるはずです。面接においても、これと同じように対処するのです。

ステップ1:問題の範囲を調べる

自分が何を設計しているのかをわかっていなければ、システム設計はできません。面接官が求めることをできているかはっきりさせたいですし、面接官はいくらか具体性をもって評価しているでしょうから、問題の範囲を詳しく調べることが重要です。

「TinyURL を設計してください」のような質問をされたら、何を実装する必要があるのか正確に理解したいを思うでしょう。短いURL を指定できるようにするのか? あるいはすべて自動生成するのか? クリックされた状況をすべて記録しておく必要があるのか? URL は恒久的に生かしておくべきか、あるいは期限を設定するべきか?

これらの問いは先へ進む前に答えを出しておかなければなりません。

ここで主な特長や使用事例をリストアップしてください。TinyURL についてであれば、例えば次のようなものがありそうです:

- URLをTinyURLに短縮する
- URLに対する分析
- TinyURLに結び付けられたURLの検索
- ユーザアカウントとリンク管理

ステップ2:合理的に仮定する

(必要なときに)いくらか仮定しても問題ありませんが、合理的でなければいけません。例えば、システムが1日に100ユーザ分処理する必要しかないとか、無限にメモリが使用できるというような仮定は合理的ではありません。

1日に最大で新規の URL を100万個処理できる設計は合理的と言ってよいでしょう。このような仮定は、どのくらいのデータをシステムが保持する必要があるのか計算するのに役立ちます。

仮定内容によっては「センス」を要する場合もあります(悪いことではありません)。例えば、10分経ったデータは古いと言ってよいでしょうか? それは場合によりますね。登録した URL で動くようになるまで10分かかるとすれば、それは壊滅的な問題です。この種の URL は、普通はすぐに使えるようになってほしいものです。そうではなくて統計的に見て10分が古いと言えるのであれば、それは問題ありません。この種の仮定について、面接官に話してみてください。

ステップ3:主要な要素を描く

椅子から立ち上がり、ホワイトボードへ向かってください。そして主な構成要素の図を描いてください。バックエンドのデータからデータを引き出すフロントエンドサーバ(あるいはサーバ群)のようなものになるかもしれません。インターネット上を巡回してデータを取るサーバ群や、分析処理を行うものかもしれません。そのシステムがどのようなものであるのかの絵を描くのです。

システムの隅々まで、流れがわかるように見てください。新しい URL にユーザが入りました。それからどうなりますか?

この段階では、主なスケーラビリティの課題は無視して、単純ではっきりした考え方に見えるようにしておいてかまいません。大きな問題はステップ4で扱うようにしておきます。

ステップ4：重要な問題点を特定する

基本的な設計を考えたら、重要な問題点に注目します。システム上でのボトルネックや主な課題はどんなものになるでしょうか?

例えばTinyURLを設計している場合に考えられる状況は、ほどんどアクセスされないURLがあったり突然アクセス数が高まるというようなことです。これは、Redditやほかの人気フォーラムでURLが貼られたときに起こります。必ずしも常にデータベースにヒットしてほしいというわけではありません。

ここで面接官がアドバイスしてくれるかもしれません。その場合はアドバイスを受け入れ、その内容を利用してください。

ステップ5：重要な問題点に対する再設計

重要な問題点を特定したら、このステップではそれに対して設計を調整します。大きな設計の変更や、(キャッシュを使うような)ちょっとした変更があるかもしれません。

ホワイトボードから離れずに、設計の変更点を図に書き込んでいきましょう。

設計における欠点はどんなことでもオープンにしてください。面接官はおそらくそれに気づいていますので、あなた自身が欠点に気づいているということを伝えることが重要です。

アルゴリズム：段階的アプローチ

場合によっては全体的なシステムの設計を問われないこともあります。単一の機能やアルゴリズムについて問われるだけであっても、拡張性のある方法で考えなければなりません。そうしておかないと、もしかしたらそれは大きな設計問題の中心的な一部分のアルゴリズムかもしれないからです。

これらのケースでは、次の手順で考えてみてください。

ステップ1：質問する

設計の場合のように、問われている内容を本当に理解しているか確かめるために質問してください。面接官が除外している詳細が(意図的かそうでないかはわかりませんが)あるかもしれません。問題がどんなものであるかを正確に理解していなければ、解決することはできないのです。

ステップ2：都合よく仮定する

1台のマシンにデータが収まり、メモリの制限はないものとして考えます。その場合、どのようにして問題を解きますか? ここでの考え方が最終的な解答の外観を作ることになります。

ステップ3：実際の問題について考える

今度は実際の問題に戻ります。1台のマシンで扱うことのできるデータ量はどのくらいになるでしょうか? データを分割する際、どのような問題が起こるでしょうか? 典型的な問題として、たとえばどのように理論的にデータを分割するかや、データを参照する場所をどのように探すかといったものがあります。

ステップ4：個々の問題を解決する

最後に、ステップ3で見つけた問題の解決方法を考えます。個々の問題を解決することで元の問題が完全に解決したり、簡単になったりします。たいていはステップ2で考えた方法を改良しながら進めていくことができますが、場合によっては根本的な考え方を変える必要が出てくることもあります。

重要な概念

システム設計の問題は知識のテストでないとはいえ、役に立つ概念を知っていれば簡単に考えられることもあります。ここでは概要をまとめておきます。これらの内容はすべて深く複雑な内容ですので、オンラインの情報を活用してしっかり調べることをおすすめします。

水平スケールと垂直スケール

システムは次の2つのうち、いずれかの方法で拡張することができます。

- 垂直スケールは、システムにおける特定のノードにリソースを追加するという意味です。例えば、付加変動に対処する能力を高めるため、サーバのメモリを増設するというようなことです。
- 水平スケールは、システムにおけるノードの数を増やすという意味です。例えば、追加のサーバを用意し各サーバの負荷を減らすというようなことです。

垂直スケールは水平スケールと比べると一般的には簡単ですが、限界があります。メモリやディスクスペースを増やすことしかできないからです。

ロードバランサ(負荷分散装置)

一般的には、拡張性のあるウェブサイトのフロントエンド部にはロードバランサからデータを割り振られることになります。これにより、1つのサーバがクラッシュしたりシステム全体をダウンさせたりしないように、システムが負荷を均等にすることができます。そうするためにはもちろん、基本的に同じコードを持ち同じデータにアクセスできる、クローン化されたサーバのネットワークを構築しなければなりません。

データベースの非正規化とNoSQL

SQLのようなリレーショナルデータベースで結合を行うと、システムが大きくなればなるほど非常に遅くなってしまいます。このため、一般的には使用を避けたいところです。

非正規化はそのための方法の1つです。非正規化というのは、データの読み込み速度を高めるためデータベース上に重複する情報を加えるという意味です。例えば、プロジェクトとタスクを記述している(プロジェクトは複数のタスクを持つ)データベースをイメージしてください。プロジェクトの名前とタスク情報を得ることが必要になるでしょう。このとき、プロジェクトとタスクのテーブルを結びつける操作を行うのではなく、(プロジェクトテーブルだけでなく)タスクテーブルの中にもプロジェクトの名前も一緒に保持しておくようにするのです。

あるいはNoSQLデータベースを用いることもできます。NoSQLデータベースは結合をサポートせず、違う方法でデータベースを構築しています。拡張しやすいように設計されています。

データベースパーティショニング(シャーディング)

シャーディングとは、複数のマシン上にあるデータを、どのマシン上にどのデータがあるかを見分ける方法を確保した状態で分割することです。

データベースの分割には次の方法があります:

- **垂直分割**：これは基本的にデータベースの機能による分割です。例えばソーシャルネットワークのシステムを構築しているとすると、テーブルからプロフィールの部分だけを抜き出し、メッセージの部分だけを別に抜き出し、というように分割していきます。この分割方法の欠点は、もしこれらのテーブルの一つが非常に大きくなってしまったら、データベースを(場合によっては他の分割方法を用いて)再分割する必要があるかもしれないというところです。

- **キー基準(ハッシュ基準)の分割**：これは分割にデータの一部(ID等)を用いる方法です。これを行う非常に単純な方法は、N台のサーバに対してmod(key, N)の値を用いてデータを振り分けるというものです。この方法の問題点は、実用上用意するサーバの数が変化するところです。新たにサーバを追加するということはすべてのデータを再配置することになり、非常に費用の掛かる作業になります。
- **ディレクトリベースの分割**：この方法では、データの場所がわかるように検索テーブルを持つようにします。これは新たにサーバを追加するのが比較的簡単ですが、大きな欠点を2つ抱えています。1つ目は検索テーブルが単一障害点になる、つまりその部分で障害が発生するとシステム全体がダウンしてしまうということです。2つ目は検索テーブルに常にアクセスすることが、システムの性能に大きく影響するということです。

実際には、多くの設計が複数の分割方式を持つようになっています。

キャッシュ

メモリ上のキャッシュは非常に高速に計算結果を転送することができます。単純なキー・値のペアで一般的にはアプリケーション層と保存データの間にあります。

アプリケーションが情報の一部を要求すると、まずキャッシュを見ます。キャッシュにキーが含まれていなければ、保存データからデータを検索します。(この時点では、データが見つかるかどうかはわかりません。)

キャッシュにデータを置くときは、クエリとその結果を直接置くようにします。あるいは固有のオブジェクト(ウェブサイトの一部のレンダリングバージョンやブログの最近投稿されたもののリスト等)を置く場合もあります。

非同期処理とキュー

時間のかかる作業は、理想的には非同期的に処理されるべきです。そうでないと、処理が終わるまで延々とユーザが待たされることになるからです。

場合によっては事前に処理(プリプロセス)を行うこともできます。例えば、ウェブサイトの一部を更新するジョブからなるキューがあるとします。あるフォーラムを実行していた場合、最も人気のある投稿やコメントの数を含むページのリストを再描画するジョブがキューに含まれるでしょう。そのリストは少し古いデータになるかもしれませんが、たぶんそれでもOKです。誰かが新しいコメントを加えたりこのページのキャッシュされたものを破棄するのですから、単純にウェブサイトをロードするのに待たされるよりは良いです。

他には、ユーザに待つことを伝え処理が終わったら通知するということもできます。これは皆さんもウェブサイト上で見たことがあるのではないでしょうか。ウェブサイトの一部が更新され、データの読み込みに少し時間がかかると表示されるけれども、終わった時に通知が来るようになっているといったものです。

ネットワークメトリック

最も重要なネットワークのメトリック(ネットワーク上の仮想的な距離)は次のものを含みます:

- **バンド幅**：これは単位時間に転送できるデータ量の最大値のことです。一般的にはビット毎秒の単位で表現します(ギガバイト毎秒のようなものもあります)。
- **スループット**：バンド幅が単位時間あたりの最大データ転送量であるのに対して、スループットは転送されたデータの実際の量のことです。
- **レイテンシ**：これはある地点から他の地点までデータを転送するのにどれくらい時間がかかったかというものです。つまり、情報の送り手と受け手の間の遅延時間を表します。

工場で荷物を運ぶベルトコンベアをイメージしてください。レイテンシは荷物が一方からもう一方まで届くのにかかる時間を表します。スループットは一秒間にベルトコンベアから出てくる荷物の数を表します。

- 太いベルトコンベアを作ってもレイテンシは変わりませんが、スループットやバンド幅は変わります。よりたくさんの荷物を乗せることができるので、単位時間の転送量が増えるからです。
- ベルトを短くすると、荷物が乗っている時間が短くなるのでレイテンシを減らすことになります。スループットやバンド幅は変わりません。単位時間に乗せる荷物の数は同じだからです。
- より高速なベルトコンベアを使うと、すべて変わります。工場内で移動する荷物の移動時間は少なくなります。単位時間でベルトコンベアに乗せることのできる荷物の数もより多くなります。
- バンド幅は、最も良い状況において単位時間で運ぶことのできる荷物の数です。スループットは、おそらく機械がスムーズに動いていないであろう時にかかった時間です。

レイテンシは無視されやすいですが、特定の状況においては非常に重要です。例えば、あるオンラインゲームで遊んでいるとすると、レイテンシは非常に大きな扱いになり得ます。もし相手の動きがとても速いと気づかなければ、一般的なオンライン(2人プレイのサッカーゲームのような)スポーツゲームをどうやってプレイできるでしょうか? さらに言えば、データ圧縮を行いスピードアップできるという選択が少なくともあるスループットと違い、レイテンシに関してはほとんどできることがありません。

マップリデュース(MapReduce)

マップリデュースといえばGoogleと思われることも多いですが、さまざまなところで使われています。マップリデュースのプログラムは一般的に大量のデータを処理するときに使われます。

マップリデュースはその名の通り、マップステップとリデュースステップのプログラムを書く必要があります。それ以外はシステムが扱います。

- マップステップではデータを取り、<キー, 値>のペアを生成します。
- リデュースステップではキーとそれに関連付けられた値を受け取り、何らかの方法でそれを集約し、新はキーと値を生成します。この結果は、さらに集約するために再度Reducepログラムに送られることもあります。

マップリデュースによってたくさんの処理を並列に行うことがで、より巨大なデータの処理もできるようになります。

もう少し詳しい説明は710ページの「マップリデュース」をご覧ください。

その他考慮すべきこと

ここまで学んできた概念に加えて、システム設計時には次の問題も考慮してください。

- **障害**:基本的に、システムのどんな場所でも障害は発生する可能性があります。これらの障害の多くあるいはすべてについて考える必要があります。
- **可用性と信頼性**:可用性とはシステムが実行可能な時間の割合のことです。信頼性は、単位時間あたりのシステムの稼働率のことです。
- **読み込み負荷と書き込み負荷**:アプリケーションがたくさん読み込みを行うかたくさん書き込みを行うかで設計に影響を与えます。もし書き込みが多ければ、書き込み用のキューを考えることになるでしょう(ただし潜在的な失敗も考慮して!)。もし読み込みが多ければ、キャッシュを使いたくなるでしょう。設計における他の決定事項によっても変わってきます。
- **セキュリティ**:セキュリティはシステムに対する打撃を扱います。システムが直面する問題のタイプを考えて、それらに対する設計をしてください。

これはシステムに対する潜在的な問題から始めるものです。面接ではトレードオフについて明らかにしていくことも覚えておいてください。

「完璧な」システムはない

TinyURL、グーグルマップ、その他のシステムに対して、完璧に動作する決まった設計というものはありません(ひどい動作をするものは非常にたくさんありますが)。常にトレードオフが存在します。2人の人間が異なる仮定を与えることで、いずれも素晴らしいけれどもかなり異なった設計になるということもあります。

これらの問題は、使う状況、扱う問題の範囲、良い仮定を与える、仮定に基づいて固めた設計を作ることで理解できるようになります。完璧なものを求めてはいけません。

練習問題

数百万のドキュメントのリストがあります。このとき、単語リストの全単語を含むすべてのドキュメントを見つけるにはどうすればよいでしょうか? 単語が任意の順序でかまいませんが、単語は完全に一致していなければなりません。つまり、"book"は"bookkeeper"と一致しません。

問題にとりかかる前に、この操作が1回だけ行われるものなのか、この`findWords`という関数が繰り返し呼び出されるのかを把握しておく必要があります。そこで、同じドキュメントの集合に対して`findWords`を何度も呼び出すと仮定しましょう。そうしておくと前処理の負荷も許容できることになります。

ステップ1

最初のステップはドキュメントが数十個しかないとしてしまうことです。この場合、`findWords`はどのように実装すればよいでしょうか?(アドバイス: ここで一度立ち止まり、先を読み進める前に自分自身で解法を考えてみてください)

1つの案としては、ドキュメントごとに前処理をしてハッシュテーブルのインデックスを生成しておく方法があります。このハッシュテーブルは単語をキーとして、それを含むドキュメントのリストを記憶します。

```
"books" -> {doc2, doc3, doc6, doc8}
"many" -> {doc1, doc3, doc7, doc8, doc9}
```

"`many books`,"を探すときは"`books`"と"`many`"をキーとしたリストに共通するものを探し出し、`{doc3, doc8}`という結果を返します。

ステップ2

次に、元の問題に戻ります。ドキュメントの数が数百万になった場合、どのような問題が起こりそうでしょうか? まずはドキュメントを複数のマシン上に分割する必要が出てきそうです。また、単語数やドキュメント内での単語の繰り返しなどさまざまな要因により、1台のマシンにハッシュテーブルが収まりきらない場合などもありそうです。今回はデータを複数のマシンに分割するケースを想定してみましょう。
データ分割に関連するキーポイントは以下の通りです。

1. ハッシュテーブルをどのように分割すればよいでしょうか? キーワードによって分割を行い、各マシンが担当するキーワードに対する完全なドキュメントのリストを持つか、単純にドキュメントを適当にグループ分けし、各マシンが自分の担当するドキュメントに関するハッシュテーブルを持つという方法があります。

2. データの分割方法を決めたら1台のマシンで分割に関する処理を行い、結果を他のマシンに置いていきます。この処理はどのようにすればよいでしょうか?(注意:ドキュメントごとの分割では、おそらくこのステップは必要ありません)
3. どのマシンにデータがあるのかがわからなければなりません。ルックアップテーブルはどのようなものにして、どこに保持しておけばよいでしょうか?

3点ほど挙げてみましたが、他にもいろいろとありそうですね。

ステップ3

ステップ3ではこれらの問題の解決方法を考えます。1つの案としては、マシンごとに単語をアルファベット順で範囲を区切って分割(このマシンでは"apple"から"after"まで、のような形で)する方法を考えてみます。

単語をアルファベット順で繰り返し処理し、1つのマシンにできるだけ収まるようにしていくというシンプルなアルゴリズムで実装できます。1つのマシンに置けるデータが一杯になったら次のマシンに移ることができます

この方法のメリットは、ルックアップテーブルが(単に値の範囲がわかるようにするだけなので)小さくシンプルで、各マシンにルックアップテーブルのコピーを保持できるところです。しかし、新たにドキュメントや単語リストを追加するとき、キーワードのシフト操作に高コストの処理が必要になるというデメリットがあります。

リストと一致するすべてのドキュメントを見つけるには最初にリストをソートし、単語に対応する各マシンに検索リクエストを送ります。たとえば、リストが"after builds boat amaze banana"であるとすると、マシン1には{"after", "amaze"}に対するリクエストを送ります。

マシン1は"after"と"amaze"を含むドキュメントを検索し、それぞれのリストに共通するドキュメントを探します。マシン3は{"banana", "boat", "builds"}に対して同様の処理を行い、すべてのリストに共通するドキュメントを探します。

最後にメインのマシンがマシン1とマシン3の結果を統合して、共通するドキュメントを見つけます。

以下にこの処理の流れを図示します。

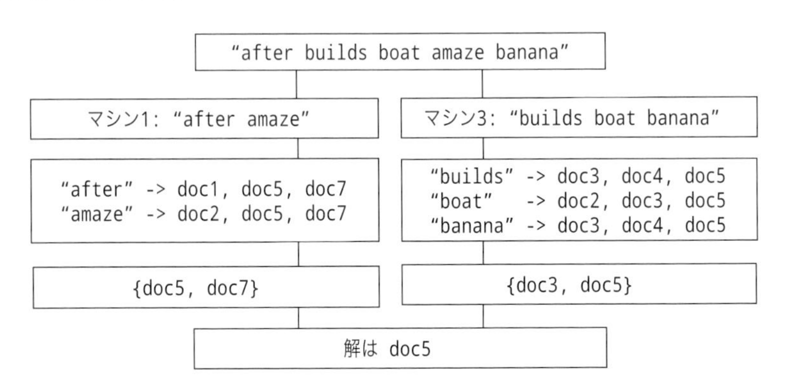

問題

これらの問題は実際の面接に反映するために作られたものですので、必ずしも明確に定義されているわけではありません。どんな質問を面接官にするかを考え、合理的な仮定を考えてみてください。解説とは異なる仮定を行い、結果として開設とはかなりかけ離れた設計になるかもしれませんが、それでもOKです！

9.1 **株価情報**：1000のクライアントアプリケーションから呼び出される、単純な株価情報（始値、終値、高値、安値）を取得するサービスを構築しているところを想像してください。株価のデータはすでに持っており、保持するデータの形式は何でもよいと仮定してかまいません。クライアントアプリケーションに対して株価情報を提供するサービスをどのように設計すればよいでしょうか？ あなたには開発、運用展開、モニタリング、メンテナンスを行う責任があります。いくつか方法を考え、なぜそれがよいのかを説明してください。どんな技術を用いてもかまいませんし、クライアントへのデータ配信方法も好きな方法で行ってください。

ヒント：#385, #396

p.415

9.2 **ソーシャルネットワーク**：FacebookやLinkedInのような、非常に大きなソーシャルネットワークのデータ構造をどのように設計しますか？ また、2人のユーザー間の最も短いつながり（私→ボブ→スーザン→ジェイソン→あなた、のような）を示すアルゴリズムをどのように設計すればよいか説明してください。

ヒント：#270, #285, #304, #321

p.417

9.3 **ウェブの巡回ソフト**：ウェブの巡回ソフトを設計する場合、無限ループを回避するにはどのようにすればよいですか？

ヒント：#334, #353, #365

p.422

9.4 **URLの重複**：100億件のURLがあります。重複するものを検出するにはどのようにすればよいですか？ なお、「重複」とはURLが同一であるという意味です。

ヒント：#326, #347

p.423

9.5 **キャッシュ**：シンプルなサーチエンジン用のウェブサーバーをイメージしてください。このシステムは`processSearch(string query)`の形で検索クエリを受け付け、結果を返すのに100台のマシンを使用します。どのマシンが要求を受け付けるかはランダムに選ばれるので、同じリクエストに対して常に同じマシンが応答するとは限りません。また、`processSearch`は高負荷なメソッドです。このとき、最近のクエリに対するキャッシュのシステムを設計してください。特に、変更されるデータに対するキャッシュの更新の仕方については必ず説明してください。

ヒント：#259, #274, #293, #311

p.424

9.6 **売上ランク**：巨大なeコマースの企業はベストセラー商品の、全体とカテゴリ別のリストが欲しいと考えています。たとえばある商品は全体では1056位の売り上げで、「スポーツ用品」カテゴリでは13位の売り上げ、「安全」カテゴリでは24位になっている、といったものです。このシステムをどのように設計するかを説明してください。

ヒント：#142, #158, #176, #189, #208, #223, #236, #244

p.428

9.7 **個人の資産管理**：(Mint.comのような)個人の資産管理システムをどのように設計するか説明してください。このシステムは銀行口座に接続し、諸費傾向を分析し、アドバイスをしてくれます。

ヒント：#162, #180, #199, #212, #247, #276

p.432

9.8 **ペーストビン**：ペーストビンのような、ユーザがテキストデータを入力し、それにアクセスできるランダムなURLが生成されるシステムを設計してください。

ヒント：#165, #184, #206, #232

p.436

追加問題: オブジェクト指向設計(**7.7**)

ヒントは729ページから

10

ソートと探索

ソートや探索の問題は、よく知られたアルゴリズムを少しひねったものが多いので、一般的なソートと探索のアルゴリズムを理解しておくのはとても重要です。ですからさまざまなソートアルゴリズムを試してみて、各アルゴリズムがその問題に対して特にうまく動作するかどうかを見るのは良いアプローチと言えます。たとえば、次の質問をされたとしてみてください。Personオブジェクトの非常に大きな配列が与えられたとき、それを年齢の若い順に並べ替えてください。

興味深い点が2つあります。

1. 大きな配列なので、効率性が非常に重要である。
2. 年齢によるソートなので、値は小さな範囲である。

さまざまなソートアルゴリズムを調べていくと、バケツソート(あるいは基数ソート)が最適なアルゴリズムだと気づくかもしれません。実際、バケツを小さく(1年単位)にすると`O(n)`の実行時間になります。

一般的なソートアルゴリズム

一般的なソートアルゴリズムを学ぶ(あるいは学び直す)のは、あなたのスキルを高めるのに非常に良い方法です。次に解説する5つのアルゴリズムの中でも、マージソート、クイックソートは面接試験で最もよく使われます。

バブルソート | 実行時間:平均、最悪ケース共に$O(n^2)$ 消費メモリ:$O(1)$

バブルソートでは配列の最初から始めて1つ目の要素が2つ目の要素より大きければ、1つ目と2つ目の要素を入れ替えます。次に隣のペアに移り、同様に比較して入れ替えを行います。これを配列の最後まで繰り返すことでソートします。このようにすると、小さな要素がゆっくりと「泡のように」リストの先頭に浮き上がってきます。

選択ソート | 実行時間:平均、最悪ケース共に$O(n^2)$ 消費メモリ:$O(1)$

選択ソートはシンプルですが効率は悪い方法です。配列の先頭から線形走査をして最小の値を見つけます。見つけた要素と先頭の要素と入れ替えます。次に2番目に小さい要素を再び線形走査で探して、配列の2番目に移動します。これを、すべての要素が適切な位置に移動するまで続けます。

マージソート | 実行時間:平均、最悪ケース共に$O(n \log(n))$ 消費メモリ: 実装による($O(1)$でも可能、以下の実装では$O(n)$)

マージソートは配列を半分に分け、それぞれをソートしたものをマージします。分割された配列は同じアルゴリズムを適用してソートします。最終的に単一要素の配列を2つマージすることになります。「マージ」の部分が最も重い処理になります。
`merge`メソッドは配列中の左半分・右半分の開始地点(`helperLeft`と`helperRight`)を保ったまま、配列の標的部分を`helper`

という配列にすべてコピーしています。次にhelperを順に処理して、各々の分割した配列から小さいほうの要素をarrayにコピーしていきます。最後に残った要素をarrayにコピーして完了です。

```
void mergesort(int[] array) {
  int[] helper = new int[array.length];
    mergesort(array, helper, 0, array.length - 1);
}

void mergesort(int[] array, int[] helper, int low, int high) {
  if (low < high) {
    int middle = (low + high) / 2;
    mergesort(array, helper, low, middle);    // 左半分をソートする
    mergesort(array, helper, middle+1, high); // 右半分をソートする
    merge(array, helper, low, middle, high);  // マージする
  }
}

void merge(int[] array, int[] helper, int low, int middle, int high) {

  /* 両半分をhelper配列にコピーする */
  for (int i = low; i <= high; i++) {
    helper[i] = array[i];
  }

  int helperLeft = low;
  int helperRight = middle + 1;
  int current = low;

  /* helper配列を順に処理する。
   * 左半分と右半分を比較し、元の配列に小さいほうの要素をコピーする */
  while (helperLeft <= middle && helperRight <= high) {
    if (helper[helperLeft] <= helper[helperRight]) {
      array[current] = helper[helperLeft];
      helperLeft++;
    } else { // 右の要素が左の要素より小さい場合
      array[current] = helper[helperRight];
      helperRight++;
    }
    current++;
  }

  /* 元の配列に左半分で残っている部分をコピーする */
  int remaining = middle - helperLeft;
  for (int i = 0; i <= remaining; i++) {
    array[current + i] = helper[helperLeft + i];
  }
}
```

helperの左半分からしか残りの要素がarrayへコピーされないと気づくかもしれません。なぜ右半分はコピーしないのか？ ということになりますが、それはデータがすでにarray上にあり、コピーする必要がないからです。

[1, 4, 5 || 2, 8, 9]("||"は分割点)のような例を考えてみましょう。分割した配列のそれぞれをマージする前の段階で、helperとarrayの最後の要素が[8, 9]になっています。(1, 4, 5, 2)の4つの要素をコピーし終えたら、すでにいずれの配列においても[8, 9]は適切な位置にあります。これらをコピーする必要はありませんね。マージソートの空間計算量は、部分配列をマージするために使われる補助的なスペースが必要なためO(n)になります。

クイックソート | 実行時間: 平均O(n log(n))、最悪O(n^2) 消費メモリ: O(log(n))

クイックソートはランダムに基準になる要素を選び、配列を分割します。分割するのに選んだ要素よりも小さいものが前、大きいものが後ろになるように分割します。分割は一連の入れ替え操作(下記参照)を通して効率的に実行できます。

選んだ要素の前後の配列(と、その部分配列)に対して繰り返し同じ分割を行うと、最終的にソートされた形になります。しかし、分割のために選ばれる要素は全体の中央値(あるいは中央値に近い値)であることが保証されているわけではないので、非常にソートが遅くなる可能性もあります。これが、最悪計算時間がO(n^2)になる理由です。

```
1  void quickSort(int[] arr, int left, int right) {
2    int index = partition(arr, left, right);
3    if (left < index - 1) { // 左半分をソートする
4      quickSort(arr, left, index - 1);
5    }
6    if (index < right) { // 右半分をソートする
7      quickSort(arr, index, right);
8    }
9  }
10
11   int partition(int[] arr, int left, int right) {
12   int pivot = arr[(left + right) / 2]; // ピボット（分割に使う要素）を選ぶ
13   while (left <= right) {
14     // 右にあるべき左側の要素を探す
15     while (arr[left] < pivot) left++;
16
17     // 左にあるべき右側の要素を探す
18     while (arr[right] > pivot) right--;
19
20     // 要素を入れ替え、leftとrightのインデックスを進める
21     if (left <= right) {
22       swap(arr, left, right); // 要素を入れ替える
23       left++;
24       right--;
25     }
26   }
27   return left;
28 }
```

基数ソート | 実行時間: O(kn)

基数ソートは整数が有限のビット数を持つという事実を利用する、整数(や、いくつかのデータ型)に対して使うことができるアルゴリズムです。基数ソートでは値を1桁ごとに見て、桁ごとにグループ化を行います。たとえば整数値の配列があるとすると、まず最上位の桁でソートしてグループ化します。桁が足りないものは0としてグループ化します。今度はそれぞれのグループに対して、次の桁でソートを行います。この処理を繰り返すと、最終的に配列全体をソートすることができます。

平均計算時間をO(n log(n))より良くすることができない比較ソートとは違い、基数ソートの計算時間はO(kn)になります。ここで、nは要素数、kは桁の数です。

探索アルゴリズム

探索アルゴリズムについて考える場合、一般的には二分探索を思い浮かべます。実際に、二分探索は学ぶべき非常に有用なアルゴリズムです。二分探索では、ソート済みの配列からある要素xを見つけるとき、最初に配列の中央とxを比較します。配列の中央の値より小さければ、配列の左半分を探索します。中央の値より大きければ、配列の右半分を探索します。このプロセスを繰り返し、部分配列として左右の半分を探索します。再び部分配列の中央とxを比較し、左右いずれかを探索します。このプロセスを、xが見つかるか部分配列のサイズが0になるまで続けます。

ただし、考え方はいたってシンプルですが、詳細まで完全に理解するのは想像以上に難しいということに注意してください。

以下のコードを勉強する場合、1を足したり引いたりしている部分に注意してください。

```
1   int binarySearch(int[] a, int x) {
2     int low = 0;
3     int high = a.length - 1;
4     int mid;
5
6     while (low <= high) {
7       mid = (low + high) / 2;
8       if (a[mid] < x) {
9         low = mid + 1;
10      } else if (a[mid] > x) {
11        high = mid - 1;
12      } else {
13        return mid;
14      }
15    }
16    return -1; // エラー
17  }
18
19  int binarySearchRecursive(int[] a, int x, int low, int high) {
20    if (low > high) return -1; // エラー
21
22    int mid = (low + high) / 2;
23    if (a[mid] < x) {
24      return binarySearchRecursive(a, x, mid + 1, high);
25    } else if (a[mid] > x) {
26      return binarySearchRecursive(a, x, low, mid - 1);
27    } else {
28      return mid;
29    }
30  }
```

データ構造を検索する方法は二分探索だけに限りません。二分探索という選択に限らずさまざまな方法をとれるようにすべきです。たとえば二分木を用いて、あるいはハッシュテーブルを用いてノードの探索を行う場合があるかもしれません。二分探索以外の方法も考えましょう！

問題

10.1 ソートされた配列のマージ: 2つのソートされた配列A、Bがあります。Aの配列には十分に空きがあり、後ろにBを追加することができます。このとき、BをAにソートされた状態でマージするメソッドを書いてください。

ヒント: #332

p.439

10.2 アナグラムのグループ: 文字列の配列を、アナグラムになっている文字列がお互い隣り合うように並び替えるメソッドを書いてください。

ヒント: #177, #182, #263, #342

p.440

10.3 回転させた配列を見つける: n個の整数からなる、ソート済みの配列を何回か回転させたものがあります。この配列の中から、ある要素を見つけるコードを書いてください。配列は、初め昇順でソートされていたと仮定してもかまいません。

例

入力: `find 5 in {15, 16, 19, 20, 25, 1, 3, 4, 5, 7, 10, 14}`

出力: 8(配列中の5のインデックス)

ヒント: #298, #310

p.441

10.4 ソート済み・サイズが不明の配列における探索: 配列に似た、`size`メソッドがないリストのようなデータ構造が与えられます。しかし`elementAt(i)`というインデックス`i`の要素を`O(1)`で返すメソッドはあります。もし`i`がデータ構造の範囲を超えていたら、-1を返します(このためデータ構造は正の整数値しか扱いません)。ソート済みで正の整数値を持つ、リストのようなデータ構造が与えられたとき、要素xのインデックスを見つけてください。xが複数含まれる場合はどのインデックスを返してもかまいません。

ヒント: #320, #337, #348

p.443

10.5 隙間が多い配列の探索: 空の文字列が点在するソート済みの文字列配列があります。この配列の中から特定の文字列の位置を見つけるメソッドを書いてください。

例

入力: `ball, {"at", "", "", "", "ball", "", "", "car","", "", "dad", "", ""}`

出力: 4

ヒント: #256

p.444

10.6 大きなファイルのソート: 1行あたり1文字列のデータを持つ20GBのファイルがあるのをイメージしてください。このファイルのデータをどのようにソートすればよいかを説明してください。

ヒント: #207

p.446

10.7 行方不明の整数：40億個の非負整数を含む入力ファイルが与えられたとき、ファイルに含まれていない整数を生成するアルゴリズムを考えてください。このとき、1GBのメモリが利用できると仮定してください。

発展問題

メモリが10MBしかない場合はどのようにしますか？ すべての値は異なり、10億より大きな非負整数はないと仮定してください。

ヒント：#235, #254, #281

p.446

10.8 重複する数を見つける：1からNすべての値を持つ配列があり、Nは最大で32000とします。配列は重複する要素を持ち、Nがいくつであるかはわかりません。4KBしかメモリが使えないとして、配列内の重複する要素をどうやって出力すればよいでしょうか？

ヒント：#289, #315

p.450

10.9 ソートされた行列の探索：行と列がそれぞれソートされたM×Nの行列があります。この行列からある要素を見つけるメソッドを書いてください。

ヒント：#193, #211, #229, #251, #266, #279, #288, #291, #303, #317, #330

p.451

10.10 整数列のランク：整数の列を読み取っているのを想像してみてください。定期的にある値xの順位（x以下の値の数）を調べられるようにしておきたいです。この作業を扱うデータ構造とアルゴリズムを実装してください。つまり、値が生成されたときに呼ばれる`track(int x)`というメソッドと、x以下の値の個数（x自身は個数に含まない）を返す`getRankOfNumber(int x)`というメソッドを実装してください。

例

```
Stream (in order of appearance): 5, 1, 4, 4, 5, 9, 7, 13, 3
getRankOfNumber(1) = 0
getRankOfNumber(3) = 1
getRankOfNumber(4) = 3
```

ヒント：#301, #376, #392

p.456

10.11 山と谷：整数値の配列において、「山」は隣り合う要素と比較してより大きいか等しいものを表し、「谷」隣り合う要素と比較してより小さいか等しいものを表します。たとえば、`{5, 8, 6, 2, 3, 4, 6}`という配列では、`{8, 6}`が山で`{5, 2}`が谷になります。整数値の配列が与えられたとき、山と谷が交互になるように並び替えてください。

例

入力：`{5, 3, 1, 2, 3}`

出力：`{5, 1, 3, 2, 3}`

ヒント：#196, #219, #231, #253, #277, #292, #316

p.458

追加問題：配列と文字列（**1.2**）、再帰（**8.3**）、中級編（**16.10**、**16.16**、**16.21**、**16.24**）、上級編（**17.11**、**17.26**）
ヒントは729ページから

11

テスト

「自分はテスターじゃない」といってこの章を読み飛ばす前に、立ち止まってよく考えてください。テストはソフトウェア・エンジニアにとって重要な仕事ですので、テストに関する問題を面接試験で問われるかもしれません。もちろん、あなたがテスター(あるいは「Software Engineer in Test」)を希望しているのであれば、なおさら注意しなければなりません。

テストの問題は、通常4つのカテゴリに分類されます。ここでは、(1)(ペンなど)現実の物体のテスト、(2)ソフトウェアの一部分のテスト、(3)関数のテストコードを書く、(4)既存の問題の処理、の4つのタイプそれぞれについての取り組み方を扱います。

どのタイプの問題でも、入力データやユーザーのふるまいに都合の良い仮定を絶対に置いてはいけないということを忘れないでください。不適切な使用を予測し、考慮してください。

面接官が求めているもの

表面的には、テストに関する問題は広範なテストケースのリストをただ考え出すだけのように見えます。たしかにある程度は、そうだと言えます。理に適ったテストケースのリストを考える必要があります。

さらに言えば、面接官は次に挙げる点をテストしようとしています。

- 全体像の理解：そのソフトウェアがどのようなものであるかを本当に理解していますか？ テストケースに対して適切に優先順位をつけることができますか？ たとえば、アマゾンのような電子商取引システムのテストについて尋ねられたとしましょう。商品のイメージが適切な場所に表示されるかどうかを調べるのは大切なことです。しかし支払い処理が確実に行われるか、商品が出荷キューに追加されるか、顧客に二重請求するようなことが絶対にないか、ということのほうがより重要です。
- 部品がどのように組み合わさっているかに関する知識：ソフトフェアがどのように動作しているか、その環境体系にどう組み込まれているのかを理解していますか？ Googleのスプレッドシートに関するテストの問題を想定してみましょう。ドキュメントを開く、保存する、編集する動作のテストはもちろん重要です。しかし、Googleスプレッドシートは巨大な環境体系の中のほんの一部分です。Gmailやプラグイン、その他のコンポーネントと統合してテストを行う必要があります。
- 系統化：あなたは系統立てて問題に取り組めますか？ それとも、ただ単に頭に浮かんだ順に話すだけですか？ 候補者の中にはカメラに関するテストケースを考えるようにように尋ねたとき、思いついたすべて、あるいは一部をただ単に答えるだけの人もいます。うまく答えられる人たちは写真撮影、画像管理、設定などのカテゴリに分けて答えるでしょう。系統立てた考え方は、より完璧なテストケースを作るための手助けとなってくれるでしょう。
- 実用性：実際に合理的なテスト計画を作ることはできますか？ たとえば、特定の画像を開いたときにソフトがクラッシュするというユーザーからのレポートがあったとして、そのときあなたが単にソフトを再インストールするように言うだけなら、普通ならあまり実用的とは言えません。テスト計画はその会社が実行するにあたって、現実的かつ適したものでなければなりません。

これらの側面を実証することができれば、テストチームの重要な一員になれることは間違いないでしょう。

現実の物体のテスト

候補者の中には、ペンをどのようにテストするかといった質問に驚く人もいます。ソフトウェアのテストじゃないのですか？ と。そうかもしれませんが、このような「実世界の」問題であっても共通する部分がたくさんあります。例を用いて確認してみましょう。

問題：クリップのテストをどのように行いますか？

ステップ1：誰が使うのか？ なぜ使うのか？

その製品を誰が使うのか、何の目的で使うのかということを面接官と議論する必要があります。答えはあなたが考えているものではないかもしれません。「先生がプリントを束ねるのに使う」、あるいは「芸術家がそれを曲げて動物を作る」かもしれませんし、その両方かもしれません。この質問の答えは残りの質問をどのように扱うかを方向づけます。

ステップ2：使用事例は？

使用事例のリストを作っておくと便利です。この問題の場合は（紙に）ダメージがないように、単に用紙をまとめるということです。

他の問題では複数の使用事例があるかもしれません。たとえば、ある製品には内容の送信と受信を行う必要があるかもしれませんし、書き込みと削除が必要かもしれません。

ステップ3：使用できる限度は？

クリップが完全に曲がってしまうような使い方をせずに束ねることができる紙の枚数は30枚程度になるでしょう。クリップが少し曲がるくらいであれば30〜50枚程度でしょうか。

単に枚数だけでなく、使用環境にも限度があります。たとえば、非常に高温（摂氏32〜43度）で使えるようにすべきでしょうか？ 逆に、非常に低温の場合はどうでしょうか？

ステップ4：負荷/不具合の条件は？

どんな製品でも不具合は起こります。ですので、不具合の条件分析もテスト項目に必要です。面接官とはその製品について、どんなときに不具合が許容できるか、不具合が意味するのは何かについて議論しておくとよいでしょう。

たとえば洗濯機のテストをしていて、30枚程度のシャツやパンツを扱えるようにしたいとします。このとき、30〜45枚程度の衣類を洗濯すると完全にはきれいにならないというような不具合は十分予測できます。45枚以上入れれば、より大きな不具合が当然起こるでしょう。大きな不具合とはいっても水が流れないというようなことであり、水漏れが起こったり火事になったりということではもちろんありません。

ステップ5：どうやってテストする？

テストの実行に関する詳細を議論するのが良い場合もあります。たとえば椅子を普通に使用して、5年間故障に耐え得るかと確認する必要があるとき、実際5年間家で椅子を使うようなことはおそらく不可能でしょう。それよりも「普通」の使用とは何かを定義（1年間に何回座るのか、肘掛けについてはどうか）することのほうが必要です。そうすると、手動のテストに加えていくらかは自動化したくなるかもしれません。

ソフトウェアの一部をテストする

ソフトウェアの一部分をテストするのは現実の物体をテストするのと非常によく似ています。大きな違いは、ソフトウェアのテストでは一般的にテストの詳細に重点を置くことです。

ソフトウェアのテストには核となる2つの側面があることに注意してください。

- **手動 vs. 自動テスト**：理想的な世界なら何もかも自動化してしまいたいところですが、実際はほとんど不可能です。ただ、自動テストよりも手動テストのほうが良い場合もあります。それは、（コンテンツにポルノが含まれるかどうかのような）コンピュータにとっては質的で不得意な内容の場合もあるからです。加えて、コンピュータは一般的に調べろと言われた問題しか認識しませんが、人間の場合はそれまで調べてこなかった問題に気づくことがあるかもしれません。人間もコンピュータもテストの過程において不可欠な部分を担っているのです。
- **ブラックボックステスト vs. ホワイトボックステスト**：この区別は、そのソフトウェアに対するアクセスの度合いによるものです。ブラックボックステストではソフトフェアそのものを与えられ、それのみでテストする必要があります。ホワイトボックステストでは、個々の関数をテストするために追加のプログラムによるアクセスが可能です。ホワイトボックステストと比べてはるかに困難ですが、ブラックボックステストでも自動化できる場合もあります。

では、このアプローチを最初から最後まで見ていきましょう。

ステップ1：ブラックボックステストか、ホワイトボックステストか

これはもっとあとのステップで考えてもよいのですが、早めに片づけておきましょう。ブラックボックステストをしているのか、ホワイトボックステストをしているのか、あるいは両方をしているのか、面接官と確認しておいてください。

ステップ2：誰が使うのか？ なぜ使うのか？

普通、ソフトウェアはターゲットとなるユーザーがいて、それを踏まえて設計されます。たとえば、ウェブブラウザ上のペアレンタルコントロールをするソフトについて質問をされたとすると、ターゲットとなるユーザーはブロッキングをする両親と、ブロッキングをされる子供になります。ブロッキングを行うことも受けることもない「ゲスト」ユーザーを想定してもかまいません。

ステップ3：使用事例は？

ブロッキングソフトでは両親が使用するケースにソフトウェアのインストール、制限の更新、削除、もちろん通常のインターネット使用が含まれます。子供にとっては「違法な」コンテンツおよび合法なコンテンツに対するアクセスも使用事例に含みます。

自分自身で自由に使用事例を決めるわけではないということを忘れないでください。これは面接官との会話によって決まってくるのです。

ステップ4：使用できる限度は？

使用事例についてぼんやりと決まってくれば、次はそれを正確に理解する必要があります。ウェブサイトをブロックするということは何を意味しているのでしょうか？ 違法なページのみをブロックすべきでしょうか？ それともサイト全体をブロックすべきでしょうか？ アプリケーションにコンテンツを「学習させる」のでしょうか？ あるいはホワイトリストやブラックリストに基いてブロックするのでしょうか？ もし、不適切なコンテンツが何かを学習させるのであれば、間違った判定をどこまで許容しますか？

ステップ5：負荷/不具合の条件は？

ソフトウェアに不具合が発生（これは不可避です）した場合、その障害はどのようなものになるでしょうか？ コンピュータを破壊するような障害ではなさそうなのは間違いありません。ブロックしたいサイトにアクセスできてしまったり、問題ないサイトをブロックしてしまったりということがありそうです。後者の場合は、両親がパスワードを使って個別にブロックを解除できるようにするというような可能性を議論すればよいでしょう。

ステップ6：どうやってテストする？

手動テストと自動テスト、ブラックボックステストとホワイトボックステストの違いがここで現れます。

ステップ3と4では使用事例を大まかに決める程度でしたが、ステップ6ではより厳密に定義し、どのようにテストを行うのか議論します。厳密にどんな条件でテストをしていますか? これらのステップについてどの部分を自動化できますか? 人間の手が必要になるのはどの部分でしょうか?

自動化によって非常に強力なテストができますが、大きな欠点もあるということを忘れないでください。通常は手動テストがテストの手順に必要不可欠であるはずです。

このリストを追っていくときに、考えられるシナリオをただ早くしゃべるだけではいけません。混乱するでしょうし、大切な部分を見逃すことになってしまうでしょう。系統立てながら取り組みましょう。テストを主要な構成要素に分解するところから始めましょう。完璧なテストケースのリストを用意するだけではなく、系統立てながらきちんと考えられる人であることをアピールしなければなりません。

関数のテスト

関数のテストはさまざまな面で簡単な部類に入ります。テストする部分は通常、入出力のチェックに限られているので、面接官との対話も簡潔であいまいさはあまりありません。

しかし、面接官との対話の意義を見過ごしてはいけません。どんな仮定についても、特に特殊な状況をどう扱うかということに関して面接官と議論すべきです。

整数の配列をソートする、`sort(int[] array)`のテストを行うコードを書けという問題を出されたとしましょう。そのとき、次のように進めていきます。

ステップ1:テストケースの定義

一般的に次のタイプについて考えます。

- **通常のケース**:典型的な入力に対して正しい出力を行いますか? あり得そうなバグについてここで考えるのを忘れないでください。たとえば、ソートの中には配列を分割して行うものがあるので、配列サイズがちょうど半分にできない奇数サイズの場合は何かミスがあるかもしれないと考えるのが妥当です。したがって、偶数サイズ・奇数サイズ両方のテストケースを用意したほうがよいでしょう。
- **極端なケース**:空の配列を渡したら何が起こるでしょう? あるいは非常に小さい(要素が1つしかないなどの)配列を渡した場合や、非常に大きな配列を渡した場合はどうでしょうか?
- **Nullと「不正な」入力値**:不正な入力値が与えられた場合、コードがどのようなふるまいをするか考えておくのは価値のあることです。たとえば、n番目のフィボナッチ数を生成する関数のテストを行うとしたとき、nの値が負の場合もテストケースに含めておくべきです。
- **変わった入力値**:奇妙な入力というのが4番目に挙げられます。もし、ソート済みの配列を渡されたら何が起こるでしょうか? 逆順にソートされた配列の場合はどうでしょうか?

これらのテストにはあなた自身が書いている関数の知識が要求されます。もし制約に関して不明な点があれば、最初に面接官に質問しておいたほうがよいでしょう。

ステップ2:予期される結果を定義する

多くの場合、予期される結果とは明らかで、正しい出力のことを指します。しかし、それに加えて別の部分も確認したほうがよい場合があります。たとえば、ソートメソッドがコピーされた配列を返すようになっていれば、おそらく元の配列が変更されていないかどうかを確認しておいたほうがよいでしょう。

ステップ3：テストコードを書く

テストケースと結果が定義できれば、テストコードを実装するのはとても簡単です。コードは次のような形になるでしょう。

```
1  void testAddThreeSorted() {
2    MyList list = new MyList();
3    list.addThreeSorted(3, 1, 2); // 3つの要素をソートされた順番で追加する
4    assertEquals(list.getElement(0), 1);
5    assertEquals(list.getElement(1), 2);
6    assertEquals(list.getElement(2), 3);
7  }
```

問題解決

最後は、デバッグや既知の問題の解決方法を説明する問題です。多くの候補者がこのタイプの問題につまづき、「ソフトを再インストールする」というような非現実的な解答をします。他の問題と同じく、系統立てて取り組みましょう。

では、例を用いて実際に見ていきましょう。あなたはGoogle Chromeの開発チームにいます。そしてChromeが起動時にクラッシュするというレポートを受けました。このときあなたはどうしますか？

ブラウザを再インストールするのはこのユーザーの問題を解決するにすぎません。同じ問題を抱えているであろう他のユーザーには何の助けにもならないのです。開発者が問題を修正できるように、実際に何が起こっているのかを理解することが必要です。

ステップ1：問題の詳細を理解する

まず最初にすべきは、できる限り状況を理解するために、しっかり質問しておくことです。

- その問題がどれくらいの期間続いているのか？
- ブラウザのバージョンは？ OSは？
- どれくらいの頻度で問題が発生するのか？ いつ問題が発生するのか？
- 起動時にエラーメッセージは表示されるのか？

ステップ2：問題を切り分ける

問題の詳細を理解したら、テストが可能な規模に問題を切り分けたいところです。この問題では次のような流れをイメージします。

1. Windowsのスタートメニューを選ぶ。
2. Chromeのアイコンをクリックする。
3. ブラウザが起動する。
4. 設定を読み込む。
5. ホームページに設定しているアドレスにHTTPリクエストを送る。
6. HTTPレスポンスを受ける。
7. ウェブページをパースする。
8. コンテンツを表示する。

このプロセスの中のいくつかの点で何かに失敗し、それがブラウザをクラッシュさせる原因になっています。強力にテストを行うなら、この流れを繰り返し調べて問題を診断します。

ステップ3：特定の管理可能なテストを作る

前記の各項目の中にはユーザーに頼んでしてもらうことや、自分自身ですること(自身のマシンで再現してみる)などの、実際に実行してみる事柄が含まれていることでしょう。実際は顧客と取引していることになるでしょうから、顧客ができない、あるいはやりたがらないことをさせることはできないでしょう。

問題

11.1 **間違い探し:** 次のコードの誤りを探してください。

```
unsigned int i;
for (i = 100; i >= 0; --i)
    printf("%d¥n", i);
```

ヒント: #257, #299, #362

p.462

11.2 **ランダムクラッシュ:** 動作中にクラッシュするアプリケーションのソースコードが与えられます。デバッガを使って10回動かしたあと、毎回違う場所でクラッシュすることがわかりました。アプリケーションはシングルスレッドで、Cの標準ライブラリしか使われていません。どのようなエラーがこのクラッシュの原因になっているでしょうか？ また、そのエラーに対してどのようにテストを行えばよいですか？

ヒント: #325

p.463

11.3 **チェスのテスト:** チェスのゲームで、`boolean canMoveTo(int x, int y)`というメソッドがあります。このメソッドは駒クラスの一部で、駒が`(x,y)`に移動できるかどうかを返します。このメソッドをどのようにテストするか説明してください。

ヒント: #329, #401

p.464

11.4 **ツールを使わないテスト:** テストツールをまったく用いずにウェブページの負荷テストを行うにはどのようにすればよいですか？

ヒント: #313, #345

p.465

11.5 **ペンのテスト:** ペンをテストするにはどうすればよいですか？

ヒント: #140, #164, #220

p.466

11.6 **ATMのテスト:** 分散銀行システムにおけるATMのテストをどのように行いますか？

ヒント: #210, #225, #268, #349, #393

p.467

ヒントは729ページから。

12

CとC++

まともな面接官であれば、あなたが知っていると明言していない言語でコードを書くようなことは要求しません。ですので、もしC++でコードを書くように言われたのであれば、おそらく履歴書にC++が使えると記載してあるということでしょう。APIをすべて覚えていなかったとしても心配しないでください。ほとんどの面接官(すべてではありませんが)は大して気にしません。しかし与えられた問題に容易に取り組むことができるように、C++の基本的な構文はしっかり勉強しておくことをお勧めします。

クラスと継承

C++のクラスには他の言語と同じような特徴がありますが、いくつかの構文について復習しておきましょう。

以下のコードは基本クラスと継承を実装した例です。

```
1   #include <iostream>
2   using namespace std;
3
4   #define NAME_SIZE 50 // マクロを定義する
5
6   class Person {
7     int id; // すべてのメンバーはデフォルトでprivate
8     char name[NAME_SIZE];
9
10    public:
11    void aboutMe() {
12      cout << "I am a person.";
13    }
14  };
15
16  class Student : public Person {
17    public:
18    void aboutMe() {
19      cout << "I am a student.";
20    }
21  };
22
23  int main() {
24    Student * p = new Student();
25    p->aboutMe(); // "I am a student."と出力する
26    delete p; // 重要! 確保したメモリは確実に開放しましょう
27    return 0;
```

```
28  }
```

C++では、メンバ変数やメソッドはデフォルトでprivateになっています。public修飾子をつけ加えることで変更することができます。

コンストラクタとデストラクタ

クラスのコンストラクタはオブジェクトが生成されたときに、自動的に呼び出されます。コンストラクタが定義されていないと、コンパイラが自動的にデフォルトコンストラクタを生成します。自分でコンストラクタを定義することもできます。プリミティブ型を初期化する必要があるだけなら、単純な方法としてこのようなものがあります:

```
1  Person(int a) {
2    id = a;
3  }
```

これでプリミティブ型の初期化ができますが、次のように書きたいと思うかもしれません。

```
1  Person(int a) : id(a) {
2    ...
3  }
```

実際のオブジェクトが生成される前、コンストラクタのコードの残りが呼び出される前に、メンバ変数idが割り当てられます。フィールドが定数やクラス型のときはこの方法が必要です。

デストラクタはオブジェクトが破壊されたときに自動的に呼び出され、メンバのdeleteなどの後処理を行います。明示的に呼び出すことはできませんので、引数をとることができません。

```
1  ~Person() {
2    delete name; // クラスに割り当てられた任意のメモリを開放する
3  }
```

仮想関数

先ほどの例ではStudent型の変数pを定義しました。

```
1  Student * p = new Student();
2  p->aboutMe();
```

ここでpをParson*型として定義するとどうなるでしょうか?

```
1  Person * p = new Student();
2  p->aboutMe();
```

この場合は“I am a person”と表示されます。これは、静的束縛と呼ばれるメカニズムで、aboutMeという関数がコンパイル時に解決されるためです。

Studentクラスで実装されたaboutMeが呼び出されるようにしたければ、PersonクラスでaboutMeをvirtualとして定義しておきます。

```
1   class Person {
2     ...
3     virtual void aboutMe() {
4       cout << "I am a person.";
5     }
6   };
7
8   class Student : public Person {
9     public:
10    void aboutMe() {
11      cout << "I am a student.";
12    }
13  };
```

他に親クラスでメソッドが実装できない(あるいはしたくない)場合に仮想関数を使うことができます。たとえば、addCourse(strings)のような共通のメソッドを実装できるように、StudentクラスとTeacherクラスをPersonクラスから継承したい場合をイメージしてください。PersonクラスのaddCourseを呼び出そうにも、オブジェクトがStudentかTeacherかで実装が違うわけですから、Personクラスでの実装はあまり意味がありません。

この場合、addCourseは派生クラスに実装を任せて、Personクラス内では仮想関数として定義しておきたいのです。

```
1   class Person {
2     int id; // デフォルトではすべてのメンバーはprivate
3     char name[NAME_SIZE];
4     public:
5     virtual void aboutMe() {
6       cout << "I am a person." << endl;
7     }
8     virtual bool addCourse(string s) = 0;
9   };
10
11  class Student : public Person {
12    public:
13    void aboutMe() {
14      cout << "I am a student." << endl;
15    }
16
17    bool addCourse(string s) {
18      cout << "Added course " << s << " to student." << endl;
19      return true;
20    }
21  };
22
23  int main() {
24    Person * p = new Student();
25    p->aboutMe(); // "I am a student."と出力する
26    p->addCourse("History");
27    delete p;
28  }
```

addCourseは「純粋仮想関数」として定義されているので、Personは抽象クラスでそれ自体をインスタンス化することはできないという点に注意してください。

仮想デストラクタ

仮想関数によって「仮想デストラクタ」の概念が自然に導入されます。PersonクラスとStudentクラスのデストラクタメソッドを実装したいとしましょう。単純な解答例はこのようになります。

```
1   class Person {
2     public:
3       ~Person() {
4         cout << "Deleting a person." << endl;
5       }
6   };
7
8   class Student : public Person {
9     public:
10    ~Student() {
11      cout << "Deleting a student." << endl;
12    }
13  };
14
15  int main() {
16    Person * p = new Student();
17    delete p; // "Deleting a person."と出力する
18  }
```

この例ではpがPerson型なので、Personクラスのデストラクタが呼び出されます。これではStudentクラスのメモリが解放されず、問題があります。

単にPersonクラスのデストラクタをvirtual宣言するだけで、これを修正できます。

```
1   class Person {
2     public:
3     virtual ~Person() {
4       cout << "Deleting a person." << endl;
5     }
6   };
7
8   class Student : public Person {
9     public:
10    ~Student() {
11      cout << "Deleting a student." << endl;
12    }
13  };
14
15  int main() {
16    Person * p = new Student();
17    delete p;
18  }
```

このコードでは次のような出力になります。

```
Deleting a student.
Deleting a person.
```

デフォルト値

以下に示すように、関数の引数にデフォルト値を指定することができます。すべてのデフォルト引数は関数宣言の右側でなければならないことに注意してください。これは、他の方法だと引数の並び順を特定できなくなってしまうからです。

```
1   int func(int a, int b = 3) {
2     x = a;
3     y = b;
4     return a + b;
5   }
6
7   w = func(4);
8   z = func(4, 5);
```

演算子のオーバーロード

演算子のオーバーロードを使うと、+のような演算子がサポートされていないオブジェクトに対しても演算子を適用できるようになります。たとえば2つのBookShelfを1つにまとめたいとき、+演算子を以下のようにオーバーロードします。

```
1   BookShelf BookShelf::operator+(BookShelf &other) { ... }
```

ポインタと参照

ポインタは変数のアドレスを持ち、ポインタを使うとデータの読み込みや変更などの、変数に対して直接行うことができるあらゆる操作をアドレスを介して行うことができます。

2つのポインタが同じアドレスを指すこともできます。その場合、片方の値を変更するともう一方の値も変化します(実際には2つとも同じアドレスを指しているだけだからです)。

```
1   int * p = new int;
2   *p = 7;
3   int * q = p;
4   *p = 8;
5   cout << *q; // 8を出力する
```

32ビットマシンでは32ビット、64ビットマシンでは64ビットのようにアーキテクチャによってポインタのサイズが変わることに注意してください。面接官がデータ構造の正確なサイズを尋ねてくることがよくありますので注意してください。

参照

参照はすでに存在しているオブジェクトの別名(エイリアス)で、それ自身がメモリを消費することはありません。

```
1   int a = 5;
2   int & b = a;
3   b = 7;
4   cout << a; // 7を出力する
```

2行目のbはaへの参照で、bを変更するとaも変更されます。

参照は、メモリ上のどこを参照するのか指定せずに作ることはできませんが、次のような独立した参照を作ることはできます。

```
1   /* 12を保持するためにメモリを確保し
```

```
2    * bをそのメモリの部分を示す参照にする */
3   const int & b = 12;
```

ポインタと異なり参照をnullにしたり、メモリ上の他の部分に参照を移し替えることはできません。

ポインタ演算

以下のようなポインタの加算を行うプログラムを見ることがあるでしょう。

```
1   int * p = new int[2];
2   p[0] = 0;
3   p[1] = 1;
4   p++;
5   cout << *p; // 1を出力する
```


p++では4バイト進んでいます。そのため上のコードは1を出力します。pの型が違うものであれば、その変数型のサイズ分だけ進めることができます。

テンプレート

テンプレートは異なるデータ型に同じクラスを適用するための、コードの再利用方法です。たとえば、いろいろな型のリストを扱うデータ構造があるとしましょう。以下のコードではShiftedListがこれの実装になります。

```
1   template <class T>2 class ShiftedList {
2     T* array;
3     int offset, size;
4   public:
5     ShiftedList(int sz) : offset(0), size(sz) {
6       array = new T[size];
7     }
8
9     ~ShiftedList() {
10      delete [] array;
11    }
12
13    void shiftBy(int n) {
14      offset = (offset + n) % size;
15    }
16
17    T getAt(int i) {
18      return array[convertIndex(i)];
19    }
20
21    void setAt(T item, int i) {
22      array[convertIndex(i)] = item;
23    }
24
25  private:
26    int convertIndex(int i) {
27      int index = (i - offset) % size;
28      while (index < 0) index += size;
29      return index;
30    }
31  };
```

問題

12.1 後ろからK行を表示：C++を用いて、入力ファイルの後ろからK行を表示するメソッドを書いてください。
ヒント：#449, #459

p.468

12.2 文字列の反転：`reverse(char* str)`というnull終端の文字列を反転させる関数を、CもしくはC++で実装してください。
ヒント：#410, #452

p.469

12.3 ハッシュテーブルとSTLmap：ハッシュテーブルとSTLのmapを比較してください。ハッシュテーブルをどのように実装しますか？ 入力のサイズが小さいとき、ハッシュテーブルの代わりにどのようなデータ構造が選べますか？
ヒント：#423

p.470

12.4 仮想関数：C++で、仮想関数はどのように動作しますか？
ヒント：#463

p.471

12.5 深いコピーと浅いコピー：深いコピーと浅いコピーの違いは何ですか？ それぞれどのように使うのかを説明してください。
ヒント：#445

p.472

12.6 volatile：Cの"volatile"というキーワードはどういう意味ですか？
ヒント：#456

p.472

12.7 基本クラスのvirtual宣言：基本クラスのデストラクタは、なぜ`virtual`宣言する必要があるのですか？
ヒント：#421, #460

p.473

12.8 ノードのコピー：パラメータとしてノード構造体へのポインタを受け取り、そのデータ構造の完全なコピーを返すメソッドを書いてください。ただし、そのノード構造体は他のノードへのポインタを2つ持っています。
ヒント：#427, #462

p.474

12.9 **スマートポインタ**：スマートポインタクラスを書いてください。スマートポインタは通常テンプレートで実装されるデータ型で、普通のポインタの役割に加えてガベージコレクションも提供します。`SmartPointer<T*>`のオブジェクトの参照回数を数え、参照回数が0になったとき、T型のオブジェクトを自動的に開放します。

ヒント：#402, #438, #453

p.475

12.10 **malloc**：確保されたメモリのアドレスが指定された2の累乗で割り切れる数になっているように調整された`malloc`と`free`を書いてください。

例

`align_malloc(1000,128)`は1000バイトのメモリを指すアドレスで、128の倍数になっているものを返します。`aligned_free()`は`align_malloc`で割り当てたメモリを開放します。

ヒント：#413, #432, #440

p.477

12.11 **2次元`Alloc`**：Cで、2次元配列を割り当てる`my2DAlloc`という関数を書いてください。ただし、`malloc`の呼び出しを最小限にして、メモリには`arr[i][j]`という記述でアクセスできるようにしてください。

ヒント：#406, #418, #426

p.479

追加問題：連結リスト(**2.6**)、テスト(**11.1**)、Java(**13.4**)、スレッドとロック(**15.3**)
ヒント740ページから

13

Java

本書を通してJavaに関連した問題がいくらか見られますので、ここではJavaの言語と構文についての問題を取り扱います。このような問題は、候補者の知識よりも適性を重視する傾向のある(かつ特定の言語で候補者を養成する時間とリソースを持っている)大企業では非常に珍しいです。とはいえ、その他の企業ではこのような厄介な問題は一般的なものです。

考え方

これらの問題はほぼ知識に焦点を当てていますから、問題の考え方についてあれこれ話すのもばかげているように思えるかもしれません。結局のところ、知っているか知らないかというだけの話なのではないでしょうか? それはイエスともノーとも言えません。もちろん、これらの質問をマスターするためにできる最善のことはJavaを知り尽くすことですが、困ったときには次のアプローチで問題に取り組んでみてください。

1. 状況の具体例を作り、どのように展開していったらよいかを考える。
2. 他の言語でそのような状況をどのように扱うかを考える。
3. 自分が言語の設計者であるならば、その状況をどう設計するのか考える。その選択はどういう意味を持つだろうか?

単に知っていることを反射的に答えるよりも、考えて答えを引き出すことができれば、面接官の印象はより良くなるかもしれません。しかし、虚勢を張るのはやめておきましょう。「思い出せるかどうかはわかりませんが、導き出せるとすれば…。このコードがあるとすると…」のように話してみましょう。

オーバーロード vs. オーバーライド

オーバーロードはメソッド名前が同じで引数の種類や数が違う場合に使用されます。

```
1   public double computeArea(Circle c) { ... }
2   public double computeArea(Square s) { ... }
```

オーバーライドはスーパークラスで定義されたメソッドと名前、定義が同じメソッドを定義する場合に起こります。

```
1   public abstract class Shape {
2     public void printMe() {
3       System.out.println("I am a shape.");
4     }
5     public abstract double computeArea();
6   }
```

```
7
8   public class Circle extends Shape {
9     private double rad = 5;
10    public void printMe() {
11      System.out.println("I am a circle.");
12    }
13
14    public double computeArea() {
15      return rad * rad * 3.15;
16    }
17  }
18
19  public class Ambiguous extends Shape {
20    private double area = 10;
21    public double computeArea() {
22      return area;
23    }
24  }
25
26  public class IntroductionOverriding {
27    public static void main(String[] args) {
28      Shape[] shapes = new Shape[2];
29      Circle circle = new Circle();
30      Ambiguous ambiguous = new Ambiguous();
31
32      shapes[0] = circle;
33      shapes[1] = ambiguous;
34
35      for (Shape s : shapes) {
36        s.printMe();
37        System.out.println(s.computeArea());
38      }
39    }
40  }
```

このコードでは次のように出力されます。

```
I am a circle.
78.75
I am a shape.
10.0
```

`Ambiguous`クラスはそのままなのに対して、`Circle`クラスが`printMe()`をオーバーライドしているところをよく見ておいてください。

コレクションフレームワーク

Javaのコレクションフレームワークは非常に便利で、本書でも至るところで使用されています。ここでは特に便利なものをまとめておきます。

ArrayList: `ArrayList`は要素の追加を行ったとき、配列を動的にリサイズすることができます。

```
1   ArrayList<String> myArr = new ArrayList<String>();
2   myArr.add("one");
```

```
3    myArr.add("two");
4    System.out.println(myArr.get(0)); /* "one" を出力 */
```

Vector: Vectorは同期されることを除いてArrayListによく似ています。ほぼ同じ書き方で使用できます。

```
1    Vector<String> myVect = new Vector<String>();
2    myVect.add("one");
3    myVect.add("two");
4    System.out.println(myVect.get(0));
```

LinkedList: 名前の通り、LinkedListはJavaに組み込まれた連結リストのクラスです。面接ではほとんど出てくることはありませんが、イテレータの構文の一部を示していますので勉強しておくと便利です。

```
1    LinkedList<String> myLinkedList = new LinkedList<String>();
2    myLinkedList.add("two");
3    myLinkedList.addFirst("one");
4    Iterator<String> iter = myLinkedList.iterator();
5    while (iter.hasNext()) {
6      System.out.println(iter.next());
7    }
```

HashMap: HashMapは面接でも、実際の業務でも幅広く使えます。

```
1    HashMap<String, String> map = new HashMap<String, String>();
2    map.put("one", "uno");
3    map.put("two", "dos");
4    System.out.println(map.get("one"));
```

面接の前に、上記の構文には十分慣れておいてください。きっと必要になります。

問題

本書での解答例のほぼすべてがJavaで実装されていますので、本章では問題数を少なめにしています。他の章でもJavaの問題は多くありますので、ここでは言語の「雑学的なこと」を扱った内容にしていますのでご注意ください。

13.1 privateなコンストラクタ:継承について、コンストラクタをprivateにしておく効果は何ですか?
ヒント: #404

p.481

13.2 Finallyブロックからのreturn: Javaではtry-catch-finallyのtryブロックの中にreturn文を記述すると、finallyブロックは実行されますか?
ヒント: #409

p.481

13.3 **Final, など..:** final、finally、finalizeの違いは何ですか?
ヒント: #412

p.482

13.4 **ジェネリクスとテンプレート:** C++のテンプレートとJavaのジェネリクスの違いを説明してください。
ヒント: #416, #425

p.483

13.5 **TreeMap、HashMap、LinkedHashMap:** TreeMap, HashMap, LinkedHashMapの違いを説明してください。また、それぞれが最も適している例を挙げてください。
ヒント: #420, #424, #430, #454

p.485

13.6 **リフレクション:** Javaにおけるリフレクションは何であるかと、なぜ役に立つかを説明してください。
ヒント: #435

p.486

13.7 **ラムダ表現:** 大陸名を得るメソッドgetContinent()と人口を得るメソッドgetPopulation()を持つCountryクラスがあります。大陸名continentとその大陸に含まれる国のリストcountriesが与えられたとき、その大陸の合計人口を計算する関数int getPopulation(List<Country> countries, String continent)を書いてください。
ヒント: #448, #461, #464

p.487

13.8 **ラムダでランダム:** ラムダ表現を用いて任意のサイズのランダムな部分集合を返すList<Integer> getRandomSubset(List<Integer> list)という関数を書いてください。すべての部分集合(空集合含む)は同確率で選ばれなければなりません。
ヒント: #443, #450, #457

p.489

追加問題: 配列と文字列(**1.3**)、オブジェクト指向設計(**7.12**)、スレッドとロック(**15.3**)
ヒントは740ページから。

14

データベース

もしあなたがデータベースの知識を持っていると公言しているなら、データベースに関する質問をされるかもしれません。ここではキーになる考え方を見直し、データベースに関する問題への取り組み方の概要を示します。

本章を読み進める中で、クエリのちょっとした構文の違いは気にしないでください。SQLにはいろいろな種類があるので、細かい違いを経験したことはきっとあるでしょう。なお、本書の例はMicrosoft SQL Serverでテストを行いました。

SQLの構文と種類

暗黙的と明示的なJOINを以下に示します。これらは等価ですので、どちらを使うかは個人の好みによります。本書では一貫性を持たせるために、明示的なJOINを用いることにします。

暗黙的なJOIN

```
1    SELECT CourseName, TeacherName
2    FROM Courses INNER JOIN Teachers
3    ON Courses.TeacherID = Teachers.TeacherID
```

明示的なJOIN

```
1    SELECT CourseName, TeacherName
2    FROM Courses, Teachers
3    WHERE Courses.TeacherID =
       Teachers.TeacherID
```

非正規化 vs. 正規化データベース

正規化されたデータベースは冗長性を最小限にするように設計され、正規化されていないデータベースはデータの読み込み時間を最適化するように設計されています。

学科と教師のデータを持つデータベースを考えてみましょう。昔ながらの正規化データベースでは、学科テーブルに教師のキーとなる教師IDを持たせます。正規化の利点は、教師の情報(氏名、住所など)がデータベースに一度だけ保存されればよいというところです。しかし、一般的にはクエリが複雑になるという欠点もあります。

対して、データに冗長性を持たせた非正規化データベースを用いることもあります。たとえば、クエリの呼び出し頻度が大きいとわかっている場合は学科テーブルの中に教師の氏名を入れておくようにする、といったことです。非正規化データベースは一般的に大規模なシステムで利用されます。

SQL文

前述したデータベースの例を用いて基本的なSQLの構文を見直していきましょう。データベースは次のようなシンプルな構造になっています(*は主キー)。

```
Courses: CourseID*, CourseName, TeacherID
Teachers: TeacherID*, TeacherName
Students: StudentID*, StudentName
StudentCourses: CourseID*, StudentID*
```

このテーブルを用いて次のクエリを実行してみます。

クエリ1：登録学生数

すべての学生数と、各学生が登録している学科の数を得るクエリを実装します。

まず、このようなクエリを考えてみます。

```
1  /* 間違ったコード */
2  SELECT Students.StudentName, count(*)
3  FROM Students INNER JOIN StudentCourses
4  ON Students.StudentID = StudentCourses.StudentID
5  GROUP BY Students.StudentID
```

これには3つの問題があります。

1. StudentCoursesは学科に登録している学生のみが含まれているので、どの学科にも属していない学生は除外されることになる。この場合はINNER JOINをLEFT JOINに変える必要がある。
2. LEFT JOINに変更したとしても、まだ正しいとは言えない。count(*)はStudentIDのグループにある項目の数を返すので、どの学科にも登録していない学生も数えられることになる。この場合はcount(StudentCourses.CourseID)のようにCourseIDの数を数えるように変更しておく。
3. Students.StudentIDでグループ化しているが、StudentNamesが重複している。データベースはどのStudentNameを返せばよいのか？ もちろん同じ値であるからどれを返しても問題はないが、データベース自体は同じ値であることがわからない。したがって、first(Students.StudentName)のように結果を集約する関数を用意する必要がある。

これらの問題を修正したクエリは次のようになります。

```
1  /* 解法1: クエリを入れ子にする */
2  SELECT StudentName, Students.StudentID, Cnt
3  FROM (
4    SELECT Students.StudentID, count(StudentCourses.CourseID) as [Cnt]
5    FROM Students LEFT JOIN StudentCourses
6    ON Students.StudentID = StudentCourses.StudentID
7    GROUP BY Students.StudentID
8  ) T INNER JOIN Students on T.studentID = Students.StudentID
```

このコードを見て、4行目から8行目までの括弧を避けるために、なぜSELECT文にStudentNameを含めないのか、と思った方もおられるかもしれません。この（間違った）解答例は次のようになります。

```
1  /* 間違ったコード */
2  SELECT StudentName, Students.StudentID, count(StudentCourses.CourseID) as [Cnt]
3  FROM Students LEFT JOIN StudentCourses
4  ON Students.StudentID = StudentCourses.StudentID
5  GROUP BY Students.StudentID
```

少なくとも、ここに示したようにはできません。集約関数またはGROUP BY句でしか値を選択することができないからです。

代わりに、次のような記述で前ページの問題を解決することができます。

```
1  /* 解法2: StudentNameをGROUP BY節に加える */
2  SELECT StudentName, Students.StudentID, count(StudentCourses.CourseID) as [Cnt]
3  FROM Students LEFT JOIN StudentCourses
4  ON Students.StudentID = StudentCourses.StudentID
5  GROUP BY Students.StudentID, Students.StudentName
```

あるいは、

```
1  /* 解法3: 集約関数を用いる */
2  SELECT max(StudentName) as [StudentName], Students.StudentID,
3  count(StudentCourses.CourseID) as [Count]
4  FROM Students LEFT JOIN StudentCourses
5  ON Students.StudentID = StudentCourses.StudentID
6  GROUP BY Students.StudentID
```

クエリ2：教師のクラスの大きさ

すべての教師と、各教師が受け持つ学生の数を得るクエリを実装します。教師が同じ生徒に2つの学科で指導しているなら、生徒数は2回数えるようにします。教師が教えている学生数が降順になるようにリストを並び替えて出力することにします。

このクエリを段階的に作っていきましょう。最初に、TeacherIDのリストと各TeacherIDに対して関連のある学生数を得ます。これは前述のクエリと非常によく似ています。

```
1  SELECT TeacherID, count(StudentCourses.CourseID) AS [Number]
2  FROM Courses INNER JOIN StudentCourses
3  ON Courses.CourseID = StudentCourses.CourseID
4  GROUP BY Courses.TeacherID
```

このINNER JOINでは学科を受け持っていない教師は選ばれないということに注意してください。すべての教師についてのリストは次のクエリのように書きましょう。

```
1  SELECT TeacherName, isnull(StudentSize.Number, 0)
2  FROM Teachers LEFT JOIN
3    (SELECT TeacherID, count(StudentCourses.CourseID) AS [Number]
4    FROM Courses INNER JOIN StudentCourses
5    ON Courses.CourseID = StudentCourses.CourseID
6    GROUP BY Courses.TeacherID) StudentSize
7  ON Teachers.TeacherID = StudentSize.TeacherID
8  ORDER BY StudentSize.Number DESC
```

NULLを0に変換するために、SELECT文の中でNULLをどのように扱っているかに注意してください。

小規模データベースの設計

自身でデータベースの設計を指示されることもありますので、それについても解説しておきます。この考え方はオブジェクト指向設計に通じるところがあると気づく方もいらっしゃるかもしれません。

ステップ1:あいまいさの扱い

データベースに関する問題はあいまいさを含んでいる場合がよくあります。設計を進める前に、何を設計するのか正確に理解しておかなければなりません。

賃貸アパートの代理店を設計する場合を想像してみてください。たとえば代理店は複数あるのか、1つだけなのかわかっている必要があります。面接官とはどの程度一般的であるべきかを議論しておくことも必要でしょう。たとえば、1人の人が同じアパートで2つの部屋を借りることは非常に珍しいですが、だからと言って1人が2つ以上借りることをできなくしてもよいでしょうか?おそらく、それはよくないでしょう。他のまれな状況(たとえば、ある顧客の連絡先がデータベース内に重複しているなど)についても、うまく処理したいところです。

ステップ2:核になるオブジェクトの定義

次に、システムで核になるオブジェクトに目を向けます。核になるオブジェクトは、基本的にはそれぞれがテーブルになるでしょう。この場合、核になるオブジェクトは、たとえばProperty、Building、Apartment、Tenant、Managerでしょう。

ステップ3:関係性を分析する

核になるオブジェクトの概観をつかんでいくことで、どのようにテーブルを設計していけばよいかがわかってきます。そして、それらの関係性を考えていきましょう。多対多ですか? 1対多ですか?

BuildingはApartmentに対して1対多である(1つの建物に複数の部屋がある)とすると、次のように表現することができます。

Apartments	
ApartmentID	int
ApartmentAddress	varchar(100)
BuildingID	int

Buildings	
BuildingID	int
BuildingName	varchar(100)
BuildingAddress	varchar(500)

ApartmentsテーブルはBuildingIDでBuildingsテーブルとつながっています。

1人の人間が2つ以上の部屋を借りる可能性も考慮したい場合は、次のように多対多で設計しておきましょう。

TenantApartments	
TenantID	int
ApartmentID	int

Apartments	
ApartmentID	int
ApartmentAddress	varchar(500)
BuildingID	int

Tenants	
TenantID	int
TenantName	varchar(100)
TenantAddress	varchar(500)

TenantApartmentsテーブルはTenantsとApartmentsの関係性を保持するようにしておきます。

ステップ4:行動の調査

最後に詳細を決めていきます。一般的に取られるであろう行動、すなわちリースの処理、退去、賃貸料の支払いを通じてデータの書き込みと読み出しをどのように行うかを理解していきます。これらの行動のために、新しいテーブルや項目が必要になるかもしれません。

大規模データベースの設計

大規模なデータベースの設計では、前記のようなテーブルの結合を行おうとすると非常に時間がかかります。そこで、データベースの非正規化を行わなければなりません。複数のテーブルに重複してデータが置かれることになりますから、非正規化するにはデータがどのように使われるかについて慎重に考えなければなりません。

問題

この章の最後、**14.1**～**14.3**については、次のデータベースに関する問題です。ただし各アパートは複数のテナントを持ち、各テナントは複数のアパートを持ちます。また各アパートは1つの建物に属し、1つの団地に属します。

Apartments	
AptID	int
UnitNumber	varchar(10)
BuildingID	int

Buildings	
BuildingID	int
ComplexID	int
BuildingName	varchar(100)
Address	varchar(500)

Requests	
RequestID	int
Status	varchar(100)
AptID	int
Description	varchar(500)

Complexes	
ComplexID	int
ComplexName	varchar(100)

AptTenants	
TenantID	int
AptID	int

Tenants	
TenantID	int
TenantName	varchar(100)

14.1 **複数のアパート**：2つ以上のアパートを貸しているテナントのリストを得るSQLクエリを書いてください。ヒント：#408

p.491

14.2 **Openリクエスト**：すべての建物のリストと、Requestsのステータスが「Open」になっているアパートの数を得るSQLクエリを書いてください。ヒント：#411

p.492

14.3 **すべてcloseにする**：Building #11は大規模な改装中です。この建物内のアパートをすべてcloseにするクエリを書いてください。ヒント：#431

p.492

14.4 **結合(JOIN)**：テーブルの結合(JOIN)にはどんな種類がありますか？ どう違うか、さまざまな状況でどの種類が優れているか、また、なぜ優れているかを説明してください。ヒント：#451

p.493

14.5 **非正規化**：非正規化とは何ですか？ 長所と短所を説明してください。ヒント：#444, #455

p.494

14.6 **実体関連図**：人、会社、社員のデータベースの実体関連図を描いてください。ヒント：#436

p.495

14.7 **成績データベースの設計**：学生の成績情報を持ったデータベースをイメージしてください。このデータベースをどのようにするか設計し、平均点上位(10%)の学生名簿を取得するSQLクエリを書いてください。ヒント：#428, #442

p.496

追加問題：オブジェクト指向設計(**7.7**)、スケーラビリティとメモリ制限(**9.6**)
ヒントは740ページから。

15

スレッドとロック

マイクロソフト、グーグル、アマゾンの面接試験では、(スレッドに関する技術が特に重要なチームで働かない限りは)スレッドを使ったアルゴリズムの実装を求められることは、基本的にはあまりありません。しかしどの企業もスレッド、特にデッドロックに関する一般的な知識を確認しておきたいのは間違いありません。

本章では、このあたりの内容の導入部分を解説していきます。

Javaのスレッド

Javaのすべてのスレッドは`java.lang.Thread`クラスのオブジェクトによって作成され、制御されます。アプリケーションが実行されると、`main()`を実行するユーザースレッドが自動的に生成されます。このスレッドはメインスレッドと呼ばれています。

Javaでは次のいずれかの方法でスレッドを実装することができます。

- **`java.lang.Runnable`**インターフェースを使う。
- **`java.lang.Thread`**クラスを継承する。

以下にそれぞれの実装法を示します。

Runnableインターフェースを使った実装

`Runnable`インターフェースは以下のような非常にシンプルな構造です。

```
1   public interface Runnable {
2     void run();
3   }
```

このインターフェースを用いてスレッドを作成・利用するには次のようにします。

1. `Runnable`インターフェースを実装したクラスを作成する。このクラスのオブジェクトは`Runnable`である。
2. コンストラクタに`Runnable`オブジェクトを渡して、`Thread`型のオブジェクトを生成する。`Thread`オブジェクトは`run()`メソッドを実装した`Runnable`オブジェクトを持つことになる。
3. `start()`メソッドによりステップ2で生成したスレッドオブジェクトを実行する。

例

```
 1  public class RunnableThreadExample implements Runnable {
 2    public int count = 0;
 3
 4    public void run() {
 5      System.out.println("RunnableThread starting.");
 6      try {
 7        while (count < 5) {
 8          Thread.sleep(500);
 9          count++;
10        }
11      } catch (InterruptedException exc) {
12        System.out.println("RunnableThread interrupted.");
13      }
14      System.out.println("RunnableThread terminating.");
15    }
16  }
17
18  public static void main(String[] args) {
19    RunnableThreadExample instance = new RunnableThreadExample();
20    Thread thread = new Thread(instance);
21    thread.start();
22
23    /* 上のスレッドがゆっくり5つ数えるのを待つ */
24    while (instance.count != 5) {
25      try {
26        Thread.sleep(250);
27      } catch (InterruptedException exc) {
28        exc.printStackTrace();
29      }
30    }
31  }
```

上記のコードで実際に実装する必要があったのは、`run()`メソッド(4行目)だけであるところに注目してください。他のメソッドはこのクラスのインスタンスを`new Thread(obj)`に渡し(19～20行目)、スレッド上で`start()`を呼び出します(21行目)。

*Thread*クラスを継承させる

もう1つは、`Thread`クラスを継承したクラスを作成する方法です。通常、`run()`メソッドをオーバーライドします。サブクラスはコンストラクタで明示的にスレッドのコンストラクタを呼び出すこともできます。

たとえば、以下のようにします。

```
 1  public class ThreadExample extends Thread {
 2    int count = 0;
 3
 4    public void run() {
 5      System.out.println("Thread starting.");
 6      try {
 7        while (count < 5) {
 8          Thread.sleep(500);
 9          System.out.println("In Thread, count is " + count);
10          count++;
11        }
```

```
12      } catch (InterruptedException exc) {
13      System.out.println("Thread interrupted.");
14      }
15      System.out.println("Thread terminating.");
16    }
17  }
18
19  public class ExampleB {
20    public static void main(String args[]) {
21      ThreadExample instance = new ThreadExample();
22      instance.start();
23
24      while (instance.count != 5) {
25        try {
26          Thread.sleep(250);
27        } catch (InterruptedException exc) {
28          exc.printStackTrace();
29        }
30      }
31    }
32  }
```

このコードは最初のアプローチと非常によく似ています。Threadクラスを継承していますので、start()をこのクラスのインスタンスが直接呼び出すこともできるという点が少し異なっています。

Threadクラスの継承 vs. Runnableインターフェースの実装

スレッドを作るとき、Runnableインターフェースの実装のほうがThreadクラスの継承よりも好まれる点が2つあります。

- Javaは多重継承をサポートしていないので、Threadクラスを継承してしまうと他のクラスが継承できなくなってしまう。Runnableインターフェースを実装したクラスであれば他のクラスを継承することができる。
- クラスはRunnableであればよいだけなので、Threadクラスが抱えるオーバーヘッドをそのまま受け継がなくて済む。

同期とロック

1つのプロセス上でのスレッドは、良くも悪くもメモリスペースを共有します。そのためデータの共有ができるのはよいのですが、2つのスレッドが同時に共有リソースを変更してしまう可能性があるという問題が起きてしまいます。そこで、Javaには共有リソースへのアクセスコントロールとして「同期」という機能があります。

synchronizedキーワードとロックはコードの同期を実装する基礎になります。

synchronizedメソッド

最も一般的には、synchronizedキーワードを用いることにより共有資源へのアクセスを制限します。これはメソッドやコードブロックに適用することができ、複数のスレッドが同じオブジェクト上で同時にコードを実行するのを制限することができます。

確認のため、次のコードを考えてみましょう。

```
1  public class MyClass extends Thread {
2    private String name;
3    private MyObject myObj;
4
5    public MyClass(MyObject obj, String n) {
```

```
6         name = n;
7         myObj = obj;
8       }
9
10      public void run() {
11        myObj.foo(name);
12      }
13    }
14
15    public class MyObject {
16      public synchronized void foo(String name) {
17        try {
18          System.out.println("Thread " + name + ".foo(): starting");
19          Thread.sleep(3000);
20          System.out.println("Thread " + name + ".foo(): ending");
21        } catch (InterruptedException exc) {
22          System.out.println("Thread " + name + ": interrupted.");
23        }
24      }
25    }
```

MyClassの2つのオブジェクトは同時にfooを呼び出すことができるでしょうか? それは場合によります。インスタンスが同じであればできませんし、異なるインスタンスを参照しているのであれば可能です。

```
1   /* 違うインスタンスの場合 - 両方のスレッドがMyObject.foo()を同時に呼び出せる */
2   MyObject obj1 = new MyObject();
3   MyObject obj2 = new MyObject();
4   MyClass thread1 = new MyClass(obj1, "1");
5   MyClass thread2 = new MyClass(obj2, "2");
6   thread1.start();
7   thread2.start()
8
9   /* 同じインスタンスの場合 - 片方しかfooを呼び出すことは許されず、
10   * もう片方は待たされる */
11  MyObject obj = new MyObject();
12  MyClass thread1 = new MyClass(obj, "1");
13  MyClass thread2 = new MyClass(obj, "2");
14  thread1.start()
15  thread2.start()
```

静的メソッドはクラスのロックに同期します。片方のスレッドがfooを、もう片方のスレッドがbarを呼び出したとしても、上記の2つのスレッドは同じクラス上でsynchronizedの静的メソッドを同時に実行することはできません。

```
1   public class MyClass extends Thread {
2     ...
3     public void run() {
4       if (name.equals("1")) MyObject.foo(name);
5       else if (name.equals("2")) MyObject.bar(name);
6     }
7   }
8
9   public class MyObject {
10    public static synchronized void foo(String name) { /* 前と同様 */ }
```

```
11
12    public static synchronized void bar(String name) { /* fooと同様 */ }
13  }
```

このコードを実行すると次のように表示されます。

```
Thread 1.foo(): starting
Thread 1.foo(): ending
Thread 2.bar(): starting
Thread 2.bar(): ending
```

synchronizedブロック

同じように、コードブロックもsynchronizedを指定することができます。これはsynchronizedメソッドと非常によく似た動作をします。

```
1   public class MyClass extends Thread {
2     ...
3     public void run() {
4       myObj.foo(name);
5     }
6   }
7   public class MyObject {
8     public void foo(String name) {
9       synchronized(this) {
10        ...
11      }
12    }
13  }
```

synchronizedメソッドのように、MyObjectのインスタンスにつき1スレッドのみがsynchronizedブロックのコードを実行することができます。つまり、スレッド1とスレッド2が同じMyObjectのインスタンスを持つ場合、一度に実行できるのは片方だけです。

ロック

よりきめ細かい制御のためにロックを利用することもできます。リソースとロックを結びつけることにより、共有リソースへのアクセスを同期させることができます。スレッドは先にリソースと関連したロックを得なければ共有リソースへのアクセスができません。したがって、共有リソースにアクセスできるのは常にたかだか1スレッドのみです。

ロックを使用する一般的なケースは、リソースが複数の場所からアクセスされるものの、スレッドは1つだけでなければならないときです。このような場合の例を以下のコードに示しています。

```
1   public class LockedATM {
2     private Lock lock;
3     private int balance = 100;
4
5     public LockedATM() {
6       lock = new ReentrantLock();
7     }
8
9     public int withdraw(int value) {
10      lock.lock();
```

```
11       int temp = balance;
12       try {
13         Thread.sleep(100);
14         temp = temp - value;
15         Thread.sleep(100);
16         balance = temp;
17       } catch (InterruptedException e) { }
18       lock.unlock();
19       return temp;
20     }
21
22     public int deposit(int value) {
23       lock.lock();
24       int temp = balance;
25       try {
26         Thread.sleep(100);
27         temp = temp + value;
28         Thread.sleep(300);
29         balance = temp;
30       } catch (InterruptedException e) { }
31       lock.unlock();
32       return temp;
33     }
34   }
```

当然のことですが、上記のコードは起こり得る問題をわかりやすくするために、故意にwithdrawとdepositの実行を遅くしています。実際にはこのようなコードを書いてはいけませんが、非常に現実的な状況を反映しています。ロックを使うのは共有リソースを予想外の方法で変更されることから保護するのに役立ちます。

デッドロックとその回避

デッドロックとは、あるスレッドが、別のスレッドがロックしたオブジェクトを待ち続け、そのスレッドは最初のスレッドがロックしたオブジェクトを待ち続けている状態(あるいはこれに類する状況)のことです。スレッドが互いにロック解除を待つため、永久に待ち続けてしまうのです。このようなスレッドは「デッドロックした」と言われます。

デッドロックが起こる条件は次の4つをすべて満たしている場合です。

1. **相互排他**:一度に1つのスレッドのみがリソースへアクセスできる(より正確には、リソースへのアクセス数制限があればデッドロックが起こる可能性がある)。
2. **保持と待機**:すでにリソースを持っているスレッドが現在のリソースを解放せず、さらにリソースを要求できる。
3. **優先取得不可**:あるスレッドが他のスレッドのリソースを強制的に開放することができない。
4. **循環待機**:2つ以上のスレッドが循環的に他のスレッドのリソースを待っている。

デッドロックを防ぐには上記のいずれかを取り除けばよいのですが、これらの条件をクリアするのは難しく、慎重を要します。たとえば、多くのリソースは一度に1つのスレッドしか利用できない(プリンタなど)ため、1の条件を取り除くのは困難です。デッドロックを防止するアルゴリズムのほとんどは、4の循環待機を避けることに照準を合わせています。

問題

15.1 スレッドとプロセス: スレッドとプロセスの違いは何ですか?
ヒント: #405

p.498

15.2 コンテキストスイッチ: コンテキストスイッチにかかる時間測定をどのように行いますか?
ヒント: #403, #407, #415, #441

p.498

15.3 食事する哲学者: 有名な食事する哲学者の問題では、円形のテーブルに哲学者が座り、彼らの間にはそれぞれ1本だけ箸が置かれています。哲学者は食事をするのに2本の箸が必要で、箸を取るときは必ず左側を先に取ります。すべての哲学者が同時に左側の箸を手に取り、次に右側の箸に手を伸ばそうとするとき、デッドロックが起こることになります。スレッドとロックを用いて、食事する哲学者の問題でデッドロックが起こらないようなシミュレーションを実装してください。
ヒント: #419, #437

p.500

15.4 デッドロック・フリー: デッドロックが起こる可能性がない場合のみロックを行うクラスを設計してください。
ヒント: #422, #434

p.503

15.5 呼び出し順序: 次のコードがあるとします。

```
public class Foo {
  public Foo() { ... }
  public void first() { ... }
  public void second() { ... }
  public void third() { ... }
}
```

Fooの同じインスタンスが3つの異なるスレッドに渡されます。スレッドAが`first()`を呼び、スレッドBが`second()`を呼び、スレッドCが`third()`を呼びます。このとき、`first`が`second`の前に呼ばれ、`second`が`third`の前に呼ばれたことを確認する方法を設計してください。
ヒント: #417, #433, #446

p.507

15.6 Synchronizedメソッド: `synchronized`のメソッドAと、`synchronized`でないメソッドBを持つクラスが与えられます。1つのインスタンスで2つのスレッドを持つとして、Aを同時に実行することは可能ですか? また、AとBを同時に実行することは可能ですか?
ヒント: #429

p.509

15.7 **FizzBuzz**：古典的な問題のFizzBuzzでは1からnまでの値を表示しますが、3で割り切れるときは「Fizz」、5で割り切れるときは「Buzz」、3でも5でも割り切れるときは「FizzBuzz」と表示します。これをマルチスレッドを用いた方法で行ってください。

4スレッドを使ってFizzBuzzのマルチスレッドバージョンを実装してください。1つのスレッドが3で割り切れるかどうかをチェックし「Fizz」と表示し、もう1つのスレッドでは5で割り切れるか調べて「Buzz」と表示します。3つ目のスレッドでは3でも5でも割り切れるかをチェックし「FizzBuzz」と表示します。4つ目のスレッドで数値を表示します。

ヒント：#414, #439, #447, #458

p.510

ヒントは740ページから。

16

中級編

16.1 **数値の入れ替え**：一時変数を使わずに値を入れ替える関数を書いてください。
ヒント：#491, #715, #736

p.514

16.2 **単語の頻度**：ある本について、与えられた単語の出現頻度を調べるメソッドを設計してください。このアルゴリズムを複数回実行するとしたらどうなるでしょうか？
ヒント：#488, #535

p.515

16.3 **交点**：2つの線分（始点と終点がある線）が与えられたとき、交点が存在する場合は計算してください。
ヒント：#471, #496, #516, #526

p.516

16.4 **三目並べ**：三目並べ（○×ゲーム）で、勝ち負けを判定するアルゴリズムを設計してください。
ヒント：#709, #731

p.519

16.5 **階乗のゼロ**：nの階乗を計算したとき、末尾の連続する0の数を数えるアルゴリズムを書いてください。
ヒント：#584, #710, #728, #732, #744

p.526

16.6 **最小の差**：2つの整数配列が与えられたとき、差（非負）が最も小さくなる値の組（各配列から1つずつ）を計算し、差を返してください。
例
```
Input: {1, 3, 15, 11, 2}, {23, 127, 235, 19, 8}
Output: 3. このときのペアは (11, 8).
```
ヒント：#631, #669, #678

p.527

16.7 **最大値**：2つの数のうち最大値を見つけるメソッドを書いてください。ただし、`if-else`や比較演算子を用いてはいけません。　ヒント：#472, #512, #706, #727

p.529

16.8 **英語の整数**：任意の整数に対して、その整数を英語（「One Thousand」、「Two Hundred Thirty Four」等）で表示してください。　ヒント：#501, #587, #687

p.530

16.9 **演算**：整数値に対して乗算、減算、除算を行うメソッドを書いてください。ただし、結果はすべて整数値になるものとし、演算子は和算のみを用いてください。
ヒント：#571, #599, #612, #647

p.532

16.10 **生きている人**：人の生まれた年と亡くなった年のリストが与えられたとき、生きている人が最も多い年を計算するメソッドを実装してください。すべての人は1900年から2000年（その年も含む）の間に生まれたものと仮定してかまいません。その年のどの期間でも生きている時期があれば、その年は生きている年に含めるものとします。例えば、Person (birth = 1908, death = 1909) は1908年と1909年のいずれも生きている年に含めます。
ヒント：#475, #489, #506, #513, #522, #531, #540, #548, #575

p.536

16.11 **飛び込み台**：木の板の束を置いて、飛び込み台を作っています。木の板は長いものと短いものの2種類あります。木の板は全部でちょうどK枚使わなければなりません。このとき、飛び込み台を作るのに考えられる長さをすべて列挙するメソッドを書いてください。
ヒント：#689, #699, #714, #721, #739, #746

p.541

16.12 **XMLの符号化**：XMLは非常に冗長なため、タグを事前に定義された値にマッピングすることで符号化する方法があります。言語／文法は次の通りです：

```
Element     --> Tag Attributes END Children END
Attribute   --> Tag Value
END         --> 0
Tag         --> 事前に定義された整数値へのマッピング
Value       --> 文字列
```

例えば、次のXMLはその下にあるような文字列に圧縮変換されます（`family` -> `1`, `person` -> `2`, `firstName` -> `3`, `lastName` -> `4`, `state` -> `5`にマッピングされるとします）。

```
<family lastName="McDowell" state="CA">
<person firstName="Gayle">Some Message</person>
</family>
```

返還後：
```
1 4 McDowell 5 CA 0 2 3 Gayle 0 Some Message 0 0.
```

XMLを符号化したものを表示するコードを書いてください。
ヒント：#465

p.543

16.13 正方形の2等分：2次元の平面上に2つの正方形が与えられたとき、これらの正方形を2等分する直線を見つけてください。正方形の上下の辺はx座標に平行であると仮定してください。
ヒント：#467, #478, #527, #559

p.544

16.14 ベストライン：点のある2次元グラフが与えられたとき、最も多くの点を通る線を見つけてください。
ヒント：#490, #519, #528, #562

p.546

16.15 マスターマインド：マスターマインドゲーム（ヒットアンドブロー）は次のようにして遊びます。
コンピュータには4つのスロットがあり、各スロットには赤（R）、黄（Y）、緑（G）、青（B）の4色のボールがあります。たとえば、コンピュータはRGGB（スロット1が赤、スロット2と3が緑、スロット4が青）のような状態になっているとしましょう。
そしてプレイヤーは正解を予測します。たとえば、YRGBと思ったことにしましょう。
このとき、もしスロットの位置と色が一致していれば「ヒット」、その色はあるがスロットの場所が違う場合は「ブロー」が得られます。ただし、ヒットの場合はブローをカウントしません。
たとえばRGBYが正解でGGRRと答えるとすると、1ヒット1ブローとなります。
このゲームで、予測と正解を与えられたときにヒットとブローの数を返すメソッドを書いてください。
ヒント：#638, #729

p.549

16.16 部分ソート：整数配列が与えられたとき、インデックスmからインデックスnまでをソートすれば配列全体がソートされた状態になるようなmとnを探すメソッドを書いてください。ただし、n - mが最小になるようにしてください（つまり、ソートすべき部分配列の一番短いところを探すということです）。
例
入力：1, 2, 4, 7, 10, 11, 7, 12, 6, 7, 16, 18, 19
出力：(3, 9)
ヒント：#481, #552, #666, #707, #734, #745

p.550

16.17 連続する数列の和：整数（正の数と負の数両方を含む）の配列が与えられます。このとき、連続する数列の和が最大になる部分を見つけ、その和を返してください。
例
入力：2, -8, 3, -2, 4, -10
出力：5 ({3, -2, 4})
ヒント：#530, #550, #566, #593, #613

p.553

16.18 パターンマッチ: パターンと値を表す2つの文字列が与えられます。パターン文字列は単純にaとbの文字だけでできていて、文字列の中に現れるパターンを表します。例えば`catcatgocatgo`という文字列はaababというパターンにマッチします(catがa、goがbに相当する)。a、ab、bのようなパターンにもマッチします。値がパターンにマッチするかどうかを決定するメソッドを書いてください。

ヒント: #630, #642, #652, #662, #684, #717, #726

p.554

16.19 池の広さ: 土地の区画を表す整数値の行列があり、その値は海面からの高さを表しています。値が0の部分は水域であることを示しています。池とは縦、横、斜めにつながった水域のことです。池の広さは、つながった水域の合計数です。このとき、行列内のすべての池のサイズを計算するメソッドを書いてください。

例

入力:

```
0 2 1 0
0 1 0 1
1 1 0 1
0 1 0 1
```

出力: 2, 4, 1 (順不同)

ヒント: #673, #686, #705, #722

p.558

16.20 T9: 古い携帯電話では、ユーザは数字キーパッドでタイプし、番号に対応した言葉のリストが出るようになっていました。各数字は0〜4文字のグループに対応しています。数字の並びが与えられたとき、マッチする単語のリストを返すアルゴリズムを実装してください。正しい単語のリストは用意されています(データ構造は好きなようにしてかまいません)。数字と文字の対応関係は以下の図のようになっています:

1	**2** abc	**3** def
4 ghi	**5** jkl	**6** mno
7 pqrs	**8** tuv	**9** wxyz
	0	

例

入力: 8733

出力: `tree, used`

ヒント: #470, #486, #653, #702, #725, #743

p.561

16.21 合計の入れ替え: 2つの整数配列が与えられたとき、入れ替えることで2つの配列の値の合計が等しくなるような値のペア(各配列から1つずつ)を見つけてください。

例

入力: {4, 1, 2, 1, 1, 2} と {3, 6, 3, 3}

出力: {1, 3}

ヒント: #544, #556, #563, #570, #582, #591, #601, #605, #634

p.565

16.22 ラングトンのアリ: 白黒のマスでできた無限の広さを持つ格子状の盤面に1匹のアリがいます。最初はマスがすべて白で、アリは右を向いています。各ステップで、次のことを行います:

(1) 白のマスではマスの色を変え、右(時計回り)に90度回転し、前に1マス分移動します。

(2) 黒のマスではマスの色を変え、左(反時計回り)に90度回転し、前に1マス分移動します。

最初のKステップをシミュレートするプログラムを書き、最終的な盤面の状態を表示してください。盤面を表すデータ構造は用意されていないことに注意してください。自分で何らかの設計をしなければなりません。メソッドへの唯一の入力はKです。最終的な盤面を表示し、何も返さないでください。メソッドは`void printKMoves(int K)`のようにしてください。

ヒント: #473, #480, #532, #539, #558, #569, #598, #615, #626

p.568

16.23 rand5からrand7: `rand5()`が与えられたとき、`rand7()`というメソッドを実装してください。つまり、0から4のランダムな整数を生成するメソッドが与えられたとき、0から6のランダムな整数を生成するメソッドを書いてくださいということです。　ヒント: #504, #573, #636, #667, #696, #719

p.574

16.24 合計が等しいペア: ある配列において、2つの要素の合計値が指定した値と等しくなる組み合わせをすべて見つけるアルゴリズムを設計してください。　ヒント: #547, #596, #643, #672

p.576

16.25 LRUキャッシュ: 最近最も使われていないデータから捨てていくキャッシュ(Least Recently Used Cache)を設計、実装してください。このキャッシュはキーと値にマッピング(固有のキーと値を関連付けて挿入・検索ができる)し、最大のサイズで初期化されます。キャッシュが一杯になったときは、最近最も使われていない項目をキャッシュから追い出すようにしてください。

ヒント: #523, #629, #693

p.578

16.26 計算機: 正の整数、+、-、*、/からなる演算式(括弧は含みません)が与えられたとき、結果を計算してください。

例

入力: 2*3+5/6*3+15

出力: 23.5

ヒント: #520, #623, #664, #697

p.582

ヒントは743ページから。

17

上級編

17.1 **+を使わない足し算**:2つの数を足す関数を書いてください。ただし、+や他の算術演算子を用いてはいけません。
ヒント: #466, #543, #600, #627, #641, #663, #691, #711, #723

p.588

17.2 **シャッフル**:トランプをシャッフルするメソッドを書いてください。ただし、完璧なシャッフルでなければなりません。言い換えると、52!通りの順列が等確率になるようにということです。また、解答する際に完璧な乱数を生成するメソッドが与えられていると仮定してください。
ヒント: #482, #578, #633

p.589

17.3 **ランダムな集合**:サイズnの配列からm個の整数の集合をランダムに生成するメソッドを書いてください。各要素の選ばれる確率はすべて等確率になるようにしてください。
ヒント: #493, #595

p.590

17.4 **迷子の数**:0からnまでの整数が入った配列Aがあります。ただし、その配列には1つだけ含まれていない整数があります。また、配列Aの要素には1回の操作でアクセスすることはできません。Aの要素は2進表現されており、1回の操作では「A[i]の要素の、jビット目を定数時間で読み込む」ことしかできません。このとき、0からnまでの整数で配列に含まれていない整数を探すコードを書いてください。これをO(n)の計算時間でできますか?
ヒント: #609, #658, #682

p.592

17.5 **文字と数字**:文字と数字で満たされた配列が与えられたとき、文字と数字の数が等しい最長の部分配列を見つけてください。
ヒント: #484, #514, #618, #670, #712

p.595

17.6 **2を数えよう**:0からnまで(nを含む)の整数の文字列表記に現れる2の個数を数えるメソッドを書いてください。
例
入力:25
出力:9 (2, 12, 20, 21, 22, 23, 24 and 25. ※22は2つ分のカウント)

ヒント: #572, #611, #640

p.598

17.7 **赤ちゃんの名前:** 毎年、政府は10000の最も一般的な赤ちゃんの名前のリストとその度数(その名前の赤ちゃんの数)を公表します。これについての唯一の問題はいくつかの名前に複数の綴りがあるという点です。例えば「John」と「Jon」は基本的に同じ名前なのですが、リストは別になってしまいます。名前/度数のリストと同じ名前の組のリストの、2種類のリストが与えられたとき、それぞれの名前における真の度数のリストを新たに表示するアルゴリズムを書いてください。JohnとJonが同じ名前でJonとJohnnyが同じ名前であれば、JohnとJohnnyも同じ名前であるという点に注意してください。(推移的かつ対称的ということです。)最終的なリストにはどの名前を使っても構いません。

例

入力:

`Names: John (15), Jon (12), Chris (13), Kris (4), Christopher (19)`

`Synonyms: (Jon, John), (John, Johnny), (Chris, Kris), (Chris, Christopher)`

出力: `John (27), Kris (36)`

ヒント: #477, #492, #511, #536, #585, #604, #654, #674, #703

p.600

17.8 **サーカスタワー:** サーカスで、人の肩の上に立つようにしてタワーを作っていきます。実際的な理由と美的な理由で、タワーで上に乗る人は下の人よりも背が低く、体重も軽くなければなりません。タワーを作る人たちの身長と体重がわかっているとき、条件を満たすタワーを作ることのできる最大の人数を計算するメソッドを書いてください。

例

入力(ht, wt): `(65, 100) (70, 150) (56, 90) (75, 190) (60, 95) (68, 110)`

出力: 最大のタワーは高さが6で、上から下まで次の人々が含まれています

`(56, 90) (60,95) (65,100) (68,110) (70,150) (75,190)`

ヒント: #637, #656, #665, #681, #698

p.606

17.9 **K番目の倍数:** 素因数が3、5、7だけの整数値で、k番目に小さいものを見つけるアルゴリズムを設計してください。3, 5, 7が必ず因数である必要はありませんが、他の素因数を含んではいけないことに注意してください。例えば、最初のいくつかを(小さい順に)書くと、1, 3, 5, 7, 9, 15 ,21 になります。

ヒント: #487, #507, #549, #590, #621, #659, #685

p.609

17.10 **過半数の要素:** 過半数の要素とは、配列内の要素で数が半分より多いもののことです。正の整数の配列が与えられたとき、過半数の要素を見つけてください。存在しない場合は-1を返してください。また、これを`O(N)`の時間計算量、`O(1)`の空間計算量で行ってください。

例

入力: 1 2 5 9 5 9 5 5 5

出力: 5

ヒント: #521, #565, #603, #619, #649

p.614

17.11 単語の距離:単語のデータが書かれた大きなテキストファイルがあります。任意の2つの単語に対して、ファイル内での最小の距離(間にある単語数)を求めてください。また、同じファイルに対して操作が何度も繰り返し行われる(ただし単語の組み合わせは異なる)としたら、あなたの解法を最適化することはできますか?

ヒント:#485, #500, #537, #557, #632

p.618

17.12 バイノード:BiNodeという2つのノードへ接続するデータ構造を考えます。

```
public class BiNode {
  public BiNode node1, node2;
  public int data;
}
```

BiNodeは(node1が左ノード、node2が右ノードを表す)二分木と、(node1が前ノード、node2が後ノードを表す)双方向連結リスト両方に使用することができます。このBiNodeによって表現された二分探索木を双方向連結リストに変換するメソッドを実装してください。ただしノードの値は元の順序を保ち、適切に操作できるようにしなければなりません。

ヒント:#508, #607, #645, #679, #700, #718

p.621

17.13 文の修復: しまった! 誤って長文のスペースと句読点削除した上に大文字が全部小文字になってしまいました。「I reset the computer. It still didn't boot!」のような文が「iresetthecomputeritstilldidntboot」のようになってしまったのです。後で句読点と大文字の処理をするので、今すぐスペースを挿入する必要があります。ほとんどの単語は辞書にありますが、辞書にない単語もあります。辞書(文字列のリスト)と文書(文字列)が与えられたとき、認識できない文字の数を最小限に抑える方法で、つながってしまった文書を単語に切り分けるアルゴリズムを設計してください。

例

入力: jesslookedjustliketimherbrother

Output: jess looked just like tim her brother (認識できない文字数は7)

ヒント:#495, #622, #655, #676, #738, #748

p.624

17.14 K個の最小数:配列内の最も小さいK個の数を見つけるアルゴリズムを設計してください。

ヒント:#469, #529, #551, #592, #624, #646, #660, #677

p.628

17.15 最長の単語:単語のリストが与えられたとき、リスト内の単語であって、リスト内の他の単語を並べて作ることができる最も長い単語を探すプログラムを書いてください。

例

入力: cat, banana, dog, nana, walk, walker, dogwalker

出力: dogwalker

ヒント:#474, #498, #542, #588

p.634

17.16 マッサージ師:人気のマッサージ師には次から次へと予約依頼が列をなしていて、どの依頼を受けるか考えているところです。予約と予約の間には15分の休憩が必要で、従って連続した予約依頼を受けることはできません。連続する予約以来を数列で表したもの(すべて15分の倍数、重複なし、移動もなし)が与えられたとき、マッサージ師が引き受けることができる最適な(予約された時間(分)の合計が最も長い)予約の組み合わせを見つけ、その合計時間を返してください。

例

入力: {30, 15, 60, 75, 45, 15, 15, 45}

出力: 180 minutes ({30, 60, 45, 45}).

ヒント: #494, #503, #515, #525, #541, #553, #561, #567, #577, #586, #606

p.636

17.17 マルチ探索:文字列bと、それより短い文字列の配列Tがあります。このとき、配列Tの各文字列に対して、文字列bに含まれているか検索するメソッドを設計してください。

ヒント: #479, #581, #616, #742

p.640

17.18 最短の部分配列:2つの配列が与えられ、1つは(すべての要素が異なる)比較的短く、もう1つは長くなっています。長い方の配列の中で、短い配列の要素がすべて含まれる最短の部分配列を見つけてください。含まれる順序は何でも構いません。

例

入力: {1, 5, 9} | {7, 5, 9, 0, 2, 1, 3, 5, 7, 9, 1, 1, 5, 8, 8, 9, 7}

出力: [7, 10] (上記の下線部分)

ヒント: #644, #651, #668, #680, #690, #724, #730, #740

p.646

17.19 迷子の2数:1からNまでの整数がちょうど1つずつ入った配列が与えられます。ただし、その配列には1つだけ含まれていない整数があります。その数を、O(N)の時間計算量とO(1)の空間計算量で見つけるにはどのようにすればよいですか? また、含まれていない整数が2つになった場合はどうなりますか?

ヒント: #502, #589, #608, #625, #648, #671, #688, #695, #701, #716

p.653

17.20 連続的な中央値:乱数を引数にメソッドが何度か呼び出されます。新しく値を受け取るたびに、それまでの数の中央値を求め、それを保持するプログラムを書いてください(訳注:新しい値を追加するメソッドと、それまでの入力の中央値を返すメソッドを書く)。

ヒント: #518, #545, #574, #708

p.658

17.21 ヒストグラムの容量:ヒストグラム(柱状グラフ)をイメージしてください。もし誰かがその上から水を注いだら、溜まる水の容量を計算するアルゴリズムを設計してください。ヒストグラムの各長方形は幅が1であると仮定してください。

例(黒い部分がヒストグラムで、グレーの部分が水を表します。)

入力: {0, 0, 4, 0, 0, 6, 0, 0, 3, 0, 5, 0, 1, 0, 0, 0}

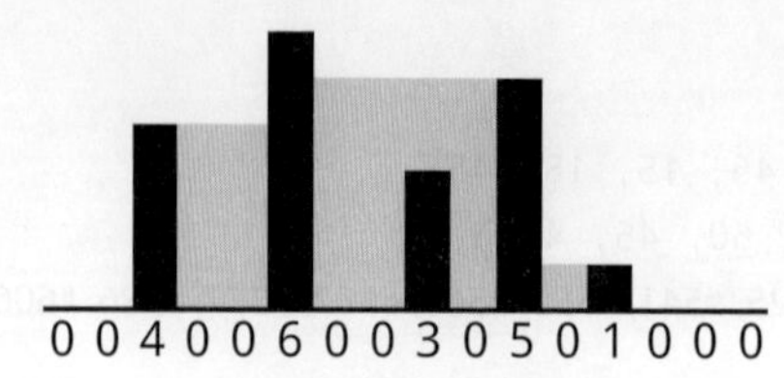

出力: 26

ヒント: #628, #639, #650, #657, #661, #675, #692, #733, #741

p.659

17.22 単語変換:辞書にある、文字数が等しい2つの単語が与えられます。このとき、1ステップに1文字だけ変える変形を繰り返し、一方の単語から他方に変形するメソッドを書いてください。各ステップで得られる新しい単語は辞書の中になければいけません。

例

入力: DAMP, LIKE

出力: DAMP -> LAMP -> LIMP -> LIME -> LIKE

ヒント: #505, #534, #555, #579, #597, #617, #737

p.665

17.23 最大の黒い正方形:各セル(ピクセル)が白か黒である正方行列をイメージしてください。このとき、4辺がすべて黒いピクセルになっている最大の正方形を見つけるアルゴリズムを設計してください。

ヒント: #683, #694, #704, #713, #720, #735

p.672

17.24 最大の部分行列:正負の整数を成分とするNxNの行列があります。このとき、合計値が最大になる部分行列を求めるコードを書いてください。

ヒント: #468, #510, #524, #538, #564, #580, #594, #614, #620

p.675

17.25 単語で矩形:数百万の単語を持つリストがあります。このとき、どの行を左から右へ読んでも、どの列を上から下へ読んでも、すべての行と列が単語として読めるものになる、文字の最大(訳注: 面積が最大ということ)の矩形を作るアルゴリズムを設計してください。リスト内で連続している単語を選ぶ必要はありませんが、矩形を作るため行ごと、列ごとの文字数は揃えておかなければなりません。

ヒント: #476, #499, #747

p.680

17.26 疎(そ)な類似性:(異なる語を含む)2つのドキュメントの類似性はそれらの共通集合のサイズ÷和集合のサイズで定義されます。例えば、ドキュメントが整数値からできているとすれば、{1, 5, 3}と{1, 7, 2, 3}の類似性は0.4になります。共通集合のサイズが2で和集合のサイズが5になるからです。

類似性が「疎(そ)」と思われる、(異なる値を持ちIDが割り振られている)ドキュメントの長いリストがあります。類似性が疎というのは類似性が低いという意味で、つまり2つのドキュメントを任意に選んだときその類似性が0になる可能性が高いということです。このとき、ドキュメントIDのペアとそれらの類似性のリストを返すアルゴリズムを設計してください。

また、類似性が0より大きいペアのみを表示してください。空のドキュメントは何も出力しないでください。問題を簡単にするため、ドキュメントは異なる整数の配列で表されると仮定して構いません。

例

入力:

```
13: {14, 15, 100, 9, 3}
16: {32, 1, 9, 3, 5}
19: {15, 29, 2, 6, 8, 7}
24: {7, 10}
```

出力:

```
ID1, ID2 : SIMILARITY
13, 19 : 0.1
13, 16 : 0.25
19, 24 : 0.14285714285714285
```

ヒント: #483, #497, #509, #517, #533, #546, #554, #560, #568, #576, #583, #602, #610, #635

p.685

ヒントは743ページから。

解法

www.CrackingTheCodingInterview.com に参加しよう。
完全な解法のダウンロード、他のプログラミング言語による解法の表示・提供、この本の設問についての他の読者との議論、質問、問題の報告、正誤表の閲覧、追加のアドバイスの検索ができます。

1

“配列と文字列”の解法

1.1　重複のない文字列: ある文字列が、すべて固有である(重複する文字がない)かどうかを判定するアルゴリズムを実装してください。また、それを実装するのに新たなデータ構造が使えない場合、どのようにすればよいですか?

P.107

解法

まず最初に、文字コードがASCIIかUnicodeかを面接官に聞いておいてください。この質問をすることで、コンピュータサイエンスの細部やしっかりとした基礎があるように印象付けることができます。わかりやすくするため、文字コードはASCIIとしておきます。そのように仮定できない場合は、記憶容量を大きくする必要があります。

解法の1つとしては、ブーリアン型の配列を作成する方法です。インデックス`i`のフラグは、`i`番目のアルファベットが文字列に含まれているかどうかを示します。この文字を2回目に見つけると、すぐに`false`を返します。

文字列の長さが文字の種類の個数を超えた場合もすぐに`false`を返します。128文字の文字から280個の固有な文字列を形成することはできません。

> また、文字の種類を256とすることもできます。これは、拡張ASCIIの場合に当てはまります。面接官と前提を明確にする必要があります。

以下のコードは、このアルゴリズムを実装しています。

```
1   boolean isUniqueChars(String str) {
2     if (str.length() > 128) return false;
3
4     boolean[] char_set = new boolean[128];
5     for (int i = 0; i < str.length(); i++) {
6       int val = str.charAt(i);
7       if (char_set[val]) { // この文字はすでに文字列中に現れている
8         return false;
9       }
10      char_set[val] = true;
11    }
12    return true;
13  }
```

このコードの計算量は、nを文字列のサイズとしてO(n)、消費メモリはO(1)になります。(forループは文字数の128を超えることは決してないので、時間計算量はO(1)と言うこともできます)。文字セットが固定であると仮定したくない場合は、文字セットのサイズをcとすると、O(c)の空間計算量、O(min(c, n))またはO(c)の時間計算量になります。

ビットベクトルを用いて消費メモリを8分の1に抑えることもできます。以下のコードではアルファベットの小文字だけ使用すると仮定しています。(アルファベットは26種類あるので)32ビット整数を1つ使うだけで済みますね。

```
1   boolean isUniqueChars(String str) {
2     int checker = 0;
3     for (int i = 0; i < str.length(); i++) {
4       int val = str.charAt(i) - 'a';
5       if ((checker & (1 << val)) > 0) {
6         return false;
7       }
8       checker |= (1 << val);
9     }
10    return true;
11  }
```

追加のデータ構造を使うことができない場合は、以下のようにしてもよいでしょう。

1. すべての文字について他の文字と順番に比較していく。この方法では$O(n^2)$の計算時間、O(1)のメモリ消費になる。
2. 文字列自体を操作することが許されるならば、与えられた文字列をソート(O(n log(n)) して、その文字列の先頭から隣り合う2文字を比較していけば同様の結果が得られる(ソーティングアルゴリズムについては別の場所で取り上げます)。

これらの解法はいくつかの点で最適とは言えませんが、問題の制約によっては有効になるかもしれません。

1.2 **順列チェック**: 2つの文字列が与えられたとき、片方がもう片方の並び替えになっているかどうかを決定するメソッドを書いてください。

P.107

解法

この問題でも初めにいろいろと確認事項があります。順列の比較で大文字と小文字の区別をするのかどうかを理解しておく必要があります。つまり、「God」は「dog」の順列と言えるのかどうかということです。さらに言えば、空白文字に意味があるのかどうかも注意しておかなければなりません。今回は大文字と小文字はしっかり区別し、空白文字も意味のあるものとして考えておきましょう。ですから「god 」と「dog」は別物とします。

最初に、異なる長さの文字列が互いの順列になることはないことに注意してください。この問題を解く簡単な方法は2つありますが、いずれの方法でも長さの比較を行い、少し最適化しておきましょう。

解法1: 文字列をソートする

2つの文字列が順列であればまったく同じ文字が使われているはずですが、並び方が違います。ですから2つの文字列をそれぞれソートして、同じものであるかを比較すればよいことになります。

```
1  String sort(String s) {
2    char[] content = s.toCharArray();
3    java.util.Arrays.sort(content);
4    return new String(content);
5  }
6
7  boolean permutation(String s, String t) {
8    if (s.length() != t.length()) {
9      return false;
10   }
11   return sort(s).equals(sort(t));
12 }
```

このアルゴリズムは最適とは言えませんが、ある意味望ましいものかもしれません。それは、アルゴリズムが非常に簡潔で理解しやすいからです。実用性の点では、実装するのに非常に優れた方法かもしれません。しかし効率性が求められる場合は、他の方法で実装するのがよいでしょう。

解法2: 同じ文字の数を数える

このアルゴリズムを実装するにも、「2つの文字列にはまったく同じ文字が使われている」という順列の定義を利用します。ハッシュテーブルのように動作する配列(4〜7行目)を作成し、各文字をその頻度にマッピングします。1つ目の文字列をインクリメントし、2つ目の文字列をデクリメントします。文字列が順列の場合、配列は最終的にすべて0になります。

値が負になると、すぐに終了することができます(一度負の値になると値は負で確定し、0以外の値になります)。すぐに終了しない場合、配列はすべて0でなければなりません。これは、文字列の長さが同じで、インクリメントする回数がデクリメントする回数と同じになるからです。負の値を持たない配列は、正の値を持つことはできません。

```
1  boolean permutation(String s, String t) {
2    if (s.length() != t.length()) return false; // 順列は同じ長さでなければならない
3
4    int[] letters = new int[128]; // ASCIIと仮定
5    for (int i = 0; i < s.length(); i++) {
6      letters[s.charAt(i)]++;
7    }
8
9    for (int i = 0; i < t.length(); i++) {
10     letters[t.charAt(i)]--;
11      if (letters[t.charAt(i)] < 0) {
12        return false;
13      }
14   }
15   return true; // 負の値になる文字がない。つまり正の値になる文字もないということ。
16 }
```

4行目の仮定に注意してください。もしあなたが面接試験を受けるのであれば、面接官に文字コードを必ず確認しておきましょう。

本書では文字コードをASCIIと仮定しておきます。

1.3 **URLify:** 文字列内に出現するすべての空白文字を“%20”で置き換えるメソッドを書いてください。ただし、文字列の後ろには新たに文字を追加するためのスペースが十分にある(バッファのサイズは気にしなくてもよい)ことと、その追加用スペースを除いた文字列の真の長さが与えられます(注意:Javaで実装する場合は、追加の領域を使用せずに処理できるよう文字配列を使ってください)。

例

入力:“Mr John Smith ”, 13

出力:“Mr%20John%20Smith”

P.107

解法

文字列操作においてよく使用されるアプローチとして、文字列の最後尾から先頭に向かって編集する方法があります。この方法ではバッファの後ろに追加のバッファを加えることができるので便利ですし、編集時に文字列を上書きしてしまう心配もありません。

では、実際にこのアプローチを使ってみましょう。
このアルゴリズムは2回走査する方法を採用しています。 最初の走査では、空白文字の数を数えます。この数を3倍にすることで、最後の文字列に追加する文字の数を計算できます。逆の順序で行われる2番目の走査では、実際に文字列を書き換えます。空白文字を見つけると%20で置き換えます。空白文字がない場合は元の文字をコピーします。

以下のコードは、このアルゴリズムを実装しています。

```
1  void replaceSpaces(char[] str, int trueLength) {
2    int spaceCount = 0, index, i = 0;
3    for (i = 0; i < trueLength; i++) {
4      if (str[i] == ' ') {
5        spaceCount++;
6      }
7    }
8    index = trueLength + spaceCount * 2;
9    if (trueLength < str.length) str[trueLength] = '\0'; // 配列の終端
10   for (i = trueLength - 1; i >= 0; i--) {
11     if (str[i] == ' ') {
12       str[index - 1] = '0';
13       str[index - 2] = '2';
14       str[index - 3] = '%';
15       index = index - 3;
16     } else {
17       str[index - 1] = str[i];
18       index--;
19     }
20   }
21 }
```

x3?

Javaの文字列は直接編集できないので、文字配列を使って実装してみました。文字列を直接使いたい場合は新たに文字列をコピーし、それを返す必要がありますが、1回の走査で済みます。

1.4 **回文の順列**:文字列が与えられたとき、その文字列が回文の順列であるかを調べる関数を書いてください。回文とは前から読んでも後ろから読んでも同じになる単語やフレーズのことです。順列とは文字を並び替えたものです。回文に含まれる単語は辞書に書かれているもの限りません。

例

入力:`Tact Coa`

出力:True(順列:"`taco cat`","`atco cta`",等)

P.107

解法

これは文字列が回文の順列であるということが、何を意味するのかを理解するのに役立つ問題です。そのような文字列の「定義の特徴」が何であるかを尋ねるのと同じことです。

回文は、前方と後方で同じ文字列になります。したがって、文字列が回文の置換であるかどうかを判断するには、文字列が前後に同じになるように記述できるかどうかを知る必要があります。

前後に同じように一連の文字を書くことができるようにするにはどのようにすればよいでしょうか? 半分が一方の側にあり、半分が他方の側にあるようにするために、ほぼすべての文字数が偶数になる必要があります。多くて1文字(中央の文字)は奇数個になっても構いません。

たとえば、`tactcoapapa`はTが2個、Aが4個、Cが2個、Pが2個、Oが1個あるので、回文の順列であることがわかります。Oは考え得るすべての回文の中央の文字になります。

> より正確に言えば、偶数長の文字列(文字以外をすべて削除した後)はすべて偶数個の文字を持つ必要があります。奇数長の文字列は、奇数個の文字を持つ必要があります。もちろん「偶数長」の文字列には、奇数の文字を1つだけ入れることはできません。そうでなければ偶数の文字列(奇数+偶数=奇数)にならないからです。同様に、長さが奇数の文字列はすべての文字が偶数個になることはありません(偶数の和は偶数)。したがって、回文の順列であるためには、奇数個の文字は文字列内に1種類より多くなることはありません。これは奇数個と偶数個両方の場合に言えることです。

これは最初のアルゴリズムにつながります。

解法 #1

このアルゴリズムの実装はかなり簡単です。ハッシュテーブルを使用して、各文字が何回出現するかを数えます。次に、ハッシュテーブルを走査し、文字数が奇数になるような文字が複数存在しないことを確認します。

```
1   boolean isPermutationOfPalindrome(String phrase) {
2     int[] table = buildCharFrequencyTable(phrase);
3     return checkMaxOneOdd(table);
4   }
5
6   /* 文字数が奇数の文字が複数存在しないことを確認 */
7   boolean checkMaxOneOdd(int[] table) {
8     boolean foundOdd = false;
9     for (int count : table) {
10      if (count % 2 == 1) {
11        if (foundOdd) {
12          return false;
```

```
13          }
14          foundOdd = true;
15        }
16      }
17      return true;
18    }
19
20    /* 文字を数字に割り当てる。a -> 0, b -> 1, c -> 2, など。
21     * 大文字小文字の区別はしない。文字以外は-1とする。 */
22    int getCharNumber(Character c) {
23      int a = Character.getNumericValue('a');
24      int z = Character.getNumericValue('z');
25      int val = Character.getNumericValue(c);
26      if (a <= val && val <= z) {
27        return val - a;
28      }
29      return -1;
30    }
31
32    /* 各文字が何回現れるかを数える。 */
33    int[] buildCharFrequencyTable(String phrase) {
34      int[] table = new int[Character.getNumericValue('z') -
35                            Character.getNumericValue('a') + 1];
36      for (char c : phrase.toCharArray()) {
37        int x = getCharNumber(c);
38        if (x != -1) {
39          table[x]++;
40        }
41      }
42      return table;
43    }
```

このアルゴリズムは、Nを文字列の長さとするとO(N)の時間計算量になります。

解法 #2

アルゴリズムは常に文字列全体を調べなければならないので、計算量自体は最適化することはできません。しかし少しずつ改良を重ねることはできます。これは比較的簡単な問題なので、いくらか最適化や多少の微調整については議論する価値があります。

最後に奇数のチェックするのではなく、途中でチェックすることができます。そうすると、終わりに達したとき答えがわかっていることになります。

```
1    boolean isPermutationOfPalindrome(String phrase) {
2      int countOdd = 0;
3      int[] table = new int[Character.getNumericValue('z') -
4                            Character.getNumericValue('a') + 1];
5      for (char c : phrase.toCharArray()) {
6        int x = getCharNumber(c);
7        if (x != -1) {
8          table[x]++;
9          if (table[x] % 2 == 1) {
10           countOdd++;
11         } else {
12           countOdd--;
```

```
13          }
14        }
15      }
16      return countOdd <= 1;
17    }
```

必ずしも最適ではないということを、ここではっきりさせることが重要です。ビッグ・オー記法では同じであっても、わずかに遅いかもしれません。ハッシュテーブルを使用して最終的な走査を削除しましたが、文字列内の各文字に対して実行するコードがいくらか必要になります。

面接官とは、必ずしも最適解というわけではないけれども別の解法であるとして議論すべきです。

解法 #3

この問題についてより深く考えているうちに、実際には文字数を知る必要はないことに気付くかもしれません。文字数が偶数か奇数かだけが分かればよいのです。ライトのオン/オフを切り替えることを考えてください(最初はオフです)。ライトがオフの状態になっているとすると、そのとき何度スイッチを切り替えたのかは分かりませんが、それが偶数回であることはわかります。

このように考えれば、(ビットベクトルとして)整数を1つ使うだけで済みます。文字を見て、0から26までの整数にマップします(英語のアルファベットを前提とします)。次に、その値でビットを切り替えます。最後に整数値のビットが1か所1に設定されていることを確認します。

整数のビットが1でないことは簡単に確認できます。整数を0と比較するだけです。実際には、整数に1つのビットが1に設定されていることを確認するための非常にエレガントな方法があります。

00010000 のような整数を描いてください。もちろん、整数を繰り返しシフトして、1のビットが1つしかないことを確認することもできます。それ以外の方法として、数字から1を引くと 00001111 が得られます。これについて注目すべき点は、これらの値の各ビットに1が重複する場所がないということです(逆に 00101000 では1を減算すると 00100111 となり、1が重複する箇所がある)。従って、ある値に含まれる1の数がちょうど1個だけであることを確認できます。なぜなら、その数とその数から1を減算した数字の ANDを取ると0になるからです。

```
00010000 - 1 = 00001111
00010000 & 00001111 = 0
```

これで最終的な実装ができます。

```
1    boolean isPermutationOfPalindrome(String phrase) {
2      int bitVector = createBitVector(phrase);
3      return bitVector == 0 || checkExactlyOneBitSet(bitVector);
4    }
5
6    /* 文字列に対するビットベクトルを生成する。
7     * 各文字の文字番号iについてiビット目を切り替える。 */
8    int createBitVector(String phrase) {
9      int bitVector = 0;
10     for (char c : phrase.toCharArray()) {
11       int x = getCharNumber(c);
12       bitVector = toggle(bitVector, x);
13     }
14     return bitVector;
```

```
15  }
16
17  /* 整数のiビット目を切り替える。 */
18  int toggle(int bitVector, int index) {
19    if (index < 0) return bitVector;
20
21    int mask = 1 << index;
22    if ((bitVector & mask) == 0) {
23      bitVector |= mask;
24    } else {
25      bitVector &= ~mask;
26    }
27    return bitVector;
28  }
29
30  /* 整数値から1減算したものと元の数とのANDを取り、
31   * 1ビットだけが1になっているかどうかをチェックする */
32  boolean checkExactlyOneBitSet(int bitVector) {
33    return (bitVector & (bitVector - 1)) == 0;
34  }
```

X 解法

他の解と同様に、これはO(N)です。

自分の調査しなかった解法に注目するのは興味深いことです。「すべての可能な並べ替えを作成し、それらが回文かどうかを確認する」という考え方に沿った解法は避けました。そのような解法は機能しますが、現実世界では完全に実行不可能です。すべての順列を生成するには、階乗時間(指数関数時間よりも悪い)が必要であり、10〜15文字より長い文字列に対して実行することは本質的に不可能です。

このような(非現実的な)解法について言及するのは、多くの候補者はこのような問題を聞き、「AがBグループに入っているかどうかを確認するには、Bに入っているすべてのものを知り、その中の1つがAであるかどうかを確認する必要がある。」と言ってしまうからです。それは必ずしもそうではなく、この問題はそれを実際に示すためのものです。回文かどうかを確認するために、すべての順列を生成する必要はないのです。

1.5 **一発変換**: 文字列に対して行うことができる3種類の編集:文字の挿入、文字の削除、文字の置き換えがあります。2つの文字列が与えられたとき、一方の文字列に対して1操作(もしくは操作なし)でもう一方の文字列にできるかどうかを判定してください。

例

```
pale, ple -> true
pales, pale -> true
pale, bale -> true
pale, bake -> false
```

P.107

解法

これは「ブルートフォース」のアルゴリズムで解くことができます。各文字を削除(して比較)、置き換え(して比較)、考え得るすべての文字を挿入(して比較)の操作を1回行ってできる考え得るすべての文字列を調べます。

それでは遅すぎるので、実装には気をつけましょう。

これはそれぞれの操作の「意味」について考えることが有用な問題の1つです。2つの文字列が、お互い1回の挿入、置換、削除を行ったものであるとはどういう意味でしょうか？

- **置き換え**：bale と pare のような、1文字置き換わった2つの文字列を考えてみましょう。これはもちろん、bale を1文字置き換えることで pale にできるということを意味します。しかしより正確に言えば、異なる場所が1か所しかないことを意味しています。
- **挿入**：apple と aple は1回挿入分の違いがあります。つまり文字列を比較した場合、文字列内のある点でシフト場合を除いて、それらは同じになるということです。
- **削除**：削除は挿入の逆ですので、apple と aple は1回削除分の違いがあるとも言えます。

それではアルゴリズムの実装に進みましょう。挿入と削除のチェックを1つのステップに統合し、置換ステップを別にチェックします。

挿入、削除、置換の編集に文字列のチェックを行う必要はないことに注意してください。文字列の長さが、これらのうちどれをチェックする必要があるかを示しています。

```
1   boolean oneEditAway(String first, String second) {
2     if (first.length() == second.length()) {
3       return oneEditReplace(first, second);
4     } else if (first.length() + 1 == second.length()) {
5       return oneEditInsert(first, second);
6     } else if (first.length() - 1 == second.length()) {
7       return oneEditInsert(second, first);
8     }
9     return false;
10  }
11
12  boolean oneEditReplace(String s1, String s2) {
13    boolean foundDifference = false;
14    for (int i = 0; i < s1.length(); i++) {
15      if (s1.charAt(i) != s2.charAt(i)) {
16        if (foundDifference) {
17          return false;
18        }
19
20        foundDifference = true;
21      }
22    }
23    return true;
24  }
25
26  /* 文字をs1に挿入してs2を作ることができるかどうかを確認する。 */
27  boolean oneEditInsert(String s1, String s2) {
28    int index1 = 0;
29    int index2 = 0;
30    while (index2 < s2.length() && index1 < s1.length()) {
31      if (s1.charAt(index1) != s2.charAt(index2)) {
32        if (index1 != index2) {
33          return false;
34        }
```

```
35          index2++;
36        } else {
37          index1++;
38          index2++;
39        }
40      }
41      return true;
42    }
```

このアルゴリズム(と、ほとんどの合理的なアルゴリズム)では、nを短い方の文字列の長さとすればO(n)の計算時間になります。

> なぜ実行時間は長い文字列でなく短い文字列で決まるのでしょうか? 文字列が同じ長さ(プラスマイナス1文字)の場合、実行時間を定義するのに長い文字列か短い文字列のどちらを使用するかは関係ありません。文字列の長さが大きく異なる場合、アルゴリズムはO(1)時間で終了します。したがって、非常に長い文字列が実行時間を大幅に増やすことはありません。両方の文字列が長い場合にのみ、実行時間が増加します。

oneEditReplaceのコードはoneEditInsertのコードと非常によく似ている点に注目してください。これらは1つのメソッドにマージすることができます。

これを行うには、両方のメソッドが同様のロジックに従うことを確認します。各文字を比較し、文字列が1つだけ異なることを確認します。メソッドはその違いをどのように処理するかによって異なります。oneEditInplaceメソッドはポインタをより長い文字列にインクリメントするのに対し、oneEditReplaceメソッドは差のフラグを取る以外何もしません。これらの両方を同じメソッドで処理できます。

```
1   boolean oneEditAway(String first, String second) {
2     /* 長さチェック */
3     if (Math.abs(first.length() - second.length()) > 1) {
4       return false;
5     }
6   
7     /* 短い方と長い方の文字列を得る */
8     String s1 = first.length() < second.length() ? first : second;
9     String s2 = first.length() < second.length() ? second : first;
10  
11    int index1 = 0;
12    int index2 = 0;
13    boolean foundDifference = false;
14    while (index2 < s2.length() && index1 < s1.length()) {
15      if (s1.charAt(index1) != s2.charAt(index2)) {
16        /* これが最初に見つかった差であることに注意 */
17        if (foundDifference) return false;
18        foundDifference = true;
19  
20        if (s1.length() == s2.length()) { // 挿入時、短い方のポインタを動かす
21          index1++;
22        }
23      } else {
24        index1++; // 一致した場合は短い方のポインタを動かす
25      }
26      index2++; // 長い方のポインタは常に動かす
27    }
28    return true;
29  }
```

一部の人々は、最初のアプローチの方がより明確で読みやすいので優れていると主張するかもしれません。しかし、よりコンパクトでコードの重複がないため(管理性を向上させることができるので)、2番目のアプローチが優れていると主張する人もいるでしょう。

必ずしも「どちらかを選ぶ」必要はありません。トレードオフについて面接官と話し合うとよいでしょう。

1.6 **文字列圧縮**: 文字の連続する数を使って基本的な文字列圧縮を行うメソッドを実装してください。たとえば、「aabccccaaa」は「a2b1c5a3」のようにしてください。もし、圧縮変換された文字列が元の文字列よりも短くならなかった場合は、元の文字列を返してください。文字列はアルファベットの大文字と小文字のみ(a - z)を想定してください。

P.108

解法

一見すると実装はとても簡単そうに見えますが、実際には少し面倒です。文字列を走査して新しい文字列にコピーしつつ、文字の繰り返しを数える。走査ごとに、現在の文字が次の文字と同じであるかどうかを確認します。そうでない場合は、圧縮されたものを結果に追加します。

まあ、難しいと言うほどでもないですね?

```
1   String compressBad(String str) {
2     String compressedString = "";
3     int countConsecutive = 0;
4     for (int i = 0; i < str.length(); i++) {
5       countConsecutive++;
6
7       /* 次の文字が現在の文字と異なる場合、この文字を結果に追加する */
8       if (i + 1 >= str.length() || str.charAt(i) != str.charAt(i + 1)) {
9         compressedString += "" + str.charAt(i) + countConsecutive;
10        countConsecutive = 0;
11      }
12    }
13    return compressedString.length() < str.length() ? compressedString : str;
14  }
```

これは動きますが、効率的でしょうか? コードの実行時間を見てみましょう。

pを元の文字列のサイズ、kを連続する文字群の数(たとえば「aabccdeeaa」という文字列であれば、kは6になります)とすれば、実行時間は$O(p + k^2)$になります。文字列の連結には$O(n^2)$の計算時間を要するので、実際にはかなり遅いです。(106ページのStringBuilderをご覧ください)

StringBuilderを用いてこれを修正することができます。

```
1   String compress(String str) {
2     StringBuilder compressed = new StringBuilder();
3     int countConsecutive = 0;
4     for (int i = 0; i < str.length(); i++) {
5       countConsecutive++;
```

```
 6
 7       /* 次の文字が現在の文字と異なる場合、この文字を結果に追加する */
 8       if (i + 1 >= str.length() || str.charAt(i) != str.charAt(i + 1)) {
 9         compressed.append(str.charAt(i));
10         compressed.append(countConsecutive);
11         countConsecutive = 0;
12       }
13     }
14     return compressed.length() < str.length() ? compressed.toString() : str;
15   }
```

これらの解法はいずれも最初に圧縮文字列を作成し、入力文字列と圧縮文字列の短い方を返します。

そのようにする代わりに、事前に確認することができます。これは、文字の反復数が大量でない場合には最適です。決して使用することのない文字列を作成する必要はありません。この方法の欠点は、文字を介して2回目のループが発生し、ほぼ重複したコードが追加されることです。


```
 1   String compress(String str) {
 2     /* 最終的な長さをチェックし、元の文字列より長ければ元の文字列を返す */
 3     int finalLength = countCompression(str);
 4     if (finalLength >= str.length()) return str;
 5
 6     StringBuilder compressed = new StringBuilder(finalLength); // 初期の容量
 7     int countConsecutive = 0;
 8     for (int i = 0; i < str.length(); i++) {
 9       countConsecutive++;
10
11       /* 次の文字が現在の文字と異なる場合、この文字を結果に追加する */
12       if (i + 1 >= str.length() || str.charAt(i) != str.charAt(i + 1)) {
13         compressed.append(str.charAt(i));
14         compressed.append(countConsecutive);
15         countConsecutive = 0;
16       }
17     }
18     return compressed.toString();
19   }
20
21   int countCompression(String str) {
22     int compressedLength = 0;
23     int countConsecutive = 0;
24     for (int i = 0; i < str.length(); i++) {
25       countConsecutive++;
26
27       /* 次の文字が現在の文字と異なる場合、長さを増やす */
28       if (i + 1 >= str.length() || str.charAt(i) != str.charAt(i + 1)) {
29         compressedLength += 1 + String.valueOf(countConsecutive).length();
30         countConsecutive = 0;
31       }
32     }
33     return compressedLength;
34   }
```

このアプローチのもう1つの利点は、`StringBuilder`を必要な容量まで初期化できることです。これがなければ、`StringBuilder`は容量を超えるたびに容量を2倍にする必要があります。容量は最終的に必要なものの倍になる可能性があります。

1.7 **行列の回転**：NxNの行列に描かれた、1つのピクセルが4バイト四方の画像があります。その画像を90度回転させるメソッドを書いてください。あなたはこれを追加の領域なしでできますか？

P.108

解法

行列を90度回転させているので、一番簡単な実装はレイヤー（訳注：幅が1ピクセルの線で作った正方形が層状になって正方形ができていると考えると、個々の層のことをレイヤーと呼ぶ）ごとに回転させる方法です。各レイヤーについて、上端は右端、右端は下端、下端は左端、左端は上端に、円を描くように移動させていきます。

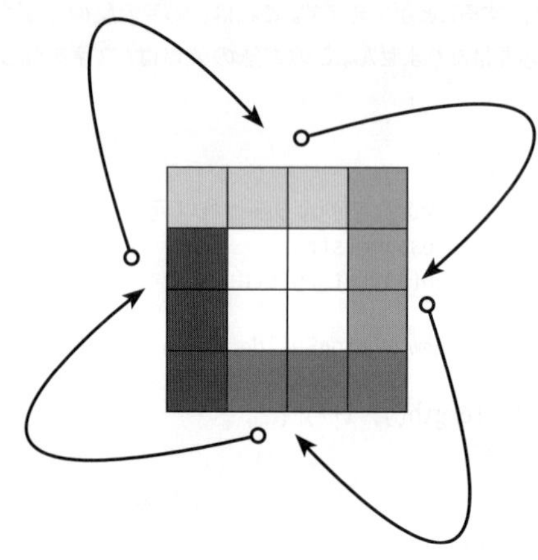

このような四方の回転をどのように行えばよいでしょうか？ 1つの選択肢は上端を配列にコピーし、左端を上端に、下端を左端のように移動させます。この操作に必要なメモリは`O(N)`になります。

もっと良い方法として、行列のインデックスごとに入れ替えていくというものもあります。この場合は以下のようにします。

```
1   for i = 0 to n
2     temp = top[i];
3     top[i] = left[i]
4     left[i] = bottom[i]
5     bottom[i] = right[i]
6     right[i] = temp
```

全体的には、一番外側のレイヤーから内側のレイヤーに向かって、各レイヤーごとに入れ替え操作を行っていくとよいでしょう（一番内側のレイヤーから外側に向かう方法でもよいです）。

コードは以下の通りです。

```
1   boolean rotate(int[][] matrix) {
2     if (matrix.length == 0 || matrix.length != matrix[0].length) return false;
3     int n = matrix.length;
4     for (int layer = 0; layer < n / 2; layer++) {
5       int first = layer;
6       int last = n - 1 - layer;
```

```
7        for(int i = first; i < last; i++) {
8          int offset = i - first;
9          int top = matrix[first][i]; // 上端の値を保存
10
11         // 左端 → 上端
12         matrix[first][i] = matrix[last-offset][first];
13
14         // 下端 → 左端
15         matrix[last-offset][first] = matrix[last][last - offset];
16
17         // 右端 → 下端
18         matrix[last][last - offset] = matrix[i][last];
19
20         // 上端 → 右端
21         matrix[i][last] = top; // 右端 ← 保存された上端の値
22       }
23     }
24     return true;
25   }
```

このアルゴリズムの計算量は $O(N^2)$ です。どんなアルゴリズムであっても N^2 個の要素すべてに触れなければなりませんから、計算量としてはベストですね。

1.8　0の行列： MxNの行列について、要素が0であれば、その行と列のすべてを0にするようなアルゴリズムを書いてください。

P.108

解法

問題文の通り、行列のすべての要素を順番に調べて、0があればその行と列を0にしていくだけの一見簡単そうに見える問題ですが、それだけでは少し問題があります。0の部分を発見したときに、その場で行と列を0で埋める処理をしてしまうと、あっという間にすべての要素が0になってしまうでしょう。

この問題を解決するにはもう1つ行列を用意し、0で埋める場所を記録していく方法が考えられますが、行列のすべての要素を2回走査する必要があります。このアルゴリズムでは O(MN) のメモリが必要になります。

しかし、本当に O(MN) も必要なのでしょうか？ 答えはノーです。すべての列と行を0にセットするのですから、「2列4行」みたいに行列の要素を正確に追っていく必要はないのです。必要な情報は「2列目のどこかに0がある」とか、「4行目のどこかに0がある」のようなことだけなのです。そして、0が含まれているとわかっている列・行をとにかく0で埋めるだけ。0が出現する正確な位置なんていりませんよね？

以下のコードは今説明したアルゴリズムを実装したものです。列と行のそれぞれに関しての配列を使い、それらに0が含まれるかどうかを記録しておきます。次に、これらの配列の値に基づいて行と列を0で埋めます。

```
1   void setZeros(int[][] matrix) {
2     boolean[] row = new boolean[matrix.length];
3     boolean[] column = new boolean[matrix[0].length];
4
5     // 0を含む行および列のインデックスを保存
```

```
6       for (int i = 0; i < matrix.length; i++) {
7         for (int j = 0; j < matrix[0].length;j++) {
8           if (matrix[i][j] == 0) {
9             row[i] = true;
10            column[j] = true;
11          }
12        }
13      }
14
15      // 行を0で埋める
16      for (int i = 0; i < row.length; i++) {
17        if (row[i]) nullifyRow(matrix, i);
18      }
19
20      // 列を0で埋める
21      for (int j = 0; j < column.length; j++) {
22        if (column[j]) nullifyColumn(matrix, j);
23      }
24    }
25
26    void nullifyRow(int[][] matrix, int row) {
27      for (int j = 0; j < matrix[0].length; j++) {
28        matrix[row][j] = 0;
29      }
30    }
31
32    void nullifyColumn(int[][] matrix, int col) {
33      for (int i = 0; i < matrix.length; i++) {
34        matrix[i][col] = 0;
35      }
36    }
```

これを幾分メモリ効率の良いものにするために、boolean配列の代わりにビットベクトルを使うことができます。それでも空間計算量はO(N)のままです。

行配列の代わりに最初の行を使用し、列配列の代わりに最初の列を使用することで、空間計算量をO(1)に減らすことができます。これは次のように機能します:

1. 最初の行と最初の列に0があるかどうかを確認し、変数 rowHasZero と columnHasZero を設定する。(必要に応じて最初の行と最初の列を0で埋めることになる。)
2. matrix[i][j]に0があるときは常にmatrix[i][0]とmatrix[0][j]を0に設定し、matrixの残りを走査する。
3. matrixの残りを走査し、matrix[i][0]に0がある場合は行iを0で埋める。
4. matrixの残りを走査し、matrix[0][j]に0がある場合は列jを0で埋める。
5. 必要に応じて、最初の行と最初の列を0にする(手順1の値に基づく)。

このコードは次のとおりです:

```
1    void setZeros(int[][] matrix) {
2      boolean rowHasZero = false;
3      boolean colHasZero = false;
4
5      // 最初の行に0があるかをチェック
```

```
6      for (int j = 0; j < matrix[0].length; j++) {
7        if (matrix[0][j] == 0) {
8          rowHasZero = true;
9          break;
10       }
11     }
12
13     // 最初の列に0があるかをチェック
14     for (int i = 0; i < matrix.length; i++) {
15       if (matrix[i][0] == 0) {
16         colHasZero = true;
17         break;
18       }
19     }
20
21     // 残りの行列に0があるかをチェック
22     for (int i = 1; i < matrix.length; i++) {
23       for (int j = 1; j < matrix[0].length;j++) {
24         if (matrix[i][j] == 0) {
25           matrix[i][0] = 0;
26           matrix[0][j] = 0;
27         }
28       }
29     }
30
31     // 最初の列の値に基づいて行を0で埋める
32     for (int i = 1; i < matrix.length; i++) {
33       if (matrix[i][0] == 0) {
34         nullifyRow(matrix, i);
35       }
36     }
37
38     // 最初の行の値に基づいて列を0で埋める
39     for (int j = 1; j < matrix[0].length; j++) {
40       if (matrix[0][j] == 0) {
41         nullifyColumn(matrix, j);
42       }
43     }
44
45     // 最初の行を0で埋める
46     if (rowHasZero) {
47       nullifyRow(matrix, 0);
48     }
49
50     // 最初の列を0で埋める
51     if (colHasZero) {
52       nullifyColumn(matrix, 0);
53     }
54   }
```

このコードでは、"行に対してこれを行い、次に列に対する同等のアクションを行います。"のようなことがたくさんあります。面接では、次のコードが前のコードと同じように見えるが、行を使用するということを説明するコメントやTODOを追加することで、コードを短縮することができます。これにより、アルゴリズムの最も重要な部分に集中することができます。

1.9 **文字列の回転:** 片方の文字列が、もう片方の文字列の一部分になっているかどうかを調べるメソッド「`isSubstring`」が使えると仮定します。2つの文字列`s1`と`s2`が与えられたとき、`isSubstring`メソッドを一度だけ使って`s2`が`s1`を回転させたものかどうかを判定するコードを書いてください(たとえば、「`waterbottle`」は「`erbottlewat`」を回転させたものになっています)

P.108

解法

`s2`が`s1`を回転したものであることを想像してみると、どこで回転しているのかということになります。たとえば「`waterbottle`」の「`wat`」の後から回転させるとすれば、「`erbottlewat`」という文字列が得られます。`s1`を`x`と`y`に切り分けて並べ替え、`s2`が得られるかどうかを調べればよさそうですね。

```
s1 = xy = waterbottle
x = wat
y = erbottle
s2 = yx = erbottlewat
```

というわけで、`xy=s1`かつ`yx=s2`であるように、`s1`を`x`と`y`に分ける方法があるかをチェックする必要があります。`x`と`y`に分ける際、どの場所で分けるにしても、`yx`は必ず`xyxy`の部分文字列になっています。つまり、`s2`は常に`s1s1`の部分文字列になっているということです。

単に、`isSubstring(s1s1, s2)`を実行する。これが解答です。

```
1   boolean isRotation(String s1, String s2) {
2     int len = s1.length();
3     /* s1とs2が同じ長さ、かつ、空でないことをチェック */
4     if (len == s2.length() && len > 0) {
5       /* s1とs2を連結 */
6       String s1s1 = s1 + s1;
7       return isSubstring(s1s1, s2);
8     }
9     return false;
10  }
```

この実行時間は、`isSubstring`の実行時間に基づいて変わります。しかし`isSubstring`が`O(A + B)`の実行時間(AとBの文字列の長さ)で実行されていると仮定すると、`isRotation`の実行時間は`O(N)`になります。

2

“連結リスト” の解法

2.1 **重複要素の削除:** ソートされていない連結リストから、重複する要素を削除するコードを書いてください。

発展問題

もし、一時的なバッファが使用できないとすれば、どうやってこの問題を解きますか?

p.111

解法

連結リストから重複するノードを削除するには重複部分を追跡できる必要があります。今回は単純なハッシュテーブルで十分です。

以下の解答は単純に連結リストを巡回し、それぞれの要素をハッシュテーブルに追加していきます。重複する要素を見つけたらその要素を削除し、巡回を続けます。連結リストを使っているので、1回の巡回で行うことができます。

```
1   void deleteDups(LinkedListNode n) {
2     HashSet<Integer> set = new HashSet<Integer>();
3     LinkedListNode previous = null;
4     while (n != null) {
5       if (set.contains(n.data)) {
6         previous.next = n.next;
7       } else {
8         set.add(n.data);
9         previous = n;
10      }
11      n = n.next;
12    }
13  }
```

上記の解答では、Nを連結リストの要素数とするとO(N)の計算量になります。

発展問題: バッファが使用できない場合

バッファが確保できない場合、2つのポインタを使います。1つ目のポインタはリストの先頭から順番に調べ、2つ目のポインタは1つ目のポインタより後方のすべての要素を調べていきます。要は二重ループということですね。

```
1   void deleteDups(LinkedListNode head) {
```

```
2     LinkedListNode current = head;
3     while (current != null) {
4       /* currentより先のノードで同じ値を持つノードを削除する */
5       LinkedListNode runner = current;
6       while (runner.next != null) {
7         if (runner.next.data == current.data) {
8           runner.next = runner.next.next;
9         } else {
10          runner = runner.next;
11        }
12      }
13      current = current.next;
14    }
15  }
```

このコードでは O(1) の消費メモリですが、$O(N^2)$ の計算時間になってしまいます。

2.2 **後ろからK番目を返す**：単方向連結リストにおいて、末尾から数えてk番目の要素を見つけるアルゴリズムを実装してください。

p.111

解法

この問題は再帰・非再帰の両方のアプローチで解いてみましょう。再帰的な解答は簡潔ではありますが、最適解ではない場合が多いということを覚えておいてください。たとえば、この問題では繰り返し処理で書かれたコードと比べてコードサイズは半分程度で済みますが、nをリストの要素数とするとO(n)の消費メモリになります。

解法1：リストのサイズがわかっている場合

連結リストのサイズがわかっていれば、後ろから数えてk番目の要素は(リストのサイズ-k)番目になります。リストの要素を順番に調べるだけでよいですね。あまりにも簡単すぎるので、サイズがわかっているという前提で質問されることはまずないと考えてよいでしょう。

解法2：再帰

このアルゴリズムでは連結リストを再帰的に巡回します。リストの終端までたどりついたら、そこでカウンターを0にセットして戻っていくようにします。上位のノードに戻るごとにカウンターを1ずつ増やします。カウンターがkになったら、そこが後ろから数えてk番目だということがわかります。

スタックを介して整数値を返す方法があれば、これを実装するのは短くて非常に簡単なコードで済みます。不運なことに、通常のreturn文ではノードとカウンターの情報をまとめて返すことができません。それでは、どのようにすればよいでしょうか？

アプローチA：要素を返さない

単純にk番目と表示するだけの問題に変えてしまう方法があります。それなら、関数の返り値をカウンターの値にすればよいだけで済みますからね。

```
1  int printKthToLast(LinkedListNode head, int k) {
2    if (head == null) {
```

```
3       return 0;
4     }
5     int index = printKthToLast(head.next, k) + 1;
6     if (index == k) {
7       System.out.println(k + "th to last node is " + head.data);
8     }
9     return index;
10  }
```

もちろんこれは、面接官がそれでよいと言ってくれればの話ですが。

アプローチB：C++を使う

次はC++の参照を使う方法です。C++を使えばカウンターのポインタを渡すことでノードの要素を返すだけでなく、カウンター変数の内容を更新することができます。

```
1   node* nthToLast(node* head, int k, int& i) {
2     if (head == NULL) {
3       return NULL;
4     }
5     node * nd = nthToLast(head->next, k, i);
6     i = i + 1;
7     if (i == k) {
8       return head;
9     }
10    return nd;
11  }
12  node* nthToLast(node* head, int k) {
13    int i = 0;
14    return nthToLast(head, k, i);
15  }
```

アプローチC：ラッパークラスを作る

問題点として、カウンターの値とノードのインデックスを同時に返せないということは以前に述べました。もしカウンターの値をシンプルなクラスでラップしてしまえば(あるいは1つの要素だけの配列にしてしまえば)、C++の参照をまねることができます。

```
1   class Index {
2     public int value = 0;
3   }
4
5   LinkedListNode kthToLast(LinkedListNode head, int k) {
6     Index idx = new Index();
7     return kthToLast(head, k, idx);
8   }
9
10  LinkedListNode kthToLast(LinkedListNode head, int k, Index idx) {
11    if (head == null) {
12      return null;
13    }
14    LinkedListNode node = kthToLast(head.next, k, idx);
15    idx.value = idx.value + 1;
16    if (idx.value == k) {
17      return head;
18    }
```

```
19    return node;
20  }
```

これらの再帰的な解法では、いずれも再帰関数の呼び出しにO(n)のメモリが必要になります。

他にもいろいろ解法があります。カウンターの変数をstaticにしてもよいでしょう。あるいはノードとカウンターの値を保持するクラスを作り、そのクラスのインスタンスを返すとしてもよいでしょう。どの解法を選ぶかに関係なく、再帰的なスタックのどの階層においてもノードやカウンターが見えていて、それらを更新できるようにしておく必要があります。

解法3: ループのみの解法

少し複雑になりますが、より最適な解法はループ処理で実装することです。p1とp2の、2つのポインタを使います。p2はリストの先頭に、p1は先頭からkノード進んだ場所に配置しておきます。そこから2つのポインタを同時に進め、(リストの長さ-k)ステップでp1がリストの終端まできます。そのとき、p2が指すのは(リストの長さ-k)番目のノードで、後ろから数えてk番目ということになります。

このアルゴリズムを実装したコードは以下の通りです。

```
1   LinkedListNode nthToLast(LinkedListNode head, int k) {
2     LinkedListNode p1 = head;
3     LinkedListNode p2 = head;
4
5     /* 連結リストのポインタp1をkノード分移動する */
6     for (int i = 0; i < k; i++) {
7       if (p1 == null) return null; // 範囲外
8       p1 = p1.next;
9     }
10
11    /* p1とp2を同じペースで移動させる。p1が終端に達したら、p2は目的の要素を指すことになる。*/
12    while (p1 != null) {
13      p1 = p1.next;
14      p2 = p2.next;
15      }
16      return p2;
17  }
```

計算時間はO(n)、消費メモリはO(1)になります。

2.3 **間の要素を削除:** 単方向連結リストにおいて、間の要素(必ずしもちょうど中央というわけではなく、最初と最後の要素以外))で、その要素 のみアクセス可能であるとします。その要素を削除するアルゴリズムを実装してください。

例

入力: a->b->c->d->e->f という連結リストの c が与えられます。

結果: 何も返しませんが、リストは a->b->d->e->f のように見えます。

p.111

解法

この問題では、連結リストの先頭ノードにアクセスすることが許されていません。削除したいノードにアクセスすることしかできません。とはいえ、単純に次のノードを現在のノードに上書きし、次のノードを削除するだけですから特に問題ありませんね。コードは以下の通りです。

```
1  boolean deleteNode(LinkedListNode n) {
2    if (n == null || n.next == null) {
3      return false; // 失敗
4    }
5    LinkedListNode next = n.next;
6    n.data = next.data;
7    n.next = next.next;
8    return true;
9  }
```

削除するノードがリストの末尾である場合、この問題を解くことができないという点に注意してください。ただし、そういった点を指摘し、どのように対処するか議論してほしいという意図で質問された場合は問題ありません。ダミーのノードを用意するなどの案を考えておくとよいでしょう。

2.4 **リストの分割:** ある数xが与えられたとき、連結リストの要素を並び替え、xより小さいものが前にくるようにするコードを書いてください。xがリストに含まれる場合、xの値はxより小さい要素の後にある必要があります(例を参照してください)。区切り要素のxは右半分のどこに現れてもかまいません。左半分と右半分のちょうど間にある必要はないということです。

例

入力: 3 -> 5 -> 8 -> 5 -> 10 -> 2 -> 1 [区切り要素 = 5]

出力: 3 -> 1 -> 2 -> 10 -> 5 -> 5 -> 8

p.111

解法

もし配列を扱う問題である場合は、要素のシフト操作には気をつけてください。シフト操作はコストの大きい処理だからです。しかし連結リストの場合、状況はずっと楽になります。シフト操作と入れ替え操作を行うわけではなく、2つのリストを作ることになります。xより小さい要素を集めたリストと、x以上の要素を集めたリストを作るのです。

元のリストを先頭から巡回し、2種類のリストのいずれかに挿入していきます。リストの最後に達し、2種類のリストが完成すれば、最後にそれを連結します。この方法では、区切値の周辺で必要になる移動以外は要素の並び順がほとんど変わりません。

以下のコードはこの考え方で実装したものです。

```
1  /* 連結リストの先頭と、
2   * 分割に使う数xを渡す */
3  LinkedListNode partition(LinkedListNode node, int x) {
4    LinkedListNode beforeStart = null;
5    LinkedListNode beforeEnd = null;
6    LinkedListNode afterStart = null;
7    LinkedListNode afterEnd = null;
8
9    /* リストを分割する */
10   while (node != null) {
11     LinkedListNode next = node.next;
12     node.next = null;
13     if (node.data < x) {
14       /* 前半のリストの最後にノードを挿入する */
15       if (beforeStart == null) {
16         beforeStart = node;
17         beforeEnd = beforeStart;
18       } else {
19         beforeEnd.next = node;
20         beforeEnd = node;
21       }
22     } else {
23       /* 後半のリストの最後にノードを挿入する */
24       if (afterStart == null) {
25         afterStart = node;
26         afterEnd = afterStart;
27       } else {
28         afterEnd.next = node;
29         afterEnd = node;
30       }
31     }
32     node = next;
33   }
34
35   if (beforeStart == null) {
36     return afterStart;
37   }
38
39   /* 前半のリストと後半のリストをマージする */
40   beforeEnd.next = afterStart;
41   return beforeStart;
42 }
```

2つのリストを制御するのに4つも変数を使いますから、バグに悩まされることもあるかもしれません。しかし、それは他の人にとっても同じです。このコードはもう少し短く書くことができます。

要素の並び順を気にしない(面接官が特に指定しなければ順序を保つ義務はありません)のであれば、リストの先頭と末尾を大きくする方法で並び替えることもできます。

この方法では(存在するノードを用いた)新たなリストを作ることから始めます。ピボットの要素よりも大きいものは末尾に、小さいものは先頭に置きます。要素を付け加えるごとに先頭や末尾を更新します。

```
1   LinkedListNode partition(LinkedListNode node, int x) {
2     LinkedListNode head = node;
3     LinkedListNode tail = node;
4
5     while (node != null) {
6       LinkedListNode next = node.next;
7       if (node.data < x) {
8         /* 先頭にノード */
9         node.next = head;
10        head = node;
11      } else {
12        /* 末尾にノード */
13        tail.next = node;
14        tail = node;
15      }
16      node = next;
17    }
18    tail.next = null;
19
20    // 先頭ノードが変更されたので、それを返す必要がある
21    return head;
22  }
```

同様の最適解は多数ありますので、解説と異なるものであっても大丈夫です！

2.5 **リストで表された2数の和**：各ノードの要素が1桁の数である連結リストで表された2つの数があります。一の位がリストの先頭になるように、各位の数は逆順に並んでいます。このとき2つの数の和を求め、それを連結リストで表したものを返す関数を書いてください。

例

入力：(7-> 1 -> 6) + (5 -> 9 -> 2) → 617 + 295

出力：2 -> 1 -> 9 → 912

発展問題

上位の桁から順方向に連結されたリストを用いて、同様に解いてみてください。

例

入力：(6 -> 1 -> 7) + (2 -> 9 -> 5) → 617 + 295

出力：9 -> 1 -> 2 → 912

p.112

解法

この問題で、足し算がどのように行われているのかを思い出すとよいでしょう。問題の例を思い出してください。

```
  6 1 7
+ 2 9 5
```

まず、7と5を足して12が得られます。2が計算結果の一の位になり、1が繰り上がります。次に1、1、9を足して11が得られます。1が十の位になり、1が繰り上がります。最後に1、6、2を加えて9が得られ、答えは912になります。

これをまねてノードごとに再帰的に計算し、繰り上がり分を次のノードに渡すような処理をすればよさそうです。

次の連結リストで少し練習してみましょう。

```
  7 -> 1 -> 6
+ 5 -> 9 -> 2
```

1. 7と5をまず足して12を得ます。2が最初のノードの要素になり、1が次のノードの足し算に持ち越されます。

   リスト: 2 -> ?

2. それから1と9と、繰り上がり分の1を加えて11が得られます。1は2番目のノードの要素になり、1が繰り上がります。

   リスト: 2 -> 1 -> ?

3. 最後に6と2、さらに繰り上がり分を加え、9が得られます。これはリストの最後のノードの要素になります。

   リスト: 2 -> 1 -> 9.

実装したコードを以下に示します。

```
1   LinkedListNode addLists(LinkedListNode l1, LinkedListNode l2,
2                           int carry) {
3     if (l1 == null && l2 == null && carry == 0) {
4       return null;
5     }
6
7     LinkedListNode result = new LinkedListNode();
8
9     int value = carry;
10    if (l1 != null) {
11      value += l1.data;
12    }
13    if (l2 != null) {
14      value += l2.data;
15    }
16
17    result.data = value % 10; /* 1の位 */
18
19    /* 再帰する */
20    if (l1 != null || l2 != null) {
21      LinkedListNode more = addLists(l1 == null ? null : l1.next,
22                                     l2 == null ? null : l2.next,
23                                     value >= 10 ? 1 : 0);
24      result.setNext(more);
25    }
26    return result;
27  }
```

実装するときに、片方のリストがもう片方のリストより短い場合の扱いに気をつけなければなりません。nullポインタ例外はいやですからね。

発展問題

順方向に連結されている場合も概念的には同じ(再帰的に繰り上がりの処理を行う)ですが、実装するときに多少複雑な部分が現れます。

1. 片方のリストがもう片方より短い場合、そのまま足し合わせることができません。たとえば、(1 -> 2 -> 3 -> 4)と(5 -> 6 -> 7)のような足し算を考えてみましょう。5と、1ではなく2が同じ位であることを知る必要があります。これは各リストの長さを比較し、短いほうのリストの先頭に0を加えて長さを揃えることで解決します。
2. 最初の問題では、計算結果の繰り上がりは次のノード（再帰と同じ方向）に加えられました。これにより、再帰呼び出しに繰り上がりを引数として与え、結果を受け取るだけで大丈夫でした。しかし今回の場合、繰り上がりは前のノード（再帰と逆方向）に加えられます。再帰呼び出しは繰り上がりだけでなく、前回と同じように結果も返さないといけません。これは実装が大変というわけではありませんが、いくぶん面倒です。そこで、PartialSumというラッパークラスを作ってこの問題を解決しましょう。

コードは以下のようになります。

```
1   public class PartialSum {
2     public LinkedListNode sum = null;
3     public int carry = 0;
4   }
5
6   LinkedListNode addLists(LinkedListNode l1, LinkedListNode l2) {
7     int len1 = length(l1);
8     int len2 = length(l2);
9
10    /* 短いリストに0を詰める - 上記の1.参照 */
11    if (len1 < len2) {
12      l1 = padList(l1, len2 - len1);
13    } else {
14      l2 = padList(l2, len1 - len2);
15    }
16
17    /* リストを足す */
18    PartialSum sum = addListsHelper(l1, l2);
19
20    /* 繰り上がりが残っていたら、リストの先頭に挿入する。
21     * そうでなければリストをそのまま返す */
22    if (sum.carry == 0) {
23      return sum.sum;
24    } else {
25      LinkedListNode result = insertBefore(sum.sum, sum.carry);
26      return result;
27    }
28  }
29
30  PartialSum addListsHelper(LinkedListNode l1, LinkedListNode l2) {
31    if (l1 == null && l2 == null) {
32      PartialSum sum = new PartialSum();
33      return sum;
34    }
35    /* 小さい位を再帰的に足す */
36    PartialSum sum = addListsHelper(l1.next, l2.next);
37
38    /* 今見ている桁に繰り上がりを加える */
39    int val = sum.carry + l1.data + l2.data;
```

```
40
41      /* 今見ている桁の和をリストに追加する */
42      LinkedListNode full_result = insertBefore(sum.sum, val % 10);
43
44      /* 和と繰り上がりを返す */
45      sum.sum = full_result;
46      sum.carry = val / 10;
47      return sum;
48  }
49
50  /* リストに0を詰める */
51  LinkedListNode padList(LinkedListNode l, int padding) {
52    LinkedListNode head = l;
53    for (int i = 0; i < padding; i++) {
54      head = insertBefore(head, 0);
55    }
56    return head;
57  }
58
59  /* 連結リストの先頭にノードを挿入するヘルパー関数 */
60  LinkedListNode insertBefore(LinkedListNode list, int data) {
61    LinkedListNode node = new LinkedListNode(data);
62    if (list != null) {
63      node.next = list;
64    }
65    return node;
66  }
```

insertBefore()とpadList()、それとコードは掲載していませんがlength()をどのように組み込んだかに注意してください。これはコードを美しく、読みやすくする秘訣です。

2.6 **回文：** 連結リストが回文（先頭から巡回しても末尾から巡回しても、各ノードの要素がまったく同じになっている）かどうかを調べる関数を実装してください。

p.112

解法

この問題を考えるには、0 -> 1 -> 2 -> 1 -> 0 のような図を書いてみるとよいでしょう。回文になっているということは、先頭からたどっても末尾からたどってもまったく同じになっているはずですね。この事実を元に、最初の解法を見てみましょう。

解法1：並び変えと比較

1つ目の解法は、リストを逆順に並び変えて元のリストと比較し、それが一致していれば回文であると判定するものです。

注意しておきたいのは、リストの前半分だけの比較で十分であることです。前半分が一致していれば、後ろ半分も一致しているはずですから。

```
1  boolean isPalindrome(LinkedListNode head) {
2    LinkedListNode reversed = reverseAndClone(head);
3    return isEqual(head, reversed);
```

```
4   }
5
6   LinkedListNode reverseAndClone(LinkedListNode node) {
7     LinkedListNode head = null;
8     while (node != null) {
9       LinkedListNode n = new LinkedListNode(node.data); // クローン
10      n.next = head;
11      head = n;
12      node = node.next;
13    }
14    return head;
15  }
16
17  boolean isEqual(LinkedListNode one, LinkedListNode two) {
18    while (one != null && two != null) {
19      if (one.data != two.data) {
20        return false;
21      }
22      one = one.next;
23      two = two.next;
24    }
25    return one == null && two == null;
26  }
```


コードを`reverseAndClone`と`isEqual`関数にモジュール化したことに注目してください。

解法2：繰り返し処理

リストの前半分が後ろ半分の逆順になっているリストを見つけたいとして、一体どのようにすればよいでしょうか？ 後ろ半分ではなく前半分を逆順に並び変えるようにすれば、スタックを利用することで実現できます。

スタックにはリストの前半分をpushする必要があります。方法は、リストの長さがわかっている場合とそうでない場合とで違います。

リストの長さがわかっている場合は単純にループ文を使い、前から順にスタックへpushすればよいでしょう。もちろん、リストの長さが奇数の場合には注意してください。

リストの長さが不明な場合は、1つ前の問題で紹介したランナーテクニックを使いましょう。ファーストランナーとスローランナーを使い、スローランナーの指すノードをスタックに積んでいきます。ファーストランナーがリストの終端までたどり着いたときには、スローランナーはリストの中間地点まできているでしょう。この時点でリストの前半分がスタックに逆順で積まれています。

今度は中間地点から単純にリストを追いながら、スタックから取り出した要素と比較します。一致しない要素が1つもなければ、そのリストは回文になっていると言えます。

```
1   boolean isPalindrome(LinkedListNode head) {
2     LinkedListNode fast = head;
3     LinkedListNode slow = head;
4
5     Stack<Integer> stack = new Stack<Integer>();
6
7     /* リストの前半分の要素をスタックに積む。
8      * ファーストランナー（2倍の速さで移動する）がリストの終端に達したときに、
9      * ちょうど中間地点になる */
```

```
10    while (fast != null && fast.next != null) {
11      stack.push(slow.data);
12      slow = slow.next;
13      fast = fast.next.next;
14    }
15
16    /* 要素数が奇数の場合には真ん中の要素を飛ばす */
17    if (fast != null) {
18      slow = slow.next;
19    }
20
21    while (slow != null) {
22      int top = stack.pop().intValue();
23
24      /* 異なる値があると回文でない */
25      if (top != slow.data) {
26        return false;
27      }
28      slow = slow.next;
29    }
30    return true;
31  }
```

解法3：再帰的手法

まず、表記方法について説明しておきます。あるノードをKxと表記する場合、Kはノードの要素を表し、xはリストの前半分か後ろ半分を表すアルファベットf(front)とb(back)のいずれかとしておきます。たとえば、以下の連結リストで2bという表記は後ろ半分で要素が2のノードのことを指します。

この問題は多くの連結リストの問題と同じように、再帰的な方法で解くことができます。直感的に、0番目の要素とn-1番目の要素、1番目とn-2番目、2番目とn-3番目…のようにリストの中央まで比較していく方法を思いつくかもしれません。

例

```
0 ( 1 ( 2 ( 3 ) 2 ) 1 ) 0
```

この方法を適応するために、まず中間地点に達する瞬間を知る必要があります。そこが初期状態になるからです。これは再帰関数を呼び出す際、リストの長さを引数に渡し、そこから呼び出しごとに(長さ-2)を渡すようにすることで実現できます。長さが0か1になったところがリストの中央地点です。これが、`length`の値が毎回2ずつ減らされる理由です。一度再帰関数が呼び出されると、`length`は0まで減ることになります。

```
1  recurse(Node n, int length) {
2    if (length == 0 || length == 1) {
3      return [something]; // 中間地点
4    }
5    recurse(n.next, length - 2);
6    ...
7  }
```

これが`isPalindrome`メソッドの原型になります。しかし、肝心の`i`番目のノードと`n-i`番目のノードを比較する部分は一体どのようにすればよいのでしょうか？

コールスタックがどのようになっているのか調べてみましょう。

```
1  v1 = isPalindrome: list = 0 ( 1 ( 2 ( 3 ) 2 ) 1 ) 0. length = 7
2    v2 = isPalindrome: list = 1 ( 2 ( 3 ) 2 ) 1 ) 0. length = 5
3      v3 = isPalindrome: list = 2 ( 3 ) 2 ) 1 ) 0. length = 3
4        v4 = isPalindrome: list = 3 ) 2 ) 1 ) 0. length = 1
5        returns v3
6      returns v2
7    returns v1
8  returns ?
```

上記のコールスタックで、呼び出しごとに先頭のノードと、それに対応する後半部分のノードを比較したいとします。

つまり、

- 1行目では0fと0b
- 2行目では1fと1b
- 3行目では2fと2b
- 4行目では3fと3b

を比較します。

再帰から戻るときに、以下のようにノードを返すことで実現できます。

- 4行目ではlength = 1なので、中間のノードになります。ここでhead.nextを返すようにします。今headは3のノードなので、head.nextは2bのノードになります。
- 3行目で先頭ノード2fと、返されたノード2bを比較します。両者が一致していれば、ノード2bのさらに次のノード1bを返し2行目に進みます。
- 2行目で先頭ノード1fと、返されたノード1bを比較します。両者が一致していれば、さらに次のノード0bを返します。
- 1行目で先頭ノード0fと、返されたノード0bを比較します。両者が一致していれば、trueを返します。

一般的に書き表すと、先頭ノードと返されたノードを比較し、両者が一致していれば、返されたノードのさらに次のノードを返すということになります。こうしてすべてのノードiはノードn-iと比較されます。もし、途中で一致しないノードが現れた場合はfalseを返し、呼び出しごとにチェックします。

しかしちょっと待ってください。場合によってブーリアン型の値を返したり、ノードを返したり、一体どっちなの？ と思った方もいらっしゃるかもしれません。

答えは両方です。ブーリアン型とノード型、2つのメンバ変数を持つシンプルなクラスを作り、そのインスタンスを返すのです。

```
1  class Result {
2    public LinkedListNode node;
3    public boolean result;
4  }
```

X 解法

以下の例はこのサンプルの引数と返り値を示しています。

```
1  isPalindrome: list = 0 ( 1 ( 2 ( 3 ( 4 ) 3 ) 2 ) 1 ) 0. len = 9
2    isPalindrome: list = 1 ( 2 ( 3 ( 4 ) 3 ) 2 ) 1 ) 0. len = 7
3      isPalindrome: list = 2 ( 3 ( 4 ) 3 ) 2 ) 1 ) 0. len = 5
4        isPalindrome: list = 3 ( 4 ) 3 ) 2 ) 1 ) 0. len = 3
5          isPalindrome: list = 4 ) 3 ) 2 ) 1 ) 0. len = 1
6          returns node 3b, true
7        returns node 2b, true
8      returns node 1b, true
9    returns node 0b, true
10 returns null, true
```

コードの実装はこれまで述べたことを細かく記述していくだけです。

```
1  boolean isPalindrome(LinkedListNode head) {
2    int length = lengthOfList(head);
3    Result p = isPalindromeRecurse(head, length);
4    return p.result;
5  }
6
7  Result isPalindromeRecurse(LinkedListNode head, int length) {
8    if (head == null || length <= 0) { // ノード数が偶数
9      return new Result(head, true);
10   } else if (length == 1) { // ノード数が奇数
11     return new Result(head.next, true);
12   }
13
14   /* 部分リストを再帰的に処理 */
15   Result res = isPalindromeRecurse(head.next, length - 2);
16
17   /* 子呼び出しが回文でなければ、
18    * 失敗であることを呼び出し元に通知する。 */
19   if (!res.result || res.node == null) {
20     return res;
21   }
22
23   /* 対応するノードがもう一方に一致するかどうかを確認する。*/
24   res.result = (head.data == res.node.data);
25
26   /* 対応するノードを返す */
27   res.node = res.node.next;
28
29   return res;
30 }
31
32 int lengthOfList(LinkedListNode n) {
33   int size = 0;
34   while (n != null) {
35     size++;
36     n = n.next;
37   }
38   return size;
39 }
```

呼び出しごとにわざわざResultクラスを作成しなければならないのかと思った方もいらっしゃるかもしれません。他にもっと良い方法はないのでしょうか? 残念ながら、少なくともJavaでは他にありません。

CやC++で実装するなら、ポインタのポインタを使ってできないこともありません。

```
1  bool isPalindromeRecurse(Node head, int length, Node** next) {
2    ...
3  }
```

美しくありませんが、一応動きます。

2.7 **交わるノード:** 2つの(単方向)連結リストが与えられるとき、2つのリストが共通かどうかを判定してください。また、共通するノードを返してください。共通するというのは、そのノードの参照が一致するかであって値が一致するかどうかではないという点に注意してください。つまり、1つ目の連結リストのk番目のノードが、2つ目の連結リストのj番目のノードが完全に(参照によって)一致する場合、共通するといえます。

p.112

解法

何が起こっているのかわかりやすいように、連結リストが交わっている図を描いてみましょう。

これが連結リストの交わった図です:

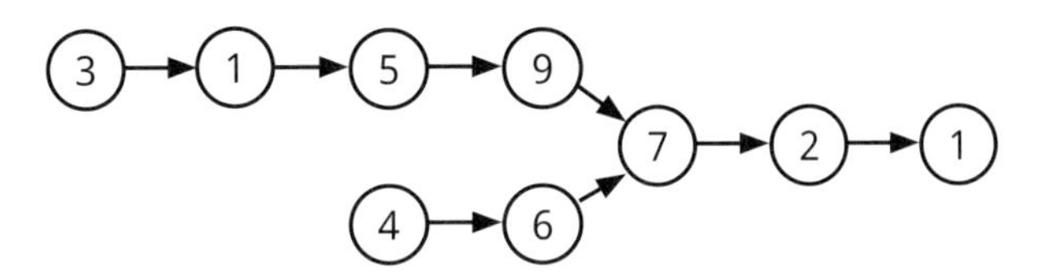

こちらは連結リストが交わらないように描いた図です:

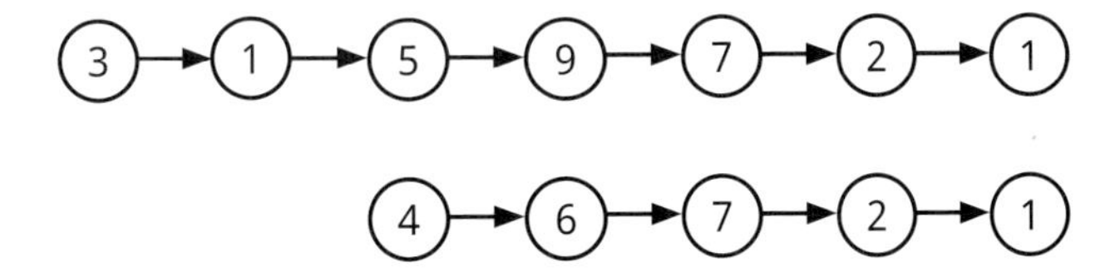

ここで、連結リストを同じ長さにしてうっかり特殊なケースを描いてしまわないように注意してください。

では、まずは2つの連結リストが交わるかどうかどのように判断するかを考えてみましょう。

交わる部分があるかどうかを判定する

2つの連結リストが交わるかどうかをどのように調べればよいでしょうか? 1つの方法としては、ハッシュテーブルを使い連結リストの全ノードをそこに投入してしまうだけというものがあります。この場合はノードの値ではなくメモリ上の位置によって連結リストを参照するように注意する必要があります。

しかしもっと簡単な方法があります。2つの連結リストで交わる部分があるものは、常に最後のノードが同じであるということに着目してください。それを利用すれば、連結リストの末尾から辿って、末尾のノード同士を比較するだけでわかります。

しかし、交わる場所はどうやって見つければよいでしょうか?

合流地点を見つける

1つの考えは、各連結リストを後ろから辿っていくことです。連結リストが枝分かれするとき、そこが合流地点になっています。もちろん実際には単方向の連結リストを後ろから辿ることはできません。

連結リストが同じ長さであれば、同時に調べていくだけです。ぶつかったところが合流地点になります。

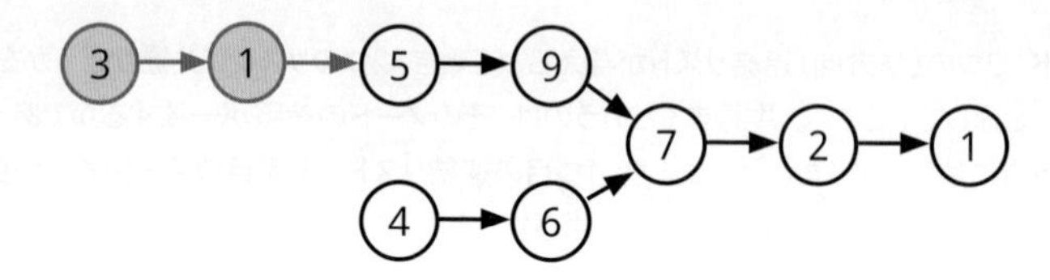

同じ長さでない場合は、上記の余分な(グレー部分の)ノードを切り捨てるかあるいは無視したいところです。

これはどのようにすればよいでしょうか? もし2つの連結リストの長さがわかっていたら、それらの差を見ればどれだけ切り捨てればよいかがわかります。

(交わりがあるかどうかを判定する最初のステップで使った)連結リストの末尾がわかっているので、長さを同時に得ることができます。

まとめ

いくつかの手順があります。

1. 長さと末尾を得るために、各連結リストを走査する。
2. 末尾を比較する。もし(値ではなく参照が)異なっていればすぐに返る。交わりはなし。
3. 各連結リストの先頭に2つのポインタを置く。
4. 長い方の連結リストは長さの差の分だけポインタを進める。
5. 各ポインタが一致するまで連結リスト上を進んでいく。

これを実装したものが以下のコードです。

```
1   LinkedListNode findIntersection(LinkedListNode list1, LinkedListNode list2) {
2     if (list1 == null || list2 == null) return null;
3
4     /* 末尾とサイズを得る */
5     Result result1 = getTailAndSize(list1);
6     Result result2 = getTailAndSize(list2);
7
8     /* 末尾のノードが異なっていれば、交わりはなし */
9     if (result1.tail != result2.tail) {
10      return null;
11    }
```

```
12
13    /* 各連結リストの先頭にポインタをセット */
14    LinkedListNode shorter = result1.size < result2.size ? list1 : list2;
15    LinkedListNode longer = result1.size < result2.size ? list2 : list1;
16
17    /* 長さの差の分だけ長い方の連結リストのポインタを進める */
18    longer = getKthNode(longer, Math.abs(result1.size - result2.size));
19
20    /* ぶつかるまで両方のポインタを進める */
21    while (shorter != longer) {
22      shorter = shorter.next;
23      longer = longer.next;
24    }
25
26    /* どちらかを返す */
27    return longer;
28  }
29
30  class Result {
31    public LinkedListNode tail;
32    public int size;
33    public Result(LinkedListNode tail, int size) {
34      this.tail = tail;
35      this.size = size;
36    }
37  }
38
39  Result getTailAndSize(LinkedListNode list) {
40    if (list == null) return null;
41
42    int size = 1;
43    LinkedListNode current = list;
44    while (current.next != null) {
45      size++;
46      current = current.next;
47    }
48    return new Result(current, size);
49  }
50
51  LinkedListNode getKthNode(LinkedListNode head, int k) {
52    LinkedListNode current = head;
53    while (k > 0 && current != null) {
54      current = current.next;
55      k--;
56    }
57    return current;
58  }
```

このアルゴリズムは、2つの連結リストの長さをそれぞれAとBとするとO(A + B)の実行時間になります。O(1)の追加メモリが必要になります。

2.8 **ループの検出**: 循環する連結リストが与えられたとき、循環する部分の最初のノードを返すアルゴリズムを実装してください。

定義

循環を含む連結リスト: 連結リストAではループを作るために、リスト内のノードの次へのポインタが以前に出現したノードを指している。

例

入力: `A -> B -> C -> D -> E -> C` [最初のCと同じもの]

出力: `C`

p.112

解法

これは連結リストにループがあるかを検出する古典的な問題を変形したものです。パターンマッチングを適用しましょう。

パート1: 連結リスト内のループを検出する

連結リスト内のループを検出する簡単な方法は、2種類のポインタ(ファーストランナーとスローランナー)を使います。ファーストランナーはノード間を2個分ずつ、スローランナーは1個分ずつ移動します。速さの違う車がトラック上を走るような感じで、いずれファーストランナーはスローランナーに追いつくでしょう。

賢明な読者の皆さんなら、ファーストランナーがうまくぶつからずにスローランナーを追い抜いてしまうのではないかとお思いかもしれません。しかしそれはあり得ないことです。ファーストランナーがスローランナーを追い抜き、スローランナーは`i`番目のノード、ファーストランナーは`i+1`番目にあると仮定します。この場合、1つ前の状態ではスローランナーもファーストランナーも`i-1`番目の場所にあることになりますから、そこでぶつかっているはずです。

パート2: いつ衝突するのか?

連結リストの「ループしていない」部分の長さが`k`であるとしましょう。

パート1のアルゴリズムを適用するとすれば、どの段階で衝突が起こるでしょうか?

スローランナーが`p`進むとファーストランナーは`2p`進むのですから、スローランナーが`k`進んでループに突入したとき、ファーストランナーは`2k`進むことになり、ループ内で`2k-k=k`進んでいることになります。`k`はループ部分の長さ(`LOOP_SIZE`)より大きくなるかもしれないので、ループ内でのファーストランナーの位置を、剰余を用いて`mod(k,LOOP_SIZE)`と表し、これを`K`とします。

1回の移動ごとに、ファーストランナーとスローランナーは見方によって1つずつ遠ざかるとも近づくとも言えます。つまりループ内にいるので、AがBに対して`q`離れるということは、AがBに`q`近づいているとも言えるのです。

ここで以下の事実を確認しておきましょう。

1. スローランナーはループ内の`0`ステップ目にいる。
2. ファーストランナーはループ内の`K`ステップ目にいる。
3. スローランナーはファーストランナーの`K`ステップ後ろにいる。
4. ファーストランナーはスローランナーの`(LOOP_SIZE-K)`ステップ後ろにいる。
5. ファーストランナーはスローランナーを`1`回の操作で`1`ステップ追いかける。

では、いつ両者が出会うことになるでしょうか? もしファーストランナーがスローランナーの(LOOP_SIZE - K)ステップ後ろにいて、1ステップずつ追いかけるとすれば、(LOOP_SIZE - K)ステップ後に出会うことになります。両者が出会う地点はループの開始地点よりKステップ前にあるでしょう。この点を衝突点と呼ぶことにしましょう。

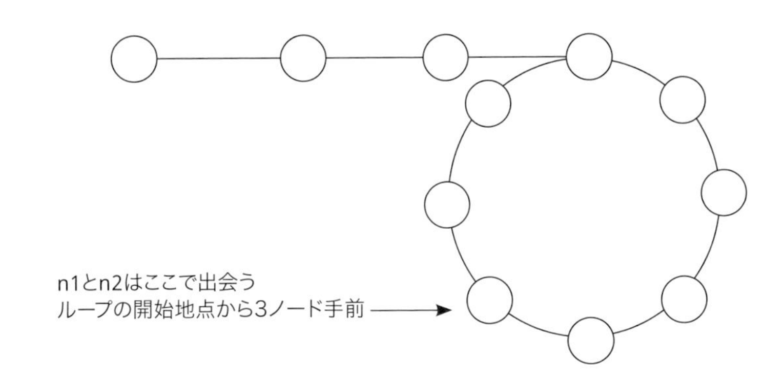

パート3: どのようにしてループの先頭を探すか

衝突点がループの先頭からKノード分前にあることはもうわかっています。K = mod(k, LOOP_SIZE)(あるいは、ある整数Mに対してk = K + M * LOOP_SIZE)なので、kノード離れていると言うこともできます。たとえば、あるノードNが5つループしている中の2番目であったとすると、それは7番目とも12番目とも397番目とも言うことができてしまいます。

つまり、衝突点と連結リストの先頭はループの開始地点からいずれもkノード分だけ離れていると言えます。

今、ランナーの1つを衝突点に、もう1つをリストの先頭に移動するとすると、両者はいずれもループの開始地点からkノード分離れているでしょう。2つのランナーを同じ速度でkステップ進めて再び衝突させれば、その点がループの開始地点になるのです。あとはそのノードを返すだけですね。

パート4: 総括

これまでのポイントをまとめると、まずファーストランナーはスローランナーの2倍の速さで動かします。そしてスローランナーがループに突入するときkステップ進んでいるとすれば、ファーストランナーはループの中をkステップ進んでいることになります。これは2つのランナーが(LOOP_SIZE - k)ノード分離れているということでもあります。

次に、スローランナーが1つ分動くごとにファーストランナーが2つ分動くとすれば、1ステップごとに2つのランナーは1つずつ近づきます。つまり、(LOOP_SIZE - k)ステップ進んだところで2つのポインタが重なります。そしてその地点は、ループの先頭ノードからk個分離れたところになっています。

リストの先頭もループの開始地点からkノード離れています。ですから一方のランナーを衝突点に残し、もう1つをリストの先頭に移動すると、両者はループの開始地点で出会います。

アルゴリズムはこれまで説明してきたことをそのまま使います。

1. ファーストランナーとスローランナーの2つを用意する。
2. スローランナーの1ステップに対してファーストランナーは2ステップ動かす。

3. 2つのランナーが重なったとき、スローランナーはリストの先頭に移動し、ファーストランナーはその場に止めておく。
4. 2つのランナーを同じ1ステップずつ進め、再度重なった点を返す。

実装したコードは以下の通りです。

```
1   LinkedListNode FindBeginning(LinkedListNode head) {
2     LinkedListNode slow = head;
3     LinkedListNode fast = head;
4
5     /* 衝突点を見つける。
6      * これはリストを(LOOP_SIZE - k)ステップ進んだところになる */
7     while (fast != null && fast.next != null) {
8       slow = slow.next;
9       fast = fast.next.next;
10      if (slow == fast) { // 衝突
11        break;
12      }
13    }
14
15    /* エラーチェック： 出会う点がない、つまりループがない */
16    if (fast == null || fast.next == null) {
17      return null;
18    }
19
20    /* slowをリストの先頭に移動する。fastは衝突点に残す。
21     * どちらもループの開始地点からk個離れている。
22     * 同じ速さで移動するとループの開始地点で出会う */
23    slow = head;
24    while (slow != fast) {
25      slow = slow.next;
26      fast = fast.next;
27    }
28
29    /* 両者はループの開始地点にある */
30    return fast;
31  }
```

3

“スタックとキュー”の解法

3.1　3つのスタック：1つの配列を使って3つのスタックを実装するにはどのようにすればよいのか述べてください。

p.116

解法

多くの問題でもそうですが、この問題の難易度は、これらのスタックにどの程度までの機能を持たせるかに依存しています。単純に固定領域を割り当てるのであれば、それでもかまいません。ただし、その場合は使用するスタックが偏ってしまって、1つのスタックが一杯になっているのに他のスタックは空の状態かもしれません。

領域の割り当てを変動式にする場合は、固定の場合と比べて問題の複雑さが格段に増します。

方法1：固定式

配列を3等分して個々のスタックを領域内で扱います。サイズnの配列を以下のように分割してスタックに割り当てます。

- スタック1：[0, $n/3$).
- スタック2：[$n/3$, $2n/3$).
- スタック3：[$2n/3$, n).

コードは以下の通りです。

```
1   class FixedMultiStack {
2     private int numberOfStacks = 3;
3     private int stackCapacity;
4     private int[] values;
5     private int[] sizes;
6
7     public FixedMultiStack(int stackSize) {
8       stackCapacity = stackSize;
9       values = new int[stackSize * numberOfStacks];
10      sizes = new int[numberOfStacks];
11    }
```

```
12
13    /* スタックに値を加える */
14    public void push(int stackNum, int value) throws FullStackException {
15      /* 次の要素を追加するためのスペースがあることを確認する */
16      if (isFull(stackNum)) {
17        throw new FullStackException();
18      }
19
20      /* スタックポインタを進めてトップの値を更新する */
21      sizes[stackNum]++;
22      values[indexOfTop(stackNum)] = value;
23    }
24
25    /* スタックから要素を取り出す */
26    public int pop(int stackNum) {
27      if (isEmpty(stackNum)) {
28        throw new EmptyStackException();
29      }
30
31      int topIndex = indexOfTop(stackNum);
32      int value = values[topIndex]; // トップの値を得る
33      values[topIndex] = 0; // クリアする
34      sizes[stackNum]--; // 縮小する
35      return value;
36    }
37
38    /* トップの要素を返す */
39    public int peek(int stackNum) {
40      if (isEmpty(stackNum)) {
41        throw new EmptyStackException();
42      }
43      return values[indexOfTop(stackNum)];
44    }
45
46    /* スタックが空かどうかを返す */
47    public boolean isEmpty(int stackNum) {
48      return sizes[stackNum] == 0;
49    }
50
51    /* スタックが一杯かどうかを返す */
52    public boolean isFull(int stackNum) {
53      return sizes[stackNum] == stackCapacity;
54    }
55
56    /* スタックのトップのインデックスを返す */
57    private int indexOfTop(int stackNum) {
58      int offset = stackNum * stackCapacity;
59      int size = sizes[stackNum];
60      return offset + size - 1;
61    }
62  }
```

スタックの使い方に関する情報がある場合は、必要に応じてアルゴリズムを変えてください。たとえば、スタック1がスタック2より大きくなりそうだという情報があるなら、領域の割り当てを、スタック1が多くスタック2が少なくなるようにするというようなことです。

方法2: 変動式

もう1つは、個々のスタックのサイズを変更できるようにする方法です。あるスタックが最初に指定したサイズを超えるとき、必要に応じてサイズを拡張し、データをシフトします。

配列の末尾と先頭をつなぎ、環状に扱えるようにもしておきます。

ここでご注意いただきたいのは、これから紹介するコードが面接での問題を想定したものよりずっと複雑であるということです。疑似コードや個々の処理部分についてはコードはしっかり書けるようにしておくべきですが、すべてをきちんと実装するのはかなり大変でしょう。

```
1  public class MultiStack {
2    /* StackInfoは各スタックに関するデータセットを保持する単純なクラス。
3     * スタックにある実際の要素を持っているわけではない。
4     * 個別の変数をまとめることもできるが、
5     * 煩雑でメリットはない。 */
6    private class StackInfo {
7      public int start, size, capacity;
8      public StackInfo(int start, int capacity) {
9        this.start = start;
10       this.capacity = capacity;
11     }
12
13     /* 一杯になった配列のインデックスがスタックの範囲内かどうかを確認する。
14      * スタックのインデックスは配列の最初に回り込むことができる。 */
15     public boolean isWithinStackCapacity(int index) {
16       /* 配列の範囲外ならfalseを返す。 */
17       if (index < 0 || index >= values.length) {
18         return false;
19       }
20
21       /* 配列の前部にインデックスが回り込むように調整する */
22       int contiguousIndex = index < start ? index + values.length : index;
23       int end = start + capacity;
24       return start <= contiguousIndex && contiguousIndex < end;
25     }
26
27     public int lastCapacityIndex() {
28       return adjustIndex(start + capacity - 1);
29     }
30
31     public int lastElementIndex() {
32       return adjustIndex(start + size - 1);
33     }
34
35     public boolean isFull() { return size == capacity; }
36     public boolean isEmpty() { return size == 0; }
37   }
38
39   private StackInfo[] info;
40   private int[] values;
41
42   public MultiStack(int numberOfStacks, int defaultSize) {
43     /* 全スタックの情報を記述するデータを生成する。 */
```

```
44      info = new StackInfo[numberOfStacks];
45      for (int i = 0; i < numberOfStacks; i++) {
46        info[i] = new StackInfo(defaultSize * i, defaultSize);
47      }
48      values = new int[numberOfStacks * defaultSize];
49    }
50
51    /* stackNumのスタックに値を追加し、必要に応じてスタックをシフト/拡張する。
52     * すべてのスタックが一杯の場合は例外を投げる */
53    public void push(int stackNum, int value) throws FullStackException {
54      if (allStacksAreFull()) {
55        throw new FullStackException();
56      }
57
58      /* このスタックが一杯の場合は拡張する。 */
59      StackInfo stack = info[stackNum];
60      if (stack.isFull()) {
61        expand(stackNum);
62      }
63
64      /* 配列内でスタックのトップにあたる要素のインデックス+1を探し、
65       * スタックポインタを増やす。 */
66      stack.size++;
67      values[stack.lastElementIndex()] = value;
68    }
69
70    /* スタックから値を取り除く */
71    public int pop(int stackNum) throws Exception {
72      StackInfo stack = info[stackNum];
73      if (stack.isEmpty()) {
74        throw new EmptyStackException();
75      }
76
77      /* 最後の要素を取り除く */
78      int value = values[stack.lastElementIndex()];
79      values[stack.lastElementIndex()] = 0; // 要素をクリア
80      stack.size--; // サイズを縮小
81      return value;
82    }
83
84    /* スタックのトップの要素を得る */
85    public int peek(int stackNum) {
86      StackInfo stack = info[stackNum];
87      return values[stack.lastElementIndex()];
88    }
89    /* スタックの要素を1つ分シフトする。
90     * 許容サイズ内であれば1要素分スタックを縮小する。
91     * そうでない場合は次のスタックもシフトする必要がある。 */
92    private void shift(int stackNum) {
93      System.out.println("/// Shifting " + stackNum);
94      StackInfo stack = info[stackNum];
95
96      /* このスタックが一杯であれば、次のスタックを1要素分移動させる必要がある。
97       * 移動させて空いたインデックスをこのスタックに割り当てる。 */
98      if (stack.size >= stack.capacity) {
99        int nextStack = (stackNum + 1) % info.length;
```

```
100        shift(nextStack);
101        stack.capacity++; // 次のスタックで空けたインデックスの分容量を増やす
102      }
103
104      /* スタック上のすべての値を1つ分シフトする */
105      int index = stack.lastCapacityIndex();
106      while (stack.isWithinStackCapacity(index)) {
107        values[index] = values[previousIndex(index)];
108        index = previousIndex(index);
109      }
110
111      /* スタックデータの調整 */
112      values[stack.start] = 0; // 要素をクリア
113      stack.start = nextIndex(stack.start); // startの位置を移動
114      stack.capacity--; // シフト時に増やした容量を減らす
115    }
116
117    /* 他のスタックをシフトすることでスタックを拡張する */
118    private void expand(int stackNum) {
119      shift((stackNum + 1) % info.length);
120      info[stackNum].capacity++;
121    }
122
123    /* スタック上の現在の要素数を返す */
124    public int numberOfElements() {
125      int size = 0;
126      for (StackInfo sd : info) {
127        size += sd.size;
128      }
129      return size;
130    }
131
132    /* すべてのスタックが一杯の場合はtrueを返す */
133    public boolean allStacksAreFull() {
134      return numberOfElements() == values.length;
135    }
136
137    /* インデックスを0からlength - 1の範囲内に調整する */
138    private int adjustIndex(int index) {
139      /* Javaの剰余演算子は負の値を返す。
140       * 例えば(-11 % 5)は4ではなく-1になるが、実際には4になってほしい。
141       * (インデックスが配列前部に回り込むようにしているので) */
142      int max = values.length;
143      return ((index % max) + max) % max;
144    }
145
146    /* このインデックスの次のインデックス(調整されたもの)を得る。 */
147    private int nextIndex(int index) {
148      return adjustIndex(index + 1);
149    }
150
151    /* このインデックスの前のインデックス(調整されたもの)を得る。 */
152    private int previousIndex(int index) {
153      return adjustIndex(index - 1);
154    }
155  }
```

今回もそうですが、コードを書くときはきれいに、かつ修正しやすいように心がけましょう。今実装したStackInfoクラスのように新たにクラスを追加し、そこに個々のメソッドを組み込まなければなりません。もちろんこれは実務レベルにおいても同じことが言えます。

3.2 **最小値を返すスタック**：pushとpopに加えて、最小の要素を返す関数minを持つスタックをどのようにデザインしますか？ ただしpush、pop、min関数はすべてO(1)の実行時間になるようにしてください。

p.116

解法

最小値はそれほど頻繁に変化しません。最小値が変化するのは、より小さい値が追加されたときだけです。

解法の1つとしては、minValueという最小値を保持するメンバ変数をStackクラスにつけ加えるというものです。minValueがpopされたときはスタックの要素から新たな最小値を探しますが、残念ながらこの方法ではO(1)の実行時間という制約を満たしていません。

より理解を深めるために、1つ簡単な例を見てみましょう。

```
push(5); // スタックは{5}、最小値は5
push(6); // スタックは{6, 5}、最小値は5
push(3); // スタックは{3, 6, 5}、最小値は3
push(7); // スタックは{7, 3, 6, 5}、最小値は3
pop(); // 7をpop、スタックは{3, 6, 5}、最小値は3
pop(); // 3をpop、スタックは{6, 5}、最小値は5
```

スタックの状態が{6,5}に戻り、最小値も{5}に戻っているということに注目してください。ここから第2の解法が導かれます。

各状態において最小値を追いかけていけば、容易に最小値を知ることができます。ノードを追加するごとに、その時点での最小値がいくつになるかを持たせおきます。そして最小値を調べたいときは、一番上の要素を見るだけでよいのです。

スタックに要素を追加するとき、その時点での最小値を持たせるようにします。

```
1  public class StackWithMin extends Stack<NodeWithMin> {
2    public void push(int value) {
3      int newMin = Math.min(value, min());
4      super.push(new NodeWithMin(value, newMin));
5    }
6
7    public int min() {
8      if (this.isEmpty()) {
9        return Integer.MAX_VALUE; // エラー値
10     } else {
11       return peek().min;
12     }
13   }
14 }
15
```

```
16  class NodeWithMin {
17    public int value;
18    public int min;
19    public NodeWithMin(int v, int min){
20      value = v;
21      this.min = min;
22    }
23  }
```

これには1つだけ問題があります。大きなスタックになると各要素ごとに最小値を持たせるため、かなりのメモリ消費になってしまいます。もう少し良くすることはできないでしょうか?

最小値を保持するためのスタックを追加することで、少しだけ改善するでしょう。

```
1   public class StackWithMin2 extends Stack<Integer> {
2     Stack<Integer> s2;
3     public StackWithMin2() {
4       s2 = new Stack<Integer>();
5     }
6
7     public void push(int value){
8       if (value <= min()) {
9         s2.push(value);
10      }
11      super.push(value);
12    }
13
14    public Integer pop() {
15      int value = super.pop();
16      if (value == min()) {
17        s2.pop();
18      }
19      return value;
20    }
21
22    public int min() {
23      if (s2.isEmpty()) {
24        return Integer.MAX_VALUE;
25      } else {
26        return s2.peek();
27      }
28    }
29  }
```

なぜこのような方法で消費メモリの節約になるのでしょうか? 非常に巨大なスタックがあり、偶然にも最初の要素が最小値であった場合を想像してみてください。初めに示した解法では、スタックのサイズをnとすれば、n個の整数値を保持することになります。

しかし追加スタックを使用する解法では、元のスタックデータと、最小値を保持するスタックに1つだけの要素で済みます。

3.3 **積みあがっている皿**:皿が積み上がっている状況をイメージしてください。もし、高く積み上がり過ぎたら倒れてしまうでしょう。ですから、実生活ではスタックがある領域を超えたとき、新しいスタックを用意することになるでしょう。これをまねたデータ構造`SetOfStacks`を実装してください。`SetOfStacks`はいくつかのスタックを持ち、スタックのデータが一杯になったらスタックを新たに作らなければなりません。また、`SetOfStacks.push()`と`SetOfStacks.pop()`は普通のスタックのようにふるまうようにしてください(つまり、`pop()`は通常の1つのスタックの場合と同じ値を返さなければなりません)。

発展問題

任意の部分スタックからpopする関数`popAt(int index)`を実装してください。

p.116

解法

この問題では設計したいデータ構造が次のような形になると述べられています。

```
1   class SetOfStacks {
2     ArrayList<Stack> stacks = new ArrayList<Stack>();
3     public void push(int v) { ... }
4     public int pop() { ... }
5   }
```

`push()`は単一のスタックの場合と同じように動作しなければならず、つまり`push()`はスタックを保持する配列の最後のスタックに対して行う必要があります。ただし、そのスタックが一杯の場合は新たにスタックを生成しなければならないという点は少し注意してください。コードは次のようになります。

```
1   void push(int v) {
2     Stack last = getLastStack();
3     if (last != null && !last.isFull()) { // 最後のスタックに追加する
4       last.push(v);
5     } else { // 新しいスタックを作成する
6       Stack stack = new Stack(capacity);
7       stack.push(v);
8       stacks.add(stack);
9     }
10  }
```

`pop()`はどうすればよいでしょうか? `push()`と同様に、最後のスタックに対して操作を行うようにしましょう。popのあと、最後のスタックが空になった場合は、そのスタックをリストから削除しておきます。

```
1   int pop() {
2     Stack last = getLastStack();
3     if (last == null) throw new EmptyStackException();
4     int v = last.pop();
5     if (last.size == 0) stacks.remove(stacks.size() - 1);
6     return v;
7   }
```

発展問題: popAt(int index)を実装する

これは少し難しい実装になりますが、"繰り越し"システムをイメージすることができます。スタック1からpopすればスタック2の一番下を削除し、それをスタック1にpushする必要があります。スタック3からスタック2へ、スタック4からスタック3へのように順番に繰り越していく必要があります。

“繰り越し”よりも、むしろ一杯になっていないスタックがいくつかあっても良しとすべきだという議論をしたほうがよいかもしれません。これは計算量の改善につながりますが、すべてのスタックが一杯になった状態を仮定したりすると難しい話になります。そこには正解はありません。このトレードオフについての議論を行うべきでしょう。

```
1   public class SetOfStacks {
2     ArrayList<Stack> stacks = new ArrayList<Stack>();
3     public int capacity;
4     public SetOfStacks(int capacity) {
5       this.capacity = capacity;
6     }
7
8     public Stack getLastStack() {
9       if (stacks.size() == 0) return null;
10      return stacks.get(stacks.size() - 1);
11    }
12
13    public void push(int v) { /* 前のコードを参照 */ }
14    public int pop() { /* 前のコードを参照 */ }
15    public boolean isEmpty() {
16      Stack last = getLastStack();
17      return last == null || last.isEmpty();
18    }
19
20    public int popAt(int index) {
21      return leftShift(index, true);
22    }
23
24    public int leftShift(int index, boolean removeTop) {
25      Stack stack = stacks.get(index);
26      int removed_item;
27      if (removeTop) removed_item = stack.pop();
28      else removed_item = stack.removeBottom();
29      if (stack.isEmpty()) {
30        stacks.remove(index);
31      } else if (stacks.size() > index + 1) {
32        int v = leftShift(index + 1, false);
33        stack.push(v);
34      }
35      return removed_item;
36    }
37  }
38
39  public class Stack {
40    private int capacity;
41    public Node top, bottom;
42    public int size = 0;
43
44    public Stack(int capacity) { this.capacity = capacity; }
45    public boolean isFull() { return capacity == size; }
46
47    public void join(Node above, Node below) {
48      if (below != null) below.above = above;
```

```
49        if (above != null) above.below = below;
50      }
51
52      public boolean push(int v) {
53        if (size >= capacity) return false;
54        size++;
55        Node n = new Node(v);
56        if (size == 1) bottom = n;
57        join(n, top);
58        top = n;
59        return true;
60      }
61
62      public int pop() {
63        Node t = top;
64        top = top.below;
65        size--;
66        return t.value;
67      }
68
69      public boolean isEmpty() {
70        return size == 0;
71      }
72
73      public int removeBottom() {
74        Node b = bottom;
75        bottom = bottom.above;
76        if (bottom != null) bottom.below = null;
77        size--;
78        return b.value;
79      }
80    }
```

この問題はそれほど難しくはありませんが、完全に実装するにはかなりのコード量になってしまいます。面接官からコード自体を書け、と言われるようなことはないでしょう。

このような問題の良いところは、popAtから呼び出す`leftShift`メソッドを書いたり、長いコードを複数のメソッドに切り分けるようになることです。こうすることでコードをより美しくし、細かい部分を書く前に全体の構造を見渡す良い機会になります。

3.4 スタックでキュー：MyQueueというクラス名で、2つのスタックを用いてキューを実装してください。

p.116

解法

キューとスタックの最大の相違点は先入れ先出しと後入れ先出しの部分ですから、peek()とpop()の順序を逆に変更する必要があることがわかるでしょう。そこで2つ目のスタックは、(スタック1からpopした要素をスタック2へpushすることで)要素を逆順に並べ替えるために使います。このような実装ではpeek()やpop()を呼び出すたびに、すべての要素をスタック1からスタック2へpop/pushしなければなりません。

一応動きはしますが、不必要に要素の移動を行わなければなりません。そこで、本当に必要になるまでスタック2に要素を入れたままにする「遅延評価」な方針をとります。

この方法ではstackNewestにはtopに最も新しい要素を持ち、stackOldestにはtopに最も古い要素を持つようにします。キューから要素を取り出すとき一番古い要素を取り出したいので、stackOldestから取り出すことになります。もしstackOldestが空であれば、すべての要素をstackNewestから逆順に移動させておきます。要素を追加するには、stackNewestに要素をpushします。

このアルゴリズムの実装は以下の通りです。

```
1   public class MyQueue<T> {
2     Stack<T> stackNewest, stackOldest;
3 
4     public MyQueue() {
5       stackNewest = new Stack<T>();
6       stackOldest = new Stack<T>();
7     }
8 
9     public int size() {
10      return stackNewest.size() + stackOldest.size();
11    }
12
13    public void add(T value) {
14      /* stackNewestに要素を追加する。
15       * このスタックでは新しい要素が一番上にくる */
16      stackNewest.push(value);
17    }
18
19    /* stackNewestの要素をstackOldestに移す。
20     * これは通常、stackOldestに対する操作を行えるようにするために実行される */
21    private void shiftStacks() {
22      if (stackOldest.isEmpty()) {
23        while (!stackNewest.isEmpty()) {
24          stackOldest.push(stackNewest.pop());
25        }
26      }
27      }
28
29    public T peek() {
30      shiftStacks(); // stackOldestに要素が移されているようにする
31      return stackOldest.peek(); // 最も古い要素を得る
32    }
33
34    public T remove() {
35      shiftStacks(); // stackOldestに要素が移されているようにする
36      return stackOldest.pop(); // 最も古い要素を取り除く
37    }
38  }
```

実際の面接では、厳密なAPI呼び出し方法を忘れてしまっているかもしれません。もしそうなっても、それほど気にする必要はありません。大半の面接官は詳細を思い出すために質問をしても気にすることはないでしょう。もっと広い視点であなたを評価しているのです。

3.5 **スタックのソート**：最も小さい項目がトップにくるスタックを並べ替えるプログラムを書いてください。別のスタックを用意してもかまいません。スタック以外のデータ構造(配列など)にスタック上のデータをコピーしてはいけません。また、スタックは以下の操作のみ使用できます。

push、pop、peek、isEmpty

p.116

解法

1つの方法としては、基本的なソーティングアルゴリズムを実装することが考えられます。スタック全体を調べて最大値を見つけ、それを新たに用意したスタックにpushしていきます。これを繰り返すことでソートを行います。

このアルゴリズムを実装するには3つのスタック、s1、s2、s3が必要になります。元のスタックをs1、s2はソート済みのスタックとし、s3はs1から最大値を探す際のバッファとして使います。s1から最大値を探す際に、s1からpopした要素をs3にpushする必要があります。

残念ながら、この方法では2つのスタックが必要になり、使えるのは1つだけです。もっと良い方法はないのかというと、ちゃんとあります。

繰り返し最小値を探し出す代わりに、s1の要素をs2に挿入する形でソートを行うことができます。

具体的にどのように動くのか、以下のスタックをイメージしてみましょう。ここでs2はソート済みですがs1はそうではありません。

s1	s2
	12
5	8
10	3
7	1

s1から5をpopするとき、この値を挿入するs2内の適切な場所を見つける必要があります。この場合、s2上の正しい場所は3のちょうど上の部分です。この場所を特定するにはどのようにすればよいでしょうか？ これは、まずs1から5をpopして一時変数に置いておきます。次に12と8をs1へ移動(s2からpopしてs1へpush)し、それからs2に5をpushします。

ステップ 1

s1	s2
	12
	8
10	3
7	1

tmp = 5

->

ステップ 2

s1	s2
8	
12	
10	3
7	1

tmp = 5

->

ステップ 3

s1	s2
8	
12	5
10	3
7	1

tmp = --

これら2つの数も5のときと同じ手順で、s1からpopしてs2に置くということを繰り返すだけです。(8と12は5より大きいので、s2からs1にそのまま移動させるだけで適切な位置である5のすぐ上に移動させたことになります。s2上のほかの要素を無駄に動かす必要はありませんし、次のコードにあるtmpの値が8か12の場合はwhileループの内部は実行されません。)

```
1   void sort(Stack<Integer> s) {
2     Stack<Integer> r = new Stack<Integer>();
3     while (!s.isEmpty()) {
4       /* sの各要素をソート順でrに挿入する。 */
5       int tmp = s.pop();
6       while (!r.isEmpty() && r.peek() < tmp) {
7         s.push(r.pop());
8       }
9       r.push(tmp);
10    }
11    /* 要素をrからsに戻す。 */
12    while (!r.isEmpty()) {
13      s.push(r.pop());
14    }
15  }
```

このアルゴリズムは$O(N^2)$の計算時間、$O(N)$の消費メモリになります。

マージソートを利用した方法では、追加のスタックを2つ作り、元のスタックを2つに分けます。各スタックで再帰的にソートを行い、元のスタックへソート順になるようマージします。この方法は再帰の深さごとに2つのスタックを追加する必要があることに注意してください。

クイックソートを利用した方法では、追加のスタックを2つ作り、元のスタックをピボットの値によって2つに分けます。2つのスタックは再帰的にソートされ、元のスタックにマージされます。マージソートを利用したときと同様に、再帰の深さごとに2つのスタックを追加する必要があります。

X 解法

3.6 **動物保護施設**:イヌとネコしか入ることのできない動物保護施設があります。この施設は「先入れ先出し」の操作を厳格に行います。施設からは一番長い時間入っている動物を外に出すか、イヌとネコの好きなほう(で一番長い時間入っているもの)を外に出すことができます。どの動物でも好きなように連れ出せるわけではありません。このような仕組みを扱うデータ構造を作ってください。さらにenqueue、dequeueAny、dequeueDog、dequeueCatの操作を実装してください。あらかじめ用意された連結リストのデータ構造は用いてもよいものとします。

p.116

解法

この問題はいろいろな解法が思い浮かびます。たとえば単一のキューを持つ方法です。これはdequeueAnyを簡単にしますが、dequeueDogとdequeueCatでは最初のdogやcatを見つけるための処理が必要になります。このため、計算量が大きくなって非効率になってしまいます。

簡潔で効率的な代替案は単純にdogとcatそれぞれのキューを用意し、AnimalQueueというラッパークラスに入れてしまう方法です。dogやcatが追加されたとき、マークしておくためのタイムスタンプを並べて記録しておきます。dequeueAnyを呼び出すとき、dogキューとcatキューの両方の先頭を調べ、古いほうを返すようにしておきます。

```
1   abstract class Animal {
2     private int order;
3     protected String name;
4     public Animal(String n) { name = n; }
5     public void setOrder(int ord) { order = ord; }
6     public int getOrder() { return order; }
7
8     /* より古い要素を返すために動物の順序を比較する。 */
9     public boolean isOlderThan(Animal a) {
10      return this.order < a.getOrder();
11    }
12  }
13
14  class AnimalQueue {
15    LinkedList<Dog> dogs = new LinkedList<Dog>();
16    LinkedList<Cat> cats = new LinkedList<Cat>();
17    private int order = 0; // タイムスタンプとして機能する
18
19    public void enqueue(Animal a) {
20      /* orderをタイムスタンプとして使い、
21       * イヌとネコの挿入順序を比較できるようにする */
22      a.setOrder(order);
23      order++;
24
25      if (a instanceof Dog) dogs.addLast((Dog) a);
26      else if (a instanceof Cat) cats.addLast((Cat)a);
27    }
28
29    public Animal dequeueAny() {
30      /* イヌとネコのキューの一番上を比較し、
31       * 古いほうを取り出す */
32      if (dogs.size() == 0) {
33        return dequeueCats();
```

```
34      } else if (cats.size() == 0) {
35        return dequeueDogs();
36      }
37
38      Dog dog = dogs.peek();
39      Cat cat = cats.peek();
40      if (dog.isOlderThan(cat)) {
41        return dequeueDogs();
42      } else {
43        return dequeueCats();
44      }
45    }
46
47    public Dog dequeueDogs() {
48      return dogs.poll();
49    }
50
51    public Cat dequeueCats() {
52      return cats.poll();
53    }
54  }
55
56  public class Dog extends Animal {
57    public Dog(String n) {
58      super(n);
59    }
60  }
61
62  public class Cat extends Animal {
63    public Cat(String n) {
64      super(n);}
65  }
```

dequeueAny()はDogクラスとCatクラス両方のオブジェクトを返す必要があるため、いずれのクラスもAnimalクラスを継承しておくことが重要です。

できれば順序は実際の日時によるタイムスタンプを用いるのがよいでしょう。そうすることで番号を付けて管理する必要がなくなるという利点があります。何らかの形で2つの動物が同じタイムスタンプになってしまった場合は、(定義によりますが)動物の順序はつけず、どちらか一方を返すようにしてもかまいません。

4

“木とグラフ”の解法

4.1 **ノード間の経路:** 有向グラフが与えられたとき、2つのノード間に経路があるかどうかを判定するアルゴリズムを設計してください。

p.128

解法

この問題はDFSやBFSのような単純な探索で解くことができます。まず与えられた2つのノードのうちの1つからスタートし、探索しながらもう1つのノードがあるかどうかをチェックしていきます。探索中、ループに陥らないように、すでに訪れたノードにはマークするようにしておきましょう。

以下のコードではBFSを用いて実装しています。

```
1   enum State {
2     Unvisited, Visited, Visiting;
3   }
4
5   boolean search(Graph g, Node start, Node end) {
6     if (start == end) return true;
7     // キューとして用いる
8     LinkedList<Node> q = new LinkedList<Node>();
9
10    for (Node u : g.getNodes()) {
11      u.state = State.Unvisited;
12    }
13    start.state = State.Visiting;
14    q.add(start);
15    Node u;
16    while (!q.isEmpty()) {
17      u = q.removeFirst(); // dequeue()に相当
18      if (u != null) {
19        for (Node v : u.getAdjacent()) {
20          if (v.state == State.Unvisited) {
21            if (v == end) {
22              return true;
23            } else {
24              v.state = State.Visiting;
```

```
25              q.add(v);
26            }
27          }
28        }
29        u.state = State.Visited;
30      }
31    }
32    return false;
33  }
```

このような問題では、BFSとDFSを用いた場合のトレードオフについて面接官と議論する価値があります。たとえば、DFSのほうが単純な再帰で書ける分BFSと比べて少し実装が単純です。BFSは最短経路を見つけることもできる一方、DFSでは最初のノードに隣接するノードを探索する前に、かなり遠くまで探索してしまう可能性があります。

4.2 **最小の木**: 昇順にソートされたすべての要素が異なる配列が与えられたとき、高さが最小になる二分探索木を作るアルゴリズムを書いてください。

p.128

解法

高さが最小の木を作るには、部分木の左側のノード数と右側のノード数をできるだけ合わせておく必要があります。これは、要素の半数がルート(根)の値より小さく、もう半分は大きくなればよいということで、つまりルートの部分が配列の中央の値ということになります。

それと同じように、木を作ってみましょう。各部分配列の中央にある要素がそのルートノードになります。部分配列の左側が左の部分木、右側が右の部分木になります。

これを実現する1つの方法はルートノードから再帰的に、二分探索木に値vを挿入するメソッド`root.insertNode(int v)`を呼び出して二分探索木を構成するというものです。このようにすれば、たしかに高さが最小の木を構築することができますが、あまり効率的ではありません。挿入を行うのに木の走査が必要になり、`O(N log(N))`のコストがかかってしまいます。

以下の`CreateMinimalBST`メソッドを使うことで余計な走査を減らすことができます。このメソッドでは部分配列が渡され、その配列を最小木としたときのルートが返されます。

アルゴリズムは以下のような手順になります(訳注: 計算量が`O(N)`に改善される)。

1. 配列の中央の要素を木に挿入する。
2. 左の部分木に左側の部分配列の要素を挿入する。
3. 右の部分木に右側の部分配列の要素を挿入する。
4. 再帰する。

実装は以下の通りです。

```
1  TreeNode createMinimalBST(int array[]) {
2    return createMinimalBST(array, 0, array.length - 1);
```

```
3   }
4
5   TreeNode createMinimalBST(int arr[], int start, int end) {
6     if (end < start) {
7       return null;
8     }
9     int mid = (start + end) / 2;
10    TreeNode n = new TreeNode(arr[mid]);
11    n.left = createMinimalBST(arr, start, mid - 1);
12    n.right = createMinimalBST(arr, mid + 1, end);
13    return n;
14  }
```

このコードは特に複雑なように見えませんが境界エラーを犯しやすいですから、境界チェックは徹底するようにしておいてください。

4.3 **深さのリスト：** 二分探索木が与えられたとき、同じ深さのノード同士の連結リストを作るアルゴリズムを設計してください（例えば、深さDの木があるとき、D個の連結リストを作ることになります）。

p.128

解法

この問題は一見すると深さごとの走査が必要であるように見えますが、その必要はありません。探索時にどの深さにいるのかをきちんと把握できていれば、どのような方法でもかまいません。

pre-orderの走査を、次の再帰呼び出し時に（深さ+1）を渡すように実装することができます。以下のコードはDFSを用いた実装です。

```
1   void createLevelLinkedList(TreeNode root,
2       ArrayList<LinkedList<TreeNode>> lists, int level) {
3     if (root == null) return; // 基本ケース
4
5     LinkedList<TreeNode> list = null;
6     if (lists.size() == level) { // この深さがまだリストに含まれていない
7       list = new LinkedList<TreeNode>();
8       /* 深さは探索が進むに従って増加する。
9        * したがって深さiの頂点に初めて到達したとき、
10       * 深さ0 〜 i-1の頂点にのみ到達している。
11       * なので、深さiのために新しいリストを作って追加すればよい */
12      lists.add(list);
13    } else {
14      list = lists.get(level);
15    }
16    list.add(root);
17    createLevelLinkedList(root.left, lists, level + 1);
18    createLevelLinkedList(root.right, lists, level + 1);
19  }
20
21  ArrayList<LinkedList<TreeNode>> createLevelLinkedList(
22      TreeNode root) {
23    ArrayList<LinkedList<TreeNode>> lists =
24      new ArrayList<LinkedList<TreeNode>>();
```

```
25    createLevelLinkedList(root, lists, 0);
26    return lists;
27  }
```

BFSの変形でも実装できます。その場合はルートが深さ1、次が深さ2、3…という順に探索していきます。深さiでは、深さ(i-1)のノードはすべて探索済みです。つまり、深さiのノードが欲しい場合は単純に深さ(i-1)のノードの子を見ればよいことになります。

以下のコードがこのアルゴリズムの実装です。

```
1   ArrayList<LinkedList<TreeNode>> createLevelLinkedList(
2       TreeNode root) {
3     ArrayList<LinkedList<TreeNode>> result =
4       new ArrayList<LinkedList<TreeNode>>();
5     /* ルートを訪問 */
6     LinkedList<TreeNode> current = new LinkedList<TreeNode>();
7     if (root != null) {
8       current.add(root);
9     }
10
11    while (current.size() > 0) {
12      result.add(current); // 前の深さのリストを追加
13      LinkedList<TreeNode> parents = current; // 次の深さへ
14      current = new LinkedList<TreeNode>();
15      for (TreeNode parent : parents) {
16        /* 子を訪問 */
17        if (parent.left != null) {
18          current.add(parent.left);
19        }
20        if (parent.right != null) {
21          current.add(parent.right);
22        }
23      }
24    }
25    return result;
26  }
```

もっと効率的な方法はと考えることもあるかもしれません。いずれもO(N)の計算時間ですが、消費メモリに関してはどうでしょうか? まず、2つ目の解法のほうが消費メモリの点では優れていると言いたくなるかもしれません。

ある意味それは正しいです。1つ目の解法では(平衡木の場合で)再帰呼び出しをO(log(N))回行い、呼び出しごとに新たなレベルをスタックに追加します。2つ目の解法では繰り返し処理になるので、余計な消費メモリはなくなります。

しかしながら、いずれの解法でもO(N)のデータを返さなければなりません。再帰で消費するメモリはO(log(N))で、データを返すときに必要とするO(N)と比べると小さいのです。ですから、実際には1つ目の解法のほうが多いのですが、オーダーとしては同じになります。

4.4 **平衡チェック**: 二分木が平衡かどうかを調べる関数を実装してください。平衡木とは、すべてのノードが持つ2つの部分木について、その高さの差が1以下であるような木であると定義します。

p.128

解法

この問題では幸運なことに平衡の定義が明記されています。ですので、この定義に基づいて実装することができます。単純に木全体を再帰し、各ノードに対して部分木の高さを計算すればよいのです。

```
1   int getHeight(TreeNode root) {
2     if (root == null) return -1; // 基本ケース
3     return Math.max(getHeight(root.left),
4                     getHeight(root.right)) + 1;
5   }
6
7   boolean isBalanced(TreeNode root) {
8     if (root == null) return true; // 基本ケース
9
10    int heightDiff = getHeight(root.left) - getHeight(root.right);
11    if (Math.abs(heightDiff) > 1) {
12      return false;
13    } else { // 再帰
14      return isBalanced(root.left) && isBalanced(root.right);
15    }
16  }
```

このようにすればうまくいきますが、それほど効率的ではありません。各ノードで他の部分木を再帰していますが、これは`getHeight`が同じノードで繰り返し呼び出されていることになります。各ノードがそのノードの上から1回「触れられる」ため、このアルゴリズムは`O(N log N)`になります。

そこで、`getHeight`の呼び出しを抑える必要があります。

このメソッドを調べてみると、部分木の高さを調べるタイミングで平衡かどうかのチェックもできることに気づくでしょう。部分木が平衡でないとわかった場合はエラーコードを返せばよいです。

改良版アルゴリズムでは、ルートから再帰的に降下しながら高さのチェックを行うようにしています。それぞれのノードで、左右の部分木に対して`checkHeight`を再帰的に呼び出して高さを求めていきます。部分木が平衡でなければ、`checkHeight`は-1を返すようにしておきます。そして呼び出し元で-1が返ってくれば、すぐに再帰を抜けるようにしておきます。

> エラーコードには何を使用すればよいでしょうか？ `null`の木の高さは一般的に1と定義されているので、エラーコードとしては良い考えではありません。代わりに`Integer.MIN_VALUE`を使用します。

以下のコードはこのアルゴリズムを実装したものです。

```
1   int checkHeight(TreeNode root) {
2     if (root == null) return -1;
```

```
3
4     int leftHeight = checkHeight(root.left);
5     if (leftHeight == Integer.MIN_VALUE) return Integer.MIN_VALUE; // エラーをそのまま返す
6
7     int rightHeight = checkHeight(root.right);
8     if (rightHeight == Integer.MIN_VALUE) return Integer.MIN_VALUE; // エラーをそのまま返す
9
10    int heightDiff = leftHeight - rightHeight;
11    if (Math.abs(heightDiff) > 1) {
12      return Integer.MIN_VALUE; // エラーが見つかったらすぐ返す
13    } else {
14      return Math.max(leftHeight, rightHeight) + 1;
15    }
16  }
17
18  boolean isBalanced(TreeNode root) {
19    return checkHeight(root) != Integer.MIN_VALUE;
20  }
```

このコードは、O(N)の時間計算量、木の高さをHとするとO(H)の空間計算量になります。

4.5 **BSTチェック**：二分木が二分探索木(BST)であるかどうかを調べる関数を実装してください。

p.128

解法

実装には2つの方法があります。1つは単にin-orderで探索していく方法、もう1つは各ノードで二分探索木の定義を満たしているかを調べる方法です。

解法1：In-Orderの探索

in-orderで探索するとき最初に思いつくのは、訪れたノードを順番に配列へコピーし、その配列がソートされているかを調べる方法です。この解法ではいくらか余分にメモリを消費しますが、正しく動作します - ほとんどの場合で。唯一の問題は、重複した値を適切に処理できないことです。例えば、以下の2つの木を区別することはできません(そのうちの1つは無効です)。これは、いずれも同じin-order巡回になるためです。

有効なBST	無効なBST
20 (根)、20 (左の子)	20 (根)、20 (右の子)

しかし、木が重複する値を持つことができないと仮定すると、このアプローチは有効になります。

このメソッドの疑似コードは次のような感じです。

```
1  int index = 0;
2  void copyBST(TreeNode root, int[] array) {
3    if (root == null) return;
4    copyBST(root.left, array);
5    array[index] = root.data;
6    index++;
7    copyBST(root.right, array);
8  }
9
10 boolean checkBST(TreeNode root) {
11   int[] array = new int[root.size];
12   copyBST(root, array);
13   for (int i = 1; i < array.length; i++) {
14     if (array[i] <= array[i - 1]) return false;
15   }
16   return true;
17 }
```

すべての要素を保持するためのメモリを確保しなければなりませんから、配列の終わりを追う必要があることに注意してください。

この解法をよく考えてみると、実際は配列が必要ないことに気づきます。ある要素の比較には、その1つ前の要素以外は必要ありません。ですから配列は使わず、最後に調べた要素だけを記録して比較をするようにしておきます。
以下のコードはこのアルゴリズムを実装したものです。

```
1  Integer last_printed = null;
2  boolean checkBST(TreeNode n) {
3    if (n == null) return true;
4
5      // 左部分を再帰しチェック
6      if (!checkBST(n.left)) return false;
7
8      // 現在のノードをチェック
9      if (last_printed != null && n.data <= last_printed) {
10       return false;
11     }
12     last_printed = n.data;
13
14     // 右部分を再帰しチェック
15     if (!checkBST(n.right)) return false;
16
17     return true; // すべてOK!
18   }
```

`last_printed`がいつ値に設定されたかを知るために、`int`の代わりに`Integer`を使用しました。

静的変数を使いたくなければ以下のように整数値のラッパークラスを用い、コードを少し書き換えておきましょう。

```
1  class WrapInt {
2    public int value;
3  }
```

もしくは、C++や整数値の参照を渡すことのできる他の言語を用いれば、シンプルに実装できるでしょう(訳注: 引数と返り値を使うこともできる)。

解法2: Min/Max解法

2つ目の解法は二分探索木の定義をそのまま利用します。

二分探索木になっているというのは、どういうことでしょうか? すべてのノードについて、`left.data <= current.data < right.data`という条件を満たしているということはもちろんですが、それだけでは少し不十分です。以下のような小さな木を考えてみてください。

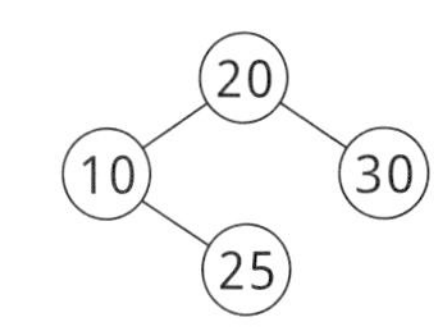

各ノードは左側より大きく右側より小さくなっていますが、25の位置がおかしく、どう見ても二分探索木とは言えません。

もっと正確に言えば、あるノードに対して、それより左側にあるすべてのノードより大きいか等しくなければなりませんし、右側にあるすべてのノードよりも小さくなければならないのです。

この考え方を使うと、要素の最小値と最大値を渡していくというアプローチができます。木を探索しながら徐々に範囲を狭めて調べていきます。

以下の例を考えてみてください。

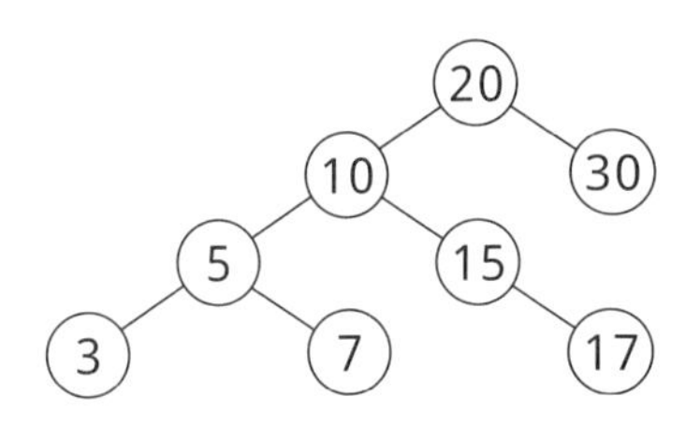

まず、`min = NULL`、`max = NULL`とした状態で始めます(NULLは最小値や最大値がないことを示します)。次に左側の枝に移動し、`min = NULL`、`max = 20`という条件で調べていきます。右側の枝には`min = 20`、`max = NULL`で調べていきます。

このような方法で進めていきます。左側に進む場合はmaxを更新し、右側に進む場合はminを更新するのです。これで何か問題が起これば探索を中止し、falseを返します。

この解法ではNをノードの個数とすると`O(N)`の計算量になります。N個のノードすべてを調べなければなりませんから、このアルゴリズムが最善であると示すことができます(訳注: 解法1の計算量も`O(N)`である)。

再帰処理を使うには、平衡木の場合は`O(log(N))`の消費メモリになります。木の深さと同じだけのスタックが必要ですから、最大`O(log(N))`になるということです。

再帰によるコードは以下の通りです。

```
1  boolean checkBST(TreeNode n) {
2    return checkBST(n, null, null );
3  }
4
5  boolean checkBST(TreeNode n, Integer min, Integer max) {
6    if (n == null) {
7      return true;
8    }
9    if ((min != null && n.data <= min) ||
10       (max != null && n.data > max)) {
11     return false;
12   }
13
14   if (!checkBST(n.left, min, n.data) ||
15       !checkBST(n.right, n.data, max)) {
16     return false;
17   }
18   return true;
19 }
```

再帰的なアルゴリズムでは初期状態だけでなく、nullの場合についてもうまく処理できているかをいつも確かめるようにしておきましょう。

4.6 **次のノード**：二分探索木において、与えられたノードの「次の」ノード(in-orderの走査で)を探すアルゴリズムを書いてください。各ノードは、自身の親ノードへのリンクを持っていると仮定して構いません。

p.128

解法

in-orderの探索法は左のノード→現在のノード→右のノードという順番であったことを思い出してください。この問題にアプローチするにあたって、何をすればよいかをかなり注意深く考える必要があります。

あるノードについて考えてみましょう。探索順序はわかっていますから、次のノードというのは右側にあるとすぐわかりますね。

しかし右側の、どのノードでしょうか？ in-orderで進めて最初に評価されるノードでなければなりません。これは、右側の中でも一番左のノードということですね！でも、右側に部分木がない場合はどのようにすればよいでしょうか？ この点が問題を少し難しくしています。

ノードnが右の部分木を持たない場合は、nの部分木の探索が済んでいます。そこで、ノードnの親ノード(qとしておきます)を調べる必要があります。

ノードnがqの左側であれば、次のノードはqになります。

ノードnがqの右側であれば、qの部分木は完全に探索していることになります。ですので、完全に調べていないノードxが現れるqより上位のノードをたどっていく必要があります。それでは、どのようにしてノードxを見つければよいでしょうか？ 完全に調べていないノードにあたるのは左側のノードから親ノードへ移動するときで、この時点では左側のノードは完全に調べ終わっていて、親ノードはまだという状態になります。

疑似コードを書くとこのようになります。

```
1   Node inorderSucc(Node n) {
2     if (nは右の部分木を持っている) {
3       return 右の部分木の最左ノード
4     } else {
5       while (nがn.parentの右の子) {
6         n = n.parent; // 上位ノードへ
7       }
8       return n.parent; // この親はまだ訪れていない
9     }
10  }
```


でもちょっと待ってください。左側の子ノードを見つける前に、上位のノードすべてを探索済みの場合はどういうなるでしょうか？ このようなことが起こるのはin-orderの探索で、本当の最後にだけです。つまり、すでに木の一番右端に達していて次のノードはありません。この場合は`null`を返さなければなりません。

以下のコードはこのアルゴリズムを、nullを返すケースも正しく実装しています。

```
1   TreeNode inorderSucc(TreeNode n) {
2     if (n == null) return null;
3 
4     /* 右の子が存在 →
5      * 右の部分木の最左ノードを返す */
6     if (n.right != null) {
7       return leftMostChild(n.right);
8     } else {
9       TreeNode q = n;
10      TreeNode x = q.parent;
11      // 右の子ではなく左の子になるまで登る
12      while (x != null && x.left != q) {
13        q = x;
14        x = x.parent;
15      }
16      return x;
17    }
18  }
19 
20  TreeNode leftMostChild(TreeNode n) {
21    if (n == null) {
22      return null;
23    }
24    while (n.left != null) {
25      n = n.left;
26    }
27    return n;
28  }
```

これはアルゴリズム的にとてつもなく難しいというわけではないのですが、完璧なコードを書くのはなかなか難しい問題です。このような問題では、事前にいろいろなケースを疑似コードで書き出すようにしておくと便利です。

4.7 **実行順序**：プロジェクトのリストと依存関係（プロジェクトのペアで、1番目のプロジェクトは2番目のプロジェクトに依存する）のリストが与えられます。依存関係のあるプロジェクトは、そのプロジェクトの前にすべて完成していなければなりません。このとき、実行可能なプロジェクトの順序を見つけてください。そのような順序づけが不可能な場合はエラーを返してください。

例

入力：プロジェクト：a, b, c, d, e, f

依存関係：(d,a), (b,f), (d,b), (a,f), (c,d)

出力：f, e, a, b, d, c

P.128

解法

情報をグラフとして視覚化するのは、おそらく最も効果的です。矢印の向きに注意してください。下のグラフでは、dからgへの矢印はdがgの前にコンパイルされなければならないことを意味します。反対方向に描くこともできますが、一貫性を持って意味を明確にする必要があります。新しい例を描いてみましょう。

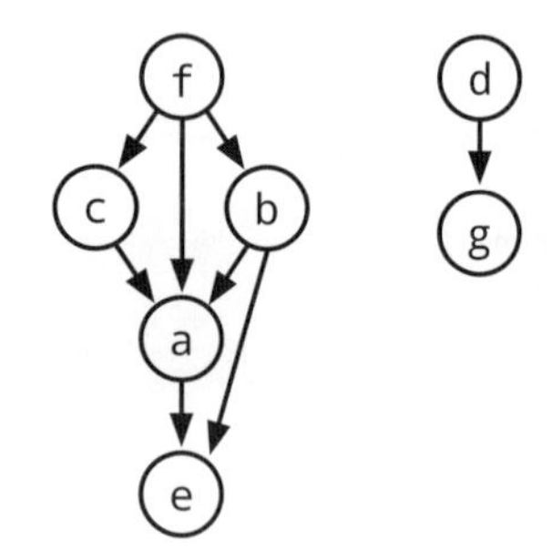

この例（問題の説明の例ではありません）を描くにあたり、いくつかの点に注意しました。

- ノードのラベルは、いくらかランダムな名前にした。aをトップとして、bとcをその子供、dとeその子供のように置くと、誤解を招く恐れがある。アルファベット順がコンパイル順と一致してしまうからである。
- 連結グラフは特殊なケースであるため、複数の部分/構成を持つグラフが必要であると考えた。
- 連結はしているが続けてビルドはできないようなグラフが欲しかった。例えばfはaに連結しているが、（bとcはaより前、fより後に来なければならないので）fの直後にaをビルドすることはできない。
- パターンを理解する必要があるので、大きなグラフが必要であると考えた。
- 複数の依存関係を持つノードが必要であると考えた。

これで良い例ができたので、まずアルゴリズムから始めてみましょう。

解法1：

どこから始めればよいでしょうか？ すぐにコンパイルできるノードはありますか？

もちろんありますね。入ってくる矢印のないノードは何にも依存しないので、すぐにビルドできます。そのようなノードをすべてビルド順に追加しましょう。前の例では、fとd（もしくはdとf）の順序ができることを意味します。

一度これを行うと、dとfはすでにビルドされているため、ノードがdとfに依存しているということは意味がなくなります。dとf

から出て行く矢印を削除することで、新しい状態を反映させることができます。

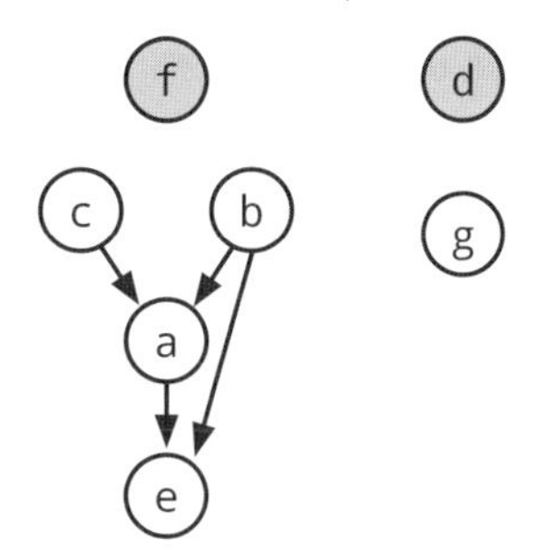

次に、c, b, gには入ってくる矢印がないため、自由にビルドできることがわかります。それらをビルドして、ノードから出ている矢印を削除しましょう。

ビルド順: f, d, c, b, g

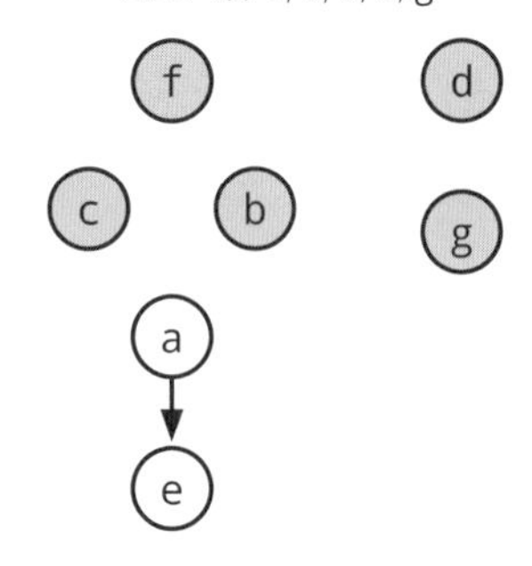

プロジェクトaは次にビルドすることがでるのでビルド順に追加し、矢印を削除しましょう。これでeだけが残ります。これをビルド順に追加して、ビルド順が完成します。

ビルド順：f, d, c, b, g, a, e

このアルゴリズムはうまくいったでしょうか？ あるいはたまたま運よくできただけでしょうか？ 論理的に考えてみましょう。

1. 最初は入ってくる矢印のないノードを追加した。プロジェクトのセットをビルドすることができる場合、「最初の」プロジェクトがいくつか存在しなければならず、そのプロジェクトには依存性がない。プロジェクトに依存関係がない場合（入ってくる矢印)、最初にそれをビルドすることで何かを破壊してしまうことはない。
2. これらのノードから出ている矢印をすべて削除した。これは合理的である。これらのプロジェクトがビルドされてしまえば、別のプロジェクトがそれらに依存するかどうかは関係なくなる。
3. その後、入ってくる矢印のないノードが見つかった。手順1と2の同じロジックを使用して、これらをビルドしても問題ない。ここでは同じ手順を繰り返す。依存関係のないノードを見つけてビルド順に追加し、出ていく矢印を削除して繰り返す。
4. ノードが残っているけれども、すべてが依存関係（入ってくる矢印）を持つ場合はどうなるか？ これは、システムをビルドする方法がないということを意味する。誤りを返すべき。

実装はこの考え方に忠実に従います。

初期化と準備：

1. 各プロジェクトがノードであり、出力辺がそれに依存するプロジェクトを表すグラフを作成する。すなわち、AからBへの辺

(A→B) がある場合、BはAに依存することを意味し、従ってAはBの前にビルドされなければならない。

2. buildOrder 配列を初期化する。プロジェクトのビルド順を決定したら、それを配列に追加する。また、完全に処理されるべき次のノードを指す toBeProcessed ポインタを使用して、配列全体を繰り返し処理する。
3. 入力辺がゼロのすべてのノードを見つけて、それらを buildOrder 配列に追加する。toBeProcessed ポインタを配列の先頭に設定する。

toBeProcessed が buildOrder の終わりに来るまで以下を繰り返します:

1. toBeProcessed でノードを読み取る。
   node が null の場合残りのノードはすべて依存関係にあり、閉路が検出される。
2. ノードの各子について:
   child.dependencies (入力辺の数) を減らす。
   child.dependencies が0の場合、buildOrderの末尾に子を追加する。
3. toBeProcessed を増やす。

以下のコードは、このアルゴリズムを実装しています。

```
1   /* 正しいビルド順を見つける */
2   Project[] findBuildOrder(String[] projects, String[][] dependencies) {
3     Graph graph = buildGraph(projects, dependencies);
4     return orderProjects(graph.getNodes());
5   }
6
7   /* bがaに依存する場合、辺(a, b)を追加しながらグラフを構築する。
8    * ペアが「ビルド順」にリストされていると仮定する。
9    * 依存関係のペア(a, b)は、bがaに依存し、aがbの前にビルドされなければならないことを示す。 */
10  Graph buildGraph(String[] projects, String[][] dependencies) {
11    Graph graph = new Graph();
12    for (String project : projects) {
13      graph.createNode(project);
14    }
15
16    for (String[] dependency : dependencies) {
17      String first = dependency[0];
18      String second = dependency[1];
19      graph.addEdge(first, second);
20    }
21
22    return graph;
23  }
24
25  /* 正しいビルド順のプロジェクトリストを返す */
26  Project[] orderProjects(ArrayList<Project> projects) {
27    Project[] order = new Project[projects.size()];
28
29    /* 最初に「起点」をビルド順へ追加する */
30    int endOfList = addNonDependent(order, projects, 0);
31
32    int toBeProcessed = 0;
33    while (toBeProcessed < order.length) {
34      Project current = order[toBeProcessed];
35
36      /* 依存性のないプロジェクトが残っていないので
```

```
37      * 依存関係が循環しているものがある */
38     if (current == null) {
39       return null;
40     }
41
42     /* 依存関係として自分自身を削除する */
43     ArrayList<Project> children = current.getChildren();
44     for (Project child : children) {
45       child.decrementDependencies();
46     }
47
48     /* どこからも依存されない子を追加する */
49     endOfList = addNonDependent(order, children, endOfList);
50     toBeProcessed++;
51   }
52
53   return order;
54 }
55
56 /* 依存性のないプロジェクトをビルド順の配列に挿入する補助関数。
57  * インデックスのオフセットから追加していく */
58 int addNonDependent(Project[] order, ArrayList<Project> projects, int offset) {
59   for (Project project : projects) {
60     if (project.getNumberDependencies() == 0) {
61       order[offset] = project;
62       offset++;
63     }
64   }
65   return offset;
66 }
67
68 public class Graph {
69   private ArrayList<Project> nodes = new ArrayList<Project>();
70   private HashMap<String, Project> map = new HashMap<String, Project>();
71
72   public Project getOrCreateNode(String name) {
73     if (!map.containsKey(name)) {
74       Project node = new Project(name);
75       nodes.add(node);
76       map.put(name, node);
77     }
78
79     return map.get(name);
80   }
81
82   public void addEdge(String startName, String endName) {
83     Project start = getOrCreateNode(startName);
84     Project end = getOrCreateNode(endName);
85     start.addNeighbor(end);
86   }
87
88   public ArrayList<Project> getNodes() { return nodes; }
89 }
90
91 public class Project {
92   private ArrayList<Project> children = new ArrayList<Project>();
```

X 解法

```
93     private HashMap<String, Project> map = new HashMap<String, Project>();
94     private String name;
95     private int dependencies = 0;
96 
97     public Project(String n) { name = n; }
98 
99     public void addNeighbor(Project node) {
100      if (!map.containsKey(node.getName())) {
101        children.add(node);
102        map.put(node.getName(), node);
103        node.incrementDependencies();
104      }
105    }
106 
107    public void incrementDependencies() { dependencies++; }
108    public void decrementDependencies() { dependencies--; }
109 
110    public String getName() { return name; }
111    public ArrayList<Project> getChildren() { return children; }
112    public int getNumberDependencies() { return dependencies; }
113  }
```

Pをプロジェクト数、Dを依存関係数とすると、この解法はO(P + D)の実行時間を要します。

> **注意：** これは699ページのトポロジカルソートアルゴリズムであると気付いた方もいるかもしれません。このアルゴリズムを1から書きました。ほとんどの人はこのアルゴリズムを知らないでしょうし、それを導き出してもらおうと面接官が考えるのは合理的です。

解法2：

別の方法として、深さ優先探索（DFS）を使用してビルド順を見つけることもできます。

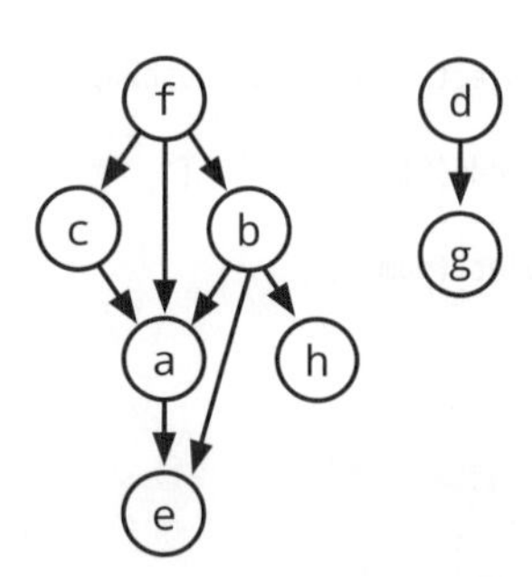

任意のノード（たとえばb）を選択し、深さ優先探索を行ったとします。経路の終わりに到達し、これ以上進まない場合（hとeで発生する）、終端ノードが最後にビルドされるプロジェクトであることがわかります。それに依存するプロジェクトはありません。

```
DFS(b)                          // Step 1
    DFS(h)                      // Step 2
      build order = ..., h      // Step 3
    DFS(a)                      // Step 4
      DFS(e)                    // Step 5
        build order = ..., e, h // Step 6
      ...                       // Step 7+
```

```
...
```

さて、eのDFSから戻るときにノードaで何が起こるかを考えてみましょう。aの子ノードは、ビルド順においてaの後に出なければならないことがわかっています。従って、aの子の探索から戻ってくると(そしてそれらが追加されたため)、ビルド順の先頭にaを追加することができます。

aから戻ってbの他の子のDFSを完成すると、bの後に現れなければならないものは全てリストに入っていますので、bを前に追加します。

```
DFS(b)                          // Step 1
    DFS(h)                      // Step 2
      build order = ..., h      // Step 3
    DFS(a)                      // Step 4
      DFS(e)                    // Step 5
        build order = ..., e, h   // Step 6
      build order = ..., a, e, h  // Step 7
    DFS(e) -> return            // Step 8
    build order = ..., b, a, e, h // Step 9
```
他の誰かがビルドする必要がある場合に備えて、これらのノードをビルド済みとしてマークしましょう。

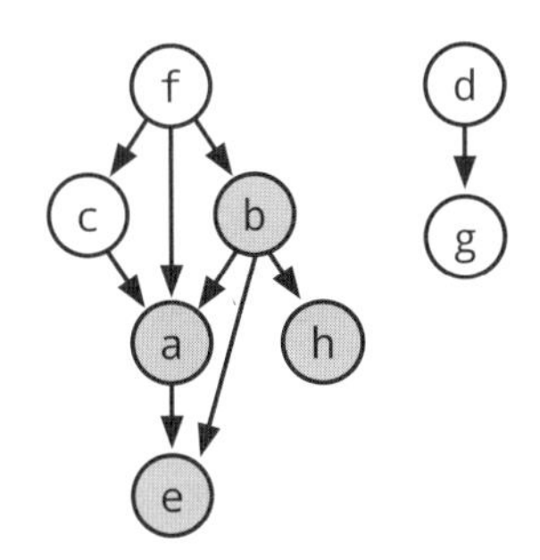

それからどうすればよいでしょうか? DFSを実行した後、DFSが完了したときに元のノードをビルドキューの先頭に追加することで、任意のノードで始めることができます。

```
DFS(d)
    DFS(g)
      build order = ..., g, b, a, e, h
    build order = ..., d, g, b, a, e, h

DFS(f)
    DFS(c)
      build order = ..., c, d, g, b, a, e, h
    build order = f, c, d, g, b, a, e, h
```

このようなアルゴリズムでは、閉路の問題について考える必要があります。閉路がある場合は、ビルドの順序がありません。しかし、解がないという理由だけで無限ループに陥ることは避けたいところです。

ノード上でDFSを実行しているときに同じ経路に戻ると、閉路が発生します。従って、「まだこのノードを処理しているので、再度そのノードが見つかった場合は問題がある」ということを示すシグナルが必要になります。

これを行うには、DFSを開始する直前に各ノードを「一部分」(または「訪問中」)の状態としてマークします。状態が一部分であるノードがあれば、問題があることがわかります。このノードのDFSが完了したら、状態を更新する必要があります。

また、「すでにこのノードを処理/ビルドしました」という状態を必要とするので、ノードを再構築しません。従って、状態は3種類:完了(COMPLETED)、一部分(PARTIAL)、空白(BLANK)があります。

以下のコードは、このアルゴリズムを実装しています。

```
1   Stack<Project> findBuildOrder(String[] projects, String[][] dependencies) {
2     Graph graph = buildGraph(projects, dependencies);
3     return orderProjects(graph.getNodes());
4   }
5
6   Stack<Project> orderProjects(ArrayList<Project> projects) {
7     Stack<Project> stack = new Stack<Project>();
8     for (Project project : projects) {
9       if (project.getState() == Project.State.BLANK) {
10        if (!doDFS(project, stack)) {
11          return null;
12        }
13      }
14    }
15    return stack;
16  }
17
18  boolean doDFS(Project project, Stack<Project> stack) {
19    if (project.getState() == Project.State.PARTIAL) {
20      return false; // 閉路
21    }
22
23    if (project.getState() == Project.State.BLANK) {
24      project.setState(Project.State.PARTIAL);
25      ArrayList<Project> children = project.getChildren();
26      for (Project child : children) {
27        if (!doDFS(child, stack)) {
28          return false;
29        }
30      }
31      project.setState(Project.State.COMPLETE);
32      stack.push(project);
33    }
34    return true;
35  }
36
37  /* 以前と同じ */
38  Graph buildGraph(String[] projects, String[][] dependencies) {...}
39  public class Graph {}
40
41  /* 本質的には最初の解法と同じで、状態の情報が追加され
42   * 依存数が削除された */
43  public class Project {
44    public enum State {COMPLETE, PARTIAL, BLANK};
45    private State state = State.BLANK;
```

```
46     public State getState() { return state; }
47     public void setState(State st) { state = st; }
48     /* 簡潔にするため重複コードは削除 */
49   }
```

解法1のアルゴリズムと同様に、この解法はPをプロジェクト数、Dを依存関係数とするとO(P + D)の実行時間になります。

ところで、この問題はトポロジカルソートと呼ばれていて、すべての辺(a, b)に対して、aがbの前に現れるように、グラフの頂点が線形に並びます。

4.8 **最初の共通祖先**：二分木において、2つのノードの上位ノードで最初に共通するものを探すアルゴリズムを設計し、コードを書いてください。ただし、データ構造の中に新たにノードを追加してはいけません(二分木は二分探索木とは限りません)。

p.129

解法

もし与えられた二分木が二分探索木であったとすれば、2つのノードを検索する操作を変形し、パスの分岐点を見てやればよかったのですが、残念ながらこの問題は二分探索木とは限りませんので他のアプローチが必要です。

あるノードpとqについての共通する上位ノードを考えてみましょう。質問内容の1つは、これらのノードが親ノードにつながっているかどうかいるかどうかです。

解法1：親ノードへの接続を利用する

それぞれのノードが親ノードに接続しているとすれば、pとqそれぞれの親ノードをそれらが交わるまでさかのぼっていけばよさそうです。これは基本的に質問2.7と同じ問題で、2つの連結リストの共通部分を見つけます。この場合の「連結リスト」は、各ノードからルートまでの経路です。(解法は249ページで確認してください。)

```
1   TreeNode commonAncestor(TreeNode p, TreeNode q) {
2     int delta = depth(p) - depth(q); // 深さの差を得る
3     TreeNode first = delta > 0 ? q : p; // 浅い方のノードを得る
4     TreeNode second = delta > 0 ? p : q; // 深い方のノードを得る
5     second = goUpBy(second, Math.abs(delta)); // 深い方のノードを差の分だけ上がる
6
7     /* 交わる点を見つける */
8     while (first != second && first != null && second != null) {
9       first = first.parent;
10      second = second.parent;
11    }
12    return first == null || second == null ? null : first;
13  }
14
15  TreeNode goUpBy(TreeNode node, int delta) {
16    while (delta > 0 && node != null) {
17      node = node.parent;
18      delta--;
19    }
20    return node;
```

```
21  }
22
23  int depth(TreeNode node) {
24    int depth = 0;
25    while (node != null) {
26      node = node.parent;
27      depth++;
28    }
29    return depth;
30  }
```

深い方のノードの深さをdとすると、この考え方ではO(d)の実行時間を要します。

解法2: 親ノードへの接続を利用する(最悪ケースの実行時間の短縮)

以前のアプローチと同様に、pの経路を上に辿って、ノードのどれかがqへの経路上にあるかどうかを調べることができます。qへの経路上にある最初のノード(この経路上のすべてのノードがpへの経路上にあることはすでにわかっています)は、最初の共通の祖先でなければなりません。

部分木全体を再確認する必要はないことに注意してください。ノードxからその親yに移動すると、xの下のすべてのノードがすでにqのためにチェックされています。従って、xの兄弟の下にある未探索のノードをチェックするだけでよいことになります。

たとえば、ノードp = 7とノードq = 17の最初の共通の祖先を探しているとします。p.parent(5)を実行するとき、3を根とする部分木の内容を明らかにします。従って、qが含まれるかどうかこの部分木を探索する必要があります。

次に、ノード10に行き、15を根とする部分木を展開します。この部分木にノード17が含まれるか調べて…やっと見つかりましたね。

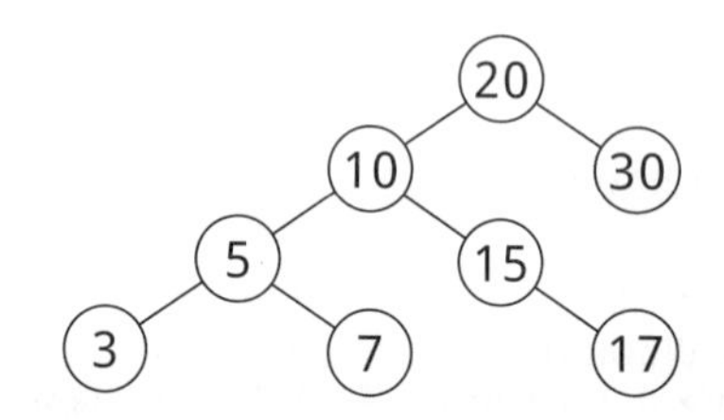

これを実装するには、pから上向きに走査し、親ノードと兄弟ノードを変数に格納します(兄弟ノードは常に親の子であり、新しく発見された部分木を参照します)。走査ごとに兄弟ノードは古い親の兄弟ノードに設定され、親ノードはparent.parentに設定されます。

```
1   TreeNode commonAncestor(TreeNode root, TreeNode p, TreeNode q) {
2     /* いずれかのノードが木にないか、一方のノードの部分木にもう一方をが含まれるかどうか確認 */
3     if (!covers(root, p) || !covers(root, q)) {
4       return null;
5     } else if (covers(p, q)) {
6       return p;
7     } else if (covers(q, p)) {
8       return q;
9     }
10
11    /* qを部分木に含むノードが見つかるまで上方に移動 */
```

```
12    TreeNode sibling = getSibling(p);
13    TreeNode parent = p.parent;
14    while (!covers(sibling, q)) {
15      sibling = getSibling(parent);
16      parent = parent.parent;
17    }
18    return parent;
19  }
20
21  boolean covers(TreeNode root, TreeNode p) {
22    if (root == null) return false;
23    if (root == p) return true;
24    return covers(root.left, p) || covers(root.right, p);
25  }
26
27  TreeNode getSibling(TreeNode node) {
28    if (node == null || node.parent == null) {
29      return null;
30    }
31
32    TreeNode parent = node.parent;
33    return parent.left == node ? parent.right : parent.left;
34  }
```


このアルゴリズムは、tを最初の共通祖先の部分木サイズとするとO(t)の実行時間を要します。最悪ケースでは、nを木のノード数とするとO(n)になります。この実行時間は、その部分木内の各ノードが一度探索されることから導出できます。

解法3:親ノードへの接続を利用しない

代わりに、親ノードから見てpとqが同じ側にあるところを追っていく方法を使います。もし、あるノードから見てpとqが左側にあるとすれば、左側の枝を追っていけば共通の上位ノードが見つかるでしょう。右側にあれば右側の枝を追えばよいのです。これを繰り返し、pとqが同じ側でなくなったら、そこが共通の上位ノードの中で一番近いところになります。

以下のコードが実装です。

```
1   TreeNode commonAncestor(TreeNode root, TreeNode p, TreeNode q) {
2     /* エラーチェック - 1つのノードが木に含まれない */
3     if (!covers(root, p) || !covers(root, q)) {
4       return null;
5     }
6     return ancestorHelper(root, p, q);
7   }
8
9   TreeNode ancestorHelper(TreeNode root, TreeNode p, TreeNode q) {
10    if (root == null || root == p || root == q) {
11      return root;
12    }
13
14    boolean pIsOnLeft = covers(root.left, p);
15    boolean qIsOnLeft = covers(root.left, q);
16    if (pIsOnLeft != qIsOnLeft) { // 2つのノードが反対側にある
17      return root;
18    }
19    TreeNode childSide = pIsOnLeft ? root.left : root.right;
```

```
20    return ancestorHelper(childSide, p, q);
21  }
22
23  boolean covers(TreeNode root, TreeNode p) {
24    if (root == null) return false;
25    if (root == p) return true;
26    return covers(root.left, p) || covers(root.right, p);
27  }
```

このアルゴリズムは、平衡木においては0(n)の計算時間になります。これは、最初の呼び出しで2n個のノード(左側と右側各n個ノードずつ)でcoversが呼び出されるためです。その後アルゴリズムは左右に分岐し、そこでcoversが$2n/2$ノード、次に$2n/4$のように呼ばれます。この結果、実行時間は0(n)になります。

潜在的にすべてのノードを調べる必要があるのですから、計算時間に関してはこれ以上改善できないことはわかると思います。しかし、定数倍によって改善することはできます。

解法4:最適化

解法3は、実行時間のオーダーについては最適ですが、まだ非効率的な点があることを認識しておいたほうがよいでしょう。特にcoversはpとqが含まれる部分木の、すべてのノードを探索しています。1つ部分木を選んでは、そのノードのすべてを調べていくという作業を繰り返しているのです。何度も何度も同じ探索が繰り返される個所があるということです。

pとqの位置を見つけるには、木全体を一度探索するだけで済むということに気づくかもしれません。それから、ノードの深い部分から上位のノードに向かって探索するようにします。基本的な考えは前述の解と同じです。

commonAncestor(TreeNode root, TreeNode p, TreeNode q)という関数を使い、再帰的に探索を行います。この関数は次のような値を返します。

- 部分木にpが含まれていて、かつqが含まれていない場合->return p
- 部分木にqが含まれていて、かつpが含まれていない場合->return q
- 部分木にpもqも含まれていない場合->return null
- 上記以外の場合->return pとqの共通の上位ノード

pとqに共通する上位ノードを見つけるのは簡単で、commonAncestor(n.left, p, q)とcommon Ancestor(n.right, p, q)が返す値がいずれもnullでなければpとqが異なる部分木で見つかったことになりますから、nが共通の上位ノードということになります。

以下に解答例を紹介しますが、このコードにはバグが含まれています。どこかわかりますか?

```
1   /* 以下のコードにはバグがある */
2   TreeNode commonAncestor(TreeNode root, TreeNode p, TreeNode q) {
3     if (root == null) return null;
4
5   if (root == p && root == q) return root;
6
7     TreeNode x = commonAncestor(root.left, p, q);
8     if (x != null && x != p && x != q) { // 共通祖先をすでに発見
9       return x;
```

```
10     }
11
12     TreeNode y = commonAncestor(root.right, p, q);
13     if (y != null && y != p && y != q) { // 共通祖先をすでに発見
14       return y;
15     }
16
17     if (x != null && y != null) { // pとqは異なる部分木に所属
18       return root; // このノードが共通祖先
19     } else if (root == p || root == q) {
20       return root;
21     } else {
22       return x == null ? y : x;
23       /* nullでないほうの値を返す */
24     }
25   }
```


このコードの問題は木にノードが含まれていない場合に起こります。次の例をご覧ください。

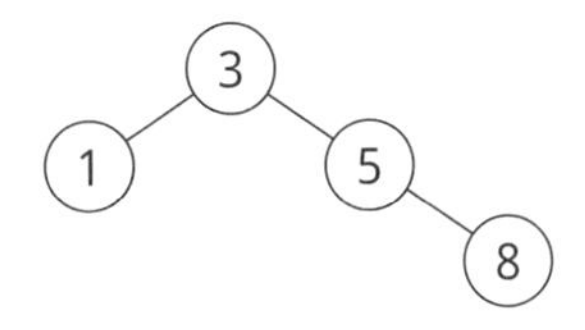

commonAncestor(node 3, node 5, node 7)を呼び出す場合を考えてみてください。もちろんノード7は存在しませんが、そこが問題のポイントです。呼び出しの順序は次のようになっています。

```
1   commonAnc(node 3, node 5, node 7)           // --> 5
2     calls commonAnc(node 1, node 5, node 7)   // --> null
3     calls commonAnc(node 5, node 5, node 7)   // --> 5
4       calls commonAnc(node 8, node 5, node 7) // --> null
```

つまり、ルートから右側の部分木に対してcommonAncestorは5を返します。このとき、呼び出し元の関数は次の2つのケースを判別できません。

- pがqの子孫（あるいはqがpの子孫）である場合
- pが木に含まれていて、qが含まれていない（あるいはその逆の）場合

いずれのケースもcommonAncestorはpを返します。最初のケースでは正しい返り値ですが、2つ目のケースではnullを返すべきです。

どうにかしてこれら2つのケースを区別しなければならず、次のコードではその部分を修正しています。このコードでは2つの値を返すことで解決しています。1つはノード、もう1つはそのノードが本当に共通の上位ノードであるかどうかのフラグです。

```
1   class Result {
2     public TreeNode node;
3     public boolean isAncestor;
4     public Result(TreeNode n, boolean isAnc) {
5       node = n;
```

```
6         isAncestor = isAnc;
7       }
8     }
9
10    TreeNode commonAncestor(TreeNode root, TreeNode p, TreeNode q) {
11      Result r = commonAncestorHelper(root, p, q);
12      if (r.isAncestor) {
13        return r.node;
14      }
15      return null;
16    }
17
18      if (root == null) return new Result(null, false);
19
20      if (root == p && root == q) {
21        return new Result(root, true);
22      }
23
24      Result rx = commonAncHelper(root.left, p, q);
25      if (rx.isAncestor) { // 共通祖先をすでに発見
26        return rx;
27      }
28
29      Result ry = commonAncHelper(root.right, p, q);
30      if (ry.isAncestor) { // 共通祖先をすでに発見
31        return ry;
32      }
33
34      if (rx.node != null && ry.node != null) {
35        return new Result(root, true); // このノードが共通祖先
36      } else if (root == p || root == q) {
37        /* 現在pかqに訪れており、
38         * もう一方のノードが部分木に含まれていれば、
39         * このノードは共通祖先なのでフラグをtrueにする */
40        boolean isAncestor = rx.node != null || ry.node != null;
41        return new Result(root, isAncestor);
42      } else {
43        return new Result(rx.node!=null ? rx.node : ry.node, false);
44      }
45    }
```

もちろん、この問題はpやqが木の中に含まれていない場合にしか起こらないことですから、最初の段階でいずれのノードも存在することを確かめておくという解法も考えられます。

4.9 **BSTを作る配列**：配列を左から右へ走査し要素を追加することで作られた二分探索木（BST）があります。要素がすべて異なる二分探索木が与えられたとき、それを表現することができるすべての配列を表示してください。

例

入力：

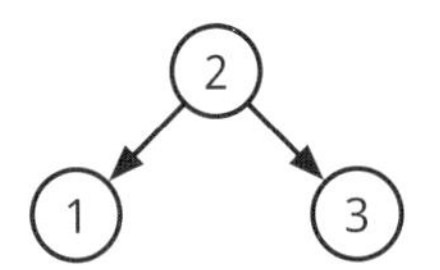

出力：`{2, 1, 3}, {2, 3, 1}`

P.129

解法

この問題はうまい例を用意するところから始めるとよいでしょう。

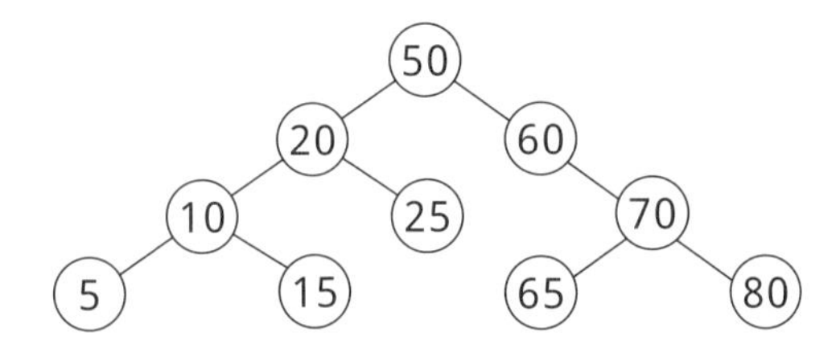

二分探索木における要素の順序についても考えておくべきです。ノードが与えられたとき、左側にあるすべてのノードは右側にあるすべてのノードより小さくなければなりません。ノードのない場所に到達したら、そこに新たな値を追加します。

これは、上記の二分探索木を作るためには、配列内の一番最初の値が50でなければならないことを意味します。もし他の値であればその値が根になってしまうからです。

他にはどんなことが言えるでしょうか？ 左側の要素はすべて右側よりも先に追加されなければならないと結論づけてしまいそうになるかもしれませんが、それは正しくありません。逆は真ですが、実際には左右の順序は問題ではありません。

50が追加されてから、50より小さい要素はすべて左側に、50より大きい要素はすべて右側に配置されるようになっています。ですから、60と20のどちらを先に追加するかということは問題ではないのです。

この問題を再帰的に考えてみましょう。20を根とした部分木を生成する配列（`arraySet20`とします）と、60を根とした部分木を生成する配列（`arraySet60`とします）があるとしたら、どのようにして完全な正解の配列を得ることができるでしょうか？ それは、`arraySet20`と`arraySet60`を編み込むように組み合わせ、その配列の先頭に50を付け加えればよいのです。

もう少し具体的に説明します。編み込むように組み合わせるというのは、各配列の要素の相対的な順序は保ったまま考え得るすべての組み合わせでマージするということです。

```
array1: {1, 2}
array2: {3, 4}
```

```
weaved: {1, 2, 3, 4}, {1, 3, 2, 4}, {1, 3, 4, 2},
        {3, 1, 2, 4}, {3, 1, 4, 2}, {3, 4, 1, 2}
```

元の配列に重複する要素が無い限りは、組み合わせる際に重複する場合を心配する必要はないということに注意してください。

最後に説明するのは組み合わせる方法です。`{1, 2, 3}`と`{4, 5, 6}`をどのように組み合わせるか、再帰的に考えてみましょう。部分問題はどのようになりますか?

- `{2, 3}`と`{4, 5, 6}`を組わせたものの先頭に1を付け加える。
- `{1, 2, 3}`と`{5, 6}`を組わせたものの先頭に4を付け加える。

これを実装するには、それぞれの配列を連結リストとして保持します。そうすることで要素の追加と削除が容易になります。再帰を行うとき、先頭の要素を再帰関数に追加していきます。1つ目か2つ目のリストが空になったら、残りは組み合わせたリストの後ろに付け加え、結果を保存します。

具体的に書くとこのようになります:

```
weave(first, second, prefix):
    weave({1, 2}, {3, 4}, {})
      weave({2}, {3, 4}, {1})
        weave({}, {3, 4}, {1, 2})
          {1, 2, 3, 4}
        weave({2}, {4}, {1, 3})
          weave({}, {4}, {1, 3, 2})
            {1, 3, 2, 4}
          weave({2}, {}, {1, 3, 4})
            {1, 3, 4, 2}
      weave({1, 2}, {4}, {3})
        weave({2}, {4}, {3, 1})
          weave({}, {4}, {3, 1, 2})
            {3, 1, 2, 4}
          weave({2}, {}, {3, 1, 4})
            {3, 1, 4, 2}
        weave({1, 2}, {}, {3, 4})
          {3, 4, 1, 2}
```

さて、`{1, 2}`から1を取り除いて再帰する実装を考えてみましょう。後の再帰呼び出し(例えば、`weave({1, 2}, {4}, {3})`)が`{1, 2}`にまだ1を必要とする可能性があるので、このリストを変更することに注意する必要があります。

再帰呼び出しを修正するため、再帰呼び出し時にリストのクローンを生成しておきます。リストを変更することもできますが、再帰が終わったら変更したリストを元に戻しておく必要があります。

今回は後者の方法で実装することを選択しました。引数`first`, `second`, `prefix`と同じ参照を再帰呼び出しスタックの下に置いているので、完全な結果を格納する直前に`prefix`のクローンを作る必要があります。

```
1   ArrayList<LinkedList<Integer>> allSequences(TreeNode node) {
2     ArrayList<LinkedList<Integer>> result = new ArrayList<LinkedList<Integer>>();
3
```

```
4     if (node == null) {
5       result.add(new LinkedList<Integer>());
6       return result;
7     }
8
9     LinkedList<Integer> prefix = new LinkedList<Integer>();
10    prefix.add(node.data);
11
12    /* 左から右の部分木について再帰する */
13    ArrayList<LinkedList<Integer>> leftSeq = allSequences(node.left);
14    ArrayList<LinkedList<Integer>> rightSeq = allSequences(node.right);
15
16    /* 各リストを左側と右側から編み込む */
17    for (LinkedList<Integer> left : leftSeq) {
18      for (LinkedList<Integer> right : rightSeq) {
19        ArrayList<LinkedList<Integer>> weaved =
20          new ArrayList<LinkedList<Integer>>();
21        weaveLists(left, right, weaved, prefix);
22        result.addAll(weaved);
23      }
24    }
25    return result;
26  }
27
28  /* 考え得るすべての組み合わせでリストを編み込む。
29   * このアルゴリズムは片方のリストの先頭を取り出してから再帰し、
30   * もう片方のリストに対しても同じようにする。 */
31  void weaveLists(LinkedList<Integer> first, LinkedList<Integer> second,
32        ArrayList<LinkedList<Integer>> results, LinkedList<Integer> prefix) {
33    /* 片方のリストが空の場合は残りをprefix(のクローン)に加えて結果を保存する */
34    if (first.size() == 0 || second.size() == 0) {
35      LinkedList<Integer> result = (LinkedList<Integer>) prefix.clone();
36      result.addAll(first);
37      result.addAll(second);
38      results.add(result);
39      return;
40    }
41
42    /* 最初にprefixに追加された要素について再帰する。
43     * 先頭の要素を取り出すとfirstが壊れるので、元に戻しておく。 */
44    int headFirst = first.removeFirst();
45    prefix.addLast(headFirst);
46    weaveLists(first, second, results, prefix);
47    prefix.removeLast();
48    first.addFirst(headFirst);
49
50    /* secondについても同じように、取り出した後元に戻しておく */
51    int headSecond = second.removeFirst();
52    prefix.addLast(headSecond);
53    weaveLists(first, second, results, prefix);
54    prefix.removeLast();
55    second.addFirst(headSecond);
56  }
```

設計と実装が異なる再帰アルゴリズムが2種類存在するため、この問題に苦労する人もいます。相互のアルゴリズムにどのような関係があるのか混乱し、頭の中で混ざってしまっているからでしょう。

それが自分に当てはまる場合は、信じること・集中することを心掛けてください。独立したメソッドを実装するときに、あるメソッドが正しいことを行うと信じ、この独立したメソッドが行う必要があることに集中してください。
weaveListsを見てください。このメソッドは特定の仕事を持っています:2つのリストを編み込み、すべての可能な組み合わせのリストを返します。allSequencesの存在は無関係です。weaveListsがしなければならない作業内容に焦点を合わせ、このアルゴリズムを設計します。

allSequencesを実装するとき(weaveListsの前でも後でも)、weaveListsが正しいことを行うと信じてください。本質的に独立したものを実装するときは、どのように編み込みリストが動作するかの細部を気にしてはいけません。何かをやっている間は、自分のやっていることに集中してください。

実際ホワイトボード上でのコーディング中に混乱しているときは、一般的には良いアドバイスです。特定の機能が(「この機能は____のリストを返すだろう」のように)何をすべきかをよく理解してください。それが本当にしてほしい動作なのかを確認する必要があります。しかし、その機能を扱わないときは自分が扱っているものに集中し、それ以外は正しいことをすると信じてください。多くの場合、複数のアルゴリズムの実装を頭の中でしっかり保っておくのは大変なことです。

4.10 **部分木チェック:** T1とT2は非常に大きい二分木で、T1はT2と比べてかなり大きくなっています。このとき、T2がT1の部分木であるかどうかを判定するアルゴリズムを作ってください。

T2がT1の部分木であるということは、T1上のあるノードnについて、n以下の部分木がT2と同じであるということです。

p.129

解法

このような問題では、サイズの小さな例を自分で作りそれを解いてみると基本的な考え方や方法がよくわかり、役に立ちます。

シンプルなアプローチ

小さく単純な問題では、各木の走査を文字列表現したもので比較して考えることができます。T2がT1の部分木である場合、T2の走査はT1の部分文字列でなければなりません。では、その逆は正しいでしょうか? その場合は、in-orderの走査とpre-orderの走査のどちらを行うべきでしょうか?

in-orderの走査は間違いなく機能しません。二分探索木を使用した場合を考えてみましょう。二分探索木のin-order走査は常にソート順に値を出力します。従って、同じ値を持つ2つの二分探索木は、その構造が異なっていても常にin-order走査になります。

pre-orderの走査はどうでしょうか? こちらは少し希望があります。少なくともこの場合、pre-order走査の最初の要素が根ノードであることがわかるようなはっきりわかることがあります。左右の要素はそれに続いています。
残念なことに、構造の異なる木でも同じpre-order走査を持ってしまいます。

しかし、単純な修正ができます。pre-order走査の文字列に、NULLノードを「X」のような特別な文字として記録しておくのです。(二分木には整数のみが含まれていると仮定します)。左の木は{3、4、X}のようになり、右の木は{3、X、4}のようになります。

NULLノードを表す限り、木のpre-order走査は一意であることに注意してください。つまり、2つの木が同じpre-order走査の文字列になる場合、それらは値と構造の同じ木であることがわかります。

これを確認するには、木のpre-order走査(NULLノードが示されているもの)から木を再構築することを考えてみてください。たとえば、1, 2, 4, X, X, X, 3, X, Xなどです。

根は1で、左のノードは2です。 2.leftは4でなければなりません。4は2つのNULLノードを持つ必要があります(Xが2つ続くので)。4が完了したので、親の2に戻ると、2.rightは別のX(NULL)です。1の左の部分木が完成したので、1の右の子に移ります。そこに2人のNULLの子を持つ3を配置します。これで木が完成しました。

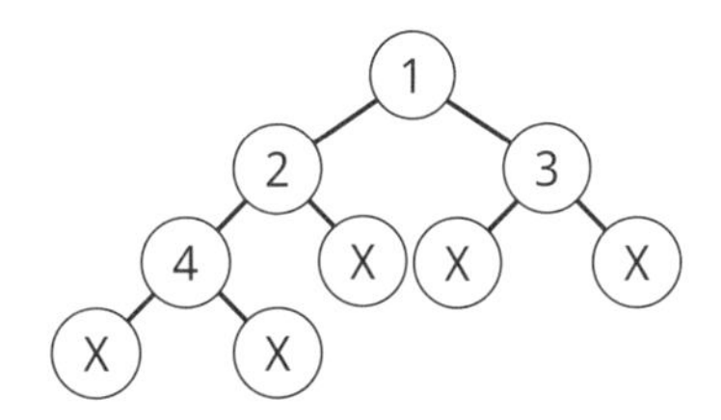

このプロセス全体は、他の木でもそうなるように確定的なものでした。pre-orderの走査は常に根から始まり、そこからの経路は完全に操作順序が定義されます。従って、同じpre-order走査を持つ2つの木は同じものと言えます。

ここで、部分木の問題について考えてみましょう。T2のpre-order走査がT1のpre-order走査の部分文字列である場合、T2の根となる要素をT1から見つける必要があります。T1のこの要素からpre-order走査を行うと、T2の走査と同じ経路を辿ります。したがって、T2はT1の部分木になります。

これを実装するのは簡単です。pre-order走査を構築して比較するだけで済みます。

```
1   boolean containsTree(TreeNode t1, TreeNode t2) {
2     StringBuilder string1 = new StringBuilder();
3     StringBuilder string2 = new StringBuilder();
4
5     getOrderString(t1, string1);
6     getOrderString(t2, string2);
7
8     return string1.indexOf(string2.toString()) != -1;
9   }
10
11  void getOrderString(TreeNode node, StringBuilder sb) {
12    if (node == null) {
13      sb.append("X");              // nullを示す文字を加える
14      return;
15    }
16    sb.append(node.data + " ");      // 根を加える
17    getOrderString(node.left, sb);  // 左を加える
18    getOrderString(node.right, sb); // 右を加える
19  }
```

このアプローチでは、nとmをそれぞれT1とT2のノード数とすると、O(n + m)時間計算量とO(n + m)空間計算量が必要になります。数百万のノードが与えられているので、空間計算量を減らしておきたいところです。

別のアプローチ

別のアプローチは、大きいほうの木T1を探索する方法です。T1のノードを順に調べていき、そのノードとT2のルートが一致したらmatchTreeを呼び出します。matchTreeは2つの部分木が一致するかどうかを調べるメソッドです。

計算時間を分析するのはやや複雑です。簡単に答えるとすれば、nとmがそれぞれT1、T2のノード数とするとO(nm)になります。これは技術的には正しいのですが、もう少し考えれば、まだ抑えることができます。

実際には、T1のすべてのノードでmatchTreeが呼ばれているわけではありません。T1内にT2のルートが含まれる数をkとすれば、matchTreeはk回呼ばれていることになります。よって、計算時間はO(n + km)に近づきます。

しかしこれでも大きく見積もっていて、ルートが同じであったとしても実際にはT1とT2に相違が現れた時点でmatchTreeを抜けています。ですから、matchTreeの呼び出しごとにmノード分も見ていることはおそらくないでしょう。

以下に実装を示します。

```
1  boolean containsTree(TreeNode t1, TreeNode t2) {
2    if (t2 == null) return true; // 空の木は常に部分木
3    return subTree(t1, t2);
4  }
5
6  boolean subTree(TreeNode r1, TreeNode r2) {
7    if (r1 == null) {
8      return false; // 大きいほうの木が空で、部分木は未だ見つかっていない
9    } else if (r1.data == r2.data && matchTree(r1, r2)) {
10     return true;
11   }
12
13   return subTree(r1.left, r2) || subTree(r1.right, r2);
14 }
15
16 boolean matchTree(TreeNode r1, TreeNode r2) {
17   if (r1 == null && r2 == null) {
18     return true; // 部分木に何も残っていない
19   } else if (r1 == null || r2 == null) {
20     return false; // 片方の木だけが空なので、これらの木は一致しない
21   } else if (r1.data != r2.data) {
22     return false; // データが不一致
23   } else {
24     return matchTree(r1.left, r2.left) && matchTree(r1.right, r2.right);
25   }
26 }
```

最初に紹介したシンプルな解法と、今解説したもう1つのアプローチでは、どちらのほうがよいでしょうか? この点について面接官と良い議論ができるでしょう。ここにいくつかの考えをまとめておきます。

1. シンプルな解法はO(n + m)のメモリを消費します。そしてもう1つの解法はO(log(n) + log(m))のメモリを消費します。スケーラビリティに関する話題になれば、メモリの使用量は非常に重要な問題になるのを忘れないでください。

2. 最悪計算時間はシンプルな解法が0(n + m)、もう1つの解法が0(nm)になりますが、最悪計算時間に惑わされてはいけません。もっと深い部分に目を向ける必要があります。
3. もう少しきつめに見た計算時間については、前述したように0(n + km)になります。ここで、T1とT2のノードが0からpまでの乱数であったとしましょう。kの値はだいたいn/pになります。それは、T1の各ノードn個がT2のルートと同じになる確率が$1/p$なので、T1中のn個のノードのうち約n/p個がT2のルートと同じになるのです。たとえばp = 1000、n = 1000000、m = 100としてみましょう。この場合、およそ1,100,000個（$1100000 = 1000000 + \frac{100*1000000}{1000}$）のノードを調べることになります。
4. もっと複雑な数学と仮定から、よりきつく計算量を見積もることができます。matchTreeを呼び出す回数は、3ではT2のすべてのノード数であるm回と仮定しました。しかし実際は相違がもっと早くに見つかり、treeMatchがm回も呼び出される前にチェックは終わっているでしょう。

まとめると、後述したアプローチのほうが消費メモリの点では間違いなく良く、計算時間についてもなかなか良さそうです。もちろんそれはどのように仮定するか、最悪計算時間を犠牲にして平均計算時間を減らすほうを優先するかによって変わりますが。このへんは面接官へのアピールとしてはなかなか良いポイントになるでしょう。

4.11 **ランダムノード**：挿入、検索、削除に加え、ランダムなノードを返す`getRandomNode()`メソッドを持つ二分木クラスを、ゼロから実装しようとしています。すべてのノードは同確率で選ばれるようにすべきです。`getRandomNode`のアルゴリズムについてデザインと実装を行い、他のメソッドをどのように実装するかを説明してください。

P.129

解法

まず例を描いてみましょう。

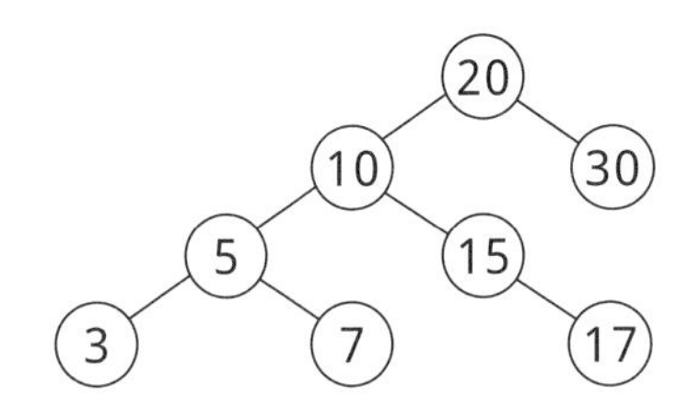

最適な解法が得られるまで、いろいろな解法を探ってみましょう。

ここで気付かなければならないのは、質問が非常に面白い表現でされているところです。面接官は単純に「二分木からランダムなノードを返すアルゴリズムを設計してください」とは言いませんでした。これはゼロから構築するクラスであると言われました。そのように言われるのは理由があるからです。おそらく内部のデータ構造についていくらか触れる必要があるでしょう。

選択 #1 [遅い&正しく動く]

解法の1つとして、すべてのノードを配列にコピーし、配列内のランダムな要素を返す方法があります。この解法は、木のノード数をNとすると0(N)の時間計算量と0(N)の空間計算量になります。

この方法は少し単純すぎるので（二分木を指定した理由がわかりませんから）、面接官はより最適なものを探しているだろうと推測できます。

おそらくこの解法を開発する際に、木の内部について何かを知る必要があると注意すべきです。そうでなければゼロから木クラスを開発するように指定するようなことはおそらくしないでしょう。

選択 #2 [遅い&正しく動く]

ノードを配列にコピーする最初の解法に戻って、木のすべてのノードを常に配列上に維持する解法を試してみます。問題点は、木からノードを削除するときに配列からノードを削除する必要があり、O(N)時間かかってしまうところです。

選択 #3 [遅い&正しく動く]

すべてのノードに1からNまでのインデックスを付け、二分探索木の順序でラベル付けすることができます(つまりin-order走査に従って)。次にgetRandomNodeを呼び出すと、1からNのランダムなインデックスが生成されます。ラベルを正しく適用すると、二分探索木を利用してこのインデックスを見つけることができます。
しかしこれにより、以前の解法と同様の問題が発生します。ノードを挿入したり削除したりすると、すべてのインデックスを更新する必要があります。これにはO(N)の時間を要します。

選択 #4 [速い&正しく動かない]

木の深さがわかっていたらどうなるでしょうか?(独自のクラスを構築しているので知ることができます。調べるのは簡単なことです。)

ランダムな深さを選び、その深さに行くまでランダムに左右に移動します。しかしこの方法では、すべてのノードが同じ確率で選択されるとは限りません。

第1に、木は必ずしも各深さでノードの数が等しいわけではありません。これは、ノード数の比較的少ない深さにあるノードの方が、ノード数の比較的多い深さにあるノードよりも選択される可能性が高いことを意味します。

第2に、ランダムな経路が目的の深さに達する前に終了するかもしれません。それではどうしましょう? 最後に見つかったノードを返すことはできますが、それは各ノードの選ばれる確率が均等でないことを意味します。

選択 #5 [速い&正しく動かない]

木をランダムに移動する単純な考え方を試してみましょう。各ノードで:

- $1/3$ の確率で現在のノードを返す。
- $1/3$ の確率で左に移動する。
- $1/3$ の確率で右に移動する。

この解法は、他の場合と同様に確率がノード全体で均等になりません。根は選択される確率が $1/3$ で、左側のすべてのノードが選択される確率を同じです。

選択 #6 [速い&正しく動く]

新しい解法のブレインストーミングを続けるのではなく、以前の解法の問題点を修正できるかどうか検討してみましょう。そのためには、解法の根本的な問題をよく調べる必要があります。

選択5を見てみましょう。選択する確率が均等になっていないため失敗しています。基本的なアルゴリズムは同じのまま修正できるでしょうか?

まずは根から考えます。どのくらいの確率で根を返すべきでしょうか? ノードはN個あるので、 $1/N$ の確率で根ノードを返さなければなりません。(各ノードを $1/N$ の確率で返さなければなりません。ノードはN個あり、それぞれが等しい確率でなければならず、確率の合計は1(100%)でなければならないからです。)

根に関する問題は解決しました。残りの問題はどうでしょうか? 左と右には、どのような確率で移動すればよいでしょうか? 50/50ではありません。平衡木であっても、各側のノード数は等しくない場合があります。右よりも左にノードが多くある場合は、左の方が比較的高確率で移動する必要があります。

考え方としては、左側から何かを選ぶ確率は個々の確率の合計でなければならないということです。各ノードを選ぶ確率は $1/N$ でなければならないので、左側から選ぶ確率は`LEFT_SIZE * `$1/N$ になります。従って、これが左に進む確率です。

同様に、右側に進む確率は`RIGHT_SIZE * `$1/N$ になります。

これは、各ノードが左側のノードのサイズと右側のノードのサイズを知る必要があることを意味します。幸いにも、面接官は木クラスをゼロから構築していることを教えてくれました。挿入と削除時にサイズ情報を記録しておくのは簡単なことです。各ノードにサイズ変数を持たせるだけです。挿入時にサイズを増やし、削除時にサイズを減らします。

```
1   class TreeNode {
2     private int data;
3     public TreeNode left;
4     public TreeNode right;
5     private int size = 0;
6
7     public TreeNode(int d) {
8       data = d;
9       size = 1;
10    }
11
12    public TreeNode getRandomNode() {
13      int leftSize = left == null ? 0 : left.size();
14      Random random = new Random();
15      int index = random.nextInt(size);
16      if (index < leftSize) {
17        return left.getRandomNode();
18      } else if (index == leftSize) {
19        return this;
20      } else {
21        return right.getRandomNode();
22      }
23    }
24
25    public void insertInOrder(int d) {
26      if (d <= data) {
27        if (left == null) {
28          left = new TreeNode(d);
29        } else {
30          left.insertInOrder(d);
31        }
32      } else {
33        if (right == null) {
34          right = new TreeNode(d);
35        } else {
36          right.insertInOrder(d);
37        }
```

```
38        }
39        size++;
40      }
41
42      public int size() { return size; }
43      public int data() { return data; }
44
45      public TreeNode find(int d) {
46        if (d == data) {
47          return this;
48        } else if (d <= data) {
49          return left != null ? left.find(d) : null;
50        } else if (d > data) {
51          return right != null ? right.find(d) : null;
52        }
53        return null;
54      }
55    }
```

平衡木では、このアルゴリズムはノード数をNとすると`O(log N)`になります。

選択 #7 [速い&正しく動く]

乱数呼出しは高コストになる可能性があります。乱数呼び出しの数は、減らそうと思えば大幅に減らすことができます。

下の木で`getRandomNode`を呼び出した後、左に移動したとします。

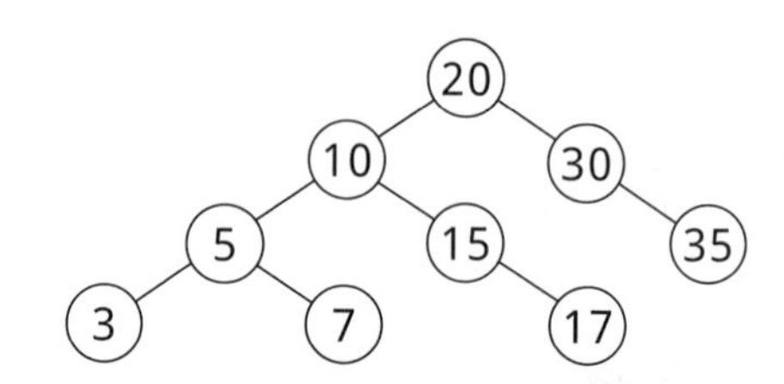

最初に得られた乱数が0から5の間だった場合、左に移動します。左へ進むと、再び0から5の中から乱数を選びます。なぜ選びなおしているのでしょうか? 最初の数字は0から5の間の数で、正常に機能しています。

もし右に行っていたらどうでしょうか?その場合、選んだ乱数は7か8ですが、次の乱数は0か1が必要です。これは簡単に修正できます:`LEFT_SIZE + 1`を差し引くだけですね。

もう一つの考え方は、最初の乱数呼び出しがどのノード(i)を返すかを示し、次にi番目のノードを順序通りの探索で見つけるような方法です。右に進むときはLEFT_SIZE + 1をiから差し引いて、in-order走査でLEFT_SIZE + 1個分のノードをスキップします。

```
class Tree {
  TreeNode root = null;

  public int size() { return root == null ? 0 : root.size(); }

  public TreeNode getRandomNode() {
    if (root == null) return null;

    Random random = new Random();
    int i = random.nextInt(size());
    return root.getIthNode(i);
  }

  public void insertInOrder(int value) {
    if (root == null) {
      root = new TreeNode(value);
    } else {
      root.insertInOrder(value);
    }
  }
}

class TreeNode {
  /* コンストラクタと変数は同じ */

  public TreeNode getIthNode(int i) {
    int leftSize = left == null ? 0 : left.size();
    if (i < leftSize) {
      return left.getIthNode(i);
    } else if (i == leftSize) {
      return this;
    } else {
      /* leftSize + 1個分のノードをスキップするので引いておく */
      return right.getIthNode(i - (leftSize + 1));
    }
  }

  public void insertInOrder(int d) { /* 同じ */ }
  public int size() { return size; }
  public TreeNode find(int d) { /* 同じ */ }
}
```

以前のアルゴリズムと同様に、このアルゴリズムは平衡木でO(log N)の実行時間になります。また、木の深さの最大をDとすると実行時間をO(D)と記述することもできます。O(D)は、木が平衡かどうかにかかわらず実行時間の正確な記述になります。

4.12 **合計が等しい経路:** 各ノードが整数値(正の場合も負の場合もあります)を持った二分木が与えられます。このとき、与えられた値と合計値が等しくなるような経路を数えるアルゴリズムを設計してください。経路の始まりと終わりは必ずしも根と葉である必要はありませんが、下る方向への経路(親ノードから子ノードへの移動のみ)でなければなりません。

P.129

解法

適当な合計、例えば8を選んで、それに基づいて二分木を描いてみましょう。この木は意図的に、この合計になるような経路が複数になるようにしています。

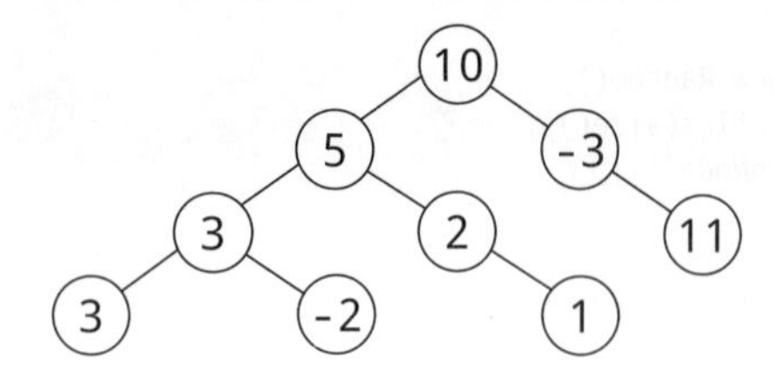

1つの解法として、まずはブルートフォースで考えてみます。

解法1:ブルートフォース

ブルートフォースの考え方では、すべての経路を見るだけです。これを行うために各ノードを走査します。各ノードでは、すべての経路を再帰的に下方向に探索し、合計値を調べます。目標の値に達した時点で、経路数の合計を増やします。

```
1  int countPathsWithSum(TreeNode root, int targetSum) {
2    if (root == null) return 0;
3
4    /* ルートからスタートして合計数を保持しつつ経路数を数える */
5    int pathsFromRoot = countPathsWithSumFromNode(root, targetSum, 0);
6
7    /* 左右のノードから調べる */
8    int pathsOnLeft = countPathsWithSum(root.left, targetSum);
9    int pathsOnRight = countPathsWithSum(root.right, targetSum);
10
11   return pathsFromRoot + pathsOnLeft + pathsOnRight;
12 }
13
14 /* このノードから始めて、この合計数になる経路の数を返す */
15 int countPathsWithSumFromNode(TreeNode node, int targetSum, int currentSum) {
16   if (node == null) return 0;
17
18   currentSum += node.data;
19
20   int totalPaths = 0;
21   if (currentSum == targetSum) { // ルートから経路が見つかった
22     totalPaths++;
23   }
24
25   totalPaths += countPathsWithSumFromNode(node.left, targetSum, currentSum);
26   totalPaths += countPathsWithSumFromNode(node.right, targetSum, currentSum);
27   return totalPaths;
28 }
```

このアルゴリズムの計算量はどのくらいでしょうか?

深さdのノードは、その上のd個のノードに辿って(countPathsWithSumFromNodeを介して)アクセスされると考えてください。

平衡二分木では、dはおよそlog N以上になりません。したがって、木のN個のノードではcountPathsWithSumFromNodeはO(N log N)回呼び出され、実行時間はO(N log N)ということになります。

これを他の方向からも考えることができます。根ノードでは、countPathsWithSumFromNode経由でその下にあるN - 1個すべてのノードを走査します。2番目の深さ(2つのノードがある)では、N - 3個のノードを走査します。3番目の深さ(ノードが4つあり、その上に3つある)では、N - 7個のノードを走査します。このパターンに従えば、総作業量は大体次のようになります。

```
(N - 1) + (N - 3) + (N - 7) + (N - 15) + (N - 31) + ... + (N - N)
```

各項の左側は常にNで、右側は2のべき乗よりも1小さいものになっていることに注意してください。項の数は木の深さであり、O(log N)です。右側の2のべき乗より1小さい値を無視することができます。したがって、計算量は次のようになります:

```
O(N * [項数] - [1からNまでの2のべき乗の和])
O(N log N - N)
O(N log N)
```

1からNまでの2のべき乗の合計がよくわからない場合は、2のべき乗が二進表現でどのように見えるかを考えてみましょう:

```
  0001
+ 0010
+ 0100
+ 1000
------
= 1111
```

したがって、実行時間は平衡木でO(N log N)になります。

平衡でない木では、実行時間が非常に悪くなる可能性があります。一直線になっている木を考えてみましょう。根では、N - 1個のノードを走査します。次の深さ(単一のノードだけ)では、N - 2個のノードを走査します。3番目の深さでは、N - 3個のノードを走査します。これは、1からNまでの和(O(N^2))になります。

解法2:最適化

最終的な解法を分析するにあたって、何らかの作業を繰り返しを認識する必要があります。10 -> 5 -> 3 -> -2のような経路の場合、この経路(またはその一部)を繰り返したどります。ノード10から始まり、ノード5に移るとき(5, 3, -2と調べ)、ノード3に移るとき、最後にノード-2に行くときに同じ作業を行います。理想的には、この作業を再利用したいと考えます。

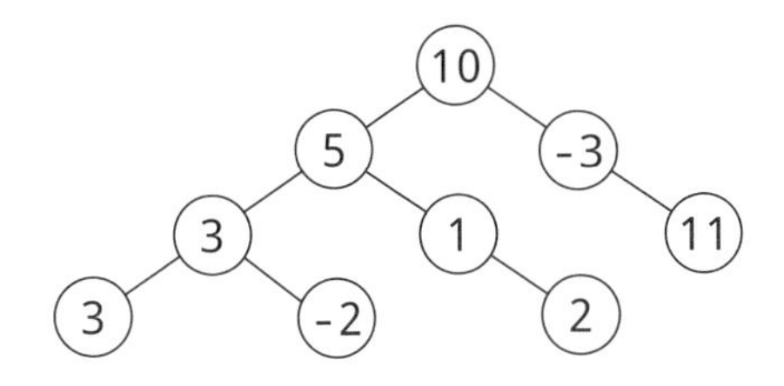

経路を分離して、単なる配列として扱いましょう。次のような(仮定上拡張された)経路を考えてみてください:

```
10 -> 5 -> 1 -> 2 -> -1 -> -1 -> 7 -> 1 -> 2
```

注意するのは、この配列内で合計数が8のような目的の値になっている部分列数がいくつになっているのかということです。言い換えれば、各yについてそれ以下x個の値を見つけようとしているということです(より正確にはx個の値の数)。

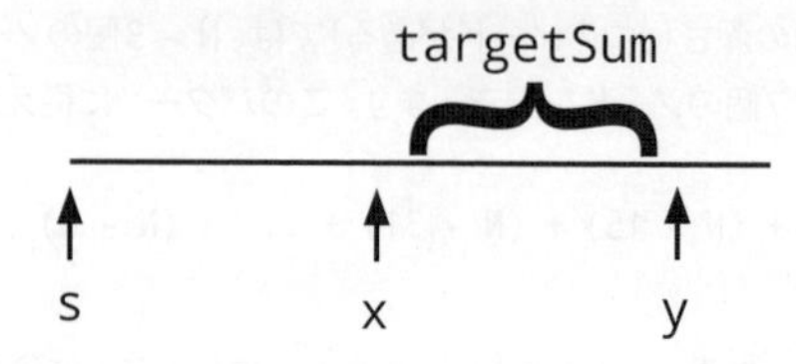

それぞれの値が計算中の合計(sからの値の合計)を知っていれば、これを簡単に見つけることができます。簡単な方程式: $runningSum_x$ = $runningSum_y$ - targetSumを利用するだけです。これを満たすxの値を探します。

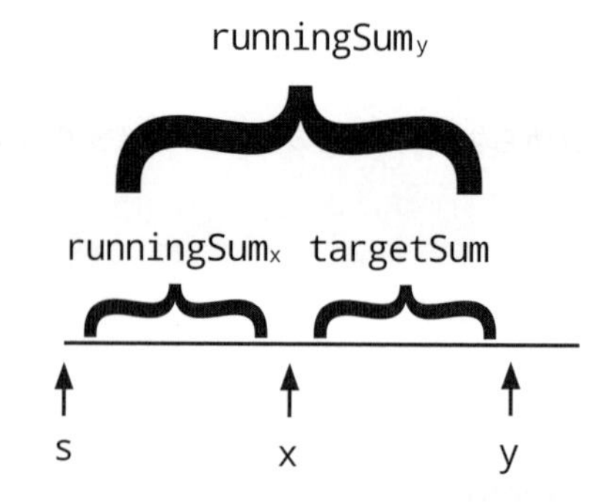

経路の数だけ探すことになるので、ハッシュテーブルを使うとよいでしょう。配列を繰り返し処理するときに、runningSumからその合計を見た回数にマップするハッシュテーブルを作成します。次に各yについて、ハッシュテーブル内の$runningSum_y$-targetSumを調べます。ハッシュテーブルの値は、yで終わる合計がtargetSumになる経路の数を示します。

例:

```
index:  0    1    2    3     4     5    6    7    8
value:  10 -> 5 -> 1 -> 2 -> -1 -> -1 -> 7 -> 1 -> 2
sum:    10   15   16   18    17    16   23   24   26
```

$runningSum_7$の値は24です。targetSumが8の場合、ハッシュテーブル内の16を探します。これは2つあります(インデックスが2と5のとき)。上記を見てわかるように、インデックス3〜7とインデックス6〜7の合計が8になります。

配列のアルゴリズムが決まったので、これを木で見てみましょう。同様に考えます。

深さ優先探索を使用して木を走査します。各ノードを訪れるとき:

1. runningSumを追跡する。これをパラメータとして取り込み、node.value分だけ加算する。
2. ハッシュテーブルでrunningSum - targetSumを調べる。そこの値は合計数を示す。totalPathsをこの値に設定する。

3. runningSum == targetSum の場合、根から始まる追加経路が1つある。totalPaths をインクリメントする。
4. runningSum をハッシュテーブルに追加する（既に存在する場合は値をインクリメントする）。
5. 左右のノードについて再帰的に繰り返し、targetSum の合計で経路の数を数える。
6. 左右の再帰が終了したらハッシュテーブルの runningSum の値を減らす。これは本質的に作業内容を裏づけるものである。他のノードがそれを使用しないように（現在はノードで完了しているので）、ハッシュテーブルへの変更を元に戻している。

このアルゴリズムを導き出すのは複雑ですが、実装するコードは比較的簡単です。

```
1   int countPathsWithSum(TreeNode root, int targetSum) {
2     return countPathsWithSum(root, targetSum, 0, new HashMap<Integer, Integer>());
3   }
4
5   int countPathsWithSum(TreeNode node, int targetSum, int runningSum,
6                         HashMap<Integer, Integer> pathCount) {
7     if (node == null) return 0; // 基本ケース
8
9     /* 現在のノードで終わる合計値で経路を数える */
10    runningSum += node.data;
11    int sum = runningSum - targetSum;
12    int totalPaths = pathCount.getOrDefault(sum, 0);
13
14    /* runningSumとtargetSumが等しい場合は、根からの経路が1つ存在する。
15     * この経路分を加える */
16    if (runningSum == targetSum) {
17      totalPaths++;
18    }
19
20    /* pathCountをインクリメント、左右のノードを再帰、pathCountをデクリメント */
21    incrementHashTable(pathCount, runningSum, 1); // pathCountをインクリメント
22    totalPaths += countPathsWithSum(node.left, targetSum, runningSum, pathCount);
23    totalPaths += countPathsWithSum(node.right, targetSum, runningSum, pathCount);
24    incrementHashTable(pathCount, runningSum, -1); // pathCountをデクリメント
25
26    return totalPaths;
27  }
28
29  void incrementHashTable(HashMap<Integer, Integer> hashTable, int key, int delta) {
30    int newCount = hashTable.getOrDefault(key, 0) + delta;
31    if (newCount == 0) { // 消費スペース削減のために0の場合は削除
32      hashTable.remove(key);
33    } else {
34      hashTable.put(key, newCount);
35    }
36  }
```

このアルゴリズムの実行時間は、ノード数をNとするとO(N)です。各ノードに1回だけ移動し、毎回O(1)の操作を行うため、O(N)であることがわかります。平衡木では、空間計算量はハッシュテーブルを用いるためO(log N)になります。空間計算量は非平衡木の場合O(N)に膨らむことがあります。

5

"ビット操作"の解法

5.1 **挿入**：最大32ビットの整数NとM、ビットの位置を指す値iとjが与えられています。このとき、Nのjビット目からiビット目をMを挿入するメソッドを書いてください。ただし、jとiの幅はMのビット数と一致していると仮定してかまいません。つまり、M=10011であればjとiの幅は5と仮定してかまいません。j=3、i=2のような、Mの幅と合わないような場合は考えなくてもかまわないということです。

例

入力：N = 10000000000, M = 10011, i = 2, j = 6

出力：N = 10001001100

p.134

解法

この問題は次の3ステップで考えます。

1. Nのjビット目からiビット目までを0でクリアします。
2. MをNのjビット目からiビット目に合うようにシフトします。
3. MとNをマージします。

一番難しいのはステップ1です。どうやってNの一部分をクリアすればよいでしょうか？ それにはマスクを使います。マスクはjビット目からiビット目までが0で、それ以外のビットがすべて1になっています。このマスクを作るには、まず左側の1の並びを作り、次に右側の1の並びを作るようにします。

```
1   int updateBits(int n, int m, int i, int j) {
2     /* nのiビット目からjビット目をクリアするマスクを作る。
3     /* 例 : i = 2, j = 4の結果は11100011になる。
4      * 簡単のため、例には8ビットまでを用いる
5      */
6     int allOnes = ~0; // すべてが1のビット列
7
8     // jより前が1で後が0の列。 left = 11100000
9     int left = allOnes << (j + 1);
10
11    // iより後が1の列。 right = 00000011
12    int right = ((1 << i) - 1);
```

```
13
14    // iとjの間は0でそれ以外は1の列。 mask = 11100011
15    int mask = left | right;
16
17    /* jビット目からiビット目をクリアし、mを挿入する */
18    int n_cleared = n & mask; // jビット目からiビット目をクリアする
19    int m_shifted = m << i;   // mを挿入する位置と合わせる
20
21    return n_cleared | m_shifted; // ORでマージする
22  }
```

このような問題や多くのビット操作の問題では、自分のコードを徹底的にテストするようにしておいてください。そうしておかないと、すぐに境界エラーを起こしてしまいがちです。

X 解法

5.2 **実数の2進表記:** 0から1までの実数値がdouble型として与えられるとき、それを2進表記で出力してください。32文字以内で正確に表現できない場合は"ERROR"と出力してください。

p.134

解法

注意: あいまいさを避けるため、ある数xが2進数か10進数を示すのにx_2やx_{10}のような表記を使います。

まず、2進表記で整数でない値が何を表しているかを考えるところから始めましょう。10進表記から類推すると、たとえば0.101_2は

$$0.101_2 = 1 * 1/2^1 + 0 * 1/2^2 + 1 * 1/2^3 .$$

となります。ということは、小数部分を2進表記するにはその数を2倍して、1以上になっているかどうかを調べていけばよいということになります。これは本質的に分数の和を「シフト」することになります。

$$\begin{aligned} r &= 2_{10} * n \\ &= 2_{10} * 0.101_2 \\ &= 1 * 1/2^0 + 0 * 1/2^1 + 1 * 1/2^2 \\ &= 1.01_2 \end{aligned}$$

rが1以上なら、nは小数点以下1桁目が1であるということがわかります。これを繰り返すことで、すべての桁について調べることができます。

```
1   public static String printBinary(double num) {
2     if (num >= 1 || num <= 0) {
3       return "ERROR";
4     }
5
6     StringBuilder binary = new StringBuilder();
7     binary.append(".");
8     while (num > 0) {
9       /* 長さの限界を32文字にする */
```

```
10      if (binary.length() >= 32) {
11        return "ERROR";
12      }
13
14      double r = num * 2;
15      if (r >= 1) {
16        binary.append(1);
17        num = r - 1;
18      } else {
19        binary.append(0);
20        num = r;
21      }
22    }
23    return binary.toString();
24  }
```

他の考え方として、元の数を2倍して1と比較するのではなく、元の数は変化させずに0.5や0.25などと比較する方法があります。この考え方の実装例は以下のようになります。

```
1  public static String printBinary2(double num) {
2    if (num >= 1 || num <= 0) {
3      return "ERROR";
4    }
5
6    StringBuilder binary = new StringBuilder();
7    double frac = 0.5;
8    binary.append(".");
9    while (num > 0) {
10     /* 長さの限界を32文字にする */
11     if (binary.length() > 32) {
12       return "ERROR";
13     }
14     if (num >= frac) {
15       binary.append(1);
16       num -= frac;
17     } else {
18       binary.append(0);
19     }
20     frac /= 2;
21   }
22   return binary.toString();
23 }
```

どちらの考え方も同様に良いです。どちらにするかは個人の好みによるでしょう。

いずれにせよ、この問題に対しては徹底したテストケースを用意するようにしておいてください。そして、面接試験でも実際にテストケースを一通り試してみるべきです。

5.3 **ベストの反転位置**:ある整数があり、その中の1ビットだけ0から1に反転することができます。このような操作を行うとき、1の並びが最も長いときの長さを求めるコードを書いてください。

例

入力:1775 (2進: 11011101111)

出力:8

p.134

解法

各整数を0と1の並びとして考えることができます。0の並びが1つだけの区間がある場合は1の並びを連結することができることになります。

ブルートフォース

1つの考え方としては、整数値を0と1の並びの長さを要素とした配列に変換するという方法です。例えば、11011101111は(右から左に読むと) $[0_0, 4_1, 1_0, 3_1, 1_0, 2_1, 2_{10}]$ のようになります。下付き文字はその整数が0の並びなのか1の並びなのかを表していますが、実際には必要ありません。0と1の並びは必ず交互になっているので、常に0の並びから始めるようにしておきます。

この配列を作ってしまえば、あとはそれを順に調べるだけです。0の並びの部分を見て、0の並びの長さが1なら隣接する1の並びを連結することを考えます。

```
1   int longestSequence(int n) {
2     if (n == -1) return Integer.BYTES * 8;
3     ArrayList<Integer> sequences = getAlternatingSequences(n);
4     return findLongestSequence(sequences);
5   }
6
7   /* 0や1が続く長さのリストを返す
8    * 最初は0の並びから始まり(長さが0の場合もある)、
9    * 0と1の数が交互に並ぶようになっている */
10
11  ArrayList<Integer> getAlternatingSequences(int n) {
12    ArrayList<Integer> sequences = new ArrayList<Integer>();
13
14    int searchingFor = 0;
15    int counter = 0;
16
17    for (int i = 0; i < Integer.BYTES * 8; i++) {
18      if ((n & 1) != searchingFor) {
19        sequences.add(counter);
20        searchingFor = n & 1; // 1を0に、あるいは0を1に反転する
21        counter = 0;
22      }
23      counter++;
24      n >>>= 1;
25    }
26    sequences.add(counter);
27
28    return sequences;
29  }
30
```

```
31  /* 0と1が交互に並んだものの長さが与えられるとき
32   * 最も長くできるものを見つける */
33
34  int findLongestSequence(ArrayList<Integer> seq) {
35    int maxSeq = 1;
36
37    for (int i = 0; i < seq.size(); i += 2) {
38      int zerosSeq = seq.get(i);
39      int onesSeqRight = i - 1 >= 0 ? seq.get(i - 1) : 0;
40      int onesSeqLeft = i + 1 < seq.size() ? seq.get(i + 1) : 0;
41
42      int thisSeq = 0;
43      if (zerosSeq == 1) { // 連結できる
44        thisSeq = onesSeqLeft + 1 + onesSeqRight;
45      } if (zerosSeq > 1) { // 隣の1の並びに1つ加えるだけ
46        thisSeq = 1 + Math.max(onesSeqRight, onesSeqLeft);
47      } else if (zerosSeq == 0) { // 0がないときは左右どちらか長い方
48        thisSeq = Math.max(onesSeqRight, onesSeqLeft);
49      }
50      maxSeq = Math.max(thisSeq, maxSeq);
51    }
52
53    return maxSeq;
54  }
```

これは非常に良い方法です。bを0や1の並ぶ長さとすると、O(b)の実行時間とO(b)の消費メモリになります。

> 実行時間の表現方法には注意してください。例えば、実行時間がO(n)であると言う場合、nは何を表していますか？ このアルゴリズムはO(整数値)ですというのは正しくありません。このアルゴリズムはO(ビット数)です。このようなことも考慮して、nの意味があいまいになる可能性があるときは、単純にnを使わないのがベストです。その方が、あなたも面接官も混乱しなくて済みます。別の変数名を使いましょう。ビット数には「b」を使いました。論理的な思考を少ししやすくなるかもしれません。

さらに良くなるでしょうか？ B.C.R.(Best Conceivable Runtime)の考え方、つまり考え得るベストの実行時間について思い出してください。このアルゴリズムのB.C.R.は(すべてのビットを常に読まなければならないので)O(b)ですので、実行時間についてはこれ以上最適化はできません。しかし消費メモリを減らすことはできます。

最適化アルゴリズム

消費メモリを削減するには、01の並ぶ長さを終始保持している必要はないことに注目してください。長さが必要になるのは1の並びを、その1つ手前にある1の並びと比較する間だけです。

従って、1の並びの長さとその1つ前にある1の並びの長さを記録しながら順に調べるだけで十分です。0の部分が見つかったら、次のようにpreviousLengthの値を更新します：

- 次のビットが1なら、previousLengthはcurrentLehgthにセットする。
- 次のビットが0なら、1の並びを連結できない。従ってpreviousLengthを0にセットする。

これを繰り返しながらmaxLengthの値を更新していきます。

```
1  int flipBit(int a) {
```

```
2      /* すべて1なら、この値はすでに最長の並びができている */
3      if (~a == 0) return Integer.BYTES * 8;
4
5      int currentLength = 0;
6      int previousLength = 0;
7      int maxLength = 1; // どんな場合でも長さが1の並びにはなる
8      while (a != 0) {
9        if ((a & 1) == 1) { // 現在のビットが1
10         currentLength++;
11       } else if ((a & 1) == 0) { // 現在のビットが0
12         /* 0(次のビットが0の場合)かcurrentLength(次のビットが1の場合)に更新 */
13         previousLength = (a & 2) == 0 ? 0 : currentLength;
14         currentLength = 0;
15       }
16       maxLength = Math.max(previousLength + currentLength + 1, maxLength);
17       a >>>= 1;
18     }
19     return maxLength;
20   }
```

このアルゴリズムの実行時間はO(b)で変わりませんが、消費メモリはO(1)だけで済みます。

5.4 **隣の数:** 正の整数が与えられたとき、2進表現したときの1の個数が同じ整数の中で、1つ後の数と前の数を求めてください。

p.134

解法

この問題についてはブルートフォース、ビット操作、算術的な考え方などいろいろな方法があります。ただし、算術的な方法はビット操作の考え方が根底にあるという点には注意しておいてください。ですから、算術的な方法の前にビット操作をしっかり理解しておきたいですね。

> この問題で専門用語の混乱が生じる恐れがあります。getNextはより大きな数を、getPrevはより小さな数を呼び出すこととします。

ブルートフォース

単純なブルートフォース(力づく)、つまりnの各ビットが1になっている部分を数えて、nを1ずつ増やしながら、1の個数が同じになっているものが現れるまで繰り返すのが一番簡単な方法でしょう。とても簡単ですが、なんの面白みもありません。もう少し最適な方法がないのかというと、当然ですがあります。

まずgetNextのコードから始めて、getPrevへと進んでいきましょう。

次の値を得るビット操作の方法

次の例を見てみましょう。10進数の13948は2進表記すると以下のようになります。

1	1	0	1	1	0	0	1	1	1	1	1	0	0
13	**12**	**11**	**10**	**9**	**8**	**7**	**6**	**5**	**4**	**3**	**2**	**1**	**0**

この値を増やします(ただし、大きくし過ぎないように)。また、2進表記したときに現れる1は元の数と同じ個数でなければなりません。

ある数nに対して2つのビット、i番目とj番目の0と1を反転するとします。iを0から1、jを1から0に反転するとして、もしi > jであればnは小さくなりますし、i < jであればnは大きくなります。

今、次のことがわかっています。

1. どこかのビットを0から1に反転すると、他のビットの1を0に反転しなければなりません。
2. 0から1に反転したビットの位置が、1から0に反転したビットの位置よりも左側であれば、その数はnよりも大きくなります。
3. 数を大きくしたいわけですが、必要以上に大きくはしたくありません。ですから、ビットが0でその右隣りが1になっているもののうち、最も右にあるビットを反転させる必要があります。

別の言い方をすれば、最下位ビットから連続する0を除いた最も右端に位置する0のビットを反転させるということになります。上記の例では0〜1番目のビットは0が連続しています。そして、それ以外の0のうち最も右にある0が7ビット目になります。このようなビットの位置をpとしておきましょう。

ステップ1:反転

1	1	0	1	1	0	1	1	1	1	1	1	0	0
13	**12**	**11**	**10**	**9**	**8**	**7**	**6**	**5**	**4**	**3**	**2**	**1**	**0**

この操作によってnの値は大きくなりましたが、ビット内の1と0の数がそれぞれ増減してしまいます。これを念頭に置きながら、可能な限り値を小さくしていきます。

そのためには、pの位置から右側にあるビットを一番右側に1が続くような形に並べ替えてやるとよいでしょう。並べ替えておいてから1つのビットを反転しておくようにします。

pの右側にある1の数をc1、0の数をc0とすると、比較的簡単なのは、まずc1を求め、pの右側をすべて0でクリアし、最後に(c1-1)個の1を右側から埋めていく方法です。

先ほどの例に続けて、次のステップを具体的にやってみましょう。

ステップ2:pより右側のビットを0でクリアする(c0 = 2、c1 = 5、p = 7)

1	1	0	1	1	0	1	0	0	0	0	0	0	0
13	**12**	**11**	**10**	**9**	**8**	**7**	**6**	**5**	**4**	**3**	**2**	**1**	**0**

ビットをクリアするには、最初に1が連続、そのあとに0がp個連続するマスクを作る必要があります。これは以下のようにすればよいでしょう。

```
a = 1 << p;    // pビット目だけ1で、残りがすべて0
b = a - 1;     // 1を引くと、pより下位のビットがすべて1になる
mask = ~b;     // ビットをすべて反転するとマスクができる
n = n & mask; // ANDを取ってpビット目より下位をクリア
```

1行で書いてしまうと以下のようになります。

```
n &= ~((1 << p) - 1).
```

ステップ3：(c1-1)個の1を加える

1	1	0	1	1	0	1	0	0	0	1	1	1	1
13	**12**	**11**	**10**	**9**	**8**	**7**	**6**	**5**	**4**	**3**	**2**	**1**	**0**

(c1-1) 個の1で右端を埋めるには以下のようにします。

```
a = 1 << (c1 - 1); // (c1-1)ビット目だけ1にする
b = a - 1;         // (c1-1)ビット目より下位ビットをすべて1にする
n = n | b;         // ORを取って下位ビットを1で埋める
```

1行で書くと以下の通りです。

```
n |= (1 << (c1 - 1)) - 1;
```

これで、nより大きくビットの1の個数が同じ数の中で最小の値を求めることができました。

コードは以下の通りです。

```
1   int getNext(int n) {
2     /* c0とc1を計算する */
3     int c = n;
4     int c0 = 0;
5     int c1 = 0;
6     while (((c & 1) == 0) && (c != 0)) {
7       c0++;
8       c >>= 1;
9     }
10
11    while ((c & 1) == 1) {
12      c1++;
13      c >>= 1;
14    }
15
16    /* エラー： もしn == 11..1100...00なら、
17     * 1が同じ個数でより大きな数は存在しない */
18    if (c0 + c1 == 31 || c0 + c1 == 0) {
19      return -1;
20    }
21
22    int p = c0 + c1; // 最下位ビットから連続する0以外の最も右の0の場所
23
24    n |= (1 << p); // pのビットを反転する
25    n &= ~((1 << p) - 1); // pより右にあるビットをクリアする
26    n |= (1 << (c1 - 1)) - 1; // (c1 - 1)個の1を右に挿入する
27    return n;
28  }
```

X 解法

前の数を得るビット操作

getPrevを実装する場合も同じような方法でやっていきます。

1. まずc0とc1を求める。ここでc1は最下位ビットから連続する1の個数、c0はそのあとに続く連続する0の個数とする。
2. 最下位ビットから連続する1以外の右端にある1のビット（p=c0+c1ビット目）を反転する。
3. pより下位のビットを0でクリアする。
4. c1+1個の1を、pの右から埋めていく。

ステップ2の反転は1を0にする操作ですので、ステップ3の0でクリアする操作とまとめて行える点には注意してください。
それでは具体的な例で確かめてみましょう。

ステップ1：初期値（p = 7、c1 = 2、c0 = 5）

1	0	0	1	1	1	1	0	0	0	0	0	1	1
13	**12**	**11**	**10**	**9**	**8**	**7**	**6**	**5**	**4**	**3**	**2**	**1**	**0**

ステップ2・3：pから下位のビットをすべて0にする

1	0	0	1	1	1	0	0	0	0	0	0	0	0
13	**12**	**11**	**10**	**9**	**8**	**7**	**6**	**5**	**4**	**3**	**2**	**1**	**0**

この操作は以下のようにします。

```
int a = ~0;             // すべてのビットが1の列
int b = a << (p + 1); // 下位(p+1)ビットがすべて0で、それ以外はすべて1
n &= b;                 // nのpビット目以下を0でクリア
```

ステップ4：c1+1個の1をpビット目の右端から順に埋めていく

1	0	0	1	1	1	0	1	1	1	0	0	0	0
13	**12**	**11**	**10**	**9**	**8**	**7**	**6**	**5**	**4**	**3**	**2**	**1**	**0**

p = c1 + c0なので、(c1+1)個の1のあとに(c0-1)個の0が続く形になるということに注意してください。

これは以下のようにします。

```
int a = 1 << (c1 + 1); // (c1 + 1)ビット目だけ1で他はすべて0
int b = a - 1;           // 下位(c1 + 1)ビットがすべて1で他はすべて0
int c = b << (c0 - 1); // シフトして下位(c0 - 1)ビット分の0を挿入
n |= c;
```

実装したコードは以下の通りです。

```
1  int getPrev(int n) {
2    int temp = n;
3    int c0 = 0;
```

```
4      int c1 = 0;
5      while (temp & 1 == 1) {
6        c1++;
7        temp >>= 1;
8      }
9
10     if (temp == 0) return -1;
11
12     while (((temp & 1) == 0) && (temp != 0)) {
13       c0++;
14       temp >>= 1;
15     }
16
17     int p = c0 + c1; // 最下位ビットから連続する1以外の右端の1の場所
18     n &= ((~0) << (p + 1)); // pビット以下をクリアする
19
20     int mask = (1 << (c1 + 1)) - 1; // (c1+1)個の1の列
21     n |= mask << (c0 - 1);
22
23     return n;
24   }
```


算術的に次の値を得る方法

c0が最下位ビットから連続する0の個数で、c1はその上位ビットに続く1の個数であり、p = c0 + c1とすると、以前の解法は次のように言い表せます。

1. p番目のビットを1にセットする。
2. pより下位のビットをすべて0にする。
3. 0～(c1 - 2)ビット目をすべて1にする。これは全部でc1 - 1ビットになります。

0が連続する部分をすべて1にして、そこに1を加えるとステップ1と2が手っ取り早くできてしまいます。1を加えると繰り上がりが起こり、1が連続している部分がすべて反転して0になり、pビット目を1にすることができるのです。これを算術的にやってみると、

$$n \mathrel{+}= 2^{c0} - 1; \quad \text{// 0の続く部分を1にする}$$
$$n \mathrel{+}= 1; \quad \text{// pビット目を1にして、そこから下位を0にする}$$

ステップ3を算術的にすると、

$$n \mathrel{+}= 2^{c1 - 1} - 1; \quad \text{// 下位(c1 - 1)ビットを1にセットする}$$

これらをすべてまとめると、

$$\begin{aligned} next &= n + (2^{c0} - 1) + 1 + (2^{c1-1} - 1) \\ &= n + 2^{c0} + 2^{c1-1} - 1 \end{aligned}$$

少しのビット操作を使うことで簡潔なコードになります。すばらしいですね。

```
1  int getNextArith(int n) {
2    /* 前と同じc0とc1の計算 */
3    return n + (1 << c0) + (1 << (c1 - 1)) - 1;
4  }
```

前の値を算術的に求める

c_1を最下位ビットから連続する1の個数、c_0をそのあとに連続する0の個数、$p=c_0+c_1$とすると、以前の`getPrev`の解法は次のように言い表せます。

1. pビット目を0にする。
2. pより下位のビットをすべて1にする。
3. 下位（c_0 - 1）ビットをすべて0にする。

算術的な実装は以下のようにします。わかりやすいように、コメントに具体的な数の例（n = 10000011、c_1 = 2、c_0 = 5）を書いておきます。

```
n -= 2^c1 - 1;      // 連続する1を取り除いて10000000とする
n -= 1;             // 1を引いてビット反転すると01111111になる
n -= 2^(c0 - 1) - 1;  // 下位(c0-1)ビットを0にして01110000となる
```

まとめると、

```
next = n - (2^c1 - 1) - 1 - (2^(c0 - 1) - 1).
     = n - 2^c1 - 2^(c0 - 1) + 1
```

先ほどと同様、非常に簡単ですね。

```
1   int getPrevArith(int n) {
2     /* 前と同じc0とc1の計算 */
3     return n - (1 << c1) - (1 << (c0 - 1)) + 1;
4   }
```

ここまで読んで、ちょっと自信をなくした方もいらっしゃるかもしれませんが、ご心配なく。面接試験では何のヒントもなしでここまで要求されることはまずありませんから！

5.5 **人間デバッガ：** コード((n & (n-1)) == 0)について説明してください。

p.134

解法

それぞれの要素を分析することでこの問題を解いてみましょう。

A & B == 0というのはどういうことか？

これは、AとBのどちらも1であるビットがまったくないという意味です。つまり、`n & (n-1) == 0`という条件式はnとn-1のいずれも1になるビットがないということになります。

nと比べて各ビットはどのようになっているのか？

2進表記、10進表記でそれぞれ筆算してみましょう。

```
  1101011000 [2進]       593100 [10進]
-          1           -      1
= 1101010111 [2進]     = 593099 [10進]
```

ある数から1を引くとき、最下位ビットを見てみて、そこが1であれば引いて0になります。最下位ビットが0であれば繰り下がりが起こり、上位ビットに1が現れるまではビットの0が1に反転していき、1が現れたらそこを反転して終了です。

したがって、最下位ビットから見て0が連続している部分はすべて1になり、最初に現れる1が0になります。つまり、

```
もし      n = abcde1000
ならば n-1 = abcde0111
```

結局、n & (n-1) == 0というのはどういうことなのか？

nとn-1は同じ場所に1を持っていないことになります。次のような例

```
もし      n = abcde1000
ならば n-1 = abcde0111
```

ではabcdeがすべて0でなければならず、この例ではnが00001000を意味します。つまり、nは2累乗を表す値であるということになります。

したがって、`((n & (n-1)) == 0)`という条件式はnが2累乗（または0）かどうかを調べていると答えることができます。

5.6 **ビット変換:** ある整数AからBに変換するのに必要なビット数を決定する関数を書いてください。

例

入力: 29 (または: 11101), 15 (または: 01111)

出力: 2

p.135

解法

一見複雑そうに見えるこの問題は、実際にはかなり簡単です。2つの数を見て、どのビットが異なるかを調べるにはどうすればよいか考えてみてください。単純にXORでよさそうですね。

XORを取ったときに現れる各ビットの1は、その場所のAとBのビットが異なっていることを表しています。ですから、AとBの異なるビット数を調べるには単純にA^Bの1のビットを数えればよいということになります。

```
1  int bitSwapRequired(int a, int b) {
2    int count = 0;
3    for (int c = a ^ b; c != 0; c = c >> 1) {
4      count += c & 1;
5    }
6    return count;
7  }
```

このコードでもよいのですが、もう少しだけ改善できます。単にシフトしながら最下位ビットの1を数えるのではなくて、下位のビットから1を0に反転して、その回数を数えるようにします。ある数cの一番下位(右)にある1を反転するには、c = c & (c - 1)というビット演算を使うことができます。

これを利用したコードは以下の通りです。

```
1  public static int bitSwapRequired(int a, int b) {
2    int count = 0;
3    for (int c = a ^ b; c != 0; c = c & (c-1)) {
4      count++;
5    }
6    return count;
7  }
```

このコードは面接問題でときどき出てくるビット操作の問題の1つです。まったく初めてであれば、その場ですぐに思いつくのは難しいかもしれませんので、ある程度は仕組みを覚えておくと役に立つでしょう。

5.7 **ビット・ペアの交換**: 偶数ビットと奇数ビットを、できるだけ少ない操作で入れ替えるプログラムを書いてください(たとえば、0ビット目と1ビット目、2ビット目と3ビット目を入れ替えます)。

p.135

解法

これまでの問題と同じように、問題文に書いてある通りではない方法を考えてみるとよいです。個々のビットのペアを調べていくのは難しいですし、おそらくそれは効率的ではありません。それではどのようにすればよいでしょうか?

この問題では先に奇数ビットだけ、次に偶数ビットだけ、のように分けて処理をすればうまくいきます。まず、元の数を10101010(0xAA)で偶数ビットをマスクし、それを右にシフトします。奇数ビットも同様にマスクしたものを左シフトして、これらをマージしてしまえば偶数ビットと奇数ビットを入れ替えることができます。

この操作は5回の演算で済みます。以下がこの考え方を実装したものです。

```
1  public int swapOddEvenBits(int x) {
2    return ( ((x & 0xaaaaaaaa) >> 1) | ((x & 0x55555555) << 1) );
3  }
```

算術右シフトではなく論理右シフトを使っている点に注意してください。これは、符号ビットを0にしておきたいからです。

32ビット整数を前提としてJavaで実装しました。64ビット整数であればマスクを書き換える必要がありますが、ロジックはまったく同じです。

5.8 **直線を描く**: モノクロのスクリーンが1次元のバイト型配列として保持されています。1バイトには連続した8ピクセルを保持することができます。スクリーンの幅は8の倍数で、バイトの途中で切れるような形にはなっていないことにします。当然ですが、スクリーンの高さは配列のサイズとスクリーンの幅から計算することができます。このとき、(x1, y)から(x2, y)まで水平な直線を描く関数を実装してください。
メソッドのシグネチャは以下のようにします。
drawLine(byte[] screen, int width, int x1, int x2, int y)

p.135

解法

自然な解答としては、x1からx2まで順番にピクセルをセットしていくという簡単な方法がありますが、何の面白みもありませんし非効率的ですね。

x1とx2がかなり離れている場合、その間にあるバイト列はすべてのビットが埋まっている、とわかるとより良い解法が思いつくでしょう。すべてのビットが埋まっているバイト列はscreen[byte_pos] = 0xFFのようにしてセットすることができます。最初と最後の少し残った部分はマスクを使えばセットすることができます。

```
1  void drawLine(byte[] screen, int width, int x1, int x2, int y) {
2    int start_offset = x1 % 8;
3    int first_full_byte = x1 / 8;
4    if (start_offset != 0) {
```

```
5       first_full_byte++;
6     }
7
8     int end_offset = x2 % 8;
9     int last_full_byte = x2 / 8;
10    if (end_offset != 7) {
11      last_full_byte--;
12    }
13
14    // すべてのビットを埋める
15    for (int b = first_full_byte; b <= last_full_byte; b++) {
16      screen[(width / 8) * y + b] = (byte) 0xFF;
17    }
18
19    // 直線の最初と最後のためのマスクを作る
20    byte start_mask = (byte) (0xFF >> start_offset);
21    byte end_mask = (byte) ~(0xFF >> (end_offset + 1));
22
23    // 直線の最初と最後をセットする
24    if ((x1 / 8) == (x2 / 8)) { // x1とx2が同じバイト内にある場合
25      byte mask = (byte) (start_mask & end_mask);
26      screen[(width / 8) * y + (x1 / 8)] |= mask;
27    } else {
28      if (start_offset != 0) {
29        int byte_number = (width / 8) * y + first_full_byte - 1;
30        screen[byte_number] |= start_mask;
31      }
32      if (end_offset != 7) {
33        int byte_number = (width / 8) * y + last_full_byte + 1;
34        screen[byte_number] |= end_mask;
35      }
36    }
37  }
```

この問題ではいろいろな落とし穴や特別なケースに注意してください。たとえば、x1とx2が同じバイトである場合なども考慮しておく必要があります。注意に注意を重ねて、ようやくバグのないコードができるのです。

6

“頭の体操”の解法

6.1 **重い錠剤**：20個の瓶にそれぞれ錠剤が入っています。そのうち19個の瓶には1.0グラムの錠剤が、残り1個の瓶には1.1グラムの錠剤が入っています。重さを正確に量ることのできるはかりが与えられたとき、どうやって重い錠剤の入った瓶を見つけますか？ ただし、はかりは一度しか使うことができません。

p.142

解法

場合によっては、難しそうに見える制約がヒントになったりもします。この問題では、一度しかはかりが使えないという制約が大きなヒントです。

一度しか使えないということは、まとめて複数種の錠剤の重さを量らなければならないことに気がつくはずです。実際、少なくとも19種類の錠剤は同時に量らなければならないでしょう。そうしないと、2種類以上残してしまったら判別の手段が何もなくなってしまいますからね。とにかく、重さを量るチャンスは一度だけということを忘れないでください。

ではどのように重さを量り、重い錠剤の入った瓶を見つければよいのでしょうか？ まず瓶が2つで、片方にだけ重い錠剤入っていると考えてみましょう。それぞれの瓶から1個ずつ錠剤を取り出すと合計2.1グラムになりますが、余分な0.1グラムはどちらのものなのか判別することができません。なんとかしてそれぞれの瓶を違う扱いにしなければなりません。

瓶#1からは1個の錠剤、瓶#2からは2個の錠剤を取り出して重さを量ると、はかりはどうなるでしょうか？ #1が重い錠剤の入った瓶であれば3.1グラムになるでしょう。#2のほうが主錠剤の入った瓶なら3.2グラムになるはずです。これをうまく利用すればできそうですね。

瓶ごとで錠剤の数を変えて重さを量り、予想した重さと実際の重さの差を見れば、どの瓶の錠剤が重いのかがわかります。

瓶#1からは1個の錠剤、瓶#2からは2個の錠剤、瓶#3から3個…のように取り出します。これらをすべてまとめておきます。すべての錠剤が1グラムであれば、個数の合計は**1+2+3+…+20=20*21/2=210**個あるので、210グラムになるでしょう。実際に重さを量ると、いずれかの錠剤は0.1グラム重いので210グラムより重くなります。
その重さを使って、

$$\frac{\text{実際の重さ} - 210\text{グラム}}{0.1\text{グラム}}$$

という計算をすれば瓶の番号がわかります。

たとえば重さが211.3グラムであったとすれば、重い錠剤が入った瓶は#13ということになります。

6.2 **バスケットボール:** バスケットボールのゴールがあります。以下の2種類のゲームのうち、どちらか1つを選べるとします。

ゲーム1: 1回だけ投げてシュートを決める。

ゲーム2: 3回投げて、そのうち2回決める。

1回投げてシュートを決める確率をpとすると、pの値がどのような場合にどちらのゲームを選びますか?

p.142

解法

それぞれのゲームで勝つ確率は数式で表すことができますから、それらを比較します。

ゲーム1で勝つ確率

これは定義通り、pになります。

ゲーム2で勝つ確率

n回のゲームで、ちょうどk回だけシュートが決まる確率をs(k,n)とします。ゲーム2で勝つには3回のうち2回シュートを決めるか、3回すべて決めるかのいずれかで、確率はそれらを合わせた値になります。式で書くと、

```
P(勝利) = s(2,3) + s(3,3)
```

のようになります。ちょうど3回決まる確率は、

$$s(3,3) = p^3$$

になります。ちょうど2回決まる確率は、

```
P(1回目と2回目に決まり、3回目に外す)
        + P(1回目と3回目に決まり、2回目に外す)
        + P(2回目と3回目に決まり、1回目に外す)
      = p * p * (1 - p) + p * (1 - p) * p + (1 - p) * p * p
```

$$= 3\ (1 - p)\ p^2$$

となり、これらを合わせると、

$$= p^3 + 3\ (1 - p)\ p^2$$
$$= p^3 + 3p^2 - 3p^3$$
$$= 3p^2 - 2p^3$$

という式が得られます。

どちらのゲームをすべきか?

もしP(ゲーム1) > P(ゲーム2)であれば、ゲーム1をするべきです。そのようなとき、

$$p > 3p^2 - 2p^3.$$
$$1 > 3p - 2p^2$$
$$2p^2 - 3p + 1 > 0$$
$$(2p - 1)(p - 1) > 0$$

より、2p - 1とp - 1は、いずれも正またはいずれも負のはずです。しかしp < 1であり、ここからp - 1 < 0とすることができますので、2つの式の値はいずれも負であることがわかります。

```
2p - 1 < 0
2p < 1
p < 0.5
```

よって0 < p < .5のときはゲーム1を、.5 < p < 1のときはゲーム2を選びます。p = 0、0.5、1のいずれかの場合はP(ゲーム1) = P(ゲーム2)になるので、どちらを選んでも同じということになります。

6.3 **ドミノ**: 対角線上に2つの角が切り取られた、8×8のチェス盤があります。また、31個のドミノがあり、1つのドミノはちょうどチェス盤2マス分です。このとき、31個のドミノをチェス盤にすべて並べることができるでしょうか？ できるとすればその例を、できない場合はその理由を述べてください。

p.142

解法

一見できそうに見えます。8×8の64マス。そこから2マス分を切り取り62マス。これは1個が2マス分のドミノ31個分とぴったり合っていますから、きっとできますよね？

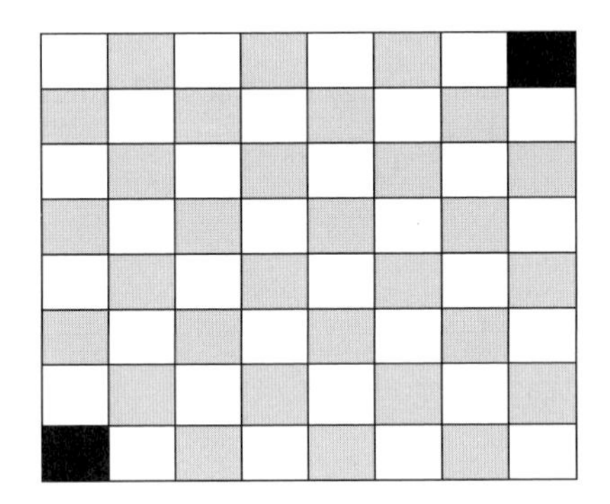

まず1列目からドミノを並べてみましょう。1列目には7マスしかありませんから、1つは2列目にまたがることに気づくでしょう。そのまま2列目も並べていくと、やはり1つのドミノが3列目にまたがります。

このように並べていくと、いずれの列でも1つのドミノが列をまたぐようになっています。そして、最後の列でうまく収まらなくなってしまいます。これはどのように並べようとしてもうまくいかず、できないことがわかると思います。ここでどうしてうまくいかないのか、もっとわかりやすく、きちんとした説明をしておきます。普通チェス盤は、各マスが黒と白で交互に色づけされています。つまり32の黒いマスと、32の白いマスがあるということです。対角線上の角同士は同じ色になりますから、これらを切り取ると片方の色が30マスで、もう片方の色が32マスという状態になります。

ドミノは2マス分あり、色が交互であるとすれば、1つのドミノを置くのに黒と白のマスがそれぞれ1個ずつ必要になります。31個のドミノであれば、黒いマスと白いマスがそれぞれちょうど31個ずつ必要になります。上の図で言えば、チェス盤は黒いマスが30個、白いマスが32個になっていますから、並べるのは不可能ということになります。

6.4 **三角形上のアリ**:三角形のそれぞれ異なる頂点に3匹のアリがいます。アリが三角形の辺上を歩くとき、衝突する確率はどうなりますか? それぞれのアリは進む方向をスタート時にランダムに選び、その確率は等しいものとします。また、歩くスピードはどのアリも同じとします。
同様に、n匹のアリが正n角形上を歩く場合についても衝突する確率を求めてください。

p.143

解法

いずれかのアリがお互いに進む方向へ歩けば、そこで衝突が起こります。そこで、すべてのアリが同じ方向(時計回りか反時計回り)へ進む確率だけを考えるようにします。これは比較的簡単に計算できますから、計算結果を全体から引いてやるようにします。

アリは3匹いて、それぞれが2方向に移動することができるので、同じ方向へ歩く確率は、

$$P(時計回り) = (1/2)^3$$
$$P(反時計回り) = (1/2)^3$$
$$P(同じ方向) = (1/2)^3 + (1/2)^3 = 1/4$$

アリが衝突する確率は、アリが同じ方向に進まない確率になるので、

$$P(衝突) = 1 - P(同じ方向) = 1 - (1/4) = 3/4$$

これをn角形について一般化してみると、動く方向はやはり2方向のままで、アリがn匹いることになるので2^n通りの動き方があることになります。したがって一般的な衝突の確率は、

$$P(時計回り) = (1/2)^n$$
$$P(反時計回り) = (1/2)^n$$
$$P(同じ方向) = 2(1/2)^n + (1/2)^{n-1}$$
$$P(衝突) = 1 - P(同じ方向) = 1 - (1/2)^{n-1}$$

となります。

6.5 **水が入った壺：**5クォート、3クォートの水が入る壷がそれぞれ1つずつあります。また、十分な量の(しかし量を量ることはできない)水があります。このとき、ちょうど4クォートの水を量るにはどのようにすればよいですか? ただし壷は変わった形をしており、ちょうど半分水を入れるというようなことはできません。

p.143

解法

適当に遊んでいればわかると思いますが、以下のように片方の壷からもう片方の壷に水を移すことができます。

5クォート	3クォート	動作
5	0	5クォートの壷に水を入れる
2	3	5クォートの壷の水から3クォート分移す
2	0	3クォートの壷の水を捨てる
0	2	5クォートの壷のから2クォート分移す
5	2	5クォートの壷に水を満たす
4	3	3クォートの壷が一杯になるまで5クォートの壷から移す
4		4クォート分の水ができた!

多くのパズルの問題と同じように、この問題は数学/コンピュータ・サイエンスが基盤になっています。2つの壷が互いに素であるなら、1からサイズの和(この問題で言えば5+3=8)まですべて量れるようになります。

6.6 **青い目の島：**ある島に、さまざまな眼の色をした人たちが仲良く暮らしていました。しかし、ある日突然島の外から人がやってきておかしなことを言います。「青い眼をした人は、できるだけ早くこの島から出ていきなさい」。毎晩午後8時に島から飛び立つ飛行機が出ていて、自分自身の眼の色が青色だとわかった時点で、その人は飛行機に乗って島を出なければなりません。
島の人たちは自分以外の人の眼の色がわかりますが、自分の眼の色はわかりません。また、自分の眼の色を他人に聞いたり、他人に眼の色を教えてあげるということは禁止されています。また、島全体で青い眼をした人が何人いるかはわかりません。ただし、少なくとも1人はいることはわかっています。青い眼をした人が島からいなくなるには何日かかるでしょうか?

p.143

解法

初期状態から積み上げる方法を使ってみましょう。n人の人が暮らしていて、そのうちc人が青い眼をしているとします。$c > 0$であることは問題に書いてありますので、1から順に調べていきます。

c = 1: 1人だけ青い眼をした人がいる場合

もし青い眼をした人が1人しかいなければ、その人が周りを見渡したときには、青い眼の人は1人もいないことになります。島の人々は全員このことがわかっているとしておきましょう。だとすれば、周囲を見渡して青い眼の人が1人もいなかった人は自分が青い眼だと気づいて、その日に島から出ていきます。

c = 2: 2人だけ青い眼をした人がいる場合

青い眼をした人が周囲を見渡すと他に青い眼をした人は1人いますが、それだけではc = 1かc = 2の判別ができません。しかしc = 1の場合は、1日目に気づいてその日に島を出ているはずです。ですから、青い眼の人がまだ島にいるということはc = 2であると推論するに違いありません。それと同時に、自分が青い眼をしていることにも気づくことになります。彼らは2日目に島を出ることになるでしょう。

c > 2: 青い眼の人が2人より多い場合(一般的な場合)

cの値を増やしながら、これまでの考え方が適用できるかを見ていきます。c = 3のとき、3人の青い眼をした人はc = 2かc = 3であることにすぐ気づくでしょう。もしc = 2であれば、2日目に島を出ていくはずです。2日経って3日目も島に残っているようであればc = 3と判断し、同時に自分が青い眼であるということがわかるでしょう。3人は3日目に島を出ることになります。

このような形でcの値を増やしていくと、c人の青い眼をした人たちは自分が青い眼をしていることに気づくまでc日かかり、c日目の晩に島を出ていくことになりますね。

6.7 **黙示録**:現在の文明が滅んだあとの新しい世界で、女王は出生率について心の底から心配していました。そのため女王は、すべての家族は1人女の子を持つか、そうでなければ多額の罰金を支払わねばならないという法令を作りました。すべての家族がこの規則を守るとすると一つまり女の子が生まれるまで子を持ち続け、生まれた時点で子供を増やすのをやめると一新しい世代の男女比はどのようになるでしょうか?(生まれる子どもが男である確率も女である確率も同じであると仮定してください)この問題について論理的に解答し、そのあとコンピュータシミュレーションを行ってください。

p.143

解法

各家族がこの法令を守るとすると、各家族は0人以上の男の子が生まれた後、1人の女の子が生まれることになります。つまり、女の子を「G」、男の子を「B」として各家族の子供をGとBの並びで表すと、G; BG; BBG; BBBG; BBBBG; のようになります。

この問題は、いくつかの方法で解くことができます。

数学的な考え方

性別の並びごとに確率を求めて解くことができます。

- $P(G) = 1/2$ つまり、家族の50%は最初に女の子が生まれる。他の家族はそれより多い人数の子どもを持つことになる。
- $P(BG) = 1/4$ 2番目の子が生まれる(その確率は50%)とき、その中の50%は女の子が生まれる。
- $P(BBG) = 1/8$ 3番目の子が生まれる(その確率は25%)とき、その中の50%は女の子が生まれる。

のようになっています。

すべての家族には女の子がちょうど1人だけということが分かっています。では、各家族の男の子は平均何人でしょうか? これを計算するには、男の子の数の期待値を見ることでわかります。男の子の数の期待値は、人数とその人数が生まれる確率を掛け合わせたものです。

男女の並び	男の子の数	確率	男の子の数×確率
G	0	$1/2$	0
BG	1	$1/4$	$1/4$
BBG	2	$1/8$	$2/8$
BBBG	3	$1/16$	$3/16$
BBBBG	4	$1/32$	$4/32$
BBBBBG	5	$1/64$	$5/64$
BBBBBBG	6	$1/128$	$6/128$

言い換えると、これはiを2^iで割ったものを無限に足し合わせたものです。

$$\sum_{i=0}^{\infty} \frac{i}{2^{i+1}}$$

おそらくすぐにはわからないと思いますが、推定してみることはできます。上記の値の分母をすべて最小公倍数の128(2^6)にしてみましょう。

$1/4 = 32/128$	$4/32 = 16/128$
$2/8 = 32/128$	$5/64 = 10/128$
$3/16 = 24/128$	$6/128 = 6/128$

$$\frac{32+32+24+16+10+6}{128} = \frac{120}{128}$$

これは$128/128$(=1)に近づいているように見えます。「ように見える」という直感は良いことですが、数学的な考えとしては厳密ではありません。けれどもそれを手掛かりとして論理的に考え始めることはできます。確かに1になるでしょうか?

論理的な考え方

先程の和の計算が1であれば、それは男女比がどちらも同じであることを意味しています。家族はちょうど1人の女の子と、平均1人の男の子がいることになります。従って、誕生政策は効果がないということです。このように結論付けるのは正しいでしょうか?

一見これは間違っているように見えます。政策はすべての家族が女の子を持つことを確かにするための、女性を特別扱いするように作られた政策です。

一方、子どもを作り続ける家族は(潜在的に)複数の男の子を人口に反映させていることになります。これは「一人女子」政策の影響を打ち消すことになってしまいます。

これについて考える方法の一つは、各家族の持つ子の男女を文字の並びで表すのをイメージすることです。つまり、家族1がBG、家族2がBBG、家族3がGなら、BGBBGGと書くのです。

実際、家族のグループ化については何も考慮する必要はありません。全体の人数について考えているからです。子どもが生まれたら、すぐに性別(BかG)を文字列に追加するだけでよいのです。

次の文字がGになる確率はいくつでしょうか? もし、男の子と女の子の生まれる確率が同じであれば、次の文字がGである確率は50%です。従って、大まかに文字列全体を見れば半分はGで半分はBということになり、性別は同じ確率であるということがわかります。

これは本当に重要なことです。生態は変わらなかったのです。新たに生まれる子の半数は女子で、半数は男子なのです。いつ子作りをやめるかを決めてそれに従ったとしても、この事実は変わらないのです。

従って、男女比は50%が女子で50%が男子ということになります。

シミュレーション

問題に直接対応する単純な方法で書いてみます。

```
1   double runNFamilies(int n) {
2     int boys = 0;
3     int girls = 0;
4     for (int i = 0; i < n; i++) {
5       int[] genders = runOneFamily();
6       girls += genders[0];
7       boys += genders[1];
8     }
9     return girls / (double) (boys + girls);
10  }
11
12  int[] runOneFamily() {
13    Random random = new Random();
14    int boys = 0;
15    int girls = 0;
16    while (girls == 0) { // 女の子が生まれるまで
17      if (random.nextBoolean()) { // 女の子
18        girls += 1;
19      } else { // 男の子
20        boys += 1;
21      }
22    }
23    int[] genders = {girls, boys};
24    return genders;
25  }
```

当然ですがnの値を大きくして実行すれば、0.5に非常に近い値が得られます。

6.8 **卵を落とす問題:** 100階建ての建物があります。N階以上の高さから卵を落とすと卵は割れてしまいます。N階より下からであれば卵は割れません。2つの卵を使い、落とす回数をできるだけ少なくなるようにNを見つけてください。

p.143

解法

卵を落とす場所を下の階から上の階へ順に移動していくことで、卵が「割れる階」と「割れる一歩手前の階」を見極めます。たとえば1つの卵を5階、10階と落としてみて割れませんでしたが、15階から落としたとき割れてしまったとします。このとき、もう1つの卵は最も落とす回数が多い場合で、11階、12階、13階、14階と落としていくことになります。

考え方

まず、卵の1つを10階、20階、…と落としていくとします。

- 最初（10階）で割れてしまった場合、もう1つの卵を1階から落としていくと、最大でも10回卵を落とすことになります。
- 最後（100階）で割れてしまった場合、10階、20階、…100階で10回、もう1つは91階から99階まで9回で、最大19回ということなります。

かなり良い方法ですが、限界まで減らすことを考えなければなりません。2つの卵を落とす回数が、最悪のケースでどちらも同じになるように調整すべきです。

最初に落としたときに割れたとしても最後に割れたとしても、できるだけ均等な回数となるようなシステムを作っていきましょう。

1. 完璧にバランスがとられたシステムなら、卵1がどこで割れたかに関係なく、（卵1を落とした回数）＋（卵2を落とした回数）が一定値になるでしょう。
2. そのようなシステムがあるとすれば、卵1を落とす回数が1回増えるとき、卵2を落とす回数は1回減ることになるでしょう。
3. したがって、卵1を1回落とすごとに卵2を落とすことができる回数は1回ずつ減っていくことになります。たとえば卵1を20階と30階で落とす場合、卵2は最大21階から29階までの9回分落とす必要があります。卵1をもう1回落とすとすれば、卵2を落とせる回数が8回までになり、次に卵1を落とす場所は39階にしなければならないということです。
4. よって、最初に卵1を落とすのがX階とすると、次はX-1階上、その次はX-2階上…のように100階まで上がっていかなければなりません。
5. 方程式Xを解く

$$X+(X-1)+(X-2)+...+1=100$$
$$X(X+1)/2 = 100$$
$$X \approx 13.65$$

数である必要があるのは明らかです。切り上げるべきでしょうか、それとも切り捨てるべきでしょうか?

- Xを14に切り上げると、最初に14階、次に13階、12階、と上がっていきます。最後に上がるのは4階で、99階に到達します。卵1がどの階で割れても、卵1と卵2を落とす合計回数は常に同じ14回になるようにバランスが取られていることはわかっています。もし99階で卵が割れなければ、100階で割れるかどうかを調べるために1回だけ落とす必要がありますが、いずれにせよ14回を超えることはありません。
- Xを13に切り捨てると、最初に13階、次に12階、11階、と上がっていきます。最後に上がるのは1階で、91階に到達します。このとき卵を落とす回数は13回です。92階から100階は調べられていません。この階は1回卵を落とすだけでは調べることができません(仮にできたとしても、単に切り上げた場合と同じになるだけです)。

従って、Xは14に切り上げるべきです。つまり、14階、27階、39階、…と上がっていくということです。この方法で、最悪ケースで14回ということになります。

他の多くの最大化／最小化問題でも、キーポイントは「最悪ケースのバランスを取る」ということです。

次のコードは、この考え方をシミュレートしたものです。

```
1   int breakingPoint = ...;
2   int countDrops = 0;
3
4   boolean drop(int floor) {
5     countDrops++;
6     return floor >= breakingPoint;
7   }
8
9   int findBreakingPoint(int floors) {
10    int interval = 14;
11    int previousFloor = 0;
12    int egg1 = interval;
13
14    /* 上がる間隔を小さくしながら卵1を落とす */
15    while (!drop(egg1) && egg1 <= floors) {
16      interval -= 1;
17      previousFloor = egg1;
18      egg1 += interval;
19    }
20
21    /* 1階ずつ上がりながら卵2を落とす */
22    int egg2 = previousFloor + 1;
23    while (egg2 < egg1 && egg2 <= floors && !drop(egg2)) {
24      egg2 += 1;
25    }
26
27    /* 割れなかった場合は-1を返す */
28    return egg2 > floors ? -1 : egg2;
29  }
30
```

他の建物のサイズにも使えるようにコードを一般化すると、Xについての次の方程式を解きます：

$$X(X+1)/2 = \text{階数}$$

これは二次方程式の解の公式を使えば解くことができます。

6.9 **100個のロッカー：**廊下に扉のしまったロッカーが100個あります。まず、100のロッカーのすべての扉を開けます。次に、2つごとに（1つ飛びで）扉を閉めていきます。今度は3つごとに（2つ飛びで）扉が開いていれば閉めて、閉まっていれば開けていきます。このようなことを繰り返していくと、100回目に100番目のロッカーの開け閉めをして終わります。その時点で、開いている扉はいくつありますか？

p.143

解法

扉の開け閉めが何を意味しているのかをよく考えることで、この問題に取り組んでいきます。そうすることで、最終状態でどの扉が開いているのかを推定することができるでしょう。

疑問その1：扉が開け閉めされるのはいつ？

n番目の扉が開け閉めされるのはnの約数と対応しています。たとえば15番目の扉なら、1、3、5、15回目に開け閉めされます。

疑問その2：開けたままになっている扉は？

扉が開けたままになっているのは、扉番号の約数が奇数個になっているときです。約数2つを開閉の1セットと考えればわかりますね？ 2個ずつペアを作って、最後に1残れば扉が開いているということになります。

疑問その3：どんなときに奇数個になる？

ある数nに対して約数の個数が奇数個になるのは、nが2乗の数のときです。これはnの約数の中で、かけてnになる数のペアを作っていけばわかります。たとえばnが36だとすると、かけて36になる約数のペアは(1, 36)、(2, 18)、(3, 12)、(4, 9)、(6, 6)ですが、(6, 6)は同じ約数になっていますから1つ省かねばなりません。そのため、約数の個数は奇数個になるのです。

疑問その4：2乗の数はいくつある？

1、4、9、16、25、36、49、64、81、100と数えていけば10個あることがわかります。単純に1から順に2乗の数を作ってもわかりますね。

```
1*1, 2*2, 3*3, ..., 10*10
```

というわけで、10個のロッカーが最終的に開いているということになります。

6.10 **毒：**ソーダのボトルが1000本あり、1本だけ毒が入っています。また、毒を検知する試験紙が10枚あります。1滴の毒で試験紙は恒久的に陽性を示します。試験紙には一度に何滴でも投下することができ、試験紙は（陰性の結果である限りは）何度でも好きなだけ再利用できます。しかし1日に1回しかテストはできず、結果がわかるには7日かかります。できるだけ少ない日数で毒の入ったボトルを特定するにはどのようにすればよいでしょうか？

発展問題

あなたの考えをシミュレートするコードを書いてください。

P.144

解法

この問題の言い回しに注意してください。なぜ7日なのでしょうか？なぜ結果が即座に得られないのでしょうか？

テストが始まるのと結果がわかるのに時間差があるという事実は、おそらくその間に（追加のテストを実行中に）何かをすることになるであろうということを意味します。それを念頭に置きつつ、最初は単純な考えから始めて問題を理解していきましょう。

単純な考え方(28日)

単純な考え方としては、最初にボトルを100個ずつのグループに分け、10枚の試験紙全部を使い7日間待つ方法です。結果がわかったら、反応のあった試験紙を探します。反応を示した試験紙を使ったボトルを選び、それ以外はすべて候補から外し、その手順を繰り返します。この操作を、各試験紙に対して1つのボトルに対応するようになるまで行います。

1. 使用可能な試験紙の数分にボトルを分け、試験紙に1滴ずつ滴下する。
2. 7日後、試験紙を確認する。
3. 反応を示した試験紙に対して：その試験紙を用いて調べたボトルを新たにグループ分けする。もしグループあたりのボトル数が1になったら毒の入ったボトルを特定したことになる。ボトル数が1より大きい場合は1の手順に戻る。

これをシミュレートするには、問題の内容を再現するためにBottleクラスとTestStripクラスを作ります。

```
1   class Bottle {
2     private boolean poisoned = false;
3     private int id;
4 
5     public Bottle(int id) { this.id = id; }
6     public int getId() { return id; }
7     public void setAsPoisoned() { poisoned = true; }
8     public boolean isPoisoned() { return poisoned; }
9   }
10
11  class TestStrip {
12    public static int DAYS_FOR_RESULT = 7;
13    private ArrayList<ArrayList<Bottle>> dropsByDay =
14      new ArrayList<ArrayList<Bottle>>();
15    private int id;
16
17    public TestStrip(int id) { this.id = id; }
18    public int getId() { return id; }
19
20    /* その日に滴下するボトルリストのを確保するためにリサイズする */
21    private void sizeDropsForDay(int day) {
22      while (dropsByDay.size() <= day) {
23        dropsByDay.add(new ArrayList<Bottle>());
24      }
25    }
26
27    /* その日に滴下するボトルを追加する */
28    public void addDropOnDay(int day, Bottle bottle) {
29      sizeDropsForDay(day);
30      ArrayList<Bottle> drops = dropsByDay.get(day);
31      drops.add(bottle);
32    }
33
34    /* そのボトル群のどれかに毒が入っているかどうかをチェックする */
35    private boolean hasPoison(ArrayList<Bottle> bottles) {
36      for (Bottle b : bottles) {
37        if (b.isPoisoned()) {
38          return true;
```

```
39        }
40      }
41      return false;
42    }
43
44    /* DAYS_FOR_RESULT 日前にテストで使われたボトルのリストを得る */
45    public ArrayList<Bottle> getLastWeeksBottles(int day) {
46      if (day < DAYS_FOR_RESULT) {
47        return null;
48      }
49      return dropsByDay.get(day - DAYS_FOR_RESULT);
50    }
51
52    /* DAYS_FOR_RESULT 日前の毒ボトルをチェックする */
53    public boolean isPositiveOnDay(int day) {
54      int testDay = day - DAYS_FOR_RESULT;
55      if (testDay < 0 || testDay >= dropsByDay.size()) {
56        return false;
57      }
58      for (int d = 0; d <= testDay; d++) {
59        ArrayList<Bottle> bottles = dropsByDay.get(d);
60        if (hasPoison(bottles)) {
61          return true;
62        }
63      }
64      return false;
65    }
66  }
```

これはボトルと試験紙のふるまいをシミュレートする方法のほんの一例で、いずれにも長所と短所があります。

これを元に、今説明した考え方をテストするコードを実装します。

```
1   int findPoisonedBottle(ArrayList<Bottle> bottles, ArrayList<TestStrip> strips) {
2     int today = 0;
3
4     while (bottles.size() > 1 && strips.size() > 0) {
5       /* テストを実行 */
6       runTestSet(bottles, strips, today);
7
8       /* 結果を待つ */
9       today += TestStrip.DAYS_FOR_RESULT;
10
11      /* 結果をチェック */
12      for (TestStrip strip : strips) {
13        if (strip.isPositiveOnDay(today)) {
14          bottles = strip.getLastWeeksBottles(today);
15          strips.remove(strip);
16          break;
17        }
18      }
19    }
20
21    if (bottles.size() == 1) {
```

```
22      return bottles.get(0).getId();
23    }
24    return -1;
25  }
26
27  /* ボトルを試験紙対して均等になるように分ける */
28  void runTestSet(ArrayList<Bottle> bottles, ArrayList<TestStrip> strips, int day) {
29    int index = 0;
30    for (Bottle bottle : bottles) {
31      TestStrip strip = strips.get(index);
32      strip.addDropOnDay(day, bottle);
33      index = (index + 1) % strips.size();
34    }
35  }
36
37  /* 完全なコードはダウンロードできます ※1 */
```

この考え方は、毎回試験紙が複数枚あると仮定していることに注意してください。これはボトル1000個と試験紙10枚の場合には妥当な仮定です。

この仮定を行わないのであれば、確実に解けるよう実装することができます。試験紙が1枚しかない場合は、一度に1つのボトルでテストを始めて1週間待ち、他のボトルを1つテストします。この考え方では最大で28日かかります。

最適化アプローチ(10日)

解法の最初でも述べましたが、一度に複数のテストを行うことで最適化できそうです。

ボトルを10のグループに(ボトル0～99を試験紙0に、ボトル100～199を試験紙1に、ボトル200～299を試験紙2に、というように)分けるとすれば、7日目でボトル番号の1桁目がわかることになります。7日目で試験紙`i`に反応が見られれば、それはボトル番号の1桁目(100の位)が`i`であることを示しています。

ボトルの分け方を変えると、2桁目や3桁目のボトル番号がわかるようにすることができます。結果を混同しないように、これらのテストは別の日に行う必要があります。

	0～7日	1～8日	2～9日
試験紙 0	0xx	x0x	xx0
試験紙 1	1xx	x1x	xx1
試験紙 2	2xx	x2x	xx2
試験紙 3	3xx	x3x	xx3
試験紙 4	4xx	x4x	xx4
試験紙 5	5xx	x5x	xx5
試験紙 6	6xx	x6x	xx6
試験紙 7	7xx	x7x	xx7
試験紙 8	8xx	x8x	xx8
試験紙 9	9xx	x9x	xx9

※1 https://github.com/careercup/CtCI-6th-Edition/tree/master/Java

例えば、7日目に試験紙4が反応を示し、8日目で試験紙3が反応を示し、9日目で試験紙8が反応を示せば、ボトル番号は#438ということになります。

これは多くの場合うまくいくのですが、エッジケースがあります。例えばボトル#882やボトル#383のように、同じ数字になる桁がある場合はどうなるでしょうか?

実はこの例は全く異なります。もし8日目に新たな反応がなければ、2桁目と1桁目は同じ数であると言えます。

もっと問題なのはもし9日目に反応を示さない場合にどうなるかということです。この場合にわかることは、3桁目の値が1桁目の値か2桁目の値のいずれかと等しいということだけです。ボトル番号の#383と#388を見分けることができないのです。これらはテスト結果が同じになってしまうからです。

そこで追加のテストが必要になります。あいまいな部分をなくすためにこれを最後に行うことになりますが、あいまいな状況に備えてこのテストを3日目に行っておくこともできます。必要なことは、2日目のテスト結果と異なる場所に反応が現れるように最後の桁をずらしておくことだけです。

	0〜7日	1〜8日	2〜9日	3〜10日
試験紙 0	0xx	x0x	xx0	xx9
試験紙 1	1xx	x1x	xx1	xx0
試験紙 2	2xx	x2x	xx2	xx1
試験紙 3	3xx	x3x	xx3	xx2
試験紙 4	4xx	x4x	xx4	xx3
試験紙 5	5xx	x5x	xx5	xx4
試験紙 6	6xx	x6x	xx6	xx5
試験紙 7	7xx	x7x	xx7	xx6
試験紙 8	8xx	x8x	xx8	xx7
試験紙 9	9xx	x9x	xx9	xx8

現時点で、#383の場合は(7日目 = #3, 8日目 = #8, 9日目 = 反応なし, 10日目 = #4)になり、#388は(7日目 = #3, 8日目 = #8, 9日目 = 反応なし, 10日目 = #9)になります。これで10日目の結果をずらしたものから逆算することができます。
しかし、10日目でも新たな反応を示さない場合はどうなるでしょうか?また、それは起こり得るでしょうか?

これは起こりえます。ボトル番号#898の場合、(7日目 = #8, 8日目 = #9, 9日目 = 反応なし, 10日目 = 反応なし)になりますが、それで問題ありません。#898と#899を区別する必要があるだけだからです。#899の場合は、(7日目 = #8, 8日目 = #9, 9日目 = 反応なし, 10日目 = #0)になります。

9日目で「あいまいな」ボトルは、10日目で常に別の値に対応することになります。その論理は次の通りです:

- 3〜10日のテストで新たな結果が示されれば、その結果から3桁目を計算できる。
- そうでない場合、3桁目の値は1桁目か2桁目の値と等しく、桁をずらした場合も1桁目か2桁目と等しいことがわかる。従って、1桁目の値をずらすと2桁目の値になるか、他の値になるかを調べる必要がある。もし前者なら、3桁目は1桁目と等しいことになり、後者なら3桁目は2桁目と等しいことになる。

これを実装するには、バグが出ないように慎重に作業する必要があります。

```
1   int findPoisonedBottle(ArrayList<Bottle> bottles, ArrayList<TestStrip> strips) {
2     if (bottles.size() > 1000 || strips.size() < 10) return -1;
3
4     int tests = 4; // 3桁分プラス追加テストの分
5     int nTestStrips = strips.size();
6
7     /* テストを行う */
8     for (int day = 0; day < tests; day++) {
9       runTestSet(bottles, strips, day);
10    }
11
12    /* 結果を得る */
13    HashSet<Integer> previousResults = new HashSet<Integer>();
14    int[] digits = new int[tests];
15    for (int day = 0; day < tests; day++) {
16      int resultDay = day + TestStrip.DAYS_FOR_RESULT;
17      digits[day] = getPositiveOnDay(strips, resultDay, previousResults);
18      previousResults.add(digits[day]);
19    }
20
21    /* 1日目の結果が0日目の結果と一致すれば桁を更新する */
22    if (digits[1] == -1) {
23      digits[1] = digits[0];
24    }
25
26    /* 2日目の結果が0日目か1日目の結果と一致する場合は3日目を確認する
27     * 3日目は2日目と比べて桁の値が1ずれている */
28    if (digits[2] == -1) {
29      if (digits[3] == -1) { /* 3日目に新たな反応を示さない */
30        /* 3桁目(digits[2])が1桁目(digits[0])か2桁目(digits[1])と等しい
31         * しかし3桁目をずらしたものも1桁目か2桁目と等しくなっている
32         * この場合は1桁目をずらして2桁目と同じになるかそうでないかで区別する */
33        digits[2] = ((digits[0] + 1) % nTestStrips) == digits[1] ?
34                    digits[0] : digits[1];
35      } else {
36        digits[2] = (digits[3] - 1 + nTestStrips) % nTestStrips;
37      }
38    }
39
40    return digits[0] * 100 + digits[1] * 10 + digits[2];
41  }
42
43  /* その日のテストセットを実行する */
44  void runTestSet(ArrayList<Bottle> bottles, ArrayList<TestStrip> strips, int day) {
45    if (day > 3) return; // 3日(桁)+追加テスト分のみ
46
47    for (Bottle bottle : bottles) {
48      int index = getTestStripIndexForDay(bottle, day, strips.size());
49      TestStrip testStrip = strips.get(index);
50      testStrip.addDropOnDay(day, bottle);
51    }
52  }
53
54  /* その日、そのボトルで使われる試験紙を得る */
```

```
55  int getTestStripIndexForDay(Bottle bottle, int day, int nTestStrips) {
56    int id = bottle.getId();
57    switch (day) {
58      case 0: return id /100;
59      case 1: return (id % 100) / 10;
60      case 2: return id % 10;
61      case 3: return (id % 10 + 1) % nTestStrips;
62      default: return -1;
63    }
64  }
65
66  /* その日に反応を示した(それ以前に反応を示したものは除く)試験紙のidを得る */
67  int getPositiveOnDay(ArrayList<TestStrip> testStrips, int day,
68                       HashSet<Integer> previousResults) {
69    for (TestStrip testStrip : testStrips) {
70      int id = testStrip.getId();
71      if (testStrip.isPositiveOnDay(day) && !previousResults.contains(id)) {
72        return testStrip.getId();
73      }
74    }
75    return -1;
76  }
77
```

この方法では、結果を得るのに最悪ケースで10日かかります。

最適解法(7日)

実際には、ちょうど7日で結果が得られるようにもう少し最適化することができます。これはもちろん考え得る最小の日数です。

各試験紙が本当は何を意味しているのかに気付いてください。試験紙は毒か毒でないかを表す2値の指標です。10桁の2進数を使って1000のキーをすべて固有の値に割り当てることは可能でしょうか? これはもちろん可能です。このように2進数を利用します。

各ボトル番号の2進表現を見てみます。もしi桁目に1があれば、試験紙のi番目にそのボトルの中身を滴下します。2^{10}は1024ですから、10枚の試験紙では1024本までボトルを扱うことができます。

7日待ち、結果を見ます。試験紙iに反応があれば、結果の値はiビット目が立っていることになります。すべての試験紙を見れば、毒のボトルIDがわかるということです。

```
1   int findPoisonedBottle(ArrayList<Bottle> bottles, ArrayList<TestStrip> strips) {
2     runTests(bottles, strips);
3     ArrayList<Integer> positive = getPositiveOnDay(strips, 7);
4     return setBits(positive);
5   }
6
7   /* 試験紙にボトルの中身を滴下 */
8   void runTests(ArrayList<Bottle> bottles, ArrayList<TestStrip> testStrips) {
9     for (Bottle bottle : bottles) {
10      int id = bottle.getId();
11      int bitIndex = 0;
12      while (id > 0) {
```

```
13        if ((id & 1) == 1) {
14          testStrips.get(bitIndex).addDropOnDay(0, bottle);
15        }
16        bitIndex++;
17        id >>= 1;
18      }
19    }
20  }
21
22  /* 特定の日における、反応を示す試験紙の番号を得る */
23  ArrayList<Integer> getPositiveOnDay(ArrayList<TestStrip> testStrips, int day) {
24    ArrayList<Integer> positive = new ArrayList<Integer>();
25    for (TestStrip testStrip : testStrips) {
26      int id = testStrip.getId();
27      if (testStrip.isPositiveOnDay(day)) {
28        positive.add(id);
29      }
30    }
31    return positive;
32  }
33
34  /* 反応を示した試験紙番号のビットを立てることでボトル番号を生成する */
35  int setBits(ArrayList<Integer> positive) {
36    int id = 0;
37    for (Integer bitIndex : positive) {
38      id |= 1 << bitIndex;
39    }
40    return id;
41  }
```

この方法では、Tを試験紙の数、Bをボトルの数とすると $2^T \geqq B$ であればうまくいきます。

7

"オブジェクト指向"の解法

7.1 **カードゲームのデッキ**：一般的なカードゲームのデッキについてデータ構造を設計してください。また、ブラックジャックをサブクラスとして実装するにはどのようにすればよいかを説明してください。

p.147

解法

まず、「一般的な」カードゲームのデッキが多くの意味を持つという認識が必要です。一般的という言葉はポーカーのようなトランプゲームをするための標準的なデッキという意味かもしれませんし、Unoや野球カードも扱うくらい幅の広い意味かもしれません。「一般的」がどういう意味なのかを面接官に尋ねておくことが重要です。
今回はポーカーやブラックジャックのようなゲームをするときに使う、標準的な52枚のトランプだと面接官から明示された想定で進めてみましょう。この場合、設計は次のようになります。

```
1   public enum Suit {
2     Club (0), Diamond (1), Heart (2), Spade (3);
3     private int value;
4     private Suit(int v) { value = v; }
5     public int getValue() { return value; }
6     public static Suit getSuitFromValue(int value) { ... }
7   }
8
9   public class Deck <T extends Card> {
10    private ArrayList<T> cards; // すでに引かれたかどうかによらず、すべてのカード
11    private int dealtIndex = 0; // 引かれていない最初のカードの位置
12
13    public void setDeckOfCards(ArrayList<T> deckOfCards) { ... }
14
15    public void shuffle() { ... }
16    public int remainingCards() {
17      return cards.size() - dealtIndex;
18    }
19    public T[] dealHand(int number) { ... }
20    public T dealCard() { ... }
21  }
22
23  public abstract class Card {
```

```
24    private boolean available = true;
25
26    /* カードに書かれた数字または顔、2から10までの数字、
27     * またはジャックに11、クイーンに12、キングに13、エースに1 */
28    protected int faceValue;
29    protected Suit suit;
30
31    public Card(int c, Suit s) {
32      faceValue = c;
33      suit = s;
34    }
35
36    public abstract int value();
37
38    public Suit suit() { return suit; }
39
40    /* 使用可能かどうかの判定 */
41    public boolean isAvailable() { return available; }
42    public void markUnavailable() { available = false; }
43
44    public void markAvailable() { available = true; }
45  }
46
47  public class Hand <T extends Card> {
48    protected ArrayList<T> cards = new ArrayList<T>();
49
50    public int score() {
51      int score = 0;
52      for (T card : cards) {
53        score += card.value();
54      }
55      return score;
56    }
57
58    public void addCard(T card) {
59      cards.add(card);
60    }
61  }
```

上記のコードではジェネリクスを用いてDeckを実装していますが、Tの型はCardの派生クラスのみを扱うように制限しています。ゲームの内容がはっきりしていなければvalue()のようなメソッドは意味がないので、Cardを抽象クラスとして実装しています(どのみち実装されるのであれば、標準的なポーカーのルールをデフォルトとしておけばよいという意見もあるかもしれませんが、それでもよさそうですね)。

それでは今からブラックジャックを実装していくとして、得点の計算方法を知っておかなければなりません。2〜10は数字通りの点数で、J、Q、Kの絵札は10点、エースは11点(ただし合計が21点を超える場合は1点)と計算します。

```
1  public class BlackJackHand extends Hand<BlackJackCard> {
2    /* エースの点数が2種類あり、持ち手に対して
3     * 考えられる得点が複数あることになるので、
4     * 21点を超えない最大の得点を返すようにする */
```

```
5     public int score() {
6       ArrayList<Integer> scores = possibleScores();
7       int maxUnder = Integer.MIN_VALUE;
8       int minOver = Integer.MAX_VALUE;
9       for (int score : scores) {
10        if (score > 21 && score < minOver) {
11          minOver = score;
12        } else if (score <= 21 && score > maxUnder) {
13          maxUnder = score;
14        }
15      }
16      return maxUnder == Integer.MIN_VALUE ? minOver : maxUnder;
17    }
18
19    /* エースが1点の場合と11点の場合を評価して、
20     * 考え得るすべての得点のリストを返す */
21    private ArrayList<Integer> possibleScores() { ... }
22
23    public boolean busted() { return score() > 21; }
24    public boolean is21() { return score() == 21; }
25    public boolean isBlackJack() { ... }
26  }
27
28  public class BlackJackCard extends Card {
29    public BlackJackCard(int c, Suit s) { super(c, s); }
30    public int value() {
31      if (isAce()) return 1;
32      else if (faceValue >= 11 && faceValue <= 13) return 10;
33      else return faceValue;
34    }
35
36    public int minValue() {
37      if (isAce()) return 1;
38      else return value();
39    }
40
41    public int maxValue() {
42      if (isAce()) return 11;
43      else return value();
44    }
45
46    public boolean isAce() {
47      return faceValue == 1;
48    }
49
50    public boolean isFaceCard() {
51      return faceValue >= 11 && faceValue <= 13;
52    }
53  }
```

上記のコードの方法以外にも、BlackJackCardの派生クラスとしてAceクラスを作ってエースを扱うこともできます。実際に動かすことのできる完全版のコードは、ダウンロード(訳注: 入手先は米国のサイト、www.crackingthecodinginterview.comになります)することができます。

7.2 **コールセンター**：応答者、マネージャ、ディレクター、3段階のレベルの従業員がいるコールセンターをイメージしてください。まず問い合わせがきたら、手の空いている応答者につなぎます。応答者で対応できない場合はマネージャにつなぎます。マネージャが忙しい場合や対応しきれない場合はディレクターにつなぎます。このような状況についてクラスとデータ構造を設計してください。最初につなぐことのできる従業員に問い合わせを割り当てるメソッド`dispatchCall()`も実装してください。

p.147

解法

従業員のランクによって業務の内容がそれぞれ異なるので、業務内容は各ランクに固有のものです。それぞれのクラス内でこれらの内容を保持しておくべきでしょう。

住所・氏名・職業・年齢のように共通する項目が少し存在します。これらの内容は1つのクラスで記述しておいて、それを拡張したり継承するようにしておきます。

最後に、問い合わせ内容を適当な従業員につなぐ`CallHandler`クラスが1つなくてはいけません。

どんなオブジェクト指向設計の問題でも設計方法はたくさんあります。それぞれの答案に対するトレードオフについて面接官と議論しましょう。基本的には柔軟性と保守性のある、長期的に利用できるコードを書けるように設計すべきです。

では、各クラスの詳細を見ていきましょう。

`CallHandler`はプログラムの中心的な部分で、すべての問い合わせがここに集約されます。

```
1   public class CallHandler {
2     /* 3レベルの従業員： 応答者、マネージャ、ディレクター */
3     private final int LEVELS = 3;
4
5     /* 応答者10人、マネージャ 4人、ディレクター 2人で初期化 */
6     private final int NUM_RESPONDENTS = 10;
7     private final int NUM_MANAGERS = 4;
8     private final int NUM_DIRECTORS = 2;
9
10    /* レベルごとの従業員リスト
11     * employeeLevels[0] = 応答者
12     * employeeLevels[1] = マネージャ
13     * employeeLevels[2] = ディレクター
14     */
15    List<List<Employee>> employeeLevels;
16
17    /* 電話ランクごとのキュー */
18    List<List<Call>> callQueues;
19
20    public CallHandler() { ... }
21
22    /* 電話に対応できる従業員を得る */
23    public Employee getHandlerForCall(Call call) { ... }
24
25    /* 対応可能な従業員につなぐ。
```

```
26      * いなければキューに保持する */
27     public void dispatchCall(Caller caller) {
28       Call call = new Call(caller);
29       dispatchCall(call);
30     }
31
32     /* 対応可能な従業員につなぐ。
33      * いなければキューに保持する */
34     public void dispatchCall(Call call) {
35       /* ランクの小さい従業員からつなごうと試みる */
36       Employee emp = getHandlerForCall(call);
37       if (emp != null) {
38         emp.receiveCall(call);
39         call.setHandler(emp);
40       } else {
41         /* ランクに応じたキューに
42          * 問い合わせを追加する */
43         call.reply("担当者からの返信をお待ちください");
44         callQueues.get(call.getRank().getValue()).add(call);
45       }
46     }
47
48     /* 従業員の手が空いたら、待ち状態の問い合わせを探し割り当てる。
49      * 割り当てることができればtrueを、そうでなければfalseを返す */
50     public boolean assignCall(Employee emp) { ... }
51   }
```

`Call`クラスは顧客からの問い合わせを表しています。問い合わせは対応可能なランクの最小値を持ち、対応可能な従業員に割り当てられます。

```
1    public class Call {
2      /* 対応できる従業員の最低ランク */
3      private Rank rank;
4
5      /* 問い合わせをしている人 */
6      private Caller caller;
7
8      /* 対応している従業員 */
9      private Employee handler;
10
11     public Call(Caller c) {
12       rank = Rank.Responder;
13       caller = c;
14     }
15
16     /* 対応する従業員をセットする */
17     public void setHandler(Employee e) { handler = e; }
18
19     public void reply(String message) { ... }
20     public Rank getRank() { return rank; }
21     public void setRank(Rank r) { rank = r; }
22     public Rank incrementRank() { ... }
23     public void disconnect() { ... }
24     }
```

EmployeeクラスはDirector、Manager、Respondentクラスのスーパークラスです。Employee型のインスタンスを直接生成することはないので、抽象クラスとして実装しています。

```java
abstract class Employee {
  private Call currentCall = null;
3 protected Rank rank;

  public Employee(CallHandler handler) { ... }

  /* 会話を始める */
  public void receiveCall(Call call) { ... }

  /* 問題が解決したら対応を終了する */
  public void callCompleted() { ... }

  /* 問題が解決しない場合、
   * 新たな問い合わせとして上位の従業員に割り当てる */
  public void escalateAndReassign() { ... }

  /* 従業員の手が空いていれば、新たな問い合わせを割り当てる */
  public boolean assignNewCall() { ... }

  /* 従業員の手が空いているかどうかを返す */
  public boolean isFree() { return currentCall == null; }

  public Rank getRank() { return rank; }
}
```

Respondent、Director、ManagerクラスはEmployeeクラスを拡張したものです。

```java
class Director extends Employee {
  public Director() {
    rank = Rank.Director;
  }
}

class Manager extends Employee {
  public Manager() {
    rank = Rank.Manager;
  }
}

class Respondent extends Employee {
  public Respondent() {
    rank = Rank.Responder;
  }
}
```

ここまで紹介してきた設計はほんの一例で、他にも同じくらい良い設計があるでしょう。

試験中に大変な量のコードを書かなければならないように見えるかもしれませんが、実際その通りです。ただし、本書では必要以上に詳細にコードを書きました。実際の試験ではここまでする必要はありませんので、細かい部分はもっと簡単にして、制限時間内に収まるようにしてください。

7.3 **ジュークボックス**:オブジェクト指向でジュークボックスを設計してください。

p.147

解法

オブジェクト指向のどんな問題に対しても、まず設計上の制約を明確にするための質問をするところから始めましょう。このジュークボックスはCDを使うのか? レコードなのか? あるいはMP3なのか? コンピュータ上のシミュレーションなのか? 実物のジュークボックスのことなのか? 有料なのか無料なのか? 有料であれば通貨は何なのか? お釣りは出るのか? といった感じです。

残念ながら今は対話できる面接官がいませんので、いくつかの仮定を用いることにしておきます。今回は物理的なジュークボックスの装置を綿密にコンピュータ上でシミュレートしたもので、無料と仮定しておきます。

それではまず、基本的なシステムの構成を挙げていきましょう。

- ジュークボックス
- CD
- 曲
- アーティスト
- プレイリスト
- ディスプレイ(画面に詳細を表示するため)

では、もっと掘り下げて取り得る動作を考えてみましょう。

- プレイリストの生成(追加、削除、シャッフルを含む)
- CDの選択
- 曲の選択
- 再生待ちにへ曲を追加
- プレイリストから次の曲を得る

ユーザーの動作も挙げておきます。

- 追加
- 削除
- 信用情報

おおよそ、システムの構成要素がオブジェクトに、それぞれの動作がメソッドに置き換わります。では、設計の1つの例を概観してみましょう。

Jukeboxクラスはこの問題での中心部になります。システム内の各部分同士、あるいはシステムとユーザーの間にあるたくさんの相互作用はこのクラスを通じて処理されます。

```
1  public class Jukebox {
2    private CDPlayer cdPlayer;
3    private User user;
4    private Set<CD> cdCollection;
5    private SongSelector ts;
6
7    public Jukebox(CDPlayer cdPlayer, User user,
8                   Set<CD> cdCollection, SongSelector ts) { ... }
9
10   public Song getCurrentSong() { return ts.getCurrentSong(); }
11   public void setUser(User u) { this.user = u;}
12 }
```

実際のCDプレイヤーのように、CDPlayerクラスは一度に1枚だけCDを保持できるようにしています。再生していないCDはジュークボックスに保持されるようにしています。

```
1  public class CDPlayer {
2    private Playlist p;
3    private CD c;
4
5    /* コンストラクタ */
6    public CDPlayer(CD c, Playlist p) { ... }
7    public CDPlayer(Playlist p) { this.p = p; }
8    public CDPlayer(CD c) { this.c = c; }
9
10   /* 曲を再生する */
11   public void playSong(Song s) { ... }
12
13   /* getterとsetter */
14   public Playlist getPlaylist() { return p; }
15   public void setPlaylist(Playlist p) { this.p = p; }
16
17   public CD getCD() { return c; }
18   public void setCD(CD c) { this.c = c; }
19 }
```

Playlistクラスでは再生中の曲と次に再生される曲を管理しています。本質的にはキューのラッパークラスで、他に便利なメソッドを追加しています。

```
1  public class Playlist {
2    private Song song;
3    private Queue<Song> queue;
4    public Playlist(Song song, Queue<Song> queue) {
5      ...
6    }
7    public Song getNextSToPlay() {
8      return queue.peek();
9    }
10   public void queueUpSong(Song s) {
11     queue.add(s);
12   }
13 }
```

CDクラス、Songクラス、Userクラスはいたって簡単です。これらのクラスは主にメンバ変数と、それに対するgetter、setterで成り立っています。

```
public class CD { /* ID、アーティスト、曲などのデータ */ }

public class Song { /* ID、CD (nullであり得る)、タイトル、長さなどのデータ */ }8

public class User {
  private String name;
  public String getName() { return name; }
  public void setName(String name) { this.name = name; }
  public long getID() { return ID; }
  public void setID(long iD) { ID = iD; }
  private long ID;
  public User(String name, long iD) { ... }
  public User getUser() { return this; }
  public static User addUser(String name, long iD) { ... }
}
```

これだけが「正しい」実装というわけでは決してありません。最初の質問に対する応答や他の制約によってクラスの設計が変わってくるでしょう。

7.4 **駐車場**:オブジェクト指向で駐車場を設計してください。

p.148

解法

この問題の言い回しは実際の面接試験でもありそうな、あいまいなものです。対応している車両の種類や駐車場が複数の階層になっているかどうかなど、面接官と対話することが要求されます。

今回は以下の仮定をします。問題を少し複雑にするためにこの仮定を置きますが、あまり複雑になりすぎないようにしています。自分なりの仮定を加えるのもよいでしょう。

- 駐車場は複数の階層になっていて、各階の駐車スペースは複数列になっている。
- 駐車可能な車両はオートバイ、自動車、バスとする。
- 駐車スペースにはオートバイ、普通車両、大型車両用のサイズがある。
- オートバイはどのスペースにも駐車できる。
- 自動車は普通車両スペースと大型車両スペースのどちらにも駐車できる。
- バスは大型車両スペースにのみ駐車でき、1つの列上で5つ分の連続した大型車両スペースを使う。

以下の実装では抽象クラスのVehicleを作り、Car、Bus、Motorcycleクラスに派生させています。異なるサイズの駐車スペースを扱うために、ParkingSpotクラスにサイズを表すメンバ変数を持たせています。

```
public enum VehicleSize { Motorcycle, Compact, Large }

public abstract class Vehicle {
  protected ArrayList<ParkingSpot> parkingSpots = new ArrayList<ParkingSpot>();
  protected String licensePlate;
```

```
6     protected int spotsNeeded;
7     protected VehicleSize size;
8
9     public int getSpotsNeeded() { return spotsNeeded; }
10    public VehicleSize getSize() { return size; }
11
12    /* 引数に与えた駐車スペース（場合によってはそれ以外の場所も含む）に駐車する */
13    public void parkInSpot(ParkingSpot s) { parkingSpots.add(s); }
14
15    /* 駐車スペースから車を取り除き、空いたことを通知する */
16    public void clearSpots() { ... }
17
18    /* 駐車するために十分な大きさ（かつ利用可能）かチェックする。
19     * サイズだけを比較する。
20     * 駐車スペースの個数まではチェックしない */
21    public abstract boolean canFitInSpot(ParkingSpot spot);
22  }
23
24  public class Bus extends Vehicle {
25    public Bus() {
26      spotsNeeded = 5;
27      size = VehicleSize.Large;
28    }
29
30    /* スペースが大型車両用かチェックする。スペースの個数はチェックしない */
31    public boolean canFitInSpot(ParkingSpot spot) { ... }
32  }
33
34  public class Car extends Vehicle {
35    public Car() {
36      spotsNeeded = 1;
37      size = VehicleSize.Compact;
38    }
39
40    /* スペースが普通車両または大型車両用かをチェックする */
41    public boolean canFitInSpot(ParkingSpot spot) { ... }
42  }
43
44  public class Motorcycle extends Vehicle {
45    public Motorcycle() {
46      spotsNeeded = 1;
47      size = VehicleSize.Motorcycle;
48    }
49
50    public boolean canFitInSpot(ParkingSpot spot) { ... }
51  }
```

ParkingLotは本質的にLevelクラスの配列のラッパークラスです。この方法で実装すると、ParkingLotの幅広い動作から駐車スペースを探したり車を出したりするロジック部分をLevelクラスに切り離すことができます。こうしておかないと、駐車スペースの情報を保持するのに2次元配列の類(あるいは階数に駐車スペースのリストを対応させるハッシュマップ)が必要になります。それよりは、単純にLevelからParkingLotを分離してしまうほうがすっきりしますね。

```
1   public class ParkingLot {
2     private Level[] levels;
```

```
3     private final int NUM_LEVELS = 5;
4
5     public ParkingLot() { ... }
6
7     /* (場合によっては複数の) スペースに駐車する。
8      * できなければfalseを返す */
9     public boolean parkVehicle(Vehicle vehicle) { ... }
10  }
11
12  /* 駐車場ビルの階層を表す */
13  public class Level {
14    private int floor;
15    private ParkingSpot[] spots;
16    private int availableSpots = 0; // 空いているスペースの数
17    private static final int SPOTS_PER_ROW = 10;
18
19    public Level(int flr, int numberSpots) { ... }
20
21    public int availableSpots() { return availableSpots; }
22
23    /* vehicleが駐車できる場所を探す。なければfalseを返す */
24    public boolean parkVehicle(Vehicle vehicle) { ... }
25
26    /* spotNumberのスペースから
27     * vehicle.spotNeeded個のスペースにvehicle駐車する */
28    private boolean parkStartingAtSpot(int num, Vehicle v) { ... }
29
30    /* vehicleが駐車できる場所を探す。spotのインデックスを返す。
31     * なければ-1を返す */
32    private int findAvailableSpots(Vehicle vehicle) { ... }
33
34    /* 車がスペースから除かれたとき、
35     * availableSpotsをインクリメントする */
36    public void spotFreed() { availableSpots++; }
37  }
```

ParkingSpotクラスを駐車スペースの大きさを表す変数を持たせることで実装しています。ParkingSpotクラスからLargeSpot、CompactSpot、MotorcycleSpotの3クラスを派生させる実装方法もありますが、これはおそらくやりすぎでしょう。駐車スペースは大きさが違うだけで、それ以外の動作は何も変わらないからです。

```
1   public class ParkingSpot {
2     private Vehicle vehicle;
3     private VehicleSize spotSize;
4     private int row;
5     private int spotNumber;
6     private Level level;
7
8     public ParkingSpot(Level lvl, int r, int n, VehicleSize s) {...}
9
10    public boolean isAvailable() { return vehicle == null; }
11
12    /* スペースが十分大きいか、また利用可能か判定する */
13    public boolean canFitVehicle(Vehicle vehicle) { ... }
14
15    /* このスペースに駐車する */
```

```
16     public boolean park(Vehicle v) { ... }
17
18     public int getRow() { return row; }
19     public int getSpotNumber() { return spotNumber; }
20
21     /* スペースから乗り物を取り除き、
22      * levelに新しいスペースが利用可能になったことを通知する */
23     public void removeVehicle() { ... }
24   }
```

実際に動かすことのできる完全なコードはダウンロードしてご確認ください(訳注: 入手先は米国のサイト、www.crackingthecodinginterview.comとなります)。

7.5 オンライン ブックリーダー:オンライン図書システムのデータ構造を設計してください。

p.148

解法

この問題には機能面に関する記述があまりありませんので、以下のような機能を備えた基本的なオンライン図書システムを想定してみましょう。

- 会員の作成と追加
- 書籍のデータベース検索
- 書籍の閲覧
- 一度に1人のユーザーのみが利用できる
- 一度に閲覧できる書籍は1冊のみ

これらの操作を実装するには`get`、`set`、`update`等々、他に多くの機能が必要になります。必要なオブジェクトとして、`User`、`Book`、`Library`が考えられるでしょう。

`OnlineReaderSystem`クラスがプログラムの中心部分になっています。すべての書籍情報の保持、ユーザーの管理、画面の更新を行うようなクラスを実装すればよいのですが、1つのクラスに詰め込みすぎてしまいます。そこで`Library`、`UserManager`、`Display`クラスを作り、機能の一部を分離することにしました。

```
1   public class OnlineReaderSystem {
2     private Library library;
3     private UserManager userManager;
4     private Display display;
5
6     private Book activeBook;
7     private User activeUser;
8
9     public OnlineReaderSystem() {
10      userManager = new UserManager();
11      library = new Library();
12      display = new Display();
13    }
14
```

```
15    public Library getLibrary() { return library; }
16    public UserManager getUserManager() { return userManager; }
17    public Display getDisplay() { return display; }
18
19    public Book getActiveBook() { return activeBook; }
20    public void setActiveBook(Book book) {
21      activeBook = book;
22      display.displayBook(book);
23    }
24
25    public User getActiveUser() { return activeUser; }
26    public void setActiveUser(User user) {
27      activeUser = user;
28      display.displayUser(user);
29    }
30  }
```

次にユーザー管理、図書館、表示の機能を扱う別々のクラスを実装します。

```
1   public class Library {
2     private HashMap<Integer, Book> books;
3
4     public Book addBook(int id, String details) {
5       if (books.containsKey(id)) {
6         return null;
7       }
8       Book book = new Book(id, details);
9       books.put(id, book);
10      return book;
11    }
12
13    public boolean remove(Book b) { return remove(b.getID()); }
14    public boolean remove(int id) {
15      if (!books.containsKey(id)) {
16        return false;
17      }
18      books.remove(id);
19      return true;
20    }
21
22    public Book find(int id) {
23      return books.get(id);
24    }
25  }
26
27  public class UserManager {
28    private HashMap<Integer, User> users;
29
30    public User addUser(int id, String details, int accountType) {
31      if (users.containsKey(id)) {
32        return null;
33      }
34      User user = new User(id, details, accountType);
35      users.put(id, user);
36      return user;
```

```
37     }
38 
39    public User find(int id) { return users.get(id); }
40    public boolean remove(User u) { return remove(u.getID()); }
41 
42     public boolean remove(int id) {
43       if (!users.containsKey(id)) {
44         return false;
45       }
46       users.remove(id);
47       return true;
48     }
49 
50  }
51 
52  public class Display {
53    private Book activeBook;
54    private User activeUser;
55    private int pageNumber = 0;
56 
57    public void displayUser(User user) {
58      activeUser = user;
59      refreshUsername();
60    }
61 
62    public void displayBook(Book book) {
63      pageNumber = 0;
64      activeBook = book;
65 
66      refreshTitle();
67      refreshDetails();
68      refreshPage();
69    }
70 
71    public void turnPageForward() {
72      pageNumber++;
73      refreshPage();
74    }
75 
76    public void turnPageBackward() {
77      pageNumber--;
78      refreshPage();
79    }
80 
81    public void refreshUsername() { /* ユーザーネームの表示を更新する */ }
82    public void refreshTitle() { /* タイトル表示を更新する */ }
83    public void refreshDetails() { /* 詳細の表示を更新する */ }
84    public void refreshPage() { /* ページの表示を更新する */ }
85  }
```

User、Bookクラスはシンプルにデータを保持し、必要最小限の機能だけを持たせます。

```
1  public class Book {
2    private int bookId;
3    private String details;
4
5    public Book(int id, String det) {
6      bookId = id;
7      details = det;
8    }
9
10   public int getID() { return bookId; }
11   public void setID(int id) { bookId = id; }
12   public String getDetails() { return details; }
13   public void setDetails(String d) { details = d; }
14 }
15
16 public class User {
17   private int userId;
18   private String details;
19   private int accountType;
20
21   public void renewMembership() { }
22
23   public User(int id, String details, int accountType) {
24     userId = id;
25     this.details = details;
26     this.accountType = accountType;
27   }
28
29   /* getterとsetter */
30   public int getID() { return userId; }
31   public void setID(int id) { userId = id; }
32   public String getDetails() {
33     return details;
34   }
35
36   public void setDetails(String details) {
37     this.details = details;
38   }
39   public int getAccountType() { return accountType; }
40   public void setAccountType(int t) { accountType = t; }
41 }
```

ユーザー管理、図書館、表示の機能を`OnlineReaderSystem`クラスにそのまま持たせることもできましたが、それらをクラスに分割することにしたのはなかなか興味深いポイントです。非常に小さなシステムでは分割すると余計に複雑になってしまいます。しかし、システムが大きくなり`OnlineReaderSystem`クラスに機能がどんどん追加されていったときに、メインのクラスがどうしようもなく長いコードになるのを防ぐことができます。

7.6 **ジグソーパズル**:NxNのジグソーパズルを実装してください。データ構造を設計し、パズルを解くアルゴリズムを説明してください。2つのピースを引数として、それらがつながる場合にtrueを返す`fitsWith`メソッドを使うことができると仮定してもかまいません。

p.148

解法

昔ながらのジグソーパズルを作ります。パズルのピースは縦横に格子状に並んでいて、1つ1つが四角形になっています。四角形の各辺は凸状、凹状、平坦の3種類あります。たとえばパズルの角にくるピースは2つの辺が平坦で、残り2つは凸状か凹状になっています。

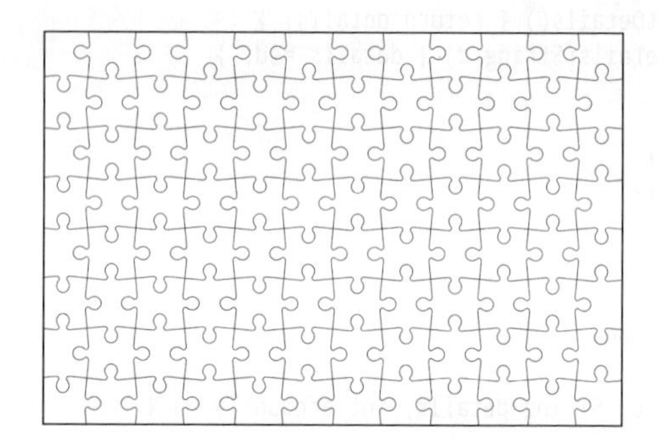

手動で遊ぶにしてもアルゴリズムによって自動で解くにしても、各ピースの位置情報を記録する必要があります。位置情報は絶対的なものと相対的なものが考えられます。

- 絶対的な位置情報：「このピースは(12, 23)の位置にある」
- 相対的な位置情報：「どこのピースかはわからないけれども、どのピースとつながっているかはわかる」

解答には絶対的な位置情報を使います。

また、パズル全体を表す`Puzzle`クラス、ピースを表す`Piece`クラス、ピースの凹凸を表す`Edge`クラスが必要になります。さらに凹凸の状態を表す`enum`(凹:`inner`、凸:`outer`、平坦:`flat`)と、方向を表す`enum`(左:`left`、上:`top`、右:`right`、下:`bottom`)もあった方がよいでしょう。

パズルはピースのリストからスタートします。パズルを解けたときはN×Nのピースの解行列を満たしているということになります。`Piece`クラスは方向を凹凸状態に結び付けるハッシュテーブルを持つようにします。注意しておきたいのは、ある点のピースを回転させると、ハッシュテーブルを変更する必要がある点です。最初は凹凸の向きを任意に割り当てておきます。

`Edge`クラスは凹凸状態と親ピースへのポインタを持っています。方向情報は持っていません。

オブジェクト指向設計の下地は以下のようになります。

```
1  public enum Orientation {
2    LEFT, TOP, RIGHT, BOTTOM; // この順序のままで
3
```

```
4     public Orientation getOpposite() {
5       switch (this) {
6         case LEFT: return RIGHT;
7         case RIGHT: return LEFT;
8         case TOP: return BOTTOM;
9         case BOTTOM: return TOP;
10        default: return null;
11      }
12    }
13  }
14
15  public enum Shape {
16    INNER, OUTER, FLAT;
17
18    public Shape getOpposite() {
19      switch (this) {
20        case INNER: return OUTER;
21        case OUTER: return INNER;
22        default: return null;
23      }
24    }
25  }
26
27  public class Puzzle {
28    private LinkedList<Piece> pieces; /* まだ繋いでいないピース */
29    private Piece[][] solution;
30    private int size;
31
32    public Puzzle(int size, LinkedList<Piece> pieces) { ... }
33
34
35    /* ピースを適切に当てはめたらリストから取り除く */
36    private void setEdgeInSolution(LinkedList<Piece> pieces, Edge edge, int row,
37                                   int column, Orientation orientation) {
38      Piece piece = edge.getParentPiece();
39      piece.setEdgeAsOrientation(edge, orientation);
40      pieces.remove(piece);
41      solution[row][column] = piece;
42    }
43
44    /* piecesToSearchの中から当てはまるピースを見つけ、row, columnで表される場所にピースを置く */
45    private boolean fitNextEdge(LinkedList<Piece> piecesToSearch, int row, int col);
46
47    /* パズルを解く */
48    public boolean solve() { ... }
49  }
50
51  public class Piece {
52    private HashMap<Orientation, Edge> edges = new HashMap<Orientation, Edge>();
53
54    public Piece(Edge[] edgeList) { ... }
55
56    /* numberRotationsの回数だけ凹凸部を回転させる */
57    public void rotateEdgesBy(int numberRotations) { ... }
58
59    public boolean isCorner() { ... }
```

```
60    public boolean isBorder() { ... }
61  }
62
63  public class Edge {
64    private Shape shape;
65    private Piece parentPiece;
66    public Edge(Shape shape) { ... }
67    public boolean fitsWith(Edge edge) { ... }
68  }
```

パズルを解くアルゴリズム

ちょうど子供がパズルを解くように、まずは角のピース、橋のピース、中のピースにグループ分けします。

それが済んだら、角のピースを一つ適当に選んで左上に置きます。そこから順番にピースを繋いでパズルを組み立てていきます。各地点で、適切なピースのグループから当てはまるピースを探すようにします。パズルにピースを追加するときは、そのピースを適切に回転させる必要があります。

以下のコードはこのアルゴリズムの概要を表しています。

```
1   /* pieceToSearchの中から形に合うピースを探し、row, columnの場所に置く */
2   boolean fitNextEdge(LinkedList<Piece> piecesToSearch, int row, int column) {
3     if (row == 0 && column == 0) { // 左上の場合は単純に置くだけ
4       Piece p = piecesToSearch.remove();
5       orientTopLeftCorner(p);
6       solution[0][0] = p;
7     } else {
8       /* 右か下の凹凸情報と向き情報を得る */
9       Piece pieceToMatch = column == 0 ? solution[row - 1][0] :
10                                         solution[row][column - 1];
11      Orientation orientationToMatch = column == 0 ? Orientation.BOTTOM :
12                                                     Orientation.RIGHT;
13      Edge edgeToMatch = pieceToMatch.getEdgeWithOrientation(orientationToMatch);
14
15      /* 対応する凹凸部を得る */
16      Edge edge = getMatchingEdge(edgeToMatch, piecesToSearch);
17      if (edge == null) return false; // 解けない
18
19      /* ピースと凹凸情報を挿入する */
20      Orientation orientation = orientationToMatch.getOpposite();
21      setEdgeInSolution(piecesToSearch, edge, row, column, orientation);
22    }
23    return true;
24  }
25
26  boolean solve() {
27    /* ピースのグループ */
28    LinkedList<Piece> cornerPieces = new LinkedList<Piece>();
29    LinkedList<Piece> borderPieces = new LinkedList<Piece>();
30    LinkedList<Piece> insidePieces = new LinkedList<Piece>();
31    groupPieces(cornerPieces, borderPieces, insidePieces);
32
33    /* 1つ前のピースに繋ぐことのできるピースを探しながらパズルを完成させていく */
34    solution = new Piece[size][size];
```

```
35    for (int row = 0; row < size; row++) {
36      for (int column = 0; column < size; column++) {
37        LinkedList<Piece> piecesToSearch = getPieceListToSearch(cornerPieces,
38          borderPieces, insidePieces, row, column);
39        if (!fitNextEdge(piecesToSearch, row, column)) {
40          return false;
41        }
42      }
43    }
44
45    return true;
46  }
```

完全なコードはダウンロードできる付属コードの中にあります。

7.7 **チャットサーバー**：チャットサーバーをどのように設計するか説明してください。特にバックエンドの部分、クラスやメソッドの詳細を説明してください。また、設計時に最も難しいと思われる問題も挙げてください。

p.148

解法

チャットサーバーを設計するのはかなり大きなプロジェクトですから、完全なものを作るのは面接試験の範疇を大きく超えています。大勢のチームが数ヶ月あるいは数年かけてチャットサーバーを作っていくのですから。面接試験においては、適度に広範で試験時間内に十分まとめられる程度のことをしなければなりません。実用レベルに達する必要は必ずしもありませんが、それなりに正しい実装でなければなりません。

そのため、ユーザー管理と対話に関する中心的な機能、つまりユーザーの追加、チャットの生成、ユーザーステータスの更新などに集中していくことにしましょう。時間とスペースの関係上、ネットワークに関する点や、クライアントへデータ送信のようなことまでは踏み込まないようにしておきます。

また、いわゆる「お友達登録」は相互的に行うものと仮定し、グループ間のチャットと1対1のチャットのいずれもサポートするようにします。ボイスチャット、ビデオチャット、ファイルの送受信は考えないことにしましょう。

具体的にサポートすべき機能は何か？

これは面接官と議論するところですが、ここではいくつかのアイデアを挙げておきます。

- オンライン、オフラインの通知
- リクエストの追加（送信、承認、拒否）
- 状態メッセージの更新
- プライベート、グループチャットの生成
- チャットへのメッセージ追加

これはほんの一部分です。時間に余裕があればこれら以外にもどんどん挙げてみてください。

これらの要求仕様について何がわかるのか？

システムはユーザー、リクエストステータスの追加、オンラインステータス、メッセージの概念を持たなければならないということです。

システムの中心的な構成要素は何か?

データベース、クライアント、サーバーで構成されていると考えられます。これらの構成はこの後の設計には含みませんが、システムの全容について議論することはできます。

データベースはユーザーリストやチャットアーカイブのような恒久的なデータ保存に使用されます。SQLは良い選択肢ですが、スケーラビリティが必要であれば、BigTableやそれに類するシステムを利用するという選択も考えられます。

クライアントとサーバー間の通信にはXMLを用いるのがよいでしょう。データの圧縮形式としてはベストではありません(面接時にはこのことを指摘しておくべきです)が、コンピュータにとっても人間にとっても読みやすいので便利です。XMLを使うことでデバッグはかなり楽になるでしょう。

サーバーは複数のマシンで構成されます。データはマシン全体で分割され、複数のマシンをまたいでアクセスすることになります。可能であればデータの検索を抑えるために複数のマシンでデータを複製します。設計上の大きな制約になるのは、単一障害点を持たないようにするということです。

たとえば、1台のマシンですべてのユーザーのサインインを制御していたとすると、そのマシンのネットワークが接続できなくなってしまったときに、何百万ものユーザーを閉め出すことになってしまいます。

中心となるオブジェクトとメソッドは?

システムの中心的なオブジェクトはユーザー、会話、状態メッセージの概念になります。以下にUserManagerクラスを実装しました。ネットワーク面や他の機能に着目していれば、もう少し練る必要があります。

```
1   /* UserManagerはユーザーの動作に対する中心的な役割を果たす */
2   public class UserManager {
3     private static UserManager instance;
4     /* ユーザーIDからユーザーへのマップ */
5     private HashMap<Integer, User> usersById;
6
7     /* アカウント名からユーザーへのマップ */
8     private HashMap<String, User> usersByAccountName;
9
10    /* ユーザーIDからオンラインユーザーへのマップ */
11    private HashMap<Integer, User> onlineUsers;
12
13    public static UserManager getInstance() {
14      if (instance == null) instance = new UserManager();
15      return instance;
16    }
17
18    public void addUser(User fromUser, String toAccountName) { ... }
19    public void approveAddRequest(AddRequest req) { ... }
20    public void rejectAddRequest(AddRequest req) { ... }
21    public void userSignedOn(String accountName) { ... }
22    public void userSignedOff(String accountName) { ... }
23  }
```

Userクラス内のreceivedAddRequestは、ユーザーAがユーザーBを追加するリクエストをユーザーBに通知するメソッドです。ユーザーBは(UserManagerクラスのapproveAddRequest、rejectAddRequestメソッドを通じて)リクエストの承認や拒否を行います。承認する場合はお互いのユーザーのコンタクトリストに追加します。

Userクラスの sentAddRequestメソッドはUserManagerクラスから呼ばれ、ユーザーAのリクエストリストにAddRequestを加えます。流れとしては以下のようになります。

1. ユーザーAが「ユーザーを追加」をクリックし、リクエストがサーバーに送られる
2. ユーザーAはrequestAddUser(ユーザーB)を呼び出す
3. このメソッドはUserManager.addUserを呼び出す
4. UserManagerではUser A.sentAddRequestとUser B.receivedAddRequestを呼び出す

繰り返しますが、これらの相互作用に関する設計はほんの一例で、唯一の方法ではありませんし、ベストの方法とも限りません。


```
1  public class User {
2    private int id;
3    private UserStatus status = null;
4
5    /* 他の参加者のIDからチャットへのマップ */
6    private HashMap<Integer, PrivateChat> privateChats;
7
8    /* グループチャットのリスト */
9    private ArrayList<GroupChat> groupChats;
10
11   /* 他の人のIDからAddRequestへのマップ */
12   private HashMap<Integer, AddRequest> receivedAddRequests;
13
14   /* 他の人のユーザー IDからAddRequestへのマップ */
15   private HashMap<Integer, AddRequest> sentAddRequests;
16
17   /* ユーザー IDからユーザーへのマップ */
18   private HashMap<Integer, User> contacts;
19
20   private String accountName;
21   private String fullName;
22
23   public User(int id, String accountName, String fullName) { ... }
24   public boolean sendMessageToUser(User to, String content){ ... }
25   public boolean sendMessageToGroupChat(int id, String cnt){...}
26   public void setStatus(UserStatus status) { ... }
27   public UserStatus getStatus() { ... }
28   public boolean addContact(User user) { ... }
29   public void receivedAddRequest(AddRequest req) { ... }
30   public void sentAddRequest(AddRequest req) { ... }
31   public void removeAddRequest(AddRequest req) { ... }
32   public void requestAddUser(String accountName) { ... }
33   public void addConversation(PrivateChat conversation) { ... }
34   public void addConversation(GroupChat conversation) { ... }
35   public int getId() { ... }
36   public String getAccountName() { ... }
37   public String getFullName() { ... }
38 }
```

ConversationクラスはGroupChatかPrivateChatのいずれかであり、それぞれ独自の機能を持っているからです。

```
1   public abstract class Conversation {
2     protected ArrayList<User> participants;
3     protected int id;
4     protected ArrayList<Message> messages;
5
6     public ArrayList<Message> getMessages() { ... }
7     public boolean addMessage(Message m) { ... }
8     public int getId() { ... }
9   }
10
11  public class GroupChat extends Conversation {
12    public void removeParticipant(User user) { ... }
13    public void addParticipant(User user) { ... }
14  }
15
16  public class PrivateChat extends Conversation {
17    public PrivateChat(User user1, User user2) { ...
18    public User getOtherParticipant(User primary) { ... }
19  }
20
21  public class Message {
22    private String content;
23    private Date date;
24    public Message(String content, Date date) { ... }
25    public String getContent() { ... }
26    public Date getDate() { ... }
27  }
```

AddRequestとUserStatusはちょっとした機能を持つシンプルなクラスです。主な目的は他のクラスが使用するデータをグループ化することです。

```
1   public class AddRequest {
2     private User fromUser;
3     private User toUser;
4     private Date date;
5     RequestStatus status;
6
7     public AddRequest(User from, User to, Date date) { ... }
8     public RequestStatus getStatus() { ... }
9     public User getFromUser() { ... }
10    public User getToUser() { ... }
11    public Date getDate() { ... }
12  }
13
14  public class UserStatus {
15    private String message;
16    private UserStatusType type;
17    public UserStatus(UserStatusType type, String message) { ... }
18    public UserStatusType getStatusType() { ... }
19    public String getMessage() { ... }
20  }
21
22  public enum UserStatusType {
23    Offline, Away, Idle, Available, Busy
```

```
24 }
25 
26 public enum RequestStatus {
27   Unread, Read, Accepted, Rejected
28 }
```

ここで紹介したメソッドの詳細と実装したコードは、ダウンロードすることができます(訳注: 入手先は米国のサイト、www.crackingthecodinginterview.comとなります)。

どこが難しいのか(あるいは面白いのか)

以下の問いは面接官との議論をより面白くする材料になるでしょう。

Q1: 誰かがオンラインかどうかは、どうすればわかりますか? というか、本当にわかるのですか?

ユーザーがサインオフするときにちゃんと通知してほしいのですが、確実にそれができるのかというとそうもいきません。たとえばきちんとサインオフしたのではなく、通信のトラブルで強制的に遮断されたような場合です。接続状態を確実に把握するにはクライアントとの交信ができるかを定期的にチェックしておかなければなりません。

Q2: 情報が矛盾してしまったときの対処方法は?

いくつかの情報がコンピュータのメモリ上とデータベース上に記録されています。このとき、同期がとれなくなったらどうなるでしょうか? どちらの情報が「正しい」のでしょう?

Q3: サーバーの規模はどれくらいにしますか?

チャットサーバーを設計するのに、あまりスケーラビリティのことを考えませんでしたが、運用面ではかなり重要な問題です。サーバーが増えると、データを分割して扱わなければならなくなります。そうなれば、データの同期がうまくいかなくなる心配が増えるでしょう。

Q4: DoS攻撃はどうやって防ぎますか?

クライアントから大量のデータを送られてきたら、いわゆるDoS(denial of service)攻撃を受けたら、どのように対処すればよいのでしょうか?

7.8 オセロ:オセロは次のようなルールでプレイします。1つ1つの石は片面が白、反対の面が黒になっています。石の左右あるいは上下を挟まれると、石の裏表、つまり白と黒を反転させます。プレイヤーは自分の番がきたときには必ず相手の石を挟まなければなりません。どちらのプレイヤーも石を置くことができなくなればゲームが終了します。このとき、自分の色が多かったプレーヤーの勝ちとします。このようなオセロのゲームをオブジェクト指向で実装してください。

p.148

解法

まずは簡単な例から始めましょう。オセロのゲームで以下のように進めていったとします。

1. オセロ板の中央に白と黒の石を2つずつ置いて初期状態にします。黒が左上と右下になるように置いておきます。
2. 黒の石を上から6、左から4の位置に置き、間にある白い石(上から5、左から4)を裏返し黒にします。
3. 白の石を上から4、左から3の位置に置き、間にある黒い石(上から4、左から4)を裏返し白にします。

この操作を終えると、オセロ板は次のようになります。

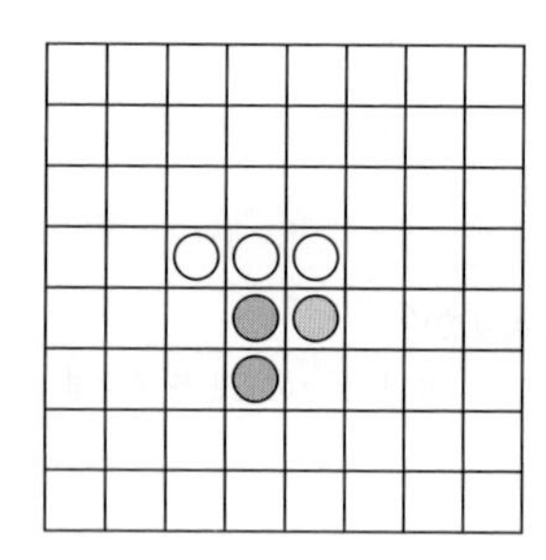

中心的なオブジェクトはおそらくゲーム、オセロ板、石(黒と白)、プレイヤーになるでしょう。これらをオブジェクト指向設計で的確に表現するにはどのようにすればよいでしょうか?

黒と白の石は別のクラスにすべきか?

まず最初に石の抽象クラスから派生した、黒い石と白い石のクラスがほしいと考えたくなるかもしれません。しかし、それはおそらく良い考えではありません。どの石も裏表の回転を頻繁に行いますから、本質的に同じオブジェクトを何度も消したり作ったりするというのは賢明ではなさそうです。単なる石のクラス(`Piece`)を作って、現在の色を表すフラグを持たせるだけでよいでしょう。

ゲームのクラスと別にオセロ板のクラスを作る必要があるか?

厳密に言えば、ゲームのクラス(`Game`)とオセロ板のクラス(`Board`)の両方を持つ必要はないでしょう。2つのオブジェクトを分離していれば、`Board`クラスのロジック(石の配置など)と`Game`クラスのロジック(経過ターン数やゲームの流れなど)を分離することができます。しかし、これにはプログラムに追加のレイヤーが加わってしまうという欠点があります。`Board`のメソッドを呼びたいだけであっても、`Game`のメソッドを呼び出す必要が出てくるでしょう。今回の解法では`Game`クラスと`Board`クラスは別にしていますが、これについては面接官と議論しておきましょう。

スコアはどのクラスで保持するのか?

黒と白それぞれの石の数を何らかの形で記録しておくべきなのは間違いありません。どのクラスでこのようなスコア情報を保持しておくべきでしょうか? `Game`クラスか`Board`クラスに保持する、あるいは`Piece`クラスに静的メソッドを使って保持するなど議論の余地はたくさんありますが、論理的にはオセロ板クラスに属する情報だと考えられるので、今回はBoardクラスでスコア情報を扱う実装にしました。PieceクラスやBoardクラスからcolorChangedとcolorAddedというメソッドを呼び出してスコア情報を更新するようにしています。

Gameクラスはシングルトンパターンで実装すべきか？

シングルトンパターンを用いてGameクラスを実装すれば、わざわざGameオブジェクトへの参照を渡さなくても、Gameクラスのメソッドをどこからでも簡単に呼び出すことができる利点があります。

しかし、シングルトンパターンで実装すると、Gameクラスのインスタンスを一度しか生成できなくなりますが、そのように仮定してもよいでしょうか？ この点は面接官と議論すべきでしょう。設計の一例は以下の通りです。

```
1  public enum Direction {
2    left, right, up, down
3  }
4
5  public enum Color {
6    White, Black
7  }
8
9  public class Game {
10   private Player[] players;
11   private static Game instance;
12   private Board board;
13   private final int ROWS = 10;
14   private final int COLUMNS = 10;
15
16   private Game() {
17     board = new Board(ROWS, COLUMNS);
18     players = new Player[2];
19     players[0] = new Player(Color.Black);
20     players[1] = new Player(Color.White);
21   }
22
23   public static Game getInstance() {
24     if (instance == null) instance = new Game();
25     return instance;
26   }
27
28   public Board getBoard() {
29     return board;
30   }
31 }
```

Boardクラスは石そのものの管理をします。ゲームのプレイ自体は扱わずに、Gameクラスに処理を任せています。

```
1  public class Board {
2    private int blackCount = 0;
3    private int whiteCount = 0;
4    private Piece[][] board;
5
6    public Board(int rows, int columns) {
7      board = new Piece[rows][columns];
8    }
9
```

X 解法

```
10    public void initialize() {
11      /* 中心に黒と白の石を配置して初期化する */
12    }
13
14    /* color色の石を(row, column)に置こうとする。
15     * 石が置けたらtrueを返す */
16    public boolean placeColor(int row, int column, Color color) {
17      ...
18    }
19
20    /* (row, column)の石から初めて、
21     * dの方向に反転を行う */
22    private int flipSection(int row, int column, Color color, Direction d) { ... }
23
24    public int getScoreForColor(Color c) {
25      if (c == Color.Black) return blackCount;
26      else return whiteCount;
27    }
28
29    /* newColorの色の石をnewPieces個増えたとしてスコアを更新する。
30     * 反対の色のスコアを減らす */
31    public void updateScore(Color newColor, int newPieces) { ... }
32  }
```

前述の通り、石は単純に黒と白の値をとるColor型の変数を持たせたPieceクラスで実装しています。

```
1   public class Piece {
2     private Color color;
3     public Piece(Color c) { color = c; }
4
5     public void flip() {
6       if (color == Color.Black) color = Color.White;
7       else color = Color.Black;
8     }
9
10    public Color getColor() { return color; }
11  }
```

プレイヤーを扱うクラスPlayerにはごく限られた情報だけを持たせています。得点情報すら持っていませんが、得点を得るメソッドはあります。Player.getScore()メソッドはGameオブジェクトから得点情報を得るようにしています。

```
1   public class Player {
2     private Color color;
3     public Player(Color c) { color = c; }
4
5     public int getScore() { ... }
6
7     public boolean playPiece(int r, int c) {
8       return Game.getInstance().getBoard().placeColor(r, c, color);
9     }
10
11    public Color getColor() { return color; }
12  }
```

完全な(実際に動かせる)バージョンは、ダウンロード版に含まれています(訳注: 入手先は米国のサイト、www.crackingthecodinginterview.comとなります)。

多くの問題において忘れないでほしいのは、「何をしたか」よりも「なぜそうしたか」のほうが重要だということです。面接試験において、Gameクラスをシングルトンで実装したかどうかはおそらく問題にされないでしょう。しかし、その判断にいたるまでの考えや損得評価に関する議論はしっかり見られているはずです。

7.9 **環状の配列**:効率的に回転可能な配列のようなデータ構造を持つCircularArrayクラスを実装してください。可能であればジェネリック型(テンプレートとも呼ばれます)を用いて、for(Obj o : circularArray)という書式で使えるイテレーションもサポートしてください。

p.148

解法

この問題の解法は2つのパートに分かれます。1つ目は`CircularArray`クラスの実装、2つ目はイテレーションの実装です。これらを別々に見ていきましょう。

CircularArrayクラスの実装

`CircularArray`クラスを実装する方法の1つは、`rotate(int shiftRight)`を呼び出す度に実際に要素をシフトするというものです。もちろんこのようにするのはあまり効率的ではありません。

シフト操作は行わず、循環する配列のスタート地点を示すような**head**というメンバ変数を作るだけで済みます。配列内の要素をシフトしなくても、**head**の値を増やすことでシフト操作を行ったように見せることができるのです。

次のコードはこの考え方を実装したものです。

```
1   public class CircularArray<T> {
2     private T[] items;
3     private int head = 0;
4 
5     public CircularArray(int size) {
6       items = (T[]) new Object[size];
7     }
8 
9     private int convert(int index) {
10      if (index < 0) {
11        index += items.length;
12      }
13      return (head + index) % items.length;
14    }
15
16    public void rotate(int shiftRight) {
17      head = convert(shiftRight);
18    }
19
20    public T get(int i) {
21      if (i < 0 || i >= items.length) {
```

```
22          throw new java.lang.IndexOutOfBoundsException("...");
23        }
24        return items[convert(i)];
25      }
26
27      public void set(int i, T item) {
28        items[convert(i)] = item;
29      }
30    }
```

次のような点でミスしやすいので注意しましょう。

- Javaの場合はジェネリック型の配列を作ることができません。配列をキャストするか、項目をList<T>型で定義しましょう。単純にするため解説では前者を用いました。
- %演算子を用いると、負の値 % 正の値が負の値を返します。たとえば-8 % 2 は -2になり、これは定義の仕方によって変わってしまいます。ですので、正しい結果を得るために負のインデックスには配列のサイズ(items.length)を加えておきましょう。
- 実際のインデックスを回転インデックスに確実に変換する必要があります。そのため、変換関数(convert)は他のメソッドから呼ばれるように実装し、さらに回転関数(rotate)がconvertを使うようにしています。これはコードの再利用の良い例です。

CircularArrayクラスの基本コードができましたので、今度はイテレータの実装に移りましょう。

イテレータ・インターフェイスの実装

問題の2つ目の部分では、次のようなことができるようにCircularArrayクラスを実装しなければなりません。

```
1. CircularArray<String> array = ...
2. for (String s : array) { ... }
```

イテレータの実装には、イテレータのインターフェイスの実装が必要です。細かい実装はJavaで行いますが、ほかの言語でもよく似た方法で実装することができます。

イテレータのインターフェイスを実装するには、次のことをする必要があります：

- Iterator<T>を追加するためCircularArray<T>の定義を変更する。CircularArray<T>にiterator()というメソッドを追加する必要もある。
- Iterator<T>を実装したCircularArrayIterator<T>も作成する。CircularArrayIteratorにはhasNext(), next(), remove()というメソッドも実装する必要がある。

上記が済んだら、forループは魔法のような簡単さで使えることになるでしょう。

以下のコードでは、先に実装したCircularArrayの内容は取り除いてあります。

```
1  public class CircularArray<T> implements Iterable<T> {
2    ...
3    public Iterator<T> iterator() {
4      return new CircularArrayIterator();
5    }
6
7    private class CircularArrayIterator implements Iterator<T> {
8      private int _current = -1;
9
10     public CircularArrayIterator() { }
11
12     @Override
13     public boolean hasNext() {
14       return _current < items.length - 1;
15     }
16
17     @Override
18     public T next() {
19       _current++;
20       return (T) items[convert(_current)];
21     }
22
23     @Override
24     public void remove() {
25       throw new UnsupportedOperationException("Remove is not supported");
26     }
27   }
28 }
```


上記のコードでは、forループの最初のイテレーションでhasNext()を呼び、次にnext()を呼んでいるところに注意してください。ここで正しい値を返しているか、実装内容をしっかり確かめておいてください。

面接でこのような問題に出会ったら、さまざまなメソッドやインターフェイスが呼ばれることを正確に記憶に留めない、良い機会です。この場合は全力で問題に取り組んでください。どんな種類のメソッドが必要なのかをよく考えることができれば、それだけでも高い能力を持っていることを示すことになるでしょう。

7.10 **マインスイーパ**: テキストベースでマインスイーパのゲームをデザイン・実装してください。マインスイーパは1人で遊ぶ古典的なコンピュータゲームで、N×Nの盤面の中にB個の地雷(もしくは爆弾)が隠されています。ほかのマス目は空白になっているか、裏に数字が書かれています。数字は周囲の8マスに隠された爆弾の数を表しています。プレイヤーはマス目を開けていきます。もしそこが爆弾であればプレイヤーの負けです。数字が隠されていれば、それが見られるようになります。空白のマス目の場合はそのマス目と隣接するすべての空白になっているマス目(数値のマス目が現れるまで)が開かれた状態になります。爆弾が隠されていないマス目をすべて開けることができれば、プレイヤーの勝ちとなります。また、プレイヤーは間違いなく爆弾が隠されているとわかる場所に目印を付けることができます。これはゲームの進行に影響するものではなく、うっかり爆弾があるところを開けてしまわないようにするためです。(読者の方へ:このゲームに馴染みのない方は、まず遊んでみてください)

3つ爆弾のある盤面が完全に開かれた状態。
プレイヤーはこのように見ることができない。

	1	1	1			
	1	*	1			
	2	2	2			
	1	*	1			
	1	1	1			
			1	1	1	
			1	*	1	

プレイヤーは最初
全く開いていない盤面を見る。

?	?	?	?	?	?	?
?	?	?	?	?	?	?
?	?	?	?	?	?	?
?	?	?	?	?	?	?
?	?	?	?	?	?	?
?	?	?	?	?	?	?
?	?	?	?	?	?	?

セル(行=1, 列=0)をクリックすると、
このように開く。

	1	?	?	?	?	?
	1	?	?	?	?	?
	2	?	?	?	?	?
	1	?	?	?	?	?
	1	1	1	?	?	?
			1	?	?	?
			1	?	?	?

爆弾以外のところをすべて開く
ことができればプレイヤーの勝ち。

	1	1	1			
	1	?	1			
	2	2	2			
	1	?	1			
	1	1	1			
			1	1	1	
			1	?	1	

p.149

解法

ゲーム全体を書けばよいのでしょうか?テキストベースでもよいでしょうか? 割り当てられた面接時間より大幅に時間がかかってしまいそうです。これは問題としてよくないということを意味しているわけではありません。面接官が期待しているのは、面接の時間内にすべてのコードを書き上げることではないということを意味しているのです。これは一番重要な考えあるいはデータ構造に注目する必要があるという意味でもあります。

では、どんなクラスを用意するかというところから始めてみましょう。盤面を表す`Board`クラスと各セル(マス)を表す`Cell`クラスは間違いなく必要でしょう。おそらくゲームを管理するための`Game`クラスも必要になるでしょう。

> Boardクラスと Gameクラスは本来まとめることができると思いますが、分けておくのがおそらくベストになります。あまりまとめ過ぎないようにしておいてください。Boardクラスは Cellオブジェクトのリストを保持し、セルの反転による基本的な動作を行います。Gameクラスはゲームの状態やプレイヤーの入力を扱います。

設計:Cellクラス

Cellクラスでは、爆弾、数字、空白のいずれの状態であるかの情報が必要です。派生クラスを作ることも可能ですが、あまりメリットはなさそうです。

セルの種類を記述するのにenum型の{BOMB, NUMBER, BLANK}を用いることもできましたが、空白部分は数字が0の部分ということですので、この方法を選びませんでした。そのセルが爆弾であるかを表すフラグとしてisBombという変数を用意するだけで十分です。

ここで選択が異なっていても問題ありません。唯一の良い選択というのはありませんし、自分の選択とそのトレードオフについて面接官に説明してください。

そのセルが開いているかどうかの状態を保持する必要もあります。CellクラスからExposedCellやUnexposedCellのような派生クラスを作るようなことはおそらくしたくないでしょう。Boardクラスはセルへの参照を保持し、セルの状態が変わったときに参照を変更しなければならなくなるため、派生クラスを作るのは良くない考え方です。そのあと他のオブジェクトがCellクラスのインスタンスを参照したら、どうなってしまうでしょう?

ここでは、isExposedというブーリアン型のフラグを持たせておくのがよいでしょう。同じように、そこが爆弾かもしれないという目印をつけるためのisGuessフラグも用意しておきましょう。

```
1   public class Cell {
2     private int row;
3     private int column;
4     private boolean isBomb;
5     private int number;
6     private boolean isExposed = false;
7     private boolean isGuess = false;
8
9     public Cell(int r, int c) { ... }
10
11    /* 上記の変数に対するgetterとsetter */
12    ...
13
14    public boolean flip() {
15      isExposed = true;
16      return !isBomb;
17    }
18
19    public boolean toggleGuess() {
20      if (!isExposed) {
21        isGuess = !isGuess;
22      }
23      return isGuess;
24    }
25
26    /* 完全なコードはダウンロードできる解答コードの中から探してください。 */
27  }
```

X 解法

設計:Boardクラス

BoardクラスはCellオブジェクトの配列を持っている必要があります。2次元配列が良いでしょう。

開いていないセルがいくつあるかの状態も保持しておきたいところですが、ゲームの進行状況を記録していれば継続的にカウントする必要はないでしょう。

Boardクラスでも基本アルゴリズムのいくつかを扱います。

- 盤面の初期化と爆弾の配置
- セルを開く
- 空白区間を開く

BoardクラスではGameオブジェクトからゲームの操作情報を受け取り、それを実行します。実行後は、{爆弾をクリックして負け、範囲外をクリック、すでに開いている部分をクリック、空白部分をクリックしてゲーム継続、空白部分をクリックして勝ち、数字部分をクリックして勝ち}などの結果を返すことが必要になります。2種類の情報:成功(操作が無事に行われたかどうか)とゲームの状態(勝ち、負け、継続)を返す必要があります。これらのデータを返すために、追加でGamePlayResultクラスを使うようにします。

プレイヤーの操作を記録していくために、GamePlayクラスも用意しましょう。行と列、実際にセルを開くか爆弾かもしれないセルに目印をつけるだけなのかを示すフラグを使う必要があります。

このクラスの基本的な骨組みはこのような形になります:

```
1   public class Board {
2     private int nRows;
3     private int nColumns;
4     private int nBombs = 0;
5     private Cell[][] cells;
6     private Cell[] bombs;
7     private int numUnexposedRemaining;
8
9     public Board(int r, int c, int b) { ... }
10
11    private void initializeBoard() { ... }
12    private boolean flipCell(Cell cell) { ... }
13    public void expandBlank(Cell cell) { ... }
14    public UserPlayResult playFlip(UserPlay play) { ... }
15    public int getNumRemaining() { return numUnexposedRemaining; }
16  }
17
18  public class UserPlay {
19    private int row;
20    private int column;
21    private boolean isGuess;
22    /* コンストラクタ、ゲッター、セッター */
23  }
24
25  public class UserPlayResult {
26    private boolean successful;
27    private Game.GameState resultingState;
28    /* コンストラクタ、ゲッター、セッター */
29  }
```

設計:Gameクラス

Gameクラスは盤面への参照とゲーム状態の保存を行います。プレイヤーからの入力を受け取りBoardクラスに送る処理も行います。

```
1   public class Game {
2     public enum GameState { WON, LOST, RUNNING }
3
4     private Board board;
5     private int rows;
6     private int columns;
7     private int bombs;
8     private GameState state;
9
10    public Game(int r, int c, int b) { ... }
11
12    public boolean initialize() { ... }
13    public boolean start() { ... }
14    private boolean playGame() { ... } // ゲームが終わるまでループする
15  }
```


アルゴリズム

コードでは基本的なオブジェクト指向設計を行っています。面接官は一番興味深いと思ったアルゴリズムについて、少し実装を求めるかもしれません。

この場合、興味深いアルゴリズムは、初期化(爆弾をランダムに配置するところ)、数字セルの値の設定、空白区間の拡張の3つです。

爆弾の配置

爆弾を配置するためにはランダムにセルを選び、もし設置可能なら爆弾を設置し、設置不可なら別の場所を選ぶようにします。このときの問題は、もし爆弾がたくさんあった場合非常に処理が遅くなるという点です。繰り返し爆弾が設置されたセルを選ぶということになりかねません。

これを避けるには、カードゲームのデッキでシャッフルする問題(589ページ)のときと似たようなアプローチを取ることができます。K箇所のセルにK個の爆弾を置き、すべてのセルをシャッフルするようにするのです。

配列のシャッフルには配列に対して`i = 0`から`N-1`までを走査することで処理を行います。各インデックス`i`について、`i`と`N-1`の間のインデックスをランダムに選び、そのインデックスとiの値を入れ替えます。

格子状の盤面においても同じように行い、インデックスの値を行と列の位置に変換するだけです。

```
1   void shuffleBoard() {
2     int nCells = nRows * nColumns;
3     Random random = new Random();
4     for (int index1 = 0; index1 < nCells; index1++) {
5       int index2 = index1 + random.nextInt(nCells - index1);
6       if (index1 != index2) {
7         /* インデックス1のセルを得る */
8         int row1 = index1 / nColumns;
9         int column1 = (index1 - row1 * nColumns) % nColumns;
10        Cell cell1 = cells[row1][column1];
```

```
11
12          /* インデックス2のセルを得る */
13          int row2 = index2 / nColumns;
14          int column2 = (index2 - row2 * nColumns) % nColumns;
15          Cell cell2 = cells[row2][column2];
16
17          /* 入れ替える */
18          cells[row1][column1] = cell2;
19          cell2.setRowAndColumn(row1, column1);
20          cells[row2][column2] = cell1;
21          cell1.setRowAndColumn(row2, column2);
22        }
23      }
24    }
```

数字セルの設定

爆弾が配置されたら、数字セルの値を設定する必要があります。これは、各セルを順番に調べて周りにいくつの爆弾があるかを数えます。この方法でも動きますが、やや遅くなります。

各セルを順番に調べるのではなく、爆弾のある場所を順にみて、爆弾の周りにあるセルの数を1ずつ増やしていくのです。例えば、爆弾があるセルが3つの場合`incrementNumber`が3回呼ばれ、それぞれの周囲のセルに1ずつ加算することになります。

```
1   /* 爆弾の周りのセルに正しい数をセットする。爆弾のセルは
2    * シャッフルされているが爆弾配列の参照は同じオブジェクトのまま */
3   void setNumberedCells() {
4     int[][] deltas = { // 周囲8セルのオフセット
5         {-1, -1}, {-1, 0}, {-1, 1},
6         { 0, -1},          { 0, 1},
7         { 1, -1}, { 1, 0}, { 1, 1}
8     };
9     for (Cell bomb : bombs) {
10      int row = bomb.getRow();
11      int col = bomb.getColumn();
12      for (int[] delta : deltas) {
13        int r = row + delta[0];
14        int c = col + delta[1];
15        if (inBounds(r, c)) {
16          cells[r][c].incrementNumber();
17        }
18      }
19    }
20  }
```

空白区間の拡張

空白区間を拡張するのは、ループ処理でも再帰的処理でもかまいません。解答例ではループ処理で行いました。

アルゴリズムはこのように考えることができます：各空白セルは空白セルか数字セル（爆弾でないセル）に囲まれていて、すべて開かれる必要がある。しかし空白セルを開くと、周囲のセルも開くためにその空白セルをキューに追加する必要もある。

```
1  void expandBlank(Cell cell) {
2    int[][] deltas = {
3        {-1, -1}, {-1, 0}, {-1, 1},
4        { 0, -1},          { 0, 1},
5        { 1, -1}, { 1, 0}, { 1, 1}
6    };
7
8    Queue<Cell> toExplore = new LinkedList<Cell>();
9    toExplore.add(cell);
10
11   while (!toExplore.isEmpty()) {
12     Cell current = toExplore.remove();
13
14     for (int[] delta : deltas) {
15       int r = current.getRow() + delta[0];
16       int c = current.getColumn() + delta[1];
17
18       if (inBounds(r, c)) {
19         Cell neighbor = cells[r][c];
20         if (flipCell(neighbor) && neighbor.isBlank()) {
21           toExplore.add(neighbor);
22         }
23       }
24     }
25   }
26 }
```

このアルゴリズムを再帰的に実装することもできます。その場合はキューにセルを加えるのではなく、再帰的呼び出しを行うようにします。

これらのアルゴリズムの実装は、あなたのクラス設計に大きく依存することになるでしょう。

7.11 **ファイルシステム**:メモリ上のファイルシステムを設計するのに使うデータ構造とアルゴリズムを説明してください。また可能な範囲で、コードでの例を示してください。

p.149

解法

大半の人は問題を見た瞬間、パニックになるかもしれません。ファイルシステムなんてかなり低水準の話なのでは!?と。心配は無用です。ファイルシステムの機能を考えていけば、他のオブジェクト指向設計に関する問題と同じように取り組むことができます。

最も単純化したファイルシステムは、ファイルとディレクトリから構成されているだけのものです。ファイルとディレクトリの性質の大部分は共通していますから、抽象クラス(Entry)を作ってそこから派生させればよいでしょう。

```
1  public abstract class Entry {
2    protected Directory parent;
3    protected long created;
4    protected long lastUpdated;
5    protected long lastAccessed;
6    protected String name;
7
8    public Entry(String n, Directory p) {
9      name = n;
10     parent = p;
11     created = System.currentTimeMillis();
12     lastUpdated = System.currentTimeMillis();
13     lastAccessed = System.currentTimeMillis();
14   }
15
16   public boolean delete() {
17     if (parent == null) return false;
18     return parent.deleteEntry(this);
19   }
20
21   public abstract int size();
22
23   public String getFullPath() {
24     if (parent == null) return name;
25     else return parent.getFullPath() + “/” + name;
26   }
27
28   /* getterとsetter */
29   public long getCreationTime() { return created; }
30   public long getLastUpdatedTime() { return lastUpdated; }
31   public long getLastAccessedTime() { return lastAccessed; }
32   public void changeName(String n) { name = n; }
33   public String getName() { return name; }
34 }
35
36 public class File extends Entry {
37   private String content;
38   private int size;
39
40   public File(String n, Directory p, int sz) {
41     super(n, p);
```

```
42        size = sz;
43      }
44
45      public int size() { return size; }
46      public String getContents() { return content; }
47      public void setContents(String c) { content = c; }
48    }
49
50    public class Directory extends Entry {
51      protected ArrayList<Entry> contents;
52
53      public Directory(String n, Directory p) {
54        super(n, p);
55        contents = new ArrayList<Entry>();
56      }
57
58      public int size() {
59        int size = 0;
60        for (Entry e : contents) {
61          size += e.size();
62        }
63        return size;
64      }
65
66      public int numberOfFiles() {
67        int count = 0;
68        for (Entry e : contents) {
69          if (e instanceof Directory) {
70            count++; // ディレクトリもファイルとして数える
71            Directory d = (Directory) e;
72            count += d.numberOfFiles();
73          } else if (e instanceof File) {
74            count++;
75          }
76        }
77        return count;
78      }
79
80      public boolean deleteEntry(Entry entry) {
81        return contents.remove(entry);
82      }
83
84      public void addEntry(Entry entry) {
85        contents.add(entry);
86      }
87
88      protected ArrayList<Entry> getContents() { return contents; }
89    }
```

他の設計として、ファイルとサブディレクトリをそれぞれ別のリストで持たせる実装も考えられます。この方法ではnumberOfFiles()のようなメソッドがinstanceof演算子を使う必要がなくなるので少し簡単に書くことができます。その代わり、日付順や名前順のソートが簡単に書けなくなります。

7.12 ハッシュテーブル：衝突したときにチェイン法（連結リスト）を用いるハッシュテーブルを設計し、実装してください。

p.149

解法

Hash<K, V>のような形の、つまりK型のオブジェクトに対してV型のオブジェクトにを対応させるようなハッシュテーブルを実装していると考えてください。

まず、次のようなデータ構造を考えることになるでしょう。

```
1  class Hash<K, V> {
2    LinkedList<V>[] items;
3    public void put(K key, V value) { ... }
4    public V get(K key) { ... }
5  }
```

itemsは連結リストの配列で、items[i]はインデックスiに対応するキーを持つすべてのオブジェクトのリストです（つまり、これらのオブジェクトはインデックスiで衝突している）。

衝突について深く考えるまではこの形で進めていきます。

次に、文字列の長さを用いた非常にシンプルなハッシュ関数を考えてみましょう。

```
1  int hashCodeOfKey(K key) {
2    return key.toString().length() % items.length;
3  }
```

jimとbobというキーは明らかに違うものですが、配列の同じインデックスにハッシュされます。ですので、連結リストから実際にこれらのキーに対応するオブジェクトを探し出す必要があります。しかしそれはどのようにすればよいでしょう？ 連結リストには元のキー（key）は含まれておらず、値（value）だけが保持されています。

というわけで、値と元のキーを両方保持しておく必要があります。

キーと値をペアにしたオブジェクト（LinkedListNode）を作るというのが解決策の1つになります。この実装ではLinkedListNode型の連結リストを使うことにします。

以下のコードがその実装です。

```
1   public class Hasher<K, V> {
2     /* 連結リストノードのクラス。ハッシュテーブル内でのみ使われる。
3      * 外部からアクセスはできない。双方向連結リストとして実装されている。*/
4     private static class LinkedListNode<K, V> {
5       public LinkedListNode<K, V> next;
6       public LinkedListNode<K, V> prev;
7       public K key;
8       public V value;
9       public LinkedListNode(K k, V v) {
10        key = k;
```

```
11          value = v;
12        }
13      }
14
15      private ArrayList<LinkedListNode<K, V>> arr;
16      public Hasher(int capacity) {
17        /* 指定したサイズで連結リストのリストを作る。
18         * 指定サイズで配列を作るだけなので、リストの値はnullで埋める */
19        arr = new ArrayList<LinkedListNode<K, V>>();
20        arr.ensureCapacity(capacity); // 任意の最適化
21        for (int i = 0; i < capacity; i++) {
22          arr.add(null);
23        }
24      }
25
26      /* キーと値をハッシュテーブルに追加し、古い値を返す */
27      public V put(K key, V value) {
28        LinkedListNode<K, V> node = getNodeForKey(key);
29        if (node != null) {
30          V oldValue = node.value;
31          node.value = value; // 値を更新するだけ
32          return oldValue;
33        }
34
35        node = new LinkedListNode<K, V>(key, value);
36        int index = getIndexForKey(key);
37        if (arr.get(index) != null) {
38          node.next = arr.get(index);
39          node.next.prev = node;
40        }
41        arr.set(index, node);
42        return null;
43      }
44
45      /* キーに対するノードを削除し値を返す */
46      public V remove(K key) {
47        LinkedListNode<K, V> node = getNodeForKey(key);
48        if (node == null) {
49          return null;
50        }
51
52        if (node.prev != null) {
53          node.prev.next = node.next;
54        } else {
55          /* 先頭を削除し更新する */
56          int hashKey = getIndexForKey(key);
57          arr.set(hashKey, node.next);
58        }
59
60        if (node.next != null) {
61          node.next.prev = node.prev;
62        }
63        return node.value;
64      }
65
66      /* キーに対する値を得る */
```

```
67      public V get(K key) {
68        if (key == null) return null;
69        LinkedListNode<K, V> node = getNodeForKey(key);
70        return node == null ? null : node.value;
71      }
72
73      /* キーに関連付けられた連結リストのノードを得る */
74      private LinkedListNode<K, V> getNodeForKey(K key) {
75        int index = getIndexForKey(key);
76        LinkedListNode<K, V> current = arr.get(index);
77        while (current != null) {
78          if (current.key == key) {
79            return current;
80          }
81          current = current.next;
82        }
83        return null;
84      }
85
86      /* キーをインデックスに結び付ける非常にシンプルな関数 */
87      public int getIndexForKey(K key) {
88        return Math.abs(key.hashCode() % arr.size());
89      }
90    }
```

他にも基本的なデータ構造として、(キー -> 値の検索を)二分探索木にした同じようなデータ構造で実装することもできます。(ハッシュも衝突が多いとO(1)ではなくなるが)要素の探索時間はO(1)ではなくなってしまいますが、不必要に巨大な配列を作ってしまうのを防ぐことはできます。

“再帰と動的計画法”の解法

8.1 **トリプル・ステップ：** 子供がn段の階段を駆け上がりますが、一歩で1段、2段、もしくは3段を登ることができます。このとき、考え得る階段の上り方が何通りあるかを求めるメソッドを実装してください。

p.155

解法

これについては、次の質問で考えてみましょう：階段を上り終える、一番最後のステップは何段ですか？

n段目で上り終えるとき、一番最後のステップは3ステップ、2ステップ、1ステップのいずれかです。

n段目で最後まで到達するには何通り方法があるでしょうか？ それはまだ分かりませんが、いくつかの部分問題に関連付けることができます。

n段目までのすべての経路について考えた場合、前の3つのステップごとに経路を分けて組み立てることができます。n段目に到達するのは、次のいずれかの方法です：

- (n-1) 段目まで進み、1段上がる。
- (n-2) 段目まで進み、2段上がる。
- (n-3) 段目まで進み、3段上がる。

したがって、これらの経路の数を合計するだけで済みます。

ここは特に注意してください。多くの人はこれらを掛け合わせたがりますが、1つの経路に別の経路を掛け合わせることは、1つの経路の後続けて別の経路を取ることを意味します。それはここで起こっていることとは違います。

ブルートフォースによる解法

これは再帰的に実装するかなり簡単なアルゴリズムです。次のようなロジックに従うだけです：

```
countWays (n-1) + countWays (n-2) + countWays (n-3)
```

1つ少しだけ複雑な点は、基底状態の定義です。階段の0段目にいる場合(階段上に立っている状態です)、その段までの経路は0でしょうか、あるいは1でしょうか？

つまり、countWays(0) はいくつですか? 1ですか? それとも0ですか?

それはどちらでも定義することができます。「正しい」答えはありません。

しかし、1と定義する方がはるかに簡単です。0と定義した場合、追加の基底状態が必要になります(そうでなければ、延々と0が追加されることになります)。

このコードのシンプルな実装は以下の通りです。

```
1   int countWays(int n) {
2     if (n < 0) {
3       return 0;
4     } else if (n == 0) {
5       return 1;
6     } else {
7       return countWays(n-1) + countWays(n-2) + countWays(n-3);
8     }
9   }
```

フィボナッチ数列のときのように、このアルゴリズムの実行時間は指数関数的(3つの分岐を繰り返すため$O(3^n)$)になってしまいます。

メモ化による解法

前述のcountWaysの解は、同じ値に対して何回も呼び出されますが、これは不要です。これはメモ化を用いて修正することができます。countWaysによる前の開放は、同じ引数で何度も呼び出されているということで、明らかに無駄ですね。これはmemoizationを用いて改良できます。

基本的に、前にnの値を見たことがある場合はキャッシュされた値を返します。新しい値を計算するたびに、それをキャッシュに追加します。

通常、キャッシュにはHashMap<Integer, Integer>を使用します。この場合、キーは1〜nの範囲のみになります。ですので整数配列を使用する方がコンパクトです。

```
1   int countWays(int n) {
2     int[] memo = new int[n + 1];
3     Arrays.fill(memo, -1);
4     return countWays(n, memo);
5   }
6
7   int countWays(int n, int[] memo) {
8     if (n < 0) {
9       return 0;
10    } else if (n == 0) {
11      return 1;
12    } else if (memo[n] > -1) {
13      return memo[n];
14    } else {
15      memo[n] = countWays(n - 1, memo) + countWays(n - 2, memo) +
16                countWays(n - 3, memo);
```

```
17        return memo[n];
18    }
19  }
```

メモ化の問題であるかどうかにかかわらず、場合の数の計算は整数型の範囲をすぐにオーバーフローしてしまうということには注意してください。今回の場合はたったのn = 37でオーバーフローしてしまいます。倍精度の型を使えばオーバーフローするのは多少遅らせることができますが、根本的な解決にはなりません。

面接官にこの問題を伝えるのはすばらしいことです。おそらくそれを回避するように言われることはないと思いますが(BigIntegerクラスではできますが)、これらの問題について考えることを実証するのは良いことです。

8.2 **グリッド上を動くロボット：** r行とc列のグリッド上の左上にロボットが座っています。ロボットは右と下の2つの方向にしか進むことができません。ロボットが通ることのできない「立ち入り禁止」のセルがあるとした場合、左上の地点から右下の地点まで移動する経路を見つけるアルゴリズムを設計してください。

p.155

解法

座標平面を思い浮かべてみれば、隣接する2点(r,c)にたどり着くには(r-1,c)と(r,c-1)のいずれかの点から移動してくるしかありません。したがって、(r-1,c)や(r,c-1)にたどり着くための経路を見つける必要があります。

それらの点への経路はどのように見つければよいでしょうか？(r-1,c)や(r,c-1)への経路を見つけるには、それらの点に隣接する1つ前の点を見つける必要があります。(r-1,c)の1つ前の点は(r-2,c)と(r-1,c-1)です。(r,c-1)の前の点は(r-1,c-1)と(r,c-2)になりますが、(r-1,c-1)が重なっていることがわかります。これについては後ほど議論しましょう。

> **ヒント：** 2次元配列を扱うときには、多くの人が変数名xとyを使用します。これはいくつかバグを引き起こす可能性があります。xを行列の第1の座標として考え、yを第2の座標(例えばmatrix[x][y])と考える傾向があります。しかし、これは本当に正しいわけではありません。最初の座標は通常行番号と考えられ、実際にはyの値です(垂直方向に移動します)。matrix[y][x]を書くべきです。あるいは代わりにr(行)とc(列)を使用する等して、わかりやすくしてください。

原点からの経路を見つけるには、このように1つずつ戻る操作を繰り返していきます。最後の地点から始めて、隣接する点を調べながら経路を見つけていきます。これを実装した再帰的なコードは以下の通りです。

```
1   ArrayList<Point> getPath(boolean[][] maze) {
2     if (maze == null || maze.length == 0) return null;
3     ArrayList<Point> path = new ArrayList<Point>();
4     if (getPath(maze, maze.length - 1, maze[0].length - 1, path)) {
5       return path;
6     }
7     return null;
8   }
9
10  boolean getPath(boolean[][] maze, int row, int col, ArrayList<Point> path) {
11    /* 範囲外ならfalseを返す */
12    if (col < 0 || row < 0 || !maze[row][col]) {
```

```
13        return false;
14      }
15
16      boolean isAtOrigin = (row == 0) && (col == 0);
17
18      /* スタートからここまでの経路がある場合、この点を追加する */
19      if (isAtOrigin || getPath(maze, row, col - 1, path) ||
20          getPath(maze, row - 1, col, path)) {
21        Point p = new Point(row, col);
22        path.add(p);
23        return true;
24      }
25
26      return false;
27    }
```

各経路は r+c ステップあり、ステップごとに2つの選択肢があるので、この解法の時間計算量は $O(2^{r+c})$ です。

これより速い方法を模索すべきです。

重複した作業を見つけることで指数アルゴリズムを最適化することができることがよくあります。どんな作業が繰り返されているでしょうか?

アルゴリズムを辿ると、同じ地点を複数回訪れていることがわかります。実際には、何度も何度も訪れています。rcの大きさの四角形ですが、作業量は $O(2^{r+c})$ もあります。各地点を一度だけ訪れるだけなら、O(rc) のアルゴリズムを使用することになります(訪問時ごとに何らかの作業をしていなければ)。

現在のアルゴリズムはどのように機能しているでしょうか? (r,c) の手前の地点が (r-1,c) と (r,c-1)、それぞれの地点のさらに1つ手前が (r-2,c) と (r-1,c-1)、(r-1,c-1) と (r,c-2) であり、ここで (r-1,c-1) が2回現れるので二重の労力です。無駄を省くために、理想的には (r-1,c-1) を調べたことを記憶しておくようにすべきです(訳注:これをしないと最悪の場合、パスの総数に比例した指数的な時間がかかってしまう)。

これをDPで実装したものは以下の通りです。

```
1   ArrayList<Point> getPath(boolean[][] maze) {
2     if (maze == null || maze.length == 0) return null;
3     ArrayList<Point> path = new ArrayList<Point>();
4     HashSet<Point> failedPoints = new HashSet<Point>();
5     if (getPath(maze, maze.length - 1, maze[0].length - 1, path, failedPoints)) {
6       return path;
7     }
8     return null;
9   }
10
11  boolean getPath(boolean[][] maze, int row, int col, ArrayList<Point> path,
12                  HashSet<Point> failedPoints) {
13    /* 範囲外ならfalseを返す */
14    if (col < 0 || row < 0 || !maze[row][col]) {
15      return false;
16    }
```

```
17
18     Point p = new Point(row, col);
19
20     /* すでにこのマス目を訪れているならfalseを返す */
21     if (failedPoints.contains(p)) {
22       return false;
23     }
24
25     boolean isAtOrigin = (row == 0) && (col == 0);
26
27     /* スタートからここまでの経路がある場合、この点を追加する */
28     if (isAtOrigin || getPath(maze, row, col - 1, path, failedPoints) ||
29         getPath(maze, row - 1, col, path, failedPoints)) {
30       path.add(p);
31       return true;
32     }
33
34     failedPoints.add(p); // キャッシュに追加
35     return false;
36   }
```


少し改良するだけで、かなりのスピードアップになります。各地点に一度だけ訪れるので、このアルゴリズムはO(rc)の計算時間になります。

8.3 **マジックインデックス**：ある配列A[0 … n-1]についてA[i] = iとなるインデックスiをマジックインデックスとします。異なる整数で昇順にソートされた配列が与えられたとき、マジックインデックスが存在するとすれば、それを探し出すメソッドを書いてください。

発展問題

配列の値が異なる整数でない場合はどのようにすればよいですか？

p.155

解法

ブルートフォースの解法がすぐに浮かぶと思いますが、そう答えたからといって特に恥ずかしいことはありません。シンプルに配列を前から調べて、インデックスと要素が一致する部分を見つければよいのです。

```
1  int magicSlow(int[] array) {
2    for (int i = 0; i < array.length; i++) {
3      if (array[i] == i) {
4        return i;
5      }
6    }
7    return -1;
8  }
```

しかし配列の要素が昇順に並んでいるという条件があるので、それを利用することを考えてみましょう。

この問題は古典的な二分探索の問題と捉えることができます。パターンマッチングの手法を活用すると、どのようにしてこの問題に二分探索を適用すればよいでしょうか？

二分探索である要素kを探すとき、kを配列の中央の要素xと比較し、kがxの左側にあるのか、それとも右側にあるのかという判断をしながら見つけていきます。

この考え方をベースにして中央の要素を調べながらマジックインデックスを探す方法はないでしょうか？ 次の例を見てみましょう。

-40	-20	-1	1	2	3	5	7	9	12	13
0	1	2	3	4	5	6	7	8	9	10

配列の中央は`A[5] = 3`で、この場合、マジックインデックスは中央よりも右側にあるということがわかります。それは`A[mid] < mid`になっているからです。

マジックインデックスが左側にこないのはなぜでしょうか？ インデックスを`i`から`i-1`へ移動すると、(要素の値がすべて異なる場合は)要素の値は少なくとも1減ることになります。したがって、中央の要素はマジックインデックスと比べてすでに小さいですから、そこからk個分前のインデックスにある要素の値はk以上減っているはずで、これはどの要素にも言えることです。

これを再帰的なアルゴリズムに適用し、二分探索のようなコードに改良します。

```
1   int magicFast(int[] array) {
2     return magicFast(array, 0, array.length - 1);
3   }
4
5   int magicFast(int[] array, int start, int end) {
6     if (end < start) {
7       return -1;
8     }
9     int mid = (start + end) / 2;
10    if (array[mid] == mid) {
11      return mid;
12    } else if (array[mid] > mid){
13      return magicFast(array, start, mid - 1);
14    } else {
15      return magicFast(array, mid + 1, end);
16    }
17  }
```

発展問題：配列の値が異なる整数でない場合は？

配列の要素がすべて異なっていない場合は、今のアルゴリズムではうまくいきません。次の配列を見てみましょう。

-10	-5	2	2	2	3	4	7	9	12	13
0	1	2	3	4	5	6	7	8	9	10

`A[mid] < mid`を調べただけでは、マジックインデックスがどちら側にあるか結論づけることはできません。先ほどの例と同じように右側と言うこともできますし、(図のように)左側にあるとも言えます。

では、左側のどこかにあると言い切れるのかというと、そうでもありません。A[5] = 3なので、A[4] はマジックインデックスとしてあり得ないということがわかります。マジックインデックスであるためにはA[4] は4でなければなりませんが、A[4] はA[5]以下か等しくなければならないからです。

実際、A[5] = 3であれば、これまでと同様に右半分を再帰的に探索していく必要があります。しかし左側を探索するには、いくつかの要素をスキップしてA[0] からA[3] の間だけを調べることができます。A[3] がマジックインデックスになり得る最初の要素となります。

一般的には、まず中央のインデックスと値を比較し、等しくなければ再帰的に左側と右側を探索することになります。

- **左側**：インデックスの最初からMath.min(midIndex - 1, midValue)までを探索
- **右側**：インデックスのMath.max(midIndex + 1, midValue)から最後までを探索

このアルゴリズムを実装したコードは以下の通りです。

```
1   int magicFast(int[] array) {
2     return magicFast(array, 0, array.length - 1);
3   }
4
5   int magicFast(int[] array, int start, int end) {
6     if (end < start) return -1;
7
8     int midIndex = (start + end) / 2;
9     int midValue = array[midIndex];
10    if (midValue == midIndex) {
11      return midIndex;
12    }
13
14    /* 左側を調べる */
15    int leftIndex = Math.min(midIndex - 1, midValue);
16    int left = magicFast(array, start, leftIndex);
17    if (left >= 0) {
18      return left;
19    }
20
21    /* 右側を調べる */
22    int rightIndex = Math.max(midIndex + 1, midValue);
23    int right = magicFast(array, rightIndex, end);
24
25    return right;
26  }
```

上記のコードは配列の要素がすべて異なる場合でも、最初の解法と同じように動くということに注意してください。ただし、最悪の場合の計算量はO(n)となってしまいます。

X 解法

8.4 べき集合:ある集合の、すべての部分集合を返すメソッドを書いてください。

p.155

解法

まず、実行時間と消費メモリについて適当に予想しておきましょう。ある集合の部分集合はいくつくらいになるでしょうか? これは、部分集合を作るときに各要素がそれぞれその集合に含まれるかどうか、つまり、最初の要素は2つの選択があります。その集合に含まれている場合と含まれていない場合です。次の要素についても同様に2通り、その次も2通り…となり、{2 * 2 * ... } とn回繰り返して2n通りの部分集合ができます。

部分集合のリストを返すと仮定した場合、実行時間の最良ケースは部分集合全体の要素の合計数です。2^n個の部分集合があり、n個の要素はそれぞれ部分集合の半分(2^{n-1}個の部分集合)に含まれます。したがって、それらの部分集合のすべてにわたる要素の総数は$n*2^{n-1}$になります。

これでは空間計算量や時間計算量で$O(n2^n)$より良くすることはできないでしょう。

集合$\{a_1, a_2, ..., a_n\}$の部分集合はべき集合とも呼ばれ、$P(\{a_1, a_2, ..., a_n\})$や$P(n)$のように書きます。

解法1:再帰

この問題は初期状態からの積み上げ方式が効果的です。集合$S = \{a_1, a_2, ..., a_n\}$のすべての部分集合を見つけようとすることを想像してみてください。まず、最も簡単な場合から始めます。

n = 0の場合

空集合{}のみ。

n = 1の場合

$\{a_1\}$の部分集合: {}, $\{a_1\}$の2つ。

n = 2の場合

$\{a_1, a_2\}$の部分集合: {}, $\{a_1\}$, $\{a_2\}$, $\{a_1, a_2\}$の4つ。

n = 3の場合

さて、ここからが本番です。n = 3 の場合の解を、それ以前の解から導く方法を見つけていきます。

n = 3の場合とn = 2 の場合との解の差は何でしょうか? 両者を注意深く見てみましょう。

$$P(2) = \{\}, \{a_1\}, \{a_2\}, \{a_1, a_2\}$$
$$P(3) = \{\}, \{a_1\}, \{a_2\}, \{a_3\}, \{a_1, a_2\}, \{a_1, a_3\}, \{a_2, a_3\}, \{a_1, a_2, a_3\}$$

両者の違いは、P(2)にはa_3が含まれる部分集合が存在しないということです。

$$P(3) - P(2) = \{a_3\}, \{a_1, a_3\}, \{a_2, a_3\}, \{a_1, a_2, a_3\}$$

P(2)からどのようにしてP(3)を生成するのでしょう? それは単純にP(2)を複製して、そこにa_3を加えていきます。

$$P(2) \quad = \{\}, \{a_1\}, \{a_2\}, \{a_1, a_2\}$$
$$P(2) + a_3 = \{a_3\}, \{a_1, a_3\}, \{a_2, a_3\}, \{a_1, a_2, a_3\}$$

さらにこれらを統合すれば、P(3)になります。

*n > 0*の場合

P(n)を求めるには前ページと同じステップを単純に繰り返します。P(n-1)を求めてそれを複製し、複製した部分集合にそれぞれa_nを加えてから統合します。

以下のコードはこのアルゴリズムを実装したものです。

```
1  ArrayList<ArrayList<Integer>> getSubsets(ArrayList<Integer> set,
2                                           int index) {
3    ArrayList<ArrayList<Integer>> allsubsets;
4    if (set.size() == index) { // 基本ケース： 空集合を加える
5      allsubsets = new ArrayList<ArrayList<Integer>>();
6      allsubsets.add(new ArrayList<Integer>()); // 空集合
7    } else {
8      allsubsets = getSubsets(set, index + 1);
9      int item = set.get(index);
10     ArrayList<ArrayList<Integer>> moresubsets =
11       new ArrayList<ArrayList<Integer>>();
12     for (ArrayList<Integer> subset : allsubsets) {
13       ArrayList<Integer> newsubset = new ArrayList<Integer>();
14       newsubset.addAll(subset);
15       newsubset.add(item);
16       moresubsets.add(newsubset);
17     }
18     allsubsets.addAll(moresubsets);
19   }
20   return allsubsets;
21 }
```

この解法では$O(n2^n)$の計算時間と消費メモリになり、これがベストです。少し最適化するのに、このアルゴリズムをループ処理で実装することもできます。

解法2：組み合わせ

前述の解法には何の問題もありませんが、他の考え方も紹介しておきます。

集合を作るとき、それぞれの要素には2つの選択、(1)その要素が集合に含まれる(yesの状態)か、(2)その要素が集合に含まれない(noの状態)があったことを思い出してください。これは、1つ1つの部分集合がyesとnoの並び(たとえばyes, yes, no, no, yes, no)で表せるということです。

このようにして2^n個の部分集合が得られます。すべての要素に対するyesとnoの並びをどのようにループ処理すればよいでしょうか？ 「yes」を1、「no」を0とすると、各部分集合は2進表現の文字列として扱うことができます。

すべての部分集合を生成するには、単純にすべての2進数(整数)を生成すればよいだけということになります。1から2^nまでのすべての整数を順番に2進数に変換していけば完了です。簡単ですね！

```
1  ArrayList<ArrayList<Integer>> getSubsets2(ArrayList<Integer> set) {
2    ArrayList<ArrayList<Integer>> allsubsets =
3      new ArrayList<ArrayList<Integer>>();
```

```
4     int max = 1 << set.size(); /* 2^nを計算する */
5     for (int k = 0; k < max; k++) {
6       ArrayList<Integer> subset = convertIntToSet(k, set);
7       allsubsets.add(subset);
8     }
9     return allsubsets;
10  }
11
12  ArrayList<Integer> convertIntToSet(int x, ArrayList<Integer> set) {
13    ArrayList<Integer> subset = new ArrayList<Integer>();
14    int index = 0;
15    for (int k = x; k > 0; k >>= 1) {
16      if ((k & 1) == 1) {
17        subset.add(set.get(index));
18      }
19      index++;
20    }
21    return subset;
22  }
```

最初の解と比較して、特にどちらが良い・悪いといったことはありません。

8.5 **再帰的乗算:** 2つの正の整数を掛け合わせる再帰関数を、* 演算子を用いずに書いてください。加算、減算、ビットシフトを使うことができますが、演算回数は最小限にしてください。

p.155

解法

少し立ち止まって、乗算を行うことが何を意味するのか考えてみましょう。

> これは多くの面接問題に対する良いアプローチです。わかりきったことであっても、何か行うということが本当に何を意味するのか考えるのは、しばしば役に立ちます。

8x7は8+8+8+8+8+8+8(あるいは7を8回加える)と考えることができます。また、それを8x7の格子にある四角形の数と考えることもできます。

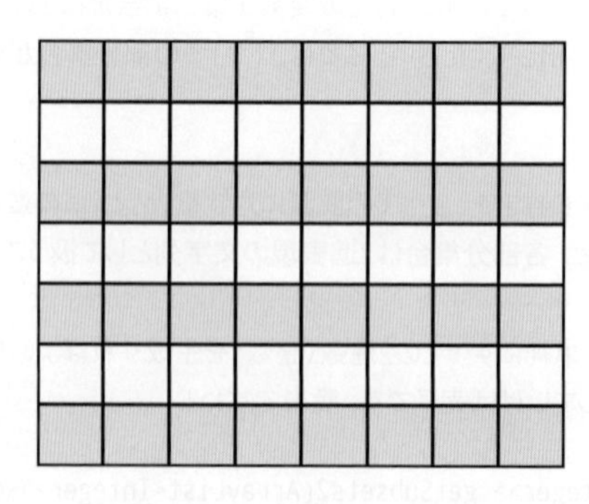

解法1:
この格子内の正方形の数はどのように数えますか? マス目を1つずつ数えることはできますが、かなり遅いです。

あるいは正方形の半分を数え、次にそれを2倍(この数にそれ自身を加えて)することができます。正方形の半分を数えるには、同じプロセスを繰り返します。

もちろん、この「倍増」法は、その数が偶数である場合にのみ機能します。偶数でない場合は、カウント/合計を0から行う必要があります。

```
1   int minProduct(int a, int b) {
2     int bigger = a < b ? b : a;
3     int smaller = a < b ? a : b;
4     return minProductHelper(smaller, bigger);
5   }
6
7   int minProductHelper(int smaller, int bigger) {
8     if (smaller == 0) { // 0 x bigger = 0
9       return 0;
10    } else if (smaller == 1) { // 1 x bigger = bigger
11      return bigger;
12    }
13
14    /* 半分を計算する。偶数でなければもう半分も計算する。偶数なら2倍する。 */
15    int s = smaller >> 1; // 2で割る
16    int side1 = minProductHelper(s, bigger);
17    int side2 = side1;
18    if (smaller % 2 == 1) {
19      side2 = minProductHelper(smaller - s, bigger);
20    }
21
22    return side1 + side2;
23  }
```

もっと良くできるでしょうか?できますね。

解法2:
再帰がどのように動作するかを観察すると、重複した作業があることがわかります。この例を考えてみましょう:

```
minProduct(17, 23)
    minProduct(8, 23)
      minProduct(4, 23) * 2
        ...
  + minProduct(9, 23)
      minProduct(4, 23)
        ...
    + minProduct(5, 23)
        ...
```

`minProduct(4, 23)`の2回目の呼び出しは、以前の呼び出しを認識していないため、同じ作業を繰り返します。これらの結果をキャッシュする必要があります。

```
1   int minProduct(int a, int b) {
2     int bigger = a < b ? b : a;
3     int smaller = a < b ? a : b;
4
5     int memo[] = new int[smaller + 1];
6     return minProduct(smaller, bigger, memo);
7   }
8
9   int minProduct(int smaller, int bigger, int[] memo) {
10    if (smaller == 0) {
11      return 0;
12    } else if (smaller == 1) {
13      return bigger;
14    } else if (memo[smaller] > 0) {
15      return memo[smaller];
16    }
17
18    /* 半分を計算する。偶数でなければもう半分も計算する。偶数なら2倍する。 */
19    int s = smaller >> 1; // 2で割る
20    int side1 = minProduct(s, bigger, memo); // 半分を計算
21    int side2 = side1;
22    if (smaller % 2 == 1) {
23      side2 = minProduct(smaller - s, bigger, memo);
24    }
25
26    /* 合計してキャッシュする */
27    memo[smaller] = side1 + side2;
28    return memo[smaller];
29  }
```

これはまだもう少し速くすることができます。

解法3:

このコードを見て気付くのは、偶数のminProductの呼び出しが奇数の呼び出しよりもはるかに高速であるということです。たとえば、minProduct(30,35)を呼び出すと、minProduct(15,35)を実行して結果を倍にします。しかしminProduct(31,35)を実行すると、minProduct(15,35)とminProduct(16,35)を呼び出す必要があります。

これは不要です。代わりに次のようにできます:

```
minProduct(31,35)= 2 * minProduct(15,35)+ 35
```

31 = 2 * 15 + 1なので、31×35 = 2×15×35 + 35とすることができるのです。

この最終的な解法の考え方は、偶数の場合は2分の1に分割し、再帰呼び出しの結果を2倍にするだけです。奇数では同じことをしますが、この結果にさらに値を加えます。

そうすることで、予想外のメリットが生まれます。minProduct関数は毎回に、どんどん小さくなるように直線的に再帰します。同じ呼び出しを繰り返すことはないので、計算結果をキャッシュする必要がなくなりました。

```
1   int minProduct(int a, int b) {
2     int bigger = a < b ? b : a;
```

```
3     int smaller = a < b ? a : b;
4     return minProductHelper(smaller, bigger);
5   }
6
7   int minProductHelper(int smaller, int bigger) {
8     if (smaller == 0) return 0;
9     else if (smaller == 1) return bigger;
10
11    int s = smaller >> 1; // 2で割る
12    int halfProd = minProductHelper(s, bigger);
13
14    if (smaller % 2 == 0) {
15      return halfProd + halfProd;
16    } else {
17      return halfProd + halfProd + bigger;
18    }
19  }
```


このアルゴリズムは、2つの数のうち小さい方をsとするとO(log s)の実行時間になります。

8.6 **ハノイの塔:** 古典的なハノイの塔の問題では、3つの塔とN枚のサイズの異なる円盤を用いて塔の間を移動させます。最初は円盤が下から上に向かって小さくなるように(どの円盤も自身より大きな円盤の上に乗っているように)なっています。そして以下のような制約を持ちます。

(1) 一度に1枚の円盤しか動かせない。
(2) 塔の一番上にある円盤を他の塔に移動させる。
(3) 円盤はそれ自身より小さいものの上に置くことができない。

最初の塔から最後に移動させるプログラムを、スタックを用いて書いてください。

p.156

解法

この問題は「初期状態からの積み上げ」を用いる良い例です。

まず、n=1のような小さな問題から具体的に例を挙げていきましょう。

n=1の場合: 塔1から塔3まで円盤を移動できるでしょうか? ——できます。

1. 円盤1を塔1から塔3へ移動します。

n=2の場合：塔1から塔3まで円盤1と2を移動できるでしょうか？ ——できます。

1. 円盤1を塔1から塔2へ移動します。
2. 円盤2を塔1から塔3へ移動します。
3. 円盤1を塔2から塔3へ移動します。

上記のステップにおいて、塔2は一時的に円盤を置いておくためのバッファとして機能してることに注目しておきましょう。

n=3の場合：塔1から塔3まで円盤1、2、3を移動できるでしょうか？ ——できます。

1. n=2の場合で示した通り、上から2つの円盤は、ある塔から他の塔へ移動することができます。ですので、円盤1と2に関してはできたも同然です。ただし、移動先は塔2にしておきます。
2. 円盤3を塔3へ移動します。
3. ステップ1でも述べた通り、残りの円盤を移動する方法はわかっていますから、同じように移動させてしまえば完成です。

n=4の場合：塔1から塔3まで円盤1、2、3、4を移動できるでしょうか？ ——できます。

1. n=3の場合で示した方法で、円盤1、2、3を塔2へ移動します。
2. 円盤4を塔3へ移動します。
3. ステップ1と同じ方法で、円盤1、2、3を塔3へ移動します。

塔の2や3のような番号自体は重要でないことに注意しましょう。3つの塔は同じものです。ですから塔2をバッファとして塔3へ移動するのと、塔3をバッファとして塔2へ移動させるのはまったく同じことなのです。

この考え方は自然に再帰的なアルゴリズムへとつながります。今示した手順を疑似コードで表すと以下のようになります。

```
1   moveDisks(int n, Tower origin, Tower destination, Tower buffer) {
2     /* 自明なケース */
3     if (n <= 0) return;
4
5     /* 上からn-1個の円盤をoriginからbufferへ、destinationをバッファとして用いて移動させる */
6     moveDisks(n - 1, origin, buffer, destination);
7
8     /* n番目の円盤をoriginからdestinationへ移動させる
9     moveTop(origin, destination);
10
11    /* 上からn-1個の円盤をbufferからdestinationへ、originをバッファとして用いて移動させる
12    moveDisks(n - 1, buffer, destination, origin);
13  }
```

続いてオブジェクト指向で実装したコードを示します。

```
1   void main(String[] args) {
2     int n = 3;
3     Tower[] towers = new Tower[n];
4     for (int i = 0; i < 3; i++) {
5       towers[i] = new Tower(i);
```

```
6      }
7
8      for (int i = n - 1; i >= 0; i--) {
9        towers[0].add(i);
10     }
11     towers[0].moveDisks(n, towers[2], towers[1]);
12   }
13
14   class Tower {
15     private Stack<Integer> disks;
16     private int index;
17     public Tower(int i) {
18       disks = new Stack<Integer>();
19       index = i;
20     }
21
22     public int index() {
23       return index;
24     }
25
26     public void add(int d) {
27       if (!disks.isEmpty() && disks.peek() <= d) {
28         System.out.println("Error placing disk " + d);
29       } else {
30         disks.push(d);
31       }
32     }
33
34     public void moveTopTo(Tower t) {
35       int top = disks.pop();
36       t.add(top);
37     }
38
39     public void moveDisks(int n, Tower destination, Tower buffer) {
40       if (n > 0) {
41         moveDisks(n - 1, buffer, destination);
42         moveTopTo(destination);
43         buffer.moveDisks(n - 1, destination, this);
44       }
45     }
46   }
```

独自に塔オブジェクトを実装するのは、厳密には必要ありませんが、そうすることでコードをきれいにする手助けになります。

8.7 **重複のない順列**：文字が重複していない文字列の、すべての順列を計算するメソッドを書いてください。

p.156

解法

多くの再帰的な問題と同様に、初期状態からの積み上げアプローチが有効です。$a_1a_2 \dots a_n$という文字で表される文字列Sがあるとします。

アプローチ1：最初のn-1文字の順列から構築する。

基本状態：最初の文字の順列による部分文字列

a_1 の順列は文字列 a_1 のみです。つまり：

$$P(a_1) = a_1$$

a_1a_2 の順列：

$$P(a_1a_2) = a_1a_2 \text{ と } a_2a_1$$

$a_1a_2a_3$ の順列：

$$P(a_1a_2a_3) = a_1a_2a_3,\ a_1a_3a_2,\ a_2a_1a_3,\ a_2a_3a_1,\ a_3a_1a_2,\ a_3a_2a_1,$$

$a_1a_2a_3a_4$ の順列：
これは最初に現れる興味深いケースです。$a_1a_2a_3$ から $a_1a_2a_3a_4$ の順列をどのように生成できるでしょうか？

$a_1a_2a_3a_4$ の各順列は、$a_1a_2a_3$ の順序を表します。たとえば $a_2a_4a_1a_3$ は、$a_2a_1a_3$ という順序を表します。

したがって、$a_1a_2a_3$ のすべての順列を取り、すべての可能な場所に a_4 を追加すると、$a_1a_2a_3a_4$ のすべての順列が得られます。

$$a_1a_2a_3 \rightarrow a_4a_1a_2a_3,\ a_1a_4a_2a_3,\ a_1a_2a_4a_3,\ a_1a_2a_3a_4$$
$$a_1a_3a_2 \rightarrow a_4a_1a_3a_2,\ a_1a_4a_3a_2,\ a_1a_3a_4a_2,\ a_1a_3a_2a_4$$
$$a_3a_1a_2 \rightarrow a_4a_3a_1a_2,\ a_3a_4a_1a_2,\ a_3a_1a_4a_2,\ a_3a_1a_2a_4$$
$$a_2a_1a_3 \rightarrow a_4a_2a_1a_3,\ a_2a_4a_1a_3,\ a_2a_1a_4a_3,\ a_2a_1a_3a_4$$
$$a_2a_3a_1 \rightarrow a_4a_2a_3a_1,\ a_2a_4a_3a_1,\ a_2a_3a_4a_1,\ a_2a_3a_1a_4$$
$$a_3a_2a_1 \rightarrow a_4a_3a_2a_1,\ a_3a_4a_2a_1,\ a_3a_2a_4a_1,\ a_3a_2a_1a_4$$

このアルゴリズムを再帰的に実装できるようになりました。

```
1   ArrayList<String> getPerms(String str) {
2     if (str == null) return null;
3
4     ArrayList<String> permutations = new ArrayList<String>();
5     if (str.length() == 0) { // 基本ケース
6       permutations.add("");
7       return permutations;
8     }
9
10    char first = str.charAt(0); // 先頭のcharを得る
11    String remainder = str.substring(1); // 先頭のcharを取り除く
12    ArrayList<String> words = getPerms(remainder);
```

```
13    for (String word : words) {
14      for (int j = 0; j <= word.length(); j++) {
15        String s = insertCharAt(word, first, j);
16        permutations.add(s);
17      }
18    }
19    return permutations;
20  }
21
22  /* 文字列のi文字目に文字cを挿入する */
23  String insertCharAt(String word, char c, int i) {
24    String start = word.substring(0, i);
25    String end = word.substring(i);
26    return start + c + end;
27  }
```


アプローチ2:すべてのn-1文字の順列から構築する。

基本状態:1文字の文字列

a_1の順列は文字列 a_1 のみです。つまり:

$$P(a_1) = a_1$$

2文字の文字列の場合:

$$P(a_1a_2) = a_1a_2,\ a_2a_1$$
$$P(a_2a_3) = a_2a_3,\ a_3a_2$$
$$P(a_1a_3) = a_1a_3,\ a_3a_1$$

3文字の文字列の場合:

ここからが興味深いところです。2文字の文字列の順列が与えられたとき、$a_1a_2a_3$ のような3文字の文字列のすべての順列をどのように生成すればよいでほうか?

基本的には各文字を最初の文字として2文字の順列を追加するだけです。

$$P(a_1a_2a_3) = \{a_1 + P(a_2a_3)\} + a_2 + P(a_1a_3)\} + \{a_3 + P(a_1a_2)\}$$
$$\{a_1 + P(a_2a_3)\} \text{ -> } a_1a_2a_3,\ a_1a_3a_2$$
$$\{a_2 + P(a_1a_3)\} \text{ -> } a_2a_1a_3,\ a_2a_3a_1$$
$$\{a_3 + P(a_1a_2)\} \text{ -> } a_3a_1a_2,\ a_3a_2a_1$$

3文字のすべての順列を生成できるので、これを利用して4文字の順列を生成することができます。

$$P(a_1a_2a_3a_4) = \{a_1 + P(a_2a_3a_4)\} + \{a_2 + P(a_1a_3a_4)\} + \{a_3 + P(a_1a_2a_4)\} + \{a_4 + P(a_1a_2a_3)\}$$

これで、かなり実装しやすいアルゴリズムになりました。

```
1   ArrayList<String> getPerms(String remainder) {
2     int len = remainder.length();
3     ArrayList<String> result = new ArrayList<String>();
4
5     /* 基本ケース */
6     if (len == 0) {
7       result.add(“”); // 空の文字列を返す!
```

```
 8        return result;
 9      }
10
11
12      for (int i = 0; i < len; i++) {
13        /* i文字目を削除し、残りの文字の順列を求める */
14        String before = remainder.substring(0, i);
15        String after = remainder.substring(i + 1, len);
16        ArrayList<String> partials = getPerms(before + after);
17
18        /* 各順列にi文字目を付け加える */
19        for (String s : partials) {
20          result.add(remainder.charAt(i) + s);
21        }
22      }
23
24      return result;
25    }
```

順列をスタックに戻す代わりに、先頭部分の文字列`prefix`をスタックに追加していくこともできます。底(基本ケース)に到達するとprefixは完全な順列を持つことになります。

```
 1  ArrayList<String> getPerms(String str) {
 2    ArrayList<String> result = new ArrayList<String>();
 3    getPerms("", str, result);
 4    return result;
 5  }
 6
 7  void getPerms(String prefix, String remainder, ArrayList<String> result) {
 8    if (remainder.length() == 0) result.add(prefix);
 9
10    int len = remainder.length();
11    for (int i = 0; i < len; i++) {
12      String before = remainder.substring(0, i);
13      String after = remainder.substring(i + 1, len);
14      char c = remainder.charAt(i);
15      getPerms(prefix + c, before + after, result);
16    }
17  }
```

このアルゴリズムの実行時間については、60ページの例12を参照してください。

8.8 **重複のある順列:** 文字列のすべての順列を計算するメソッドを書いてください。ただし、文字列には同じ文字が含まれているかもしれません。同じ文字列が含まれないように順列のリストを作ってください。

p.156

解法

以前の問題と非常によく似ていますが、これは単語に重複する文字が含まれている可能性があります。

この問題を処理する簡単な方法の1つは、順列が前に作成されているかどうかを毎回確認し、始めて作成されたものであればリストに追加するという方法です。この仕組みは単純なハッシュテーブルを用いて作ることができます。この解法は最悪ケースで(そして実際にはすべての場合で)、O(n!)の時間がかかるでしょう。

計算時間の最悪ケースを打ち破ることができないのは事実ですが、多くのケースで計算時間を改善するアルゴリズムは設計できるはずです。aaaaaaaaaaaaaのような、すべての文字が重複する文字列を考えてみましょう。固有の順列は1つしかありませんが、これは非常に長い時間がかかります(13文字の順列は60億以上あるため)。

理想的には、すべての順列を作成して重複を排除するのではなく、固有な順列だけを作成したいところです。

まずは各文字の数を計算することから始めます(ハッシュテーブルを使用するだけなのでこれは簡単に得られます)。aabbbbcなどの文字列の場合、次のようになります。

```
a->2 | b->4 | c->1
```

この文字列(ハッシュテーブルとして表されている)の順列を生成することを想像してみましょう。最初に選択するのは、最初の文字としてa, b, cのどれを使用するかです。その後、残りの文字のすべての順列を見つけ、既に選択された接頭文字列にそれらを追加します。

```
P(a->2 | b->4 | c->1) = {a + P(a->1 | b->4 | c->1)} +
                        {b + P(a->2 | b->3 | c->1)} +
                        {c + P(a->2 | b->4 | c->0)}
P(a->1 | b->4 | c->1) = {a + P(a->0 | b->4 | c->1)} +
                        {b + P(a->1 | b->3 | c->1)} +
                        {c + P(a->1 | b->4 | c->0)}
P(a->2 | b->3 | c->1) = {a + P(a->1 | b->3 | c->1)} +
                        {b + P(a->2 | b->2 | c->1)} +
                        {c + P(a->2 | b->3 | c->0)}
P(a->2 | b->4 | c->0) = {a + P(a->1 | b->4 | c->0)} +
                        {b + P(a->2 | b->3 | c->0)}
```

最終的には文字が残っていない状態になります。

以下のコードは、このアルゴリズムを実装したものです。

```
1  ArrayList<String> printPerms(String s) {
2    ArrayList<String> result = new ArrayList<String>();
3    HashMap<Character, Integer> map = buildFreqTable(s);
```

```
4     printPerms(map, "", s.length(), result);
5     return result;
6   }
7
8   HashMap<Character, Integer> buildFreqTable(String s) {
9     HashMap<Character, Integer> map = new HashMap<Character, Integer>();
10    for (char c : s.toCharArray()) {
11      if (!map.containsKey(c)) {
12        map.put(c, 0);
13      }
14      map.put(c, map.get(c) + 1);
15    }
16    return map;
17  }
18
19  void printPerms(HashMap<Character, Integer> map, String prefix, int remaining,
20                  ArrayList<String> result) {
21    /* 基本ケース。順列が完成された。 */
22    if (remaining == 0) {
23      result.add(prefix);
24      return;
25    }
26
27    /* 次の文字に対して残りの文字を調べ、順列を生成する。 */
28    for (Character c : map.keySet()) {
29      int count = map.get(c);
30      if (count > 0) {
31        map.put(c,  count - 1);
32        printPerms(map, prefix + c, remaining - 1, result);
33        map.put(c,  count);
34      }
35    }
36  }
```

重複が多い文字列の場合は、このアルゴリズムは前述のものより高速に動作します。

8.9 **括弧**：n組の括弧の、括弧の対応がとれた並び順すべてを表示するアルゴリズムを実装してください。

例

入力：3

出力：((())), (()()), (())(), ()(()), ()()()

p.156

解法

最初に思い浮かぶのは、f(n-1)に1組の括弧を追加してf(n)を生成する再帰的な方法かもしれません。もしそうであれば非常に良い勘です。

n = 3の場合の解を考えてみましょう。

(()()) ((())) ()(()) (())() ()()()

これを以下のn = 2の場合からどのようにして生成すればよいでしょうか?

```
(()) ()()
```

これは、文字列の先頭もしくは他の括弧の中に新しい括弧を挿入することで生成できます。文字列の最後のような他の場所への挿入によって生成されるものも、この方法でカバーできています。

具体的に書くと以下のようになります。

```
(()) -> (()()) /* 1つ目の開き括弧のあとに挿入する */
     -> ((())) /* 2つ目の左括弧のあとに挿入する */
     -> ()(()) /* 先頭に挿入する */
()() -> (())() /* 1つ目の開き括弧のあとに挿入する */
     -> ()(()) /* 2つ目の開き括弧のあとに挿入する */
     -> ()()() /* 先頭に挿入する */
```

一見これでよさそうですが、ちょっと待ってください。この中に同じものがあります。()(())が2回現れていますね。

この考え方を適用するとすれば、生成した文字列をリストに追加する前に、重複があるかどうかをチェックする必要があります。

```
1   Set<String> generateParens(int remaining) {
2     Set<String> set = new HashSet<String>();
3     if (remaining == 0) {
4       set.add("");
5     } else {
6       Set<String> prev = generateParens(remaining - 1);
7       for (String str : prev) {
8         for (int i = 0; i < str.length(); i++) {
9           if (str.charAt(i) == '(') {
10            String s = insertInside(str, i);
11            /* sがsetに含まれていない場合は追加する。
12             * 注：HashSetは追加時に重複のチェックを自動的に行うので、
13             * 明示的にチェックを行う必要はない。 */
14            set.add(s);
15          }
16        }
17        set.add("()" + str);
18      }
19    }
20    return set;
21  }
22
23  String insertInside(String str, int leftIndex) {
24    String left = str.substring(0, leftIndex + 1);
25    String right = str.substring(leftIndex + 1, str.length());
26    return left + "()" + right;
27  }
```

これでうまくいきますが、あまり効率的ではありません。重複を調べるのに無駄な時間をかなり使っています。

文字列を先頭から順に作っていくことによって、このような重複の問題を解消することができます。このアプローチでは文字列の末尾に括弧の対応がとれるよう、左(開き)括弧と右(閉じ)括弧を順に追加していきます。

再帰の呼出しごとに、次に括弧を挿入するインデックスを保持しておきます。その位置に挿入する左括弧か右括弧のいずれかを選ぶ必要がありますが、どんなときに左括弧、右括弧を使えばよいのでしょうか？

1. 左括弧：左括弧はすべて使いきってしまうまで、いつでも挿入することができます。
2. 右括弧：括弧の対応関係がおかしくない限りは挿入することができます。では、対応関係がおかしいというのはどんなときでしょうか？ それは左括弧と比べて右括弧が多くなったときです。

つまり、単純に左右の括弧の数を記録しておけばよいということになります。左括弧が残っていればまず左括弧を挿入し、再帰呼び出しします。右括弧のほうが左括弧より多く残っていれば（左括弧を右括弧より多く使っていれば）右の括弧を挿入し、再帰呼び出しします。

```
1   void addParen(ArrayList<String> list, int leftRem, int rightRem, char[] str,
2                 int index) {
3     if (leftRem < 0 || rightRem < leftRem) return; // 有り得ない状態
4
5     if (leftRem == 0 && rightRem == 0) { /* 左右の括弧外 */
6       list.add(String.copyValueOf(str));
7     } else {
8       str[index] = '('; // 左括弧を追加し再帰
9       addParen(list, leftRem - 1, rightRem, str, index + 1);
10
11      str[index] = ')'; // 右括弧を追加し再帰
12      addParen(list, leftRem, rightRem - 1, str, index + 1);
13    }
14  }
15
16  ArrayList<String> generateParens(int count) {
17    char[] str = new char[count*2];
18    ArrayList<String> list = new ArrayList<String>();
19    addParen(list, count, count, str, 0);
20    return list;
21  }
```

一度の呼び出しで左右の括弧を1つずつ挿入し、同じ文字列・インデックスに対して複数回呼ばれることはないため、生成された文字列に重複はありません。

8.10 **振りつぶし:** 多くの画像編集プログラムに見られるような「塗りつぶし」機能を実装してください。つまり、スクリーン(色の2次元配列で表現されたもの)と座標、塗りつぶす色が与えられたときに、その地点と同じ色で囲まれている領域をすべて塗りつぶす機能ということです。

p.156

解法

まず、このメソッドがどのように動くか思い描いてみましょう。(画像編集ソフトで「塗りつぶし」をクリックして)`paintFill`を呼び出します。そこが緑色のピクセルだったとして、周囲のピクセルに緑色が広がっていきます。ここでは周囲のピクセルごとに、また`paintFill`を呼び出すことで行えます。緑色でないピクセルにたどり着いたら、そこでストップします。
このアルゴリズムは再帰的に実装することができます。

```
1   enum Color { Black, White, Red, Yellow, Green }
2
3   boolean PaintFill(Color[][] screen, int r, int c, Color ncolor) {
4     if (screen[r][c] == ncolor) return false;
5     return PaintFill(screen, r, c, screen[r][c], ncolor);
6   }
7
8   boolean PaintFill(Color[][] screen, int r, int c, Color ocolor, Color ncolor) {
9     if (r < 0 || r >= screen.length || c < 0 || c >= screen[0].length) {
10      return false;
11    }
12
13    if (screen[r][c] == ocolor) {
14      screen[r][c] = ncolor;
15      PaintFill(screen, r - 1, c, ocolor, ncolor); // 上
16      PaintFill(screen, r + 1, c, ocolor, ncolor); // 下
17      PaintFill(screen, r, c - 1, ocolor, ncolor); // 左
18      PaintFill(screen, r, c + 1, ocolor, ncolor); // 右
19    }
20    return true;
21  }
```

変数名xとyを使ってこれを実装した場合、`screen[y][x]`の変数の順序に注意してください。
xは横軸(左右方向)で、行ではなく列に相当しているからです。y座標の値が行に相当しています。画像の問題に出会ったときは、このことを思い出してください。これは普段のコーディングはもちろん、面接試験でも非常に間違えやすいところです。
一般的には行と列を使う方がはっきりするので、ここでは行(`row`のr)と列(`column`のc)を用いました。

このアルゴリズムはよく知られているものでしょうか? そうですね!これは本質的にグラフの深さ優先探索です。各ピクセルでは周囲の各ピクセルに向かって探索しています。この色の周囲のピクセルをすべて完全に探索したら停止します。

代わりに幅優先探索を使用してこれを実装することもできます。

8.11 **コイン：** 25セント貨、10セント貨、5セント貨、1セント貨が無数にあるとして、これらを使ってnセントを表現するすべての場合の数を計算するコードを書いてください。

p.156

解法

これは再帰的な問題ですから1つ前の解を利用して、makeChange(n) がどのように計算されるかを書き出してみましょう。n = 100とします。合計100セントになるような硬貨の組み合わせを計算したいのですが、元の問題と部分問題の関係はどうなっているでしょうか？ 今、100セントを作るには、25セント貨が0, 1, 2, 3, 4枚含まれる可能性があるということがわかっています。つまり、

```
makeChange(100) =
    makeChange(100 - 25セント貨0枚) +
    makeChange(100 - 25セント貨1枚) +
    makeChange(100 - 25セント貨2枚) +
    makeChange(100 - 25セント貨3枚) +
    makeChange(100 - 25セント貨4枚)
```

となります。より深く調べてみると、これらの問題のいくつかは減らせるように見えます。たとえば、makeChange(100 - 25セント貨1枚)はmakeChange(75 - 25セント貨0枚)と同じです。もし25セント貨を1枚だけ使って100セントにするなら、残り75セントを作る場合を計算すればよいということになります。

makeChange(100 - 25セント貨2枚)、makeChange(100 - 25セント貨3枚)、makeChange(100 - 25セント貨4枚)に対しても同じ考え方を適用すると、上記の式は次のようにすることができます。

```
makeChange(100) =
    makeChange(100 - 25セント貨0枚) +
    makeChange(75 - 25セント貨0枚) +
    makeChange(50 - 25セント貨0枚) +
    makeChange(25 - 25セント貨0枚) +
    1
```

式の最後では、makeChange(100 - 25セント貨4枚)は1であることに注意してください。

次はどうしましょう？ 25セント貨を使う場合はすべて調べたのですから、次に大きい貨幣である10セント貨を使って考えてみます。

25セント貨のときと同じように考えていきますが、上記の5項ある式のうち4項に対して適用することになります。ですので、次のように分けて書いていきます。

```
makeChange(100 - 25セント貨0枚) =
    makeChange(100 - 25セント貨0枚, 10セント貨0枚) +
    makeChange(100 - 25セント貨0枚, 10セント貨1枚) +
    makeChange(100 - 25セント貨0枚, 10セント貨2枚) +
    ...
    makeChange(100 - 25セント貨0枚, 10セント貨10枚)
```

```
makeChange(75 - 25セント貨0枚) =
    makeChange(75 - 25セント貨0枚, 10セント貨0枚) +
    makeChange(75 - 25セント貨0枚, 10セント貨1枚) +
    makeChange(75 - 25セント貨0枚, 10セント貨2枚) +
    ...
    makeChange(75 - 25セント貨0枚, 10セント貨7枚)

makeChange(50 - 25セント貨0枚) =
    makeChange(50 - 25セント貨0枚, 10セント貨0枚) +
    makeChange(50 - 25セント貨0枚, 10セント貨1枚) +
    makeChange(50 - 25セント貨0枚, 10セント貨2枚) +
    ...
    makeChange(50 - 25セント貨0枚, 10セント貨5枚)

makeChange(25 - 25セント貨0枚) =
    makeChange(25 - 25セント貨0枚, 10セント貨0枚) +
    makeChange(25 - 25セント貨0枚, 10セント貨1枚) +
    makeChange(25 - 25セント貨0枚, 10セント貨2枚)
```

さらに個々の項について5セント貨を適用した式に拡張していくと、木構造に似た再帰的な構造の式になります。

再帰の終端は組み合わせが1通りだけの式になります。たとえば、makeChange(50 - 25セント貨0枚 , 10セント貨5枚)は10セント貨5枚でちょうど50セントになるので、1通りだけになります。

したがって、このような再帰的なアルゴリズムになります。

```
1   int makeChange(int amount, int[] denoms, int index) {
2     if (index >= denoms.length - 1) return 1; // 最後の硬貨
3     int denomAmount = denoms[index];
4     int ways = 0;
5     for (int i = 0; i * denomAmount <= amount; i++) {
6       int amountRemaining = amount - i * denomAmount;
7       ways += makeChange(amountRemaining, denoms, index + 1);
8     }
9     return ways;
10  }
11
12  int makeChange(int n) {
13    int[] denoms = {25, 10, 5, 1};
14    return makeChange(n, denoms, 0);
15  }
```

これは動きますが十分に最適化できていません。問題は同じamountとindexの値に対してmakeChangeを繰り返し呼び出していることです。

この問題は、以前に計算された値を保存することで解決できます。事前に計算された結果に各ペア(amount , index)のマッピングを保持する必要があります。

```
1   int makeChange(int n) {
2     int[] denoms = {25, 10, 5, 1};
3     int[][] map = new int[n + 1][denoms.length]; // 事前に計算した値
4     return makeChange(n, denoms, 0, map);
5   }
```

```
6
7   int makeChange(int amount, int[] denoms, int index, int[][] map) {
8     if (map[amount][index] > 0) { // 値を取得する
9       return map[amount][index];
10    }
11    if (index >= denoms.length - 1) return 1; // 残り1単位
12    int denomAmount = denoms[index];
13    int ways = 0;
14    for (int i = 0; i * denomAmount <= amount; i++) {
15      // denomAmountの硬貨i枚を使う前提で、次の単位に移る
16      int amountRemaining = amount - i * denomAmount;
17      ways += makeChange(amountRemaining, denoms, index + 1, map);
18    }
19    map[amount][index] = ways;
20    return ways;
21  }
```

以前に計算された値を格納するために、2次元の整数配列を使用したことに注意してください。これは簡単ですが、少し余分なスペースが必要です。あるいは**amount**から新しいハッシュテーブルにマップするハッシュテーブルを使用して、**denom**から事前計算された値にマップすることができます。他にも代替できるデータ構造があります。

8.12 **8クイーン**：8×8のチェス盤上に、縦・横・斜めの直線状に2つ以上並ばないように8つのクイーンを配置するすべての場合を出力するアルゴリズムを書いてください(「斜め」はチェス盤の対角線という意味ではなく、すべての斜めの線のことです)。

p.156

解法

8×8のチェス盤に縦・横・斜めそれぞれのライン上に2つ以上並ばないように8つのクイーンを配置するということは、縦・横(と、斜め)のラインをそれぞれ1回ずつ選ぶということになります。

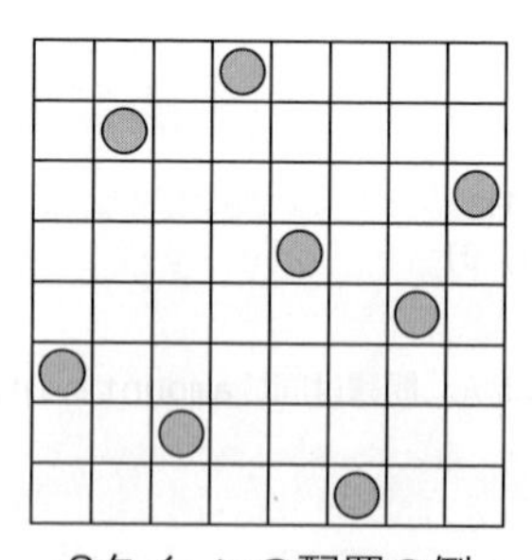

8クイーンの配置の例

最後のクイーンをチェス盤の8行目に置くことを想像してください(クイーンを置く順番は問題ではありませんから、8行目に最後のクイーンを置くと仮定しても問題はありません)。8行目の、どのマスに置けばよいでしょうか？ 置き方は8通り考えられます。

ですから、クイーンのすべての正しい置き方を知りたければ以下のようにすればよいでしょう。

```
8つのクイーンの置き方 =
(7, 0)にクイーンを置いたときの置き方 +
(7, 1)にクイーンを置いたときの置き方 +
(7, 2)にクイーンを置いたときの置き方 +
(7, 3)にクイーンを置いたときの置き方 +
(7, 4)にクイーンを置いたときの置き方 +
(7, 5)にクイーンを置いたときの置き方 +
(7, 6)にクイーンを置いたときの置き方 +
(7, 7)にクイーンを置いたときの置き方
```

これらの項ごとに同じような考え方を適用していくことで計算することができます。

```
(7, 3)にクイーンを置いたときの置き方 =
(7, 3)と(6, 0)にクイーンを置いたときの置き方 +
(7, 3)と(6, 1)にクイーンを置いたときの置き方 +
(7, 3)と(6, 2)にクイーンを置いたときの置き方 +
(7, 3)と(6, 4)にクイーンを置いたときの置き方 +
(7, 3)と(6, 5)にクイーンを置いたときの置き方 +
(7, 3)と(6, 6)にクイーンを置いたときの置き方 +
(7, 3)と(6, 7)にクイーンを置いたときの置き方
```

(7, 3)と(6, 3)の場合、クイーンが同じ列になるのは明らかですから、実際には考える必要がないということに注意してください。

あとはこれを素直に実装すればよいですね。

```
1   int GRID_SIZE = 8;
2
3   void placeQueens(int row, Integer[] columns,
4                    ArrayList<Integer[]> results) {
5     if (row == GRID_SIZE) { // 正しい配置が見つかった
6       results.add(columns.clone());
7     } else {
8       for (int col = 0; col < GRID_SIZE; col++) {
9         if (checkValid(columns, row, col)) {
10          columns[row] = col; // クイーンを配置
11          placeQueens(row + 1, columns, results);
12        }
13      }
14    }
15  }
16
17  /* (row1, column1)にクイーンを配置できるかを、
18   * 同じ列・斜め上に他のクイーンがあるかを調べることで確認する。
19   * 1行ずつクイーンを順に置いていくことにしているので、
20   * 現在の行にはまだ他のクイーンは置かれておらず、
21   * そこは確認する必要はない */
22  boolean checkValid(Integer[] columns, int row1, int column1) {
23    for (int row2 = 0; row2 < row1; row2++) {
24      int column2 = columns[row2];
25      /* (row2, column2)に置かれたクイーンが、
26       * (row1, column1)に置くことを阻害するか判定 */
27
28      /* 同じ列に他のクイーンがあるか判定 */
```

```
29      if (column1 == column2) {
30        return false;
31      }
32
33      /* 同じ斜め線上に他のクイーンがあるか判定。
34       * 2点間の列の差と行の差が等しければ、
35       * 同じ斜め線上にある */
36      int columnDistance = Math.abs(column2 - column1);
37
38      /* row1 > row2なので絶対値は不要 */
39      int rowDistance = row1 - row2;
40      if (columnDistance == rowDistance) {
41        return false;
42      }
43    }
44    return true;
45  }
```

1行に置くクイーンは1つだけですので、チェス盤の8×8のマスをそのまま配列で保持する必要はないということに注意してください。c 列目の r 行にクイーンが置かれているという情報、つまり column[r] = c のような形で1次元の配列を使うだけです。

8.13 **箱の山**：幅 w_i、高さ h_i、奥行き d_i の、n 個の箱の山があります。個々の箱は回転させることができず、それぞれの箱は幅、高さ、奥行きのすべてが大きい箱の上に積むことしかできません。このとき、高さが最大になるような積み方を計算するメソッドを書いてください。積んだ箱の高さはそれぞれの箱の高さの和とします。

p.157

解法

この問題に取り組むには、部分問題同士の関係性を理解しておく必要があります。

解法1：

b_1, b_2, …, b_n という箱を想像してみてください。すべての箱を使ってできる最大の山は、(b_1を一番下に置いたときの山、b_2を一番下に置いたときの山、…b_nを一番下に置いたときの山)の中の最大と等しくなります。つまりすべての箱について、それぞれを一番下にしたとき考えられる最大の山を調べていくことで最も大きい山を見つけることができます。

しかし、特定の箱を一番下にしたときに最大となる山の大きさはどうやって見つければよいでしょうか？ それは、2つ目に積む箱についても同じように、それぞれを積んだ場合について調べることを繰り返していけばよいのです。

もちろんすべての箱といっても、ちゃんと上に積むことのできるものについてのみ調べるだけでかまいません。b_5がb_1よりも大きければ、{b_1, b_5, …}のような積み方を試す意味がないからです。

ここでは少し最適化することができます。この問題では、下の箱がすべての次元の上の箱よりも必ず大きくなければならないことが決まっています。したがって、次元(任意の次元)で箱をソート(降順)すると、リスト内を後方に見ていく必要はありません。箱b_1の高さ(またはソートした次元)がb_5の高さよりも大きいので、箱b_1は箱b_5の上に置くことはできないのです。

以下のコードはこのアルゴリズムを再帰的に実装したものです

```
1   int createStack(ArrayList<Box> boxes) {
2     /* 高さで降順にソートする */
3     Collections.sort(boxes, new BoxComparator());
4     int maxHeight = 0;
5     for (int i = 0; i < boxes.size(); i++) {
6       int height = createStack(boxes, i);
7       maxHeight = Math.max(maxHeight, height);
8     }
9     return maxHeight;
10  }
11
12  int createStack(ArrayList<Box> boxes, int bottomIndex) {
13    Box bottom = boxes.get(bottomIndex);
14    int maxHeight = 0;
15    for (int i = bottomIndex + 1; i < boxes.size(); i++) {
16      if (boxes.get(i).canBeAbove(bottom)) {
17        int height = createStack(boxes, i);
18        maxHeight = Math.max(height, maxHeight);
19      }
20    }
21    maxHeight += bottom.height;
22    return maxHeight;
23  }
24
25  class BoxComparator implements Comparator<Box> {
26    @Override
27    public int compare(Box x, Box y){
28      return y.height - x.height;
29    }
30  }
```

このコードにおける問題点は非常に効率が悪いということです。b_4を一番下にしたときの解をすでに見つけていたとしても、$\{b_3, b_4, \ldots\}$ のような場合の解を見つけようとしてしまいます。これを避けるためには、メモ化を用いて計算結果をキャッシュしておきます。

```
1   int createStack(ArrayList<Box> boxes) {
2     Collections.sort(boxes, new BoxComparator());
3     int maxHeight = 0;
4     int[] stackMap = new int[boxes.size()];
5     for (int i = 0; i < boxes.size(); i++) {
6       int height = createStack(boxes, i, stackMap);
7       maxHeight = Math.max(maxHeight, height);
8     }
9     return maxHeight;
10  }
11
12  int createStack(ArrayList<Box> boxes, int bottomIndex, int[] stackMap) {
13    if (bottomIndex < boxes.size() && stackMap[bottomIndex] > 0) {
14      return stackMap[bottomIndex];
15    }
16
17    Box bottom = boxes.get(bottomIndex);
18    int maxHeight = 0;
```

```
19    for (int i = bottomIndex + 1; i < boxes.size(); i++) {
20      if (boxes.get(i).canBeAbove(bottom)) {
21        int height = createStack(boxes, i, stackMap);
22        maxHeight = Math.max(height, maxHeight);
23      }
24    }
25    maxHeight += bottom.height;
26    stackMap[bottomIndex] = maxHeight;
27    return maxHeight;
28  }
```

インデックスから高さにマッピングするだけなので、ハッシュテーブルに整数配列を使うことができます。

ここではハッシュテーブルの各場所が表すものに十分注意してください。このコードでは、`stackMap[i]`は箱`i`を一番下にしたときの最大の高さを表しています。ハッシュテーブルから値を引き出す前に、箱`i`を現在の箱の上に配置できることを確認する必要があります。

ハッシュテーブルから呼び出される行がハッシュテーブルに挿入する行と対称的になっているようにすると便利です。たとえばこのコードでは、メソッドの先頭に`bottomIndex`に対応するハッシュテーブルの値を呼び出し、最後に`bottomIndex`に対応する値をハッシュテーブルに挿入しています。

解法2:

箱の山に特定の箱を入れるかどうかを各ステップで選択するという再帰的アルゴリズムについて考えることもできます。(箱は高さなどの次元で降順にソートされます)。

最初に箱0を山に含むかどうか選択します。箱0を底にする場合の再帰と箱0を含まない場合の再帰を行います。

次に箱1を山に含むかどうか選択します。そして箱1を底にする場合の再帰と箱1を含まない場合の再帰を行います。

ここでもメモ化を使用して、特定の底に対する最も高い山の高さをキャッシュします。

```
1   int createStack(ArrayList<Box> boxes) {
2     Collections.sort(boxes, new BoxComparator());
3     int[] stackMap = new int[boxes.size()];
4     return createStack(boxes, null, 0, stackMap);
5   }
6
7   int createStack(ArrayList<Box> boxes, Box bottom, int offset, int[] stackMap) {
8     if (offset >= boxes.size()) return 0; // 基本ケース
9
10    /* bottomを含んだ時の高さ */
11    Box newBottom = boxes.get(offset);
12    int heightWithBottom = 0;
13    if (bottom == null || newBottom.canBeAbove(bottom)) {
14      if (stackMap[offset] == 0) {
15        stackMap[offset] = createStack(boxes, newBottom, offset + 1, stackMap);
16        stackMap[offset] += newBottom.height;
17      }
18      heightWithBottom = stackMap[offset];
19    }
```

```
20
21     /* bottomを含まない場合 */
22     int heightWithoutBottom = createStack(boxes, bottom, offset + 1, stackMap);
23
24     /* 2つの選択のうち良い方を返す */
25     return Math.max(heightWithBottom, heightWithoutBottom);
26   }
27
```

値の呼び出しとハッシュテーブルへの挿入には再度注意してください。15行目と16〜18行目のように対称的であれば、一般的には最適です。

8.14 **ブーリアン表現**: 0(false), 1(true), &(AND), |(OR), ^(XOR)からなるブーリアン表現と、返すべきブーリアン値`result`が与えられます。このとき、演算結果が`result`になるようにブーリアン表現に括弧をつける方法をすべて数え上げる関数を実装してください。ブーリアン表現には(`(0)^(1)` 等)完全に括弧がついていなければなりませんが、(`(((0))^(1))` のような)無意味なものは不可です。

例

`countEval("1^0|0|1", false) -> 2`

`countEval("0&0&0&1^1|0", true) -> 10`

p.157

解法

他の再帰的な問題と同じように、問題自体とその部分問題の関係性を理解するのがポイントです。

ブルートフォース

0^0&0^1|1のような式と、返すべき結果が真であると考えます。`countEval(0^0&0^1|1, true)`を小さな問題に分解するにはどうすればよいでしょうか?

本質的には、括弧を入れるための考え得る場所を順に調べることになります。

```
countEval(0^0&0^1|1, true) =
   countEval(0^0&0^1|1 文字1の前後で括弧, true)
 + countEval(0^0&0^1|1 文字3の前後で括弧, true)
 + countEval(0^0&0^1|1 文字5の前後で括弧, true)
 + countEval(0^0&0^1|1 文字7の前後で括弧, true)
```

次にこれらの式のうちの1つ、文字3(&)の前後とある行を見てみましょう。これは`(0^0)&(0^1)`を返します。

この式が真であるためには、左右の両方が真でなければなりません。つまり:

```
left = "0^0"
right = "0^1|1"
countEval(left & right, true) = countEval(left, true) * countEval(right, true)
```

左右の結果を掛ける理由は、各結果をペアにした固有の組み合わせが形成されるからです。

これらの項はそれぞれ、同様のプロセスでより小さな問題に分解することができます。

では、"|"(OR)があるとどうなるでしょうか? "^"(XOR)ではどうなるでしょうか?

ORの場合は、左右の式のいずれかまたは両方が真でなければなりません。

```
countEval(left | right, true) = countEval(left, true)  * countEval(right, false)
                              + countEval(left, false) * countEval(right, true)
                              + countEval(left, true)  * countEval(right, true)
```

XORの場合は、左右のいずれかが真ですが、両方が真ではありません。

```
countEval(left ^ right, true) = countEval(left, true) * countEval(right, false)
                              + countEval(left, false) * countEval(right, true)
```

結果をfalseにしようとしたらどうなるでしょうか?ロジックを最初から切り替えていきます:

```
countEval(left & right, false) = countEval(left, true)  * countEval(right, false)
                               + countEval(left, false) * countEval(right, true)
                               + countEval(left, false) * countEval(right, false)
countEval(left | right, false) = countEval(left, false) * countEval(right, false)
countEval(left ^ right, false) = countEval(left, false) * countEval(right, false)
                               + countEval(left, true)  * countEval(right, true)
```

あるいは上記と同じロジックを使用して、式の評価方法の総数から減算することもできます。

```
totalEval(left) = countEval(left, true) + countEval(left, false)
totalEval(right) = countEval(right, true) + countEval(right, false)
totalEval(expression) = totalEval(left) * totalEval(right)
countEval(expression, false) = totalEval(expression) - countEval(expression, true)
```

このようにすることで、コードはより簡潔になります。

```
1   int countEval(String s, boolean result) {
2     if (s.length() == 0) return 0;
3     if (s.length() == 1) return stringToBool(s) == result ? 1 : 0;
4
5     int ways = 0;
6     for (int i = 1; i < s.length(); i += 2) {
7       char c = s.charAt(i);
8       String left = s.substring(0, i);
9       String right = s.substring(i + 1, s.length());
10
11      /* 左右を真偽両方の場合で評価する */
12      int leftTrue = countEval(left, true);
13      int leftFalse = countEval(left, false);
14      int rightTrue = countEval(right, true);
15      int rightFalse = countEval(right, false);
16      int total = (leftTrue + leftFalse) * (rightTrue + rightFalse);
17
18      int totalTrue = 0;
```

```
19      if (c == '^') { // trueが1つ、falseが1つ
20        totalTrue = leftTrue * rightFalse + leftFalse * rightTrue;
21      } else if (c == '&') { // いずれもtrue
22        totalTrue = leftTrue * rightTrue;
23      } else if (c == '|') { // どちらもfalseの場合以外
24        totalTrue = leftTrue * rightTrue + leftFalse * rightTrue +
25                    leftTrue * rightFalse;
26      }
27
28      int subWays = result ? totalTrue : total - totalTrue;
29      ways += subWays;
30    }
31
32    return ways;
33  }
34
35  boolean stringToBool(String c) {
36    return c.equals("1") ? true : false;
37  }
```


trueの結果からfalseの結果を計算し、{leftTrue, rightTrue, leftFalse, rightFalse}の値を計算することのトレードオフは、場合によっては少しの余分な作業になることに注意してください。たとえば、AND(&)がtrueになる場合を探している場合、leftFalseとrightFalseの結果は必要ありません。同様に、OR(|)がfalseになる可能性がある場合を探しているなら、leftTrueとrightTrueの結果は必要ありません。

現時点でのコードは、今やっていることや実際にやる必要のないことを把握せず、すべての値を計算するだけになっています。(特にホワイトボード上でのコーディングという制約がある場合は)コードがかなり短くなり、書くのも面倒であるため、おそらく妥当なトレードオフになります。いずれにせよ、面接官とトレードオフについて話し合う必要があります。

これはつまり、より重要な最適化を行うことができるということです。

最適解法

再帰的な経路に従えば、同じ計算を繰り返し行っていることに気付くでしょう。

式0^0&0^1|1とこれらの再帰的な探索経路を考えてみましょう。

- 文字1の前後で括弧を加える。(0)^(0&0^1|1)
  - 文字3の前後で括弧を加える。(0)^((0)&(0^1|1))
- 文字3の前後で括弧を加える。(0^0)&(0^1|1)
  - 文字1の前後で括弧を加える。((0)^(0))&(0^1|1)

これらの2つの式は異なりますが、部分的に同じ式(0^1|1)があります。せっかく計算したこの部分は再利用すべきです。

これはメモ化やハッシュテーブルを使って行うことができます。式と結果ごとにcountEval(expression, result)の結果を保存するだけで済みます。以前に計算した式があればキャッシュから返します。

```
1  int countEval(String s, boolean result, HashMap<String, Integer> memo) {
2    if (s.length() == 0) return 0;
```

```
3      if (s.length() == 1) return stringToBool(s) == result ? 1 : 0;
4      if (memo.containsKey(result + s)) return memo.get(result + s);
5
6      int ways = 0;
7
8      for (int i = 1; i < s.length(); i += 2) {
9        char c = s.charAt(i);
10       String left = s.substring(0, i);
11       String right = s.substring(i + 1, s.length());
12       int leftTrue = countEval(left, true, memo);
13       int leftFalse = countEval(left, false, memo);
14       int rightTrue = countEval(right, true, memo);
15       int rightFalse = countEval(right, false, memo);
16       int total = (leftTrue + leftFalse) * (rightTrue + rightFalse);
17
18       int totalTrue = 0;
19       if (c == '^') {
20         totalTrue = leftTrue * rightFalse + leftFalse * rightTrue;
21       } else if (c == '&') {
22         totalTrue = leftTrue * rightTrue;
23       } else if (c == '|') {
24         totalTrue = leftTrue * rightTrue + leftFalse * rightTrue +
25                     leftTrue * rightFalse;
26       }
27
28       int subWays = result ? totalTrue : total - totalTrue;
29       ways += subWays;
30     }
31
32     memo.put(result + s, ways);
33     return ways;
34   }
```

これの利点は、式の複数の部分で同じ部分文字列が使用できることです。たとえば 0^1^0&0^1^0 のような式は、0^1^0 という箇所が2つあります。メモ化テーブルに部分文字列の計算結果をキャッシュすることにより、左側を計算した後に式の右側の結果に再利用できるようになります。

もう一つの最適化を行うこともできますが、面接試験の範囲をはるかに超えています。式に括弧をつける方法の数を求める閉形式はありますが、その知識があるということは求められていません。nを演算子の数とすると、括弧の付け方の総数はカタラン数によって得られます。

$$C_n = \frac{(2n)!}{(n+1)!n!}$$

これを使って式を評価する方法の総数を計算することができます。次に leftTrue と leftFalse を計算するのではなく、それらのうちの一方を計算し、カタラン数を使ってもう一方を計算します。右側についても同じようにします。

9

“スケーラビリティとメモリ制限”の解法

9.1 **株価情報**：1000のクライアントアプリケーションから呼び出される、単純な株価情報（始値、終値、高値、安値）を取得するサービスを構築しているところを想像してください。株価のデータはすでに持っており、保持するデータの形式は何でもよいと仮定してかまいません。クライアントアプリケーションに対して株価情報を提供するサービスをどのように設計すればよいでしょうか？ あなたには開発、運用展開、モニタリング、メンテナンスを行う責任があります。いくつか方法を考え、なぜそれがよいのかを説明してください。どんな技術を用いてもかまいませんし、クライアントへのデータ配信方法も好きな方法で行ってください。

p.166

解法

問題の記述を見るかぎり、クライアントへのデータ配信をどのようにするかという部分に照準を合わせたいところです。必要な情報を自在に集めるスクリプトがすでにあるという仮定で進めていきます。
まず、考慮すべきさまざまな視点について考えることから始めます。

- **クライアントにやさしい**：クライアントにとって実装しやすい、かつ便利なサービスにしたい。
- **自分たちにもやさしい**：不必要な作業を強いられるべきではないので、できるだけ自分たちが実装しやすいサービスにするべき。これは実装に関するコストだけでなく、メンテナンスに関するコストも考慮する必要がある。
- **将来の要求に対しても柔軟に対応できる**：これは現実の世界でやりたいことによって決まるので、現実の世界をふまえて考える。理想的には要求が変更された場合にうまく対応できないような、実装の変更に制限を受けるようなことはしたくない。
- **スケーラビリティと効率**：システムに負荷がかかり過ぎないように、設計の効率については注意すべきである。

これらの枠組みを念頭に置いて、いくつか提案してみます。

提案1

FTPサーバーのようなものを通じてデータをシンプルなテキストファイルで保持し、クライアントが取得できるようにしておきます。こうするとデータの閲覧やバックアップが容易であるという点でメンテナンスしやすくなりますが、クエリ操作の類は複雑になります。また、新たなデータがテキストファイルに追加されると、クライアントの字句解析機構を壊してしまう可能性があります。

提案2

標準的なSQLデータベースを用いてクライアントから直接接続できるようにします。この方法は以下のメリットがあります。

- サポートの必要がある追加機能がある場合でも、クライアントにクエリ操作を促すことにより簡単に解決できる。たとえば「始値がNより大きく終値がMより小さい銘柄をすべて返す」のようなクエリを容易かつ効率的に書くことができる。
- ロールバック、バックアップ、セキュリティに関する機能も標準的に備えているので「車輪の再発明」の必要がなく、実装が容易である。
- クライアントにとって既存のアプリケーションへの統合がしやすい。SQLへの統合はソフトウェアの開発環境として標準的である。

では、SQLを使うデメリットとしてはどのようなものがあるでしょうか?

- ほんのわずかの情報のやりとりのためだけに複雑なSQLのバックエンドまでついて回ることになり、非常に処理が重くなってしまう。
- 人間にとっては読みやすいわけではないので、データの閲覧やメンテナンスのために追加レイヤーの実装が必要になりがちである。結果、実装コストを増大させることになる。
- SQLデータベースは非常にしっかりとしたセキュリティレベルを提供しているため、クライアントへのアクセス制限にはかなり注意しなければならない。さらに、クライアント自身に「悪意」がなくても、高負荷あるいは非効率なクエリを実行してしまうことでサーバーに大きな負担がかかってしまう可能性がある。

これらのデメリットはSQLを使ってはいけないという意味ではなく、しっかりと把握した上で使うべきだということです。

提案3

XMLを用いるのも優れた方法の1つです。社名、始値、終値、高値、安値という形式のデータはXMLを使って、たとえば次のように書くことができます。

```
1   <root>
2     <date value="2008-10-12">
3       <company name="foo">
4         <open>126.23</open>
5         <high>130.27</high>
6         <low>122.83</low>
7         <closingPrice>127.30</closingPrice>
8       </company>
9       <company name="bar">
10        <open>52.73</open>
11        <high>60.27</high>
12        <low>50.29</low>
13        <closingPrice>54.91</closingPrice>
14      </company>
15    </date>
16    <date value="2008-10-11"> . . . </date>
17  </root>
```

この方法では次のようなメリットが挙げられます。

- 非常に配布しやすく、機械にも人間にも読みやすい。これは、XMLがデータを共有したり配布するための標準的なデータモデルになっている所以でもある。
- XMLはたいていのプログラミング言語が対応しているので、クライアントにとって非常に実装しやすい。
- 追加ノードを加えることでXMLファイルに新しいデータを追加することができ、それでクライアントの作成したパーサを壊してしまうようなこともない。
- データがXMLファイルとして保持されるのでデータのバックアップには既存のツールを使うことができ、わざわざバックアップツールを実装する必要がない。

デメリットには以下が挙げられます。

- データの一部分が必要なだけでもクライアントにはすべての情報を送ることになり、効率が悪い。
- どんなクエリを実行するにもファイル全体のパースが要求される。

データストレージにどのような方法を用いるにせよ、クライアントからのデータアクセスにSOAPのようなウェブサービスを提供することはできるでしょう。作業の層が一段増えることになりますがセキュリティを高めることになりますし、クライアントにとってもシステムの統合がしやすくなります。

しかし ― そしてこれは賛否両論ですが ― クライアントはこちらが想定した方法でのデータ取得にのみ限られてしまいます。対照的に純粋なSQLで実装した場合には、たとえクライアント側がそのような操作をしたいと想定していなかったとしても、たとえば最も高い株価を問い合わせることはできるでしょう。

では、どの方法が良いのでしょうか? そこに明確な答えはありません。単なるテキストファイルという答えはおそらく良くありませんが、ウェブサービスの有無にかかわらずSQLやXMLを用いる場合について説得力のある議論をすることはできます。
このような問題の目標は「正しい」答えが出せるかということではなく、あなたがシステムをどのように設計し、トレードオフについてどのように評価するかを見極めることです。

9.2 **ソーシャルネットワーク:** FacebookやLinkedInのような、非常に大きなソーシャルネットワークのデータ構造をどのように設計しますか? また、2人のユーザー間のつながり(私→ボブ→スーザン→ジェイソン→あなた、のような)を示すアルゴリズムをどのように設計すればよいか説明してください。

p.166

解法

まずは、いくつかの制約を取り除いた状態で考え始めるのがよいでしょう。

ステップ1: 問題を単純化する? ユーザーが数百万もいるということは忘れてしまう

まず、数百万ものユーザーを扱うということは忘れてシンプルに設計してみましょう。

個々のユーザーを1つのノードとして、お互いのユーザーが友達であれば2つのノード間に辺を作る、という方法でグラフを作ります。

2人のユーザー間にパスがあるかどうか調べたいときは、1人のユーザーから始めて単純に幅優先探索を行います。

なぜ深さ優先ではないのでしょうか? 第1に、深さ優先探索は単に経路を見つけるだけで、必ずしも最短経路が見つかるわけではありません。第2に、たとえどんな経路でもよかったとしても、非常に効率が悪いです。それは、非常に非効率だからです。2人のユーザーは1段階のノード分しか離れていないかもしれませんが、深さ優先探索では直近のノードを調べる前に数百万もある部分木を探索していくことになるからです。

他には双方向幅優先探索と呼ばれる方法を使うこともできます。これは元の地点と目的の地点の2地点から幅優先探索を行う方法です。それぞれの探索時に衝突が起これば、経路が見つかったということがわかります。

```
1   LinkedList<Person> findPathBiBFS(HashMap<Integer, Person> people, int source,
2                                    int destination) {
3     BFSData sourceData = new BFSData(people.get(source));
4     BFSData destData = new BFSData(people.get(destination));
5
6     while (!sourceData.isFinished() && !destData.isFinished()) {
7       /* 元の方から探索 */
8       Person collision = searchLevel(people, sourceData, destData);
9       if (collision != null) {
10        return mergePaths(sourceData, destData, collision.getID());
11      }
12
13      /* 目的地の方から探索 */
14      collision = searchLevel(people, destData, sourceData);
15      if (collision != null) {
16        return mergePaths(sourceData, destData, collision.getID());
17      }
18    }
19    return null;
20  }
21
22  /* 1レベル(1つ隣のノード)だけ探索し、訪問済みの人であればそれを返す */
23  Person searchLevel(HashMap<Integer, Person> people, BFSData primary,
24                     BFSData secondary) {
25    /* 一度に1つ次のノードのみ探索したい。
26     *現在の深さでいくつノードがあるのか数えてそのノードについて行う。
27     *すでに訪問したノードでなければ訪問先に加えていく。 */
28    int count = primary.toVisit.size();
29    for (int i = 0; i < count; i++) {
30      /* ノードを取り出す */
31      PathNode pathNode = primary.toVisit.poll();
32      int personId = pathNode.getPerson().getID();
33
34      /* すでに訪問したかどうかを調べる */
35      if (secondary.visited.containsKey(personId)) {
36        return pathNode.getPerson();
37      }
38
39      /* 友達をキューに追加する */
40      Person person = pathNode.getPerson();
41      ArrayList<Integer> friends = person.getFriends();
42      for (int friendId : friends) {
43        if (!primary.visited.containsKey(friendId)) {
44          Person friend = people.get(friendId);
45          PathNode next = new PathNode(friend, pathNode);
46          primary.visited.put(friendId, next);
47          primary.toVisit.add(next);
48        }
49      }
50    }
51    return null;
52  }
53
```

```
54  /* つながりのある経路が見つかったらマージする */
55  LinkedList<Person> mergePaths(BFSData bfs1, BFSData bfs2, int connection) {
56    PathNode end1 = bfs1.visited.get(connection); // 元の方からの探索
57    PathNode end2 = bfs2.visited.get(connection); // 目的地の方からの探索
58    LinkedList<Person> pathOne = end1.collapse(false);
59    LinkedList<Person> pathTwo = end2.collapse(true); // 逆順にする
60    pathTwo.removeFirst(); // 連結したときに重複する部分を削除
61    pathOne.addAll(pathTwo); // 経路を連結する
62    return pathOne;
63  }
64
65  class PathNode {
66    private Person person = null;
67    private PathNode previousNode = null;
68    public PathNode(Person p, PathNode previous) {
69      person = p;
70      previousNode = previous;
71    }
72
73    public Person getPerson() { return person; }
74
75    public LinkedList<Person> collapse(boolean startsWithRoot) {
76      LinkedList<Person> path = new LinkedList<Person>();
77      PathNode node = this;
78      while (node != null) {
79        if (startsWithRoot) {
80          path.addLast(node.person);
81        } else {
82          path.addFirst(node.person);
83        }
84        node = node.previousNode;
85      }
86      return path;
87    }
88  }
89
90  class BFSData {
91    public Queue<PathNode> toVisit = new LinkedList<PathNode>();
92    public HashMap<Integer, PathNode> visited =
93      new HashMap<Integer, PathNode>();
94
95    public BFSData(Person root) {
96      PathNode sourcePath = new PathNode(root, null);
97      toVisit.add(sourcePath);
98      visited.put(root.getID(), sourcePath);
99    }
100
101   public boolean isFinished() {
102     return toVisit.isEmpty();
103   }
104 }
```

このアルゴリズムが高速であることに驚く人も多いと思います。なぜ速いのかを簡単な数学で説明しておきます。

すべての人がk人の友達を持ち、ノードSとノードDは共通の友達Cを持っているとします。

X 解法

- 従来のSからDへの幅優先探索では、Sの友達k人とk人の友達の友達で大体k+k*k個のノードを探索します。
- 双方向幅優先探索：k人のSの友達と、k人のDの友達の、2k個のノードを探索します。2kは当然k+k* kより小さいです。

これを長さqの経路に対して一般化すると、このようになります：

- BFS（幅優先探索）：$O(k^q)$
- 双方向BFS：$O(k^{q/2} + k^{q/2})$で、$O(k^{q/2})$と言える

各人に100人の友達がいるとき、A -> B -> C -> D -> Eのような経路をイメージすると、これは大きな差になります。BFSでは1億（100^4）ノードを調べる必要がありますが、双方向BFSでは20,000（2×100^2）ノードを調べるだけで済みます。

双方向BFSは、一般的には従来のBFSより速いです。しかし元のノードと目的のノードの両方にアクセスする必要があるので、必ずそうなるとも言えません。

ステップ2：数百万のユーザーを扱う

LinkedInやFacebookほどの規模のサービスを扱う場合、1つのマシンにすべてのデータを保持することはまず不可能でしょう。つまり、前述のシンプルなデータ構造ではまったくうまくいきません。友たち同士が同じマシン上にいないかもしれないからです。そこで、代わりに友人のリストをIDのリストに置き換えて次のように巡回します。

1. それぞれのIDに対して：`int machine_index = getMachineIDForUser(personID);`
2. `machine_index`のマシンに移る
3. そのマシン上で：`Person friend = getPersonWithID(person_id);`

以下のコードがこの処理の外観です。すべてのマシンのリストを持った`Server`クラスを定義して、`Machine`クラスは個々のマシンを表します。それぞれのクラスは効率よくデータを探すためのハッシュテーブルを持っています。

```
1   class Server {
2     HashMap<Integer, Machine> machines = new HashMap<Integer, Machine>();
3     HashMap<Integer, Integer> personToMachineMap = new HashMap<Integer, Integer>();
4
5     public Machine getMachineWithId(int machineID) {
6       return machines.get(machineID);
7     }
8
9     public int getMachineIDForUser(int personID) {
10      Integer machineID = personToMachineMap.get(personID);
11      return machineID == null ? -1 : machineID;
12    }
13
14    public Person getPersonWithID(int personID) {
15      Integer machineID = personToMachineMap.get(personID);
16      if (machineID == null) return null;
17
18      Machine machine = getMachineWithId(machineID);
19      if (machine == null) return null;
20
21      return machine.getPersonWithID(personID);
```

```
22    }
23  }
24
25  class Person {
26    private ArrayList<Integer> friends = new ArrayList<Integer>();
27    private int personID;
28    private String info;
29
30    public Person(int id) { this.personID = id; }
31    public String getInfo() { return info; }
32    public void setInfo(String info) { this.info = info; }
33    public ArrayList<Integer> getFriends() { return friends; }
34    public int getID() { return personID; }
35    public void addFriend(int id) { friends.add(id); }
36  }
```


まだまだ最適化や問題の追及はできそうですが、ここでは少しだけにとどめておきます。

最適化: マシン間の移動を少なくする

マシン間の移動はコストの大きい作業です。友人ごとに頻繁に移動を行う代わりに、たとえば同じマシンに5人いるとわかった時点で移動するというような形で、ある程度まとめて処理を行うようにします。

最適化: ユーザーとマシンの細分化

同じ国に住んでいるユーザー同士が友人になりやすいのであれば、ランダムにユーザーを振り分けるよりは国ごと、年ごと、州ごとのように分割するほうがよいでしょう。そうしておくだけでマシン間の移動回数を減らすことができます。

問題: 幅優先探索では通常、探索済みのノードに「印」をつけなければなりません。今回はどのようにすればよいでしょう?

普通の幅優先探索ではノードクラスに調べたかどうかを記録するフラグを用意しますが、今回はそのようにしたくはありません。同時に複数の検索が行われる可能性がありますので、データ自体を操作する方法は良くないからです。

フラグを用意する代わりに、ハッシュテーブルを使ってノードの探索と探索済みかどうかのチェックを行うようにします。

他の発展問題

- 実際に運用しているとサーバーに障害が発生します。そのときどのような影響がありますか?
- キャッシュを有効に利用することはできますか?
- グラフは完全に探索しますか? あるいはどのように探索の終了を定めますか?
- 実データでは、一部の人々には他より多くの友人がいるので、よりあなたと他の誰かの間で経路ができそうです。どこから探索を行うかを決めるのに、このデータを活用できますか?

これらはありそうな発展問題のほんの一例ですが、他にもたくさん考えられます。

9.3 ウェブの巡回ソフト: ウェブの巡回ソフトを設計する場合、無限ループを回避するにはどのようにすればよいですか?

p.166

解法

まず最初に考えるべきことは、無限ループがどのようにして起こるのかということです。最もシンプルに考えれば、ウェブをリンクのグラフと考えたとき、グラフに循環する部分があれば、そこで無限ループが起こると判断できます。

無限ループにならないようにするにはグラフの循環を検出する必要があります。解決策の1つはハッシュテーブルを用い、vというページにアクセスしたらhash[v]をtrueにしながら進めていく方法です。

これを用いて、ウェブページを幅優先探索により巡回しましょう。ウェブページを訪れるたびに、そこからのリンクをキューに追加します。もしアクセス済みのページがあれば、無視します。

これは良い方法ですが、ウェブページvにアクセスするというのはどういうことでしょうか? ウェブページvはそのコンテンツで定義されるのか、URLで定義されるのか、どちらでしょうか?

URLで定義されるとすれば、URLのパラメータが完全に別のウェブページを示していることを確認しなければなりません。たとえば、www.careercup.com/page?pid=microsoft-interview-questionsは、www.careercup.com/page?pid=google-interview-questionsとまったく別のものです。しかしパラメータというものは、そのウェブアプリケーションが認識できない、あるいは取り扱うことができないものでも、ウェブページの内容をまったく変えることなく好き勝手につけ加えることができます。www.careercup.com?foobar=helloとwww.careercup.comは同じウェブページが表示されます。

なるほど、ではウェブページの定義はコンテンツをベースに考えましょう、とおっしゃる方もいるかもしれません。それでもよさそうなのですが、実はそれでもうまくいきません。careercup.comのホームページでコンテンツがランダムに生成されていると考えてみてください。そこは、訪れるたびに異なるページと言えるのでしょうか? そうではありませんね?

現実的には「異なる」ページを完全に定義することはできそうにありません。そしてこの部分が、問題を扱いにくくしている点でもあります。

この問題に取り組む1つの方法としては、ページの類似性についてある程度の推定を行うことです。コンテンツとURLの両方をベースとして、あるページが他のページと十分似ていると思われれば、そのページの子ページは巡回の優先度を下げるようにします。各ページにコンテンツとURLに基いたある種のシグネチャを取り入れます。

たとえば、どのようにすればよいかを見てみましょう。

巡回する項目のリストがデータベースに保持されています。その中で最も優先度の高いページを選んで巡回していきます。このとき、次のようにします。

1. ページを開き、内容の一部とURLを元にシグネチャを作る。
2. 最近このシグネチャによるアクセスがあったかどうかを調べるために、データベースに問い合わせる。
3. シグネチャと関連するページに最近アクセスがあれば、そのページの優先度を下げてデータベースに追加する。
4. そうでなければページを巡回し、そのリンクをデータベースに追加する。

この実装では完全なウェブの巡回はできませんが、ループに陥って巡回が止まってしまうというようなことは避けることができます。ウェブの巡回を「完了する」ということを考えるならば、巡回しなければならない最低の優先度をセットしておきます。これは特にイントラネットのような小規模のシステムであれば確実に必要でしょう。

これはかなり単純化した解の1つに過ぎず、他に同等の方法がいくつもあります。この種の問題は解法がいくつもある問題について面接官と行う議論と似ています。実際、この問題に関する議論は今後同じような問題が出たときの解決方法になっているでしょう。

9.4 **URLの重複:** 100億件のURLがあります。重複するものを検出するにはどのようにすればよいですか? なお、「重複」とはURLが同一であるという意味です。

p.166

解法

100億ものURLを扱うにはどの程度のスペースが必要になるでしょうか? URLの文字列が平均100文字で、1文字4バイトとすると、100億件のURLは4TBにもなってしまいます。メモリ上にそこまで大きなデータを置けることは、おそらくないでしょう。

しかし、最初にシンプルな解を考えるために、まずは奇跡的にメモリ上にデータを置けたとしておきましょう。この場合、一度出現したURLを`true`にマッピングするハッシュテーブルを作ればよいだけです(他にもリスト全体をソートして重複箇所を見つける方法がありますが、時間がかかるわりにほとんど利点はありません)。

単純な解法はわかりましたので、次は全部で4TBにもなる、とてもメモリ上にすべて置けそうにもないデータを扱う場合を考えてみましょう。データをディスク上に置く方法でも、複数のマシンに分割する方法でも、どちらでもかまいません。

解法1: ディスク記憶装置

1つのマシン上にすべてのデータを保持するとすれば、2段階の操作が必要になります。まず、URLのリストを1GBずつ4000グループに分割します。この操作を簡単に行うにはURLを`u`として、`x = hash(u) % 4000`となる`x`を用い、<x>.txtに保存していきます。つまり、URLをそのハッシュ値(の、分割数での剰余)に応じて分割していくのです。この方法では、ハッシュ値が等しいURLがすべて同じファイルの中にあるということになります。

次に、前述したようなシンプルな解法を実装します。つまり、メモリ上にファイルを展開し、URLのハッシュテーブルを作り、重複するものを見つけるようにします。

解法2: 複数のマシンで

この解法も本質的には先ほどと同じですが、今度は複数のマシンを使用します。今回は<x>.txtというファイルにデータを保持するのではなく、マシン`x`にデータを送ります。

複数のマシンを使う場合、メリットとデメリットがあります。

主なメリットは、4000個の作業を並列化して同時にできるという点です。大規模なデータに対しては高速な解法になります。

しかしデメリットもあり、それは4000もの異なるマシンを完璧に作動させなければならないという点です。これは(特にデータが大きくなり、マシンも増えた場合には)現実的ではありません。ですから失敗した場合の扱いも考慮する必要が出てくるでしょう。

さらに言えば、多くのマシンを扱うことによってシステムの複雑さが増すことになります。

どちらも良い解法ではありますが、面接官とはしっかり議論はすべきです。

9.5 **キャッシュ**：シンプルなサーチエンジン用のウェブサーバーをイメージしてください。このシステムは`processSearch(string query)`の形で検索クエリを受け付け、結果を返すのに100台のマシンを使用します。どのマシンが要求を受け付けるかはランダムに選ばれるので、同じリクエストに対して常に同じマシンが応答するとは限りません。また、`processSearch`は高負荷なメソッドです。このとき、最近のクエリに対するキャッシュのシステムを設計してください。特に、変更されるデータに対するキャッシュの更新の仕方については必ず説明してください。

p.117

解法

システムの設計を始める前に、まずは問題の意味をよく理解しておかなければなりません。このような問題では、しばしば詳細の大部分があいまいです。今回我々は解法を考えるために合理的な仮定を行いますが、詳細については面接官と徹底的に議論すべきです。

仮定

解法について考える前に、少し仮定をしておきます。システム設計とアプローチの方法によっては異なる仮定になってもかまいません。「正しいアプローチ」が決まっていることはない、ということは忘れないでください。

- 必要に応じて`processSearch`を呼び出す以外のすべてのクエリ処理は、最初に呼び出されたマシンで発生する。
- キャッシュしたいクエリの数は大きい（百万単位）。
- マシン間の呼び出しは比較的速い。
- クエリによる結果は50文字のタイトルと200文字の概要を合わせたURLのリストとして整理される。
- 最も人気のあるクエリは、常にキャッシュに含まれているほど非常に人気がある。

繰り返しますが、これらの仮定は唯一のやり方ではありません。ここで示したものは合理的な仮定の、ほんの一例です。

システム要件

キャッシュの設計をするとき、まず次の2つの主要な機能をサポートすることが必須です。

- キーによる効率の良い検索。
- 新しいデータと置き換えるためにデータの期限を設定する。

加えて、クエリの結果が変わったときにキャッシュの更新や削除も扱えるようにしなければなりません。クエリによっては頻繁に呼び出されるものもあり、ずっとキャッシュ内に残っている可能性があるため、自然にキャッシュが更新されるのを待つことはできません。

ステップ1：単一マシンのシステムのキャッシュを設計する

単一マシンのシステムを設計するところから始めましょう。古いデータを削除したり、キーに基いて効率的にデータを検索するにはどのようにすればよいでしょうか？

- 連結リストを使うと、新しい項目を先頭に移動することで古いデータを簡単に削除できる。リストが一定のサイズを超えたら、リストの最後の要素を削除するようにもできる。
- ハッシュテーブルはデータ検索が効率的に行えるが、それだけでは古いデータの削除ができない。

これらの良さを両方取り入れるにはどのようにしますか？ 2つのデータを合わせてしまえばよいですね。仕組みは次の通りです。

以前と同様に、アクセスごとにノードを先頭へ移動する連結リストを作成します。これにより、連結リストの末尾が常に最も古いデータになります。さらに、クエリから連結リスト内の一致するノードを求めることができるハッシュテーブルを用意します。これによってキャッシュされた結果を効率的に返すだけでなく、リストの先頭に適切なノードを移動させることでデータ構造を「最新の状態」にすることができます。

例として短く書いたキャッシュのコードは以下の通りです。サイト（訳注：米国のサイト、www.crackingthecodinginterview.comとなります）からダウンロードできるコードには完全なコードが含まれています。面接時には大きなシステムの設計をする場合と同様に、完全なコードを書かされるようなことはまずありません。

```
1   public class Cache {
2     public static int MAX_SIZE = 10;
3     public Node head, tail;
4     public HashMap<String, Node> map;
5     public int size = 0;
6
7     public Cache() {
8       map = new HashMap<String, Node>();
9     }
10
11    /* ノードをリストの先頭に移動する */
12    public void moveToFront(Node node) { ... }
13    public void moveToFront(String query) { ... }
14
15    /* ノードをリストから削除する */
16    public void removeFromLinkedList(Node node) { ... }
17
18    /* キャッシュから結果を得てリストを更新する */
19    public String[] getResults(String query) {
20      if (!map.containsKey(query)) return null;
21
22      Node node = map.get(query);
23      moveToFront(node); // 「新しさ」を反映する
24      return node.results;
25    }
26
27    /* リストとハッシュテーブルに結果を挿入する */
28    public void insertResults(String query, String[] results) {
29      if (map.containsKey(query)) { // 値を更新する
30        Node node = map.get(query);
31        node.results = results;
32        moveToFront(node); // 「新しさ」を反映する
33        return;
34      }
35
36      Node node = new Node(query, results);
37      moveToFront(node);
```

```
38  map.put(query, node);
39
40        if (size > MAX_SIZE) {
41          map.remove(tail.query);
42          removeFromLinkedList(tail);
43        }
44      }
45    }
```

ステップ2：複数のマシンに拡張する

1台のマシン上での設計は理解しました。今度は多くの異なるマシンに対してクエリが送信される場合に、どのように設計すればよいかを考えましょう。クエリが特定の決まったマシンにいつも送られるとは限らないという問題の記述を思い出してください。

まず最初に決定しておく必要があるのは、マシン間でどの程度キャッシュを共有するかということです。これにははにいくつかの選択肢が考えられます。

選択1：各マシンに独自のキャッシュを持つ

単純な方法としては、各マシンに独自のキャッシュを持たせる方法があります。これは、たとえば「foo」というクエリが短時間に2回マシン1に送られたとき、2回目のクエリでキャッシュを返すということになります。しかし、「foo」というクエリが1回目はマシン1、2回目はマシン2に送られるような場合は、各マシン上で初めてクエリが送られたという扱いになってしまいます。

マシン間のやりとりがない分、この方法は比較的高速ですが、多くのクエリが繰り返し送信されているにもかかわらず初めてという扱いになってしまい、残念ながら少々非効率です。

選択2：各マシンにキャッシュのコピーを持たせる

極端な方法ですが、各マシンにキャッシュを完全にコピーしてしまう方法もあります。キャッシュに1項目追加されると、他のすべてのマシンにもキャッシュの情報を送ります。全体的なデータ構造は連結リストとハッシュテーブルを合わせた形になります。

この設計ではどのマシン上でも同じキャッシュを持つことになるので、共通のクエリがほぼ常にキャッシュにあることになります。しかし大きな欠点は、キャッシュの更新を行うとN台のマシンすべてにデータを一斉送信することになるということです。加えて、項目ごとに実質N倍のメモリが必要になることになり、キャッシュできるデータの量が少なくなってしまいます。

選択3：各マシンにキャッシュの一部分を持たせる

第3の選択肢は、各マシンがそれぞれ異なる内容のキャッシュを持つようにキャッシュを分割する方法です。マシンiがクエリに対する結果を探す必要があるとき、マシンiはデータがどのマシン上にあるのかを見つけ、データがあるとわかったマシン（マシンjとします）に問い合わせ、マシンjのキャッシュにあるクエリを検索します。

しかし、どのようにすればマシンiはハッシュテーブルのこの部分を持っているマシンを知ることができるでしょうか？

1つのやり方は、hash(query) % Nという計算に基いて割り当てていく方法です。このようにすればマシンiはこの計算を行うだけで、マシンjにクエリの結果があることを知ることができます。

したがって、マシンiに新しいクエリが送信されるとそのマシンは計算式を適用し、マシンjを呼び出します。マシンjはキャッシュのデータを返すか、processSearch(query)を呼び出します。マシンjはキャッシュを更新し、マシンiに結果を返します。

他にも、マシン`j`のキャッシュにデータが存在しない場合は`null`を返すようなシステムを設計するのもよいでしょう。この場合、マシン`i`が`processSearch`を呼び出し、それを記録するためにマシン`j`へ結果を送信しなければなりません。この実装には大きな利点がないのに対し、マシン間の通信回数が増えてしまうという欠点があります。

ステップ3：コンテンツが変わった場合の結果更新

十分なキャッシュサイズがある場合、頻繁に要求されるため恒久的にキャッシュに残ってしまうクエリもあるということを思い出してください。定期的、あるいは要求に応じてキャッシュの内容をリフレッシュする仕組みが必要です。

この問いに答えるには、結果が変化するのがいつかを考える（また、面接官と議論する）必要があります。キャッシュの更新を行うのは主に次の場合です。

1. そのURLのコンテンツが変わった場合（あるいは、そのURLのページが削除された場合）
2. ページランクの変化に応じて結果の順序が変わった場合
3. 特定のクエリに関する新しいページが現れた場合

1と2を扱うには、たとえばどのクエリが特定のURLと関連しているかがわかるハッシュテーブルを別に作ります。これは完全に他のキャッシュから分離し、別のマシンに置くことができます。しかし、この方法には多くのデータが必要になります。

あるいは、キャッシュのリフレッシュが即座である必要がないなら、各マシンのキャッシュを定期的に調べ、更新されたURLに関連しているキャッシュを削除する方法でもよいでしょう。

3の状況はかなり難しい問題です。新しいURLのコンテンツをパースし、各単語についてその単語のクエリをキャッシュから削除するということができるかもしれません。しかし、この方法では1単語のクエリしか扱うことができません。

3の状況を扱う良い方法は、キャッシュの「自動タイムアウト」を実装することです。つまりリクエストの頻度と関係なく、x分以上はキャッシュに残せないようにタイムアウトを設けてしまうのです。

ステップ4：さらなる機能強化

仮定の仕方や環境によっては、この設計にはまだまだ改良や工夫の余地があります。

そのような最適化の1つとして、非常に頻度の高いクエリの扱いをうまくするということがあります。たとえば、（極端な例として）特定の文字列がすべてのクエリの中に1%あると考えてみてください。マシン`i`が毎回マシン`j`にリクエストを送るよりは、一度だけリクエストを送り、結果を自身のキャッシュに置いておいたほうがよいですね。

他にも、各マシンにクエリをランダムに割り当てるよりもハッシュテーブル（やキャッシュの位置）に基いて割り当てるようにシステムを再構築する方向性もいろいろと可能性がありそうです。ただし、その決定にはトレードオフがついて回ることになるかもしれません。

他にできそうな最適化は「自動タイムアウト」の仕組みです。先ほども述べましたが、これはX分後にデータを削除するというものです。しかし一部のデータ（たとえば最新のニュース）は、それ以外のデータ（たとえば過去の株価）より頻繁に更新したいという場合があるかもしれません。その場合は、話題もしくはURLに基いてタイムアウトを実施するようにするとよいかもしれません。URLに基いて行う場合、たとえばURLごとに過去の更新頻度からタイムアウト頻度を設定します。クエリに対するタイムアウトは各URLへのタイムアウトの最小値になります。

これらは改良案のほんの一部に過ぎません。このような問題では唯一の正しい解法はないということを忘れないでください。設計基準について面接官と議論し、アプローチの仕方や方法論をアピールしていくのです。

9.6 **売上ランク:** 巨大なeコマースの企業はベストセラー商品の、全体とカテゴリ別のリストが欲しいと考えています。たとえばある商品は全体では1056位の売り上げで、「スポーツ用品」カテゴリでは13位の売り上げ、「安全」カテゴリでは24位になっている、といったものです。このシステムをどのように設計するかを説明してください。

p.167

解法

問題を解くために、まずはいくつか仮定することから始めましょう。

ステップ1: 問題の範囲を決める

最初に、何を作ろうとしているのかを正確に定義する必要があります。

- eコマース全体のシステムではなく、この質問に関する部分の設計のみについて問われていると仮定する。この場合、フロントエンド部や購入部の設計に触れることになるが、売り上げランクに影響のある部分のみにする。
- 売上ランクの意味も定義すべきである。通算の売り上げ個数なのか? 月間の売上個数なのか? 週間の売上個数なのか? あるいは(売り上げデータの指数関数的減衰のようなものを含むような)もっと複雑な機能なのか? これは面接官と議論する余地がある。今回は単純に、過去1週間の売上個数と仮定しておく。
- 各商品は複数のカテゴリに属すことができ、「サブカテゴリ」という考え方はしないと仮定する。

このパートでは、問題や機能の範囲が何であるかの良い考えが得られます。

ステップ2: 合理的な前提を作る

これらは面接官と議論しておきたいことです。今は目の前に面接官がいないので、いくつか仮定する必要があります。

- 統計データは100%最新である必要はないと仮定する。データは最も人気のある商品(例えば各カテゴリのトップ100)に対して1時間以内、人気のない商品は1日以内のデータでよいとする。これは、売上#2,809,132位の商品が本当は#2,789,158であるかを気にする人はほとんどいないということである。
- 最も人気のある商品については正確さが重要だが、そうでない商品については少々誤差があっても問題ない。
- データは(最も人気のある商品については)1時間ごとに更新されるべきだが、データの期間は正確に7日間(168時間)である必要はない。150時間程度の場合があってもよしとする。

重要はことは、起こり得る問題に対する決定よりもこれらの仮定が実際に起こるのかどうかです。最初の段階で、これらの仮定をできるだけ多く洗い出しておくべきです。その途中で、ほかの仮定が必要になるかもしれません。

ステップ3: 主要な構成を描く

今度は主な構成要素を記述した、基本的なシステムを設計します。ここからはホワイトボードを使いましょう。

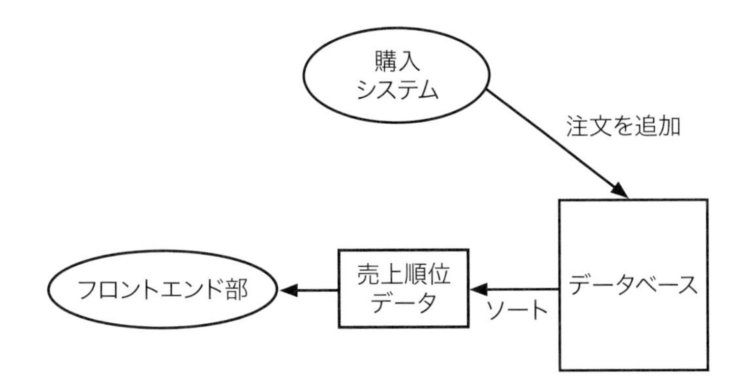

このシンプルな設計では、注文が入る度にデータベースに追加します。1時間ごと程度でデータベースからカテゴリ別に売り上げデータを引き出し、売上合計を計算してからそれをソートして、売り上げ順位データのキャッシュ等(おそらくメモリ上)にそれを保持します。フロントエンド部では、標準のデータベースを検索し独自に分析を行うのではなく、単に売り上げ順位のデータをテーブルから引き出すだけです。

ステップ4:主要な問題点を特定する

分析は高コスト

単純なシステムでは、定期的に過去1週間の商品別売り上げ数をデータベースに問い合わせます。これは非常に高コストです。常にあらゆる売り上げに対して問い合わせているのです。

今回のデータベースでは、合計の売上数を調べる必要があるだけです。購入履歴の一般的な記録部分は、システムの別の部分で扱われ、売り上げデータの分析のみに焦点を置くと(解答の初めにメモとして)仮定することになるでしょう。

データベースにすべての購入データをリスト化するのではなく、最近1週間分の合計売上数のみを記録するようにします。各購入データは1週間の合計売り上げ数に更新されるだけです。

合計売上数を記録するには少し考える必要があります。過去1週間の合計売上数を記録するのに単一のデータ列を使うとすると、合計売上数を毎日(最近7日間は日ごとに変化するので)再計算する必要があります。それは不必要に手間がかかっています。

そこで、このようなテーブルを使ってみましょう。

商品ID	合計	日	月	火	水	木	金	土

これは本質的に円形配列のようなものです。日ごとに、その週の対応する日をクリアします。購入ごとに、合計数と同様にその日の商品の売り上げ数を更新します。
商品IDとカテゴリの対応関係を保持するテーブルも別に必要になります。

商品ID	カテゴリID

カテゴリごとの売り上げ順位を得るには、これらのテーブルを合わせる必要があります。

データベースの書き込み頻度は非常に高い

この変更を加えたとしても、データベースへのアクセスは非常に多いままです。毎秒入ってくる購入数については、おそらく一括してデータベースに書き込んだ方がよいでしょう。

購入ごとすぐにデータベースにアクセスするかわりに、(バックアップ用のログファイルと同様に)キャッシュの類に購入データを保存するようにします。定期的にログ/キャッシュデータを処理して合計数を計算し、データベースを更新します。

> メモリ上にこれを保持できるかどうかはすぐに考えるべきです。システム上に1,000万個の商品があるとすると、ハッシュテーブルで各データ(売上個数と合わせて)保持することはできるでしょうか?これは可能です。各商品IDが4バイト(40億個の固有IDが表現できる大きさ)で個数も4バイト(十二分なサイズ)なら、そのようなハッシュテーブルではおよそ40メガバイトしか必要としません。付帯要素やシステムがかなり大きくなることを考慮しても、メモリ上にすべてのデータを置くことはできそうです。

データベースを更新した後は売上順位データを再実行します。

ただしここでは少し注意が必要です。ある商品のログを別の商品の前に処理し、その間に統計処理が再実行されてしまうと、(ある商品に対して、それと競合する商品の方がより長い期間の売り上げ数を含むので)データに歪みを生じさせることになってしまいます。

この問題は、保存データがすべて処理されるまで売り上げランキングを再実行しない(購入データが次から次へ入ってくる場合は難しい)か、期間によってメモリ上のキャッシュに分けることで解決できます。ある時間までにすべての保存データに対してデータベースを更新すれば、確実にデータベース上で歪みが生じないようにできます。

結合は高コスト

商品カテゴリは数万になる可能性があります。各カテゴリについて、まず商品データを(負荷の高そうな結合処理で)引き出しそれらをソートします。

そのようにするのではなく、カテゴリごとにリストアップされるような商品とカテゴリはまとめて結合することができます。それからカテゴリでソートし、商品IDでソートすれば、各カテゴリにおける売り上げ順位を得るのにソート後の結果を調べるだけでよくなります。

商品ID	カテゴリ	合計	日	月	火	水	木	金	土
1423	sportseq	13	4	1	4	19	322	32	232
1423	safety	13	4	1	4	19	322	32	232

(各カテゴリにつき1回)数千のクエリを実行するより、まずカテゴリでデータをソートし、次に商品名でソートするようにします。それから結果を見れば、カテゴリごとの売り上げ順位が得られます。全体の順位を得るために、売上個数だけの全体的なテーブルのようなものも必要になるでしょう。

結合を行うよりは最初からこのようなテーブルにデータを置くこともできます。この場合は商品ごとに複数のデータを更新する必要があります。

それでもデータベースのクエリは高コスト

その他の方法としては、クエリや書き込みが非常に高コストになる場合はデータベースの使用を全体的に控えて、ログファイルのみを使うことを考えることもできます。この場合はMapReduceを使うようなメリットがあります。

このシステム下では、商品IDとタイムスタンプを記録した購入データをシンプルなテキストファイルに書き出すようにします。カテゴリは各々辞書を持ち、購入データは各商品に関連付けられたカテゴリすべてに書き込まれます。

最終的に指定された日(または時間等)のすべての購入データをグループ化できるように、商品IDと時間帯でファイルを統合する作業を頻繁に行います。

```
/sportsequipment
    1423,Dec 13 08:23-Dec 13 08:23,1
    4221,Dec 13 15:22-Dec 15 15:45,5
    ...
/safety
    1423,Dec 13 08:23-Dec 13 08:23,1
    5221,Dec 12 03:19-Dec 12 03:28,19
    ...
```

カテゴリごとで最もよく売れている商品を得るには、各辞書をソートする必要があるだけです。

全体の順位はどのようにすればよいでしょうか? 良い方法が2つあります:

- 別の辞書として一般カテゴリを用意し、すべての購入データはそこに書き込むようにする。この辞書には大量のファイルがあることになる。
- あるいは、すでにカテゴリごとに売り上げ数でソートされた商品データがあるので全体の順位を得るためにN方向のマージを行うこともできる。

ほかの方法としては、(先に仮定したように)データが100%最新である必要がないという事実を利用することができます。最も人気のある商品だけ最新のデータである必要があるだけです。

各カテゴリで最も人気の商品は対を作る方法で統合することができます。つまり、2つのカテゴリを対にして最も人気の商品(上位100種類等)を統合します。これをソートした100商品ができたら、マージをやめて次のペアの上に移動します。

すべての商品の順位を得るのはかなり遅延しても問題ありませんし、1日に1回実行するだけで済みます。

この方法の利点の一つは、分割しやすいところです。それぞれに依存関係がないので、ファイルを複数のサーバに分割することができます。

発展問題

面接官はさまざまな方向でこの設計を推し進める可能性があります。

- 次のボトルネックはどこになると考えますか? それについてどのようにしますか?
- サブカテゴリもあるとしたらどうしますか? 多くの商品が「スポーツ」と「スポーツ用品」(もっと言えば「スポーツ」>「スポーツ用品」>「テニス」>「ラケット」)の下にあるかもしれません。
- データがより緻密である必要があったらどうなりますか? すべての商品について、30分以内の正確なデータが必要であったとしたらどうなりますか?

注意深く設計を考え、トレードオフの分析をしてください。商品に関する特定の側面について、より詳細に踏み込む質問が行われるかもしれません。

9.7 **個人の資産管理:**(Mint.comのような)個人の資産管理システムをどのように設計するか説明してください。このシステムは銀行口座に接続し、諸費傾向を分析し、アドバイスをしてくれます。

p.167

解法

最初に行う必要があるのは、今作ろうとしているものが何であるのかを正確に定義することです。

ステップ1:問題の範囲を決める

通常は面接官とシステムの内容を明確にするところですが、今回は問題の範囲を次のようにしておきます:

- アカウントを作成し、銀行口座を追加する。複数の銀行口座を追加することができる。後から追加することもできる。
- 金融情報のすべて、もしくは取引銀行で取得可能な情報の履歴を引き出すことができる。
- 金融情報の履歴には支出(物品購入や支払い)、収入(給与やその他の所得)、現在の資産(口座残高や投資額)も含む。
- 支払い取引にはそれに関連した分類(食品, 旅行, 衣服, 等)がある。
- 取引内容がどの分類に関連しているのかがわかる信頼性を持った情報源がある。ユーザによっては不適切に分類を指定したとき(デパートのカフェで食事をしたとき、「食品」ではなく「衣服」を指定してしまう等)に修正する場合があるかもしれない。
- ユーザは運用についての提案を得るためにシステムを使う。提案は典型的なユーザのデータ(一般的には収入のX%以上は衣服費使うべきではない等)から行われるが、予算に応じてカスタマイズできる。ただし、これは最優先で行う機能ではない。
- モバイルアプリについても考えることはできるが、当面はウェブサイト上のみであると仮定する。
- 定期的にあるいは特定の条件(支出がある基準値を超過した場合、予算の最大に達した場合、等)で電子メールによる通知が欲しい可能性が高い。
- 取引に対して分類を指定するユーザ定義の考えはないと仮定する。
- 分類は価格や日付ではなく、必ず取引元(売り手の名前)を基本にすると仮定する。

これで何を作りたいかという基本的な目標ができました。

ステップ2:合理的な前提を作る

システムの基本方針は決まりましたので、システムの特徴についてさらに詳しい内容を定義していきます。

- 銀行口座の追加や削除を行うのは比較的少ない。
- システムは書き込みが多い。週1回以上ウェブサイトにアクセスするユーザはほとんどいないけれども、典型的なユーザは毎日何件かの取引を新たに行うかもしれない。実際多くのユーザにとっては、最初のやり取りはメールの通知を通してかもしれない。
- 取引がある分類に指定されると、ユーザーが変更を求めた場合にのみ変更される。たとえルールが変更されたとしても、システムは決して取引をユーザの知らないところで別の分類に指定しなおすことはない。 これは各取引日の間でルールが変更された場合に、同じ種類の取引が異なる分類になる可能性があることを意味する。このようにするのは、分類ごとの支出が変化してユーザが混乱する可能性があるからである。
- 銀行からシステムにデータを追加してくれることはまずないので、銀行からデータを引き出す必要がある。
- 予算を超過したユーザへの通知が瞬時に送信する必要はない。(取引データを瞬時に取得することはないので現実的ではない)。24時間までの遅れであれば十分安全と思われる。

これらと異なる仮定でも問題ありませんが、面接官には明示すべきです。

ステップ3:主要な構成を描く

最も単純なシステムは、ログインごとに銀行データを取得し、すべてのデータを分類し、ユーザの予算を分析するシステムです。ただし、特定のイベントに関する電子メールの通知が必要であるような要件にはあまり適していません。

このシステムは少しだけ改良できます。

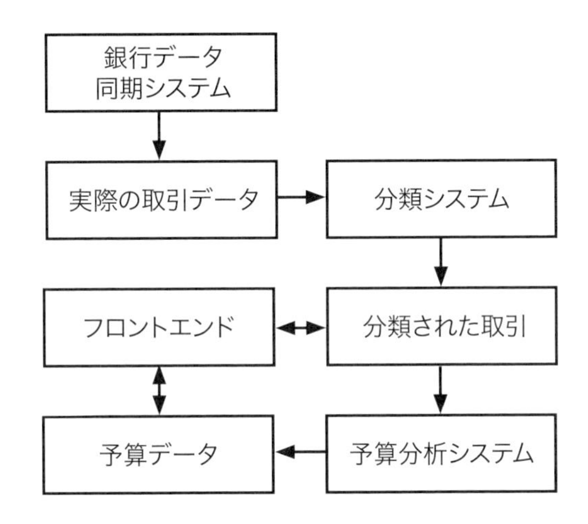

この基本的設計では、銀行データが定期的(毎時または毎日)に引き出されます。 その頻度はユーザの行動に依存します。使用頻度の低いユーザはその口座を調べる頻度を低くすることがあります。

新しいデータが得られると、処理されていない実際の取引リストに格納されます。このデータは分類システムに送られ、分類システムでは各取引を対応する分類に割り当て、分類された取引を別の記憶装置に格納します。

予算分析システムは分類された取引を引き出し、分類ごとに各ユーザの予算を更新し、ユーザの予算を保存します。

フロントエンドは分類された取引データと予算データの両方を記憶装置から取得します。 さらにユーザは、予算や取引の分類を変更してフロントエンドとやりとりすることもできます。

ステップ4:主要な問題点を特定する

ここでは重要な問題が何であるかを考えます。

システムは非常に重いものになりそうですが、快適でレスポンスの良いものであってほしいですから、多くの処理をできるだけ非同期にしたいところです。

ほとんどの場合、実行する必要のある作業を入れることができるキューは少なくとも1つ必要です。この作業には、新しい銀行データの引き出し、予算の再分析、新しい銀行データの分類などの作業が含まれます。失敗した作業の再試行も含まれます。

これらの作業は他の作業よりも頻繁に実行する必要があるため、相応の優先順位があります。すべての作業が最終的に実行されることを保証しつつ、他の作業の種類よりも優先的に実行できる作業キューシステムを構築できるようにします。つまり、優先度の高い作業が常に存在するために優先度の低い作業がいつまでも実行できずに「飢えて苦しんでいるような」ことが起こってはいけません。

システムの重要な部分でまだ対処できていないは、電子メールシステムです。予算の超過がないかユーザーのデータを定期的に監視する作業を行うことができますが、毎日すべてのユーザを確認することになります。そうするよりは、予算を超過する可能性のある取引が発生するたびに確認作業をキューに入れた方が良いでしょう。新たな取引で予算を超えた場合、わかりやすいようにカテゴリ別に現在の予算合計を保存するようにします。

このようなシステムには、登録してからシステムに触れていないユーザが大勢いるという知識(前提)を組み込むことも検討する必要があります。システムから完全に削除したり、アカウントの資格を剥奪することが考えられます。アカウントの活動を追跡し、アカウントに優先度を与えるようなシステムにするのもよいでしょう。

システムにおける最大のボトルネックは、膨大な量のデータを取得・分析しなければならない点です。銀行データを非同期的に取得し、これらの作業を多くのサーバーで実行できるようにする必要があります。分類システムや予算分析システムがどのように機能するかについて、さらに詳しく検討する必要があります。

分類システムと予算分析システム

注意すべき点の1つは、取引がお互いに依存しないことです。ユーザの取引を取得すると、そのデータを即座に分類して統合することができます。それは非効率的かもしれませんが、不正確さを引き起こすことはありません。

標準的なデータベースを使用すべきでしょうか?一度に大量の取引が入ってくると、あまり効率的ではないかもしれません。大量の結合処理は本当に避けたいのです。

代わりに取引をシンプルなテキストファイルのセットに格納する方が良いかもしれません。以前、分類は売り手の名前のみに基づいていると仮定しました。たくさんのユーザーを想定する場合、売り手全体で重複しています。取引ファイルを販売者の名前でグループ化すると、これらの重複を利用することができます。

分類システムは次のような処理を実行します:

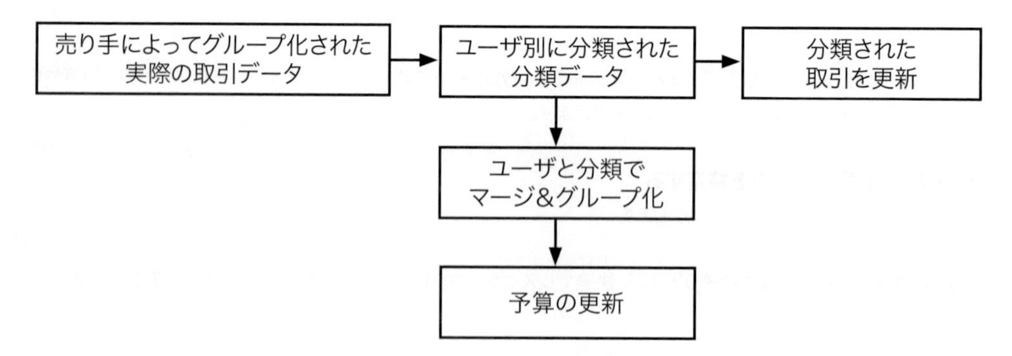

最初に、売り手によってグループ化された実際の取引データを取得します。売り手(最も一般的な売り手としておそらくキャッシュに保存されている)の適切な分類を選択し、その分類をすべての取引に適用します。

その分類を適用した後、ユーザはすべての取引を再度グループ化します。それからこれらの取引がこのユーザの保存データに追加されます。

分類前	分類後

amazon/
  user121,$5.43,Aug 13
  user922,$15.39,Aug 27
  ...
comcast/
  user922,$9.29,Aug 24
  user248,$40.13,Aug 18
  ...
	user121/
	  amazon,shopping,$5.43,Aug 13
	  ...
	user922/
	  amazon,shopping,$15.39,Aug 27
	  comcast,utilities,$9.29,Aug 24
	  ...
	user248/
	  comcast,utilities,$40.13,Aug 18
	  ...

次に予算分析システムに移ります。ユーザによってグループ化されたデータを取り込み、分類間でマージします(その時間帯のそのユーザのすべての購入情報がマージされます)。

作業のほとんどは、単純なログファイルで処理されます。最終的なデータ(分類された取引と予算分析)のみがデータベースに格納されます。これにより、データベースへの書き込みや読み取りが最小限に抑えられます。

ユーザによる分類の変更

ユーザは特定の取引を選択的に上書きして、異なるカテゴリに割り当てることができます。この場合、分類された取引の保存データを更新します。その場合、古い分類から項目を削除し、他の分類の項目に追加して予算をすぐ再計算するように通知します。

予算をゼロから再計算することもできます。単一ユーザの過去数週間の取引を調べるだけで済むので、予算分析システムはかなり高速です。

発展問題

- モバイルアプリをサポートする必要もある場合は、どのように変更しますか?
- 各分類に項目を割り当てるコンポーネントをどのように設計しますか?
- 推奨予算機能をどのように設計しますか?
- デフォルト以外の特定の売り手からのすべての取引を分類するルールをユーザが作成できる場合は、どのように変更しますか?

9.8 **ペーストビン:** ペーストビンのような、ユーザがテキストデータを入力し、それにアクセスできるランダムなURLが生成されるシステムを設計してください。

p.167

解法

このシステムの詳細を明確にすることから始めましょう。

ステップ1: 問題の範囲を決める

- ユーザアカウントや文書の編集をサポートしない。
- 各ページが何回アクセスされたかの分析を行い記録する。
- 古い文書は長い時間アクセスされないと削除される。
- 文書へのアクセスに認証を行わないので、ユーザが文書のURLを簡単に推測できるようにするべきではない。
- フロントエンドとAPIがある。
- 各URLの分析は、各ページの「統計情報」リンクからアクセスできる。ただし、デフォルトでは表示されない。

ステップ2: 合理的な前提を作る

- システムには大量のトラフィックが発生し、数百万ものドキュメントが含まれる。
- トラフィックは文書間で均等に分散されない。一部の文書へのアクセスが他の文書よりもはるかに多いこともある。

ステップ3: 主要な構成を描く

単純な設計を描きます。URLとそれに関連付けられたファイル、およびファイルへのアクセス頻度の分析をし続ける必要があります。

文書をどのように保存すればよいでしょうか? それには2つの選択肢があります: データベースに格納するか、ファイルに格納するかです。文書が大きくなる可能性があり、検索機能が必要になることはほとんどありませんので、ファイルに格納する方がよいでしょう。

このような単純な設計でうまくいくでしょう:

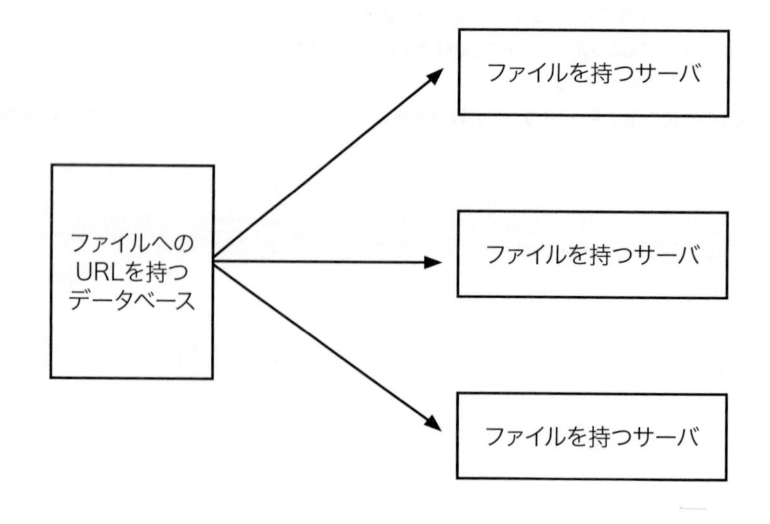

ここでは各ファイルの場所(サーバとパス)を検索する簡単なデータベースを用意します。URLのリクエストがあると、データストア内のURLの場所を検索し、ファイルにアクセスします。

さらに分析データを追跡記録するデータベースが必要になります。これは、各訪問(タイムスタンプ、IPアドレス、場所を含む)をデータベースの行として追加する単純なデータストアで行うことができます。各訪問の統計情報にアクセスする必要がある場合は、関連するデータをこのデータベースから取得します。

ステップ4:主要な問題点を特定する

最初に気になる問題点は、一部のドキュメントが他のドキュメントより頻繁にアクセスされることです。ファイルシステムからのデータの読み込みは、メモリからの読み込みと比べて遅いです。したがって、キャッシュを利用して最近アクセスした文書を保存した方がよいでしょう。これで頻度の高い(あるいは直近の)内容にはすばやくアクセスできるようになります。文書は編集できないので、キャッシュを無効にする場合の心配は必要ありません。

また、データベースをシャーディング(訳注:データサイズを調整すること)することも検討する必要があります。ファイルを含むデータベースをすばやく見つけられるURLからのマッピング(たとえば、ある整数の剰余を表すURLのハッシュコードなど)を使用して、データを断片化することができます。

実際には、これをさらに進歩させることもできます。データベースを全く使わずに、URLのハッシュでどのサーバーにドキュメントが含まれているかを示すことができます。URL自体が文書の場所を示すようにできます。これが原因となる潜在的な問題の1つは、サーバを追加する必要がある場合、文書を再配布することが難しい可能性があるということです。

URLの生成

実際にURLを生成する方法はまだ説明していません。ユーザが容易に「推測」できてしまうため、単調に増加する整数値は望ましくありません。リンクが提供されていなければURLにアクセスしにくくなるようにしたいと考えます。

単純な方法として、ランダムなGUID(5d50e8ac-57cb-4a0d-8661-bcdee2548979等)を生成します。これは128ビットの値であり、厳密に一意であるとは保証されていませんが、衝突の確率が低いので実質的には一意に扱うことができます。この方法の欠点は、そのようなURLがユーザにとってあまり「きれい」ではないということです。値を小さくすることもできますが、衝突の確率が高くなります。

しかし、同じようなことはできます。文字と数字の10文字の並びを生成するだけで36^{10}文字の文字列が生成できます。10億のURLがあっても、特定のURLの衝突確率は非常に低くなります。

> これはシステム全体の衝突確率が低いということではありません。特定のURLが衝突する可能性は低いですが、10億のURLを保存すれば、ある時点で衝突する可能性が非常に高くなります。

周期的に(たとえ珍しいことであっても)データの消失が起こるのはよくないとすると、これらの衝突を処理する必要があります。URLがまだ存在するか確認するためにデータストアをチェックするか、URLが特定のサーバにマップされている場合は、宛先にファイルが存在するかどうかを検出するようにします。

衝突が発生した場合は新しいURLを生成します。36^{10}文字のURLを使用すれば、雑な方法(衝突の検出と再試行)でも十分です。

分析

最後に説明するのは分析についてです。訪問回数を表示し、場所や時間別にこれを分割することになるだろうと考えます。

これには2つの選択があります:

- 訪問ごとの生のデータをそのまま保存する。
- 使用することがわかっているデータ(訪問回数など)のみを保存する。

これについては面接官と話し合うことができますが、生のデータを保管するのはおそらく意味があります。分析の中でどんな機能を追加するのかは決して分かりません。生のデータを保管しておくことで、システムに柔軟性を与えます。

これは生のデータを容易に検索やアクセスを可能にする必要があることを意味するわけではありません。それぞれの訪問のログをファイルに保存し、これを他のサーバーにバックアップするだけで済みます。

ここでの1つの問題は、データがかなりの量になる可能性があることです。データを確率的に格納するだけで、記憶スペースの使用量を大幅に削減できます。各URLには記録する確率が関連付けられます。サイトの人気が高まるにつれ、記録する確率は低下します。たとえば、一般的な文書がランダムに10回に1回のみログに記録されるとします。サイトの訪問数を調べるときは、確率に基づいて値を調整する必要があります(10を掛ける等)。もちろんこれは少々不正確になりますが、それはあるていど許容できるでしょう。

ログファイルは頻繁に使用するようには設計されていません。あらかじめ計算されたデータを保存することも必要です。訪問回数とグラフの時間が表示されるだけであれば、別のデータベースに保存することができます。

URL	月年	訪問回数
12ab31b92p	December 2013	242119
12ab31b92p	January 2014	429918
...	...	...

URLにアクセスするたびに、適切に行と列を増やします。データはURLによって分割することもできます。

統計情報は通常のページには掲載されておらず一般的にはあまり関心がないので、負荷が重くなってしまうようなことはありません。フロントエンドサーバーに生成されたHTMLをキャッシュすることができるため、アクセスの多いURLのデータに継続的に再アクセスすることはありません。

発展問題

- ユーザーアカウントをどのようにサポートしますか?
- 統計情報ページに新しいアナリティクス(参照元など)を追加するにはどうすればよいですか?
- 各文書に統計情報が表示された場合、どのようにデザインが変更されますか?

10

“ソートと探索”の解法

10.1　ソートされた配列のマージ：2つのソートされた配列A、Bがあります。Aの配列には十分に空きがあり、後ろにBを追加することができます。このとき、BをAにソートされた状態でマージするメソッドを書いてください。

p.172

解法

配列Aの後ろに十分空きがあることはわかっていますので、新たな追加スペースは必要ありません。配列AとBのすべての要素を調べ尽くすまで、単純に配列AとBの要素を比較し、順序通りに挿入するというのが基本的な方針になります。

1つ問題なのは、Aの前に要素を挿入する場合、空きを作るためにシフト操作を行わなければならなくなります。前から見ていくのではなく後ろから見ていくことにすると、後ろには空いたスペースがあるのでシフトせずに挿入が行えます。

以下のコードでこれを行っています。配列A、Bの後ろから始めて、大きいほうの要素をAの後ろに移動させるようにしています。

```
1   void merge(int[] a, int[] b, int lastA, int lastB) {
2     int indexA = lastA - 1; /* 配列aの最後の要素のインデックス */
3     int indexB = lastB - 1; /* 配列bの最後の要素のインデックス */
4     int indexMerged = lastB + lastA - 1; /* マージした配列の最後のインデックス */
5
6     /* それぞれの最後から初めて、aとbをマージする */
7     while (indexB >= 0) {
8       /* aの最後がbの最後より大きい */
9       if (indexA >= 0 && a[indexA] > b[indexB]) {
10        a[indexMerged] = a[indexA]; // 要素をコピーする
11        indexMerged--; // インデックスを動かす
12        indexA--;
13      } else {
14        a[indexMerged] = b[indexB]; // 要素をコピーする
15        indexB--;
16      }
17      indexMerged--; // インデックスを動かす
18    }
19  }
```

配列Bの要素がすべて調べ終わっていれば、それ以降のAについてはコピーする必要はありません。コピーしなくても配列の正しい位置に収まっているからです。

10.2 アナグラムのグループ: 文字列の配列を、アナグラムになっている文字列がお互い隣り合うように並び替えるメソッドを書いてください。

p.172

解法

この問題ではアナグラムになっている文字列が配列内で隣り合うようにグループ化することを問われています。それ以外は特に語の並びについて指定されているわけではないということに注意してください。

2つの文字列が互いにアナグラムであるかどうかを素早く簡単に判断する方法が必要です。2つの語が互いにアナグラムであるかどうかを定義するものは何でしょうか？ アナグラムになっている語は、同じ文字を持っていますが順序は異なっています。したがって、文字を同じ順序で並べることができれば、それらが同じものであるかを簡単に調べることができます。

解法の1つとして、マージソートでもクイックソートでも標準的なソートアルゴリズムを適用し、比較関数の部分を変更するという方法が考えられます。2つの文字列が同じアナグラムを持つかどうかを判定します。

2つの文字列の一方が他方のアナグラムになっているかを調べる最も簡単な方法は何でしょうか？ それは、個々の文字列について各文字の出現回数を数えておいて、それらが一致する場合に`true`を返すようにする方法です。あるいは、単語内の文字を単にabc順にソートする方法でもよいですね。2つの語がアナグラムであれば、一度ソートしてしまえば同じものになるということです。

以下のコードは比較関数を実装したものです。

```
1   class AnagramComparator implements Comparator<String> {
2     private String sortChars(String s) {
3       char[] content = s.toCharArray();
4       Arrays.sort(content);
5       return new String(content);
6     }
7
8     public int compare(String s1, String s2) {
9       return sortChars(s1).compareTo(sortChars(s2));
10    }
11  }
```

あとは通常の比較関数の代わりに、この`compare`メソッドを用いてソートするだけです。

```
12  Arrays.sort(array, new AnagramComparator());
```

このアルゴリズムは`O(n log(n))`の計算時間になります。

これは、一般的なソートアルゴリズムを使った場合の最適な方法になるでしょう。しかし、実際は配列を完全にソートする必要はありません。必要なのは、アナグラムになっている文字列同士をグループ化することだけです。

たとえば、`acre`という語は`{acre, race, care}`というリストにマッピングされます。すべての語をアナグラムによってこれらのリストに一度グループ化してしまえば、それらを配列の後ろに追加するだけで済みます。

以下のコードがこのアルゴリズムの実装です。

```
1   void sort(String[] array) {
2     HashMapList<String, String> mapList = new HashMapList<String, String>();
3
4     /* アナグラムになっている文字列をグループ化する */
5     for (String s : array) {
6       String key = sortChars(s);
7       mapList.put(key, s);
8     }
9
10    /* ハッシュテーブルを配列に変換する */
11    int index = 0;
12    for (String key : mapList.keySet()) {
13      ArrayList<String> list = mapList.get(key);
14      for (String t : list) {
15        array[index] = t;
16        index++;
17      }
18    }
19  }
20  String sortChars(String s) {
21    char[] content = s.toCharArray();
22    Arrays.sort(content);
23    return new String(content);
24  }
25  /* HHashMapList<String, String>は文字列をArrayList<String>にマップする
26   * HashMap実装はXIIのコードライブラリ(p.714)を参照 */
```

上記のアルゴリズムがバケツソートの変形であることに気づきましたか?

10.3 **回転させた配列を見つける:** n個の整数からなる、ソート済みの配列を何回か回転させたものがあります。この配列の中から、ある要素を見つけるコードを書いてください。配列は、初め昇順でソートされていたと仮定してもかまいません。

例

入力: find 5 in {15, 16, 19, 20, 25, 1, 3, 4, 5, 7, 10, 14}

出力: 8(配列中の5のインデックス)

p.172

解法

二分探索の問題と直感したあなたはすばらしい! その通りです。

標準的な二分探索では、ある数xが左側か右側にあるかを見つけるために配列の中央と比較を行います。この問題の難しいところは、配列が回転していて大小関係が変わってしまっている部分があるということです。たとえば、次の2つの配列で考えてみてください。

```
Array1: {10, 15, 20, 0, 5}
Array2: {50, 5, 20, 30, 40}
```

各配列はいずれも中央が20になっていますが、5が現れるのは片方が左側でもう片方は右側になっています。つまり、xと中央

の値を比較するだけでは不十分です。

しかし少し注意深く見てみれば、配列の半分のうち一方は普通の並び順(昇順)になっていることに気づくでしょう。したがって、左側と右側のどちらを探索するか決めるには、普通の並び順になっている部分を見ればよいということになります。

たとえば、Array1から5を探す場合は左側の要素(10)と中央の要素(20)に注目します。10 < 20になっているので、左半分は普通の並び順であるはずです。そして、5はその間にないので探索すべきなのは右半分であることがわかります。

Array2では50 > 20なので、右側は普通の並びになっているはずだとわかります。ここで、中央(20)と右(40)の値の範囲に5があるか判定します。5はこの範囲にはないので、左半分を探索します。

難しいのは、たとえば{2, 2, 2, 3, 4, 2}のように左と中央の値が等しい場合です。この場合は一番右端の要素が異なるかを調べます。もし異なっていれば右側を探索します。そうでなければどちらとも言えないので両側を探索します。

```
1  int search(int a[], int left, int right, int x) {
2    int mid = (left + right) / 2;
3    if (x == a[mid]) { // 要素が見つかった
4      return mid;
5    }
6    if (right < left) {
7      return -1;
8    }
9
10   /* 左または右半分のいずれかは普通の並び順になっている。
11    * どちらの半分が普通の並び順になっているかを見つけ、
12    * それを用いてxがどちらの半分にあるかを判定する */
13   if (a[left] < a[mid]) { // 左半分が普通の並び順になっている
14     if (x >= a[left] && x < a[mid]) {
15       return search(a, left, mid - 1, x); // 左半分を探す
16     } else {
17       return search(a, mid + 1, right, x); // 右半分を探す
18     }
19   } else if (a[mid] < a[left]) { // 右半分が普通の並び順になっている
20     if (x > a[mid] && x <= a[right]) {
21       return search(a, mid + 1, right, x); // 右半分を探す
22     } else {
23       return search(a, left, mid - 1, x); // 左半分を探す
24     }
25   } else if (a[left] == a[mid]) { // 左端もしくは右端が中央が同じ値の場合
26     if (a[mid] != a[right]) { // 右端と異なる場合、右半分を調べる
27       return search(a, mid + 1, right, x); // 右半分を調べる
28     } else { // 右、左端が中央と同じ値の場合、両方の半分を調べる必要がある
29       int result = search(a, left, mid - 1, x); // 左半分を探す
30       if (result == -1) {
31         return search(a, mid + 1, right, x); // 右半分を探す
32       } else {
33         return result;
34       }
35     }
36   }
37   return -1;
38 }
```

もしすべての値が異なっている場合、このコードは`O(log(n))`で動作します。しかし重複する値が多くある場合には、このアルゴリズムは`O(n)`で動作します。重複がある場合には再帰の多くのステップで、配列(部分配列)の右半分と左半分の両方を調べる必要が生じるからです。

概念的にはそれほど複雑ではないのですが、実際には完璧に実装するのは難しいです。実装していて問題が起こっても気を落とさないようにしてください。境界エラーや細かいエラーを起こしやすいので、徹底的にコードのテストを行うようにしましょう。

10.4 ソート済み・サイズが不明の配列における探索: 配列に似た、sizeメソッドがないリストのようなデータ構造が与えられます。しかし`elementAt(i)`というインデックス`i`の要素を`O(1)`で返すメソッドはあります。もし`i`がデータ構造の範囲を超えていたら、`-1`を返します(このためデータ構造は正の整数値しか扱いません)。ソート済みで正の整数値を持つ、リストのようなデータ構造が与えられたとき、要素`x`のインデックスを見つけてください。`x`が複数含まれる場合はどのインデックスを返してもかまいません。

p.172

解法

最初に考えることは二分探索でしょう。問題は、二分探索ではデータの中央部分と比較できるようにリストのサイズを知っている必要があるという点です。ここではサイズがわかりません。

長さを計算できるでしょうか?もちろんできますね!

`i`が大きすぎると、`elementAt`は`-1`を返します。そこで、リストのサイズを超えるまで値をどんどん大きくしてみます。

しかしどこまで大きくすればよいでしょうか? リストを直線的に1, 2, 3, 4, のようにすると、線形時間アルゴリズムになります。おそらくこれよりも速いものが必要です。そうでないと、面接官がリストをソート済みであると指定したのはなぜ?ということになります。

指数関数的に進めていくと良さそうです。1, 2, 4, 8, 16などを試してみましょう。このようにすると、リストの長さが`n`の場合長さは最大でも`O(log n)`になります。

> なぜ`O(log n)`になるのでしょうか? ポインタ1が`q = 1`で始まるとします。繰り返し処理で`q`が長さ`n`超えるまで、`q`は2倍になります。`q`が`n`よりも大きくなるまでに、何回2倍の大きさにすることができますか? 言い換えれば、2^k = `n`であるような`k`の値はいくつになるでしょうか? これは対数の意味そのものなので、`k = log n`のときに成り立ちます。したがって、長さを見つけるのに`O(log n)`ステップが必要になります。

長さがわかれば、(ほぼ)通常の二分探索を行うだけです。少し調整をする必要があるので、「ほぼ」と言っておきます。中間点が-1の場合、これを「大きすぎる」値として扱い、左側を探索する必要があります。これは次ページリストの16行目です。

もう少しだけ微調整が必要です。長さを計算する方法は、`elementAt`を呼び出して-1と比較するということを思い出してください。処理中の要素が`x`(検索対象の値)を超えれば、二分探索部分にすぐ移行できます。

```
1  int search(Listy list, int value) {
2    int index = 1;
3    while (list.elementAt(index) != -1 && list.elementAt(index) < value) {
4      index *= 2;
5    }
6    return binarySearch(list, value, index / 2, index);
7  }
8
9  int binarySearch(Listy list, int value, int low, int high) {
10   int mid;
11
12   while (low <= high) {
13     mid = (low + high) / 2;
14     int middle = list.elementAt(mid);
15     if (middle > value || middle == -1) {
16       high = mid - 1;
17     } else if (middle < value) {
18       low = mid + 1;
19     } else {
20       return mid;
21     }
22   }
23   return -1;
24 }
```

長さがわからなくても検索アルゴリズムの実行時間に影響しないことが分かりました。O(log n)で長さを見つけ、O(log n)で探索を行います。結局全体的な実行時間は、通常の配列と同じように、O(log n)になります。

10.5 **隙間が多い配列の探索**: 空の文字列が点在するソート済みの文字列配列があります。この配列の中から特定の文字列の位置を見つけるメソッドを書いてください。

入力: ball, {“at”, “”, “”, “”, “ball”, “”, “”, “car”,“”, “”, “dad”, “”, “”}

出力: 4

p.172

解法

空の文字列がなければ、シンプルに二分探索で済みます。配列の中央から文字列を比較することで探索していきます。

配列には空の文字列が散在していますので、二分探索に単純な変形を加えて実装します。配列の中央と比較するときに、中央が空文字列だった場合のみが修正すべき点になります。空の文字列が見つかったところから最も近い、空でない文字列に移動するだけです。

次の再帰的なコードは、簡単に繰り返し処理のコードに書き換えることができます。

```
1   int search(String[] strings, String str, int first,
2              int last) {
3     if (first > last) return -1;
4     /* midを中央に移動する */
5     int mid = (last + first) / 2;
6
7     /* midが空文字列なら最も近い空でない文字列を探す */
8     if (strings[mid].isEmpty()) {
9       int left = mid - 1;
10      int right = mid + 1;
11      while (true) {
12        if (left < first && right > last) {
13          return -1;
14        } else if (right <= last && !strings[right].isEmpty()) {
15          mid = right;
16          break;
17        } else if (left >= first && !strings[left].isEmpty()) {
18          mid = left;
19          break;
20        }
21        right++;
22        left--;
23      }
24    }
25
26    /* 文字列を比較し、必要なら再帰する */
27    if (str.equals(strings[mid])) { // strが見つかった
28      return mid;
29    } else if (strings[mid].compareTo(str) < 0) { // 右半分を探す
30      return search(strings, str, mid + 1, last);
31    } else { // 左半分を探す
32      return search(strings, str, first, mid - 1);
33    }
34  }
35
36  int search(String[] strings, String str) {
37    if (strings == null || str == null || str == “”) {
38      return -1;
39    }
40    return search(strings, str, 0, strings.length - 1);
41  }
```

リズムの最悪ケースはO(n)です。 実際、この問題では最悪ケースでO(n)より良いアルゴリズムは不可能です。 空でない文字列が1つだけであっても、それ以外の空の文字列のための配列は持つことになってしまうからです。空でない文字列を見つける「賢い」方法はありません。 最悪ケースでは、配列のすべての要素を調べる必要があるのです。

空の文字列を検索するという状況もあるかもしれませんが、それについては注意深く議論すべきです。空の文字列も(O(n)の計算量で)見つけるべきでしょうか? あるいはエラーとして取り扱うべきでしょうか?

正しい答えはありません。あなた自身が面接官に対してこの問題に関する話題を持ち出してください。あなたが注意深いプログラマであることをアピールすることができますから。

10.6 大きなファイルのソート: 1行あたり1文字列のデータを持つ20GBのファイルがあるのをイメージしてください。このファイルのデータをどのようにソートすればよいかを説明してください。

p.172

解法

20GBの制限が与えられるということは、何らかの意図があるということです。この場合はファイルのデータをすべてメモリ上に展開しないでほしいということを暗に示しているのです。

それではどのようにすればよいでしょうか? メモリ上にはデータの一部分しか持ってこれません。

使用可能なメモリのサイズをxMBとすると、xMBずつに分割することになります。分割したデータをそれぞれ個別にソートし、ファイルシステムに保存します。

すべての分割データをソートした後、それらを1つ1つマージします。最終的に、完全にソートされたデータのファイルが出来上がります。

このアルゴリズムは「外部ソート」として知られています。

10.7 行方不明の整数: 40億個の非負整数を含む入力ファイルが与えられたとき、ファイルに含まれていない整数を生成するアルゴリズムを考えてください。このとき、1GBのメモリが利用できると仮定してください。(訳注: 32ビット符号付整数)。

発展問題

メモリが10MBしかない場合はどのようにしますか? すべての値は異なり、10億より大きな非負整数はないと仮定してください。

p.173

解法

(32ビット符号付整数と仮定すると)全部で2^{32}個、あるいは40億個の異なるの整数の可能性があり、非負整数は2^{31}個あります。したがって、ファイルには重複する値が含まれていることがわかります。そして1GB(約80億ビット)のメモリを使うことができます。

80億ビット使うことができれば、各ビットをすべての整数へ対応させて使うことができます。そこで、以下のように考えます。

1. 40億ビットのビットベクトル(BV)を用意します。整数(あるいはそれ以外の)型の配列を用意して、各ビットをブーリアン型として使用します。
2. BVのすべてのビットを0で初期化します。
3. ファイルからすべての整数値(num)を読み込んで`BV.set(num, 1)`を呼び出します。
4. BVの先頭から順に調べていきます。
5. ビットが0のインデックスが見つかったら、それを返します。

次のコードがこのアルゴリズムの実例です。

```
1  long numberOfInts = ((long) Integer.MAX_VALUE) + 1;
2  byte[] bitfield2 = new byte [(int) (numberOfInts / 8)];
3  String filename = ...
4  void findOpenNumber() throws FileNotFoundException {
5    Scanner in = new Scanner(new FileReader(filename));
6    while (in.hasNextInt()) {
7      int n = in.nextInt ();
8      /* ビットベクトルにおける対応する位置を求め、
9       * OR演算子でビットをonにする。
10      * 例えば、
11      * 10は1バイト目の2ビット目に対応する */
12     bitfield[n / 8] |= 1 << (n % 8);
13   }
14
15   for (int i = 0; i < bitfield.length; i++) {
16     for (int j = 0; j < 8; j++) {
17       /* 各バイトの各ビットを取得し、
18        * 0が見つかれば出力する */
19       if ((bitfield[i] & (1 << j)) == 0) {
20         System.out.println (i * 8 + j);
21         return;
22       }
23     }
24   }
25 }
```


発展問題: 10MBのメモリしか使用できないとすれば、どのようにしますか?

この場合も、データセットを2回走査すれば抜け落ちた整数を見つけることができます。まず、整数値をいくらかのサイズ(サイズの大きさについては後述)のブロックに分けます。たとえば、1000個ずつのブロックに分けるとしましょう。このとき、ブロック0は0から999、ブロック1は1000から1999まで…というふうになります。

すべての数値が区別できたら各ブロックで扱う値がわかっているので、ファイル内の整数値の数を数えます。0から999までの値は何個あるか、1000から1999までの数は何個あるか…というふうにです。そして、あるブロックで数えた結果が999個であったとすると、抜け落ちた整数はそのブロックの中にあるということがわかります。

次に、抜け落ちた整数があるとわかったブロックに対して、どの値が抜けているのかを実際に調べていきます。これは前半部分で解説したビットベクトルを使う方法でかまいません。範囲外の整数はすべて無視することができます。

ここで問題になるのが、各ブロックのサイズをどれくらいにするのかということです。次のようにいくつかの変数を定義してみましょう。

- 整数値の範囲を表すrangeSize
- ブロックの数を表すarraySize。ただし、arraySize = $2^{31}/\text{rangeSize}$ 、ここで2^{31}は負でない整数

最初の手順で使用する配列のサイズと、2番目の手順で使用するビットベクトルのサイズにちょうど合うようなrangeSizeを選ぶ必要があります。

最初の走査:配列

10MB(2^{23}バイト程度)のメモリ消費になるように配列のサイズを決めます。配列の要素が4バイトのint型として、せいぜい2^{21}個の要素が収まる配列にしなければなりません。つまり、以下のような条件になります。

$$\text{arraySize} = \frac{2^{31}}{\text{rangeSize}} \le 2^{21}$$

$$\text{rangeSize} \ge \frac{2^{31}}{2^{21}}$$

$$\text{rangeSize} \ge 2^{10}$$

二度目の走査:ビットベクトル

rangeSizeビットの情報を保持するメモリが必要になります。2^{23}バイト、つまり2^{26}ビットまで使うことができるので、rangeSizeは次のような範囲になります。

$$2^{10} \le \text{rangeSize} \le 2^{26}$$

これらの条件だけではまだ自由度がありますが、範囲の中央値に近いサイズを選ぶほど消費メモリのサイズは小さくなります。

以下のコードはこのアルゴリズムを実装した一例です。

```
1   int findOpenNumber(String filename) throws FileNotFoundException {
2     int rangeSize = (1 << 20); // 2^20 ビット (2^17 バイト)
3
4     /* 各ブロックの値の個数を得る */
5     int[] blocks = getCountPerBlock(filename, rangeSize);
6
7     /* 欠落した値を含むブロックを見つける */
8     int blockIndex = findBlockWithMissing(blocks, rangeSize);
9     if (blockIndex < 0) return -1;
10
11    /* この範囲で要素のビットベクトルを生成する */
12    byte[] bitVector = getBitVectorForRange(filename, blockIndex, rangeSize);
13
14    /* ビットベクトル内で0の部分を見つける */
15    int offset = findZero(bitVector);
16    if (offset < 0) return -1;
17
18    /* 欠落した値を計算する */
19    return blockIndex * rangeSize + offset;
20  }
21
22  /* 各範囲の要素数を得る */
23  int[] getCountPerBlock(String filename, int rangeSize)
24      throws FileNotFoundException {
25    int arraySize = Integer.MAX_VALUE / rangeSize + 1;
26    int[] blocks = new int[arraySize];
27
28    Scanner in = new Scanner (new FileReader(filename));
29    while (in.hasNextInt()) {
30        int value = in.nextInt();
31        blocks[value / rangeSize]++;
32    }
33    in.close();
```

```
34    return blocks;
35  }
36
37  /* 要素数が範囲よりも小さいブロックを見つける */
38  int findBlockWithMissing(int[] blocks, int rangeSize) {
39    for (int i = 0; i < blocks.length; i++) {
40      if (blocks[i] < rangeSize){
41        return i;
42      }
43    }
44    return -1;
45  }
46
47  /* 特定の範囲の値に対するビットベクトルを生成する */
48  byte[] getBitVectorForRange(String filename, int blockIndex, int rangeSize)
49      throws FileNotFoundException {
50    int startRange = blockIndex * rangeSize;
51    int endRange = startRange + rangeSize;
52    byte[] bitVector = new byte[rangeSize/Byte.SIZE];
53
54    Scanner in = new Scanner(new FileReader(filename));
55    while (in.hasNextInt()) {
56      int value = in.nextInt();
57      /* 値がブロック内にあればそれが欠落した数なので、記録する */
58      if (startRange <= value && value < endRange) {
59        int offset = value - startRange;
60        int mask = (1 << (offset % Byte.SIZE));
61        bitVector[offset / Byte.SIZE] |= mask;
62      }
63    }
64    in.close();
65    return bitVector;
66  }
67
68  /* ビットが0になっている位置を見つける */
69  int findZero(byte b) {
70    for (int i = 0; i < Byte.SIZE; i++) {
71      int mask = 1 << i;
72      if ((b & mask) == 0) {
73        return i;
74      }
75    }
76    return -1;
77  }
78
79  /* ビットベクトル内で0を見つけ、その位置を返す */
80  int findZero(byte[] bitVector) {
81    for (int i = 0; i < bitVector.length; i++) {
82      if (bitVector[i] != ~0) { // すべて1でなければ
83        int bitIndex = findZero(bitVector[i]);
84        return i * Byte.SIZE + bitIndex;
85      }
86    }
87    return -1;
88  }
```

X 解法

さらに少ないメモリで解くように指示された場合、どのように考えればよいでしょうか? その場合は最初の手順を繰り返し行うようにします。100万個ごとに区切って最初の手順を行い、抜け落ちた要素があるブロックに対して1000個ずつのブロックに分け、もう一度手順1と同じ操作を行います。そして最後に2つ目の手順、つまりビットベクトルを用意して最終的な答えを見つけるのです。

10.8 重複する数を見つける: 1からNすべての値を持つ配列があり、Nは最大で32000とします。配列は重複する要素を持ち、Nがいくつであるかはわかりません。4KBしかメモリが使えないとして、配列内の重複する要素をどうやって出力すればよいでしょうか?

p.173

解法

4KBしかメモリが使えないということは、$8 * 4 * 2^{10}$ ビットの情報が扱えます。$32 * 2^{10}$ビットは32000より大きいので、32000ビットのビットベクトルを用意して各ビットに整数値を対応させていきます。

ビットベクトルを使い、配列の先頭から調べて、配列の要素がvであればv番目のビットを1にします。重複する要素が出てきたら表示するようにします。

```
1   public static void checkDuplicates(int[] array) {
2     BitSet bs = new BitSet(32000);
3     for (int i = 0; i < array.length; i++) {
4       int num = array[i];
5       int num0 = num - 1; // ビットベクトルは0から始まるが、数字は1から始まる
6       if (bs.get(num0)) {
7         System.out.println(num);
8       } else {
9         bs.set(num0);
10      }
11    }
12  }
13
14  class BitSet {
15    int[] bitset;
16
17    public BitSet(int size) {
18      bitset = new int[(size >> 5) + 1]; // 32で割る
19    }
20
21    boolean get(int pos) {
22      int wordNumber = (pos >> 5); // 32で割る
23      int bitNumber = (pos & 0x1F); // 32で割った余り
24      return (bitset[wordNumber] & (1 << bitNumber)) != 0;
25    }
26
27    void set(int pos) {
28      int wordNumber = (pos >> 5); // 32で割る
29      int bitNumber = (pos & 0x1F); // 32で割った余り
30      bitset[wordNumber] |= 1 << bitNumber;
31    }
32  }
```

特別難しい問題ではありませんから、きれいに実装することが重要です。したがって、大きなビットベクトルを保持するのに独自のビットベクトルクラスを定義しています。面接官がどのように考えるかはわかりませんが、Javaの`BitSet`クラスを用いても、もちろんかまいません。

10.9 ソートされた行列の探索: 行と列がそれぞれソートされたM×Nの行列があります。この行列からある要素を見つけるメソッドを書いてください。

p.173

解法

2つの方法でアプローチすることができます:1つは並べ替えの一部を利用するより単純な方法、もう1つはソートされた部分の両方を利用する、より最適な方法です。

解法1: 単純な方法

最初のアプローチとして行ごとに二分探索を行います。1行あたり`O(log(N))`で、それがM行分ありますから、このアルゴリズムでは`O(M log(N))`の計算量になります。面接官に対してはこのアルゴリズムについて言及しておいて、さらに良いアルゴリズムを答えるとよいでしょう。

さらにアルゴリズムを良くするために、単純な例から始めてみましょう。

15	20	40	85
20	35	80	95
30	55	95	105
40	80	100	120

この行列で55を探すということにします。どのように見つければよいでしょう?

行の先頭または列の先頭を見てみると、どの場所にあるのかが予測できるようになってきます。列の先頭が55より大きければ、列の先頭の要素はその列の最小値ですから、その列には55が存在しないということがわかります。さらに言えば、その列より右側はもっと大きな数になっていますので、右側のどの列上にもないこともわかります。したがって、各列の先頭の要素が探索したい値xよりも大きければ、そこより左のほうを探索すればよいということになります。

行についても同様の論理が使えます。行の先頭がxより大きければ、その行より上側を探索すればよいということになります。

行と列の最後尾を見ても同じような結果が得られます。行あるいは列の最後尾がxより小さければ、行の場合はそれより下側、列の場合は右側を探索すればよいことがわかります。最後尾の値はその行や列の最大値だからです。

これらを解法に取り入れてみます。ここまででわかっていることは以下の通りです。

- 列の先頭がxより大きければ、xはその列より左側にある
- 列の末尾がxより小さければ、xはその列より右側にある
- 行の先頭がxより大きければ、xはその行より上側にある
- 行の末尾がxより小さければ、xはその行より下側にある

どこから始めてもかまいませんが、まずは列の先頭を調べるところから始めましょう。

最大の列から左側に向かって探索します。これはcを列数とした場合に、比較する要素をarray[0][c-1]から始めるという意味です。列の先頭の要素をx(55)と比較すれば、xは列0、1、2のいずれかにあるということがわかります。続けると、array[0][2]で停止します。

この要素は行列全体で見たときの行の最後尾ではありませんが、部分行列の最後尾と考えられます。ですので、同じ条件でさらに調べます。array[0][2]は40で55より小さいので、その下側を調べればよいということがわかります。

以下のような(グレーの部分が削除された)部分行列を考えればいいとわかります。

15	20	40	85
20	35	80	95
30	55	95	105
40	80	100	120

この部分行列に対して同様の操作を繰り返します。実際に適用しているのは1番目と4番目ということに注意してください。
以下のコードは、このように要素を削っていくアルゴリズムを実装したものです。

```
1   boolean findElement(int[][] matrix, int elem) {
2     int row = 0;
3     int col = matrix[0].length - 1;
4     while (row < matrix.length && col >= 0) {
5       if (matrix[row][col] == elem) {
6         return true;
7       } else if (matrix[row][col] > elem) {
8         col--;
9       } else {
10        row++;
11      }
12    }
13    return false;
14  }
```

他には、ほとんど二分探索のような解法も考えられます。コードはより複雑になりますが、これまで学んできたことの多くが使われています。

解法2: 二分探索

もう一度例を見てみましょう。

15	20	70	85
20	35	80	95
30	55	95	105
40	80	100	120

より効率的に要素を見つけるために、ソートされているという特性を活用していきたいところです。ソートされているという、この

行列が持つ唯一の特性が、要素がどこに配置されているかとどう結びつくのか、もう一度考えてみます。

すべての行と列はソートされているということがわかっています。これは`a[i][j]`という要素があるとして、それが`i`行目の0から`j-1`列目、`j`列目の0から`i-1`行目よりも大きいということを意味します。

言い換えると次のようになります。

```
a[i][0] <= a[i][1] <= ... <= a[i][j-1] <= a[i][j]
a[0][j] <= a[1][j] <= ... <= a[i-1][j] <= a[i][j]
```

これを視覚的に見てみると、以下の暗いグレーの要素は明るいグレーのどの要素よりも大きくなっています。

15	20	70	85
20	35	80	95
30	55	95	105
40	80	100	120

明るいグレーの要素も同様に、それぞれが自身より左側と上側と比べると、どの要素よりも大きくなっています。したがって、推移律から暗いグレーの要素は以下の図の正方形全体(明るいグレーの要素)よりも大きいことがわかります。

15	20	70	85
20	35	80	95
30	55	95	105
40	80	100	120

これは、行列内に矩形を作れば、その右下の角が常に最大値になるということを意味しています。

同様に考えれば、矩形の左上の角は常に最小値になります。色づけした次の図は、要素の順序についてわかること(明るいグレー< 暗いグレー < 黒)を示したものです。

15	20	70	85
20	35	80	95
30	55	95	105
40	80	120	120

元の問題に戻りましょう。85を見つけたいとして、対角線に沿って見ると35と95という値があります。このことから、85の場所についてどのようなことが言えるでしょうか?

15	20	70	85
25	35	80	95
30	55	95	105
40	80	120	120

95は黒い正方形の左上の角で、最小値になっていますから、85は黒い部分に含まれることはありません。

また、35は明るいグレーの正方形の領域で右下の角にありますから、85が明るいグレーの中に含まれることもありません。

よって、85は2つの白い部分のいずれか一方に含まれるはずです。

つまり行列を4つの領域に分割し、左下の部分と右上の部分を再帰的に探索すればよいということになります。左下と右下も領域に分割し、探索を繰り返していきます。

対角線上に見てもソートされた状態になっていますから、分割地点は二分探索を用いて効率的に求めることができます。

以下のコードがこのアルゴリズムを実装したものです。

```
1   Coordinate findElement(int[][] matrix, Coordinate origin,
2                           Coordinate dest, int x){
3     if (!origin.inbounds(matrix) || !dest.inbounds(matrix)) {
4       return null;
5     }
6     if (matrix[origin.row][origin.column] == x) {
7       return origin;
8     } else if (!origin.isBefore(dest)) {
9     return null;
10  }
11
12    /* startとendに対角線の始点と終点をセットする。
13     * グリッドは正方形でないこともあるので、
14     * 対角線の終点とdestは異なる可能性がある */
15    Coordinate start = (Coordinate) origin.clone();
16    int diagDist = Math.min(dest.row - origin.row,
17                            dest.column - origin.column);
18    Coordinate end = new Coordinate(start.row + diagDist,
19                                    start.column + diagDist);
20    Coordinate p = new Coordinate(0, 0);
21
22    /* 対角線上でxより大きな最初の要素を探す
23     * 二分探索を行う */
24    while (start.isBefore(end)) {
25      p.setToAverage(start, end);
26      if (x > matrix[p.row][p.column]) {
27        start.row = p.row + 1;
28        start.column = p.column + 1;
29      } else {
30        end.row = p.row - 1;
31        end.column = p.column - 1;
32      }
33    }
34
35    /* グリッドを領域に分割する。
36     * 左下と右上の領域を探索する */
37    return partitionAndSearch(matrix, origin, dest, start, x);
38  }
39
40  Coordinate partitionAndSearch(int[][] matrix,
41      Coordinate origin, Coordinate dest, Coordinate pivot,
```

```
42      int x {
43    Coordinate lowerLeftOrigin =
44      new Coordinate(pivot.row, origin.column);
45    Coordinate lowerLeftDest =
46      new Coordinate(dest.row, pivot.column - 1);
47    Coordinate upperRightOrigin =
48      new Coordinate(origin.row, pivot.column);
49    Coordinate upperRightDest =
50      new Coordinate(pivot.row - 1, dest.column);
51
52    Coordinate lowerLeft =
53      findElement(matrix, lowerLeftOrigin, lowerLeftDest, x);
54    if (lowerLeft == null) {
55      return findElement(matrix, upperRightOrigin,
56                         upperRightDest, x);
57    }
58    return lowerLeft;
59  }
60
61  oordinate findElement(int[][] matrix, int x) {
62    Coordinate origin = new Coordinate(0, 0);
63    Coordinate dest = new Coordinate(matrix.length - 1,
64                                     matrix[0].length - 1);
65    return findElement(matrix, origin, dest, x);
66  }
67
68  public class Coordinate implements Cloneable {
69    public int row, column;
70    public Coordinate(int r, int c) {
71      row = r;
72      column = c;
73    }
74
75    public boolean inbounds(int[][] matrix) {
76      return row >= 0 && column >= 0 &&
77             row < matrix.length && column < matrix[0].length;
78    }
79
80    public boolean isBefore(Coordinate p) {
81      return row <= p.row && column <= p.column;
82    }
83
84    public Object clone() {
85      return new Coordinate(row, column);
86    }
87
88    public void setToAverage(Coordinate min, Coordinate max) {
89      row = (min.row + max.row) / 2;
90      column = (min.column + max.column) / 2;
91    }
92  }
```

このコードをすべて読んで、「面接のときにこんなことできるわけないよ！」と思った方もいらっしゃるかもしれません。おそらくその通りではあるでしょう。しかし、どんな問題であっても面接での評価というのは他の候補者との相対評価です。ですから完全に実装できなかったとしても、それは他の候補者だって同じことでしょう。この問題のように難しい問題に出くわしたからといって、それが不利であるというわけではないのです。

他のメソッドにコードの一部分を切り離すことで、それが助けになったりします。たとえば、partitionAndSearchをメソッドとして切り離したことで、コードの重要な部分をまとめるのが楽になります。partitionAndSearchの中身については、時間に余裕ができたときに埋めに戻ってくればよいのです。

10.10 整数列のランク： 整数の列を読み取っているのを想像してみてください。定期的にある値xの順位(x以下の値の数)を調べられるようにしておきたいです。この作業を扱うデータ構造とアルゴリズムを実装してください。つまり、値が生成されたときに呼ばれるtrack(int x)というメソッドと、x以下の値の個数(x自身は個数に含まない)を返すgetRankOfNumber(int x)というメソッドを実装してください。

例

整数の列(出てきた順)：5, 1, 4, 4, 5, 9, 7, 13, 3

getRankOfNumber(1) = 0

getRankOfNumber(3) = 1

getRankOfNumber(4) = 3

p.173

解法

比較的簡単な方法は、すべての要素をソートして配列に収めておくことです。新しい要素が入ってくれば、配列の要素をシフトして空きを作ります。getRankOfNumberを非常に効率的に実装することができます。単純に二分探索を行い、そのインデックスを返すだけです。

しかし、これではデータの挿入(つまりtrack(int x)関数)がとても非効率になってしまいます。大小関係を保ちつつ、新しい要素を追加するのが容易なデータ構造が必要になります。二分探索木がちょうどこれに適しています。

要素を配列に挿入する代わりに、二分探索木に挿入します。そうすればnを木のサイズ(当然、平衡化されています)として、track(int x)の計算時間はO(log(n))になります。

値の順位はカウンターを増やしながら、通りがけ順で調べていきます。xを見つけたとき、カウンターはxより小さい値の要素数になっています。

xを探す際に左側へ移動する間はカウンターを変化させません。なぜでしょうか？ それは、スキップした右側の部分木にある要素はすべてxより大きいからです。ということは、一番左側にあるノードが最小の要素(つまりrank1の数)ということになります。一方で右側のノードに移る際には、左側の要素のかたまりを飛び越えることになります。これらの要素はすべてxより小さいので、左側の全ノードの要素数をカウンターに加えなければなりません。

左側の部分木の要素数を数えるのは非効率なので、新しい要素を追加するごとに、各ノードに要素数の情報を記録するようにしておきます。

次の木を例にして考えてみましょう。この例では括弧のついた数が左側の部分木の要素数を表しています。

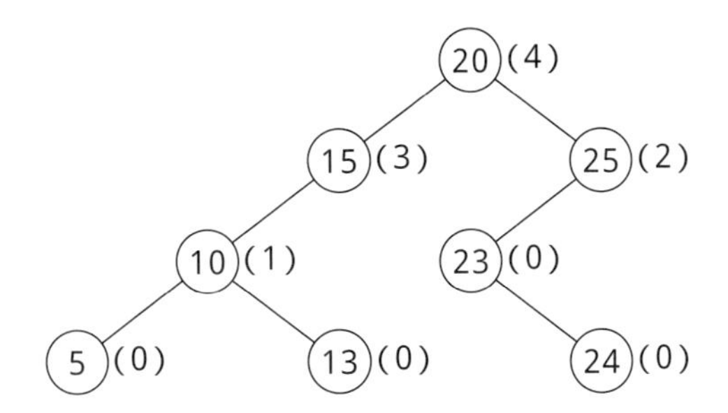

24の順位が知りたいとします。まず24とルートの20を比較し、24が右側にあることがわかります。ルートは左側に4つのノードを持っており、さらにルート自身を含めると24より小さいノードが5個あるとわかります。したがって、カウンターを5にセットします。

次に24と25のノードを比較し、24が左側にあるということがわかります。ここで飛び越えたどの要素も24を超えているはずですから、カウンターの数を増やしません。カウンターの数は5のままです。

さらに24と23のノードを比較し、24が右側にあることがわかります。このとき、23の左側にはノードがありませんので、カウンターを1だけ増やして6にします。

最後に24が見つかり、値が6になったカウンターを返します。

再帰的に書くと、アルゴリズムは次のようになります。

```
1   int getRank(Node node, int x) {
2     if x is node.data
3       return node.leftSize()
4     if x is on left of node
5       return getRank(node.left, x)
6     if x is on right of node
7       return node.leftSize() + 1 + getRank(node.right, x)
8   }
```

完全なコードは以下の通りです。

```
1   void track(int number) {
2     if (root == null) {
3       root = new RankNode(number);
4     } else {
5       root.insert(number);
6     }
7   }
8
9   int getRankOfNumber(int number) {
10    return root.getRank(number);
11  }
12
13  public class RankNode {
14    public int left_size = 0;
15    public RankNode left, right;
16    public int data = 0;
```

```
17    public RankNode(int d) {
18      data = d;
19    }
20
21    public void insert(int d) {
22      if (d <= data) {
23        if (left != null) left.insert(d);
24        else left = new RankNode(d);
25        left_size++;
26      } else {
27        if (right != null) right.insert(d);
28        else right = new RankNode(d);
29      }
30    }
31
32    public int getRank(int d) {
33        if (d == data) {
34        return left_size;
35      } else if (d < data) {
36        if (left == null) return -1;
37        else return left.getRank(d);
38      } else {
39        int right_rank = right == null ? -1 : right.getRank(d);
40        if (right_rank == -1) return -1;
41        else return left_size + 1 + right_rank;
42      }
43    }
44  }
```

trackメソッドとgetRankOfNumberメソッドはいずれも平衡木ではO(log N)、非平衡木ではO(N)で動作します。

値dが木の中に見つからなかった場合、どのように取り扱うかに注意してください。上記のコードでは返り値が-1かチェックし、-1ならさらに-1を上のノードに返しています。このようなケースを取り扱うのは重要なことです。

10.11 **山と谷**：整数値の配列において、「山」は隣り合う要素と比較してより大きいか等しいものを表し、「谷」隣り合う要素と比較してより小さいか等しいものを表します。たとえば、{5, 8, 6, 2, 3, 4, 6}という配列では、{8, 6}が山で{5, 2}が谷になります。整数値の配列が与えられたとき、山と谷が交互になるように並び替えてください。

例

入力：{5, 3, 1, 2, 3}

出力：{5, 1, 3, 2, 3}

p.173

解法

この問題は特定の方法で配列をソートするように求めているので、まずは通常の並べ替えを行ってから、配列を山と谷交互の配列になるよう「修正」してみます。

準最適解法

ソートされていない配列が与えられたとすると、ソートしたものは次のようになります：

0　1　4　7　8　9

今、整数の昇順リストがあります。

これをどうやって山と谷が交互になるよう並べ替えることができるでしょうか？ 前から順番に値を見て、試しにやってみましょう。

- 0はOK。
- 1の場所はよくない。0か4と入れ替えることができるので、0と入れ替えてみる。

  1　0　4　7　8　9
- 4はOK。
- 7の場所はよくない。4か8と入れ替えることができるので、4と入れ替えてみる。

  1　0　7　4　8　9
- 9の場所がよくない。8と入れ替える。

  1　0　7　4　9　8

これらの値を持つ配列について、特別なことは何もないことに注意してください。要素の相対的な順序は重要ですが、すべてのソートされた配列は同じ相対順序を持ちます。したがって、ソートされた配列に対しても同じアプローチをとることができます。

しかしコーディングする前に、厳密なアルゴリズムを明確にする必要があります。

1. 配列を昇順で並べ替える。
2. インデックス1（0ではない）から始まり、一度に2つの要素を調べることを繰り返す。
3. 各要素で前の要素と入れ替える。3つの要素はすべて 小 <= 中 <= 大 の順番で表示されるため、これらの要素を入れ替えると常に 中 <= 小 <= 大 のように中の値が山になる。

この方法は、山がインデックス1, 3, 5, などの場所にあることを保証します。奇数要素（山）が隣接要素よりも大きい限り、偶数要素（谷）は隣接要素よりも小さいはずです。

これを実装するコードは次の通りです。

```
1   void sortValleyPeak(int[] array) {
2     Arrays.sort(array);
3     for (int i = 1; i < array.length; i += 2) {
4       swap(array, i - 1, i);
5     }
6   }
7
8   void swap(int[] array, int left, int right) {
9     int temp = array[left];
10    array[left] = array[right];
11    array[right] = temp;
12  }
```

このアルゴリズムの実行時間はO(n log n)です。

最適解法

先に説明した解法を最適化するために、ソートを行うのをやめます。アルゴリズムはソートされていない配列を操作します。

再び例を見てみましょう。

```
9    1    0    4    8    7
```

各要素に対して隣接する要素を見ます。いくつかイメージしてみましょう。0, 1, 2のみを使うことにします。特定の値を使うのは問題ではありません。

```
0 1 2
0 2 1   // 山
1 0 2
1 2 0   // 山
2 1 0
2 0 1
```

中央の要素が山である必要があるとすると、上記のうち2つは山ができています。他のものを修正して中央が山になるようにできるでしょうか?
もちろんできますね。中央の要素を、隣接する要素の大きい方と入れ替えればよいのです。

```
0 1 2 ->  0 2 1
0 2 1   // 山
1 0 2 ->  1 2 0
1 2 0   // 山
2 1 0 ->  1 2 0
2 0 1 ->  0 2 1
```

先に述べたように、山が正しい場所にあることを確認すると、谷が正しい場所にあることがわかります。

> ここで少し注意してください。どこか1か所を入れ替えることで、すでに処理していた部分を「破壊」する可能性はあるでしょうか? 心配するのは良いことですが、これは問題はありません。中央の値を左と入れ替えると、左が谷になります。中央は左よりも小さいので、より小さな要素を谷として配置しています。何も壊れません。完璧です!

これを実装するコードは次の通りです。

```
1   void sortValleyPeak(int[] array) {
2     for (int i = 1; i < array.length; i += 2) {
3       int biggestIndex = maxIndex(array, i - 1, i, i + 1);
4       if (i != biggestIndex) {
5         swap(array, i, biggestIndex);
6       }
7     }
8   }
9
10  int maxIndex(int[] array, int a, int b, int c) {
11    int len = array.length;
12    int aValue = a >= 0 && a < len ? array[a] : Integer.MIN_VALUE;
13    int bValue = b >= 0 && b < len ? array[b] : Integer.MIN_VALUE;
14    int cValue = c >= 0 && c < len ? array[c] : Integer.MIN_VALUE;
15
16    int max = Math.max(aValue, Math.max(bValue, cValue));
17    if (aValue == max) return a;
18    else if (bValue == max) return b;
19    else return c;
20  }
```

このアルゴリズムの実行時間はO(n)になります。

11

“テスト”の解法

11.1　間違い探し：次のコードの誤りを探してください。

```
1   unsigned int i;
2   for (i = 100; i >= 0; --i)
3     printf("%d¥n", i);
```

p.179

解法

このコードには2か所の間違いがあります。

まず、`unsigned int`は定義より、常に0以上であることに注意してください。そうなると`for`ループの条件式が常に`true`ということになり、無限ループになってしまいます。

100から1までのすべての整数を表示するコードは`i > 0`としなければなりません。もし0も表示したければ、`for`ループを抜けたあとに`printf`を追加しておきます。

```
1   unsigned int i;
2   for (i = 100; i > 0; --i)
3     printf("%d¥n", i);
```

もう1つは`unsigned int`を表示する場合の書式に、`%d`ではなく`%u`を使うという点です。

```
1   unsigned int i;
2   for (i = 100; i > 0; --i)
3     printf("%u¥n", i);
```

このコードなら100から1までのすべての数のリストを正しく降順に表示できます。

11.2 **ランダムクラッシュ：**動作中にクラッシュするアプリケーションのソースコードが与えられます。デバッガを使って10回動かしたあと、毎回違う場所でクラッシュすることがわかりました。アプリケーションはシングルスレッドで、Cの標準ライブラリしか使われていません。どのようなエラーがこのクラッシュの原因になっているでしょうか？ また、そのエラーに対してどのようにテストを行えばよいですか？

p.179

解法

質問は診断しているアプリケーションのタイプに大きく依存しますが、ランダムなクラッシュの一般的な原因をいくつか挙げられます。

1. **ランダムな変数：**アプリケーションは、プログラムの実行ごとに固定されていない乱数や可変の要素を使用しているかもしれません。たとえばユーザーの入力やプログラム内で生成される乱数、日付のようなものです。
2. **初期化されていない変数：**アプリケーションに初期化されていない変数があるかもしれません。一部の言語では、初期化されていない変数は任意の値をとることがあります。この変数の値が実行するたびに変わり、少しずつ異なった結果になってしまうのです。
3. **メモリリーク：**プログラムでメモリが不足する可能性もあります。ある時点で実行しているプロセス数に依存するので、実行のたびにクラッシュの原因は異なってきます。これはヒープが一杯になった場合やスタックが壊れた場合も含みます。
4. **外部的な要因：**プログラムが他のアプリケーションやマシン、リソースに依存している場合があります。複数の依存関係がある場合、プログラムはいつでもクラッシュする可能性があります。

問題点を見つけ出すために、そのアプリケーションについてできる限り学ぶことから始めましょう。誰が使っているのか？ 何に使うのか？ どんなタイプのアプリケーションなのか？

さらに、アプリケーションがまったく同じところでクラッシュしなかったとしても、特定の要素や流れと結びついている可能性があります。たとえば、アプリケーションを単に起動して何もしなければクラッシュしないけれども、ファイルを読み込んだ後でのみクラッシュする点がいくつかある、といった場合です。あるいは、ファイル入出力のような低レベルの要素でいつもクラッシュしているのかもしれません。

消去法で調べていく方法も効果的です。システム上の他のアプリケーションをすべて閉じます。リソースの使用をかなり注意深く追います。プログラム上で無効にできる部分があれば無効にしておきます。他のマシン上で動かして、同じ問題が起こるかどうかを見ます。消去（あるいは変更）できればできるほど問題点を見つけ出しやすくなります。

また、特定の状況に対する検査用のツールを使うことができる場合もあります。たとえば、2の問題を調査するのに初期化されていない変数を検出する実行時用のツールを利用することができます。

これらの問題では、考え方だけでなくブレインストーミングの能力も問われています。適当に思いついたことを喚き散らしますか？ それとも論理的に系統立てた方法で考えますか？ もちろん後者のほうが良いですね。

11.3 チェスのテスト：チェスのゲームで、`boolean canMoveTo(int x, int y)`というメソッドがあります。このメソッドは駒クラスの一部で、駒が`(x,y)`に移動できるかどうかを返します。このメソッドをどのようにテストするかを説明してください。

p.179

解法

この問題では主要なテストが2種類あります。極端な場合の検証(不正な入力値に対してクラッシュしないことを確認する)、そして一般的な場合のテストです。まずは前者のタイプから始めてみましょう。

テストタイプ1：極端な場合の検証

不正な入力や変わった入力をプログラムがどのように扱うかを丁寧に確認していきます。これには次の条件をチェックしていくとよいでしょう。

- xやyに負の値を渡す。
- xにチェス盤の幅よりも大きい値を渡す。
- yにチェス盤の高さよりも大きい値を渡す。
- チェス盤が完全に埋まっている状態にする。
- チェス盤に何も置かれていない、あるいはほとんど置かれていない状態にする。
- 白の駒が黒の駒よりずっと多い状態にする。
- 黒の駒が白の駒よりずっと多い状態にする。

上記でエラーが発生した場合に`false`を返すか例外を投げるかを面接官に適宜質問して、それに応じてテストをすべきです。

テストタイプ2：一般的なテスト

一般的なテストはずっと広大です。理想的にはすべての盤のパターンについてテストしたいところですが、数が多すぎます。それでも合理的な範囲で検証することはできます。

チェスには6種類の駒があります。したがって各種類の駒に対して、すべての可能な移動方向、他の種類の駒の上への移動を試すことができます。これは以下のようなコードになります。

```
1   foreach piece a:
2     for each other type of piece b (6 types + empty space)
3       foreach direction d
4         Create a board with piece a.
5         Place piece b in direction d.
6         Try to move - check return value.
```

この問題のキーポイントは、すべての可能性について調べたくても、調べることができないということを認識しているかということです。その代わりに、重要な部分に焦点を当てなければなりません。

11.4 **ツールを使わないテスト**：テストツールをまったく用いずにウェブページの負荷テストを行うにはどのようにすればよいですか？

p.179

解法

負荷テストはウェブアプリケーションの最大稼働能力だけでなく、そのパフォーマンスを妨げる可能性のあるボトルネックを特定するのに役立ちます。同様に、アプリケーションが負荷の変動にどう反応するか確認することができます。

負荷テストを行うには、まず達成すべき性能に応じた測定基準と状況を見極めなければなりません。典型的な基準として以下のものが挙げられます。

- 応答時間
- 処理能力
- リソースの使用率
- システムが耐え得る最大負荷

これらの基準を注意深く評価しながら、負荷をシミュレートするテストを設計します。

正式のテストツールがない場合は、基本的には独自で作ります。たとえば数千の仮想ユーザーを用意して、ユーザーが同時にアクセスしてくる状況をシミュレートします。各スレッドが実際のユーザーのようにウェブページを読み込むようにした、数千のスレッドを持つマルチスレッドのプログラムを書きます。また、各ユーザーごとに応答時間やデータの入出力などの測定を行えるようなプログラムにしておきます。

それからテストで集めたデータに基づいて分析を行い、許容される値と比較します。

11.5 ペンのテスト：ペンをテストするにはどうすればよいですか?

p.179

解法

この問題で重要なのは制約を把握しているかどうかと、問題に対して系統立てた方法で取り組めるかどうかです。制約を把握するために「誰が、何を、どこで、いつ、どのように、なぜ」がわかるように、たくさん質問しましょう。優れたテスターというのは、作業が始まる前にすでにテストの対象を正確に理解しているものだ、ということを覚えておいてください。

この問題の手法を説明するために模擬会話の例を紹介します。

面接官：ペンのテストをどのように行いますか?
候補者：ペンについて少し確認させてください。そのペンはどんな人が使いますか?
面接官：おそらく子供でしょう。
候補者：わかりました。それは何に使いますか? 字を書くのか、絵を描くのか、それとも他に用途があるのですか?
面接官：絵を描くのに使います。
候補者：絵を描くのは紙にですか? 衣類ですか? それとも壁ですか?
面接官：衣類に書きます。
候補者：なるほど。ペン先はどのような形ですか? フェルトですか? ボール式ですか? 水性ですか? 油性ですか?
面接官：水性です。

たくさん質問をして、このようなことがわかってくるでしょう。

候補者：了解しました。ペンは5～10歳対象のフェルトペンで、色は赤、緑、青、黒の4色で、衣類に書いても水で洗い落せるもの、ということでよろしいですね?

候補者は最初に思ったものとかなり違った問題に感じているでしょう。これはよくあることで、実際、面接官は故意にわかりきった問題(ペンは誰でも知っていますね!)を与え、最初に感じたこととまったく違うということを発見させようとしたりします。ユーザーも同じように、無意識的にしろ、製品の第一印象と実際の製品がまったく違っていると感じるだろうと面接官は考えています。

何をテストしているのかはよくわかりましたので、ここからはテストの中身について考えましょう。ここでのキーポイントは構造です。対象や問題のいろいろな構成要素が何かを考えることから始めましょう。この問題の場合、構成要素として次のようなものが挙げられます。

- **事実の確認**：ペンがフェルトペンであること、インクが使用可能な色であるかを確かめる。
- **意図した用途**：絵を描く場合、衣類にきちんと描けるか?
- **使用目的**：衣類を洗った場合、(時間が経過していても) 洗い落とすことができるか? 熱湯、ぬるま湯、冷水で洗い落とすことができるか?
- **安全性**：子供にとって安全 (有毒物質が含まれていない) か?
- **意図しない用途**：他に子供がどのような使い方をするだろう? 衣類以外に描こうとするかもしれないので、正しく使えるかのチェックは必要になる。ペンを踏みつけるかもしれないし、投げたりするかもしれない。これらの条件に耐え得るかどうかを確かめておく必要がある。

テストに関する問題では、意図したシナリオと意図しないシナリオ両方についてテストする必要があるということを忘れないでください。どのような製品でもこちらの期待通りに使ってくれるとは限らないのです。

11.6 ATMのテスト：分散銀行システムにおけるATMのテストをどのように行いますか？

p.179

解法

最初にするのは、仮定をはっきりさせることです。まず、次の質問をしてください。

- どのような人がATMを使いますか？ 解答は「誰でも」や「目の見えない人」などいろいろ考えられそうです。
- 何のために使いますか？ これは「預金の引き出し」、「振り込み」、「残高照会」などが考えられそうです。
- どんな手段でテストしますか？ システムのコードまで見ることができるのか、ATMの機械しか触ることができないのか、確かめておきます。

注意：良いテスターは、テストに関することを完全に理解しているものです！

一度システムがどのようなものかを理解すれば、問題をテスト可能な要素に切り分けたいと考えます。この問題では以下のような要素が考えられます。

- ログイン
- 預金の引き出し
- 預け入れ
- 残高照会
- 振り込み

テストには、おそらく手動テストと自動テストを併せて使いたくなるでしょう。

手動テストでは、上記の各ステップを調べながらエラーになりそうなケース（残高が足りない、新規口座、存在しない口座など）をすべて確かめていきます。

自動テストの場合は少し複雑になります。上記で示したようなすべての標準的なシナリオを自動化し、競合状態のようなかなり特殊な問題も調べたいところです。理想的には、架空の口座を用意した閉じたシステムを用意します。そして、誰かが異なる場所から入出金を素早く行ったとしても、預金者のお金が増えたり減ったりしないことを確認します。

とりわけ安全性と信頼性を優先すべきです。口座は常に保護されていなければなりませし、お金がきちんと計上されることを常に確認しなければなりません。不意にお金を失うなんて誰でも嫌ですからね！ 良いテスターを目指すなら、システムの優先順位をしっかり理解しておいてください。

12

“CとC++”の解法

12.1 後ろからK行を表示：C++を用いて、入力ファイルの後ろからK行を表示するメソッドを書いてください。

p.186

解法

行数(N)を数え、N-K+1行目からN行目までを表示するという安直な方法が考えられますが、ファイルを2回読み込む必要があり、無駄にコストがかかってしまいます。できれば1回の読み込みでK行表示できる解がほしいところです。

K行分の配列を確保し、そこにすでに読んだ部分の最後のK行を格納する、というふうにします。新しくデータを読むごとに一番古いデータを配列から除去していくのです。

配列の要素を毎回シフトすることになって、これはこれでコストのかかることなのでは？ と思うかもしれませんが、うまくやれば大きなコストにはなりません。配列を毎回シフトするのではなく、循環して利用すればよいのです。

循環した配列を使って、新しいデータを読み込むごとに配列内の最も古い要素と置き換えていきます。最も古い要素の場所を表す別の変数を用意しておき、新しいデータを加えるたびに適切に動かしていきます。

以下に示すのが循環する配列の例です。

```
ステップ1 (初期状態): array = {a, b, c, d, e, f}. p = 0
ステップ2 (gを挿入) : array = {g, b, c, d, e, f}. p = 1
ステップ3 (hを挿入) : array = {g, h, c, d, e, f}. p = 2
ステップ4 (iを挿入) : array = {g, h, i, d, e, f}. p = 3
```

次のコードがこのアルゴリズムの実装になります。

```
1   void printLast10Lines(char* fileName) {
2     const int K = 10;
3     ifstream file (fileName);
4     string L[K];
5     int size = 0;
6
7     /* 1行ごとにファイルを読み込み、循環する配列に追加する */
```

```
8     /* peek()は改行に続くEOFを1行とみなさない */
9     while (file.peek() != EOF) {
10      getline(file, L[size % K]);
11      size++;
12    }
13
14    /* 循環した配列の開始位置と配列のサイズを計算する */
15    int start = size > K ? (size % K) : 0;
16    int count = min(K, size);
17
18    /* 読み込んだ順番に要素を出力する */
19    for (int i = 0; i < count; i++) {
20      cout << L[(start + i) % K] << endl;
21    }
22  }
```

この解法ではファイル全体を読む必要がありますが、どの時点でも10行分のメモリだけで済みます。

12.2 **文字列の反転**：reverse(char* str)というnull終端の文字列を反転させる関数を、CもしくはC++で実装してください。

p.186

解法

これは古典的な面接問題です。唯一のアピールポイントとしては、入れ替え操作をインプレースで(つまり余分な配列を使わずに)やってみることと、`null`文字に注意することです。

実装はCで行います。

```
1   void reverse(char *str) {
2     char* end = str;
3     char tmp;
4     if (str) {
5       while (*end) { /* 文字列の終端を見つける */
6         ++end;
7       }
8       --end; /* 最後の文字はnullなので1文字分戻る */
9
10      /* ポインタが文字列の中央に来るまで
11       * * strの指す文字とendが指す文字を入れ替える */
12      while (str < end) {
13        tmp = *str;
14        *str++ = *end;
15        *end-- = tmp;
16      }
17    }
18  }
```

これはたくさんある実装方法の、ほんの1例です。コードを再帰的に書くこともできます(が、おすすめはしません)。

12.3 ハッシュテーブルとSTLmap：ハッシュテーブルとSTLのmapを比較してください。ハッシュテーブルをどのように実装しますか？ 入力のサイズが小さいとき、ハッシュテーブルの代わりにどのようなデータ構造が選べますか？

p.186

解法

ハッシュテーブルではキーをハッシュした結果を使って値が保持され、ソートされた状態で保持されるわけではありません。さらに、ハッシュテーブルは値を保持する場所のインデックスを探すためにキーを使っているため、要素の挿入や検索は(衝突があまり起こらないと仮定して)ならしで`O(1)`の実行時間になります。ハッシュテーブルでは衝突が起こり得るとして処理を行わなければなりません。これには、同じインデックスにマップされてしまった要素をすべて連結リストの形で保持するチェイン法がよく使われます。

STLのmapはキーに基いた二分探索木にキーと値のペアを挿入していきます。この場合は衝突の心配はありません。木は平衡化されているので、挿入や検索は`O(log(n))`の実行時間になります。

ハッシュテーブルはどのように実装されているのか？

ハッシュテーブルは伝統的に連結リストの配列で実装されています。キーと値のペアを挿入したいとき、ハッシュ関数を用いて配列のインデックスにキーを割り当てます。それから、値はインデックスの位置の連結リストに挿入されます。

配列上のあるインデックスにおける連結リストの要素は、同じキーを持っているわけではないことに注意してください。そうではなく、`hashFunction(key)`の値が等しくなります。したがって特定のキーの値を取得するために、各ノードに正確なキーと値を保持する必要があります。

まとめると、ハッシュテーブルは連結リストの配列で実装され、連結リストの各ノードは値とキーの2つのデータをを保持している、ということになります。加えて、以下の設計基準に注意しておきたいところです。

1. キーがうまく分散されるような良いハッシュ関数を使いましょう。キーの分散がうまくできないと衝突が起こりやすくなり、要素の検索スピードが落ちることになります。
2. 良いハッシュ関数を使用できたとしても衝突は起こり得るので、衝突を扱う方法は必要不可欠です。連結リストを用いたチェイン法を使うことが多いですが、唯一の方法というわけではありません。
3. 容量に応じてハッシュテーブルのサイズを動的に増減できるメソッドの実装もしておきたいところです。たとえば、テーブルサイズに対する要素数がある閾値を超えたところでハッシュテーブルのサイズを増やすようにしたいと考えることがあります。これには新たにハッシュテーブルを生成し、古いテーブルから新しいテーブルにデータを移動する方法が考えられます。しかしこれは高コストの操作になるので、頻発しないように注意する必要があります。

入力データが小さければ、ハッシュテーブルの代わりに何が使えるか？

STLのmapか二分木が使えます。`O(log(n))`の実行時間になりますが、入力データが小さければ無視できる程度の大きさでしょう。

12.4 仮想関数:C++で、仮想関数はどのように動作しますか?

p.186

解法

仮想関数は"vtable"もしくは"仮想関数テーブル"と呼ばれる機構を用いて実現されています。クラスのある関数がvirtualで宣言されている場合、このクラスの仮想関数へのアドレスを格納するようなvtableを構築します。コンパイラは仮想関数を持つすべてのクラスに、そのクラスのvtableに対するポインタ`vptr`を追加します。仮想関数が派生クラスでオーバーライドされていない場合は、派生クラスのvtableには親クラスの関数のアドレスが格納されます。vtableは仮想関数が呼ばれるときにアドレスの解決を行うのに使用されます。C++の動的束縛はvtableの機構を介して行われます。

基本クラスのポインタに派生クラスのオブジェクトを割り当てるとき、`vptr`は派生クラスのvtableを指します。この割り当てにより、最も派生した仮想関数が呼び出されることになります。

以下のコードについて考えてみてください。

```
1   class Shape {
2     public:
3       int edge_length;
4       virtual int circumference () {
5         cout << "Circumference of Base Class¥n";
6         return 0;
7       }
8   };
9   class Triangle: public Shape {
10    public:
11      int circumference () {
12        cout<< "Circumference of Triangle Class¥n";
13        return 3 * edge_length;
14      }
15  };
16  void main() {
17    Shape * x = new Shape();
18    x->circumference(); // Shapeクラスのcircumference()
19    Shape *y = new Triangle();
20    y->circumference(); // Triangleクラスのcircumference()
21  }
```

この例では、`circumference`は`Shape`クラス内で仮想関数として定義されていますので、派生クラス(`Triangle`など)の中でも仮想関数になります。C++では、非仮想関数はコンパイル時に静的束縛で名前解決されますが、仮想関数は実行時に動的束縛で名前解決されます。

12.5 深いコピーと浅いコピー:深いコピーと浅いコピーの違いは何ですか? それぞれどのように使うのかを説明してください。

p.186

解法

浅いコピーでは、すべてのメンバ変数の値をあるオブジェクトから他のオブジェクトへコピーします。深いコピーでは、それに加えてポインタオブジェクトを深いコピーします。

浅いコピーと深いコピーの例は以下の通りです。

```
1  struct Test {
2    char * ptr;
3  };
4
5  void shallow_copy(Test & src, Test & dest) {
6    dest.ptr = src.ptr;
7  }
8
9  void deep_copy(Test & src, Test & dest) {
10   dest.ptr = (char*)malloc(strlen(src.ptr) + 1);
11   strcpy(dest.ptr, src.ptr);
12 }
```

`shallow_copy`は、特にオブジェクトの生成と削除でランタイムエラーを起こす場合があるので注意してください。浅いコピーはかなり注意深く、プログラマが本当にしたいことを理解している場合のみ使うべきです。ほとんどの場合、実際のデータを複製することなく、複雑な構造体の情報を渡す必要があるときに浅いコピーが使用されます。それからもう1点、浅いコピーの場合はオブジェクトの破棄にも気をつけてください。

実際には浅いコピーはあまり使いません。特に構造体のサイズが小さいときはほとんどの場合、深いコピーを使います。

12.6 volatile:Cの"volatile"というキーワードはどういう意味ですか?

p.186

解法

`volatile`キーワードは、それが適用された変数の値がコード中で更新されなくても外部から変更され得るということをコンパイラに知らせるものです。外部からの変更はオペレーティングシステム、ハードウェア、あるいは他のスレッドによって行われます。値が突然変更される可能性があるため、毎回メモリから値を読み込むようにコンパイルされます。

整数型にvolatile修飾子をつける場合は次のいずれかで宣言します。

```
int volatile x;
volatile int x;
```

volatile修飾子がついた整数型へのポインタの場合は次のようにします。

```
volatile int * x;
int volatile * x;
```

volatileでないデータへのvolatileポインタは稀ですが次のように書きます。

```
int * volatile x;
```

メモリ、ポインタともにvolatileで宣言したい場合は次のように書きます。

```
int volatile * volatile x;
```

volatileで宣言された変数は最適化されませんが、これが非常に役に立つ場合があります。次のような関数をイメージしてください。

```
1   int opt = 1;
2   void Fn(void) {
3     start:
4       if (opt == 1) goto start;
5       else return;
6   }
```


一見無限ループのように見えます。コンパイラは次のように最適化しようとします。

```
1   void Fn(void) {
2     start:
3       int opt = 1;
4       if (true)
5       goto start;
6   }
```

これは無限ループになります。外部の操作によってoptの値を0にしたとすると、前のコードではループから抜け出します。

コンパイラがこのような最適化をしてしまわないようにするには、システムの他の要素が変数の値を変更するかもしれないということを知らせなくてはなりません。この通知を`volatile`修飾子を使って行います。

```
1   volatile int opt = 1;
2   void Fn(void) {
3     start:
4       if (opt == 1) goto start;
5       else return;
6   }
```

volatileはグローバル変数を持つマルチスレッドプログラムで、どのスレッドからもその変数を変更できる場合にも役立ちます。最適化されたくない変数があるかもしれないからです。

12.7 基本クラスのvirtual宣言：基本クラスのデストラクタは、なぜvirtual宣言する必要があるのですか？

p.186

解法

なぜ仮想関数があるのかということから考えてみましょう。まず、次のようなコードがあるとします。

```
1   class Foo {
2     public:
3       void f();
4   };
5
6   class Bar : public Foo {
7     public:
8       void f();
9   };
10
11  Foo * p = new Bar();
12  p->f();
```

p->f()を呼び出すと、Foo::f()が呼ばれます。これは、pがFooへのポインタで、f()が仮想関数ではないからです。

p->f()でf()の最も派生された実装を呼び出したければ、f()を仮想関数として宣言しなければなりません。

ここでデストラクタの話に戻りましょう。デストラクタはメモリとリソースの消去に使われます。Fooのデストラクタがvirtualでなければ、pが実際はBar型であるにもかかわらず、Fooのデストラクタが呼ばれることになります。

ですから、最も派生したクラスのデストラクタが確実に呼び出されるように、デストラクタはvirtualで宣言しなければならないのです。

12.8 ノードのコピー: パラメータとしてノード構造体へのポインタを受け取り、そのデータ構造の完全なコピーを返すメソッドを書いてください。ただし、そのノード構造体は他のノードへのポインタを2つ持っています。

p.186

解法

ノードをコピーするたびに、コピー元のノードのアドレスと、コピーしたノードのアドレスの対応をマップを使って保持しておきます。このマップを使うと深さ優先探索中に、見ているノードがすでにコピーされているかどうかを知ることができます。探索中に同じノードを訪れたか判定するためにさまざまな形でノードに印をつけておきます。今回のように、必ずしも印はノード内に保持しておく必要はありません。

次に示すのは単純な再帰的アルゴリズムです。

```
1   typedef map<Node*, Node*> NodeMap;
2
3   Node * copy_recursive(Node * cur, NodeMap & nodeMap) {
4     if (cur == NULL) {
5       return NULL;
6     }
7
8     NodeMap::iterator i = nodeMap.find(cur);
9     if (i != nodeMap.end()) {
10      // すでにこのノードには訪れたことがあるので、コピーを返す
11      return i->second;
```

```
12     }
13
14     Node * node = new Node;
15     nodeMap[cur] = node; // リンクをたどる前に今いるノードをmapに保持する
16     node->ptr1 = copy_recursive(cur->ptr1, nodeMap);
17     node->ptr2 = copy_recursive(cur->ptr2, nodeMap);
18     return node;
19   }
20
21   Node * copy_structure(Node * root) {
22     NodeMap nodeMap; // 空のmapを用意する
23     return copy_recursive(root, nodeMap);
24   }
```


12.9 スマートポインタ:スマートポインタクラスを書いてください。スマートポインタは通常テンプレートで実装されるデータ型で、普通のポインタの役割に加えてガベージコレクションも提供します。SmartPointer<T*>のオブジェクトの参照回数を数え、参照回数が0になったとき、T型のオブジェクトを自動的に開放します。

p.187

解法

スマートポインタは普通のポインタと同じように使えますが、自動的にメモリ管理を行いプログラムの安全性を高めます。スマートポインタによってダングリングポインタやメモリリーク、割り当ての失敗のような問題を避けることができます。スマートポインタは指定されたオブジェクトへのすべての参照に対してたった1つの参照カウントを持ちます。

一見するとC++の専門家でもない限り、とてつもなく難しい問題のように思えます。この問題へのアプローチとして便利なのは問題を2つのパートに分けることです。まず疑似コードで外観を捉え、次に詳細のコーディングを行います。

まず初めに新しい参照が追加されれば参照カウンタを増やし、参照が削除されれば参照カウンタを減らすようにしておく必要があります。これを疑似コードで表すと次のようになります。

```
1   template <class T> class SmartPointer {
2     /* スマートポインタクラスはオブジェクトそのものと、
3      * 参照カウンタへのポインタを持つ必要がある。
4      * オブジェクトそのものや参照カウンタの値ではなくポインタでなければいけない。
5      * スマートポインタの目的は1つのオブジェクトに対する複数のスマートポインタ間で
6      * 参照カウンタを追いかけられるようにすることだからだ */
7     T * obj;
8     unsigned int * ref_count;
9   }
```

このクラスにはコンストラクタとデストラクタが必要ですから、まずそれを追加しましょう。

```
1   SmartPointer(T * object) {
2     /* T * objの値をセットし、
3      * 参照カウンタを1にする */
4   }
5
6   SmartPointer(SmartPointer<T>& sptr) {
```

```
 7       /* このコンストラクタでは既存のオブジェクトに対する新しいスマートポインタを作る。
 8        * まず、sptrのobjとref_countと同じアドレスを指すように、
 9        * objとref_countをセットする。
10        * objに対する新しい参照を作ったので
11        * ref_countの値をインクリメントする */
12     }
13
14     ~SmartPointer() {
15       /* オブジェクトへの参照を破壊する。
16        * ref_countをデクリメントする。
17        * もしref_countが0ならref_countとobjを開放する */
18     }
```

参照が生成される方法がもう1つあります。それは、他のSmartPointerに代入する方法です。これには等号演算子をオーバーロードしたいところですが、今のところはこのようなコードで概略を書くだけに留めておきます。

```
1   onSetEquals(SmartPointer<T> ptr1, SmartPointer<T> ptr2) {
2     /* ptr1にすでに値が定まっているなら、
3      * その参照カウントをデクリメントする。
4      * そしてobjとref_countへのポインタを上書きする。
5      * 最後に、新しい参照を作ったのでref_countをインクリメントする */
6   }
```

考え方だけであれば、わざわざC++の複雑な構文を守らなくても疑似コードだけで十分です。あとは細かい部分のコーディングを行って仕上げていきます。

```
 1   template <class T> class SmartPointer {
 2     public:
 3     SmartPointer(T * ptr) {
 4       ref = ptr;
 5       ref_count = (unsigned*)malloc(sizeof(unsigned));
 6       *ref_count = 1;
 7     }
 8
 9     SmartPointer(SmartPointer<T> & sptr) {
10       ref = sptr.ref;
11       ref_count = sptr.ref_count;
12       ++(*ref_count);
13     }
14
15     /* 等号演算子をオーバーロードする。
16      * 古いスマートポインタに対してはその参照カウンタをデクリメントし、
17      * 新しいスマートポインタに対しては
18      * 参照カウンタをインクリメントする */
19     SmartPointer<T> & operator=(SmartPointer<T> & sptr) {
20       if (this == &sptr) return *this;
21       /* すでにオブジェクトに割り当てられているとき、その参照を削除する */
22       if (*ref_count > 0) {
23         remove();
24       }
25         ref = sptr.ref;
26         ref_count = sptr.ref_count;
27         ++(*ref_count);
28       return *this;
29     }
```

```
30
31     ~SmartPointer() {
32       remove(); // オブジェクトへの参照を1つ削除する
33     }
34
35     T getValue() {
36       return *ref;
37     }
38
39   protected:
40     void remove() {
41       --(*ref_count);
42       if (*ref_count == 0) {
43         delete ref;
44         free(ref_count);
45         ref = NULL;
46         ref_count = NULL;
47       }
48     }
49
50     T * ref;
51     unsigned int * ref_count;
52   };
```

この問題のコードは複雑で、完璧なものを書くのはおそらく難しいでしょう。

12.10 malloc：確保されたメモリのアドレスが指定された2の累乗で割り切れる数になっているように調整されたmallocとfreeを書いてください。

例

`align_malloc(1000,128)`は1000バイトのメモリを指すアドレスで、128の倍数になっているものを返します。

`aligned_free()`は`align_malloc`で割り当てたメモリを開放します。

p.187

解法

普通`malloc`を使用した場合、ヒープ領域のどこにメモリを割り当てるかをコントロールすることはできません。単にヒープ領域内の任意のアドレスから始まるメモリブロックのポインタを得るだけです。

所定の値で割り切れるメモリアドレスを返せるように、少し余裕を持たせたメモリ領域を確保することでこの制約を解決します。

100バイトのメモリを確保し、その領域の先頭アドレスが16の倍数になっているようにしたいとしましょう。このとき、余分に確保するメモリはどのくらい必要でしょうか？ 15バイト余分に確保すれば足ります。100バイトに15バイトさらに加えることで、16で割り切れる100バイトのメモリ領域の先頭アドレスが得られます。

これは次のような形で実装できます。

```
1   void* aligned_malloc(size_t required_bytes, size_t alignment) {
2     int offset = alignment - 1;
```

```
3      void* p = (void*) malloc(required_bytes + offset);
4      void* q = (void*) (((size_t)(p) + offset) & ~(alignment - 1));
5      return q;
6    }
```

4行目は少し難しいですから、この部分を考察してみましょう。

alignmentの値が16であるとしましょう。pが指すメモリ領域の、先頭アドレスから16バイト分の1つは必ず16で割り切れるはずです。そのアドレスを見つけるために、(p + 15) & 11...10000というビット演算を行います。p + 15の下位4ビットと0000の論理積を取れば、その値(元のpか、そこから続く15バイトの中の1か所)は16で割り切れる値になります。

この解法はほぼ完璧ですが、1つ大きな問題が残っています。それは、どうやってメモリを解放すべきかということです。

上記の例では15バイト余分にメモリを確保しています。解放するときは、この15バイトも含めてすべて解放しなければなりません。

この問題は、余分なメモリ領域にメモリブロック全体の先頭アドレスを保持しておくことで解決することができます。アラインメントを取ったメモリ領域の直前に、この情報を保持しておきます。もちろん、ポインタを保持するための十分な領域があることを保証するために、さらに余分なメモリを確保する必要があります。

従って、調整後のアドレスとそのポインタ用のスペースの両方を保証するためには、alignment - 1 + sizeof(void*)バイト分を余分に確保する必要があることになります。

次のコードはこの考え方を実装したものです。

```
1    void* aligned_malloc(size_t required_bytes, size_t alignment) {
2      void* p1; // 最初に確保する領域
3      void* p2;  // 最初に確保した領域内の調整された領域
4      int offset = alignment - 1 + sizeof(void*);
5      if ((p1 = (void*)malloc(required_bytes + offset)) == NULL) {
6        return NULL;
7      }
8      p2 = (void**)(((size_t)(p1) + offset) & ~(alignment - 1));
9      ((void **)p2)[1]
10     = p1;
11     return p2;
12   }
13
14   void aligned_free(void *p2) {
15     /* 一貫性を持たせるために、aligned_mallocと同じ名前を使っている */
16     void* p1 = ((void**)p2)[-1];
17     free(p1);
18   }
```

9行目と15行目のポインタ演算を見てみましょう。p2をvoid**(もしくはvoid*の配列)型として扱うと、p1を見つけるにはp2のインデックスを-1とするだけです。

aligned_freeでは、aligned_mallocから返るp2と同じ値のp2を受け取ります。前述のとおり、p1(全体のメモリ領域を指すポインタ)の値はp2の直前に保持されていることはわかっています。p1をfreeすることでメモリ全体を解放することができます。

12.11 2次元Alloc：Cで、2次元配列を割り当てる`my2DAlloc`という関数を書いてください。ただし、`malloc`の呼び出しを最小限にして、メモリには`arr[i][j]`という記述でアクセスできるようにしてください。

p.187

解法

ご存じの通り、2次元配列は本質的に配列の配列です。配列にポインタを使うのであれば、2次元配列を生成するのにダブルポインタを使います。

ポインタの1次元配列を作り、インデックスごとに新たな1次元配列を生成していく、というのが基本的な考え方になります。これで、インデックスを通じてアクセスできる2次元配列を作ることができます。

次のコードはこれを実装したものです。

```
1  int** my2DAlloc(int rows, int cols) {
2    int** rowptr;
3    int i;
4    rowptr = (int**) malloc(rows * sizeof(int*));
5    for (i = 0; i < rows; i++) {
6      rowptr[i] = (int*) malloc(cols * sizeof(int));
7    }
8    return rowptr;
9  }
```

上記のコードで、`rowptr`の各インデックスがどこを指しているのかをよく見ておいてください。次の図はメモリがどのように割り当てられるのかを表しています。

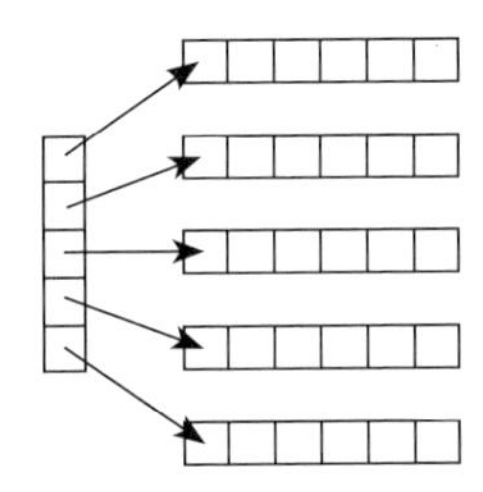

`rowptr`に対して`free`を呼び出すだけではメモリをすべて解放することはできません。最初に呼び出した`malloc`で割り当てたメモリだけでなく、各インデックスに対して呼び出した`malloc`で割り当てた分についても個々に解放する必要があります。

```
1  void my2DDealloc(int** rowptr, int rows) {
2    for (i = 0; i < rows; i++) {
3      free(rowptr[i]);
4    }
5    free(rowptr);
6  }
```

何ブロックも別々にメモリを割り当て（各行ごとに1ブロックずつ割り当て、さらに各行のアドレスを格納するために1ブロック割り当てる）しなくても、連続した1つのブロックを割り当てることは可能です。概念的には5行6列の2次元配列の場合、次のようになります。

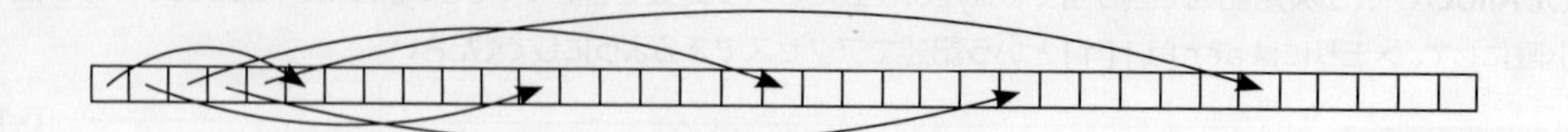

2次元配列をこのように考えるのは奇妙に感じるかもしれませんが、本質的には1つ目の図と変わりありません。違う点は、メモリの領域が連続しているということだけです。したがって、(この例では)最初の5つの要素が同じメモリブロックの他の場所を指すポインタになっています。

これを実装するには以下のようにします。

```
1   int** my2DAlloc(int rows, int cols) {
2     int i;
3     int header = rows * sizeof(int*);
4     int data = rows * cols * sizeof(int);
5     int** rowptr = (int**)malloc(header + data);
6     if (rowptr == NULL) {
7       return NULL;
8     }
9
10    int* buf = (int*) (rowptr + rows);
11    for (i = 0; i < rows; i++) {
12      rowptr[i] = buf + i * cols;
13    }
14    return rowptr;
15  }
```

11行目から13行目で何を行っているのかを注意深く見てください。5行6列であればrowptr[0]はrowptr[5]を、rowptr[1]はrowptr[11]を指す、というふうになっています。

実際にrowptr[1][3]にアクセスするとき、コンピュータはrowptr[1]を探します。これはメモリの他の場所指していて、具体的にはrowptr[5]へのポインタになります。この要素はポインタなので、配列そのものとして扱うことができます。そのポインタが指す要素から(0-indexedで)3番目の要素を最終的に得ることになります。

malloc1回の呼び出しで配列を作ると、残りのデータブロックを解放する特別な関数を使う必要がなく、単なるfree1回の呼び出しで配列を解放することができ、便利です。

13

“Java” の解法

13.1 privateなコンストラクタ: 継承について、コンストラクタをprivateにしておく効果は何ですか?

p.190

解法

クラスAでコンストラクタを`private`で宣言すると、Aの`private`メソッドにアクセスできる場合にのみ、(`private`)コンストラクタにアクセスすることができます。A以外でAのprivateメソッドとコンストラクタにアクセスできるでしょうか? Aの内部クラスなら可能です。さらにAが`Q`の内部クラスである場合、`Q`の他の内部クラスも可能です。

サブクラスが親のコンストラクタを呼び出すため、これは継承に直接関係します。クラスAは継承できますが、それ自身またはその親クラスの内部クラスだけが継承できます。

13.2 Finallyブロックからのreturn: Javaではtry-catch-finallyのtryブロックの中にreturn文を記述すると、finallyブロックは実行されますか?

p.190

解法

実行されます。`finally`ブロックは`try`ブロックを抜けたあとで実行されるようになっています。`try`ブロックから(`return`、`continue`、`break`、例外で)抜けようとしても`finally`ブロックは実行されます。

ただし、`finally`ブロックが実行されない場合もありますので注意してください。

- try/catchの実行中に仮想マシンが終了した場合
- try/catchブロックで実行中のスレッドが強制終了された場合

13.3 Final, など..: final、finally、finalizeの違いは何ですか?

p.191

解法

final、finally、finalizeは名前はよく似ていますが、その使い方はまったく異なります。finalは変数、メソッド、クラスが「変更可能」かどうかをコントロールするために使います。finallyはtry/catchブロックで確実に実行したいコードに対して使用します。finalize()メソッドはそのオブジェクトへの参照がなくなったとき、ガベージコレクションによって一度だけ呼び出されます。

これらのキーワードやメソッドについて以下に詳しく解説します。

final

final修飾子は何に適用するかによって意味が変わります。

- **変数(実体)**:変数の値を変更できない。
- **変数(参照)**:ヒープ上の他のどのオブジェクトにも参照先を変更できない。
- **メソッド**:オーバーライドできない。
- **クラス**:派生クラスを作ることができない。

finally キーワード

tryブロックの後またはcatchブロックの後にfinallyブロックを置くことができます。finallyブロック内の文は、例外がスローされた場合でも常に実行されます(Java Virtual Machineがtryブロックから抜ける場合を除く)。finallyブロックはクリーンアップ処理のコードを書くのによく使われます。tryブロックとcatchブロックの後で実行されますが、コントロールが元の位置に戻る前に実行されます。

以下の例で、これがどのように機能するかを確認してください。

```
1   public static String lem() {
2     System.out.println("lem");
3     return "return from lem";
4   }
5
6   public static String foo() {
7     int x = 0;
8     int y = 5;
9     try {
10      System.out.println("start try");
11      int b = y / x;
12      System.out.println("end try");
13      return "returned from try";
14    } catch (Exception ex) {
15      System.out.println("catch");
16      return lem() + " | returned from catch";
17    } finally {
18      System.out.println("finally");
19    }
20  }
```

```
21
22  public static void bar() {
23    System.out.println("start bar");
24    String v = foo();
25    System.out.println(v);
26    System.out.println("end bar");
27  }
28
29  public static void main(String[] args) {
30    bar();
31  }
```


このコードの出力は次のようになります：

```
1  start bar
2  start try
3  catch
4  lem
5  finally
6  return from lem | returned from catch
7  end bar
```

出力の3～5行目に注意してください。catchブロックは完全に実行され（returnの部分の関数呼び出しを含む）、finallyブロックが実行され、関数が実際に返ります。

finalize()

自動のガベージコレクタは、オブジェクトを実際に破棄する直前に finalize() メソッドを呼び出します。したがって、クラスはガベージコレクション中のカスタム動作を定義するために、Objectクラスからfinalize()メソッドをオーバーライドすることができます。

```
1  protected void finalize() throws Throwable {
2    /* 開いているファイルと閉じる、リソースを開放する等 */
3  }
```

13.4 ジェネリクスとテンプレート：C++のテンプレートとJavaのジェネリクスの違いを説明してください。

p.191

解法

多くのプログラマーは、いずれもList<String>のようなことを行うことができるので、テンプレートとジェネリックは本質的に同等であると考えています。しかし、どのように動作しているかとなると両者は大きく異なります。

Javaのジェネリクスは「型消去」という考え方に基いています。このテクニックはJava仮想マシン（JVM）のバイトコードに変換する際、パラメータ化された型を排除します。

たとえば、次のようなJavaのコードがあるとしましょう。

```
1   Vector<String> vector = new Vector<String>();
2   vector.add(new String("hello"));
3   String str = vector.get(0);
```

このコードはコンパイル時に次のように書き換えられます。

```
1   Vector vector = new Vector();
2   vector.add(new String("hello"));
3   String str = (String) vector.get(0);
```

Javaのジェネリクスを使用しても機能的にはほとんど変わらず、少しきれいになるだけです。こういったことから、Javaのジェネリクスは「糖衣構文」と呼ばれたりもします。

これがC++とまったく異なる点で、C++ではコンパイラが型ごとにテンプレートコードを新たにコピーする、本質的には見せかけのマクロです。その証拠に、`MyClass<Foo>`のインスタンスと`MyClass<Bar>`のインスタンスは静的変数を共有していませんが、`MyClass<Foo>`の2つのインスタンスは静的変数を共有しています。

これを説明するために次のコードを考えてみましょう。

```
1   /*** MyClass.h ***/
2   template<class T> class MyClass {
3     public:
4       static int val;
5       MyClass(int v) { val = v; }
6   };
7
8   /*** MyClass.cpp ***/
9   template<typename T>
10  int MyClass<T>::bar;
11
12  template class MyClass<Foo>;
13  template class MyClass<Bar>;
14
15  /*** main.cpp ***/
16  MyClass<Foo> * foo1 = new MyClass<Foo>(10);
17  MyClass<Foo> * foo2 = new MyClass<Foo>(15);
18  MyClass<Bar> * bar1 = new MyClass<Bar>(20);
19  MyClass<Bar> * bar2 = new MyClass<Bar>(35);
20
21  int f1 = foo1->val; // 値は15
22  int f2 = foo2->val; // 値は15
23  int b1 = bar1->val; // 値は35
24  int b2 = bar2->val; // 値は35
```

Javaでは型の種類に関係なく、`MyClass`のインスタンスは静的変数を共有します。

JavaのジェネリクスとC++のテンプレートにはいくらか違いがあります。相違点を以下にまとめておきます。

- C++のテンプレートは`int`のようなプリミティブ型を使うことができるが、Javaではクラス型の`Integer`を使わなければならない。
- Javaではテンプレートの型パラメータを制限することができる。たとえばカードデッキのクラスを作り、カードゲームクラスの型パラメータより広がらないようにするのにジェネリクスを使う。

- Javaでは型パラメータのインスタンス化ができないのに対して、C++ではできる。
- JavaではMyClass<Foo>とMyClass<Bar>で共有されてしまうため、型パラメータ（MyClass<Foo>のFoo）は静的メソッドや静的変数に対して使うことができない。C++では別のクラスとして扱われるため、静的なメソッド・変数を使うことができる。
- Javaでは型パラメータに関係なく、すべてのインスタンスが同じ型とみなされる。それは実行時に型パラメータが取り除かれるからである。C++の場合は型パラメータの異なったインスタンスは異なった型として扱われる。

JavaのジェネリクスとC++のテンプレートはさまざまな点で同じもののように見えますが、実際はかなり異なるということに注意してください。

13.5 TreeMap、HashMap、LinkedHashMap：TreeMap, HashMap, LinkedHashMapの違いを説明してください。また、それぞれが最も適している例を挙げてください。

p.191

解法

すべてがキー → 値のマップとキーについて反復処理する方法を持っています。これらのクラスの最も重要な違いは、計算時間の保証とキーの順序付けです。

- HashMap は O(1) の検索と挿入を提供する。ただしキーを反復処理する場合、キーの順序は基本的には任意である。連結リストの配列によって実装される。
- TreeMap は、O(log N) の検索と挿入を提供する。 キーは順序付けされているので、ソートされた順序でキーを反復処理する必要がある場合に使える。つまり、キーは Comparable インターフェイスを実装する必要がある。赤黒木で実装されている。
- LinkedHashMap は、O(1) の検索と挿入を提供する。キーは挿入順に並べ替えられる。双方向バケットによって実装される。

空のTreeMap、HashMap、LinkedHashMapを次の関数に渡したとします：

```
1   void insertAndPrint(AbstractMap<Integer, String> map) {
2     int[] array = {1, -1, 0};
3     for (int x : array) {
4       map.put(x, Integer.toString(x));
5     }
6
7     for (int k : map.keySet()) {
8       System.out.print(k + “, “);
9     }
10  }
```

それぞれの出力は次のようになります。

HashMap	LinkedHashMap	TreeMap
(any ordering)	{1, -1, 0}	{-1, 0, 1}

非常に重要:LinkedHashMapとTreeMapの出力は前ページのようになります。HashMapの場合、筆者のテストでは出力が{0,1,-1}でしたが、どのような順序にもなる可能性があります。順序の保証はありません。
順序が実際に必要になるのはどんな場合でしょうか?

- Personオブジェクトへの名前のマッピングを作成しているとすると、名前をアルファベット順に定期的に出力することができる。TreeMapでこれを行うことができる。
- TreeMapでは、指定された名前の次の10人を出力する方法も提供する。これは、多くのアプリケーションで「次へ」の機能に役立つ可能性がある。
- LinkedHashMapは、挿入順序に合わせてキーの順序が必要な場合に便利で、キャッシュを行う状況で最も古い項目を削除したいときに役立つ。

一般的に、そうしなければならない理由がない限りはHashMapを使用します。つまり、キーを挿入順に戻す必要がある場合は、LinkedHashMapを使用するということです。true/naturalの順序でキーを戻す必要がある場合は、TreeMapを使用します。それ以外の場合はおそらくHashMapが最適です。
通常、HashMapは高速でオーバーヘッドも少なくて済みます。

13.6 リフレクション: Javaにおけるリフレクションは何であるかと、なぜ役に立つかを説明してください。

p.191

解法

リフレクションはクラスやオブジェクトの情報を得るためのJavaの機能で、次のような操作を行います。

1. 実行時にクラスのメソッドとフィールドに関する情報を得る。
2. クラスのインスタンスを新規に作成する。
3. アクセス修飾子が何であるかに関係なく、フィールドの参照を得ることで直接オブジェクトの操作ができる。

次のコードはリフレクションを使用した例です。

```
1   /* 引数 */
2   Object[] doubleArgs = new Object[] { 4.2, 3.9 };
3
4   /* クラスを取得する */
5   Class rectangleDefinition = Class.forName("MyProj.Rectangle");
6
7   /* 次の文に等しい: Rectangle rectangle = new Rectangle(4.2, 3.9); */
8   Class[] doubleArgsClass = new Class[] {double.class, double.class};
9   Constructor doubleArgsConstructor =
10    rectangleDefinition.getConstructor(doubleArgsClass);
11  Rectangle rectangle =
12    (Rectangle) doubleArgsConstructor.newInstance(doubleArgs);
13
14  /* 次の文に等しい: Double area = rectangle.area(); */
15  Method m = rectangleDefinition.getDeclaredMethod("area");
16  Double area = (Double) m.invoke(rectangle);
```

このコードは以下のコードと等しいです。

```
1  Rectangle rectangle = new Rectangle(4.2, 3.9);
2  Double area = rectangle.area();
```

なぜリフレクションは役に立つのか？

もちろん、上記の例では役立っているようには見えませんが、リフレクションはいくつかのケースにおいては非常に役に立ちます。

以下の3つがあります。

1. アプリケーション実行時の動作の監視や操作に役立つ。
2. メソッド、コンストラクタ、フィールドに直接アクセスできるので、デバッグやテストに役立つ。
3. メソッドを知らない場合に名前でメソッドを呼び出すことができる。たとえば、リフレクションを用いてクラス名やコンストラクタのパラメータやメソッド名を知り、その情報を用いて新たにクラスを生成したりメソッドの呼び出しができる。もしこれをリフレクションなしでやろうと思えば、可能であっても複雑なif文の嵐になるだろう。

13.7 ラムダ表現： 大陸名を得るメソッド`getContinent()`と人口を得るメソッド`getPopulation()`を持つCountryクラスがあります。大陸名continentとその大陸に含まれる国のリストcountriesが与えられたとき、その大陸の合計人口を計算する関数`int getPopulation(List<Country> countries, String continent)`を書いてください。

p.191

解法

この質問は2つの部分に分かれています。まず、大陸内にある各国のリストを作成する必要があります。次に、それらの総人口を計算する必要があります。

ラムダ式を用いなければ、非常に単純な問題です。

```
1  int getPopulation(List<Country> countries, String continent) {
2    int sum = 0;
3    for (Country c : countries) {
4      if (c.getContinent().equals(continent)) {
5        sum += c.getPopulation();
6      }
7    }
8    return sum;
9  }
```

これをラムダ式で実装するには、これを複数の部分に分割しましょう。
まず、`filter`を使用して、指定された大陸の国のリストを取得します。

```
1  Stream<Country> northAmerica = countries.stream().filter(
2    country -> { return country.getContinent().equals(continent);}
3  );
```

次に、mapを使用してこれを集団のリストに変換します。

```
1  Stream<Integer> populations = northAmerica.map(
2    c -> c.getPopulation()
3  );
```

最後にreduceを使用して合計を計算します。

```
1  int population = populations.reduce(0, (a, b) -> a + b);
```

この関数ですべてをまとめます。

```
1  int getPopulation(List<Country> countries, String continent) {
2    /* 国をフィルタリング */
3    Stream<Country> sublist = countries.stream().filter(
4      country -> { return country.getContinent().equals(continent);}
5    );
6
7    /* 人口のリストに変換 */
8    Stream<Integer> populations = sublist.map(
9      c -> c.getPopulation()
10   );
11
12   /* リストを合計する */
13   int population = populations.reduce(0, (a, b) -> a + b);
14   return population;
15 }
```

あるいは、問題の性質を利用するとフィルタを完全に取り去ることができます。reduceは、対応する大陸にない国の人口を0にマッピングするような仕組みにすることができます。これで合計すると、大陸内にない国をうまく無視することができます。

```
1  int getPopulation(List<Country> countries, String continent) {
2    Stream<Integer> populations = countries.stream().map(
3      c -> c.getContinent().equals(continent) ? c.getPopulation() : 0);
4    return populations.reduce(0, (a, b) -> a + b);
5  }
```

ラムダ関数はJava 8の新機能であるため、使えない場合はおそらくそれが原因です。しかし使えなかったとしても、今のうちに是非学んでおいてください！

13.8 **ラムダでランダム**:ラムダ表現を用いて任意のサイズのランダムな部分集合を返す `List<Integer> getRandomSubset(List<Integer> list)` という関数を書いてください。すべての部分集合(空集合含む)は同確率で選ばれなければなりません。

p.191

解法

この問題は、部分集合のサイズを 0 から N までの中から選び、そのサイズのランダムな部分集合を生成するという考え方で取り組みたくなりそうです。

しかしその場合、問題点が2つあります:

1. これらの確率を重み付けする必要がある。N>1の場合、サイズ N の部分集合よりもサイズ N/2の部分集合が種類は多い(そのうちの1つは常に1つのみである)。
2. 実際には、任意のサイズの部分集合を生成するよりも制限されたサイズの部分集合(例えば10)を生成することの方が難しい。

サイズに基づいて部分集合を生成するのではなく、要素に基づいて部分集合を生成することを考えてみましょう。(ラムダ式を使用するように言われているという事実は、要素についてある種の反復や処理をすることを考えるべきであるというヒントでもあります。)

部分集合を生成するために {1, 2, 3} を走査していたとします。このとき1は部分集合に入れるべきですか?

はい、いいえの2つの選択肢があります。1を含む部分集合の割合に基づいて、「はい」と「いいえ」の確率を重み付けする必要があります。では、1 を含む要素の割合は何パーセントでしょうか?

特定の要素については、その要素が含まれていない部分集合が多数存在します。次の部分集合を考えてみてください:

```
{}      {1}
{2}     {1, 2}
{3}     {1, 3}
{2, 3}  {1, 2, 3}
```

左の部分集合と右の部分集合の違いは、1が存在するかどうかという点であることに注意してください。左側と右側は、要素を1つ追加するだけ変換できるので、部分集合の数は同じでなければなりません。

これは、リストを走査し各要素がその中にあるかどうかをコインの裏返し(すなわち、50/50の確率で決定する)で選ぶことによってランダムな部分集合を生成できることを意味します。

ラムダ式を用いなければ、次のように書くことができます:

```
1  List<Integer> getRandomSubset(List<Integer> list) {
2    List<Integer> subset = new ArrayList<Integer>();
3    Random random = new Random();
4    for (int item : list) {
5      /* コインを反転 */
6      if (random.nextBoolean()) {
```

```
7        subset.add(item);
8      }
9    }
10   return subset;
11 }
```

ラムダ式を使用してこれを実装するには、次のようにします:

```
1  List<Integer> getRandomSubset(List<Integer> list) {
2    Random random = new Random();
3    List<Integer> subset = list.stream().filter(
4      k -> { return random.nextBoolean(); /* コインを反転 */
5    }).collect(Collectors.toList());
6    return subset;
7  }
```

あるいは(クラス内または関数内で定義された)predicateを使用することもできます:

```
1  Random random = new Random();
2  Predicate<Object> flipCoin = o -> {
3    return random.nextBoolean();
4  };
5
6  List<Integer> getRandomSubset(List<Integer> list) {
7    List<Integer> subset = list.stream().filter(flipCoin).
8      collect(Collectors.toList());
9    return subset;
10 }
```

この実装の素晴らしい点は、`flipCoin`を他の場所でも適用できることです。

14

“データベース” の解法

問題14.1～14.3については、次のデータベースに関する問題です。

Apartments	
AptID	int
UnitNumber	varchar(10)
BuildingID	int

Buildings	
BuildingID	int
ComplexID	int
BuildingName	varchar(100)
Address	varchar(500)

Requests	
RequestID	int
Status	varchar(100)
AptID	int
Description	varchar(500)

Complexes	
ComplexID	int
ComplexName	varchar(100)

AptTenants	
TenantID	int
AptID	int

Tenants	
TenantID	int
TenantName	varchar(100)

ただし各アパートは複数のテナントを持ち、各テナントは複数のアパートを持ちます。また各アパートは1つの建物に属し、1つの団地に属します。

14.1 **複数のアパート**：2つ以上のアパートを貸しているテナントのリストを得るSQLクエリを書いてください。

p.196

解法

これを実装するにはHAVING句とGROUP BY句を使い、INNER JOINでTenantsと結合します。

```
11  SELECT TenantName
12  FROM Tenants
13  INNER JOIN
14    (SELECT TenantID FROM AptTenants GROUP BY TenantID HAVING count(*) > 1) C
15  ON Tenants.TenantID = C.TenantID
```

面接(や実務で)GROUP BY句を用いるときは、SELECT句の中身がすべて集約関数か、GROUP BY句の範囲内に含まれているかをいつも確認してください。

14.2 Openリクエスト:すべての建物のリストと、`Requests`のステータスが「`Open`」になっているアパートの数を得るSQLクエリを書いてください。

p.196

解法

この問題はRequestsとApartmentsを素直に結合し、結合したリストを再度Buildingsテーブルと結合するだけです。

```
1  SELECT BuildingName, ISNULL(Count, 0)
2  as 'Count'
3  FROM Buildings
4  LEFT JOIN
5    (SELECT Apartments.BuildingID, count(*) as 'Count'
6    FROM Requests INNER JOIN Apartments
7    ON Requests.AptID = Apartments.AptID
8    WHERE Requests.Status = 'Open'
9    GROUP BY Apartments.BuildingID) ReqCounts
10 ON ReqCounts.BuildingID = Buildings.BuildingID
```

サブクエリを利用するこのようなクエリは徹底的にテストする必要があります。最初にクエリの内側をテストし、そのあと外側をテストするとよいでしょう。

14.3 すべてcloseにする:Building #11は大規模な改装中です。この建物内のアパートをすべてcloseにするクエリを書いてください。

p.196

解法

UPDATEクエリはSELECTクエリと同様にWHERE句を使うことができます。Building #11の建物内のすべてのアパートIDリストと、それらの更新要求リストを取得します。

```
1  UPDATE Requests
2  SET Status = 'Closed'
3  WHERE AptID IN (SELECT AptID FROM Apartments WHERE BuildingID = 11)
```

14.4 **結合(JOIN)**:テーブルの結合(JOIN)にはどんな種類がありますか? どう違うか、さまざまな状況でどの種類が優れているか、また、なぜ優れているかを説明してください。

p.196

解法

JOINは2つのテーブルの結果を結合するのに使われます。JOINを実行するには、各テーブルは他のテーブルと一致するレコードと探すために使う1つ以上のフィールドを持たなければなりません。

2つのテーブルの例を見てみましょう。1つのテーブルは通常の飲み物を示し、もう1つはノンカロリーの飲み物を示しています。各テーブルには2つのフィールド、飲料名と製品コードがあります。そのうち「製品コード」がレコードの一致を調べるのに使われます。

通常の飲料

飲料名	製品コード
Budweiser	BUDWEISER
Coca-Cola	COCACOLA
Pepsi	PEPSI

ノンカロリーの飲料

飲料名	製品コード
Diet Coca-Cola	COCACOLA
Fresca	FRESCA
Diet Pepsi	PEPSI
Pepsi Light	PEPSI
Purified Water	Water

通常の飲料とノンカロリーの飲料を結合するにはいろいろな選択があります。

- **INNER JOIN**:条件に一致するデータだけを抽出する。この例ではCOCACOLAのレコード1件、PEPSIのレコード2件の計3件が抽出される。
- **OUTER JOIN**:OUTER JOINはINNER JOINの結果だけでなく、片方のテーブルにしかないレコードもすべて含む。OUTER JOINはさらに次のように分けられる。
  - **LEFT OUTER JOIN(もしくはLEFT JOIN)**:結果は左のテーブルのレコードがすべて含まれる。右のテーブルに一致するレコードがない場合はNULLが入る。上記の例ではINNER JOINの結果に加えてBUDWEISERの4レコードが結果として得られる。
  - **RIGHT OUTER JOIN(もしくはRIGHT JOIN)**:LEFT JOINとは逆に右のテーブルのレコードがすべて含まれる。左のテーブルに一致するレコードがない場合はNULLが入る。2つのテーブルをA、Bとすると、A LEFT JOIN BとB RIGHT JOIN Aは同じ意味である点に注意する。上記の例ではINNER JOINの結果に加えてFRESCA、WATERの5レコードが結果として得られる。
  - **FULL OUTER JOIN**:このタイプのJOINはLEFTとRIGHTを合わせた結果が得られる。データのマッチングの結果に関係なく、両テーブルのすべてのレコードを含む。一致するレコードがなければNULLが入る。上記の例では6レコードが結果として得られる。

14.5 非正規化：非正規化とは何ですか？ 長所と短所を説明してください。

p.196

解法

非正規化はテーブルに冗長性を持たせてデータベースの最適化を行う手法です。これにより、リレーショナルデータベースにおける結合コストを抑えることができます。対して、伝統的な正規化データベースではデータを論理的にテーブルに分割し、冗長性を最小限に抑えようとします。データベース内の各データが1か所にのみ存在するようにもできます。

たとえば、学科テーブルと教師テーブルを持った正規化データベースがあるとします。学科テーブルの項目には学科に対応する教師IDが含まれていますが、教師氏名は含まれていません。教師の氏名を含んだ全学科のリストが必要になった場合は、2つのテーブルを結合します。これはたとえば教師の氏名に変更があった場合、1か所だけの修正で済むという点では非常に素晴らしい手法です。

しかしテーブルが大きくなると、テーブルの結合に不必要に時間がかかってしまいます。そこで、非正規化によってよい妥協点を探します。非正規化では結合の操作を減らし効率性を上げるために、許容できる範囲の冗長性とデータ更新の手間を犠牲にします。

非正規化の短所	非正規化の長所
データの更新、追加のコストが大きい。	結合操作が少ないのでデータの読み込みが速い。
データの更新、追加を行うコードを書くのが比較的難しい。	操作するテーブルが少ないのでクエリが単純である（ということはバグも少なくなる）。
データの整合性が取れない可能性がある。どちらのデータが「正しい」のか？	
データが冗長なので保存スペースが余計に必要になる。	

スケーラビリティを要求するシステムでは主要なハイテク企業のシステムと同じように、ほぼ常に正規化と非正規化データベースの両方の要素を使うことになるでしょう。

14.6 実体関連図：人、会社、社員のデータベースの実体関連図を描いてください。

p.196

解法

会社で働く人は社員ですので、人と社員にはISA(“is a”)の関係が成り立ちます(もしくは社員は人を継承するとも言います)。

各社員は人の特徴に加えて、学位や実務経験のような情報が追加されます。

社員は1つの会社で働くのに対し(そう仮定しても多分問題ないと思いますが、念のため確認しておきましょう)、会社は多くの社員を雇いますから、社員と会社には1対多の関係が成り立ちます。この“Works For”という関係は、従業員の就業開始日や給与などの属性を保持しています。これらの属性は社員を会社と関連づけるときにだけ定義されます。

また、人は複数の電話番号を持つことができますのでPhoneは多値属性になります。

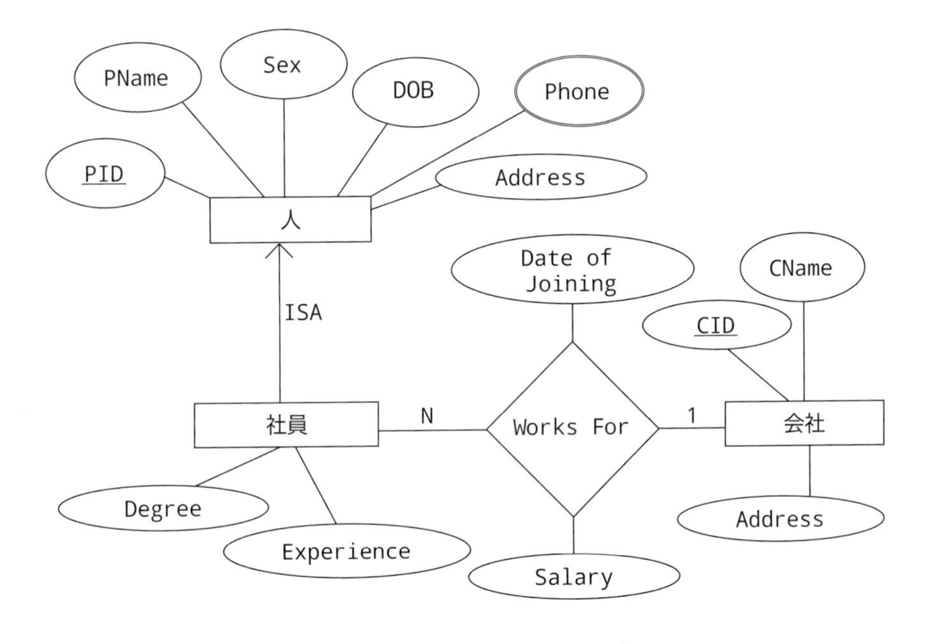

14.7 成績データベースの設計:学生の成績情報を持ったデータベースをイメージしてください。このデータベースをどのようにするか設計し、平均点上位(10%)の学生名簿を取得するSQLクエリを書いてください。

p.196

解法

単純なデータベースでも、生徒、授業、履修情報の3つはオブジェクトが必要になるでしょう。

生徒は少なくとも氏名とIDを持ち、他の個人情報を持つかもしれません。授業は授業名とID、他には授業の概要や教授などの情報を持つかもしれません。履修情報は生徒と授業のセットで、加えてその授業での点数も含まれています。

生徒	
StudentID	int
StudentName	varchar(100)
Address	varchar(500)

授業	
CourseID	int
CourseName	varchar(100)
ProfessorID	int

履修情報	
CourseID	int
StudentID	int
Grade	float
Term	int

教授の情報や学費情報などを加えたいと思えば、このデータベースをより難しくすることもできます。

Microsoft SQL Serverで`TOP ... PERCENT`を使うなら、最初はこのようなクエリを(間違っていますが)試してみるかもしれません:

```
1  SELECT TOP 10 PERCENT AVG(CourseEnrollment.Grade) AS GPA,
2                        CourseEnrollment.StudentID
3  FROM CourseEnrollment
4  GROUP BY CourseEnrollment.StudentID
5  ORDER BY AVG(CourseEnrollment.Grade)
```

上記のコードの問題点は、GPAでソートしたとき文字通り上位10%の行を返すということです。生徒が100人で、その内上位15人はすべてGPAが4.0であるという状況を考えてみてください。上記のクエリでは、本来は15人返してほしいところが10人しか返しません。同点の生徒がいる場合は、たとえ名簿の人数がクラスの10%を超えることになったとしても上位10%と同点の生徒も含まれるようにしたいのです。

この問題を修正するために、このクエリに似たものを作ればよいのですが、最初に区切りとなるGPAの境界値を得るようにしておきます。

```
1  DECLARE @GPACutOff float;
2  SET @GPACutOff = (SELECT min(GPA) as 'GPAMin' FROM (
3      SELECT TOP 10 PERCENT AVG(CourseEnrollment.Grade) AS GPA
4      FROM CourseEnrollment
5      GROUP BY CourseEnrollment.StudentID
6      ORDER BY GPA desc) Grades);
```

一度@GPACutOffを定義しておけば、このGPA以上の生徒を選ぶのは比較的簡単にできます。

```
1  SELECT StudentName, GPA
2  FROM (SELECT AVG(CourseEnrollment.Grade) AS GPA, CourseEnrollment.StudentID
3    FROM CourseEnrollment
4    GROUP BY CourseEnrollment.StudentID
5    HAVING AVG(CourseEnrollment.Grade) >= @GPACutOff) Honors
6  INNER JOIN Students ON Honors.StudentID = Student.StudentID
```

暗黙のうちにどのような仮定をしたかについては、くれぐれも注意してください。上記のデータベースに関する記述において、どのような誤った仮定がありそうですか？ 1つは、各授業が1人の教授によって行われるということです。救数の学校で、救数の授業が複数の教授によって行われるかもしれません。

とはいえ、いくつかの仮定は必要になります。そうしなければ収拾がつかなくなってしまします。どのような仮定をしたかということは、仮定をしたのだとあなた自身が認識できていることと比べるとそれほど重要ではありません。実務でも面接でも、了解がある限りは正しくない仮定を取り扱うことはできるのです。

加えて覚えておいていただきたいのは、柔軟性と複雑性はトレードオフの関係にあるということです。1つの授業を複数の教授が受け持つことができるようなシステムにすれば柔軟性は増しますが、同時に複雑性も増してしまいます。データベースを考え得るあらゆる状況に対して柔軟に対応しようとすれば、その複雑さはもはや絶望的なものになるでしょう。

常識的な範囲で柔軟に設計し、仮定や制約についてしっかり述べるようにしましょう。これは単にデータベースの設計だけでなく、オブジェクト指向設計や一般的なプログラミングについても言えることです。

15

“スレッドとロック” の解法

15.1　スレッドとプロセス: スレッドとプロセスの違いは何ですか?

p.203

解法

プロセスとスレッドはお互い関係性はありますが、根本的に異なります。

プロセスは実行時のプログラムのインスタンスと考えることができます。プロセスはシステムリソース(CPU時間とメモリなど)を割り当てられるように独立した実体です。各プロセスはそれぞれ異なるアドレス空間で実行され、他のプロセスの変数やデータ構造にアクセスすることはできません。もしプロセスが他のプロセスのリソースにアクセスしたければ、プロセス間通信を使用する必要があります。プロセス間通信にはパイプ、ファイル、ソケットなどが含まれます。

スレッドはプロセスの中に存在し、プロセスのリソース(ヒープ領域含む)を共有しています。同一プロセスにおけるマルチスレッドは同じヒープ領域を共有することになります。他のプロセスが使用しているメモリに直接アクセスできないプロセスとはここが大きく異なります。個々のスレッドは自身のレジスタやスタックを持っていますが、他のスレッドがスタックメモリの読み書きを行うことができます。

スレッドはプロセスの1実行経路であり、1つのスレッドでプロセスのリソースを変更すれば、その変化は他のスレッドでも即座に見ることができます。

15.2　コンテキストスイッチ: コンテキストスイッチにかかる時間測定をどのように行いますか?

p.203

解法

これは意表を突く問題ですが、できることから始めてみましょう。

コンテキストスイッチとはプロセスの2つの切り替え(待機プロセスを実行に復帰させる、実行プロセスを待機/停止させるなど)にかかった時間で、マルチタスクのシステムで起こります。OSは待機プロセスの状態の情報をレジスタに移動し、実行中のプロセスの状態の情報を保存します。

この時間を測定するためには、プロセス交換の初めと終わりの命令のタイムスタンプを記録します。これでコンテキストスイッチの時間はタイムスタンプの差で求めることができます。

簡単な例で試してみましょう。まず、2つのプロセスP_1とP_2だけが存在するとします。

P_1が実行中でP_2は待機中です。ある時点でOSはP_1とP_2を入れ替えなければなりません。それがP_1のN回目の命令で起こったとしましょう。$t_{x,k}$がプロセスxにおけるk回目の命令のタイムスタンプ(ミリ秒単位)であるとすれば、コンテキストスイッチには$t_{2,1} - t_{1,n}$ミリ秒かかることになります。

ここからが難しい部分ですが、入れ替えが発生したことをどうやって知ればよいでしょうか? プロセス内で命令のたびにタイムスタンプを記録することは、もちろん不可能です。

もう1つの問題は入れ替えがOSのスケジューリングアルゴリズムで行われることと、カーネルレベルのスレッドでもコンテキストスイッチを生じるということです。他のプロセスがCPUやカーネルの割り込み処理で競合しているかもしれません。ユーザーは外部から切り離されたコンテキストスイッチをコントロールする術を持っていません。たとえば時間$t_{1,n}$にカーネルが割り込みを決定したとすると、コンテキストスイッチ時間はそれより大きくなります。

これらの問題を克服するためにはP_1が実行されたあと、タスクスケジューラが直ちにP_2を実行させるような環境をまず構築しなければなりません。これは、P_1とP_2間にパイプのようなデータチャンネルを構築し、プロセス間でトークンを用いてピンポンをするようにデータのやりとりを行うことで実現することができます。

つまり、最初P_1を送り手、P_2を受け手として、P_2がトークンを待ち構えているようにしておきます。P_1を実行するとデータチャンネルを通じてトークンがP_2に送られ、即座に返答のトークンを読もうとします。しかしP_2はまだ実行されていないので、そのようなトークンはP_1になく、プロセスはブロックされます。こうしてCPUは放棄されます。

タスクスケジューラは、実行する他のプロセスを選ばなければなりません。P_2が実行可能な状態になっているので、タスクスケジューラはP_2を実行にふさわしい候補とします。P_2を実行するとP_1とP_2の役割が逆転します。P_2が送り手になり、P_1が受け手になります。P_2がP_1にトークンを返したところでピンポンゲームは終わりです。

これをまとめると以下のようなステップになります。

1. P_2はP_1からのデータ受信を待機している。
2. P_1が開始時間を記録する。
3. P_1がP_2にトークンを送る。
4. P_1はP_2から返ってくるトークンを読もうとする。これによりコンテキストスイッチが起こる。
5. P_2が実行されトークンを受け取る。
6. P_2がP_1にトークンを返送する。
7. P_2がP_1から返送されたトークンを読もうとする。これによりコンテキストスイッチが起こる。
8. P_1が実行されトークンを受け取る。
9. P_1が終了時間を記録する。

トークンの配信がコンテキストスイッチを誘導するというのがキーポイントです。T_dとT_rをそれぞれトークンを配信・受信するのにかかった時間とし、コンテキストスイッチに要した時間をT_cとします。ステップ2でP_1がトークンの配信時間を記録し、ステップ9で受信時間を記録します。全体を通しての経過時間Tは次のように表すことができます。

$T = 2 * (T_d + T_c + T_r)$

この式は次のイベントにより導くことができます。P_1がトークンを送る(3.)、CPUがコンテキストを切り替える(4.)、P_2がそれを受け取る(5.)、P_2がトークンを返信する(6.)、CPUがコンテキストを切り替える(.7)、最後にP_1がそれを受け取る(8.)。

3と8の間の時間を求めるだけですので、P_1は容易にTを計算できます。よってT_cを求めるためには、最初に$T_d + T_r$を決定しておかなければなりません。

これはどのようにすればよいでしょうか? それにはP_1からP_1自身へのトークンの送受信にかかる時間を測定することでできます。P_1がCPU上で実行されているときトークンを送り、それを受信するのにブロックされないので、コンテキストスイッチを誘導することがないからです。

カーネルからの予期しない割り込みやカーネルスレッドのCPUへの競合が発生する場合もあり、ステップ2から9の経過時間のばらつきに対策するため、繰り返し測定します。観測した時間の中で最小の値が、最終的なコンテキストスイッチ時間です。

しかしこれは最終的に、根底にあるシステムに依存した近似であると言えます。たとえばトークンが受信可能になると、P_2が実行されると仮定しました。しかしこれはタスクスケジューラに依存するものであり、何の保証もできないのです。

しかし、それでもかまわないのです。面接時においては、自分の答案が完璧なものではないと自覚していることが重要なのです。

15.3 **食事する哲学者**:有名な食事する哲学者の問題では、円形のテーブルに哲学者が座り、彼らの間にはそれぞれ1本だけ箸が置かれています。哲学者は食事をするのに2本の箸が必要で、箸を取るときは必ず左側を先に取ります。すべての哲学者が同時に左側の箸を手に取り、次に右側の箸に手を伸ばそうとするとき、デッドロックが起こることになります。スレッドとロックを用いて、食事する哲学者の問題でデッドロックが起こらないようなシミュレーションを実装してください。

p.203

解法

まずは食事する哲学者の問題の単純なシミュレーションを、デッドロックについては気にせず実装してみましょう。`Thread`クラスを継承した`Philosopher`クラスを作り、`Chopstick`クラスが箸を持つとき`lock.lock()`を、箸を置くとき`lock.unlock()`を呼び出すようにしておきます。

```
1   class Chopstick {
2     private Lock lock;
3
4     public Chopstick() {
5       lock = new ReentrantLock();
6     }
7
8     public void pickUp() {
9       void lock.lock();
10    }
11
12      public void putDown() {
13        lock.unlock();
14      }
15  }
```

```
16
17  class Philosopher extends Thread {
18    private int bites = 10;
19    private Chopstick left, right;
20
21    public Philosopher(Chopstick left, Chopstick right) {
22      this.left = left;
23      this.right = right;
24    }
25
26    public void eat() {
27      pickUp();
28      chew();
29      putDown();
30    }
31
32    public void pickUp() {
33      right.pickUp();
34      left.pickUp();
35    }
36
37    public void chew() { }
38
39    public void putDown() {
40      left.putDown();
41      right.putDown();
42    }
43
44    public void run() {
45      for (int i = 0; i < bites; i++) {
46        eat();
47      }
48    }
49  }
```

すべての哲学者が左の箸を持ち、右の箸を待つ状態になると、上記のコードではデッドロックが起こることになります。

解法その1：全か無か

右の箸が取れない場合に左の箸を置くというルールをつけ加えることでデッドロックを防ぐことができます。

```
1   public class Chopstick {
2     /* 前と同様 */
3
4     public boolean pickUp() {
5       return lock.tryLock();
6     }
7   }
8
9   public class Philosopher extends Thread {
10    /* 前と同様 */
11
12    public void eat() {
13      if (pickUp()) {
14        chew();
15        putDown();
```

```
16        }
17      }
18
19      public boolean pickUp() {
20        /* 箸を取ろうとする */
21        if (!left.pickUp()) {
22          return false;
23        }
24        if (!right.pickUp()) {
25          left.putDown();
26          return false;
27        }
28        return true;
29      }
30    }
```

上記のコードで右の箸が取れない場合は左の箸を置く、左の箸が取れない場合にputDown()は呼び出さない、ということを確認しておいてください。

この方法の問題点は、すべての哲学者が完全に同期的に動き彼らが同時に左の箸を取ってしまうと、右の箸が取れないために左の箸を置き、その動作を繰り返すだけになってしまいます。(訳注:これをライブロックといいます。)

解法その2:優先度付き箸

他には、箸に0からN - 1の番号を付ける方法があります。各々の哲学者は、まず番号の小さい箸を取ろうとします。これは、最後の哲学者が逆に取ることを除けば、各々の哲学者が基本的には(そのように番号を付けるとして)右の箸よりも左の箸を取ることを意味します。これで循環を防ぐことができます。

```
1    public class Philosopher extends Thread {
2      private int bites = 10;
3      private Chopstick lower, higher;
4      private int index;
5      public Philosopher(int i, Chopstick left, Chopstick right) {
6        index = i;
7        if (left.getNumber() < right.getNumber()) {
8          this.lower = left;
9          this.higher = right;
10       } else {
11         this.lower = right;
12         this.higher = left;
13       }
14     }
15
16     public void eat() {
17       pickUp();
18       chew();
19       putDown();
20     }
21
22     public void pickUp() {
23       lower.pickUp();
24       higher.pickUp();
25     }
26
27     public void chew() { ... }
```

```
28
29    public void putDown() {
30      higher.putDown();
31      lower.putDown();
32    }
33
34    public void run() {
35      for (int i = 0; i < bites; i++) {
36        eat();
37      }
38    }
39  }
40
41  public class Chopstick {
42    private Lock lock;
43    private int number;
44
45    public Chopstick(int n) {
46      lock = new ReentrantLock();
47      this.number = n;
48    }
49
50    public void pickUp() {
51      lock.lock();
52    }
53
54    public void putDown() {
55      lock.unlock();
56    }
57
58    public int getNumber() {
59      return number;
60    }
61  }
```


この方法では、哲学者が番号の小さい方の箸よりも番号が大きい方の箸を持つことは決してできません。循環は番号の大きい箸が番号の小さい箸を指すことを意味しますので、これによって循環するのを防ぐことができます。

15.4 デッドロック・フリー：デッドロックが起こる可能性がない場合のみロックを行うクラスを設計してください。

p.203

解法

デッドロックを防ぐにはいくつか方法が考えられます。一般的なものの1つは、スレッドがどのロックを必要とするのか事前に宣言させるという方法です。ロックによってデッドロックが発生しそうであるかどうかを確認し、もしそうであればロックに失敗するようにするのです。これらを念頭に置いて、どのようにデッドロックを見つけられるかどうか調べてみましょう。以下のようなロックの要求があったとします。

```
A = {1, 2, 3, 4}
B = {1, 3, 5}
C = {7, 5, 9, 2}
```

これは次のケースでデッドロックを引き起こすことになります。

Aが2をロックし、3を待つ
Bが3をロックし、5を待つ
Cが5をロックし、2を待つ

これは2から3、3から5、5から2への辺を張ったグラフと考えることができ、デッドロックはサイクルとして表現されます。もしロックvがロックwのすぐあとに要求されることをプロセスが宣言していれば、辺`(w, v)`がグラフに存在します。前述の例では、`(1, 2)`、`(2, 3)`、`(3, 4)`、`(1, 3)`、`(3, 5)`、`(7, 5)`、`(5, 9)`、`(9, 2)`の辺がグラフに存在することになります。辺の「持ち主」は問題ではありません。

このクラスでは、スレッドやプロセスがどんな順序でリソースを要求するのかを宣言するのに使うメソッドを宣言する必要があります。このメソッドは隣接する要素`(v, w)`のペアをグラフに追加しながらグラフ全体を順番に調べ、グラフ上にサイクルが作られているかどうかをチェックします。もしサイクルができていれば戻って辺を削除し、終了します。

最後に1つ議論するべき点があります。サイクルはどのようにして検出すればよいでしょうか？ それは、各連結成分(到達可能な部分)の内部を深さ優先探索することで検出することができます。

もしサイクルが発生したら、その原因は直前に加えた辺であることは間違いありませんから、深さ優先探索ですべての辺を訪れれば、サイクルの検出を完全に行ったことになります。

この特殊なサイクル検出のための疑似コードは次のようになります。

```
1  boolean checkForCycle(locks[] locks) {
2    touchedNodes = hash table(lock -> boolean)
3    initialize touchedNodes to false for each lock in locks
4    for each (lock x in process.locks) {
5      if (touchedNodes[x] == false) {
6        if (hasCycle(x, touchedNodes)) {
7          return true;
8        }
9      }
10   }
11   return false;
12 }
13
14 boolean hasCycle(node x, touchedNodes) {
15   touchedNodes[r] = true;
16   if (x.state == VISITING) {
17     return true;
18   } else if (x.state == FRESH) {
19     ... (see full code below)
20   }
21 }
```

上記のコードでは深さ優先探索をいくつか行うことになりますが、`touchedNodes`は一度だけしか初期化されていないことに注意してください。`touchedNodes`のすべての要素が`true`になるまで繰り返し処理します。

次のコードはより詳細に書いたものです。簡略化のために、すべてのロックとプロセス(所有者)は番号順に並んでいることを前提としています。

```
class LockFactory {
  private static LockFactory instance;

  private int numberOfLocks = 5; /* デフォルト値 */
  private LockNode[] locks;

  /* スレッドから、
   * そのスレッドがロックすると予告したロックの順番へのハッシュマップ */
  private HashMap<Integer, LinkedList<LockNode>> lockOrder;

  private LockFactory(int count) { ... }
  public static LockFactory getInstance() { return instance; }

  public static synchronized LockFactory initialize(int count) {
    if (instance == null) instance = new LockFactory(count);
    return instance;
  }

  public boolean hasCycle(
      HashMap<Integer, Boolean> touchedNodes,
      int[] resourcesInOrder) {
    /* サイクルをチェック */
    for (int resource : resourcesInOrder) {
      if (touchedNodes.get(resource) == false) {
        LockNode n = locks[resource];
        if (n.hasCycle(touchedNodes)) {
          return true;
        }
      }
    }
    return false;
  }

  /* デッドロックを防ぐため、
   * 事前に各スレッドがロックをどのような順番で必要とするかを予告させる。
   * サイクルの検出により、
   * この順番でデッドロックが起きないかを確かめる */
  public boolean declare(int ownerId, int[] resourcesInOrder) {
    HashMap<Integer, Boolean> touchedNodes =
      new HashMap<Integer, Boolean>();

    /* グラフに頂点を追加 */
    int index = 1;
    touchedNodes.put(resourcesInOrder[0], false);
    for (index = 1; index < resourcesInOrder.length; index++) {
      LockNode prev = locks[resourcesInOrder[index - 1]];
      LockNode curr = locks[resourcesInOrder[index]];
      prev.joinTo(curr);
      touchedNodes.put(resourcesInOrder[index], false);
    }

    /* サイクルができてしまった場合は、
     * このリソースリストを破棄してfalseを返す */
    if (hasCycle(touchedNodes, resourcesInOrder)) {
      for (int j = 1; j < resourcesInOrder.length; j++) {
        LockNode p = locks[resourcesInOrder[j - 1]];
```

```
57          LockNode c = locks[resourcesInOrder[j]];
58          p.remove(c);
59        }
60        return false;
61      }
62
63      /* サイクルは検出されなかった。
64       * 実際にプロセスがロックを取得する際に、
65       * 予告した順番で宣言されていることを確認するため順番を保存する */
66      LinkedList<LockNode> list = new LinkedList<LockNode>();
67      for (int i = 0; i < resourcesInOrder.length; i++) {
68        LockNode resource = locks[resourcesInOrder[i]];
69        list.add(resource);
70      }
71      lockOrder.put(ownerId, list);
72
73      return true;
74    }
75
76    /* 予告した順番でロックを取得していることを確認し、
77     * ロックを取得する */
78    public Lock getLock(int ownerId, int resourceID) {
79      LinkedList<LockNode> list = lockOrder.get(ownerId);
80      if (list == null) return null;
81
82      LockNode head = list.getFirst();
83      if (head.getId() == resourceID) {
84        list.removeFirst();
85        return head.getLock();
86      }
87      return null;
88    }
89  }
90
91  public class LockNode {
92    public enum VisitState { FRESH, VISITING, VISITED };
93
94    private ArrayList<LockNode> children;
95    private int lockId;
96    private Lock lock;
97    private int maxLocks;
98
99    public LockNode(int id, int max) { ... }
100
101   /* サイクルを作らないことをチェックしながら、
102    * "this"から"node"への辺を追加する */
103   public void joinTo(LockNode node) { children.add(node); }
104   public void remove(LockNode node) { children.remove(node); }
105
106   /* 深さ優先探索によりサイクルを検出する */
107   public boolean hasCycle(
108       HashMap<Integer, Boolean> touchedNodes) {
109     VisitState[] visited = new VisitState[maxLocks];
110     for (int i = 0; i < maxLocks; i++) {
111       visited[i] = VisitState.FRESH;
112     }
```

```
113     return hasCycle(visited, touchedNodes);
114   }
115
116   private boolean hasCycle(VisitState[] visited,
117       HashMap<Integer, Boolean> touchedNodes) {
118     if (touchedNodes.containsKey(lockId)) {
119       touchedNodes.put(lockId, true);
120     }
121
122     if (visited[lockId] == VisitState.VISITING) {
123       /* 訪問中のノードに再び帰ってきた。
124        * したがってこれはサイクルである */
125       return true;
126     } else if (visited[lockId] == VisitState.FRESH) {
127       visited[lockId] = VisitState.VISITING;
128       for (LockNode n : children) {
129         if (n.hasCycle(visited, touchedNodes)) {
130           return true;
131         }
132       }
133       visited[lockId] = VisitState.VISITED;
134     }
135     return false;
136   }
137
138   public Lock getLock() {
139     if (lock == null) lock = new ReentrantLock();
140     return lock;
141   }
142
143   public int getId() { return lockId; }
144 }
```

毎度のことですが、このように複雑で長いコードを見て、すべて書けるようにしようと思う必要はありません。おそらく試験では疑似コードで書くか、これらのメソッドのうちの1つを実装することを要求されるだけでしょう。

15.5 呼び出し順序: 次のコードがあるとします。

```
public class Foo {
  public Foo() { ... }
  public void first() { ... }
  public void second() { ... }
  public void third() { ... }
}
```

Fooの同じインスタンスが3つの異なるスレッドに渡されます。スレッドAが`first()`を呼び、スレッドBが`second()`を呼び、スレッドCが`third()`を呼びます。このとき、`first`が`second`の前に呼ばれ、`second`が`third`の前に呼ばれたことを確認する方法を設計してください。

p.203

解法

基本的にはsecond()を実行する前にfirst()が完了するかどうか、third()を呼び出す前にsecond()が完了しているかどうかをチェックすればよいです。スレッドセーフについて慎重になる必要がありますから、単純な**ブーリアン**変数を用いるだけではいけません。

次のコードのようにlockを用いてみるのはどうでしょうか?

```
1   public class FooBad {
2     public int pauseTime = 1000;
3     public ReentrantLock lock1, lock2;
4
5     public FooBad() {
6       try {
7         lock1 = new ReentrantLock();
8         lock2 = new ReentrantLock();
9
10        lock1.lock();
11        lock2.lock();
12      } catch (...) { ... }
13    }
14
15    public void first() {
16      try {
17        ...
18        lock1.unlock(); // first()が終了したことを表す
19      } catch (...) { ... }
20    }
21
22    public void second() {
23      try {
24        lock1.lock(); // first()が終了するまで待つ
25        lock1.unlock();
26        ...
27
28        lock2.unlock(); // second()が終了したことを表す
29      } catch (...) { ... }
30    }
31
32    public void third() {
33      try {
34        lock2.lock(); // third()が終了するまで待つ
35        lock2.unlock();
36        ...
37      } catch (...) { ... }
38    }
39  }
```

ロック所有権の事情により、このコードは実際にはうまく動きません。FooBadのコンストラクタにてロックしたスレッドと別のスレッドからunlockしようとすることになるため、これは許可されず、このコードでは例外が発生します。Javaのロックは、ロックしたそのスレッドのみから所有されるものとされているからです。

そこで、セマフォを用いて同じような動作を再現します。論理的にはまったく同じです。

```
1   public class Foo {
2     public Semaphore sem1, sem2;
3
4     public Foo() {
5       try {
6         sem1 = new Semaphore(1);
7         sem2 = new Semaphore(1);
8
9         sem1.acquire();
10        sem2.acquire();
11      } catch (...) { ... }
12    }
13
14    public void first() {
15      try {
16        ...
17        sem1.release();
18      } catch (...) { ... }
19    }
20
21    public void second() {
22      try {
23        sem1.acquire();
24        sem1.release();
25        ...
26        sem2.release();
27      } catch (...) { ... }
28    }
29
30    public void third() {
31      try {
32        sem2.acquire();
33        sem2.release();
34        ...
35      } catch (...) { ... }
36    }
37  }
```

15.6 **Synchronizedメソッド：**synchronizedのメソッドAと、synchronizedでないメソッドBを持つクラスが与えられます。1つのインスタンスで2つのスレッドを持つとして、Aを同時に実行することは可能ですか？ また、AとBを同時に実行することは可能ですか？

p.203

解法

synchronized(同期)をメソッドに適用すると、同一のオブジェクトのインスタンスで同時に同期メソッドを実行できないようにすることができます。

従って、1つ目の問いは場合によって異なります。2つのスレッドが同じインスタンスを持つのであれば答えはノーで、同時にメソッドAを実行することができません。しかし、各スレッドで異なるインスタンスを持つのであれば同時に実行することは可能です。

概念的にはロックについて考えることでわかるようになります。同期メソッドは、そのオブジェクトのインスタンスにおけるすべての同期メソッドに対してロックを行います。これによって他のスレッドがそのインスタンス内で同期メソッドが実行することを防ぎます。

2番目の問いは、スレッド2が非同期メソッドBを実行している間スレッド1が同期メソッドAを実行することができるかと言い換えることができます。Bは非同期なので、スレッド2がBを実行している間スレッド1がAを実行するのを防ぐことはありません。スレッド1とスレッド2が同じオブジェクトのインスタンスを持つ持たないにかかわらず、これは正しいと言えます。

覚えておくべき重要なポイントは、そのオブジェクトのインスタンスに対して実行できる同期メソッドはたった1つであるということです。他のスレッドはそのインスタンスの非同期メソッドを実行することができますし、異なるオブジェクトのインスタンスであればどんなメソッドでも実行できるのです。

15.7 **FizzBuzz**：古典的な問題のFizzBuzzでは1からnまでの値を表示しますが、3で割り切れるときは「Fizz」、5で割り切れるときは「Buzz」、3でも5でも割り切れるときは「FizzBuzz」と表示します。これをマルチスレッドを用いた方法で行ってください。
4スレッドを使ってFizzBuzzのマルチスレッドバージョンを実装してください。1つのスレッドが3で割り切れるかどうかをチェックし「Fizz」と表示し、もう1つのスレッドでは5で割り切れるか調べて「Buzz」と表示します。3つ目のスレッドでは3でも5でも割り切れるかをチェックし「FizzBuzz」と表示します。4つ目のスレッドで数値を表示します。

p.204

解法

まずはFizzBuzzのシングルスレッド版を実装するところから始めてみましょう。

シングルスレッド版

決して難しいわけではないのですが、必要以上に難しく考えてしまうことが多い問題です。3と5で割り切れる場合（FizzBuzz）は、3だけで割り切れる場合や5だけで割り切れる場合（FizzやBuzz）と共通点があることを利用し、「美しい」解法を探してしまうからです。

実際のところ一番良い方法というのは、読みやすさと効率性を考えて、ただ素直に書くことです。

```
1  void fizzbuzz(int n) {
2    for (int i = 1; i <= n; i++) {
3      if (i % 3 == 0 && i % 5 == 0) {
4        System.out.println(“FizzBuzz”);
5      } else if (i % 3 == 0) {
6        System.out.println(“Fizz”);
7      } else if (i % 5 == 0) {
8        System.out.println(“Buzz”);
9      } else {
10       System.out.println(i);
11     }
12   }
13 }
```

ここで最も注意しなければならない点は、記述の順序です。3と5の両方で割り切れる場合の前に3で割り切れる場合のチェックをしてしまうと、正しく表示されなくなってしまいます。

マルチスレッド版

これをマルチスレッドで行うために、このような構造にしておきます:

FizzBuzz スレッド	Fizz スレッド
if iが3と5の両方で割り切れる 　print FizzBuzz iを1増やす 　i > n になるまで上記を繰り返す	if iが3のみで割り切れる 　print Fizz 　iを1増やす i > n になるまで上記を繰り返す

Buzz スレッド	Number スレッド
if iが5のみで割り切れる 　print Buzz 　iを1増やす i > n になるまで上記を繰り返す	if iが3でも5でも割り切れない 　print i 　iを1増やす i > n になるまで上記を繰り返す

これをコードにすると次のようになります:

```
1  while (true) {
2    if (current > max) {
3      return;
4    }
5    if (/* 割り切れるかどうかのチェック */) {
6      System.out.println(/* 条件に合うものを表示する */);
7      current++;
8    }
9  }
```

ループ内に同期処理を付け加える必要があります。そうでなければ、2〜4行目の処理と5〜8行目の処理の間で変数currentの値が変わってしまう可能性があり、ループ回数の境界値をうっかり超えてしまうかもしれません。さらに言えば、インクリメントはスレッドセーフではありません。

この考え方を実装するとき、多くの可能性が考えられます。その1つとして、変数current(オブジェクト内でラップできる)への参照を共有する、完全に分離された4つのスレッドクラスを持つ方法があります。

各スレッドのループはよく似ています。割り切れるかのチェックでターゲットとする値が異なることと、表示する値が異なるだけです。

	FizzBuzz	Fizz	Buzz	Number
current % 3 == 0	true	true	false	false
current % 5 == 0	true	false	true	false
出力内容	FizzBuzz	Fizz	Buzz	current

大部分はターゲットを定めるためのパラメータと表示する値を取るようにすることで対処できます。数字を出力するスレッドは、単純にとはいきませんがオーバーライドして数字を文字列に変換する必要があります。

ほとんどの処理はFizzBuzzThreadクラスで行います。NumberThreadはFizzBuzzThreadクラスを継承し、printメソッドをオーバーライドしています。

```
1   Thread[] threads = {new FizzBuzzThread(true, true, n, "FizzBuzz"),
2                       new FizzBuzzThread(true, false, n, "Fizz"),
3                       new FizzBuzzThread(false, true, n, "Buzz"),
4                       new NumberThread(false, false, n)};
5   for (Thread thread : threads) {
6     thread.start();
7   }
8
9   public class FizzBuzzThread extends Thread {
10    private static Object lock = new Object();
11    protected static int current = 1;
12    private int max;
13    private boolean div3, div5;
14    private String toPrint;
15
16    public FizzBuzzThread(boolean div3, boolean div5, int max, String toPrint) {
17      this.div3 = div3;
18      this.div5 = div5;
19      this.max = max;
20      this.toPrint = toPrint;
21    }
22
23    public void print() {
24      System.out.println(toPrint);
25    }
26
27    public void run() {
28      while (true) {
29        synchronized (lock) {
30          if (current > max) {
31            return;
32          }
33
34          if ((current % 3 == 0) == div3 &&
35              (current % 5 == 0) == div5) {
36            print();
37            current++;
38          }
39        }
40      }
41    }
42  }
43
44  public class NumberThread extends FizzBuzzThread {
45      public NumberThread(boolean div3, boolean div5, int max) {
46        super(div3, div5, max, null);
47      }
48
49      public void print() {
50        System.out.println(current);
51      }
52  }
```

currentの値がmax以下のときにだけ確実に出力されるように、割り算チェックを行うif文の前にcurrentとmaxの値を比較する必要があることに注目してください。

別法としては、サポートされている言語(Java 8や他の言語)であれば、validateメソッドとprintメソッドをパラメータとして渡すことができます。

```
1   int n = 100;
2   Thread[] threads = {
3     new FBThread(i -> i % 3 == 0 && i % 5 == 0, i -> "FizzBuzz", n),
4     new FBThread(i -> i % 3 == 0 && i % 5 != 0, i -> "Fizz", n),
5     new FBThread(i -> i % 3 != 0 && i % 5 == 0, i -> "Buzz", n),
6     new FBThread(i -> i % 3 != 0 && i % 5 != 0, i -> Integer.toString(i), n)};
7   for (Thread thread : threads) {
8     thread.start();
9   }
10
11  public class FBThread extends Thread {
12    private static Object lock = new Object();
13    protected static int current = 1;
14    private int max;
15    private Predicate<Integer> validate;
16    private Function<Integer, String> printer;
17    int x = 1;
18
19    public FBThread(Predicate<Integer> validate,
20                    Function<Integer, String> printer, int max) {
21      this.validate = validate;
22      this.printer = printer;
23      this.max = max;
24    }
25
26    public void run() {
27      while (true) {
28        synchronized (lock) {
29          if (current > max) {
30            return;
31          }
32          if (validate.test(current)) {
33            System.out.println(printer.apply(current));
34            current++;
35          }
36        }
37      }
38    }
39  }
```

もちろん他にも実装方法はたくさんあります。

X 解法

16

“中級編” の解法

16.1　数値の入れ替え： 一時変数を使わずに値を入れ替える関数を書いてください。

p.205

解法

これは古典的で素直な問題です。aの元の値をa_0、bの元の値をb_0として考えてみます。さらにa_0とb_0の差も使います。

これらをa > bとして数直線上に表してみましょう。

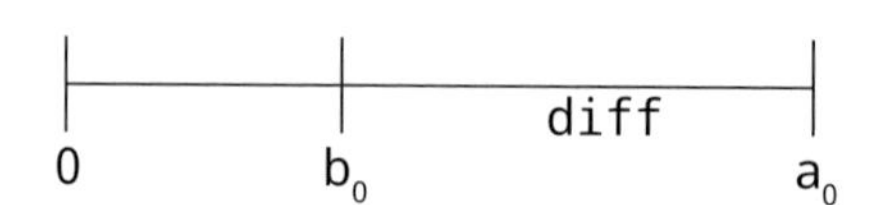

まず数直線の右側の値、diffをaに一時的に代入します。続いてdiffにbを加え、その値をbに代入するとa_0が得られます。これで a = a_0 、a = diff になりました。最後にaにa_0 - diff、つまりb - aに代入すれば完了です。

次のコードはこれを実装したものです。

```
1  // 例：a = 9, b = 4
2  a = a - b; // a = 9 - 4 = 5
3  b = a + b; // b = 5 + 4 = 9
4  a = b - a; // a = 9 - 5
```

ビット操作で同じような解法を実装できます。利点は整数型以外のデータ形式にも対応しているところです。

```
1  // 例：a = 101 (二進数) and b = 110
2  a = a^b; // a = 101^110 = 011
3  b = a^b; // b = 011^110 = 101
4  a = a^b; // a = 011^101 = 110
```

このコードではXORを用いています。これがどのように機能するかを見る最も簡単な方法は、特定のビットに注目することです。2つのビットを正しく入れ替えできていれば、操作全体が正しく機能することがわかります。

xとyの2ビットについて、1行ずつ見ていきましょう。

1. x = x ^ y

   この行はxとyが異なる値を持つかどうかをチェックしています。x!=yの場合にのみ1になります。

2. y = x ^ y

   もう少し詳しく書くと、y = {等しい場合は0, 異なる場合は1} ^ {元のy}となります。
   ビットを1でXORすると常にビットは反転しますが、0でXORすると変わりません。
   したがって、x!=yとすると、y = 1 ^ {元のy}でyは反転され、元のxの値を持つことになります。
   x==yの場合は、y = 0 ^ {元のy}となり、yの値は変化しません。
   いずれにしても、yは元のxの値と等しくなります。

3. x = x ^ y

   もう少し詳しく書くと、x = {等しい場合は0、異なる場合は1} ^ {元のx}となります。
   この時点でyは元のxの値に等しくなっています。この行は基本的には上の行と同じですが、異なる変数です。
   値が異なる場合は、x = 1 ^ {元のx}となりxは反転されます。
   値が等しい場合は、x = 0 ^ {元のx}となりxは変化しません。

この操作を各ビットに対して行います。各ビットが正しく入れ替わるので、数値全体で正しく入れ替えられることになります。

16.2 **単語の頻度**：ある本について、与えられた単語の出現頻度を調べるメソッドを設計してください。このアルゴリズムを複数回実行するとしたらどうなるでしょうか？

p.205

解法

単純な場合から始めてみましょう。

解法：1語だけの場合

この場合は前から1単語ごとに調べ、出現頻度を数えるだけで計算時間はO(n)になります。少なくとも1回はすべての単語を調べなければなりませんので、改善の余地はありません。

```
1   int getFrequency(String[] book, String word) {
2     word = word.trim().toLowerCase();
3     int count = 0;
4     for (String w : book) {
5       if (w.trim().toLowerCase().equals(word)) {
6         count++;
7       }
8     }
9     return count;
10  }
```

また、文字列を小文字に変換して、空白を取り除いておきました。これが必要であるかどうか（あるいは望まれる場合でも）面接官と議論することができます。

解法：複数語の場合

複数回の操作が必要になる場合は、本のデータに対して時間とメモリを使って前処理をする余裕があります。単語をキーとしてその出現頻度にマップするハッシュテーブルを生成することで、O(1)の計算時間で解を得ることができます。そのコードは次の通りです。

```
1   HashMap<String, Integer> setupDictionary(String[] book) {
2     HashMap<String, Integer> table =
3       new HashMap<String, Integer>();
4     for (String word : book) {
5       word = word.toLowerCase();
6       if (word.trim() != "") {
7         if (!table.containsKey(word)) {
8           table.put(word, 0);
9         }
10        table.put(word, table.get(word) + 1);
11      }
12    }
13    return table;
14  }
15
16  int getFrequency(HashMap<String, Integer> table, String word) {
17    if (table == null || word == null) return -1;
18    word = word.toLowerCase();
19    if (table.containsKey(word)) {
20      return table.get(word);
21    }
22    return 0;
23  }
```

この問題のように、比較的簡単な問題は面接時に注意深さが重要視されます。エラー条件のチェックを入念に！

16.3 交点：2つの線分（始点と終点がある線）が与えられたとき、交点が存在する場合は計算してください。

p.205

解法

まず、2つの線分が交差することが何を意味するのか考える必要があります。

2つの直線が交差するには、異なる傾きであればよいだけです。もし傾きが同じであれば、それらはまったく同じ直線（同じy切片）でなければなりません。つまり：

```
傾き 1 != 傾き 2
または
傾き 1 == 傾き 2 かつ 切片 1 == 切片 2
```

2つの直線が交差する場合は、上記の条件が真でなければならず、交点は各線分の範囲内になければなりません。

```
交点の範囲を無限に拡張
かつ
```

```
交点が線分1の範囲内(x と y 座標)
かつ
交点が線分2の範囲内(x と y 座標)
```

2つの線分が同じ直線を表す場合はどうでしょうか? この場合、線分の一部が重なっていることを確認する必要があります。線分をx座標で並べ替えると(始点は終点の前、点1は点2の前)、交点は次の場合にのみ存在します。

```
仮定:
  始点1.x < 始点2.x && 始点1.x < 終点1.x && 始点2.x < 終点2.x
このとき、次の条件で交点が存在します:
  始点2 が 始点1 と 終点1 の間にある
```

では、このアルゴリズムを実装してみましょう。

```
1   Point intersection(Point start1, Point end1, Point start2, Point end2) {
2     /* 始点のx座標が終点のx座標よりも前に、点1が点2より前になるよう並び替える。
3      * こうしておくと後のロジックが簡単になる。 */
4     if (start1.x > end1.x) swap(start1, end1);
5     if (start2.x > end2.x) swap(start2, end2);
6     if (start1.x > start2.x) {
7       swap(start1, start2);
8       swap(end1, end2);
9     }
10
11    /* 直線(傾きと切片)の計算 */
12    Line line1 = new Line(start1, end1);
13    Line line2 = new Line(start2, end2);
14
15    /* 平行線の場合は、2つの直線が同じ切片を持ち、
16     * 始点2が線分1上にある */
17    if (line1.slope == line2.slope) {
18      if (line1.yintercept == line2.yintercept &&
19          isBetween(start1, start2, end1)) {
20        return start2;
21      }
22      return null;
23    }
24
25    /* 交点の座標を求める */
26    double x = (line2.yintercept - line1.yintercept) / (line1.slope - line2.slope);
27    double y = x * line1.slope + line1.yintercept;
28    Point intersection = new Point(x, y);
29
30    /* 交点が範囲内にあるかのチェック */
31    if (isBetween(start1, intersection, end1) &&
32        isBetween(start2, intersection, end2)) {
33      return intersection;
34    }
35    return null;
36  }
37
38  /* middleがstartとendの間にあるかをチェック */
39  boolean isBetween(double start, double middle, double end) {
```

X 解法

```
40   if (start > end) {
41     return end <= middle && middle <= start;
42   } else {
43     return start <= middle && middle <= end;
44   }
45 }
46
47 /* middleがstartとendの間にあるかをチェック */
48 boolean isBetween(Point start, Point middle, Point end) {
49   return isBetween(start.x, middle.x, end.x) &&
50          isBetween(start.y, middle.y, end.y);
51 }
52
53 /* oneとtwoの座標を入れ替える */
54 void swap(Point one, Point two) {
55   double x = one.x;
56   double y = one.y;
57   one.setLocation(two.x, two.y);
58   two.setLocation(x, y);
59 }
60
61 public class Line {
62   public double slope, yintercept;
63
64   public Line(Point start, Point end) {
65     double deltaY = end.y - start.y;
66     double deltaX = end.x - start.x;
67     slope = deltaY / deltaX; // deltaX = 0のときは無限大になる(例外ではない)
68     yintercept = end.y - slope * end.x;
69   }
70
71 public class Point {
72   public double x, y;
73   public Point(double x, double y) {
74     this.x = x;
75     this.y = y;
76   }
77
78   public void setLocation(double x, double y) {
79     this.x = x;
80     this.y = y;
81   }
82 }
```

単純で簡潔にするため(コードを読みやすくするために)、PointとLineの変数はpublicにしておきました。この選択の長所と短所を面接官と話し合うのもよいでしょう。

16.4 **三目並べ**: 三目並べ(○×ゲーム)で、勝ち負けを判定するアルゴリズムを設計してください。

p.205

解法

一見単純な問題に見えるかもしれません。単に三目盤をチェックすると、どれくらい大変でしょうか? そう考えると少し複雑で、1つの「完璧な」答えはないことに気がつくでしょう。最適解は好みによって異なります。

考慮すべき主な決定事項がいくつかあります。

1. hasWon メソッドは一度だけ呼び出されるのか、あるいは何回も (○×ゲームのサイトなどで) 呼び出されるのか? 後者であれば、hasWon メソッドの実行時間を最適化する前処理を加える。
2. 最後に行われた操作を覚えているのか?
3. ○×ゲームは普通3x3の盤上で行われるが、それだけでよいのか? NxNに拡張して実装するのか?
4. コードのコンパクトさ、実行速度、コードのわかりやすさについて、優先度をどのようにするのか? 最も効率的なコードが常にベストというわけではないことに注意する。コードを理解し、保守する能力も重要である。

解法1: hasWonが何回も呼び出される場合

3x3の三目盤であれば、3^9 すなわち20000程度の盤面が考えられます。したがって盤面は各位を空であれば0、○であれば1、×であれば2のようにして int 型で表現することができます。すべての盤面をキーとして、配列やハッシュテーブルにあらかじめ勝ち負けの計算をしておきます。
その関数はこのようなシンプルな形になります。

```
1  Piece hasWon(int board) {
2    return winnerHashtable[board];
3  }
```

盤面(char型の配列)からint型に変換するのに「3進数」を用います。
v_i の場所が空の場合は0、「○」の場合は1、「×」の場合は2とすると、各盤面は$3^0v_0 + 3^1v_1 + 3^2v_2 + ... + 3^8v_8$ のように表すことができます。

```
1  enum Piece { Empty, Red, Blue };
2  
3  int convertBoardToInt(Piece[][] board) {
4    int sum = 0;
5    for (int i = 0; i < board.length; i++) {
6      for (int j = 0; j < board[i].length; j++) {
7        /* enumの各値には関連付けられた整数値が対応しているので、
8         * それを使うだけでよい。 */
9        int value = board[i][j].ordinal();
10       sum = sum * 3 + value;
11     }
12   }
13   return sum;
14 }
```

これで盤面から勝者を見つけるのは、単にハッシュテーブルを見るだけでよくなりました。

もちろん、勝ち負けのチェックを行うたびに盤面の書式変換を行わなければならず、他の解法との性能比較を惜しんではいけません。とはいえ、一番最初に盤面計算を済ませておけば、探索プロセスは非常に効率的であることは間違いありません。

解法2：最後の操作を記憶している場合

最後に行われた操作がわかっていれば（かつ、それまで勝敗チェックを行い続けていれば）、その場所を通る行、列、対角線を確認するだけで済みます。

```
1   Piece hasWon(Piece[][] board, int row, int column) {
2     if (board.length != board[0].length) return Piece.Empty;
3   
4     Piece piece = board[row][column];
5   
6     if (piece == Piece.Empty) return Piece.Empty;
7   
8     if (hasWonRow(board, row) || hasWonColumn(board, column)) {
9       return piece;
10    }
11  
12    if (row == column && hasWonDiagonal(board, 1)) {
13      return piece;
14    }
15  
16    if (row == (board.length - column - 1) && hasWonDiagonal(board, -1)) {
17      return piece;
18    }
19  
20    return Piece.Empty;
21  }
22  
23  boolean hasWonRow(Piece[][] board, int row) {
24    for (int c = 1; c < board[row].length; c++) {
25      if (board[row][c] != board[row][0]) {
26        return false;
27      }
28    }
29    return true;
30  }
31  
32  boolean hasWonColumn(Piece[][] board, int column) {
33    for (int r = 1; r < board.length; r++) {
34      if (board[r][column] != board[0][column]) {
35        return false;
36      }
37    }
38    return true;
39  }
40  
41  boolean hasWonDiagonal(Piece[][] board, int direction) {
42    int row = 0;
43    int column = direction == 1 ? 0 : board.length - 1;
44    Piece first = board[0][column];
45    for (int i = 0; i < board.length; i++) {
46      if (board[row][column] != first) {
47        return false;
48      }
```

```
49      row += 1;
50      column += direction;
51    }
52    return true;
53  }
```

実際には、このコードを整理して重複したコードの一部を削除する方法があります。このアプローチは後の関数で見ていきます。

解法3：3x3の盤面に限定した設計

3x3の盤面に限定して実装するのであれば、コードは比較的短く単純で済みます。唯一複雑な部分は、重複したコードを書きすぎないように、きれいに整理することくらいでしょう。

以下のコードは、行、列、および対角線を調べて、勝者がいるかどうかを調べます。

```
1   Piece hasWon(Piece[][] board) {
2     for (int i = 0; i < board.length; i++) {
3       /* 行をチェックする */
4       if (hasWinner(board[i][0], board[i][1], board[i][2])) {
5         return board[i][0];
6       }
7
8       /* 列をチェックする */
9       if (hasWinner(board[0][i], board[1][i], board[2][i])) {
10        return board[0][i];
11      }
12    }
13
14    /* 対角線をチェックする */
15    if (hasWinner(board[0][0], board[1][1], board[2][2])) {
16      return board[0][0];
17    }
18
19    if (hasWinner(board[0][2], board[1][1], board[2][0])) {
20      return board[0][2];
21    }
22
23    return Piece.Empty;
24  }
25
26  boolean hasWinner(Piece p1, Piece p2, Piece p3) {
27    if (p1 == Piece.Empty) {
28      return false;
29    }
30    return p1 == p2 && p2 == p3;
31  }
```

このコードは、何が起こっているのかを比較的簡単に理解できるという点では問題ない解答です。問題点は、値がハードコーディングされていることです。配列の添え字を誤って書いてしまいやすいので注意してください。

これをNxN盤面に拡張するのも容易ではありません。

解法4: NxNの盤面用に設計する

NxNの盤面でこれを実装するにはさまざまな方法があります。

ネストしたForループ

最も単純なのは、ネストしたforループで書く方法です。

```
1  Piece hasWon(Piece[][] board) {
2    int size = board.length;
3    if (board[0].length != size) return Piece.Empty;
4    Piece first;
5
6    /* 行をチェックする */
7    for (int i = 0; i < size; i++) {
8      first = board[i][0];
9      if (first == Piece.Empty) continue;
10     for (int j = 1; j < size; j++) {
11       if (board[i][j] != first) {
12         break;
13       } else if (j == size - 1) { // 最後の要素
14         return first;
15       }
16     }
17   }
18
19   /* 列をチェックする */
20   for (int i = 0; i < size; i++) {
21     first = board[0][i];
22     if (first == Piece.Empty) continue;
23     for (int j = 1; j < size; j++) {
24       if (board[j][i] != first) {
25         break;
26       } else if (j == size - 1) { // 最後の要素
27         return first;
28       }
29     }
30   }
31
32   /* 対角線をチェックする */
33   first = board[0][0];
34   if (first != Piece.Empty) {
35     for (int i = 1; i < size; i++) {
36       if (board[i][i] != first) {
37         break;
38       } else if (i == size - 1) { // 最後の要素
39         return first;
40       }
41     }
42   }
43
44   first = board[0][size - 1];
45   if (first != Piece.Empty) {
46     for (int i = 1; i < size; i++) {
47       if (board[i][size - i - 1] != first) {
48         break;
```

```
49      } else if (i == size - 1) { // 最後の要素
50        return first;
51      }
52    }
53  }
54
55  return Piece.Empty;
56 }
```

これは言うまでもなく、少なくとも見た目はかなり悪いです。毎回ほぼ同じ作業をしています。コードを再利用する方法を模索すべきです。

インクリメント/デクリメント機能

コードをよりうまく再利用できる方法の1つは、行と列の増減を行う別の関数に値を渡すようにすることです。これでhasWon関数は、開始位置と行と列をインクリメントする量が必要なだけです。

```
1  class Check {
2    public int row, column;
3    private int rowIncrement, columnIncrement;
4    public Check(int row, int column, int rowI, int colI) {
5      this.row = row;
6      this.column = column;
7      this.rowIncrement = rowI;
8      this.columnIncrement = colI;
9    }
10
11   public void increment() {
12     row += rowIncrement;
13     column += columnIncrement;
14   }
15
16   public boolean inBounds(int size) {
17     return row >= 0 && column >= 0 && row < size && column < size;
18   }
19 }
20
21 Piece hasWon(Piece[][] board) {
22   if (board.length != board[0].length) return Piece.Empty;
23   int size = board.length;
24
25   /* チェックするもののリストを作る */
26   ArrayList<Check> instructions = new ArrayList<Check>();
27   for (int i = 0; i < board.length; i++) {
28     instructions.add(new Check(0, i, 1, 0));
29     instructions.add(new Check(i, 0, 0, 1));
30   }
31   instructions.add(new Check(0, 0, 1, 1));
32   instructions.add(new Check(0, size - 1, 1, -1));
33
34   /* チェックする */
35   for (Check instr : instructions) {
36     Piece winner = hasWon(board, instr);
37     if (winner != Piece.Empty) {
```

```
38          return winner;
39        }
40      }
41      return Piece.Empty;
42    }
43
44    Piece hasWon(Piece[][] board, Check instr) {
45      Piece first = board[instr.row][instr.column];
46      while (instr.inBounds(board.length)) {
47        if (board[instr.row][instr.column] != first) {
48          return Piece.Empty;
49        }
50        instr.increment();
51      }
52      return first;
53    }
```

Check関数は基本的にイテレータのような働きをしています。

イテレータ

別の方法としては、当たり前ですが実際にイテレータを構築することです。

```
1    Piece hasWon(Piece[][] board) {
2      if (board.length != board[0].length) return Piece.Empty;
3      int size = board.length;
4
5      ArrayList<PositionIterator> instructions = new ArrayList<PositionIterator>();
6      for (int i = 0; i < board.length; i++) {
7        instructions.add(new PositionIterator(new Position(0, i), 1, 0, size));
8        instructions.add(new PositionIterator(new Position(i, 0), 0, 1, size));
9      }
10     instructions.add(new PositionIterator(new Position(0, 0), 1, 1, size));
11     instructions.add(new PositionIterator(new Position(0, size - 1), 1, -1, size));
12
13     for (PositionIterator iterator : instructions) {
14       Piece winner = hasWon(board, iterator);
15       if (winner != Piece.Empty) {
16         return winner;
17       }
18     }
19     return Piece.Empty;
20   }
21
22   Piece hasWon(Piece[][] board, PositionIterator iterator) {
23     Position firstPosition = iterator.next();
24     Piece first = board[firstPosition.row][firstPosition.column];
25     while (iterator.hasNext()) {
26       Position position = iterator.next();
27       if (board[position.row][position.column] != first) {
28         return Piece.Empty;
29       }
30     }
31     return first;
32   }
```

```
33
34  class PositionIterator implements Iterator<Position> {
35    private int rowIncrement, colIncrement, size;
36    private Position current;
37
38    public PositionIterator(Position p, int rowIncrement,
39                            int colIncrement, int size) {
40      this.rowIncrement = rowIncrement;
41      this.colIncrement = colIncrement;
42      this.size = size;
43      current = new Position(p.row - rowIncrement, p.column - colIncrement);
44    }
45
46    @Override
47    public boolean hasNext() {
48      return current.row + rowIncrement < size &&
49             current.column + colIncrement < size;
50    }
51
52    @Override
53    public Position next() {
54      current = new Position(current.row + rowIncrement,
55                             current.column + colIncrement);
56      return current;
57    }
58  }
59
60  public class Position {
61    public int row, column;
62    public Position(int row, int column) {
63      this.row = row;
64      this.column = column;
65    }
66  }
```

これはすべて潜在的に過度なことですが、面接官と選択を議論する価値はあります。この問題のポイントは、簡潔で保守しやすい方法でコーディングする方法に対する理解を評価することです。

16.5 階乗のゼロ：nの階乗を計算したとき、末尾の連続する0の数を数えるアルゴリズムを書いてください。

p.205

解法

単純な解法として、実際に階乗の計算をして、それを10で割り続けることで連続する0の数を数えるというものがあります。しかし、階乗の計算をすると`int`の範囲をすぐに超えてしまいます。これを避けるためには問題を数学的に捉えなければなりません。

たとえば`19!`で考えてみましょう。

```
19! = 1*2*3*4*5*6*7*8*9*10*11*12*13*14*15*16*17*18*19
```

末尾の連続する0は10を掛けるときにできますが、5と2を1回ずつかける場合も10を掛けたことになります。

19!では次のように0が増えていくことになります。

```
19! = 2 * … * 5 * … * 10 * … * 15 * 16 * …
```

したがって0の数を数えるには、5と2を何回掛けているか数えるだけでよいことになります。2を掛ける回数のほうが5を掛ける回数よりも常に多くなりますから、単純に5を掛けた回数を数えるだけで十分です。

たとえば、15は5で1回だけ割ることができるので0ひとつ分に貢献し、25は5で2回割ることができるので0ふたつ分に貢献しているということです。

このコードは2種類の書き方があります。

まず1つ目は、2からnすべての数に対して5で割れる数を繰り返し数えていきます。

```
1   /*数が5の倍数なら、5の何乗であるかを返す 例えば: 5 -> 1,
2    * 25-> 2, など */
3   int factorsOf5(int i) {
4     int count = 0;
5     while (i % 5 == 0) {
6       count++;
7       i /= 5;
8     }
9     return count;
10  }
11
12  int countFactZeros(int num) {
13    int count = 0;
14    for (int i = 2; i <= num; i++) {
15      count += factorsOf5(i);
16    }
17    return count;
18  }
```

これも悪くはないのですが、直接的に数えることでもう少し効率的に計算することができます。この方法では最初に1からnの間にある5の倍数($n/5$個)を数え、次に25の倍数($n/25$個)、125の倍数というように数えていきます。

1からnまでにあるmの倍数の数は、nをmで割ることで簡単に数えることができます。

```
1   int countFactZeros(int num) {
2     int count = 0;
3     if (num < 0) {
4       return -1;
5     }
6     for (int i = 5; num / i > 0; i *= 5) {
7       count += num / i;
8     }
9     return count;
10  }
```


この問題は多少頭の体操的な要素を含みますが、(前述したような)論理的なアプローチで十分解くことができます。0が現れる条件をよく考えることで正解にたどり着くはずです。正しく実装するために、前もって考え方を明確にしておきましょう。

16.6 最小の差: 2つの整数配列が与えられたとき、差(非負)が最も小さくなる値の組(各配列から1つずつ)を計算し、差を返してください。

例

Input: {1, 3, 15, 11, 2}, {23, 127, 235, 19, 8}

Output: 3. このときのペアは (11, 8).

p.205

解法

まずはブルートフォース解から始めてみましょう。

ブルートフォース

単純なブルートフォースでは、すべてのペアについて走査し、その差と現在の最小差と比較します。

```
1   int findSmallestDifference(int[] array1, int[] array2) {
2     if (array1.length == 0 || array2.length == 0) return -1;
3
4     int min = Integer.MAX_VALUE;
5     for (int i = 0; i < array1.length; i++) {
6       for (int j = 0; j < array2.length; j++) {
7         if (Math.abs(array1[i] - array2[j]) < min) {
8           min = Math.abs(array1[i] - array2[j]);
9         }
10      }
11    }
12    return min;
13  }
```

ここからできる小さな最適化の1つは、できるだけ小さな差を求める問題であることを考慮して、差が0になればすぐに返るようにすることです。ただし、入力によっては実際には遅くなることがあります。

これは早い段階で差が0のペアが見つかった場合にのみ高速になります。しかし、この最適化を追加するには、追加されたコードの部分を毎回実行する必要があります。ここにトレードオフがあります。いくつかの入力は速く、他の入力は遅くなるのです。コードの読み込みが複雑になることを考えれば、それを省略することが最善の方法かもしれません。

この「最適化」の有無にかかわらず、アルゴリズムはO(AB)の実行時間になります。

最適解法

より最適な方法は、配列をソートすることです。配列をソートしてから走査することによって最小の差を見つけることができます。

次の2つの配列を考えてみましょう:

```
A: {1, 2, 11, 15}
B: {4, 12, 19, 23, 127, 235}
```

次の方法を試してみます:

1. ポインタaがAの先頭、ポインタbがBの先頭を指すと仮定します。最初のaとbの差は3で、これをminとして記憶します。
2. どのようにすればこの差を小さくすることができるでしょうか? bの値はaの値よりも大きいので、bを動かすとその差が大きくなります。したがって、この場合はaを移動させます。
3. これでaは2を指し、bは(まだ)4を指しています。この差は2なので、minを更新する必要があります。aの方が小さいので、aを移動します。
4. aは11を指し、bは4を指します。bの方が小さくなるのでbを移動します。
5. aは11を指し、bは12を指します。minを1に更新し、bを移動します。

のように進めます。

```
1   int findSmallestDifference(int[] array1, int[] array2) {
2     Arrays.sort(array1);
3     Arrays.sort(array2);
4     int a = 0;
5     int b = 0;
6     int difference = Integer.MAX_VALUE;
7     while (a < array1.length && b < array2.length) {
8       if (Math.abs(array1[a] - array2[b]) < difference) {
9         difference = Math.abs(array1[a] - array2[b]);
10      }
11
12      /* 小さいほうの値を移動する */
13      if (array1[a] < array2[b]) {
14        a++;
15      } else {
16        b++;
17      }
18    }
19    return difference;
20  }
```

このアルゴリズムでは、ソートにO(A log A + B log B)、最小差を見つけるのにO(A + B)の実行時間がかかります。したがって、全体の実行時間はO(A log A + B log B)です。

16.7 最大値: 2つの数のうち最大値を見つけるメソッドを書いてください。ただし、if-elseや比較演算子を用いてはいけません。

p.206

解法

最大値を求める一般的な実装方法は、a - bの符号を見ることです。この問題では比較演算子が使えませんが、乗算を行うことは可能です。

a - b >= 0 ならばkを1、そうでなければkを 0 とする変数kを用意します。さらにkと異符号のqを用意します。

このとき、次のようにコードを実装することができます。

```
1  /* 1を0に、0を1に反転する*/
2  int flip(int bit) {
3    return 1^bit;
4  }
5
6  /* aが正なら1を、負なら0を返す*/
7  int sign(int a) {
8    return flip((a >> 31) & 0x1);
9  }
10
11 int getMaxNaive(int a, int b) {
12   int k = sign(a - b);
13   int q = flip(k);
14   return a * k + b * q;
15 }
```

このコードは概ね正しく動きますが、a - bがオーバーフローする場合は残念ながらうまくいきません。たとえばaをINT_MAX - 2、bを-15とすると、a - bはINT_MAXより大きくなりオーバーフローを起こします。結果として負の値が返ることになります。

この問題を同じ考え方で実装することは可能です。とにかく、a > bのときにkが1になるようにできればよいのです。うまくやるために、もう少し考えを練り込んでいきます。

a - bがオーバフローするのはどんなときでしょうか? オーバーフローが起こる可能性はaが正の値で、かつbが負の値の場合のみです。オーバーフローを検出するのは難しいかもしれませんが、符号が異なるかどうかを調べることは可能です。そこでaとbの符号が異なる場合は、kの値が`sign(a)`と等しくなるようにしましょう。

つまり、ロジックは次のようになります。

```
1  if a and b have different signs:/* aとbの符号が異なる場合 */
2    // if a > 0, then b < 0, and k = 1. /* a>0ならばb<0であり、kは1 */
3    // if a < 0, then b > 0, and k = 0. /* a<0ならばb>0であり、kは0 */
4    // so either way, k = sign(a) /* よって、どちらの場合もk=sign(a)  */
5    let k = sign(a)
6  else
7    let k = sign(a - b) // 決してオーバーフローしない
```

次のコードはif文を用いず、乗算を用いてこれを実装したものです。

```
1  int getMax(int a, int b) {
2    int c = a - b;
3
4    int sa = sign(a); // a >= 0ならば1、そうでなければ0
5    int sb = sign(b); // if b >= 0, then 1 else 0
6    int sc = sign(c); // b >= 0ならば1、そうでなければ0
7
8    /* a > bならば1、a < bならば0となる値kを作る
9     * (a = bの場合、kの値はどちらでもよい) */
10
11   // aとbが異なる符号を持つ場合、k=sign(a)
12   int use_sign_of_a = sa ^ sb;
13
14   // aとbが同じ符号を持つ場合、k=sign(a-b)
15   int use_sign_of_c = flip(sa ^ sb);
16
17   int k = use_sign_of_a * sa + use_sign_of_c * sc;
18   int q = flip(k); // kを反転する
19
20   return a * k + b * q;
21 }
```

わかりやすくするため、コードをたくさんのメソッドや変数に分割していることに注意してください。コンパクトさや効率性はベストではありませんが、やろうとしていることがわかりやすくなります。

16.8 **英語の整数:** 任意の整数に対して、その整数を英語(「One Thousand」、「Two Hundred Thirty Four」等)で表示してください。

p.206

解法

これは特に難しい問題ではありませんが、やや面倒です。ポイントは問題に対してどのようにアプローチするかをしっかり決めておくことと、質の良いテストケースを用意しておくことです。

たとえば、19,323,984のような数の場合は3桁ずつ区切り、"thousand"や"million"という文字列を挿入していきます。つまり、

```
convert(19,323,984) = convert(19) + " million " + convert(323) + " thousand " + convert(984)
```

のようにします。これを実装するとコードは次のようになります。

```
1  String[] smalls = {"Zero", "One", "Two", "Three", "Four", "Five", "Six", "Seven",
2    "Eight", "Nine", "Ten", "Eleven", "Twelve", "Thirteen", "Fourteen", "Fifteen",
3    "Sixteen", "Seventeen", "Eighteen", "Nineteen"};
4  String[] tens = {"", "", "Twenty", "Thirty", "Forty", "Fifty", "Sixty", "Seventy",
5    "Eighty", "Ninety"};
6  String[] bigs = {"", "Thousand", "Million", "Billion"};
7  String hundred = "Hundred";
```

```
8   String negative = "Negative";
9
10  String convert(int num) {
11    if (num == 0) {
12      return smalls[0];
13    } else if (num < 0) {
14      return negative + " " + convert(-1 * num);
15    }
16
17    LinkedList<String> parts = new LinkedList<String>();
18    int chunkCount = 0;
19
20    while (num > 0) {
21      if (num % 1000 != 0) {
22        String chunk = convertChunk(num % 1000) + " " + bigs[chunkCount];
23        parts.addFirst(chunk);
24      }
25      num /= 1000; // 3桁の区切りをシフトする
26      chunkCount++;
27    }
28
29    return listToString(parts);
30  }
31
32  String convertChunk(int number) {
33    LinkedList<String> parts = new LinkedList<String>();
34
35    /* 100の桁を変換 */
36    if (number >= 100) {
37      parts.addLast(smalls[number / 100]);
38      parts.addLast(hundred);
39      number %= 100;
40    }
41
42    /* 10の桁を変換 */
43    if (number >= 10 && number <= 19) {
44      parts.addLast(smalls[number]);
45    } else if (number >= 20) {
46      parts.addLast(tens[number / 10]);
47      number %= 10;
48    }
49
50    /* 1の桁を変換 */
51    if (number >= 1 && number <= 9) {
52      parts.addLast(smalls[number]);
53    }
54
55    return listToString(parts);
56  }
57  /* 文字列の連結リストを空白で区切って文字列に変換する */
58  String listToString(LinkedList<String> parts) {
59    StringBuilder sb = new StringBuilder();
60    while (parts.size() > 1) {
61      sb.append(parts.pop());
62      sb.append(" ");
63    }
```

```
64    sb.append(parts.pop());
65    return sb.toString();
66  }
```

このような問題のキーポイントは、特別なケースすべてについてよく考えておくことです。この問題でもたくさんありますね。

16.9 **演算**：整数値に対して乗算、減算、除算を行うメソッドを書いてください。ただし、結果はすべて整数値になるものとし、演算子は加算のみを用いてください。

p.206

解法

この問題では、加算演算だけで他の演算を行わなければなりません。まったく同じ問題が出てくるとは限りませんが、それぞれの演算がどのように行われていて、限られた演算方法でどのように書くかということを深く考えておくと必ず役に立ちます。

減算

加算を使って減算の処理をするにはどのように書けばよいのでしょうか？ これは非常に簡単で、a - bという計算はa + (-1) * bと同じことです。しかし、乗算(*)は使うことができませんので、符号を入れ替える関数を実装しなければなりません。

```
1   /* 負の数を正に、正の数を負にする */
2   int negate(int a) {
3     int neg = 0;
4     int newSign = a < 0 ? 1 : -1;
5     while (a != 0) {
6       neg += newSign;
7       a += newSign;
8     }
9     return neg;
10  }
11
12  /* bの符号を反転し、足すことで引き算を行う */
13  int minus(int a, int b) {
14    return a + negate(b);
15  }
```

kの符号を入れ替えるのに、-1をk回加える操作を行っています。これはO(k)の実行時間を要するということに注目してください。

ここで最適化の価値があるとすれば、aをより速く0にできるようにすることです。(この説明では、aは正であると仮定します)。これを行うには、最初に1、次に2を、次に4を、次に8をaから減らしていきます。この値をデルタと呼ぶことにします。aはちょうど0になってくれなければなりません。次のデルタでaを減らしてaの符号が変わると、デルタを1にリセットしプロセスを繰り返します。

例：

```
a:      29   28   26   22   14   13   11    7    6    4    0
delta:     -1   -2   -4   -8   -1   -2   -4   -1   -2   -4
```

次のコードはこのアルゴリズムを実装したものです。

```
1  int negate(int a) {
2    int neg = 0;
3    int newSign = a < 0 ? 1 : -1;
4    int delta = newSign;
5    while (a != 0) {
6      boolean differentSigns = (a + delta > 0) != (a > 0);
7      if (a + delta != 0 && differentSigns) { // deltaが大きくなり過ぎたらリセット
8        delta = newSign;
9      }
10     neg += delta;
11     a += delta;
12     delta += delta; // deltaを2倍する
13   }
14   return neg;
15 }
```

実行時間を把握するには、少し計算が必要です。

aを半分にすると0(log a)の作業が必要であることに注意してください。それはなぜでしょうか?「aを半分にする」度に、aとdeltaの絶対値は常に同じ数になります。deltaとaの値は$a/2$に収束します。deltaは毎回2倍しているので、0(log a)ステップでaの半分に達することになります。

このような作業を0(log a)周行っています。

1. aから$a/2$まで0(log a)
2. $a/2$から$a/4$まで0(log $a/2$)
3. $a/4$から$a/8$まで0(log $a/4$)

...のように0(log a)周繰り返す。

したがって、実行時間は0(log a + log($a/2$) + log($a/4$) + ...)のようになり、式中の項数は0(log a)個あります。

2つの対数法則を思い出してください:

- $\log(xy) = \log x + \log y$
- $\log(x/y) = \log x - \log y$

これを上の式に適用すると、次のような式が得られます。

1. 0(log a + log($a/2$) + log($a/4$) + ...)
2. 0(log a + (log a - log 2) + (log a - log 4) + (log a - log 8) + ...
3. 0((log a)*(log a) - (log 2 + log 4 + log 8 + ... + log a)) // 0(log a)項
4. 0((log a)*(log a) - (1 + 2 + 3 + ... + log a)) // logの値を計算する
5. 0((log a)*(log a) - $(\log a)(1+\log a)/2$) // 1からkまでの和の公式を適用する
6. 0($(\log a)^2$) // 5行目の第2項を切り捨てる

したがって、実行時間は0($(\log a)^2$)になります。

この数学は、面接中でほとんどの人ができる(あるいはできると予想される)レベルよりもはるかに複雑です。これは単純化することができます:O(log a)周の作業で、最長の周はO(log a)回の作業を行います。したがって、negateは上限として$O((\log a)^2)$の実行時間を要することになります。この場合、上限は実際の実行時間になります。

ほかにもより速い解法があります。たとえば、各周でdeltaを1にリセットするのではなく、deltaを前の値に変更することができます。これはdeltaが2の倍数で「増減」するという効果があります。この考え方では実行時間はO(log a)になります。しかしこの実装では、スタック、分割、あるいはビットシフトが必要で、そのいずれかが問題の意図に反する可能性があります。それらの実装については面接官としっかり議論しておくとよいでしょう。

乗算

加算を使って乗算を行うのも減算と同様に簡単です。aとbを掛けるには、aをb回足せばよいのです。

```
1   /* aをb回加えることでaとbの積を計算 */
2   int multiply(int a, int b) {
3     if (a < b) {
4       return multiply(b, a); // b < aの場合は入れ替えたほうが高速
5     }
6     int sum = 0;
7     for (int i = abs(b); i > 0; i = minus(i, 1)) {
8       sum += a;
9     }
10    if (b < 0) {
11      sum = negate(sum);
12    }
13    return sum;
14  }
15
16  /* 絶対値を計算する */
17  int abs(int a) {
18    if (a < 0) {
19      return negate(a);
20    } else {
21      return a;
22    }
23  }
```

1つ気をつけておきたいのは、上記のコードで負の値の乗算を取り扱っているところです。bが負であれば、合計値の符号を入れ替えています。つまりこのコードでは、

```
multiply(a, b) <-- abs(b) * a * (-1 if b < 0).
```

という処理を行っています。また、absという絶対値を返す関数も実装しておきました。

除算

3つの演算の中では除算が最も難しいです。ただ助かることに、ここまでで乗算と減算、そして符号を入れ替えるメソッドをすでに我々は実装済みであり、使うことができます。

$x = a/b$に対してxを求めたいのですが、少し式を変形して、$a = bx$を満たすxを求めると考えます。今、除算の問題を別の手持ちの演算「乗算」を使う形に書き換えました。

aを超えないように、bに掛ける値を小さい値から徐々に大きくしていく方法で実装することもできます。しかし、乗算を行うのに多量の加算をしていますから、かなり非効率です。

代わりにa = xbが成り立つかどうかを調べる際、乗算を使わずに、aを超えないようにbを繰り返し加える方法が考えられます。この場合は加算回数がx回になります。

もちろんaはbで割り切れないかもしれませんが、それでもOKです。割り切れない場合でも、この実装であれば小数部分を切り捨てた解として正しく計算されます。

以下にこのアルゴリズムの実装を示します。


```
1   int divide(int a, int b) throws java.lang.ArithmeticException {
2     if (b == 0) {
3       throw new java.lang.ArithmeticException("ERROR");
4     }
5     int absa = abs(a);
6     int absb = abs(b);
7
8     int product = 0;
9     int x = 0;
10    while (product + absb <= absa) { /* aを超えないようにする */
11      product += absb;
12      x++;
13    }
14
15    if ((a < 0 && b < 0) || (a > 0 && b > 0)) {
16      return x;
17    } else {
18      return negate(x);
19    }
20  }
```

この問題に取り組むときは以下の点に気をつけてください。

- 乗算と除算がどういう計算なのかということに立ち返り論理的に考えていくと、いろいろと役に立つでしょう。覚えておいてください。多くの問題は、よほどの悪問でなければ論理的・系統的な方法で考えることができるのです！
- 面接官は、この種の順番に考えて進めていく問題を探しています。
- この手の問題はきれいなコードを書く能力、特にコードを再利用する能力を実証するのに最高です。たとえば、この問題を解くときにnegateメソッドにあたる部分をそれぞれのメソッドに直接書いていたとして、複数のメソッドで同じ処理をしていると気づいたら、その部分を1つのメソッドとして書き出しておくべきです。
- コーディング中に、勝手に仮定を作らないように注意してください。取り扱う値がすべて正であるとか、aはbよりも大きいというような、問題に書かれていない条件を思い込みで作ってはいけません。

16.10 生きている人：人の生まれた年と亡くなった年のリストが与えられたとき、生きている人が最も多い年を計算するメソッドを実装してください。すべての人は1900年から2000年（その年も含む）の間に生まれたものと仮定してかまいません。その年のどの期間でも生きている時期があれば、その年は生きている年に含めるものとします。例えば、Person (birth= 1908, death = 1909) は1908年と1909年のいずれも生きている年に含めます。

p.206

解法

まずはこの解法の外観を説明します。面接の質問では、入力の正確な形式が指定されていません。実際の面接では、面接官に入力の形式を尋ねることができます。あるいは（合理的な）仮定を明示することもできます。

ここでは、自分自身で前提を作る必要があります。単純なPersonオブジェクトの配列があると仮定しましょう。

```
1  public class Person {
2    public int birth;
3    public int death;
4    public Person(int birthYear, int deathYear) {
5      birth = birthYear;
6      death = deathYear;
7    }
8  }
```

Personに getBirthYear() および getDeathYear() オブジェクトを渡すこともできます。その方が良いと主張する人もいますが、コンパクトで分かりやすくするために変数はpublicにしておきます。

ここで重要なことは、実際にPersonオブジェクトを使用することです。これは、例えば誕生年の整数配列と死亡年の整数配列（誕生[i]と死亡[i]が同じ人に暗黙的に関連付けられている）よりも優れたコーディングスタイルであることを示します。優れたコーディングスタイルを実証するチャンスはあまりないので、得意なコーディングスタイルをとることは貴重です。

これを念頭に置いて、ブルートフォースアルゴリズムから始めましょう。

ブルートフォース

ブルートフォースアルゴリズムは、問題の文言に対して直接的ではなくなります。最も多くの人が生きている年を見つけなければならないので、毎年生きている人が何人いるかを確認します。

```
1  int maxAliveYear(Person[] people, int min, int max) {
2    int maxAlive = 0;
3    int maxAliveYear = min;
4
5    for (int year = min; year <= max; year++) {
6      int alive = 0;
7      for (Person person : people) {
8        if (person.birth <= year && year <= person.death) {
9          alive++;
10       }
11     }
12     if (alive > maxAlive) {
13       maxAlive = alive;
14       maxAliveYear = year;
```

```
15        }
16      }
17
18      return maxAliveYear;
19    }
```

最小年(1900)と最大年(2000)の値を渡すことに注意してください。これらの値をハードコードするべきではありません。

この実行時間は、年の範囲をR(この場合は100)、人数をPとするとO(RP)です。

もう少し良いブルートフォース

これをやるもう少し良い方法は、生まれた人の数を年ごとに記録する配列を作成することです。次に人のリストを走査し、生きている年ごとに配列をインクリメントします。

```
1   int maxAliveYear(Person[] people, int min, int max) {
2     int[] years = createYearMap(people, min, max);
3     int best = getMaxIndex(years);
4     return best + min;
5   }
6
7   /* 年マップに書く人の生きている年を加える */
8   int[] createYearMap(Person[] people, int min, int max) {
9     int[] years = new int[max - min + 1];
10    for (Person person : people) {
11      incrementRange(years, person.birth - min, person.death - min);
12    }
13    return years;
14  }
15
16  /* 配列のleftからrightまでインクリメントする */
17  void incrementRange(int[] values, int left, int right) {
18    for (int i = left; i <= right; i++) {
19      values[i]++;
20    }
21  }
22
23  /* 配列の要素で一番大きい値のインデックスを得る */
24  int getMaxIndex(int[] values) {
25    int max = 0;
26    for (int i = 1; i < values.length; i++) {
27      if (values[i] > values[max]) {
28        max = i;
29      }
30    }
31    return max;
32  }
```

9行目の配列のサイズに注意してください。年の範囲が1900年から2000年までの場合、100年ではなく101年です。そのため、配列のサイズは`max - min + 1`です。

これを部品に分割して実行時間について考えてみましょう。

- Rを最小から最大の年として、Rサイズの配列を作成する。
- P人に対して人が生きている年（Y）を繰り返し処理する。
- Rサイズの配列を繰り返し処理する。

実行時間の合計はO(PY + R)です。最悪ケースではYがRと等しくなり、最初のアルゴリズムより良くはなりません。

より最適な解

例を作ってみましょう。(ほとんどすべての問題で実際に役立ちます。既にできているのが理想的です。) 各項目の上下の値が同じ人物に対応するようにしています。簡潔になるように、年の下2桁のみを書いています。

```
誕生: 12  20  10  01  10  23  13  90  83  75
死亡: 15  90  98  72  98  82  98  98  99  94
```

実際には、これらの年が対応しているかどうかは問題でないことに注目してください。すべての誕生年は人の追加、すべての死亡年は人の削除を意味しています。

実際には誕生年と死亡年を突き合わせる必要がないので、両方を並べ替えましょう。年代順にソートした配列は、問題を解決するのに役立つかもしれません。

```
誕生: 01  10  10  12  13  20  23  75  83  90
死亡: 15  72  82  90  94  98  98  98  98  99
```

年を追って見ていきましょう。

- 0年目に誰もいない。
- 1年目に1人誕生。
- 2～9年は変化なし。
- 2人誕生する10年目まで進むと、その時点で3人が生きていることになる。
- 15年目で1人死亡する。このとき生存人数は2人に下がる。
- 等々。

このように2つの配列を調べていくと、各点で生きている人の数を追跡することができます。

```
1   int maxAliveYear(Person[] people, int min, int max) {
2     int[] births = getSortedYears(people, true);
3     int[] deaths = getSortedYears(people, false);
4   
5     int birthIndex = 0;
6     int deathIndex = 0;
7     int currentlyAlive = 0;
8     int maxAlive = 0;
9     int maxAliveYear = min;
10  
11    /* 配列を走査する */
12    while (birthIndex < births.length) {
13      if (births[birthIndex] <= deaths[deathIndex]) {
14        currentlyAlive++; // 誕生者がいる
15        if (currentlyAlive > maxAlive) {
16          maxAlive = currentlyAlive;
```

```
17          maxAliveYear = births[birthIndex];
18        }
19        birthIndex++; // 誕生年リストのインデックスを進める
20      } else if (births[birthIndex] > deaths[deathIndex]) {
21        currentlyAlive--; // 死亡者がいる
22        deathIndex++; // 死亡年リストのインデックスを進める
23      }
24    }
25
26    return maxAliveYear;
27  }
28
29  /* (copyBirthYearに応じて)誕生年もしくは死亡年を
30   * 整数配列にコピーし、その後ソートする */
31  int[] getSortedYears(Person[] people, boolean copyBirthYear) {
32    int[] years = new int[people.length];
33    for (int i = 0; i < people.length; i++) {
34      years[i] = copyBirthYear ? people[i].birth : people[i].death;
35    }
36    Arrays.sort(years);
37    return years;
38  }
```

ここで非常にミスしやすい点があります。

13行目で、より小さい(<)か、より小さいか等しい(<=)にする必要があるか、慎重に考える必要があります。木を付けなければならないのは、誕生と死亡が同じ年に見られる場合です。(誕生と死亡が同じ人のものかどうかは関係ありません。)

同じ年の誕生と死亡を見ると、この年に生まれた人を生きている人とみなすため、死亡分を含める前に誕生分を含めて計算します。そのため13行目では<=を使用しています。

`maxAlive` と `maxAliveYear` の更新をどこに置くかについても注意する必要があります。更新された合計を考慮するため、`currentAlive++` の後ろにある必要がありますが、`birthIndex++` の前になければいけません。そうでなければ正しい年が得られなくなってしまいます。

このアルゴリズムでは、P を人数とすると `O(P log P)` の実行時間がかかります。

より最適な解法(おそらく)

さらに最適化できるでしょうか?これを最適化するには、並べ替えの手順を取り除く必要があります。ソートされていない値を扱うことに戻ります:

```
誕生: 12  20  10  01  10  23  13  90  83  75
死亡: 15  90  98  72  98  82  98  98  99  94
```

以前の解法では、誕生は単に人を追加することであり、死亡は人を差し引くという論理でした。したがって、その論理を用いてデータを表現してみましょう:

```
01: +1   10: +1   10: +1   12: +1   13: +1
15: -1   20: +1   23: +1   72: -1   75: +1
82: -1   83: +1   90: +1   90: -1   94: -1
98: -1   98: -1   98: -1   98: -1   99: -1
```

array[year]の値がその年に人口がどのように変化したかを示すような配列を作ることができます。この配列を作成するには、人のリストを走査し、誕生時に増加、死亡時に減少するようにします。

この配列を取得したら、現在の人数を追跡しながら年を追っていくことができます(毎回array[year]に値を追加します)。

この論理はまずまず良いですが、もっと考えるべきです。これは本当に機能しますか?

考慮すべきエッジケースは、誕生年と死亡年が同じ場合です。インクリメントとデクリメントの操作は相殺され、人数の変化が0になります。問題の言い回しから判断すると、この人はその年に生きているとすべきです。

アルゴリズムの「バグ」は、実際もっと大きなものです。同じ問題はすべての人に当てはまります。1908年に死亡した人は、1909年まで人数から除外すべきではありません。

これは単純な修正で済みます: array[deathYear]を減らす代わりに、array[deathYear + 1]を減らすようにします。

```
1  int maxAliveYear(Person[] people, int min, int max) {
2    /* 人数変化量の配列を生成 */
3    int[] populationDeltas = getPopulationDeltas(people, min, max);
4    int maxAliveYear = getMaxAliveYear(populationDeltas);
5    return maxAliveYear + min;
6  }
7
8  /* 誕生と死亡年を変化量配列に追加 */
9  int[] getPopulationDeltas(Person[] people, int min, int max) {
10   int[] populationDeltas = new int[max - min + 2];
11   for (Person person : people) {
12     int birth = person.birth - min;
13     populationDeltas[birth]++;
14
15     int death = person.death - min;
16     populationDeltas[death + 1]--;
17   }
18   return populationDeltas;
19 }
20
21 /* 合計値を計算し最大値のインデックスを返す */
22 int getMaxAliveYear(int[] deltas) {
23   int maxAliveYear = 0;
24   int maxAlive = 0;
25   int currentlyAlive = 0;
26   for (int year = 0; year < deltas.length; year++) {
27     currentlyAlive += deltas[year];
28     if (currentlyAlive > maxAlive) {
29       maxAliveYear = year;
30       maxAlive = currentlyAlive;
31     }
32   }
33
34   return maxAliveYear;
35 }
```

年の幅をR、人数をPとすると、このアルゴリズムはO(R + P)の実行時間になります。O(R + P)は多くの入力予想に対してO(P log P)よりも速いかもしれませんが、速度を直接比較して一方が他方より速いと言うことはできません。

16.11 飛び込み台：木の板の束を置いて、飛び込み台を作っています。木の板は長いものと短いものの2種類あります。木の板は全部でちょうどK枚使わなければなりません。このとき、飛び込み台を作るのに考えられる長さをすべて列挙するメソッドを書いてください。

p.206

解法

これにアプローチする1つの方法は、飛び込み台を構築するときに行う選択について考えることです。これは再帰アルゴリズムにつながります。

再帰的解法

再帰的に解くために、飛び込み台の構築を想像してみます。K回の決定を行い、毎回どちらの板を選ぶか決めます。K枚の板を置くと完全な飛び込み台になり、これをリストに追加します（前にこの長さを見たことがないと仮定します）。

再帰的なコードを書くためにこの論理に従います。木の板の並びをを追跡する必要はありません。知る必要があるのは、現在の長さと残っている板の枚数だけです。

```
1  HashSet<Integer> allLengths(int k, int shorter, int longer) {
2    HashSet<Integer> lengths = new HashSet<Integer>();
3    getAllLengths(k, 0, shorter, longer, lengths);
4    return lengths;
5  }
6
7  void getAllLengths(int k, int total, int shorter, int longer,
8                     HashSet<Integer> lengths) {
9    if (k == 0) {
10     lengths.add(total);
11     return;
12   }
13   getAllLengths(k - 1, total + shorter, shorter, longer, lengths);
14   getAllLengths(k - 1, total + longer, shorter, longer, lengths);
15 }
```

各長さをハッシュセットに追加しました。これにより自動的に重複が追加されなくなります。

このアルゴリズムは、各再帰呼び出しに2つの選択肢がありKの深さまで繰り返すので、$O(2^K)$の実行時間がかかります。

メモ化解法

多くの再帰アルゴリズム（特に指数関数の実行時間を持つアルゴリズム）と同じように、これをメモ化（動的プログラミングの一形式）によって最適化することができます。

再帰呼び出しのいくつかは本質的に同等であることに注意してください。たとえば、板1と板2を選ぶことは、板2を選んだ後板1を選ぶことと同じです。

したがって、（総数，板数）のペアをそれまでに見たことがある場合は、この再帰的な探索経路は停止します。キーを（合計，板数)としてHashSetを使用することで、これを行うことができます。

> 多くの候補者がここで間違いを犯します。(合計, 板数)を見たときだけ探索を停止するのではなく、合計を見たときにいつも停止してしまうことがあります。これは間違っています。長さ1の2枚の板を見ることは、長さ2の1枚の板と同じではありません。異なる枚数の板が残っているからです。メモ化の問題では、キーを選択する際には十分注意してください。

このアプローチのコードは、以前のアプローチと非常によく似ています。

```
1   HashSet<Integer> allLengths(int k, int shorter, int longer) {
2     HashSet<Integer> lengths = new HashSet<Integer>();
3     HashSet<String> visited = new HashSet<String>();
4     getAllLengths(k, 0, shorter, longer, lengths, visited);
5     return lengths;
6   }
7
8   void getAllLengths(int k, int total, int shorter, int longer,
9                      HashSet<Integer> lengths, HashSet<String> visited) {
10    if (k == 0) {
11      lengths.add(total);
12      return;
13    }
14    String key = k + " " + total;
15    if (visited.contains(key)) { // 以前に見たことがあれば返るだけ
16      return;
17    }
18    getAllLengths(k - 1, total + shorter, shorter, longer, lengths, visited);
19    getAllLengths(k - 1, total + longer, shorter, longer, lengths, visited);
20    visited.add(key); // これを以前に見たことがあるとして記録しておく
21  }
```

わかりやすくするために、キーを合計と現在の板数の文字列表現に設定しました。このペアを表すためにデータ構造を使用する方が良いと主張する人もいます。これには利点がありますが、欠点もあります。面接官とこのトレードオフについて議論する価値はあります。

このアルゴリズムの実行時間はわかりにくいです。

実行時間を考える方法の1つは、基本的にSUMS x PLANK COUNTSの表を記入していると理解することです。可能な最大の和はK * LONGERであり、考え得る最大の板数はKです。したがって、実行時間は $O(K^2 * LONGER)$ より悪くありません。

もちろんそれらの合計は実際にはそこまでになりません。固有の合計値は得ることができるでしょうか? 各タイプの板の数が同じであれば、同じ合計を持つことに注意してください。各タイプのK枚の板を最大で持つことができるので、K + 1個の異なる合計しかできません。したがって、表は実際には $(K + 1)^2$ 個のセルを持ち、実行時間は $O(K^2)$ になります。

最適解

前の段落をもう一度読んだら、面白いことに気付くかもしれません。得ることのできる異なる合計はK個しかありません。それは問題の全体のポイントではないでしょうか? 考え得るすべての合計値を見つけることはできますか?

実際に板のすべての配置を調べる必要はありません。単にK枚の板の固有な組合わせ(組み合わせであって、順番は関係ありません!)をすべて調べるだけでよいのです。板の種類がABの2種類しかなく、{A型が0枚, B型がK枚}, {A型が1枚, B型がK-1

枚}, {A型が2枚, B型がK-2枚}, ...のように選ぶとすれば、選び方は全部で K+1 通りしかありません。

これは単純なforループで行うことができます。各「並び」で、合計を計算するだけです。

```
1  HashSet<Integer> allLengths(int k, int shorter, int longer) {
2    HashSet<Integer> lengths = new HashSet<Integer>();
3    for (int nShorter = 0; nShorter <= k; nShorter++) {
4      int nLonger = k - nShorter;
5      int length = nShorter * shorter + nLonger * longer;
6      lengths.add(length);
7    }
8    return lengths;
9  }
```

これまでの解法との一貫性のため、ここでは HashSet を使用しています。しかし、これは本当に必要なわけではありませんなぜなら重複は起こらないからです。代わりに ArrayList を使用することもできます。ただしこれを行う場合は、2つのタイプの板が同じ長さのエッジケースを処理する必要があります。この場合、サイズ1の ArrayList を返すだけにしておきます。

16.12 XMLの符号化: XMLは非常に冗長なため、タグを事前に定義された値にマッピングすることで符号化する方法があります。言語/文法は次の通りです:

```
Element   --> Tag Attributes END Children END
Attribute --> Tag Value
END       --> 0
Tag       --> 事前に定義された整数値へのマッピング
Value     --> 文字列
```

例えば、次のXMLはその下にあるような文字列に圧縮変換されます(family -> 1, person -> 2, firstName -> 3, lastName -> 4, state -> 5にマッピングされるとします)。

```
<family lastName="McDowell" state="CA">
   <person firstName="Gayle">Some Message</person>
</family>
```

変換後:

1 4 McDowell 5 CA 0 2 3 Gayle 0 Some Message 0 0.

XMLを符号化したものを表示するコードを書いてください。

p.206

解法

Element、Attribute オブジェクトとしてデータが渡されるので、コードは非常にシンプルで、木構造のような考え方で実装します。

XMLのデータに対して encode() を繰り返し呼び出し、XMLの要素のタイプごとに異なる方法で取り扱います。

```
1  void encode(Element root, StringBuilder sb) {
2    encode(root.getNameCode(), sb);
3    for (Attribute a : root.attributes) {
4      encode(a, sb);
5    }
6    encode("0", sb);
7    if (root.value != null && root.value != "") {
8      encode(root.value, sb);
9    } else {
10     for (Element e : root.children) {
11       encode(e, sb);
12     }
13   }
14   encode("0", sb);
15 }
16
17 void encode(String v, StringBuilder sb) {
18   sb.append(v);
19   sb.append(" ");
20 }
21
22 void encode(Attribute attr, StringBuilder sb) {
23   encode(attr.getTagCode(), sb);
24   encode(attr.value, sb);
25 }
26
27 String encodeToString(Element root) {
28   StringBuilder sb = new StringBuilder();
29   encode(root, sb);
30   return sb.toString();
31 }
```

17行目を見てみると、文字列に対して非常にシンプルなencodeメソッドを使用しています。これは文字列に空白文字をつけ加えているだけで、やや不必要に思われます。しかし、このようにすることですべての要素の前後に確実に空白文字が入るようになり、見た目が良くなります。こうしておかないと空白文字をつけ忘れて容易に書式を崩してしまいます。

16.13 正方形の2等分: 2次元の平面上に2つの正方形が与えられたとき、これらの正方形を2等分する直線を見つけてください。正方形の上下の辺はx座標に平行であると仮定してください。

p.207

解法

まず始める前に、この問題に書かれている「線」の意味を正確にとらえておかなければなりません。線というのは傾きとy切片を求めればよいということでしょうか？ 通る2点の座標を求めればよいのでしょうか？ 2点といっても正方形の端で線が途切れていると考えて、正方形の辺上の点を求めればよいのでしょうか？

ここでは問題をもう少し面白くするために、線は正方形の端で途切れているものと仮定しておきます。実際の面接では、面接官とよく議論しておいてください。

2つの正方形を2等分する線分は、slope = $\frac{y1-y2}{x1-x2}$ のようにそれぞれの中心(対角線の中点)同士を通ります。これらがわかっていれば線分の傾きも簡単に計算できます。傾きを計算してしまえば、同じ方程式を使って端点の座標も計算することができます。

以下のコードでは原点(0, 0)が左上になると仮定しています。

```
1   public class Square {
2     ...
3     public Point middle() {
4       return new Point((this.left + this.right) / 2.0,
5                        (this.top + this.bottom) / 2.0);
6     }
7
8       /* mid1とmid2をつなぐ直線が正方形1の辺と交差する点を求める。
9        * mid2からmid1に向かって、正方形の辺に接触するまで直線を伸ばす */
10
11    public Point extend(Point mid1, Point mid2, double size) {
12      /* mid2 -> mid1の方向がどちら向きかを調べる */
13      double xdir = mid1.x < mid2.x ? -1 : 1;
14      double ydir = mid1.y < mid2.y ? -1 : 1;
15      /* mid1とmid2が同じx座標を持っていると、傾きの計算で
16       * ゼロ割りの例外が出てしまうため、特別扱いする必要がある */
17      if (mid1.x == mid2.x) {
18        return new Point(mid1.x, mid1.y + ydir * size / 2.0);
19      }
20
21      double slope = (mid1.y - mid2.y) / (mid1.x - mid2.x);
22      double x1 = 0;
23      double y1 = 0;
24
25      /* 傾きを、式(y1 - y2) / (x1 - x2)を用いて計算する。
26       * Note: 傾きが「急」(>1)であれば、y方向に距離slope/2進んだところで辺に接触する
27       * 傾きが「緩やか」(<1)であれば、x方向に距離size/2進んだところで辺に接触する */
28      if (Math.abs(slope) == 1) {
29        x1 = mid1.x + xdir * size / 2.0;
30        y1 = mid1.y + ydir * size / 2.0;
31      } else if (Math.abs(slope) < 1) { // 傾きが小さい
32        x1 = mid1.x + xdir * size / 2.0;
33        y1 = slope * (x1 - mid1.x) + mid1.y;
34      } else { // 傾きが大きい
35        y1 = mid1.y + ydir * size / 2.0;
36        x1 = (y1 - mid1.y) / slope + mid1.x;
37      }
38      return new Point(x1, y1);
39    }
40
41    public Line cut(Square other) {
42      /* 中点間を通る直線が、矩形の辺と衝突
43       * する場所を計算する */
44      Point p1 = extend(this.middle(), other.middle(), this.size);
45      Point p2 = extend(this.middle(), other.middle(), -1 * this.size);
46      Point p3 = extend(other.middle(), this.middle(), other.size);
47      Point p4 = extend(other.middle(), this.middle(), -1 * other.size);
```

```
48
49        /* 前ページの点のうち、始点と終点を見つける。
50         * 最も左(等しい場合は最も上)を始点とし、
51         * 最も右(等しい場合は最も下)を終点とする。 */
52        Point start = p1;
53        Point end = p1;
54        Point[] points = {p2, p3, p4};
55        for (int i = 0; i < points.length; i++) {
56          if (points[i].x < start.x ||
57              (points[i].x == start.x && points[i].y < start.y)) {
58            start = points[i];
59          } else if (points[i].x > end.x ||
60                     (points[i].x == end.x && points[i].y > end.y)) {
61            end = points[i];
62          }
63        }
64
65        return new Line(start, end);
66      }
```

この問題の一番の目的は、あなたがコーディングについていかに慎重になれるかを見極めることです。特別なケース(たとえば2つの正方形の中心が重なる場合)をざっと見渡しておくのは簡単なことです。問題に取り組む前に特別なケースをリストアップしておき、適切に対応できているかを確認するようにしておいてください。これは慎重かつ徹底的なテストを必要とする問題です。

16.14 ベストライン：点のある2次元グラフが与えられたとき、最も多くの点を通る線を見つけてください。

p.207

解法

この問題の解法は、最初はかなり単純なように思えます。実際、ある程度はそう言えます。

2点間に直線(線分ではない)を「描き」、ハッシュテーブルを使ってどの直線が最も通る点の多いものかを追跡します。N^2 個の直線があるので、これは $O(N^2)$ の時間を要します。

(x1, y1)と(x2, y2)を通る直線が(x3, y3)と(x4, y4)を通る直線と等価であるかどうかを簡単に確認できるように、直線を傾きとy切片で表すようにします。

最も多くの点を通る直線を見つけるには、すべての直線を走査し、ハッシュテーブルを使って各直線を見た回数を数えます。十分簡単ですね！

しかし、少し複雑なところがあります。直線が同じ傾きとy切片になる場合、2つの直線は等しいと定義します。さらに、これらの値(傾き)に基づいて直線をハッシュします。問題は浮動小数を2進数で正確に表すことができないことです。2つの浮動小数がお互いの許容誤差内にあるかどうかを調べることでこれを解決します。

これはハッシュテーブルに対してどのような意味を持つでしょうか？それは「等しい」傾きを持つ2本の直線が同じ値にハッシュされないことを意味します。これを解決するために、傾きを許容誤差で丸めて、その値 `flooredSlope` をハッシュキーとして使用します。次に、潜在的に等しいすべての直線を検索するために、`flooredSlope`, `flooredSlope - epsilon`, `flooredSlope`

+ epsilonの3点でハッシュテーブルを検索します。これにより、等しいと思われるすべての直線がチェックできます。

```
1   /* 最も多くの点を通る直線を求める */
2   Line findBestLine(GraphPoint[] points) {
3     HashMapList<Double, Line> linesBySlope = getListOfLines(points);
4     return getBestLine(linesBySlope);
5   }
6
7   /* 点の各組を直線としてリストに追加する */
8   HashMapList<Double, Line> getListOfLines(GraphPoint[] points) {
9     HashMapList<Double, Line> linesBySlope = new HashMapList<Double, Line>();
10    for (int i = 0; i < points.length; i++) {
11      for (int j = i + 1; j < points.length; j++) {
12        Line line = new Line(points[i], points[j]);
13        double key = Line.floorToNearestEpsilon(line.slope);
14        linesBySlope.put(key, line);
15      }
16    }
17    return linesBySlope;
18  }
19
20  /* 他の直線と等価な直線を返す */
21  Line getBestLine(HashMapList<Double, Line> linesBySlope) {
22    Line bestLine = null;
23    int bestCount = 0;
24
25    Set<Double> slopes = linesBySlope.keySet();
26
27    for (double slope : slopes) {
28      ArrayList<Line> lines = linesBySlope.get(slope);
29      for (Line line : lines) {
30        /* 現在の直線と等価な直線を数える */
31        int count = countEquivalentLines(linesBySlope, line);
32
33        /* 現在の直線より優れている場合は置き換える */
34        if (count > bestCount) {
35          bestLine = line;
36          bestCount = count;
37          bestLine.Print();
38          System.out.println(bestCount);
39        }
40      }
41    }
42    return bestLine;
43  }
44
45  /* 等価な直線のハッシュマップを確認する。
46   * お互いの許容誤差内にあれば2本の直線が等価であると定義しているので、
47   * 実際の傾きの上下で許容誤差をチェックする必要があることに注意する。 */
48  int countEquivalentLines(HashMapList<Double, Line> linesBySlope, Line line) {
49    double key = Line.floorToNearestEpsilon(line.slope);
50    int count = countEquivalentLines(linesBySlope.get(key), line);
51    count += countEquivalentLines(linesBySlope.get(key - Line.epsilon), line);
52    count += countEquivalentLines(linesBySlope.get(key + Line.epsilon), line);
53    return count;
54  }
```

```
55
56  /* 与えられた直線に対して「等価」(傾きとy切片がε値内にある)
57   * な直線配列内の直線を数える。 */
58  int countEquivalentLines(ArrayList<Line> lines, Line line) {
59    if (lines == null) return 0;
60
61    int count = 0;
62    for (Line parallelLine : lines) {
63      if (parallelLine.isEquivalent(line)) {
64        count++;
65      }
66    }
67    return count;
68  }
69
70  public class Line {
71    public static double epsilon = .0001;
72    public double slope, intercept;
73    private boolean infinite_slope = false;
74
75    public Line(GraphPoint p, GraphPoint q) {
76      if (Math.abs(p.x - q.x) > epsilon) { // x座標が異なっている場合
77        slope = (p.y - q.y) / (p.x - q.x); // 傾きを計算
78        intercept = p.y - slope * p.x; // y切片をy=mx+bの式より計算
79      } else {
80        infinite_slope = true;
81        intercept = p.x; // 傾きは無限なため、x切片を計算
82      }
83    }
84
85    public static double floorToNearestEpsilon(double d) {
86      int r = (int) (d / epsilon);
87      return ((double) r) * epsilon;
88    }
89
90    public boolean isEquivalent(double a, double b) {
91      return (Math.abs(a - b) < epsilon);
92    }
93
94    public boolean isEquivalent(Object o) {
95      Line l = (Line) o;
96        if (isEquivalent(l.slope, slope) && isEquivalent(l.intercept, intercept) &&
97         (infinite_slope == l.infinite_slope)) {
98          return true;
99        }
100     return false;
101   }
102 }
103
104 /* HashMapList<String, Integer>は文字列をArrayList<Integer>にマップするHashMap
105  * 実装はコードライブラリを参照 */
```

直線の傾きを計算するときには注意が必要です。直線が完全に垂直な場合があるかもしれず、それはy切片を持たず、傾きが無限であることを意味します。この場合は傾きが無限大の直線として、別に処理しておきます。このあたりのチェックは`equals`メソッドで行っています。

16.15 マスターマインド: マスターマインドゲーム(ヒットアンドブロー)は次のようにして遊びます。

コンピュータには4つのスロットがあり、各スロットには赤(R)、黄(Y)、緑(G)、青(B)の4色のボールがあります。たとえば、コンピュータはRGGB(スロット1が赤、スロット2と3が緑、スロット4が青)のような状態になっているとしましょう。そしてプレイヤーは正解を予測します。たとえば、YRGBと思ったことにしましょう。

このとき、もしスロットの位置と色が一致していれば「ヒット」、その色はあるがスロットの場所が違う場合は「ブロー」が得られます。ただし、ヒットの場合はブローをカウントしません。

たとえばRGBYが正解でGGRRと答えるとすると、1ヒット1ブローとなります。

このゲームで、予測と正解を与えられたときにヒットとブローの数を返すメソッドを書いてください。

p.207

解法

これは素直な問題ですが、ちょっとしたミスを驚くほど簡単に犯してしまいがちです。いろいろなテストケースを用意してコードを完璧にチェックしてください。

次のコードでは、まず各文字が正解に出現する回数を「ヒット」のときを除いて保持する頻度配列を用意します。そのあと予測の文字列を順に調べてブローの数を数えます。

次のコードはこのアルゴリズムを実装したものです。

```
1   class Result {
2     public int hits = 0;
3     public int pseudoHits = 0;
4
5     public String toString() {
6       return "(" + hits + ", " + pseudoHits + ")";
7     }
8   }
9
10  int code(char c) {
11    switch (c) {
12    case 'B':
13      return 0;
14    case 'G':
15      return 1;
16    case 'R':
17      return 2;
18    case 'Y':
19      return 3;
20    default:
21      return -1;
22    }
23  }
24
25  int MAX_COLORS = 4;
26
27  Result estimate(String guess, String solution) {
28    if (guess.length() != solution.length()) return null;
29
30    Result res = new Result();
```

```
31    int[] frequencies = new int[MAX_COLORS];
32
33    /*ヒットを数えて頻度配列を作成する */
34    for (int i = 0; i < guess.length(); i++) {
35      if (guess.charAt(i) == solution.charAt(i)) {
36        res.hits++;
37      } else {
38        /* ヒットでない場合のみ頻度配列（これは擬似ヒットの計算に使われる）を増やす。
39         * ヒットの場合は、そのスロットはすでに使われている */
40        int code = code(solution.charAt(i));
41        frequencies[code]++;
42      }
43    }
44
45    /* 擬似ヒットを計算する */
46    for (int i = 0; i < guess.length(); i++) {
47      int code = code(guess.charAt(i));
48      if (code >= 0 && frequencies[code] > 0 &&
49          guess.charAt(i) != solution.charAt(i)) {
50        res.pseudoHits++;
51        frequencies[code]--;
52      }
53    }
54    return res;
55  }
```

アルゴリズムが簡単になればなるほど、きれいで正しいコードを書くことが重要になってくることに注意してください。今回の場合、`code(char c)` をメソッドとして切り出し、単に結果を表示するだけでなく、`Result` クラスに結果を持たせるようにしました。

16.16 部分ソート：整数配列が与えられたとき、インデックスmからインデックスnまでをソートすれば配列全体がソートされた状態になるようなmとnを探すメソッドを書いてください。ただし、n - mが最小になるようにしてください（つまり、ソートすべき部分配列の一番短いところを探すということです）。

例

入力：1, 2, 4, 7, 10, 11, 7, 12, 6, 7, 16, 18, 19

出力：(3, 9)

p.207

解法

まず始める前に、答えはどのようになるかの理解を確かめておきましょう。2つのインデックスを探すとすれば、配列の前後の部分はすでに順番通りに並んでおり、間の部分がソートされるということです。

それでは例を見ながらこの問題を考えてみましょう。

```
1, 2, 4, 7, 10, 11, 8, 12, 5, 6, 16, 18, 19
```

一目見てわかる通り、始めのほうと最後のほうは順に大きくなっています。

```
左:  1, 2, 4, 7, 10, 11
```

```
中央: 8, 12
右: 5, 6, 16, 18, 19
```

これらの部分配列を作るのは簡単です。左端と右端から始め、内側に向かって調べていくだけです。大小関係が違っている場所に達したら、そこは連続した増加/減少が途切れている部分です。

しかしこの問題を解くためには、配列全体が並び替えられた状態になるように配列の中央部をソートする必要があります。具体的には以下のことが成り立っていなければなりません。

```
/* 左側のすべての要素が中央のすべての要素より小さい */
min(middle) > end(left)

/* 中央のすべての要素が右側のすべての要素より小さい */
max(middle) < start(right)
```

あるいは言い方を変えると、すべての要素について、

```
left < middle < right
```

が成り立たなければならないということです。しかし実際は、まだこの条件を満たしていません。作り方から、中央部分は順序通りになっていません。つまり、常に `left.end > middle.start`、`middle.end > right.start` となっています。したがって、中央部をソートしても全体が並び替えられたことにはならないのです。

しかし今できるのは、左側と右側の幅を条件に合うまで縮小することだけです。
左の部分は中央部分や右側のすべての要素よりも小さく、右の部分は左右のすべての要素よりも大きくする必要があります。`min`を`min`(中央と右側)と等しく、`max`を`max`(中央と左側)と等しくします。右側と左側はすでにソートされているため、実際には開始点または終了点を確認する必要があるだけであることに注意してください。

左側は、その最後の部分(11のところ)からスタートし、左方向に見ていきます。`min`の値は5です。このとき、`array[i] < min`となるような`i`を見つけたら、その部分からソートすればよいことがわかります。

さらに、右側についても同じような操作を行います。`max`は12ですので、右側の最初の部分(5のところ)から始めて右方向に調べます。`max`の値12を順に6、16と比較していき、16に達したとき12より小さい値はこれ以降にないことがわかります(昇順になっているため)。したがって、16の手前までをソートすれば全体の並び替えができたことになることがわかりました。

次のコードはこのアルゴリズムを実装したものです。

```
1   void findUnsortedSequence(int[] array) {
2     // 左の部分列を求める
3     int end_left = findEndOfLeftSubsequence(array);
4     if (end_left >= array.length - 1) return; // ソート済み
5
6     // 右の部分列を求める
7     int start_right = findStartOfRightSubsequence(array);
8
9     // 最小値と最大値を求める
10    int max_index = end_left; // 左側の最大
11    int min_index = start_right; // 右側の最小
12    for (int i = end_left + 1; i < start_right; i++) {
```

```
13      if (array[i] < array[min_index]) min_index = i;
14      if (array[i] > array[max_index]) max_index = i;
15    }
16
17    // array[min_index]未満になるまで左を縮める
18    int left_index = shrinkLeft(array, min_index, end_left);
19
20    // array[max_index]より大きくなるまで右を縮める
21    int right_index = shrinkRight(array, max_index, start_right);
22
23    System.out.println(left_index + " " + right_index);
24  }
25
26  int findEndOfLeftSubsequence(int[] array) {
27    for (int i = 1; i < array.length; i++) {
28      if (array[i] < array[i - 1]) return i - 1;
29    }
30    return array.length - 1;
31  }
32
33  int findStartOfRightSubsequence(int[] array) {
34    for (int i = array.length - 2; i >= 0; i--) {
35      if (array[i] > array[i + 1]) return i + 1;
36    }
37    return 0;
38  }
39
40  int shrinkLeft(int[] array, int min_index, int start) {
41    int comp = array[min_index];
42    for (int i = start - 1; i >= 0; i--) {
43      if (array[i] <= comp) return i + 1;
44    }
45    return 0;
46  }
47
48  int shrinkRight(int[] array, int max_index, int start) {
49    int comp = array[max_index];
50    for (int i = start; i < array.length; i++) {
51      if (array[i] >= comp) return i - 1;
52    }
53    return array.length - 1;
54  }
```

この解法でのメソッドの使い方についても注意してください。1つのメソッドに何もかも詰め込んでしまうことはできますが、それによって理解、保守、テストが非常に難しくなります。面接時のコーディングにおいても、この点はしっかり優先度を考えるようにしましょう。

16.17 連続する数列の和: 整数(正の数と負の数両方を含む)の配列が与えられます。このとき、連続する数列の和が最大になる部分を見つけ、その和を返してください。

例

入力: `2, -8, 3, -2, 4, -10`

出力: `5 ({3, -2, 4})`

p.207

解法

これは難しいですが、かなり一般的な問題です。まず例を見ながら考えていきましょう。

```
2    3    -8    -1    2    4    -2    3
```

連続する負の数、あるいは正の数の一部だけを含んだ並びが最大にはならないことがわかります。それはなぜでしょうか? 連続する負の数の一部分だけを含むと不必要に合計値を減らすだけですから、その部分の負の数はまったく含まないようにするでしょう。同様に、全体を足したほうが合計はより大きくなるので、連続する正の数の一部分だけを含むのはおかしいのです。

アルゴリズムを考えるために、例で示した配列を負の数と正の数が交互に並ぶようまとめておきます。連続する正の部分、連続する負の部分をそれぞれ合計すると、次のような短い数列ができます。

```
5    -9    6    -2    3
```

ここから即すばらしいアルゴリズムが出てくるわけではないのですが、こうすることで理解をより深めることができます。

上記の配列で考えると、`{5, -9}` を選ぶ意味はあるのかというと、もちろんありません。合計すると `-4` になりますから、まったく選ばないか、単に `{5}` だけを選んだほうがよいです。

負の数を選びたい場合というのはどんなときでしょうか? それは負の数の前後にある正の数について、それぞれとの和が負にならない場合のみです。

配列の最初から始めて、段階的に考えてみます。

まず要素5に注目すると、その時点ではそれが最大値になりますので、最大値を保持する変数 `maxSum` に5をセットし、その時点での合計値 `sum` も5になります。さらに次の要素-9を見ます。ここで `sum` に-9を加えると-4となり、負の数になってしまいます。したがって5から-9の連続要素は不要となりますので、`sum`の値を0にリセットします。

次は要素6の部分に注目します。6は `maxSum` の値5より大きいので `maxSum` の値を更新し、`sum` も6にセットします。

次の要素-2を `sum` の6に加えると4になり、これは次の要素へつなぐことでより大きな値になる可能性がありますので、`sum` を4(つまり部分配列を `{6, -2}`)とした状態で次の要素を見ていきます。このとき、`maxSum` の値は更新されません。

最後に、要素3に注目します。`sum` (4) に3を加えると7になり、`maxSum` が更新されます。したがって、合計が最大になる部分配列は `{6, -2, 3}` ということになります。

これを元の配列全体で見ても同じ考え方で求めることができます。このアルゴリズムを実装したコードは次の通りです。

```
1  int getMaxSum(int[] a) {
2    int maxsum = 0;
3    int sum = 0;
4    for (int i = 0; i < a.length; i++) {
5      sum += a[i];
6      if (maxsum < sum) {
7        maxsum = sum;
8      } else if (sum < 0) {
9        sum = 0;
10     }
11   }
12   return maxsum;
13 }
```

もし配列の要素がすべて負の場合、どのように取り扱うべきでしょうか? 簡単な配列 {-3, -10, -5} で考えてみますと、この場合の最大値としては次のような候補が挙げられます。

1. -3 (配列が空ではいけないと仮定した場合)
2. 0 (配列が空でもよい場合)
3. MINIMUM_INT (基本的にはエラーの場合)

解答例では2(maxSum = 0)を採用していますが、「正しい」答えはありません。これは面接官とよく議論し、詳細をしっかり決めておいてください。

16.18 パターンマッチ: パターンと値を表す2つの文字列が与えられます。パターン文字列は単純に a と b の文字だけでできていて、文字列の中に現れるパターンを表します。例えば catcatgocatgo という文字列は aabab というパターンにマッチします(cat が a、go が b に相当する)。a、ab、b のようなパターンにもマッチします。値がパターンにマッチするかどうかを決定するメソッドを書いてください。

p.208

解法

いつものように、簡単なブルートフォースの考え方から始めることにします。

ブルートフォース

ブルートフォースアルゴリズムでは、a と b に対して考え得るすべての値を試してから、これが機能するかどうかを確認します。

これは a のすべての部分文字列と、b の考え得るすべての部分文字列を走査することで行うことができます。長さ n の文字列には $O(n^2)$ 個の部分文字列があるため、実際には $O(n^4)$ 時間かかることになります。しかし、a と b の各値に対してこの長さの新しい文字列を作り、それを比較する必要があります。この生成/比較のステップでは $O(n)$ の時間がかかり、全体では $O(n^5)$ の実行時間が必要になります。

```
1  for each possible substring a
2    for each possible substring b
```

```
3       candidate = buildFromPattern(pattern, a, b)
4       if candidate equals value
5         return true
```

これは痛いですね。

1つの簡単な最適化は、パターンが「a」で始まる場合、aの文字列は value の先頭から始まらなければならないことに気づくことです。(それ以外の場合は、bの文字列が value の先頭から始まる必要があります)。したがって、aには $O(n^2)$ 個も取り得る値はなく、$O(n)$ 個あります。

アルゴリズムはその後、パターンが a または b で始まるかどうかをチェックします。「 b 」で始まっていれば、それが「 a 」で始まるように「反転」させる(それぞれの「 a 」を「 b 」に、「 b 」を「 a 」にする)ことができます。次に、aの各部分文字列(それぞれインデックス0から始める必要があります)と b の考え得るすべての部分文字列を走査します(それぞれ a の末尾の後にある文字で始まる必要があります)。前と同じように、このパターンの文字列と元の文字列を比較します。

このアルゴリズムは $O(n^4)$ の実行時間になりました。

もうひとつ、小さな(追加の)最適化があります。文字列が「 a 」ではなく「 b 」で始まる場合、実際にこの「反転」を行う必要はありません。buildFromPattern メソッドでこれを処理します。パターンの最初の文字は「メイン」、もう1文字は代替文字と考えることができます。buildFromPattern メソッドは、「 a 」がメインの文字か代替文字かに基づいて適切な文字列を作成します。

```
1   boolean doesMatch(String pattern, String value) {
2     if (pattern.length() == 0) return value.length() == 0;
3
4     int size = value.length();
5     for (int mainSize = 0; mainSize < size; mainSize++) {
6       String main = value.substring(0, mainSize);
7       for (int altStart = mainSize; altStart <= size; altStart++) {
8         for (int altEnd = altStart; altEnd <= size; altEnd++) {
9           String alt = value.substring(altStart, altEnd);
10          String cand = buildFromPattern(pattern, main, alt);
11          if (cand.equals(value)) {
12            return true;
13          }
14        }
15      }
16    }
17    return false;
18  }
19
20  String buildFromPattern(String pattern, String main, String alt) {
21    StringBuffer sb = new StringBuffer();
22    char first = pattern.charAt(0);
23    for (char c : pattern.toCharArray()) {
24      if (c == first) {
25        sb.append(main);
26      } else {
27        sb.append(alt);
28      }
```

X 解法

```
29    }
30    return sb.toString();
31  }
```

より最適なアルゴリズムを探す必要があります。

最適解

現在のアルゴリズムを考えてみましょう。メインの文字列のすべての値を検索するのはかなり高速です（O(n)の時間がかかります）。遅いのは $O(n^2)$ の時間がかかる代替文字列です。それを最適化する方法を研究する必要があります。

aabab のようなパターンがあり、catcatgocatgo という文字列と比較しているとします。 試しに「cat」を値として選ぶと、文字列は9文字（3つの長さがそれぞれ3の文字列）になります。したがって、b の文字列は、それぞれが長さ2の残り4文字を占める必要があります。さらに、それらが実際にどこで発生しなければならないか正確に分かっています。a が cat でパターンが aabab の場合は、b は go でなければなりません。

言い換えれば、a を選ぶと b も選ぶことになるのです。繰り返す必要はないのです。パターン（a の数、b の数、それぞれの最初の出現）の基本的な状態をまとめ、a（あるいはメインの文字列はどれでも）に対する値を走査するだけで十分です。

```
1   boolean doesMatch(String pattern, String value) {
2     if (pattern.length() == 0) return value.length() == 0;
3
4     char mainChar = pattern.charAt(0);
5     char altChar = mainChar == 'a' ? 'b' : 'a';
6     int size = value.length();
7
8     int countOfMain = countOf(pattern, mainChar);
9     int countOfAlt = pattern.length() - countOfMain;
10    int firstAlt = pattern.indexOf(altChar);
11    int maxMainSize = size / countOfMain;
12
13    for (int mainSize = 0; mainSize <= maxMainSize; mainSize++) {
14      int remainingLength = size - mainSize * countOfMain;
15      String first = value.substring(0, mainSize);
16      if (countOfAlt == 0 || remainingLength % countOfAlt == 0) {
17        int altIndex = firstAlt * mainSize;
18        int altSize = countOfAlt == 0 ? 0 : remainingLength / countOfAlt;
19        String second = countOfAlt == 0 ? "" :
20                        value.substring(altIndex, altSize + altIndex);
21
22        String cand = buildFromPattern(pattern, first, second);
23        if (cand.equals(value)) {
24          return true;
25        }
26      }
27    }
28    return false;
29  }
30
31  int countOf(String pattern, char c) {
32    int count = 0;
33    for (int i = 0; i < pattern.length(); i++) {
34      if (pattern.charAt(i) == c) {
```

```
35        count++;
36      }
37    }
38    return count;
39  }
40
41  String buildFromPattern(...) {  /* 以前と同様 */ }
```

このアルゴリズムは、メインの文字列の可能性 O(n) を走査し、文字列の構築と比較を O(n) で行うため、$O(n^2)$ の時間を必要とします。

調べようとしているメインの文字列の可能性も減らしていることに注目してください。メインの文字列が3か所ある場合、その長さは値の3分の1を超えることはできません。

最適解(別解)

比較するためだけに文字列を作成する作業が気に入らなければ、これを排除できます。

代わりに、以前のように a と b の値を走査してもかまいません。しかし今回は、文字列が(a と b に対して値が与えられた)パターンに一致するかどうかを確認するために、各部分文字列を a と b の文字列の最初の文字列と比較して値を調べます。

```
1   boolean doesMatch(String pattern, String value) {
2     if (pattern.length() == 0) return value.length() == 0;
3
4     char mainChar = pattern.charAt(0);
5     char altChar = mainChar == 'a' ? 'b' : 'a';
6     int size = value.length();
7
8     int countOfMain = countOf(pattern, mainChar);
9     int countOfAlt = pattern.length() - countOfMain;
10    int firstAlt = pattern.indexOf(altChar);
11    int maxMainSize = size / countOfMain;
12
13    for (int mainSize = 0; mainSize <= maxMainSize; mainSize++) {
14      int remainingLength = size - mainSize * countOfMain;
15      if (countOfAlt == 0 || remainingLength % countOfAlt == 0) {
16        int altIndex = firstAlt * mainSize;
17        int altSize = countOfAlt == 0 ? 0 : remainingLength / countOfAlt;
18        if (matches(pattern, value, mainSize, altSize, altIndex)) {
19          return true;
20        }
21      }
22    }
23    return false;
24  }
25
26  /* patternとvalueを走査する。
27   * pattern内の各文字で、これがメイン文字列か代替文字列かを調べる。
28   * その後valueの次の文字セットが、それらの文字の元のセット(メインまたは代替のいずれか)と
29   * 一致するかどうかを確認する。 */
30  boolean matches(String pattern, String value, int mainSize, int altSize,
31                  int firstAlt) {
32    int stringIndex = mainSize;
```

```
33    for (int i = 1; i < pattern.length(); i++) {
34      int size = pattern.charAt(i) == pattern.charAt(0) ? mainSize : altSize;
35      int offset = pattern.charAt(i) == pattern.charAt(0) ? 0 : firstAlt;
36      if (!isEqual(value, offset, stringIndex, size)) {
37        return false;
38      }
39      stringIndex += size;
40    }
41    return true;
42  }
43
44  /* 指定されたオフセットから始まりsize文字分、
45   * 2つの部分文字列が等しいかどうかをチェックする。 */
46  boolean isEqual(String s1, int offset1, int offset2, int size) {
47    for (int i = 0; i < size; i++) {
48      if (s1.charAt(offset1 + i) != s1.charAt(offset2 + i)) {
49        return false;
50      }
51    }
52    return true;
53  }
```

このアルゴリズムは依然として$O(n^2)$の時間がかかりますが、(通常は)早い段階で失敗するときに時間短縮になるという利点があります。前のアルゴリズムは、失敗したことが分かる前に文字列を作成するためのすべての作業を完了しなければなりません。

16.19 池の広さ: 土地の区画を表す整数値の行列があり、その値は海面からの高さを表しています。値が0の部分は水域であることを示しています。池とは縦、横、斜めにつながった水域のことです。池の広さは、つながった水域の合計数です。このとき、行列内のすべての池のサイズを計算するメソッドを書いてください。

例

入力:

```
0210
0101
1101
0101
```

出力: 2, 4, 1(順不同)

p.208

解法

最初に試してみたいのは、配列上を探索する方法です。水を見つけるのは簡単で、その場所がゼロであれば、そこは水です。

水の部分があるとき、周囲の水の量はどのように計算できますか? その部分が0の部分に隣接していない場合、この池のサイズは1です。もし隣接していれば、隣接する部分に加えて、それらの部分に隣接する水の部分を追加する必要があります。もちろん、水の部分を二重に数えないように注意する必要があります。改良幅優先探索や深さ優先探索でこれを行うことができます。一度訪れた部分には、永続的な印をつけておきます。

各部分について、隣接する周囲8マスをチェックする必要があります。上下左右と4つの斜め方向にチェックするための行を書いてもよいですが、ループで行う方が簡単です。

```
1   ArrayList<Integer> computePondSizes(int[][] land) {
2     ArrayList<Integer> pondSizes = new ArrayList<Integer>();
3     for (int r = 0; r < land.length; r++) {
4       for (int c = 0; c < land[r].length; c++) {
5         if (land[r][c] == 0) { // 任意で。とにかく戻っては来る
6           int size = computeSize(land, r, c);
7           pondSizes.add(size);
8         }
9       }
10    }
11    return pondSizes;
12  }
13
14  int computeSize(int[][] land, int row, int col) {
15    /* 範囲外もしくは訪問済み */
16    if (row < 0 || col < 0 || row >= land.length || col >= land[row].length ||
17        land[row][col] != 0) { // 訪問済みか水ではない
18      return 0;
19    }
20    int size = 1;
21    land[row][col] = -1; // 訪問済みの印をつける
22    for (int dr = -1; dr <= 1; dr++) {
23      for (int dc = -1; dc <= 1; dc++) {
24        size += computeSize(land, row + dr, col + dc);
25      }
26    }
27    return size;
28  }
```

この場合、値を-1にすることで訪れた場所に印を付けました。このようにすることで、陸地であっても訪問済みであっても1行(land[row][col] != 0)で確認することができます。いずれの場合でも、値は0になります。

また、forループが周囲8マスではなく9マスに対して処理していることに気付くかもしれません。これは、現在のセルが含んでいるからです。dr == 0 かつ dc == 0 の場合、再帰しないように行を追加することができます。これはあまり良いことではありません。たった1回の再帰呼び出しを避けるために、8マスでこのif文を不必要に実行することになります。再帰呼び出しが行われても、そこが訪問済みとして印をつけた直後に戻ります。

入力の行列を変更したくない場合は、もう1つ訪問用の行列を作成してもよいでしょう。

```
1   ArrayList<Integer> computePondSizes(int[][] land) {
2     boolean[][] visited = new boolean[land.length][land[0].length];
3     ArrayList<Integer> pondSizes = new ArrayList<Integer>();
4     for (int r = 0; r < land.length; r++) {
5       for (int c = 0; c < land[r].length; c++) {
6         int size = computeSize(land, visited, r, c);
7         if (size > 0) {
8           pondSizes.add(size);
9         }
10      }
11    }
12    return pondSizes;
```

```
13  }
14
15  int computeSize(int[][] land, boolean[][] visited, int row, int col) {
16    /* 範囲外もしくは訪問済み */
17    if (row < 0 || col < 0 || row >= land.length || col >= land[row].length ||
18        visited[row][col] || land[row][col] != 0) {
19      return 0;
20    }
21    int size = 1;
22    visited[row][col] = true;
23    for (int dr = -1; dr <= 1; dr++) {
24      for (int dc = -1; dc <= 1; dc++) {
25        size += computeSize(land, visited, row + dr, col + dc);
26      }
27    }
28    return size;
29  }
```

行列の幅をW、高さをHとすると、いずれの実装もO(WH)になります。

> **注意:** 多くの人は、Nに何か固有の意味があるように「O(N)」や「$O(N^2)$」と言いますが、Nに特別な意味があるわけではありません。正方行列であれば、実行時間はO(N)や$O(N^2)$のように記述できます。Nの意味に応じて、どちらも正しいと言えます。Nを1辺の長さとすれば実行時間は$O(N^2)$ですし、Nが要素数であればO(N)です。Nが何を意味するのか注意してください。実際には、Nの意味があいまいな場合、Nを全く使用しないほうが安全かもしれません。

computeSizeメソッドは(N×N行列のようなものと仮定すると)、$O(N^2)$程度の時間を要し、$O(N^2)$回程度呼び出されることから、実行時間は$O(N^4)$と推論する人もいます。これらはどちらも基本的に正しい記述ですが、それらを掛け合わせることはできません。computeSizeの呼び出しコストがより高くなると、呼び出される回数が減るためです。

たとえば、最初にcomputeSizeを呼び出すと行列全体が処理されるとします。それには$O(N^2)$の時間かかるかもしれませんが、computeSizeを再び呼び出すことはありません。

これを計算する別の方法は、各マスが関数呼び出しによって何回「タッチ」されたか(アクセスがあったか)を考えることです。各マスはcomputePondSizes関数によって1回タッチされます。さらに1つのマスは、その隣接する各マスから1回タッチされます。これは、1マス当たりのタッチ数が一定であるということです。したがって、全体の実行時間はN×N行列では$O(N^2)$、より一般的にはO(WH)となります。

16.20 T9: 古い携帯電話では、ユーザは数字キーパッドでタイプし、番号に対応した言葉のリストが出るようになっていました。各数字は0〜4文字のグループに対応しています。数字の並びが与えられたとき、マッチする単語のリストを返すアルゴリズムを実装してください。正しい単語のリストは用意されています(データ構造は好きなようにしてかまいません)。数字と文字の対応関係は以下の図のようになっています:

1	2 abc	3 def
4 ghi	5 jkl	6 mno
7 pqrs	8 tuv	9 wxyz
	0	

例
入力: 8733
出力: tree, used

p.208

解法

いくつかの方法でアプローチすることができますが、まずはブルートフォースのアルゴリズムから始めましょう。

ブルートフォース

それを手動でしなければならない場合に、どのように問題を解決するかを想像してみてください。おそらく他のすべての考え得る値で、各桁の考え得るすべての値を試してみるでしょう。

これがまさにアルゴリズム的に行っていることです。最初の桁を取得し、その桁にマップされているすべての文字を実行します。それぞれの文字について、それを接頭辞変数に加えて再帰させ、接頭辞を下の呼び出しに渡していきます。追加する文字がなくなったとき、文字列が有効な単語であれば接頭辞変数(ここでは完全な単語を含む)を出力します。

単語のリストが HashSet として渡されると仮定します。 HashSet はハッシュテーブルと同様に動作しますが、キー→値の検索を提供するのではなく、O(1) 時間で単語がハッシュテーブルに含まれているかどうかを知ることができます。

```
1   ArrayList<String> getValidT9Words(String number, HashSet<String> wordList) {
2     ArrayList<String> results = new ArrayList<String>();
3     getValidWords(number, 0, "", wordList, results);
4     return results;
5   }
6
7   void getValidWords(String number, int index, String prefix,
8                      HashSet<String> wordSet, ArrayList<String> results) {
9     /* 完全な単語なら出力する */
10    if (index == number.length() && wordSet.contains(prefix)) {
11      results.add(prefix);
12      return;
13    }
14
```

```
15     /* この桁に対応する文字を得る */
16     char digit = number.charAt(index);
17     char[] letters = getT9Chars(digit);
18
19     /* 残りの選択肢をすべて調べる */
20     if (letters != null) {
21       for (char letter : letters) {
22         getValidWords(number, index + 1, prefix + letter, wordSet, results);
23       }
24     }
25   }
26
27   /* この桁にマップする文字の配列を返す */
28   char[] getT9Chars(char digit) {
29     if (!Character.isDigit(digit)) {
30       return null;
31     }
32     int dig = Character.getNumericValue(digit) - Character.getNumericValue('0');
33     return t9Letters[dig];
34   }
35
36   /* 桁と文字の対応 */
37   char[][] t9Letters = {null, null, {'a', 'b', 'c'}, {'d', 'e', 'f'},
38     {'g', 'h', 'i'}, {'j', 'k', 'l'}, {'m', 'n', 'o'}, {'p', 'q', 'r', 's'},
39     {'t', 'u', 'v'}, {'w', 'x', 'y', 'z'}
40   };
```

このアルゴリズムは、文字列の長さをNとすると$O(4^N)$の時間で実行されます。これは getValidWords への呼び出しごとに4回再帰的に分岐し、呼び出しスタックの深さがNになるまで繰り返されるためです。

これは大きな文字列では非常に遅くなります。

最適化

手作業でやるとしたらどうするのかという考えに戻りましょう。33835676368(developmentという語に相当)という例を想像してみてください。これを手作業でやっていたなら、fftf [3383] で始まる解は省略するだろうと思います。なぜなら、それらの文字で始まる有効な単語はないからです。

理想的には、プログラムに対して明らかに失敗するような再帰探索経路は停止するような最適化をしておきたいところです。具体的には、接頭辞で始まる単語が辞書にない場合は、再帰を停止します。

トライ木のデータ構造(122ページの「トライ木」を参照)を使うと、これを行うことができます。有効な接頭辞ではない文字列に達するたびに終了します。

```
1   ArrayList<String> getValidT9Words(String number, Trie trie) {
2     ArrayList<String> results = new ArrayList<String>();
3     getValidWords(number, 0, "", trie.getRoot(), results);
4     return results;
5   }
6
7   void getValidWords(String number, int index, String prefix, TrieNode trieNode,
8                      ArrayList<String> results) {
9     /* 完全な単語なら出力する */
```

```
10     if (index == number.length()) {
11       if (trieNode.terminates()) { // 完全な単語か
12         results.add(prefix);
13       }
14       return;
15     }
16
17     /* この桁に対応する文字を得る */
18     char digit = number.charAt(index);
19     char[] letters = getT9Chars(digit);
20
21     /* 残りの選択肢をすべて調べる */
22     if (letters != null) {
23       for (char letter : letters) {
24         TrieNode child = trieNode.getChild(letter);
25         /* prefix + letterで始まる語があれば
26          * 再帰を継続する */
27         if (child != null) {
28           getValidWords(number, index + 1, prefix + letter, child, results);
29         }
30       }
31     }
32   }
```

言語がどのように見えるかに依存するため、このアルゴリズムの実行時間を記述することは難しいです。しかし、この「ショートカット」により、実際にははるかに高速に動作します。

最適解法

信じられないかもしれませんが、実際にはもっと速くすることができます。少し前処理をする必要があるだけですが、大したことではありません。とにかくトライを作るためにそれをしていました。

この問題では、T9の特定の数字で表されるすべての単語をリストするように求められています。これを「その場その場で」しようとする(そして多くの可能性を調べ、実際にはうまくいかない場合も多々ある)方法ではなく、事前にこれを行うだけにします。

アルゴリズムにはいくつかのステップがあります:

事前計算:

1. 一連の数字から文字列のリストにマップするハッシュテーブルを作成する。
2. 辞書の各単語を走査しT9表現に変換する(例えば、APPLE → 27753)。これらをそれぞれ上記のハッシュテーブルに格納する。たとえば8733は{used, tree}にマップされる。

単語検索:

1. ハッシュテーブルのエントリを参照し、リストを返すだけ。

たったこれだけです!

```
1   /* 単語検索 */
2   ArrayList<String> getValidT9Words(String numbers,
3                                     HashMapList<String, String> dictionary) {
4     return dictionary.get(numbers);
5   }
6
7   /* 事前計算 */
```

X 解法

```
 8
 9  /* 数値からその数値表現になる全単語にマップする
10   * ハッシュテーブルを作成する */
11  HashMapList<String, String> initializeDictionary(String[] words) {
12    /* 文字から数値にマップするハッシュテーブルを生成 */
13    HashMap<Character, Character> letterToNumberMap = createLetterToNumberMap();
14
15    /* 単語 -> 数値 のマップを生成 */
16    HashMapList<String, String> wordsToNumbers = new HashMapList<String, String>();
17    for (String word : words) {
18      String numbers = convertToT9(word, letterToNumberMap);
19      wordsToNumbers.put(numbers, word);
20    }
21    return wordsToNumbers;
22  }
23
24  /* 数値->文字のマッピングを文字->数値に変換 */
25  HashMap<Character, Character> createLetterToNumberMap() {
26    HashMap<Character, Character> letterToNumberMap =
27      new HashMap<Character, Character>();
28    for (int i = 0; i < t9Letters.length; i++) {
29      char[] letters = t9Letters[i];
30      if (letters != null) {
31        for (char letter : letters) {
32          char c = Character.forDigit(i, 10);
33          letterToNumberMap.put(letter, c);
34        }
35      }
36    }
37    return letterToNumberMap;
38  }
39
40  /* 文字列をT9表現形式に変換 */
41  String convertToT9(String word, HashMap<Character, Character> letterToNumberMap) {
42    StringBuilder sb = new StringBuilder();
43    for (char c : word.toCharArray()) {
44      if (letterToNumberMap.containsKey(c)) {
45        char digit = letterToNumberMap.get(c);
46        sb.append(digit);
47      }
48    }
49    return sb.toString();
50  }
51
52  char[][] t9Letters = /* 以前と同じ */
53
54  /* HashMapList<String, Integer>は文字列をArrayList<Integer>にマップするHashMap
55   * 実装はコードライブラリを参照 */
```

Nを桁数とすると、その数値にマップされた単語を取得には O(N) の時間がかかります。O(N) は、ハッシュテーブルの検索も含みます(数値をハッシュテーブルに変換する必要があります)。単語が所定の最大サイズより長くならないことがわかっている場合は、実行時間を O(1) と記述することもできます。

「ああ、線形時間? それほど速くないね。」と考えてしまいやすいことに注意してください。何に対して線形に依存するのかが重要です。単語の長さに対して線形であれば、非常に高速です。辞書の長さに対して線形の場合は、それほど速くはありません。

16.21 合計の入れ替え: 2つの整数配列が与えられたとき、入れ替えることで2つの配列の値の合計が等しくなるような値のペア(各配列から1つずつ)を見つけてください。

例

入力: {4, 1, 2, 1, 1, 2} と {3, 6, 3, 3}

出力: {1, 3}

p.208

解法

何を求めているのかを正確に理解することから始めなければなりません。

2つの配列とその合計値があります。合計を前もって与えられていない可能性は高いですが、すぐに計算することはできます。合計を計算するのは O(N) の時間がかかる演算であり、とにかく O(N) より良くすることはできません。したがって、合計を計算しても実行時間に影響はありません。

配列Aから配列Bに(正の)値aを移動すると、Aの合計はaだけ減少し、Bの合計はaだけ増加します。

今、次のような2数 a と b を探しています:

```
sumA - a + b = sumB - b + a
```

簡単にまとめて:

```
2a - 2b = sumA - sumB
a - b = (sumA - sumB) / 2
```

したがって、差が (sumA - sumB) / 2という特定の値になる2つの値を探すことになります。

目的の値は整数でなければならない(差が整数でなければ、2つの整数を入れ替えることはできません)ことに注目すると、値のペアが存在するには配列の合計が偶数でなければならないと考えることができます。

ブルートフォース

ブルートフォースアルゴリズムは簡単です。配列を走査し、すべての値のペアをチェックします。

これを「素朴な」方法(新しい合計を比較する)か、その差になるペアを探すことによって行うことができます。

素朴な方法:

```
1  int[] findSwapValues(int[] array1, int[] array2) {
2    int sum1 = sum(array1);
3    int sum2 = sum(array2);
4
5    for (int one : array1) {
6      for (int two : array2) {
7        int newSum1 = sum1 - one + two;
8        int newSum2 = sum2 - two + one;
9        if (newSum1 == newSum2) {
10         int[] values = {one, two};
11         return values;
12       }
```

```
13      }
14    }
15
16    return null;
17  }
```

標的を定める方法:

```
1   int[] findSwapValues(int[] array1, int[] array2) {
2     Integer target = getTarget(array1, array2);
3     if (target == null) return null;
4
5     for (int one : array1) {
6       for (int two : array2) {
7         if (one - two == target) {
8           int[] values = {one, two};
9           return values;
10        }
11      }
12    }
13
14    return null;
15  }
16
17  Integer getTarget(int[] array1, int[] array2) {
18    int sum1 = sum(array1);
19    int sum2 = sum(array2);
20
21    if ((sum1 - sum2) % 2 != 0) return null;
22    return (sum1 - sum2) / 2;
23  }
```

`getTarget` の戻り値として `Integer` 型(ボックス化されたデータ型)を使用しました。これにより、「エラー」ケースを区別することができます。

このアルゴリズムは `O(AB)` の時間を要します。

最適解法

この問題では、特定の差を持つ値のペアを見つけることになります。それを念頭に置いて、ブルートフォースが何をしているのか見直しましょう。

ブルートフォースでは、Aについてループし、各要素について「正しい」差になるBの要素を探します。Aの値が5で標的値(配列の合計の差)が3の場合、2を探さなければなりません。それが目標を達成できる唯一の値です。

すなわち、値1 - 値2 == 標的値 と書くのではなく、値2 == 値1 - 標的値 と書くことができます。(値1 - 標的値) に等しいBの要素をより高速に見つけることができますか?
これはハッシュテーブルで非常に高速に行うことができます。Bのすべての要素をハッシュテーブルに投入します。次にAを走査し、Bの中から適切な要素を探します。

```
1   int[] findSwapValues(int[] array1, int[] array2) {
```

```
2    Integer target = getTarget(array1, array2);
3    if (target == null) return null;
4    return findDifference(array1, array2, target);
5  }
6
7  /* 特定の差になる値のペアを見つける */
8  int[] findDifference(int[] array1, int[] array2, int target) {
9    HashSet<Integer> contents2 = getContents(array2);
10   for (int one : array1) {
11     int two = one - target;
12     if (contents2.contains(two)) {
13       int[] values = {one, two};
14       return values;
15     }
16   }
17
18   return null;
19 }
20
21 /* 配列の内容をハッシュセットに入れる */
22 HashSet<Integer> getContents(int[] array) {
23   HashSet<Integer> set = new HashSet<Integer>();
24   for (int a : array) {
25     set.add(a);
26   }
27   return set;
28 }
```

この解法は O(A+B) の実行時間になります。2つの配列について、少なくともすべての要素を見る必要はありますので、これは考え得る最良の実行時間(BCR)です。

別解

配列がソートされている場合は、配列を走査して適切なペアを見つけることができます。これにより必要なスペースが少なくなります。

```
1  int[] findSwapValues(int[] array1, int[] array2) {
2    Integer target = getTarget(array1, array2);
3    if (target == null) return null;
4    return findDifference(array1, array2, target);
5  }
6
7  int[] findDifference(int[] array1, int[] array2, int target) {
8    int a = 0;
9    int b = 0;
10
11   while (a < array1.length && b < array2.length) {
12     int difference = array1[a] - array2[b];
13     /* 標的値との差を比較する。
14      * 差が小さすぎる場合は、aを移動して大きくする。
15      * 大きすぎる場合は、bを移動して小さくする。
16      * 等しくなる場合は、そのペアを返す。 */
17     if (difference == target) {
18       int[] values = {array1[a], array2[b]};
19       return values;
```

```
20        } else if (difference < target) {
21          a++;
22        } else {
23          b++;
24        }
25      }
26
27      return null;
28    }
```

このアルゴリズムは O(A + B) の時間を要しますが、配列をソートする必要があります。配列がソートされていない場合でもこのアルゴリズムを適用できますが、最初に配列をソートする必要があり、実行時間は全体で O(A log A + B log B) になります。

16.22 **ラングトンのアリ**：白黒のマスでできた無限の広さを持つ格子状の盤面に1匹のアリがいます。最初はマスがすべて白で、アリは右を向いています。各ステップで、次のことを行います：

(1) 白のマスではマスの色を変え、右（時計回り）に90度回転し、前に1マス分移動します。

(2) 黒のマスではマスの色を変え、左（反時計回り）に90度回転し、前に1マス分移動します。

最初のKステップをシミュレートするプログラムを書き、最終的な盤面の状態を表示してください。盤面を表すデータ構造は用意されていないことに注意してください。自分で何らかの設計をしなければなりません。メソッドへの唯一の入力はKです。最終的な盤面を表示し、何も返さないでください。メソッドは void printKMoves(int K) のようにしてください。

p.209

解法

一見すると、この問題は非常に単純なようです：グリッドを作成し、アリの位置と向きを覚えて、マスの色を反転させ、回転させ、移動します。興味深いのは、無限のグリッドを扱う方法です。

解法1：固定長配列

技術的には、最初のK個回分の移動しか行わないので、グリッドの最大サイズがわかります。アリはその方向にも、K回分の移動距離より多くは動くことができません。幅2Kと高さ2Kのグリッドを作成し、中心にアリを配置すると、十分な大きさであることがわかります。

これは全く拡張性がないという問題があります。K回動き、次にさらにK回動きたい場合、うまくいかないかもしれません。

さらに、この解法は多くのスペースを無駄にします。最大値は特定の方向でK距離を動くかもしれませんが、アリはおそらくどこかで曲がるでしょう。おそらくすべてのスペースが必要になることはありません。

解法2：可変長配列

1つの考えは、JavaのArrayListクラスのようなサイズ変更可能な配列を使用することです。これにより、挿入にはならしでO(1)の時間で済み、必要に応じて配列を拡張することができます。

問題は、グリッドを2次元で拡大する必要があることですが、ArrayListは1つの配列にすぎません。さらに、負の値に「後退」する必要があります。ArrayListクラスはこれをサポートしていません。

しかし、独自のサイズ変更可能なグリッドを構築することで同様の考え方ができます。アリがグリッドの端に当たるたびに、その次元のグリッドのサイズを倍にします。

不の方向への拡張はどうでしょうか?負の位置にあるものについて、概念的に述べることはできますが、実際には負の値で配列のインデックスにアクセスすることはできません。

これを扱う方法の1つは、「見せ掛けのインデックス」を作成することです。アリが座標`(-3, -10)`にいると扱うことができますが、座標を配列のインデックスに変換するためにオフセットやデルタのような値を記録しておきます。

しかし、これは実際には不要です。アリの場所は外部からアクセスできたり、一貫している必要はありません(もちろん面接官が支持する場合を除きます)。アリが負の座標に移動すると、配列のサイズを2倍にしてアリとすべてのマスを正の座標に移動できます。本質的には、すべてのインデックスのラベルを変更しています。

とにかく新しい行列を作成しなければならないので、ラベルの付けなおしは計算時間のビッグ・オー記法には影響しません。

```
1   public class Grid {
2     private boolean[][] grid;
3     private Ant ant = new Ant();
4
5     public Grid() {
6       grid = new boolean[1][1];
7     }
8
9     /* 行と列にオフセット/シフトを適用して、
10     * 古い値を新しい配列にコピーします。 */
11    private void copyWithShift(boolean[][] oldGrid, boolean[][] newGrid,
12                               int shiftRow, int shiftColumn) {
13      for (int r = 0; r < oldGrid.length; r++) {
14        for (int c = 0; c < oldGrid[0].length; c++) {
15          newGrid[r + shiftRow][c + shiftColumn] = oldGrid[r][c];
16        }
17      }
18    }
19
20    /* 指定された位置が配列に収まるようにする。
21     * 必要に応じて行列のサイズを2倍にし、古い値をコピーして、
22     * それが正の範囲になるようにアリの位置を調整する。 */
23    private void ensureFit(Position position) {
24      int shiftRow = 0;
25      int shiftColumn = 0;
26
27      /* 新しい行数を計算する */
28      int numRows = grid.length;
29      if (position.row < 0) {
30        shiftRow = numRows;
31        numRows *= 2;
32      } else if (position.row >= numRows) {
33        numRows *= 2;
34      }
35
36      /* 新しい列数を計算する */
37      int numColumns = grid[0].length;
```

```
38      if (position.column < 0) {
39        shiftColumn = numColumns;
40        numColumns *= 2;
41      } else if (position.column >= numColumns) {
42        numColumns *= 2;
43      }
44
45      /* 必要に応じて配列を拡張する。アリの位置もシフトする。 */
46      if (numRows != grid.length || numColumns != grid[0].length) {
47        boolean[][] newGrid = new boolean[numRows][numColumns];
48        copyWithShift(grid, newGrid, shiftRow, shiftColumn);
49        ant.adjustPosition(shiftRow, shiftColumn);
50        grid = newGrid;
51      }
52    }
53
54    /* マスの色を反転する */
55    private void flip(Position position) {
56      int row = position.row;
57      int column = position.column;
58      grid[row][column] = grid[row][column] ? false : true;
59    }
60
61    /* アリを移動させる */
62    public void move() {
63      ant.turn(grid[ant.position.row][ant.position.column]);
64      flip(ant.position);
65      ant.move();
66      ensureFit(ant.position); // 配列サイズを調整
67    }
68
69    /* 盤面を表示する */
70    public String toString() {
71      StringBuilder sb = new StringBuilder();
72      for (int r = 0; r < grid.length; r++) {
73        for (int c = 0; c < grid[0].length; c++) {
74          if (r == ant.position.row && c == ant.position.column) {
75            sb.append(ant.orientation);
76          } else if (grid[r][c]) {
77            sb.append("X");
78          } else {
79            sb.append("_");
80          }
81        }
82        sb.append("¥n");
83      }
84      sb.append("Ant: " + ant.orientation + ". ¥n");
85      return sb.toString();
86    }
87  }
```

Antクラスのコード分離しておきました。これの素晴らしい点は、何らかの理由でアリが複数必要になった場合、それをサポートするコードを簡単に拡張できることです。

```
1   public class Ant {
```

```
2      public Position position = new Position(0, 0);
3      public Orientation orientation = Orientation.right;
4  
5      public void turn(boolean clockwise) {
6        orientation = orientation.getTurn(clockwise);
7      }
8  
9      public void move() {
10       if (orientation == Orientation.left) {
11         position.column--;
12       } else if (orientation == Orientation.right) {
13         position.column++;
14       } else if (orientation == Orientation.up) {
15         position.row--;
16       } else if (orientation == Orientation.down) {
17         position.row++;
18       }
19     }
20 
21     public void adjustPosition(int shiftRow, int shiftColumn) {
22       position.row += shiftRow;
23       position.column += shiftColumn;
24     }
25   }
26 
```

Orientationはいくつか便利な機能を備えた列挙型です。

```
1  public enum Orientation {
2    left, up, right, down;
3  
4    public Orientation getTurn(boolean clockwise) {
5      if (this == left) {
6        return clockwise ? up : down;
7      } else if (this == up) {
8        return clockwise ? right : left;
9      } else if (this == right) {
10       return clockwise ? down : up;
11     } else { // down
12       return clockwise ? left : right;
13     }
14   }
15 
16   @Override
17   public String toString() {
18     if (this == left) {
19       return "¥u2190";
20     } else if (this == up) {
21       return "¥u2191";
22     } else if (this == right) {
23       return "¥u2192";
24     } else { // down
25       return "¥u2193";
26     }
27   }
28 }
```

Positionをシンプルなクラスにしました。行と列を別々に簡単に追うこともできます。

```
1  public class Position {
2    public int row;
3    public int column;
4
5    public Position(int row, int column) {
6      this.row = row;
7      this.column = column;
8    }
9  }
```

これは機能しますが、実際は必要以上に複雑です。

解法3:HashSet

グリッドを表現するために行列を使用するのは「一目瞭然」と思われるかもしれませんが、実際にはそうしないほうが簡単です。実際に必要なのは、白いマスのリスト(と、アリの位置と向き)だけです。

これを行うには、白いマスの HashSet を使用します。位置が HashSet 内にある場合、そのマスは白です。そうでない場合は黒です。
少し手間取りそうなのが、盤面の表示方法です。どこから表示を始めますか? どこで終わりますか?

グリッドを表示する必要があるので、グリッドの左上と右下隅を何にするかを記録しておくことができます。アリが移動するたびに、アリの位置を、最も左上の位置と最も右下の位置と比較し、必要に応じて更新します。

```
1  public class Board {
2    private HashSet<Position> whites = new HashSet<Position>();
3    private Ant ant = new Ant();
4    private Position topLeftCorner = new Position(0, 0);
5    private Position bottomRightCorner = new Position(0, 0);
6
7    public Board() { }
8
9    /* アリを移動させる */
10   public void move() {
11     ant.turn(isWhite(ant.position)); // 回転
12     flip(ant.position); // (色の)反転
13     ant.move(); // 移動
14     ensureFit(ant.position);
15   }
16
17   /* マスの色を反転する */
18   private void flip(Position position) {
19     if (whites.contains(position)) {
20       whites.remove(position);
21     } else {
22       whites.add(position.clone());
23     }
24   }
25
26   /* 最も左上を右下記録することでグリッドの大きさを調整する */
27   private void ensureFit(Position position) {
```

```
28      int row = position.row;
29      int column = position.column;
30
31      topLeftCorner.row = Math.min(topLeftCorner.row, row);
32      topLeftCorner.column = Math.min(topLeftCorner.column, column);
33
34      bottomRightCorner.row = Math.max(bottomRightCorner.row, row);
35      bottomRightCorner.column = Math.max(bottomRightCorner.column, column);
36    }
37
38    /* マスが白かどうかを確認する */
39    public boolean isWhite(Position p) {
40      return whites.contains(p);
41    }
42
43    /* マスが白かどうかを確認する. */
44    public boolean isWhite(int row, int column) {
45      return whites.contains(new Position(row, column));
46    }
47
48    /* 盤面を表示する */
49    public String toString() {
50      StringBuilder sb = new StringBuilder();
51      int rowMin = topLeftCorner.row;
52      int rowMax = bottomRightCorner.row;
53      int colMin = topLeftCorner.column;
54      int colMax = bottomRightCorner.column;
55      for (int r = rowMin; r <= rowMax; r++) {
56        for (int c = colMin; c <= colMax; c++) {
57          if (r == ant.position.row && c == ant.position.column) {
58            sb.append(ant.orientation);
59          } else if (isWhite(r, c)) {
60            sb.append("X");
61          } else {
62            sb.append("_");
63          }
64        }
65        sb.append("¥n");
66      }
67      sb.append("Ant: " + ant.orientation + ". ¥n");
68      return sb.toString();
69    }
```

Ant と Orientation の実装は同じです。

HashSet の機能をサポートするため、Position の実装はわずかに更新しています。位置がキーになるので、hashCode() 関数を実装する必要があります。

```
1   public class Position {
2     public int row;
3     public int column;
4
5     public Position(int row, int column) {
6       this.row = row;
7       this.column = column;
```

```
8     }
9
10    @Override
11    public boolean equals(Object o) {
12      if (o instanceof Position) {
13        Position p = (Position) o;
14        return p.row == row && p.column == column;
15      }
16      return false;
17    }
18
19    @Override
20    public int hashCode() {
21      /* ハッシュ関数はたくさん方法がある。これはその中の一つ。 */
22      return (row * 31) ^ column;
23    }
24
25    public Position clone() {
26      return new Position(row, column);
27    }
28  }
```

この実装の素晴らしい点は、どこか特定のマスにアクセスする必要がある場合、一貫した行と列のラベル付けが行われることです。

16.23 rand5からrand7: rand5()が与えられたとき、rand7()というメソッドを実装してください。つまり、0から4のランダムな整数を生成するメソッドが与えられたとき、0から6のランダムな整数を生成するメソッドを書いてくださいということです。

p.209

解法

この関数を正確に実装するには、0から6の値がすべて1/7の確率で返されなければなりません。

チャレンジその1(呼び出し回数調整法)

最初の試みは0から9の数を生成して、7での剰余を返す方法です。コードは次のようになります。

```
1  int rand7() {
2    int v = rand5() + rand5();
3    return v % 7;
4  }
```

残念ながら、このコードは等確率で乱数を生成することができません。
これはrand5()の各呼び出し結果とrand7()関数の戻り値の結果を調べることで確認できます。

1回目	2回目	結果
0	0	0
0	1	1
0	2	2
0	3	3
0	4	4
1	0	1
1	1	2
1	2	3
1	3	4
1	4	5
2	0	2
2	1	3
2	2	4

1回目	2回目	結果
2	3	5
2	4	6
3	0	3
3	1	4
3	2	5
3	3	6
3	4	0
4	0	4
4	1	5
4	2	6
4	3	0
4	4	1

1回の rand5() で返す値が$1/5$の確率とすると、個々の行は $1/25$ の確率で起こることになります。各数の出現回数を数えると、rand7() は$3/25$の確率で0を返すことに気がつくでしょう。結果が$1/7$の確率で返っていないということになり、この関数は失敗であることがわかります。

そこで、この関数に if 文を追加したり、定数を掛けたり、新たに rand5() を呼び出すなどして少し修正することをイメージしてください。rand5() を k 回呼び出し、上記と同じようなテーブルを作るとすれば、1行あたりの確率が$1/5^k$になります。

rand7() を実行した結果をまとめたときの確率は、たとえば6になる確率は各行で結果が6になっている部分の確率を合計したものです。

$$P(rand7() = 6) = 1/5^i + 1/5^j + ... + 1/5^m$$

関数が正しく動作するには、この確率が$1/7$にならねばなりません。
しかしそれは不可能です。なぜなら5と7は互いに素であるため、5の累乗の逆数で$1/7$にはできないからです。

これは問題を解くことが不可能であるということでしょうか? 実はそうではなく、厳密に言えば rand5() の結果の組み合わせとして書き出している以上は、うまく配分された結果が出ないという意味です。

ですのでこの問題は解決可能ですが、whileループを用いて結果を返すのに何回ループするのかはわからないということを理解しておかなければなりません。

チャレンジその2(呼び出し回数非決定法)

whileループを使うのであれば、かなり簡単に解決できるようになります。均等に出現しそうな範囲(かつ要素が少なくとも7個はある)に区切って値を生成すればよいのです。このようにすると発生させた値をちょうど7の倍数で区切り、余分なところを捨てることができます。あとは、その値に対する7での剰余を返すだけです。これで0から6を等確率で発生させることができます。

次のコードは 5 * rand5() + rand5() として0から24までの値を生成し、0から3の比重が大きくなってしまうので21から24の値は破棄します。最後にこの値の剰余を計算して、0から6までの値を均等に返すコードになりました。

この方法では余計な値の破棄を行うため、rand5()の呼び出し回数は保証できないということには注意してください。非決定法という名前の理由はここにあります。

```
1  int rand7() {
2    while (true) {
3      int num = 5 * rand5() + rand5();
4      if (num < 21) {
5        return num % 7;
6      }
7    }
8  }
```

5 * rand5() + rand5()によって0から24の範囲の値を確実に得ることができ、等確率で乱数を発生させることができます。では、代わりに2 * rand5() + rand5()を用いた場合はどうでしょうか？ 答えはノーです。それは、発生する値が均等ではなくなるからです。たとえば、6を得る方法は2通り(6 = 2 * 1 + 4, 6 = 2 * 2 + 2, and 6 = 2 * 3 + 0)ありますが、0を得る方法は1通り(0=2*0+0)しかないからです。範囲内の値が均等でなければ等確率の乱数とは言えません。

```
1  int rand7() {
2    while (true) {
3      int r1 = 2 * rand5(); /* 0から9の偶数 */
4      int r2 = rand5(); /* あとで0、1を作成するのに用いる */
5      if (r2 != 4) { /* r2の余分な部分を捨てる */
6        int rand1 = r2 % 2; /* 0、1を作成 */
7        int num = r1 + rand1; /* 0から9の範囲 */
8        if (num < 7) {
9          return num;
10       }
11     }
12   }
13 }
```

使うことのできる値の範囲は無数にあります。ポイントは範囲がある程度の大きさを持ち、なおかつ均等であるということです。

16.24 合計が等しいペア: ある配列において、2つの要素の合計値が指定した値と等しくなる組み合わせをすべて見つけるアルゴリズムを設計してください。

p.209

解法

定義から始めましょう。合計がzになる数のペアを見つけようとするならば、xの補数(つまりzを作るためにxに加えることができる数)はz - xになります。たとえば、合計が12になるペアを見つけようとすると、-5の補数は17になります。

ブルートフォース

ブルートフォースの解法は、すべてのペアを走査し、その合計が目的の値と一致する場合にペアを出力します。

```
1  ArrayList<Pair> printPairSums(int[] array, int sum) {
2    ArrayList<Pair> result = new ArrayList<Pair>();
```

```
3     for (int i = 0 ; i < array.length; i++) {
4       for (int j = i + 1; j < array.length; j++) {
5         if (array[i] + array[j] == sum) {
6           result.add(new Pair(array[i], array[j]));
7         }
8       }
9     }
10    return result;
11  }
```

配列に重複がある場合(例:{5, 6, 5})、同じ合計を2回表示することがあります。これについては面接官と話し合うべきです。

最適解法

ハッシュマップの値がキーに対して「まだペアになっていない」要素の数を反映するようにして、ハッシュマップを用いた最適化を行うことができます。配列を走査して、各要素xにおいてxの補数でまだペアになっていない要素が配列内にいくつあるかを調べます。カウントが少なくとも1であれば、xの補数とまだペアになっていない要素が存在することになります。このペアを追加し、この要素がペアになっていることを示すためにxの補数をキーとしたハッシュテーブルの値をデクリメントしておきます。カウントが0の場合、xをキーとしたハッシュテーブルの値をインクリメントして、xがまだペアになっていないことを示します。

※訳注 配列を走査し、配列内の値xに対する補数yを計算します。ハッシュテーブルhについて、キーをyとしたときの値(h[y])が0であれば、配列の走査途中にまたyが出現しないことになります。そこでh[x]を1加算し、xが「まだペアになっていない数」として記録されます。その後の走査でyが現れたとき、yの補数(すなわちx)をキーとしたハッシュテーブルh[x]が0より大きくなるので、yとペアになるxが確かに存在するということがわかります。その時点でペアを追加し、代わりにh[x]を1減らすようにしているのです。

```
1   ArrayList<Pair> printPairSums(int[] array, int sum) {
2     ArrayList<Pair> result = new ArrayList<Pair>();
3     HashMap<Integer, Integer> unpairedCount = new HashMap<Integer, Integer>();
4     for (int x : array) {
5       int complement = sum - x;
6       if (unpairedCount.getOrDefault(complement, 0) > 0) {
7         result.add(new Pair(x, complement));
8         adjustCounterBy(unpairedCount, complement, -1); // 補数のカウントを減らす
9       } else {
10        adjustCounterBy(unpairedCount, x, 1); // 値xのカウントを増やす
11      }
12    }
13    return result;
14  }
15
16  void adjustCounterBy(HashMap<Integer, Integer> counter, int key, int delta) {
17    counter.put(key, counter.getOrDefault(key, 0) + delta);
18  }
```

この解法は重複するペアも出力しますが、同じ要素を使いまわすことはありません。時間計算量はO(N)で、空間計算量もO(N)になります。

別解

別解として、配列をソートし、1走査でペアを見つけることができます。次のような配列を考えてください:

{-2, -1, 0, 3, 5, 6, 7, 9, 13, 14}.

配列の先頭を first、配列の末尾を last とします。
first に対応する値を見つけるには、last から戻りながら探していきます。 first + last < sum になれば first に対応する値が存在しないということになり、first を1つ次に動かします。first が last より大きくなれば停止します。

配列はソートされた状態であり、配列の前から進むと次第に値は大きくなり、後ろから戻ると小さくなります。first と last の合計が sum より小さければ、last をより小さくしても対応値は見つからないのは明らかで、first を進めることになります。

逆に、合計が sum を超えているのであれば first を進めても意味がありませんから、last を戻していきます。これを繰り返していけば、合計が sum になる値の組み合わせがすべて求まることになるのです。

```
1  void printPairSums(int[] array, int sum) {
2    Arrays.sort(array);
3    int first = 0;
4    int last = array.length - 1;
5    while (first < last) {
6      int s = array[first] + array[last];
7      if (s == sum) {
8        System.out.println(array[first] + " " + array[last]);
9        first++;
10       last--;
11     } else {
12       if (s < sum) first++;
13       else last--;
14     }
15   }
16 }
```

このアルゴリズムは、ソートに O(N log N)、ペアを見つけるのに O(N) の時間を要します。

配列はおそらくソートされていないので、各要素の補数を二分探索するだけでもビッグ・オー記法の観点では同等に高速になることに注意してください。各ステップが O(N log N) の、2ステップのアルゴリズムが得られます。

16.25 LRUキャッシュ：最近最も使われていないデータから捨てていくキャッシュ（Least Recently Used Cache）を設計、実装してください。このキャッシュはキーと値にマッピング（固有のキーと値を関連付けて挿入・検索ができる）し、最大のサイズで初期化されます。キャッシュが一杯になったときは、最近最も使われていない項目をキャッシュから追い出すようにしてください。

p.209

解法

問題の範囲を定義することから始めます。問題を解決するためには、正確には何が必要でしょうか？

- **キー、値ペアの挿入**：（キー，値）のペアを挿入できる必要がある。
- **キーによる値の取得**：キーを使用して値を取得できる必要がある。

- **最も使われていない値の検索**：最も最近に使用されていない項目（およびすべての項目の使用順序）を知る必要がある。
- **最も最近使われた値の更新**：キーで値を取得するときに、その値が最も最近使用された項目になるように順序を更新する必要がある。
- **退避**：キャッシュは最大容量を持つ必要があり、容量が一杯になったときに最も使用頻度の低い項目を排除する必要がある。

(キー, 値)のマッピングは、ハッシュテーブルを示唆しています。これにより、特定のキーに関連付けられた値を参照するのが容易になります。

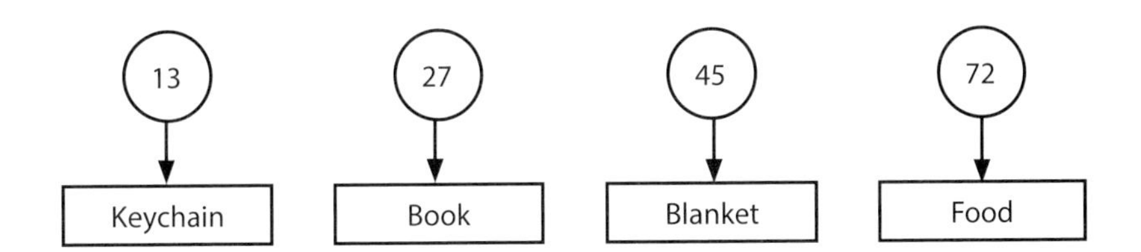

残念ながら、ハッシュテーブルは通常最も最近使用された項目を簡単に削除する方法を備えていません。各項目をタイムスタンプで記録し、タイムスタンプが最も小さいアイテムを削除するためにハッシュテーブルを走査することはできますが、非常に遅くなる(挿入に`O(N)`)可能性があります。

代わりに連結リストを使用して、最近使用した順に並べ替えることができます。これは項目を最も最近使用したものとして記録(リストの前に置く)したり、最も使用されていない項目を削除する(末尾を削除する)ことが容易になります。

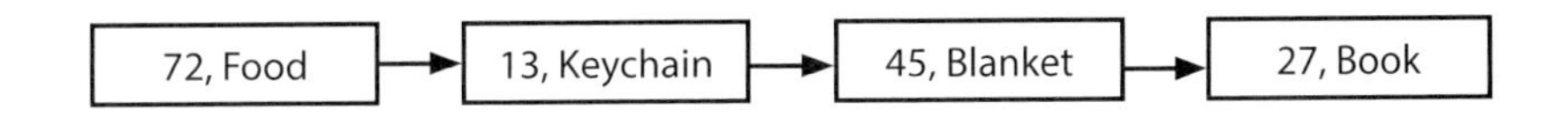

残念なことに、今度はキーですばやく項目を検索する方法がありません。連結リストを走査しキーで項目を見つけることができますが、これは非常に遅くなる(検索に`O(N)`)可能性があります。

各アプローチは問題の半分(それぞれ異なる半分)を非常にうまく処理しますが、いずれの方法も両方をうまく実行することはできません。

それぞれの良い部分を取ることができるでしょうか？ もちろんできますね。両方を使えば良いのです！

連結リストは前の例と同じように見えますが、今度は双方向のリストです。これにより、連結リストの途中から要素を簡単に削除することができます。ハッシュテーブルは、値ではなく連結リストの各ノードにマップされるようになりました。

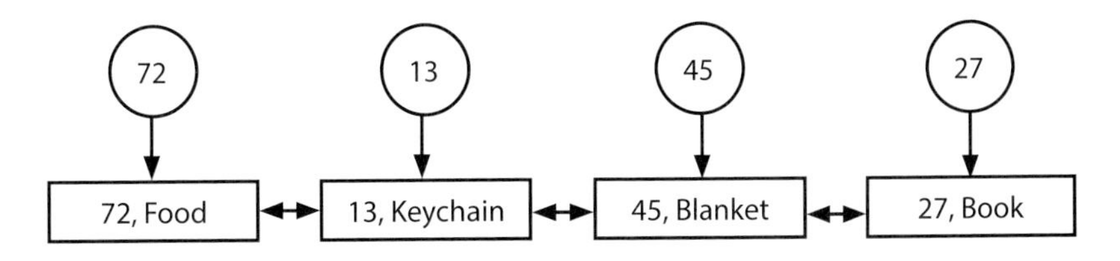

アルゴリズムは次のように動作します：

- **キー、値ペアの挿入**：キー、値を持つ連結リストのノードを作成する。挿入は連結リストの先頭に行う。キー→ノードのマッピングをハッシュテーブルに挿入する。
- **キーによる値の取得**：ハッシュテーブルのノードを検索し、値を返す。最も最近使われた項目を更新する(下記参照)。
- **最も使われていない値の検索**：連結リストの末尾に、最も使われていない値が検出される。
- **最も最近使われた値の更新**：連結リストの先頭にノードを移動する。ハッシュテーブルを更新する必要はない。
- **退避**：連結リストの末尾を削除する。連結リストのノードからキーを取得し、ハッシュテーブルからキーを削除する。

以下のコードは、これらのクラスとアルゴリズムを実装しています。

```
1  public class Cache {
2    private int maxCacheSize;
3    private HashMap<Integer, LinkedListNode> map =
4      new HashMap<Integer, LinkedListNode>();
5    private LinkedListNode listHead = null;
6    public LinkedListNode listTail = null;
7
8    public Cache(int maxSize) {
9      maxCacheSize = maxSize;
10   }
11
12   /* キーに対する値を取得し、最も最近使われた値として記録する */
13   public String getValue(int key) {
14     LinkedListNode item = map.get(key);
15     if (item == null) return null;
16
17     /* 最も最近使われた値としてリストの先頭に移動 */
18     if (item != listHead) {
19       removeFromLinkedList(item);
20       insertAtFrontOfLinkedList(item);
21     }
22     return item.value;
23   }
24
25   /* 連結リストからノードを削除 */
26   private void removeFromLinkedList(LinkedListNode node) {
27     if (node == null)  return;
28
29     if (node.prev != null) node.prev.next = node.next;
30     if (node.next != null) node.next.prev = node.prev;
31     if (node == listTail) listTail = node.prev;
32     if (node == listHead) listHead = node.next;
33   }
34
35   /* 連結リストの先頭ノードに挿入 */
36   private void insertAtFrontOfLinkedList(LinkedListNode node) {
37     if (listHead == null) {
38       listHead = node;
39       listTail = node;
40     } else {
41       listHead.prev = node;
42       node.next = listHead;
43       listHead = node;
44     }
45   }
```

```
46
47    /* ハッシュテーブルと連結リストから削除し、キー/値のペアをキャッシュから取り除く */
48    public boolean removeKey(int key) {
49      LinkedListNode node = map.get(key);
50      removeFromLinkedList(node);
51      map.remove(key);
52      return true;
53    }
54
55    /* キーと値のペアをキャッシュに追加する。必要に応じてキーに対する古い値を削除する。
56     * ペアを連結リストとハッシュテーブルに挿入する。 */
57    public void setKeyValue(int key, String value) {
58      /* すでにある場合は削除 */
59      removeKey(key);
60
61      /* キャッシュが一杯の場合は最も古いものを削除 */
62      if (map.size() >= maxCacheSize && listTail != null) {
63        removeKey(listTail.key);
64      }
65
66      /* 新しいノードを挿入 */
67      LinkedListNode node = new LinkedListNode(key, value);
68      insertAtFrontOfLinkedList(node);
69      map.put(key, node);
70    }
71
72    private static class LinkedListNode {
73      private LinkedListNode next, prev;
74      public int key;
75      public String value;
76      public LinkedListNode(int k, String v) {
77        key = k;
78        value = v;
79      }
80    }
81  }
```

LinkedListNodeをCacheの内部クラスにしておいたことに注意してください。他のクラスはこのクラスにアクセスする必要がなく、実際にはCacheのスコープ内にしか存在しないはずです。

X 解法

16.26 計算機: 正の整数、+、-、*、/ からなる演算式(括弧は含みません)が与えられたとき、結果を計算してください。

例

入力: 2*3+5/6*3+15

出力: 23.5

p.209

解法

まず理解しなければならないのは、それぞれの演算子を左から右へ適用するだけではうまくいかないということです。乗算と除算は「優先度の高い」演算とみなされます。つまり、加算前に行わなければなりません。

たとえば 3+6*2 という単純な式の場合は、まず乗算を実行してから加算を実行する必要があります。左から右へ単純に処理してしまった場合、正しい結果の15ではなく18という正しくない結果に終わるでしょう。これはもちろんすべてわかっていることですが、それが意味することを実際に書き出しておくことが重要です。

解法1

左から右へ式を処理することができますが、それをどのようにするのかについて少し賢く考えなければなりません。乗算と除算は、それらの演算を参照するたびに、前後の項に基づいてすぐ実行するようグループ化する必要があります。

たとえば、次の式があるとします:

```
2 - 6 - 7*8/2 + 5
```

すぐに2 - 6を計算し、それを結果変数に格納するのは問題ありませんが、7*(何か)の部分を見ると、結果変数に加える前にその項を完全に処理する必要があることがわかります。

これを行うには、左から右に読んで、2つの変数を持つようにします。

- 1つ目はprocessingという変数で、現在の計算途中(演算子と値の両方)の内容を維持する。加算と減算の場合は単純に現在の項になる。乗算と除算の場合は一連の計算式になる(次の加算または減算に達するまで)。
- 2つ目はresultという変数で、次の項が加減算(または次の項がない)の場合、処理結果がこの変数に適用される。

上記の例では、次のように処理します:

1. +2を読み込む。それをprocessingに適用する。processingをresultに適用する。processingをクリアする。
```
processing = {+, 2}  --> null
result = 0           --> 2
```
2. -6を読み込む。それをprocessingに適用する。processingをresultに適用する。processingをクリアする。
```
processing = {-, 6}  --> null
result = 2           --> -4
```
3. -7を読み込む。それをprocessingに適用する。次の記号が * であることを確認する。次に続く。
```
processing = {-, 7}
result = -4
```

4. *8を読み込む。それをprocessingに適用する。次の記号が / であることを確認する。次に続く。

```
processing = {-, 56}
result = -4
```

5. /2を読み込む。それをprocessingに適用する。次の記号が + で、乗除算の項がこれで終わりであることを確認する。processingをresultに適用する。processingをクリアする。

```
processing = {-, 28} --> null
result = -4          --> -32
```

6. +5を読み込む。それをprocessingに適用する。processingをresultに適用する。processingをクリアする。

```
processing = {+, 5}  --> null
result = -32         --> -27
```


次のコードはこのアルゴリズムを実装したものです。

```
1   /* 算術演算の結果を計算する。
2    * これは左から右に読んで各項をresultに適用することによって機能する。
3    * 乗算や除算が見つかった場合は途中計算を一時変数に適用する。 */
4   double compute(String sequence) {
5     ArrayList<Term> terms = Term.parseTermSequence(sequence);
6     if (terms == null) return Integer.MIN_VALUE;
7
8     double result = 0;
9     Term processing = null;
10    for (int i = 0; i < terms.size(); i++) {
11      Term current = terms.get(i);
12      Term next = i + 1 < terms.size() ? terms.get(i + 1) : null;
13
14      /* 現在の項を「processing」に適用 */
15      processing = collapseTerm(processing, current);
16
17      /* 次の項が+か-の場合はこの計算部分は終わり、
18       *「processing」の内容を「result」に適用する */
19      if (next == null || next.getOperator() == Operator.ADD
20          || next.getOperator() == Operator.SUBTRACT) {
21        result = applyOp(result, processing.getOperator(), processing.getNumber());
22        processing = null;
23      }
24    }
25
26    return result;
27  }
28
29  /* 2つ目の演算子と各数を使用して、
30   * 2つの項をまとめる */
31  Term collapseTerm(Term primary, Term secondary) {
32    if (primary == null) return secondary;
33    if (secondary == null) return primary;
34
35    double value = applyOp(primary.getNumber(), secondary.getOperator(),
36                           secondary.getNumber());
37    primary.setNumber(value);
38    return primary;
39  }
```

```
40
41  double applyOp(double left, Operator op, double right) {
42    if (op == Operator.ADD) return left + right;
43    else if (op == Operator.SUBTRACT) return left - right;
44    else if (op == Operator.MULTIPLY) return left * right;
45    else if (op == Operator.DIVIDE) return left / right;
46    else return right;
47  }
48
49  public class Term {
50    public enum Operator {
51      ADD, SUBTRACT, MULTIPLY, DIVIDE, BLANK
52    }
53
54    private double value;
55    private Operator operator = Operator.BLANK;
56
57    public Term(double v, Operator op) {
58      value = v;
59      operator = op;
60    }
61
62    public double getNumber() { return value; }
63    public Operator getOperator() { return operator; }
64    public void setNumber(double v) { value = v; }
65
66    /* 数式を項のリストに解析する。
67     * たとえば3-5*6は[{BLANK, 3}, {SUBTRACT, 5}, {MULTIPLY, 6}]のようになる。
68     * フォーマットが不適切な場合はnullを返す。 */
69    public static ArrayList<Term> parseTermSequence(String sequence) {
70      /* コードはダウンロードできる解答を参照 */
71    }
72  }
```

最初の文字列の長さをNとすると、これは`O(N)`の計算時間になります。

解法2

別の方法として、数値を扱うスタックと演算子を扱うスタックの2つを用いて解くこともできます。

```
2 - 6 - 7 * 8 / 2 + 5
```

処理は次のように行われます：

- 数字が表示されるたびにnumberStackにpushされる。
- 演算子は、現在のスタックの最上位よりも高い優先度を持つ場合に限り、operatorStackにpushされる。（現在の演算子の優先度）<=（operatorStackのトップにある演算子の優先度）の場合、スタック最上部の「畳み込み」を行う。
  - **畳み込み**：numberStackから2つの要素をpop、演算子をoperatorStackからpopしてから演算子を適用し、結果をnumberStackにpushする。
  - **優先度**：加算と減算の優先度は等しく、乗算と除算（2つの優先度は同じ）の優先度よりも低い。

  この畳み込みは、上記の不等式が成り立たなくなるまで続けられ、その時点で現在の演算子がoperatorStackにpushされる。
- 最終的にスタックをすべて畳み込む。

これを例で見てみましょう: 2 - 6 - 7 * 8 / 2 + 5

	操作	numberStack	operatorStack
2	numberStack.push(2)	2	[empty]
-	operatorStack.push(-)	2	-
6	numberStack.push(6)	6, 2	-
-	collapseStacks [2 - 6] operatorStack.push(-)	-4 -4	[empty] -
7	numberStack.push(7)	7, -4	-
*	operatorStack.push(*)	7, -4	*, -
8	numberStack.push(8)	8, 7, -4	*, -
/	collapseStack [7 * 8] operatorStack.push(/)	56, -4 56, -4	- /, -
2	numberStack.push(2)	2, 56, -4	/, -
+	collapseStack [56 / 2] collapseStack [-4 - 28] operatorStack.push(+)	28, -4 -32 -32	- [empty] +
5	numberStack.push(5)	5, -32	+
	collapseStack [-32 + 5]	-27	[empty]
	return -27		

次のコードはこのアルゴリズムを実装したものです。

```
1   public enum Operator {
2     ADD, SUBTRACT, MULTIPLY, DIVIDE, BLANK
3   }
4
5   double compute(String sequence) {
6     Stack<Double> numberStack = new Stack<Double>();
7     Stack<Operator> operatorStack = new Stack<Operator>();
8
9     for (int i = 0; i < sequence.length(); i++) {
10      try {
11        /* 数字を読み取りpushする */
12        int value = parseNextNumber(sequence, i);
13        numberStack.push((double) value);
14
15        /* 演算子の処理へ */
16        i += Integer.toString(value).length();
17        if (i >= sequence.length()) {
18          break;
19        }
20
21        /* 演算子を読み取り、必要に応じて畳み込みを行った後演算子をpushする */
22        Operator op = parseNextOperator(sequence, i);
23        collapseTop(op, numberStack, operatorStack);
24        operatorStack.push(op);
25      } catch (NumberFormatException ex) {
26        return Integer.MIN_VALUE;
27      }
```

```
28   }
29
30   /* 最終的な畳み込みを行う */
31   collapseTop(Operator.BLANK, numberStack, operatorStack);
32   if (numberStack.size() == 1 && operatorStack.size() == 0) {
33     return numberStack.pop();
34   }
35   return 0;
36 }
37
38 /* (次の演算子の優先度) > (スタックのトップにある演算子の優先度) になるまで畳み込みを行う。
39  * 畳み込みとは、numberStackの2数をpopし、operatorStackの演算子をpopしたものに適用する。
40  * 結果はnumberStackにpushする */
41 void collapseTop(Operator futureTop, Stack<Double> numberStack,
42                  Stack<Operator> operatorStack) {
43   while (operatorStack.size() >= 1 && numberStack.size() >= 2) {
44     if (priorityOfOperator(futureTop) <=
45         priorityOfOperator(operatorStack.peek())) {
46       double second = numberStack.pop();
47       double first = numberStack.pop();
48       Operator op = operatorStack.pop();
49       double collapsed = applyOp(first, op, second);
50       numberStack.push(collapsed);
51     } else {
52       break;
53     }
54   }
55 }
56
57 /* 演算子の優先度を返す。Return priority of operator. Mapped so that:
58  * 優先度は 加算 == 減算 < 乗算 == 除算 */
59 int priorityOfOperator(Operator op) {
60   switch (op) {
61     case ADD: return 1;
62     case SUBTRACT: return 1;
63     case MULTIPLY: return 2;
64     case DIVIDE: return 2;
65     case BLANK: return 0;
66   }
67   return 0;
68 }
69
70 /* left [演算子] right を計算 */
71 double applyOp(double left, Operator op, double right) {
72   if (op == Operator.ADD) return left + right;
73   else if (op == Operator.SUBTRACT) return left - right;
74   else if (op == Operator.MULTIPLY) return left * right;
75   else if (op == Operator.DIVIDE) return left / right;
76   else return right;
77 }
78
79 /* offsetで始まる数を返す */
80 int parseNextNumber(String seq, int offset) {
81   StringBuilder sb = new StringBuilder();
82   while (offset < seq.length() && Character.isDigit(seq.charAt(offset))) {
83     sb.append(seq.charAt(offset));
```

```
84       offset++;
85     }
86     return Integer.parseInt(sb.toString());
87   }
88
89   /* offsetに対応する演算子を返す */
90   Operator parseNextOperator(String sequence, int offset) {
91     if (offset < sequence.length()) {
92       char op = sequence.charAt(offset);
93       switch(op) {
94         case '+': return Operator.ADD;
95         case '-': return Operator.SUBTRACT;
96         case '*': return Operator.MULTIPLY;
97         case '/': return Operator.DIVIDE;
98       }
99     }
100    return Operator.BLANK;
101  }
```

文字列の長さをNとすると、このコードもO(N)になります。

この解法には、面倒な文字列解析コードが多数含まれています。これらの詳細をすべて取り上げるのは、面接ではそれほど重要ではないことを忘れないでください。実際面接官によっては、式があらかじめ解析されて何らかのデータ構造に渡されていると見なすように指示するかもしれません。

最初からコードをモジュール化に焦点を置き、コードの面倒な部分や面白くない部分は外部に「預ける」ようにしてください。中心的な処理内容に意識を集中したいのですから、残りの細かい部分は後回しにしておきましょう!

17

“上級編”の解法

17.1　+を使わない足し算: 2つの数を足す関数を書いてください。ただし、+や他の算術演算子を用いてはいけません。

p.210

解法

このような問題を見て、何らかのビット演算が必要になるだろうとまず思いつくでしょう。+が使えなければ何が使えるだろうかと考えればきっとそうなるでしょうし、コンピュータがどのようにして+を実現しているかを考えれば他の選択肢はなさそうです。

次にすることは、加算がどのようにして行われるのかをよくよく考えて理解することです。何か新たにわかることがないか、具体的な加算の例をいくつも試してみます。さらにそれをコード上で同じようにできるかどうかを考えます。

というわけで実際にやってみましょう。見やすいように10進数を使って進めます。

普通759 + 674を計算するには、最下位の数を足し1が繰り上がり、次の位の数を足し1が繰り上がり、というように計算します。これと同じこと、つまり各位の数を足し必要に応じて繰り上げるという計算を2進数でも行うのです。

もう少し簡単にできないでしょうか？ もちろんできます！ 単に足し合わせるだけのステップと、繰り上げのステップを切り離して考えてみます。つまり、次のようにするのです。

1. 759 + 674を計算する。ただし繰り上げはせず323を得る。
2. 759 + 674を計算するが繰り上げだけを行う。これにより1110を得る。
3. ステップ1と2の結果を足し合わせ（ここでの加算も1と2を繰り返して行う）、1110 + 323 = 1433が得られる。

では、これを2進数で行うにはどのようにすればよいでしょうか？

1. 2進数を繰り上げをしないで足し合わせる場合、`i`番目のビットが同じ値（両方0または両方1）のときのみ足し合わせた`i`番目のビットが0になる。これはXORの結果と同じである。
2. 繰り上げの計算のみの場合、`i - 1`ビット目が両方1の場合にのみ`i`ビット目が1になる。これはANDの結果を1ビットシフトすることで得られる。
3. これらの操作を繰り上げが起こらなくなるまで再帰的に行う。

```
int add(int a, int b) {
  if (b == 0) return a;
  int sum = a ^ b; // 繰り上がりをしないで足す
  int carry = (a & b) << 1; // 繰り上がりのみを計算する
  return add(sum, carry); // sum + Carry を再帰的に計算
}
```

再帰の代わりに反復処理で実装することもできます。

```
int add(int a, int b) {
  while (b != 0) {
    int sum = a ^ b; // 繰り上がりをしないで足す
    int carry = (a & b) << 1; // 繰り上がりのみを計算する
    a = sum;
    b = carry;
  }
  return a;
}
```

加算と減算のような、主要な演算子の実装を要求されるのは比較的よくあります。これらの問題でのポイントは制約が与えられた上で再実装できるように、これらの操作が通常どのように実装されているのかを掘り下げることです。

17.2 **シャッフル:** トランプをシャッフルするメソッドを書いてください。ただし、完璧なシャッフルでなければなりません。言い換えると、52!通りの順列が等確率になるようにということです。また、解答する際に完璧な乱数を生成するメソッドが与えられていると仮定してください。

p.210

解法

これは有名な問題で、アルゴリズムも良く知られています。もしこのアルゴリズムを知らなければ、よく読んで理解しておいてください。

n個の要素の配列をイメージしてみましょう。このように見えるとします:

```
[1] [2] [3] [4] [5]
```

初期状態からの積み上げ方式で、この問題について問いかけてみましょう。(n - 1)個の要素をシャッフルする、`shuffle(...)`というメソッドがあるとします。これを使ってn個の要素をシャッフルできるでしょうか?

もちろん可能ですね。実際、これは非常に簡単です。最初の(n - 1)要素をシャッフルします。次にn番目の要素をとり、配列内の要素とランダムに入れ替えます。それでおしまい!

再帰的には、そのアルゴリズムは次のようになります:

```
/* lower以上、higher以下の乱数 */
int rand(int lower, int higher) {
  return lower + (int)(Math.random() * (higher - lower + 1));
```

```
4   }
5
6   int[] shuffleArrayRecursively(int[] cards, int i) {
7     if (i == 0) return cards;
8
9     shuffleArrayRecursively(cards, i - 1); // 前の部分をシャッフル
10    int k = rand(0, i); // 入れ替えを行うインデックスをランダムに選ぶ
11
12    /* kとiの要素を入れ替える */
13    int temp = cards[k];
14    cards[k] = cards[i];
15    cards[i] = temp;
16
17    /* シャッフルされた配列を返す */
18    return cards;
19  }
```

このアルゴリズムを反復処理で行うとしたら、どのように見えるでしょうか? それについて考えてみましょう。行っていることは、i番目の各要素に対して、array[i]を0からi番目までのランダム要素と入れ替えているだけです。

これは実際に反復処理で実装すると、非常にきれいなアルゴリズムです:

```
1   void shuffleArrayIteratively(int[] cards) {
2     for (int i = 0; i < cards.length; i++) {
3       int k = rand(0, i);
4       int temp = cards[k];
5       cards[k] = cards[i];
6       cards[i] = temp;
7     }
8   }
```

通常反復的なアプローチは、このアルゴリズムをどのように見ているかが書かれています。

17.3 **ランダムな集合:** サイズnの配列からm個の整数の集合をランダムに生成するメソッドを書いてください。各要素の選ばれる確率はすべて等確率になるようにしてください。

p.210

解法

前の問題(589ページの問題**17.2**)のように、初期状態からの積み上げによる手法を使って、この問題を再帰的に見ることができます。

サイズ(n - 1)の配列からm個の要素のランダムな集合を引き出すアルゴリズムがあるとします。このアルゴリズムを使って、サイズnの配列から要素がm個のランダムな集合をどのように引き出すことができるでしょうか?

まず最初の(n - 1)個の要素からサイズmのランダムな集合を引き出すことができます。次に、配列[n]を部分集合に挿入する必要があるかどうかを判断するだけです(この配列からランダムな要素を引き出す必要があります)。これを行う簡単な方法は、0からnまでの乱数kを選ぶことです。k < mならば、配列[n]を 部分集合[k]に挿入する。これは、配列[n]を「適正に」(つまり比例確率で)部分集合へ挿入し、部分集合からランダムな要素を「適正に」除去することになります。

この再帰アルゴリズムの擬似コードは、次のようになります:

```
1  int[] pickMRecursively(int[] original, int m, int i) {
2    if (i + 1 == m) { // 基本ケース
3      /* originalの最初のm個の要素を返す */
4    } else if (i + 1 > m) {
5      int[] subset = pickMRecursively(original, m, i - 1);
6      int k =  random value between 0 and i, inclusive
7      if (k < m) {
8        subset[k] = original[i];
9      }
10     return subset;
11   }
12   return null;
13 }
```

これは反復処理で書いた方が綺麗です。このアプローチでは、部分集合配列をoriginalにおける最初のm個の要素で初期化しています。次に、要素mから反復処理を始めて、k < mのときにarray[i]を部分集合の(ランダムな)位置kに挿入します。

```
1  int[] pickMIteratively(int[] original, int m) {
2    int[] subset = new int[m];
3
4    /* 配列originalの最初の部分で配列subsetを埋める */
5    for (int i = 0; i < m ; i++) {
6      subset[i] = original[i];
7    }
8
9    /* 配列originalの残り部分を走査する */
10   for (int i = m; i < original.length; i++) {
11     int k = rand(0, i); // 0以上i以下の乱数
12     if (k < m) {
13       subset[k] = original[i];
14     }
15   }
16
17   return subset;
18 }
```

驚くことではありませんが、いずれの解法も配列をシャッフルするアルゴリズムと非常によく似ています。

X 解法

17.4 **迷子の数**：0からnまでの整数が入った配列Aがあります。ただし、その配列には1つだけ含まれていない整数があります。また、配列Aの要素には1回の操作でアクセスすることはできません。Aの要素は2進表現されており、1回の操作では「`A[i]`の要素の、jビット目を定数時間で読み込む」ことしかできません。このとき、0からnまでの整数で配列に含まれていない整数を探すコードを書いてください。これを`O(n)`の計算時間でできますか？

p.210

解法

もしかしたら似たような「0からnまでの数のリストで、1つだけ要素が取り除かれたものが与えられたとき、その要素を探してください」という問題を見たことがあるかもしれません。その場合はすべての要素の合計値と、0からnの合計値との差をとるだけで見つけることができます。

この問題ではビットごとに合計値を計算していくことで同じように求めることができます。

しかしこの方法でやるとすれば、必要な計算量は`length(n)`をnのビット長とすると、`n * length(n)`になります。`length(n)` = $\log_2(n)$ですから計算時間は`O(n log(n))`になり、不十分です。

それではどのように考えればよいでしょうか？

実際のところは同じ考え方なのですが、ビットの値をより直接的に活用していきます。

2進表記でリスト（取り除かれた値は「`-----`」）を書き出してみると、

```
00000    00100    01000    01100
00001    00101    01001    01101
00010    00110    01010
-----    00111    01011
```

1つ値を取り除くと、最下位ビット（LSB1とします）に現れる1と0の数のバランスが崩れます。リストの中に0からnまでの数があるとすれば、もしnが奇数なら要素の個数は偶数個ですから、0と1の数は同じになるでしょう。逆にnが偶数なら、0の数が1の数より1つ多いはずです。つまり、

```
if n % 2 == 1 then count(0s) = count(1s)
if n % 2 == 0 then count(0s) = 1 + count(1s)
```

これは、`count(0s)`が常に`count(1s)`以上であるということを示しています。

リストからある値vを取り除くとき、リスト内のすべての要素の最下位ビットを調べていけば、vが奇数であるか偶数であるかはすぐにわかります。

	n % 2 == 0 **count(0s) = 1 + count(1s)**	**n % 2 == 1** **count(0s) = count(1s)**
v % 2 == 0 **LSB_1(v) = 0**	0が取り除かれる count(0s) = count(1s)	0が取り除かれる count(0s) < count(1s)
v % 2 == 1 **LSB_1(v) = 1**	1が取り除かれる count(0s) > count(1s)	1が取り除かれる count(0s) > count(1s)

前ページをまとめると、count(0s) <= count(1s)ならばvは偶数、count(0s) > count(1s)ならばvは奇数ということになります。

すべての偶数を削除して奇数に焦点を当てるか、すべての奇数を削除して偶数に焦点を当てることができます。

その次のビットはどんなものに考えてばよいでしょうか？ vが（小さいほうの）リストに含まれていたら、次のことがわかるはずで（count$_2$は最下位ビットから2番目の0または1の数を示します）：

count$_2$(0s) = count$_2$(1s) もしくは count$_2$(0s) = 1 + count$_2$(1s)

前述の場合と同様に、最下位ビットから2番目のビット（LSB$_2$）は次のようになります。

	count$_2$(0s) = 1 + count$_2$(1s)	**count2$_2$(0s) = count$_2$(1s)**
LSB$_2$(v) == 0	0が取り除かれる count$_2$(0s) = count$_2$(1s)	0が取り除かれる count$_2$(0s) < count$_2$(1s)
LSB$_2$(v) == 1	1が取り除かれる count$_2$(0s) > count$_2$(1s)	1が取り除かれる count$_2$(0s) > count$_2$(1s)

ここでも同じことが言えます。

- もしcount$_2$(0s) <= count$_2$(1s)なら、LSB$_2$(v) = 0
- もしcount$_2$(0s) > count$_2$(1s)なら、LSB$_2$(v) = 1

これをすべてのビットについて繰り返していきます。iビット目の0と1の個数を数えて、LSB$_i$(v)が0か1か調べていきます。そして、リスト内の値xについてLSB$_i$(x) != LSB$_i$(v)である要素をリストから取り除いていきます。もしvが偶数なら、リストの中から奇数を取り除くというような作業を繰り返します。

すべてのビットについてこの操作を繰り返していくと、調べる要素の個数は最初nですが、次は$n/2$、$n/4$…のように半分になっていきます。結果として、計算時間のオーダーはO(N)になります。

もう少しわかりやすいように、視覚的に描き表してみましょう。一番最初はすべての要素について調べていきます。

00000	00100	01000	01100
00001	00101	01001	01101
00010	00110	01010	
-----	00111	01011	

count$_1$(0s) > count$_1$(1s)なので、LSB$_1$(v) = 1であることがわかります。ここで、LSB$_1$(x) != LSB$_1$(v)となるxを取り除いてしまいます。

~~00000~~	~~00100~~	~~01000~~	~~01100~~
00001	00101	01001	01101
~~00010~~	~~00110~~	~~01010~~	
-----	00111	01011	

ここでもcount$_2$(0s) > count$_2$(1s)になり、LSB$_2$(v) = 1であることがわかりました。さらにLSB$_2$(x) != LSB$_2$(v)を満たすxを取り除きます。

~~00000~~	~~00100~~	~~01000~~	~~01100~~
~~00001~~	~~00101~~	~~01001~~	~~01101~~
~~00010~~	~~00110~~	~~01010~~	
-----	00111	01011	

今度はcount$_3$(0s) <= count$_3$(1s)になったので、LSB$_3$(v) = 0です。同じようにLSB$_3$(x) != LSB$_3$(v)を満たすxを取り除いていきましょう。

~~00000~~	~~00100~~	~~01000~~	~~01100~~
~~00001~~	~~00101~~	~~01001~~	~~01101~~
~~00010~~	~~00110~~	~~01010~~	
-----	~~00111~~	01011	

1つだけ値が残りました。count$_4$(0s) <= count$_4$(1s)ですので、LSB$_4$(v) = 0となります。

LSB$_4$(x) != 0を満たす要素をすべて取り除くと、リストは空になります。リストが空になると、それより上位のビットはcount$_i$(0s) <= count$_i$(1s)、つまりLSB$_i$(v) = 0ということになります。言い換えれば、リストが一度空になれば残りのビットはすべて0で埋めてしまえばよいということになります。

このような操作を行い、前記の例で言えばv = 00011という結果が得られます。

このアルゴリズムを実装したコードを以下に示します。要素を取り除いていく操作は、注目しているビットの値によって2つの配列に振り分けることで実現しています。

```
1   int findMissing(ArrayList<BitInteger> array) {
2      /* 最下位ビットから始め、解説した方法で作業していく */
3      return findMissing(array, 0);
4   }
5
6   int findMissing(ArrayList<BitInteger> input, int column) {
7     if (column >= BitInteger.INTEGER_SIZE) { // 終わり!
8       return 0;
9     }
10    ArrayList<BitInteger> oneBits =
11    new ArrayList<BitInteger>(input.size()/2);
12    ArrayList<BitInteger> zeroBits =
13    new ArrayList<BitInteger>(input.size()/2);
14
15    for (BitInteger t : input) {
16      if (t.fetch(column) == 0) {
17        zeroBits.add(t);
18      } else {
19        oneBits.add(t);
20      }
21    }
22    if (zeroBits.size() <= oneBits.size()) {
23      int v = findMissing(zeroBits, column + 1);
24      return (v << 1) | 0;
25    } else {
26      int v = findMissing(oneBits, column + 1);
27      return (v << 1) | 1;
```

```
28    }
29  }
```

26行目と29行目で再帰的にvを決定していきます。$count_1(0s) <= count_1(1s)$を満たしているかどうかを見て、0や1を挿入していきます。

17.5 **文字と数字**：文字と数字で満たされた配列が与えられたとき、文字と数字の数が等しい最長の部分配列を見つけてください。

p.210

解法

導入部分で、本当に良い汎用的な例を作ることの重要性について議論しました。それは間違いなく真実です。しかし問題点を理解することも同じくらい重要です。

この場合、同数の文字と数字が必要なだけです。すべての文字は同じように扱われ、すべての数字は同じように扱われます。したがって、単一の文字と単一の数字の例、つまりAとB、0と1、Thing1 と Thing2 のようなものを使用することができます。

それでは、例を挙げて説明しましょう：

```
[A, B, A, A, A, B, B, B, A, B, A, A, B, B, A, A, A, A, A, A]
```

count(A, subarray) = count(B, subarray) になるような、最小のsubarrayを見つけることになります。

ブルートフォース

明白な解法から始めましょう。すべての部分配列を走査しAとB（文字と数字）の数を数え、等しいものの中で最も長いものを探します。

これに対して少し最適化を行うことができます。最長の部分配列から始め、条件に合ったものが見つかればすぐにそれを返すようにします。

```
1   /* 0と1の数が等しいの最大の部分配列を返す。
2    * 各部分配列を一番長いものから見ていく。
3    * 同じものが見つかればすぐに返す。 */
4   char[] findLongestSubarray(char[] array) {
5     for (int len = array.length; len > 1; len--) {
6       for (int i = 0; i <= array.length - len; i++) {
7         if (hasEqualLettersNumbers(array, i, i + len - 1)) {
8           return extractSubarray(array, i, i + len - 1);
9         }
10      }
11    }
12    return null;
13  }
14
15  /* 部分配列の文字と数字の数が等しいかどうかをチェックする。 */
16  boolean hasEqualLettersNumbers(char[] array, int start, int end) {
```

```
17    int counter = 0;
18    for (int i = start; i <= end; i++) {
19      if (Character.isLetter(array[i])) {
20        counter++;
21      } else if (Character.isDigit(array[i])) {
22        counter--;
23      }
24    }
25    return counter == 0;
26  }
27
28  /* arrayのstart以上end以下の部分配列を返す */
29  char[] extractSubarray(char[] array, int start, int end) {
30    char[] subarray = new char[end - start + 1];
31    for (int i = start; i <= end; i++) {
32      subarray[i - start] = array[i];
33    }
34    return subarray;
35  }
```

1つ最適化しましたが、このアルゴリズムは配列の長さをNとすると$O(N^3)$のままです。

最適解

しようとしているのは、文字の数と数字の数が等しい部分配列を見つけることです。単に先頭から文字と数字の数を数え始めたらどうなるでしょうか?

	a	a	a	a	1	1	a	1	1	a	a	1	a	a	1	a	a	a	a	a
#a	1	2	3	4	4	4	5	5	5	6	7	7	8	9	9	10	11	12	13	14
#1	0	0	0	0	1	2	2	3	4	4	4	5	5	5	6	6	6	6	6	6

このようにすると、確かにインデックス0から文字の数が数字の数と等しくなるインデックスまでの部分配列は、すべて「等しい」と言うことができます。

これは、目的の部分配列の中でもインデックス0から始まるもののみを示しています。すべての部分配列を見つけるには、どのようにすればよいでしょうか?

これを図で描いてみましょう。a1aaa1のような配列の後ろに(a11a1aのような、文字と数字の数が)等しい部分配列を挿入したとします。それがそれぞれの個数にどのような影響を与えるでしょうか?

	a	1	a	a	a	1	|	a	1	1	a	1	a
#a	1	1	2	3	4	4	|	5	5	5	6	6	7
#1	0	1	1	1	1	2	|	2	3	4	4	5	5

追加した部分配列の前の(4, 2)と、最後の(7, 5)を調べます。値は同じではありませんが、差は4-2 = 7-5です。これには意味があります。同じ数の文字と数字を追加しているので、同じ差を維持する必要があります。

> 差が同じである場合、部分配列は最初にインデックスが一致したところから始まり、最後に一致するインデックスまで続きます。これは以下のコードの10行目を説明しています。

差を用いて、先程の配列を更新しましょう。

	a	a	a	a	1	1	a	1	1	a	a	1	a	a	1	a	a	a	a	a
#a	1	2	3	4	4	4	5	5	5	6	7	7	8	9	9	10	11	12	13	14
#1	0	0	0	0	1	2	2	3	4	4	4	5	5	5	6	6	6	6	6	6
-	1	2	3	4	3	2	3	2	1	2	3	2	3	4	3	4	5	6	7	8

同じ差を返すたびに、文字と数字の数が等しい部分配列が見つかったことがわかります。最大の部分配列を見つけるには、同じ値でもっとも離れた2つのインデックスを見つけるだけです。

これを行うために、最初に特定の差が現れたところをハッシュテーブルで保存しておきます。次に同じ差があるたびに、この部分配列(最初に出現したインデックスから現在のインデックスまで)が現在の最大値よりも大きいかどうかを確認します。現在の最大値より大きい場合は最大値を更新します。

```
1  char[] findLongestSubarray(char[] array) {
2    /* 数字の数と文字の数の差を計算する */
3    int[] deltas = computeDeltaArray(array);
4
5    /* deltasの中で値が一致し、かつ最も長い区間のペアを見つける。 */
6    int[] match = findLongestMatch(deltas);
7
8    /* 部分配列を返す。部分配列は、deltaが一致するペアの
9     * 最初のインデックスの「1つ後」からであることに注意する。 */
10   return extract(array, match[0] + 1, match[1]);
11 }
12
13 /* 配列の先頭から各インデックスまでの、
14  * 数字と文字の数の差を計算する。 */
15 int[] computeDeltaArray(char[] array) {
16   int[] deltas = new int[array.length];
17   int delta = 0;
18   for (int i = 0; i < array.length; i++) {
19     if (Character.isLetter(array[i])) {
20       delta++;
21     } else if (Character.isDigit(array[i])) {
22       delta--;
23     }
24     deltas[i] = delta;
25   }
26   return deltas;
27 }
28
29 /* 配列deltasの中で、値が一致するペアのうち
30  * インデックスの差が最も大きいものを見つける。 */
31 int[] findLongestMatch(int[] deltas) {
32   HashMap<Integer, Integer> map = new HashMap<Integer, Integer>();
33   map.put(0,  -1);
34   int[] max = new int[2];
35   for (int i = 0; i < deltas.length; i++) {
36     if (!map.containsKey(deltas[i])) {
37       map.put(deltas[i],  i);
38     } else {
39       int match = map.get(deltas[i]);
40       int distance = i - match;
41       int longest = max[1] - max[0];
42       if (distance > longest) {
```

```
43              max[1] = i;
44              max[0] = match;
45          }
46        }
47      }
48      return max;
49  }
50
51  char[] extract(char[] array, int start, int end) { /* same */ }
```

Nを配列のサイズとすると、この解法はO(N)の実行時間になります。

17.6　2を数えよう: 0からnまで(nを含む)の整数の文字列表記に現れる2の個数を数えるメソッドを書いてください。

例

入力: 25

出力: 9 (2, 12, 20, 21, 22, 23, 24 and 25. ※22は2つ分のカウント)

p.210

解法

この問題への最初のアプローチとしては、おそらくブルートフォースになることが多いかと思われます。面接官はどのように問題へアプローチするかを見たがっているということを忘れないでください。ブルートフォースの解法を提案するのは、最初の取り組みとしては良いことです。

```
1   /* 0からnに現れる'2'の個数を数える */
2   int numberOf2sInRange(int n) {
3     int count = 0;
4     for (int i = 2; i <= n; i++) { // 2から始めても問題ない
5       count += numberOf2s(i);
6     }
7     return count;
8   }
9
10  /* 1つの数字に含まれる'2'の個数を数える */
11  int numberOf2s(int n) {
12    int count = 0;
13    while (n > 0) {
14      if (n % 10 == 2) {
15        count++;
16      }
17      n = n / 10;
18    }
19    return count;
20  }
```

唯一注目すべき点は、コードを見やすくするためにnumberOf2sというメソッドを切り離している部分です。コードのきれいさを気にしているということアピールしましょう。

改良した解法

数の集まりとして見るのではなく、各桁ごとに見ていきます。10個ずつ区切って並べると次のようになります。

```
  0   1   2   3   4   5   6   7   8   9
 10  11  12  13  14  15  16  17  18  19
 20  21  22  23  24  25  26  27  28  29
...
110 111 112 113 114 115 116 117 118 119
```

1行につき一の位が2になるものが1つ現れるので、一の位が2の数はだいたい全体の10分の1になる、ということがわかります。さらに、ある桁に2が現れる数の個数は、どの桁でもだいたい全体の$1/_{10}$になります。

ここで「だいたい」というのは、値の範囲によって多少異なる可能性があるからです。たとえば1から100の間であれば、十の位が2になる数はちょうど10分の1ありますが、1から37であれば$1/_{10}$より多くなってしまいます。

2が現れる割合を正確に求めるために、各桁の数(digit)に対してdigit < 2、digit = 2、digit > 2 の3つの場合に分けて考えます。

digit < 2の場合

x = 61523、d = 3 として、x[d] = 1(d番目の桁(千の位)が1)の部分に注目します。千の位に2が現れるのは 2000〜2999、12000〜12999、22000〜22999、32000〜32999、42000〜42999、52000〜52999 の範囲で、62000~62999 は含まれないので、千の位には合計 6000個の2があります。これは、0から60000までの範囲の千の位にある2の数を数えるのと同じ結果になります。

つまり、d桁目以下を切り捨て10^{d+1}の倍数に丸めてしまい、それを10で割ることでd桁目に2が現れる数の個数を求めることができるということです。

```
if x[d] < 2: count2sInRangeAtDigit(x, d) =
    let y = round down to nearest 10^(d+1)
    return y / 10
```

digit > 2の場合

次はx[d] > 2 になっている桁に注目してみましょう。xを63525、d = 3として先ほどとほとんど同じようにして考えると、0~63525 の範囲にある3桁目の2の個数は、0~70000 の範囲にある3桁目の2の個数と一致します。先ほどと違うのは、d桁目以下を切り捨てるのではなく切り上げるという点です。

```
if x[d] > 2: count2sInRangeAtDigit(x, d) =
    let y = 10^(d+1) の倍数に切り捨てる
    return y / 10
```

digit = 2の場合

最後のケースは他と比べて難しいですが、基本的にはこれまでの考え方と同じです。x = 62523、d = 3としてみましょう。2000~2999、12000~12999 ... 52000~52999 まではこれまでと同じように計算できますが、最後の部分 62000~62523 についてはどのようにすればよいでしょうか? 実は非常に簡単で、この例の場合は524個(62000、62001 ... 62523)あります。

```
if x[d] = 2: count2sInRangeAtDigit(x, d) =
    let y = 10^(d+1) の倍数に切り上げる
    let z = x の右部分 ( x % 10^d に相当)
    return y / 10 + z + 1
```

あとはこの計算を各桁に繰り返し適用するだけです。実装はそれほど難しくはありません。

```
int count2sInRangeAtDigit(int number, int d) {
  int powerOf10 = (int) Math.pow(10, d);
  int nextPowerOf10 = powerOf10 * 10;
  int right = number % powerOf10;

  int roundDown = number - number % nextPowerOf10;
  int roundUp = roundDown + nextPowerOf10;

  int digit = (number / powerOf10) % 10;
  if (digit < 2) { // 注目する桁について場合分け
    return roundDown / 10;
  } else if (digit == 2) {
    return roundDown / 10 + right + 1;
  } else {
    return roundUp / 10;
  }
}

int count2sInRange(int number) {
  int count = 0;
  int len = String.valueOf(number).length();
  for (int digit = 0; digit < len; digit++) {
    count += count2sInRangeAtDigit(number, digit);
  }
  return count;
}
```

この問題では非常に入念なテストが要求されます。すべての場合がテストできるように、テストケースの生成には気をつけてください。

17.7 **赤ちゃんの名前**：毎年、政府は10000の最も一般的な赤ちゃんの名前のリストとその度数(その名前の赤ちゃんの数)を公表します。これについての唯一の問題はいくつかの名前に複数の綴りがあるという点です。例えば「John」と「Jon」は基本的に同じ名前なのですが、リストは別になってしまいます。名前/度数のリストと同じ名前の組のリストの、2種類のリストが与えられたとき、それぞれの名前における真の度数のリストを新たに表示するアルゴリズムを書いてください。JohnとJonが同じ名前でJonとJohnnyが同じ名前であれば、JohnとJohnnyも同じ名前であるという点に注意してください。(推移的かつ対称的ということです。)最終的なリストにはどの名前を使っても構いません。

例

入力：Names: John (15), Jon (12), Chris (13), Kris (4), Christopher (19)
　　Synonyms: (Jon, John), (John, Johnny), (Chris, Kris), (Chris, Christopher)

出力：John (27), Kris (36)

p.211

解法

良い例を作るところから始めましょう。同一の名前とみなす名前が複数あるものと、そうでないものが含まれている例が必要です。さらに、同一名とみなす名前のリストには、ある名前が左側にも右側にもあるようなものが望ましいです。たとえば、(John, Jonathan, Jon, Johnny)のグループを作るときに、Johnnyが常に左側に書いてあるようなものは望ましくありません。

このリストはかなりうまくいくはずです。

名前	人数
John	10
Jon	3
Davis	2
Kari	3
Johnny	11
Carlton	8
Carleton	2
Jonathan	9
Carrie	5

名前	別名
Jonathan	John
Jon	Johnny
Johnny	John
Kari	Carrie
Carleton	Carlton

最終的なリストは、John (33), Kari (8), Davis(2), Carleton (10)のようになるはずです。

解法1

赤ちゃんの名前リストがハッシュテーブルとして与えられているとしましょう。(もしそうでなくても、それを構築するのは簡単です。)

同一名リストからペアを読み込むところから始めます。(Jonathan, John)のペアを読んでいるとき、JonathanとJohnの人数はまとめることができます。ただし、このペアを見たことは覚えておく必要があります。なぜなら将来、Jonathanは何か他の名前と同一であることが分かるかもしれないからです。

ある名前から「真の」名前にマップするハッシュテーブル(L1)を使用するようにします。また、「真の」名前があれば、それに相当するすべての名前を知る必要があります。これはハッシュテーブルL2に格納されます。L2 は L1 の逆引き参照として機能することに注意してください。

```
READ (Jonathan, John)
     L1.ADD Jonathan -> John
     L2.ADD John -> Jonathan
READ (Jon, Johnny)
     L1.ADD Jon -> Johnny
     L2.ADD Johnny -> Jon
READ (Johnny, John)
     L1.ADD Johnny -> John
     L1.UPDATE Jon -> John
     L2.UPDATE John -> Jonathan, Johnny, Jon
```

後でJohnがJonnyと同等であることがわかったら、L1とL2の名前を調べ、それらに相当する名前をすべて統合する必要があります。

これはうまくいきますが、2つのリストを追跡するのは不必要に複雑です。

代わりに、これらの名前を「等価クラス」として考えます。(Jonathan, John)というペアを見つけると、これらを同じグループ(または等価クラス)に入れます。各名前は等価クラスにマップされます。グループ内のすべての項目は、グループの同じインスタンスにマップされるということです。

2つのグループを統合する必要がある場合は、一方のグループを他方のグループにコピーし、新しいグループを指すようにハッシュテーブルを更新します。

```
READ (Jonathan, John)
     CREATE Set1 = Jonathan, John
     L1.ADD Jonathan -> Set1
     L1.ADD John -> Set1
READ (Jon, Johnny)
     CREATE Set2 = Jon, Johnny
     L1.ADD Jon -> Set2
     L1.ADD Johnny -> Set2
READ (Johnny, John)
     COPY Set2 into Set1.
       Set1 = Jonathan, John, Jon, Johnny
     L1.UPDATE Jon -> Set1
     L1.UPDATE Johnny -> Set1
```

上記の最後のステップでは、Set2 のすべての要素を走査し、その参照が Set1 を指すように更新しました。これを行うと、名前の合計度数が記録されます。

```
1   HashMap<String, Integer> trulyMostPopular(HashMap<String, Integer> names,
2                                             String[][] synonyms) {
3     /* リストを解析して等価クラスを初期化する */
4     HashMap<String, NameSet> groups = constructGroups(names);
5
6     /* 等価クラスを統合する */
7     mergeClasses(groups, synonyms);
8
9     /* グループをハッシュマップに変換する */
10    return convertToMap(groups);
11  }
12
13  /* これがアルゴリズムの中核部分。各ペアを読み込む。
14   * 等価クラスをマージし、統合元のマッピングを更新し、
15   * 統合先のグループを指すようにする。 */
16  void mergeClasses(HashMap<String, NameSet> groups, String[][] synonyms) {
17    for (String[] entry : synonyms) {
18      String name1 = entry[0];
19      String name2 = entry[1];
20      NameSet set1 = groups.get(name1);
21      NameSet set2 = groups.get(name2);
22      if (set1 != set2) {
23        /* 必ず小さい方のグループを大きい方のグループに統合する */
24        NameSet smaller = set2.size() < set1.size() ? set2 : set1;
25        NameSet bigger = set2.size() < set1.size() ? set1 : set2;
26
27        /* リストを統合する */
28        Set<String> otherNames = smaller.getNames();
29        int frequency = smaller.getFrequency();
30        bigger.copyNamesWithFrequency(otherNames, frequency);
31
32        /* マッピングを更新する */
```

```
33         for (String name : otherNames) {
34           groups.put(name,  bigger);
35         }
36       }
37     }
38   }
39
40   /* (名前, 度数)のペアを読み込み、NameSets(等価クラス)への
41    * 名前のマッピングを初期化する。 */
42   HashMap<String, NameSet> constructGroups(HashMap<String, Integer> names) {
43     HashMap<String, NameSet> groups = new HashMap<String, NameSet>();
44     for (Entry<String, Integer> entry : names.entrySet()) {
45       String name = entry.getKey();
46       int frequency = entry.getValue();
47       NameSet group = new NameSet(name, frequency);
48       groups.put(name,  group);
49     }
50     return groups;
51   }
52
53   HashMap<String, Integer> convertToMap(HashMap<String, NameSet> groups) {
54     HashMap<String, Integer> list = new HashMap<String, Integer>();
55     for (NameSet group : groups.values()) {
56       list.put(group.getRootName(), group.getFrequency());
57     }
58     return list;
59   }
60
61   public class NameSet {
62     private Set<String> names = new HashSet<String>();
63     private int frequency = 0;
64     private String rootName;
65
66     public NameSet(String name, int freq) {
67       names.add(name);
68       frequency = freq;
69       rootName = name;
70     }
71
72     public void copyNamesWithFrequency(Set<String> more, int freq) {
73       names.addAll(more);
74       frequency += freq;
75     }
76
77     public Set<String> getNames() { return names; }
78     public String getRootName() { return rootName; }
79     public int getFrequency() { return frequency; }
80     public int size() { return names.size(); }
81   }
```

X 解法

アルゴリズムの実行時間は少しわかりにくいです。これを考える方法の1つは、最悪ケースが何であるか考えることです。

このアルゴリズムでは、最悪ケースではすべての名前が等価で、常にグループの統合を行う必要がある場合です。また、最悪ケースの場合は統合(統合の繰り返し)が最悪のやり方で行われるべきです。統合のたびに、グループの要素を既存のグループにコピーし、それらの要素からポインタを更新する必要があります。グループが大きいときは最も遅くなります。

マージソート(1要素の配列を2要素の配列に統合し、次に2要素の配列を4要素の配列に統合し、最終的に完全な配列になるまで統合する)を用いた並列化に気付けば、`O(N log N)`であると考えるかもしれませんが、それは正しいです。

もしそれに気付かない場合は、別の考え方があります。

(a, b, c, d, ..., z)という名前があると考えてください。最悪ケースでは、最初は(a, b), (c, d), (e, f), ..., (y, z)のような等価クラスのペアを作っていきます。次に、(a, b, c, d), (e, f, g, h), ..., (w, x, y, z)のようにペア同士を統合します。このような操作を、1つのクラスになるまで続けます。

リスト上のグループ同士を統合するたびに、要素の半数が新しいグループに移動します。これは毎回`O(N)`の作業を必要とします。(統合するグループは少なくなりますが、各グループは大きくなりました。)

統合の操作は何周行われるでしょうか? 統合操作を1周行うたびに、グループ数は半数になります。したがって、`O(log N)`周の統合操作を行うことになります。

統合の操作を`O(log N)`周行い、そのたびに`O(N)`の作業を行っているので、実行時間の合計は`O(N log N)`になります。

これはかなり良いですが、もっと速くできるかどうかを見てみましょう。

最適解法

先の解法を最適化するには、速度低下の原因になるものを厳密に考えなければなりません。基本的には、統合とポインタを更新する部分です。

それを行わなければどうなるでしょうか? 2つの名前の間には等価な関係があるという印はつけて、実際にはその情報を用いず何もしないとすれば、どうなるでしょうか?

この場合、本質的にはグラフを作成することになります。

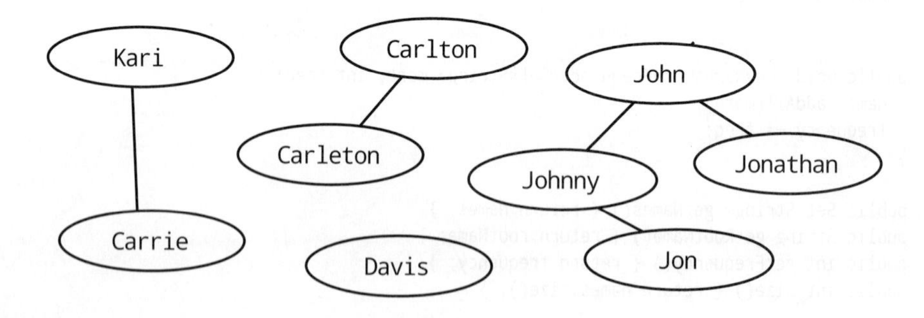

それからどのようにすればよいでしょうか? 視覚的には、それは十分に簡単に見えます。構成要素の各部分(図の部分木)は、等価な名前のグループです。名前を構成要素でグループ化し、その度数を合計し、各グループから任意に選択した名前のリストを返すだけにします。

実際には、これはどのように機能するでしょうか? 1つのグループ内のすべての名前の度数を合計するために、名前を選択して深さ優先(または幅優先)探索を実行します。各グループに対して、正確に1回だけアクセスすることを確認しておく必要があります。グラフの探索で発見されたノードを訪問したものとして記録し、訪問先がfalseのノードの探索を開始するようにします。

```
1   HashMap<String, Integer> trulyMostPopular(HashMap<String, Integer> names,
2                                             String[][] synonyms) {
3     /* グラフデータの作成 */
4     Graph graph = constructGraph(names);
5     connectEdges(graph, synonyms);
6
7     /* グループ内の探索 */
8     HashMap<String, Integer> rootNames = getTrueFrequencies(graph);
9     return rootNames;
10  }
11
12  /* すべての名前をノードとしてグラフに追加する */
13  Graph constructGraph(HashMap<String, Integer> names) {
14    Graph graph = new Graph();
15    for (Entry<String, Integer> entry : names.entrySet()) {
16        String name = entry.getKey();
17        int frequency = entry.getValue();
18        graph.createNode(name, frequency);
19    }
20    return graph;
21  }
22
23  /* 等価な名前のノードを接続する */
24  void connectEdges(Graph graph, String[][] synonyms) {
25    for (String[] entry : synonyms) {
26        String name1 = entry[0];
27        String name2 = entry[1];
28        graph.addEdge(name1,  name2);
29    }
30  }
31
32  /* 各グループに対してDFSを用いた探索を行う。
33   * すでに訪問したノードはすでに計算済みである。 */
34  HashMap<String, Integer> getTrueFrequencies(Graph graph) {
35    HashMap<String, Integer> rootNames = new HashMap<String, Integer>();
36    for (GraphNode node : graph.getNodes()) {
37      if (!node.isVisited()) { // このノードは訪問済み
38        int frequency = getComponentFrequency(node);
39        String name = node.getName();
40        rootNames.put(name, frequency);
41      }
42    }
43    return rootNames;
44  }
45
46  /* このグループの合計度数を求めるために深さ優先探索を行い、
47   * 各ノードには訪問済みの印を付ける。 */
48  int getComponentFrequency(GraphNode node) {
49    if (node.isVisited()) return 0; // 訪問済み
50
51    node.setIsVisited(true);
52    int sum = node.getFrequency();
```

X 解法

```
53    for (GraphNode child : node.getNeighbors()) {
54      sum += getComponentFrequency(child);
55    }
56    return sum;
57  }
58
59  /* GraphNodeとGraphのコードは自明で説明の必要はないと思いますが、
60   * ダウンロードできる解答コードで確認することはできます。 */
```

効率を分析するには、アルゴリズムの各部分の効率について考えます。

- データの読み込みはデータのサイズに対して線形であるため、Bを赤ちゃんの名前、Pを等価な名前のペア数とすると、O(B + P) 時間がかかります。これは入力データごとに一定の作業量しかないからです。
- 度数を計算するには、すべてのグラフの探索で各辺をちょうど1回だけ通過し、各ノードがちょうど1回だけ訪問したかどうかがチェックされます。そのためこの部分の計算時間はO(B + P)になります。

したがって、アルゴリズム全体ではO(B + P)の時間になります。少なくともB + P個のデータを読み込まなければならないので、これよりも良くすることはできません。

17.8 サーカスタワー: サーカスで、人の肩の上に立つようにしてタワーを作っていきます。実際的な理由と美的な理由で、タワーで上に乗る人は下の人よりも背が低く、体重も軽くなければなりません。タワーを作る人たちの身長と体重がわかっているとき、条件を満たすタワーを作ることのできる最大の人数を計算するメソッドを書いてください。

例

入力:(ht, wt):(65, 100) (70, 150) (56, 90) (75, 190) (60, 95) (68, 110)

出力: 最大のタワーは高さが6で、上から下まで次の人々が含まれています
(56, 90) (60, 95) (65,100) (68,110) (70,150) (75,190)

p.211

解法

「余計なもの」を取り去ってしまえば、この問題は次のように理解することができます。

項目のペアのリストがあります。リストの要素を使って、1番目の項目と2番目の項目が増加するような列を作ります。そのような列のうち、長さが最大になるものを求めなさい。

最初に試してみそうなことは、身長や体重の属性でのソートです。これは便利ではありますが、それで済むわけではありません。項目を高さでソートすることで、項目が現れる相対的な順序がわかります。しかし、体重が増加する最長の並びを見つける必要があります。

解法1:再帰的解法

1つのアプローチは、基本的にすべての可能性を試すことです。高さでソートした後、配列を走査します。各要素では、その要素を(有効な場合)解に含めるか含めないかの2つの選択に分岐します。

```
1  ArrayList<HtWt> longestIncreasingSeq(ArrayList<HtWt> items) {
2    Collections.sort(items);
```

```
3    return bestSeqAtIndex(items, new ArrayList<HtWt>(), 0);
4  }
5
6  ArrayList<HtWt> bestSeqAtIndex(ArrayList<HtWt> array, ArrayList<HtWt> sequence,
7                                 int index) {
8    if (index >= array.size()) return sequence;
9
10   HtWt value = array.get(index);
11
12   ArrayList<HtWt> bestWith = null;
13   if (canAppend(sequence, value)) {
14     ArrayList<HtWt> sequenceWith = (ArrayList<HtWt>) sequence.clone();
15     sequenceWith.add(value);
16     bestWith = bestSeqAtIndex(array, sequenceWith, index + 1);
17   }
18
19   ArrayList<HtWt> bestWithout = bestSeqAtIndex(array, sequence, index + 1);
20   return max(bestWith, bestWithout);
21 }
22
23 boolean canAppend(ArrayList<HtWt> solution, HtWt value) {
24   if (solution == null) return false;
25   if (solution.size() == 0) return true;
26
27   HtWt last = solution.get(solution.size() - 1);
28   return last.isBefore(value);
29 }
30
31 ArrayList<HtWt> max(ArrayList<HtWt> seq1, ArrayList<HtWt> seq2) {
32   if (seq1 == null) {
33     return seq2;
34   } else if (seq2 == null) {
35     return seq1;
36   }
37   return seq1.size() > seq2.size() ? seq1 : seq2;
38 }
39
40 public class HtWt implements Comparable<HtWt> {
41   private int height;
42   private int weight;
43   public HtWt(int h, int w) { height = h; weight = w; }
44
45   public int compareTo(HtWt second) {
46     if (this.height != second.height) {
47       return ((Integer)this.height).compareTo(second.height);
48     } else {
49       return ((Integer)this.weight).compareTo(second.weight);
50     }
51   }
52
53   /*「this」を「other」の前に並べるべきならtrueを返す。
54    * this.isBefore(other)とother.isBefore(this)がいずれもfalseである可能性があることに注意する。
55    * これは a < b ならば b > a とするcompareToメソッドとは異なる。 */
56   public boolean isBefore(HtWt other) {
57     if (height < other.height && weight < other.weight) {
58       return true;
```

```
59        } else {
60          return false;
61        }
62      }
63    }
```

このアルゴリズムは$O(2^n)$の計算時間になります。メモ化(つまり最も長い並びをキャッシュする)を用いて最適化することが可能ですが、もっと簡潔に行うことができます。

解法2:反復的解法

A[0]～A[3]の各要素で終わる最長の部分列があるとします。これを使ってA[4]で終わる最長の部分列を見つけることができますか?

```
配列: 13, 14, 10, 11, 12
最長(A[0]で終わる): 13
最長(A[1]で終わる): 13, 14
最長(A[2]で終わる): 10
最長(A[3]で終わる): 10, 11
最長(A[4]で終わる): 10, 11, 12
```

もちろんできますね。それまでの最長部分列の中でA[4]を追加できるものに追加するだけです。これでかなり素直な実装ができるようになりました。

```
1   ArrayList<HtWt> longestIncreasingSeq(ArrayList<HtWt> array) {
2     Collections.sort(array);
3
4     ArrayList<ArrayList<HtWt>> solutions =  new ArrayList<ArrayList<HtWt>>();
5     ArrayList<HtWt> bestSequence = null;
6
7     /* 各要素で終わる最長の部分列を見つける。
8      * 進めるごとに最長の部分列を記録する。 */
9     for (int i = 0; i < array.size(); i++) {
10      ArrayList<HtWt> longestAtIndex = bestSeqAtIndex(array, solutions, i);
11      solutions.add(i, longestAtIndex);
12      bestSequence = max(bestSequence, longestAtIndex);
13    }
14
15    return bestSequence;
16  }
17
18  /* この要素で終わる最長の部分列を見つける。 */
19  ArrayList<HtWt> bestSeqAtIndex(ArrayList<HtWt> array,
20      ArrayList<ArrayList<HtWt>> solutions, int index) {
21    HtWt value = array.get(index);
22
23    ArrayList<HtWt> bestSequence = new ArrayList<HtWt>();
24
25    /* この要素を追加することのできる最長の部分列を見つける。 */
26    for (int i = 0; i < index; i++) {
27      ArrayList<HtWt> solution = solutions.get(i);
28      if (canAppend(solution, value)) {
29        bestSequence = max(solution, bestSequence);
30      }
```

```
31    }
32
33    /* 要素を追加する。 */
34    ArrayList<HtWt> best = (ArrayList<HtWt>) bestSequence.clone();
35    best.add(value);
36
37    return best;
38  }
```

このアルゴリズムは $O(n^2)$ の計算時間ですが、O(n log(n)) のアルゴリズムもあります。しかし相当複雑で、いくらかの手助けがあったとしても面接試験時に答えられるところまではまずできないでしょう。とはいえ、もし興味があればインターネットですぐに調べてみてください。たくさん説明が出てくるはずです。

17.9 K番目の倍数: 素因数が3、5、7だけの整数値で、k番目に小さいものを見つけるアルゴリズムを設計してください。3, 5, 7が必ず因数である必要はありませんが、他の素因数を含んではいけないことに注意してください。例えば、最初のいくつかを(小さい順に)書くと、1, 3, 5, 7, 9, 15 ,21 になります。

p.211

解法

この問題が何を求めているのかをまず理解しましょう。$3^a * 5^b * 7^c$ という形でk番目に小さい番号を求めています。これを発見するため、ブルートフォースから始めましょう。

ブルートフォース

k番目の数で最も大きいものは、$3^k * 5^k * 7^k$ であることはわかっています。ですから、これを行う「頭の悪い」方法は、0〜kの間のa, b, cすべての値に対して $3^a * 5^b * 7^c$ を計算することです。それらをすべてリストに投入し、リストをソートしてからk番目に小さい値を選びます。

```
1  int getKthMagicNumber(int k) {
2    ArrayList<Integer> possibilities = allPossibleKFactors(k);
3    Collections.sort(possibilities);
4    return possibilities.get(k);
5  }
6
7  ArrayList<Integer> allPossibleKFactors(int k) {
8    ArrayList<Integer> values = new ArrayList<Integer>();
9    for (int a = 0; a <= k; a++) { // 3のループ
10     int powA = (int) Math.pow(3,  a);
11     for (int b = 0; b <= k; b++) { // 5のループ
12       int powB = (int) Math.pow(5,  b);
13       for (int c = 0; c <= k; c++) { // 7のループ
14         int powC = (int) Math.pow(7, c);
15         int value = powA * powB * powC;
16
17         /* オーバーフローのチェック */
18         if (value < 0 || powA == Integer.MAX_VALUE ||
19            powB == Integer.MAX_VALUE ||
20            powC == Integer.MAX_VALUE) {
21           value = Integer.MAX_VALUE;
```

```
22          }
23          values.add(value);
24        }
25      }
26    }
27    return values;
28  }
```

このアプローチの実行時間はどのくらいでしょうか？ forループはネストしていて、それぞれのループはk回実行されます。つまり`allPossibleKFactors`の実行時間は$O(k^3)$です。次に、k^3個の値を$O(k^3 \log(k^3))$の時間（これは$O(k^3 \log k)$に等しい）でソートします。したがって実行時間は$O(k^3 \log k)$ということになります。

これにはいくつかの最適化（と、整数オーバーフローを処理するより良い方法）がありますが、正直なところこのアルゴリズムはかなり遅いです。ですので、最適化ではなくアルゴリズムをもう一度考え直すところに焦点を当てるべきです。

改良版

結果がどのように見えるかを描いてみましょう。

1	-	$3^0 * 5^0 * 7^0$
3	3	$3^1 * 5^0 * 7^0$
5	5	$3^0 * 5^1 * 7^0$
7	7	$3^0 * 5^0 * 7^1$
9	3*3	$3^2 * 5^0 * 7^0$
15	3*5	$3^1 * 5^1 * 7^0$
21	3*7	$3^1 * 5^0 * 7^1$
25	5*5	$3^0 * 5^2 * 7^0$
27	3*9	$3^3 * 5^0 * 7^0$
35	5*7	$3^0 * 5^1 * 7^1$
45	5*9	$3^2 * 5^1 * 7^0$
49	7*7	$3^0 * 5^0 * 7^2$
63	3*21	$3^2 * 5^0 * 7^1$

問題は、リストの次の値は何になるのか？ ということです。次の値は以下のいずれかになります：

- 3 *（すでにリストに現れた数）
- 5 *（すでにリストに現れた数）
- 7 *（すでにリストに現れた数）

これがすぐに出てこない場合は、次のような考え方をしてみましょう：次の値（nv）はどんな値でも3で割ることができます。その数はすでに追加されていますか？ nvの因数に3がある限り、そうなりますね。それは5や7でも同じことが言えます。

つまり、A_kが（3、5、7のいずれか）×（$\{A_1, ..., A_{k-1}\}$のいずれか）で表すことができるということになります。さらに、定義からA_kはリストの次の値であるということもわかります。したがって、A_kは$\{A_1, ..., A_{k-1}\}$に3、5、7を掛けた値の中で最小で、かつリストの中にはない新しい値ということになります。

では、どのようにしてA_kを見つければよいでしょうか? 実際にリストの中の値に3、5、7を掛けて、最小かつリストの中にない値を探してもかまいませんが、その方法では$O(k^2)$の計算量になります。悪くはありませんが、もっと良い方法がありそうです。

リスト内の値に3、5、7を掛けて毎回次の候補を計算するよりも、それらの値を将来的にリストに入る値としてあらかじめ管理しながらA_kを求めていきます。リスト内の各要素A_iは、後に以下の形で再びリストに現れます。

- $3 * A_i$
- $5 * A_i$
- $7 * A_i$

先にこの考えを使い、A_iをリストに加えるたびに$3A_i$、$5A_i$、$7A_i$を他の一時的なリストに保持しておきます。A_{i+1}を決めるのに、その一時リストの中から最小の値を探すようにします。

コードは以下のようになります(訳注:PriorityQueueを用いるほうが計算量が良くなり適切)。

```
1   int removeMin(Queue<Integer> q) {
2     int min = q.peek();
3     for (Integer v : q) {
4       if (min > v) {
5         min = v;
6       }
7     }
8     while (q.contains(min)) {
9       q.remove(min);
10    }
11    return min;
12  }
13
14  void addProducts(Queue<Integer> q, int v) {
15    q.add(v * 3);
16    q.add(v * 5);
17    q.add(v * 7);
18  }
19
20  int getKthMagicNumber(int k) {
21    if (k < 0) return 0;
22
23    int val = 1;
24    Queue<Integer> q = new LinkedList<Integer>();
25    addProducts(q, 1);
26    for (int i = 0; i < k; i++) {
27      val = removeMin(q);
28      addProducts(q, val);
29    }
30    return val;
31  }
```

このアルゴリズムは、たしかに最初のものよりずっとずっと良いです。しかし、まだ完璧ではありません。

新しい要素A_iを決めるのに、以下のような値の連結リストを探索しています。

- 3 * 前の要素
- 5 * 前の要素
- 7 * 前の要素

最適化できそうな、いらない処理はどこでしょう？
リストを以下のようにイメージしてみましょう。

```
q6 = {7A1, 5A2, 7A2, 7A3, 3A4, 5A4, 7A4, 5A5, 7A5}
```

リストから最小値を探すとき、$7A_1$ < minかどうかを調べて、それよりあとに$7A_5$ < minかどうかを調べています。これは明らかに無意味ですね？ $A_1 < A_5$であることは間違いないのですから、$7A_1$だけを調べればよいのです。

もし最初から、最後に掛けた素因数（3、5、7）ごとにリストを分けておけば、それぞれのリストの先頭だけを調べればよいことになります。後ろの要素は先頭の要素よりも大きくなるので、調べる必要がなくなるのです。

つまり、先ほどのリストは

```
Q36 = {3A4}
Q56 = {5A2, 5A4, 5A5}
Q76 = {7A1, 7A2, 7A3, 7A4, 7A5}
```

のようになります。リストの中から最小値を選ぶには、それぞれのリストの先頭を見比べるだけで済みます。

```
y = min(Q3.head(), Q5.head(), Q7.head())
```

yを計算したら、3yをQ3、5yをQ5、7yをQ7にそれぞれ加えます。ただし、いずれかのリストにこれらの数が含まれていれば、加えないようにしておきます。

リストに追加する際に、その数がすでに他のリストに含まれていることが考えられます。たとえば3yを追加しようとするとき、他のリストになぜ含まれる可能性があるのかを説明してみましょう。yがQ7から選ばれた値であるとしましょう。この場合、yより小さい値xに対して、y = 7xと表すことができます。もし7xが一番小さな値であったとすれば、その前には必ず3xを調べているはずです。そのとき、3xに7を掛けた値をQ7に追加しているでしょう。3xに7を掛けた値は7 * 3x = 3 * 7x = 3yですので、たしかに3yが追加されているということがわかりますね。

別の考え方をしてみましょう。もしQ7から要素を取り出すと、それは7 * 前の要素の形になっています。そしてその前に、3 * 前の要素、5 * 前の要素の部分も調べているでしょう。3 * 前の要素が最小になっていればそこで7 * 3 * 前の要素をQ7に追加し、5 * 前の要素が最小であれば7 * 5 * 前の要素をQ7に追加しているはずです。まだ一度も現れたことのない数は7 * 7 * 前の要素の形のみなので、これだけをQ7に追加するようにしておきます。

では、具体的に例を使って理解を深めていきましょう。

```
初期状態
    Q3 = 3
    Q5 = 5
    Q7 = 7
3を取り出し、3*3をQ3に、5*3をQ5、7*3をQ7にそれぞれ追加
    Q3 = 3*3
```

```
        Q5 = 5, 5*3
        Q7 = 7, 7*3
 5を取り出し、5*3があるので3*5は追加せず、5*5をQ5、7*5をQ7にそれぞれ追加
        Q3 = 3*3
        Q5 = 5*3, 5*5
        Q7 = 7, 7*3, 7*5.
 7を取り出し、7*3と7*5があるので3*7と5*7は追加せず、7*7だけQ7に追加
        Q3 = 3*3
        Q5 = 5*3, 5*5
        Q7 = 7*3, 7*5, 7*7
 3*3=9を取り出し、3*3*3をQ3に、3*3*5をQ5に、3*3*7をQ7にそれぞれ追加
        Q3 = 3*3*3
        Q5 = 5*3, 5*5, 5*3*3
        Q7 = 7*3, 7*5, 7*7, 7*3*3
 5*3=15を取り出し、5*(3*3)があるので3*(5*3)は追加せず、5*5*3をQ5に、7*5*3をQ7にそれぞれ追加
        Q3 = 3*3*3
        Q5 = 5*5, 5*3*3, 5*5*3
        Q7 = 7*3, 7*5, 7*7, 7*3*3, 7*5*3
 7*3=21を取り出し、7*(3*3)と7*(5*3)があるので3*(7*3)と5*(7*3)は追加せず、7*7*3をQ7に追加
        Q3 = 3*3*3
        Q5 = 5*5, 5*3*3, 5*5*3
        Q7 = 7*5, 7*7, 7*3*3, 7*5*3, 7*7*3
```

これを擬似コードで書くと以下のようになります。

1. 配列と3つのキュー Q3、Q5、Q7をそれぞれ初期化
2. 配列に1を追加
3. 1*3、1*5、1*7をそれぞれQ3、Q5、Q7に追加
4. Q3、Q5、Q7の中から最小の値 x を選ぶ
5. x が見つかったキューが
   Q3 -> x*3、x*5、x*7を、それぞれQ3、Q5、Q7に追加し、x を Q3 から取り除く
   Q5 -> x*5とx*7をQ5とQ7に追加し、x を Q5 から取り除く
   Q7 -> x*7のみQ7に追加し、x を Q7 から取り除く
6. k 番目の要素が見つかるまで4~6のステップを繰り返す

以下がこのアルゴリズムの実装です。

```
1   int getKthMagicNumber(int k) {
2     if (k < 0) {
3       return 0;
4     }
5     int val = 0;
6     Queue<Integer> queue3 = new LinkedList<Integer>();
7     Queue<Integer> queue5 = new LinkedList<Integer>();
8     Queue<Integer> queue7 = new LinkedList<Integer>();
9     queue3.add(1);
10
11    /* 0番目の数からk番目の数まで繰り返す */
12    for (int i = 0; i <= k; i++) {
13      int v3 = queue3.size() > 0 ? queue3.peek() : Integer.MAX_VALUE;
14      int v5 = queue5.size() > 0 ? queue5.peek() : Integer.MAX_VALUE;
15      int v7 = queue7.size() > 0 ? queue7.peek() : Integer.MAX_VALUE;
```

```
16        val = Math.min(v3, Math.min(v5, v7));
17        if (val == v3) { // キュー 3、5、7に追加
18          queue3.remove();
19          queue3.add(3 * val);
20          queue5.add(5 * val);
21        } else if (val == v5) { // キュー 5、7に追加
22          queue5.remove();
23          queue5.add(5 * val);
24        } else if (val == v7) { // キュー 7に追加
25          queue7.remove();
26        }
27        queue7.add(7 * val); // キュー 7には常に追加
28      }
29      return val;
30    }
```

このような問題(訳注:これは「Hammingの問題」と呼ばれる有名な問題)を出されたときは、たとえ難しくてたまらなくてもベストを尽くしてください。ブルートフォースのようなそれほど難しくない方法で始めて、それを最適化していくようなやり方でもかまいませんし、数の規則性を見つけようとするのもよいでしょう。

行き詰まって面接官が助けてくれるときがチャンスです。とにかくあきらめないで! 考えたことを口に出し、悩んでいることを口に出し、自分の思考プロセスを説明するのです。そうしていれば、どこかで助けを出してくれるでしょう。

覚えておいてください。このような問題では完璧な答案が期待されているわけではないのです。試験の出来は他の候補者との相対評価です。皆、あなたと同じように苦労しているのです。

17.10 過半数の要素:過半数の要素とは、配列内の要素で数が半分より多いもののことです。正の整数の配列が与えられたとき、過半数の要素を見つけてください。存在しない場合は-1を返してください。また、これを O(N) の時間計算量、O(1) の空間計算量で行ってください。

例

入力:1 2 5 9 5 9 5 5 5

出力:5

p.211

解法

例から始めてみましょう:

3 1 7 1 3 7 3 7 1 7 7

ここで気付いておきたいのは、数が多い要素(この場合は7)が最初にあまり出現しない場合は、最後の方では頻繁に現れなければならないということです。それに気付いたなら良い観察力です。

この面接問題は、O(N) の時間計算量と O(1) の空間計算量で行う必要があります。しかしそうであっても、時にはそれらの要件の1つを緩和してアルゴリズムを開発するとうまくいく場合があります。空間計算量の O(1) は守りつつ、時間計算量を緩和して考えてみましょう。

解法1(遅い)

簡単な方法の1つは、配列を繰り返し処理し、各要素が過半数の要素であるかどうかを確認することです。これは O(N²) の時間計算量と O(1) の空間計算量になります。

```
1   int findMajorityElement(int[] array) {
2     for (int x : array) {
3       if (validate(array, x)) {
4         return x;
5       }
6     }
7     return -1;
8   }
9
10  boolean validate(int[] array, int majority) {
11    int count = 0;
12    for (int n : array) {
13      if (n == majority) {
14        count++;
15      }
16    }
17
18    return count > array.length / 2;
19  }
```

この解法は時間計算量の面で問題の要件を満たしていませんが、基本的にはこれが出発点です。この解法の最適化を考えていきます。

解法2(最適化)

特定の例でアルゴリズムを実行する場合を考えてみましょう。何か取り除くことができるものはありますか?

3	1	7	1	1	7	7	3	7	7	7
0	1	2	3	4	5	6	7	8	9	10

一番最初の検証では 3 を選択し、その後ろに 3 がいくつあるかを数えて過半数の要素かどうかを検証します。後に要素が続いていますが、3 を1つと、3 以外の要素をいくつか数えています。3 のチェックを続ける必要はあるでしょうか?

一方ではYesと言えます。3 が配列の後ろの方に固まっている場合、それを数えれば過半数の要素になる可能性があります。

しかしもう一方で、そうではないとも言えます。もし最初に数えた 3 が必要になるとしたら、それより後の配列における検証作業で3が出てくることになります。「3でないもの」の数(countNo)が少なくとも3の数(countyes)以上になれば、この validate(3) のステップを終了します。つまり、countNo >= countYes のときに検証操作を終了します。

次の要素に対してはどうすればよいでしょうか? 最初の要素について作業を行ったので、2番目の要素を新しい配列の開始点のように扱います。

これはどのように見えるでしょうか?

```
validate(3) on [3, 1, 7, 1, 1, 7, 7, 3, 7, 7, 7]
```

```
        sees 3 -> countYes = 1, countNo = 0
        sees 1 -> countYes = 1, countNo = 1
        終了。ここまでで3が過半数ではなくなる
    validate(1) on [1, 7, 1, 1, 7, 7, 3, 7, 7, 7]
        sees 1 -> countYes = 0, countNo = 0
        sees 7 -> countYes = 1, countNo = 1
        終了。ここまでで1が過半数ではなくなる
    validate(7) on [7, 1, 1, 7, 7, 3, 7, 7, 7]
        sees 7 -> countYes = 1, countNo = 0
        sees 1 -> countYes = 1, countNo = 1
        終了。ここまでで7が過半数ではなくなる
    validate(1) on [1, 1, 7, 7, 3, 7, 7, 7]
        sees 1 -> countYes = 1, countNo = 0
        sees 1 -> countYes = 2, countNo = 0
        sees 7 -> countYes = 2, countNo = 1
        sees 7 -> countYes = 2, countNo = 2
        終了。ここまでで1が過半数ではなくなる
    validate(1) on [1, 7, 7, 3, 7, 7, 7]
        sees 1 -> countYes = 1, countNo = 0
        sees 7 -> countYes = 1, countNo = 1
        終了。ここまでで1が過半数ではなくなる
    validate(7) on [7, 7, 3, 7, 7, 7]
        sees 7 -> countYes = 1, countNo = 0
        sees 7 -> countYes = 2, countNo = 0
        sees 3 -> countYes = 2, countNo = 1
        sees 7 -> countYes = 3, countNo = 1
        sees 7 -> countYes = 4, countNo = 1
        sees 7 -> countYes = 5, countNo = 1
```

この時点で、7が過半数の要素であることはわかっていますか? 必ずしもそうとは限りません。7の前にあるものすべてを取り除いてきましたが、過半数の要素が存在しない可能性はあります。配列の最初から7の検証作業を行えば、7が実際に過半数の要素であるかどうかを確認することができます。この検証ステップは O(N) の実行時間になります。これは考え得る最善の実行時間です。したがって、この最終的な検証ステップは、実行時間全体に影響を与えません。

これはかなり良いですが、もう少し速くできるかどうかを見てみましょう。いくつかの要素が繰り返しチェックされていることに気づくべきです。これを取り除くことはできるでしょうか?

最初の validate(3) を見てください。これは部分配列 [3、1] の後で失敗します。3が過半数の要素ではなかったためです。しかし、過半数の要素ではないと判断した瞬間に検証が失敗するため、その部分配列の中で他の要素も過半数でないことを意味しています。つまり、先の考え方では validate(1) を呼び出す必要はありません。1が半分以上は現れないことはわかっているからです。それが過半数の要素であれば、後で出現することになります。

これをもう一度試し、うまくいくか見てみましょう。

```
    validate(3) on [3, 1, 7, 1, 1, 7, 7, 3, 7, 7, 7]
        sees 3 -> countYes = 1, countNo = 0
        sees 1 -> countYes = 1, countNo = 1
        終了。ここまでで3が過半数ではなくなる
    1の検証は省略
    validate(7) on [7, 1, 1, 7, 7, 3, 7, 7, 7]
        sees 7 -> countYes = 1, countNo = 0
```

```
    sees 1 -> countYes = 1, countNo = 1
    終了。ここまでで7が過半数ではなくなる
1の検証は省略
validate(1) on [1, 7, 7, 3, 7, 7, 7]
    sees 1 -> countYes = 1, countNo = 0
    sees 7 -> countYes = 1, countNo = 1
    終了。ここまでで1が過半数ではなくなる
7の検証は省略
validate(7) on [7, 3, 7, 7, 7]
    sees 7 -> countYes = 1, countNo = 0
    sees 3 -> countYes = 1, countNo = 1
    終了。ここまでで7が過半数ではなくなる
3の検証は省略
validate(7) on [7, 7, 7]
    sees 7 -> countYes = 1, countNo = 0
    sees 7 -> countYes = 2, countNo = 0
    sees 7 -> countYes = 3, countNo = 0
```


良いですね！ 正しい答えが得られました。しかし、ただ運が良かったということはないでしょうか?

このアルゴリズムが何をしているのか考えるため、しばらく立ち止まってみるべきです。

1. [3] で始まり、3が過半数の要素にならなくなるまで部分配列を展開する。[3, 1] で失敗し、失敗した瞬間部分配列には過半数の要素が存在ない。
2. 次に [7] に進み、[7, 1] まで展開する。ここでもやはり終了し、その部分配列には過半数の要素がないことがわかる。
3. [1] に移動し、[1, 7] まで展開する。そこで終了する。過半数の要素が存在することはありえない。
4. [7] に進み、[7, 3] まで展開します。そこで終了する。過半数の要素が存在することはありえない。
5. [7] に行き、配列の最後 [7, 7, 7] まで展開する。ここで過半数の要素が見つかった（そして、その時点で検証をしなければならない）。

検証ステップを終了するたびに、その部分配列に過半数の要素は含まれません。これは7の数と同じくらいの7でない数があることを意味します。基本的には元の配列からこの部分配列を削除していますが、配列の残りの部分に過半数の要素があり、過半数の状態のままです。したがって、ある時点で過半数の要素を発見することになります。

このアルゴリズムは、2種類の走査を行うようになりました。1つは過半数の要素になり得るものを見つけること、もう1つはそれを検証することです。2つの変数（countYes と countNo）を使用して数えるのではなく、1つのカウント変数を使用して増減するようにします。

```
1   int findMajorityElement(int[] array) {
2     int candidate = getCandidate(array);
3     return validate(array, candidate) ? candidate : -1;
4   }
5
6   int getCandidate(int[] array) {
7     int majority = 0;
8     int count = 0;
9     for (int n : array) {
10      if (count == 0) { // 前のグループには過半数の要素はない
11        majority = n;
```

```
12      }
13      if (n == majority) {
14        count++;
15      } else {
16        count--;
17      }
18    }
19    return majority;
20  }
21
22  boolean validate(int[] array, int majority) {
23    int count = 0;
24    for (int n : array) {
25      if (n == majority) {
26        count++;
27      }
28    }
29
30    return count > array.length / 2;
31  }
```

このアルゴリズムはO(N)の時間計算量とO(1)の空間計算量で動作します。

17.11 単語の距離：単語のデータが書かれた大きなテキストファイルがあります。任意の2つの単語に対して、ファイル内での最小の距離(間にある単語数)を求めてください。また、同じファイルに対して操作が何度も繰り返し行われる(ただし単語の組み合わせは異なる)としたら、あなたの解法を最適化することはできますか？

p.211

解法

本書での解説では2つの語の順序を問題にしないと仮定しますが、これは面接時に面接官に質問してください。

この問題を解くには、一度だけファイル内のデータの全体を走査すればよいです。走査しながら、2つの単語(word1、word2)が最後に出現した場所を記憶し、これをlocation1、location2とします。
現時点での単語の位置が、その時点で知られている最短距離よりもさらに近いものであれば、最短距離になる位置を更新します。

次のコードはこのアルゴリズムを実装したものです

```
1   LocationPair findClosest(String[] words, String word1, String word2) {
2     LocationPair best = new LocationPair(-1, -1);
3     LocationPair current = new LocationPair(-1, -1);
4     for (int i = 0; i < words.length; i++) {
5       String word = words[i];
6       if (word.equals(word1)) {
7         current.location1 = i;
8         best.updateWithMin(current);
9       } else if (word.equals(word2)) {
10        current.location2 = i;
11        best.updateWithMin(current); // より近ければ解を更新する
```

```
12      }
13    }
14    return best;
15  }
16
17  public class LocationPair {
18    public int location1, location2;
19    public LocationPair(int first, int second) {
20      setLocations(first, second);
21    }
22
23    public void setLocations(int first, int second) {
24      this.location1 = first;
25      this.location2 = second;
26    }
27
28    public void setLocations(LocationPair loc) {
29      setLocations(loc.location1, loc.location2);
30    }
31
32    public int distance() {
33      return Math.abs(location1 - location2);
34    }
35
36    public boolean isValid() {
37      return location1 >= 0 && location2 >= 0;
38    }
39
40    public void updateWithMin(LocationPair loc) {
41      if (!isValid() || loc.distance() < distance()) {
42        setLocations(loc);
43      }
44    }
45  }
```


他の単語のペアに対して操作を繰り返す必要がある場合は、各単語からその単語が出現する場所にマップするハッシュテーブルを作成します。一度単語のリストを読むだけで済むでしょう。そこからは非常に似たアルゴリズムですが、場所を直接走査するだけです。

次の場所のリストについて考えてみてください。

```
listA: {1, 2, 9, 15, 25}
listB: {4, 10, 19}
```

各リストの先頭を指すポインタpAとpBを用意します。目標は、pAとpBが可能な限り近い値を指すようにすることです。

最初のペアは(1, 4)です。

次のペアは何でしょうか? pBを動かすと、距離は確実に大きくなります。しかしpAを動かすと、より良いペアになりそうですので、そうしてみましょう。

2番目のペアは(2, 4)です。これは前のペアより優れているので、これを最善のペアとして記録しておきましょう。
pAをもう一度動かすと(9, 4)が得られます。これは以前よりも悪いです。

pAの値がpBの値よりも大きいので、今度はpBを移動します。そうすると(9, 10)が得られます。

その次は、(15, 10), (15, 19), (25, 19)となります。

このアルゴリズムは次のように実装できます。

```
1   LocationPair findClosest(String word1, String word2,
2                            HashMapList<String, Integer> locations) {
3     ArrayList<Integer> locations1 = locations.get(word1);
4     ArrayList<Integer> locations2 = locations.get(word2);
5     return findMinDistancePair(locations1, locations2);
6   }
7
8   LocationPair findMinDistancePair(ArrayList<Integer> array1,
9                                    ArrayList<Integer> array2) {
10    if (array1 == null || array2 == null || array1.size() == 0 ||
11        array2.size() == 0) {
12      return null;
13    }
14
15    int index1 = 0;
16    int index2 = 0;
17    LocationPair best = new LocationPair(array1.get(0), array2.get(0));
18    LocationPair current = new LocationPair(array1.get(0), array2.get(0));
19
20    while (index1 < array1.size() && index2 < array2.size()) {
21      current.setLocations(array1.get(index1), array2.get(index2));
22      best.updateWithMin(current); // 近ければ更新
23      if (current.location1 < current.location2) {
24        index1++;
25      } else {
26        index2++;
27      }
28    }
29
30    return best;
31  }
32
33  /* 事前計算 */
34  HashMapList<String, Integer> getWordLocations(String[] words) {
35    HashMapList<String, Integer> locations = new HashMapList<String, Integer>();
36    for (int i = 0; i < words.length; i++) {
37      locations.put(words[i], i);
38    }
39    return locations;
40  }
41
42  /* HashMapList<String, Integer>は文字列をArrayList<Integer>にマップするHashMap
43   * 実装はコードライブラリを参照 */
```

このアルゴリズムの事前計算ステップでは、Nを文字列内の単語数とするとO(N)の時間がかかります。

最も近い位置のペアを見つけるには、Aは最初の単語の出現回数、Bは2番目の単語の出現回数とすると、O(A + B)の時間がかかります。

17.12 **バイノード**：BiNodeという2つのノードへ接続するデータ構造を考えます。

```
public class BiNode {
  public BiNode node1, node2;
  public int data;
}
```

BiNodeは(node1が左ノード、node2が右ノードを表す)二分木と、(node1が前ノード、node2が後ノードを表す)双方向連結リスト両方に使用することができます。このBiNodeによって表現された二分探索木を双方向連結リストに変換するメソッドを実装してください。ただしノードの値は元の順序を保ち、適切に操作できるようにしなければなりません。

p.212

解法

再帰を使うことで、この複雑そうに見える問題も驚くほどエレガントに実装することができます。まずは再帰をよく理解する必要があるでしょう。

次の単純な二分探索木をご覧ください。

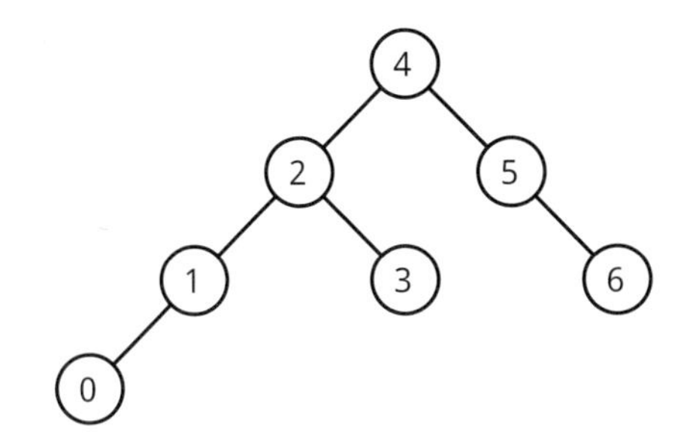

変換メソッドは、次のような双方向連結リストに変形しなければなりません。

```
0 <-> 1 <-> 2 <-> 3 <-> 4 <-> 5 <-> 6
```

ルート(4の部分)からスタートして、これを再帰的に考えてみましょう。

木構造の左右部分は、連結リストに変換した場合も左側―ルート―右側のように連続的になっています。ということは、左右の部分木について再帰的な操作で双方向連結リストへ変換することができるでしょうか？ もちろんそれは可能です！ 単純に連結していくだけでできてしまいます。

疑似コードはこのような形になります。

```
1  BiNode convert(BiNode node) {
2    BiNode left = convert(node.left);
3    BiNode right = convert(node.right);
4    mergeLists(left, node, right);
5    return left; // 左の先頭
6  }
```

本格的に実装していくには、各連結リストにおける先頭ノードheadと末尾ノードtailが必要になります。これにはいくつか方法があります。

解法1: データ構造を追加する

まず簡単な方法としては、連結リストのheadとtailだけを持ったNodePairという新たなデータ構造を用意し、NodePairを返すconvertメソッドを用意します。

次のコードがその実装です。

```
1   private class NodePair {
2     BiNode head, tail;
3
4     public NodePair(BiNode head, BiNode tail) {
5       this.head = head;
6       this.tail = tail;
7     }
8   }
9
10  public NodePair convert(BiNode root) {
11    if (root == null) return null;
12
13    NodePair part1 = convert(root.node1);
14    NodePair part2 = convert(root.node2);
15
16    if (part1 != null) {
17      concat(part1.tail, root);
18    }
19
20    if (part2 != null) {
21      concat(root, part2.head);
22    }
23
24    return new NodePair(part1 == null ? root : part1.head,
25                        part2 == null ? root : part2.tail);
26  }
27
28  public static void concat(BiNode x, BiNode y) {
29    x.node2 = y;
30    y.node1 = x;
31  }
```

上記のコードはBiNodeデータ構造の変換を適切に行うことができますが、NodePairというデータ構造を用いています。2要素のBiNode配列を代わりに使うこともできますが、コードがやや汚くなります(特に面接試験ではきれいなコードが好まれます)。

良い方法ではありますが、余分なデータ構造なしでできればもっとよいですね? そしてその方法はあるのです。

解法2: 末尾ノードの取得

NodePairを用いて連結リストのheadとtailを返す代わりにheadのみを返し、そのheadを元にtailを見つけることができます。

```
1   BiNode convert(BiNode root) {
```

```
2     if (root == null) {
3       return null;
4     }
5 
6     BiNode part1 = convert(root.node1);
7     BiNode part2 = convert(root.node2);
8 
9     if (part1 != null) {
10      concat(getTail(part1), root);
11    }
12
13    if (part2 != null) {
14      concat(root, part2);
15    }
16
17    return part1 == null ? root : part1;
18  }
19
20  public static BiNode getTail(BiNode node) {
21    if (node == null) return null;
22    while (node.node2 != null) {
23      node = node.node2;
24    }
25    return node;
26  }
```

getTailの呼び出し以外は最初のコードとほとんど同じです。しかし、まったく効率的ではありません。深さdの葉ノードはgetTailメソッドによりd回も触れられることになり、Nをノード数とすると計算時間は$O(N^2)$になってしまいます。

解法3：環状連結リスト

2つ目の解法を元にしたアプローチで、これが最終です。

この方法はBiNodeによる連結リストのheadとtailを返すようにします。これは循環連結リストのheadとして各リストを返すことにより可能になります。tailを得るには単純にhead.node1を呼び出します。

```
1   BiNode convertToCircular(BiNode root) {
2     if (root == null) return null;
3 
4     BiNode part1 = convertToCircular(root.node1);
5     BiNode part3 = convertToCircular(root.node2);
6 
7     if (part1 == null && part3 == null) {
8       root.node1 = root;
9       root.node2 = root;
10      return root;
11    }
12    BiNode tail3 = (part3 == null) ? null : part3.node1;
13
14    /* 左を根につなげる */
15    if (part1 == null) {
16      concat(part3.node1, root);
17    } else {
18      concat(part1.node1, root);
19    }
```

```
20
21    /* 右を根につなげる */
22    if (part3 == null) {
23      concat(root, part1);
24    } else {
25      concat(root, part3);
26    }
27
28    /* 右と左をつなげる */
29    if (part1 != null && part3 != null) {
30      concat(tail3, part1);
31    }
32
33    return part1 == null ? root : part1;
34  }
35
36  /* リストを循環連結リストに変換し、
37   * 循環部の連結を切る */
38  BiNode convert(BiNode root) {
39    BiNode head = convertToCircular(root);
40    head.node1.node2 = null;
41    head.node1 = null;
42    return head;
43  }
```

コードの主要部分が`convertToCircular`に移動していることに注目してください。`convert`メソッドは環状連結リストのheadを得るためにこのメソッドを呼び出し、環状になっている連結を切り離します。

各ノードは平均1回程度(より正確には`O(1)`回)のアクセスになりますので、実行時間は`O(N)`になります。

17.13 文の修復: しまった! 誤って長文のスペースと句読点削除した上に大文字が全部小文字になってしまいました。「`I reset the computer. It still didn't boot!`」のような文が「`iresetthecomputeritstilldidntboot`」のようになってしまったのです。後で句読点と大文字の処理をするので、今すぐスペースを挿入する必要があります。ほとんどの単語は辞書にありますが、辞書にない単語もあります。辞書(文字列のリスト)と文書(文字列)が与えられたとき、認識できない文字の数を最小限に抑える方法で、つながってしまった文書を単語に切り分けるアルゴリズムを設計してください。

例

入力: `jesslookedjustliketimherbrother`

出力: <u>jess</u> looked just like <u>tim</u> her brother (認識できない文字数は7)

p.212

解法

面接官の中には要点を重視し、的を絞った質問をする人もいますが、この問題のように不必要な文脈を盛り込んだ質問の場合もあります。この場合は何について問われているのかを要約しておくことが重要です。

この問題では、1つの文字列をできるだけ判別できない単語が少なくなるように、単語ごとに分割するということが要点です。

文字列の意味を「理解」しようとする必要はないという点に注意してください。"thisisawesome"を"this is awesome"とせずに、"this is a we some"のようにしてもかまわないということです。

ブルートフォース

この問題のキーポイントは、部分問題に対して解(つまり単語に切り分けた文字列)を構築する方法を見つけるというところです。1つの方法としては、文字列に対して再帰的にパースしていく手法があります。

最初に選択するのは、最初にスペースを挿入する場所です。最初の文字の後でしょうか? 2番目の文字でしょうか? 3番目の文字でしょうか?

thisismikesfavoritefoodのような文字列を想像してみましょう。最初にスペースを挿入するのはどこでしょうか?

- t の後にスペースを挿入すると、無効な1文字になる。
- th の後にスペースを挿入すると、無効な2文字になる。
- thi の後にスペースを挿入すると、無効な3文字になる。
- this の後にスペースを挿入すると、完全な単語が得られる。無効な文字は0。
- thisi の後にスペースを挿入すると、無効な5文字になる。
- ...など。

最初のスペースを選択した後、2番目のスペース、3番目のスペースを文字列に対して再帰的に選択します。

これらの選択肢の中から最良のもの(無効な文字が最小のもの)を取り戻します。

関数は何を返すべきでしょうか? 再帰的に探索を行う中では文字列の解析だけでなく無効な文字の数も必要です。そこで両方を返すことができるようにParseResultクラスを特別に用意し、それを使用します。

```
1   String bestSplit(HashSet<String> dictionary, String sentence) {
2     ParseResult r = split(dictionary, sentence, 0);
3     return r == null ? null : r.parsed;
4   }
5
6   ParseResult split(HashSet<String> dictionary, String sentence, int start) {
7     if (start >= sentence.length()) {
8       return new ParseResult(0, "");
9     }
10
11    int bestInvalid = Integer.MAX_VALUE;
12    String bestParsing = null;
13    String partial = "";
14    int index = start;
15    while (index < sentence.length()) {
16      char c = sentence.charAt(index);
17      partial += c;
18      int invalid = dictionary.contains(partial) ? 0 : partial.length();
19      if (invalid < bestInvalid) { // 枝刈り
20        /* この文字の後にスペースを入れて再帰する。
21         * これが現時点での最適な選択より優れている場合は最適な選択を置き換える。 */
22        ParseResult result = split(dictionary, sentence, index + 1);
23        if (invalid + result.invalid < bestInvalid) {
```

```
24          bestInvalid = invalid + result.invalid;
25          bestParsing = partial + " " + result.parsed;
26          if (bestInvalid == 0) break; // 枝刈り
27        }
28      }
29
30      index++;
31    }
32    return new ParseResult(bestInvalid, bestParsing);
33  }
34
35  public class ParseResult {
36    public int invalid = Integer.MAX_VALUE;
37    public String parsed = " ";
38    public ParseResult(int inv, String p) {
39      invalid = inv;
40      parsed = p;
41    }
42  }
```

ここでは2つの枝刈りを適用しました。

- 19行目：無効な文字の数がその時点でわかっている最小の文字数を超える場合、この再帰的探索の経路は最適解に到達できるものではないことがわかる。つまりそのまま探索を続けても意味がない。
- 26行目：無効な文字が0の場合があれば、それ以上良い解はないことがわかる。つまりその探索経路が最適解であるということになる。

これの実行時間はどのくらいでしょうか？ それは言語（英語）に依存するので、実際には記述するのが難しいです。
それを見る一つの方法は、すべての再帰経路が取られるような変わった言語を想像することです。この場合、それぞれの文字について両方を選択をします。n個の文字がある場合、これは $O(2^n)$ の実行時間になります。

最適化

一般的に、再帰的アルゴリズムの実行時間が指数時間であるときは、メモ化（結果のキャッシュ）によって最適化します。これを行うには、共通の部分問題を見つける必要があります。

再帰経路はどこで重複しますか？つまり、共通部分問題はどこにありますか？

thisismikesfavoritefoodという文字列を再度想像してみましょう。すべてが有効な単語であると、もう一度想像してください。

この場合、最初のスペースを t や th の後（等、多くの候補）の後に挿入しようとします。次の選択が何であるか考えてみてください。

```
split(thisismikesfavoritefood) ->
      t  + split(hisismikesfavoritefood)
     または th + split(isismikesfavoritefood)
     または ...

split(hisismikesfavoritefood) ->
```

```
    h + split(isismikesfavoritefood)
    または ...

...
```

t と h の後にスペースを挿入すると、th の後にスペースを挿入するのと同じ再帰経路につながります。同じ結果になるのであれば、split(isismikesfavoritefood) を2回計算するのは意味がありません。

代わりに結果をキャッシュする必要があります。これは現在の部分文字列から ParseResult オブジェクトにマップするハッシュテーブルを使用して行います。

実際には、現在の部分文字列をキーにする必要はありません。文字列内の開始インデックスでも部分文字列を表すのに十分です。つまり部分文字列を使用する場合は、実際には sentence.substring(start, sentence.length) を使用しています。このハッシュテーブルは開始インデックスをキーとして、そのインデックスから文字列の最後までの最適解をマッピングします。

また、開始インデックスがキーであるため、実際にはハッシュテーブルを使う必要はありません。ParseResult オブジェクトの配列を使用できます。これはインデックスからオブジェクトへのマッピングを行う場合にも役立ちます。

このコードは基本的に以前の関数と同じですが、今はメモテーブル（キャッシュ）を持っています。最初に関数を呼び出したときに検索を行い、返るときにセットします。

```
1   String bestSplit(HashSet<String> dictionary, String sentence) {
2     ParseResult[] memo = new ParseResult[sentence.length()];
3     ParseResult r = split(dictionary, sentence, 0, memo);
4     return r == null ? null : r.parsed;
5   }
6
7   ParseResult split(HashSet<String> dictionary, String sentence, int start,
8                     ParseResult[] memo) {
9     if (start >= sentence.length()) {
10      return new ParseResult(0, “”);
11    } if (memo[start] != null) {
12      return memo[start];
13    }
14
15    int bestInvalid = Integer.MAX_VALUE;
16    String bestParsing = null;
17    String partial = “”;
18    int index = start;
19    while (index < sentence.length()) {
20      char c = sentence.charAt(index);
21      partial += c;
22      int invalid = dictionary.contains(partial) ? 0 : partial.length();
23      if (invalid < bestInvalid) { // 枝刈り
24        /* この文字の後にスペースを入れて再帰する。
25         * これが現時点での最適な選択より優れている場合は最適な選択を置き換える。 */
26        ParseResult result = split(dictionary, sentence, index + 1, memo);
27        if (invalid + result.invalid < bestInvalid) {
28          bestInvalid = invalid + result.invalid;
29          bestParsing = partial + “ ” + result.parsed;
```

X 解法

```
30          if (bestInvalid == 0) break; // 枝刈り
31        }
32      }
33
34      index++;
35    }
36    memo[start] = new ParseResult(bestInvalid, bestParsing);
37    return memo[start];
38  }
```

これの実行時間を理解するのは、従来の解法よりも厄介です。繰り返しになりますが、基本にすべてが有効な単語であるように見える場合を想像してみましょう。

アプローチの方法としては、split(i)がiの各値に対して1回だけ計算されると認識することです。split(i)を呼び出すとき、split(i+1)からsplit(n-1)までがすでに呼ばれていると仮定すると、どうなるでしょうか?

```
split(i) -> calls:
      split(i + 1)
      split(i + 2)
      split(i + 3)
      split(i + 4)
      ...
      split(n - 1)
```

それぞれの再帰呼び出しはすでに計算されているので、すぐに返ります。O(1)の作業をn - i回行うと、O(n - i)の時間がかかります。これはsplit(i)が最大でO(i)の実行時間になることを意味します。
split(i - 1)、split(i - 2)などについても同じように考えることができます。split(n-1)の呼び出しが1回、split(n-2)の呼び出しが2回、split(n-3)の呼び出しが3回、…、split(0)の呼び出しがn回であるとすると、全部で何回呼び出すことになるでしょうか? これは1からnまでの数字の合計ですから、$O(n^2)$となります。

したがって、この関数の実行時間は$O(n^2)$です。

17.14 K個の最小数: 配列内の最も小さいK個の数を見つけるアルゴリズムを設計してください。

p.212

解法

この問題にはさまざまな解法があります。ここではそのうちの3つ、ソート、最大ヒープ、選択順位アルゴリズムを解説します。

これらのアルゴリズムの中には、配列の内容を変更することが必要なものもあります。これは面接官と話し合うべきことです。ただし、元の配列を変更することはできない場合でも、配列を複製して、代わりに複製を変更することができます。これは、ビッグ・オー記法の点ではアルゴリズム全体のには影響を与えません。

解法1: ソート

要素を昇順にソートし、最初のk個の要素を取り出します。この方法の場合、計算量はO(n log(n))になります。

```
1  int[] smallestK(int[] array, int k) {
```

```
2     if (k <= 0 || k > array.length) {
3       throw new IllegalArgumentException();
4     }
5
6     /* 配列をソート */
7     Arrays.sort(array);
8
9     /* 最初のk個の要素をコピー */
10    int[] smallest = new int[k];
11    for (int i = 0; i < k; i++) {
12      smallest[i] = array[i];
13    }
14    return smallest;
15  }
```


時間計算量はO(n log(n))になります。

解法2: 最大ヒープ

最大ヒープを用いた方法です。最初のk個について、最大ヒープ(最大値が先頭にくるヒープ)を生成します。

次にリストを走査します。各要素について、ルートよりも小さい場合はヒープに挿入し、最大の要素(ルートになる要素)を削除します。リストを走査し終えると、小さい方からk個の数を含むヒープができています。このアルゴリズムはO(n log(k))になります。

```
1   int[] smallestK(int[] array, int k) {
2     if (k <= 0 || k > array.length) {
3       throw new IllegalArgumentException();
4     }
5
6     PriorityQueue<Integer> heap = getKMaxHeap(array, k);
7     return heapToIntArray(heap);
8   }
9
10  /* 小さい方からk個の要素からなる最大ヒープを作成する */
11  PriorityQueue<Integer> getKMaxHeap(int[] array, int k) {
12    PriorityQueue<Integer> heap =
13      new PriorityQueue<Integer>(k, new MaxHeapComparator());
14    for (int a : array) {
15      if (heap.size() < k) { // スペースが残っていれば
16        heap.add(a);
17      } else if (a < heap.peek()) { // ヒープが一杯で、先頭ノードより小さければ
18        heap.poll(); // 一番大きいものを削除
19        heap.add(a); // 新しい要素を挿入
20      }
21    }
22    return heap;
23  }
24
25  /* ヒープから整数配列に変換 */
26  int[] heapToIntArray(PriorityQueue<Integer> heap) {
27    int[] array = new int[heap.size()];
28    while (!heap.isEmpty()) {
29      array[heap.size() - 1] = heap.poll();
```

```
30     }
31     return array;
32   }
33
34   class MaxHeapComparator implements Comparator<Integer> {
35       public int compare(Integer x, Integer y) {
36           return y - x;
37       }
38   }
```

JavaではヒープのようなPriorityQueueクラスを使用します。デフォルトでは最小ヒープとして動作し、最上部には最小の要素があります。最大の要素に切り替えるには、比較関数を書き換えて渡すことができます。

解法3：選択順位アルゴリズム(元の配列を変形できる場合)

選択順位アルゴリズムはコンピュータ・サイエンスでは有名なアルゴリズムで、配列中のi番目に小さい数(あるいは大きい数)を線形時間で見つけることができます。

重複する要素がない場合は、i番目に小さい数を平均O(n)の計算時間で見つけることができます。このアルゴリズムは以下のような操作で行います。

1. 配列中の要素を1つランダムに選び、そこをピボットとする。ピボットの左にピボットより小さい値、右に大きい値がくるように配列を分割する。左側の要素の数に注目する。
2. 左側にちょうどi個の要素があれば、その中の最大値を返す。
3. 左側の要素の数がiより大きい場合は、左側の配列にこのアルゴリズムをもう一度適用する。
4. 左側の要素の数がiより小さい場合は、右側の配列にこのアルゴリズムをもう一度適用する。ただし、この場合は右側の配列のi - (左のサイズ) 番目の要素を見つける。

i番目に小さい要素が見つかると、それよりも小さい要素はすべて左側にあります(そのように配列を分割したので)。あとは最初のi個の要素を返すだけです。

次のコードはこのアルゴリズムを実装したものです。

```
1    int[] smallestK(int[] array, int k) {
2      if (k <= 0 || k > array.length) {
3        throw new IllegalArgumentException();
4      }
5
6      int threshold = rank(array, k - 1);
7      int[] smallest = new int[k];
8      int count = 0;
9      for (int a : array) {
10       if (a <= threshold) {
11         smallest[count] = a;
12         count++;
13       }
14     }
15     return smallest;
16   }
17
18   /* rank番目の要素を得る */
19   int rank(int[] array, int rank) {
```

```
20    return rank(array, 0, array.length - 1, rank);
21  }
22
23  /* leftからrightのインデックスでrank番目の要素を得る */
24  int rank(int[] array, int left, int right, int rank) {
25    int pivot = array[randomIntInRange(left, right)];
26    int leftEnd = partition(array, left, right, pivot);
27    int leftSize = leftEnd - left + 1;
28    if (rank == leftSize - 1) {
29      return max(array, left, leftEnd);
30    } else if (rank < leftSize) {
31      return rank(array, left, leftEnd, rank);
32    } else {
33      return rank(array, leftEnd + 1, right, rank - leftSize);
34    }
35  }
36
37  /* 前半が すべての要素 <= pivot 、後半が すべての要素 > pivot になるように、
38   * pivotの前後で配列を分割する。 */
39  int partition(int[] array, int left, int right, int pivot) {
40    while (left <= right) {
41      if (array[left] > pivot) {
42        /* 左側がpivotより大きい。
43         * 右側になるように入れ替える。 */
44        swap(array, left, right);
45        right--;
46      } else if (array[right] <= pivot) {
47        /* 右側がpivotより小さい。
48         * 左側になるように入れ替える。 */
49        swap(array, left, right);
50        left++;
51      } else {
52        /* 左側も右側も正しい位置にあるので区間を広げる。 */
53        left++;
54        right--;
55      }
56    }
57    return left - 1;
58  }
59
60  /* min以上max以下の乱数を得る。 */
61  int randomIntInRange(int min, int max) {
62    Random rand = new Random();
63    return rand.nextInt(max + 1 - min) + min;
64  }
65
66  /* インデックスiとjの値を入れ替える。 */
67  void swap(int[] array, int i, int j) {
68    int t = array[i];
69    array[i] = array[j];
70    array[j] = t;
71  }
72
73  /* インデックスleftからrightまでの配列の要素で最大のものを得る。 */
74  int max(int[] array, int left, int right) {
75    int max = Integer.MIN_VALUE;
```

```
76    for (int i = left; i <= right; i++) {
77      max = Math.max(array[i], max);
78    }
79    return max;
80  }
```

配列の要素に重複するするものがある場合は、それに対応するためアルゴリズムを少し調整します。

解法4：選択順位アルゴリズム（重複する要素がある場合）

行わなければならない主な変更は分割機能です。配列をピボットで分割するとき、ピボットより小さい、ピボットと等しい、ピボットより大きい、の3つのグループに分割します。

これには順位づけのための微調整も必要です。順位づけを行うため、分割したグループの左側と中央のサイズを比較します。

```
1   class PartitionResult {
2     int leftSize, middleSize;
3     public PartitionResult(int left, int middle) {
4       this.leftSize = left;
5       this.middleSize = middle;
6     }
7   }
8
9   int[] smallestK(int[] array, int k) {
10    if (k <= 0 || k > array.length) {
11      throw new IllegalArgumentException();
12    }
13
14    /* k - 1番目の要素を得る。 */
15    int threshold = rank(array, k - 1);
16
17    /* thresholdより小さい要素をコピーする。 */
18    int[] smallest = new int[k];
19    int count = 0;
20    for (int a : array) {
21      if (a < threshold) {
22        smallest[count] = a;
23        count++;
24      }
25    }
26
27    /* まだ空きがある場合thresholdと等しい要素のためのものでなければならない。
28     * 個数分コピーしておく。 */
29    while (count < k) {
30      smallest[count] = threshold;
31      count++;
32    }
33
34    return smallest;
35  }
36
37  /* 配列内でk番目の値を見つける。 */
38  int rank(int[] array, int k) {
39    if (k >= array.length) {
```

```
40      throw new IllegalArgumentException();
41    }
42    return rank(array, k, 0, array.length - 1);
43  }
44
45  /* startからendまでの部分配列内でk番目の値を見つける。 */
46  int rank(int[] array, int k, int start, int end) {
47    /* 任意のピボットで配列を分割する。 */
48    int pivot = array[randomIntInRange(start, end)];
49    PartitionResult partition = partition(array, start, end, pivot);
50    int leftSize = partition.leftSize;
51    int middleSize = partition.middleSize;
52
53    /* 配列の一部を検索する。 */
54    if (k < leftSize) { // k番目が左側にある
55      return rank(array, k, start, start + leftSize - 1);
56    } else if (k < leftSize + middleSize) { // k番目が中央部にある
57      return pivot; // 中央はすべてピボットの値
58    } else { // k番目が右側にある
59      return rank(array, k - leftSize - middleSize, start + leftSize + middleSize,
60                  end);
61    }
62  }
63
64  /* ピボットより小さい、ピボットと等しい、ピボットより大きいグループに分割する */
65  PartitionResult partition(int[] array, int start, int end, int pivot) {
66    int left = start; /* 左側の(右)端にいる */
67    int right = end;  /* 右側の(左)端にいる */
68    int middle = start; /* 中央の(右)端にいる */
69    while (middle <= right) {
70      if (array[middle] < pivot) {
71        /* middleがpivotよりも小さい。leftはpivotより小さいか等しい。
72         * いずれにせよそれらを入れ替える。
73         * それからmiddleとleftは1つずつ動く。 */
74        swap(array, middle, left);
75        middle++;
76        left++;
77      } else if (array[middle] > pivot) {
78        /* middleがpivotより大きい。rightは任意の値。
79         * 入れ替えを行うと新たなrightはpivotより大きくなる。
80         * rightを1動かす。 */
81        swap(array, middle, right);
82        right--;
83      } else if (array[middle] == pivot) {
84        /* middleがpivotと等しい。middleを1つ動かす。 */
85        middle++;
86      }
87    }
88
89    /* leftとmiddleのサイズを返す。 */
90    return new PartitionResult(left - start, right - left + 1);
91  }
```

`smallestK`にも変更が加えられたことに注目してください。しきい値以下のすべての要素を単純に配列にコピーすることはできません。重複があるので、しきい値以下のk個以上の要素が存在する可能性があります。(「大丈夫、k個の要素しかコピーしないから」ということもできません。早い段階で配列を「等しい」要素で埋めてしまい、より小さい要素を置く十分なスペースが残らない可能性があります。)

これに対する解決策はかなり簡単です。小さい方の要素を最初にコピーし、最後に等しい要素で配列を埋めるようにします。

17.15 最長の単語: 単語のリストが与えられたとき、リスト内の単語であって、リスト内の他の単語を並べて作ることができる最も長い単語を探すプログラムを書いてください。

例

入力: cat, banana, dog, nana, walk, walker, dogwalker

出力: dogwalker

p.212

解法

この問題のままでは難しそうなので、まずは単純にするところから始めてみましょう。もし、リスト内の2つの単語をつなげてできる最長の単語を知りたいとすれば、どのようにすればよいでしょうか?

この場合はリストの最も長い単語から最も短い単語までを順に調べていくことでできます。各単語の可能な2単語への分割に対し、左側と右側の両方がリスト内にある単語になっているかどうかを調べればよいでしょう。

これを疑似コードにすると次のようになります。

```
1  String getLongestWord(String[] list) {
2    String[] array = list.SortByLength();
3    /* 検索を簡単にするためにmapを作る */
4    HashMap<String, Boolean> map = new HashMap<String, Boolean>;
5  
6    for (String str : array) {
7      map.put(str, true);
8    }
9  
10   for (String s : array) {
11     // 2つの単語に分割する
12     for (int i = 1; i < s.length(); i++) {
13       String left = s.substring(0, i);
14       String right = s.substring(i);
15       // 分割した両方が配列にあるか判定する
16       if (map[left] == true && map[right] == true) {
17         return s;
18       }
19     }
20   }
21   return str;
22 }
```

これは2つの単語をつなぎ合わせる場合にはうまくいきますが、任意の単語数になった場合はどうでしょうか?

この場合も一か所修正するだけの、ほとんど同じ方法で解くことができます。分割の右側が配列内にあるかを見るのではなく、右側自体が配列内の文字列のつなぎ合わせで作られるかを再帰的に判定します。

次のコードはこのアルゴリズムを実装したものです。

```
1  String printLongestWord(String arr[]) {
2    HashMap<String, Boolean> map = new HashMap<String, Boolean>();
3    for (String str : arr) {
4      map.put(str, true);
5    }
6    Arrays.sort(arr, new LengthComparator()); // 長さでソートする
7    for (String s : arr) {
8      if (canBuildWord(s, true, map)) {
9        System.out.println(s);
10       return s;
11     }
12   }
13   return “”;
14 }
15
16 boolean canBuildWord(String str, boolean isOriginalWord,
17           HashMap<String, Boolean> map) {
18   if (map.containsKey(str) && !isOriginalWord) {
19     return map.get(str);
20   }
21   for (int i = 1; i < str.length(); i++) {
22     String left = str.substring(0, i);
23     String right = str.substring(i);
24     if (map.containsKey(left) && map.get(left) == true &&
25       canBuildWord(right, false, map)) {
26       return true;
27     }
28   }
29   map.put(str, false);
30   return false;
31 }
```

この解法では少し最適化をしているということに注意してください。呼び出し間で結果をキャッシュするために、動的計画法/メモ化の手法を用います。このようにしておけば、たとえば“testingtester”が作れるかどうか何度も判定する必要があったとしても、一度の計算で済みます。

isOriginalWordというフラグは上記の最適化がきちんと動くようにするために使います。canBuildWordは元のリストにある単語と各部分文字列に対して呼ばれ、最初のステップで以前計算したキャッシュがあるかをチェックします。しかし、(分割前の)元の文字列に対して、ここで問題が起きます。リスト中の文字列に対しては、mapはtrueで初期化されているので、フラグがなければ元の文字列に対して即座にtrueを返してしまいます。したがって、元の単語については単純にisOriginalWordというフラグを用いてこの判定部分を避けるようにしています。

17.16 マッサージ師: 人気のマッサージ師には次から次へと予約依頼が列をなしていて、どの依頼を受けるか考えているところです。予約と予約の間には15分の休憩が必要で、従って連続した予約依頼を受けることはできません。連続する予約以来を数列で表したもの(すべて15分の倍数、重複なし、移動もなし)が与えられたとき、マッサージ師が引き受けることができる最適な(予約された時間(分)の合計が最も長い)予約の組み合わせを見つけ、その合計時間を返してください。

例

入力: `{30, 15, 60, 75, 45, 15, 15, 45}`

出力: `180 minutes ({30, 60, 45, 45}).`

p.213

解法

例から始めましょう。問題について感覚的にわかりやすくするため、視覚的に描いてみます。各数字は予約の分数を示します。

$r_0 = 75$	$r_1 = 105$	$r_2 = 120$	$r_3 = 75$	$r_4 = 90$	$r_5 = 135$

あるいはすべての値(休憩時間を含めて)を15で割って、`{5, 7, 8, 5, 6, 9}`という配列にしてもかまいません。意味は同じですが、この場合は1分の休憩が必要です。

この例の最良の予約時間セット(最適解)は、$\{r_0 = 75, r_2 = 120, r_5 = 135\}$の合計330分です。最適解となる予約の選び方が、ちょうど交互に取れるようには意図的にしていない点に注意してください。

最長の予約時間を最初に選択する方法(「貪欲法」の戦略)は、必ずしも最適ではないということを認識すべきです。例えば、`{45, 60, 45, 15}`のような予約列の場合は、最適解に60を含みません。

解法1:再帰的手法

最初に思い浮びそうなことは再帰的な解法です。予約依頼のリストを順に見ていくとき、依頼ごとにそれを受ける?・受けない?という選択肢があります。`i`番目の予約依頼を受ける場合はその直後の依頼を受けることができないため、`i + 1`番目の予約依頼をスキップする必要があります。`i + 2`番目の予約依頼は可能です(ただし最善の選択であるとは限りません)。

```
1   int maxMinutes(int[] massages) {
2     return maxMinutes(massages, 0);
3   }
4
5   int maxMinutes(int[] massages, int index) {
6     if (index >= massages.length) { // 範囲外
7       return 0;
8     }
9
10    /* この予約を受けた場合の最適解 */
11    int bestWith = massages[index] + maxMinutes(massages, index + 2);
12
13    /* この予約を受けない場合の最適解 */
14    int bestWithout = maxMinutes(massages, index + 1);
15
16    /* indexから始まるこの部分配列の最適解を返す。 */
```

```
17    return Math.max(bestWith, bestWithout);
18  }
```

この解法の実行時間は $O(2^n)$ です。各要素につき2つの選択肢があり、これをn回実行します(nはマッサージの数です)。

空間計算量は、再帰呼び出しスタックを用いるため O(n) になります。

今度は長さ5の配列について、再帰呼び出し木を図示してみましょう。各ノードの数値は、maxMinutesの呼び出し時のインデックスを表します。たとえば、maxMinutes(massages, 0)はmaxMinutes(massages, 1)とmaxMinutes(massages, 2)を呼び出します。

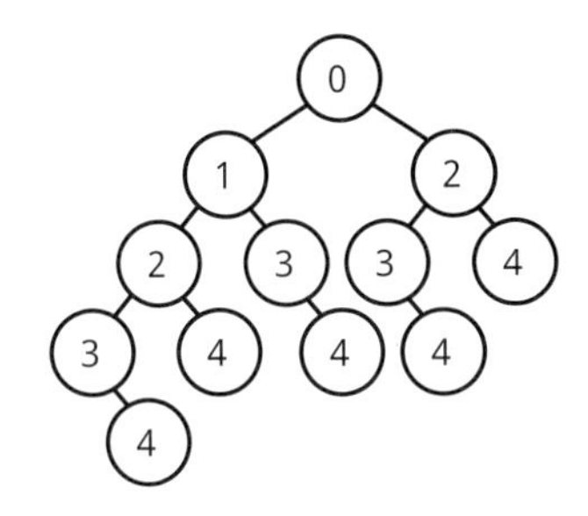

多くの再帰的問題と同様に、繰り返し実行される部分問題をメモ化する可能性があるかどうか評価する必要があります。確かにこの問題でもできそうです。

解法2:再帰的手法+メモ化

同じ入力に対してmaxMinutesを繰り返し呼び出します。たとえば予約依頼0を受けるかどうかを決定するときは、インデックス2で関数を呼び出します。予約依頼1を受けるかどうかを決定するときもインデックス2で関数を呼び出します。これはメモ化する必要があります。
メモテーブルはインデックスから最大値へのマッピングだけです。したがって、単純な配列で十分です。

```
1   int maxMinutes(int[] massages) {
2     int[] memo = new int[massages.length];
3     return maxMinutes(massages, 0, memo);
4   }
5
6   int maxMinutes(int[] massages, int index, int[] memo) {
7     if (index >= massages.length) {
8       return 0;
9     }
10
11    if (memo[index] == 0) {
12      int bestWith = massages[index] + maxMinutes(massages, index + 2, memo);
13      int bestWithout = maxMinutes(massages, index + 1, memo);
14      memo[index] = Math.max(bestWith, bestWithout);
15    }
16
17    return memo[index];
18  }
```

実行時間を決定するために、以前と同じ再帰呼び出し木の部分はグレーで表示し、その部分はすぐに返ることを図示します。呼び出しが発生しない部分は完全に削除してあります。

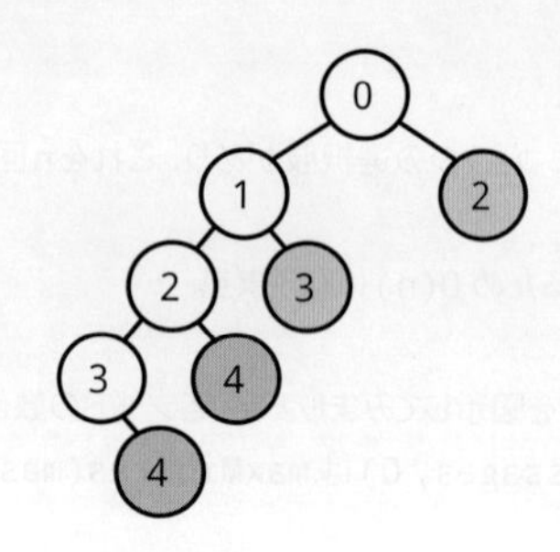

より大きな木を描くと、同様のパターンが見えます。木はほぼ線形に見え、1つの枝は左下にあります。これにより、O(n)の時間計算量とO(n)の空間計算量になることがわかります。空間計算量は、再帰呼び出しスタックとメモテーブルから取得されるものです。

解法3：反復的手法

もっとうまくできるでしょうか？各予約依頼を見なければならないので、これ以上時間計算量を良くすることはできません。しかし空間計算量は改善することができるかもしれません。これは再帰的に処理しないことを意味します。

最初の例をもう一度見てみましょう。

r_0 = 30	r_1 = 15	r_2 = 60	r_3 = 75	r_4 = 45	r_5 = 15	r_6 = 15	r_7 = 45

問題の記述にあるように、隣接する予約依頼は受けることができません。

しかし、別の見方をすることができます：予約依頼を3つ連続でスキップしてはいけません。つまり、r_0とr_3を受けたい場合は、r_1とr_2をスキップすることがあります。しかし、r_1, r_2, r_3をスキップすることはありません。この中間の要素を受けることで必ず予約リストを改善できるので、これが最適になることはないのです。

つまりr_0を受けると、必ずr_1をスキップし、r_2またはr_3のいずれかを選択することがわかります。これにより評価する必要のある選択が実質的に制限され、反復的解法への扉が開きます。

再帰的手法＋メモ化の解法について考えて、論理を逆転してみましょう：つまり、反復的なアプローチをしてみようということです。

これを行う便利な方法は、後ろからアプローチして配列の先頭に移動することです。各地点で部分配列の解を見つけるようにします。

- best(7)：{r_7 = 45}に対する最良の選択は何か？ 45分を得ることができる。もしr_7を選べばbest(7) = 45になる。
- best(6)：{r_6 = 15, ...}に対する最良の選択は何か？ 45分のままなのでbest(6) = 45である。
- best(5)：{r_5 = 15, ...}に対する最良の選択は何か？ いずれかの選択がある：
  - » r_5 = 15とbest(7) = 45を合わせる。もしくは：
  - » best(6) = 45を選ぶ。

  前者は60分になるのでbest(5) = 60になる。
- best(4)：{r_4 = 45, ...}に対する最良の選択は何か？ いずれかの選択がある：

  » r_4 = 45 と best(6) = 45 を合わせる。もしくは:
  » best(5) = 60 を選ぶ。

 前者は90分になるので best(4) = 90 になる。

- best(3): {r_3 = 75, ...}に対する最良の選択は何か? いずれかの選択がある:
  » r_3 = 75 と best(5) = 60 を合わせる。もしくは:
  » best(4) = 90 を選ぶ。

 前者は135分になるので best(3) = 135 になる。

- best(2): {r_2 = 60, ...}に対する最良の選択は何か? いずれかの選択がある:
  » r_2 = 60 と best(4) = 90 を合わせる。もしくは:
  » best(3) = 135 を選ぶ。

 前者は150分になるので best(2) = 150 になる。

- best(1): {r_1 = 15, ...}に対する最良の選択は何か? いずれかの選択がある:
  » r_1 = 15 と best(3) = 135 を合わせる。もしくは:
  » best(2) = 150 を選ぶ。

 いずれの場合でも best(1) = 150 になる。

- best(0): {r_0 = 30, ...}に対する最良の選択は何か? いずれかの選択がある:
  » r_0 = 30 と best(2) = 150 を合わせる。もしくは:
  » best(1) = 150 を選ぶ。

 前者は180分になるので best(0) = 180 になる。

したがって、180分が返ります。

次のコードはこのアルゴリズムを実装したものです。

```
1   int maxMinutes(int[] massages) {
2     /* 配列のサイズを2つ分余分に確保するので
3      * 7行目と8行目の境界チェックを行う必要はない。 */
4     int[] memo = new int[massages.length + 2];
5     memo[massages.length] = 0;
6     memo[massages.length + 1] = 0;
7     for (int i = massages.length - 1; i >= 0; i--) {
8       int bestWith = massages[i] + memo[i + 2];
9       int bestWithout = memo[i + 1];
10      memo[i] = Math.max(bestWith, bestWithout);
11    }
12    return memo[0];
13  }
```

この解の時間計算量はO(n)で、空間計算量もO(n)になります。

反復的であることはいくつかの点ではうれしいですが、実際のところ何も勝っていません。再帰的解法でも時間計算量と空間計算量は同じでした。

解法4:時間・空間計算量を最適化した反復的手法

先程の解法を見てみると、memoの値を用いるのはごく短い期間であることがわかります。いったんあるインデックスを通り過ぎると、そのインデックスの要素が再び使用されることはありません。

X 解法

実際、任意のインデックス i では i + 1 と i + 2 から最良の値だけを知る必要があるだけです。したがって、メモテーブルを取り除き2つの変数を使用するだけで十分です。

```
1   int maxMinutes(int[] massages) {
2     int oneAway = 0;
3     int twoAway = 0;
4     for (int i = massages.length - 1; i >= 0; i--) {
5       int bestWith = massages[i] + twoAway;
6       int bestWithout = oneAway;
7       int current = Math.max(bestWith, bestWithout);
8       twoAway = oneAway;
9       oneAway = current;
10    }
11    return oneAway;
12  }
```

これにより、O(n)の時間計算量とO(1)の空間計算量という、最適な時間・空間計算量が得られます。

なぜ配列を後方から見たのでしょうか? 配列を逆向きに走査するのは、多くの問題で共通するテクニックです。

しかし、もし望むなら前から走査することができます。これは、人によっては考えやすかったり考えにくかったりします。この場合は「a[i]で始まる最良の組み合わせは何ですか?」と問うよりも、「a[i]で終わる最良の組み合わせは何ですか?」と問う方がわかりやすい問題です。

17.17 マルチ探索: 文字列 b と、それより短い文字列の配列 T があります。このとき、配列 T の各文字列に対して、文字列 b に含まれているか検索するメソッドを設計してください。

p.213

解法

例を使って始めてみましょう:

```
T = {"is", "ppi", "hi", "sis", "i", "ssippi"}
b = "mississippi"
```

この例では、bの中に(「is」のように)何度か繰り返し出現する文字列があることに注意してください。

解法1

素直な解法はかなり単純です。大きい方の文字列内に小さい方の文字列が含まれているかどうかを順に調べるだけです。

```
1   HashMapList<String, Integer> searchAll(String big, String[] smalls) {
2     HashMapList<String, Integer> lookup =
3       new HashMapList<String, Integer>();
4     for (String small : smalls) {
5       ArrayList<Integer> locations = search(big, small);
6       lookup.put(small, locations);
7     }
8     return lookup;
9   }
10
```

```
11  /* 大きい方の文字列の中に小さい方の文字列が現れる場所をすべて調べる */
12  ArrayList<Integer> search(String big, String small) {
13    ArrayList<Integer> locations = new ArrayList<Integer>();
14    for (int i = 0; i < big.length() - small.length() + 1; i++) {
15      if (isSubstringAtLocation(big, small, i)) {
16        locations.add(i);
17      }
18    }
19    return locations;
20  }
21
22  /* bigのoffset文字目にsmallが現れるかどうかを調べる */
23  boolean isSubstringAtLocation(String big, String small, int offset) {
24    for (int i = 0; i < small.length(); i++) {
25      if (big.charAt(offset + i) != small.charAt(i)) {
26        return false;
27      }
28    }
29    return true;
30  }
31
32  /* HashMapList<String, Integer>は文字列をArrayList<Integer>にマップするHashMap
33   * 実装はコードライブラリを参照 */
```

`isSubstringAtLocation`を用いずに、部分文字列と等価関数を使用することもできます。これは部分文字列をたくさん作成する必要がないので、少し速くなります(ビッグ・オー記法では変わりません)。

このアルゴリズムは、Tの中で最長文字列の長さをk、長い方の文字列の長さをb、短い方の文字列の長さを`t`とすると、`O(kbt)`の実行時間になります。

解法2

これを最適化するには、T内のすべての要素に対して一度にどのように取り組むかや、何らかの形で再利用する方法について考える必要があります。

1つの方法は、大きい方の文字列の各接尾語を使用したトライ木のようなデータ構造を作成することです。文字列`bibs`の場合、接尾語リストは`bibs`、`ibs`、`bs`、`s`です。

これを木構造で表すと、次のようになります。

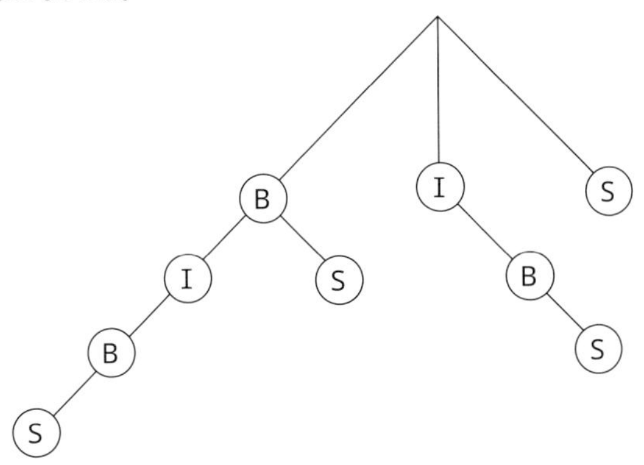

次に、配列Tの各文字列をサフィックス木の中から探します。もし“B”を探すのであれば、2か所で見つかることになります。

```
1  HashMapList<String, Integer> searchAll(String big, String[] smalls) {
2    HashMapList<String, Integer> lookup = new HashMapList<String, Integer>();
3    Trie tree = createTrieFromString(big);
4    for (String s : smalls) {
5      /* 現れる文字列それぞれの終了位置を得る */
6      ArrayList<Integer> locations = tree.search(s);
7
8      /* 開始位置に合わせる */
9      subtractValue(locations, s.length());
10
11     /* 挿入 */
12     lookup.put(s, locations);
13   }
14   return lookup;
15 }
16
17 Trie createTrieFromString(String s) {
18   Trie trie = new Trie();
19   for (int i = 0; i < s.length(); i++) {
20       String suffix = s.substring(i);
21       trie.insertString(suffix, i);
22   }
23   return trie;
24 }
25
26 void subtractValue(ArrayList<Integer> locations, int delta) {
27   if (locations == null) return;
28   for (int i = 0; i < locations.size(); i++) {
29     locations.set(i, locations.get(i) - delta);
30   }
31 }
32
33 public class Trie {
34   private TrieNode root = new TrieNode();
35
36   public Trie(String s) { insertString(s, 0); }
37   public Trie() {}
38
39   public ArrayList<Integer> search(String s) {
40     return root.search(s);
41   }
42
43   public void insertString(String str, int location) {
44     root.insertString(str, location);
45   }
46
47   public TrieNode getRoot() {
48     return root;
49   }
50 }
51
52 public class TrieNode {
53   private HashMap<Character, TrieNode> children;
54   private ArrayList<Integer> indexes;
```

```
55
56   public TrieNode() {
57     children = new HashMap<Character, TrieNode>();
58     indexes = new ArrayList<Integer>();
59   }
60
61   public void insertString(String s, int index) {
62     if (s == null) return;
63     indexes.add(index);
64     if (s.length() > 0) {
65       char value = s.charAt(0);
66       TrieNode child = null;
67       if (children.containsKey(value)) {
68         child = children.get(value);
69       } else {
70         child = new TrieNode();
71         children.put(value, child);
72       }
73       String remainder = s.substring(1);
74       child.insertString(remainder, index + 1);
75     } else {
76       children.put('¥0', null); // 終端文字
77     }
78   }
79
80   public ArrayList<Integer> search(String s) {
81     if (s == null || s.length() == 0) {
82       return indexes;
83     } else {
84       char first = s.charAt(0);
85       if (children.containsKey(first)) {
86         String remainder = s.substring(1);
87         return children.get(first).search(remainder);
88       }
89     }
90     return null;
91   }
92
93   public boolean terminates() {
94     return children.containsKey('¥0');
95   }
96
97   public TrieNode getChild(char c) {
98     return children.get(c);
99   }
100 }
101
102 /* HashMapList<String, Integer>は文字列をArrayList<Integer>にマップするHashMap
103  * 実装はコードライブラリを参照 */
```

木の作成には O(b²)、場所の検索には O(kt) の実行時間がかかります。

注意: k は T の最長文字列の長さ、b は大きい方の文字列の長さ、t は小さい方の文字列配列 T 内の文字列の数です。

合計の実行時間は O(b² + kt) になります。

入力値について何らかの追加情報がなければ、$O(b^2 + kt)$と前の解法の$O(bkt)$は比較することはできません。bが非常に大きければ$O(bkt)$の方が良いですが、短い文字列がたくさんある場合は$O(b^2 + kt)$の方が良いでしょう。

解法3

他の解法としては、小さい方の文字列をすべてトライ木に追加することもできます。たとえば文字列{i、is、pp、ms}は次のようになります。ノードの後に続くアスタリスク(*)は、このノードが単語の終わりであることを示しています。

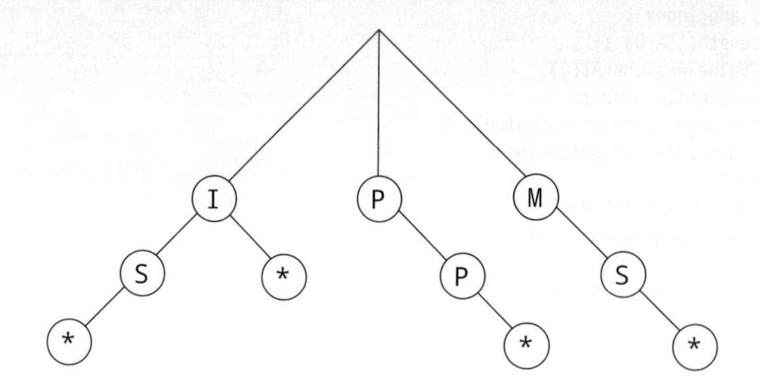

では、mississippiという文字列の中からこれらの語を見つけたいとき、各語から始めてこのトライ木を探索してみます。

- m：mississippiの最初の文字であるmで始まるトライ木でまず調べる。miに行くとすぐに終了する。
- i：次はmississippiの2番目の文字であるiに移る。iは完全な単語なのでリストに追加する。さらに続けれ検索を行うと、isが見つかる。isも完全な単語なので、それをリストに追加する。このノードには子がもうないので、mississippiの次の文字に移動する。
- s：今度はsに移る。sに対する上位ノードは存在しないので、次の文字に進む。
- s：上記と同様。次の文字に進む。
- i：もう1つiが見つかる。トライ木でiのノードに進む。iは完全な言葉なのでリストに追加する。さらに続けれ検索を行うと、isが見つかる。isも完全な単語なので、それをリストに追加する。このノードには子がもうないので、mississippiの次の文字に移動する。
- s：sに移る。sに対する上位ノードは存在しないので、次の文字に進む。
- s：上記と同様。次の文字に進む。
- i：iのノードへ進む。iは完全な単語なのでリストに追加する。mississippiの次の文字はpだが、pのノードはないのでここで検索を終了する。
- p：pのノードはない。
- p：上記と同様。
- i：iのノードへ進む。iは完全な単語なのでリストに追加する。mississippiに残っている文字はもういないので検索を終了する。

完全な「小さい」単語が見つかるたびに、その単語を見つけた大きい方の単語(mississippi)内の場所とともにリストへ追加します。

次のコードはこのアルゴリズムを実装しています。

```
1  HashMapList<String, Integer> searchAll(String big, String[] smalls) {
2    HashMapList<String, Integer> lookup = new HashMapList<String, Integer>();
3    int maxLen = big.length();
4    TrieNode root = createTreeFromStrings(smalls, maxLen).getRoot();
5
6    for (int i = 0; i < big.length(); i++) {
7      ArrayList<String> strings = findStringsAtLoc(root, big, i);
8      insertIntoHashMap(strings, lookup, i);
9    }
10
11   return lookup;
12 }
13
14 /* 各文字列(maxLenより長くなることはない)をトライ木に挿入する */
15 Trie createTreeFromStrings(String[] smalls, int maxLen) {
16   Trie tree = new Trie();
17   for (String s : smalls) {
18     if (s.length() <= maxLen) {
19       tree.insertString(s, 0);
20     }
21   }
22   return tree;
23 }
24
25 /* トライ木の中からbigのインデックス「start」で始まる文字列を見つける */
26 ArrayList<String> findStringsAtLoc(TrieNode root, String big, int start) {
27   ArrayList<String> strings = new ArrayList<String>();
28   int index = start;
29   while (index < big.length()) {
30     root = root.getChild(big.charAt(index));
31     if (root == null) break;
32     if (root.terminates()) { // 完全な文字列ならリストに追加する
33       strings.add(big.substring(start, index + 1));
34     }
35     index++;
36   }
37   return strings;
38 }
39
40 /* HashMapList<String, Integer>は文字列をArrayList<Integer>にマップするHashMap
41  * 実装はコードライブラリを参照 */
```

このアルゴリズムはトライ木の生成に $O(kt)$、すべて文字列の検索に $O(bk)$ の時間がかかります。

注意：k は T の最長文字列の長さ、b は大きい方の文字列の長さ、t は小さい方の文字列配列 T 内の文字列の数です。

この解法の合計の実行時間は $O(kt + bk)$ になります。

解法1は $O(kbt)$ でした。$O(kt + bk)$ は $O(kbt)$ より速いことがわかります。

解法2は $O(b^2 + kt)$ でした。b は常に k よりも大きい(そうでなければ k が b 内に見つからない)ので、解法3も解法2より高速です。

17.18 最短の部分配列：2つの配列が与えられ、1つは(すべての要素が異なる)比較的短く、もう1つは長くなっています。長い方の配列の中で、短い配列の要素がすべて含まれる最短の部分配列を見つけてください。含まれる順序は何でも構いません。

例

入力：{1, 5, 9} | {7, 5, 9, 0, 2, 1, 3, 5, 7, 9, 1, 1, 5, 8, 8, 9, 7}

出力：[7, 10]（上記の下線部分）

p.213

解法

いつものように、ブルートフォースのアプローチで始めるとよいでしょう。作業を手動でやっているかのように考えてみてください。どのようにしますか？

問題の例を使って試してみましょう。小さい方の配列を smallArray、大きい方の配列を bigArray を呼ぶことにします。

ブルートフォース

これを行うための、遅いけれども「簡単な」方法は、bigArrayを走査しながら小さな繰り返し作業を実行することです。

bigArrayの各インデックスで、smallArrayの各要素が次に出現するところを順に検索します。これらの次の出現場所の中で最大のものから、そのインデックスから始まる最短の部分配列がわかります。(この考え方を「クロージャ」と呼ぶことにします。つまり、クロージャとは、あるインデックスから始まる完全な部分配列を「閉じる」要素です。たとえばこの例で、インデックス3(値が0のところ)のクロージャはインデックス9です(訳注：smallArrayの要素である1, 5, 9がインデックス3より後で最初に現れるのが、それぞれインデックス5, 7, 9であり、最も大きいものが9であるということ)。)

配列内の各インデックスのクロージャを見つけることによって、全体として最短の部分配列を見つけることができます。

```
1   Range shortestSupersequence(int[] bigArray, int[] smallArray) {
2     int bestStart = -1;
3     int bestEnd = -1;
4     for (int i = 0; i < bigArray.length; i++) {
5       int end = findClosure(bigArray, smallArray, i);
6       if (end == -1) break;
7       if (bestStart == -1 || end - i < bestEnd - bestStart) {
8         bestStart = i;
9         bestEnd = end;
10      }
11    }
12    return new Range(bestStart, bestEnd);
13  }
14
15  /* 与えられたインデックスに対するクロージャ
16   * (smallArrayのすべての要素を含む完全な部分配列を終了する要素)を見つける。
17   * これはsmallArrayの各要素の次の位置の最大値になる。 */
18  int findClosure(int[] bigArray, int[] smallArray, int index) {
19    int max = -1;
20    for (int i = 0; i < smallArray.length; i++) {
21      int next = findNextInstance(bigArray, smallArray[i], index);
22      if (next == -1) {
23        return -1;
```

```
24      }
25      max = Math.max(next,  max);
26    }
27    return max;
28  }
29
30  /* indexから始まる要素の中から次にelementが現れる場所を見つける */
31  int findNextInstance(int[] array, int element, int index) {
32    for (int i = index; i < array.length; i++) {
33      if (array[i] == element) {
34        return i;
35      }
36    }
37    return -1;
38  }
39
40  public class Range {
41    private int start;
42    private int end;
43    public Range(int s, int e) {
44      start = s;
45      end = e;
46    }
47
48    public int length() { return end - start + 1; }
49    public int getStart() { return start; }
50    public int getEnd() { return end; }
51
52    public boolean shorterThan(Range other) {
53      return length() < other.length();
54    }
55  }
```


このアルゴリズムでは、Bを`bigArray`の長さ、Sを`smallArray`の長さとすると$O(SB^2)$の時間がかかります。これは、B文字に対してそれぞれ潜在的に$O(SB)$の作業、つまりS回の走査ごとにB文字の文字列の残りの部分の走査を行う可能性があるからです。

最適化

これをどのように最適化できるか考えてみましょう。遅い理由の主な原因は検索の繰り返しです。与えられたインデックスに対して、次に特定の文字が現れるところをより速く見つけることができますか?

例について考えてみましょう。次の配列が与えられたとき、各場所から次に5が現れる場所をすばやく見つける方法はありますか?

```
7, 5, 9, 0, 2, 1, 3, 5, 7, 9, 1, 1, 5, 8, 8, 9, 7
```

方法はあります。これを何度も繰り返さなければならないため、この情報を1回(末尾から)走査して事前計算することができます。最後に(最近)5が発生した場所を記録しながら、配列を逆方向に走査していきます。

値	7	5	9	0	2	1	3	5	7	9	1	1	5	8	8	9	7
インデックス	0	1	2	3	4	5	6	7	8	9	10	11	12	13	14	15	16
次の5	1	1	7	7	7	7	7	7	12	12	12	12	12	x	x	x	x

これを {1, 5, 9} のそれぞれに対して、末尾からの走査を3回だけ行います。

1回の走査で3つの値をまとめて処理する人もいますが、それで速くなるのでしょうか? 実際には速くならないでしょう。1回後方から走査を行うということは、反復ごとに3回の比較を行うことを意味します。各移動で3回の比較しながらN回リストを移動するのは、3N回移動して各移動で1回比較するよりも優れているとは言えません。走査の部分を分離することで、コードをきれいに保つこともできます。

値	7	5	9	0	2	1	3	5	7	9	1	1	5	8	8	9	7
インデックス	0	1	2	3	4	5	6	7	8	9	10	11	12	13	14	15	16
次の 1	5	5	5	5	5	5	10	10	10	10	10	11	x	x	x	x	x
次の 5	1	1	7	7	7	7	7	7	12	12	12	12	12	x	x	x	x
次の 9	2	2	2	9	9	9	9	9	9	9	15	15	15	15	15	15	x

findNextInstance 関数は、このテーブルを使用して検索を行なわなくても次の出現位置を見つけることができるようになりました。

しかし実際には、もっと簡単にすることができます。上記の表を使用して、各インデックスのクロージャを素早く計算することができます。単に列の最大値を選べば良いのです。列にxがある場合、クロージャは存在しません。これはその文字が次に出現しないことを示しています。

インデックスとクロージャの差がそのインデックスから始まる最小の部分配列です。

値	7	5	9	0	2	1	3	5	7	9	1	1	5	8	8	9	7
インデックス	0	1	2	3	4	5	6	7	8	9	10	11	12	13	14	15	16
次の 1	5	5	5	5	5	5	10	10	10	10	10	11	x	x	x	x	x
次の 5	1	1	7	7	7	7	7	7	12	12	12	12	12	x	x	x	x
次の 9	2	2	2	9	9	9	9	9	9	9	15	15	15	15	15	15	x
クロージャ	5	5	7	9	9	9	10	10	12	12	15	15	x	x	x	x	x
差	5	4	5	6	5	4	4	3	4	3	5	4	x	x	x	x	x

あとはこのテーブルから最初の距離になる部分を見つけるだけです。

```
1   Range shortestSupersequence(int[] big, int[] small) {
2     int[][] nextElements = getNextElementsMulti(big, small);
3     int[] closures = getClosures(nextElements);
4     return getShortestClosure(closures);
5   }
6
7   /* 次の出現位置を保持するテーブルを生成する */
8   int[][] getNextElementsMulti(int[] big, int[] small) {
9     int[][] nextElements = new int[small.length][big.length];
10    for (int i = 0; i < small.length; i++) {
11      nextElements[i] = getNextElement(big, small[i]);
12    }
13    return nextElements;
14  }
15
```

```
16 /* 各インデックスから値の次の出現位置のリストを得るために
17  * 配列の末尾から走査する */
18 int[] getNextElement(int[] bigArray, int value) {
19   int next = -1;
20   int[] nexts = new int[bigArray.length];
21   for (int i = bigArray.length - 1; i >= 0; i--) {
22     if (bigArray[i] == value) {
23       next = i;
24     }
25     nexts[i] = next;
26   }
27   return nexts;
28 }
29
30 /* 各インデックスに対するクロージャを得る */
31 int[] getClosures(int[][] nextElements) {
32   int[] maxNextElement = new int[nextElements[0].length];
33   for (int i = 0; i < nextElements[0].length; i++) {
34     maxNextElement[i] = getClosureForIndex(nextElements, i);
35   }
36   return maxNextElement;
37 }
38
39 /* indexと次の要素のテーブルを与えられたとき、
40  * このindexに対するクロージャ(列の最大値)を見つける。 */
41 int getClosureForIndex(int[][] nextElements, int index) {
42   int max = -1;
43   for (int i = 0; i < nextElements.length; i++) {
44     if (nextElements[i][index] == -1) {
45       return -1;
46     }
47     max = Math.max(max, nextElements[i][index]);
48   }
49   return max;
50 }
51
52 /* 最も近いクロージャを得る */
53 Range getShortestClosure(int[] closures) {
54   int bestStart = -1;
55   int bestEnd = -1;
56   for (int i = 0; i < closures.length; i++) {
57     if (closures[i] == -1) {
58       break;
59     }
60     int current = closures[i] - i;
61     if (bestStart == -1 || current < bestEnd - bestStart) {
62       bestStart = i;
63       bestEnd = closures[i];
64     }
65   }
66   return new Range(bestStart, bestEnd);
67 }
```

このアルゴリズムでは、Bを`bigArray`の長さ、Sを`smallArray`の長さとすると潜在的にO(SB)の時間がかかります。これは、次の出現位置テーブルを構築するためにS回走査し、そのたびにO(B)の時間がかかるためです。
空間計算量はO(SB)になります。

より最適化

先程の解法はかなり良いですが、さらに空間計算量を減らすことができます。作成したテーブルは次のようなものでした:

値	7	5	9	0	2	1	3	5	7	9	1	1	5	8	8	9	7
インデックス	0	1	2	3	4	5	6	7	8	9	10	11	12	13	14	15	16
次の 1	5	5	5	5	5	5	10	10	10	10	10	11	x	x	x	x	x
次の 5	1	1	7	7	7	7	7	7	12	12	12	12	12	x	x	x	x
次の 9	2	2	2	9	9	9	9	9	9	9	15	15	15	15	15	15	x
クロージャ	5	5	7	9	9	9	10	10	12	12	15	15	x	x	x	x	x

実際に必要なのは、他のすべての行の最大値であるクロージャの行です。次の出現位置情報をいつまでもすべて保存しておく必要はありません。

走査を行うとき、クロージャの最大値を更新するだけで十分です。残りのアルゴリズムは基本的に同じ方法で動作します。

```
1   Range shortestSupersequence(int[] big, int[] small) {
2     int[] closures = getClosures(big, small);
3     return getShortestClosure(closures);
4   }
5
6   /* 各インデックスに対するクロージャを得る */
7   int[] getClosures(int[] big, int[] small) {
8     int[] closure = new int[big.length];
9     for (int i = 0; i < small.length; i++) {
10      sweepForClosure(big, closure, small[i]);
11    }
12    return closure;
13  }
14
15  /* 末尾から走査を行い、値の次の出現位置が現在のクロージャよりも後にある場合は
16   * クロージャのリストを更新する */
17  void sweepForClosure(int[] big, int[] closures, int value) {
18    int next = -1;
19    for (int i = big.length - 1; i >= 0; i--) {
20      if (big[i] == value) {
21        next = i;
22      }
23      if ((next == -1 || closures[i] < next) &&
24          (closures[i] != -1)) {
25        closures[i] = next;
26      }
27    }
28  }
29
30  /* 最も近いクロージャを得る */
31  Range getShortestClosure(int[] closures) {
32    Range shortest = new Range(0, closures[0]);
33    for (int i = 1; i < closures.length; i++) {
34      if (closures[i] == -1) {
35        break;
36      }
```

```
37      Range range = new Range(i, closures[i]);
38      if (!shortest.shorterThan(range)) {
39        shortest = range;
40      }
41    }
42    return shortest;
43  }
```

時間計算量はO(SB)のままですが、空間計算量はO(B)だけになりました。

別解&最適解

全く別の解法もあります。smallArrayの各要素の出現のリストがあるとしましょう。

値	7	5	9	9	2	1	3	5	7	9	1	1	5	8	8	9	7
インデックス	0	1	2	3	4	5	6	7	8	9	10	11	12	13	14	15	16

```
1 -> {5, 10, 11}
5 -> {1, 7, 12}
9 -> {2, 3, 9, 15}
```

一番最初の有効な部分配列(1, 5, 9を含む配列)は何ですか? 各リストの先頭を見るだけでわかります。リストの各先頭の最小値は範囲の始まりであり、最大値は範囲の終わりです。この例の場合、最初の範囲は[1, 5]です。これは現時点で「最小」部分配列です。

次のものはどのように見つけることができるでしょうか? 次のインデックスはインデックス1を含まないので、リストから削除します。

```
1 -> {5, 10, 11}
5 -> {7, 12}
9 -> {2, 3, 9, 15}
```

次の区間は[2, 7]になります。これは先程の解よりも悪いので、次へ移ります。

では、次の区間はどうでしょうか? 先程のリストから最小の2を取り除き、調べてみます。

```
1 -> {5, 10, 11}
5 -> {7, 12}
9 -> {3, 9, 15}
```

次の区間は[3, 7]になり、現時点での最適解と同じになりました。

この手順を繰り返し、リストの終わりまで続けます。最終的に、与えられた点から始まるすべての「最小」部分列を反復処理することになるでしょう。

1. 現在の部分列の区間は、[先頭要素の最小, 先頭要素の最大]である。最適解と比較し、必要に応じて最適解を更新する。
2. 先頭の要素で最小のものを削除する。
3. 繰り返す。

このアルゴリズムはO(SB)の時間計算量になります。これはB個の各要素について、S個のリストの先頭要素と比較して最小値を見つけるためです。

これはかなり良いですが、その最小値の計算を高速化できるかどうかを見てみましょう。

最小値の呼び出しでやっているのは、最小要素を見つけて削除し、さらに要素を1つ追加して最小値を再度見つけ出すことです。最小ヒープを使用することで、これをより高速にすることができます。最初に各先頭要素を最小ヒープに配置します。最小値を削除して、この最小値が出てきたリストを調べ、新しい要素を追加し直すということを繰り返します。

最小要素が来たリストを取得するには、locationWithinList(インデックス)とlistIdの両方を保持するHeapNodeクラスを使用する必要があります。このようにして最小値を削除すると、正しいリストにジャンプして、新しい先頭要素をヒープに追加することができます。

```
1   Range shortestSupersequence(int[] array, int[] elements) {
2     ArrayList<Queue<Integer>> locations = getLocationsForElements(array, elements);
3     if (locations == null) return null;
4     return getShortestClosure(locations);
5   }
6
7   /* bigArrayに現れるsmallArrayの各要素のインデックスを格納する
8    * キューのリスト(連結リスト)を取得する。 */
9   ArrayList<Queue<Integer>> getLocationsForElements(int[] big, int[] small) {
10    /* 値から場所を表すキューへのマッピングでハッシュマップを初期化する */
11    HashMap<Integer, Queue<Integer>> itemLocations =
12      new HashMap<Integer, Queue<Integer>>();
13    for (int s : small) {
14      Queue<Integer> queue = new LinkedList<Integer>();
15      itemLocations.put(s, queue);
16    }
17
18    /* ハッシュマップに要素の位置を追加しながら配列bigを走査する */
19    for (int i = 0; i < big.length; i++) {
20      Queue<Integer> queue = itemLocations.get(big[i]);
21      if (queue != null) {
22        queue.add(i);
23      }
24    }
25
26    ArrayList<Queue<Integer>> allLocations = new ArrayList<Queue<Integer>>();
27    allLocations.addAll(itemLocations.values());
28    return allLocations;
29  }
30
31  Range getShortestClosure(ArrayList<Queue<Integer>> lists) {
32    PriorityQueue<HeapNode> minHeap = new PriorityQueue<HeapNode>();
33    int max = Integer.MIN_VALUE;
34
35    /* 各リストから最小の要素を挿入する */
36    for (int i = 0; i < lists.size(); i++) {
37      int head = lists.get(i).remove();
38      minHeap.add(new HeapNode(head, i));
39      max = Math.max(max, head);
```

```
40     }
41 
42     int min = minHeap.peek().locationWithinList;
43     int bestRangeMin = min;
44     int bestRangeMax = max;
45 
46     while (true) {
47       /* 最小のノードを削除する */
48       HeapNode n = minHeap.poll();
49       Queue<Integer> list = lists.get(n.listId);
50 
51       /* 範囲を最適解と比較する */
52       min = n.locationWithinList;
53       if (max - min < bestRangeMax - bestRangeMin) {
54         bestRangeMax = max;
55         bestRangeMin = min;
56       }
57 
58       /* 要素が無くなったら部分列はもう存在しないので
59        * ループを抜ける */
60       if (list.size() == 0) {
61         break;
62       }
63 
64       /* ヒープにいリストの新たな先頭要素を加える */
65       n.locationWithinList = list.remove();
66       minHeap.add(n);
67       max = Math.max(max, n.locationWithinList);
68     }
69 
70     return new Range(bestRangeMin, bestRangeMax);
71   }
```

getShortestClosureでB個の要素を調べ、forループで渡すたびにO(log S)の時間(ヒープで挿入/削除する時間)がかかります。したがって、このアルゴリズムは最悪ケースでO(B log S)の時間になります。

17.19 迷子の2数: 1からNまでの整数がちょうど1つずつ入った配列が与えられます。ただし、その配列には1つだけ含まれていない整数があります。その数を、O(N)の時間計算量とO(1)の空間計算量で見つけるにはどのようにすればよいですか？ また、含まれていない整数が2つになった場合はどうなりますか？

p.213

解法

まずは問いの最初のパートである、1つの数をO(N)の時間計算量とO(1)の空間計算量で見つける解法から始めましょう。

Part 1: 欠落した数を1つ見つける

今回は非常に制約が大きい問題です。すべての値(O(N)の空間が必要)を保存することはできませんが、欠落した数を識別するための「記録」を何らかの形で行う必要があります。

これは値を使ってある種の計算を行う必要があることを示唆しています。この計算にはどんな特性が必要でしょうか？

- **固有である。**この計算で(問題の記述に適合する)2つの配列で同じ結果が得られた場合、それらの配列は等価(欠落した数が同じもの)でなければなりません。つまり、計算の結果は特定の配列と欠落した数に対して一意に対応していなければならないということです。
- **逆算可能。**計算の結果から欠落した数に到達する何らかの方法が必要です。
- **定数時間**:計算が遅くなることはあるかもしれませんが、配列内の要素ごとで定数時間でなければなりません。
- **定数空間**:計算に追加のメモリが必要ですが、O(1)のメモリでなければなりません。

「固有である」という要件は最も興味深いものであり、最も難しいものです。欠落した数を発見できるように、一連の数字に対してどのような計算を行うことができるでしょうか?

実際には多くの可能性があります。

素数を使って何かすることができます。たとえば配列の各値xに対して、x番目の素数を掛けます。(2つの異なる素数が同じ素因数を持つことはないため)固有であることを示す何らかの値を得ることができます。

これは逆算可能でしょうか? はい、可能です。結果を受け取り、2, 3, 5, 7などの素数で割ります。i番目の素数に対して非整数を取ると、それが配列から欠落した数であることがわかります。

一定の時間・空間計算量になるでしょうか? これは、O(1)の時間計算量とO(1)の空間計算量でi番目の素数を得る方法があった場合に限りますが、その方法はわかりません。

他にどのような計算をすることができるでしょうか? 素数要素すら必要はありません。すべての数字を掛けてみるのはどうでしょうか?

- **固有である?** はい。1*2*3*...*nと書いてみて、その中の1つ数字を消すことを想像してください。これは、他の数字を消した場合とは異なる結果になります。
- **定数時間と定数空間?** はい。
- **逆算可能?** これについて考えてみましょう。積がいくつであるかと、数を消さなかった場合にどうなるのかとを比較することで、欠落している数を見つけることができるでしょうか? もちろんできますね。すべての数の積を実際の積で割るだけです。これにより、実際の積から欠落している数がわかります。

ただ1つ問題があります。この積の値は本当に本当に大きなものです。nが20の場合、積は約2,000,000,000,000,000,000になってしまいます。

それでもこの方法でアプローチできますが、BigIntegerクラスを使う必要があります。

```
1   int missingOne(int[] array) {
2     BigInteger fullProduct = productToN(array.length + 1);
3 
4     BigInteger actualProduct = new BigInteger("1");
5     for (int i = 0; i < array.length; i++) {
6       BigInteger value = new BigInteger(array[i] + "");
7       actualProduct = actualProduct.multiply(value);
8     }
9 
```

```
10    BigInteger missingNumber = fullProduct.divide(actualProduct);
11    return Integer.parseInt(missingNumber.toString());
12  }
13
14  BigInteger productToN(int n) {
15    BigInteger fullProduct = new BigInteger("1");
16    for (int i = 2; i <= n; i++) {
17      fullProduct = fullProduct.multiply(new BigInteger(i + ""));
18    }
19    return fullProduct;
20  }
```

しかしこれはすべて必要ありません。代わりに和を使うことができます。それも固有なものになるでしょう。

合計を行う場合、1からnまでの整数の合計を計算する閉じた式 $\frac{n(n+1)}{2}$ が使えるという利点があります。

> 1からnまでの和を求める式を覚えていない方も多いかもしれませんが、大丈夫です。それでも面接官はそれを導出するように求めてくるかもしれません。そのときはこのように考えてください：0 + 1 + 2 + 3 + ... + nの、小さい方と大きい方の値でペアを作り、(0, n) + (1, n-1) + (2, n-2) + ... のようにしていきます。各ペアの和はnで、ペアの数は $\frac{n+1}{2}$ 組あります。しかしnが偶数で、$\frac{n+1}{2}$ が整数にならない場合はどうなるでしょうか？この場合、小さい方と大きい方の値の和がn+1になるようなペアを$n/2$組作ります。いずれにしても、$\frac{n(n+1)}{2}$ という計算式になります。

合計を計算する手法に切り替えるとオーバーフローの問題が起こることはかなり先になりますが、完全にオーバーフローの問題を防ぐことはできません。面接官と話し合い、どのようにそれを扱ってほしいと考えているか確認してください。多くの面接官には、その点について言及するだけで十分です。

Part 2: 欠落した数を2つ見つける

こちらは相当困難です。欠落した数が2つあるとき、以前のアプローチを用いるとどうなるかというところから始めましょう。

- **和**：この方法を使用すると、欠落した2つの値の和が得られる。
- **積**：この方法を使用すると、欠落した2つの値の積が得られる。

残念ながら、和がわかるだけでは不十分です。たとえば和が10であれば、(1, 9), (2, 8) と、その他のいくつかのペアに対応します。積についても同じことが言えます。

再び問題の最初に立ち戻ってみます。欠落した数の可能性がある組全体で、結果が一意になるようにできる計算が必要です。

おそらくそのような計算があります（素数でできるかもしれませんが、それは定数時間ではありません）が、面接官はあなたがそのような数学を知っていることを期待してはいないでしょう。

それ以外に何ができるでしょうか？ できることに戻りましょう。x + yを得ることができ、x * yを得ることもできます。それぞれの結果によって、数多くの可能性が残されています。しかし両方を使用すると、特定の数に絞り込むことができます。

```
x + y = sum     -> y = sum - x
x * y = product -> x(sum - x) = product
```

```
x*sum - x^2 = product
x*sum - x^2 - product = 0
-x^2 + x*sum - product = 0
```

ここでxについての2次方程式を解くことができます。xが計算できたらyも計算できます。
他にも計算方法はいくつかあります。実際、他のほとんどの計算(一次式の計算以外)ではxとyの値が得られます。

ここでは別の計算方法を使用してみましょう。1 * 2 * ... * nの積を使用する代わりに、$1^2 + 2^2 + ... + n^2$の平方和を使用することにします。これは比較的小さな値でコードが実行できるため、BigIntegerを使用する心配が少し解消されます。この点が重要であるかどうかは面接官と議論してもよいでしょう。

```
x + y = s       -> y = s - x
x^2 + y^2 = t   -> x^2 + (s-x)^2 = t
           2x^2 - 2sx + s^2-t = 0:
```

2次方程式の解の公式を思い出してください:

```
x = [-b +- sqrt(b^2 - 4ac)] / 2a
```

この場合のa, b, cは次のようになります:

```
a = 2
b = -2s
c = s^2-t
```

これで実装するのが幾分単純になりました。

```
1   int[] missingTwo(int[] array) {
2     int max_value = array.length + 2;
3     int rem_square = squareSumToN(max_value, 2);
4     int rem_one = max_value * (max_value + 1) / 2;
5
6     for (int i = 0; i < array.length; i++) {
7       rem_square -= array[i] * array[i];
8       rem_one -= array[i];
9     }
10
11    return solveEquation(rem_one, rem_square);
12  }
13
14  int squareSumToN(int n, int power) {
15    int sum = 0;
16    for (int i = 1; i <= n; i++) {
17      sum += (int) Math.pow(i, power);
18    }
19    return sum;
20  }
21
22  int[] solveEquation(int r1, int r2) {
23    /* ax^2 + bx + c
24     * -->
25     * x = [-b +- sqrt(b^2 - 4ac)] / 2a
26     * In this case, it has to be a + not a - */
27    int a = 2;
```

```
28    int b = -2 * r1;
29    int c = r1 * r1 - r2;
30
31    double part1 = -1 * b;
32    double part2 = Math.sqrt(b*b - 4 * a * c);
33    double part3 = 2 * a;
34
35    int solutionX = (int) ((part1 + part2) / part3);
36    int solutionY = r1 - solutionX;
37
38    int[] solution = {solutionX, solutionY};
39    return solution;
40  }
```


2次方程式では通常2つの解(+-の部分を参照)が得られますが、コードでは(+)の結果しか使用していないことに気付くかもしれません。(-)の解をチェックしませんでした。それは何故でしょうか?

「もう1つの」解の存在は、1つが正しい解であり、もう1つが「偽」であることを意味するものではありません。つまりxの値は2つとも、$2x^2 - 2sx + (s^2 - t) = 0$という方程式を満たしています。

それは間違いのないことで。確かにもう1つの解があります。では、もう1つの解は何を表すのでしょうか? それはyの値です!

これがすぐに理解できない場合は、xとyは交換可能であることに注意してください。xの代わりにyについて先に解いていれば、そっくりの方程式:$2y^2 - 2sy + (s^2 - t) = 0$になってしまいます。当然yはxの式を満たし、xはyの式を満たしますので、まったく同じ方程式と言えます。xとyは両方とも$2[何か]^2 - 2s[何か] + s^2 - t = 0$のような方程式の解であるため、その方程式を満たす解のもう1つはyでなければなりません。

まだ確信できない? では、数学的に確認しておきましょう。xのもう1つの解:$[-b - sqrt(b^2 - 4ac)] / 2a$を取り上げてみます。yの値はどうなりますか?

$$
\begin{aligned}
x + y &= r_1 \\
y &= r_1 - x \\
&= r_1 - [-b - sqrt(b^2 - 4ac)]/2a \\
&= [2a*r_1 + b + sqrt(b^2 - 4ac)]/2a
\end{aligned}
$$

aとbの値に部分的に代入しますが、残りの式はそのままです:

$$
\begin{aligned}
&= [2(2)*r_1 + (-2r_1) + sqrt(b^2 - 4ac)]/2a \\
&= [2r_1 + sqrt(b^2 - 4ac)]/2a
\end{aligned}
$$

$b = -2r_1$であることから、このような式になりました:

$$= [-b + sqrt(b^2 - 4ac)]/2a$$

したがって、x = (part1 + part2) / part3を使用すると、yの値として(part1 - part2) / part3が得られます。

どちらをxと呼び、どちらをyと呼ぶかは気にしないので、どちらかを使うことができます。最終的に同じように動作します。

17.20 連続的な中央値：乱数を引数にメソッドが何度か呼び出されます。新しく値を受け取るたびに、それまでの数の中央値を求め、それを保持するプログラムを書いてください(訳注：新しい値を追加するメソッドと、それまでの入力の中央値を返すメソッドを書く)。

p.213

解法

この問題は2つのヒープを用いて解くことができます。中央値より大きい値を最小ヒープ(minHeap)に保持し、中央値より小さい値を最大ヒープ(maxHeap)に保持します。こうすることで、中央の2要素が各ヒープの先頭要素になるようにだいたい2分することができ、中央値を見つけるのが非常に簡単になります。

- If `maxHeap.size() > minHeap.size()` の場合、`maxHeap.top()` が中央値になる。
- If `maxHeap.size() == minHeap.size()` の場合、`maxHeap.top()` と `minHeap.top()` の平均が中央値となる。

要素を均等に分割できない場合は、必ず`maxHeap`が1つ多く持つように調整しておきます。

アルゴリズムは次のようになります。新しい値が入ってきたとき、それが中央値以下であれば`maxHeap`に挿入します。そうでなければ`minHeap`に挿入します。また、2つのヒープが同じサイズになるか、あるいは`maxHeap`のサイズが1つ大きくなるように調整します。方法は単純に、一方のヒープからもう一方へ要素を移動するだけです。中央値を得るにはヒープの先頭を見るだけでよいので、定数時間で取得できます。値の追加は`O(log(n))`の計算時間になります。

```
1   Comparator<Integer> maxHeapComparator, minHeapComparator;
2   PriorityQueue<Integer> maxHeap, minHeap;
3
4   void addNewNumber(int randomNumber) {
5     /* 注意： addNewNumberは、
6      * maxHeap.size() >= minHeap.size()の条件を保つ */
7     if (maxHeap.size() == minHeap.size()) {
8       if ((minHeap.peek() != null) &&
9         randomNumber > minHeap.peek()) {
10        maxHeap.offer(minHeap.poll());
11        minHeap.offer(randomNumber);
12      } else {
13        maxHeap.offer(randomNumber);
14      }
15    } else {
16      if(randomNumber < maxHeap.peek()) {
17        minHeap.offer(maxHeap.poll());
18        maxHeap.offer(randomNumber);
19      }
20      else {
21        minHeap.offer(randomNumber);
22      }
23    }
24  }
25
26  double getMedian() {
27    /* maxHeapは常にminHeap以上のサイズになる。
28     * したがって、maxHeapが空ならminHeapも空になる */
29    if (maxHeap.isEmpty()) {
```

```
30        return 0;
31      }
32      if (maxHeap.size() == minHeap.size()) {
33        return ((double)minHeap.peek()+(double)maxHeap.peek()) / 2;
34      } else {
35        /* maxHeapとminHeapが異なる大きさなら、maxHeapは1つ多く
36         * 要素を持っている。その場合、maxHeapの先頭を返す*/
37        return maxHeap.peek();
38      }
39    }
```


17.21 ヒストグラムの容量：ヒストグラム(柱状グラフ)をイメージしてください。もし誰かがその上から水を注いだら、溜まる水の容量を計算するアルゴリズムを設計してください。ヒストグラムの各長方形は幅が1であると仮定してください。

例(黒い部分がヒストグラムで、グレーの部分が水を表します。)

入力：{0, 0, 4, 0, 0, 6, 0, 0, 3, 0, 5, 0, 1, 0, 0, 0}

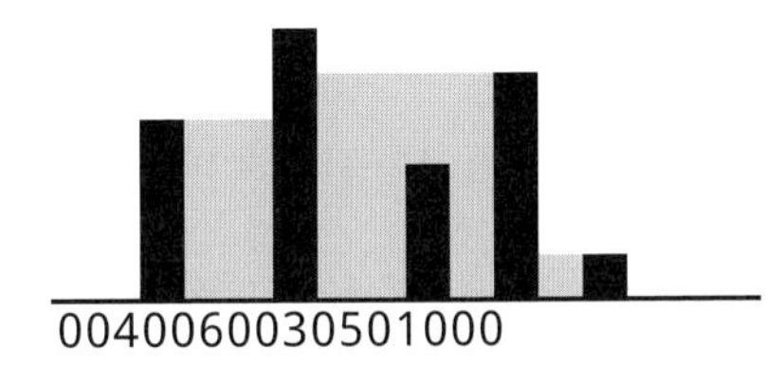

出力：26

p.214

解法

これは難しい問題ですので、解法を見つけるための良い例を考えてみましょう。

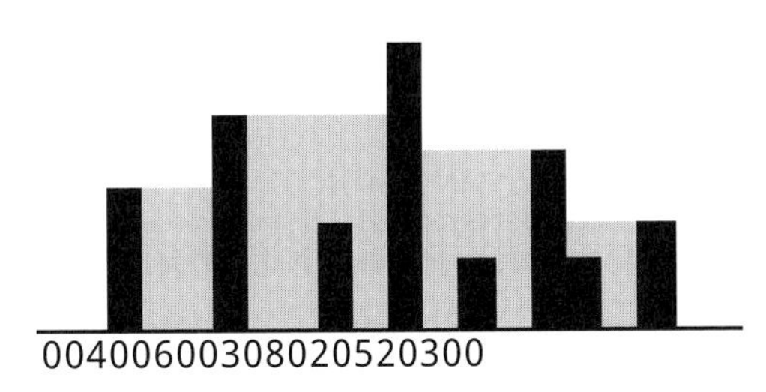

この例をよく調べてみて、そこから学べるものを見てみましょう。これらの灰色の領域の大きさはどうやって厳密に決定されるのでしょうか?

解法1

サイズ8の、最も高い柱を見てみましょう。その柱はどのような役割を果たしていますか? それは最も高いという重要な役割を果たしていますが、その柱の高さが100であっても実際には関係ありません。柱の長さは影響していないのです。

最も高い柱は左右の水の障壁になっています。しかし実際には、水の量は左右の次の高さの柱によって制御されています。

- **最も高い柱のすぐ左の水**：左側で次に高い柱は高さが6です。最も高い柱とその次に高い柱の間を水で埋めることができます

が、その間にある各ヒストグラムの高さ分を水の量から差し引く必要があります。よって左側の水の量は (6-0) + (6-0) + (6-3) + (6-0) = 21 になります。

- **最も高い柱のすぐ右の水**：右側で次に高い柱は高さが5です。よって、右側の水の量は (5-0) + (5-2) + (5-0) = 13 になります。

これは水の量の一部だけです。

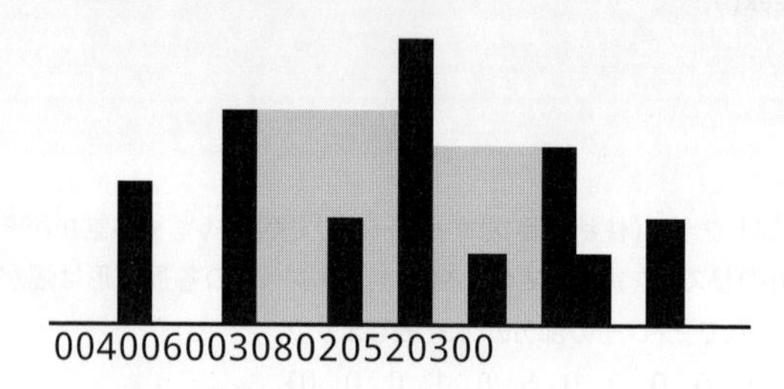

残りの部分はどうなるでしょうか？

基本的には左側に1つ、右側に1つの部分グラフがあります。その容積を見つけるために同じような作業を繰り返します。

1. 最大値を見つける。（実際には、これはわかっている。左の部分グラフで最も高い柱は右端の柱 (6) で、右の部分グラフで最も高い柱は左端の柱 (5) になっている。）
2. 各部分グラフで2番目に高い柱を見つける。左の部分グラフでは4で、右の部分グラフでは3である。
3. 最も高い柱と2番目に高い柱の間の容積を計算する。
4. グラフの端で再帰する。

次のコードはこのアルゴリズムを実装したものです。

```
1   int computeHistogramVolume(int[] histogram) {
2     int start = 0;
3     int end = histogram.length - 1;
4 
5     int max = findIndexOfMax(histogram, start, end);
6     int leftVolume =  subgraphVolume(histogram, start, max, true);
7     int rightVolume = subgraphVolume(histogram, max, end, false);
8 
9     return leftVolume + rightVolume;
10  }
11 
12  /* ヒストグラムの部分グラフの容積を計算する。最大値は区間の開始点か
13   * 終了点になる(isLeftによる)。2番目に高いものを見つけたら、最も高い柱と
14   * 2番目に高い柱の間の容積を計算する。その後次の部分グラフの容積を計算する。 */
15  int subgraphVolume(int[] histogram, int start, int end, boolean isLeft) {
16    if (start >= end) return 0;
17    int sum = 0;
18    if (isLeft) {
19      int max = findIndexOfMax(histogram, start, end - 1);
20      sum += borderedVolume(histogram, max, end);
21      sum += subgraphVolume(histogram, start, max, isLeft);
22    } else {
23      int max = findIndexOfMax(histogram, start + 1, end);
```

```
24      sum += borderedVolume(histogram, start, max);
25      sum += subgraphVolume(histogram, max, end, isLeft);
26    }
27
28    return sum;
29  }
30
31  /* startからendまでの間で最も高い柱を見つける */
32  int findIndexOfMax(int[] histogram, int start, int end) {
33    int indexOfMax = start;
34    for (int i = start + 1; i <= end; i++) {
35      if (histogram[i] > histogram[indexOfMax]) {
36        indexOfMax = i;
37      }
38    }
39    return indexOfMax;
40  }
41
42  /* startからendまでの間の容積を計算する。
43   * 最も高い柱をstart、2番目に高い柱をendとする。 */
44  int borderedVolume(int[] histogram, int start, int end) {
45    if (start >= end) return 0;
46
47    int min = Math.min(histogram[start], histogram[end]);
48    int sum = 0;
49    for (int i = start + 1; i < end; i++) {
50      sum += min - histogram[i];
51    }
52    return sum;
53  }
```

Nをヒストグラムの柱の数とすると、このアルゴリズムは最悪ケースで$O(N^2)$の時間がかかります。これは最大の高さを見つけるためにヒストグラムの検索をを繰り返し行わなければならないからです。

解法2(最適化)

以前のアルゴリズムを最適化するために、従来のアルゴリズムで効率が悪い正確な原因を考えてみましょう。根本的な原因は、`findIndexOfMax`が頻繁に呼び出される部分です。これは最適化の焦点になるであろうということを示唆しています。

1つ気付くべきなのは、`findIndexOfMax`関数に任意の範囲を渡していないということです。実際には、常に1つの場所から端(右端または左端のいずれか)までの間に最大値があります。与えられた場所から端までの最大の高さを簡単に知る方法はあるでしょうか?

はい、この情報は$O(N)$の時間で事前に計算することができます。

ヒストグラムを通る2つの走査(右から左への移動と左から右への移動)では、任意のインデックス`i`から、右側で最大値を持つインデックスの位置と、左側で最大値を持つインデックスの位置を示す表を作成しておきます。

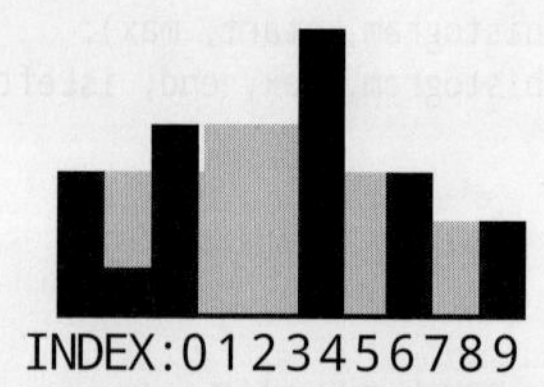

```
INDEX:0123456789
HEIGHT:3140060302
INDEX LEFT MAX:0022255555
INDEX RIGHT MAX:5555557799
```

残りのアルゴリズムは基本的に同じです。

この追加情報を格納するために、HistogramDataというオブジェクトを使用することにしましたが、2次元配列を使用することもできます。

```
1   int computeHistogramVolume(int[] histogram) {
2     int start = 0;
3     int end = histogram.length - 1;
4
5     HistogramData[] data = createHistogramData(histogram);
6
7     int max = data[0].getRightMaxIndex(); // 全体の最大値を得る
8     int leftVolume =  subgraphVolume(data, start, max, true);
9     int rightVolume = subgraphVolume(data, max, end, false);
10
11    return leftVolume + rightVolume;
12  }
13
14  HistogramData[] createHistogramData(int[] histo) {
15    HistogramData[] histogram = new HistogramData[histo.length];
16    for (int i = 0; i < histo.length; i++) {
17      histogram[i] = new HistogramData(histo[i]);
18    }
19
20    /* 左側の最大インデックスをセットする */
21    int maxIndex = 0;
22    for (int i = 0; i < histo.length; i++) {
23      if (histo[maxIndex] < histo[i]) {
24        maxIndex = i;
25      }
26      histogram[i].setLeftMaxIndex(maxIndex);
27    }
28
29    /* 右側の最大インデックスをセットする */
30    maxIndex = histogram.length - 1;
31    for (int i = histogram.length - 1; i >= 0; i--) {
32      if (histo[maxIndex] < histo[i]) {
33        maxIndex = i;
34      }
35      histogram[i].setRightMaxIndex(maxIndex);
36    }
37
38    return histogram;
```

```
39  }
40
41  /* ヒストグラムの部分グラフの容積を計算する。最大値は区間の開始点か
42   * 終了点になる(isLeftによる)。2番目に高いものを見つけたら、最も高い柱と
43   * 2番目に高い柱の間の容積を計算する。その後次の部分グラフの容積を計算する。 */
44  int subgraphVolume(HistogramData[] histogram, int start, int end,
45                     boolean isLeft) {
46    if (start >= end) return 0;
47    int sum = 0;
48    if (isLeft) {
49      int max = histogram[end - 1].getLeftMaxIndex();
50      sum += borderedVolume(histogram, max, end);
51      sum += subgraphVolume(histogram, start, max, isLeft);
52    } else {
53      int max = histogram[start + 1].getRightMaxIndex();
54      sum += borderedVolume(histogram, start, max);
55      sum += subgraphVolume(histogram, max, end, isLeft);
56    }
57
58    return sum;
59  }
60
61  /* startからendまでの間の容積を計算する。
62   * 最も高い2つの柱を端点とする。 */
63  int borderedVolume(HistogramData[] data, int start, int end) {
64    if (start >= end) return 0;
65
66    int min = Math.min(data[start].getHeight(), data[end].getHeight());
67    int sum = 0;
68    for (int i = start + 1; i < end; i++) {
69      sum += min - data[i].getHeight();
70    }
71    return sum;
72  }
73
74  public class HistogramData {
75    private int height;
76    private int leftMaxIndex = -1;
77    private int rightMaxIndex = -1;
78
79    public HistogramData(int v) { height = v; }
80    public int getHeight() { return height; }
81    public int getLeftMaxIndex() { return leftMaxIndex; }
82    public void setLeftMaxIndex(int idx) { leftMaxIndex = idx; };
83    public int getRightMaxIndex() { return rightMaxIndex; }
84    public void setRightMaxIndex(int idx) { rightMaxIndex = idx; };
85  }
```

このアルゴリズムはO(N)の実行時間になります。すべての柱を見なければならないので、これより良くすることはできません。

解法3(最適化 & 単純化)

ビッグ・オーの観点では高速化することはできませんが、はるかに単純化することはできます。これまでアルゴリズムについて学んだことを踏まえて、もう一度例を見てみましょう。

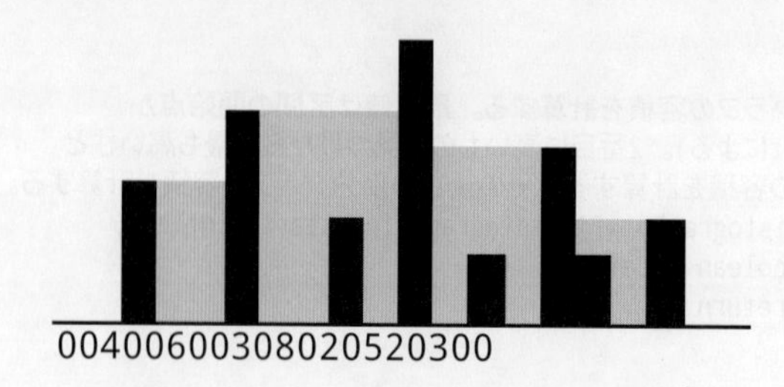

ここまで見てきたように、特定の範囲の水量は、左側と右側で最も高い柱(具体的には、左の最も高い2つの柱の短い方と、右の最も高い柱)によって決定されます。たとえば高さ6の柱と高さ8の柱との間に水が満たされる場合は、高さは6まで水が入ります。したがって、高さを決めるのは2番目に高い柱ということになります。

水の総量は、ヒストグラムの柱それぞれの上の水の量です。ヒストグラムの柱の上にある水の量を効率的に計算できるでしょうか?

これは可能です。解法2では、各インデックスに対して左右に最も高い柱の高さを事前に計算することができました。これらの最小値は柱の「水位」を示します。水位と柱の高さの差が水量になります。

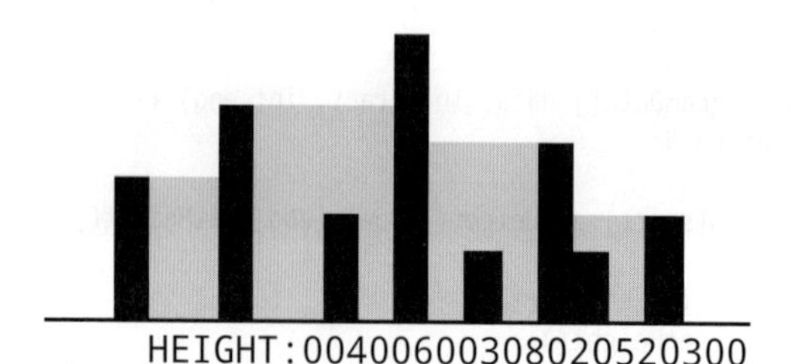

```
   HEIGHT:0040060030802052030 0
 LEFT MAX:0044466666888888888
RIGHT MAX:8888888888555533300
      MIN:0044466668555533300
    DELTA:0004406636053501300 0
```

アルゴリズムはいくつかの簡単な手順で実行されます:

1. 左から右に走査し、それまでに見た最大の高さを追跡しながら左の最大値を設定する。
2. 右から左に走査し、それまでに見た最大の高さを追跡しながら右の最大値を設定する。
3. ヒストグラムを走査し、各インデックスで左の最大値と右の最大値の小さい方を計算する。
4. ヒストグラムを走査し、最小値と柱の高さとの差を計算する。これらの差をを合計する。

実際の実装では、それほどデータを保持する必要はありません。ステップ2, 3, 4は1つのループにまとめることができます。まず、1回の走査で左からの最大値を計算します。その後逆に走査して、右からの最大値を順に調べます。各要素で、左右の最大値のうち小さい方を計算し、次にその値(最大値の小さい方)と柱の高さとの差分を計算します。これを合計に加えます。

```
1   /* 柱を順に走査し、その上の水量を計算する。
2    * 柱上の水量 =
3    *   height - min(左側で最も高い柱, 右側で最も高い柱)
4    *   [上記の式は0以上の値になる]
5    * 最初の走査で左の最大値を求め、次の走査では
6    * 右の最大値、左右の最大値のうち小さい方、その値と柱の高さの差を求める。 */
```

```
7   int computeHistogramVolume(int[] histo) {
8     /* 左の最大値を得る */
9     int[] leftMaxes = new int[histo.length];
10    int leftMax = histo[0];
11    for (int i = 0; i < histo.length; i++) {
12      leftMax = Math.max(leftMax, histo[i]);
13      leftMaxes[i] = leftMax;
14    }
15
16    int sum = 0;
17
18    /* 右の最大値を得る */
19    int rightMax = histo[histo.length - 1];
20    for (int i = histo.length - 1; i >= 0; i--) {
21      rightMax = Math.max(rightMax, histo[i]);
22      int secondTallest = Math.min(rightMax, leftMaxes[i]);
23
24      /* 左右により高い柱があれば、この柱の上には水がある。
25       * 水量を計算しsumに加える。 */
26       if (secondTallest > histo[i]) {
27         sum += secondTallest - histo[i];
28       }
29     }
30
31     return sum;
32   }
```

コード全体はたったこれだけです！ 計算量は`O(N)`のままですが、読み書きするのがずっと簡単です。

17.22 **単語変換：** 辞書にある、文字数が等しい2つの単語が与えられます。このとき、1ステップに1文字だけ変える変形を繰り返し、一方の単語から他方に変形するメソッドを書いてください。各ステップで得られる新しい単語は辞書の中になければいけません。

例

入力：DAMP, LIKE

出力：DAMP -> LAMP -> LIMP -> LIME -> LIKE

p.214

解法

素直な解法から始めて、最適解法へと進んでいきましょう。

ブルートフォース

解法の1つとしては、可能な限りあらゆる方法で単語を変換（もちろん正しい単語であるかのチェックは毎回行います）し、最終的な単語に到達できるかを確認します。

たとえば、`bold`という単語は次のように変換されます：

- `aold`, `bold`, ..., `zold`
- `bald`, `bbld`, ..., `bzld`
- `boad`, `bobd`, ..., `bozd`
- `bola`, `bolb`, ..., `bolz`

文字列が有効な単語でない場合、またはすでにこの単語を訪問した場合はそこで終了します(この経路は探索しません)。

これは、1か所の変更分の差しかない2つの単語間に「辺」があるグラフの探索で、本質的には深さ優先探索です。そしてそれは、このアルゴリズムが最短経路を見つけられないことを意味しています。経路を見つけるだけです。

最短経路を見つけたい場合は、幅優先探索を使用することになります。

```
1   LinkedList<String> transform(String start, String stop, String[] words) {
2     HashSet<String> dict = setupDictionary(words);
3     HashSet<String> visited = new HashSet<String>();
4     return transform(visited, start, stop, dict);
5   }
6
7   HashSet<String> setupDictionary(String[] words) {
8     HashSet<String> hash = new HashSet<String>();
9     for (String word : words) {
10      hash.add(word.toLowerCase());
11    }
12    return hash;
13  }
14
15  LinkedList<String> transform(HashSet<String> visited, String startWord,
16                               String stopWord, Set<String> dictionary) {
17    if (startWord.equals(stopWord)) {
18      LinkedList<String> path = new LinkedList<String>();
19      path.add(startWord);
20      return path;
21    } else if (visited.contains(startWord) || !dictionary.contains(startWord)) {
22      return null;
23    }
24
25    visited.add(startWord);
26    ArrayList<String> words = wordsOneAway(startWord);
27
28    for (String word : words) {
29      LinkedList<String> path = transform(visited, word, stopWord, dictionary);
30      if (path != null) {
31        path.addFirst(startWord);
32        return path;
33      }
34    }
35
36    return null;
37  }
38
39  ArrayList<String> wordsOneAway(String word) {
40    ArrayList<String> words = new ArrayList<String>();
41    for (int i = 0; i < word.length(); i++) {
42      for (char c = 'a'; c <= 'z'; c++) {
43        String w = word.substring(0, i) + c + word.substring(i + 1);
44        words.add(w);
45      }
46    }
```

```
47     return words;
48   }
```

このアルゴリズムが非効率である主な原因の1つは、1回の変換で得られる文字列をすべて調べている点です。現時点では、1回の変換分離れた文字列を見つけて、無効な文字列を削除しています。

理想的には、有効なものだけを探索したいところです。

最適化を加えた解法

有効な単語だけを探索するには、各単語に関連するすべての有効な単語リストに移動する方法が必要です。

2つの単語を「関連するもの」(1変換差)にするのはなぜでしょうか?1つの文字を除くすべてが同じであれば、1変換差です。たとえば、`ball`と`bill`は両方とも`b_ll`という形式であるため、1変換分離れています。そこで、`b_ll`のように見えるすべての単語をグループ化する方法を考えてみます。

(`b_ll`のような)「ワイルドカード単語」からこの形式のすべての単語のリストへのマッピングを作成することで、辞書全体に対してこれを行うことができます。たとえば、`{all, ill, ail, ape, ale}`のような非常に小さな辞書の場合、マッピングは次のようになります:

```
_il -> ail
_le -> ale
_ll -> all, ill
_pe -> ape
a_e -> ape, ale
a_l -> all, ail
i_l -> ill
ai_ -> ail
al_ -> all, ale
ap_ -> ape
il_ -> ill
```

これで`ale`のような単語から1変換した単語を知りたければ、ハッシュテーブルで`_le`, `a_e`, `al_`を調べます。

他の部分のアルゴリズムは基本的に同じです。

```
1   LinkedList<String> transform(String start, String stop, String[] words) {
2     HashMapList<String, String> wildcardToWordList = createWildcardToWordMap(words);
3     HashSet<String> visited = new HashSet<String>();
4     return transform(visited, start, stop, wildcardToWordList);
5   }
6
7   /* startWordからstopWordへの深さ優先探索を行う。
8    * 1変換分離れた単語間を移動しながら探索する。 */
9   LinkedList<String> transform(HashSet<String> visited, String start, String stop,
10                               HashMapList<String, String> wildcardToWordList) {
11    if (start.equals(stop)) {
12      LinkedList<String> path = new LinkedList<String>();
13      path.add(start);
14      return path;
```

X 解法

```
15      } else if (visited.contains(start)) {
16        return null;
17      }
18
19      visited.add(start);
20      ArrayList<String> words = getValidLinkedWords(start, wildcardToWordList);
21
22      for (String word : words) {
23        LinkedList<String> path = transform(visited, word, stop, wildcardToWordList);
24        if (path != null) {
25          path.addFirst(start);
26          return path;
27        }
28      }
29
30      return null;
31    }
32
33    /* 辞書の単語をワイルドカード形式 -> 単語のマッピングに挿入する */
34    HashMapList<String, String> createWildcardToWordMap(String[] words) {
35      HashMapList<String, String> wildcardToWords = new HashMapList<String, String>();
36      for (String word : words) {
37        ArrayList<String> linked = getWildcardRoots(word);
38        for (String linkedWord : linked) {
39          wildcardToWords.put(linkedWord, word);
40        }
41      }
42      return wildcardToWords;
43    }
44
45    /* 単語に関連するワイルドカードのリストを得る */
46    ArrayList<String> getWildcardRoots(String w) {
47      ArrayList<String> words = new ArrayList<String>();
48      for (int i = 0; i < w.length(); i++) {
49        String word = w.substring(0, i) + "_" + w.substring(i + 1);
50        words.add(word);
51      }
52      return words;
53    }
54
55    /* 1変換分離れた単語を返す */
56    ArrayList<String> getValidLinkedWords(String word,
57        HashMapList<String, String> wildcardToWords) {
58      ArrayList<String> wildcards = getWildcardRoots(word);
59      ArrayList<String> linkedWords = new ArrayList<String>();
60      for (String wildcard : wildcards) {
61        ArrayList<String> words = wildcardToWords.get(wildcard);
62        for (String linkedWord : words) {
63          if (!linkedWord.equals(word)) {
64            linkedWords.add(linkedWord);
65          }
66        }
67      }
68      return linkedWords;
69    }
70
```

```
71  /* HashMapList<String, String>は文字列をArrayList<String>にマップするHashMap
72   * 実装はコードライブラリを参照 */
```

これでうまくいきますが、まださらに速くすることができます。

1つの最適化は、深さ優先探索から幅優先探索に切り替えることです。経路の数が0か1の場合、アルゴリズムは同程度の速度です。しかし複数の経路がある場合は、幅優先探索の方がより高速に動きます。

幅優先探索は2つのノード間の最短経路を求めますが、深さ優先探索は任意の経路を求めます。これは、実際にはノードがかなり近い距離にある場合でも、深さ優先探索を使うと無駄に長い経路を探索してしまう可能性があることを意味します。

最適解法

前述のように、幅優先探索を使用して最適化することができます。これが速くできる限界でしょうか？ そうではありません。

2つのノード間の経路の長さが4であるとします。幅優先探索では、約15^4のノードを探索することになります。

幅優先探索では、あっという間に探索ノードが増えてしまいます。

代わりに、探索元のノードと目的ノードから同時に探索するとどうなるでしょうか？ この場合、幅優先探索はそれぞれが深さ2程度まで探索した後に衝突します。

- 元の地点から探索するノード: 15^2
- 目的地から探索するノード: 15^2
- 合計ノード: $15^2 + 15^2$

これは従来の幅優先探索よりもはるかに優れています。

各ノードで移動した経路を追跡する必要があります。

この考え方を実装するために、BFSDataクラスを追加しました。BFSDataは情報をよりわかりやすく保持するのに役立ち、幅優先探索を2つ同時に行うための構造を維持することができます。他には、それぞれの探索で用いる変数群を受け渡す方法もあります。

```
1   LinkedList<String> transform(String startWord, String stopWord, String[] words) {
2     HashMapList<String, String> wildcardToWordList = getWildcardToWordList(words);
3
4     BFSData sourceData = new BFSData(startWord);
5     BFSData destData = new BFSData(stopWord);
6
7     while (!sourceData.isFinished() && !destData.isFinished()) {
8       /* 元の方から探索 */
9       String collision = searchLevel(wildcardToWordList, sourceData, destData);
10      if (collision != null) {
11        return mergePaths(sourceData, destData, collision);
12      }
13
14      /* 目的地から探索 */
15      collision = searchLevel(wildcardToWordList, destData, sourceData);
```

```
16      if (collision != null) {
17        return mergePaths(sourceData, destData, collision);
18      }
19    }
20
21    return null;
22  }
23
24  /* 1段探索し、衝突があればそれを返す */
25  String searchLevel(HashMapList<String, String> wildcardToWordList,
26                     BFSData primary, BFSData secondary) {
27    /* 一度に1段だけ探索したい。primaryの現在のノード数を数えて、
28     * primaryのノードに対してのみ操作を行う。
29     * ノードはキューの末尾に加えていく */
30    int count = primary.toVisit.size();
31    for (int i = 0; i < count; i++) {
32      /* 先頭ノードを取り出す */
33      PathNode pathNode = primary.toVisit.poll();
34      String word = pathNode.getWord();
35
36      /* 訪問済みかどうかをチェックする */
37      if (secondary.visited.containsKey(word)) {
38        return pathNode.getWord();
39      }
40
41      /* 関連するノードをキューに加える */
42      ArrayList<String> words = getValidLinkedWords(word, wildcardToWordList);
43      for (String w : words) {
44        if (!primary.visited.containsKey(w)) {
45          PathNode next = new PathNode(w, pathNode);
46          primary.visited.put(w, next);
47          primary.toVisit.add(next);
48        }
49      }
50    }
51    return null;
52  }
53
54  LinkedList<String> mergePaths(BFSData bfs1, BFSData bfs2, String connection) {
55    PathNode end1 = bfs1.visited.get(connection); // 元の地点からの経路
56    PathNode end2 = bfs2.visited.get(connection); // 目的地からの経路
57    LinkedList<String> pathOne = end1.collapse(false); // 順方向
58    LinkedList<String> pathTwo = end2.collapse(true); // 逆方向
59    pathTwo.removeFirst(); // 連結を削除
60    pathOne.addAll(pathTwo); // 経路1に経路2を加える
61    return pathOne;
62  }
63
64  /* getWildcardRoots, getWildcardToWordList, getValidLinkedWordsメソッドは
65   * 前の解法と同じ */
66
67  public class BFSData {
68    public Queue<PathNode> toVisit = new LinkedList<PathNode>();
69    public HashMap<String, PathNode> visited = new HashMap<String, PathNode>();
70
```

```
71     public BFSData(String root) {
72       PathNode sourcePath = new PathNode(root, null);
73       toVisit.add(sourcePath);
74       visited.put(root, sourcePath);
75     }
76 
77     public boolean isFinished() {
78       return toVisit.isEmpty();
79     }
80   }
81 
82   public class PathNode {
83     private String word = null;
84     private PathNode previousNode = null;
85     public PathNode(String word, PathNode previous) {
86       this.word = word;
87       previousNode = previous;
88     }
89 
90     public String getWord() {
91       return word;
92     }
93 
94     /* pathを走査しノードの連結リストを返す */
95     public LinkedList<String> collapse(boolean startsWithRoot) {
96       LinkedList<String> path = new LinkedList<String>();
97       PathNode node = this;
98       while (node != null) {
99         if (startsWithRoot) {
100          path.addLast(node.word);
101        } else {
102          path.addFirst(node.word);
103        }
104        node = node.previousNode;
105      }
106      return path;
107    }
108  }
109 
110  /* HashMapList<String, Integer>は文字列をArrayList<Integer>にマップするHashMap
111   * 実装はコードライブラリを参照 */
```

このアルゴリズムの実行時間は、元の単語と目的の単語だけでなく、言語がどのようなものであるかにもよりますので、説明するのが少し難しくなります。各単語が1変換分の距離離れた単語をE個持っており、元の単語と目的の単語の距離がDである場合、実行時間は $O(E^{D/2})$ であると表現することができます。これは幅優先探索がどれだけの作業をしているかを表します。

もちろん、面接試験でこれを実装するにはかなりのコード量です。すべて書くことは不可能でしょう。現実的には、細かい部分をたくさん省略することになります。transformとsearchLevelの骨格部分だけを書いて、残りは除外してもよいでしょう。

17.23 最大の黒い正方形: 各セル(ピクセル)が白か黒である正方行列をイメージしてください。このとき、4辺がすべて黒いピクセルになっている最大の正方形を見つけるアルゴリズムを設計してください。

p.214

解法

多くの問題のように、簡単な方法と難しい方法があります。今回はその両方を解説します。

シンプルな解法: O(N⁴)

正方行列をN×Nとします。一辺がNの正方形が可能な最大サイズであり、それはただ1つしかありません。この正方形が条件を満たしているかは簡単に判定できます。

N×Nの正方形が条件を満たしていないならば、次に大きい(N-1) x (N-1)の正方形を探します。このサイズの正方形をすべてチェックし、最初に見つかったものを返すようにします。同じようにしてN-2、N-3と順に調べていくと、最初に見つかった正方形が最大の正方形ということになります。コードは次のようになります。

```
1   Subsquare findSquare(int[][] matrix) {
2     for (int i = matrix.length; i >= 1; i--) {
3       Subsquare square = findSquareWithSize(matrix, i);
4       if (square != null) return square;
5     }
6     return null;
7   }
8
9   Subsquare findSquareWithSize(int[][] matrix, int squareSize) {
10    /* 長さNの辺上には、
11     * (N - squareSize + 1)個のsquareSizeの大きさの正方形がある */
12    int count = matrix.length - squareSize + 1;
13
14    /* 辺の長さがsquareSizeの正方形すべてを回す */
15    for (int row = 0; row < count; row++) {
16      for (int col = 0; col < count; col++) {
17        if (isSquare(matrix, row, col, squareSize)) {
18          return new Subsquare(row, col, squareSize);
19        }
20      }
21    }
22    return null;
23  }
24
25  boolean isSquare(int[][] matrix, int row, int col, int size) {
26    // 上下の境界をチェックする
27    for (int j = 0; j < size; j++){
28      if (matrix[row][col+j] == 1) {
29        return false;
30      }
31      if (matrix[row+size-1][col+j] == 1){
32        return false;
33      }
34    }
```

```
35
36     // 左右の境界をチェックする
37     for (int i = 1; i < size - 1; i++){
38       if (matrix[row+i][col] == 1){
39         return false;
40       }
41       if (matrix[row+i][col+size-1] == 1){
42         return false;
43       }
44     }
45     return true;
46   }
```


前処理を行う解法：$O(N^3)$

前述のシンプルな解法では、正方形であるかどうかのチェックにO(N)の計算時間が必要であるという点が遅さの主な理由でした。いくつかの前処理を行うことにより、isSquareの計算時間をO(1)に抑えることができます。したがって、全体としては$O(N^3)$の計算時間になります。

isSquareが何をしているか分析すれば、注目している頂点の、右側のsquareSize個のセルと下側のsquareSize個のセルがすべて黒(コード中では0)になっているかどうかがわかれば十分であることに気づきます。このデータは簡単に動的計画法で前計算しておくことができます。

正方行列を右から左、下から上に走査し、各セルで次の計算を行います。

　A[r][c]が白ならば、A[r][c].zerosRightとA[r][c].zerosBelowを0にする

そうでなければ、
　A[r][c].zerosRight = A[r][c + 1].zerosRight + 1
　A[r][c].zerosBelow = A[r + 1][c].zerosBelow + 1とする
以下は簡単な例です。

(右にある黒(0)の個数、下にある黒の個数)

0,0	1,3	0,0
2,2	1,2	0,0
2,1	1,1	0,0

元の行列

W	B	W
B	B	W
B	B	W

isSquareメソッドでO(N)の走査を行う代わりに、各角に対してzerosRightとzerosBelowの値をチェックするだけで判定できるようになります。

このアルゴリズムの実装は次の通りです。processMatrixと新しいデータ型に書き換えたこと以外は、今回のfindSquareとfindSquareWithSizeは前回と同じ処理をしていることに注意してください。

```
1   public class SquareCell {
```

```
2     public int zerosRight = 0;
3     public int zerosBelow = 0;
4     /* 宣言とgetterとsetter */
5   }
6
7   Subsquare findSquare(int[][] matrix) {
8     SquareCell[][] processed = processSquare(matrix);
9     for (int i = matrix.length; i >= 1; i--) {
10      Subsquare square = findSquareWithSize(processed, i);
11      if (square != null) return square;
12    }
13    return null;
14  }
15
16  Subsquare findSquareWithSize(SquareCell[][] processed, int size) {
17    /* 最初のアルゴリズムと同様 */
18  }
19
20  boolean isSquare(SquareCell[][] matrix, int row, int col, int sz) {
21    SquareCell topLeft = matrix[row][col];
22    SquareCell topRight = matrix[row][col + sz - 1];
23    SquareCell bottomLeft = matrix[row + sz - 1][col];
24
25    /* 上下左右の辺をそれぞれチェックする */
26    if (topLeft.zerosRight < sz || topLeft.zerosBelow < sz ||
27      topRight.zerosBelow < sz || bottomLeft.zerosRight < sz) {
28      return false;
29    }
30    return true;
31  }
32  Subsquare findSquareWithSize(SquareCell[][] processed, int size) {
33    /* 初めのアルゴリズムと同じ */
34  }
35
36  boolean isSquare(SquareCell[][] matrix, int row, int col, int sz) {
37    SquareCell topLeft = matrix[row][col];
38    SquareCell topRight = matrix[row][col + sz - 1];
39    SquareCell bottomLeft = matrix[row + sz - 1][col];
40
41    /* 上下左右の辺をそれぞれチェックする */
42    if (topLeft.zerosRight < sz || topLeft.zerosBelow < sz ||
43      topRight.zerosBelow < sz || bottomLeft.zerosRight < sz) {
44      return false;
45    }
46    return true;
47  }
48
49  SquareCell[][] processSquare(int[][] matrix) {
50    SquareCell[][] processed =
51      new SquareCell[matrix.length][matrix.length];
52
53    for (int r = matrix.length - 1; r >= 0; r--) {
54      for (int c = matrix.length - 1; c >= 0; c--) {
55        int rightZeros = 0;
56        int belowZeros = 0;
57        // 黒のセルだった場合だけ処理する必要がある
```

```
58        if (matrix[r][c] == 0) {
59          rightZeros++;
60          belowZeros++;
61          // 隣の列は同じ行にある
62          if (c + 1 < matrix.length) {
63            SquareCell previous = processed[r][c + 1];
64            rightZeros += previous.zerosRight;
65          }
66          if (r + 1 < matrix.length) {
67            SquareCell previous = processed[r + 1][c];
68            belowZeros += previous.zerosBelow;
69          }
70        }
71        processed[r][c] = new SquareCell(rightZeros, belowZeros);
72      }
73    }
74    return processed;
75  }
```

17.24 最大の部分行列: 正負の整数を成分とするNxNの行列があります。このとき、合計値が最大になる部分行列を求めるコードを書いてください。

p.214

解法

この問題はいろいろな解法が考えられます。まずはブルートフォースから始めて、それに最適化を加えていきましょう。

ブルートフォース：$O(N^6)$

他の「最大化」問題のように、この問題も単純なブルートフォースによる解法があります。この解法は単純にすべての部分行列について合計値を計算し、最大になるものを見つけるというものです。

すべての部分行列を(重複なしで)調べるには、行のペア(つまり区間)と列のペアの組み合わせをすべて回せばよいです。

この解法では部分行列を調べるのに$O(N^4)$、各部分行列の和を計算するのに$O(N^2)$の計算時間を要し、合計$O(N^6)$になります。

```
1   SubMatrix getMaxMatrix(int[][] matrix) {
2     int rowCount = matrix.length;
3     int columnCount = matrix[0].length;
4     SubMatrix best = null;
5     for (int row1 = 0; row1 < rowCount; row1++) {
6       for (int row2 = row1; row2 < rowCount; row2++) {
7         for (int col1 = 0; col1 < columnCount; col1++) {
8           for (int col2 = col1; col2 < columnCount; col2++) {
9             int sum = sum(matrix, row1, col1, row2, col2);
10            if (best == null || best.getSum() < sum) {
11              best = new SubMatrix(row1, col1, row2, col2, sum);
12            }
13          }
14        }
15      }
```

```
16     }
17     return best;
18   }
19
20   int sum(int[][] matrix, int row1, int col1, int row2, int col2) {
21     int sum = 0;
22     for (int r = row1; r <= row2; r++) {
23       for (int c = col1; c <= col2; c++) {
24         sum += matrix[r][c];
25       }
26     }
27     return sum;
28   }
29
30   public class SubMatrix {
31     private int row1, row2, col1, col2, sum;
32     public SubMatrix(int r1, int c1, int r2, int c2, int sm) {
33       row1 = r1;
34       col1 = c1;
35       row2 = r2;
36       col2 = c2;
37       sum = sm;
38     }
39
40     public int getSum() {
41       return sum;
42     }
43   }
```

sumの部分は明確に切り分けられるコードですので、関数として切り出しておいた方が良いでしょう。

DPによる解法：$O(N^4)$

前述の解法では行列の和を計算するのが遅く$O(N^2)$もかかるため、全体として非常に遅くなってしまいました。この部分の計算時間を減らすことはできないでしょうか？ 実は、この部分は$O(1)$に計算時間を落とすことが可能です。

次の矩形を考えてみてください。

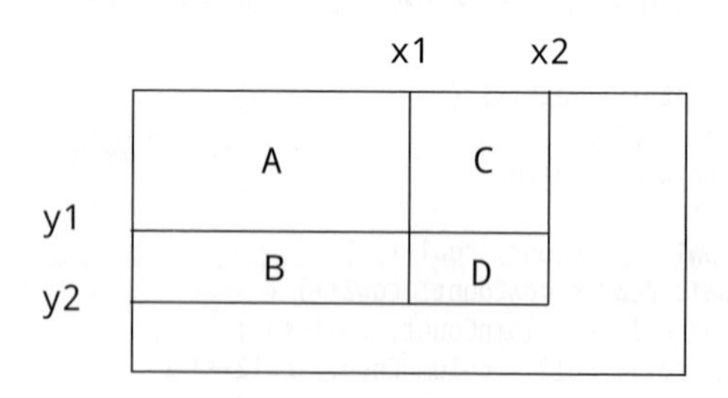

以下の値がわかっているとします。

```
ValD = area(point(0, 0) -> point(x2, y2))
ValC = area(point(0, 0) -> point(x2, y1))
ValB = area(point(0, 0) -> point(x1, y2))
ValA = area(point(0, 0) -> point(x1, y1))
```

Val*はそれぞれ原点からスタートし、各矩形の右下部分で終わっています。

これらの値について次のことがわかります。

```
area(D) = ValD - area(A union C) - area(A union B) + area(A).
```

あるいは次のようにも書けます。

```
area(D) = ValD - ValB - ValC + ValA
```

同じような方法を用いて、行列内のあらゆる点に対してarea(point(0, 0) -> point(x, y))の値を効率的に計算することができます。

```
Val(x, y) = Val(x-1, y) + Val(y-1, x) - Val(x-1, y-1) + M[x][y]
```

このように事前に計算すれば、効率的に最大値を見つけることができるようになります。

次のコードはこのアルゴリズムを実装したものです。

```
1   SubMatrix getMaxMatrix(int[][] matrix) {
2     SubMatrix best = null;
3     int rowCount = matrix.length;
4     int columnCount = matrix[0].length;
5     int[][] sumThrough = precomputeSums(matrix);
6
7     for (int row1 = 0; row1 < rowCount; row1++) {
8       for (int row2 = row1; row2 < rowCount; row2++) {
9         for (int col1 = 0; col1 < columnCount; col1++) {
10          for (int col2 = col1; col2 < columnCount; col2++) {
11            int sum = sum(sumThrough, row1, col1, row2, col2);
12            if (best == null || best.getSum() < sum) {
13              best = new SubMatrix(row1, col1, row2, col2, sum);
14            }
15          }
16        }
17      }
18    }
19    return best;
20  }
21
22  int[][] precomputeSums(int[][] matrix) {
23    int[][] sumThrough = new int[matrix.length][matrix[0].length];
24    for (int r = 0; r < matrix.length; r++) {
25      for (int c = 0; c < matrix[0].length; c++) {
26        int left = c > 0 ? sumThrough[r][c - 1] : 0;
27        int top = r > 0 ? sumThrough[r - 1][c] : 0;
28        int overlap = r > 0 && c > 0 ? sumThrough[r-1][c-1] : 0;
29        sumThrough[r][c] = left + top - overlap + matrix[r][c];
30      }
31    }
32    return sumThrough;
33  }
34
35  int sum(int[][] sumThrough, int r1, int c1, int r2, int c2) {
36    int topAndLeft = r1 > 0 && c1 > 0 ? sumThrough[r1-1][c1-1] : 0;
```

```
37      int left = c1 > 0 ? sumThrough[r2][c1 - 1] : 0;
38      int top = r1 > 0 ? sumThrough[r1 - 1][c2] : 0;
39      int full = sumThrough[r2][c2];
40      return full - left - top + topAndLeft;
41  }
```

このアルゴリズムは、各行のペアと各列のペアを走査するため、$O(N^4)$の時間を要します。

最適解法：$O(N^3)$

信じがたいかもしれませんが、さらに良い最適解が存在します。行数をR、列数をCとすると、$O(R^2C)$の実行時間で解くことができます。

整数配列が与えられ、その部分配列の和の最大値を求めるという問題を思い出してください。この問題は$O(N)$で解くことができました。この解法を応用するのです。

すべての部分行列は連続する行と列によって表されます。すべての行の連続する区間について、その行において和が最大になる列の区間を探します。

```
1   maxSum = 0
2   foreach rowStart in rows
3     foreach rowEnd in rows
4       /* rowStartとrowEndをそれぞれ上下の辺とするような部分行列はたくさんある。
5        * その中から和が最大となるcolStartとcolEndを
6        * 見つけ出す */
7       maxSum = max(runningMaxSum, maxSum)
8   return maxSum
```

ここで問題なのは、「最適な」colStartとcolEndをどのように効率的に求めるかということです。

次の部分行列を見てみましょう。

rowStart

9	-8	1	3	-2
-3	7	6	-2	4
6	-4	-4	8	-7
12	-5	3	9	-5

rowEnd

rowStartとrowEndが与えられたとき、考え得る最大の合計になるようなcolStartとcolEndを見つけたいと考えています。これを行うには、各列を集計し、この問題の冒頭で説明したmaximumSubArray関数を適用します。

例の部分行列では1列目から4列目までの合計が最大値になります。これは、最大値を持つ部分行列が(rowStart, 1列目)から(rowEnd, 4列目)になるという意味です。

ここで次のような疑似コードを書いてみます。

```
1  maxSum = 0
2  foreach rowStart in rows
3    foreach rowEnd in rows
4      foreach col in columns
5        partialSum[col] = sum of matrix[rowStart, col] through matrix[rowEnd, col]
6      runningMaxSum = maxSubArray(partialSum)
7      maxSum = max(runningMaxSum, maxSum)
8  return maxSum
```

5行目と6行目の合計値を求める部分で、(rowStartからrowEndまでループするので)R*C回の計算をしていますので$O(R^3C)$の実行時間になります。まだまだこれでは終われません。

5行目と6行目では基本的にa[0]...a[i]の加算を1から行っていますが、ループの1つ前でa[0]...a[i-1]の合計をすでに計算しています。この重複部分を削りましょう。

```
1  maxSum = 0
2  foreach rowStart in rows
3    clear array partialSum
4    foreach rowEnd in rows
5      foreach col in columns
6        partialSum[col] += matrix[rowEnd, col]
7      runningMaxSum = maxSubArray(partialSum)
8    maxSum = max(runningMaxSum, maxSum)
9  return maxSum
```

完全なコードはこのようになります。

```
1  SubMatrix getMaxMatrix(int[][] matrix) {
2    int rowCount = matrix.length;
3    int colCount = matrix[0].length;
4    SubMatrix best = null;
5
6    for (int rowStart = 0; rowStart < rowCount; rowStart++) {
7      int[] partialSum = new int[colCount];
8
9      for (int rowEnd = rowStart; rowEnd < rowCount; rowEnd++) {
10       /* rowEndの行の値を加える */
11       for (int i = 0; i < colCount; i++) {
12         partialSum[i] += matrix[rowEnd][i];
13       }
14
15       Range bestRange = maxSubArray(partialSum, colCount);
16       if (best == null || best.getSum() < bestRange.sum) {
17         best = new SubMatrix(rowStart, bestRange.start, rowEnd,
18                              bestRange.end, bestRange.sum);
19       }
20     }
21   }
22   return best;
23 }
24
25 Range maxSubArray(int[] array, int N) {
26   Range best = null;
27   int start = 0;
28   int sum = 0;
```

```
29
30    for (int i = 0; i < N; i++) {
31      sum += array[i];
32      if (best == null || sum > best.sum) {
33        best = new Range(start, i, sum);
34      }
35
36      /* runningSumが0より小さければ、列を伸ばす意味がないのでリセットする */
37      if (sum < 0) {
38        start = i + 1;
39        sum = 0;
40      }
41    }
42    return best;
43  }
44
45  public class Range {
46    public int start, end, sum;
47    public Range(int start, int end, int sum) {
48      this.start = start;
49      this.end = end;
50      this.sum = sum;
51    }
52  }
```

これは非常に複雑な問題です。面接官の多くの手助けなしで、面接中に問題の全容を理解することまでは要求されないでしょう。

17.25 単語で矩形: 数百万の単語を持つリストがあります。このとき、どの行を左から右へ読んでも、どの列を上から下へ読んでも、すべての行と列が単語として読めるものになる、文字の最大(訳注:面積が最大ということ)の矩形を作るアルゴリズムを設計してください。リスト内で連続している単語を選ぶ必要はありませんが、矩形を作るため行ごと、列ごとの文字数は揃えておかなければなりません。

p.214

解法

辞書を使う問題の多くは何らかの前処理を行って解くことができます。この問題ではどこで前処理をすればよいでしょうか?

単語で矩形を作ろうと思えば行ごとに同じ長さの単語が必要になり、列ごとにも同様に同じ長さの単語が必要になります。そこで、単語の長さごとにグループ分けをしておきましょう。長さiの単語のグループをD[i]とする、グループのリストDを用意します。

次に、最大の矩形を見つける部分に注目します。作ることのできる最大の矩形はどのくらいの大きさでしょうか? それは、(単語の最大の長さ)^{2}です。

```
1  int maxRectangle = longestWord * longestWord;
2  for z = maxRectangle to 1 {
3    for each pair of numbers (i, j) where i*j = z {
4      /* 矩形が作れるかを試し、可能ならリターンする */
5    }
```

```
6    }
```

矩形の最大から徐々に小さくして調べると、条件を満たす矩形で最初に見つかったものが、考え得る最大の矩形ということが保証されます。さて、ここからが難しい部分です。幅`l`、高さ`h`の矩形を作ろうとするメソッドを`makeRectangle(int l, int h)`とします。

その1つとして、`h`個の単語の(順序付き)集合に対してループ処理を行い、各列が正しい単語になっているかをチェックするという方法があります。これは動きはしますが、非効率です。

では、6x5の矩形を作ろうとしていて、最初の数行は次のようになっているとイメージしてみます:

```
there
queen
pizza
.....
```

この時点で、最初の列が`tqp`で始まっていますが、`tqp`で始まる単語は*普通*辞書にはありません。正しい単語にならないということを途中で気づいた場合、操作を続ける必要はまったくありません。

ここが最適解へのヒントでもあります。部分文字列が辞書にある単語の接頭辞かどうかを調べるにはトライ木を作ります。そして行ごとで矩形を作りながら、各列が正しい接頭辞かどうかをチェックするようにします。正しい接頭辞になっていない場合、即座にその先の矩形を作り続けるのをやめます。

このアルゴリズムを実装したコードは次の通りです。長くて複雑ですので1つずつ順番に見ていきましょう。

まず、単語の長さごとにグループ化の前処理を行います。さらに単語長ごとのトライ木の配列を作りますが、これは必要になるまで作りません。

```
1    WordGroup[] groupList = WordGroup.createWordGroups(list);
2    int maxWordLength = groupList.length;
3    Trie trieList[] = new Trie[maxWordLength];
```

`maxRectangle`はこのコードの中心的な部分です。まず考え得る最大の矩形領域(`maxWordLength`^{2})からスタートし、そのサイズの矩形を作ることを試みます。もし失敗したら矩形を1つ小さくして、新たに同様の操作を行います。最初にできた矩形が最大サイズであることは保証されています。

```
1    Rectangle maxRectangle() {
2      int maxSize = maxWordLength * maxWordLength;
3      for (int z = maxSize; z > 0; z--) { // 最大サイズから始める
4        for (int i = 1; i <= maxWordLength; i ++ ) {
5          if (z % i == 0) {
6            int j = z / i;
7            if (j <= maxWordLength) {
8              /* 幅i、高さjの矩形を作る。i * j = zに注意 */
9              Rectangle rectangle = makeRectangle(i, j);
10             if (rectangle != null) return rectangle;
11           }
12         }
13       }
14     }
```

```
15     return null;
16   }
```

makeRectangleはmaxRectangleから呼ばれ、特定の幅と高さの矩形を作ろうとします。

```
1    Rectangle makeRectangle(int length, int height) {
2      if (groupList[length-1] == null || groupList[height-1] == null) {
3        return null;
4      }
5
6      /* まだ作っていなければ、単語の長さのトライ木を作る */
7      if (trieList[height - 1] == null) {
8        LinkedList<String> words = groupList[height - 1].getWords();
9        trieList[height - 1] = new Trie(words);
10     }
11
12     return makePartialRectangle(length, height, new Rectangle(length));
13   }
```

makePartialRectangleは予定の幅、高さと作りかけの矩形を受け取ります。高さが予定の大きさに達していたら、最後に各列の単語が正しいかチェックし、結果を返します。

途中の状態では、各列が正しい接頭辞になっているかのチェックを行います。このチェックで正しくない接頭辞が見つかれば、正しい矩形を作ることはもはや不可能ですから、ただちにこのメソッドを終了します。

ここまでうまくいき、各列もすべて単語の接頭辞になっていれば、現在の作りかけの矩形に長さの合う単語をつけ加えて、再帰的に矩形が作れるか試します。

```
1    Rectangle makePartialRectangle(int l, int h, Rectangle rectangle) {
2      if (rectangle.height == h) { // 矩形が完成しているかを判定する
3        if (rectangle.isComplete(l, h, groupList[h - 1])) {
4          return rectangle;
5        }
6        return null;
7      }
8
9      /* 列とトライ木を比較して、正しい矩形か判定する */
10     if (!rectangle.isPartialOK(l, trieList[h - 1])) {
11       return null;
12     }
13
14     /* 長さの合う単語すべてを回す。現在の作りかけの矩形に単語を加えて、
15      * 再帰的に矩形が作れるかを試す */
16     for (int i = 0; i < groupList[l-1].length(); i++) {
17       /* 矩形に新しい単語を加えた新しい矩形を作る */
18       Rectangle orgPlus = rectangle.append(groupList[l-1].getWord(i));
19
20       /* 新しく作った矩形に対して、完全な矩形が作れるかを試す */
21       Rectangle rect = makePartialRectangle(l, h, orgPlus);
22       if (rect != null) {
23         return rect;
24       }
```

```
25    }
26    return null;
27  }
```

Rectangleクラスは単語でできた矩形の一部あるいは全部を表現します。isPartialOkは矩形が正しいもの(すべての列が単語の接頭辞)であるかをチェックするのに呼び出されます。isCompleteはこれに似たメソッドで、各列が完全な単語になっているかをチェックします。

```
1   public class Rectangle {
2     public int height, length;
3     public char[][] matrix;
4
5     /* 空の矩形を作る。幅を固定し、単語を加えられるように
6      *高さは可変にする */
7     public Rectangle(int l) {
8       height = 0;
9       length = l;
10    }
11
12    /* 指定された幅と高さの、
13     * 指定された文字の行列を格納した矩形を作る。
14     * (引数で指定された幅と高さは
15     * 引数の配列の次元と一致している必要がある) */
16    public Rectangle(int length, int height, char[][] letters) {
17      this.height = letters.length;
18      this.length = letters[0].length;
19      matrix = letters;
20    }
21
22    public char getLetter (int i, int j) { return matrix[i][j]; }
23    public String getColumn(int i) { ...}
24
25    /* すべての列が正しいか判定する。
26     * 行は辞書から直接追加しているので、常に正しいことがわかっている */
27    public boolean isComplete(int l, int h, WordGroup groupList) {
28      if (height == h) {
29        /* 各列が辞書にある単語かどうか判定する */
30        for (int i = 0; i < l; i++) {
31          String col = getColumn(i);
32          if (!groupList.containsWord(col)) {
33            return false;
34          }
35        }
36        return true;
37      }
38      return false;
39    }
40
41    public boolean isPartialOK(int l, Trie trie) {
42      if (height == 0) return true;
43      for (int i = 0; i < l; i++ ) {
44        String col = getColumn(i);
45        if (!trie.contains(col)) {
46          return false;
47        }
```

```
48        }
49        return true;
50      }
51
52      /* sを現在の矩形の行に追加した
53       *新しい矩形を作る */
54      public Rectangle append(String s) { ... }
55    }
```

WordGroupクラスは特定の長さの単語に対する単純なコンテナです。ArrayListだけでなく、ハッシュテーブルにも単語を保持しておくことで検索しやすくします。

WordGroupのリストはcreateWordGroupsという静的メソッドによって作られます。

```
1   public class WordGroup {
2     private HashMap<String, Boolean> lookup = new HashMap<String, Boolean>();
3     private ArrayList<String> group = new ArrayList<String>();
4     public boolean containsWord(String s) { return lookup.containsKey(s); }
5     public int length() { return group.size(); }
6     public String getWord(int i) { return group.get(i); }
7     public ArrayList<String> getWords() { return group; }
8
9     public void addWord (String s) {
10      group.add(s);
11      lookup.put(s, true);
12    }
13
14    public static WordGroup[] createWordGroups(String[] list) {
15      WordGroup[] groupList;
16      int maxWordLength = 0;
17      /* 単語の長さの最大値を見つける */
18      for (int i = 0; i < list.length; i++) {
19        if (list[i].length() > maxWordLength) {
20          maxWordLength = list[i].length();
21        }
22      }
23
24      /* 辞書内の単語を同じ長さの単語ごとにグループ化する。
25       * groupList[i]は長さが(i+1)の単語のリストになっている */
26      groupList = new WordGroup[maxWordLength];
27      for (int i = 0; i < list.length; i++) {
28        /* 長さが0の単語はないので、
29         * wordLengthではなくwordLength-1を代わりに使う */
30        int wordLength = list[i].length() - 1;
31        if (groupList[wordLength] == null) {
32          groupList[wordLength] = new WordGroup();
33        }
34        groupList[wordLength].addWord(list[i]);
35      }
36      return groupList;
37    }
38  }
```

TrieとTrieNodeのコードを含むこの問題の完全なコードは、ダウンロードできるコードに付属しています。

今回のように複雑な問題では、疑似コードを書くことだけを要求されるかもしれません。短い時間でコード全体を書くことはおそらく不可能でしょうから。

17.26 疎(そ)な類似度: (異なる語を含む)2つのドキュメントの類似度はそれらの共通集合のサイズ÷和集合のサイズで定義されます。例えば、ドキュメントが整数値からできているとすれば、`{1, 5, 3}`と`{1, 7, 2, 3}`の類似度は`0.4`になります。共通集合のサイズが2で和集合のサイズが5になるからです。

類似度が「疎(そ)」と思われる、(異なる値を持ちIDが割り振られている)ドキュメントの長いリストがあります。類似度が疎というのは類似度が低いという意味で、つまり2つのドキュメントを任意に選んだときその類似度が0になる可能性が高いということです。このとき、ドキュメントIDのペアとそれらの類似度のリストを返すアルゴリズムを設計してください。

また、類似度が0より大きいペアのみを表示してください。空のドキュメントは何も出力しないでください。問題を簡単にするため、ドキュメントは異なる整数の配列で表されると仮定して構いません。

例

入力:
```
13: {14, 15, 100, 9, 3}
16: {32, 1, 9, 3, 5}
19: {15, 29, 2, 6, 8, 7}
24: {7, 10}
```
出力:
```
ID1, ID2 : SIMILARITY
13, 19 : 0.1
13, 16 : 0.25
19, 24 : 0.14285714285714285
```

p.215

解法

これは非常に難しい問題のように見えますので、ブルートフォースのアルゴリズムから始めましょう。何もしなければ、良いアイデアがなかなか出てこないでしょうから。

各ドキュメントは異なる「単語」の配列であり、今はそれぞれが単なる整数であることを覚えておいてください。

ブルートフォース

ブルートフォースアルゴリズムは、すべての配列を他のすべての配列と比較するだけの簡単な方法です。それぞれの比較で、2つの配列の共通集合のサイズと和集合のサイズを計算します。

類似度が0より大きい場合にのみ、このペアを出力したいことに注意してください。2つの配列の和集合が0になることはありません(どちらの配列も空である場合を除いて、とにかく表示させたくない場合)。したがって、共通集合のサイズが0より大きい場合にだけ類似度を表示します。

共通集合と和集合の大きさは、どのように計算すればよいでしょうか?

共通集合は、共通の要素の数を意味します。したがって、最初の配列(A)を走査し、各要素が2番目の配列(B)にあるかどうかを調べることで得られます。一致する場合は、共通集合に加算します。

和集合を計算するには、両方にある要素を二重にカウントしないようにする必要があります。これを行う方法の1つは、Bにないすべての要素を数え上げることです。次に、Bのすべての要素を追加します。これは重複する要素がBでカウントされるだけなので、二重のカウントを回避することができます。

あるいは、このように考えることができます。要素を二重に数えた場合、共通集合の要素が(AとBの両方で)2回カウントされたことを意味します。したがって、簡単な修正としては、これらの重複する要素を削除することです。

```
和集合(A, B) = A + B - 共通集合(A, B)
```

つまり、実際に行う必要があるのは共通集合を計算することだけです。共通集合が分かればすぐに和集合が得られ、そこから類似度を求めることができます。

これは2つの配列(またはドキュメント)を比較するため、O(AB)のアルゴリズムになります。

しかし全部でD個のドキュメントのペアについてこれを行う必要があります。各ドキュメントの単語数が最大W語であると仮定すると、実行時間は$O(D^2 W^2)$です。

やや改良したブルートフォース

すぐにできそうな改良としては、類似度の計算を最適化する部分です。具体的には、共通集合の計算を最適化する必要があります。

2つの配列に共通する要素の数を知る必要があります。Aのすべての要素をハッシュテーブルに投入します。次にBを走査して、Aの要素が見つかる度に共通集合を加算します。

これにはO(A + B)の時間がかかります。各配列のサイズがWで配列の数がDの場合は、$O(D^2 W)$になります。

これを実装する前に、まず必要なクラスについて考えてみましょう。

ドキュメントのペアと、その類似度のリストを返す必要があります。このためにDocPairクラスを使用します。厳密な返り値の型は、DocPair型から類似度を表すdouble型にマップするハッシュテーブルになります。

```
1   public class DocPair {
2     public int doc1, doc2;
3
4     public DocPair(int d1, int d2) {
5       doc1 = d1;
6       doc2 = d2;
7     }
8
9     @Override
10    public boolean equals(Object o) {
11      if (o instanceof DocPair) {
12        DocPair p = (DocPair) o;
13        return p.doc1 == doc1 && p.doc2 == doc2;
14      }
```

```
15        return false;
16      }
17
18      @Override
19      public int hashCode() { return (doc1 * 31) ^ doc2; }
20    }
```

ドキュメントを表すクラスを用意するのも便利です。

```
1   public class Document {
2     private ArrayList<Integer> words;
3     private int docId;
4
5     public Document(int id, ArrayList<Integer> w) {
6       docId = id;
7       words = w;
8     }
9
10    public ArrayList<Integer> getWords() { return words; }
11    public int getId() { return docId; }
12    public int size() { return words == null ? 0 : words.size(); }
13  }
```

厳密に言うと、これは必要ありません。しかし読みやすさは重要であり、`ArrayList<ArrayList<Integer >>`よりも`ArrayList<Document>`の方がはるかに読みやすいです。

このようなことをしておくと、良いコーディングスタイルを示すだけでなく、面接をより楽に受けられるようになります。書くコードは少なくしてください。(余分に時間があったり面接官が指示しない限りは、Documentクラス全体を定義することはおそらくないでしょう)。

```
1   HashMap<DocPair, Double> computeSimilarities(ArrayList<Document> documents) {
2     HashMap<DocPair, Double> similarities = new HashMap<DocPair, Double>();
3     for (int i = 0; i < documents.size(); i++) {
4       for (int j = i + 1; j < documents.size(); j++) {
5         Document doc1 = documents.get(i);
6         Document doc2 = documents.get(j);
7         double sim = computeSimilarity(doc1, doc2);
8         if (sim > 0) {
9           DocPair pair = new DocPair(doc1.getId(), doc2.getId());
10          similarities.put(pair, sim);
11        }
12      }
13    }
14    return similarities;
15  }
16
17  double computeSimilarity(Document doc1, Document doc2) {
18    int intersection = 0;
19    HashSet<Integer> set1 = new HashSet<Integer>();
20    set1.addAll(doc1.getWords());
21
22    for (int word : doc2.getWords()) {
23      if (set1.contains(word)) {
24        intersection++;
```

```
25          }
26      }
27
28      double union = doc1.size() + doc2.size() - intersection;
29      return intersection / union;
30  }
```

28行目で何が起こっているのか、よく見てください。unionは明らかに整数ですが、なぜdouble型にしたのでしょうか？

これは整数除算のバグを避けるために行いました。これをしなかった場合、除算結果は整数に丸められます。これは類似度がほとんどの場合に0を返してしまうことを意味します。

やや改良したブルートフォース(別解)

ドキュメントがソートされている場合は、ソートされた2つの配列をマージするときと同じように、2つのドキュメントの共通集合をソート順に処理して計算することができます。

これには O(A + B) の時間かかります。これは現在のアルゴリズムと同じ計算時間ですが、スペースは少なくなります。これをD個のドキュメント、W語の単語で行うとO(D^2 W) の時間がかかります。

配列がソートされているかどうかわからないので、まずソートをします。これにはO(D * W log W) の時間がかかります。したがって、全体の実行時間はO(D * W log W + D^2 W) になります。

2番目の項の方が1番目の項より必ず大きくなるとは限りません。それはDとlog Wの相対的な大きさに依存しているからです。したがって、両方の項を実行時間の式に入れておく必要があります。

(少し)最適化

問題についてよく理解するには、大きな例を作ると便利です。

```
13: {14, 15, 100, 9, 3}
16: {32, 1, 9, 3, 5}
19: {15, 29, 2, 6, 8, 7}
24: {7, 10, 3}
```

最初は、潜在的な比較をより迅速に打ち切るためのさまざまな手法を試してみます。たとえば、各配列の最小値と最大値を計算できますか？ これを行うと、比較が必要ない範囲では配列に重複がないことがわかります。

問題は、実際にはこれが実行時間を改善するものではないということです。これまでの最も良い実行時間はO(D^2 W) です。この変更を加えても、O(D^2) のペアすべてを比較することになりますが、O(W) の部分がO(1) になることはあります。Dが大きくなると、O(D^2) の部分が一番大きな問題になります。

したがって、O(D^2) の計算量を減らすことに焦点を当てましょう。それが現在の解法における「ボトルネック」です。具体的には、ドキュメントdocAがあれば、類似したすべてのドキュメントを探したいのですが、各ドキュメントを「見比べる」ことなく実行したいと考えます。

docAに似たドキュメントを作るには？ つまり、類似度 > 0のドキュメントを定義する特性は何でしょうか？

docAが{14, 15, 100, 9, 3} であるとします。類似度 > 0のドキュメントには、14, 15, 100, 9, 3のいずれかが必要です。これらの要素のいずれかを持つドキュメントすべてのリストをすばやくまとめるには、どうすればよいでしょうか？

遅い方法（そして実際のところ唯一の方法）は、14, 15, 100, 9, 3を含むドキュメントを見つけるために、すべてのドキュメント1つひとつから、すべての単語を読むことです。これはO(DW)の時間がかかるでしょう。これは良くありません。

しかし、これを繰り返し行っていることに注意してください。ある作業を次の作業に再利用することができます。

ある単語から、その単語を含むすべてのドキュメントにマップするハッシュテーブルを構築しておくと、docAと重複するドキュメントを非常に高速に知ることができます。

```
1 -> 16
2 -> 19
3 -> 13, 16, 24
5 -> 16
6 -> 19
7 -> 19, 24
8 -> 19
9 -> 13, 16
...
```

docAと重複するすべてのドキュメントを知りたいときは、このハッシュテーブル内をdocAの各要素で調べます。次に、重複があるすべてのドキュメントのリストを取得します。あとはdocAと各ドキュメントを比較するだけです。

類似度 > 0のペアがP組あり、各ドキュメントに単語がW語がある場合、O(PW)の時間（と、ハッシュテーブルの作成と読み取りにO(DW)の時間）がかかります。PがD^2よりはるかに小さいと予想できるので、これまでの解法よりもはるかに優れています。

（さらに）最適化

以前のアルゴリズムについて考えてみましょう。もっと最適にする方法はあるでしょうか？

実行時間O(PW + DW)を考慮すると、おそらくO(DW)の部分を取り除くことはできません。各単語には少なくとも1回触れなければならず、単語はO(DW)個あるからです。したがって、最適化ができるとすれば、おそらくO(PW)の項になります。

P組のペアすべては少なくとも表示しなければならない（O(P)の時間を要する）ので、O(PW)のP部分を排除するのは難しそうです。そうなると、集中すべき場所はWの部分です。類似性のあるドキュメントのペアごとに、O(W)未満の作業で済む方法はあるでしょうか？

これに取り組む1つの方法は、ハッシュテーブルからわかる情報を分析することです。このドキュメントのリストを考えてみましょう：

```
12: {1, 5, 9}
13: {5, 3, 1, 8}
14: {4, 3, 2}
15: {1, 5, 9, 8}
17: {1, 6}
```

このドキュメントのハッシュテーブルでドキュメント12の要素を調べると、次のようになります：

```
1 -> {12, 13, 15, 17}
5 -> {12, 13, 15}
9 -> {12, 15}
```

これはドキュメント13, 15, 17に類似性があることを示しています。現在のアルゴリズムでは、ドキュメント12が各ドキュメントと共通する要素の数（つまり共通集合のサイズ）を確認するために、ドキュメント12とドキュメント13, 15, 17を比較する必要があります。和集合は以前と同じように、ドキュメントのサイズと共通集合から計算することができます。

しかし、ドキュメント13はハッシュテーブルに2回出現し、ドキュメント15は3回出現し、ドキュメント17は1回出現していることに注意してください。その情報は捨てていましたが、それを利用することはできるでしょか? 一部のドキュメントが複数回出現し、他のドキュメントは出現しなかったことを示すものは何ですか?

ドキュメント13は2つの要素(1と5)を共有しているため2回出現しました。ドキュメント17は1つの要素(1)しか共有していないため、1回だけ出現しました。ドキュメント15は、3つの要素(1, 5, 9)を共有しているため3回出現しました。この情報から、共通集合のサイズを直接わかるのです。

各ドキュメントを調べ、ハッシュテーブル内の項目を検索し、各項目のリストに各ドキュメントが何回現れるかを数えます。もっと直接的な方法があります。

1. これまでのように、単語からドキュメントリストにマップするハッシュテーブルを構築する。
2. ドキュメントペアから整数(共通集合のサイズを示す)にマップする新しいハッシュテーブルを作成する。
3. 1で作成したハッシュテーブルのキー(単語)を用いてそのハッシュテーブルを走査し、ドキュメントのリストを読み取る。
4. ドキュメントのリストについて、そのリスト内でのペアの組み合わせを走査する。各ペアの共通集合カウントを増やす。

この実行時間を以前の解法の実行時間と比較するのは少し難しいです。実行時間を調べるには、類似性のある各ペアについてO(W)の作業を行っているのを認識することです。これは2つのドキュメントに類似性があるとわかった後、各ドキュメントのすべての単語に1つずつ触れていたからです。このアルゴリズムでは、実際に重複する単語にのみ触れています。最悪ケースでは依然として同じですが、多くの入力に対してこのアルゴリズムは高速になります。

```
1   HashMap<DocPair, Double>
2   computeSimilarities(HashMap<Integer, Document> documents) {
3     HashMapList<Integer, Integer> wordToDocs = groupWords(documents);
4     HashMap<DocPair, Double> similarities = computeIntersections(wordToDocs);
5     adjustToSimilarities(documents, similarities);
6     return similarities;
7   }
8
9   /* 各単語からそれが現れる場所へのハッシュテーブルを生成する */
10  HashMapList<Integer, Integer> groupWords(HashMap<Integer, Document> documents) {
11    HashMapList<Integer, Integer> wordToDocs = new HashMapList<Integer, Integer>();
12
13    for (Document doc : documents.values()) {
14      ArrayList<Integer> words = doc.getWords();
15      for (int word : words) {
16        wordToDocs.put(word, doc.getId());
17      }
18    }
19
20    return wordToDocs;
21  }
22
23  /* ドキュメントの共通集合を計算する。単語ごとのドキュメントリストを走査し
24   * そのリストの各ペアについて共通集合のカウントを加算していく。 */
25  HashMap<DocPair, Double> computeIntersections(
26      HashMapList<Integer, Integer> wordToDocs {
27    HashMap<DocPair, Double> similarities = new HashMap<DocPair, Double>();
```

```
28    Set<Integer> words = wordToDocs.keySet();
29    for (int word : words) {
30      ArrayList<Integer> docs = wordToDocs.get(word);
31      Collections.sort(docs);
32      for (int i = 0; i < docs.size(); i++) {
33        for (int j = i + 1; j < docs.size(); j++) {
34          increment(similarities, docs.get(i), docs.get(j));
35        }
36      }
37    }
38
39    return similarities;
40  }
41
42  /* 各ドキュメントペアの共通集合サイズを増やす */
43  void increment(HashMap<DocPair, Double> similarities, int doc1, int doc2) {
44    DocPair pair = new DocPair(doc1, doc2);
45    if (!similarities.containsKey(pair)) {
46      similarities.put(pair, 1.0);
47    } else {
48      similarities.put(pair, similarities.get(pair) + 1);
49    }
50  }
51
52  /* 共通集合の数から類似度を計算する */
53  void adjustToSimilarities(HashMap<Integer, Document> documents,
54                            HashMap<DocPair, Double> similarities) {
55    for (Entry<DocPair, Double> entry : similarities.entrySet()) {
56      DocPair pair = entry.getKey();
57      Double intersection = entry.getValue();
58      Document doc1 = documents.get(pair.doc1);
59      Document doc2 = documents.get(pair.doc2);
60      double union = (double) doc1.size() + doc2.size() - intersection;
61      entry.setValue(intersection / union);
62    }
63  }
64
65  /* HashMapList<Integer, Integer>は制す値をArrayList<Integer>にマップするHashMap
66   * 実装はコードライブラリを参照 */
```

類似度が疎なドキュメントのセットでは、すべてのドキュメントのペアを直接比較する元の単純なアルゴリズムよりもはるかに高速に動作します。

最適化(別解)

他に思い付きそうなアルゴリズムも紹介しておきます。やや遅いですが、それでもかなり良いです。

2つのドキュメント間の類似性をソートによって計算した、以前のアルゴリズムを思い出してください。このアプローチを複数のドキュメントに拡張することができます。

すべての単語に対して元のドキュメントでタグ付けして並べ替えたとします。先のドキュメントのリストの例は、次のようになります:

1_{12}, 1_{13}, 1_{15}, 1_{16}, 2_{14}, 3_{13}, 3_{14}, 4_{14}, 5_{12}, 5_{13}, 5_{15}, 6_{16}, 8_{13}, 8_{15}, 9_{12}, 9_{15}

ここからは基本的に以前と同じアプローチです。この要素のリストを走査します。同じ値の要素に対して、対応するドキュメントペアの共通集合カウントを加算します。

Elementクラスを使用して、ドキュメントと単語をグループ化します。リストをソートするときは単語順でソートしますが、同値の場合はドキュメントID順でソートします。

```
1   class Element implements Comparable<Element> {
2     public int word, document;
3     public Element(int w, int d) {
4       word = w;
5       document = d;
6     }
7
8     /* 単語のソートを行うとき、この関数は単語の比較に使われる */
9     public int compareTo(Element e) {
10      if (word == e.word) {
11        return document - e.document;
12      }
13      return word - e.word;
14    }
15  }
16
17  HashMap<DocPair, Double> computeSimilarities(
18      HashMap<Integer, Document> documents) {
19    ArrayList<Element> elements = sortWords(documents);
20    HashMap<DocPair, Double> similarities = computeIntersections(elements);
21    adjustToSimilarities(documents, similarities);
22    return similarities;
23  }
24
25  /* すべての単語を1つのリストに投入し、単語順、ドキュメント順の優先順位でソートする */
26  ArrayList<Element> sortWords(HashMap<Integer, Document> docs) {
27    ArrayList<Element> elements = new ArrayList<Element>();
28    for (Document doc : docs.values()) {
29      ArrayList<Integer> words = doc.getWords();
30      for (int word : words) {
31        elements.add(new Element(word, doc.getId()));
32      }
33    }
34    Collections.sort(elements);
35    return elements;
36  }
37
38  /* 各ドキュメントペアの共通集合サイズを増やす */
39  void increment(HashMap<DocPair, Double> similarities, int doc1, int doc2) {
40    DocPair pair = new DocPair(doc1, doc2);
41    if (!similarities.containsKey(pair)) {
42      similarities.put(pair, 1.0);
43    } else {
44      similarities.put(pair, similarities.get(pair) + 1);
45    }
46  }
47
```

```
48  /* 共通集合の数から類似度を計算する */
49  HashMap<DocPair, Double> computeIntersections(ArrayList<Element> elements) {
50    HashMap<DocPair, Double> similarities = new HashMap<DocPair, Double>();
51
52    for (int i = 0; i < elements.size(); i++) {
53      Element left = elements.get(i);
54      for (int j = i + 1; j < elements.size(); j++) {
55        Element right = elements.get(j);
56        if (left.word != right.word) {
57          break;
58        }
59        increment(similarities, left.document, right.document);
60      }
61    }
62    return similarities;
63  }
64
65  /* 共通集合の数から類似度を計算する */
66  void adjustToSimilarities(HashMap<Integer, Document> documents,
67                            HashMap<DocPair, Double> similarities) {
68    for (Entry<DocPair, Double> entry : similarities.entrySet()) {
69      DocPair pair = entry.getKey();
70      Double intersection = entry.getValue();
71      Document doc1 = documents.get(pair.doc1);
72      Document doc2 = documents.get(pair.doc2);
73      double union = (double) doc1.size() + doc2.size() - intersection;
74      entry.setValue(intersection / union);
75    }
76  }
```

このアルゴリズムの最初のステップは、単にリストに追加するのではなくソートする必要があるため、前のアルゴリズムよりも遅くなります。2番目のステップは基本的に同じです。

いずれも元の単純なアルゴリズムより、はるかに高速に動作します。

より高度な話題

このセクションには主に面接の範疇を超える話題が含まれていますが、時折出てくることもあります。あなたがこれらの話題についてよく知らなくても、面接官が驚くようなことはまずありません。必要に応じて自由に触れてみてください。時間に余裕がないときは優先する必要はありません。

本書第6版の執筆時、追加する内容と除外する内容について相当な議論を行いました。赤黒木は？ ダイクストラのアルゴリズムは？ トポロジカルソートは？

一方では、これらの話題を取り入れてほしいという声がたくさんありました。これらの話題は「四六時中（この言葉の意味は人によってかなり異なっていますが！）」質問されると主張する人もいました。これらの話題について書いてほしいという要望が、一少なくとも一部の方からは一 明らかにありました。知識を深めておくのは悪いことではないですよね？

また一方で、筆者としてはこれらの話題がめったに問われることがないということを知っています。もちろん、面接官が個人で、面接に対して何が「適しているか」あるいは「直接関係あるか」という独自の考えで触れることもあるでしょう。しかしそれはまれです。そのような話題が出たとき、もしあなたが知らなかったからといって致命的なマイナス評価になったりすることはまずありません。

> 確かに面接官としては候補者たちに対して、解法が本質的にこれらのアルゴリズムを応用したものであるような質問をしてきました。候補者がすでにアルゴリズムを知っていたという場合がたまにありましたが、それが得になることはありませんでした（損になることもありません）。私は未知の問題を解決する能力を評価したいのです。ですから、あなたが基本的なアルゴリズムを事前に知っているかどうかを考慮するつもりです。

私は、皆さんが面接を公正な評価で受けられるようにし、余計な勉強をさせようと脅すようなことはしていないと信じています。あなたの時間や労力を犠牲にして、売り上げを伸ばすために本書をより「高度な」内容にする気もありません。そんなことは公平ではありませんし、正しくもありません。

（加えていうなら、本書を読んだ面接官に対してもこれらの高度な話題について扱ってもよい、あるいは扱うべきだという印象を与えたくはありません。面接官の方へ：あなたがこれらの話題について質問するということは、アルゴリズムに対する知識のテストを行っているということです。それは本当に頭の良い人たちを多くを除外してしまう羽目になるのですよ。）

とはいえ、多くは基本的で「重要な」話題でもあります。よく聞かれるわけではありませんが、たまに聞かれることもあります。

そういうこともあり、最終的には読者の皆さんの手に判断をゆだねることにしました。あなたがどれくらい完璧に準備しておきたいか私があれこれ考えるより、あなた自身がよくわかっているでしょう。もっと徹底的にやりたいなら、ここを読んでください。純粋にデータ構造とアルゴリズムを学びたいのであれば、ここを読んでください。問題に対する新しい考え方を見てみたいなら、ここを読んでください。

しかし時間に追われるようであれば、そこまで優先度を上げてまで読む必要はありません。

役に立つ数学

ここではいくつかの問題で役立つ数学を紹介します。正式な証明はオンラインで調べていただくとして、ここでは直感的にとらえることに焦点を置きます。ですので、簡単な証明にとどめて考えるようにしておきましょう。

1からNまでの整数の和

1 + 2 + ... + **n**はいくつになりますか？ 小さい値と大きい値のペアを作って考えてみましょう。

nが偶数の場合、1と**n**、2と**n-1**、のようにペアを作ると、和が**n+1**になるペアが$\frac{n}{2}$組できます。

nが奇数の場合、0と**n**、1と**n-1**、のようにペアを作ると、和がnになるペアが$\frac{(n+1)}{2}$組できます。

nが偶数			
ペア #	a	b	a + b
1	1	n	n + 1
2	2	n - 1	n + 1
3	3	n - 2	n + 1
4	4	n - 3	n + 1
...	...	...	...
$\frac{n}{2}$	$\frac{n}{2}$	$\frac{n}{2}+1$	n + 1
合計	$\frac{n}{2} * (n+1)$		

nが奇数			
ペア #	a	b	a + b
1	0	n	n
2	1	n - 1	n
3	2	n - 2	n
4	3	n - 3	n
...	...	...	...
$\frac{(n+1)}{2}$	$\frac{(n-1)}{2}$	$\frac{(n+1)}{2}$	n
合計	$\frac{(n+1)}{2} * n$		

いずれのケースも合計が$\frac{n(n+1)}{2}$になっていますね。

ペアを作るという考え方から、二重ループがイメージできます。たとえば次のコードについて考えてみてください:

```
1  for (int i = 0; i < n; i++) {
2    for (int j = i + 1; j < n; j++) {
3      System.out.println(i + j);
4    }
5  }
```

外側のループの1番目には、内側のループがn-1回繰り返されます。2番目にはn-2回繰り返され、その後n-3回、n-4回のようになり、全体で$\frac{n(n+1)}{2}$回繰り返しが行われています。従って、このコードは$O(n^2)$の計算時間になります。

2のべき乗の合計

次の数列の合計を考えてみてください:$2^0 + 2^1 + 2^2 + ... + 2^n$　合計値はいくつになりますか?

わかりやすい方法は、これらの値を2進表現で見ることです。

	べき乗	2進	10進
	2^0	00001	1
	2^1	00010	2
	2^2	00100	4
	2^3	01000	8
	2^4	10000	16
和	**2^5-1**	**11111**	**32 - 1 = 31**

従って、$2^0 + 2^1 + 2^2 + ... + 2^n$の和は、2進表記で見れば1が(n+1)個並んだ値、すなわち$2^{n+1}-1$となります。

ポイント: 2のべき乗の数列を合計した値は、次の項の値とおおむね一致します。

対数の基数

$\log_2$ の(基数が2の対数)値があるとします。$\log_{10}$に変換するにはどのようにすればよいですか? $\log_b k$と$\log_x k$の関係はどのようになっているのでしょうか?

少し数学的なことをしてみましょう。$c = \log_b k$, $y = \log_x k$とすると、

$\log_b k = c \text{ --> } b^c = k$　　// これは対数の定義
$\log_x(b^c) = \log_x k$　　// 両辺の対数を取る
$c \log_x b = \log_x k$　　// 対数の法則により、指数部分を移動させることができる
$c = \log_b k = \log_x k / \log_x b$　　// 両辺を割ってcについて解く

つまり、$\log_2$から$\log_{10}$に変換したければ、次のようにすればよいということになります:

$$\log_{10} p = \frac{\log_2 p}{\log_2 10}$$

ポイント: 基数が異なる対数は、定数倍の差にしかなりません。そのため、ビッグ・オー記法において対数の基数が何であるかは多くの場合無視します。とにかく定数は切り捨てるのですから、問題はありません。

順列

異なるn文字からなる文字列の並び方は何通りあるでしょうか? 最初の文字の選び方はn通りあって、次の場所に置く文字の選び方はn-1通りあって、3番目の場所に置く文字はn-2通りあって、のように考えると、全部で$n!$通りの並び方があります。

$$n! = \underline{n} * \underline{n-1} * \underline{n-2} * \underline{n-3} * \ldots * \underline{1}$$

n個の異なる文字から、長さがk(すべて異なる文字)の文字列を作ろうとするとき、どうすればよいでしょうか? 同じような考え方でできますが、途中で掛け算を止めなければなりません。

$$\frac{n!}{(n-k)!} = \underline{n} * \underline{n-1} * \underline{n-2} * \underline{n-3} * \ldots * \underline{n-k+1}$$

組み合わせ

n個の異なる文字のセットがあるとします。そこからk個の文字を選び出す(並び順は考えません)場合の数は何通りありますか? 言い換えると、n個の異なる要素の集合から、サイズがkの部分集合が何通り得られますか、ということです。これがn個の中からk個を選ぶ組み合わせの意味で、$\binom{n}{k}$のように書きます。

最初に長さがkの部分文字列をすべて書き、それから重複するものを消していくことですべての組み合わせを作ることをイメージしてください。

順列で説明したように、$n!/(n-k)!$通りの部分文字列が得られます。

長さがkの文字列は$k!$通りの順列があるので、部分文字列のリストにはそれぞれ$k!$個ずつの重複があります。従って、重複を取り除くために$k!$で割る必要があります。

$$\binom{n}{k} = \frac{1}{k!} * \frac{n!}{(n-k)!} = \frac{n!}{k!(n-k)!}$$

帰納法による証明
帰納法は、何かが真であるということを証明する方法の1つで、再帰と密接に関係しています。帰納法による証明は次の手順で行われます。

目的：k >= bとなるすべてのkについて、P(k)が真であることを証明する。

- **基本ケース**：P(b)が真であることを証明する。普通は単に数字を当てはめるだけです。
- **仮定**：P(n)が真であると仮定します。
- **帰納的証明**：*もし* P(n) が真であるなら、P(n+1)も真になることを証明します。

これはドミノ倒しに似ています。最初のドミノが倒れると、ドミノは常に次のドミノを倒し、すべてのドミノが倒れることになるからです。

ではこの方法で、n個の要素からなる集合には2^n個の部分集合があることを証明してみましょう。

- **定義**：S={a_1, a_2, a_3, . . . , a_n} とする。
- **基本ケース**：{}の部分集合が2^0(= 1)通りあることを証明する。{}の部分集合は{}しかありませんから、これは真です。
- {a_1, a_2, a_3, . . . , a_n} の部分集合が2^n通りあると仮定する。
- {a_1, a_2, a_3, . . . , a_n, a_{n+1}} の部分集合が2^{n+1}通りあることを証明する。
  {a_1, a_2, a_3, . . . , a_n, a_{n+1}} の部分集合を考えてみましょう。ちょうど半分はa_{n+1}を含み、半分は含みません。

  a_{n+1}を含まない部分集合は {a_1, a_2, a_3, . . . , a_n} の部分集合です。その数は2^nと仮定しました。

  xを含む部分集合とxを含まない部分集合の数は同じですから、a_{n+1}を含む部分集合は2^n通りあります。

  従って、2^n+2^n で 2^{n+1} 通りあることがわかります。

多くの再帰的なアルゴリズムは、帰納法によって正しいことが証明できます。

トポロジカルソート
有向グラフのトポロジカルソートは、(a,b)をグラフの辺とするとaがbの前に現れるようなノードのリストを並べる方法の1つです。グラフが閉路を持つ、あるいは無向グラフの場合、トポロジカルソートはありません。

これはさまざまな応用があります。たとえばグラフが工場のラインを表したものであると考えてください。(取っ手, ドア)という辺はドアの前に取っ手を組み立てる必要があることを示します。トポロジカルソートは工場のラインにおいて正しい作業手順を示すことになります。

トポロジカルソートは次の考え方で行うことができます。

1. 入力辺を持たないノードをすべて見つけ、トポロジカルソートに加える。
   - » これらのノードより前にくるノードは1つもないので、最初に加えて問題ないことがわかります。片付けてしまいましょう。
   - » 閉路がなければ、そのようなノードが必ず存在することがわかっています。任意のノードを選べば、辺を自由に遡っていくことができます。ある点（この場合は入力辺を持たないノード）でストップするか、前のノードに戻る（この場合は閉路があったとき）ことになるでしょう。

2. 1.のようにするとき、各ノードの出力辺をグラフから取り除く。
   » これらのノードはすでにトポロジカルソートに加えられているので、基本的には必要ありません。これらの辺を残しておいても、どうしようもありません。
3. 上記を繰り返し、入力辺を持たないノードを加え、それらのノードの出力辺を取り除きます。すべてのノードがトポロジカルソートに加えられれば終了です。

より形式的には、このようなアルゴリズムになります:

1. 最終的に正しいトポロジカルソートを保持する、orderというキューを生成します。初期値は空とします。
2. processNextというキューを生成します。このキューでは次に処理するノードを保持します。
3. 各ノードにおける入力辺の数を数え、node.inboundというクラス変数をセットします。ノードは基本的に出力辺のみ保持します。しかし入力辺は、各ノードnに対するそれぞれの出力辺(n,x)について、x.inboundを増やすことで数えることができます。
4. 再びノードを順に調べて、x.inbound == 0となるノードをすべてprocessNextに追加します。
5. processNextの空でない間、次を行います：
   » processNextから最初のノードnを取り除く
   » 各辺（n,x）に対して、x.inboundを増やす。x.inbound == 0であれば、xをprocessNextに追加する。
   » nをorderに追加する。
6. orderがすべてのノードを持つようになったら成功です。そうでなければ、閉路のためにトポロジカルソートが失敗したことになります。

このアルゴリズムは面接問題にときどき出てきます。面接官はおそらくあなたがこのアルゴリズムをなんとなく知っているとは思わないでしょう。たとえ見たことがなくても、その考え方を導出してもらうのは問題として悪くはありません。

ダイクストラ法

グラフによっては重みのある辺が必要な場合もあります。都市をグラフで表現するなら、辺が道路で移動時間を重みとして表現することができます。このケースでは、GPSのマッピングシステムのように現在位置から他の地点までの最短経路が何であるかを問いたいと考えます。ここでダイクストラ法の出番になります。

ダイクストラ法は、重み付き有向グラフ(閉路を含む場合もあります)における2地点間の最短経路を見つける方法です。すべての辺は正の値を持っています。

ダイクストラ法が何であるかということから始めるよりも、アルゴリズムの導出にチャレンジしてみましょう。先に述べたグラフについて考えます。実際に時間を割いてすべての道順を調べれば、sからtまでの最短経路を求めることができます。(ああ、それと我々のクローン作成マシンも必要になりますね。)

1. sからスタートします。
2. sからの出力辺すべてに対して、我々のクローンが歩き出します。辺（s,x）の重みが5なら、そこで5分とどまります。
3. ノードにたどり着くたびに、そこへ誰かが以前にたどり着いたかを調べます。もし誰かが先に着いていたなら、そこでストップします。sからそのノードまで誰かが他の経路で先にたどり着いたということは、自分はその誰かほど速くはないということがわかるからです。誰もそこにたどり着いていないなら、そこで自身のクローンを生成し、再び全方向に向かって出発します。
4. 最初にtまでたどり着いた人が勝ちです。

このようにするとうまくいきますが、もちろん実際のアルゴリズムでは最短経路を見つけるため本当にタイマーを使ったりはしたくありません。

各クローンはあるノードから隣のノードに(重みの大小にかかわらず)瞬時にジャンプできるけれども、本当の速さで歩くとしたらそこまでの経路に通るのに要した累積の時間は記録していると思ってください。1度に1人だけ移動し、その人は常に最小の累積時間を保持しています。これがダイクストラ法の動きのイメージです。

ダイクストラ法は、グラフにおいて開始地点のノードsから各ノードまでの重みが最小の経路を見つけるアルゴリズムです。

次のグラフを使って考えてみましょう。

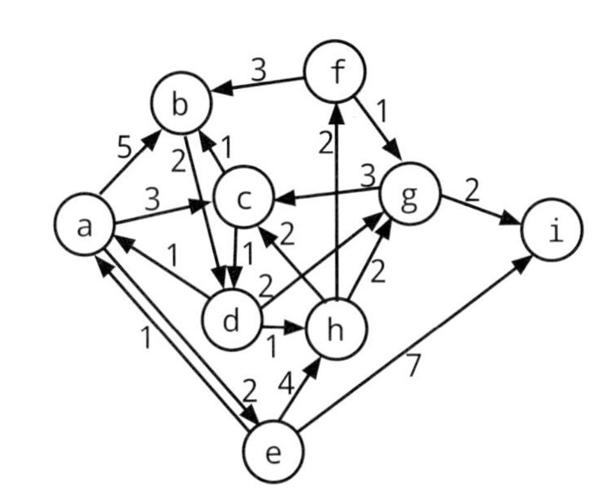

aからiまでの最短経路を見つけてみましょう。aから他のすべてのノードに対する最短経路を見つけるためにダイクストラ法を用い、そこから目的の最短経路を得るようにします。

まず最初に、変数の初期化をしておきましょう：

- **path_weight[node]**：各ノードから最短経路における重みの合計値に結び付けます。path_weight[a]のみ0で初期化し、その他はすべてinfinity（無限大）で初期化しておきます。
- **previous[node]**：各ノードから最短経路における（そのノードの）1つ前のノードを指します。
- **remaining**：すべてのノードの優先度付きキューで、各ノードの優先度はpath_weightの値で決まります。

これらの変数を初期化したら、path_weightの値の更新をしていきます。

> (最小)**優先度付きキュー**は抽象的なデータ型で、ー少なくともこの場合はーオブジェクトとキーの挿入、最小キーを持つオブジェクトの削除、キーの縮小がサポートされています。(最も古い項目を削除するのではなく優先度が最も低い、あるいは最も高い項目を削除するという部分以外は一般的なキューを同じように考えてください)。抽象的なデータ型であるのは、動作の内容によって定義されるからです。基本的な実装は多様です。配列や最小(最大)ヒープ(またはその他さまざまなデータ構造)で実装することができます。

remainingの各ノードに対して(空になるまで)順番に、次のような操作を行います：

1. remainingの中から、path_weightの値が最も小さいノードを1つ選びます。そのノードをnとします。
2. それに隣接する各ノードについて、path_weight[x]（aからxまでの現在の最短経路の重み）とpath_weight[n]+edge_weight[(n,x)]の大きさを比較します。つまり、現在の最短経路より小さい重みで、nを通ってaからxまでたどり着くことができるかどうかを調べるということです。もし可能なら、path_weightとpreviousの値を更新します。
3. remainingからnを削除します。

remainingが空になったら、path_weightにはaから各ノードまでの最短経路の重みが記録されていることになります。また、previousを使って最短経路を構築することができます。

では、前ページのグラフについてこの方法で実際に調べてみましょう。

1. 最初のnはaです。隣接するノード（b, c, e）を見て、path_weightの値を（5, 3, 2に）更新し、previousの値も（aに）更新し、remainingからaを削除します。
2. path_weight[e]を2に更新しましたので、次の最小ノードであるeに進みます。隣接するノードはhとiですので、各ノードについてpath_weightの値（6, 9に）とpreviousの値を更新します。6というのは、path_weight[e]（=2）+辺（e,h）の重み（=4）のことです。
3. 次の最小ノードはpath_weightが3であるcで、隣接するノードはbとdです。path_weight[d]はinfinityですので4（path_weight[c]+辺(c,d)の重み）に更新します。path_weight[b]はすでに5となっていますが、path_weight[c]+辺(c,b)の重み（=3+1=4）は5より小さいので、path_weight[b]を4に、previousをcに更新します。これは、aからbへcを経由することでさらに良い経路が得られたということを意味します。

これをremainingが空になるまで続けます。次のダイアグラムに、ステップごとのpath_weight（左側）とprevious（右側）の変化を示します。一番上の行はnに対する現在の値（remainingから取り出した現在のノード）を表しています。remainingから削除された後は、その行を黒く塗りつぶしています。

	初期値		n = a		n = e		n = c		n = b		n = d		n = h		n = g		n = f		最終値	
	wt	pr	wt	pr	wt	pr	wt	pr	wt	pr	wt	pr	wt	pr	wt	pr	wt	pr	wt	pr
a	0	-	削除																0	-
b	∞	-	5	a			4	c	削除										4	c
c	∞	-	3	a			削除												3	a
d	∞	-					4	c			削除								4	c
e	∞	-	2	a	削除														2	a
f	∞	-											7	h			削除		7	h
g	∞	-									6	d			削除				6	d
h	∞	-			6	e					5	d	削除						5	d
i	∞	-	∞	-	9	e									8	g			8	g

一通り終わったら、この図を元にiから経路を逆に辿っていくことができます。この場合は重みの最小値は8で、経路はa -> c -> d-> g -> iになります。

優先度付きキューの実行時間

先に述べたように、このアルゴリズムは優先度付きキューを使いますが、データ構造はさまざまな方法で実装することができます。

よってアルゴリズムの実行時間は、優先度付きキューの実装に大きく依存します。v個の頂点とe個の辺があると仮定してください。

- 優先度付きキューを配列で実装すると、最優先の要素を取り出す操作をv回行います。各々の処理に`O(v)`の計算時間を要するので、全部で`O(v`^{2}`)`の計算時間になります。さらに`path_weight`と`previous`は各辺に対して多くても1回更新することになるので、これらの変数の更新は`O(e)`の実行時間になります。辺の数は各頂点のペア数より多くなることは有り得ないので、eはv^2と比べて小さいに違いないと考えると、トータルの実行時間は`O(v`^{2}`)`であると言えます。
- 優先度付きキューを最小ヒープで実装すると、最優先の要素を取り出す処理（挿入とキーの更新）に`O(log v)`の計算時間を要します。各頂点に対して処理を行うと`O(v log v)`の計算量（頂点数vに対して`O(log v)`ずつ）になります。さらに各辺については、キーの更新か挿入の操作を行うので`O(e log v)`の実行時間になります。
  従ってトータルの実行時間は`O((v + e) log v)`になります。

どちらの方が良いかというと、それは状況によります。グラフが多くの辺を持つとき、eはv^2に近くなります。その場合は`O((v + v`^{2}`) log v)`よりも`O(v`^{2}`)`の方が良いですから、配列で実装する方が良いことになります。しかし辺の少ないグラフの場合はeがv^2よりずっと小さいですから、その場合は最小ヒープを用いた実装の方が良いでしょう。

ハッシュテーブルの衝突処理

どんなハッシュテーブルでも本質的には衝突の問題を抱えています。衝突を扱う方法はさまざまです。

連結リストによる連鎖法

この方法（最も一般的）は、ハッシュテーブルの配列を項目の連結リストに結び付けます。この連結リストに項目を加えていくだけです。衝突数が少ない限りは非常に効果的です。

ハッシュテーブルの要素数をnとすると、最悪ケースでは検索に`O(n)`かかります。このようなことは、非常に変わったデータであるかハッシュ関数が非常に悪いものであるか（あるいはその両方）の場合にしか起こりません。

二分探索木による連鎖法

衝突する要素を、連結リストではなく二分探索木で保持します。この場合、最悪ケースの実行時間は`O(log n)`になります。

実際には、データにかなりの偏りがあることが予想されるとき以外にはこの考えを用いることはめったにありません。

線形探索法による開番地法

この考え方では、衝突が発生した（指定されたインデックスに、すでにデータが置かれている）とき、配列の空きが見つかるまでインデックスを単純にずらしていきます。（あるいは**インデックス + 5**のように一定の間隔でずらすこともあります。）

衝突数が少なければ非常に高速で、メモリ効率も良い方法です。

この方法の明確な欠点の一つは、ハッシュテーブルに保存できるデータ量が配列のサイズによって制限されているということです。これは連鎖法と異なる部分です。

他にも問題があります。配列のサイズが100で、インデックスの20から29が一杯になっている（他には何もない）ハッシュテーブルを考えてみてください。次にデータの挿入を行う際、インデックスが30である可能性はどれくらいでしょうか？ その可能性は10％です。なぜなら、データに結び付けられるインデックスが20から30の場合はすべて30になるからです。このように、配列上でデータの塊ができる問題をクラスタと言います。

二次探索法と二重ハッシュ法

探索距離は線形である必要はありません。たとえば探索距離を二次的に増加させてもかまいません。あるいは探索距離を決めるハッシュ関数を別に作ってもよいです。

ラビン-カープ文字列検索

部分文字列Sを、より大きな文字列Bの中からブルートフォースで検索するには、文字列Sの長さをs、文字列Bの長さをbとすると、`O(s(b-s))`の計算時間を要します。文字列Bの最初の`b-s+1`文字について1文字ずつ、毎回s文字分が文字列Sと一致するかどうかを調べるからです。

ラビン-カープアルゴリズムはこれを少し工夫して最適化します。2つの文字列が同じものであれば、ハッシュ値は同じになるはずです。(しかしその逆は正しくありません。異なる文字列が同じハッシュ値を持つこともあるからです。)

従って、文字列Bをs文字ごとに区切りハッシュ値を効率的に前もって計算しておけば、Sの位置を`O(b)`の実行時間で見つけられることになります。その後、該当する場所が本当に文字列Sと一致するかどうかを確認する必要があります。

例えば、ハッシュ関数が単に各文字番号(空白文字 = 0, a = 1, b = 2, ..., z=26)の合計値を計算するものであると考えてください。また、部分文字列Sが「ear」で文字列Bが「`doe are hearing me`」とすると、合計値が24(e + a + r)になる文字の並びを探すことになります。これは3か所ありますが、それぞれについて本当に`ear`かどうかをチェックします。

文字	d	o	e		a	r	e		h	e	a	r	i	n	g		m	e
文字番号	4	15	5	0	1	18	5	0	8	5	1	18	9	14	7	0	13	5
次の3文字との合計	24	20	6	19	24	23	13	13	14	24	28	41	30	21	20	18		

合計値を`hash('doe')`のように計算するとすると、次は`hash('oe ')`、その次は`hash('e a')`のようになり、計算時間は依然`O(s(b-s))`のままです。

そこで、`hash('oe ')`を`hash('doe') - hash('d') + hash(' ')`と計算するようにします。この場合、すべてのハッシュ値を計算するのに`O(b)`の計算時間でできるようになります。

ハッシュ値が同じになる場合が多ければ、最悪ケースは`O(s(b-s))`のままではないかという議論もあるでしょう。それは完全に正しいと言えます—このハッシュ関数に対しては。

実際には、ラビン指紋法のような効率の良いローリングハッシュ関数を使います。基本的には、doeのような文字列を128進法(あるいはアルファベットで多くの文字を表現できるもの)で扱います。

$$hash('doe') = code('d') * 128^2 + code('o') * 128^1 + code('e') * 128^0$$

このハッシュ関数で、dの消去、oとeのシフト、空白文字の追加ができます。

$$hash('oe\ ') = (hash('doe') - code('d') * 128^2) * 128 + code('\ ')$$

これで同じでない文字列とハッシュ値が重なってしまうことが大幅に削減できるようになります。このような良いハッシュ関数を使うと、`O(s + b)`の計算量になることが期待できます。最悪ケースは`O(sb)`ですが。

このアルゴリズムの使い方は面接で非常によく問われますので、部分文字列を線形時間で特定できるということを知っておくと便利です。

AVL木

AVL木は、木を平衡化する一般的な実装方法の2種類のうちの1つです。ここでは要素の挿入についてのみ議論しますが、興味があれば削除についても調べてみてください。

性質

AVL木は各ノードに、そのノードを根としたときの部分木の高さを保持しています。そしてどのノードでも高さが平衡であるかをチェックすることができます。左の部分木の高さと右の部分木の高さの差は0か1です。これにより、木構造に偏りが出過ぎないようにしています。

```
balance(n) = n.left.height - n.right.height
      -1 <= balance(n) <= 1
```

挿入

ノードの挿入を行うとき、いくつかのノードの高さの差が2になることがあります。従って、挿入したノードから再帰スタックを用いて木構造を均(なら)していくとき、各ノードが平衡状態をチェックしていきます。このときこの操作には回転を行います。

回転は左右のいずれかで行います。

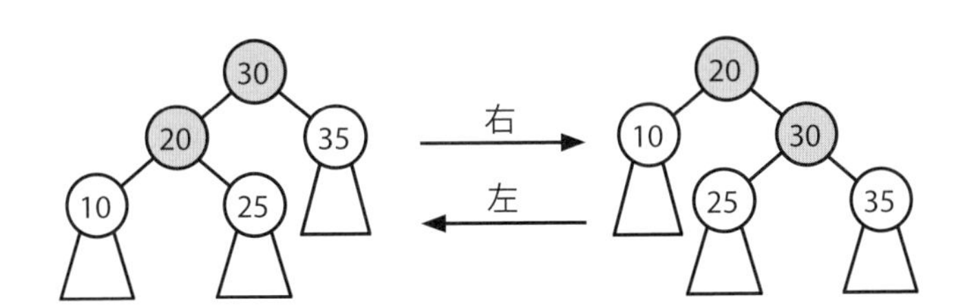

平衡状態と平衡が崩れている場所によって、修正方法が異なります。

ケース1：高さの差が2の場合

左の高さが右よりも2大きい場合です。もし左の方が大きければ、追加ノードは左側の部分木の左側にある(左-左型とします)か、右側にある(左-右型)はずです。左-右型のように見える場合は、下図のように左回転を行って左-左型にしてから右回転を行い平衡状態にします。最初から左-左型であれば、右回転して平衡状態にするだけです。

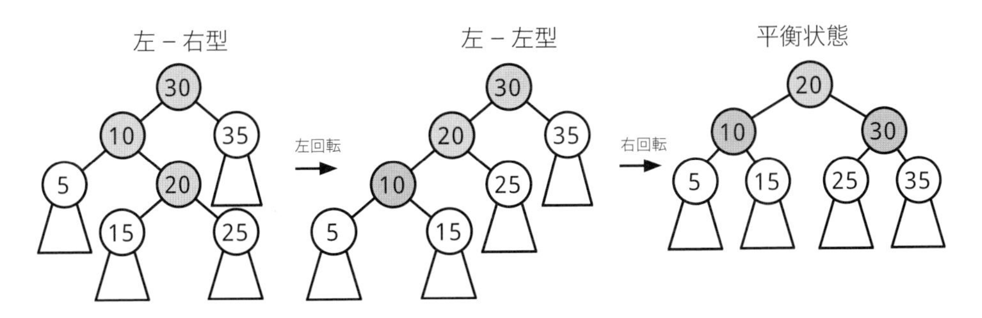

ケース2：高さの差が-2の場合

この場合は先の左右反転したものをイメージしてください。木の形は右-左型か、右-右型のようになります。以下のように回転して平衡状態に変形します。

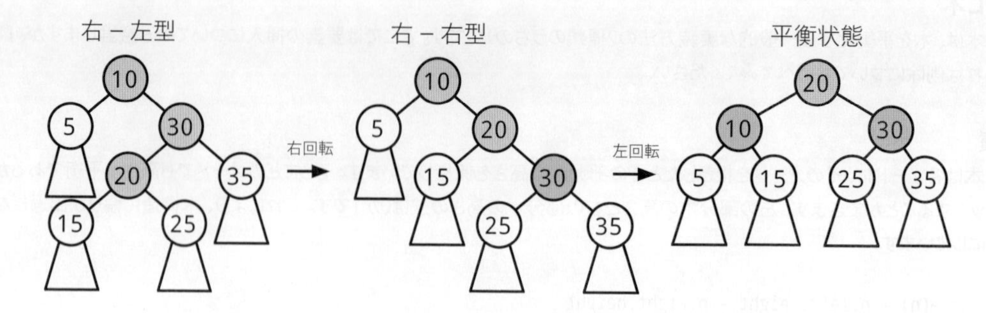

いずれのケースも「平衡」というのは高さの差が-1から1の間であることを意味します。必ず0になるわけではありません。

平衡でない部分を修正しながら、木を再帰的に処理します。高さの差が0になる部分木ができたら、すべての平衡化が終わったことがわかります。このような部分は、より大きな部分木を見たときに高さの差が-2や2になる原因にはならないからです。再帰的でない処理の場合はループから抜けるようにします。

赤黒木

赤黒木は平衡性についての条件がそれほど厳しくはありませんが、それでも挿入、削除、検索を`O(log N)`で行うことができます。また、消費メモリが少な目で、木構造の再構成が高速（挿入と削除が高速に行えるという意味）であるため、頻繁に更新される木が必要な場合によく使われます。

赤黒木は、ノードが赤と黒で選択的に色付け（詳細は後述します）され、あるノードから葉までの経路上にある黒いノードの数は等しくなっています。そのようにして平衡木を生成しています。

以下の木は赤黒木です（赤のノードはグレーで示しています）。

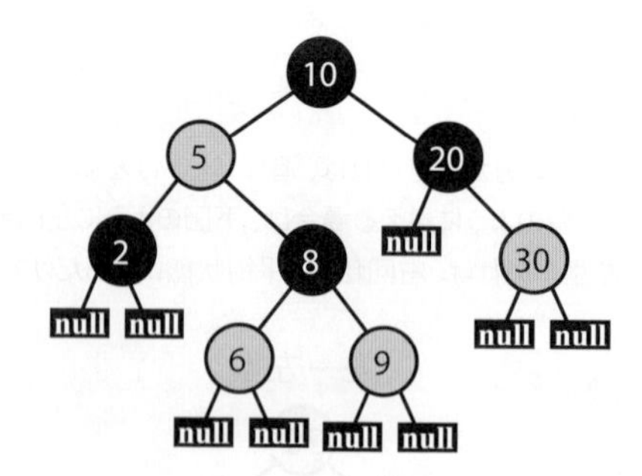

性質

1. すべてのノードは赤か黒である。
2. 根は黒である。
3. 葉はNULLノードで、黒である。
4. 赤いノードの子は2つとも黒でなければならない。つまり赤のノードは赤の子を持つことができない（黒のノードは黒の子を持ってもよい)。
5. あるノードから葉までの経路はすべて、黒の子の数が等しくなければならない。

なぜ平衡になるか

性質4は、2つの赤いノードは経路上(親子関係で)隣り合うことがないという意味です。従って、ノードの半分より多くが赤になることはありません。

あるノード(根としておきましょう)から葉までの、2つの経路を考えてみてください。その経路上では黒いノードの数が等しくなります(性質5)。ではここで、できるだけ赤いノードの数が異なるような経路を考えてみましょう。1つの経路は赤いノードの数が最小になるように、もう1つの経路は最大になるようにします。

- **経路1(赤が最小)**:赤いノードの最小数は0です。従って、経路1では全部でb個のノードになります。
- **経路2(赤が最大)**:赤いノードは黒い子を持たねばならず、黒いノードはb個あるので、赤いノードの最大数はbです。従って、経路2では全部で2b個のノードになります。

よって、経路の長さは最も極端な場合で2倍以上の違いにはなりません。つまり、探索と挿入が`O(log N)`で確実にできるということになります。

これらの性質を維持すれば、挿入と検索が`O(log N)`で確実にできる平衡木を得ることができるのです。問題はこれらの性質をどのようにして効率的に維持するかです。ここでは挿入のみの議論にして、削除についてはあなた自身で調べてみてください。

挿入

赤黒木に新しいノードを挿入するのは、典型的な二分探索木の挿入から始まります。

- 新しいノードは葉の部分で挿入され、それは黒いノードを置き換えることを意味する。
- 新しいノードは常に赤で、2つの黒い葉(NULL)ノードが与えられる。

それが終わると、赤黒木の性質を満たさなくなった箇所の修正を行います。考え得る点は2つあります:

- 赤の制約違反:赤いノードが赤の子を持っている(もしくは根が赤い)。
- 黒の制約違反:ほかの経路よりも黒いノードの数が多い経路がある。

挿入されたノードは赤です。葉までのどの経路においても黒いノードの数を変えなかったため、黒の制約違反は犯していないことがわかります。しかし赤の制約違反を犯している可能性はあります。

根が赤という特殊なケースは、他の制約を違反することなく性質2を満たすように常に黒に変えることができます。

もしそうではなく赤の制約違反があるとすれば、赤のノードが他の赤のノードの下にあるということになります。

現在のノードをN、Nの親をP、Nの祖父母をG、Nの叔父(Pの兄弟姉妹)をUとすると、次のことがわかります:

- 赤の制約違反があるので、NとPはいずれも赤い。
- それまで赤い制約違反はなかったので、当然Gは黒い。

わからない部分は:

- Uが赤なのか黒なのか。
- Uが左の子なのか右の子なのか
- Nが左の子なのか右の子なのか

簡単な組み合わせ論により、考えるべきケースが8通りありますが、これらのケースのいくつかは等価です。

ケース1：Uが赤い場合

Uが左か右かは問題にせず、Pについても左右は問題ないことにしておきます。そうすることで、8つのケースのうち4つを1つにまとめてしまうのです。

もしUが赤ければ、P, U, Gの色を切り替えます。Gを黒から赤に、PとUを赤から黒に反転します。どの経路においても、黒いノードの数は変えていません。

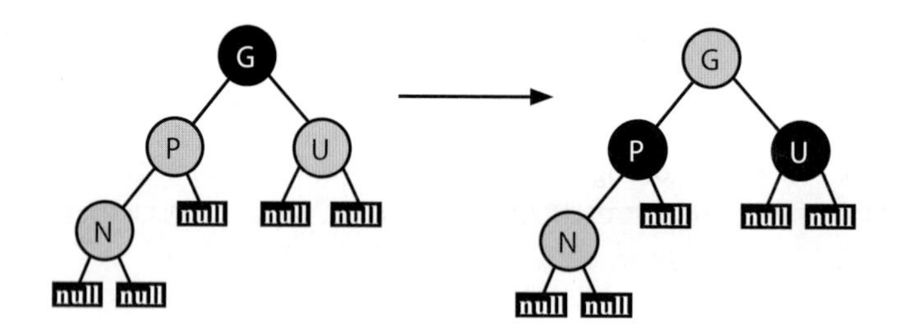

しかし、Gを赤にすることでGの親に関して制約違反を起こしてしまっているかもしれません。もしそうなら、Gを新たなNとして赤の制約違反を扱う処理を再帰的に適用します。

一般的な再帰の場合、N, P, Uもおそらく黒のNULLではなく部分木を持っていることに注意してください。ケース1では、木構造自体は変化していないので、これらの部分木が同じ親に接続されたままになっています。

ケース2：Uが黒い場合

NとUの形（左右どちらの子か）について考える必要があります。いずれの場合においても、赤の制約違反（赤の上に赤がある）を修復することが目的です。ただし、

» 二分探索木の順序が乱れてしまう。
» 黒の制約違反（経路上の黒の数に差が出る）を引き起こす。

ことがないようにしなければなりません。これができればOKです。次の各ケースにおいて、ノードの順序を維持する回転移動によって赤の制約違反を修正します。

下記の回転は、影響を受けた木の一部を通る各経路における、黒いノードの正確な数を維持します。回転部分の子はNULLの葉か、内部的に変更されていない部分木のいずれかです。

ケースA：NとPがどちらも左の子の場合

赤の制約違反を、N, P, Gの回転と以下に示した色付けによって解決します。in-order巡回を描くと、ノードの順序が維持されて

いる(a <= N <= b <= P <= c <= G <= U)ことがわかります。木は各部分木a, b, c, U(おそらくすべてNULL)までの経路における黒いノードの数が等しいままになっています。

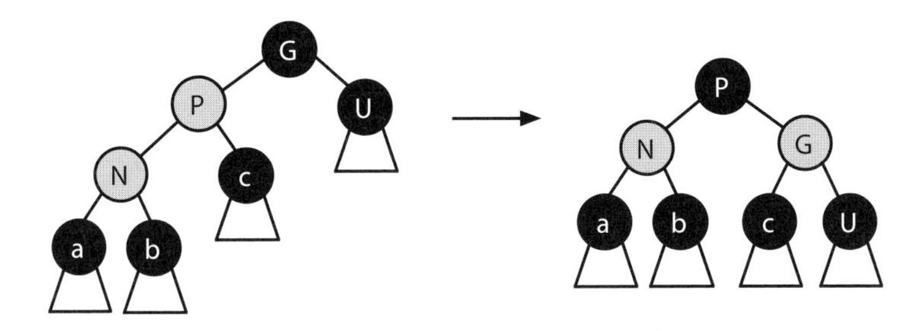

ケースB:Pが左の子でNが右の子の場合
ケースBでの回転は、赤の制約違反を解決し、in-orderの性質(a <= P <= b <= N <= c <= G <= U)を維持します。この場合も、葉(もしくは部分木)までの各経路において、黒いノードの数が一定になります。

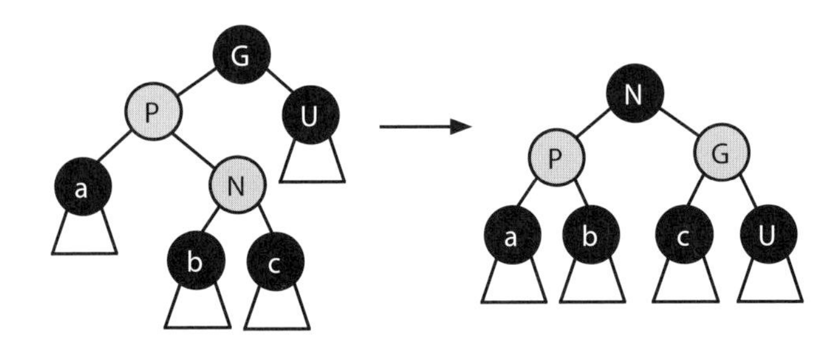

ケースC:NとPがどちらも右の子の場合
これはケースAが左右反転したものです。

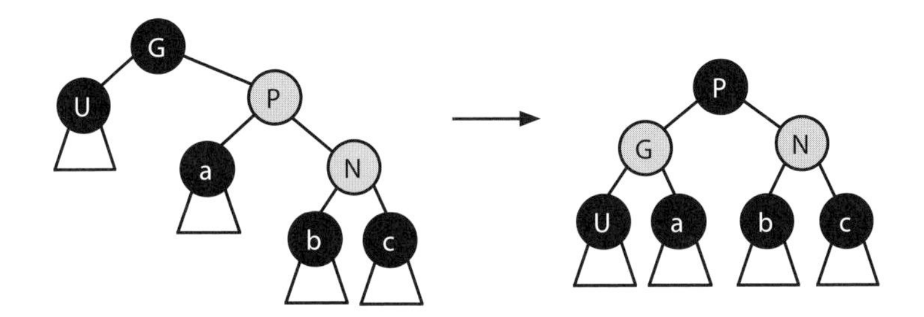

ケースD:Nが左の子で、Pが右の子の場合
これはケースBが左右反転したものです。

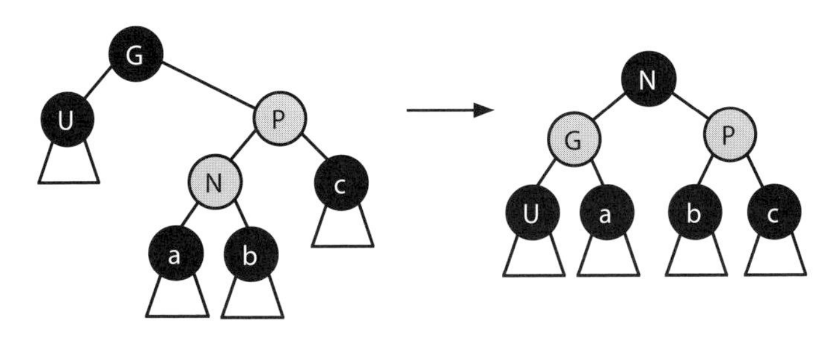

ケース2の各部分木において、N, P, Gの値が中央のものが根になるように回転し、そのノードとGの色を反転します。

ですから、これらのケースを単純に覚えようとはしないでください。それよりも、なぜ動くのかを研究してください。赤の制約違反、黒の制約違反、二分探索木の性質違反がないことはどのようにして保証されているのでしょうか？

マップリデュース

マップリデュース（MapReduce）は巨大データを処理するシステムデザインにおいて、広く活用されています。その名前が示しているように、マップリデュースのプログラムは、Mapステップと Reduceステップを書く必要があります。残りの部分はシステムによって取り扱われます。

1. システムは異なる複数のマシン上でデータを分割（Split）する。
2. 各マシンはユーザが提供するMapプログラムを実行する。
3. Mapプログラムはデータを取り、〈**キー, 値**〉のペアを生成する。
4. システムが提供するシャッフル（Shuffle）プロセスで、与えられたキーと関連付けられたすべての〈キー, 値〉のペアが同じマシンに行き、Reduceステップで処理されるように再編成される。
5. ユーザが提供するReduceプログラムは、キーとそれに関連付けられた値を受け取り、何らかの方法でそれを集約し、新はキーと値を生成する。この結果は、さらに集約するために再度Reduceプログラムに送られることもある。

マップリデュースを用いた典型例（マップリデュースの「Hello World」のようなもの）は、文書内の単語の使用頻度を数えるシステムです。

もちろん、すべてのデータを読み込んで、ハッシュテーブルを使い単語の登場回数をカウントし、結果を出力する単一の関数を書いても構いません。

マップリデュースでは、この処理が並列に行うことができます。Map関数は文書を読み込み、個々の単語とカウント（常に1）のセットを生成するだけです。Reduce関数は、キー（単語）と関連付けられた値（カウント）を読み込み、カウントの合計値を生成します。この合計値は、同じキーで呼び出される他のReduce関数の入力になります。

```
1   void map(String name, String document):
2     for each word w in document:
3       emit(w, 1)
4
5   void reduce(String word, Iterator partialCounts):
6     int sum = 0
7     for each count in partialCounts:
8       sum += count
9     emit(word, sum)
```

次のダイアグラムはこの例がどのように動くかを示しています。

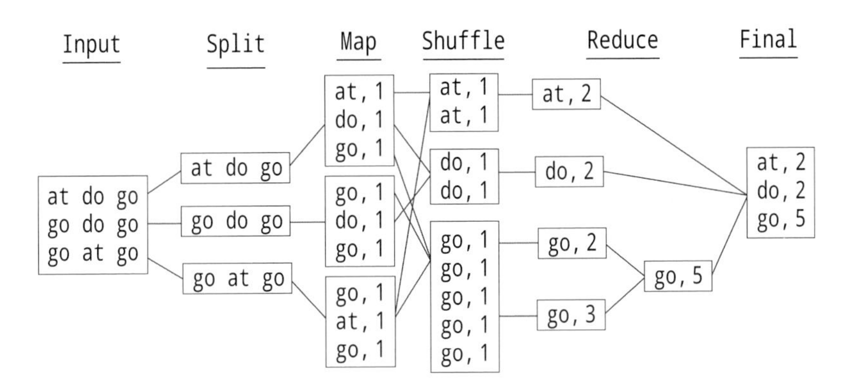

もうひとつ例を紹介しておきます:{都市名, 気温, 日付}のようなデータのリストがあります。毎年の都市ごとの平均気温を計算してください。例えば{(2012, フィラデルフィア, 58.2), (2011, フィラデルフィア, 56.6), (2012, シアトル, 45.1)}のような形にしてください。

- **Map**：Mapステップではキーを**都市_年度**、値を(**気温, 1**)としたキーと値のペアを出力します。「1」は1点からの平均気温という意味で、Reduceステップで重要になります。
- **Reduce**：Reduceステップでは、特定の都市と年度が一致する気温のリストが与えられます。この入力を元に平均気温を計算します。単に気温データを足し合わせ、データ数で割ることはできません。

  この点を理解するのに、ある都市と年度における5つのデータ：25, 100, 75, 85, 50があると考えてみましょう。Reduceステップでは、1度にこのデータのいくつかのみを得ることができます。もし{75, 85}の平均を取るなら、80が得られます。他のReduceステップでは50のみの入力であれば、単純に80と50の平均を計算すると間違間違いになってしまいます。80の方が重みが大きいのですから、単純な平均ではいけませんね。

  従って、Reduceステップでは{(80, 2), (50, 1)}のように入力を取ります。そして気温に重みづけをして足し合わせるのです。つまり、80 * 2 + 50 * 1とし、(2 + 1)で割り、平均気温70が得られます。最後に(70, 3)を生成します。

  他のReduceステップでは、{(25, 1), (100, 1)}について計算し、(62.5, 2)が得られます。これと(70, 3)で計算し、最終的な答え(67, 5)を得ます。言い換えると、この都市のこの年度の平均気温は67度になるということです。

これは他の方法でも可能です。都市名をキーとして、値を(年度, 気温, カウント)のようにしてもかまいません。Reduceステップで行うことは基本的に同じですが、年度によるグループ化が必要になります。

多くのケースでは、Reduceステップで最初に何をすべきかを考え、それからMapステップをデザインするのがよいでしょう。その処理を行うには、Reduceステップでどんなデータが必要でしょうか?

さらに学びたい人へ

なるほど、ここまでの内容をマスターし、さらに学びたいというわけですね？ わかりました。ここにおすすめの話題をいくつか載せておきます：

- **ベルマンフォード法**：重み付き有向グラフにおいてある単一始点からの最短経路を見つけるアルゴリズムで、正の辺と負の辺を持つことができます。
- **ワーシャルフロイド法**：重み付きグラフにおいて最短経路を見つけるアルゴリズムで、正の辺と負の辺を持つことができます（負閉路には使えません）。
- **最小全域木**：重み付き、連結、無向グラフにおける全域木はすべての頂点が接続された木です。最小全域木は最小の重みを持っています。これを生成するにはさまざまなアルゴリズムがあります。
- **B木**：一般的にディスクやその他の記憶装置に使われる平衡探索木（二分探索木ではありません）です。赤黒木に似ていますが、入出力操作はほとんど使いません。
- **A*（エースター）**：スタート地点からゴール地点（あるいは複数のゴール地点のうちの1つ）までの最小コスト経路を見つけるアルゴリズムです。ダイクストラ法を含み、ヒューリスティック関数を用いることで探索効率を高めています。
- **区間木**：平衡二分木の拡張ですが、単なる値ではなく区間（低->高の範囲）を持ちます。ホテルで予約リストを記録し、特定の時間に誰がホテルに滞在しているかを効率的に見つけるのに使われたりします。
- **グラフ彩色**：グラフにおいて隣接する頂点が同じ色にならないように塗り分ける方法です。もしK色だけで塗り分けるとすればどのようにすればよいかを決めるのに、さまざまなアルゴリズムがあります。
- **P, NP, NP完全**：P, NP, NP完全は、問題の複雑性について言及したものです。P問題というのは素早く解くことができる問題です（「素早く」というのは多項式時間を意味します）。NP問題は、解が与えられたときに素早く検証ができるものです。NP完全問題はNP問題に属する問題で、すべてのNP問題から帰着できるものです（つまり、1つのNP問題の解法が見つかれば、他のNPを解くためにその解法を多項式時間で変形できるということです）。
  P＝NPであるかどうかという問題は広く知られています（とても有名です）が、一般的にはP≠NPであると考えられています。
- **組み合わせと確率**：確率変数、期待値、二項係数のような、学んでおくとよいことがいろいろあります。
- **二部グラフ**：二部グラフとは、ノードを二つのグループに分けたとき、すべての辺がお互いのグループをつないでいるグラフのことです（つまり、同じグループ内のノード同士を結ぶ辺は一つも無いということです）。あるグラフが二部グラフであるかどうかを調べるアルゴリズムはあります。二部グラフは2色で塗り分けられるグラフの問題と等価であることに注意してください。
- **正規表現**：正規表現というものが存在し、何のために使われるのかを（大まかにでも）知っておくべきです。正規表現のマッチングアルゴリズムがどのように動作するのかを勉強しておくのもよいでしょう。正規表現の基本的な構文を知っておくのも役に立ちます。

またまだたくさんのデータ構造やアルゴリズムがあります。これらの話題についてより深く知りたいと興味が出てきたら、『アルゴリズムイントロダクション』（T.コルメン, C.ライザーソン, R.リベスト, C.シュタイン 著）か、『The Algorithm Design Manual』（英語）（Steven Skiena 著）がおすすめです。

コードライブラリ

本書のコードを実装する際、特定のパターンが出てきました。基本的には解法として完全なコードを含めるようにしましたが、場合によってはかなり冗長になってしまいました。
この付録では、特に便利なコード集を提供します。
コンパイル可能な完全な解答は、CrackingTheCodingInterview.com からダウンロードできます。

本書でコードの実装を行う際、一定のパターンが出てきました。ほとんどの解答はコードをすべて含むようにしようとしましたが、いくつかのケースでは非常に冗長になってしまうため断念せざるを得ませんでした。

この巻末付録に、非常に便利なコード集を用意しました。

コードはすべてCrackingTheCodingInterview.comからダウンロードすることができます。

HashMapList<T, E>

HashMapListクラスは基本的にHashMap<T, ArrayList<E>>と省略します。HashMapは、T型の値をE型の配列リストにマッピングします

たとえば、整数値を文字列のリストにマッピングしたいときは、通常はこのように書く必要があります:

```
1  HashMap<Integer, ArrayList<String>> maplist =
2    new HashMap<Integer, ArrayList<String>>();
3  for (String s : strings) {
4    int key = computeValue(s);
5    if (!maplist.containsKey(key)) {
6      maplist.put(key, new ArrayList<String>());
7    }
8    maplist.get(key).add(s);
9  }
```

これを少し書き換えます:

```
1  HashMapList<Integer, String> maplist = new HashMapList<Integer, String>();
2  for (String s : strings) {
3    int key = computeValue(s);
4    maplist.put(key, s);
5  }
```

大きな変更はありませんが、コードが少し単純になりました。

```
1  public class HashMapList<T, E> {
2    private HashMap<T, ArrayList<E>> map = new HashMap<T, ArrayList<E>>();
3
4    /* キーに対応するリストに要素を加える. */
5    public void put(T key, E item) {
6      if (!map.containsKey(key)) {
7        map.put(key, new ArrayList<E>());
8      }
9      map.get(key).add(item);
10   }
11
12   /* キーに対応する要素のリストを加える */
13   public void put(T key, ArrayList<E> items) {
14     map.put(key, items);
15   }
16
17   /* キーに対応する要素のリストを得る */
18   public ArrayList<E> get(T key) {
```

```
19      return map.get(key);
20    }
21
22    /* HashMapにキーが含まれるかどうかを調べる */
23    public boolean containsKey(T key) {
24      return map.containsKey(key);
25    }
26
27    /* キーに対応する値がリストに含まれるかどうかを調べる */
28    public boolean containsKeyValue(T key, E value) {
29      ArrayList<E> list = get(key);
30      if (list == null) return false;
31      return list.contains(value);
32    }
33
34    /* キーのリストを得る */
35    public Set<T> keySet() {
36      return map.keySet();
37    }
38
39    @Override
40    public String toString() {
41      return map.toString();
42    }
43  }
```


TreeNode(二分探索木)

可能な場合は組み込みの二分木クラスを使うのが間違いなく良いのですが、いつも使えるわけではありません。多くの問題では、ノードや木クラス(あるいはこれらを少し変形したもの)の内部にアクセスする必要があり、組み込みライブラリは使えませんでした。

`TreeNode`クラスは、すべての問題/解答には必要ないくらいたくさんの機能をサポートしています。たとえばあまり使いません(もしくは禁止されています)がノードの親をたどったりすることができます。

簡単にするために、この木はデータを整数値として保持するように実装しました。

```
1   public class TreeNode {
2     public int data;
3     public TreeNode left, right, parent;
4     private int size = 0;
5
6     public TreeNode(int d) {
7       data = d;
8       size = 1;
9     }
10
11    public void insertInOrder(int d) {
12      if (d <= data) {
13        if (left == null) {
14          setLeftChild(new TreeNode(d));
15        } else {
16          left.insertInOrder(d);
```

```
17            }
18        } else {
19            if (right == null) {
20                setRightChild(new TreeNode(d));
21            } else {
22                right.insertInOrder(d);
23            }
24        }
25        size++;
26    }
27
28    public int size() {
29        return size;
30    }
31
32    public TreeNode find(int d) {
33        if (d == data) {
34            return this;
35        } else if (d <= data) {
36            return left != null ? left.find(d) : null;
37        } else if (d > data) {
38            return right != null ? right.find(d) : null;
39        }
40        return null;
41    }
42
43    public void setLeftChild(TreeNode left) {
44        this.left = left;
45        if (left != null) {
46            left.parent = this;
47        }
48    }
49
50    public void setRightChild(TreeNode right) {
51        this.right = right;
52        if (right != null) {
53            right.parent = this;
54        }
55    }
56
57 }
```

この木は二分探索木になるように実装されていますが、他の目的に使ってもかまいません。setLeftChild/setRightChildメソッドが必要なだけかもしれませんし、左右の子の値が必要なだけかもしれません。

このような理由により、これらのメソッドや変数はpublicにしてあります。この種のアクセスは多くの問題で必要になります。

LinkedListNode(連結リスト)

TreeNodeクラスのように、組み込みの連結リストクラスではサポートされていない方法で、連結リストの内部にアクセスする必要がよくありました。このため、多くの問題では自前のクラスを実装する必要がありました。

```
1  public class LinkedListNode {
2    public LinkedListNode next, prev, last;
3    public int data;
4    public LinkedListNode(int d, LinkedListNode n, LinkedListNode p){
5      data = d;
6      setNext(n);
7      setPrevious(p);
8    }
9
10   public LinkedListNode(int d) {
11     data = d;
12   }
13
14   public LinkedListNode() { }
15
16   public void setNext(LinkedListNode n) {
17     next = n;
18     if (this == last) {
19       last = n;
20     }
21     if (n != null && n.prev != this) {
22       n.setPrevious(this);
23     }
24   }
25
26   public void setPrevious(LinkedListNode p) {
27     prev = p;
28     if (p != null && p.next != this) {
29       p.setNext(this);
30     }
31   }
32
33   public LinkedListNode clone() {
34     LinkedListNode next2 = null;
35     if (next != null) {
36       next2 = next.clone();
37     }
38     LinkedListNode head2 = new LinkedListNode(data, next2, null);
39     return head2;
40   }
41 }
```

繰り返しになりますが、このアクセスはよく必要になりますのでメソッドと変数はpublicのままにしておきました。これによって連結リストを「破壊」してしまうこともできますが、実際のところこの種の機能は必要でした。

Trie & TrieNode(トライ木)

トライ木は、ある単語が辞書(あるいは単語のリスト)内の他の単語の接頭語になっているかを見つけるのを簡単にするために、少し使われることがあります。正しい単語でない場合にそれを避けることができるように、再帰的に単語を構築していくときによく使われます。

```
1   public class Trie {
2     // トライ木の根
3     private TrieNode root;
4
5     /* 引数に文字列のリストを受け取り、
6      * それを保持するトライ木を構築する */
7     public Trie(ArrayList<String> list) {
8       root = new TrieNode();
9       for (String word : list) {
10        root.addWord(word);
11      }
12    }
13
14
15    /* 引数に文字列のリストを受け取り、
16     * それを保持するトライ木を構築する */
17    public Trie(String[] list) {
18      root = new TrieNode();
19      for (String word : list) {
20        root.addWord(word);
21      }
22    }
23
24    /* 引数prefixが接頭語として、このトライ木に含まれるかどうかを調べる。
25     * exactにtrueを指定すると、prefixが完全な単語として含まれるかを調べることができる */
26    public boolean contains(String prefix, boolean exact) {
27      TrieNode lastNode = root;
28      int i = 0;
29      for (i = 0; i < prefix.length(); i++) {
30        lastNode = lastNode.getChild(prefix.charAt(i));
31        if (lastNode == null) {
32          return false;
33        }
34      }
35      return !exact || lastNode.terminates();
36    }
37
38    public boolean contains(String prefix) {
39      return contains(prefix, false);
40    }
41
42    public TrieNode getRoot() {
43      return root;
44    }
45  }
```

以下に実装されたTrieNodeクラスはTrieクラス内で使われます。

```
1   public class TrieNode {
2     /* このノードの子ノード */
3     private HashMap<Character, TrieNode> children;
4     private boolean terminates = false;
5
6     /* 文字がデータとしてこのノードで保持される */
7     private char character;
8
9     /* 空のトライ木ノードを生成し、子ノードのリストを空のハッシュマップで初期化する。
10     * トライ木の根を生成するときのみ使われる */
11    public TrieNode() {
12      children = new HashMap<Character, TrieNode>();
13    }
14
15    /* トライ木のノードを構築し、ノードの値としてこの文字を保持する
16     * 子ノードのリストを空のハッシュマップで初期化する */
17    public TrieNode(char character) {
18      this();
19      this.character = character;
20    }
21
22    /* このノードが保持している文字データを返す */
23    public char getChar() {
24      return character;
25    }
26
27    /* トライ木にこの単語を加え
28     * 再帰的に子ノードを追加していく */
29    public void addWord(String word) {
30      if (word == null || word.isEmpty()) {
31        return;
32      }
33
34      char firstChar = word.charAt(0);
35
36      TrieNode child = getChild(firstChar);
37      if (child == null) {
38        child = new TrieNode(firstChar);
39        children.put(firstChar, child);
40      }
41
42      if (word.length() > 1) {
43        child.addWord(word.substring(1));
44      } else {
45        child.setTerminates(true);
46      }
47    }
48
49    /* 引数として与えられた文字を持つ子ノードを見つけて返す
50     * 存在しない場合はnullを返す */
51    public TrieNode getChild(char c) {
52      return children.get(c);
53    }
54
```

```
55    /* このノードが完全な単語の終端を表すかどうかを返す */
56    public boolean terminates() {
57      return terminates;
58    }
59
60    /* このノードが完全な単語の終端であるかをセットする */
61    public void setTerminates(boolean t) {
62      terminates = t;
63    }
64  }
```

ヒント

面接官は通常、単に質問をして解決してもらうことを期待しているだけではありません。特に難しい質問であなたが立ち往生しているときには、彼らはむしろ誘導してくれるでしょう。本の中で面接の体験を完全にシミュレートすることは不可能ですが、これらのヒントでより実際の面接に近づけるようになっています。

できればヒントは見ずに問題を解いてみてください。しかし本当にわからなくて苦労しているときは、ヒントに頼っても大丈夫です。繰り返しになりますが、立ち往生することも面接過程の一部です。

ここではヒントを少しランダムに載せておきました。ヒントは問題ごとで続かないようにしました。こうしておくと、1つ目のヒントを読んでいるときに、誤って2番目のヒントが目に入ってしまうことはありません。

1

［データ構造］のヒント

#1. 1.2 2つの文字列がお互いの順列になっているということはどういうことなのかを説明してください。そしてあなたの定義したものを見てみてください。文字列が定義に反しているかをチェックすることができますか？

#2. 3.1 スタックは最も最近加わった要素が最初に取り出されるというデータ構造です。配列を使って単一のスタックをシミュレートできますか？ いくつも解法はありますが、それらはトレードオフの関係にあることを覚えておいてください。

#3. 2.4 この問題には実行時間の面で最適な解法がたくさんあります。他の解法と比べて、より簡潔なコードもあります。いくつかの解法について違いを考えてみましょう。

#4. 4.10 T2がT1の部分木なら、T1のin-order巡回とT2のin-order巡回をどのように比較しますか？ pre-orderとpost-order巡回はどうですか？

#5. 2.6 回文は前から読んでも後ろから読んでも同じになっているものです。では、連結リストの並びを逆順にしたらどうなるでしょうか？

#6. 4.12 問題を簡略化してみてください。根から経路が開始しなければならない場合はどうなりますか？

#7. 2.5 連結リストを整数値に変換して計算し、再び連結リストに変換することは当然可能です。ただし面接でそのように答えると、面接官はあなたの答えを受け入れてくれますが、そのあと変換せずに解を得る方法を求めてくるでしょう。

#8. 2.2 連結リストのサイズがわかっているとしたらどうなりますか？ 後ろからK番目を探すことと、前からX番目を探すことの違いは何でしょうか？

#9. 2.1 ハッシュテーブルを使ってみましたか？ハッシュテーブルを使えば連結リストを1回走査するだけで済むはずです。

#10. 4.8 各ノードが親ノードへのリンクを持っているとすると、112ページの問題2.7の考え方を活用することができます。しかし面接官がこのような仮定をさせてくれることはなさそうです。

#11. 4.10 in-order巡回では木構造についてあまりわかりません。結局、同じ値を持ったすべての二分探索木は（構造に関わらず）、in-order巡回すると同じになってしまいます。これがin-order巡回が意味することで、すなわち内容はin-orderで見ることができるということです（そして二分探索木において特定のケースでうまくいかなければ、一般的な二分木にもうまくいきません）。しかしpre-order巡回ではさらに多くのことがわかります。

#12. 3.1 配列を3分割すると1つの配列で3つのスタックをシミュレートすることができますが、実際にはあるスタックが他のスタックよりもずっと大きくなってしまうということがあります。配列の分割をより柔軟にすることはできますか？

#13. 2.6 スタックを使ってみましょう。

#14. 4.12 経路が重複する可能性があることを忘れないでください。たとえば、合計6を検索する場合は、経路1->3->2と1->3->2->4->-6->2の両方が有効です。

#15. 3.5 配列をソートする方法の1つは、配列を走査し各要素を新しい配列に挿入していくというものです。これをスタ

ックで行うことはできますか？

#16. 4.8 最初の共通の祖先は、pとqがいずれも子孫であるような最も深いノードです。このノードをどのように見分けるかを考えてください。

#17. 1.8 0を見つけたときに行と列を0で埋めようとして、行列全体をすべて0にしてしまうということがよくあります。行列の内容を書き換える前に、まずは0を見つける部分をしっかり考えてください。

#18. 4.10 `T2.preorderTraversal()`が`T1.preorderTraversal()`の部分木であれば、T2はT1の部分木であると言えそうです。これは重複する要素がある場合を除けば正しいです。T1とT2がすべて同じ要素を持っていて、構造が異なると仮定してください。pre-order巡回では、T2がT1の部分木ではないと判断するでしょう。このような状況はどう扱えばよいでしょうか？

#19. 4.2 高さが最小の二分木は、各ノードの左側と右側のノード数がほぼ同数になっています。木の根ノードのみに着目してみましょう。根ノードの左側と右側のノード数がほぼ同数になるようにするにはどのようにすればよいでしょうか？

#20. 2.7 これは`O(A+B)`の実行時間と`O(1)`の追加メモリ空間でできます。つまりハッシュテーブルは（使ってできるとしても）必要ないということです。

#21. 4.4 平衡木の定義について考えてください。単一のノードに対して状態をチェックすることはできますか？すべてのノードについてチェックすることはできますか？

#22. 3.6 犬猫用に単一の連結リストを保持し、そこから犬（または猫）を見つけると考えることができますが、こうすることでどのような影響がありますか？

#23. 1.5 簡単なことから始めてください。個々の状態を個別にチェックできますか？

#24. 2.4 相対的に同じ並びのままである必要はないことを考慮してください。ピボットより小さな値が、ピボットより大きな値の前にあることが保証されている必要があるというだけです。そう考えると、いろいろな解法が浮かんできませんか？

#25. 2.2 連結リストのサイズがわからない場合、サイズを計算することはできますか？また、それは実行時間にどう影響しますか？

#26. 4.7 依存関係を表す有向グラフを作ってください。各ノードはプロジェクトで、BがAに依存している（AはBの前に作らなくてはならない）AからBへの辺になります。あなたにとってもっと簡単な方法があるなら、それでもかまいません。

#27. 3.2 最小の要素はめったに変わらないという点に注目してください。変わるのは、より小さい要素が加わった時か、最小の要素が取り出されたときだけです。

#28. 4.8 ノードpがノードnの子孫であるとしたら、どのようにすればそれがわかりますか？

#29. 2.6 連結リストの長さがわかっていると仮定してみてください。これを再帰的に実装することはできますか？

#30. 2.5 再帰的なコードを書いてみましょう。`A = 1->5->9`（951を表します）、`B = 2->3->6->7`（7632を表します）という2つのリストと、各リストの先頭を除いた残りの部分（`5->9`と`3->6->7`）を扱う関数があるとします。これらを利用して2つのリストを足し合わせるメソッド（`sum`）を作ることができますか？ `sum(1->5->9, 2->3->6->7)`と`sum(5->9, 3->6->7)`の関係性はどうなっていますか？

#31. 4.10 重複する値が原因であるように思われますが、問題はもっと深い部分にあります。問題なのは、nullノードを無視するためにpre-order巡回が同じになってしまうということです。nullノードにたどり着いたときは、常にpre-order巡回による文字列に目印になる値を挿入しておくよう考慮してください。構造の違いを見分けるために、nullノードも「実際に存在する」ノードとして記録しておくのです。

#32. 3.5 補助スタックがソートされていると考えてください。そこにソートされた状態を保ったまま要素を追加することはできますか？ 他にも追加の記憶領域が必要になるでしょう。何のために使いますか？

#33. 4.4 総当たりの解法にした場合は実行時間に注意してください。各ノードに対して部分木の高さを計算したのであれば、非常に効率の悪いアルゴリズムになってしまいます。

#34. 1.9 ある文字列が他の文字列を回転させたものであるなら、それは特定の点での回転です。たとえば`water` bottleという文字列の3文字目で回転する場合、左3文字 (wat) と右の残り (erbottle) を切り離すということになります。

#35. 4.5 in-orderの順序で木を巡回し、要素が完全に正しい順序であれば、本当に二分探索木であることを示していますか?重複する要素が含まれるとしたら、どのようなことが起こるでしょうか?重複する要素があってもよいとすると特定の側 (通常は左) になければなりません。

#36. 4.8 根から開始してください。根が最初の共通の祖先かどうか判断することはできますか?もしそうでなければ、最初の共通の祖先が根のどちら側にあるのか判断することはできますか?

#37. 4.10 別の方法として、問題を再帰的に扱うことができます。T1の中に特定のノードが与えられるとして、その部分木がT2に一致するかをチェックすることはできますか?

#38. 3.1 柔軟に分割したければスタックをずらす方法がありますが、利用可能な容量すべてが利用される保証はありますか?

#39. 4.9 各配列の一番先頭にくる値は何でしょうか?

#40. 2.1 余分にメモリ空間が使えないとすると$O(N^2)$の実行時間が必要になるでしょう。2つのポインタを使って、1つ目のポインタが指す要素を2つ目のポインタで探すようにしてみてください。

#41. 2.2 再帰的に実装してみてください。もし後ろから (K-1) 番目の要素を見つけられたら、K番目の要素を見つけることはできますか?

#42. 4.11 各ノードがそれぞれどう確率で選択されることと、標準的な二分探索木の (挿入、検索、削除のような) アルゴリズムより遅くならないことが保証されるように、十分注意してください。平衡二分木であると仮定したとしても、それが全二分木や完全二分木であるとは限らないことを覚えておいてください。

#43. 3.5 補助スタックのトップが最も大きい要素でソートされた状態にしてください。そして元のスタックを追加の記憶領域として使うのです。

#44. 1.1 ハッシュテーブルを使ってみましょう。

#45. 2.7 例が手助けになります。2つの連結リストを用意し、1つは交わる図、もう1つは交わらない図 (いずれもリストのデータは同じもの) を描いてみてください。

#46. 4.8 再帰的な方法を試してください。pとqが左右にある部分木の子孫かどうかをチェックしてください。異なる部分木の子孫であれば、そのノードが最初の共通の祖先ということになります。同じ部分木の子孫であれば、その部分木に最初の共通の祖先を含んでいます。では、どのようにして効率的な実装をすればよいでしょうか?

#47. 4.7 グラフを見てください。必ず最初に始めることになるとわかるノードはありますか?

#48. 4.9 根がすべての配列において一番先頭になります。右の部分木の値と比較して左の部分木の値の順序について何が言えますか?左の部分木の値は右の部分木の前に挿入される必要がありますか?

#49. 4.4 あるノードがその部分木の高さを保持するように、二分木ノードのクラスを改造するとしたらどうでしょうか?

#50. 2.8 この問題は2つのパートに分けることができます。1つ目はリストがループを持つかどうかの検出、2つ目はループが開始する地点の発見です。

#51. 1.7 レイヤーごとで考えるようにしましょう。特定のレイヤーを回転させることができますか?

#52. 4.12 各経路を根から開始しなければならない場合、根から始まる考え得るすべての経路を巡回することになります。経路を進みながら合計を追っていきます。目標の合計値で経路を見つけるたびにtotalPathsを増やします。さて、どこからでも開始できるようにするには、どのように拡張しますか?これを覚えておいてください：単なるブルートフォースアルゴリズムでできるようにしてください。最適化は後からでもできます。

#53. 1.3 文字列の後ろから前に向かって走査することで、文字列の変形が容易にできることがよくあります。

#54. 4.11 これは自分自身の二分探索木クラスですので、あなたの好きな木構造やノードに関する情報はどんなものを持たせてもかまいません (ただし、挿入が非常に遅くなる等のマイナスにならないような条件で)。実際のところ、自分でクラスを設計させるような面接問題には、おそらく意味があります。効率的に実装するために、いくつか追加の情報を持つ必要があるかもしれません。

#55. 2.7 交わり始める最初の部分に注目してください。

#56. 3.6 犬猫用のリストを別々に持つと考えてみましょう。いずれかの最も古い動物を見つけるにはどうすればよいでしょうか？創意を持って考えてみてください！

#57. 4.5 二分探索木であるには、各ノードにおいて、左の値 <= 現在のノードの値 < 右の値であるだけでは不十分です。左側のノードはすべて現在のノードよりも小さく、現在のノードは右側のすべてのノードより大きくなければなりません。

#58. 3.1 配列の最後が先頭につながっているような、環状の配列を考えてみてください。

#59. 3.2 追加データをスタックの各ノードで記録しているとするとどうでしょうか？ どんな種類のデータであれば問題が簡単になりますか？

#60. 4.7 そこに向かう辺が1つもないノードがわかるとしたら、それは必ず構築できます。このようなノード（複数あってもよいです）を見つけ、構築順序に加えてください。そのとき、そこから出る辺は何を意味しますか？

#61. 2.6 （リストの長さがわかっているとして）再帰的な考え方をする際、リストの中央部（`middle`）は`isPermutation(middle)`であり、これを基本とします。ノード`x`が`middle`の左側とすると、そのノードは`x->middle->y`が回文であるかをチェックするため何を行えばよいでしょうか？チェックできたとしたら、1つ前のノードについてはどうでしょうか？ `x->middle->y`が回文なら、`a->x->middle->y->b`が回文かどうかをチェックするにはどうすればよいでしょうか？

#62. 4.11 素朴な「ブルートフォース」アルゴリズムとして、このアルゴリズムを実装するために木の操作を行うアルゴリズムを使うことができます。その場合、実行時間はどれくらいになるでしょうか？

#63. 3.6 現実の生活ではどのようにするかを考えてください。年代順に並んだ犬のリストと猫のリストがあります。もっとも古い動物を見つけるにはどんなデータが必要ですか？ また、そのデータをどのように扱いますか？

#64. 3.3 部分スタックごとのサイズを記録しておく必要があります。1つのスタックが一杯になったら、新しいスタックを作る必要があるかもしれません。

#65. 2.7 2つの交わる連結リストは常に最後のノードが同じになっていることに注目してください。一度交われば、そこから先のノードがすべて同じになっています。

#66. 4.9 左の部分木の値と右の部分木の値には何らかの関係性があります。左の部分木の値は右の部分木の前に挿入されるか、その逆（左の前に右の値）か、それ以外の並びになります。

#67. 2.2 複数の値を返すことができたら便利だと思うかもしれません。言語によってはサポートされているものもありますが、どんな言語でも基本的には回避方法があります。回避方法にはどんなものがあるでしょうか？

#68. 4.12 これをどこからでも開始できる経路にまで拡張するには、すべてのノードに対してこのプロセスを繰り返すようにします。

#69. 2.8 ループがあるかどうかを見分けるには、110ページのランナーアプローチを試してください。2つのポインタをつかって、1つがもう1つのポインタを追いかける方法です。

#70. 4.8 より素朴なアルゴリズムでは、`x`が`n`の子孫かどうかを示すメソッドと、再帰的に共通の祖先を探すメソッドを用意します。このアルゴリズムでは、部分木の中の共通の要素を繰り返し探します。これは`firstCommonAncestor`関数にまとめるべきです。必要な情報を得るにはどのような返り値にすればよいですか？

#71. 2.5 同じ長さでない連結リストについて、よく検討しておきましょう。

#72. 2.3 `1->5->9->12`というリストを描いてみてください。9を取り除くと`1->5->12`のようになります。9のノードにアクセスするだけで正しい解答を得ることができますか？

#73. 4.2 次に追加すべき「理想的な」ノードを探し、`insertNode`というメソッドを用意し、これを繰り返し呼び出すことで実装できます。再帰的なコードを書いてみてください。この問題を部分問題に切り分けることはできますか？

#74. 1.8 追加のメモリ空間は$O(N^2)$ではなく$O(N)$で考えることはできますか？ 0が含まれるリストから得られる情報で、本当に必要なことは何ですか？

#75. 4.11 深さをランダムに選び、その深さまでランダムに移動して、その深さに達したら停止するようにすることもできます。しかしよく考えてみてください。これは正しく機能しますか？

#76. 2.7 連結リストの後ろから順に比較していくことで、2つの連結リストが交わるかどうかを調べることができます。

#77. 4.12　これまで説明したようにアルゴリズムを設計した場合、平衡木で`O(N log N)`のアルゴリズムになります。これは、N個のノードがあり、それぞれが最悪ケースで深さ`O(log N)`にあるからです。ノードはその上にあるノードごとに1回触れられます。したがって、N個のノードは`O(log N)`の時間触れることになります。`O(N)`のアルゴリズムが得られる最適化があります。

#78. 3.2　すべてのノードがその部分スタック（そのノード自体を含んだ、下にあるすべての要素）の最小値の情報を保持していると考えてください。

#79. 4.6　in-orderの巡回がどのように動くかを考え、「リバースエンジニアリング」にトライしてみてください。

#80. 4.8　（pとqが同じ木に含まれていれば）`firstCommonAncestor`関数は最初の共通の祖先を返します。pが木に含まれていてqが含まれない場合はpを返し、qが木に含まれていてpが含まれない場合はqを返し、いずれでもなければ`null`を返します。

#81. 3.3　特定の部分スタックから要素を取り出すということは、いくつかのスタックの容量が一杯ではないということを意味します。これは問題ですか？ 正しい答えはありませんが、どのように扱うか考えるべきではあります。

#82. 4.9　部分問題に分割してみてください。再帰を使ってください。左右の部分木に対してすべての可能な並びを得ることができるとしたら、木全体に対してはどのように作ればよいでしょうか？

#83. 2.8　片方のポインタがもう片方のポインタの2倍速く動くような、2つのポインタを使います。もしループがあるなら、2つのポインタは衝突するはずです。同じ場所に同時にたどり着きますが、それはどこでしょうか？ また、それはなぜですか？

#84. 1.2　`O(N log N)`の時間で解く方法があります。もう1つはスペースを使いますが`O(N)`の時間で解けます。

#85. 4.7　あるノードを構築順序に加えると一度決めたら、そこから伸びる辺は消すことができます。消し終わったら、順序に加えることができる他のノードを見つけられますか？

#86. 4.5　左側のすべてのノードが現在のノードより小さいか等しくなければならないのであれば、左側のノードの中で最大のものが現在のノードより小さいか等しいということとまったく同じということになります。

#87. 4.12　現在のブルートフォースアルゴリズムでは、どのような作業が重複していますか？

#88. 1.9　本質的には、1つ目の文字列をxとyの2つに分割し、2つ目の文字列がyxになるような分割方法があるかを問う問題です。たとえば`x = wat, y = erbottle`とすると、1つ目の文字列は`xy = waterbottle`で2つ目の文字列は`yx = erbottlewat`ということです。

#89. 4.11　ランダムな深さを選ぶのはあまり役に立ちません。第1に、浅いときと比べて深くなるほどノードの数が非常に大きくなります。第2に、これらの確率を再調整したとしても、深さ5のノードを選んで深さ3の葉に当たって行き詰ってしまう可能性があります。ただ、確率を再調整すること自体は面白いです。

#90. 2.8　2つのポインタがスタートするのはどの場所からなのかわからない場合は、次の事を試してみてください。1->2->3->4->5->6->7->8->9->?のような連結リストで、?の部分は他のノードにつながっています。?を最初のノードにつないでみてください（つまり、9のノードから1のノードへつないでループを作ります）。次に、?を2のノードにつないでみます。さらに3のノード、4のノードとしてみてください。どんなパターンになるでしょうか?なぜこのようなことが起こるか説明できますか?

#91. 4.6　考え方の一部です：あるノードの次のノードは右の部分木の一番左側のノードですが、右の部分木が無い場合はどうなるでしょう?

#92. 1.6　まずは簡単なことから始めてください。まずは文字列を圧縮し、それから長さを比較してください。

#93. 2.7　連結リストがどこで交わっているかを見つける必要があります。連結リストが同じ長さである場合を考えてみてください。どのようにすればよいですか?

#94. 4.12　根から始まる（N個の）各経路を配列として考えてみましょう。ブルートフォースアルゴリズムが実際にやっているのは、各配列について、特定の合計をになる連続した部分配列をすべて見つけることです。すべての部分配列とその合計を計算することでこれを実行しています。この小さな部分問題に焦点を当てると便利かもしれません。配列が与えられたとき、特定の合計になる連続した部分配列をすべて見つけるには、どのようにすればよいでしょうか？ ここでもブルートフォースアルゴリズムの重複した作業について考えてみましょう。

#95. 2.5 9->7->8と6->8->5のような連結リストでも正しく動きますか？ 2重にチェックしてください。

#96. 4.8 注意してください！ノードが1つしかない場合も扱うアルゴリズムになっていますか？どんなことが起こりそうですか？返り値を少し手直しする必要があるかもしれません。

#97. 1.5 「文字挿入」の選択と「文字消去」の選択にはどんな関係がありますか？ これらは別々のチェックが必要ですか？

#98. 3.4 キューとスタックの主な違いは、要素の並び順です。キューは最も古い要素、スタックは最も新しい要素を取り除きます。最も新しい要素にしかアクセスできないとすると、最も古い要素をスタックから取り除くにはどのようにすればよいですか？

#99. 4.11 多くの人が思い付きそうな単純なアプローチは、1から3の間の乱数を選ぶことです。1の場合は現在のノードを返します。2の場合は左に分岐します。3の場合は右に分岐します。この解法はうまく機能しません。なぜでしょうか？ うまく動作するように調整する方法はありますか？

#100. 1.7 特定のレイヤーを回転させるのは4つの配列の値を入れ替えることを意味します。もし2つの配列で値の入れ替えを行うように求められたら、あなたはできますか？ それを4つの配列に拡張することはできますか？

#101. 2.6 前のヒントに戻って思い出してみてください。複数の値を返す方法はあります。その1つとして、新しくクラスを作る方法があります。

#102. 1.8 0で埋めなければならない行と列のリストを扱うためのデータ保持がおそらく必要になります。行列データ自体を使い、追加のメモリ空間が`O(1)`で済むようにすることはできますか？

#103. 4.12 合計が`targetSum`になる部分配列を探しています。要素0から要素iまでの合計$\texttt{runningSum}_i$の値は定数時間で追跡できることに注意してください。要素`i`から要素`j`までの部分配列が`targetSum`の合計になるには、$\texttt{runningSum}_{i-1}$ + `targetSum`が$\texttt{runningSum}_j$と等しくなければなりません（配列や数列を描いてみてください）。走査しながら`runningSum`を追跡することができれば、この等式が成り立つインデックスをすばやく調べるには、どのようにすればよいですか？

#104. 1.9 以前のヒントを考えてみてください。それから、`erbottlewat`という文字列を2つ繋いだとき何が起こるかを考えてください。`erbottlewaterbottlewat`という文字列ができますね。

#105. 4.4 部分木の高さを保持するために二分木のクラスを変更する必要はありません。あなたが書いた再帰関数は、ノードが平衡であるかのチェックをしつつ、各部分木の高さを計算できますか？ 複数の値を返す関数を作ってみましょう。

#106. 1.4 すべての順列を生成する必要はないですか？ 生成すべきではありませんか？これはかなり非常率になります。

#107. 4.3 根ノードからの深さを記録できるように、グラフ探索のアルゴリズムを変形してみましょう。

#108. 4.12 `runningSum`の値からこの`runningSum`を持つ要素の数にマップするハッシュテーブルを使用してみてください。

#109. 2.5 発展問題のヒント：問題なのは連結リストが同じ長さでなく、片方のリストの先頭が1000の位を表すのにもう片方のリストの先頭が10の位を表す場合があるという点です。もし2つのリストを同じ長さにできたらどうなるでしょうか？表す値を変えず、そのようにする方法はあるでしょうか？

#110. 1.6 繰り返し文字列を連結するのではないことに注意してください。とても非効率です。

#111. 2.7 2つの連結リストが同じ長さなら、共通の要素が現れるまで前から順に調べればよいということになります。では、長さが異なるリストの場合はどのように対応すればよいでしょうか？

#112. 4.11 先の解法（1から3の間の乱数を選ぶ）がうまくいかないのは、各ノードの確率が等しくないからです。たとえば木に50以上のノードがある場合でも、根は$1/3$の確率で返されます。すべてのノードが$1/3$の確率を持つわけではないのは明らかなので、これらのノードは等しい確率を持たないことがわかります。代わりに1と`size_of_tree`の間の乱数を選択することでこの問題を解決できます。しかし、これは根の問題だけを解決します。残りのノードはどうでしょうか？

#113. 4.5 木の左側の最大値と右側の最小値を現在のノードの値と比較するというより、考え方を180度変えることはできないでしょうか？左側のすべてのノードが現在のノードの値よりも小さいことを確認するのです。

#114. 3.4　最も新しい要素を繰り返し取り除いて（その要素は他のスタックに移動させます）要素を残り1つまで減らすことで、スタックから最も古い要素を取り除くことができます。それから最も新しい要素を取り戻した後、すべての要素を元に戻します。この場合の問題は、この操作を行う度に連続して要素を取り出す操作に`O(N)`の時間がかかる点です。連続して何度も取り出す操作について、最適化することはできるでしょうか？

#115. 4.12　指定された合計値になる配列内の連続する部分配列をすべて見つけるアルゴリズムを固めたら、これを木に適用してみてください。巡回しながらハッシュテーブルを変更しているときは、戻る際にハッシュテーブルの値を修正する必要があるかもしれません。

#116. 4.2　`createMinimalTree`という、与えられた配列（しかしなぜか木の根ノードに対して操作を行うことができない）に対して高さが最小の木を返すメソッドがあると思ってください。木の根ノードに対して操作を行うためにこれを使うことはできますか？

#117. 1.1　ビットベクトルは役に立つでしょうか？

#118. 1.3　空白の数を知る必要があると気付くかもしれません。数えることはできますか？

#119. 4.11　以前の解法の問題点は、ノードの片側に他のノードより多くのノードが存在する可能性があることです。したがって、各側のノードの数に基づいて左右に移動する確率を重み付けする必要があります。実際これはどのように機能しますか？どうすればノードの数を知ることができるでしょうか？

#120. 2.7　2つの連結リストの、長さの違いを使ってみましょう。

#121. 1.4　回文の順列になっている文字列にはどんな性質があるでしょうか？

#122. 1.2　ハッシュテーブルは役に立つでしょうか？

#123. 4.3　階層番号からその階層のノードへマップするようなハッシュテーブルか配列も役立つかもしれません。

#124. 4.4　実際のところ、高さの計算と平衡のチェックを両方行う`checkHeight`関数を1つ作ればよいだけです。整数の返り値が、高さと平衡かどうかという両方を示すようにすることは可能です。

#125. 4.7　全く異なる考え方：任意のノードからスタートできる深さ優先探索を行うと考えてください。この深さ優先探索と正しい構築順序にはどのような関係性がありますか？

#126. 2.2　繰り返し処理でできますか？ 隣り合うノードを指す2つのポインタ用意し、それらが連結リストを同じスピードで動くとどうなるでしょうか。片方が連結リストの終端に達したときもう1つはどこにありますか？

#127. 4.1　よく知られたアルゴリズムが2種類使えます。それらの間にあるトレードオフは何ですか？

#128. 4.5　checkBST関数を、各ノードが（最小、最大）の許容範囲内にあることを確認する再帰的な関数として考えてみてください。まず最初は、範囲を無限にします。木の左半分を巡回するとき、最小値は負の無限大とし、最大値はルートの値とします。この再帰関数を実装し、気を巡回する際適切に範囲を設定することができますか？

#129. 2.7　長い方の連結リストで、長さの差の分だけポインタを前に動かすとすると、同じ長さのリストを扱う場合と同じような方法を使うことができます。

#130. 1.5　1回の走査で3種類すべてのチェックはできますか？

#131. 1.2　お互いに順列になっている2つの文字列は、同じ文字を含みますが並び順は異なります。並び順を同じにすることはできますか？

#132. 1.1　`O(N log N)`の時間で解くことができますか？ どのような解法にすればよいですか？

#133. 4.7　任意のノードを選び、深さ優先探索を行ってください。経路の終端に達したとき、他のノードがそのノードに依存していないため、構築順序の最後にくるかもしれないということがわかります。これは直前のノードについてどのようなことを意味していますか？

#134. 1.4　ハッシュテーブルは使ってみましたか？ 実行時間を`O(N)`まで落とせるはずです。

#135. 4.3　深さ優先探索と幅優先探索療法を含むアルゴリズムが考えられるようになっておくべきです。

#136. 1.4　ビットベクトルを用いて消費メモリを減らすことはできますか？

2

［考え方とアルゴリズム］のヒント

#137. 5.1　作業を分割して考えてください。最初は適切なビットをクリアすることに集中します。

#138. 8.9　初期状態からの積み上げ方式でやってみてください。

#139. 6.9　特定のドアxを指定すると、何周目で切り替え（開くまたは閉じる）されますか？

#140. 11.5　面接官はどんなペンの話をしているのでしょうか？ペンの種類はたくさんあります。効いておきたい基本的な質問のリストを作ってください。

#141. 7.11　これは見た目ほど複雑ではありません。システム内の重要なオブジェクトのリストを作ることから始め、その後それらがどのように相互作用するかを考えます。

#142. 9.6　まず、いくつか仮定することから始めます。何を作って、何を作らないようにすべきですか？

#143. 5.2　問題について理解するため、整数に対してはどのようにすればよいかを考えてみてください。

#144. 8.6　初期状態からの積み上げ方式でやってみてください。

#145. 5.7　各ペアを入れ替えるということは、偶数ビットを左に移動し、奇数ビットを右に移動することを意味します。この問題を切り分けることはできますか？

#146. 6.10　解法1：単純な方法から始めます。ボトルをグループに分けることはできますか？ 試験紙に反応が出ればそれを再利用することはできませんが、無反応であれば再利用することができます。

#147. 5.4　次の数を得る：まずはブルートフォース解から始めてみましょう。

#148. 8.14　すべての可能性を試すことはできますか？これはどのように見えるでしょうか？

#149. 6.5　水を入れたり出したりしてみて、3クォートや5クォート以外の量を測定できるかどうか確認します。それがスタートです。

#150. 8.7　アプローチ1：abcのすべての順列があったとします。abcdのすべての順列を得るためにはどのようにそれを使うことができますか？

#151. 5.5　一番外側の演算から内側の演算まで、何をしているのか逆に辿っていきましょう。

#152. 8.1　上から下に向かって考えてください。子供が一番最後に上ったのは何段ですか？

#153. 7.1　「トランプ」は非常に意味が広いことに注意してください。問題の合理的な範囲について考えてみてください。

#154. 6.7　各家庭にはちょうど1人だけ女の子がいることに注意してください。

#155. 8.13　箱をソートすると、どんな形で役立つでしょうか？

#156. 6.8　これは純粋にアルゴリズムの問題であり、そのようにアプローチする必要があります。ブルートフォースを考え、最悪ケースの落下数を計算し、それを最適化してみてください。

#157. 6.4　アリが衝突しないのはどんな場合ですか？

#158. 9.6　eコマースのシステムの残り部分はすでに処理されていると仮定して、売り上げランクの分析部分を扱う必要があります。購入が発生したときに何らかの通知を受けるようにします。

#159. 5.3　ブルートフォースの解法から始めましょう。すべての可能性を試すことはできますか？

#160. 6.7 各家族をB（男の子）とG（女の子）の並びとして書くことを考えてみましょう。

#161. 8.8 文字列を表示する（もしくはリストに追加する）前に重複があるかどうかを確認するだけで処理することができます。ハッシュテーブルを使って行うことができます。これが大丈夫なのはどんな場合でしょうか?あまり良い方法とは言えないのはどんな場合でしょうか?

#162. 9.7 このアプリケーションは書き込みが高負荷になりますか? 読み取りが高負荷になりますか?

#163. 6.10 解法1：最悪ケースで28日間かかる、比較的単純な考え方があります。しかし、より良い考え方があります。

#164. 11.5 子供向けのペンだった場合を考えてみましょう。これは何を意味するのでしょうか? どのような使い道があるでしょうか?

#165. 9.8 問題の範囲をしっかり決めてください。どんなことをシステムの一部として取り組むべきですか?あるいは取り組まないべきですか?

#166. 8.5 8×9の計算を、幅8と高さ9の格子状のマス目を数えていると考えてみてください。

#167. 5.2 **.893**（10進数）のような数では、各数字は何を表していますか? **.10010**の各桁は2進数で何を表していますか?

#168. 8.14 括弧を入れることができる場所ごとにそれぞれの可能性について考えることができます。これは式が演算子で分割されるような各演算子を意味します。初期状態はどのようなものですか?

#169. 5.1 ビットをクリアするには、1が連続し、次に0が連続し、また1が連続するように見える「ビットマスク」を作成します。

#170. 8.3 ブルートフォースのアルゴリズムで始めましょう。

#171. 6.7 数学はかなり難しいですが、数学的にやってみることはできます。例えば6人の子供の家族まで見積もるほうが簡単かもしれません。これは数学的証明になるわけではありませんが、答えを正しい方向に導いてくれるかもしれません。

#172. 6.9 最後にドアを開いたままになるのはどんな場合ですか?

#173. 5.2 **.893**（10進数）の数値は、**8 * 10**$^{-1}$ **+ 9 * 10**$^{-2}$ **+ 3 * 10**$^{-3}$を示します。この計算方法を2進数に対して使えるようにします。

#174. 8.9 2組の括弧を使ってできるすべての有効な書き方があったとします。3組の括弧を使ってできるすべての有効な書き方を得ることができますか?

#175. 5.4 次の数を得る：1や0の固まりが続いているような2進数を描いてみてください。1を0に、0を1に反転したとします。どのような場合に数値が大きくなりますか? 小さくなるのはどのような場合でしょうか?

#176. 9.6 データの鮮度と正確さについて、どのようなことが期待されているかを考えてみましょう。データが常に100%最新である必要はありますか?一部の製品の精度は他よりも重要ですか?

#177. 10.2 2つの単語が互いのアナグラムであるかどうかをどうやって確認しますか?「アナグラム」の定義が何であるか考えてみてください。自分自身の言葉で説明してください。

#178. 8.1 100段目より前の各段への経路数がわかっているとしたら、100段目までのステップ数を計算できますか?

#179. 7.8 白い部分と黒い部分が同じクラスであるべきですか? これの長所と短所は何ですか?

#180. 9.7 多くのデータが入ってくることに注意してください。データは入ってきても、おそらくデータの読み込みが頻繁行われることはないでしょう。

#181. 6.2 1つ目のゲームで勝つ確率、2つ目のゲームで勝つ確率を計算し、それを比較してみましょう。

#182. 10.2 同じ文字が含まれていて順序が異なる場合、2つの単語はアナグラムです。どのように文字を並び替えますか?

#183. 6.10 解法2：検査と結果の間にタイムラグがあるのはなぜですか?質問が「検査の回数を最小限に抑える」とは言われていないのは理由があります。その理由にタイムラグがあるのです。

#184. 9.8 通信量が均等に分配されていると思いますか?すべてのドキュメントの通信量はほぼ同じですか? それとも非常に人気のあるドキュメントがありますか?

#185. 8.7 アプローチ1：**abc**の順列は、**abc**を並び順のすべてを表しています。今、**abcd**のすべての並び順を作成したいと考えています。**bdca**のような、**abcd**の特定の順序を取り上げてみます。この**bdca**という文字列も**abc**の

順序を表していて、dを削除するとbcaが得られます。文字列bcaを指定すると、dを含みこの文字列に関連するすべての並び順を作成できますか？

#186. 6.1 はかりは一度しか使用できません。これは瓶のすべて、またはほとんどすべてを使用する必要があることを意味します。ですので瓶は別の方法でも扱われなければなりません。そうでなければそれらを区別できないでしょう。

#187. 8.9 2組の括弧のリストを取り3組目を追加することで、3組場合の解を生成することができます。3組目の括弧を、前・周り・後に追加、つまり、()<2組の括弧>、(<2組の括弧>)、<2組の括弧>()のように付け加える必要があります。これはうまくいくでしょうか？

#188. 6.7 論理的に考えた方が数学よりも簡単かもしれません。すべての出生をBとGの巨大な文字列で書いたとします。家族のグループ分けはこの問題とは無関係であることに注意してください。文字列に追加される次の文字がBの場合とGの場合で確率はどうなりますか？

#189. 9.6 購入は非常に頻繁に起こります。データベースの書き込みを制限したいと思うかもしれません。

#190. 8.8 問題8.7をまだ解いていないなら、そちらを先に解いてください。

#191. 6.10 解法2：一度に複数の検査を行うことを検討してみてください。

#192. 7.6 ジグソーパズルを解くときの一般的な方法は、端のピースと端でないピースを分けることです。これをオブジェクト指向でどのように表現しますか？

#193. 10.9 素直な解法から始めましょう。(ただし単純すぎないように。行列がソートされているという事実を利用できるはずです)。

#194. 8.13 任意の次元について箱を降順でソートすることができます。これにより箱の部分的な順序が与えられ、配列の後ろの方にある箱は、配列の前の方にある箱よりも前に現れるはずであるということがわかります。

#195. 6.4 アリが衝突しない唯一の場合は、3匹とも同じ方向に歩いている場合です。3匹すべてが時計回りに歩く確率はどれくらいですか？

#196. 10.11 配列が昇順でソートされたとします。山と谷が交互になるように並び替える方法はありますか？

#197. 8.14 初期状態は1つの値（1または0）がある場合です。

#198. 7.3 最初に問題の範囲を決めて、仮定のリストを作成してください。合理的な仮定を立てることは問題ありませんが、明示的にする必要があります。

#199. 9.7 システムは書き込みが高負荷になります。大量のデータがインポートされますが、ほとんど読み取られることはありません。

#200. 8.7 アプローチ1：bcaなどの文字列を指定すると、dを考え得るすべての位置に挿入することで、dbca, bdca, bcda, bcadのようにbcaの順序で{a, b, c}を含むabcdのすべての順列を作成できます。abcのすべての順列を与えると、abcdのすべての順列を作成できますか？

#201. 6.7 家族が子供を持つことをやめる条件だけが変わったのであり、生物学的には変化していないことに注目してください。妊娠する確率は、男の子も女の子もそれぞれ50%の確率です。

#202. 5.5 `if A & B == 0` は何を意味しているでしょうか？

#203. 8.5 8×9のマス目を数えたい場合、4×9のマス目と数えた後それを2倍することができます。

#204. 8.3 ブルートフォースアルゴリズムはおそらくO(N)の実行時間になったと思います。その実行時間を超えようとするなら、どれくらいに到達すると思いますか？ その実行時間になるのはどのようなアルゴリズムですか？

#205. 6.10 解法2：ボトル番号を桁ごとに把握しようとすることを考えてください。毒の入ったボトルの最初の桁はどうすれば検出できますか？ 2桁目はどうですか？ 3桁目は？

#206. 9.8 URLの生成はどのように扱いますか？

#207. 10.6 マージソートとクイックソートを考えてみましょう。どちらかを使えばうまくいくでしょうか？

#208. 9.6 また、非常に高負荷になる可能性があるため、データの結合を制限する必要があります。

#209. 8.9 以前のヒントで示した解法の問題は、重複する可能性があるということです。重複はハッシュテーブルを使用して排除することができます。

#210. 11.6 前提に注意してください。ユーザは誰ですか？ どこでこれを使用しますか？わかりきったことに見えるかもしれま

せんが、実際の答えは異なるかもしれません。

#211. 10.9　各行で二分探索ができます。この方法はどれくらい時間がかかりますか? どうすればよりうまくいきますか?

#212. 9.7　銀行データをどのように取得するのか (システム側から引き出すのか、あるいは銀行側から追加されるのか)、システムがサポートする機能などについて考えてください。

#213. 7.7　いつものように、問題の範囲を決めてください。「友人関係」は相互にありますか? ステータスメッセージは存在しますか? グループチャットをサポートしますか?

#214. 8.13　部分問題に分割してみてください。

#215. 5.1　最初か最後が0のビットマスクを作成するのは簡単です。しかし中央に0が続くビットマスクはどのようにして作成すればよいでしょうか? 左側のビットマスクを作成し、右側のビットマスクを作成します。その後それらをマージすることで簡単に作ることができます。

#216. 7.11　ファイルとディレクトリの関係はどうなっていますか?

#217. 8.1　100段目までのステップ数は、99, 98, 97段目までのステップ数から計算することができます。これは最後の1, 2, 3ステップに相当します。これらのステップ数は足し合わせますか?それとも掛け合わせますか? つまり、`f(100) = f(99) + f(98) + f(97)` のように計算するのか、`f(100) = f(99) * f(98) * f(97)` のように計算するのか、どちらでしょうか?

#218. 6.6　これは論理的な問題であり、巧妙な文章問題ではありません。論理/数学/アルゴリズムを使ってください。

#219. 10.11　ソート済みの配列を順に見ていってください。単純に要素を入れ替えるだけで目的の配列ができますか?

#220. 11.5　意図された使用 (書く等) と意図しない使用の両方を考慮しましたか? 安全性についてはどうですか?子供向けのペンが危険であることは望ましくありません。

#221. 6.10　解法2:エッジケースには十分注意してください。ボトル番号の3桁目が1桁目や2桁目と一致するとどうなりますか?

#222. 8.8　各文字の数を数えてみてください。たとえばABCAACには3つのA、2つのC、1つのBがあります。

#223. 9.6　商品が複数のカテゴリに分類される可能性があることを忘れないでください。

#224. 8.6　最小の円盤1枚は、ある塔から別の塔に簡単に移動することができます。最小の円盤2枚でも、ある塔から別の塔に移動するのはかなり簡単です。最小の円盤3枚の場合は移動できますか?

#225. 11.6　実際の面接では、利用可能なテストツールの種類についても議論したいと思うでしょう。

#226. 5.3　1の並びの間に1つだけ0がある場合にのみ、0から1へ反転すると1の並びをつなぎ合わせることができます。

#227. 8.5　奇数に対してはこれをどのように扱えばよいのか考えてください。

#228. 7.8　どのクラスでスコアを保持すべきですか?

#229. 10.9　特定の列について見た場合、(場合によっては) すぐにその列を取り除く方法はありますか?

#230. 6.10　解法2:3桁目を確認するため、別の日に別の方法で追加の検査を行うことができます。ここでもエッジケースには十分注意してください。

#231. 10.11　特定の位置に山が確認できた場合、谷も同様に確認できます。したがって、配列を修正する反復処理では目的とする部分の要素以外はすべて作業を省略することができます。

#232. 9.8　ランダムにURLを生成する場合は、衝突 (2つのドキュメントが同じURLになる) について心配する必要はありますか? もしそうなら、どのように対処しますか?

#233. 6.8　最初のアプローチとして、二分探索のようなものを試してみるかもしれません。50階から、75番目から、88番目から、のように落とします。問題は、最初の卵が50階で割れた場合、2つ目の卵を1階から落として上がる必要があることです。これは最悪の場合、50回 (50階、1階、2階、のように49階まで) かかる可能性があります。これより良くすることはできますか?

#234. 8.5　異なる再帰呼び出しで重複する作業がある場合、結果をキャッシュできますか?

#235. 10.7　ビットベクトルは役に立ちそうですか?

#236. 9.6　データをキャッシュしたりタスクをキューに入れるのは、どのような場面で適切でしょうか?

#237. 8.1　「これを実行して、それからこれを実行します」という場合は、場合の数を掛け合わせます。「これを実行します。

もしくはこれを実行します」という場合は、場合の数を足し合わせます。

#238. 7.6 ピースを見つけたとき、ピースの位置を記録する方法について考えてみましょう。行と場所で記録するべきですか？

#239. 6.2 2つ目のゲームに勝つ確率を計算するには、1回目と2回目に決め3回目に外す確率を計算することから始めてください。

#240. 8.3 この問題を`O(log N)`で解くことはできますか？

#241. 6.10 解法3：各試験紙は、毒性と非毒性の二進表示するものであると考えてください。

#242. 5.4 次の数を得る：1を0に、0を1に反転するとき、0から1の反転が1から0の反転よりも影響が大きい場合にはその数が大きくなります。これを使って次の最大の数字（同じ数の1を持つ）を作成するには、どのようにすればよいでしょうか？

#243. 8.9 別の方法としては、文字列を移動しながら各ステップで左右の括弧を追加することで行うことも考えられます。これで重複を排除できるでしょうか？左や右の括弧を追加できるかどうかは、どのようにすればわかりますか？

#244. 9.6 仮定した内容によっては、データベースなしでもやることができるかもしれません。これはどういう意味ですか？良いアイデアでしょうか？

#245. 7.7 これは、主要なシステム構成や便利な技術について考えるのに良い問題です。

#246. 8.5 9×7（いずれも奇数）を行う場合、4×7と5×7に分けることができます。

#247. 9.7 不要なデータベースクエリを減らすようにしてください。データをデータベースに永続的に保管する必要がない場合は、データベースがまったく必要ないかもしれません。

#248. 5.7 偶数ビットだけを表す数値を作成できますか？その後偶数ビットを1つずつシフトすることはできますか？

#249. 6.10 解法3：各試験紙を二進表示に用いるのであれば、整数値をキーとして各キーが一意の構成（マッピング）を持つように、10桁の2進数にマップできるでしょうか？

#250. 8.6 塔Z=1を一時保持地点として、塔X=0から塔Y=2へ最小の円盤1枚を移動する場合を`f(1, X=0, Y=2, Z=1)`としましょう。最小の円盤2枚を移動するのは`f(2, X=0, Y=2, Z=1)`です。`f(1, X=0, Y=2, Z=1)`と`f(2, X=0, Y=2, Z=1)`の解がわかっているとする、`f(3, X=0, Y=2, Z=1)`を解くことはできますか？

#251. 10.9 各列はソートされているので、この列の最小値よりも小さい場合は、この列には値が含まれないことがわかります。ここから他にわかることはありますか？

#252. 6.1 各瓶の錠剤を1つはかりに乗せるとどうなりますか？ 各瓶から2つの錠剤をはかりに乗せたらどうなりますか？

#253. 10.11 配列をソートする必要がありますか？ ソートされていない配列でもできますか？

#254. 10.7 メモリが少ない場合、複数回の走査でできますか？

#255. 8.8 3つのA、2つのC、1つのBからなるすべての順列を得るには、最初にA, B, Cいずれかの開始文字を選択する必要があります。Aを選んだ場合は、2つのA、2つのC、1つのBからなるすべての順列が必要です。

#256. 10.5 二分探索を変形してみてください。

#257. 11.1 このコードには2か所誤りがあります。

#258. 7.4 駐車場には複数の階層がありますか？どのような「機能」をサポートしていますか？それは有料ですか？扱う車両の種類はどのようなものですか？

#259. 9.5 いくつか仮定をする必要があるかもしれません（ここではまだ面接官がいないので）。それで大丈夫です。仮定を明確にしてください。

#260. 8.13 最初に決めなければならないことついて考えてみましょう。最初に決めるのは、どの箱を一番下にするかです。

#261. 5.5 A & B == 0の場合、AとBの両方が同じビット位置に1を持たないことを意味します。これを問題の式に適用してみてください。

#262. 8.1 このメソッドの実行時間はどれくらいですか？慎重に考えてください。それを最適化できますか？

#263. 10.2 標準のソートアルゴリズムを活用できますか？

#264. 6.9 注意：整数xをaで割り切れるとき、b = x / aとすると、xはbでも割り切れます。これは、すべての数値に偶数個の約数があることを意味しますか？

#265. 8.9 各ステップで左または右の括弧を追加すると重複はなくなります。各部分文字列は各ステップで一意になります。したがって、文字列全体は一意になります。

#266. 10.9 値xが列の先頭よりも小さい場合は、それより右の列にも値はありません。

#267. 8.7 アプローチ1：abcのすべての順列を計算し、考え得る各位置にdを挿入することで、abcdのすべての順列を作成することができます。

#268. 11.6 テストしたい機能や用途は何ですか？

#269. 5.2 .893の最初の数字はどうやって得られますか？10倍した場合、小数点がシフトし8.93になります。2倍した場合はどうなるでしょうか？

#270. 9.2 2つのノード間の接続を見つけるには、幅優先探索と深さ優先探索のどちらを行う方がよいでしょうか？ また、それはなぜですか？

#271. 7.7 ユーザーがオフラインになった場合、どのようにすればわかりますか？

#272. 8.6 どの塔が移動元、移動先、一時保持地点であるかは実際のところ問題ではないことに注意してください。最初にf(2, X=0, Y=1, Z=2)を実行（塔2を一時保持地点として塔0から塔1に円盤2枚を移動）することによって、f(3, X=0, Y=2, Z=1)を行い、円盤3を塔0から塔2に移動します。それからf(2, X=1, Y=2, Z=0)（塔0を一時保持地点として塔1から塔2に円盤2枚を移動）を行います。このプロセスをどのように繰り返しますか？

#273. 8.4 {a, b}の部分集合から{a, b, c}のすべての部分集合を作るにはどうすればよいでしょうか？

#274. 9.5 どのようにして単一マシン用に設計できるか考えてみましょう。ハッシュテーブルが必要ですか？ それはどのように機能しますか？

#275. 7.1 エースの扱いはどのようすればよいですか？

#276. 9.7 作業はできるだけ非同期で行う必要があります。

#277. 10.11 3つの要素の並び{0, 1, 2}を任意の順序で持っていたとしましょう。これらの要素の考え得るすべての並び順を書き出し、それらを修正して山を作る方法を考えてみましょう。

#278. 8.7 アプローチ2：2文字の部分文字列のすべての順列があった場合、3文字の部分文字列のすべての順列を生成できますか？

#279. 10.9 前のヒントを行についても考えてみてください。

#280. 8.5 あるいは、9×7の計算を4×7の2倍に7を加えるようにすることもできます。

#281. 10.7 1回の走査で値の範囲を調べ、2回目の走査で特定の値を探してみましょう。

#282. 6.6 青い目の人が1人だけいるとします。その人は何を見ますか?彼らが出発するのはいつですか？

#283. 7.6 最初に当てはめる最も簡単なピースはどれでしょうか?それらから始めることができますか?一度それらを固定したら、次に簡単なピースはどれですか？

#284. 6.2 2つの事象が互いに排他的な（同時に発生することがない）場合、それらの確率を足し合すことができます。3回中2回シュートを決めることを表す排他的な事象のセットを見つけることができますか？

#285. 9.2 幅優先探索の方がおそらく良いでしょう。深さ優先探索は、実際には最短経路が非常に短い場合でも長い経路を進む可能性があります。さらに速く探索するために、幅優先探索を修正することはできますか？

#286. 8.3 二分探索の実行時間はO(log N)です。問題に二分探索の形式を適用できますか？

#287. 7.12 衝突を処理するには、ハッシュテーブルが連結リストの配列であるべきです。

#288. 10.9 配列を使ってこれを追跡しようとするとどうなりますか?これの長所と短所は何ですか？

#289. 10.8 ビットベクトルを使うことはできますか？

#290. 8.4 {a, b}の部分集合であるものは、{a, b, c}の部分集合でもあります。{a, b, c}の部分集合であるが{a, b}の部分集合ではないのは、どのような集合ですか？

#291. 10.9 以前のヒントを用いて行列を上下左右に移動することはできますか？

#292. 10.11 書き出した{0, 1, 2}の並び順のセットを見直してください。左端の要素の前に要素があるとします。要素を入れ替えても配列の前の部分が無効にならないと確信できますか？

#293. 9.5 ハッシュテーブルと連結リストを組み合わせて、両者の良い部分を取ることはできますか?

#294. 6.8 実際には、最初に落とすのは少し下の方が良いです。たとえば、10階、20階、30階のように落とします。最悪の場合は19回(10, 20, ..., 100, 91, 92, ..., 99)になります。これより良くすることはできるでしょうか?やみくもに他の方法を試そうとしたりしないでください。もっと深く考えてください。最悪ケースはどのように定義されていますか?それを考慮すると、卵を落とす数はどのくらいですか?

#295. 8.9 左右の括弧の数を数えることで、この文字列が有効であることを保証できます。左の括弧は、括弧のペアの合計数まではいつ追加しても常に有効です。(左括弧の数) <= (右括弧の数) の間は右の括弧を追加できます。

#296. 6.4 3匹のアリが同じ方向に動く確率は、確率 (3匹のアリが時計回りに歩く) + 確率 (3つのアリは反時計回りに歩く) と考えることができます。あるいは、最初の蟻が動く方向を選び、他のアリが同じ方向を選ぶ確率はどれくらいか?と考えることもできます。

#297. 5.2 2進数で正確に表現できない値について、どうなるかを考えてみましょう。

#298. 10.3 目的の値を見つけるために二分探索を変形することはできますか?

#299. 11.1 `unsigned int`の部分はどうですか?

#300. 8.11 部分問題に分解してみてください。両替を行っているとしたら、最初に何を選びますか?

#301. 10.10 配列を使用する際の問題は、数値を挿入するのが遅くなることです。他のどのようなデータ構造が使用できますか?

#302. 5.5 `(n & (n-1)) == 0` の場合、nとn - 1の両方が同じビット位置に1を持たないことを意味します。なぜそうなりますか?

#303. 10.9 これについて考えるもう1つの方法は、あるセルから行列の右下まで矩形を描いた場合、セルはその矩形内のすべての要素よりも小さくなります。

#304. 9.2 探索元と目的地の両方から探索する方法はありますか? どのような理由で、あるいはどんな場合に速くなるでしょうか?

#305. 8.14 if文 (可能性のある演算子に対して、目的の真偽値と左辺値/右辺値が書かれている) が多くてコードがかなり冗長に見える場合は、異なる部分の関係について考えてみてください。コードを単純化してみてください。複雑なif文をたくさん書く必要はありません。たとえば、<左>OR<右> と <左>AND<右>の式を考えてみましょう。いずれも<左>が真と評価する場合の数を知る必要があるかもしれません。コードのどの部分が再利用できるかを確認してください。

#306. 6.9 3には偶数個の約数 (1と3) があります。12には偶数個の約数 (1, 2, 3, 4, 6, 12) があります。約数が偶数個にならない数は何ですか? そこからドアについて何かわかることはありますか?

#307. 7.12 連結リストのノードがどの情報を含む必要があるかを慎重に考えてください。

#308. 8.12 各列には女王がいなければなりません。すべての可能性を試すことができますか?

#309. 8.7 アプローチ2:abcdの順列を生成するには、最初の文字を選択する必要があります。a, b, c, dのいずれかです。それから残りの文字を並べ替えます。完全な文字列のすべての順列を生成するには、この方法をどのように使えばよいですか?

#310. 10.3 あなたの考えたアルゴリズムの実行時間はどうなりますか? 配列に重複する数が含まれるとどうなりますか?

#311. 9.5 これをどのようにして大規模なシステムへ拡大しますか?

#312. 5.4 次の数を得る:0を1に反転して次に大きい数字を作成できますか?

#313. 11.4 どんな負荷テストを設計するか考えてみましょう。ウェブページの読み込みにはどのような要因がありますか? ウェブページが高負荷の状態で満足に動作するかどうかを判断する基準は何ですか?

#314. 5.3 1の並びを長くするには、隣接する並び (存在する場合) を繋ぎ合わせるか、単にすぐ隣の0を反転させるだけです。最良の選択を見つける必要があります。

#315. 10.8 独自のビットベクトルクラスを実装することを検討してください。これは良い練習であり、この問題の重要な部分です。

#316. 10.11 `O(n)`のアルゴリズムが設計できるようにすべきです。

#317. 10.9　セルはその下と右のすべての要素よりも小さくなります。また、その上と左のすべてのセルよりも大きくなります。最初に多くの要素を取り除きたい場合は、どの要素をxの値と比較すればよいでしょうか？

#318. 8.6　再帰に問題がある場合は、再帰的プロセスをもっと信用するようにしてください。塔0から塔2に上の2枚の円盤を移動する方法を理解したら、その作業は信用してください。3枚の円盤を移動する必要がある場合は、ある塔から別の塔に2枚の円盤を移動できることを信用してください。2枚の円盤は移動させました。3枚目はどうしますか？

#319. 6.1　3本の瓶があり、1本に重い錠剤が入っているとします。それぞれの瓶から異なる数の錠剤をはかりに乗せたとしましょう（例えば、瓶1には5個、瓶2には2個、瓶3には9本の丸薬があります）。そのときはかりは何を示しますか？

#320. 10.4　二分探索がどのように動作するかを考えてください。二分探索を単に実装するだけの場合の問題点は何ですか？

#321. 9.2　現実世界でこれらのアルゴリズムとこのシステムをどのように実装するかについて議論しましょう。どのような最適化を行うことができますか？

#322. 8.13　一番下の箱を選んだら、次は2番目の箱を選ぶ必要があります。その次は3番目の箱を選びます。

#323. 6.2　3回中2回以上シュートを決める確率は、確率（○, ○, ×）＋確率（○, ×, ○）＋確率（×, ○, ○）＋確率（○, ○, ○）になります。

#324. 8.11　両替を行っているとしたら、最初に選ぶのは25セント貨が何枚必要かということになるでしょう。

#325. 11.2　プログラム内とプログラム外（システムの残りの部分）両方の問題を考えてください。

#326. 9.4　どれくらいの記憶スペースが必要になるか推定してみましょう。

#327. 8.14　再帰の部分を見てください。いろいろなところで何度も呼び出していませんか？ それをメモ化できますか？

#328. 5.7　2進数の1010は、10進数では10、16進数では0xAです。101010...のような2進数は、16進数でどのように表されますか？ つまり、1と0が交互に並ぶような値で、奇数番目のビットに1がくるようなものをどのように表現しますか？ 逆の場合（偶数番目のビットに1がくる場合）はどのようにしますか？

#329. 11.3　極端なケースと、より一般的なケースの両方を考えてください。

#330. 10.9　xを行列の中央部分の要素と比較すると、行列の要素のおよそ4分の1を削除できます。

#331. 8.2　ロボットが最後のセルに到達するには、最後から2番目のセルへの経路を見つけなければなりません。最後から2番目のセルへの経路を見つけるには、最後から3番目のセルへの経路を見つけなければなりません。

#332. 10.1　配列の末尾から先頭に向かって移動させてみてください。

#333. 6.8　卵1を一定の間隔（例えば10階ごと）で落とすと、最悪ケースは卵1の最悪ケース＋卵2の最悪ケースになります。これまでの解法の問題点は、卵2が卵1と比べてあまり仕事をしていない点です。理想的には、もう少しバランスを取りたいところです。卵1の仕事量が増える（より多くの落下から生き延びる）と、卵2はの仕事量は少なくなります。これはどういう意味ですか？

#334. 9.3　無限ループがどのようにして起こるのかを考えましょう。

#335. 8.7　アプローチ2：abcdのすべての順列を生成するには、各文字（a, b, c, d）を開始文字として選択します。残りの文字を並び替えて、開始文字の前に付加します。どのように残りの文字を並べ替えればよいですか？ 同じロジックを用いて再帰的なプロセスを行います。

#336. 5.6　2つの数の間で異なるビットがいくつあるのかはどのようにすればわかりますか？

#337. 10.4　二分探索は中央の要素と比較する必要があります。中央を知るには長さを知っている必要がありますが、長さはわかりません。長さを見つけることはできますか？

#338. 8.4　cを含む部分集合は`{a, b, c}`の部分集合になりますが、`{a, b}`の部分集合にはなりません。`{a, b}`の部分集合からこれらの部分集合を作ることはできますか？

#339. 5.4　次の数を得る：0を1に反転すると、より大きな数字が作成されます。より右側の数字を反転すると値は小さくなります。1001のような数の場合、右端の0を（1011を作成するために）反転したいと考えます。しかし1010のような数の場合は、右端を反転してはいけません。

#340. 8.3 特定のインデックスと値が与えられた場合、マジックインデックスがその前後にあるかどうかを特定できますか?

#341. 6.6 青い目の人が2人いたとしましょう。彼らは何を見ますか? 彼らは何を知りますか? 彼らが出発するのはいつですか? 前のヒントの答えを覚えておいてください。彼らは以前のヒントに対する答えを知っていると仮定します。

#342. 10.2 文字列を本当に「並べ替える」必要がありますか? リストを再構成するだけで十分ですか?

#343. 8.11 98セントを行替えするために25セント貨を2枚使うと決めたら、今度は10セント貨・5セント貨・1セント貨を使って48セントを両替する方法が何通りあるかを考える必要があります。

#344. 7.5 オンラインで本を読むシステムがサポートしなければならないあらゆる機能について考えてみてください。すべてを行う必要はありませんが、明示的に行う仮定について考えるべきです。

#345. 11.4 独自に作ることはできますか? それはどのようなものですか?

#346. 5.5 `n`と`n - 1`を2進表現で見たときの関係はどのようになっていますか? 2進表現での減算を調べてみてください。

#347. 9.4 複数に分割する必要がありますか? 複数のマシンを使いますか?

#348. 10.4 指数バックオフを使用して長さを見つけることができます。まずインデックス2を確認し、次に4、8、16のように確認します。このアルゴリズムの実行時間はどのくらいですか?

#349. 11.6 どんな部分を自動化できますか?

#350. 8.12 各列には女王がいなければなりません。最後の行から開始します。女王を置くことのできる8つの異なる列があります。これらのそれぞれを試すことができますか?

#351. 7.10 番号のセル、空白のセル、爆弾のセルは別のクラスにするべきでしょうか?

#352. 5.3 線形時間、1パス（走査）、`O(1)`の空間計算量でできるようにしてみてください。

#353. 9.3 どのようにして同じページを検出しますか?これは何を意味するのでしょうか?

#354. 8.4 `{a, b}`の部分集合すべてに`c`を加えることで、残りの部分集合を作ることができます。

#355. 5.7 偶数ビットと奇数ビットを選択するには、`0xaaaaaaaa`と`0x55555555`をマスクとして使ってみてください。それから偶数ビットと奇数のビットをシフトして正しい数を作ってください。

#356. 8.7 アプローチ2：この方法を実装するには、再帰関数に文字列のリストを渡し、文字列の前に開始文字を追加します。あるいは再帰呼び出しに文字を順次追加していくこともできます。

#357. 6.8 卵1を、最初は大きな間隔で、次に小さい間隔で落とすようにしてみてください。考え方は、卵1と卵2を落とす回数の合計を可能な限り一定に保つことです。卵1が落とす回数が1回増えるたびに、卵2を落とす回数が1少なくなります。適切な間隔はいくつでしょうか?

#358. 5.4 次の値を得る：一番右端に続いていない0を反転する必要があります。1010は1110になります。これができたら、できるだけ小さい数字にするために1から0に反転する必要がありますが、元の数（1010）より大きくなければなりません。何をすればよいでしょうか? どのようにすれば数は小さくなりますか?

#359. 8.1 非効率な再帰的プログラムを最適化する方法として、メモ化を使ってみてください。

#360. 8.2 まず経路があるかどうかを調べることで、問題を少し簡略化してください。次にアルゴリズムを変更して、経路を追跡します。

#361. 7.10 盤面に爆弾を配置するアルゴリズムはどのようなものですか?

#362. 11.1 `printf`の引数を見てください。

#363. 7.2 コーディングする前に必要なオブジェクトのリストを作成し、共通のアルゴリズムを実行します。設計を描いてみてください。必要なものはすべてありますか?

#364. 8.10 グラフとして考えてください。

#365. 9.3 2つのページが同じ場合はどう定義しますか? それはURLですか? 内容ですか? どちらにも欠陥がある可能性があります。どうしてでしょうか?

#366. 5.8 まずは素直な方法を試してみてください。特定の「ピクセル」を1にセットできますか?

#367. 6.3 チェス盤に置いてあるドミノを描いてみてください。黒いマスはいくつ隠れていますか? 白いマスはいくつ隠れていますか?

#368. 8.13 基本的な再帰アルゴリズムを実装したら、最適化できるかどうかを考えてください。繰り返される部分問題はあ

りますか?

#369. 5.6 XORが示すことについて考えてみてください。a XOR bを実行した場合、結果には1がありますか? 0はどこにありますか?

#370. 6.6 先のヒントから積み上げてください。青い目の人が3人いたらどうなりますか? 青い目の人が4人いたらどうなりますか?

#371. 8.12 小さな部分問題に分解してみてください。行8の女王は列1, 2, 3, 4, 5, 6, 7, 8になければなりません。女王が行8と列3にいる場合、8人の女王を配置する方法をすべて表示することはできますか? それができたら、行7に女王を配置するすべての方法を確認する必要があります。

#372. 5.5 2進表現で減算を行うと、右端から0を1に反転し、1になると停止します（その1も反転します)。左側はすべて（1と0共に）そのままになります。

#373. 8.4 各部分集合を2進数にマッピングする方法もあります。i番目のビットは、要素が集合内にあるかどうかを示す「ブール値」のフラグとして表すことができます。

#374. 6.8 Xを卵1の1回目の投下階数としましょう。これは卵1が割れた場合、卵2はX - 1回の投下を行うということを意味します。卵1と卵2の投下回数の合計を可能な限り一定に保つようにしたいと考えています。卵1が2回目の投下で割れると、卵2はX-2回投下を行います。卵1が3回目の投下で割れると、卵2はX-3回投下を行います。これで卵1と卵2の投下回数の合計が一定に近くなります。Xはどんな値でしょうか?

#375. 5.4 次の値を得る：反転されたビットの右側にあるすべての1をできるだけ右に移動する（その際、1を1つ減らしておく）ことで、数値を小さくすることができます。

#376. 10.10 二分探索木を用いるとうまくいくでしょうか?

#377. 7.10 盤面にランダムに爆弾を置くには：トランプをシャッフルするアルゴリズムを考えてみましょう。同じ方法を適用できますか?

#378. 8.13 他には、繰り返される選択について考えることもできます：最初の箱はスタックに移動しますか? 2番目の箱はスタックに移動しますか? 等々。

#379. 6.5 5クォートの壺を満たし、それを使って3クォートの壺を満たす場合、5クォートの壺には2クォートの水が残っています。その2クォートをどこに置いてもかまいませんし、小さい方の壺を空にしてそこに2クォートを注ぐこともできます。

#380. 8.11 アルゴリズムを分析してください。繰り返し行われる作業はありますか? それを最適化することはできますか?

#381. 5.8 長い線を描くと、全体のバイトが1の並びになります。これを1度にすべて1にセットできますか?

#382. 8.10 深さ優先探索（または幅優先探索）を使用して実装できます。隣接していて同じ色のピクセル同士は接続された辺です。

#383. 5.5 nとn-1を2進表現で描いてみてください。nから1を引くには、一番右にある1を0に反転し、それより右端のすべての0を1に反転しす。n&n-1 == 0の場合、一番右にある1の左側には1がありません。これはnがどのような数であることを意味しますか?

#384. 5.8 線のはじめと終わりはどうですか? それらのピクセルを個別にセットする必要はありますか? あるいは1度にセットすることができますか?

#385. 9.1 実際のアプリケーションとしてこれを考えてみてください。考慮すべき要因は何ですか?

#386. 7.10 セルに隣接する爆弾の数をどうやって数えますか?すべてのセルを走査しますか?

#387. 6.1 重さに基づいて重い瓶がわかるような数式を作ってみてください。

#388. 8.2 アルゴリズムの効率についてもう一度考えてみてください。それを最適化できますか?

#389. 7.9 rotate()メソッドはO(1)の時間で実行できるべきです。

#390. 5.4 前の値を得る：次の値を得ることができたら、前の値を得るにはそのロジックを逆にしてみてください。

#391. 5.8 x1とx2が同じバイトにある場合、コードではどのように扱いますか?

#392. 10.10 各ノードが追加データを格納する二分探索木を考えてみましょう。

#393. 11.6 セキュリティと信頼性については考えましたか?

#394. 8.11 メモ化を使ってみてください。

#395. 6.8 私は最悪ケースで14回の解法が見つかりました。あなたは何回の解法が見つかりましたか?

#396. 9.1 この問題には正しい答えというものはありません。いろいろな技術的実装について議論しましょう。

#397. 6.3 チェス盤には黒いマスがいくつありますか? 白いマスはいくつありますか?

#398. 5.5 n & (n-1) == 0 の場合、nには1のビットが1つしかないことがわかります。1のビットが1つしかない数というのはどのような数ですか?

#399. 7.10 空のセルをクリックすると、隣接するセルを展開するアルゴリズムはどのようなものですか?

#400. 6.5 この問題の解法ができたら、それをもっと広げて考えてみてください。サイズXの壺とサイズYの壺を与えられているなら、それを使って常にZを測ることができますか?

#401. 11.3 すべてをテストすることは可能ですか? どのようにテストの優先順位をつけますか?

3

[知識ベース] のヒント

#402. 12.9 まずは概念に焦点を当て、正確な実装についてよく考えてください。`SmartPointer`の外観はどうですか?

#403. 15.2 コンテキストスイッチとは、2つのプロセスを切り替える時間のことです。これは、あるプロセスを実行し、既存のプロセスをスワップアウト (メモリ退避) するときに発生します。

#404. 13.1 privateメソッドには誰がアクセスできるのかを考えてください。

#405. 15.1 メモリの点において、これらはどのように違いますか?

#406. 12.11 2次元配列は、本質的には配列の配列であるということを思い出してください。

#407. 15.2 あるプロセスが「停止する」タイムスタンプと、別のプロセスが「開始する」タイムスタンプを記録することが理想的です。しかしこの切り替えがいつ発生するのかはどうすればわかりますか?

#408. 14.1 GROUP BY句が便利です。

#409. 13.2 finallyブロックが実行されるのはいつですか? 実行されないケースはありますか?

#410. 12.2 インプレースで (余計な配列を使わずに) できますか?

#411. 14.2 問題に対する考え方を2つに分割すると良いかもしれません。最初は各建物のIDと、リクエストの状態が空きになっているものの数を取得することです。その後建物名を取得します。

#412. 13.3 これらのうちのいくつかは、適用される場所によって異なる意味を持つ可能性があると考えてください。

#413. 12.10 通常、`malloc`は任意のメモリブロックを与えます。この動作を変更できない場合、mallocを使用して必要な処理を行ことはできますか?

#414. 15.7 まずはシングルスレッドでFizzBuzz問題を実装します。

#415. 15.2 2つのプロセスを設定して、前後に少量のデータを渡すようにしてください。これはシステムが1つのプロセスを停止し、他のプロセスを開始させることを促します。

#416. 13.4 これらの目的は多少似ているかもしれませんが、実装はどう違うのでしょうか?

#417. 15.5 `second()`を呼び出す前に`first()`が終了したことを、どうすれば確認することができますか?

#418. 12.11 1つの考え方は、各配列に対して`malloc`を呼び出すことです。ここでメモリの開放はどのように行えばよいですか?

#419. 15.3 デッドロックは、誰が誰を待っているかの順番で「循環」があるときに発生します。どのようにすればこの循環を断ち切ったり予防したりできますか?

#420. 13.5 基本的なデータ構造について考えてみましょう。

#421. 12.7 なぜ仮想メソッドを使うのか考えてみてください。

#422. 15.4 すべてのスレッドが必要とする可能性のあるプロセスを事前に宣言しなければならない場合、事前にデッドロックの可能性を検出できますか?

#423. 12.3 それぞれの基礎となるデータ構造は何ですか?また、それは何を意味しますか?

#424. 13.5 `HashMap`は連結リストの配列を使用します。`TreeMap`は赤黒木を使用します。`LinkedHashMap`は双方向バ

ケットを使用します。これは何を意味しますか？

#425. 13.4 プリミティブ型の使用を考えてみましょう。型をどのように使うことができるかという点で、他にどのように違いがありますか？

#426. 12.11 代わりにこれを連続したメモリブロックとして割り当てることはできますか？

#427. 12.8 このデータ構造は二分木として描くことができますが、必ずしもそうする必要はありません。データ構造内にループがある場合はどうなりますか？

#428. 14.7 学生とそのコース、学生とコースの関係を構築する別のテーブルのリストがおそらく必要になります。これは多対多の関係であることに注意してください。

#429. 15.6 `synchronized`キーワードは、2つのスレッドが同時に同じインスタンスで同期メソッドを実行できないことを保証します。

#430. 13.5 キーによるイテレーションの順番がどのように異なるかを考慮してください。なぜ他の選択ではなくその選択が必要なのでしょうか？

#431. 14.3 最初に関連する全アパートのID（IDのみ）のリストを取得してみてください。

#432. 12.10 整数値の並び（3, 4, 5, ...）があるとしましょう。数字の1つが16で割り切れるようにするには、この並びはどれくらいの長さが必要ですか？

#433. 15.5 これを行うためにブーリアン型のフラグを使用するのが悪い考えなのはなぜですか？

#434. 15.4 要求の順序をグラフとして考えてみましょう。グラフ内ではデッドロックがどのように見えますか？

#435. 13.6 オブジェクトリフレクションを使用すると、オブジェクト内のメソッドやフィールドに関する情報を取得できます。なぜこれは役に立つのでしょうか？

#436. 14.6 1対1・1対多・多対多の関係には特に注意してください。

#437. 15.3 もう片方の箸も取ることができない場合は、箸を哲学者を持たせないという考え方もできます。

#438. 12.9 参照数を追跡することを考えてください。それによって何がわかりますか？

#439. 15.7 シングルスレッド版では手の込んだことをしようとしないでください。シンプルで読みやすいものにしてください。

#440. 12.10 メモリの開放はどのように行いますか？

#441. 15.2 完全な解答でなくてもは大丈夫です。完全な解答はおそらく不可能でしょう。自分の考えについてのトレードオフについて議論するようにしましょう。

#442. 14.7 上位10%を選択するときに、同順位の扱いをどのようにするか注意深く考えてください。

#443. 13.8 素直な考え方としては、ランダムな部分集合のサイズ`z`を選び、要素を走査して`z/list_size`の確率で集合に入れていきます。これはうまくいきませんが、なぜでしょうか？

#444. 14.5 非正規化とは、テーブルに冗長なデータを追加することを意味します。これは通常、非常に大きなシステムで使用されます。なぜこれが役に立つのでしょうか？

#445. 12.5 浅いコピーは最初のデータ構造だけをコピーします。深いコピーはその下にあるデータもコピーします。これを考えると、一方を使ったりもう一方を使ったりするのはなぜでしょうか？

#446. 15.5 セマフォはここでは役に立ちますか？

#447. 15.7 同期させることについては気にせず、スレッドに対する構造の概要を考えてみてください。

#448. 13.7 最初はラムダ式を使わずに実装する方法を考えてみましょう。

#449. 12.1 ファイル内の行数がわかっているとしたら、どのようにしますか？

#450. 13.8 要素をn個持つ集合の、すべての部分集合リストを選択します。任意の要素xに対して、部分集合の半分はxを含み、半分は含みません。

#451. 14.4 INNER JOIN（内部結合）とOUTER JOIN（外部結合）を説明してください。OUTER JOINには、LEFT（左）OUTER JOIN, RIGHT（右）OUTER JOIN, FULL（全）OUTER JOINの複数のタイプがあります。

#452. 12.2 null文字には注意してください。

#453. 12.9 オーバーライドしたいメソッド/演算子はどんなものですか？

#454. 13.5 一般的な操作の実行時間はどのくらいでしょうか？

#455. 14.5　大規模なシステムにおける結合のコストについて考えてみましょう。

#456. 12.6　`volatile`キーワードは、変数が別のプロセスなどによってプログラムの外部から変更される可能性があることを示します。なぜこれが必要なのでしょうか?

#457. 13.8　部分集合の長さを先に選択しないでください。する必要はありません。集合の大きさを決めるのではなく、各要素が集合に入るかどうかを選択することと考えてください。

#458. 15.7　各スレッドの構造ができたら、同期する必要があるものについて考えてください。

#459. 12.1　ファイル内の行数はわからないとします。このとき、最初に行数を数えずに済む方法はありますか?

#460. 12.7　デストラクタが仮想でない場合はどうなりますか?

#461. 13.7　国のフィルタリング・合計の取得の2つの部分に分割してください。

#462. 12.8　ハッシュテーブルを使うことを考えてください。

#463. 12.4　vtable (Virtual Table) について議論する必要があります。

#464. 13.7　フィルタ操作なしで行うことはできますか?

4

[追加練習問題] のヒント

#465. 16.12 再帰的な方法や木構造のようなものを使って考えてみてください。

#466. 17.1 手動で2進数の加算をやってみて（ゆっくりと!）、何が起こっているのかをよく理解してください。

#467. 16.13 正方形とそれを2等分する直線をいくつも描いてみてください。それらの直線はどこにありますか?

#468. 17.24 ブルートフォース解から始めましょう。

#469. 17.14 実際にはいくつかの考え方があります。これらをブレーンストーミングしてください。素直な考え方から始めて大丈夫です。

#470. 16.20 再帰を考えてください。

#471. 16.3 直線はすべて交点を持ちますか? 2直線が交点を持つのはどんな場合でしょうか?

#472. 16.7 a > b ならkを1とし、そうでなければ0とします。kが与えられたとき、（比較やif-elseのロジックなしで）最大値を返すことができますか?

#473. 16.22 少し難しいのは、無限のグリッドの扱いです。どんな選択をしますか?

#474. 17.15 この問題を単純化してみてください：最長の単語がリスト内の2つの単語からなることを知りたいだけの場合はどうすればよいでしょうか?

#475. 16.10 解法1：年毎に生きている人の数を数えますか?

#476. 17.25 各列が同じ長さ、各行も同じ長さでなければならないことはわかっているので、単語の長さで辞書をグループ化することから始めます。

#477. 17.7 同一名とみなすときに名前を統合する方法について、素直な方法を考えましょう。推移的な関係性をどのように特定しますか? A == B, A == C, C == D は A == D == B == C であることを意味します。

#478. 16.13 正方形を2等分する直線は正方形の中心を通ります。どのようにして2つの正方形を2等分する直線を見つけることができますか?

#479. 17.17 ブルートフォース解から始めましょう。時間計算量はどうなりますか?

#480. 16.22 選択1：実際に無限のグリッドが必要ですか? 問題をもう一度読んでください。グリッドの最大サイズはわかりますか?

#481. 16.16 最初と最後の部分でソートされた最も長い並びを知っておくのは何か役に立つでしょうか?

#482. 17.2 再帰的に考えてみてください。

#483. 17.26 解法1：すべてのドキュメント同士を比較する単純なアルゴリズムから始めます。できるだけ速く2つのドキュメントの類似度を計算するにはどうすればよいでしょうか?

#484. 17.5 どの文字であるかやどの数字であるか全く問題ではありません。この問題はAとBの配列にするだけで簡単にすることができます。次に、AとBが同じ個数になる最長の部分配列を探します。

#485. 17.11 アルゴリズムを1回だけ実行する場合は、最初に最も近い距離を見つけるアルゴリズムを検討してください。Nをドキュメント中の単語数とすると、O(N)の時間でできるはずです。

#486. 16.20 すべての可能性を再帰的に調べることはできますか？

#487. 17.9 この問題が何を求めているのかを明確にしましょう。$3^a * 5^b * 7^c$の形で表すことのできる値で、k番目に小さい数を見つける必要があります。

#488. 16.2 この問題に対して考えられる最良の実行時間がどれくらいかを考えてみてください。あなたの解法が考え得る最良の実行時間と一致するのであれば、おそらくそれ以上のことはできません。

#489. 16.10 解法1：ハッシュテーブルまたは誕生年からその年に何人の人が生きているかをマップする配列を使用してみてください。

#490. 16.14 場合によってはブルートフォースはかなり良い解法になります。考え得るすべての直線を試すことはできますか？

#491. 16.1 数直線上に2つの数aとbを描いてみてください。

#492. 17.7 この問題の中核部分は、名前をさまざまな綴りにグループ化することです。そこから度数を計算するのは比較的簡単です。

#493. 17.3 210ページの問題17.2をまだ解いていない場合は、まずそちらを解いてください。

#494. 17.16 この問題に対する解法は再帰的なものと反復的なものがありますが、おそらく再帰的解法から始める方が簡単でしょう。

#495. 17.13 再帰的な方法を試してください。

#496. 16.3 直線は平行でない限り常に交差します。平行線であっても、同じ線であれば交差します。これは線分に対してどんな意味を持ちますか？

#497. 17.26 解法1：2つのドキュメントの類似度を計算するために、何らかの方法でデータを再編成してみてください。ソート？ 他のデータ構造？

#498. 17.15 リスト内の他の単語で構成されている単語の中で最も長いものを知りたければ、最長から最短まですべての単語を走査し、それぞれが他の単語で構成されているかどうかを調べることができます。これを確認するために、可能なすべての場所で文字列を分割します。

#499. 17.25 特定の長さと幅になる単語の矩形を見つけることができますか？ すべての選択肢を試してみたらどうなるでしょうか？

#500. 17.11 1回だけ実行する場合のアルゴリズムを、繰り返し実行するアルゴリズムに適用します。遅い部分は何ですか？ それを最適化できますか？

#501. 16.8 数は3桁ずつの固まりで考えてみてください。

#502. 17.19 問いの前半部分から始めましょう：欠落した数が1つだけの場合は、それを探すだけです。

#503. 17.16 再帰的解法：各予約依頼に対して（予約を受けるか拒否するか）2つの選択肢があります。ブルートフォースのアプローチとして、すべての可能性を再帰することができます。ただし、予約依頼`i`を受けると予約依頼`i + 1`はスキップする必要があります。

#504. 16.23 0から6までの各値を等確率で返す解法になるように、十分注意してください。

#505. 17.22 ブルートフォース、再帰的な解法から始めましょう。1編集分変換したすべての単語を作成し、辞書に含まれているかどうかを確認してから、その経路を試してみてください。

#506. 16.10 解法2：年をソートした場合はどうなりますか？ 何でソートするとよいですか？

#507. 17.9 $3^a * 5^b * 7^c$の形で表すことのできるk番目に小さい数を得るためのブルートフォース解はどんなものですか？

#508. 17.12 再帰的な方法で考えてみてください。

#509. 17.26 解法1：2つのドキュメントの類似度を計算するのに`O(A+B)`のアルゴリズムがあります。

#510. 17.24 ブルートフォース解は各行列の合計を連続的に計算する必要があります。これを最適化することはできますか？

#511. 17.7 試してみるべきことの1つは、各名前から「真の」綴りへのマッピングを維持することです。真の綴りから等価な名前すべてにマップする必要もあります。場合によっては、2つの異なる名前のグループを統合する必要があります。うまく動くかどうか確認するために、このアルゴリズムでいろいろ試してみてください。次にそれを単純化/最適化できるかどうか確認してください。

#512. 16.7 `a > b`であれば`k`は1、そうでなければ0であるとすると、`a*k + b*(not k)`を返すことができます。しかし、ど

うやってkを作ればよいでしょうか？

#513. 16.10 解法2：誕生年と死亡年の対応は、実際のところ必要なのでしょうか？ 特定の人が死亡したときに問題がありますか？ それとも単に死亡年数のリストが必要なだけでしょうか？

#514. 17.5 ブルートフォース解から始めましょう。

#515. 17.16 再帰的解法：この手法はメモを使って最適化することができます。実行時間はどのくらいになりますか？

#516. 16.3 2つの直線の交点をどのようにして見つけることができますか？ 2つの線分が交差するのであれば、交点は線分を「無限に」延長した直線上にあるはずです。この交点は両方の線分上にありますか？

#517. 17.26 解法1：共通集合と和集合の関係はどのようなものですか？ 一方からもう一方を計算できますか？

#518. 17.20 中央値は、数全体の半分がその数より大きく、もう半分がその数より小さい数を意味することを思い出してください。

#519. 16.14 実際には考え得るすべての直線を試すことはできません。無限にあるからです。しかしその中で「一番良い」直線は、少なくとも2つの点を通らなければならないことがわかっています。点の各ペアをつなぐことはできますか？ 各直線が本当に最も多くの点を通る直線なのか確認することはできますか？

#520. 16.26 式を左から右に処理するだけでよいですか？ なぜこれが失敗するのでしょうか？

#521. 17.10 ブルートフォース解から始めましょう。過半数の要素であるかどうかを確認するために、各値をチェックできますか？

#522. 16.10 解法2：人は「交換可能」であることに注意してください。誰かが亡くなったとき、生まれた人が誰であるかは関係ありません。必要なのは、誕生年と死亡年のリストだけです。これは、人のリストをより簡単に並べ替えるにはどうすればよいかという問題になりそうです。

#523. 16.25 まずは問題の範囲を把握しましょう。あなたが望む機能は何ですか？

#524. 17.24 部分行列の合計を`O(1)`の時間で計算するためには、どのような事前計算を行いますか？

#525. 17.16 再帰的解法：メモ化を用いた場合、時間計算量・空間計算量共に`O(N)`になるはずです。

#526. 16.3 傾きとy切片が同じ線分の場合をどのように扱うか、注意深く考えてください。

#527. 16.13 2つの正方形を2等分するには、直線が両方の正方形の中心を通らなければなりません。

#528. 16.14 $O(N^2)$の解法が得られるように考えてみましょう。

#529. 17.14 何らかの方法でデータを再編成すること、あるいは追加のデータ構造を使うことを考えてみてください。

#530. 16.17 正の数と負の数が交互に並ぶような配列を描いてみてください。正の数だけが並んだ部分や負のだけが並んだ部分を含むことはできないことに注意してください。

#531. 16.10 解法2：ソートされた誕生リストとソートされた死亡リストを作成してみてください。生きている人の数を追跡しながら両方を走査することはできますか？

#532. 16.22 選択2：`ArrayList`の仕組みについて考えてみましょう。この問題に`ArrayList`を使えますか？

#533. 17.26 解法1：2組の和集合と共通集合との関係を理解するには、ベン図（1つの円がもう1つの円と重なる図）を考えてみてください。

#534. 17.22 ブルートフォースの解法を見つけたら、1編集差の有効な単語をすばやく得る方法を考えてみてください。大部分が有効な辞書の単語ではない場合は、1編集差のすべての文字列を作成する必要はありません。

#535. 16.2 繰り返し実行する場合の最適化にハッシュテーブルを使うことはできますか？

#536. 17.7 前述のアプローチをとるより簡単な方法は、各名前を別の綴りのリストにマップさせることです。あるグループの名前が別のグループの名前と同じに設定されている場合はどうなりますか？

#537. 17.11 単語から各単語が現れる場所のリストにマップする検索テーブルを作成することができます。最も近い2つの場所を、どうやって見つけることができますか？

#538. 17.24 左上隅から始まって各セルに続く部分行列の合計を事前に計算しておくとどうなるでしょうか？ これを計算するにはどれくらいの時間がかかりますか？これを行った場合、`O(1)`の時間で任意の部分行列の和を得ることはできますか？

#539. 16.22 選択2：`ArrayList`を使うのは不可能ではありませんが、面倒です。独自のものを作る方がおそらく簡単です

が、行列に特化したものでしょう。

#540. 16.10 解法3：1回の誕生ごとに1人が追加され、死亡ごとに1人が削除されます。人のリスト（誕生年と死亡年）の例を書いてみて、毎年のリストにこれを再設定し、誕生の場合+1、死亡の場合-1してみてください。

#541. 17.16 反復的解法：再帰的解法をよく調べてみてください。同じような考え方を反復処理で実装できますか？

#542. 17.15 前ヒントの考え方を複数の単語に拡張します。考え得るすべての分け方で各単語を分割することはできますか？

#543. 17.1 2進数の加算は、数値をビットごとに反復し、2つのビットを加算し、必要に応じて繰り上げ計算を行います。操作のグループ化も考えられます。最初に各ビットを加算（繰上りは行わない）した場合はどうでしょうか？ その後桁あふれを処理します。

#544. 16.21 ここで数学を使ってみたり、例をいくつか挙げて試してみてください。このペアはどのように見える必要がありますか？ ペアの値について何が言えますか？

#545. 17.20 調べた要素はすべて保存しなければならないことに注意してください。最初の100要素のうち最小のものであっても中央値になる可能性があります。非常に小さい要素や非常に大きい要素だけを捨てることはできません。

#546. 17.26 解法2：各配列の最小要素と最大要素を追跡するなど、細かい最適化をつい考えようとします。そうすると、2つの配列が重なっていない場合のような特定のケースではすぐに把握できます。そのような最適化（その類の考えに沿った他の最適化）を行っても、すべてのドキュメントを他のすべてのドキュメントと比較する必要があるという点は変わらないという問題があります。類似度が疎であるという事実を利用していません。多くのドキュメントは、すべてのドキュメントを他のすべてのドキュメントと比較する必要はありません（比較するのが非常に高速であっても）。そのような解法は、Dをドキュメントの数とするとすべて$O(D^2)$になります。すべてのドキュメントを、他のすべてのドキュメントと比較するべきではありません。

#547. 16.24 ブルートフォース解から始めましょう。実行時間はどうなりますか？ この問題の考え得る最良の実行時間はどれくらいですか？

#548. 16.10 解法3：年の配列を作成し、毎年人口が変化した場合はどうなりますか？ 最も人口の多い年を見つけることはできますか？

#549. 17.9 $3^a * 5^b * 7^c$の形で表すことのできるk番目に小さい数を見つける際、a, b, cはk以下であることがわかります。そのような数をすべて生成することはできますか？

#550. 16.17 負の合計を持つ値の並びがある場合、その数の並びは解の開始部分でも終了部分でもないことに注意してください。（2つの他の並びを連結している場合は解に含まれる可能性があります。）

#551. 17.14 数値をソートすることはできますか？

#552. 16.16 配列は`LEFT`、`MIDDLE`、`RIGHT`の3つの部分配列に分けて考えることができます。`LEFT`と`RIGHT`はいずれもソート済みです。`MIDDLE`の要素は任意の順序です。これらの要素をソートして配列全体をソートされた状態になるまで、`MIDDLE`を広げていく必要があります。

#553. 17.16 反復的解法：配列の末尾から先頭に向かって逆方向に作業するのがおそらく最も簡単です。

#554. 17.26 解法2：すべてのドキュメントを他のすべてのドキュメントと比較できない場合は、要素レベルまで掘り下げて、物事を見るところから始める必要があります。素直な解法を考え、それを複数のドキュメントに拡張できるかどうかを確認してください。

#555. 17.22 1編集差の有効な単語をすばやく取得するには、辞書の単語を使いやすいようにグループ化してみてください。`b_ll`の形式（`bill`, `ball`, `bell`, `bull`等）の単語はすべて1編集差であることに注目してください。しかし、これらは`bill`の1編集差である唯一の単語というわけではありません。

#556. 16.21 値aを配列Aから配列Bに移動すると、Aの合計はaだけ減少し、Bの合計はaだけ増加します。2つの値を入れ替えるとどうなりますか？ 2つの値を入れ替えて同じ合計を得るには何が必要でしょうか？

#557. 17.11 各単語の出現リストがある場合は、2つの配列内の値（各配列につき1つの値）の差が最も小さくなるペアを探します。これは最初のアルゴリズムとかなり似たアルゴリズムかもしれません。

#558. 16.22 選択2：1つのアプローチは、アリがグリッドの端まで来たときに配列のサイズを2倍にすることです。しかし負の座標を歩くアリはどのように扱えばよいですか？ 配列は負のインデックスを持つことができません。

#559. 16.13 直線（傾きとy切片）が与えられたとき、それが他の直線と交差する場所を見つけることはできますか？

#560. 17.26 解法2：特定のドキュメントと類似性のある全ドキュメントの一覧をすばやく抽出する必要があるということ考えてみましょう。（「すべてのドキュメントを見て、類似性のないドキュメントをすばやく排除する」のようなことを行うべきではありません。少なくともその方法では $O(D^2)$ にしかならないからです。）

#561. 17.16 反復的解法：3つの予約依頼を一度にスキップしないことに注目してください。どうしてでしょう？ いつでも中央の予約は取ることができるからです。

#562. 16.14 ハッシュテーブルは使ってみましたか？

#563. 16.21 aとbの2つの値を入れ替えると、Aの合計は`sumA - a + b`になり、Bの合計は`sumB - b + a`になります。これらの合計が等しくなる必要があります。

#564. 17.24 左上隅から各セルまでの合計を事前に計算できる場合は、これを用いて`O(1)`の時間で任意の部分行列の合計を計算することができます。特定の部分行列を描きます。事前計算された完全な合計には、この部分行列、そのすぐ上の配列（C）、左側の配列（B）、左上の領域（A）が含まれます。Dの部分の合計だけを計算するには、どのようにすればよいですか？

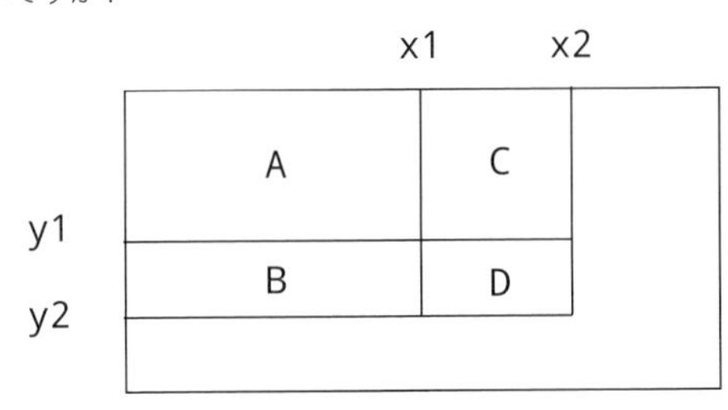

#565. 17.10 ブルートフォースの解を考えてみましょう。ある要素を選択し、一致する要素と一致しない要素の数を数えて過半数の要素であるかどうかを検証します。最初の要素について先頭からいくつか調べたとき、一致しない要素が7つで一致する要素が3つであるとわかったとします。この要素についてチェックし続ける必要はありますか？

#566. 16.17 配列の先頭から始めてください。その部分数列が大きくなる限りは、それが最良の部分数列であり続けます。しかし負の値になればその部分は不要になります。

#567. 17.16 反復的解法：予約依頼`i`を受ける場合、予約依頼`i + 1`を決して受けることはありませんが、予約依頼`i + 2`または`i + 3`を必ず受けることになります。

#568. 17.26 解法2：以前のヒントを捨てて、`{13, 16, 21, 3}`のようなドキュメントと類似性のあるドキュメントのリストをどのように定義するのか考えてみましょう。どのような特性がありますか？ そのような特性を持ったドキュメントをどのようにして集めればよいでしょうか？

#569. 16.22 選択2：座標のラベルに一貫性がなければならないとは問題中で規定されていないことを確認してください。アリとすべてのセルを正の座標に移動することはできますか？ 言い換えれば、負の方向に配列を拡張する必要があるときは、座標が常に正の値になるようにラベル付けをやり直すとどうなりますか？

#570. 16.21 `sumA - a + b = sumB - b + a`となるような値aとbを探しています。aとbの値がどんな値であるかを調べるために数学を用います。

#571. 16.9 減算から始めて、1つずつ考えてください。ある機能を完成したら、その機能を使用して他の機能を実装することができます。

#572. 17.6 ブルートフォース解から始めましょう。

#573. 16.23 ブルートフォース解から始めましょう。最悪ケースで`rand5()`は何回呼び出されますか？

#574. 17.20 これについてもう1つの考え方は次のようなものです：要素の下半分と上半分のそれぞれを維持できますか？

#575. 16.10 解法3：この問題の細部に注意してください。あなたの考えたアルゴリズム/コードは、人が生まれた年と同じ年に死ぬ人を扱っていますか？ その人は人口の1人として数える必要があります。

#576. 17.26 解法2：`{13, 16, 21, 3}`に類似するドキュメントのリストには、13, 16, 21, 3のすべてが含まれています。この

リストを効率的に見つけるにはどのようにすればよいでしょうか? 大量のドキュメントでこれをやろうとしているので、事前計算をいくらか行っておくのは理にかなっているということを覚えておいてください。

#577. 17.16 反復的解法:例を用いて、後方から作業を行います。部分配列 $\{r_n\}$, $\{r_{n-1}, r_n\}$, $\{r_{n-2}, r_{n-1}, r_n\}$ に対する最適解を簡単に見つけることができます。$\{r_{n-3}, ..., r_n\}$ の最適解をすばやく見つけるには、それらをどのように使いますか?

#578. 17.2 n - 1個の要素のグループを処理するシャッフルメソッドがあったとします。このメソッドを使用して、n個までのグループで動作する新しいシャッフルメソッドを実装できますか?

#579. 17.22 ワイルドカード形式 (b_llなど) から、その形式のすべての単語へのマッピングを作成します。billから1編集差のすべての単語を検索したい場合は、マッピング内の_ill, b_ll, bi_l, bil_を調べるようにします。

#580. 17.24 Dの部分の合計は、sum(A&B&C&D) - sum(A&B) - sum(A&C) + sum(A) のようになります。

#581. 17.17 トライ木を使うことはできますか?

#582. 16.21 数学を用いて、a - b = (sumA - sumB) / 2 となるような値のペアを探します。問題は、特定の差になる値のペアを探すことになります。

#583. 17.26 解法2:各単語からこの単語を含むドキュメントにマップするハッシュテーブルを構築してみてください。これにより、{13, 16, 21, 3}と類似しているすべてのドキュメントを簡単に見つけることができます。

#584. 16.5 0はどのようにしてn!の結果に追加されていますか? それは何を意味しますか?

#585. 17.7 それぞれの名前が別の綴りのリストにマップされている場合は、XとYを同一名として設定するときに多くのリストを更新する必要があります。Xが{A, B, C}と同一名でYが{D, E, F}と同一名である場合、Aの同一名リスト、Bの同一名リスト、Cの同一名リスト、Xの同一名リストに{Y, D, E, F}を追加する必要があります。これをもっと速くすることはできますか?

#586. 17.16 反復的解法:予約依頼を受けたら次の依頼を受けることはできませんが、それ以降は何かを受けることができます。したがって、最適解は $optimal(r_i, ..., r_n) = max(r_i + optimal(r_{i+2}, ..., r_n), optimal(r_{i+1}, ..., r_n))$ のようになります。これを反復的に解くには逆方向に操作します。

#587. 16.8 負の数については考えましたか? あなたの解法は100,030,000のような数でもうまく動きますか?

#588. 17.15 非常に非効率な再帰的なアルゴリズムになったときは、繰り返される部分問題を探してみてください。

#589. 17.19 パート1:O(1)の空間計算量とO(N)の時間計算量で欠落した番号を見つけなければならない場合は、配列の走査回数を一定にして、いくつかの変数しか格納することができません。

#590. 17.9 $3^a * 5^b * 7^c$ に対するすべての値のリストを見てください。リストの各値は3× (いくつか前の値), 5× (いくつか前の値), 7× (いくつか前の値) のいずれかと等しいことに注目してください。

#591. 16.21 ブルートフォースの解法では、値のすべてのペアを調べて、適切な差を持つものを見つけます。これはおそらく、Bについての内部ループとAについての外部ループのようなものに見えるでしょう。各値について差を計算し、それを目的の値と比較していきます。しかし、もっと絞り込むことはできないでしょうか? Aの値と目的の値の差を考えると、探しているB内の要素の正確な値を知ることはできるでしょうか?

#592. 17.14 ヒープや木構造の類を使うのはどうですか?

#593. 16.17 連続値の合計を追跡した場合、部分数列が負になればすぐにリセットする必要があります。合計が負になる数列を、別の部分数列の最初または最後に追加することは決してありません。

#594. 17.24 事前計算を行うことで、$O(N^4)$ の実行時間にできるはずです。もっと速くすることはできますか?

#595. 17.3 再帰的に考えてみてください。n - 1 個の要素からサイズmの部分集合を得るアルゴリズムがあるとします。このときn個の要素からサイズmの部分集合を得るアルゴリズムを作ることはできますか?

#596. 16.24 ハッシュテーブルを用いてより速くすることはできますか?

#597. 17.22 前のヒントのアルゴリズムは、おそらく深さ優先探索に似ています。これをもっと速くすることはできますか?

#598. 16.22 選択3:もう一つ考慮すべき点は、これを実装するためにグリッドが必要かどうかです。問題において、実際にはどのような情報が必要ですか?

#599. 16.9 減算:否定関数 (正の整数を負に変換する) が役立つでしょうか? 加算演算子を使ってこれを実装できます

か？

#600. 17.1 前ヒントのステップの1つに集中してください。繰り上がりを「忘れた」としたら、加算操作はどのように見えますか？

#601. 16.21 ブルートフォースがしているのは、B内でa - targetに等しい値を探すことです。どのようにすればこの要素をより速く見つけることができますか？素早く配列内に要素が存在するかを知るには、どんな考え方が役立つでしょうか？

#602. 17.26 解法2：特定のドキュメントに類似したドキュメントを簡単に見つける方法が分かったら、単純なアルゴリズムを使ってそれらのドキュメントとの類似度を計算するだけです。これをより速くすることはできますか？ 具体的に言うと、ハッシュテーブルから直接類似度を計算できますか？

#603. 17.10 過半数の要素は、最初は過半数の要素に見えるとは限りません。たとえば、過半数の要素が配列の最初に現れ、次の8つの要素について再び現れないような場合です。しかしそのような場合、過半数の要素は配列の後半に現れます（実際には配列の後に何度も現れます）。過半数の要素のように「思えない」ように見えた要素を調べ続けるのは、必ずしも重要というわけではありません。

#604. 17.7 X, A, B, Cは{X, A, B, C}というグループの同じインスタンスにマップされるべきです。Y, D, E, Fは{Y, D, E, F}というグループの同じインスタンスにマップされるべきです。XとYを同一名とするとき、片方のグループをもう片方のグループにコピーする（{Y, D, E, F}を{X, A, B, C}に追加する等）だけで済みます。

#605. 16.21 ここではハッシュテーブルを使用できます。ソートを試みることもできます。どちらも素早く要素を見つけるのに役立ちます。

#606. 17.16 反復的解法：本当に必要なデータを慎重に考えれば、O(n)の時間計算量とO(1)の追加スペースで解決できるはずです。

#607. 17.12 次のように考えてください：convertLeftとconvertRightというメソッド（左右の部分木を双方向連結リストに変換するメソッド）があれば、それらをまとめて木全体を双方向連結リストに変換できますか？

#608. 17.19 パート1：配列のすべての値を足し合わせた場合はどうなりますか？ 欠けている数字を把握することはできますか？

#609. 17.4 欠落している数字の最下位ビットを把握するのにどれくらい時間がかかりますか？

#610. 17.26 解法2：単語からドキュメントにマップするハッシュテーブルを使用して、{1, 4, 6}に類似したドキュメントを見つけようとしているとします。検索時に同じドキュメントIDが複数回複数回現れますが、それは何を示していますか？

#611. 17.6 各数の2の数を数えるのではなく、1桁ずつ考えましょう。つまり、（各数に対して）最初の桁にある2の数、2桁目の2の数、3桁目の2の数、のように数えていきます。

#612. 16.9 乗算：加算を使って乗算を実装するのは簡単です。しかし負の数はどのように扱いますか？

#613. 16.17 O(N)の時間計算量とO(1)の空間計算量で解くことができます。

#614. 17.24 これが単なる配列であるとします。最大の和を用いると部分配列はどのように計算できますか？ これに対する解法は問16.17を参照してください。

#615. 16.22 選択3：実際に必要なのは、セルが白か黒か（もちろんアリの位置も）を調べる方法です。すべての白いセルのリストを持つだけでよいですか？

#616. 17.17 1つの解決方法は、大きい方の文字列のすべての接尾辞をトライ木に挿入することです。例えば単語がdogsである場合、接頭辞はdogs, ogs, gs, sになります。これは問題を解決するのに、どのように役立ちますか？ このときの実行時間はどれくらいですか？

#617. 17.22 最悪ケースでというわけではなく多くのケースで、幅優先探索は深さ優先探索より高速であることが多いですが、どうしてでしょうか？ 何らかの方法でこれよりもさらに速くすることはできますか？

#618. 17.5 配列の最初から走査して、それまで見たAの数とBの数を数えていくとどうなるでしょうか？（配列とAとBの出現数の表を作ってみてください。）

#619. 17.10 また、過半数の要素は一部の部分配列でも過半数要素でなければならず、複数の過半数要素が部分配列に存

在することは有り得ないことにも注意してください。

#620. 17.24 行r1から始まり行r2で終わる最大部分行列を見つけるように求められているとすると、これを最も効率的に行うにはどうすればよいですか？（以前のヒントを参照してください。）次にr1から（r2+2）までの最大部分配列を見つけたくなった場合、これを効率的に行うことはできますか？

#621. 17.9 各数値はリスト内にあるそれより前の値の3倍, 5倍, 7倍であるため、すべての考え得る値をチェックし、まだ確認されていない次の値を選択することができます。これにより重複した作業が多く発生します。どうすればこの問題を回避できますか？

#622. 17.13 考え得るすべての場合を調べることはできますか？それはどのように見えますか？

#623. 16.26 乗算と除算は優先順位の高い演算です。3*4 + 5*9/2 + 3 のような式では、乗算と除算の部分をグループ化する必要があります。

#624. 17.14 任意の要素を選択した場合、この要素の順位（その要素の数よりも大きいあるいは小さい要素がいくつあるか）を把握するのに、どれくらいの時間がかかりますか？

#625. 17.19 パート2：欠落した2つ数を探していて、これらをaとbとします。パート1の考え方を使うとaとbの和がわかりますが、aとbがわかるわけではありません。他にどのような計算をすればよいでしょうか？

#626. 16.22 選択3：すべての白いセルのハッシュセットを持つことを検討してもよいでしょう。しかしグリッド全体はどのように表示しますか？

#627. 17.1 加算ステップだけを見ると、1 + 1 -> 0, 1 + 0 -> 1, 0 + 1 -> 1, 0 + 0 -> 0 のように変換することになります。これを＋を使わずにどうやって行いますか？

#628. 17.21 ヒストグラムの最も高い柱はどのような役割を果たしますか？

#629. 16.25 どのデータ構造が検索に最も便利でしょうか？ 項目の順序を知り、維持するには、どんなデータ構造が最も便利ですか？

#630. 16.18 ブルートフォースの考え方から始めましょう。aとbのすべての可能性を試すことができますか？

#631. 16.6 配列をソートしたらどうなりますか？

#632. 17.11 2つのポインタで両方の配列を走査できますか？ 2つの配列サイズをそれぞれAとBとすると、それはO(A + B)の時間で行うことができます。

#633. 17.2 n番目の要素をそれより前の要素と入れ替えて、このアルゴリズムを再帰的に構築することができます。これは反復処理で行うとどのように見えますか？

#634. 16.21 Aの合計が11でBの合計が8の場合はどうなりますか？ 正しい差を持つペアはありますか？ あなたの解法でこの状況を適切に処理することを確認してください。

#635. 17.26 解法3：別解があります。すべてのドキュメントのすべての単語を1つの巨大なリストに投入し、このリストをソートすることを考えてみてください。各単語がどのドキュメントにあるのかが分かるとすると、どのように類似性のあるペアを追跡することができますか？

#636. 16.23 rand5()への考え得る呼び出しパターンごとで、それがrand7()の結果にどのようにマップされるかを示す表を作ってください。たとえば、(rand2() + rand2()) % 3を使用してrand3()を実装していた場合、表は次のようになります。この表を分析してください。そこから何がわかりますか？

1st	2nd	Result
0	0	0
0	1	1
1	0	1
1	1	2

#637. 17.8 この問題は、ペアになる値がいずれも常に増加するように並べる場合の最長の並びを見つけるように求めています。増加するのがペアの片側だけでよいとすると、どうなりますか？

#638. 16.15 まずは各要素が発生する頻度の配列を作ってみてください。

#639. 17.21 最も高い柱を描いてください。次にその左側と右側に、次に一番高い柱をそれぞれ描きます。水はその間の領域を埋めるでしょう。その領域の広さを計算できますか? 残りの部分についてはどうしますか?

#640. 17.6 ある範囲の数に対して、特定の桁に含まれる2の数を高速に計算する方法はありますか? 2になっている桁は全体のおよそ $1/10$ である点に注意してください。正確に数えるにはどのようにすればよいですか?

#641. 17.1 加算ステップはXORを使うとできます。

#642. 16.18 aかbいずれかの部分文字列の1つが文字列の先頭から始まる必要があることに注意してください。それは可能性の数を減らします。

#643. 16.24 配列がソートされていたらどうなりますか?

#644. 17.18 ブルートフォース解から始めましょう。

#645. 17.12 再帰アルゴリズムの基本的な考え方がわかったら、今度は次の問題で悩むかもしれません:場合によっては、再帰アルゴリズムが連結リストの先頭を返す必要があったり、末尾を返す必要があったりします。この問題を解決するには複数の方法があります。いろいろブレインストーミングしてみてください。

#646. 17.14 任意の要素を選択した場合、平均して50パーセント程度の順位(その要素より大きい値と小さい値が全体が半分ずつ)になります。これを繰り返し行うとどうなるでしょうか?

#647. 16.9 除算:これから計算するなら、$x = a/b$ が $a = bx$ であることを覚えておいてください。xに最も近い値を見つけることができますか? この問題は整数除算であり、xは整数でなければならないことに注意してください。

#648. 17.19 パート2:様々な計算方法があります。たとえばすべての数を掛けることができますが、その場合はaとbの積がわかります。

#649. 17.10 これを試してみてください:ある要素について、その要素が過半数の要素になる部分配列の開始点であるかどうかのチェックを開始します。それが「過半数ではなさそう」になった(出現数が半数より少なくなった)ら、次の要素(部分配列の後の要素)でチェックを開始します。

#650. 17.21 ヒストグラムに対して反復処理を行い、最も高い柱とその左側の中で最も高い柱の間について、間にある柱の高さを差し引くことで面積を計算することができます。右側についても同様にします。グラフの残りの部分はどのように扱いますか?

#651. 17.18 ブルートフォース解法の1つとして、配列の各要素を開始位置として、標的となるすべての文字を含む部分配列が見つかるまで、前から順に移動していく方法があります。

#652. 16.18 パターンの最初の文字がbである可能性について処理することを忘れないでください。

#653. 16.20 現実の世界では、接頭辞/部分文字列によっては機能しないことを知るべきです。たとえば33835676368という数を考えます。3383はfftfに対応しますが、fftfで始まる単語はありません。このような場合に省略する方法はありますか?

#654. 17.7 他のアプローチは、これをグラフとして考える方法です。どのように動作するでしょうか?

#655. 17.13 再帰アルゴリズムの選択は、次の2つの方法のいずれかで考えることができます:(1) 各文字に対して、そこにスペースを入れる必要がありますか? (2) 次のスペースはどこに置くべきですか? これらはいずれも再帰的に解くことができます。

#656. 17.8 ペアの片方だけが増加するのでよければ、片方の値でソートするだけで済みます。最長の並びは、実際にはすべてペアになります(厳密に増加する必要があるので重複するものは除く)。ここから元の問題について何がわかりますか?

#657. 17.21 次のプロセスを繰り返すだけで、グラフの残りの部分を処理することができます:最も高い柱と2番目に高い柱を見つけ、その間の柱を差し引きます。

#658. 17.4 欠落している数の最下位ビットを見つけるには、0と1の数がいくつあるかわかっていることに注意してください。たとえば、最下位ビットに0と1が3つずつ表示されている場合、欠落している数字の最下位ビットは1でなければなりません。考えてみましょう:連続する値の0と1の並びは、0, 1, 0, 1, ...のように続きます。

#659. 17.9 リスト内のすべての値を(それぞれに3, 5, 7を掛け合わせて)チェックするのではなく、次のように考えてくださ

い：値xをリストに追加するとき、後から必要になる3x, 5x, 7xを「生成」することができます。

#660. 17.14 前のヒントについて、特にクイックソートの文脈で考えてみてください。

#661. 17.21 それぞれの側で一番高い柱をより早く見つけ出すには、どうすればよいですか？

#662. 16.18 実行時間の分析方法には注意してください。$O(n^2)$ 個の部分文字列について反復処理し、それぞれが $O(n)$ 回の文字列比較を行う場合、合計の実行時間は $O(n^3)$ です。

#663. 17.1 今度は、繰り上がりに集中しましょう。どのような場合に繰り上がりが生じますか？ どのようにして繰り上がりを数値に適用しますか？

#664. 16.26 乗算や除算の記号になったときに別の「プロセス」にジャンプして、このグループの部分を計算するように考えてみてください。

#665. 17.8 身長に基づいて値をソートすると、最終的なペアの順序がわかります。最も長い並びは、この相対順序でなければなりません（必ずしもすべてのペアを含む必要はありません）。あとは相対的に同じ順序を保ちながら、体重で最も長く増加する並びを見つけるだけです。これは本質的に整数の配列に対して（順序を変えずに）得られる最長の並びを見つける問題と同じです。

#666. 16.16 `LEFT`、`MIDDLE`、`RIGHT`の3つの部分配列を考えてください。そしてこの問いに集中してください：配列全体がソートされるように中間部分をソートできますか？ これをどのようにチェックしますか？

#667. 16.23 この表をもう一度見ると、kを`rand5()`への最大呼び出し数とするとき行の数が 5^k になることに注意してください。0から6の各値を等確率にするには、行の1/7を0に、1/7を1に、のように均等にマップする必要があります。これは可能ですか？

#668. 17.18 ブルートフォースのもう1つ考え方は、標的となる（長い方の）文字列において、（短い方の文字列の）各要素が現れるインデックスを取得し、次に現れるインデックスを見つけていくという方法です。（短い方の文字列に含まれる文字の）すべてのインデックスで最大のものは、条件を満たす部分文字列の終わりを示しています。この方法の実行時間はどれくらいですか？ どうすれば速くすることができますか？

#669. 16.6 ソート済みの2つの配列をマージする方法を考えてください。

#670. 17.5 問題文の表でAとBの数が等しい部分があれば、（インデックス0から始まる）部分配列はAとBの数が等しいことになります。インデックス0以外から開始する部分配列を見つけるには、この表をどのように使えばよいですか？

#671. 17.19 パート2：数値を合計すると、`a + b`の値がわかります。数値を掛け合わせると、`a * b`の値がわかります。aとbの値はどうすれば得られますか？

#672. 16.24 配列をソートすると、数値の補数を繰り返し二分探索することができます。配列がソートされている場合はどうなりますか？ `O(N)`の時間計算量と`O(1)`の空間計算量で解くことができますか？

#673. 16.19 水域をマス目とした行と列が与えられたら、すべての繋がった部分をどのようにして見つけることができますか？

#674. 17.7 XノードとYノードの間に辺を追加することで、XとYを同一名として追加することができます。どのようにして同一名のグループを見つけますか？

#675. 17.21 各側の次に高い柱を前処理として計算することはできますか？

#676. 17.13 再帰アルゴリズムが同じ部分問題に当たることはあるでしょうか？ハッシュテーブルで最適化できますか？

#677. 17.14 要素を選択したときに、（クイックソートのように）要素を入れ替えて、その要素より小さい要素が配列の前に来るように入れ替えるとしたらどうなりますか？ これを繰り返し行った場合、最小の数を100万個見つけることはできますか？

#678. 16.6 2つの配列をソートして、それらを走査するとしましょう。1つ目の配列のポインタが3を指し、2つ目の配列のポインタが9を指している場合、2つ目のポインタを動かすとペアの差にどのような影響がありますか？

#679. 17.12 再帰アルゴリズムが連結リストの先頭か末尾のどちらを返すかどうかを扱うには、フラグとして機能するパラメータを渡すようにすることができます。しかしこれは、あまりうまくいかないでしょう。問題は、`convert(current.left)`を呼び出すと左の連結リストの末尾を取得したいということです。この方法では、連結リストの末尾に現在のものに加えることができます。しかし、現在のリストが他の右の部分木である場合、

convert(current)は連結リストの先頭（current.leftの連結リストの先頭）を返す必要があります。実際には連結リストの先頭と末尾の両方が必要です。

#680. 17.18 先に説明したブルートフォースの解を考えてみましょう。ボトルネックは特定の文字が次に現れる場所を繰り返し要求しているところです。これを最適化する方法はありますか？ これをO(1)の時間で行うことができるはずです。

#681. 17.8 すべての可能性を評価するだけの再帰的な方法を試してみてください。

#682. 17.4 最下位ビットが0（または1）であることが分かったら、最下位ビットが0以外のすべての数を除外することができます。この問題は前の部分とどう違うのですか？

#683. 17.23 ブルートフォース解から始めましょう。最初に考え得る最大の正方形を試すことはできますか？

#684. 16.18 あるパターンの「a」の部分に対して、特定の値を定めるとします。bに対してはいくつの可能性がありますか？

#685. 17.9 最初のk個のリストにxを追加すると、新しいリストに3x, 5x, 7xを追加できます。これをできるだけ最適にするにはどうすればよいですか？ 複数のキューを保持するのは意味がありますか？ 常に3x, 5x, 7xを追加する必要はありますか？ 時には7xを挿入する必要があるだけかもしれませんか？ 同じ数が2度現れるのは避けたいところです。

#686. 16.19 水域のマス目の数を数えるのに、再帰を使ってみてください。

#687. 16.8 数は3桁ずつに区切るように考えてください。

#688. 17.19 パート2：両方の計算を行います。a + b = 87とa * b = 962が分かれば、aとbを解くことができ、a = 13とb = 74とわかります。しかし、この方法では非常に大きな数を掛けなければなりません。すべての数の積が10^{157}より大きい可能性があります。計算をもっと簡単にすることはできますか？

#689. 16.11 飛び込み台を作ることを考えてください。どんな選択をしますか？

#690. 17.18 各インデックスから特定の文字が次に現れる場所を事前に計算できますか？ 多次元配列を使ってみてください。

#691. 17.1 1 + 1を行うとき、繰り上がりが生じます。どのようにして繰り上がりを数値に適用しますか？

#692. 17.21 別の解法として、各柱の視点から考えてください。それぞれの柱の上には水があります。各柱の上にどれだけの水がありますか？

#693. 16.25 ハッシュテーブルも双方向連結リストも便利です。2つを組み合わせることはできますか？

#694. 17.23 考え得る最大の正方形はN×Nです。したがって、最初にその正方形を試してみてうまくいくなら、最大の正方形を見つけたことが分かります。うまくいかない場合は、次に小さな正方形を試します。

#695. 17.19 パート2：私たちが思いつく「方程式」のほとんどは（線形和と等価でない限り）うまくいきます。合計を小さく保つことだけが問題です。

#696. 16.23 5^kは7で割り切れません。これはつまり、rand5()でrand7()を実装できないということでしょうか？

#697. 16.26 演算子用と数値用の2つのスタックを管理することもできます。数値が現れるたびにそれをスタックに追加します。演算子はどうですか？ いつスタックから演算子を取り出して数値に適用しますか？

#698. 17.8 他にはこのような考え方もあります：A[0]からA[n-1]の各要素で終わる最長の並びがあった場合、これを使ってA[n-1]で終わる最長の並びを見つけることはできますか？

#699. 16.11 再帰的な解法を考えてください。

#700. 17.12 多くの人がこの時点で立ち往生し、何をすべきか分からなくなります。リンク先リストの先頭が必要な場合もあれば、末尾が必要な場合もあります。与えられたノードは変換呼び出しで何を返すべきかを必ず知っているわけではありません。時には単純な方法が最も簡単です：常に両方を返せばよいのです。これを行うにはどんな方法がありますか？

#701. 17.19 パート2：値の2乗の和を計算してみてください。

#702. 16.20 トライ木を用いると、探索の打ち切りをしやすくなるかもしれません。トライ木に単語のリスト全体を保存した場合はどうなりますか？

#703. 17.7 接続された各部分グラフは、同一名のグループを表します。幅優先探索（または深さ優先探索）を繰り返し実行することで、各グループを見つけることができます。

#704. 17.23 ブルートフォース解の実行時間について説明してください。

#705. 16.19 同じマス目を再訪していないことをどうすれば確認できますか？グラフの幅優先探索や深さ優先探索がどのように機能するかを考えてみましょう。

#706. 16.7 a > b のとき a - b > 0 になります。a - b の符号ビットを得ることはできますか？

#707. 16.16 MIDDLEをソートして配列全体がソートされた状態にするには、MAX（LEFT）<= MIN（MIDDLEとRIGHT）かつMAX（LEFTとMIDDLE）<= MIN（RIGHT）でなければなりません。

#708. 17.20 ヒープを使うとしたらどうなりますか？ 2つのヒープではどうですか？

#709. 16.4 hasWonを複数回呼び出すとしたら、解法はどのように変わるでしょうか？

#710. 16.5 n!の各0は10で割り切れることに対応します。これはどういう意味ですか？

#711. 17.1 AND演算子を使用して繰り上がりを計算することができます。どのように使いますか？

#712. 17.5 表を見たとき、インデックスiに対してcount(A, 0->i) = 3とcount(B, 0->i) = 7になっているとします。これは、AよりもBが4つ多いことを意味します。(count(B, 0->j) - count(A, 0->j))が同じ差になるような場所jを見つけると、これはAとBの数が等しい部分配列を示します。

#713. 17.23 この解法を最適化するために前処理を行うことはできますか？

#714. 16.11 再帰アルゴリズムができたら実行時間について考えてみましょう。もっと速くできますか？ どうやって速くできますか？

#715. 16.1 diffをaとbの差とします。diffを何らかの方法で使用できますか？ 次に、この一時変数を取り除くことはできますか？

#716. 17.19 パート2：二次方程式の解の公式が必要な場合がありますが、それを覚えていなくても大したことではありません。ほとんどの人は覚えていないでしょう。そのような便利のものがあることは覚えておいてください。

#717. 16.18 aの値はbの値を決定（逆も同様）し、aかbのいずれかが値の先頭から始まる必要があるため、パターンの分割方法はO(n)の可能性しか持たないはずです。

#718. 17.12 いくつかの方法で連結リストの先頭と末尾の両方を返すことができます。2要素配列を返してもよいですし、先頭と末尾を保持する新しいデータ構造を定義してもよいでしょう。BiNodeのデータ構造を再利用することができます。これをサポートする言語（Pythonなど）で作業している場合は、複数の値を返すことができます。この問題は、先頭のポインタが末尾を指す（そしてラッパーメソッドで循環リストを切り離す）循環連結リストとして解くことができます。これらの解法を調べてみてください。どれが一番好みですか？それはなぜですか？

#719. 16.23 rand7()をrand5()で実装することはできますが、確定的に（特定の呼び出し回数で確実に終了することがわかるように）行うことはできません。これがわかっていれば、正しく動作する解法を書くことができます。

#720. 17.23 正方形の1辺の長さをNとすると、この問題は$O(N^3)$の実行時間で解けるはずです。

#721. 16.11 実行時間を最適化するためにメモ化を検討してみてください。何をキャッシュするのか慎重に考えてください。実行時間とは何ですか？ 実行時間はテーブルの最大サイズと密接に関係しています。

#722. 16.19 N×Nの行列には$O(N^2)$のアルゴリズムが必要です。あなたのアルゴリズムがそうでない場合は、計算量を誤って計算したか、アルゴリズムが最適でないかを検討してください。

#723. 17.1 加算/繰り上げ操作を複数回実行する必要があるかもしれません。合計に繰り上げ分を追加すると、新たに繰り上げが生じる可能性があります。

#724. 17.18 事前計算の解法がわかったら、空間計算量をどうやって減らすことができるか考えてください。O(SB)の時間計算量とO(B)の空間計算量（Bは大きい方の配列サイズ、Sは小さい方の配列サイズ）まで減らすことができます。

#725. 16.20 このアルゴリズムは、おそらく何度も実行することになりそうです。もっと前処理をしておけば、最適化することになりますか？

#726. 16.18 $O(n^2)$で解けるアルゴリズムを考えましょう。

#727. 16.7 a - bがオーバーフローする場合の取り扱いはどのようにすればよいですか？

#728. 16.5 n!の因数に10があるということは、n!が5と2で割り切れることを意味します。

#729. 16.15 実装を簡単かつ分かりやすくするために、他のメソッドやクラスを使用することをお勧めします。

#730. 17.18 もう1つの考え方は次のとおりです：各要素が出現したインデックスのリストがあるとします。すべての要素を含んだ部分配列で最初のものを見つけることはできますか？ 2番目のものを見つけることはできますか？

#731. 16.4 N×Nの盤面用に設計するとしたら、解法はどのように変わるでしょうか？

#732. 16.5 5と2の因数を数えることはできますか？ 両方を数える必要はありますか？

#733. 17.21 それぞれの柱の上には、（その柱から見て）左の最も高い柱と右の最も高い柱の小さい方の高さまで水があります。つまり、`water_on_top[i] = min(tallest_bar(0->i), tallest_bar(i, n))`となります。

#734. 16.16 以前のヒントにある条件が満たされるまで中間部分を拡大できますか？

#735. 17.23 特定の四角形が有効（すべて黒い枠になっている）かどうかを確認するときは、座標の上（または下）にある黒のピクセル数と、座標の左（または右）にあるピクセルの数をチェックします。所定のセルの上と左にある黒ピクセルの数を事前に計算することはできますか？

#736. 16.1 XORを使ってみるのもよいでしょう。

#737. 17.22 元の単語と目的の単語の両側から幅優先探索を行うとどうなるでしょうか？

#738. 17.13 実際は経路によっては単語ができないことがわかっている場合もあります。たとえば、`hellothisism`で始まる単語はありません。これ以上進んでも単語にならないとわかっている経路の探索を早期に打ち切ることはできますか？

#739. 16.11 別解として賢い（そして非常に高速な）解法があります。実際には再帰なしで、線形時間で行うことができます。どうすればよいでしょうか？

#740. 17.18 ヒープを使うことを考えてみてください。

#741. 17.21 この問題は`O(N)`の時間計算量、`O(N)`の空間計算量で解くことができます。

#742. 17.17 あるいは小さい方の文字列をそれぞれトライ木に挿入することもできます。これは問題を解決するのに、どのように役立ちますか？ このときの実行時間はどれくらいですか？

#743. 16.20 前処理をしておくと、検索時間を`O(1)`まで落とすことができます。

#744. 16.5 25には因数5が2つ含まれていると考えましたか？

#745. 16.16 `O(N)`の時間で解けるようにしましょう。

#746. 16.11 このように考えてみてください。K枚の板を選んでいて、2つの異なるタイプがあります。タイプ1の板10枚とタイプ2の板4枚は、どの順で選んでも合計の枚数は同じです。考え得るすべて選択肢を調べるだけでよいですか？

#747. 17.25 矩形が無効に見えるとき、早めに探索を打ち切るためにトライ木を使用することはできるでしょうか？

#748. 17.13 早期に探索を打ち切るにはトライ木を使ってみましょう。

索 引

[記号・数字]

[英字]

[あ行]

[か行]

[さ行]

[た行]

[な行]

[は行]

[ま行]

[や行]

[ら行]

[わ行]

著者について

Gayle Laakmann McDowell（ゲイル・L・マクダウェル）は強力なバックグラウンド：ソフトウェア開発とその雇用面の両方に豊富な経験を持ちあわせている。

彼女はソフトウェアエンジニアとして、マイクロソフト、アップル、グーグルに勤務した経験を持つ。特にグーグルでの3年間は、トップ面接官の1人として、採用委員会のメンバーを務めた。米国およびその他の国で数百もの候補者に面接を行い、採用委員会では数千もの面接結果の評価、より多くの履歴書評価を行った。

候補者としては、マイクロソフト、グーグル、アマゾン、IBM、アップルを含む20社以上から採用オファーを受けた。

マクダウェルは、候補者らがコーディング面接にチャレンジする際、最高の状態で臨めることを可能とするCareerCupを設立した。CareerCup.comでは有名企業による数千もの面接問題データベースを提供し、面接に関するアドバイスのためのフォーラムも設置している。

本書に加え、彼女には以下の2つの著作がある。
『Cracking the Tech Career: Insider Advice on Landing a Job at Google, Microsoft, Apple, or Any Top Tech Company』は大手IT企業での面接プロセスを幅広く取り扱ったものである。大学1年生からマーケティングのプロまで、これらの企業でキャリアアップのためどのように身を置くかについて洞察している。
『Cracking the PM Interview: How to Land a Product Manager Job in Technology 』（日本語版：マイナビ出版刊『世界で闘うプロダクトマネジャーになるための本 —トップIT企業のPMとして就職する方法』）はスタートアップ企業や巨大IT企業のプロダクト・マネジメントの役割に焦点を当てている。これらの役割を担っていくための戦略を提供し、どのようにPM面接の準備をするかを求職者に伝授する。

CareerCupと彼女の役割は、テクニカル企業における採用プロセスのコンサルティング、技術面接のトレーニング・ワークショップの指導、獲得面接のための新興企業のエンジニアの指導である。
マクダウェルはペンシルベニア大学でコンピュータサイエンスの学士および修士号を、ウォートンスクールでMBAを取得している。
カリフォルニア州パロアルト在住。夫、2人の息子、犬およびコンピュータ科学の本と共に暮らし、また毎日コーディングを行っている。

訳者プロフィール

岡田佑一（おかだゆういち）

小さな学習塾を営む。子どもたちとの日常から生まれたアイデアを元にプログラミング問題を多数作成し、解説記事等の執筆活動も行っている。著書に『ショートコーディング　職人達の技法』、執筆協力に『プログラミングコンテスト攻略のためのアルゴリズムとデータ構造 』（以上、マイナビ出版）。

小林啓倫（こばやし あきひと）

経営コンサルタント。システムエンジニアとしてキャリアを積んだ後、米バブソン大学でMBAを取得。その後外資系コンサルティングファーム、国内ベンチャー企業を経て、現在はコンサルタント業の傍ら、ライター／翻訳者としても活動。著書に『FinTechが変える！　金融×テクノロジーが生み出す新たなビジネス』（朝日新聞出版）、監訳書に『世界で闘うプロダクトマネジャーになるための本』（マイナビ出版）、訳書に『ソーシャル物理学：「良いアイデアはいかに広がるか」の新しい科学』（草思社）など多数。

[協力]
秋葉拓哉、岩田陽一、北川宜稔

[STAFF]
カバーデザイン　アピア・ツウ
DTP・制作　島村龍胆
編集担当　山口正樹

世界で闘うプログラミング力を鍛える本
コーディング面接189問とその解法

2017年2月24日　初版第1刷発行

著　者　Gayle Laakmann McDowell
訳　者　岡田佑一、小林啓倫
発行者　滝口直樹
発行所　株式会社 マイナビ出版
〒101-0003 東京都千代田区一ツ橋2-6-3 一ツ橋ビル 2F
TEL：0480-38-6872（注文専用ダイヤル）
03-3556-2731（販売）
03-3556-2736（編集）
URL：http://book.mynavi.jp
E-mail：pc-books@mynavi.jp
印刷・製本　株式会社ルナテック
ISBN978-4-8399-6010-0